高等院校信息与通信工程系列教材

信号检测与估计理论

赵树杰　赵建勋　编著

清華大學出版社
北京

内 容 简 介

信号检测与估计理论是随机信号统计处理的基础。本书在扼要复习信号检测与估计理论基础知识后，首先论述信号的统计检测理论和信号波形的检测，介绍了基于简单假设检验的确知信号最佳检测的概念、理论、技术和性能以及基于复合假设检验的随机参量信号的最佳检测问题；然后论述信号参量的统计估计理论和信号波形的滤波理论，讨论了在贝叶斯估计等各种估计准则下估计量的构造和性质，介绍了维纳滤波器的设计方法，导出了卡尔曼滤波的递推算法，并研究了它们的性质；最后介绍噪声或杂波干扰环境中的恒虚警率检测技术和性能，简要讨论了信号的非参量检测和稳健性检测的理论和方法。

本书取材注意结构的完整性和内容的系统性；重视理论联系实际及物理概念与含义的阐述，注意对新概念、新理论的介绍；内容的编排由简单到复杂，由需要较多的先验知识到逐步减少先验知识，由约束条件较严格到逐步放宽约束，便于读者阅读和理解。第 2 章～第 7 章提供有大量习题，供读者练习，以巩固基本概念和理论，拓宽知识面，掌握基本的运算技能。

本书可供信号与信息处理、通信与信息系统、电路与系统等电子信息类学科的研究生和高年级本科生作教材使用，也可供从事电子信息系统、信号处理研究与设计的工程技术人员参考。

图书在版编目(CIP)数据

信号检测与估计理论/赵树杰，赵建勋编著. —北京：清华大学出版社，2005.11(2025.1 重印)
(高等院校信息与通信工程系列教材)
ISBN 978-7-302-11520-5

Ⅰ.信… Ⅱ.①赵…②赵… Ⅲ.①信号检测—高等学校—教材②参数估计—高等学校—教材 Ⅳ.TN911.23

中国版本图书馆 CIP 数据核字(2005)第 088310 号

责任编辑：陈国新　魏艳春
责任印制：沈　露
出版发行：清华大学出版社
　　网　　址：https://www.tup.com.cn，https://www.wqxuetang.com
　　地　　址：北京清华大学学研大厦 A 座　　**邮　　编**：100084
　　社 总 机：010-83470000　　**邮　　购**：010-62786544
　　投稿与读者服务：010-62776969，c-service@tup.tsinghua.edu.cn
　　质 量 反 馈：010-62772015，zhiliang@tup.tsinghua.edu.cn
印 装 者：涿州市般润文化传播有限公司
经　　销：全国新华书店
开　　本：185mm×260mm　　**印　　张**：33.25　　**字　　数**：834 千字
版　　次：2005 年 11 月第 1 版　　**印　　次**：2025 年 1 月第 19 次印刷
定　　价：89.00 元

产品编号：013496-04

出版说明

信息与通信工程学科是信息科学与技术的重要组成部分。改革开放以来，我国在发展通信系统与信息系统方面取得了长足的进步，形成了巨大的产业与市场，如我国的电话网络规模已占世界首位，同时该领域的一些分支学科出现了为国际认可的技术创新，得到了迅猛的发展。为满足国家对高层次人才的迫切需求，当前国内大量高等学校设有信息与通信工程学科的院系或专业，培养大量的本科生与研究生。为适应学科知识不断更新的发展态势，他们迫切需要内容新颖又符合教改要求的教材和教学参考书。此外，大量的科研人员与工程技术人员也迫切需要学习、了解、掌握信息与通信工程学科领域的基础理论与较为系统的前沿专业知识。为了满足这些读者对高质量图书的渴求，清华大学出版社组织国内信息与通信工程国家级重点学科的教学与科研骨干以及本领域的一些知名学者、学术带头人编写了这套高等院校信息与通信工程系列教材。

该套教材以本科电子信息工程、通信工程专业的专业必修课程教材为主，同时包含一些反映学科发展前沿的本科选修课程教材和研究生教学用书。为了保证教材的出版质量，清华大学出版社不仅约请国内一流专家参与了丛书的选题规划，而且每本书在出版前都组织全国重点高校的骨干教师对作者的编写大纲和书稿进行了认真审核。

祝愿《高等院校信息与通信工程系列教材》为我国培养与造就信息与通信工程领域的高素质科技人才，推动信息科学的发展与进步做出贡献。

北京邮电大学
陈俊亮
2004 年 9 月

前 言

随着现代通信理论、信息理论、计算机科学与技术及微电子技术等的飞速发展,随机信号统计处理的理论和技术也在向干扰环境更复杂、信号形式多样化、技术指标要求更高、应用范围越来越广的方向发展,并已广泛应用于电子信息系统、生物医学工程、航空航天系统工程、模式识别、自动控制等领域。随机信号统计处理的基础理论是信号的检测理论与估计理论。所以,学习信号检测与估计理论,将为进一步学习、研究随机信号统计处理打下扎实的理论基础；同时,它的基本概念、基本理论和分析问题的基本方法也为解决实际应用,如信号处理系统设计等问题打下良好的基础。这是我们编写本书的目的。

本书是在作者为研究生和高年级本科生讲授“信号检测与估计理论”、“统计信号处理”课程所用教材的基础上,总结多年教学经验,参考国内外文献资料,并吸取了部分科学研究成果编写而成的。全书的数学推演基本保持在高年级本科生和研究生,以及具有线性代数、矩阵理论、概率论和随机过程基础知识的工程技术人员所能理解的水平上。在内容的安排上,一般由约束较多的特殊情况到约束较少的一般情况,由简单问题到复杂问题；还有的内容是从确知信号再到随机参量信号,从实信号再到复信号,或者是从线性问题再到非线性问题。我们认为,这样的数学推演和内容安排,便于读者阅读和理解。

本书第 1 章,重点论述了信号的随机性及统计处理方法；概述了信号检测与估计的基本概念；给出了本书的内容安排和阅读建议。第 2 章扼要复习了信号检测与估计理论的基础知识,即随机变量、随机过程及其统计描述和主要统计特性,复随机过程及其统计描述,随机参量信号及其统计描述等。第 3 章在论述信号统计检测基本概念的基础上,讨论了确知信号的最佳检测准则、判决式和性能分析,随机参量信号的统计检测,以及一般高斯信号和复信号的统计检测问题。第 4 章在研究了匹配滤波器理论和随机过程的正交级数展开两个预备知识后,讨论了高斯白噪声中确知信号波形的检测、高斯有色噪声中确知信号波形的检测及高斯白噪声中随机参量信号波形的检测；还讨论了复信号波形的检测问题。第 5 章重点讨论了信号参量的统计估计准则、估计量的构造和性质、非随机矢量函数的估计及信号波形中参量的估计；对线性最小均方误差估计和线性最小二乘估计导出了它们的递推算法公式,并简要讨论了非线性最小二乘估计问题。第 6 章是信号波形的估计问题,重点讨论了连续、离散维纳滤波器的设计,均方误差的计算,离散卡尔曼滤波的信号模型,利用正交投影及其引理导出的离散卡尔曼滤波递推算法公式、含义、递推计算方法、特点和性质及其扩展；还简要讨论了非线性离散状态估计问题。第 7 章论述的噪声、杂波环境中信号的恒虚警率检测，可看作是信号检测与参量估计相结合的具体应用；本章还简要讨论了信号的非参量检测和稳健性检测的基本理论和方法。

本书是为研究生的"信号检测与估计理论"课程编写的教材，但内容略有扩充，基本内容也适用于高年级本科生。作为46学时的研究生教材，建议讲授第1章、第2章（扼要）的全部内容，第3章～第6章的大部分主要内容，第7章的内容作为机动内容。作为46学时高年级本科生教材，建议讲授第1章～第6章的基本内容，而且，根据不同专业，可对检测理论、估计理论和滤波理论等内容有所侧重。作为工程技术人员的参考书，根据需要可选看有关部分内容。

本书在编写过程中，得到了西安电子科技大学研究生院和电子工程学院的大力支持。杨万海教授审阅了全稿，并提出了很宝贵的意见，作者对他表示衷心的感谢，并向所有参考文献的作者表示诚挚的谢意。

由于作者水平有限，书中难免存在一些缺点或错误，我们殷切希望广大读者批评指正。

作者　于西安电子科技大学

2005年4月

目　录

第 1 章　信号检测与估计概论

1.1　引言

信号检测与估计的概念、理论和方法是随机信号统计处理的理论基础。本章在扼要介绍统计信号处理发展概况的基础上，重点论述待处理信号的随机性及其统计处理方法的含义；统计信号处理的理论基础：信号的统计检测理论、估计理论和滤波理论的基本概念；本书的内容编排和几点建议。

1.2　信号处理发展概况

自 20 世纪 50 年代以来，信号处理的理论和应用有了很大的发展，主要表现在信号的检测理论、估计理论与滤波理论，多维(阵列)信号处理，自适应信号处理与自适应滤波理论等方面，并广泛应用于电子信息系统、自动化工程、模式识别、生物医学工程、航空航天工程、地球物理研究等技术领域。特别是近年来，随着现代通信系统、信息理论、微电子技术和计算机科学与技术等的飞速发展，统计信号处理的经典理论也在向现代信号处理理论演化，并取得了相当大的进展。表 1.1 是关于统计信号处理发展概况的简表，供读者参考。

表 1.1　统计信号处理发展概况简表

比较项 \ 信号处理类别	统计信号处理基础	现代信号处理
时域背景特性	平稳随机过程、高斯分布	平稳、非平稳随机过程，高斯、非高斯分布
频域背景特性	均匀功率谱、高斯功率谱	均匀、非均匀功率谱，高斯、非高斯功率谱
信号特性	简单信号、编码信号	编码信号，扩频信号，线性、非线性调频信号
系统特性	线性时不变最小相位系统	线性时不变、时变系统，非线性时变、非最小相位系统
数学工具	随机过程、傅里叶变换	随机过程、傅里叶变换、高阶累积量、时频分析、小波变换
实现技术	采用现代模拟器件为主的模拟处理技术，采用 DSP 为核心器件的数字处理技术	

表 1.1 从统计信号处理的时域背景特性、频域背景特性、所采用的信号特性、产生和接收信号的系统特性、信号处理所用的数学工具和当前的实现技术六个方面来说明其发

展概况。这里应该说明,统计信号处理基础所研究的内容,是现代信号处理必备的理论基础知识,但二者的区分并没有严格的界限,而是在许多内容上互有交叉。例如,统计信号处理的基础理论——信号检测与估计理论中,有些内容也讨论了非平稳随机过程、有色噪声背景中信号的处理和非线性信号处理等问题;现代信号处理也需要研究一些基础方面的内容。所以,表 1.1 只是为了便于说明统计信号处理的发展概况,以及统计信号处理的基础与现代信号处理之间的主要差别而硬性加以区分的,而且所涉及的几个方面也不一定是全面的,具体内容则仅仅是有关领域中的一些主要内容。因此,表 1.1 仅为读者提供了有关统计信号处理发展概况的基本信息。

信号处理理论研究的日益进步和完善,以及信号处理技术应用领域的不断深入和扩展,使信号处理,特别是随机信号处理受到了人们十分广泛的重视。随机信号属于随机过程,所以应采用数学上的统计方法进行处理。因此,建立随机信号统计处理方法的基本概念,掌握扎实的统计信号处理的理论基础,具有用统计的方法研究分析随机信号处理问题的能力和解决工程技术问题的能力,是从事信号处理的科技工作者应有的素质。

1.3 信号的随机性及其统计处理方法

众所周知,在信息系统中,信息通常是以某种信号形式表示的;代表一种信息的信号在发射系统中产生后,一般要通过发射设备处理,再经信道进行传输;在接收系统中,对接收到的信号进行必要的处理,最终提供便于应用的接收信息。

图 1.1 是一个典型的无线通信系统的简化框图。我们知道,通信的目的是为了传递信息,信源就是信息源。我们把待传输的文字、资料、数据等统称为信息。为了能实现远距离传输,须将信息进行变换、编码等信号处理,并调制成合适的无线电信号,借助于发射天线辐射到空间中,再以电磁波的方式传播到接收天线;接收系统将接收到的无线电信号经过放大、解调,然后对接收信号进行处理,提取出所需要的信息送给终端设备,从而完成了信息传输的任务。

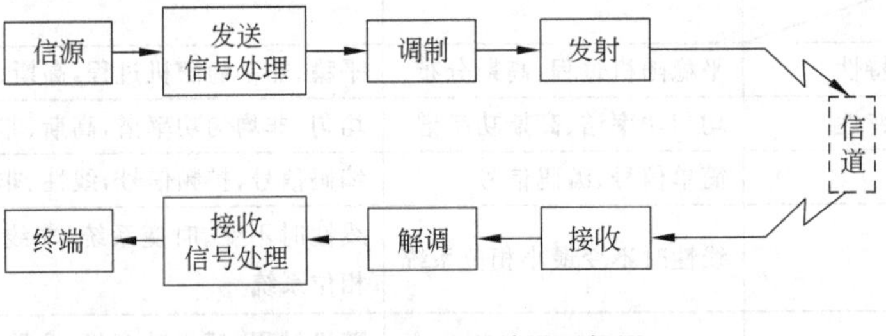

图 1.1 无线通信系统原理框图

在雷达等系统中,被观测目标的坐标、速度、航向、类型等是其所包含的信息。当目标被雷达发射的电磁波照射时,在目标的反射回波中就含有这些人们感兴趣的信息。对雷达接收目标的反射回波信号进行适当的处理,就能够提取出所需的目标信息。在自动控制系统中,通常包括两个信道,分别称为前向信道和反馈信道。从前向信道获得所需的原始信息,经过处理后得到控制信号,并由反馈信道传输这些控制信号,然后对系统的部件或参数进行调整，从而构成闭环的自动控制系统。

从以上对几种信息系统的简要讨论中可以看出，一般来说，信息系统的主要工作是信号的产生、发射、传输、接收和处理，以实现信息传输的目的，这样的系统通常称为电子信息系统。对于电子信息系统，最主要的要求是高速率和高准确性。前者要求系统传输信息的效率尽可能高，即单位时间内传输尽可能多的信息，这主要决定于信号的波形设计和频率选择；后者则要求系统在传输信息的过程中，尽可能地少出差错，减小信号波形的失真度，这就是系统的抗干扰能力问题。在电子信息系统中，影响准确性的原因是多方面的，归纳为如下三个主要因素：信号本身的不理想性，信号在传输过程中发生畸变（失真），信号受到各种各样不可避免的外界干扰和内部干扰等。

1. 信号的随机性

根据电子信息系统的要求，我们所设计的信号与系统实际所形成的信号之间会有一定的误差，如信号频谱的纯度、相位噪声的大小、脉冲信号的宽度、顶部平坦度、前后沿时间及它们的稳定性、线性调频信号的线性度等方面的误差。相对于理想信号，这种误差可以看作是对信号的一种干扰分量。信号在信道传输过程中，会产生随机衰落，电磁波在经过大气层或电离层时，由于吸收系数或反射系数的随机性，必然会对信号的幅度、频率和相位等产生随机的影响，使信号发生畸变（失真）。大气层、电离层、宇宙空间等各种自然界的电磁过程，加上各种电气设备、无线电台、电视台、通信系统产生的电磁波，地面物体等固定杂波、气象等运动杂波和人为干扰等诸多因素，它们的频谱可能比较复杂，有的还可能较宽，这样，其中部分分量就有可能进入系统，形成对信号的外界干扰；电子信息系统本身的电源、各种电子元器件产生的热噪声、系统特性误差、正交双通道信号处理中正交变换时的幅度不一致性和相位不正交性、多通道之间的不平衡性、A/D 变换器的量化噪声、运算中的有限字长效应等，形成对信号的内部干扰。

电子信息系统中信号所受到的各种干扰均具有随机特性，以后我们一般将其统称为噪声，并用 $n(t)$ 表示，它是一随机过程。噪声 $n(t)$ 大致上可以分为两类：一类属于加性噪声，它们与信号混迭，对信号产生“污染”；另一类属于乘性噪声，它们对信号进行调制。因为在实际系统中，加性噪声是最常遇到的，也是一种最基本的干扰模型，所以我们在本书中将考虑加性噪声的情况。

在电子信息系统中，根据本书的内容要求，信号一般可分为两类：确知信号和随机（未知）参量信号。所谓确知信号，是指可以用一个确定的时间函数来表示的信号，我们用 $s(t)(0\leqslant t\leqslant T)$ 表示；而随机（未知）参量信号虽然一般地也可以表示为时间的函数，但信号中含有一个或一个以上的参量是随机（未知）的，我们用 $s(t;\boldsymbol{\theta})(0\leqslant t\leqslant T)$ 表示，其中 $\boldsymbol{\theta}=(\theta_1,\theta_2,\cdots,\theta_M)^{\mathrm{T}}$，表示信号中含有 M 个随机（未知）参量。

这样，在考虑加性噪声 $n(t)$ 的情况下，我们要处理的信号 $x(t)(0\leqslant t\leqslant T)$ 可以表示为

$$x(t)=s(t)+n(t),\quad 0\leqslant t\leqslant T \tag{1.3.1}$$

或

$$x(t)=s(t;\boldsymbol{\theta})+n(t),\quad 0\leqslant t\leqslant T \tag{1.3.2}$$

由于噪声 $n(t)$ 是具有随机特性的随机过程，所以即使信号是确知信号 $s(t)(0\leqslant t\leqslant$

T)，待处理的信号 $x(t)(0\leqslant t\leqslant T)$也是具有随机特性的随机信号，何况实际上信号往往还是含有随机(未知)参量的随机(未知)参量信号 $s(t;\ \boldsymbol{\theta})(0\leqslant t\leqslant T)$。这就是说，我们要处理的信号 $x(t)(0\leqslant t\leqslant T)$是随机信号，并且，在实际中通常是信噪比较低的信号。有时我们也把 $x(t)(0\leqslant t\leqslant T)$称为接收信号或观测信号。

2. 信号的统计处理方法

因为待处理的信号 $x(t)(0\leqslant t\leqslant T)$是随机信号，具有统计特性，所以对信号所进行的各种处理，应从信号和噪声的统计特性出发，于是统计学便成为信号处理学科的有力数学工具。将统计学的理论和方法应用于随机信号的处理，主要体现在如下三个方面。

(1) 对信号的随机特性进行统计描述，即用概率密度函数(probability density function，PDF)、各阶矩、相关函数、协方差函数、功率谱密度(power spectrum density，PSD)等来描述随机信号的统计特性。

(2) 基于随机信号统计特性所进行的各种处理和选择的相应准则均是在统计意义上进行的，并且是最佳的，如信号状态的统计判决、信号参数的最佳估计、均方误差最小准则下信号的线性滤波等。

(3) 处理结果的评价，即性能用相应的统计平均量来度量，如判决概率、平均代价、平均错误概率、均值、方差、均方误差等。

所以，我们把对随机信号的处理称为统计信号处理。在后面的章节中，我们基本上是按照统计信号处理上述的三个方面展开讨论的。

1.4 信号检测与估计理论概述

前面我们已经说明，统计信号处理的理论研究日渐深入，应用领域不断扩大。在用统计方法进行信号处理时，其基本原理和方法是相通的，所共同需要的主要理论基础是信号的统计检测理论、统计估计理论和滤波理论。

所谓信号的统计检测理论，是研究在噪声干扰背景中，所关心的信号是属于哪种状态的最佳判决问题；统计估计理论，是研究在噪声干扰背景中，通过对信号的观测，如何构造待估计参数的最佳估计量问题；而信号的滤波理论则是为了改善信号质量，研究在噪声干扰中所感兴趣信号波形的最佳恢复问题，或离散状态下表征信号在各离散时刻状态的最佳动态估计问题。让我们通过下面的两个例子来具体说明这些问题。

在雷达系统中，雷达所发射的信号以电磁波的形式在空间传播，当碰到反射体时会有部分能量返回雷达而被接收，如图 1.2 所示。图中，$x(t)$表示雷达接收信号，t_d 对应反射体与雷达之间的距离 R，即 $R=\frac{1}{2}ct_d$，c 是光速。当反射波是由人们感兴趣的物体返回时，所接收的信号就是目标信号，而来自其他物体的回波或人为干扰等是外界干扰，同时还存在各种内部干扰。雷达系统面临的任务之一就是从可能非常恶劣的干扰环境中提取出人们感兴趣的目标信号，这就要求雷达系统根据目标信号和干扰信号的统计特性，采用统计信号处理的方法，按照某种设定的最佳准则，检测出目标信号，估计目标的有关参量

(斜距 R、方位 β、高度 H 和速度 v 等),建立目标的运动航迹,预测未来的目标运动状态等。这就是雷达信号的检测、参量估计和状态滤波。

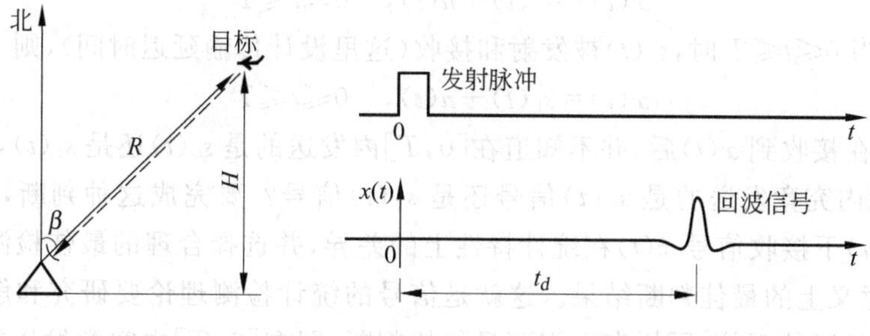

图 1.2　雷达系统工作示意图

我们再来看一个通信系统的例子。如图 1.3 所示的二元数字通信系统,信源每隔 T(s)产生一个二进制码 0 或 1。为了使数字信息能够在信道中远距离传输,应将二进制数字码进行调制,例如,在调频(FM)体制下,用两种不同频率(ω_0 和 ω_1)的正弦信号分别对数码 0 和 1 进行调制,结果如下:

数码 0:$s_0(t)=\sin\omega_0 t,\quad 0\leqslant t\leqslant T$

数码 1:$s_1(t)=\sin\omega_1 t,\quad 0\leqslant t\leqslant T$

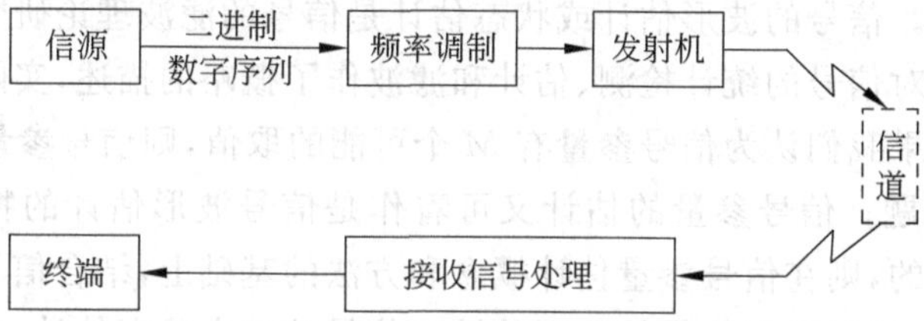

图 1.3　二进制数字通信系统原理框图

这种信号可以是连续相位移频键控(CPFM)信号,如图 1.4 所示。

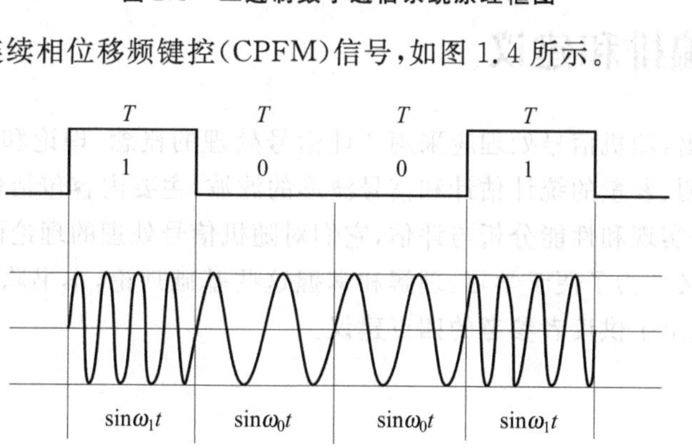

图 1.4　连续相位移频键控(CPFM)信号

信号 $s_0(t)$ 或 $s_1(t)$ 通过天线发射出去。如果信号在信道中传输没有失真而仅受到衰减,则在接收天线处就收到了幅度衰减了的信号,经放大后接收到的有用信号仍可分别用 $s_0(t)$ 或 $s_1(t)$ 表示。若在 $[0,T]$ 时间内接收信号为 $x(t)$,考虑加性噪声 $n(t)$,则 $x(t)$ 可表示为：

- 如果当 $0\leqslant t\leqslant T$ 时，$s_0(t)$被发射和接收（这里没计传输延迟时间），则

$$x(t)=s_0(t)+n(t),\quad 0\leqslant t\leqslant T$$

- 如果当 $0\leqslant t\leqslant T$ 时，$s_1(t)$被发射和接收（这里没计传输延迟时间），则

$$x(t)=s_1(t)+n(t),\quad 0\leqslant t\leqslant T$$

事实上，在接收到 $x(t)$后，并不知道在$[0,T]$内发送的是 $s_0(t)$还是 $s_1(t)$，所以我们要判断在$[0,T]$内究竟发送的是 $s_0(t)$信号还是 $s_1(t)$信号？要完成这种判断，需要根据在 $s_0(t)$下和 $s_1(t)$下接收信号 $x(t)$在统计特性上的差异，并选择合理的最佳检测准则，才能得到在某种意义上的最佳判断结果。这就是信号的统计检测理论要研究和解决的问题。对 $M(M>2)$元通信系统，同样存在需要最佳的判断，即在$[0,T]$内究竟发送的是 M 个可能信号中的哪一个的问题。这就是 M 元（多元）信号的检测。

在对信号的状态作出判断后，通常还需要获得信号有关参数的信息，如信号振幅、相位和频率等。这就要求在对信号观测的基础上构造最佳估计量。这就是信号的统计估计理论问题。

如果还要求把受到噪声污染的信号波形恢复出来，这就是信号的波形估计。信号的波形估计一般是在线性最小均方误差准则下的一种最佳估计。波形估计可以是当前的，也可以是未来的或过去的，这就是所谓的滤波、预测和平滑。在离散时刻的波形估计又称为信号的状态估计。信号的波形估计或状态估计是信号的滤波理论研究的内容。

前面我们已经对信号的统计检测、估计和滤波作了概略的描述，实际上它们相互之间是密切相关的。如果我们认为信号参量有 M 个可能的取值，则信号参量估计可以看作是 M 元信号的检测问题；信号参量的估计又可看作是信号波形估计的特例；如果信号的参量是随时间变化的，则在信号参量估计概念和方法的基础上，结合信号的运动规律和噪声的动态统计特性，可以实现信号的波形估计或信号的动态状态估计。

1.5　内容编排和建议

我们已经指出，随机信号处理应采用统计信号处理的概念、理论和方法，其理论基础是信号的统计检测、参量的统计估计和信号波形的滤波，主要内容包括最佳处理的概念和理论，最佳处理的实现和性能分析与评估，它们对随机信号处理的理论研究和实际应用具有十分重要的意义。为了便于学习、理解和掌握这些基础理论，本书除第 1 章概论外，由四部分组成，并提出了供读者参考的四点建议。

1. 内容编排

第一部分（第 2 章）重点讨论了随机过程的统计描述和时域、频域的主要统计特性，属于对随机过程内容的扼要复习；简要讨论了随机参量信号的概念和统计特性描述。这部分内容的讨论为后面各章节打下了数学基础。

第二部分（第 3 章、第 4 章）重点论述了信号的统计检测理论和技术，包括信号模型、最佳检测准则、检测系统的结构、检测性能的分析和最佳波形设计等内容。

第三部分(第 5 章、第 6 章)主要讨论了信号的最佳估计理论和算法,包括最佳估计准则,估计量的构造和主要性质,信号波形估计的概念、准则,维纳(Wiener)滤波和卡尔曼(Kalman)滤波算法等内容。

第四部分(第 7 章)将信号的检测理论与估计理论相结合,论述了在干扰背景中信号的恒虚警率(constant false alarm rate,CFAR)处理(又称恒虚警率检测)技术的理论和方法;还简要讨论了信号的非参量型检测和稳健性检测的理论和方法。

2. 四点建议

(1) 建立随机信号应采用统计信号处理方法的概念;对于统计信号处理的含义,即信号的统计描述、统计意义上的最佳处理、性能的统计评估等概念要清楚,思路要清晰。

(2) 掌握扎实的统计信号处理的理论基础,包括信号的统计检测理论、估计理论和滤波理论的基本概念、分析研究问题的基本方法和基本运算。

(3) 研究随机信号的统计处理理论,数学分析是必不可少的内容,建议能从物理的意义上而不仅限于数学公式上加以理解,以提高分析、解决问题的能力。

(4) 选做一定量的习题,以巩固、加深和扩展对所讨论问题的基本概念、基本方法和基本运算的掌握及熟练程度。

以上四条基本建议,供读者阅读本书或相关著作、文献资料时参考。

第 2 章 信号检测与估计理论的基础知识

2.1 引言

在第 1 章中我们已经指出，待处理的信号

$$x(t)=s(t)+n(t), \quad 0\leqslant t\leqslant T$$

或

$$x(t)=s(t;\ \boldsymbol{\theta})+n(t), \quad 0\leqslant t\leqslant T$$

是一个随机信号。随机信号的基本特点是：虽然随机信号是以不可预见的方式实时产生的，但它的统计特性通常却显得很有规律。这就提供了用其统计特性而不是一些确定性的方程来描述随机信号的依据。当我们处理这些随机信号时，主要的目标是建立它们的信号模型，对它们进行统计描述，研究其统计平均量之间的关系，以及这些统计特性在理论研究和实际应用中的作用。

既然随机信号的统计特性是有规律的，那么这些特性就能够用数学的方法加以描述。这样我们就把随机过程作为随机信号的数学模型，于是随机信号可以用概率论与数理统计和随机过程等数学工具进行统计描述，然后用统计学的方法来处理随机信号。这样做，至少在原理上我们可以研究和发展理论上的最佳信号处理方法，并将其用于评价这些处理方法的性能，进而研究最佳随机信号处理方法的实际应用。

本章将重点讨论作为信号检测与估计理论基础知识的随机变量、随机矢量、随机过程和随机参量信号的主要统计特性，这些内容对于后面章节的讨论是非常有用的。其中的大部分内容可以看作是对这些基本知识的复习，讨论是重点扼要的，然而也有部分内容(如复高斯随机过程、随机参量信号等)需要加以补充或作较深入的论述。

2.2 随机变量、随机矢量及其统计描述

下面扼要介绍随机变量、随机矢量的概念及其统计描述的基本理论和结果。

2.2.1 随机变量的基本概念

随机变量的概念来源于概率论的定义。在概率论中，一个随机试验所有可能出现的结果的全体称为随机试验的样本空间，记为 Ω。试验的某一个结果称为样本点，记为 ζ_k，即 $\Omega=\{\zeta_k\}$。样本空间中的某个子集称为随机事件，简称事件(事件是集合)。设 Ω 是样本空间，$\mathscr{F}$ 是由 Ω 的一些子集构成的集合，如果它满足以下条件：

(1) $\Omega\in\mathscr{F}$;

(2) 若 $A\in\mathscr{F}$，则 A 的补 $\overline{A}\in\mathscr{F}$；

(3) 若 $A_n\in\mathscr{F}, n=1,2,\cdots$，则 $\bigcap\limits_{n=1}^{\infty}A_n\in\mathscr{F}$。

则称 $\mathscr{F}$ 为事件域，又称 σ-域。事件域中的元素就是随机事件。如果这些事件的随机性能够由定义在 $\mathscr{F}$ 上的具有非负性、归一性和可列加性的实值集函数 $P(A)$ 来确定，则称 P 是定义在二元组 $(\Omega,\mathscr{F})$ 上的概率，而称 $P(A)$ 为事件 A 的概率。

至此，我们引进了概率论中的三个基本概念：样本空间 Ω、事件域 $\mathscr{F}$ 和概率 P。它们是描述一个随机试验的三个基本组成部分，我们称这三元序组 $(\Omega,\mathscr{F},P)$ 为概率空间。有了关于概率空间的基本概念，下面我们给出随机变量的定义。

设 $(\Omega,\mathscr{F},P)$ 是一概率空间，$x(\zeta)$，$\zeta\in\Omega$ 是定义在 Ω 上的单值实函数，如果对任一实数 x，集合 $\{x(\zeta)\leqslant x\}\in\mathscr{F}$，则称 $x(\zeta)$ 为 $(\Omega,\mathscr{F},P)$ 上的一个随机变量。随机变量 $x(\zeta)$ 的定义域为样本空间 Ω，它的值域是实数或直线 R。所以，随机变量 $x(\zeta)$ 实际上是一个映射，这个映射为每个来自概率空间的结果 ζ 赋予一个实数 x。这种映射必须满足下面两个条件：

(1) 对任一 x，集合 $\{x(\zeta)\leqslant x\}$ 是这个概率空间中的一个事件，并有确定的概率 $P\{x(\zeta)\leqslant x\}$；

(2) 事件 $\{x(\zeta)=\infty\}$ 和事件 $\{x(\zeta)=-\infty\}$ 的概率等于 0，即

$$P\{x(\zeta)=\infty\}=0,\quad P\{x(\zeta)=-\infty\}=0$$

第二个条件表明，虽然对一些结果我们允许 x 取 $+\infty$ 或 $-\infty$，但要求这些结果所构成的集合的概率等于 0。

2.2.2 随机变量的概率密度函数

在事件域 $\mathscr{F}$ 中，组成事件 $\{x(\zeta)\leqslant x\}$ 的元素随 x 的不同取值而变化，因此，事件 $\{x(\zeta)\leqslant x\}$ 的概率 $P\{x(\zeta)\leqslant x\}$ 取决于 x 的值，用 $F(x)$ 表示，即

$$F(x)=P\{x(\zeta)\leqslant x\},\quad -\infty<x<\infty \tag{2.2.1}$$

称为随机变量 $x(\zeta)$ 的一维累积分布函数(cumulative distribution function，CDF)，简称分布函数。随机变量 $x(\zeta)$ 的分布函数 $F(x)$ 具有以下主要性质。

(1) $F(x)$ 是单调不减的函数，即若 $x_1<x_2$，则有

$$F(x_1)\leqslant F(x_2),\quad x_1<x_2 \tag{2.2.2}$$

(2) $F(x)$ 是右连续的函数，即

$$F(x+0)=F(x) \tag{2.2.3}$$

(3) $F(x)$ 满足如下关系式：

$$F(-\infty)=\lim_{x\to-\infty}F(x)\overset{\text{def}}{=}0,\quad F(\infty)=\lim_{x\to\infty}F(x)\overset{\text{def}}{=}1 \tag{2.2.4}$$

式中，符号“$\overset{\text{def}}{=}$”代表“定义为”、“表示为”、“记为”等含义(下同)。

设连续随机变量 $x(\zeta)$ 的一维累积分布函数为 $F(x)$，如果 $F(x)$ 对 x 的一阶导数存在，则有

$$p(x)\overset{\text{def}}{=}\frac{\mathrm{d}F(x)}{\mathrm{d}x} \tag{2.2.5}$$

式中，$p(x)$称为随机变量 $x(\zeta)$的一维概率密度函数，简称概率密度函数（probability density function，PDF）。随机变量 $x(\zeta)$的概率密度函数 $p(x)$具有以下主要性质。

(1) 根据随机变量 $x(\zeta)$的 $p(x)$与 $F(x)$的关系，有

$$F(x)=\int_{-\infty}^{x} p(u)\mathrm{d}u \tag{2.2.6}$$

(2) 对所有 x，$p(x)$是非负函数，即

$$p(x)\geqslant 0,\quad -\infty<x<+\infty \tag{2.2.7}$$

(3) $p(x)$对 x 的全域积分结果等于 1，一般表示为

$$\int_{-\infty}^{\infty} p(x)\mathrm{d}x = 1 \tag{2.2.8}$$

(4) 随机变量 $x(\zeta)$落在区间$[x_1,x_2]$内的概率为

$$P\{x_1 \leqslant x(\zeta) \leqslant x_2\} = \int_{x_1}^{x_2} p(x)\mathrm{d}x \tag{2.2.9}$$

请读者注意：对于随机变量 $x(\zeta)$的概率密度函数 $p(x)$的表示式，一定要标明 x 的取值区间，但若 x 的取值区间为$-\infty<x<+\infty$时例外，一般不标。例如，$x(\zeta)$是服从高斯分布（Gaussian distribution），即正态分布（normal distribution）的随机变量时，就属于这种情况。

随机变量 $x(\zeta)$的概率密度函数 $p(x)$是对随机变量统计特性的完整的数学描述。如果区间(x_1,x_2)之差 $\Delta x=x_2-x_1$ 足够小，那么，$p(x)$反映了随机变量 $x(\zeta)$在不同位置但相同大小区间 Δx 内的概率大小，显然，在 $p(x)$峰值附近区间 Δx 内的概率最大。

2.2.3 随机变量的统计平均量

为了完整地描述一个随机变量的统计特性，我们必须知道它的概率密度函数。这在实际中有时是困难的，因此，往往需要得到描述随机变量概率特性的主要表征值，这就是随机变量的数字特征或称矩，它们是随机变量的统计平均量。虽然随机变量的统计平均量的理论计算需要用到概率密度函数，但实际上通常是通过对有限观测数据的估计获得的。下面我们讨论一个随机变量的主要统计平均量。

1. 随机变量的均值

若连续随机变量 $x(\zeta)$的概率密度函数为 $p(x)$，则其统计平均值为

$$\mathrm{E}[x(\zeta)]\stackrel{\text{def}}{=}\mu_x=\int_{-\infty}^{\infty} xp(x)\mathrm{d}x \tag{2.2.10}$$

它是随机变量 $x(\zeta)$取值的统计平均值，简称均值，又称数学期望。

随机变量 $x(\zeta)$的均值的一个重要特性是它的线性特性，即若 a、b 为常数，则

$$\mathrm{E}[ax(\zeta)+b]=a\mu_x+b \tag{2.2.11}$$

如果随机变量 $x(\zeta)$的函数为随机变量 $y(\zeta)=g(x(\zeta))$，则 $y(\zeta)$的均值可由下式得到：

$$\mathrm{E}[y(\zeta)]=\mathrm{E}[g(x(\zeta))]=\int_{-\infty}^{\infty} g(x)p(x)\mathrm{d}x \tag{2.2.12}$$

随机变量 $x(\zeta)$的函数 $y(\zeta)=g(x(\zeta))$的均值关系式(2.2.12)在实际上是非常有用的。

2. 随机变量的矩

设随机变量 $x(\zeta)$的函数 $g(x(\zeta))=x^m(\zeta)$，那么 $x(\zeta)$的 m 阶原点矩定义为

$$r_x^{(m)} \stackrel{\text{def}}{=} \mathrm{E}[x^m(\zeta)] = \int_{-\infty}^{\infty} x^m p(x)\mathrm{d}x \tag{2.2.13}$$

特殊地，$r_x^{(0)}=1$；一阶原点矩 $r_x^{(1)}=\mu_x$，为 $x(\zeta)$的均值；二阶原点矩 $r_x^{(2)}=\mathrm{E}[x^2(\zeta)]\stackrel{\text{def}}{=}\varphi_x^2$，称为 $x(\zeta)$的均方值。

相对于原点矩，我们可以得到中心矩。设随机变量 $x(\zeta)$的函数 $g(x(\zeta))=(x(\zeta)-\mu_x)^m$，那么 $x(\zeta)$的 m 阶中心矩定义为

$$\begin{aligned} c_x^{(m)} &\stackrel{\text{def}}{=} \mathrm{E}[(x(\zeta)-\mu_x)^m] \\ &= \int_{-\infty}^{\infty} (x-\mu_x)^m p(x)\mathrm{d}x \end{aligned} \tag{2.2.14}$$

特殊地，$c_x^{(0)}=1$；$c_x^{(1)}=0$；二阶中心矩 $c_x^{(2)}$ 就是 $x(\zeta)$的方差，记为 σ_x^2，定义为

$$\mathrm{Var}[x(\zeta)] \stackrel{\text{def}}{=} \sigma_x^2 \stackrel{\text{def}}{=} c_x^{(2)} = \mathrm{E}[(x(\zeta)-\mu_x)^2] \tag{2.2.15}$$

而 σ_x 称为 $x(\zeta)$的标准偏差，它是 $x(\zeta)$围绕其均值 μ_x 散布程度的度量。

随机变量 $x(\zeta)$的原点矩 $r_x^{(m)}$ 和中心矩 $c_x^{(m)}$ 之间的关系为

$$c_x^{(m)} = \sum_{k=0}^{m} \binom{m}{k} r_x^{(k)} (-\mu_x)^{m-k} \tag{2.2.16a}$$

$$r_x^{(m)} = \sum_{k=0}^{m} \binom{m}{k} c_x^{(k)} \mu_x^{m-k} \tag{2.2.16b}$$

式中，组合 $\binom{m}{k}=c_m^k=\frac{m!}{(m-k)!k!}$。特殊地，当 $m=2$ 时，可以得到

$$\sigma_x^2 = r_x^{(2)} - \mu_x^2 = \varphi_x^2 - \mu_x^2 \tag{2.2.17}$$

在随机变量 $x(\zeta)$的原点矩和中心矩中，均值 μ_x 和方差 σ_x^2 是两个具有重要意义的统计平均量。切比雪夫(chebyshev)不等式给出了随机变量的均值和方差的意义。设随机变量 $x(\zeta)$的均值为 μ_x，方差为 σ_x^2，则对于任意给定的正数 ε，有不等式

$$P\{|x(\zeta)-\mu_x|\geqslant\varepsilon\}\leqslant\frac{\sigma_x^2}{\varepsilon^2},\quad \varepsilon>0 \tag{2.2.18}$$

成立，该式称为切比雪夫不等式，它的意义是：随机变量 $x(\zeta)$偏离其均值 μ_x 的绝对值大于或等于任意给定正数 ε 的概率，小于或等于 σ_x^2/ε^2，且与 $p(x)$的具体表示式无关。很明显，对于给定的正数 ε，σ_x^2 较大的随机变量 $x(\zeta)$所对应的概率 $P\{|x(\zeta)-\mu_x|\geqslant\varepsilon\}$可能取较大的值，即 $x(\zeta)$相对于均值 μ_x 的离散程度较大，而 σ_x^2 较小的随机变量的离散程度则较小。

随机变量 $x(\zeta)$的概率密度函数 $p(x)$的分布曲线关于它的均值 μ_x 的倾斜程度用倾斜度(skewness)来表示。$x(\zeta)$的倾斜度与它的三阶中心矩有关。设随机变量 $x(\zeta)$的均值为 μ_x，标准偏差为 σ_x，三阶中心矩为 $c_x^{(3)}$，则其倾斜度 $\kappa_x^{(3)}$ 定义为归一化的三阶中心矩，即

$$\kappa_x^{(3)} \stackrel{\text{def}}{=} \mathrm{E}\left[\left(\frac{x(\zeta)-\mu_x}{\sigma_x}\right)^3\right]=\frac{1}{\sigma_x^3}c_x^{(3)} \tag{2.2.19}$$

倾斜度 $\kappa_x^{(3)}$ 是一个无量纲的量。如果 $p(x)$关于 μ_x 对称分布，则 $\kappa_x^{(3)}$ 为 0；如果 $p(x)$曲线向右倾斜，则 $\kappa_x^{(3)}$ 为正值；如果 $p(x)$曲线向左倾斜，则 $\kappa_x^{(3)}$ 为负值。

随机变量 $x(\zeta)$的概率密度函数 $p(x)$的分布曲线在其均值 μ_x附近的高峰程度用峰度(kurtosis)来表示，它是一个与 $x(\zeta)$的四阶中心矩 $c_x^{(4)}$ 有关的无量纲的量，定义为

$$\kappa_x^{(4)} \stackrel{\text{def}}{=} \mathrm{E}\left[\left(\frac{x(\zeta)-\mu_x}{\sigma_x}\right)^4\right]-3=\frac{1}{\sigma_x^4}c_x^{(4)}-3 \tag{2.2.20}$$

式中的“－3”项是为了在高斯分布时使其峰度等于零。

3. 随机变量的中值

设随机变量 $x(\zeta)$的概率密度函数为 $p(x)$，则将 $p(x)$一分为二，各占 1/2 面积的分界点，称为随机变量 $x(\zeta)$的中值，又称 $x(\zeta)$的中位数，记为 υ_x。

4. 随机变量的众数

设随机变量 $x(\zeta)$的概率密度函数为 $p(x)$，则 $p(x)$的峰值对应的 x 值，称为随机变量 $x(\zeta)$的众数，记为 ν_x。

2.2.4 一些常用的随机变量

随机变量的模型通常可以用一些有限的参数来描述复杂的物理现象。例如，一个正弦载波信号的随机相位一般用$(-\pi,\pi)$上均匀分布的随机变量来统计描述。这样就可以用数学上的统计方法研究随机信号的处理问题。下面我们将给出常用的六种随机变量的模型。

1. 均匀分布随机变量

在直线域 R 的区间(a,b)内服从均匀分布的随机变量 $x(\zeta)$，其概率密度函数 $p(x)$表示为

$$p(x)=\begin{cases}\dfrac{1}{b-a}, & a\leqslant x\leqslant b\\ 0, & x<a,x>b\end{cases} \tag{2.2.21}$$

如图 2.1 所示。

均匀分布随机变量 $x(\zeta)$的均值和方差分别为

$$\mu_x=\frac{a+b}{2}$$

$$\sigma_x^2=\frac{(b-a)^2}{12}$$

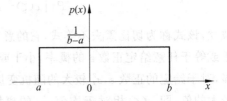

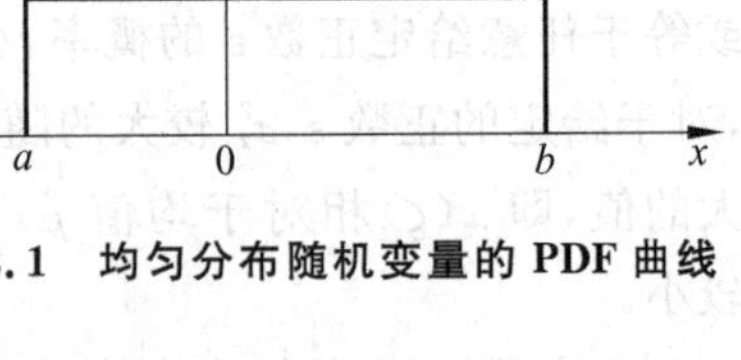

图 2.1 均匀分布随机变量的 PDF 曲线

2. 高斯分布随机变量

高斯分布随机变量是在许多应用中被广泛采用和研究方便的模型。一个均值为 μ_x，方差为 σ_x^2 的高斯分布随机变量 $x(\zeta)$，其概率密度函数 $p(x)$表示为

$$p(x)=\left(\frac{1}{2\pi\sigma_x^2}\right)^{1/2}\exp\left[-\frac{(x-\mu_x)^2}{2\sigma_x^2}\right] \tag{2.2.22}$$

如图 2.2 所示($\mu_x>0$ 的情况)。

显然,高斯分布随机变量 $x(\zeta)$的概率密度函数 $p(x)$完全由它的均值 μ_x 和方差 σ_x^2 来表示。这说明高斯分布随机变量的统计特性完全取决于它的前二阶矩：均值 μ_x 和方差 σ_x^2,是一种双参数分布的随机变量,这是它的重要特性之一。为了简明方便,通常把均值为 μ_x,方差为 σ_x^2 的高斯分布随机变量 $x(\zeta)$简记为 $x(\zeta)\sim\mathcal{N}(\mu_x,\sigma_x^2)$。高斯分布随机变量的所有高阶矩都可以由前面的两个矩来表示,即

$$c_x^{(m)}=\mathrm{E}[(x(\zeta)-\mu_x)^m]=\begin{cases}1, & m=0\\ 1\times3\times5\cdots(m-1)\sigma_x^m, & m=2,4,6,\cdots\\ 0, & m=1,3,5,\cdots\end{cases} \tag{2.2.23}$$

特别地,其四阶中心矩为

$$c_x^{(4)}=3\sigma_x^4 \tag{2.2.24}$$

于是,结合峰度的定义和表示式可见,高斯分布随机变量的峰度等于 0。

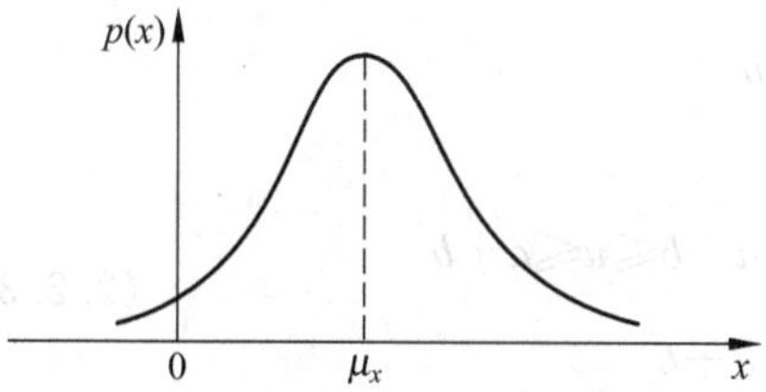

图 2.2　高斯分布随机变量的 PDF 曲线($\mu_x>0$)

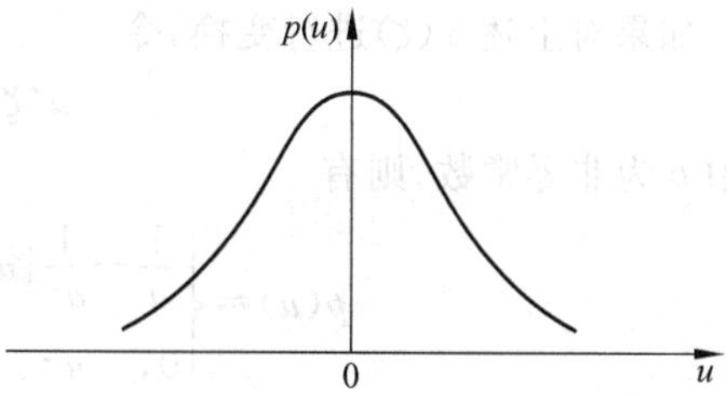

图 2.3　标准高斯分布随机变量的 PDF 曲线

如果对均值为 μ_x,方差为 σ_x^2 的高斯分布随机变量 $x(\zeta)$进行归一化处理,即令

$$u(\zeta)=\frac{x(\zeta)-\mu_x}{\sigma_x} \tag{2.2.25}$$

则有

$$p(u)=\left(\frac{1}{2\pi}\right)^{1/2}\exp\left(-\frac{u^2}{2}\right) \tag{2.2.26}$$

$u(\zeta)$是均值 $\mu_u=0$,方差 $\sigma_u^2=1$ 的标准高斯(正态)分布随机变量,简记为 $u(\zeta)\sim\mathcal{N}(0,1)$;其概率密度函数 $p(u)$如图 2.3 所示。标准高斯分布随机变量对问题的分析、研究和计算会带来很大的方便。标准高斯分布随机变量的一维累积分布函数(数学上常称为正态概率积分)定义为

$$\Phi(x)\overset{\text{def}}{=}\int_{-\infty}^{x}\left(\frac{1}{2\pi}\right)^{1/2}\exp\left(-\frac{u^2}{2}\right)\mathrm{d}u \tag{2.2.27}$$

而超过某个给定的 x 的概率称为互补累积分布函数,是标准高斯分布的右尾积分,即

$$Q(x)=1-\Phi(x)=\int_{x}^{\infty}\left(\frac{1}{2\pi}\right)^{1/2}\exp\left(-\frac{u^2}{2}\right)\mathrm{d}u \tag{2.2.28}$$

高斯分布随机变量及其概率密度函数有许多重要特点：以均值 μ_x 为对称分布；均

值 μ_x，众数 ν_x，中值（中位数）υ_x 相等；方差 σ_x^2 越大，$p(x)$ 曲线越平坦，反之，σ_x^2 越小，$p(x)$ 曲线越尖锐等。

3. 三角对称分布随机变量

在直线域 R 上的区间 $(-a,a)$ 内服从三角对称分布的随机变量 $x(\zeta)$，其概率密度函数 $p(x)$ 表示为

$$p(x)=\begin{cases}\dfrac{1}{a}-\dfrac{1}{a^2}|x|, & -a\leqslant x\leqslant a\\ 0, & x<-a, x>a\end{cases} \tag{2.2.29}$$

如图 2.4 所示。

上述三角对称分布随机变量 $x(\zeta)$ 的均值和方差分别为

$$\mu_x=0$$

$$\sigma_x^2=\frac{1}{6}a^2$$

显然，$x(\zeta)$ 是以均值 $\mu_x=0$ 为对称的随机变量。

如果对上述 $x(\zeta)$ 进行变换，令

$$u(\zeta)=x(\zeta)+b$$

式中 b 为非零常数，则有

$$p(u)=\begin{cases}\dfrac{1}{a}-\dfrac{1}{a^2}|u-b|, & -a+b\leqslant u\leqslant a+b\\ 0, & u<-a+b, u>a+b\end{cases} \tag{2.2.30}$$

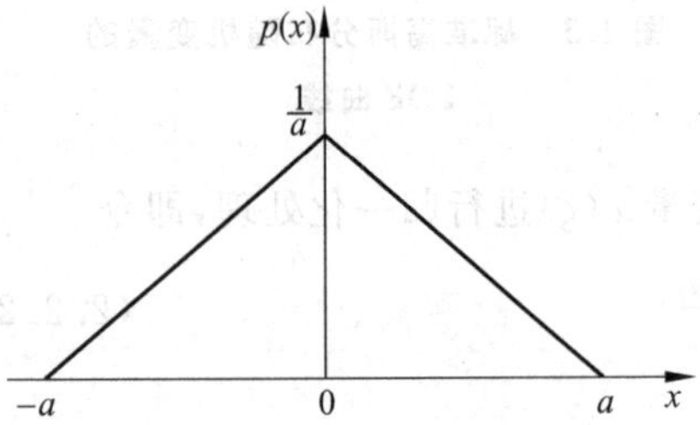

图 2.4　三角对称分布随机变量的 PDF 曲线

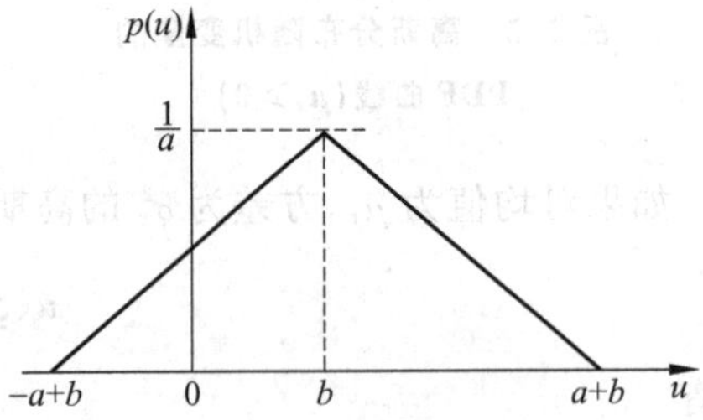

图 2.5　三角对称分布随机变量的 PDF 曲线（$0<b<a$）

如图 2.5 所示（$0<b<a$）。

随机变量 $u(\zeta)$ 的均值和方差分别为

$$\mu_u=b$$

$$\sigma_u^2=\frac{1}{6}a^2$$

它是以均值 $\mu_u=b$ 为对称的随机变量。

4. 单边、双边指数分布随机变量

若随机变量 $x(\zeta)$ 服从单边指数分布，则其概率密度函数 $p(x)$ 表示为

$$p(x)=\begin{cases}\lambda\exp[-\lambda(x-\beta)], & x\geqslant\beta\\ 0, & x<\beta\end{cases} \tag{2.2.31}$$

如图 2.6 所示($\beta>0$)。

单边指数分布随机变量 $x(\zeta)$的均值和方差分别为

$$\mu_x=\beta+\frac{1}{\lambda}$$

$$\sigma_x^2=\frac{1}{\lambda^2}$$

若随机变量 $x(\zeta)$服从双边指数分布，则其概率密度函数 $p(x)$表示为

$$p(x)=\frac{\lambda}{2}\exp(-\lambda|x-\beta|) \tag{2.2.32}$$

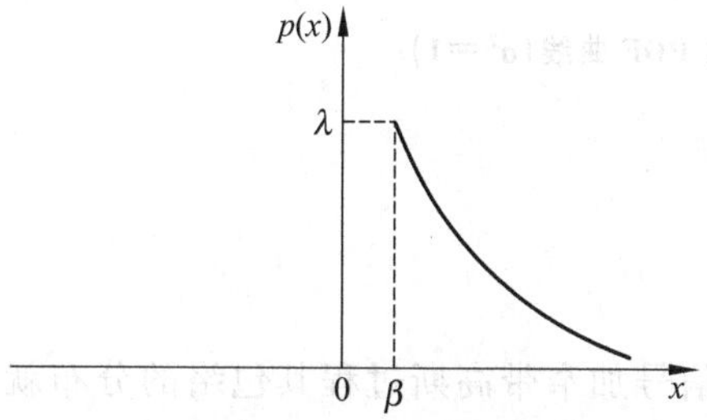

图 2.6　单边指数分布随机变量的 PDF 曲线($\beta>0$)

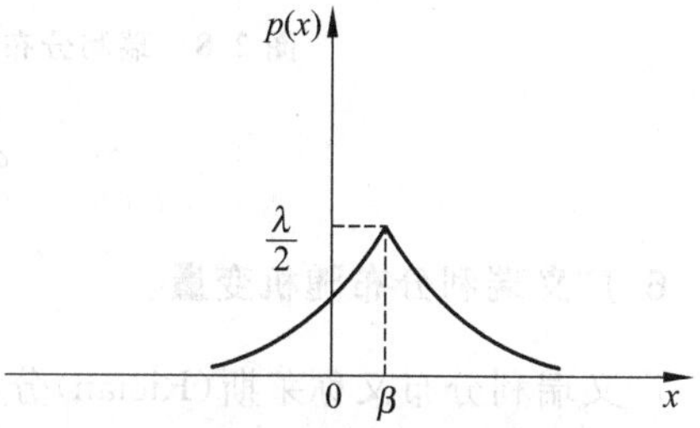

图 2.7　双边指数分布随机变量的 PDF 曲线($\beta>0$)

如图 2.7 所示($\beta>0$)。

双边指数分布随机变量 $x(\zeta)$的均值和方差分别为

$$\mu_x=\beta$$

$$\sigma_x^2=\frac{2}{\lambda^2}$$

5. 瑞利(Rayleigh)分布随机变量

如果随机变量 $x(\zeta)=[x_1^2(\zeta)+x_2^2(\zeta)]^{1/2}$，其中 $x_1(\zeta)\sim\mathcal{N}(0,\sigma^2)$，$x_2(\zeta)\sim\mathcal{N}(0,\sigma^2)$，且 $x_1(\zeta)$与 $x_2(\zeta)$相互统计独立，则 $x(\zeta)$是服从瑞利分布的随机变量。在实际中，高斯过程通过窄带线性系统后成为窄带高斯过程，其包络的分布属于瑞利分布；信号在信道中传输，其幅度的衰落通常也认为是服从瑞利分布的。若随机变量 $x(\zeta)$服从瑞利分布，则其概率密度函数 $p(x)$表示为

$$p(x)=\begin{cases}\dfrac{x}{\sigma^2}\exp\left(-\dfrac{x^2}{2\sigma^2}\right), & x\geqslant 0\\ 0, & x<0\end{cases} \tag{2.2.33}$$

如图 2.8 所示($\sigma^2=1$)。

瑞利分布随机变量 $x(\zeta)$的均值和方差分别为

$$\mu_x=\sqrt{\frac{\pi}{2}}\sigma$$

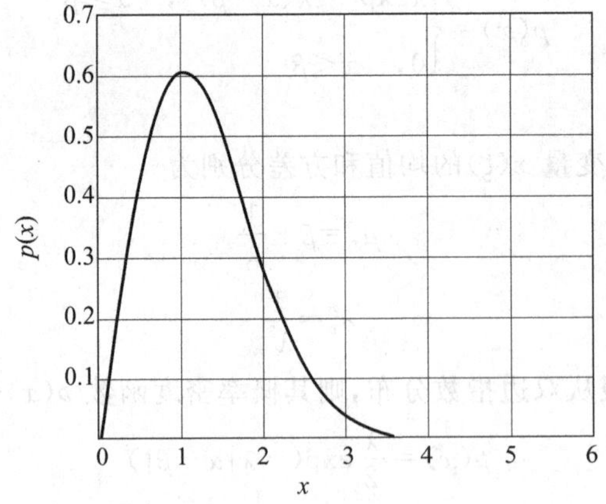

图 2.8　瑞利分布随机变量的 PDF 曲线($\sigma^2=1$)

$$\sigma_x^2=\frac{4-\pi}{2}\sigma^2$$

6. 广义瑞利分布随机变量

广义瑞利分布又称莱斯(Rician)分布。正弦信号加窄带高斯过程其包络的分布就服从广义瑞利分布。设正弦信号的振幅为 a，相位 θ 在 $(-\pi,\pi)$ 上均匀分布，高斯过程的均值为 0，方差为 σ^2，则广义瑞利分布随机变量 $x(\zeta)$ 的概率密度函数 $p(x)$ 表示为

$$p(x)=\begin{cases}\dfrac{x}{\sigma^2}\exp\left(-\dfrac{x^2+a^2}{2\sigma^2}\right)I_0\left(\dfrac{ax}{\sigma^2}\right), & x\geqslant 0\\ 0, \quad x<0\end{cases} \tag{2.2.34}$$

式中，$I_0(\cdot)$ 是第一类零阶修正贝塞尔函数(Bessel function)。

为了方便，进行归一化处理，即令

$$u=\frac{x}{\sigma}$$

并记 $d=a/\sigma$，则归一化的广义瑞利分布概率密度函数表示为

$$p(u)=\begin{cases}u\exp\left(-\dfrac{u^2+d^2}{2}\right)I_0(du), & u\geqslant 0\\ 0, \quad u<0\end{cases} \tag{2.2.35}$$

广义瑞利分布随机变量 $x(\zeta)$ 的概率密度函数 $p(x)$ 的曲线如图 2.9 所示。

广义瑞利分布随机变量 $x(\zeta)$ 的各阶矩由下式给出：

$$\begin{aligned} r_x^{(m)} &= \mathrm{E}[x^m(\zeta)] \\ &= (2\sigma^2)^{m/2}\Gamma\left(\frac{m}{2}+1\right){}_1\mathrm{F}_1\left(-\frac{m}{2};\ 1;\ -\frac{d^2}{2}\right) \end{aligned} \tag{2.2.36}$$

其中，$d^2=a^2/\sigma^2$，是输入功率信噪比；$\Gamma(\cdot)$ 是 Γ 函数；${}_1\mathrm{F}_1\left(-\frac{m}{2};\ 1;\ -\frac{d^2}{2}\right)$ 是合流超几何函数(库默尔函数)，其计算公式为

$${}_1\mathrm{F}_1(a;\ b;\ z)=1+\frac{a}{b}\ \frac{z}{1!}+\frac{a(a+1)}{b(b+1)}\ \frac{z^2}{2!}+\frac{a(a+1)(a+2)}{b(b+1)(b+2)}\ \frac{z^3}{3!}+\cdots \tag{2.2.37}$$

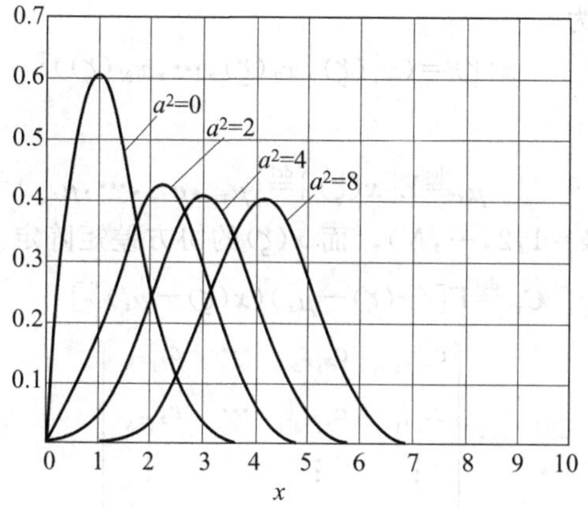

图 2.9　广义瑞利分布随机变量的 PDF 曲线($\sigma^2=1$)

2.2.5　随机矢量及其统计描述

在许多实际应用中，我们一般是通过信号的多次观测数据进行处理的，这就需要引入随机矢量的模型。随机矢量是随机变量的延伸，这里我们仅给出它的概念和用概率密度函数的统计描述，至于其统计平均量等统计特性主要将结合随机过程的统计描述来讨论。

1. 随机矢量的概念

设$(\Omega,\mathscr{F},P)$是一概率空间，$x_1(\zeta),x_2(\zeta),\cdots,x_N(\zeta)$是分别定义在该概率空间上的 N 个随机变量，则由这 N 个随机变量 $x_k(\zeta)(k=1,2,\cdots,N)$构成的矢量

$$\boldsymbol{x}(\zeta)=(x_1(\zeta),x_2(\zeta),\cdots,x_N(\zeta))^{\mathrm{T}} \tag{2.2.38}$$

称为 N 维随机矢量。符号“T”表示转置。

2. 随机矢量的概率密度函数

在 N 维随机矢量 $\boldsymbol{x}(\zeta)$中，同时考虑事件$\{x_1(\zeta)\leqslant x_1\},\{x_2(\zeta)\leqslant x_2\},\cdots,\{x_N(\zeta)\leqslant x_N\}$的概率 $P\{x_1(\zeta)\leqslant x_1,x_2(\zeta)\leqslant x_2,\cdots,x_N(\zeta)\leqslant x_N\}$取决于 $x_1,x_2,\cdots,x_N$ 的取值，用 $F(x_1,x_2,\cdots,x_N)$表示，即

$$\begin{aligned}F(\boldsymbol{x})&\stackrel{\text{def}}{=}F(x_1,x_2,\cdots,x_N)\\&=P\{x_1(\zeta)\leqslant x_1,x_2(\zeta)\leqslant x_2,\cdots,x_N(\zeta)\leqslant x_N\}\end{aligned} \tag{2.2.39}$$

称为随机矢量 $\boldsymbol{x}(\zeta)$的 N 维累积分布函数。

如果 $F(\boldsymbol{x})$对 $x_k(k=1,2,\cdots,N)$的 N 阶混合偏导数存在，则有

$$p(\boldsymbol{x})\stackrel{\text{def}}{=}p(x_1,x_2,\cdots,x_N)=\frac{\partial^N F(x_1,x_2,\cdots,x_N)}{\partial x_1\partial x_2\cdots\partial x_N} \tag{2.2.40}$$

式中，$p(\boldsymbol{x})$称为随机矢量 $\boldsymbol{x}(\zeta)$的 N 维联合概率密度函数，它是对 $\boldsymbol{x}(\zeta)$的完整的数学描述。

3. 均值矢量和协方差矩阵

N 维随机矢量 $\boldsymbol{x}(\zeta)$的均值矢量和协方差矩阵是它的主要统计特性。

设 N 维随机矢量为

$$\boldsymbol{x}(\zeta)=(x_1(\zeta),x_2(\zeta),\cdots,x_N(\zeta))^{\mathrm{T}}$$

则其均值矢量定义为

$$\boldsymbol{\mu}_x \stackrel{\text{def}}{=} \mathrm{E}[\boldsymbol{x}(\zeta)] \stackrel{\text{def}}{=} (\mu_{x_1},\mu_{x_2},\cdots,\mu_{x_N})^{\mathrm{T}} \tag{2.2.41}$$

式中，$\mu_{x_k}=\mathrm{E}[x_k(\zeta)](k=1,2,\cdots,N)$。而 $\boldsymbol{x}(\zeta)$ 的协方差矩阵定义为

$$\begin{aligned}\boldsymbol{C}_x &\stackrel{\text{def}}{=} \mathrm{E}[(\boldsymbol{x}(\zeta)-\boldsymbol{\mu}_x)(\boldsymbol{x}(\zeta)-\boldsymbol{\mu}_x)^{\mathrm{T}}] \\ &= \begin{bmatrix} c_{x_1x_1} & c_{x_1x_2} & \cdots & c_{x_1x_N} \\ c_{x_2x_1} & c_{x_2x_2} & \cdots & c_{x_2x_N} \\ \vdots & \vdots & & \vdots \\ c_{x_Nx_1} & c_{x_Nx_2} & \cdots & c_{x_Nx_N} \end{bmatrix}\end{aligned} \tag{2.2.42}$$

式中，$c_{x_jx_k}=\mathrm{E}[(x_j(\zeta)-\mu_{x_j})(x_k(\zeta)-\mu_{x_k})]=c_{x_kx_j}\ (j,k=1,2,\cdots,N)$ 称为随机变量 $x_j(\zeta)$ 与 $x_k(\zeta)$ 的协方差函数。随机矢量 $\boldsymbol{x}(\zeta)$ 的协方差矩阵是一对称方阵。我们将会看到，如果 $x_j(\zeta)$ 与 $x_k(\zeta)$ 互不相关，其中 $j\neq k$，则 $\boldsymbol{C}_x$ 将成为对角阵。

4. 统计独立性和独立同分布

随机矢量 $\boldsymbol{x}(\zeta)=(x_1(\zeta),x_2(\zeta),\cdots,x_N(\zeta))^{\mathrm{T}}$，如果对任意的 $N\geqslant 1$ 和所有的 $x_k(\zeta)$ $(k=1,2,\cdots,N)$，其 N 维联合概率密度函数 $p(\boldsymbol{x})$ 都能够表示为

$$p(\boldsymbol{x})=p(x_1,x_2,\cdots,x_N)=p(x_1)p(x_2)\cdots p(x_N) \tag{2.2.43}$$

则称随机变量 $x_1(\zeta),x_2(\zeta),\cdots,x_N(\zeta)$ 之间是相互统计独立的。在统计独立条件下，如果所有随机变量 $x_k(\zeta)(k=1,2,\cdots,N)$ 对于全部的 N 都有相同的一维概率密度函数，则称 $\boldsymbol{x}(\zeta)$ 是具有独立同分布(independent identical distribution，IID)的 N 维随机矢量。

5. 联合高斯随机矢量

无论在理论研究，还是在实际应用中，具有联合高斯分布的随机矢量都是一种非常重要、十分有用的随机矢量模型。

设有 N 维随机矢量

$$\boldsymbol{x}(\zeta)=(x_1(\zeta),x_2(\zeta),\cdots,x_N(\zeta))^{\mathrm{T}}$$

对于任意 N 维常值(非零)矢量

$$\boldsymbol{a}^{\mathrm{T}}=(a_1,a_2,\cdots,a_N)$$

当且仅当满足

$$a_1x_1(\zeta)+a_2x_2(\zeta)+\cdots+a_Nx_N(\zeta)$$

是高斯随机变量时，称 $x_k(\zeta)(k=1,2,\cdots,N)$ 是联合高斯随机变量，$\boldsymbol{x}(\zeta)$ 是 N 维联合高斯随机矢量。

N 维联合高斯随机矢量 $\boldsymbol{x}(\zeta)$ 的 N 维联合概率密度函数完全由均值矢量 $\boldsymbol{\mu}_x$ 和协方差矩阵 $\boldsymbol{C}_x$ 决定，表示为

$$p(\boldsymbol{x})=\frac{1}{(2\pi)^{N/2}|\boldsymbol{C}_x|^{1/2}}\exp\left[-\frac{1}{2}(\boldsymbol{x}-\boldsymbol{\mu}_x)^{\mathrm{T}}\boldsymbol{C}_x^{-1}(\boldsymbol{x}-\boldsymbol{\mu}_x)\right] \tag{2.2.44}$$

式中，$|C_x|$是协方差矩阵C_x的行列式；C_x^{-1}是C_x的逆矩阵。所以，N维联合高斯随机矢量可简记为$\boldsymbol{x}(\zeta)\sim\mathcal{N}(\boldsymbol{\mu}_x,\boldsymbol{C}_x)$。

联合高斯随机矢量具有许多很重要的性质，这里我们不加证明地给出其中三个最主要的性质。

(1) N维联合高斯随机矢量$\boldsymbol{x}(\zeta)$的每一个分量$x_k(\zeta)(k=1,2,\cdots,N)$都服从一维高斯分布。

该性质说明，N维联合高斯随机矢量$\boldsymbol{x}(\zeta)$的边缘分布仍是高斯分布的。所以，也可以这样定义N维联合高斯随机矢量：如果N维随机矢量$\boldsymbol{x}(\zeta)$的每一个分量$x_k(\zeta)(k=1,2,\cdots,N)$都是服从高斯分布的，则称$\boldsymbol{x}(\zeta)$是$N$维联合高斯随机矢量。

(2) 联合高斯随机矢量$\boldsymbol{x}(\zeta)$的线性变换仍然是联合高斯随机矢量，称为联合高斯随机矢量的线性变换不变性。

设N维联合高斯随机矢量$\boldsymbol{x}(\zeta)$的均值矢量为$\boldsymbol{\mu}_x$，协方差矩阵为$\boldsymbol{C}_x$，而$\boldsymbol{A}$为任意$M\times N$常值(非零)矩阵，则

$$\boldsymbol{y}(\zeta)=\boldsymbol{A}\boldsymbol{x}(\zeta)$$

是服从M维联合高斯分布的随机矢量，其均值矢量为$\boldsymbol{A}\boldsymbol{\mu}_x$，协方差矩阵为$\boldsymbol{A}\boldsymbol{C}_x\boldsymbol{A}^{\mathrm{T}}$，可简记为$\boldsymbol{y}(\zeta)\sim\mathcal{N}(\boldsymbol{A}\boldsymbol{\mu}_x,\boldsymbol{A}\boldsymbol{C}_x\boldsymbol{A}^{\mathrm{T}})$。

例 2.2.1　设四维联合高斯随机矢量

$$\boldsymbol{x}(\zeta)=(x_1(\zeta),x_2(\zeta),x_3(\zeta),x_4(\zeta))^{\mathrm{T}}$$

的均值矢量$\boldsymbol{\mu}_x$和协方差矩阵$\boldsymbol{C}_x$分别为

$$\boldsymbol{\mu}_x=\begin{bmatrix}2\\1\\1\\0\end{bmatrix},\quad \boldsymbol{C}_x=\begin{bmatrix}6&3&2&1\\3&4&3&2\\2&3&4&3\\1&2&3&3\end{bmatrix}$$

试求其二维随机矢量$(x_1(\zeta),x_2(\zeta))^{\mathrm{T}}$的分布；若$\boldsymbol{x}(\zeta)$的线性变换为

$$\boldsymbol{y}(\zeta)=(2x_1(\zeta),x_1(\zeta)+2x_2(\zeta),x_3(\zeta)+x_4(\zeta))^{\mathrm{T}}$$

求$\boldsymbol{y}(\zeta)$的分布。

解　根据联合高斯随机矢量的第一个性质，可知$(x_1(\zeta),x_2(\zeta))^{\mathrm{T}}$是服从二维联合高斯分布的随机矢量，其均值矢量为$(2,1)^{\mathrm{T}}$，协方差矩阵为$\begin{bmatrix}6&3\\3&4\end{bmatrix}$。

设$\boldsymbol{x}(\zeta)$的线性变换为

$$\boldsymbol{y}(\zeta)=\boldsymbol{A}\boldsymbol{x}(\zeta)=(2x_1(\zeta),x_1(\zeta)+2x_2(\zeta),x_3(\zeta)+x_4(\zeta))^{\mathrm{T}}$$

则变换矩阵$\boldsymbol{A}$为

$$\boldsymbol{A}=\begin{bmatrix}2&0&0&0\\1&2&0&0\\0&0&1&1\end{bmatrix}$$

根据联合高斯随机矢量的第二个性质，我们知道，三维随机矢量$\boldsymbol{y}(\zeta)$是服从三维联合高斯分布的随机矢量，其均值矢量$\boldsymbol{\mu}_y$和协方差矩阵$\boldsymbol{C}_y$分别为

$$\boldsymbol{\mu}_y=\boldsymbol{A}\boldsymbol{\mu}_x=\begin{bmatrix}2&0&0&0\\1&2&0&0\\0&0&1&1\end{bmatrix}\begin{bmatrix}2\\1\\1\\0\end{bmatrix}=\begin{bmatrix}4\\4\\1\end{bmatrix}$$

和

$$\boldsymbol{C}_y=\boldsymbol{A}\boldsymbol{C}_x\boldsymbol{A}^{\mathrm{T}}=\begin{bmatrix}2&0&0&0\\1&2&0&0\\0&0&1&1\end{bmatrix}\begin{bmatrix}6&3&2&1\\3&4&3&2\\2&3&4&3\\1&2&3&3\end{bmatrix}\begin{bmatrix}2&1&0\\0&2&0\\0&0&1\\0&0&1\end{bmatrix}=\begin{bmatrix}24&24&6\\24&34&13\\6&13&13\end{bmatrix}$$

(3) N 维联合高斯随机矢量 $\boldsymbol{x}(\zeta)$ 的各分量 $x_k(\zeta)(k=1,2,\cdots,N)$ 之间的互不相关性与相互统计独立性的等价性。

设 $\boldsymbol{x}(\zeta)$ 的各分量 $x_k(\zeta)\sim\mathcal{N}(\mu_{x_k},\sigma_{x_k}^2)$，则 $\boldsymbol{x}(\zeta)$ 的均值矢量为

$$\boldsymbol{\mu}_x=(\mu_{x_1},\mu_{x_2},\cdots,\mu_{x_N})^{\mathrm{T}}$$

当 $x_k(\zeta)(k=1,2,\cdots,N)$ 之间互不相关时，则 $\boldsymbol{x}(\zeta)$ 的协方差矩阵为

$$\boldsymbol{C}_x=\begin{bmatrix}c_{x_1x_1}&0&\cdots&0\\0&c_{x_2x_2}&\cdots&0\\\vdots&\vdots&&\vdots\\0&0&\cdots&c_{x_Nx_N}\end{bmatrix}\overset{\text{def}}{=}\begin{bmatrix}\sigma_{x_1}^2&0&\cdots&0\\0&\sigma_{x_2}^2&\cdots&0\\\vdots&\vdots&&\vdots\\0&0&\cdots&\sigma_{x_N}^2\end{bmatrix}$$

式中，

$$c_{x_jx_k}=\mathrm{E}[(x_j(\zeta)-\mu_{x_j})(x_k(\zeta)-\mu_{x_k})]=c_{x_kx_j},\quad j,k=1,2,\cdots,N$$

$$c_{x_kx_k}\overset{\text{def}}{=}\sigma_{x_k}^2,\quad k=1,2,\cdots,N$$

在这种情况下，由(2.2.44)式容易得到

$$p(\boldsymbol{x})=\frac{1}{(2\pi)^{N/2}\prod_{k=1}^{N}\sigma_{x_k}}\exp\left[-\sum_{k=1}^{N}\frac{(x_k-\mu_{x_k})^2}{2\sigma_{x_k}^2}\right]=\prod_{k=1}^{N}p(x_k)\tag{2.2.45}$$

这表明 $x_k(\zeta)(k=1,2,\cdots,N)$ 之间是相互统计独立的。进而，如果 $\boldsymbol{x}(\zeta)$ 是独立同分布的，即 $\mu_{x_k}=\mu_x,\sigma_{x_k}^2=\sigma_x^2(k=1,2,\cdots,N)$，则

$$p(\boldsymbol{x})=\left(\frac{1}{2\pi\sigma_x^2}\right)^{N/2}\exp\left[-\sum_{k=1}^{N}\frac{(x_k-\mu_x)^2}{2\sigma_x^2}\right]\tag{2.2.46}$$

联合高斯随机矢量可简称为高斯随机矢量。

2.2.6 随机变量的函数

在信号处理中经常涉及信号的变换问题。如果已知变换前随机变量的概率密度函数，我们需确定变换后的随机变量的概率密度函数，这就是雅可比变换(Jacobian transformation)。

1. 一维随机变量的情况

设一维随机变量为 $x(\zeta)$，它的概率密度函数 $p(x)$ 已知。若 $x(\zeta)$ 的一个函数为

$$y(\zeta)=g(x(\zeta))\tag{2.2.47}$$

该函数也是一维随机变量。若它的反函数存在，即有

$$x(\zeta)=h(y(\zeta)) \tag{2.2.48}$$

且连续可导，则 $y(\zeta)$ 的概率密度函数为

$$p(y)=p[x=h(y)]|J| \tag{2.2.49}$$

这种变换称为一维雅可比变换，其中雅可比 $J=\dfrac{\mathrm{d}h(y)}{\mathrm{d}y}$，$|\cdot|$ 是绝对值符号。一维雅可比变换的证明留作习题。

2. N 维随机矢量的情况

若 N 维随机矢量 $\boldsymbol{x}(\zeta)=(x_1(\zeta),x_2(\zeta),\cdots,x_N(\zeta))^{\mathrm{T}}$，其 N 维联合概率密度函数 $p(\boldsymbol{x})=p(x_1,x_2,\cdots,x_N)$ 已知，它的函数为

$$y_k(\zeta)=g_k(x_1(\zeta),x_2(\zeta),\cdots,x_N(\zeta)),\quad k=1,2,\cdots,N \tag{2.2.50}$$

如果它的反函数

$$x_k(\zeta)=h_k(y_1(\zeta),y_2(\zeta),\cdots,y_N(\zeta)),\quad k=1,2,\cdots,N \tag{2.2.51}$$

存在，且对 $y_k(k=1,2,\cdots,N)$ 连续可导，则 N 维随机矢量 $\boldsymbol{y}(\zeta)=(y_1(\zeta),y_2(\zeta),\cdots,y_N(\zeta))^{\mathrm{T}}$ 的 N 维联合概率密度函数为

$$\begin{aligned}p(\boldsymbol{y})&=p(y_1,y_2,\cdots,y_N)\\&=p[x_1=h_1(y_1,y_2,\cdots,y_N),x_2=h_2(y_1,y_2,\cdots,y_N),\cdots,\\&\qquad x_N=h_N(y_1,y_2,\cdots,y_N)]|J|\end{aligned} \tag{2.2.52}$$

这种变换称为 N 维雅可比变换，其中雅可比行列式 J 由

$$J=\begin{vmatrix}\dfrac{\partial h_1(\cdot)}{\partial y_1} & \dfrac{\partial h_1(\cdot)}{\partial y_2} & \cdots & \dfrac{\partial h_1(\cdot)}{\partial y_N}\\ \dfrac{\partial h_2(\cdot)}{\partial y_1} & \dfrac{\partial h_2(\cdot)}{\partial y_2} & \cdots & \dfrac{\partial h_2(\cdot)}{\partial y_N}\\ \vdots & \vdots & & \vdots\\ \dfrac{\partial h_N(\cdot)}{\partial y_1} & \dfrac{\partial h_N(\cdot)}{\partial y_2} & \cdots & \dfrac{\partial h_N(\cdot)}{\partial y_N}\end{vmatrix} \tag{2.2.53}$$

给出，它是 N 阶方阵的行列式。

2.2.7　随机变量的特征函数

我们知道，随机变量 $x(\zeta)$ 的概率密度函数 $p(x)$ 是其统计特性的完整数学描述。在求相互统计独立随机变量之和的概率密度函数时，特征函数是非常有用的；另外，它也可以用来求随机变量的各阶矩。因此，有必要讨论随机变量的特征函数问题。这里仅限于连续随机变量的情况。

1. 随机变量特征函数的定义

设 $x(\zeta)$ 是连续型随机变量，其概率密度函数为 $p(x)$，则复值随机变量 $\exp(\mathrm{j}\omega x)$ 的均值

$$\begin{aligned}G_x(\omega)&\stackrel{\mathrm{def}}{=}\mathrm{E}[\exp(\mathrm{j}\omega x)]=\mathrm{E}[\cos\omega x+\mathrm{j}\sin\omega x]\\&=\int_{-\infty}^{\infty}p(x)\exp(\mathrm{j}\omega x)\mathrm{d}x\end{aligned} \tag{2.2.54}$$

称为 $x(\zeta)$的特征函数，记为 $G_x(\omega)$。可见，随机变量 $x(\zeta)$的特征函数 $G_x(\omega)$是它的概率密度函数 $p(x)$的傅里叶变换（实际上它是通常傅里叶变换的复共轭）。在已知 $x(\zeta)$特征函数 $G_x(\omega)$的情况下，通过傅里叶逆变换可获得其概率密度函数 $p(x)$，即

$$p(x)=\frac{1}{2\pi}\int_{-\infty}^{\infty}G_x(\omega)\exp(-\mathrm{j}\omega x)\mathrm{d}\omega \tag{2.2.55}$$

所以，$x(\zeta)$的 $p(x)$和 $G_x(\omega)$构成一对傅里叶变换对。

2. 特征函数的主要性质

(1) 特征函数存在的必然性

设随机变量 $x(\zeta)$的特征函数为 $G_x(\omega)$，则有

$$\begin{aligned}|G_x(\omega)| &= \left|\int_{-\infty}^{\infty}p(x)\exp(\mathrm{j}\omega x)\mathrm{d}x\right| \\ &\leqslant \int_{-\infty}^{\infty}p(x)\,|\exp(\mathrm{j}\omega x)|\,\mathrm{d}x \\ &= \int_{-\infty}^{\infty}p(x)\mathrm{d}x=1\end{aligned} \tag{2.2.56}$$

或者写成

$$|G_x(\omega)|\leqslant|G_x(0)|=1 \tag{2.2.57}$$

所以，$x(\zeta)$的 $G_x(\omega)$总是存在的。

(2) 随机变量线性变换的特征函数

如果随机变量 $x(\zeta)$的线性变换为

$$y(\zeta)=g(x(\zeta))=ax(\zeta)+b \tag{2.2.58}$$

其中，a，b 均为常数，则其特征函数 $G_y(\omega)$为

$$\begin{aligned}G_y(\omega)&=\mathrm{E}[\exp(\mathrm{j}\omega y)]=\mathrm{E}[\exp(\mathrm{j}\omega a x)\exp(\mathrm{j}\omega b)] \\ &=G_x(a\omega)\exp(\mathrm{j}\omega b)\end{aligned} \tag{2.2.59}$$

(3) 相互统计独立随机变量之和的特征函数

设任意 N 个相互统计独立的随机变量为 $x_k(\zeta)(k=1,2,\cdots,N)$，则其 N 维联合概率密度函数为

$$p(x_1,x_2,\cdots,x_N)=p(x_1)p(x_2)\cdots p(x_N) \tag{2.2.60}$$

若 $x_k(\zeta)$的特征函数为 $G_{x_k}(\omega)(k=1,2,\cdots,N)$，则对于和

$$x_s(\zeta)=\sum_{k=1}^{N}x_k(\zeta) \tag{2.2.61}$$

其特征函数为

$$\begin{aligned}G_{x_s}(\omega)&=\mathrm{E}[\exp(\mathrm{j}\omega x_s)] \\ &=\mathrm{E}[\exp(\mathrm{j}\omega x_1)\exp(\mathrm{j}\omega x_2)\cdots\exp(\mathrm{j}\omega x_N)] \\ &=\int_{-\infty}^{\infty}\int_{-\infty}^{\infty}\cdots\int_{-\infty}^{\infty}p(x_1)p(x_2)\cdots p(x_N)\exp(\mathrm{j}\omega x_1)\exp(\mathrm{j}\omega x_2)\cdots\exp(\mathrm{j}\omega x_N)\mathrm{d}x_1\mathrm{d}x_2\cdots\mathrm{d}x_N \\ &=\int_{-\infty}^{\infty}p(x_1)\exp(\mathrm{j}\omega x_1)\mathrm{d}x_1\int_{-\infty}^{\infty}p(x_2)\exp(\mathrm{j}\omega x_2)\mathrm{d}x_2\cdots\int_{-\infty}^{\infty}p(x_N)\exp(\mathrm{j}\omega x_N)\mathrm{d}x_N \\ &=G_{x_1}(\omega)G_{x_2}(\omega)\cdots G_{x_N}(\omega)\end{aligned} \tag{2.2.62}$$

这样，$x_s(\zeta)$ 的概率密度函数为

$$p(x_s)=p(x_1)*p(x_2)*\cdots*p(x_N) \tag{2.2.63}$$

例 2.2.2　设相互统计独立随机变量 $x_1(\zeta)$ 和 $x_2(\zeta)$ 的概率密度函数分别为

$$p(x_1)=\left(\frac{1}{2\pi}\right)^{1/2}\exp\left(-\frac{x_1^2}{2}\right)$$

和

$$p(x_2)=\left(\frac{1}{2\pi}\right)^{1/2}\exp\left(-\frac{x_2^2}{2}\right)$$

令二者之和为

$$x_s(\zeta)=x_1(\zeta)+x_2(\zeta)$$

求 $x_s(\zeta)$ 的概率密度函数 $p(x_s)$。

解　$x_1(\zeta)$ 与 $x_2(\zeta)$ 的二维联合概率密度函数为

$$p(x_1,x_2)=p(x_1)p(x_2)=\frac{1}{2\pi}\exp\left(-\frac{x_1^2+x_2^2}{2}\right)$$

首先用二维雅可比变换法求解 $p(x_s)$。

记

$$x_s(\zeta)=x_1(\zeta)+x_2(\zeta)\stackrel{\text{def}}{=}g_1(x_1(\zeta),x_2(\zeta))$$
$$x_2(\zeta)=x_2(\zeta)\stackrel{\text{def}}{=}g_2(x_2(\zeta))$$

则有

$$x_1(\zeta)=x_s(\zeta)-x_2(\zeta)\stackrel{\text{def}}{=}h_1(x_s(\zeta),x_2(\zeta))$$
$$x_2(\zeta)=x_2(\zeta)\stackrel{\text{def}}{=}h_2(x_2(\zeta))$$

这样，雅可比行列式 J 为

$$J=\begin{vmatrix}\dfrac{\partial h_1(\cdot)}{\partial x_s} & \dfrac{\partial h_1(\cdot)}{\partial x_2}\\ \dfrac{\partial h_2(\cdot)}{\partial x_s} & \dfrac{\partial h_2(\cdot)}{\partial x_2}\end{vmatrix}=\begin{vmatrix}1 & -1\\ 0 & 1\end{vmatrix}=1$$

于是可得

$$\begin{aligned}p(x_s,x_2)&=p(x_1=x_s-x_2,x_2=x_2)|J|\\&=\frac{1}{2\pi}\exp\left[-\frac{(x_s-x_2)^2+x_2^2}{2}\right]\\&=\frac{1}{2\pi}\exp\left[-\left(x_2^2-x_sx_2+\frac{x_s^2}{2}\right)\right]\end{aligned}$$

再利用求边缘概率密度函数的方法，最终得到

$$\begin{aligned}p(x_s)&=\int_{-\infty}^{\infty}p(x_s,x_2)\mathrm{d}x_2\\&=\frac{1}{2\pi}\int_{-\infty}^{\infty}\exp\left[-\left(x_2^2-x_sx_2+\frac{x_s^2}{2}\right)\right]\mathrm{d}x_2\\&=\frac{1}{2\pi}\pi^{1/2}\exp\left(-\frac{x_s^2}{2}+\frac{x_s^2}{4}\right)\\&=\frac{1}{2\pi^{1/2}}\exp\left(-\frac{x_s^2}{4}\right)\end{aligned}$$

下面再用特征函数法求解 $p(x_s)$。

随机变量 $x_1(\zeta)$ 和 $x_2(\zeta)$ 的特征函数分别为

$$\begin{aligned}G_{x_1}(\omega) &= \int_{-\infty}^{\infty} p(x_1)\exp(\mathrm{j}\omega x_1)\mathrm{d}x_1 \\ &= \left(\frac{1}{2\pi}\right)^{1/2}\int_{-\infty}^{\infty}\exp\left[-\left(\frac{x_1^2}{2}-\mathrm{j}\omega x_1\right)\right]\mathrm{d}x_1 \\ &= \left(\frac{1}{2\pi}\right)^{1/2}(2\pi)^{1/2}\exp\left(-\frac{\omega^2}{2}\right) \\ &= \exp\left(-\frac{\omega^2}{2}\right)\end{aligned}$$

同样地，可得

$$G_{x_2}(\omega)=\exp\left(-\frac{\omega^2}{2}\right)$$

根据随机变量特征函数的第三个性质可得

$$G_{x_s}(\omega)=G_{x_1}(\omega)G_{x_2}(\omega)=\exp(-\omega^2)$$

于是，$x_s(\zeta)$的概率密度函数 $p(x_s)$为

$$\begin{aligned}p(x_s) &= \frac{1}{2\pi}\int_{-\infty}^{\infty} G_{x_s}(\omega)\exp(-\mathrm{j}\omega x_s)\mathrm{d}\omega \\ &= \frac{1}{2\pi}\int_{-\infty}^{\infty}\exp[-(\omega^2+\mathrm{j}\omega x_s)]\mathrm{d}\omega \\ &= \frac{1}{2\pi}\pi^{1/2}\exp\left[\left(-\frac{\mathrm{j}x_s}{2}\right)^2\right] \\ &= \frac{1}{2\pi^{1/2}}\exp\left(-\frac{x_s^2}{4}\right)\end{aligned}$$

这与采用二维雅可比变换法所得结果是一样的。对于大于两个相互统计独立随机变量之和的情况，采用特征函数法求和的概率密度函数会比较容易。

3. N 个相互统计独立高斯随机变量之和的概率密度函数

现在利用随机变量的特征函数及其性质，研究一种特殊的，但在实际中非常重要和十分有用的情况，即 N 个相互统计独立的高斯随机变量之和的特征函数及其概率密度函数。设随机变量 $x_k(\zeta)$是均值为 μ_{x_k}，方差为 $\sigma_{x_k}^2(k=1,2,\cdots,N)$的相互统计独立的高斯随机变量，则其特征函数 $G_{x_k}(\omega)$为

$$G_{x_k}(\omega)=\exp\left(\mathrm{j}\omega\mu_{x_k}-\frac{\omega^2}{2}\sigma_{x_k}^2\right) \tag{2.2.64}$$

其求解过程见附录 2A。

若

$$x_s(\zeta)\overset{\text{def}}{=}\sum_{k=1}^{N}x_k(\zeta) \tag{2.2.65}$$

利用特征函数的第三个性质，则有

$$\begin{aligned}G_{x_s}(\omega) &= \prod_{k=1}^{N}G_{x_k}(\omega)=\prod_{k=1}^{N}\exp\left(\mathrm{j}\omega\mu_{x_k}-\frac{\omega^2}{2}\sigma_{x_k}^2\right) \\ &= \exp\left(\mathrm{j}\omega\sum_{k=1}^{N}\mu_{x_k}-\frac{\omega^2}{2}\sum_{k=1}^{N}\sigma_{x_k}^2\right)\end{aligned} \tag{2.2.66}$$

由此可以得出一个重要结论：N 个相互统计独立的高斯随机变量之和 $x_s(\zeta)=\sum\limits_{k=1}^{N}x_k(\zeta)$

仍然是高斯分布的，其均值 $\mu_{x_s}=\sum_{k=1}^{N}\mu_{x_k}$，方差 $\sigma_{x_s}^2=\sum_{k=1}^{N}\sigma_{x_k}^2$。

特殊地，如果 $x_k(\zeta)(k=1,2,\cdots,N)$ 是独立同分布的高斯随机变量，即 $\mu_{x_k}=\mu_x,\sigma_{x_k}^2=\sigma_x^2(k=1,2,\cdots,N)$，则有

$$G_{x_s}(\omega)=\exp\left(j\omega N\mu_x-\frac{\omega^2}{2}N\sigma_x^2\right) \tag{2.2.67}$$

即高斯随机变量 $x_s(\zeta)$ 的均值为 $N\mu_x$，方差为 $N\sigma_x^2$。

现在令

$$x_a(\zeta)\stackrel{\text{def}}{=}\frac{1}{N}\sum_{k=1}^{N}x_k(\zeta) \tag{2.2.68}$$

则在 $x_k(\zeta)$ 是均值为 μ_{x_k}，方差为 $\sigma_{x_k}^2(k=1,2,\cdots,N)$ 的相互统计独立的高斯随机变量情况下，根据特征函数的第二个性质，有

$$G_{x_a}(\omega)=\exp\left(j\omega\frac{1}{N}\sum_{k=1}^{N}\mu_{x_k}-\frac{\omega^2}{2}\frac{1}{N^2}\sum_{k=1}^{N}\sigma_{x_k}^2\right) \tag{2.2.69}$$

即 $x_a(\zeta)$ 是均值为 $\mu_{x_a}=\frac{1}{N}\sum_{k=1}^{N}\mu_{x_k}$，方差为 $\sigma_{x_a}^2=\frac{1}{N^2}\sum_{k=1}^{N}\sigma_{x_k}^2$ 的高斯随机变量。

特殊地，如果 $x_k(\zeta)$ 是独立同分布的高斯随机变量，即 $\mu_{x_k}=\mu_x,\sigma_{x_k}^2=\sigma_x^2(k=1,2,\cdots,N)$，则

$$G_{x_a}(\omega)=\exp\left(j\omega\mu_x-\frac{\omega^2}{2}\frac{1}{N}\sigma_x^2\right) \tag{2.2.70}$$

在这种情况下，$x_a(\zeta)$ 是均值为 $\mu_{x_a}=\mu_x$，方差为 $\sigma_{x_a}^2=\frac{1}{N}\sigma_x^2$ 的高斯随机变量。

4. 随机变量的特征函数与原点矩之间的关系

设随机变量 $x(\zeta)$ 的概率密度函数为 $p(x)$，我们知道，其 m 阶原点矩为

$$r_x^{(m)}\stackrel{\text{def}}{=}E[x^m(\zeta)]=\int_{-\infty}^{\infty}x^m p(x)dx \tag{2.2.71}$$

求解时需要进行积分运算，但有时并不方便，而利用特征函数求 $x(\zeta)$ 的 m 阶原点矩往往较容易。为简明，下面将 $E[x^m(\zeta)]$ 简记为 $E(x^m)$。

为了获得随机变量 $x(\zeta)$ 的特征函数 $G_x(\omega)$ 与 m 阶原点矩 $r_x^{(m)}$ 之间的关系，将 $x(\zeta)$ 的 $G_x(\omega)$ 对 ω 求导，由 $G_x(\omega)$ 的定义式得

$$\frac{dG_x(\omega)}{d\omega}=\int_{-\infty}^{\infty}jxp(x)\exp(j\omega x)dx \tag{2.2.72}$$

从而有

$$-j\frac{dG_x(\omega)}{d\omega}=\int_{-\infty}^{\infty}xp(x)\exp(j\omega x)dx \tag{2.2.73}$$

等式两边令 $\omega=0$，则有

$$-j\frac{dG_x(\omega)}{d\omega}\bigg|_{\omega=0}=\int_{-\infty}^{\infty}xp(x)dx=E(x) \tag{2.2.74}$$

从而由 $x(\zeta)$ 的 $G_x(\omega)$ 求得 $x(\zeta)$ 的一阶原点矩 $E(x)$，即 $x(\zeta)$ 的均值。

类似地，将 $x(\zeta)$ 的 $G_x(\omega)$ 对 ω 求 m 阶导数，会得到

$$(-\mathrm{j})^m \frac{\mathrm{d}^m G_x(\omega)}{\mathrm{d}\omega^m}\bigg|_{\omega=0} = \int_{-\infty}^{\infty} x^m p(x)\mathrm{d}x = \mathrm{E}(x^m) \stackrel{\text{def}}{=} r_x^{(m)} \tag{2.2.75}$$

即由 $x(\zeta)$ 的 $G_x(\omega)$ 可求得 $x(\zeta)$ 的 m 阶原点矩。

若将 $x(\zeta)$ 的 $G_x(\omega)$ 展开成泰勒级数，并利用

$$\frac{\mathrm{d}^m G_x(\omega)}{\mathrm{d}\omega^m}\bigg|_{\omega=0} = \mathrm{j}^m \int_{-\infty}^{\infty} x^m p(x)\mathrm{d}x = \mathrm{j}^m \mathrm{E}(x^m) \stackrel{\text{def}}{=} \mathrm{j}^m r_x^{(m)}$$

的关系，则容易得到 $x(\zeta)$ 的 $G_x(\omega)$ 与 $r_x^{(m)}$ 的关系式为

$$\begin{aligned} G_x(\omega) &= \sum_{m=0}^{\infty} \frac{\omega^m}{m!}\left[\frac{\mathrm{d}^m G_x(\omega)}{\mathrm{d}\omega^m}\bigg|_{\omega=0}\right] \\ &= \sum_{m=0}^{\infty} \frac{\omega^m}{m!}\mathrm{j}^m \mathrm{E}(x^m) \\ &= \sum_{m=0}^{\infty} \frac{(\mathrm{j}\omega)^m}{m!} r_x^{(m)} \end{aligned} \tag{2.2.76}$$

例 2.2.3 设随机变量 $x(\zeta)$ 是均值为 μ_x，方差为 σ_x^2 的高斯随机变量，利用其特征函数 $G_x(\omega)$ 求它的前六阶原点矩 $r_x^{(m)}$ $(m=1,2,\cdots,6)$。

解 已知 $x(\zeta)$ 的特征函数为

$$G_x(\omega)=\exp\left(\mathrm{j}\omega\mu-\frac{\omega^2}{2}\sigma_x^2\right)$$

所以，利用(2.2.75)式可求得 $x(\zeta)$ 的各阶原点矩，其中前六阶原点矩分别为

$$r_x^{(1)}=\mathrm{E}(x)=-\mathrm{j}\left[\exp\left(\mathrm{j}\omega\mu_x-\frac{\omega^2}{2}\sigma_x^2\right)(\mathrm{j}\mu_x-\omega\sigma_x^2)\right]\bigg|_{\omega=0}=\mu_x$$

$$r_x^{(2)}=\mathrm{E}(x^2)=(-\mathrm{j})^2\left[\exp\left(\mathrm{j}\omega\mu_x-\frac{\omega^2}{2}\sigma_x^2\right)(\mathrm{j}\mu_x-\omega\sigma_x^2)^2+\exp\left(\mathrm{j}\omega\mu_x-\frac{\omega^2}{2}\sigma_x^2\right)(-\sigma_x^2)\right]\bigg|_{\omega=0}=\mu_x^2+\sigma_x^2$$

$$\begin{aligned} r_x^{(3)} &=\mathrm{E}(x^3)=(-\mathrm{j})^3\left[\exp\left(\mathrm{j}\omega\mu_x-\frac{\omega^2}{2}\sigma_x^2\right)(\mathrm{j}\mu_x-\omega\sigma_x^2)^3+3\exp\left(\mathrm{j}\omega\mu_x-\frac{\omega^2}{2}\sigma_x^2\right)(\mathrm{j}\mu_x-\omega\sigma_x^2)(-\sigma_x^2)\right]\bigg|_{\omega=0} \\ &=\mu_x^3+3\mu_x\sigma_x^2 \end{aligned}$$

$$\begin{aligned} r_x^{(4)} =\mathrm{E}(x^4)=(-\mathrm{j})^4 &\left[\exp\left(\mathrm{j}\omega\mu_x-\frac{\omega^2}{2}\sigma_x^2\right)(\mathrm{j}\mu_x-\omega\sigma_x^2)^4+6\exp\left(\mathrm{j}\omega\mu_x-\frac{\omega^2}{2}\sigma_x^2\right)(\mathrm{j}\mu_x-\omega\sigma_x^2)^2(-\sigma_x^2)+\right. \\ &\left.3\exp\left(\mathrm{j}\omega\mu_x-\frac{\omega^2}{2}\sigma_x^2\right)(-\sigma_x^2)^2\right]\bigg|_{\omega=0}=\mu_x^4+6\mu_x^2\sigma_x^2+3\sigma_x^4 \end{aligned}$$

$$\begin{aligned} r_x^{(5)}=\mathrm{E}(x^5)=(-\mathrm{j})^5 &\left[\exp\left(\mathrm{j}\omega\mu_x-\frac{\omega^2}{2}\sigma_x^2\right)(\mathrm{j}\mu_x-\omega\sigma_x^2)^5+10\exp\left(\mathrm{j}\omega\mu_x-\frac{\omega^2}{2}\sigma_x^2\right)(\mathrm{j}\mu_x-\omega\sigma_x^2)^3(-\sigma_x^2)+\right. \\ &\left.15\exp\left(\mathrm{j}\omega\mu_x-\frac{\omega^2}{2}\sigma_x^2\right)(\mathrm{j}\mu_x-\omega\sigma_x^2)(-\sigma_x^2)^2\right]\bigg|_{\omega=0}=\mu_x^5+10\mu_x^3\sigma_x^2+15\mu_x\sigma_x^4 \end{aligned}$$

$$\begin{aligned} r_x^{(6)} =\mathrm{E}(x^6)=(-\mathrm{j})^6 &\left[\exp\left(\mathrm{j}\omega\mu_x-\frac{\omega^2}{2}\sigma_x^2\right)(\mathrm{j}\,\mu_x-\omega\sigma_x^2)^6+15\exp\left(\mathrm{j}\omega\mu_x-\frac{\omega^2}{2}\sigma_x^2\right)(\mathrm{j}\mu_x-\omega\sigma_x^2)^4(-\sigma_x^2)+\right. \\ &\left.45\exp\left(\mathrm{j}\omega\mu_x-\frac{\omega}{2}\sigma_x^2\right)(\mathrm{j}\mu_x-\omega\sigma_x^2)^2(-\sigma_x^2)^2+15\exp\left(\mathrm{j}\omega\mu_x-\frac{\omega}{2}\sigma_x^2\right)(-\sigma_x^2)^4\right]\bigg|_{\omega=0} \\ =\mu_x^6+15\mu_x^4\sigma_x^2+45\mu_x^2\sigma_x^4+15\sigma_x^6 & \end{aligned}$$

类似地，我们能够比较容易地求得 $x(\zeta)$ 的更高阶原点矩 $r_x^{(m)}$，请读者接着做下去，求出 $r_x^{(m)}$ $(m=7,8,9,10)$ 的结果。

如果 $x(\zeta)$ 是均值为零、方差为 σ_x^2 的高斯随机变量，则有

$$r_x^{(m)}=\mathrm{E}(x^m)=\begin{cases}0, & m\text{ 为奇数}\\ 1\times3\times5\times\cdots\times(m-1)\sigma_x^2, & m\geqslant2, m\text{ 为偶数}\end{cases} \tag{2.2.77}$$

2.2.8 随机矢量的联合特征函数

在随机变量特征函数的基础上，我们来研究 N 维随机矢量 $\boldsymbol{x}(\zeta)=(x_1(\zeta),x_2(\zeta),\cdots,x_N(\zeta))^{\mathrm{T}}$ 的 N 维联合特征函数问题。

设随机矢量 $\boldsymbol{x}(\zeta)$ 的 N 维联合概率密度函数为 $p(\boldsymbol{x})=p(x_1,x_2,\cdots,x_N)$，则其 N 维联合特征函数定义为

$$\begin{aligned}G_{x_1x_2\cdots x_N}(\omega_1,\omega_2,\cdots,\omega_N) &\overset{\text{def}}{=} \mathrm{E}[\exp(\mathrm{j}\omega_1x_1+\mathrm{j}\omega_2x_2+\cdots+\mathrm{j}\omega_Nx_N)]\\ &=\int_{-\infty}^{\infty}\int_{-\infty}^{\infty}\cdots\int_{-\infty}^{\infty}p(x_1,x_2,\cdots,x_N)\exp(\mathrm{j}\omega_1x_1+\\ &\quad \mathrm{j}\omega_2x_2+\cdots+\mathrm{j}\omega_Nx_N)\mathrm{d}x_1\mathrm{d}x_2\cdots\mathrm{d}x_N\end{aligned} \tag{2.2.78}$$

它是 N 维随机矢量的 N 维联合概率密度函数的 N 维傅里叶变换。通过求 N 维联合特征函数的 N 维傅里叶逆变换，可得 N 维随机矢量的 N 维联合概率密度函数，即

$$\begin{aligned}p(\boldsymbol{x}) &= p(x_1,x_2,\cdots,x_N)\\ &=\frac{1}{(2\pi)^N}\int_{-\infty}^{\infty}\int_{-\infty}^{\infty}\cdots\int_{-\infty}^{\infty}G_{x_1x_2\cdots x_N}(\omega_1,\omega_2,\cdots,\omega_N)\exp(-\mathrm{j}\omega_1x_1,\\ &\quad -\mathrm{j}\omega_2x_2,\cdots,-\mathrm{j}\omega_Nx_N)\mathrm{d}x_1\mathrm{d}x_2\cdots\mathrm{d}x_N\end{aligned} \tag{2.2.79}$$

N 维随机矢量 $\boldsymbol{x}(\zeta)=(x_1(\zeta),x_2(\zeta),\cdots,x_N(\zeta))^{\mathrm{T}}$ 的 N 维联合特征函数 $G_{x_1x_2\cdots x_N}(\omega_1,\omega_2,\cdots,\omega_N)$ 的重要特性之一是，若 $x_k(\zeta)(k=1,2,\cdots,N)$ 是相互统计独立的随机变量，则有

$$G_{x_1x_2\cdots x_N}(\omega_1,\omega_2,\cdots,\omega_N)=G_{x_1}(\omega)G_{x_2}(\omega)\cdots G_{x_N}(\omega) \tag{2.2.80}$$

这容易由 $p(\boldsymbol{x})=p(x_1,x_2,\cdots,x_N)=p(x_1)p(x_2)\cdots p(x_N)$ 和 N 维联合特征函数 $G_{x_1x_2\cdots x_N}(\omega_1,\omega_2,\cdots,\omega_N)$ 的定义得到证明。

例 2.2.4　设 $\boldsymbol{x}(\zeta)=(x_1(\zeta),x_2(\zeta),\cdots,x_N(\zeta))^{\mathrm{T}}$ 是均值矢量为零、协方差矩阵为 $\boldsymbol{C}_x$ 的 N 维联合高斯随机矢量，其 N 维联合概率密度函数为

$$p(\boldsymbol{x})=\frac{1}{(2\pi)^{N/2}|\boldsymbol{C}_x|^{1/2}}\exp\left[-\frac{1}{2}(\boldsymbol{x}^{\mathrm{T}}\boldsymbol{C}_x^{-1}\boldsymbol{x})\right]$$

证明　$\boldsymbol{x}(\zeta)$ 的 N 维联合特征函数为

$$\begin{aligned}G_{x_1x_2\cdots x_N}(\omega_1,\omega_2,\cdots,\omega_N) &= \mathrm{E}[\exp(\mathrm{j}\omega_1x_1+\mathrm{j}\omega_2x_2+\cdots+\mathrm{j}\omega_Nx_N)]\\ &= \exp\left(-\frac{1}{2}\sum_{j=1}^{N}\sum_{k=1}^{N}\omega_j\omega_kc_{x_jx_k}\right)\end{aligned}$$

进而，利用 $\boldsymbol{x}(\zeta)$ 的 N 维联合特征函数 $G_{x_1x_2\cdots x_N}(\omega_1,\omega_2,\cdots,\omega_N)$，证明

$$\mathrm{E}[x_1x_2x_3x_4]=c_{x_1x_2}c_{x_3x_4}+c_{x_1x_3}c_{x_2x_4}+c_{x_1x_4}c_{x_2x_3}$$

解　下面首先证明 $\boldsymbol{x}(\zeta)$ 的 N 维联合特征函数式成立。

因为 $\boldsymbol{x}(\zeta)$ 是 N 维联合高斯随机矢量，根据 2.2.5 节中关于它的定义，令

$$y(\zeta)=\omega_1x_1(\zeta)+\omega_2x_2(\zeta)+\cdots+\omega_Nx_N(\zeta)$$

则 $y(\zeta)$ 是高斯随机变量，其中

$$\boldsymbol{\omega}^{\mathrm{T}}=(\omega_1,\omega_2,\cdots,\omega_N)$$

是常值(非零)矢量。因为 $\mathrm{E}(x_k)=0(k=1,2,\cdots,N)$，

所以有

$$E(y) \stackrel{\text{def}}{=} \mu_y = 0$$

$$E(y^2) \stackrel{\text{def}}{=} \sigma_y^2 = E[(\omega_1 x_1 + \omega_2 x_2 + \cdots + \omega_N x_N)^2]$$
$$= \sum_{j=1}^{N}\sum_{k=1}^{N} \omega_j \omega_k c_{x_j x_k}$$

式中，

$$c_{x_j x_k} = E(x_j x_k), \quad j,k = 1,2,\cdots,N$$

这样，$y(\zeta) \sim \mathcal{N}(0,\sigma_y^2)$。根据随机变量特征函数的定义和(2.2.64)式，$y(\zeta)$的特征函数为

$$G_y(\omega) = E[\exp(j\omega y)] = \exp\left(j\omega\mu_y - \frac{\omega^2}{2}\sigma_y^2\right)$$
$$= \exp\left(-\frac{\omega^2}{2}\sigma_y^2\right)$$

令上式中的 $\omega=1$，则得

$$E[\exp(jy)] = \exp\left(-\frac{1}{2}\sigma_y^2\right)$$

从而得

$$G_{x_1 x_2 \cdots x_N}(\omega_1,\omega_2,\cdots,\omega_N) = E[\exp(j\omega_1 x_1 + j\omega_2 x_2 + \cdots + j\omega_N x_N)]$$
$$= \exp\left(-\frac{1}{2}\sum_{j=1}^{N}\sum_{k=1}^{N}\omega_j\omega_k c_{x_j x_k}\right)$$

这就是 $\boldsymbol{x}(\zeta)$的 N 维联合特征函数式。

下面再证明

$$E[x_1 x_2 x_3 x_4] = c_{x_1 x_2} c_{x_3 x_4} + c_{x_1 x_3} c_{x_2 x_4} + c_{x_1 x_4} c_{x_2 x_3}$$

利用指数函数的幂级数展开形式，将 $\boldsymbol{x}(\zeta)$的 N 维联合特征函数式的左边和右边展开，并仅写出含有因子 $\omega_1\omega_2\omega_3\omega_4$ 的项，则 $\boldsymbol{x}(\zeta)$的 N 维联合特征函数的左边表示为

$$E[\exp(j\omega_1 x_1 + j\omega_2 x_2 + \cdots + j\omega_N x_N)] = \cdots + \frac{1}{4!}E[(\omega_1 x_1 + \omega_2 x_2 + \omega_3 x_3 + \omega_4 x_4)^4] + \cdots$$
$$= \cdots + \frac{24}{4!}E[x_1 x_2 x_3 x_4]\omega_1\omega_2\omega_3\omega_4 + \cdots$$

而其右边表示为

$$\exp\left(-\frac{1}{2}\sum_{j=1}^{N}\sum_{k=1}^{N}\omega_j\omega_k c_{x_j x_k}\right) = \cdots + \frac{1}{2!}\left(-\frac{1}{2}\sum_{j=1}^{N}\sum_{k=1}^{N}\omega_j\omega_k c_{x_j x_k}\right)^2 + \cdots$$

注意到 $c_{x_k x_j} = c_{x_j x_k}$，上式中含有因子 $\omega_1\omega_2\omega_3\omega_4$ 的项表示为

$$\exp\left(-\frac{1}{2}\sum_{j=1}^{N}\sum_{k=1}^{N}\omega_j\omega_k c_{x_j x_k}\right)$$
$$= \cdots + \frac{1}{8}[2(\omega_1\omega_2 c_{x_1 x_2} + \omega_1\omega_3 c_{x_1 x_3} + \omega_1\omega_4 c_{x_1 x_4} + \omega_2\omega_3 c_{x_2 x_3} + \omega_2\omega_4 c_{x_2 x_4} + \omega_3\omega_4 c_{x_3 x_4})]^2 + \cdots$$
$$= \cdots + (c_{x_1 x_2} c_{x_3 x_4} + c_{x_1 x_3} c_{x_2 x_4} + c_{x_1 x_4} c_{x_2 x_3})\omega_1\omega_2\omega_3\omega_4 + \cdots$$

使 $\boldsymbol{x}(\zeta)$的 N 维联合特征函数的左边展开式与右边展开式中 $\omega_1\omega_2\omega_3\omega_4$ 前面的系数相等，便得

$$E[x_1 x_2 x_3 x_4] = c_{x_1 x_2} c_{x_3 x_4} + c_{x_1 x_3} c_{x_2 x_4} + c_{x_1 x_4} c_{x_2 x_3}$$

2.2.9 χ 和 χ^2 统计量的统计特性

现在考虑 N 个均值为零、方差为 σ_x^2 的相互统计独立高斯随机变量 $x_k(\zeta)(k=1,2,\cdots,N)$的非线性变换问题。这个问题也是信号处理中经常会遇到的，如随机变量平方

和的统计特性等。

设 $x_k(\zeta)(k=1,2,\cdots,N)$ 是 N 个均值为零、方差为 $\sigma_{x_k}^2=\sigma_x^2$ 的相互统计独立的高斯随机变量，其 N 维联合概率密度函数为

$$p(x_1,x_2,\cdots,x_N)=\left(\frac{1}{2\pi\sigma_x^2}\right)^{N/2}\exp\left(-\frac{x_1^2+x_2^2+\cdots+x_N^2}{2\sigma_x^2}\right) \tag{2.2.81}$$

构造随机变量

$$\chi(\zeta)=[x_1^2(\zeta)+x_2^2(\zeta)+\cdots+x_N^2(\zeta)]^{1/2} \tag{2.2.82}$$

则它是具有 N 个自由度的 χ 统计量。而随机变量

$$y(\zeta)=\chi^2(\zeta)=x_1^2(\zeta)+x_2^2(\zeta)+\cdots+x_N^2(\zeta) \tag{2.2.83}$$

是具有 N 个自由度的 χ^2 统计量。

相互统计独立的 χ^2 随机变量之和仍然是 χ^2 随机变量，这是 χ^2 统计量的重要特性之一。具体地说，若 $y_1(\zeta)$ 和 $y_2(\zeta)$ 是相互统计独立的 χ^2 随机变量，且分别具有 N 和 M 个自由度，则它们之和 $y(\zeta)=y_1(\zeta)+y_2(\zeta)$ 是具有 $N+M$ 个自由度的 χ^2 统计量。

现在首先利用随机变量的特征函数，求 χ^2 统计量的概率密度函数 $p(y)$；然后用一维雅可比变换法，求 χ 统计量的概率密度函数 $p(\chi)$。

因为 $x_k(\zeta)(k=1,2,\cdots,N)$ 是均值为零、方差为 σ_x^2 的相互统计独立的高斯随机变量，所以，$x_k^2(\zeta)$ 的特征函数为

$$\begin{aligned}G_{x_k^2}(\omega)&=\int_{-\infty}^{\infty}p(x_k)\exp(\mathrm{j}\omega x_k^2)\mathrm{d}x_k\\&=\int_{-\infty}^{\infty}\left(\frac{1}{2\pi\sigma_x^2}\right)^{1/2}\exp\left(-\frac{x_k^2}{2\sigma_x^2}\right)\exp(\mathrm{j}\omega x_k^2)\mathrm{d}x_k\\&=\left(\frac{1}{2\pi\sigma_x^2}\right)^{1/2}\int_{-\infty}^{\infty}\exp\left[-\frac{(1-\mathrm{j}2\omega\sigma_x^2)}{2\sigma_x^2}x_k^2\right]\mathrm{d}x_k\\&=\frac{1}{(1-\mathrm{j}2\omega\sigma_x^2)^{1/2}}\end{aligned} \tag{2.2.84}$$

而 $y(\zeta)$ 的特征函数为

$$G_y(\omega)=\frac{1}{(1-\mathrm{j}2\omega\sigma_x^2)^{N/2}} \tag{2.2.85}$$

利用傅里叶逆变换公式

$$\mathrm{IFT}\left[\frac{b}{(a-\mathrm{j}\omega)^{N/2}}\right]=\frac{b}{\Gamma(N/2)}y^{N/2-1}\exp(-ay),\quad y\geqslant 0$$

得 $y(\zeta)$ 的概率密度函数为

$$p(y)=\begin{cases}\dfrac{1}{(2\sigma_x^2)^{N/2}\Gamma(N/2)}y^{N/2-1}\exp\left[-\dfrac{y}{2\sigma_x^2}\right], & y\geqslant 0\\0, & y<0\end{cases} \tag{2.2.86}$$

$p(y)$ 称作伽马(Gamma)分布。

因为 $\chi=y^{1/2}$，所以 $y=\chi^2$，$\mathrm{d}y/\mathrm{d}\chi=2\chi$。利用一维雅可比变换，得 χ 统计量的概率密度函数为

$$p(\chi)=\begin{cases}\dfrac{2}{(2\sigma_x^2)^{N/2}\Gamma(N/2)}\chi^{N-1}\exp\left(-\dfrac{\chi^2}{2\sigma_x^2}\right), & \chi\geqslant 0\\0, & \chi<0\end{cases} \tag{2.2.87}$$

2.3 随机过程及其统计描述

我们知道,随机信号的数学模型是随机过程。为了研究随机信号的处理,有必要对随机过程的基本概念、统计描述、统计特性等进行讨论,以便为后面各章节的论述打下基础。

应当指出,这里仅限于讨论连续随机过程,并且主要是实随机过程。关于复随机过程的问题将在实随机过程讨论的基础上予以介绍。

2.3.1 随机过程的概念和定义

1. 随机过程的基本概念

如果我们所研究的对象具有随时间演变的随机现象,对其全过程进行一次观测得到的结果是时间 t 的函数,但对其变化过程独立地重复进行多次观测,则所得到的结果是时间 t 的函数,而且每次观测之前不能预知所得结果,这样的过程就是一个随机过程。

2. 随机过程的定义

设$(\Omega,\mathscr{F},P)$是一概率空间,T 是一个实参数集,定义在 T 和Ω 上的二元函数 $x(t,\zeta)$,如果对于任意固定的 $t_k\in T$,$x(t_k,\zeta)$是概率空间上的随机变量,而对于任意固定的$\zeta_i\in\Omega$,$x(t,\zeta_i)$是概率空间上的随机函数,则称$\{x(t,\zeta),t\in T,\zeta\in\Omega\}$为一随机过程,其中 t 和 ζ 都是变量。

由随机过程的定义可知,随机过程是概率空间中 Ω 的元 ζ 和参数集 T 中的量 t 的二元函数。对每一个确定的 $t_k\in T$,$x(t_k,\zeta)$是定义在概率空间$(\Omega,\mathscr{F},P)$上对应 t_k 的一个随机变量;而对每一个确定的 $\zeta_i\in\Omega$,$x(t,\zeta_i)$是定义在参数 T 上的随机过程$\{x(t,\zeta),t\in T,\zeta\in\Omega\}$对应于 ζ_i 的一个样本函数,或称 $x(t,\zeta_i)$是随机过程对应于 ζ_i 的一个实现,样本函数的集合就是随机过程。随机过程的定义域是实参数 T 和样本空间 Ω,其值域记为 R。

2.3.2 随机过程的统计描述

根据随机过程的定义,我们可以用如图 2.10 所示的图形来描述一个连续的随机过程。

为了便于分析和处理,我们需要获得关于随机过程数学上的统计描述,通常用有限维概率密度函数来描述随机过程。

设$\{x(t,\zeta),t\in T,\zeta\in\Omega\}$是一随机过程。对于任意固定的时刻 t,$x(t,\zeta)$是一随机变量,称

$$F(x;\ t)=P\{x(t,\zeta)\leqslant x\},\quad x\in R,t\in T \tag{2.3.1}$$

为该随机过程的一维累积分布函数。如果 $F(x;\ t)$对 x 的一阶导数存在,则有

$$p(x;\ t)=\frac{\mathrm{d}F(x;\ t)}{\mathrm{d}x} \tag{2.3.2}$$

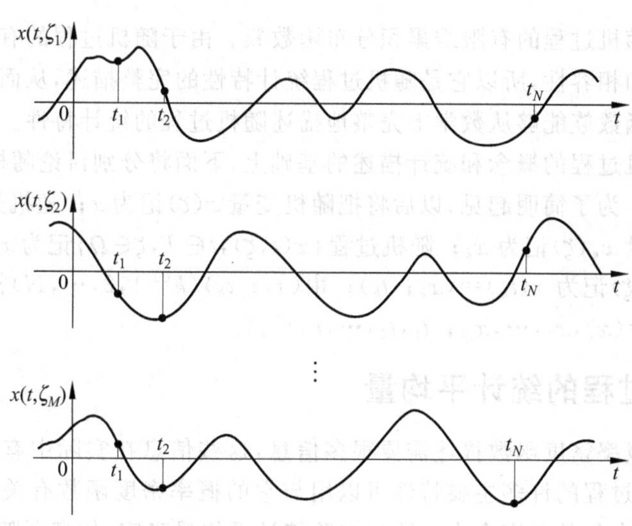

图 2.10　连续随机过程 $\{x(t,\zeta),t\in T,\zeta\in\Omega\}$ 的 M 个样本函数图形

$p(x;\ t)$ 称为随机过程 $x(t,\zeta)$ 的一维概率密度函数。

对于任意固定的时刻 $t_1,t_2\in T$，随机变量 $x(t_1,\zeta),x(t_2,\zeta)$ 构成二维随机矢量 $[x(t_1,\zeta),x(t_2,\zeta)]^{\mathrm{T}}$，称

$$F(x_1,x_2;\ t_1,t_2)=P\{x(t_1,\zeta)\leqslant x_1,x(t_2,\zeta)\leqslant x_2\},\quad x_1,x_2\in R,\quad t_1,t_2\in T \tag{2.3.3}$$

为随机过程的二维累积分布函数。如果 $F(x_1,x_2;\ t_1,t_2)$ 对 x_1,x_2 的二阶混合偏导数存在，则有

$$p(x_1,x_2;\ t_1,t_2)=\frac{\partial^2 F(x_1,x_2;\ t_1,t_2)}{\partial x_1\partial x_2} \tag{2.3.4}$$

称为随机过程的二维联合概率密度函数。

依此类推，对于任意固定的时刻 $t_1,t_2,\cdots,t_N\in T$，随机变量 $x(t_1,\zeta),x(t_2,\zeta),\cdots,x(t_N,\zeta)$ 构成 N 维随机矢量 $[x(t_1,\zeta),x(t_2,\zeta),\cdots,x(t_N,\zeta)]^{\mathrm{T}}$，称

$$\begin{aligned}&F(x_1,x_2,\cdots,x_N;\ t_1,t_2,\cdots,t_N)\\&=P\{x(t_1,\zeta)\leqslant x_1,x(t_2,\zeta)\leqslant x_2,\cdots,x(t_N,\zeta)\leqslant x_N\},\\&\quad x_1,x_2,\cdots,x_N\in R,t_1,t_2,\cdots,t_N\in T\end{aligned} \tag{2.3.5}$$

为随机过程的 N 维累积分布函数。如果 $F(x_1,x_2,\cdots,x_N;\ t_1,t_2,\cdots,t_N)$ 对 $x_1,x_2,\cdots,x_N$ 的 N 阶混合偏导数存在，则有

$$\begin{aligned}&p(x_1,x_2,\cdots,x_N;\ t_1,t_2,\cdots,t_N)\\&=\frac{\partial^N F(x_1,x_2,\cdots,x_N;\ t_1,t_2,\cdots,t_N)}{\partial x_1\partial x_2\cdots\partial x_N}\end{aligned} \tag{2.3.6}$$

称为随机过程的 N 维联合概率密度函数。

一个随机过程 $\{x(t,\zeta),t\in T,\zeta\in\Omega\}$，如果对于任意的 $N\geqslant 1$ 和所有时刻 $t_k(k=1,2,\cdots,N)$ 都已知其 N 维联合概率密度函数 $p(x_1,x_2,\cdots,x_N;\ t_1,t_2,\cdots,t_N)$，那么这一随机过程就在统计意义上得到了完整的数学描述。实际应用中，N 总是有限的。对于有限的 N，有如下结论。我们把随机过程 $\{x(t,\zeta),t\in T,\zeta\in\Omega\}$ 的一维，二维，…，N 维累积分布

函数的全体称为随机过程的有限维累积分布函数族。由于随机过程的有限维累积分布函数族具有对称性和相容性，所以它是随机过程统计特性的完整描述，从而与其对应的有限维联合概率密度函数族能够从数学上完整地描述随机过程的统计特性。

在讨论了随机过程的概念和统计描述的基础上，下面将分别讨论随机过程时域、频域的主要统计特性。为了简明起见，以后将把随机变量 $x(\zeta)$ 记为 x； 随机矢量 $\boldsymbol{x}(\zeta)$ 记为 $\boldsymbol{x}$，其中的第 k 个分量 $x_k(\zeta)$ 记为 x_k； 随机过程 $\{x(t,\zeta),t\in T,\zeta\in\Omega\}$ 记为 $x(t)$； $t_k\in T$ 时刻的随机变量 $x(t_k,\zeta)$ 记为 $x(t_k)=(x_k;\ t_k)$； 由 $(x_k;\ t_k)(k=1,2,\cdots,N)$ 构成的 N 维随机矢量记为 $(\boldsymbol{x};\ \boldsymbol{t})=(x_1,x_2,\cdots,x_N;\ t_1,t_2,\cdots,t_N)^{\mathrm{T}}$。

2.3.3 随机过程的统计平均量

随机过程的概率密度函数描述需要很多信息，这些信息在实际中有时是很难全部得到的。然而，随机过程的许多主要特性可以用与它的概率密度函数有关的一阶和二阶统计平均量来表示，有的甚至完全由一阶和二阶统计平均量确定，如高斯随机过程。下面对随机过程的一阶和二阶统计量予以讨论。

1. 随机过程的均值

$$\mu_x(t)\overset{\text{def}}{=}\mathrm{E}[x(t)]=\int_{-\infty}^{\infty}xp(x;\ t)\mathrm{d}x \tag{2.3.7}$$

随机过程的均值函数 $\mu_x(t)$ 在 t 时刻的值表示随机过程在该时刻状态取值的理论平均值。如果 $x(t)$ 是电压或电流，则 $\mu_x(t)$ 可以理解为在 t 时刻的“直流分量”。

2. 随机过程的均方值

$$\varphi_x^2(t)\overset{\text{def}}{=}\mathrm{E}[x^2(t)]=\int_{-\infty}^{\infty}x^2p(x;\ t)\mathrm{d}x \tag{2.3.8}$$

如果 $x(t)$ 是电压或电流，则 $\varphi_x^2(t)$ 可以理解为 t 时刻它在 1Ω 电阻上消耗的“平均功率”。

3. 随机过程的方差

$$\begin{aligned}\sigma_x^2(t)&\overset{\text{def}}{=}\mathrm{E}[(x(t)-\mu_x(t))^2]\\&=\int_{-\infty}^{\infty}(x-\mu_x(t))^2p(x;\ t)\mathrm{d}x\end{aligned} \tag{2.3.9}$$

$\sigma_x(t)$ 称为随机过程的标准偏差。方差 $\sigma_x^2(t)$ 表示随机过程在 t 时刻其取值偏离其均值 $\mu_x(t)$ 的离散程度。如果 $x(t)$ 是电压或电流，则 $\sigma_x^2(t)$ 可以理解为 t 时刻它在 1Ω 电阻上消耗的“交流功率”。

容易证明

$$\sigma_x^2(t)=\varphi_x^2(t)-\mu_x^2(t) \tag{2.3.10}$$

4. 随机过程的自相关函数

$$r_x(t_j,t_k)\overset{\text{def}}{=}\mathrm{E}[x(t_j)x(t_k)]$$

$$=\int_{-\infty}^{\infty}\int_{-\infty}^{\infty}x_jx_kp(x_j,x_k;\ t_j,t_k)\mathrm{d}x_j\mathrm{d}x_k \tag{2.3.11}$$

随机过程的自相关函数 $r_x(t_j,t_k)$ 可以理解为它的两个随机变量 $x(t_j)$ 与 $x(t_k)$ 之间含有均值时的相关程度的度量。显然

$$r_x(t,t)=\varphi_x^2(t) \tag{2.3.12}$$

5. 随机过程的自协方差函数

$$\begin{aligned}c_x(t_j,t_k)&\stackrel{\text{def}}{=}\mathrm{E}[(x(t_j)-\mu_x(t_j))(x(t_k)-\mu_x(t_k))]\\&=\int_{-\infty}^{\infty}\int_{-\infty}^{\infty}(x_j-\mu_x(t_j))(x_k-\mu_x(t_k))p(x_j,x_k;\ t_j,t_k)\mathrm{d}x_j\mathrm{d}x_k\end{aligned} \tag{2.3.13}$$

随机过程的自协方差函数 $c(t_j,t_k)$ 表示它的两个随机变量 $x(t_j)$ 与 $x(t_k)$ 之间的相关程度。它们的自相关系数定义为

$$\rho_x(t_j,t_k)\stackrel{\text{def}}{=}\frac{c_x(t_j,t_k)}{\sigma_x(t_j)\sigma_x(t_k)} \tag{2.3.14}$$

容易证明

$$c_x(t_j,t_k)=r_x(t_j,t_k)-\mu_x(t_j)\mu_x(t_k) \tag{2.3.15}$$

且有

$$c_x(t,t)=\sigma_x^2(t) \tag{2.3.16}$$

6. 随机过程的互相关函数

对于两个随机过程 $x(t)$ 和 $y(t)$，其互相关函数定义为

$$\begin{aligned}r_{xy}(t_j,t_k)&\stackrel{\text{def}}{=}\mathrm{E}[x(t_j)y(t_k)]\\&=\int_{-\infty}^{\infty}\int_{-\infty}^{\infty}x_jy_kp(x_j,t_j;\ y_k,t_k)\mathrm{d}x_j\mathrm{d}y_k\end{aligned} \tag{2.3.17}$$

式中，$p(x_j,t_j;\ y_k,t_k)$ 是 $x(t)$ 和 $y(t)$ 的二维混合概率密度函数。

7. 随机过程的互协方差函数

$$\begin{aligned}c_{xy}(t_j,t_k)&\stackrel{\text{def}}{=}\mathrm{E}[(x(t_j)-\mu_x(t_j))(y(t_k)-\mu_y(t_k))]\\&=\int_{-\infty}^{\infty}\int_{-\infty}^{\infty}(x_j-\mu_x(t_j))(y_k-\mu_y(t_k))p(x_j,t_j;\ y_k,t_k)\mathrm{d}x_j\mathrm{d}y_k\end{aligned} \tag{2.3.18}$$

随机过程 $x(t)$ 和 $y(t)$ 的互协方差函数 $c_{xy}(t_j,t_k)$ 表示它们各自的随机变量 $x(t_j)$ 与 $y(t_k)$ 之间的相关程度，实际上表示两个随机过程 $x(t)$ 与 $y(t)$ 之间的相关程度。它们的互相关系数定义为

$$\rho_{xy}(t_j,t_k)\stackrel{\text{def}}{=}\frac{c_{xy}(t_j,t_k)}{\sigma_x(t_j)\sigma_y(t_k)} \tag{2.3.19}$$

容易证明

$$c_{xy}(t_j,t_k)=r_{xy}(t_j,t_k)-\mu_x(t_j)\mu_y(t_k) \tag{2.3.20}$$

2.3.4 随机过程的平稳性

讨论随机过程的平稳性，便于分析研究随机信号的处理问题。从平稳特性考虑，如果

随机过程是平稳的，则分析、处理相对比较容易，而且在电子信息系统中所遇到的随机过程，大都接近于平稳过程。

1. 随机过程平稳性分类

随机过程按其平稳特性通常分为三类：严格平稳的随机过程、广义平稳的随机过程和非平稳的随机过程。

如果一个随机过程 $x(t)$经过时间平移 Δt 后，其统计特性保持不变，则该过程具有严格的平稳性。也就是说，若随机过程 $x(t)$的 N 维联合概率密度函数满足

$$\begin{aligned}&p(x_1,x_2,\cdots,x_N;\ t_1,t_2,\cdots,t_N)\\&=p(x_1,x_2,\cdots,x_N;\ t_1+\Delta t,t_2+\Delta t,\cdots,t_N+\Delta t)\end{aligned} \tag{2.3.21}$$

式中，Δt 可取任意有限值，则称该过程为 N 阶平稳的；如果 $x(t)$对于所有的阶($N=1,2,\cdots$)都是平稳的，则称 $x(t)$是严格平稳的随机过程。

对于严格平稳的随机过程 $x(t)$，如令 $\Delta t=-t_j$，则其一维概率密度函数为

$$p(x_j;\ t_j)=p(x_j;\ t_j+\Delta t)=p(x_j;\ 0) \tag{2.3.22}$$

这说明严格平稳随机过程 $x(t)$的一维概率密度函数与时间 t 无关，可简记为 $p(x)$；如令 $\Delta t=-t_j$，记 $\tau=t_k-t_j$，则其二维联合概率密度函数为

$$p(x_j,x_k;\ t_j,t_k)=p(x_j,x_k;\ \tau) \tag{2.3.23}$$

这说明严格平稳的随机过程 $x(t)$的二维联合概率密度函数仅与时间间隔 τ 有关，而与时间的起始时刻无关。

如果我们把条件放宽，对于实际问题研究已经足够的平稳形式，是二阶平稳的随机过程，它具有广义的平稳性，其定义为：若随机过程 $x(t)$的平均统计量满足

(1) $x(t)$的均值是与时间 t 无关的常数，即

$$\mathrm{E}[x(t)]=\mu_x \tag{2.3.24}$$

(2) $x(t)$的自相关函数只取决于时间间隔 $\tau=t_k-t_j$，而与时间的起始时刻无关，即

$$\mathrm{E}[x(t_j)x(t_k)]=\mathrm{E}[x(t_j)x(t_j+\tau)]=r_x(\tau) \tag{2.3.25}$$

则称该过程是广义平稳随机过程。

既不满足严格平稳条件，也不满足广义平稳条件的随机过程称为非平稳过程。

2. 严格平稳与广义平稳随机过程的关系

如果随机过程 $x(t)$的一阶、二阶矩存在(有限)，则称 $x(t)$为二阶矩过程。

严格平稳随机过程与广义平稳随机过程有如下关系：如果严格平稳的随机过程是二阶矩过程，那么它必定是广义平稳的随机过程；反过来，广义平稳的随机过程不一定是严格平稳的，除非该过程是服从高斯分布的。这是高斯随机过程的重要特性之一。

由于我们一般只涉及广义平稳随机过程，所以在以后的叙述中如无特别说明，所谓的平稳过程均指广义平稳随机过程。

3. 平稳随机过程的统计平均量

根据平稳随机过程 $x(t)$的定义，其统计平均量主要有：均值 μ_x，均方值 φ_x^2，方差 σ_x^2，

自相关函数 $r_x(\tau)$，自协方差函数 $c_x(\tau)$。它们之间的主要关系为

$$\left.\begin{aligned}&\sigma_x^2=\varphi_x^2-\mu_x^2\\&r_x(\tau)=r_x(-\tau)\\&c_x(\tau)=r_x(\tau)-\mu_x^2\\&c_x(\tau)=c_x(-\tau)\\&\varphi_x^2=r_x(0)\\&\sigma_x^2=c_x(0)\\&r_x(0)\geqslant|r_x(\tau)|,\quad\tau\neq0\\&c_x(0)\geqslant|c_x(\tau)|,\quad\tau\neq0\end{aligned}\right\}\tag{2.3.26}$$

4. 联合平稳随机过程及其统计特性

设 $x(t)$ 和 $y(t)$ 分别是两个平稳的随机过程，如果对于任意的 Δt，有 $r_{xy}(t_j+\Delta t,t_k+\Delta t)=r_{xy}(t_j,t_k,)$ 即互相关函数 $r_{xy}(t_j,t_k)=r_{xy}(\tau)(\tau=t_k-t_j)$ 仅与时间间隔 τ 有关，而与 t_j 和 t_k 无关，则称过程 $x(t)$ 与 $y(t)$ 是联合平稳的随机过程。

显然，联合平稳随机过程 $x(t)$ 与 $y(t)$ 的互协方差函数为

$$c_{xy}(t_j,t_k)=c_{xy}(\tau)=r_{xy}(\tau)-\mu_x\mu_y,\quad\tau=t_k-t_j\tag{2.3.27}$$

而互相关系数为

$$\rho_{xy}(\tau)=\frac{c_{xy}(\tau)}{\sigma_x\sigma_y}\tag{2.3.28}$$

且有

$$\left.\begin{aligned}&r_{xy}(\tau)=r_{yx}(-\tau)\\&c_{xy}(\tau)=c_{yx}(-\tau)\end{aligned}\right\}\tag{2.3.29}$$

2.3.5 随机过程的遍历性

如前所述，一个随机过程包含全体样本函数的集合，并且能够用其概率密度函数或统计平均量来描述其统计特性。这些统计平均量是对随机过程的整体平均。这就带来一个问题：在实际中我们只能得到随机过程的有限个样本函数，且通常只有一个，而不是随机过程全体可能样本函数的集合。这样问题就出来了，我们能否利用这个随机过程的一个样本函数，来推测整个过程的统计特性呢？

对于一类随机过程来讲这是可能的，这样的随机过程是各态历经的过程。粗略地讲，具有遍历性的随机过程意味着，可以从随机过程全体可能样本函数的集合中，取一个具有代表性的样本函数来获得该过程的全部统计特性。

1. 时间平均量

随机过程的统计平均量是通过对该过程的整体平均获得的。而随机过程的时间平均量是由随机过程的一个单独样本函数对所有时间的平均得到的。

随机过程 $x(t)$ 的有关量的时间平均量定义为

$$\langle(\bullet)\rangle \stackrel{\text{def}}{=} \lim_{T\to\infty}\frac{1}{2T}\int_{-T}^{T}(\bullet)\mathrm{d}t \tag{2.3.30}$$

例如，时间平均值为

$$\langle x(t)\rangle = \lim_{T\to\infty}\frac{1}{2T}\int_{-T}^{T}x(t)\mathrm{d}t \tag{2.3.31}$$

时间自相关函数为

$$\langle x(t)x(t+\tau)\rangle = \lim_{T\to\infty}\frac{1}{2T}\int_{-T}^{T}x(t)x(t+\tau)\mathrm{d}t \tag{2.3.32}$$

类似地还可以定义时间均方值$\langle x^2(t)\rangle$，时间方差$\langle[x(t)-\langle x(t)\rangle]^2\rangle$，时间自协方差函数$\langle[x(t)-\langle x(t)\rangle][x(t+\tau)-\langle x(t+\tau)\rangle]\rangle$，时间互相关函数$\langle x(t)y(t+\tau)\rangle$，以及时间互协方差函数$\langle[x(t)-\langle x(t)\rangle][y(t+\tau)-\langle y(t+\tau)\rangle]\rangle$等。请注意，由于时间平均量是由随机过程的一个单独样本函数求得的，所以任何的时间平均量本身都是随机变量。

2. 各态遍历的随机过程

若由随机过程$x(t)$的一个单独样本函数求得的时间平均量在概率意义上(概率为 1)等于统计平均量，则称$x(t)$为各态历经的随机过程，即随机过程具有遍历性。这说明：

(1) 各态历经随机过程$x(t)$的任何统计平均量都能够以概率 1 由该过程的某个单独样本函数的时间平均求得；

(2) 各态历经随机过程$x(t)$的任一单独样本函数在足够长的时间内，先后经历了该随机过程的各种可能状态。

根据随机过程遍历性的定义，可分别讨论均值、均方值、方差、相关函数和协方差函数等的遍历性。其中主要是均值和自相关函数的遍历性。

设$x(t)$是平稳随机过程，如果

$$\langle x(t)\rangle = \mu_x \tag{2.3.33}$$

以概率 1 成立，则称$x(t)$的均值具有遍历性。如果对于任意的实数τ，

$$\langle x(t)x(t+\tau)\rangle = r_x(\tau) \tag{2.3.34}$$

以概率 1 成立，则称$x(t)$的自相关函数具有遍历性。

3. 随机过程的平稳性和遍历性的关系

如果随机过程$x(t)$具有均值和自相关函数的遍历性，则其时间平均值$\langle x(t)\rangle$为常数，时间自相关函数$\langle x(t)x(t+\tau)\rangle$与时间间隔$\tau$有关，所以遍历过程一定是平稳过程，但并非所有的平稳过程都是遍历的。这是从理论的角度来说的，实际上，几乎所有的平稳过程都是各态历经的，这对平稳过程的统计平均量估计是非常重要的，因为在这个条件下，可以把平稳随机过程$x(t)$的一个样本函数在t_k时刻的采样作为$x(t)$的随机变量$x(t_k)$来处理，也正因为如此，对平稳随机过程我们只考虑其平稳性，而一般不同时考虑其遍历性。

2.3.6　随机过程的正交性、不相关性和统计独立性

随机过程$x(t)$的任意两个不同时刻的随机变量$x(t_j)$与$x(t_k)$之间是否相互正交、互不相关和相互统计独立，表征了随机过程的重要统计特性。下面我们来讨论这些特性及

其相互之间的关系。

1. 定义

设 $x(t_j)$ 和 $x(t_k)$ 是随机过程 $x(t)$ 的任意两个不同时刻的随机变量，其均值分别为 $\mu_x(t_j)$ 和 $\mu_x(t_k)$，自相关函数为 $r_x(t_j,t_k)$，自协方差函数为 $c_x(t_j,t_k)$。如果

$$r_x(t_j,t_k)=0,\quad j\neq k \tag{2.3.35}$$

则称 $x(t)$ 是相互正交的随机变量过程。如果

$$c_x(t_j,t_k)=0,\quad j\neq k \tag{2.3.36}$$

则称 $x(t)$ 是互不相关的随机变量过程。因为

$$c_x(t_j,t_k)=r_x(t_j,t_k)-\mu_x(t_j)\mu_x(t_k),\quad j\neq k$$

所以

$$r_x(t_j,t_k)=\mu_x(t_j)\mu_x(t_k),\quad j\neq k \tag{2.3.37}$$

也是互不相关随机变量过程的等价条件。

如果 $x(t)$ 是平稳随机过程，则当

$$r_x(\tau)=0,\quad \tau=t_k-t_j \tag{2.3.38}$$

时，$x(t)$ 是相互正交的随机变量过程。而当

$$c_x(\tau)=0,\quad \tau=t_k-t_j \tag{2.3.39}$$

时，$x(t)$ 是互不相关的随机变量过程，其等价条件为

$$r_x(\tau)=\mu_x^2,\quad \tau=t_k-t_j \tag{2.3.40}$$

设 $x(t_1),x(t_2),\cdots,x(t_N)$ 是随机过程 $x(t)$ 在不同时刻 $t_k(k=1,2,\cdots,N)$ 的随机变量，如果其 N 维联合概率密度函数对于任意的 $N\geqslant1$ 和所有时刻 $t_k(k=1,2,\cdots,N)$ 都能够表示成各自一维概率密度函数之积的形式，即

$$\begin{aligned}&p(x_1,x_2,\cdots,x_N;\ t_1,t_2,\cdots,t_N)\\&=p(x_1;\ t_1)p(x_2;\ t_2)\cdots p(x_N;\ t_N)\end{aligned} \tag{2.3.41}$$

则称 $x(t)$ 是相互统计独立的随机变量过程。

2. 关系

若随机过程为 $x(t)$，相互正交随机变量过程、互不相关随机变量过程和相互统计独立随机变量过程三者间的关系有如下三个结论。

结论Ⅰ　如果 $\mu_x(t_j)=0,\mu_x(t_k)=0$，则相互正交随机变量过程等价为互不相关随机变量过程。

结论Ⅱ　如果 $x(t)$ 是一个相互统计独立随机变量过程，则它一定是一个互不相关随机变量过程。

结论Ⅲ　如果 $x(t)$ 是一个互不相关随机变量过程，则它不一定是相互统计独立随机变量过程，除非其随机变量是服从联合高斯分布的。这一结论可推广到任意 N 维的情况。这是高斯随机变量过程的又一重要特性，非常有用。

结论Ⅰ的证明简单，请读者自己完成。

结论Ⅱ的证明过程如下。

设 $x(t_j)$ 与 $x(t_k)$ 是相互统计独立的，则其自相关函数为

$$\begin{aligned}r_x(t_j,t_k)&=\int_{-\infty}^{\infty}\int_{-\infty}^{\infty}x_jx_kp(x_j,x_k;\ t_j,t_k)\mathrm{d}x_j\mathrm{d}x_k\\&=\int_{-\infty}^{\infty}x_jp(x_j;\ t_j)\mathrm{d}x_j\int_{-\infty}^{\infty}x_kp(x_k;\ t_k)\mathrm{d}x_k\\&=\mu_x(t_j)\mu_x(t_k)\end{aligned}$$

这恰好满足 $x(t)$ 是互不相关随机变量过程的等价条件，结论Ⅱ得证。

结论Ⅲ的证明留在2.6节中完成。

现在讨论两个随机过程 $x(t)$ 和 $y(t)$ 之间的这些特性。设 $x(t_j)$ 是 $x(t)$ 在 t_j 时刻的随机变量，$y(t_k)$ 是 $y(t)$ 在 t_k 时刻的随机变量。如果

$$r_{xy}(t_j,t_k)=0\tag{2.3.42}$$

对于任意的 t_j 和 t_k 时刻都成立，则称 $x(t)$ 与 $y(t)$ 是相互正交的两个随机过程。如果

$$c_{xy}(t_j,t_k)=0\tag{2.3.43}$$

对任意的 t_j 和 t_k 时刻都成立，则称 $x(t)$ 与 $y(t)$ 是互不相关的两个随机过程，其等价条件为

$$r_{xy}(t_j,t_k)=\mu_x(t_j)\mu_y(t_k)\tag{2.3.44}$$

如果 $x(t)$ 和 $y(t)$ 是联合平稳的随机过程，则当

$$r_{xy}(\tau)=0,\quad \tau=t_k-t_j\tag{2.3.45}$$

时，$x(t)$ 与 $y(t)$ 是相互正交的平稳过程；而当

$$c_{xy}(\tau)=0,\quad \tau=t_k-t_j\tag{2.3.46}$$

或

$$r_{xy}(\tau)=\mu_x\mu_y,\quad \tau=t_k-t_j\tag{2.3.47}$$

时，$x(t)$ 与 $y(t)$ 是互不相关的平稳过程。

如果随机过程 $x(t)$ 和 $y(t)$ 对任意的 $N\geqslant1,M\geqslant1$ 和所有时刻 $t_k(k=1,2,\cdots,N)$ 与 t'_k $(k=1,2,\cdots,M)$，其 $N+M$ 维联合概率密度函数都能够表示为

$$\begin{aligned}&p(x_1,x_2,\cdots,x_N;\ t_1,t_2,\cdots,t_N;\ y_1,y_2,\cdots,y_M;\ t'_1,t'_2,\cdots,t'_M)\\&=p(x_1,x_2,\cdots,x_N;\ t_1,t_2,\cdots,t_N)p(y_1,y_2,\cdots,y_M;\ t'_1,t'_2,\cdots,t'_M)\end{aligned}\tag{2.3.48}$$

则称 $x(t)$ 与 $y(t)$ 是相互统计独立的两个随机过程。

显然，若随机过程 $x(t)$ 和 $y(t)$ 的均值之一或同时等于零，则相互正交的 $x(t)$ 和 $y(t)$ 也是互不相关的随机过程。若 $x(t)$ 和 $y(t)$ 是相互统计独立的两个随机过程，则它们一定是互不相关的；但互不相关的两个随机过程 $x(t)$ 和 $y(t)$ 不一定是相互统计独立的，除非它们服从联合高斯分布，互不相关的两个过程才是统计独立的。

2.3.7 平稳随机过程的功率谱密度

由于平稳随机过程 $x(t)$ 的持续时间无限长，因此不满足绝对可积条件，故其频谱密度不存在。但是随机过程的平均功率却总是有限的，即

$$P=\lim_{T\to\infty}\mathrm{E}\left[\frac{1}{2T}\int_{-T}^{T}|x(t)|^2\mathrm{d}t\right]<\infty\tag{2.3.49}$$

从而引出功率谱密度的概念。

1. 功率谱密度的概念

平稳随机过程 $x(t)$ 的功率谱密度用 $P_x(e^{j\omega})$ 表示，简记为 $P_x(\omega)$，它是随机过程 $x(t)$ 的统计特性的频域描述。根据维纳-辛钦(Wiener-Khintchine)定理，一个均方连续的平稳随机过程 $x(t)$ 的自相关函数 $r_x(\tau)$ 可以表示为

$$r_x(\tau)=\frac{1}{2\pi}\int_{-\infty}^{\infty}e^{j\omega\tau}dF_x(\omega),\quad -\infty<\tau<\infty \tag{2.3.50}$$

其中 $F_x(\omega)\overset{\text{def}}{=}F_x(e^{j\omega})$ 是在 $(-\infty,\infty)$ 上的非负、有界、单调不减和右连续的函数，且满足

$$F_x(-\infty)=0,\quad F_x(+\infty)=2\pi r_x(0)$$

称 $F_x(\omega)$ 为平稳过程 $x(t)$ 的谱函数，而(2.3.50)式称为平稳随机过程自相关函数的谱展开式。

如果存在函数 $P_x(\omega)\overset{\text{def}}{=}P_x(e^{j\omega})$，使

$$F_x(\omega)=\int_{-\infty}^{\omega}P_x(\nu)d\nu,\quad -\infty<\omega<\infty \tag{2.3.51}$$

成立，则称 $P_x(\omega)$ 为 $x(t)$ 的功率谱密度。

如果平稳过程 $x(t)$ 的自相关函数 $r_x(\tau)$ 绝对可积，即

$$\int_{-\infty}^{\infty}|r_x(\tau)|d\tau<\infty$$

则 $x(t)$ 存在功率谱密度 $P_x(\omega)$，且有维纳-辛钦公式

$$P_x(\omega)=\int_{-\infty}^{\infty}r_x(\tau)e^{-j\omega\tau}d\tau,\quad -\infty<\omega<\infty \tag{2.3.52a}$$

$$r_x(\tau)=\frac{1}{2\pi}\int_{-\infty}^{\infty}P_x(\omega)e^{j\omega\tau}d\omega,\quad -\infty<\tau<\infty \tag{2.3.52b}$$

可见，$P_x(\omega)$ 是自相关函数 $r_x(\tau)$ 的傅里叶变换，而 $r_x(\tau)$ 是功率谱密度 $P_x(\omega)$ 的傅里叶逆变换。$P_x(\omega)$ 与 $r_x(\tau)$ 构成傅里叶变换对，它揭示了从时域描述平稳过程 $x(t)$ 的统计特性与从频域描述 $x(t)$ 的统计特性之间的联系。

2. 功率谱密度的主要性质

平稳过程 $x(t)$ 的功率谱密度 $P_x(\omega)$ 具有以下主要性质。

(1) $P_x(\omega)$ 是非负的函数，即

$$P_x(\omega)\geqslant 0 \tag{2.3.53}$$

(2) $P_x(\omega)$ 是 ω 的偶函数，即

$$P_x(\omega)=P_x(-\omega) \tag{2.3.54}$$

(3) 当 $\omega=0$ 或 $\tau=0$ 时，$P_x(\omega)$ 与 $r_x(\tau)$ 的变换关系为

$$P_x(0)=\int_{-\infty}^{\infty}r_x(\tau)d\tau \tag{2.3.55a}$$

$$r_x(0)=\frac{1}{2\pi}\int_{-\infty}^{\infty}P_x(\omega)d\omega \tag{2.3.55b}$$

其中，(2.3.55a)式说明，$x(t)$ 的功率谱密度的零频率分量等于 $x(t)$ 的自相关函数曲线下的总面积；因为 $r_x(0)=E[x^2(t)]$，所以(2.3.55b)式表示，$x(t)$ 的功率谱密度曲线下的总面积等于 $x(t)$ 的平均功率。

平稳随机过程 $x(t)$ 的功率谱密度 $P_x(\omega)$ 表示该过程的平均功率在频域上的分布，其基本概念及时域自相关函数 $r_x(\tau)$ 与频域功率谱密度 $P_x(\omega)$ 的傅里叶对关系，在随机信号处理的理论研究和实际应用中都起着十分重要的作用。

3. 互功率谱密度

设 $r_{xy}(\tau)$ 是联合平稳随机过程 $x(t)$ 和 $y(t)$ 的互相关函数，若它满足绝对可积条件，即

$$\int_{-\infty}^{\infty} |r_{xy}(\tau)| \mathrm{d}\tau < \infty$$

则其傅里叶变换

$$P_{xy}(\omega) = \int_{-\infty}^{\infty} r_{xy}(\tau) \mathrm{e}^{-\mathrm{j}\omega\tau} \mathrm{d}\tau, \quad -\infty < \omega < \infty \tag{2.3.56a}$$

称为 $x(t)$ 与 $y(t)$ 的互功率谱密度，它在频域上描述了 $x(t)$ 与 $y(t)$ 的相互关系，并有

$$r_{xy}(\tau) = \frac{1}{2\pi} \int_{-\infty}^{\infty} P_{xy}(\omega) \mathrm{e}^{\mathrm{j}\omega\tau} \mathrm{d}\omega, \quad -\infty < \tau < \infty \tag{2.3.56b}$$

所以，(2.3.56a)式与(2.3.56b)式也是一对傅里叶变换对。

互功率谱密度有以下主要性质。

(1) $P_{xy}(\omega)$ 的实部 $\mathrm{Re}P_{xy}(\omega)$ 是 ω 的偶函数，虚部 $\mathrm{I_m}P_{xy}(\omega)$ 是 ω 的奇函数。

(2) 因为 $r_{xy}(\tau) = r_{yx}(-\tau)$，所以 $P_{xy}(\omega) = P_{yx}^*(\omega)$，其中“ * ”表示取共轭，即 $P_{xy}(\omega)$ 与 $P_{yx}(\omega)$ 互为共轭函数。

(3) $P_{xy}(\omega)$ 满足互谱不等式

$$|P_{xy}(\omega)|^2 \leqslant P_x(\omega) P_y(\omega) \tag{2.3.57}$$

2.4 复随机过程及其统计描述

前面讨论的都是实随机过程，通常称为随机过程。但在一些实际应用中，如自适应滤波、通道均衡、阵列信号处理等，会遇到复信号和噪声的模型。对于复随机信号的处理涉及复随机过程的统计描述问题。我们可以把对随机过程描述的方法和结论推广到复随机过程的情况。

2.4.1 复随机过程的概率密度函数

设复随机过程 $\tilde{x}(t)$ 在 t_k 时刻的复随机变量为 $\tilde{x}(t_k)(k=1,2,\cdots,N)$，对于任意的 $N \geqslant 1$ 和所有时刻 $t_k(k=1,2,\cdots,N)$，其 N 维联合概率密度函数为 $p(\tilde{x}_1, \tilde{x}_2, \cdots, \tilde{x}_N;\ t_1, t_2, \cdots, t_N)$，它是复随机过程的完整数学描述。复随机变量 $\tilde{x}(t_k) = x_{\mathrm{R}}(t_k) + \mathrm{j}x_{\mathrm{I}}(t_k)$，其中 $x_{\mathrm{R}}(t_k)$ 和 $x_{\mathrm{I}}(t_k)$ 都是实随机变量。

2.4.2 复随机过程的二阶统计平均量

类似于随机过程，我们能够得到复随机过程的前二阶统计量。在时刻 t，前二阶统计量由均值、均方值和方差描述。

均值

$$\mu_{\tilde{x}}(t) \stackrel{\text{def}}{=} \mathrm{E}[\tilde{x}(t)] = \mathrm{E}[x_{\mathrm{R}}(t) + \mathrm{j}x_{\mathrm{I}}(t)] = \mu_{x_{\mathrm{R}}}(t) + \mathrm{j}\mu_{x_{\mathrm{I}}}(t) \tag{2.4.1}$$

均方值

$$\varphi_{\tilde{x}}^2(t) \stackrel{\text{def}}{=} \mathrm{E}[\tilde{x}(t)\tilde{x}^*(t)] = \mathrm{E}[|\tilde{x}(t)|^2] \tag{2.4.2}$$

方差

$$\begin{aligned}\sigma_{\tilde{x}}^2(t) &\stackrel{\text{def}}{=} \mathrm{E}[(\tilde{x}(t) - \mu_{\tilde{x}}(t))(\tilde{x}(t) - \mu_{\tilde{x}}(t))^*] \\ &= \mathrm{E}[|\tilde{x}(t)|^2] - |\mu_{\tilde{x}}(t)|^2\end{aligned} \tag{2.4.3}$$

如果 $\tilde{x}(t)$是平稳复随机过程，则有 $\mu_{\tilde{x}}(t) = \mu_{\tilde{x}}$；$\varphi_{\tilde{x}}^2(t) = \varphi_{\tilde{x}}^2$；$\sigma_{\tilde{x}}^2(t) = \sigma_{\tilde{x}}^2$。

在两个不同的时刻 t_j 和 $t_k(j \neq k)$，二阶统计平均量由自相关函数和自协方差函数描述。

自相关函数

$$r_{\tilde{x}}(t_j, t_k) \stackrel{\text{def}}{=} \mathrm{E}[\tilde{x}(t_j)\tilde{x}^*(t_k)] \tag{2.4.4}$$

自协方差函数

$$\begin{aligned}c_{\tilde{x}}(t_j, t_k) &\stackrel{\text{def}}{=} \mathrm{E}[(\tilde{x}(t_j) - \mu_{\tilde{x}}(t_j))(\tilde{x}(t_k) - \mu_{\tilde{x}}(t_k))^*] \\ &= r_{\tilde{x}}(t_j, t_k) - \mu_{\tilde{x}}(t_j)\mu_{\tilde{x}}^*(t_k)\end{aligned} \tag{2.4.5}$$

如果 $\tilde{x}(t)$是平稳复随机过程，则有

$$r_{\tilde{x}}(t_j, t_k) = r_{\tilde{x}}(\tau), \quad \tau = t_k - t_j$$

$$c_{\tilde{x}}(t_j, t_k) = c_{\tilde{x}}(\tau) = r_{\tilde{x}}(\tau) - |\mu_{\tilde{x}}|^2, \quad \tau = t_k - t_j$$

且有

$$r_{\tilde{x}}(\tau) = r_{\tilde{x}}^*(-\tau), \quad c_{\tilde{x}}(\tau) = c_{\tilde{x}}^*(-\tau)$$

两个复随机过程 $\tilde{x}(t)$和 $\tilde{y}(t)$之间的统计特性由互相关函数和互协方差函数来描述。

互相关函数

$$r_{\tilde{x}\tilde{y}}(t_j, t_k) \stackrel{\text{def}}{=} \mathrm{E}[\tilde{x}(t_j)\tilde{y}^*(t_k)] \tag{2.4.6}$$

互协方差函数

$$\begin{aligned}c_{\tilde{x}\tilde{y}}(t_j, t_k) &\stackrel{\text{def}}{=} \mathrm{E}[(\tilde{x}(t_j) - \mu_{\tilde{x}}(t_j))(\tilde{y}(t_k) - \mu_{\tilde{y}}(t_k))^*] \\ &= r_{\tilde{x}\tilde{y}}(t_j, t_k) - \mu_{\tilde{x}}(t_j)\mu_{\tilde{y}}^*(t_k)\end{aligned} \tag{2.4.7}$$

互相关系数

$$\rho_{\tilde{x}\tilde{y}}(t_j, t_k) \stackrel{\text{def}}{=} \frac{c_{\tilde{x}\tilde{y}}(t_j, t_k)}{\sigma_{\tilde{x}}(t_j)\sigma_{\tilde{y}}(t_k)} \tag{2.4.8}$$

如果复随机过程 $\tilde{x}(t)$和 $\tilde{y}(t)$是联合平稳的，则有

$$r_{\tilde{x}\tilde{y}}(t_j, t_k) = r_{\tilde{x}\tilde{y}}(\tau), \quad \tau = t_k - t_j$$

$$c_{\tilde{x}\tilde{y}}(t_j, t_k) = c_{\tilde{x}\tilde{y}}(\tau) = r_{\tilde{x}\tilde{y}}(\tau) - \mu_{\tilde{x}}\mu_{\tilde{y}}^*, \quad \tau = t_k - t_j$$

$$\rho_{\tilde{x}\tilde{y}}(\tau) = \frac{c_{\tilde{x}\tilde{y}}(\tau)}{\sigma_{\tilde{x}}\sigma_{\tilde{y}}}$$

且有

$$r_{\tilde{x}\tilde{y}}(\tau) = r_{\tilde{y}\tilde{x}}^*(-\tau), \quad c_{\tilde{x}\tilde{y}}(\tau) = c_{\tilde{y}\tilde{x}}^*(-\tau)$$

2.4.3　复随机过程的正交性、不相关性和统计独立性

若

$$r_{\tilde{x}}(t_j, t_k) = \begin{cases}\sigma_{\tilde{x}}^2(t_j) + |\mu_{\tilde{x}}(t_j)|^2, & t_j = t_k \\ 0, & t_j \neq t_k\end{cases} \tag{2.4.9}$$

则称复随机过程 $\tilde{x}(t)$ 是一个正交随机变量的复过程。

若

$$c_{\tilde{x}}(t_j,t_k)=\begin{cases}\sigma_{\tilde{x}}^2(t_j), & t_j=t_k\\ 0, & t_j\neq t_k\end{cases} \tag{2.4.10}$$

或等价地

$$r_{\tilde{x}}(t_j,t_k)=\begin{cases}\sigma_{\tilde{x}}^2(t_j)+|\mu_{\tilde{x}}(t_j)|^2, & t_j=t_k\\ \mu_{\tilde{x}}(t_j)\mu_{\tilde{x}}^*(t_k), & t_j\neq t_k\end{cases} \tag{2.4.11}$$

则称复随机过程 $\tilde{x}(t)$ 是一个不相关随机变量的复过程。

若对任意的 $N\geqslant 1$ 和所有时刻 $t_k(k=1,2,\cdots,N)$，其 N 维联合概率密度函数都可表示为

$$\begin{aligned}&p(\tilde{x}_1,\tilde{x}_2,\cdots,\tilde{x}_N;\ t_1,t_2,\cdots,t_N)\\&=p(\tilde{x}_1;\ t_1)p(\tilde{x}_2;\ t_2)\cdots p(\tilde{x}_N;\ t_N)\end{aligned} \tag{2.4.12}$$

则复随机过程 $\tilde{x}(t)$ 是一个相互统计独立随机变量的复过程。

现在考虑两个复随机过程 $\tilde{x}(t)$ 和 $\tilde{y}(t)$。

若

$$r_{\tilde{x}\tilde{y}}(t_j,t_k)=0 \tag{2.4.13}$$

则复随机过程 $\tilde{x}(t)$ 与 $\tilde{y}(t)$ 是相互正交的复过程。

若

$$c_{\tilde{x}\tilde{y}}(t_j,t_k)=0 \tag{2.4.14}$$

或等价地

$$r_{\tilde{x}\tilde{y}}(t_j,t_k)=\mu_{\tilde{x}}(t_j)\mu_{\tilde{y}}^*(t_k)$$

则复随机过程 $\tilde{x}(t)$ 与 $\tilde{y}(t)$ 是互不相关的复过程。

若对所有时刻，复随机过程 $\tilde{x}(t)$ 与 $\tilde{y}(t)$ 的任意 $N\geqslant 1$ 和 $M\geqslant 1$ 的 $N+M$ 维联合概率密度函数能够表示为

$$\begin{aligned}&p(\tilde{x}_1,\tilde{x}_2,\cdots,\tilde{x}_N;\ t_1,t_2,\cdots,t_N;\ \tilde{y}_1,\tilde{y}_2,\cdots,\tilde{y}_M;\ t'_1,t'_2,\cdots,t'_M)\\&=p(\tilde{x}_1,\tilde{x}_2,\cdots,\tilde{x}_N;\ t_1,t_2,\cdots,t_N)p(\tilde{y}_1,\tilde{y}_2,\cdots,\tilde{y}_M;\ t'_1,t'_2,\cdots,t'_M)\end{aligned} \tag{2.4.15}$$

则复随机过程 $\tilde{x}(t)$ 与 $\tilde{y}(t)$ 是相互统计独立的复过程。

因此我们可得复随机过程的正交性、不相关性和统计独立性之间有如同实随机过程的同样关系的结论；也不难得到平稳复随机过程的结果。这里不再赘述。

2.4.4 复高斯随机过程

如果复随机过程 $\tilde{x}(t)$ 的任意 $N\geqslant 1$ 阶分布是联合高斯分布的，则称其为复高斯随机变量的复过程，通常称为复高斯随机过程。

一个复高斯随机过程在任意时刻 t_k 的样本 $\tilde{x}(t_k)=x_R(t_k)+jx_I(t_k)$ 是一个复高斯随机变量，其完整的数学描述是包括 $x_R(t_k)$ 和 $x_I(t_k)$ 的二维联合概率密度函数。复高斯随机变量假定其实部 $x_R(t_k)$ 与虚部 $x_I(t_k)$ 是相互统计独立的，且分别服从 $\mathcal{N}(\mu_{x_{Rk}},\sigma_{\tilde{x}_k}^2/2)$ 和 $\mathcal{N}(\mu_{x_{Ik}},\sigma_{\tilde{x}_k}^2/2)$，这里

$$\mu_{x_{Rk}}\stackrel{\text{def}}{=}\mu_{x_R}(t_k),\mu_{x_{Ik}}\stackrel{\text{def}}{=}\mu_{x_I}(t_k),\sigma_{\tilde{x}_k}^2\stackrel{\text{def}}{=}\sigma_{\tilde{x}}^2(t_k)$$

因此，$x_R(t_k)$与 $x_I(t_k)$的二维联合概率密度函数在隐含 t_k 后表示为

$$\begin{aligned}&p(x_{Rk},x_{Ik};\ t_k,t_k)\\&=\left(\frac{1}{\pi\sigma_{\tilde{x}_k}^2}\right)^{1/2}\exp\left[-\frac{(x_{Rk}-\mu_{x_{Rk}})^2}{\sigma_{\tilde{x}_k}^2}\right]\left(\frac{1}{\pi\sigma_{\tilde{x}_k}^2}\right)^{1/2}\exp\left[-\frac{(x_{Ik}-\mu_{x_{Ik}})^2}{\sigma_{\tilde{x}_k}^2}\right]\\&=\frac{1}{\pi\sigma_{\tilde{x}_k}^2}\exp\left\{-\frac{1}{\sigma_{\tilde{x}_k}^2}\left[(x_{Rk}-\mu_{x_{Rk}})^2+(x_{Ik}-\mu_{x_{Ik}})^2\right]\right\}\end{aligned}$$

因为 $\mu_{\tilde{x}_k}=\mu_{x_{Rk}}+\mathrm{j}\mu_{x_{Ik}}$，所以，上式更简洁的形式为

$$p(\tilde{x}_k;\ t_k)=\frac{1}{\pi\sigma_{\tilde{x}_k}^2}\exp\left(-\frac{|\tilde{x}_k-\mu_{\tilde{x}_k}|^2}{\sigma_{\tilde{x}_k}^2}\right) \tag{2.4.16}$$

称为复高斯随机变量 $\tilde{x}(t_k)$的一维概率密度函数，简记为 $\tilde{x}(t_k)\sim\mathscr{CN}(\mu_{\tilde{x}_k},\sigma_{\tilde{x}_k}^2)$。

现在考虑复高斯随机过程 $\tilde{x}(t)$的 N 维复高斯随机矢量

$$(\tilde{\boldsymbol{x}};\ \boldsymbol{t})=(\tilde{x}(t_1),\tilde{x}(t_2),\cdots,\tilde{x}(t_N))^{\mathrm{T}}$$

假定其中每个分量 $\tilde{x}(t_k)$都是服从均值为 $\mu_{\tilde{x}_k}$、方差为 $\sigma_{\tilde{x}_k}^2$ 的复高斯随机变量($k=1,2,\cdots,N$)。如果满足相互统计独立的条件，则有

$$\begin{aligned}p(\tilde{\boldsymbol{x}};\ \boldsymbol{t})&=p(\tilde{x}_1,\tilde{x}_2,\cdots,\tilde{x}_N;\ t_1,t_2,\cdots,t_N)\\&=\frac{1}{\pi^N\prod\limits_{k=1}^{N}\sigma_{\tilde{x}_k}^2}\exp\left[-\sum_{k=1}^{N}\frac{|\tilde{x}_k-\mu_{\tilde{x}_k}|^2}{\sigma_{\tilde{x}_k}^2}\right]\\&=\frac{1}{\pi^N|\boldsymbol{C}_{\tilde{x}}|}\exp\left[-(\tilde{\boldsymbol{x}}-\boldsymbol{\mu}_{\tilde{x}})^{\mathrm{H}}\boldsymbol{C}_{\tilde{x}}^{-1}(\tilde{\boldsymbol{x}}-\boldsymbol{\mu}_{\tilde{x}})\right]\end{aligned} \tag{2.4.17}$$

式中，均值矢量$\boldsymbol{\mu}_{\tilde{x}}$ 为

$$\boldsymbol{\mu}_{\tilde{x}}=(\mu_{\tilde{x}_1},\mu_{\tilde{x}_2},\cdots,\mu_{\tilde{x}_N})^{\mathrm{T}}$$

协方差矩阵 $\boldsymbol{C}_{\tilde{x}}$ 为

$$\boldsymbol{C}_{\tilde{x}}=\begin{bmatrix}\sigma_{\tilde{x}_1}^2 & 0 & \cdots & 0\\ 0 & \sigma_{\tilde{x}_2}^2 & \cdots & 0\\ \vdots & \vdots & & \vdots\\ 0 & 0 & \cdots & \sigma_{\tilde{x}_N}^2\end{bmatrix}$$

$|\boldsymbol{C}_{\tilde{x}}|$是 $\boldsymbol{C}_{\tilde{x}}$ 的行列式；$\boldsymbol{C}_{\tilde{x}}^{-1}$ 是 $\boldsymbol{C}_{\tilde{x}}$ 的逆矩阵；符号“H”代表复共轭转置。因为满足相互统计独立的条件，所以协方差矩阵 $\boldsymbol{C}_{\tilde{x}}$ 是对角阵。

实际上，如果不对复高斯随机过程的 N 维复高斯随机矢量的互不相关性或统计独立性进行约束，则其 N 维联合概率密度函数表示式仍为(2.4.17)式，只是式中的协方差矩阵 $\boldsymbol{C}_{\tilde{x}}$ 为

$$\boldsymbol{C}_{\tilde{x}}=\begin{bmatrix}c_{\tilde{x}_1\tilde{x}_1} & c_{\tilde{x}_1\tilde{x}_2} & \cdots & c_{\tilde{x}_1\tilde{x}_N}\\ c_{\tilde{x}_2\tilde{x}_1} & c_{\tilde{x}_2\tilde{x}_2} & \cdots & c_{\tilde{x}_2\tilde{x}_N}\\ \vdots & \vdots & & \vdots\\ c_{\tilde{x}_N\tilde{x}_1} & c_{\tilde{x}_N\tilde{x}_2} & \cdots & c_{\tilde{x}_N\tilde{x}_N}\end{bmatrix}$$

其中

$$c_{\tilde{x}_j\tilde{x}_k} \stackrel{\text{def}}{=} c_{\tilde{x}}(t_j,t_k) = \mathrm{E}[(\tilde{x}(t_j)-\mu_{\tilde{x}_j})(\tilde{x}(t_k)-\mu_{\tilde{x}_k})^*],\quad j,k=1,2,\cdots,N$$

$$c_{\tilde{x}_j\tilde{x}_k} = c^*_{\tilde{x}_k\tilde{x}_j}$$

2.5 线性系统对随机过程的响应

设有一个线性时不变系统 $H(\omega) \stackrel{\text{def}}{=} H(\mathrm{e}^{\mathrm{j}\omega})$，其脉冲响应为 $h(t)$，如图 2.11 所示。如果其输入为一随机过程 $x(t)$，而它的输出为 $y(t)$，则有

$$y(t) = \int_{-\infty}^{\infty} h(u)x(t-u)\mathrm{d}u \qquad (2.5.1)$$

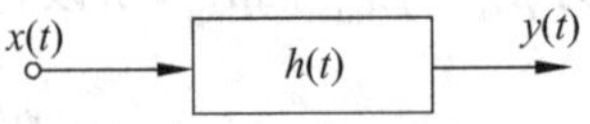

图 2.11 线性时不变系统

现在的问题是：如果输入的随机过程 $x(t)$ 是一个平稳过程，其响应 $y(t)$ 是否仍然是一个平稳过程？如果输入的平稳随机过程的均值为 μ_x，方差为 σ_x^2，自相关函数为 $r_x(\tau)$，功率谱密度为 $P_x(\omega)$，那么其响应 $y(t)$ 的这些统计平均量与输入 $x(t)$ 的统计平均量及系统函数之间有什么关系？下面我们就来讨论这些问题。

2.5.1 响应的平稳性

线性时不变系统响应 $y(t)$ 的均值 $\mu_y(t)$ 为

$$\begin{aligned}\mu_y(t) &= \mathrm{E}[y(t)] = \mathrm{E}\left[\int_{-\infty}^{\infty} h(u)x(t-u)\mathrm{d}u\right] \\ &= \int_{-\infty}^{\infty} h(u)\mathrm{E}[x(t-u)]\mathrm{d}u \\ &= \mu_x\int_{-\infty}^{\infty} h(u)\mathrm{d}u \\ &= H(0)\mu_x \stackrel{\text{def}}{=} \mu_y\end{aligned} \qquad (2.5.2)$$

即当 μ_x 是与时间无关的常数时，$\mu_y(t)=\mu_y$ 也是与时间无关的常数。$H(0) \stackrel{\text{def}}{=} H(\omega)|_{\omega=0}$ 是系统的直流增益。

响应 $y(t)$ 的自相关函数 $r_y(t,t+\tau)$ 为

$$\begin{aligned}r_y(t,t+\tau) &= \mathrm{E}[y(t)y(t+\tau)] \\ &= \mathrm{E}\left[\int_{-\infty}^{\infty} h(u)x(t-u)\mathrm{d}u\int_{-\infty}^{\infty} h(v)x(t+\tau-v)\mathrm{d}v\right] \\ &= \int_{-\infty}^{\infty}\int_{-\infty}^{\infty} h(u)h(v)\mathrm{E}[x(t-u)x(t+\tau-v)]\mathrm{d}v\mathrm{d}u\end{aligned}$$

因为输入 $x(t)$ 是平稳的过程，所以上式中的

$$\mathrm{E}[x(t-u)x(t+\tau-v)] = r_x(\tau+u-v)$$

这样

$$r_y(t,t+\tau) = \int_{-\infty}^{\infty}\int_{-\infty}^{\infty} h(u)h(v)r_x(\tau+u-v)\mathrm{d}v\mathrm{d}u \stackrel{\text{def}}{=} r_y(\tau) \qquad (2.5.3)$$

由于(2.5.3)式的积分结果仅与时间间隔 τ 有关，所以记为 $r_y(\tau)$。

根据上面的分析结果 $\mu_y(t)=\mu_y$，$r_y(t,t+\tau)=r_y(\tau)$，可以得出结论：对于线性时不变系统，如果其输入是一个平稳随机过程，那么它的响应也是一个平稳随机过程。

2.5.2 响应的统计平均量

线性时不变系统响应 $y(t)$ 的均值为(2.5.2)式。

为了得到 $r_y(\tau)$ 与 $r_x(\tau)$ 之间更清晰的关系，令 $t=v-u$，则(2.5.3)式可表示为

$$\begin{aligned} r_y(\tau) &= \int_{-\infty}^{\infty} r_x(\tau-t)\left[\int_{-\infty}^{\infty} h(u)h(t+u)\mathrm{d}u\right]\mathrm{d}t \\ &= \int_{-\infty}^{\infty} r_x(\tau-t)g(t)\mathrm{d}t \end{aligned} \tag{2.5.4}$$

式中，

$$\begin{aligned} g(t) &= \int_{-\infty}^{\infty} h(u)h(t+u)\mathrm{d}u \\ &= h(t) * h(-t) \end{aligned} \tag{2.5.5}$$

是线性时不变系统的 $h(t)$ 与 $h(-t)$ 的线性卷积，而(2.5.4)式本身也是线性卷积式，所以

$$\begin{aligned} r_y(\tau) &= r_x(\tau) * g(\tau) \\ &= r_x(\tau) * h(\tau) * h(-\tau) \end{aligned} \tag{2.5.6}$$

根据平稳随机过程功率谱密度与自相关函数互为傅里叶变换的关系，由(2.5.6)式可得，系统响应 $y(t)$ 的功率谱密度 $P_y(\omega)$ 与系统输入 $x(t)$ 的功率谱密度 $P_x(\omega)$ 的关系为

$$\begin{aligned} P_y(\omega) &= H(\omega)H(-\omega)P_x(\omega) \\ &= |H(\omega)|^2 P_x(\omega) \end{aligned} \tag{2.5.7}$$

我们还可求得线性时不变系统的输入 $x(t)$ 和响应 $y(t)$ 之间的互相关函数 $r_{xy}(\tau)$ 和互功率谱密度 $P_{xy}(\omega)$。按定义

$$\begin{aligned} r_{xy}(\tau) &= \mathrm{E}[x(t)y(t+\tau)] \\ &= \mathrm{E}\left[x(t)\int_{-\infty}^{\infty} h(u)x(t+\tau-u)\mathrm{d}u\right] \\ &= \int_{-\infty}^{\infty} h(u)\mathrm{E}[x(t)x(t+\tau-u)]\mathrm{d}u \\ &= \int_{-\infty}^{\infty} h(u)r_x(\tau-u)\mathrm{d}u \\ &= r_x(\tau) * h(\tau) \end{aligned} \tag{2.5.8}$$

变换到频域，则有

$$P_{xy}(\omega) = H(\omega)P_x(\omega) \tag{2.5.9}$$

进一步有如下关系式成立：

$$r_y(\tau) = r_{xy}(\tau) * h(-\tau) \tag{2.5.10}$$

$$P_y(\omega) = H(-\omega)P_{xy}(\omega) \tag{2.5.11}$$

如果线性时不变系统 $H(\omega)$ 的输入是平稳复随机过程 $\tilde{x}(t)$，则不难证明响应 $\tilde{y}(t)$ 也是平稳复随机过程，且有以下关系式成立：

$$\mu_{\tilde{y}} = H(0)\mu_{\tilde{x}}$$

$$r_{\tilde{y}}(\tau) = r_{\tilde{x}}(\tau) * \tilde{h}^*(\tau) * \tilde{h}(-\tau)$$

$$P_{\tilde{y}}(\omega) = H(\omega)H^*(\omega)P_{\tilde{x}}(\omega) = |H(\omega)|^2 P_{\tilde{x}}(\omega)$$

$$r_{\tilde{x}\tilde{y}}(\tau)=r_{\tilde{x}}(\tau)*\tilde{h}^*(\tau)$$

$$P_{\tilde{x}\tilde{y}}(\omega)=H(\omega)P_{\tilde{x}}(\omega)$$

2.6 高斯噪声、白噪声和有色噪声

随机信号 $x(t)=s(t)+n(t)(0\leqslant t\leqslant T)$，或 $x(t)=s(t;\ \boldsymbol{\theta})+n(t)(0\leqslant t\leqslant T)$，其统计特性在很大程度上取决于噪声干扰 $n(t)$ 的统计特性。噪声 $n(t)$ 是一个随机过程，根据实际问题和环境，它可以取不同的数学模型。在电子信息系统中，描述噪声统计特性的数学模型也有多种，其中十分重要、也是最常用的数学模型是时域的高斯噪声和频域的白噪声。

2.6.1 高斯噪声

1. 中心极限定理

高斯噪声的数学模型来源于统计学中的中心极限定理。中心极限定理指出，在一般条件下，N 个相互统计独立的随机变量 n_k 之和 $n=\sum_{k=1}^{N}n_k$，在 $N\to\infty$ 的极限情况下，其概率密度函数趋于高斯分布，而不管每个变量 n_k 的具体分布如何。实际上，只要 N 足够大，每个分量之间也不一定完全统计独立，但不存在占支配地位的若干个分量，则它们和的分布就可近似为高斯分布。

在电子信息系统中，系统受到的各种杂波干扰、经杂波抑制处理后的杂波剩余分量，以及来自系统外部和内部的其他干扰分量，可以被认为是无限多的、相互统计独立的、各自作用有限的分量，并在系统中叠加形成噪声干扰。根据中心极限定理我们认为，噪声服从高斯分布在许多情况下是合理的。这就是在噪声的各种数学模型中，我们对高斯噪声模型特别感兴趣的原因。

2. 高斯噪声的统计描述

如果一个噪声过程 $n(t)$，对于任意的 $N\geqslant 1$ 和所有的时刻 $t_k(k=1,2,\cdots,N)$，随机变量 $n(t_k)=(n_k;\ t_k)$ 服从高斯分布，则过程 $n(t)$ 就是一个高斯噪声随机变量过程，简称高斯噪声过程或高斯噪声。

高斯噪声的一维概率密度函数在隐含 t_k 后表示为

$$p(n_k;\ t_k)=\left(\frac{1}{2\pi\sigma_{n_k}^2}\right)^{1/2}\exp\left[-\frac{(n_k-\mu_{n_k})^2}{2\sigma_{n_k}^2}\right] \tag{2.6.1}$$

式中，$\mu_{n_k}\overset{\text{def}}{=}\mu_n(t_k)$ 和 $\sigma_{n_k}^2\overset{\text{def}}{=}\sigma_n^2(t_k)$ 分别是随机变量 $n(t_k)$ 的均值和方差，可简记为 $n(t_k)\sim\mathcal{N}(\mu_{n_k},\sigma_{n_k}^2)$。

高斯噪声的 N 维随机矢量

$$(\boldsymbol{n};\ \boldsymbol{t})=(n(t_1),n(t_2),\cdots,n(t_N))^{\mathrm{T}}$$

是服从联合高斯分布的，其 N 维联合概率密度函数表示为

$$p(\boldsymbol{n};\ \boldsymbol{t})=p(n_1,n_2,\cdots,n_N;\ t_1,t_2,\cdots,t_N)$$

$$=\frac{1}{(2\pi)^{N/2}|\boldsymbol{C}_n|^{1/2}}\exp\left[-\frac{1}{2}(\boldsymbol{n}-\boldsymbol{\mu}_n)^{\mathrm{T}}\boldsymbol{C}_n^{-1}(\boldsymbol{n}-\boldsymbol{\mu}_n)\right] \tag{2.6.2}$$

式中，$\boldsymbol{\mu}_n$是高斯随机矢量$(\boldsymbol{n};\ \boldsymbol{t})$的均值矢量，即

$$\boldsymbol{\mu}_n=(\mu_{n_1},\mu_{n_2},\cdots,\mu_{n_N})^{\mathrm{T}}$$

$$\mu_{n_k}=\mathrm{E}[n(t_k)]$$

$\boldsymbol{C}_n$ 是高斯随机矢量$(\boldsymbol{n};\ \boldsymbol{t})$的协方差矩阵，即

$$\boldsymbol{C}_n=\begin{bmatrix} c_{n_1n_1} & c_{n_1n_2} & \cdots & c_{n_1n_N} \\ c_{n_2n_1} & c_{n_2n_2} & \cdots & c_{n_2n_N} \\ \vdots & \vdots & & \vdots \\ c_{n_Nn_1} & c_{n_Nn_2} & \cdots & c_{n_Nn_N} \end{bmatrix}$$

其中

$$c_{n_jn_k}=\mathrm{E}[(n(t_j)-\mu_{n_j})(n(t_k)-\mu_{n_k})]=c_{n_kn_j}$$

$|\boldsymbol{C}_n|$是 $\boldsymbol{C}_n$ 的行列式，$\boldsymbol{C}_n^{-1}$是 $\boldsymbol{C}_n$ 的逆矩阵。

3. 不相关性与统计独立性关系的证明

现在我们来证明 2.3 节中关于随机变量之间互不相关性与相互统计独立性关系的结论Ⅲ。

设高斯随机矢量$(\boldsymbol{n};\ \boldsymbol{t})$中的 $n(t_j)$与 $n(t_k)(j\neq k)$互不相关，即 $c_{n_jn_k}=c_{n_kn_j}=0(j\neq k)$，若记 $\sigma_{n_k}^2\overset{\mathrm{def}}{=}c_{n_kn_k}$，则协方差矩阵 $\boldsymbol{C}_n$ 为

$$\boldsymbol{C}_n=\begin{bmatrix} \sigma_{n_1}^2 & 0 & \cdots & 0 \\ 0 & \sigma_{n_2}^2 & \cdots & 0 \\ \vdots & \vdots & & \vdots \\ 0 & 0 & \cdots & \sigma_{n_N}^2 \end{bmatrix}$$

而$|\boldsymbol{C}_n|^{1/2}$和 $\boldsymbol{C}_n^{-1}$ 分别为

$$|\boldsymbol{C}_n|^{1/2}=\prod_{k=1}^{N}\sigma_{n_k}$$

$$\boldsymbol{C}_n^{-1}=\begin{bmatrix} (\sigma_{n_1}^2)^{-1} & 0 & \cdots & 0 \\ 0 & (\sigma_{n_2}^2)^{-1} & \cdots & 0 \\ \vdots & \vdots & & \vdots \\ 0 & 0 & \cdots & (\sigma_{n_N}^2)^{-1} \end{bmatrix}$$

将 $n(t_j)$与 $n(t_k)(j\neq k)$互不相关时的上述结果代入(2.6.2)式，得到

$$p(\boldsymbol{n};\ \boldsymbol{t})=p(n_1,n_2,\cdots,n_N;\ t_1,t_2,\cdots,t_N)$$

$$=\frac{1}{(2\pi)^{N/2}\prod\limits_{k=1}^{N}\sigma_{n_k}}\exp\left[-\sum_{k=1}^{N}\frac{(n_k-\mu_{n_k})^2}{2\sigma_{n_k}^2}\right]$$

$$= \prod_{k=1}^{N} \left(\frac{1}{2\pi\sigma_{n_k}^2} \right)^{1/2} \exp\left[-\frac{(n_k - \mu_{n_k})^2}{2\sigma_{n_k}^2} \right] \tag{2.6.3}$$
$$= p(x_1;t_1)p(x_2;t_2)\cdots p(x_N;t_N)$$

这个结果说明，如果 N 个高斯随机变量 $n(t_k)(k=1,2,\cdots,N)$ 之间是互不相关的，则它们也是相互统计独立的。2.3 节的结论Ⅲ得证。

高斯噪声的 N 维联合概率密度函数从时域上描述了高斯噪声过程的统计特性。

2.6.2 白噪声和高斯白噪声

我们知道，噪声过程的频域描述是其功率谱密度 $P_n(\omega)$。如按平稳噪声过程 $n(t)$ 的功率谱密度形状来分类，其中在理论分析和实际应用中具有重要意义的是经过理想化了的白噪声。白噪声是功率谱密度均匀分布在整个频率轴上 $(-\infty<\omega<\infty)$ 的一种噪声过程，即

$$P_n(\omega) = \frac{N_0}{2} \tag{2.6.4}$$

这里，白噪声的功率谱密度是按正、负两半轴上的频域定义的，如果按正半轴上的频域定义，则功率谱密度为 N_0。显然，白噪声的自相关函数 $r_n(\tau)$ 是一个 δ 函数，即

$$r_n(\tau) = \mathrm{IFT}[P_n(\omega)] = \mathrm{IFT}\left[\frac{N_0}{2}\right] = \frac{N_0}{2}\delta(\tau) \tag{2.6.5}$$

通常认为，白噪声过程的均值为零，以后不再说明。因此，白噪声也可定义为均值为零、自相关函数 $r_n(\tau)$ 为 δ 函数的噪声随机过程。

由于白噪声在频域上其功率谱密度是均匀分布的，而在时域上其自相关函数 $r_n(\tau)$ 是 δ 函数，所以它的任意两个不同时刻的随机变量 $n(t_j)$ 与 $n(t_k)(\tau=t_k-t_j\neq0)$ 是不相关的。这是白噪声过程的重要特性之一。因为一般认为噪声过程具有遍历性，因此白噪声过程的上述特性表示，其样本函数在任意两个不同时刻采样所得的随机变量 $n(t_j)$ 与 $n(t_k)$ 之间互不相关。这在实际上是非常有用的。

白噪声过程是一种理想化的数学模型，由于其功率谱密度在整个频域上均匀分布，所以其能量是无限的，但实际上这种理想白噪声并不存在。我们讨论这种理想化的白噪声过程的意义在于：由于我们所采用的系统相对于整个频率轴来说是窄带系统，这样只要在系统的有效频带附近的一定范围内噪声过程的功率谱密度是均匀分布的，我们就可以把它作为白噪声过程来对待，这并不影响处理结果，而且带来数学上的很大方便。

如果一个噪声过程时域的随机变量的概率密度函数是高斯分布的，频域的功率谱密度是均匀分布的，则称这样的噪声过程为高斯白噪声。高斯白噪声的重要特性是：任意两个或两个以上不同时刻 $t_1,t_2,\cdots,t_N$ 的随机变量 $n(t_k)(k=1,2,\cdots,N)$ 不仅是互不相关的，而且是相互统计独立的。

2.6.3 有色噪声

如果噪声过程 $n(t)$ 的功率谱密度在频域上的分布是不均匀的，则称其为有色噪声。在有色噪声中，通常采用具有高斯功率谱密度的模型，即

$$P_n(f)=P_0\exp\left[-\frac{(f-f_0)^2}{2\sigma_f^2}\right] \tag{2.6.6}$$

这是因为均值 f_0 代表噪声的谱中心频率，方差 σ_f^2 反映噪声的谱宽度。$\omega=2\pi f$。

2.6.4 随机过程概率密度函数表示法的说明

前文已经扼要地讨论了随机过程和噪声过程的统计描述，给出了它们的概率密度函数表示式。在表示式中均含有时刻 $t_k(k=1,2,\cdots,N)$ 的变量，即一维时为 $p(x;\ t)$ 或 $p(n;\ t)$，N 维矢量时为 $p(\boldsymbol{x};\ \boldsymbol{t})=p(x_1,x_2,\cdots,x_N;\ t_1,t_2,\cdots,t_N)$ 或 $p(\boldsymbol{n};\ \boldsymbol{t})=p(n_1,n_2,\cdots,n_N;\ t_1,t_2,\cdots,t_N)$。为了表示方便，在概念清楚的情况下，后文将把概率密度函数表示式中的时刻 $t_k(k=1,2,\cdots,t_N)$ 省略。我们认为，这样的表示法不会引起歧义。

2.7 信号和随机参量信号及其统计描述

信号是信息的载体。信息通过变换、编码和调制等产生携带该信息的信号。信号处理的根本目的就是从受到干扰的信号中提取出它所携带的信息。

2.7.1 信号的分类

根据信号处理的任务，信号有多种分类方法，例如，可分为连续信号和离散信号、确知信号和参量信号等。

连续信号可以用连续的时间函数来描述，而离散信号是离散时间上的信号序列。离散信号可由连续信号的采样来得到，如果满足采样定理，连续信号可以用它的采样序列来恢复。

如果信号中所含的所有参量都确知，则信号仅为时间的函数，这类信号一般称为确知信号。确知信号的有或无，可以告诉我们信号是否存在。不同形式的确知信号可以代表信号的不同状态。参量信号是指信号中含有一个或一个以上的参量是未知的或随机的。参量随机的参量信号称为随机参量信号，而参量未知的参量信号称为未知参量信号。

在以后研究信号的统计检测、估计和滤波等问题时，将会遇到下列几种主要的信号形式。

1. 确知信号

(1) 常数，如 A。

(2) 正弦、余弦信号，它的一般形式为

$$s(t)=a(t)\cos[\omega_0 t+\theta(t)]$$

其中振幅 $a(t)$、频率 ω_0 和相位 $\theta(t)$ 确知或是时间的确定函数。

2. 参量信号

(1) 未知或随机参量，如 m。

(2) 随机相位信号，例如，

$$s(t;\ \theta)=a(t)\cos[\omega_0 t+\theta(t)]$$

其中，振幅 $a(t)$ 和频率 ω_0 是确知的参量，相位 $\theta(t)$ 是随机参量。

（3）随机振幅与随机相位信号，例如，

$$s(t;\ a,\theta)=a(t)\cos[\omega_0 t+\theta(t)]$$

其中，频率 ω_0 是确知的参量，振幅 $a(t)$ 和相位 $\theta(t)$ 是随机参量。

（4）随机频率信号，例如，

$$s(t;\ \omega_0)=a(t)\cos[\omega_0 t+\theta(t)]$$

其中，振幅 $a(t)$ 假设是确知的参量，频率 ω_0 是随机参量，相位 $\theta(t)$ 通常也是随机参量。

另外，还有随机到达时间等随机参量信号，以及多个信号参量同时随机的情况。

2.7.2 随机参量信号的统计描述

为了便于对随机参量信号进行处理，我们需要对随机参量信号中的随机参量的统计特性进行合理的描述。由于各个随机参量的统计特性不一样，因此需要分别讨论。

随机参量 m 的统计特性视问题不同可能为高斯分布、瑞利分布、均匀分布等，因此不便统一描述。

随机相位信号中，引起相位 $\theta(t)$ 随机性的因素可能很多。例如，高频调制信号本身的初始相位具有随机性；发站与收站间距离的瞬时变化；电磁波在信道中传输速度 c（理论值为 $c=3\times10^8$ m/s）的随机起伏 $\pm\Delta c$，使收发信号的延迟时间产生相应的随机起伏 $\pm\Delta\tau$，由于载频 f_0（$\omega_0=2\pi f_0$）通常很高，所以微小的随机起伏 $\pm\Delta\tau$ 折算为相位起伏 $\pm2\pi f_0\Delta\tau$ 可能很大。所以，在实际中我们经常会遇到随机相位的信号。相位 $\theta(t)$ 的随机性通常认为在 $(-\pi,\pi)$ 间服从均匀分布，即

$$p(\theta)=\begin{cases}\dfrac{1}{2\pi}, & -\pi\leqslant\theta\leqslant\pi\\ 0, & \text{其他}\end{cases}\tag{2.7.1}$$

事实上，我们有描述随机相位分布的通用模型，它是由威特伯(Viterbi)提出的。该模型可以描述从完全确定的 δ 函数分布，到完全不确定的均匀分布，其分布规律只受一个参数 ν 控制。这个模型的数学表示式为

$$p(\theta|\nu)=\begin{cases}\dfrac{\exp(\nu\cos\theta)}{2\pi I_0(\nu)}, & -\pi\leqslant\theta\leqslant\pi\\ 0, & \text{其他}\end{cases}\tag{2.7.2}$$

式中，$I_0(\nu)$ 是第一类零阶修正贝塞尔函数，它是模型 $p(\theta|\nu)$ 的归一化因子。控制参数 ν 与信道的物理特性等因素有关，而与加性噪声 $n(t)$ 的统计特性无关。随机相位分布的通用模型 $p(\theta|\nu)$ 的图形如图 2.12 所示。

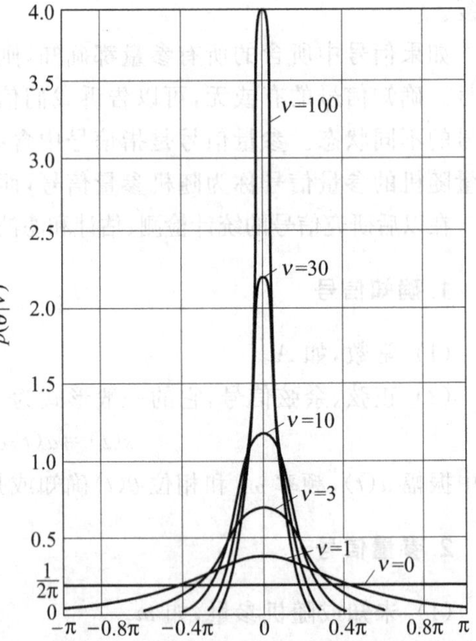

图 2.12 随机相位分布数学模型 $p(\theta|\nu)$ 曲线

在随机参量信号中，除了随机相位信号外，信号的振幅和相位同时是随机参量的情况也是经常遇到的。例如，在无线通信系统中，电磁波在对流层、电离层等信道媒体中传输时，由于多路径效应、信道衰落、信道媒体的随机扰动等多种随机因素，使接收到的信号的振幅是随机起伏的；在雷达系统中，由于目标通常是由许多随机散射体集合所组成的，其反射回波信号的振幅是随机的。信号振幅的随机性通常采用瑞利分布模型来统计描述，即

$$p(a)=\begin{cases}\dfrac{a}{\sigma_a^2}\exp\left(-\dfrac{a^2}{2\sigma_a^2}\right), & a\geqslant 0\\ 0, & a<0\end{cases} \tag{2.7.3}$$

信号相位的随机性仍采用均匀分布的模型或采用(2.7.2)式所示的非均匀分布通用模型来统计描述。对于振幅和相位同时随机的参量信号，假定振幅的随机性和相位的随机性是相互统计独立的。

对于随机频率信号，频率随机主要是因为电磁波在媒体中传输时，其信号载频会受到随机扰动，使频率产生随机的变化；或者接收信号来自运动体的反射回波，当运动体的径向速度不为零时，反射的回波信号中有一个附加的、与径向速度成正比的多普勒频率。随机频率信号的频率的随机性通常假定在(ω_1,ω_2)范围内服从均匀分布，而范围(ω_1,ω_2)一般是根据具体问题估计得到的。

我们还可能会遇到其他的随机参量信号，我们将结合所讨论的具体问题再对它们加以说明。

2.7.3　窄带信号分析

在电子信息系统中，我们所采用的信号通常可表示为

$$s(t)=a(t)\cos[\omega_0 t+\theta(t)] \tag{2.7.4}$$

式中，$f_0=\omega_0/2\pi$，称为载波频率，简称载频；振幅$a(t)$、相位$\theta(t)$一般为时间的函数，故分别称为振幅调制波和相位调制波。在信息传输中，$a(t)$和$\theta(t)$是携带信息的参量。

如果信号$s(t)$的带宽$\Delta F\ll f_0$，则称信号$s(t)$为窄带信号。将(2.7.4)式展开可得

$$s(t)=s_{\mathrm{R}}(t)\cos\omega_0 t-s_{\mathrm{I}}(t)\sin\omega_0 t \tag{2.7.5}$$

式中，

$$s_{\mathrm{R}}(t)=a(t)\cos\theta(t) \tag{2.7.6a}$$

$$s_{\mathrm{I}}(t)=a(t)\sin\theta(t) \tag{2.7.6b}$$

我们看到，$s_{\mathrm{R}}(t)$和$s_{\mathrm{I}}(t)$是两个正交分量。由于$a(t)$和$\theta(t)$相对于载波的快变化来说是慢变化的信号，所以$s_{\mathrm{R}}(t)$和$s_{\mathrm{I}}(t)$是视频信号；又因为在信息传输中$a(t)$和$\theta(t)$是携带信息的参量，所以$s_{\mathrm{R}}(t)$和$s_{\mathrm{I}}(t)$是携带信息的两个分量。

我们可以采用零中频处理技术，通过正交相位检波器来获得携带信息的正交视频信号$s_{\mathrm{R}}(t)$和$s_{\mathrm{I}}(t)$，如图 2.13 所示。

在图 2.13 中，$s(t)$乘$2\cos\omega_0 t$获得$s_{\mathrm{R}}(t)$的支路，该支路称为同相支路；$s(t)$乘$-2\sin\omega_0 t$获得$s_{\mathrm{I}}(t)$的支路，该支路称为正交支路。首先看同相支路，有

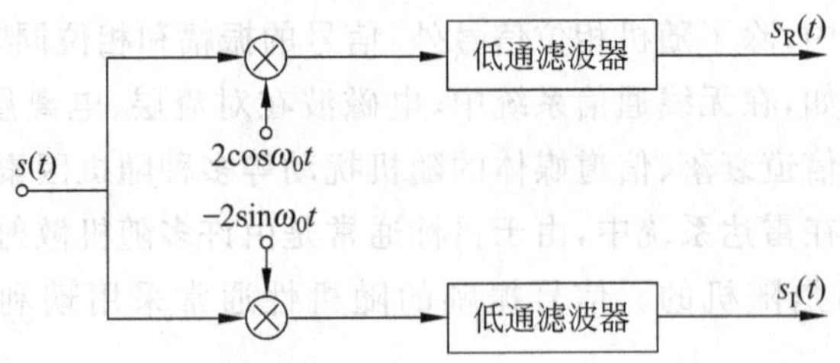

图 2.13 正交相位检波器

$$
\begin{aligned}
&s(t)\times 2\cos\omega_0 t \\
&=2a(t)[\cos\omega_0 t\cos\theta(t)-\sin\omega_0 t\sin\theta(t)]\cos\omega_0 t \qquad (2.7.7)\\
&=2a(t)\left[\frac{1}{2}(1+\cos 2\omega_0 t)\cos\theta(t)-\frac{1}{2}\sin 2\omega_0 t\sin\theta(t)\right]
\end{aligned}
$$

将(2.7.7)式的结果通过低通滤波器滤除 $2\omega_0$ 的分量，得

$$s_R(t)=a(t)\cos\theta(t) \qquad (2.7.8)$$

类似地，对正交支路有

$$
\begin{aligned}
&s(t)\times(-2\sin\omega_0 t) \\
&=-2a(t)\left[\frac{1}{2}\sin 2\omega_0 t\cos\theta(t)-\frac{1}{2}(1-\cos 2\omega_0 t)\sin\theta(t)\right]
\end{aligned}
\qquad (2.7.9)
$$

将其通过低通滤波器，得

$$s_I(t)=a(t)\sin\theta(t) \qquad (2.7.10)$$

因为 $s_R(t)$和 $s_I(t)$是视频正交信号，因此可用复数表示为

$$
\begin{aligned}
s_v(t)&=s_R(t)+js_I(t) \qquad (2.7.11)\\
&=a(t)\cos\theta(t)+ja(t)\sin\theta(t)
\end{aligned}
$$

它既保留了信号的幅度信息，又保留了信号的相位信息。显然

$$a(t)=[s_R^2(t)+s_I^2(t)]^{1/2} \qquad (2.7.12a)$$

$$\theta(t)=\arctan\frac{s_I(t)}{s_R(t)} \qquad (2.7.12b)$$

2.8 窄带高斯噪声及其统计特性

2.8.1 窄带噪声的描述

如果噪声 $n(t)$的功率谱密度 $P_n(\omega)$仅在频率 $f=\pm f_0$ 附近一个很窄的频率范围内存在，而频率 f_0 相当高，则通常把这种高频限带噪声称为窄带噪声。在通信、雷达等电子信息系统中，接收系统的输入噪声一般为宽带随机过程，而接收系统中的高频放大器、中频放大器通常是根据与有用信号 $s(t)$相匹配的匹配滤波器设计的，而信号 $s(t)$的载波频率很高，信号带宽一般很窄。因此，接收系统通常是个窄带系统。这样，噪声通过窄带接收系统后变成为窄带噪声。这里，我们认为系统是窄带线性系统。

现代信号处理对中频信号进行采样，并通过正交变换获得同相信号和正交信号；或者将中频信号经正交双通道相位检波器来得到同相信号和正交信号。由同相信号和正交信号构成的复数信号,保留了信号的幅度信息和相位信息。为了对这样的信号进行处理,我们需要研究窄带噪声和信号加窄带噪声幅度和相位的统计特性,主要是包络(振幅)和相位的概率密度函数。

仿照窄带信号的表示方法,我们把窄带噪声 $n(t)$ 表示为

$$\begin{aligned} n(t) &= a_n(t)\cos[\omega_0 t+\theta_n(t)] \\ &= n_R(t)\cos\omega_0 t - n_I(t)\sin\omega_0 t \end{aligned} \tag{2.8.1}$$

其中,$a_n(t)$ 和 $\theta_n(t)$ 分别是噪声 $n(t)$ 的随机振幅分量和随机相位分量; $n_R(t)$ 和 $n_I(t)$ 为正交分量。它们之间的关系为

$$n_R(t)=a_n(t)\cos\theta_n(t),\quad n_I(t)=a_n(t)\sin\theta_n(t) \tag{2.8.2}$$

$$\begin{aligned} &a_n(t)=[n_R^2(t)+n_I^2(t)]^{1/2},\quad a_n\geqslant 0 \\ &\theta_n(t)=\arctan\frac{n_I(t)}{n_R(t)},\quad -\pi\leqslant\theta_n\leqslant\pi \end{aligned} \tag{2.8.3}$$

2.8.2 窄带高斯噪声的统计特性

设噪声 $n(t)$ 是零均值平稳高斯随机过程,由(2.8.1)式知,当 $t=t_1=0$ 时,有

$$n(t_1)=n_R(t_1)$$

于是,根据一维雅可比变换(雅可比 $J=1$)得

$$p(n_R)=p(n=n_R) \tag{2.8.4}$$

类似地,当 $t=t_2=3\pi/(2\omega_0)$ 时,有

$$n(t_2)=n_I(t_2)$$

于是得

$$p(n_I)=p(n=n_I) \tag{2.8.5}$$

同时,我们有

$$\mathrm{E}[n_R(t)]=\mathrm{E}[n_I(t)]=\mathrm{E}[n(t)] \tag{2.8.6}$$

以上结果说明,若 $n(t)$ 是零均值的平稳高斯噪声,则两个正交分量 $n_R(t)$ 和 $n_I(t)$ 分别也是零均值的高斯噪声。

现在我们来求 $n_R(t)$ 和 $n_I(t)$ 的方差 $\sigma_{n_R}^2$ 和 $\sigma_{n_I}^2$,以及它们之间的相关性。

由(2.8.1)式可得,$n(t)$ 的自相关函数为

$$\begin{aligned} r_n(\tau) &= \mathrm{E}[n(t)n(t+\tau)] \\ &= r_{n_R}(\tau)\cos\omega_0 t\cos\omega_0(t+\tau) - r_{n_R n_I}(\tau)\cos\omega_0 t\sin\omega_0(t+\tau) - \\ &\quad r_{n_I n_R}(\tau)\sin\omega_0 t\cos\omega_0(t+\tau) + r_{n_I}(\tau)\sin\omega_0 t\sin\omega_0(t+\tau) \end{aligned} \tag{2.8.7}$$

由于噪声 $n(t)$ 是平稳随机过程,因此当 $t=t_1=0$ 时,有

$$r_n(\tau)=r_{n_R}(\tau)\cos\omega_0\tau - r_{n_R n_I}(\tau)\sin\omega_0\tau \tag{2.8.8}$$

而当 $t=t_2=\pi/(2\omega_0)$ 时,有

$$r_n(\tau)=r_{n_I}(\tau)\cos\omega_0\tau - r_{n_I n_R}(\tau)\sin\omega_0\tau \tag{2.8.9}$$

因为 $n(t)$ 及 $n_R(t)$ 和 $n_I(t)$ 都是零均值的平稳噪声,所以有

$$\sigma_n^2=r_n(\tau)\big|_{\tau=0}=\sigma_{n_R}^2=\sigma_{n_I}^2 \tag{2.8.10}$$

和

$$E[n_R(t)n_I(t)]=E[a_n(t)\cos\theta_n(t)a_n(t)\sin\theta_n(t)]=0 \tag{2.8.11}$$

这说明，如果 $n(t)$ 是均值为零、方差为 σ_n^2 的平稳高斯噪声，则它的两个正交分量 $n_R(t)$ 和 $n_I(t)$ 分别也是均值为零、方差为 σ_n^2 的高斯噪声，而且二者是不相关的，因而也是统计独立的。于是，$n_R(t)$ 和 $n_I(t)$ 的联合概率密度函数隐去时间变量 t 后为

$$p(n_R,n_I)=\frac{1}{2\pi\sigma_n^2}\exp\left(-\frac{n_R^2+n_I^2}{2\sigma_n^2}\right) \tag{2.8.12}$$

最后，我们来求噪声的包络 $a_n(t)$ 和相位 $\theta_n(t)$ 的概率密度函数。

由 $a_n(t)$ 和 $\theta_n(t)$ 与 $n_R(t)$ 和 $n_I(t)$ 的关系，利用二维雅可比变换，可得隐去时间变量 t 的 $a_n(t)$ 和 $\theta_n(t)$ 的联合概率密度函数为

$$p(a_n,\theta_n)=\frac{a_n}{2\pi\sigma_n^2}\exp\left(-\frac{a_n^2}{2\sigma_n^2}\right),\quad a_n\geqslant 0,-\pi\leqslant\theta_n\leqslant\pi \tag{2.8.13}$$

然后，利用求边缘概率密度函数的方法，可得噪声包络的概率密度函数为

$$p(a_n)=\begin{cases}\dfrac{a_n}{\sigma_n^2}\exp\left(-\dfrac{a_n^2}{2\sigma_n^2}\right), & a_n\geqslant 0\\ 0, & a_n<0\end{cases} \tag{2.8.14}$$

这种分布称为瑞利(Rayleigh)分布，其归一化($\sigma_n^2=1$)概率密度函数曲线如图 2.14 所示，而相位的概率密度函数为

$$p(\theta_n)=\begin{cases}\dfrac{1}{2\pi}, & -\pi\leqslant\theta_n\leqslant\pi\\ 0, & 其他\end{cases} \tag{2.8.15}$$

可见，窄带高斯噪声的随机相位在$(-\pi,\pi)$区间内是均匀分布的。

由(2.8.13)式、(2.8.14)式和(2.8.15)式显然有

$$p(a_n,\theta_n)=p(a_n)p(\theta_n),\quad a_n\geqslant 0,-\pi\leqslant\theta_n\leqslant\pi \tag{2.8.16}$$

这说明，窄带高斯噪声 $n(t)$ 的包络和相位是相互统计独立的随机参量。

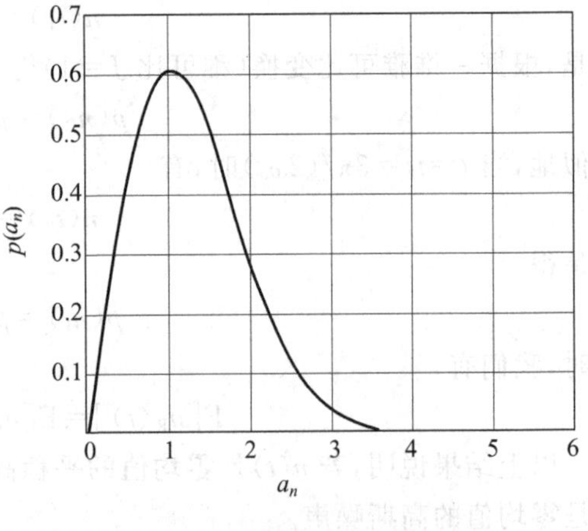

图 2.14 窄带高斯噪声包络的 PDF 曲线($\sigma_n^2=1$)

2.9 信号加窄带高斯噪声及其统计特性

2.9.1 信号加窄带噪声的描述

信号检测与估计理论所要解决的根本问题就是如何最有效地从噪声、杂波干扰背景中提取信号，以及估计信号的参量及波形等，所以有必要讨论信号加噪声的统计特性。2.8.2节我们已经讨论了窄带高斯噪声的统计特性——包络和相位的概率密度函数。信号和噪声是通过同一个线性系统的。设信号 $s(t)$ 是频率为 $f_0=\omega_0/(2\pi)$、振幅为 a_s、相位为 θ_s 的余弦信号，则

$$s(t)=a_s\cos(\omega_0 t+\theta_s) \\ =a_s\cos\theta_s\cos\omega_0 t-a_s\sin\theta_s\sin\omega_0 t \tag{2.9.1}$$

而窄带高斯噪声 $n(t)$ 表示为

$$n(t)=a_n(t)\cos[\omega_0 t+\theta_n(t)] \\ =n_R(t)\cos\omega_0 t-n_I(t)\sin\omega_0 t \tag{2.9.2}$$

式中，

$$n_R(t)=a_n(t)\cos\theta_n(t)$$

$$n_I(t)=a_n(t)\sin\theta_n(t)$$

这样，信号加窄带高斯噪声表示为

$$x(t)=s(t)+n(t) \\ =[a_s\cos\theta_s+n_R(t)]\cos\omega_0 t-[a_s\sin\theta_s+n_I(t)]\sin\omega_0 t \\ =x_R(t)\cos\omega_0 t-x_I(t)\sin\omega_0 t \tag{2.9.3}$$

式中，

$$x_R(t)=a_s\cos\theta_s+n_R(t) \tag{2.9.4a}$$

$$x_I(t)=a_s\sin\theta_s+n_I(t) \tag{2.9.4b}$$

假定信号 $s(t)$ 的振幅 a_s 和频率 ω_0 是已知的，相位为 θ_s，则信号加窄带高斯噪声的包络 $a_x(t)$ 和相位 $\theta_x(t)$ 分别为

$$a_x(t)=[x_R^2(t)+x_I^2(t)]^{1/2},\quad a_x(t)\geqslant 0 \tag{2.9.5a}$$

$$\theta_x(t)=\arctan\frac{x_I(t)}{x_R(t)},\quad -\pi\leqslant\theta_x(t)\leqslant\pi \tag{2.9.5b}$$

从而有

$$x_R(t)=a_x(t)\cos\theta_x(t) \tag{2.9.6a}$$

$$x_I(t)=a_x(t)\sin\theta_x(t) \tag{2.9.6b}$$

2.9.2 信号加窄带高斯噪声的统计特性

现在讨论通过求 $x_R(t)$ 和 $x_I(t)$ 的联合概率密度函数，然后经二维雅可比变换，再求边缘概率密度函数的方法，从而获得信号加窄带高斯噪声的包络和相位的概率密度函数问题。

假设信号 $s(t)$ 的振幅 a_s 和频率 ω_0 是已知的，相位 θ_s 在 $(-\pi,\pi)$ 区间内均匀分布，窄带高斯噪声是零均值的平稳高斯随机过程。由 2.8 节的讨论我们知道，噪声的两个正交分量 $n_R(t)$ 和 $n_I(t)$ 分别是均值为零、方差为 σ_n^2 的平稳高斯随机过程，且相互统计独立。因此，对于任何给定的信号相位 θ_s，$x_R(t)$ 和 $x_I(t)$ 也是相互统计独立的平稳高斯随机过程。这样，其条件均值和方差分别为

$$\mathrm{E}[x_R(t)|\theta_s]=a_s\cos\theta_s,\quad \mathrm{Var}[x_R(t)|\theta_s]=\sigma_n^2$$

$$\mathrm{E}[x_I(t)|\theta_s]=a_s\sin\theta_s,\quad \mathrm{Var}[x_I(t)|\theta_s]=\sigma_n^2$$

这样，$x_R(t)$ 和 $x_I(t)$ 的联合条件概率密度函数隐去时间变量 t 后为

$$p(x_R,x_I|\theta_s)=\frac{1}{2\pi\sigma_n^2}\exp\left[-\frac{(x_R-a_s\cos\theta_s)^2+(x_I-a_s\sin\theta_s)^2}{2\sigma_n^2}\right] \tag{2.9.7}$$

根据(2.9.6)式的函数关系，利用二维雅可比变换，由(2.9.7)式得，包络 $a_x(t)$ 和相位 $\theta_x(t)$ 隐去时间变量 t 后的联合条件概率密度函数为

$$p(a_x,\theta_x|\theta_s)=\frac{a_x}{2\pi\sigma_n^2}\exp\left[-\frac{a_x^2+a_s^2-2a_xa_s\cos(\theta_s-\theta_x)}{2\sigma_n^2}\right],\quad a_x\geqslant0,-\pi\leqslant\theta_x\leqslant\pi \tag{2.9.8}$$

这样，用求边缘概率密度函数的方法，得包络 $a_x(t)$ 的条件概率密度函数为

$$\begin{aligned}p(a_x|\theta_s)&=\frac{a_x}{\sigma_n^2}\exp\left[-\frac{a_x^2+a_s^2}{2\sigma_n^2}\right]\frac{1}{2\pi}\int_{-\pi}^{\pi}\exp\left[\frac{a_xa_s\cos(\theta_s-\theta_x)}{\sigma_n^2}\right]d\theta_x\\&=\frac{a_x}{\sigma_n^2}\exp\left[-\frac{a_x^2+a_s^2}{2\sigma_n^2}\right]I_0\left(\frac{a_xa_s}{\sigma_n^2}\right),\quad a_x\geqslant0\end{aligned} \tag{2.9.9}$$

式中，

$$I_0\left(\frac{a_xa_s}{\sigma_n^2}\right)=\frac{1}{2\pi}\int_{-\pi}^{\pi}\exp\left[\frac{a_xa_s}{\sigma_n^2}\cos(\theta_s-\theta_x)\right]d\theta_x$$

称为第一类零阶修正贝塞尔函数。将(2.9.9)式对均匀分布的信号随机相位 θ_s 求统计平均，最终得到信号加窄带高斯噪声隐去时间变量 t 后包络 $a_x(t)$ 的概率密度函数为

$$p(a_x)=\frac{a_x}{\sigma_n^2}\exp\left(-\frac{a_x^2+a_s^2}{2\sigma_n^2}\right)I_0\left(\frac{a_xa_s}{\sigma_n^2}\right),\quad a_x\geqslant0 \tag{2.9.10}$$

这种分布称为广义瑞利(generalized Rayleigh)分布，也称为莱斯(Ricean)分布，是电子信息系统中经常遇到的接收信号包络概率密度函数。

第一类零阶修正贝塞尔函数 $I_0(u)$ 可以表示为

$$I_0(u)=\sum_{n=0}^{\infty}\frac{u^{2n}}{2^{2n}(n!)^2},u\geqslant0$$

且有

$$I_0(0)=1$$

所以，当信号 $s(t)$ 的振幅 $a_s=0$ 时，$a_x(t)=a_n(t)$，$p(a_x)$ 就退化为纯窄带高斯噪声 $n(t)$ 时的瑞利分布 $p(a_n)$。

隐去时间变量 t 的信号加窄带高斯噪声的相位 $\theta_x(t)$ 的概率密度函数，可以通过对 $p(a_x,\theta_x|\theta_s)$ 在 $a_x(t)$ 的所有可能取值范围内积分得到，即

$$\begin{aligned}p(\theta_x|\theta_s)&=\int_0^{\infty}p(a_x,\theta_x|\theta_s)da_x\\&=\int_0^{\infty}\frac{a_x}{2\pi\sigma_n^2}\exp\left[-\frac{a_x^2+a_s^2-2a_xa_s\cos(\theta_s-\theta_x)}{2\sigma_n^2}\right]da_x\\&=\exp\left[-\frac{a_s^2\sin^2(\theta_s-\theta_x)}{2\sigma_n^2}\right]\int_0^{\infty}\frac{a_x}{2\pi\sigma_n^2}\exp\left[-\frac{(a_x-a_s\cos(\theta_s-\theta_x))^2}{2\sigma_n^2}\right]da_x,\\&\qquad-\pi\leqslant\theta_x\leqslant\pi\end{aligned} \tag{2.9.11}$$

作变量代换，令

$$u=\frac{a_x-a_s\cos(\theta_s-\theta_x)}{\sigma_n}$$

则(2.9.11)式中的积分项变为

$$\begin{aligned}&\int_{-\frac{a_s\cos(\theta_s-\theta_x)}{\sigma_n}}^{\infty}\frac{\sigma_nu+a_s\cos(\theta_s-\theta_x)}{2\pi\sigma_n}\exp\left(-\frac{u^2}{2}\right)du\\&=\frac{1}{2\pi}\int_{-\frac{a_s\cos(\theta_s-\theta_x)}{\sigma_n}}^{\infty}u\exp\left(-\frac{u^2}{2}\right)du+\frac{a_s\cos(\theta_s-\theta_x)}{2\pi\sigma_n^2}\int_{-\frac{a_s\cos(\theta_s-\theta_x)}{\sigma_n}}^{\infty}\exp\left(-\frac{u^2}{2}\right)du\end{aligned}$$

$$=\frac{1}{2\pi}\exp\left[-\frac{a_s^2\cos^2(\theta_s-\theta_x)}{2\sigma_n^2}\right]+\frac{a_s\cos(\theta_s-\theta_x)}{\sqrt{2\pi}\sigma_n}\int_{-\frac{a_s\cos(\theta_s-\theta_x)}{\sigma_n}}^{\infty}\frac{1}{\sqrt{2\pi}}\exp\left(-\frac{u^2}{2}\right)du$$
$$=\frac{1}{2\pi}\exp\left[-\frac{a_s^2\cos^2(\theta_s-\theta_x)}{2\sigma_n^2}\right]+\frac{a_s\cos(\theta_s-\theta_x)}{\sqrt{2\pi}\sigma_n}Q\left[-\frac{a_s\cos(\theta_s-\theta_x)}{\sigma_n}\right] \tag{2.9.12}$$

其中，$Q[\cdot]$为标准高斯分布的右尾积分，代入(2.9.11)式，得

$$p(\theta_x|\theta_s)=\frac{1}{2\pi}\exp\left(-\frac{a_s^2}{2\sigma_n^2}\right)+\frac{a_s\cos(\theta_s-\theta_x)}{\sqrt{2\pi}\sigma_n}\exp\left[-\frac{a_s^2\sin^2(\theta_s-\theta_x)}{2\sigma_n^2}\right]\times Q\left[-\frac{a_s\cos(\theta_s-\theta_x)}{\sigma_n}\right],\ -\pi\leqslant\theta_x\leqslant\pi \tag{2.9.13}$$

当信号 $s(t)$ 的振幅 $a_s=0$ 时，$p(\theta_x|\theta_s)$ 就退化为纯窄带高斯噪声 $n(t)$ 时均匀分布 $p(\theta_n)=1/(2\pi)$。

为了分析方便，可以对包络和相位的分布进行归一化处理。令

$$a=\frac{a_x}{\sigma_n},\quad d=\frac{a_s}{\sigma_n}$$

则信号加窄带高斯噪声的包络和相位的概率密度函数分别归一化表示为

$$p(a)=a\exp\left(-\frac{a^2+d^2}{2}\right)I_0(ad),\quad a\geqslant 0 \tag{2.9.14}$$

$$p(\theta_x|\theta_s)=\frac{1}{2\pi}\exp\left(-\frac{d^2}{2}\right)+\frac{1}{\sqrt{2\pi}}d\cos(\theta_s-\theta_x)\exp\left[-\frac{d^2}{2}\sin^2(\theta_s-\theta_x)\right]\times Q[-d\cos(\theta_s-\theta_x)],\ -\pi\leqslant\theta_x\leqslant\pi \tag{2.9.15}$$

图 2.15 和图 2.16 分别表示了 $p(a)$ 和 $p(\theta_x|\theta_s)$ 的曲线。可见，信号加窄带高斯噪声的包络和相位的统计特性与纯窄带高斯噪声时的统计特性是有差别的，而且信噪比 d^2 愈大，这种差异愈显著。这就为干扰背景中的信号检测和参量估计等信号处理打下了基本的理论基础。

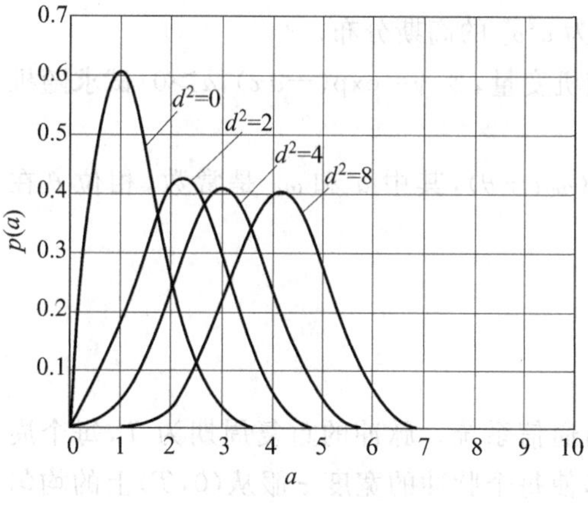

图 2.15　信号加窄带高斯噪声包络的 PDF 曲线($\sigma_n^2=1$)

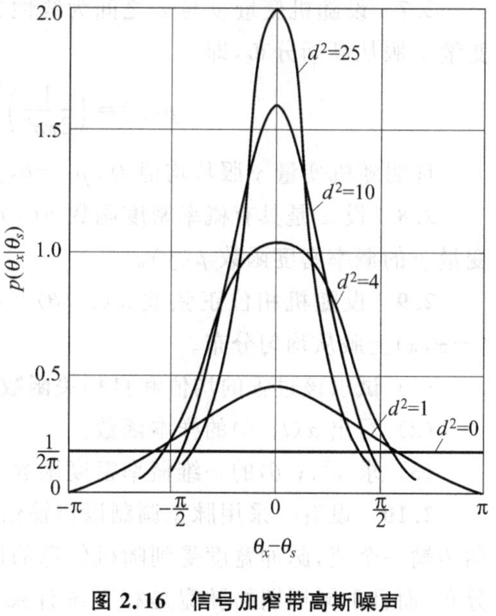

图 2.16　信号加窄带高斯噪声相位的 PDF 曲线($\sigma_n^2=1$)

习　题

2.1　求图 2.1 所示的均匀分布随机变量 x 的均值 μ_x 和方差 σ_x^2。

2.2　分别求图 2.4 和图 2.5 所示的三角对称分布随机变量的均值和方差。

2.3　分别求图 2.6 和图 2.7 所示的单边、双边指数分布随机变量 x 的均值 μ_x 和方差 σ_x^2。

2.4　求图 2.8 所示的瑞利分布随机变量 x 的均值 μ_x 和方差 σ_x^2。

2.5　证明(2.2.49)式所示的一维雅可比变换式成立。

2.6　设随机变量 x 服从对数-正态分布，其概率密度函数为

$$p(x)=\begin{cases}\left(\dfrac{1}{2\pi\sigma^2x^2}\right)^{1/2}\exp\left[-\dfrac{\ln^2(x/\upsilon_x)}{2\sigma^2}\right], & x\geqslant 0\\ 0, \quad x<0\end{cases}$$

式中，σ 是 $\ln x$ 的标准偏差，υ_x 是 x 的中值。证明：

(1) 随机变量 x 的均值 μ_x 和方差 σ_x^2 分别为

$$\mu_x=\exp\left(\ln\upsilon_x+\frac{\sigma^2}{2}\right)$$

$$\sigma_x^2=\exp(2\ln\upsilon_x+\sigma^2)(\exp\sigma^2-1)$$

提示：利用积分公式

$$\int_{-\infty}^{\infty}\exp(-At^2\pm 2Bt-C)\mathrm{d}t=\sqrt{\frac{\pi}{A}}\exp\left(-\frac{AC-B^2}{A}\right)$$

(2) 若令 $y=\ln x$，则随机变量 y 服从均值为 $\ln\upsilon_x$，方差为 σ^2 的正态分布。

2.7　设随机变量 y 与 x 之间为线性关系 $y=ax+b$，a，b 为常数，且 $a\neq 0$。已知随机变量 x 服从高斯分布，即

$$p(x)=\left(\frac{1}{2\pi\sigma_x^2}\right)^{1/2}\exp\left[-\frac{(x-\mu_x)^2}{2\sigma_x^2}\right]$$

证明随机变量 y 服从均值为 $a\mu_x+b$，方差为 $a^2\sigma_x^2$ 的高斯分布。

2.8　设 x 是具有概率密度函数 $p(x)$ 的随机变量，令 $y=\exp(-ax)$，$a>0$，试求随机变量 y 的概率密度函数 $p(y)$。

2.9　设随机相位正弦波 $x(t;\ \theta)=a\cos(\omega_0t+\theta)$，其中 a 和 ω_0 是常数，相位 θ 在 $(-\pi,\pi)$ 上服从均匀分布。

(1) 试求该过程的均值和自相关函数。

(2) 写出 $x(t;\ \theta)$ 的样本函数。

(3) 求 $x(t;\ \theta)$ 的一维概率密度函数。

2.10　设有一采用脉宽调制以传输信息的通信系统。脉冲的重复周期为 T，每个周期传输一个值，脉冲宽度受到随机信息的调制，使每个脉冲的宽度 τ 服从 $(0,T)$ 上的均匀分布，而且不同周期的脉宽是相互统计独立的随机变量。脉冲的幅度为常数 A，也就是说，这个通信系统传送的信号是随机脉宽等幅度的周期信号，它是一个随机过程。

图 2.17画出了这样的一个样本函数。试求随机过程 $x(t)$的一维概率密度函数。

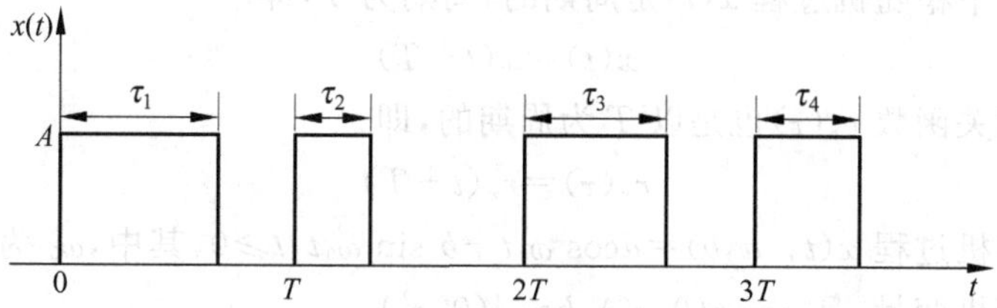

图 2.17　脉宽调制信号的一个样本函数

2.11　设随机过程的样本函数是周期性的锯齿波，图 2.18(a)和(b)是它的两个样本函数。各样本函数具有相同的波形，其区别在于锯齿波的起点位置不同。设在 $t=0$ 后的第一个值位于 τ，τ 是一个随机变量，它在$(0,T)$上服从均匀分布。若锯齿波的幅度为常数 A，求随机过程 $x(t)$的一维概率密度函数。

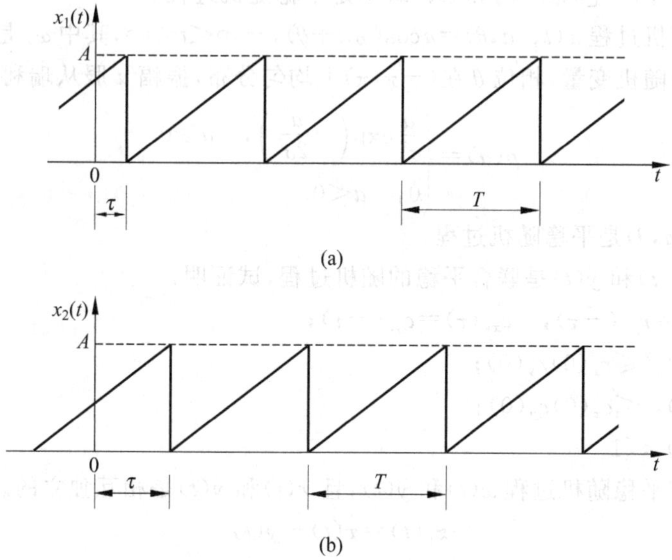

图 2.18　随机起点位置的周期性锯齿波样本函数

2.12　设随机过程 $x(t;\ a,b)=a\cos\omega_0 t-b\sin\omega_0 t$，其中 a,b 是相互统计独立的随机变量，且 $a\sim\mathcal{N}(0,\sigma^2)$，$b\sim\mathcal{N}(0,\sigma^2)$，$\omega_0$ 为正常数。

(1) 求 $x(t;\ a,b)$的一维概率密度函数。

(2) 求 $x(t;\ a,b)$的协方差函数 $c_x(t_j,t_k)$，$t_j\neq t_k$。

2.13　设随机过程 $x(t)$的均值为 $\mu_x(t)$，自相关函数为 $r_x(t_j,t_k)$。若有随机过程$y(t)=a(t)x(t)+b(t)$，其中 $a(t)$和 $b(t)$是确知函数。求随机过程 $y(t)$的均值和自相关函数。

2.14　对于平稳随机过程 $x(t)$，随着间隔 τ 的增大，随机过程的相关性减小，即满足

$$\lim_{\tau\to\infty}c_x(\tau)=0$$

证明：

(1) $r_x(\infty)=\mu_x^2$；

(2) $r_x(0)-r_x(\infty)=\sigma_x^2$。

2.15 假定平稳随机过程 $x(t)$ 是周期的，周期为 T，即

$$x(t)=x(t+T)$$

证明其自相关函数 $r_x(\tau)$ 也是以 T 为周期的，即

$$r_x(\tau)=r_x(t+T)$$

2.16 设随机过程 $x(t;\ a,b)=a\cos\omega_0 t+b\sin\omega_0 t, t\geqslant 0$，其中，$\omega_0$ 为常数，a,b 是相互统计独立的随机变量，且 $a\sim\mathcal{N}(0,\sigma^2)$，$b\sim\mathcal{N}(0,\sigma^2)$。

(1) 试求 $x(t;\ a,b)$ 的均值、自相关函数和自协方差函数；

(2) 判断 $x(t;\ a,b)$ 是否是平稳随机过程。

2.17 设随机过程 $x(t;\ u)=\sin ut$，其中 u 是均匀分布在 $(0,2\pi)$ 上的随机变量。试证明：

(1) 当 $t\in T, t=0,1,2,\cdots$，时，$x(t;\ u)$ 是平稳随机过程。

(2) 当 $t\in T, T=[0,\infty)$ 时，$x(t;\ u)$ 不是平稳随机过程。

2.18 设随机过程 $x(t;\ a,\theta)=a\cos(\omega_0 t+\theta)$，$-\infty<t<\infty$，其中 ω_0 是常数，a 与 θ 是相互统计独立的随机变量，相位 θ 在 $(-\pi,\pi)$ 上均匀分布，振幅 a 服从瑞利分布，即

$$p(a)=\begin{cases}\dfrac{a}{\sigma^2}\exp\left(-\dfrac{a^2}{2\sigma^2}\right), & a\geqslant 0\\ 0, & a<0\end{cases}$$

证明 $x(t;\ a,\theta)$ 是平稳随机过程。

2.19 设 $x(t)$ 和 $y(t)$ 是联合平稳的随机过程，试证明：

(1) $r_{xy}(\tau)=r_{yx}(-\tau)$，　$c_{xy}(\tau)=c_{yx}(-\tau)$；

(2) $|r_{xy}(\tau)|^2\leqslant r_x(0)r_y(0)$；

(3) $|c_{xy}(\tau)|^2\leqslant c_x(0)c_y(0)$；

(4) $|\rho_{xy}(\tau)|\leqslant 1$。

2.20 设有平稳随机过程 $x(t)$ 和 $y(t)$，且 $x(t)$ 和 $y(t)$ 是相互独立的。现有随机过程

$$z_1(t)=x(t)+y(t)$$

和

$$z_2(t)=2x(t)+y(t)$$

若 $x(t)$ 的均值和自相关函数分别为 μ_x 和 $r_x(\tau)$，$y(t)$ 的均值和自相关函数分别为 μ_y 和 $r_y(\tau)$。试求：

(1) $r_{z_1}(\tau)$ 和 $c_{z_1}(\tau)$；

(2) $r_{z_2}(\tau)$ 和 $c_{z_2}(\tau)$。

2.21 设 $s(t)$ 是雷达的发射信号，遇到目标后的反射回波信号为 $as(t-t_0)$，t_0 是信号返回的时间。如果回波信号中伴有加性噪声 $n(t)$，则接收到的信号为

$$x(t)=as(t-t_0)+n(t)$$

(1) 假定 $s(t)$ 和 $n(t)$ 是平稳相关的，试求互相关函数 $r_{sx}(\tau)$。

(2) 如果噪声 $n(t)$ 的均值为零，且与 $s(t)$ 相互统计独立，试求互相关函数 $r_{sx}(\tau)$。

2.22 设两个随机过程分别为 $x(t;\ \theta)=a\cos(\omega_0 t+\theta)$ 和 $y(t;\ \theta)=b\sin(\omega_0 t+\theta)$，其

中 a,b 和 ω_0 均为常数,θ 是在$(-\pi,\pi)$上均匀分布的随机变量,试求互相关函数 $r_{xy}(\tau)$ 和$r_{yx}(\tau)$。

2.23 设随机过程 $x(t)$和 $y(t)$是联合平稳的,它们的均值分别为 μ_x 和 μ_y,自相关函数分别为 $r_x(\tau)$和 $r_y(\tau)$。

(1) 求 $z(t)=x(t)+y(t)$的自相关函数 $r_z(\tau)$。

(2) 当 $x(t)$和 $y(t)$互不相关时,求 $z(t)=x(t)+y(t)$的自相关函数 $r_z(\tau)$。

(3) 当 $x(t)$和 $y(t)$的均值均为零且互不相关时,求 $z(t)=x(t)+y(t)$的自相关函数 $r_z(\tau)$。

2.24 设 $x(t)$和 $y(t)$分别是平稳的随机过程,若

$$z(t)=x(t)\cos\omega_0 t-y(t)\sin\omega_0 t$$

(1) 求 $z(t)$的自相关函数 $r_z(\tau)$。

(2) 若 $r_x(\tau)=r_y(\tau)$,$r_{xy}(\tau)=0$,证明:

$$r_z(\tau)=r_x(\tau)\cos\omega_0\tau$$

2.25 设平稳随机过程 $x(t)$的自相关函数为 $r_x(\tau)=\sigma^2\cos\omega_0\tau$,求 $x(t)$的功率谱密度$P_x(\omega)$。

2.26 设平稳随机过程 $x(t)$的自相关函数为 $r_x(\tau)=\mathrm{e}^{-\lambda|\tau|}$,求 $x(t)$的功率谱密度$P_x(\omega)$。

2.27 设平稳随机过程 $x(t)$的功率谱密度为

$$P_x(\omega)=\frac{\omega^2+4}{\omega^4+10\omega^2+9}$$

求 $x(t)$的自相关函数 $r_x(\tau)$和平均功率。

2.28 设平稳随机过程 $x(t)$的自相关函数为 $r_x(\tau)=5+2\mathrm{e}^{-3|\tau|}\cos^2 2\tau$,求 $x(t)$的功率谱密度 $P_x(\omega)$。

2.29 设平稳随机过程 $x(t)$的功率谱密度为 $P_x(\omega)$,将其输入到系统函数为 $H(\omega)$的线性时不变系统后,其响应为 $y(t)$。证明:

$$P_y(\omega)=H(-\omega)P_{xy}(\omega)$$

2.30 将自相关函数为 $r_n(\tau)=\frac{N_0}{2}\delta(\tau)$的白噪声加到如图 2.19 所示的$|H(\omega)|^2$ 系统中,则在系统的输出端测得的噪声总功率是多少?

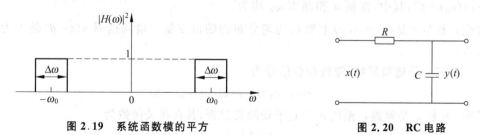

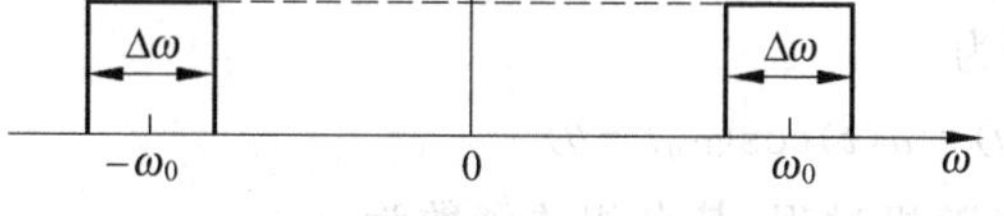

图 2.19　系统函数模的平方

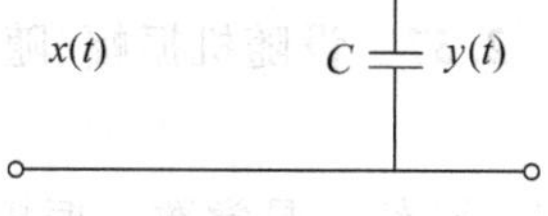

图 2.20　RC 电路

2.31 设 RC 电路如图 2.20 所示。若输入平稳随机过程 $x(t)$的自相关函数为 $r_x(\tau)=\frac{N_0}{2}\delta(\tau)$,证明响应 $y(t)$的自相关函数为

$$r_y(\tau)=\frac{N_0}{4RC}e^{-|\tau|/RC}$$

2.32 设输入图2.20所示RC电路的平稳随机过程为$x(t)$，其均值$\mu_x=0$，自相关函数为$r_x(\tau)=\sigma^2 e^{-\beta|\tau|}$，其中$\beta>0$，且$\beta\neq RC$。试求响应$y(t)$的均值$\mu_y$和自相关函数$r_y(\tau)$。

2.33 在题2.31中，若$x(t)$的功率谱密度为$P_x(\omega)$。试求：

(1) $P_x(\omega)$。

(2) 互相关函数$r_{xy}(\tau)$。

(3) 互功率谱密度$P_{xy}(\omega)$。

(4) 响应$y(t)$的功率谱密度$P_y(\omega)$。

2.34 若均值为零的平稳随机过程$x(t)$，其功率谱密度为$P_x(\omega)$。将$x(t)$加到脉冲响应为指数形式

$$h(t)=\begin{cases}\alpha e^{-\alpha t}, & \alpha>0, t\geqslant 0\\ 0, & t<0\end{cases}$$

的线性时不变系统的输入端，响应为$y(t)$。

(1) 证明系统响应$y(t)$的功率谱密度为

$$P_y(\omega)=\frac{\alpha^2}{\alpha^2+\omega^2}P_x(\omega)$$

(2) 如果系统的脉冲响应是指数形式的一段，即

$$h(t)=\begin{cases}\alpha e^{-\alpha t}, & \alpha>0, 0\leqslant t\leqslant T\\ 0, & t<0, t>T\end{cases}$$

证明系统响应$y(t)$的功率谱密度为

$$P_y(\omega)=\frac{\alpha^2}{\alpha^2+\omega^2}(1-2e^{-\alpha T}\cos\omega T+e^{-2\alpha T})P_x(\omega)$$

2.35 在如图2.21所示的系统中，若输入平稳随机过程$x(t)$的功率谱密度为$P_x(\omega)$，证明其响应$y(t)$的功率谱密度为

$$P_y(\omega)=2(1+\cos\omega T)P_x(\omega)$$

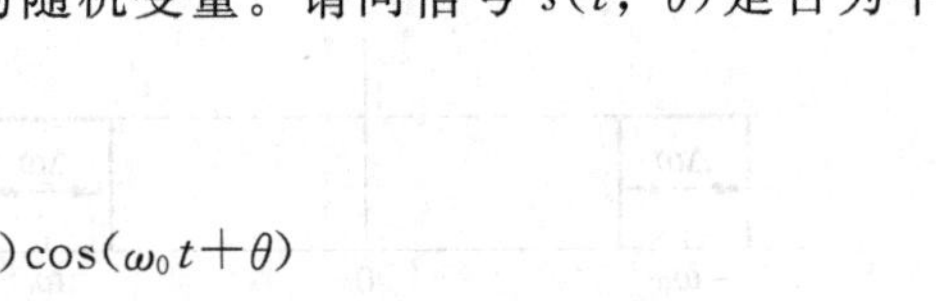

图2.21 线性时不变系统

2.36 设正弦随机相位信号$s(t;\theta)=a\cos(\omega_0 t+\theta)$，其中，振幅$a$和频率$\omega_0$均为常数；相位$\theta$是在$(-\pi,\pi)$上服从均匀分布的随机变量。请问信号$s(t;\theta)$是否为平稳信号？

2.37 设随机振幅、随机相位信号为

$$s(t;a,\theta)=a(t)\cos(\omega_0 t+\theta)$$

其中，频率ω_0是常数；振幅$a(t)$是平稳随机过程，其自相关函数为

$$r_a(\tau)=E[a(t)a(t+\tau)]$$

功率谱密度为

$$P_a(\omega)=\int_{-\infty}^{\infty}r_a(\tau)e^{-j\omega\tau}d\tau$$

相位是在$(-\pi,\pi)$上服从均匀分布的随机变量。假定振幅$a(t)$与相位θ之间相互统计独立,求信号$s(t;\ a,\theta)$的自相关函数$r_s(\tau)$和功率谱密度$P_s(\omega)$。

2.38　设随机频率、随机相位信号为

$$s(t;\ \omega_0,\theta)=a\cos(\omega_0 t+\theta)$$

其中,振幅a为常数；相位θ是在$(-\pi,\pi)$上服从均匀分布的随机变量；频率ω_0是一个随机变量,它的概率密度函数$p(\omega_0)$是其变量ω_0的偶函数,即满足$p(\omega_0)=p(-\omega_0)$；假定频率ω_0与相位θ之间相互统计独立。证明信号$s(t;\ \omega_0,\theta)$的功率谱密度为

$$P_s(\omega)=a^2\pi p(\omega_0)$$

2.39　设随机振幅、随机相位信号为

$$s(t;\ a,\theta)=a\cos(\omega_0 t+\theta)$$

其中,频率ω_0为常数；振幅a是服从瑞利分布的随机变量,其概率密度函数为

$$p(a)=\begin{cases}\dfrac{a}{\sigma^2}\exp\left(-\dfrac{a^2}{2\sigma^2}\right), & a\geqslant 0\\ 0, & a<0\end{cases}$$

相位θ是在$(-\pi,\pi)$上服从均匀分布的随机变量。假定振幅a与相位θ之间相互统计独立。令

$$s(t;\ a,\theta)=s_{\mathrm{R}}\cos\omega_0 t-s_{\mathrm{I}}\sin\omega_0 t$$

式中,

$$s_{\mathrm{R}}=a\cos\theta,\quad s_{\mathrm{I}}=a\sin\theta$$

求随机变量s_{R}和s_{I}的二维联合概率密度函数$p(s_{\mathrm{R}},s_{\mathrm{I}})$及各自的一维概率密度函数$p(s_{\mathrm{R}})$和$p(s_{\mathrm{I}})$。

2.40　设平稳随机信号

$$x(t)=\sum_{k=1}^{N}[y_k\cos\omega_k t-z_k\sin\omega_k t],\quad t\geqslant 0$$

其中y_k和$z_k(k=1,2,\cdots,N)$是相互统计独立,且均值为零、方差为σ_k^2的高斯随机变量；频率ω_k已知。试求$x(t)$的均值$\mu_x(t)$和自相关函数$r_x(t-u)=\mathrm{E}[x(t)x(u)]$。

附录 2A　高斯随机变量的特征函数

设随机变量$x_k(\zeta)$是均值为μ_{x_k},方差为$\sigma_{x_k}^2$的高斯随机变量,则$x_k(\zeta)$的特征函数为

$$\begin{aligned}G_{x_k}(\omega)&=\int_{-\infty}^{\infty}p(x_k)\exp(\mathrm{j}\omega x_k)\mathrm{d}x_k\\&=\left(\frac{1}{2\pi\sigma_{x_k}^2}\right)^{1/2}\int_{-\infty}^{\infty}\exp\left[-\frac{(x_k-\mu_{x_k})^2}{2\sigma_{x_k}^2}\right]\exp(\mathrm{j}\omega x_k)\mathrm{d}x_k\\&=\left(\frac{1}{2\pi\sigma_{x_k}^2}\right)^{1/2}\int_{-\infty}^{\infty}\exp\left[-\frac{x_k^2}{2\sigma_{x_k}^2}+\frac{2(\mu_{x_k}+\mathrm{j}\omega\sigma_{x_k}^2)}{2\sigma_{x_k}^2}x_k-\frac{\mu_{x_k}^2}{2\sigma_{x_k}^2}\right]\mathrm{d}x_k\end{aligned}\tag{2A.1}$$

利用积分公式

$$\int_{-\infty}^{\infty}\exp(-Ax_k^2\pm 2Bx_k-C)\mathrm{d}x_k=\sqrt{\frac{\pi}{A}}\exp\left(-\frac{AC-B^2}{A}\right)$$

则(2A.1)式的积分结果为

$$G_{x_k}(\omega)=\left(\frac{1}{2\pi\sigma_{x_k}^2}\right)^{1/2}(2\pi\sigma_{x_k}^2)^{1/2}\exp\left[-\frac{\dfrac{\mu_{x_k}^2}{4\sigma_{x_k}^4}-\left(\dfrac{\mu_{x_k}+\mathrm{j}\omega\sigma_{x_k}^2}{2\sigma_{x_k}^2}\right)^2}{\dfrac{1}{2\sigma_{x_k}^2}}\right] \tag{2A.2}$$

$$=\exp\left(-\frac{\mu_{x_k}^2}{2\sigma_{x_k}^2}+\frac{\mu_{x_k}^2}{2\sigma_{x_k}^2}+\mathrm{j}\omega\mu_{x_k}-\frac{\omega^2}{2}\sigma_{x_k}^2\right)$$

$$=\exp\left(\mathrm{j}\omega\mu_{x_k}-\frac{\omega^2}{2}\sigma_{x_k}^2\right)$$

第 3 章 信号的统计检测理论

3.1 引言

统计信号处理的理论基础之一是信号的统计检测理论。在概论中我们已经指出，信号检测与估计理论所研究的是具有随机特性的信号处理问题，因而应采用统计的方法，即统计检测理论和统计估计理论。信号检测与估计这两个概念之间虽然有许多相似性，但也存在很多差别。为了讨论方便起见，我们将分别对它们进行研究。

信号的统计检测理论主要研究在受噪声干扰的随机信号中，信号的有/无或信号属于哪个状态的最佳判决的概念、方法和性能等问题，其数学基础就是统计判决理论，又称假设检验理论。

本章主要讨论经典的信号统计检测理论，包括统计检测理论的基本概念、二元信号检测的最佳检测准则、信号状态的判决方法和检测性能的分析、M 元($M>2$)信号的最佳检测、参量信号的复合假设检验及序列检测等。

3.2 统计检测理论的基本概念

信号的统计检测理论适用于许多种信号。下面从简单信号检测问题的讨论入手，首先建立信号统计检测理论的基本概念，然后研究不同环境、不同信号形式的信号最佳检测问题。

3.2.1 统计检测理论的基本模型

1. 二元信号检测的模型

二元信号统计检测理论的基本模型如图 3.1 所示，模型主要由四部分组成。

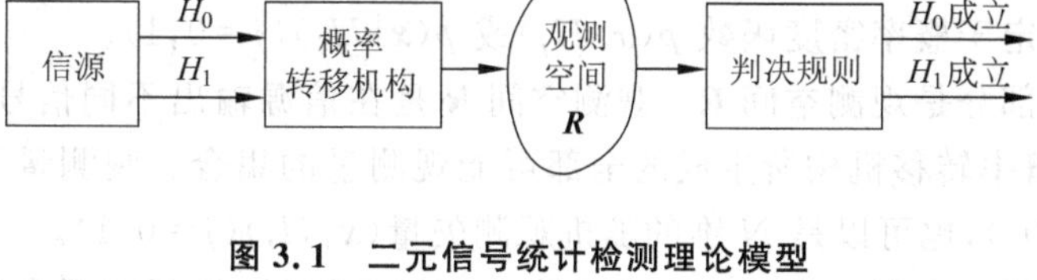

图 3.1 二元信号统计检测理论模型

模型的第一部分是信源。信源在某一时刻输出一种信号，而在另一时刻可能输出另一种信号。对于二元信号的情况，信源在某一时刻输出的是两种不同的信号之一。因为在接收端，人们事先并不知道信源在某一时刻输出是哪种信号，因此需要进行判决，同时也为了分析表示方便，所以我们把信源的输出称为假设，分别记为假设 H_0 和假设 H_1。当信源输出一种信号时记为假设 H_0，则当信源输出另一种信号时就记为假设 H_1。一些典型的二元信源如下。

二元数字通信系统中，信源由符号“0”和“1”组成。当信源输出“0”时，用假设 H_0 表示；而当信源输出“1”时，就用假设 H_1 表示。

雷达系统中，雷达对特定的区域进行观测并判定该区域是否存在目标，信源就是目标源。通常用假设 H_0 表示没有目标，而用假设 H_1 表示有目标。

模型的第二部分是概率转移机构。它是在信源输出的其中一个假设为真的基础上，把噪声干扰背景中的假设 $H_j(j=0,1)$ 为真的信号以一定的概率关系映射到观测空间中。关于概率转移机构的概念可通过下面的例子来说明。

例 3.2.1 考虑二元信号的检测问题。当假设 H_0 为真时，信源输出信号 $-A$；当假设 H_1 为真时，信源输出信号 $+A$。信源的输出信号与服从 $\mathcal{N}(0,\sigma_n^2)$ 的高斯噪声 n 叠加，其和就是观测空间中的随机观测信号 $(x|H_j)(j=0,1)$。这样，在两个假设下，观测信号的模型为

$$H_0:\ x=-A+n$$

$$H_1:\ x=A+n$$

由于噪声 $n\sim\mathcal{N}(0,\sigma_n^2)$，信号 $-A$ 和 A 设定为确知信号，且 $A>0$，所以 $(x|H_0)\sim\mathcal{N}(-A,\sigma_n^2)$，$(x|H_1)\sim\mathcal{N}(A,\sigma_n^2)$。这样，观测信号 $(x|H_j)(j=0,1)$ 的生成模型及相应的概率密度函数 $p(x|H_j)$ 分别如图 3.2(a)和(b)所示。

在图 3.2 所示的二元信号情况下，检测信号模型的观测空间是由一维随机观测信号 $(x|H_j)$，$(j=0,1)$ 组成的，因此观测空间是一维的。如果对于信源的任何一个输出，让概率转移机构依次转移 N 次，则相当于观测信号的模型为

$$H_0:\ x_k=-A+n_k,\quad k=1,2,\cdots,N$$

$$H_1:\ x_k=A+n_k,\quad k=1,2,\cdots,N$$

即进行了 N 次观测，构成 N 维随机观测矢量

$$\boldsymbol{x}=(x_1,x_2,\cdots,x_N)^{\mathrm{T}}$$

其对应的观测空间是 N 维的。两种信号状态下的 N 维观测信号矢量 $(\boldsymbol{x}|H_j)(j=0,1)$ 的 N 维联合概率密度函数为 $p(\boldsymbol{x}|H_j)$。

该例子说明，如果没有噪声干扰，信源输出的某一种确知信号将映射到观测空间中的某一点，但在噪声干扰的情况下，它将以一定的概率映射到整个观测空间；而映射到某一点附近的概率决定于概率密度函数 $p(x|H_j)$ 或 $p(\boldsymbol{x}|H_j)(j=0,1)$。

模型的第三部分是观测空间 $\boldsymbol{R}$。观测空间 $\boldsymbol{R}$ 是在信源输出不同信号状态下，在噪声干扰背景中，由概率转移机构所生成的全部可能观测量的集合。观测量可以是一维的随机观测信号 $(x|H_j)$，也可以是 N 维的随机观测矢量 $(\boldsymbol{x}|H_j)(j=0,1)$。

模型的第四部分是判决规则。观测量落入观测空间后，就可以用来推断哪一个假设成立是合理的，即判决信号属于哪种状态。为此需要建立一个判决规则，以便使观测空间中的每一个点对应着一个相应的假设 $H_i(i=0,1)$。判决结果就是选择假设 H_0 成立，还

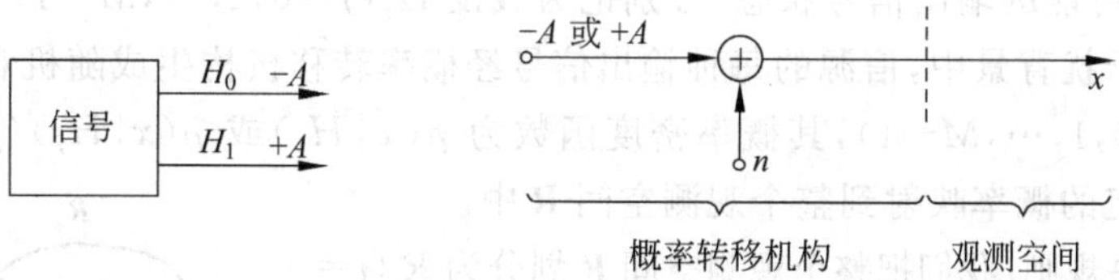

(a) 观测信号生成模型

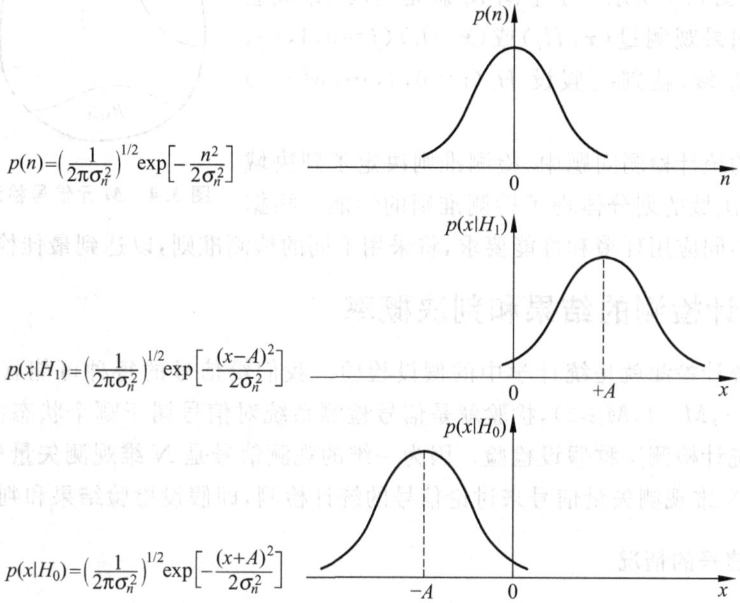

(b) 观测信号的概率密度函数

图 3.2　二元信号检测统计模型

是选择假设 H_1 成立。

统计判决，即统计假设检验的任务，就是根据观测量落在观测空间中的位置，按照某种检验规则，作出信号状态是属于哪个假设的判决。因此，统计判决问题实际上是对观测空间 $\boldsymbol{R}$ 的划分问题。在二元信号检测中，是把整个观测空间 $\boldsymbol{R}$ 划分为 R_0 和 R_1 两个子空间，并满足 $\boldsymbol{R}=R_0\cup R_1$，$R_0\cap R_1=\varnothing$（空集）。子空间 R_0 和 R_1 称为判决域。如果观测空间 $\boldsymbol{R}$ 中的某个观测量 $(x|H_j)$ 或 $(\boldsymbol{x}|H_j)$ $(j=0,1)$ 落入 R_0 域，就判决假设 H_0 成立，否则就判决假设 H_1 成立，如图 3.3 所示。

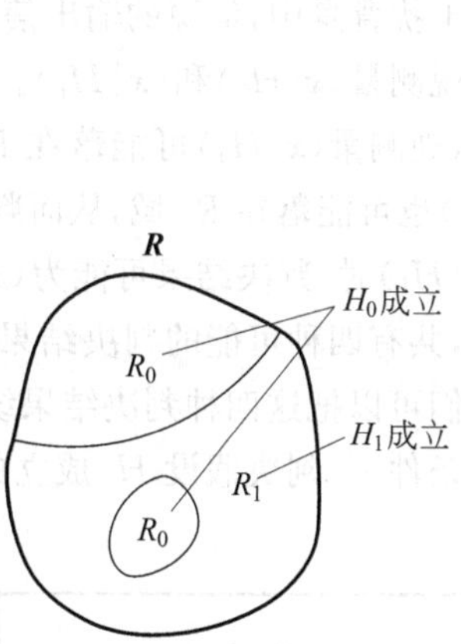

图 3.3　二元信号检测的判决域

2. M 元(M>2)信号检测的模型

我们可以把二元信号检测的模型推广到 M 元信号的检测中。在 M 元信号检测中，

信源有 M 种可能的输出信号状态，分别记为假设 $H_j(j=0,1,\cdots,M-1)$。

在噪声干扰背景中，信源的每种输出信号经概率转移机构生成随机观测量 $(x|H_j)$ 或 $(\boldsymbol{x}|H_j)(j=0,1,\cdots,M-1)$，其概率密度函数为 $p(x|H_j)$ 或 $p(\boldsymbol{x}|H_j)(j=0,1,\cdots,M-1)$。它以一定的概率映射到整个观测空间 $\boldsymbol{R}$ 中。

根据判决规则，我们把整个观测空间 $\boldsymbol{R}$ 划分为 $R_i(i=0,1,\cdots,M-1)$ 共 M 个子空间，并满足 $\bigcup\limits_{i=0}^{M-1} R_i=\boldsymbol{R}, R_i\cap R_{j,i\neq j}=\varnothing$，如图 3.4 所示。子空间 R_i 就是判决 H_i 成立的判决域。如果观测量 $(x|H_j)$ 或 $(\boldsymbol{x}|H_j)(j=0,1,\cdots,M-1)$ 落入 R_i 域，就判决假设 $H_i(i=0,1,\cdots,M-1)$ 成立。

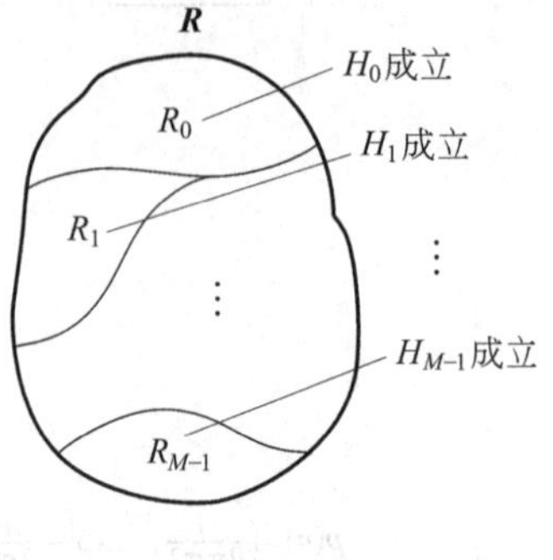

图 3.4 M 元信号检测的判决域

在信号的统计检测问题中，检测准则决定了判决域的划分，而判决域的划分体现了检测准则的性能。根据信号检测的不同应用环境和性能要求，将采用不同的检测准则，以达到最佳检测之目的。

3.2.2 统计检测的结果和判决概率

信号的统计检测就是统计学中的假设检验。我们给信号的每种可能状态一个假设 $H_j(j=0,1,\cdots,M-1,M\geqslant 2)$，检验就是信号检测系统对信号属于哪个状态的统计判决，所以信号的统计检测又称假设检验。因为一维的观测信号是 N 维观测矢量信号的特例，所以我们按 N 维观测矢量信号来讨论信号的统计检测，即假设检验结果和判决概率。

1. 二元信号的情况

在二元信号情况下，信源有两种可能的输出信号，分别记为假设 H_0 和假设 H_1。在噪声干扰背景中，信源的输出信号经概率转移机构以一定的概率映射到整个观测空间 $\boldsymbol{R}$ 中，生成观测量 $(\boldsymbol{x}|H_0)$ 和 $(\boldsymbol{x}|H_1)$。当根据判决规则将观测空间 $\boldsymbol{R}$ 划分为 R_0 和 R_1 两个判决域后，观测量 $(\boldsymbol{x}|H_0)$ 可能落在 R_0 域，从而判决假设 H_0 成立，这一结果记为 $(H_0|H_0)$；$(\boldsymbol{x}|H_0)$ 也可能落在 R_1 域，从而判决假设 H_1 成立，这一结果记为 $(H_1|H_0)$。类似地，观测量为 $(\boldsymbol{x}|H_1)$ 时，判决结果可能为 $(H_0|H_1)$，也可能为 $(H_1|H_1)$。这就是说，在二元信号的情况下，共有四种可能的判决结果，其中两种判决结果是正确的，另外两种判决结果是错误的。我们可以把这四种判决结果统一地记为 $(H_i|H_j)(i,j=0,1)$，它的含义是：在假设 H_j 为真的条件下，判决假设 H_i 成立的结果。现将二元信号情况的判决结果归纳在表 3.2.1 中。

表 3.2.1 二元信号判决结果

判决	假设	
	H_0	H_1
H_0	$(H_0\|H_0)$	$(H_0\|H_1)$
H_1	$(H_1\|H_0)$	$(H_1\|H_1)$

注：上述结果统一地记为 $(H_i|H_j)(i,j=0,1)$。

对应每一种判决结果 $(H_i|H_j)(i,j=0,1)$，有相应的判决概率 $P(H_i|H_j)(i,j=0,$

1)，它的含义是：在假设 H_j 为真的条件下，判决假设 H_i 成立的概率。在假设 H_j 为真的条件下，观测量 $(\boldsymbol{x}|H_j)$ 的概率密度函数为 $p(\boldsymbol{x}|H_j)$，由于观测量 $(\boldsymbol{x}|H_j)$ 落在 R_i 域判决假设 H_i 成立，所以判决概率 $P(H_i|H_j)$ 可以表示为

$$P(H_i|H_j)=\int_{R_i} p(\boldsymbol{x}|H_j)\mathrm{d}\boldsymbol{x}, \quad i,j=0,1$$

其中两个是正确判决的概率，两个是错误判决的概率。显然，在观测量 $(\boldsymbol{x}|H_j)$ 的概率密度函数 $p(\boldsymbol{x}|H_j)$ 确定的情况下，判决概率 $P(H_i|H_j)$ 的大小与判决域 $R_i(i=0,1)$ 的划分有关。就判决概率而言，我们希望正确判决概率尽可能大，而错误判决概率尽可能小，这就涉及到判决域 $R_i(i=0,1)$ 的正确划分问题。现将二元信号情况的判决概率归纳在表 3.2.2 中。

表 3.2.2　二元信号判决概率

判决	假　设	
	H_0	H_1
H_0	$P(H_0\|H_0)$	$P(H_0\|H_1)$
H_1	$P(H_1\|H_0)$	$P(H_1\|H_1)$

注：上述结果统一地记为 $P(H_i|H_j)$，且 $P(H_i|H_j)=\int_{R_i} p(\boldsymbol{x}|H_j)\mathrm{d}\boldsymbol{x}(i,j=0,1)$。

让我们回到例 3.2.1 的问题。假设 H_0 下和假设 H_1 下观测信号的概率密度函数 $p(x|H_0)$ 和 $p(x|H_1)$ 如图 3.5 所示。观测空间 $\boldsymbol{R}$ 是 $-\infty<x<\infty$ 的实数轴。因为假定 $A>0$，所以如果观测信号 $(x|H_j)$ 落在实数轴的正半轴上大于等于 x_0 的区间，则判决假设 H_1 成立是合理的，反之判决假设 H_0 成立。这样，如果我们把 (x_0,∞) 划分为 R_1 域，$(-\infty,x_0)$ 划分为 R_0 域，则相应的判决概率为 $P(H_i|H_j)$，参见图 3.5。如果我们把 x_0 降低，则正确判决概率 $P(H_1|H_1)$ 将增大，但同时另一个正确判决概率 $P(H_0|H_0)$ 将减小；如果把 x_0 提高，结果相反。这意味着判决域的划分不仅影响判决概率 $P(H_i|H_j)$，而且有最佳的划分方法，这正是信号的统计检测理论要研究的问题。

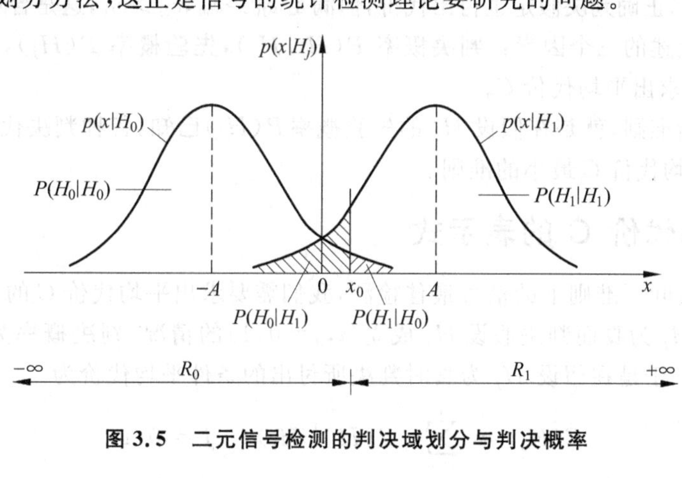

图 3.5　二元信号检测的判决域划分与判决概率

2. M 元信号的情况

类似于二元信号的情况，我们有 M 元信号统计检测的结果和判决概率。当假设 H_j

为真时，判决 H_i 成立的结果记为 $(H_i|H_j)(i,j=0,1,\cdots,M-1)$，共有 M^2 种判决结果，其中 M 种是正确判决的结果，$M(M-1)$ 种是错误判决的结果。对应于每种判决结果有相应的判决概率 $P(H_i|H_j)$，可以表示为

$$P(H_i|H_j)=\int_{R_i} p(\boldsymbol{x}|H_j)\mathrm{d}\boldsymbol{x}, \quad i,j=0,1,\cdots,M-1$$

综上所述，为了获得某种意义上的最佳信号检测结果，应正确划分观测空间 $\boldsymbol{R}$ 中的各个判决域 $R_i(i=0,1,\cdots,M-1)$，而判决域的划分与采用的最佳检测准则密切相关。在本章的后续各节中，我们将讨论应用于不同环境的最佳检测准则。

3.3 贝叶斯准则

本节将讨论二元信号统计检测的贝叶斯准则(Bayes criterion)。

3.3.1 平均代价的概念和贝叶斯准则

在 3.2 节的讨论中我们已经指出，二元信号统计检测的结果对应着四种判决概率 $P(H_i|H_j)(i,j=0,1)$。判决概率 $P(H_i|H_j)$ 是评价检测性能的重要因素之一，但仅考虑判决概率 $P(H_i|H_j)$ 有时是不够的。例如，在两种错误判决概率相等的情况下，即 $P(H_1|H_0)=P(H_0|H_1)$，如果假设 H_0 为真的先验概率 $P(H_0)$ 与假设 H_1 为真的先验概率 $P(H_1)$ 不相等，那么先验概率 $P(H_j)(j=0,1)$ 大的假设所对应的错误概率对检测性能的影响大于另一个错误概率的影响；或者极端地说，如果 $P(H_0)$ 等于 0，那么即使 $P(H_1|H_0)$ 等于 1，它对检测性能也没有影响，因为假设 H_0 为真这种情况根本就不会出现。所以，我们应考虑假设 H_0 为真和假设 H_1 为真的先验概率 $P(H_0)$ 和 $P(H_1)$，显然 $P(H_0)+P(H_1)=1$。另外，我们还必须考虑各种判决所付出的代价一般是不一样的，为此我们赋予每种可能的判决一个代价，用代价因子 $c_{ij}(i,j=0,1)$ 表示假设 H_j 为真时，判决假设 H_i 成立所付出的代价。为了具有一般性，正确判决假定也付出代价，但满足 $c_{10}>c_{00}, c_{01}>c_{11}$，这是合理的约束条件。

综合考虑上述的三个因素：判决概率 $P(H_i|H_j)$，先验概率 $P(H_j)$，判决的代价因子 c_{ij}，我们可以求出平均代价 C。

所谓贝叶斯准则，就是在假设 H_j 的先验概率 $P(H_j)$ 已知，各种判决代价因子 c_{ij} 给定的情况下，使平均代价 C 最小的准则。

3.3.2 平均代价 C 的表示式

为了实现贝叶斯准则下的信号最佳检测，我们需要求出平均代价 C 的表示式。

对于假设 H_j 为真而判决假设 H_i 成立 $(i,j=0,1)$ 的情况，判决概率为 $P(H_i|H_j)$，代价因子为 c_{ij}。于是在假设 H_j 为真时判决所付出的条件平均代价为

$$C(H_j)=\sum_{i=0}^{1}c_{ij}P(H_i\mid H_j), \quad j=0,1 \tag{3.3.1}$$

考虑到假设 H_j 出现的先验概率为 $P(H_j)$，则判决所付出的总平均代价(又称平均风险)为

$$C=P(H_0)C(H_0)+P(H_1)C(H_1)=\sum_{j=0}^{1}\sum_{i=0}^{1}c_{ij}P(H_j)P(H_i\mid H_j) \tag{3.3.2}$$

根据信号统计检测的基本概念我们知道

$$P(H_i|H_j)=\int_{R_i} p(\boldsymbol{x}|H_j)\mathrm{d}\boldsymbol{x} \tag{3.3.3}$$

所以，平均代价 C 可以表示为

$$\begin{aligned}C&=\sum_{j=0}^{1}\sum_{i=0}^{1}c_{ij}P(H_j)\int_{R_i} p(\boldsymbol{x}\mid H_j)\mathrm{d}\boldsymbol{x}\\&=c_{00}P(H_0)\int_{R_0} p(\boldsymbol{x}|H_0)\mathrm{d}\boldsymbol{x}+c_{10}P(H_0)\int_{R_1} p(\boldsymbol{x}|H_0)\mathrm{d}\boldsymbol{x}+\\&\quad c_{01}P(H_1)\int_{R_0} p(\boldsymbol{x}|H_1)\mathrm{d}\boldsymbol{x}+c_{11}P(H_1)\int_{R_1} p(\boldsymbol{x}|H_1)\mathrm{d}\boldsymbol{x}\end{aligned} \tag{3.3.4}$$

因为观测空间 $\boldsymbol{R}$ 划分为 R_0 域和 R_1 域，且满足 $\boldsymbol{R}=R_0\cup R_1$，$R_0\cap R_1=\varnothing$；又因为对于整个观测空间有

$$\int_{R} p(\boldsymbol{x}|H_j)\mathrm{d}\boldsymbol{x}=1 \tag{3.3.5}$$

所以，(3.3.4)式中的 R_1 域的积分项可表示为

$$\begin{aligned}\int_{R_1} p(\boldsymbol{x}|H_j)\mathrm{d}\boldsymbol{x}&=\int_{R} p(\boldsymbol{x}|H_j)\mathrm{d}\boldsymbol{x}-\int_{R_0} p(\boldsymbol{x}|H_j)\mathrm{d}\boldsymbol{x}\\&=1-\int_{R_0} p(\boldsymbol{x}|H_j)\mathrm{d}\boldsymbol{x}\end{aligned} \tag{3.3.6}$$

这样，平均代价 C 可表示为

$$\begin{aligned}C&=c_{00}P(H_0)\int_{R_0} p(\boldsymbol{x}|H_0)\mathrm{d}\boldsymbol{x}+c_{10}P(H_0)-c_{10}p(H_0)\int_{R_0} p(\boldsymbol{x}|H_0)\mathrm{d}\boldsymbol{x}+\\&\quad c_{01}P(H_1)\int_{R_0} p(x|H_1)\mathrm{d}\boldsymbol{x}+c_{11}P(H_1)-c_{11}P(H_1)\int_{R_0} p(\boldsymbol{x}|H_1)\mathrm{d}\boldsymbol{x}\\&=c_{10}P(H_0)+c_{11}P(H_1)+\int_{R_0}[(P(H_1)(c_{01}-c_{11})p(\boldsymbol{x}|H_1))-\\&\quad(P(H_0)(c_{10}-c_{00})p(\boldsymbol{x}|H_0))]\mathrm{d}\boldsymbol{x}\end{aligned} \tag{3.3.7}$$

3.3.3 判决表示式

(3.3.7)式是平均代价 C 的分析表示式，根据该式，我们可以得到使平均代价 C 最小的贝叶斯准则的判决表示式。现对(3.3.7)式进行分析。式中第一项和第二项是固定平均代价的分量，与判决域的划分无关，不影响平均代价 C 的极小化；由于代价因子 $c_{ij,i\neq j}>c_{jj}$，概率密度函数 $p(\boldsymbol{x}|H_j)\geqslant 0$，所以(3.3.7)式中的被积函数是两个正项函数之差，在某些 $\boldsymbol{x}$ 值处被积函数可能取正值，而在另外一些 $\boldsymbol{x}$ 值处被积函数又可能取负值，因此式中的积分项是平均代价的可变部分，它的正负受积分域 R_0 的控制。根据贝叶斯准则，应使平均代价 C 最小，为此，我们把凡是使被积函数取负值的那些 $\boldsymbol{x}$ 值划分给 R_0 域，而把其余的 $\boldsymbol{x}$ 值划分给 R_1 域，以保证平均代价最小。至于使被积函数为零的那些 $\boldsymbol{x}$ 值划分给 R_0 域，还是划分给 R_1 域是一样的，因为这不影响平均代价，但是为了统一起见，这样的 $\boldsymbol{x}$ 值我们都划分给 R_1 域。这样，H_0 成立的判决域 R_0 可以这样来确定，即所有满足

$$P(H_1)(c_{01}-c_{11})p(\boldsymbol{x}|H_1)<P(H_0)(c_{10}-c_{00})p(\boldsymbol{x}|H_0) \tag{3.3.8}$$

的 $\boldsymbol{x}$ 值划分给 R_0 域，判决假设 H_0 成立；否则，把不满足(3.3.8)式的 $\boldsymbol{x}$ 值划归 R_1 域，判决假设 H_1 成立。于是，将(3.3.8)式改写，得到贝叶斯准则判决表示式

$$\frac{p(\boldsymbol{x}|H_1)}{p(\boldsymbol{x}|H_0)}\underset{H_0}{\overset{H_1}{\gtrless}}\frac{P(H_0)(c_{10}-c_{00})}{P(H_1)(c_{01}-c_{11})} \tag{3.3.9}$$

上式不等号左边是两个转移概率密度函数(又称似然函数)之比，称为似然比函数(likelihood ratio function)，用 $\lambda(\boldsymbol{x})$ 表示，即

$$\lambda(\boldsymbol{x})\overset{\text{def}}{=}\frac{p(\boldsymbol{x}|H_1)}{p(\boldsymbol{x}|H_0)} \tag{3.3.10}$$

而不等式的右端是由先验概率 $P(H_j)$ 和代价因子 c_{ij} 决定的常数，称为似然比检测门限(likelihood ratio detection threshold)，记为

$$\frac{P(H_0)(c_{10}-c_{00})}{P(H_1)(c_{01}-c_{11})}\overset{\text{def}}{=}\eta,\eta\geqslant 0 \tag{3.3.11}$$

于是，由贝叶斯准则得到的似然比检验(likelihood ratio test)为

$$\lambda(\boldsymbol{x})\underset{H_0}{\overset{H_1}{\gtrless}}\eta \tag{3.3.12}$$

在似然比检验中，$p(\boldsymbol{x}|H_0)$ 和 $p(\boldsymbol{x}|H_1)$ 是 N 维随机观测矢量 $\boldsymbol{x}$ 的两个条件概率密度函数，而 $\lambda(\boldsymbol{x})$ 是二者之比。因此，不论 $\boldsymbol{x}$ 的值取正还是取负，也不论 $\boldsymbol{x}$ 的维数是多少，$\lambda(\boldsymbol{x})$ 都是非负的一维变量。由于 $\lambda(\boldsymbol{x})$ 是随机观测量 $\boldsymbol{x}$ 的函数，所以 $\lambda(\boldsymbol{x})$ 是随机变量函数；又因为 $\lambda(\boldsymbol{x})$ 与似然比检测门限 η 比较，可以作出是假设 H_0 成立还是假设 H_1 成立的判决，所以，似然比函数 $\lambda(\boldsymbol{x})$ 是一个检验统计量。

由(3.3.10)式可知，似然比检验要对观测量 $\boldsymbol{x}$ 进行处理，即在两个假设下对观测量 $\boldsymbol{x}$ 进行统计描述，得到反映其统计特性的概率密度函数(似然函数) $p(\boldsymbol{x}|H_0)$ 和 $p(\boldsymbol{x}|H_1)$ 的基础上，计算似然比函数 $\lambda(\boldsymbol{x})=p(\boldsymbol{x}|H_1)/p(\boldsymbol{x}|H_0)$；然后与似然比检测门限 η 相比较以作出判决。似然比函数 $\lambda(\boldsymbol{x})$ 不依赖于假设的先验概率 $P(H_j)$，也与代价因子 c_{ij} 无关。因此，对于不同的先验概率和代价因子的情况，似然比函数 $\lambda(\boldsymbol{x})$ 的计算器结构是一样的，这种 $\lambda(\boldsymbol{x})$ 计算的不变性具有重要的实际意义，它适用于不同先验概率 $P(H_j)$ 和不同代价因子 c_{ij} 的最佳信号检测。根据信号检测准则，$P(H_j)$ 和 c_{ij} 可以用来建立最佳的似然比检测门限 η。由(3.3.1)式可知，为了在不同先验概率 $P(H_j)$ 和不同代价因子 c_{ij} 时，都能够达到贝叶斯准则意义下的最小平均代价 C，就应当按(3.3.11)式来设似然比检测门限 η。

似然比检验规则的判决式 $\lambda(\boldsymbol{x})\underset{H_0}{\overset{H_1}{\gtrless}}\eta$ 在通常情况下是可以化简的。首先，如果似然比函数 $\lambda(\boldsymbol{x})$ 含有指数表示式，由于自然对数是单值函数，所以可以对似然比检验判决式的两边分别取自然对数，这样就可以去掉 $\lambda(\boldsymbol{x})$ 中的指数形式，使判决式得到简化。这样，信号检测的判决表示式为

$$\ln\lambda(\boldsymbol{x})\underset{H_0}{\overset{H_1}{\gtrless}}\ln\eta \tag{3.3.13}$$

通常称为对数似然比检验。其次，可以对似然比检验判决式或对数似然比检验判决式进行分子、分母相约，移项，乘系数等运算，使判决表示式的左边是观测量 $\boldsymbol{x}$ 的最简函数 $l(\boldsymbol{x})$，判决表示式的右边是与先验概率 $P(H_j)$、代价因子 c_{ij} 等有关的某个常数 γ。这样，

化简后的判决表示式为

$$l(\boldsymbol{x}) \underset{H_0}{\overset{H_1}{\gtrless}} \gamma \tag{3.3.14a}$$

或

$$l(\boldsymbol{x}) \underset{H_0}{\overset{H_1}{\lessgtr}} \gamma \tag{3.3.14b}$$

我们称 $l(\boldsymbol{x})$ 为检验统计量，γ 为检测门限。之所以我们希望把检验统计量 $l(\boldsymbol{x})$ 化简为观测量 $\boldsymbol{x}$ 的最简形式，目的是为了使构成的检测系统最容易实现，同时带来性能分析方便的优点。

应当说明，(3.3.9)式所示的似然比检验的判决表示式是最基本的判决式，似然比函数 $\lambda(\boldsymbol{x})$ 是观测量 $(\boldsymbol{x}|H_1)$ 和 $(\boldsymbol{x}|H_0)$ 的统计描述——概率密度函数 $p(\boldsymbol{x}|H_1)$ 与 $p(\boldsymbol{x}|H_0)$ 的比值；似然比检测门限 η 使检测性能——平均代价 C 达到最小。而(3.3.13)式的对数似然比检验判决式和(3.3.14)式所示的检验统计量 $l(\boldsymbol{x})$ 与检测门限 γ 相比较的判决式都是在(3.3.9)式的基础上通过数学运算化简得到的，所以(3.3.9)式、(3.3.13)式和(3.3.14)式对判决的效果来说是完全等价的，它们实现判决的原理框图如图 3.6 所示。

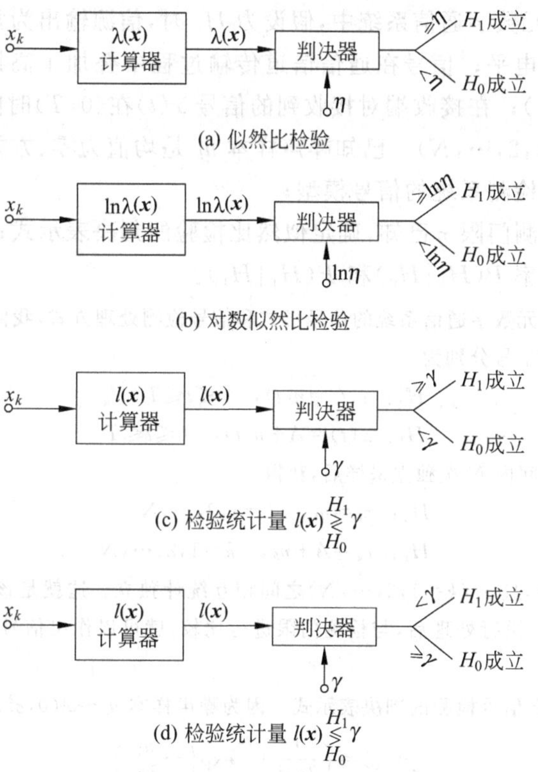

图 3.6 二元信号检测原理框图

3.3.4 检测性能分析

贝叶斯准则是使平均代价 C 最小的信号检测准则，所以平均代价 C 是贝叶斯准则的性能

指标。根据(3.3.2)式所示的平均代价 C 的表示式，在已知各假设 H_j 的先验概率$P(H_j)$和给定各判决的代价因子 c_{ij} 的条件下，求平均代价 C 的关键是计算各判决概率$P(H_i|H_j)(i,j=0,1)$；根据信号检测的判决表示式或图 3.6 所示的信号检测原理框图，各种判决是由检验统计量($\lambda(\boldsymbol{x})$，$\ln\lambda(\boldsymbol{x})$或 $l(\boldsymbol{x})$)与检测门限(η，$\ln\eta$ 或 γ)相比较作出的，而检验统计量是随机变量，因此，为了计算各判决概率，应首先求出假设 H_0 下和假设 H_1 下检验统计量的概率密度函数，然后根据判决式所示的判决域，就可以计算各种判决概率 $P(H_i|H_j)(i,j=0,1)$。由于 $P(H_0|H_0)=1-P(H_1|H_0)$，而 $P(H_0|H_1)=1-P(H_1|H_1)$，所以，一般只计算 $P(H_1|H_0)$和 $P(H_1|H_1)$两种判决概率。通常，我们是根据化简后的最简判决表示式进行判决的，具体地说，就是首先求各假设下检验统计量 $l(\boldsymbol{x})$的概率密度函数 $p(l|H_j)(j=0,1)$，然后根据判决表示式所示的假设 H_i 成立的判决域 $L_i(i=0,1)$计算各种判决概率，即

$$P(H_i|H_j)=\int_{L_i} p(\boldsymbol{x}|H_j)\,\mathrm{d}\boldsymbol{x},\quad i,j=0,1 \tag{3.3.15}$$

计算出各种判决概率 $P(H_i|H_j)(i,j=0,1)$后，结合已知的各假设的先验概率$P(H_j)$和对各种判决所给定的代价因子 $c_{ij}(i,j=0,1)$，由(3.3.2)式就可求得平均代价 C，从而可对检测的性能进行评价，并提出改善检测性能的措施。

例 3.3.1 在二元数字通信系统中，假设为 H_1 时，信源输出为常值正电压 A，假设为 H_0 时，信源输出为零电平；信号在通信信道传输过程中叠加了高斯噪声 $n(t)$；每种信号的持续时间为$(0,T)$；在接收端对接收到的信号 $x(t)$在$(0,T)$时间内进行了 N 次独立采样，样本为 $x_k(k=1,2,\cdots,N)$。已知噪声样本 n_k 是均值为零、方差为 σ_n^2 的高斯噪声。

(1) 试建立信号检测系统的信号模型；

(2) 若似然比检测门限 η 已知，确定似然比检验的判决表示式；

(3) 计算判决概率 $P(H_1|H_0)$和 $P(H_1|H_1)$。

解 (1) 根据该二元数字通信系统的信号形式和信号检测处理方式，我们可以建立信号模型。在两个假设下，接收信号分别为

$$H_0:\ x(t)=n(t),\quad 0\leqslant t\leqslant T$$
$$H_1:\ x(t)=A+n(t),\quad 0\leqslant t\leqslant T$$

式中，$A>0$。经$(0,T)$时间内 N 次独立采样后，获得

$$H_0:\ x_k=n_k,\quad k=1,2,\cdots,N$$
$$H_1:\ x_k=A+n_k,\quad k=1,2,\cdots,N$$

式中，$A>0$，$n_k\sim\mathcal{N}(0,\sigma_n^2)$，且 $x_k(k=1,2,\cdots,N)$之间相互统计独立。这就是该信号检测系统的信号模型。对 N 个独立样本 x_k 进行处理后，与检测门限进行比较，就可以作出信号是属于哪个状态的判决，如图 3.7 所示。

(2) 现在我们来确定信号检测的判决表示式。因为噪声样本 $n_k\sim\mathcal{N}(0,\sigma_n^2)$，所以其概率密度函数为

$$p(n_k)=\left(\frac{1}{2\pi\sigma_n^2}\right)^{1/2}\exp\left(-\frac{n_k^2}{2\sigma_n^2}\right)$$

这样，在两个假设下，观测信号样本 x_k 的概率密度函数，即通常所说的似然函数分别为

$$p(x_k|H_0)=\left(\frac{1}{2\pi\sigma_n^2}\right)^{1/2}\exp\left(-\frac{x_k^2}{2\sigma_n^2}\right)$$

$$p(x_k|H_1)=\left(\frac{1}{2\pi\sigma_n^2}\right)^{1/2}\exp\left[-\frac{(x_k-A)^2}{2\sigma_n^2}\right]$$

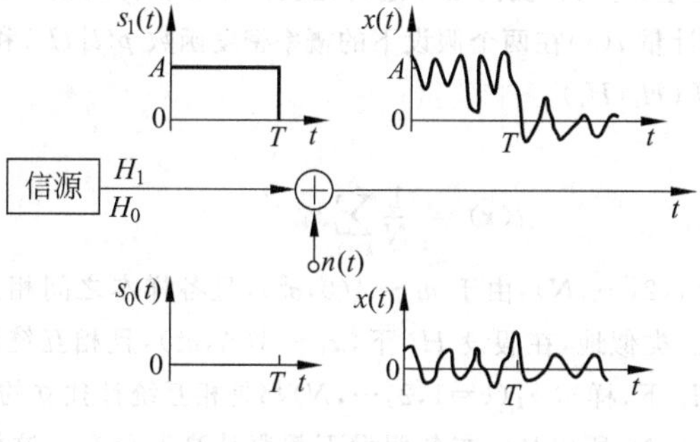

(a) 通信系统信号模型

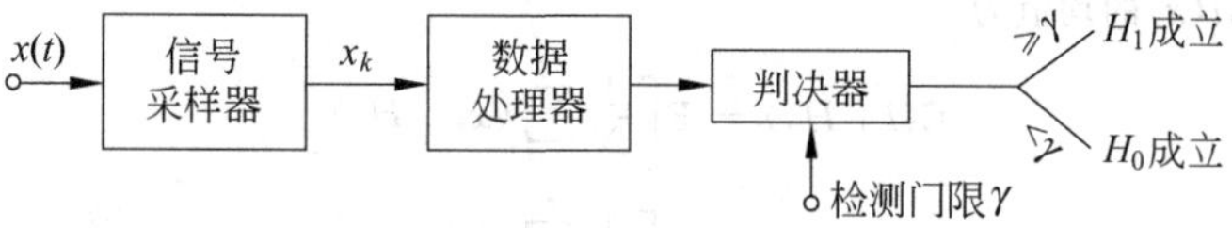

(b) 检测系统原理框图

图 3.7 二元信号检测系统模型

考虑到 N 次采样时，两个假设的观测信号样本 $x_k(k=1,2,\cdots,N)$之间各自是独立同分布的，所以两个假设下 N 维观测矢量的概率密度函数分别为

$$p(\boldsymbol{x} \mid H_0) = \prod_{k=1}^{N} p(\boldsymbol{x}_k \mid H_0) = \left(\frac{1}{2\pi\sigma_n^2}\right)^{N/2} \exp\left(-\sum_{k=1}^{N}\frac{x_k^2}{2\sigma_n^2}\right)$$

$$p(\boldsymbol{x} \mid H_1) = \prod_{k=1}^{N} p(x_k \mid H_1) = \left(\frac{1}{2\pi\sigma_n^2}\right)^{N/2} \exp\left[-\sum_{k=1}^{N}\frac{(x_k-A)^2}{2\sigma_n^2}\right]$$

这样，似然比函数 $\lambda(\boldsymbol{x})$为

$$\lambda(\boldsymbol{x}) = \frac{p(\boldsymbol{x} \mid H_1)}{p(\boldsymbol{x} \mid H_0)} = \exp\left(\frac{A}{\sigma_n^2}\sum_{k=1}^{N}x_k - \frac{NA^2}{2\sigma_n^2}\right)$$

于是，似然比检验为

$$\exp\left(\frac{A}{\sigma_n^2}\sum_{k=1}^{N}x_k - \frac{NA^2}{2\sigma_n^2}\right) \underset{H_0}{\overset{H_1}{\gtrless}} \eta$$

两边取自然对数，得

$$\frac{A}{\sigma_n^2}\sum_{k=1}^{N}x_k - \frac{NA^2}{2\sigma_n^2} \underset{H_0}{\overset{H_1}{\gtrless}} \ln\eta$$

为进一步化简，将不等式左边的常数项$\frac{NA^2}{2\sigma_n^2}$移到不等式的右边，并整理为如下的判决表示式：

$$l(\boldsymbol{x}) \overset{\text{def}}{=} \frac{1}{N}\sum_{k=1}^{N}x_k \underset{H_0}{\overset{H_1}{\gtrless}} \frac{\sigma_n^2}{NA}\ln\eta + \frac{A}{2} \overset{\text{def}}{=} \gamma$$

经过上述化简，信号检测的判决表示式由似然比检验的形式，简化为检验统计量 $l(\boldsymbol{x})$与检测门限 γ 相比较作出判决的形式。

检验统计量 $l(\boldsymbol{x}) = \frac{1}{N}\sum_{k=1}^{N}x_k$ 是观测信号 $x_k(k=1,2,\cdots,N)$ 的求和取平均结果，即它是 $x_k(k=1,2,\cdots,N)$ 的函数，是个随机变量。

(3) 最后我们来计算判决概率 $P(H_i \mid H_j)$。由前面得到的判决表示式的最简形式$l(\boldsymbol{x})\underset{H_0}{\overset{H_1}{\gtrless}}\gamma$可以看

出，检验统计量 $l(\boldsymbol{x})$ 是个随机变量，它与检测门限 γ 进行比较而作出各种判决。所以为了计算判决概率 $P(H_i|H_j)$，应首先求得检验统计量 $l(\boldsymbol{x})$ 在两个假设下的概率密度函数 $p(l|H_0)$ 和 $p(l|H_1)$，然后根据判决式在相应区间的积分来求得 $P(H_i|H_j)$。

因为检验统计量

$$l(\boldsymbol{x}) = \frac{1}{N}\sum_{k=1}^{N} x_k$$

在假设 H_0 下，样本 $x_k = n_k(k=1,2,\cdots,N)$，由于 $n_k \sim \mathcal{N}(0,\sigma_n^2)$，且各样本之间相互统计独立，所以样本 $x_k \sim \mathcal{N}(0,\sigma_n^2)$，且相互统计独立。类似地，在假设 H_1 下，$x_k \sim \mathcal{N}(A,\sigma_n^2)$，且相互统计独立。这就是说，无论在假设 H_0 下，还是在假设 H_1 下，样本 $x_k(k=1,2,\cdots,N)$ 都是相互统计独立的高斯随机变量，而检验统计量 $l(\boldsymbol{x})$ 是这些样本之和的 $1/N$，所以 $l(\boldsymbol{x})$ 在各假设下都服从高斯分布。这样，只要求出各假设下 $l(\boldsymbol{x})$ 的均值 $\mathrm{E}(l|H_j)$ 和方差 $\mathrm{Var}(l|H_j)$，就能够得到它的概率密度函数 $p(l|H_j)(j=0,1)$。

在假设 H_0 下，$l(\boldsymbol{x})$ 的均值为

$$\begin{aligned}\mathrm{E}(l \mid H_0) &= \mathrm{E}\Big[\frac{1}{N}\sum_{k=1}^{N}(x_k \mid H_0)\Big] \\ &= \mathrm{E}\Big[\frac{1}{N}\sum_{k=1}^{N} n_k\Big] \\ &= 0\end{aligned}$$

$l(\boldsymbol{x})$ 的方差为

$$\begin{aligned}\mathrm{Var}(l \mid H_0) &= \mathrm{E}\Big[\Big(\frac{1}{N}\sum_{k=1}^{N}(x_k \mid H_0) - \mathrm{E}(l \mid H_0)\Big)^2\Big] \\ &= \mathrm{E}\Big[\Big(\frac{1}{N}\sum_{k=1}^{N} n_k\Big)^2\Big] \\ &= \frac{1}{N}{\sigma_n}^2\end{aligned}$$

类似地，在假设 H_0 下，$l(\boldsymbol{x})$ 的均值为

$$\begin{aligned}\mathrm{E}(l \mid H_1) &= \mathrm{E}\Big[\frac{1}{N}\sum_{k=1}^{N}(x_k \mid H_1)\Big] \\ &= \mathrm{E}\Big[\frac{1}{N}\sum_{k=1}^{N}(A + n_k)\Big] \\ &= A\end{aligned}$$

$l(\boldsymbol{x})$ 的方差为

$$\begin{aligned}\mathrm{Var}(l \mid H_1) &= \mathrm{E}\Big[\Big(\frac{1}{N}\sum_{k=1}^{N}(x_k \mid H_1) - \mathrm{E}(l \mid H_1)\Big)^2\Big] \\ &= \mathrm{E}\Big[\Big(\frac{1}{N}\sum_{k=1}^{N}(A + n_k) - A\Big)^2\Big] \\ &= \mathrm{E}\Big[\Big(\frac{1}{N}\sum_{k=1}^{N} n_k\Big)^2\Big] \\ &= \frac{1}{N}\sigma_n^2\end{aligned}$$

这样，我们有

$$(l|H_0) \sim \mathcal{N}\Big(0, \frac{1}{N}\sigma_n^2\Big)$$

$$(l|H_1) \sim \mathcal{N}\Big(A, \frac{1}{N}\sigma_n^2\Big)$$

即在假设 H_0 下，检验统计量 $l(\boldsymbol{x})$ 的概率密度函数 $p(l|H_0)$ 为

$$p(l|H_0)=\left(\frac{N}{2\pi\sigma_n^2}\right)^{1/2}\exp\left(-\frac{Nl^2}{2\sigma_n^2}\right)$$

而在假设 H_1 下，检验统计量 $l(\boldsymbol{x})$ 的概率密度函数 $p(l|H_1)$ 为

$$p(l|H_1)=\left(\frac{N}{2\pi\sigma_n^2}\right)^{1/2}\exp\left[-\frac{N(l-A)^2}{2\sigma_n^2}\right]$$

因为判决概率 $P(H_1|H_0)$ 表示假设 H_0 为真时判决假设 H_1 成立的概率，所以根据判决表示式，$l(\boldsymbol{x})\geqslant\gamma$ 判决 H_1 成立，有

$$\begin{aligned}P(H_1 \mid H_0) &= \int_\gamma^\infty p(l \mid H_0)\mathrm{d}l \\ &= \int_{\frac{\sigma_n^2}{NA}\ln\eta+\frac{A}{2}}^\infty \left(\frac{N}{2\pi\sigma_n^2}\right)^{1/2}\exp\left[-\frac{Nl^2}{2\sigma_n^2}\right]\mathrm{d}l \\ &= \int_{\frac{\sigma_n}{\sqrt{NA}}\ln\eta+\frac{\sqrt{NA}}{2\sigma_n}}^\infty \left(\frac{1}{2\pi}\right)^{1/2}\exp\left(-\frac{u^2}{2}\right)\mathrm{d}u \\ &= Q[\ln\eta/d+d/2]\end{aligned}$$

式中，

$$d^2=\frac{NA^2}{\sigma_n^2}$$

$$Q[u_0] = \int_{u_0}^\infty \left(\frac{1}{2\pi}\right)^{1/2}\exp\left(-\frac{u^2}{2}\right)\mathrm{d}u$$

类似地，判决概率 $P(H_1|H_1)$ 为

$$\begin{aligned}P(H_1 \mid H_1) &= \int_\gamma^\infty p(l \mid H_1)\mathrm{d}l \\ &= \int_{\frac{\sigma_n^2}{NA}\ln\eta+\frac{A}{2}}^\infty \left(\frac{N}{2\pi\sigma_n^2}\right)^{1/2}\exp\left[-\frac{N(l-A)^2}{2\sigma_n^2}\right]\mathrm{d}l \\ &= \int_{\frac{\sigma_n}{\sqrt{NA}}\ln\eta-\frac{\sqrt{NA}}{2\sigma_n}}^\infty \left(\frac{1}{2\pi}\right)^{1/2}\exp\left(-\frac{u^2}{2}\right)\mathrm{d}u \\ &= Q[\ln\eta/d-d/2]\end{aligned}$$

式中，d^2 和 $Q[\cdot]$ 的定义同前。

$d^2=NA^2/\sigma_n^2$ 是功率信噪比；$Q[u_0]$ 是标准高斯分布从 u_0 到 $+\infty$ 的右尾积分。我们注意到，$Q[\cdot]$ 是单调递减函数，这样我们就可以把 $P(H_1|H_1)$ 与 $P(H_1|H_0)$ 直接联系起来。$Q[\cdot]$ 存在反函数，用 $Q^{-1}[\cdot]$ 表示，由 $P(H_1|H_0)$ 式求得

$$\ln\eta/d=Q^{-1}(P(H_1|H_0))-d/2$$

这样就有

$$P(H_1|H_1)=Q[Q^{-1}(P(H_1|H_0))-d]$$

这说明，对于给定的 $P(H_1|H_0)$，$P(H_1|H_1)$ 随功率信噪比 NA^2/σ_n^2 单调增加。

例 3.3.2 设二元假设检验的观测信号模型为

$$H_0:\ x=-1+n$$
$$H_1:\ x=1+n$$

其中 n 是均值为零、方差为 $\sigma_n^2=1/2$ 的高斯观测噪声。若两种假设是等先验概率的，而代价因子为

$$c_{00}=1,\qquad c_{10}=4,\qquad c_{11}=2,\qquad c_{01}=8$$

试求最佳(贝叶斯)判决表示式和平均代价 C。

解 因为两种假设是等先验概率的，所以 $P(H_0)=P(H_1)=1/2$。这样，贝叶斯准则的似然比函

数 λ(x) 为

$$\lambda(x)=\frac{p(x\mid H_1)}{p(x\mid H_0)}=\frac{\left(\dfrac{1}{2\pi\times\dfrac{1}{2}}\right)^{1/2}\exp\left[-\dfrac{(x-1)^2}{2\times\dfrac{1}{2}}\right]}{\left(\dfrac{1}{2\pi\times\dfrac{1}{2}}\right)^{1/2}\exp\left[-\dfrac{(x+1)^2}{2\times\dfrac{1}{2}}\right]}$$

$$=\exp(4x)$$

而似然比检测门限 η 为

$$\eta=\frac{P(H_0)(c_{10}-c_{00})}{P(H_1)(c_{01}-c_{11})}=\frac{\dfrac{1}{2}(4-1)}{\dfrac{1}{2}(8-2)}=\frac{1}{2}$$

于是，贝叶斯判决表示式为

$$\exp(4x)\underset{H_0}{\overset{H_1}{\gtrless}}\frac{1}{2}$$

两边取自然对数，并整理得最简判决表示式为

$$x\underset{H_0}{\overset{H_1}{\gtrless}}-0.1733$$

现在计算判决概率 $P(H_0|H_1)$ 和 $P(H_0|H_0)$。

由于本例中检验统计量 $l(x)=x$，所以在两个假设下检验统计量的概率密度函数分别为

$$p(l|H_0)=\left(\frac{1}{2\pi\times\dfrac{1}{2}}\right)^{1/2}\exp\left[-\frac{(l+1)^2}{2\times\dfrac{1}{2}}\right]$$

$$p(l|H_1)=\left(\frac{1}{2\pi\times\dfrac{1}{2}}\right)^{1/2}\exp\left[-\frac{(l-1)^2}{2\times\dfrac{1}{2}}\right]$$

这样，

$$P(H_0\mid H_1)=\int_{-\infty}^{-0.1733}p(l\mid H_1)\mathrm{d}l$$

$$=\int_{-\infty}^{-0.1733}\left(\frac{1}{2\pi\times\dfrac{1}{2}}\right)^{1/2}\exp\left[-\frac{(l-1)^2}{2\times\dfrac{1}{2}}\right]\mathrm{d}l$$

$$=\int_{-\infty}^{-1.6593}\left(\frac{1}{2\pi}\right)^{1/2}\exp\left(-\frac{u^2}{2}\right)\mathrm{d}u$$

$$=0.04846$$

$$P(H_0\mid H_0)=\int_{-\infty}^{-0.1733}p(l\mid H_0)\mathrm{d}l$$

$$=\int_{-\infty}^{-0.1733}\left(\frac{1}{2\pi\times\dfrac{1}{2}}\right)^{1/2}\exp\left[-\frac{(l+1)^2}{2\times\dfrac{1}{2}}\right]\mathrm{d}l$$

$$=\int_{-\infty}^{+1.1691}\left(\frac{1}{2\pi}\right)^{1/2}\exp\left[-\frac{u^2}{2}\right]\mathrm{d}u$$

$$=0.8790$$

利用贝叶斯平均代价表示式，即(3.3.2)式，得平均代价 C 的另一表示式为

$$C=P(H_0)c_{10}+P(H_1)c_{11}+P(H_1)(c_{01}-c_{11})P(H_0|H_1)-P(H_0)(c_{10}-c_{00})P(H_0|H_0)$$

代入 $P(H_j)$，c_{ij} 和 $P(H_i|H_j)$ 各数据，计算得

$$C=1.8269$$

如果我们把判决表示式中的检测门限 -0.1733 稍作调整，例如调整为 -0.1700 或 -0.1800，则计算出的平均代价均大于检测门限为 -0.1733 的贝叶斯平均代价。这一结果从侧面验证了贝叶斯准则的确能使平均代价最小。

3.4 派生贝叶斯准则

3.3 节中讨论的贝叶斯准则是信号统计检测理论中的通用检测准则。在对各假设的先验概率 $P(H_j)$ 和各种判决的代价因子 c_{ij} 作某些约束的情况下，会得到它的派生准则。本节讨论二元信号情况下，贝叶斯准则的几种重要的派生准则。

3.4.1 最小平均错误概率准则

在通信系统中，通常有 $c_{00}=c_{11}=0$，$c_{10}=c_{01}=1$，即正确判决不付出代价，错误判决代价相同。这时，(3.3.2)式所示的平均代价化为

$$C=P(H_0)P(H_1|H_0)+P(H_1)P(H_0|H_1) \tag{3.4.1}$$

该式恰好是平均错误概率。因此，将(3.4.1)式用平均错误概率 P_e 表示为

$$P_e=P(H_0)P(H_1|H_0)+P(H_1)P(H_0|H_1) \tag{3.4.2}$$

使平均错误概率最小的准则称为最小平均错误概率准则(minimum mean probability of error criterion)。

类似贝叶斯准则的分析方法，平均错误概率 P_e 可以表示为

$$\begin{aligned} P_e &= P(H_0)\int_{R_1} p(\boldsymbol{x} \mid H_0)\mathrm{d}\boldsymbol{x} + P(H_1)\int_{R_0} p(\boldsymbol{x} \mid H_1)\mathrm{d}\boldsymbol{x} \\ &= P(H_0) + \int_{R_0} [P(H_1)p(\boldsymbol{x} \mid H_1) - P(H_0)p(\boldsymbol{x} \mid H_0)]\mathrm{d}\boldsymbol{x} \end{aligned} \tag{3.4.3}$$

为了使 P_e 最小，将所有满足

$$P(H_1)p(\boldsymbol{x}|H_1)<P(H_0)p(\boldsymbol{x}|H_0) \tag{3.4.4}$$

的 $\boldsymbol{x}$ 值划归 R_0 域，判决假设 H_0 成立；而把所有满足

$$P(H_1)p(\boldsymbol{x}|H_1)\geqslant P(H_0)p(\boldsymbol{x}|H_0) \tag{3.4.5}$$

的 $\boldsymbol{x}$ 值划归 R_1 域，判决假设 H_1 成立。于是最小总错误概率准则的判决表示式为

$$P(H_1)p(\boldsymbol{x}|H_1)\underset{H_0}{\overset{H_1}{\gtrless}}P(H_0)p(\boldsymbol{x}|H_0) \tag{3.4.6}$$

整理上式得似然比检验判决式为

$$\lambda(\boldsymbol{x})\overset{\text{def}}{=}\frac{p(\boldsymbol{x}|H_1)}{p(\boldsymbol{x}|H_0)}\underset{H_0}{\overset{H_1}{\gtrless}}\frac{P(H_0)}{P(H_1)}\overset{\text{def}}{=}\eta \tag{3.4.7}$$

(3.4.7)式所示的似然比检验判决式可以化简为

$$\ln\lambda(\boldsymbol{x})\underset{H_0}{\overset{H_1}{\gtrless}}\ln\eta \tag{3.4.8}$$

的对数似然比检验形式；最终化简为检验统计量 $l(\boldsymbol{x})$ 与检测门限 γ 相比较作出判决的判决表示式

$$l(\boldsymbol{x})\underset{H_0}{\overset{H_1}{\gtrless}}\gamma \tag{3.4.9a}$$

或

$$l(\boldsymbol{x})\underset{H_0}{\overset{H_1}{\lessgtr}}\gamma \tag{3.4.9b}$$

下面介绍最大似然准则。

如果假设 H_0 和假设 H_1 的先验概率相等，即 $P(H_0)=P(H_1)=1/2$，则似然比检验判决表示式为

$$\lambda(\boldsymbol{x})\overset{\text{def}}{=}\frac{p(\boldsymbol{x}|H_1)}{p(\boldsymbol{x}|H_0)}\underset{H_0}{\overset{H_1}{\gtrless}}1 \tag{3.4.10}$$

或写成两个似然函数直接比较，哪个大就判决其相应的假设成立，即

$$p(\boldsymbol{x}|H_1)\underset{H_0}{\overset{H_1}{\gtrless}}p(\boldsymbol{x}|H_0) \tag{3.4.11}$$

因此，称等先验概率下的最小平均错误概率准则为最大似然准则(maximum likelihood criterion)，它也可以化简为(3.4.9a)式或(3.4.9b)式的最简判决式形式。

将最小平均错误概率准则与贝叶斯准则对比，当选择代价因子 $c_{00}=c_{1}=0, c_{10}=c_{01}=1$ 时，贝叶斯准则就成为最小平均错误概率准则。所以最小平均错误概率准则是贝叶斯准则的特例。

例 3.4.1 在启闭键控(OOK)通信系统中，两个假设下的观测信号模型为

$$H_0:\ x=n$$

$$H_1:\ x=A+n$$

其中，观测噪声 $n\sim\mathcal{N}(0,\sigma_n^2)$；信号 A 是常数，且 $A>0$。若两个假设的先验概率 $P(H_j)$ 相等，代价因子 $c_{00}=c_{11}=0, c_{10}=c_{01}=1$。采用最小平均错误概率准则，试确定判决表示式，并求平均错误概率 P_e。

解 在两个假设下，观测量 x 的概率密度函数分别为

$$p(x|H_0)=\left(\frac{1}{2\pi\sigma_n^2}\right)^{1/2}\exp\left(-\frac{x^2}{2\sigma_n^2}\right)$$

$$p(x|H_1)=\left(\frac{1}{2\pi\sigma_n^2}\right)^{1/2}\exp\left[-\frac{(x-A)^2}{2\sigma_n^2}\right]$$

由于两个假设的先验概率相等，且 $c_{00}=c_{11}=0, c_{10}=c_{01}=1$，所以似然比检验判决式为

$$\lambda(x)=\frac{p(x|H_1)}{p(x|H_0)}=\exp\left(\frac{2Ax}{2\sigma_n^2}-\frac{A^2}{2\sigma_n^2}\right)\underset{H_0}{\overset{H_1}{\gtrless}}1$$

化简得判决表示式为

$$x\underset{H_0}{\overset{H_1}{\gtrless}}\frac{A}{2}$$

由于检验统计量 $l(x)=x$，所以

$$p(l|H_0)=\left(\frac{1}{2\pi\sigma_n^2}\right)^{1/2}\exp\left(-\frac{l^2}{2\sigma_n^2}\right)$$

$$p(l|H_1)=\left(\frac{1}{2\pi\sigma_n^2}\right)^{1/2}\exp\left[-\frac{(l-A)^2}{2\sigma_n^2}\right]$$

又因为检测门限 $\gamma=\frac{A}{2}$，所以两种错误判决概率分别为

$$\begin{aligned}P(H_1 \mid H_0) &= \int_{\gamma}^{\infty} p(l \mid H_0)\mathrm{d}l \\ &= \int_{\frac{A}{2}}^{\infty}\left(\frac{1}{2\pi\sigma_n^2}\right)^{1/2}\exp\left(-\frac{l^2}{2\sigma_n^2}\right)\mathrm{d}l \\ &= \int_{\frac{A}{2\sigma_n}}^{\infty}\left(\frac{1}{2\pi}\right)^{1/2}\exp\left(-\frac{u^2}{2}\right)\mathrm{d}u \\ &= Q\left[\frac{d}{2}\right]\end{aligned}$$

式中，$d^2=A^2/\sigma_n^2$。

$$\begin{aligned}P(H_0 \mid H_1) &= \int_{-\infty}^{\gamma} p(l \mid H_1)\mathrm{d}l \\ &= \int_{-\infty}^{\frac{A}{2}}\left(\frac{1}{2\pi\sigma_n^2}\right)^{1/2}\exp\left[-\frac{(l-A)^2}{2\sigma_n^2}\right]\mathrm{d}l \\ &= \int_{-\infty}^{-\frac{A}{2\sigma_n}}\left(\frac{1}{2\pi}\right)^{1/2}\exp\left(-\frac{u^2}{2}\right)\mathrm{d}u \\ &= Q\left[\frac{d}{2}\right]\end{aligned}$$

这样，平均错误概率 P_e 为

$$\begin{aligned}P_e &= P(H_0)P(H_1|H_0)+P(H_1)P(H_0|H_1) \\ &= Q\left[\frac{d}{2}\right]\end{aligned}$$

因为 $d^2=A^2/\sigma_n^2$ 是功率信噪比，所以很显然，信噪比越高，平均错误概率越小，检测性能越好。

3.4.2 最大后验概率准则

在贝叶斯准则中，当代价因子满足

$$c_{10}-c_{00}=c_{01}-c_{11}$$

时，判决表示式便成为

$$\lambda(\boldsymbol{x})=\frac{p(\boldsymbol{x}|H_1)}{p(\boldsymbol{x}|H_0)}\underset{H_0}{\overset{H_1}{\gtrless}}\frac{P(H_0)}{P(H_1)} \tag{3.4.12}$$

或等价地表示为

$$P(H_1)p(\boldsymbol{x}|H_1)\underset{H_0}{\overset{H_1}{\gtrless}}P(H_0)p(\boldsymbol{x}|H_0) \tag{3.4.13}$$

因为

$$P(H_1|(\boldsymbol{x}\leqslant X\leqslant \boldsymbol{x}+\mathrm{d}\boldsymbol{x}))=\frac{P((\boldsymbol{x}\leqslant X\leqslant \boldsymbol{x}+\mathrm{d}\boldsymbol{x})|H_1)P(H_1)}{P(\boldsymbol{x}\leqslant X\leqslant \boldsymbol{x}+\mathrm{d}\boldsymbol{x})} \tag{3.4.14}$$

且当 $\mathrm{d}\boldsymbol{x}$ 很小时，有

$$P((\boldsymbol{x}\leqslant X\leqslant \boldsymbol{x}+\mathrm{d}\boldsymbol{x})|H_1)=p(\boldsymbol{x}|H_1)\mathrm{d}\boldsymbol{x} \tag{3.4.15}$$

$$P(\boldsymbol{x}\leqslant X\leqslant \boldsymbol{x}+\mathrm{d}\boldsymbol{x})=p(\boldsymbol{x})\mathrm{d}\boldsymbol{x} \tag{3.4.16}$$

$$P(H_1|(\boldsymbol{x}\leqslant X\leqslant \boldsymbol{x}+\mathrm{d}\boldsymbol{x}))=P(H_1|\boldsymbol{x}) \tag{3.4.17}$$

从而得

$$P(H_1|\boldsymbol{x})=\frac{p(\boldsymbol{x}|H_1)\mathrm{d}\boldsymbol{x}P(H_1)}{p(\boldsymbol{x})\mathrm{d}\boldsymbol{x}}=\frac{p(\boldsymbol{x}|H_1)P(H_1)}{p(\boldsymbol{x})}$$

即

$$P(H_1)p(\boldsymbol{x}|H_1)=p(\boldsymbol{x})P(H_1|\boldsymbol{x}) \tag{3.4.18}$$

类似地可得

$$P(H_0)p(\boldsymbol{x}|H_0)=p(\boldsymbol{x})P(H_0|\boldsymbol{x}) \tag{3.4.19}$$

这样，(3.4.13)式变成为

$$p(\boldsymbol{x})P(H_1|\boldsymbol{x})\underset{H_0}{\overset{H_1}{\gtrless}}p(\boldsymbol{x})P(H_0|\boldsymbol{x}) \tag{3.4.20}$$

即

$$P(H_1|\boldsymbol{x})\underset{H_0}{\overset{H_1}{\gtrless}}P(H_0|\boldsymbol{x}) \tag{3.4.21}$$

不等式(3.4.21)的左边和右边分别是在已经获得观测量 $\boldsymbol{x}$ 的条件下，假设 H_1 和假设 H_0 为真的概率，称为后验概率。因此，按最小平均代价的贝叶斯准则在 $c_{10}-c_{00}=c_{01}-c_{11}$ 的条件下，就成为最大后验概率准则(maximum a posteriori probability criterion)。

3.4.3 极小化极大准则

我们知道，要采用贝叶斯准则，除了给定各种判决的代价因子 c_{ij} 外，还必须知道假设 H_0 和假设 H_1 为真的先验概率 $P(H_0)$ 和 $P(H_1)$。当预先无法确定各个假设的先验概率 $P(H_j)$ 时，就不能应用贝叶斯准则。现在要讨论的极小化极大准则(minimax criterion)是在已经给定代价因子 c_{ij}，但无法确定先验概率 $P(H_j)$ 的条件下的一种信号检测准则。该准则的含义是，在上述条件下可以避免可能产生的过分大的代价，使极大可能代价极小化，所以称为极小化极大准则。

为了表述方便，现将有关符号改记如下：

$$P_{\mathrm{F}}\overset{\mathrm{def}}{=}P(H_1\mid H_0)=\int_{R_1}p(\boldsymbol{x}\mid H_0)\mathrm{d}\boldsymbol{x}=1-\int_{R_0}p(\boldsymbol{x}\mid H_0)\mathrm{d}\boldsymbol{x}$$

$$P_{\mathrm{M}}\overset{\mathrm{def}}{=}P(H_0\mid H_1)=\int_{R_0}p(\boldsymbol{x}\mid H_1)\mathrm{d}\boldsymbol{x}$$

$$P_1\overset{\mathrm{def}}{=}P(H_1)=1-P(H_0)\overset{\mathrm{def}}{=}1-P_0$$

如果各种判决的代价因子 c_{ij} 已经给定，但假设 H_1 的先验概率 P_1 未知，则(3.3.7)式所示的贝叶斯平均代价可以表示为 P_1 的函数。因为似然比检测门限 η 与先验概率有关，即 $\eta=\eta(P_1)$，所以此时的判决概率 P_{F} 和 P_{M} 也是 P_1 的函数，故记为 $P_{\mathrm{F}}(P_1)$ 和 $P_{\mathrm{M}}(P_1)$。这样，作为先验概率 P_1 函数的平均代价表示为

$$\begin{aligned}C(P_1)=&c_{10}(1-P_1)+c_{11}P_1+\\&P_1(c_{01}-c_{11})P_{\mathrm{F}}(P_1)-(1-P_1)(c_{10}-c_{00})[1-P_{\mathrm{F}}(P_1)]\\=&c_{00}+(c_{10}-c_{00})P_{\mathrm{F}}(P_1)+\\&P_1[(c_{11}-c_{00})+(c_{01}-c_{11})P_{\mathrm{M}}(P_1)-(c_{10}-c_{00})P_{\mathrm{F}}(P_1)]\end{aligned} \tag{3.4.22}$$

可以证明，当似然比 $\lambda(\boldsymbol{x})$ 是严格单调的概率分布随机变量时，(3.4.22)式所示的贝叶斯平均代价是 P_1 的严格上凸函数，如图 3.8 中的曲线 a 所示。一般情况下，$C_{\min}$ 对 P_1 的曲线均具有上凸的形状。

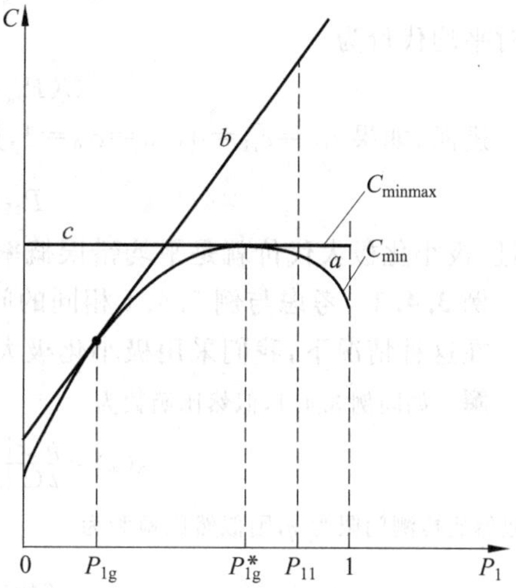

图 3.8 平均代价 C 与 P_1 的关系曲线

现在考虑不知道先验概率 P_1 的情况。在 P_1 未知的情况下，为了能采用贝叶斯准则，我们只能猜测一个先验概率 P_{1g}，然后用它来确定贝叶斯准则的似然比检测门限 $\eta=\eta(P_{1g})$，并以此固定门限进行判决。所以，此时的 P_F 和 P_M 都是 P_{1g} 的函数，记为 $P_F(P_{1g})$ 和 $P_M(P_{1g})$。一旦 P_{1g} 猜定后，$P_F(P_{1g})$ 和 $P_M(P_{1g})$ 就确定了。因此由(3.4.22)式知，平均代价与实际的先验概率 P_1 的关系将是一条直线，我们用 $C(P_1,P_{1g})$ 来表示，有

$$C(P_1,P_{1g})=c_{00}+(c_{10}-c_{00})P_F(P_{1g})+P_1[(c_{11}-c_{00})+(c_{01}-c_{11})P_M(P_{1g})-(c_{10}-c_{00})P_F(P_{1g})] \tag{3.4.23}$$

当 $P_{1g}=P_1$ 时，即猜测的先验概率 P_{1g} 恰好等于实际的先验概率 P_1 时，平均代价最小，即为贝叶斯平均代价，所以 $C(P_1,P_{1g})$ 是一条与曲线 a 相切的直线，切点在 $C(P_1=P_{1g},P_{1g})$ 处，如图 3.8 中的直线 b 所示。当实际的 P_1 不等于猜测的 P_{1g} 时，$C(P_1,P_{1g})$ 将大于贝叶斯平均代价 $C_{\min}$，而且对某些可能的 P_1 值，如 P_{11}，实际的平均代价将远大于最小平均代价，见图 3.8。为了避免产生这种过分大的代价，人们猜测先验概率为 P_{1g}^*，使该处的点 $C(P_1,P_{1g}^*)$ 是一条与 $C_{\min}$ 水平相切的直线的切点，该切线如图 3.8 中的水平切线 c 所示。虽然该处贝叶斯准则的最小平均代价最大，为 C_{minmax}，但是可以使由于未知先验概率 P_1 而可能产生的极大平均代价极小化，即如果猜测先验概率为 P_{1g}^*，那么无论实际的先验概率 P_1 为多大，平均代价都等于 C_{minmax}，而不会产生过分大的代价。

为了求出极小化极大准则应满足的条件，即为了求得 $P_{1g}{}^*$，可以用图解法和数学分析法。图解法是根据给定的代价因子 c_{ij}，作出平均代价 $C(P_1)$（P_1 在 0～1 范围内）的图形，取 $C(P_1)$ 曲线最大值对应的 P_1 即为 P_{1g}^*。下面讨论数学分析法。

根据前面的讨论，为了求得 P_{1g}^*，可将(3.4.23)式对 P_1 求偏导，令结果等于零，即

$$\left.\frac{\partial C(P_1,P_{1g})}{\partial P_1}\right|_{P_{1g}=P_{1g}^*}=0 \tag{3.4.24}$$

从而得

$$(c_{11}-c_{00})+(c_{01}-c_{11})P_M(P_{1g}^*)-(c_{10}-c_{00})P_F(P_{1g}^*)=0 \tag{3.4.25}$$

该式就是极小化极大准则的极小化极大方程，解此方程可求得 P_{1g}^* 和似然比检测门限 η^*。此时的平均代价为

$$C(P_{1g}^*)=c_{00}+(c_{10}-c_{00})P_F(P_{1g}^*) \tag{3.4.26}$$

如果代价因子 $c_{00}=c_{11}=0$，则极小极大方程为

$$c_{01}P_{\mathrm{M}}(P_{1\mathrm{g}}^{*})-c_{10}P_{\mathrm{F}}(P_{1\mathrm{g}}^{*})=0 \tag{3.4.27}$$

此时平均代价为

$$C(P_{1\mathrm{g}}^{*})=c_{10}P_{\mathrm{F}}(P_{1\mathrm{g}}^{*}) \tag{3.4.28}$$

进而，如果 $c_{00}=c_{11}=0, c_{01}=c_{10}=1$，则有

$$P_{\mathrm{M}}(P_{1\mathrm{g}}^{*})=P_{\mathrm{F}}(P_{1\mathrm{g}}^{*}) \tag{3.4.29}$$

并且，极小化极大代价就是平均错误概率 $P_{\mathrm{F}}(P_{1\mathrm{g}}^{*})$。

例 3.4.2 考虑与例 3.4.1 相同的问题，但假定假设的先验概率 $P(H_0)$ 和 $P(H_1)$ 未知。在这种情况下，我们采用极小化极大准则。试确定检测门限和平均错误概率。

解 如同例 3.4.1，似然比函数为

$$\lambda(x)=\frac{p(x|H_1)}{p(x|H_0)}=\exp\left(\frac{Ax}{\sigma_n^2}-\frac{A^2}{2\sigma_n^2}\right)$$

设似然比检测门限为 η，则似然比检验为

$$\exp\left(\frac{Ax}{\sigma_n^2}-\frac{A^2}{2\sigma_n^2}\right)\underset{H_0}{\overset{H_1}{\gtrless}}\eta$$

化简得

$$x\underset{H_0}{\overset{H_1}{\gtrless}}\frac{\sigma_n^2}{A}\ln\eta+\frac{A}{2}\overset{\text{def}}{=}\gamma$$

由于检验统计量 $l(x)=x$，所以

$$\begin{aligned}P_{\mathrm{F}}&=\int_{\gamma}^{\infty}p(l\mid H_0)\mathrm{d}l=\int_{\gamma}^{\infty}\left(\frac{1}{2\pi\sigma_n^2}\right)^{1/2}\exp\left[-\frac{l^2}{2\sigma_n{}^2}\right]\mathrm{d}l\\&=Q\left[\frac{\gamma}{\sigma_n}\right]\\P_{\mathrm{M}}&=\int_{-\infty}^{\gamma}p(l\mid H_1)\mathrm{d}l=\int_{-\infty}^{\gamma}\left(\frac{1}{2\pi\sigma_n^2}\right)^{1/2}\exp\left[-\frac{(l-A)^2}{2\sigma_n^2}\right]\mathrm{d}l\\&=1-Q\left[\frac{\gamma-A}{\sigma_n}\right]\end{aligned}$$

因为代价因子 $c_{00}=c_{11}=0, c_{10}=c_{01}=1$，所以根据(3.4.29)式，极小化极大方程为

$$1-Q\left[\frac{\gamma^*-A}{\sigma_n}\right]=Q\left[\frac{\gamma^*}{\sigma_n}\right]$$

从而解得

$$\gamma^*=\frac{A}{2}$$

平均错误概率 P_{e} 为

$$P_{\mathrm{e}}=P_{\mathrm{F}}(\gamma^*)=Q\left[-\frac{\gamma^*}{\sigma_n}\right]=Q\left[\frac{A}{2\sigma_n}\right]=Q\left[\frac{d}{2}\right]$$

式中，$d^2=A^2/\sigma_n^2$，是功率信噪比。

可见，我们获得了与例 3.4.1 相同的结果，请读者考虑原因。如果例 3.4.1 中的各个假设的先验概率 $P(H_0)$ 与 $P(H_1)$ 不相等，请读者考虑会出现什么结果。

3.4.4 奈曼-皮尔逊准则

1. 奈曼-皮尔逊准则的概念

由前面的讨论我们已经知道，采用贝叶斯准则需要知道各假设的先验概率 $P(H_j)$，

并对每种可能的判决给定代价因子 c_{ij}；如果不知道先验概率 $P(H_j)$，可采用极小化极大准则；如果先验概率 $P(H_j)$ 已知，代价因子约束为 $c_{00}=c_{11}=0, c_{10}=c_{01}=1$，是最小平均错误概率准则。但在有些情况下，如雷达信号检测，我们既不能预知先验概率 $P(H_j)$，也无法对各种判决结果给定代价因子 c_{ij}。为了适应这种情况，并考虑到在该情况下人们最关心的是判决概率 $P(H_1|H_0)$ 和 $P(H_1|H_1)$，当然希望错误判决概率 $P(H_1|H_0)$ 尽可能的小，而正确判决概率 $P(H_1|H_1)$ 尽可能的大。但是在信噪比一定的情况，增大 $P(H_1|H_1)$，会导致 $P(H_1|H_0)$ 随之增大。为此，提出了这样一种检测准则：在错误判决概率 $P(H_1|H_0)=\alpha$ 的约束条件下，使正确判决概率 $P(H_1|H_1)$ 最大的准则，这就是奈曼-皮尔逊准则(Neyman-Pearson criterion)，简记为 N-P 准则。

奈曼-皮尔逊准则特别适用于雷达、声纳等信号的检测问题。因为在这类信息系统中，错误判决概率 $P(H_1|H_0)$ 是虚警概率 P_F，而正确判决概率 $P(H_1|H_1)$ 是检测概率 P_D。为了保证信息处理系统能有效地处理有用的数据，通常对虚警概率 P_F 的大小提出一个约束值 α，以避免过多的虚假数据进入信息处理系统而影响其工作效率，同时要求有用的数据尽可能没有丢失地进入信息处理系统，这就要求正确的检测概率 P_D 最大。所以，奈曼-皮尔逊准则也是一种很有用的信号统计检测准则。

下面首先从概念上说明奈曼-皮尔逊准则的解是存在的；然后用数学的方法求出其判决表示式；最后说明求解的步骤。

2. 奈曼-皮尔逊准则解的存在性说明

关于奈曼-皮尔逊准则解的存在性，我们结合图 3.9 从概念上加以说明。在图 3.9 中，第一种判决域的划分为 R_{01} 和 R_{11}，保证 $P_1(H_1|H_0)=\alpha$，并有相应的 $P_1(H_1|H_1)$；第二种判决域的划分为 R_{02} 和 R_{12}，仍保证 $P_2(H_1|H_0)=\alpha$，也有相应的 $P_2(H_1|H_1)$；第三种判决域的划分为 R_{03} 和 R_{13}，还是保证 $P_3(H_1|H_0)=\alpha$，它也有相应的 $P_3(H_1|H_1)$……。这就是说，原则上判决域 R_0 和 R_1 有无限多种划分方法，它们都可以保证错误判决概率

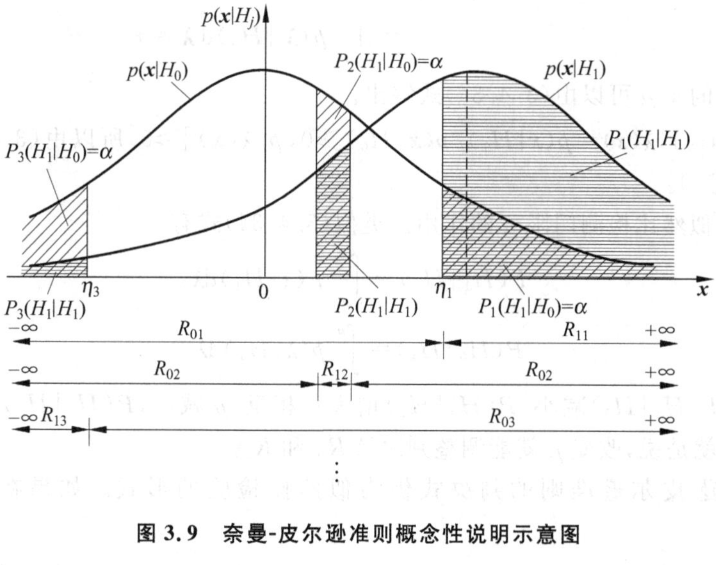

图 3.9　奈曼-皮尔逊准则概念性说明示意图

$P(H_1|H_0)=\alpha$,但每种划分所对应的正确判决概率 $P(H_1|H_1)$ 一般是不一样的。既然这样,其中至少有一种判决域 R_0,R_1 的划分,既能保证 $P(H_1|H_0)=\alpha$,又能使 $P(H_1|H_1)$ 最大。这意味着奈曼-皮尔逊准则的解是存在的。

3. 奈曼-皮尔逊准则的判决表示式

为了求出奈曼-皮尔逊准则的判决式,需要在 $P(H_1|H_0)=\alpha$ 的约束下,设计使 $P(H_1|H_1)$ 最大,即 $P(H_0|H_1)=1-P(H_1|H_1)$ 最小的检验。为此,我们利用拉格朗日(Largrange)乘子 $\mu(\mu\geqslant 0)$,构造一个目标函数

$$\begin{aligned} J &= P(H_0|H_1)+\mu[P(H_1|H_0)-\alpha] \\ &= \int_{R_0} p(\boldsymbol{x}\mid H_1)\mathrm{d}\boldsymbol{x}+\mu\left[\int_{R_1} p(\boldsymbol{x}\mid H_0)\mathrm{d}\boldsymbol{x}-\alpha\right] \end{aligned} \tag{3.4.30}$$

显然,若 $P(H_1|H_0)=\alpha$,则 J 达到最小,$P(H_0|H_1)$ 就达到最小。变换积分域,(3.4.30)式变为

$$J=\mu(1-\alpha)+\int_{R_0}[p(\boldsymbol{x}\mid H_1)-\mu p(\boldsymbol{x}\mid H_0)]\mathrm{d}\boldsymbol{x} \tag{3.4.31}$$

因为 $\mu\geqslant 0$,所以 J 中的第一项是非负的,要使 J 达到最小,只要把(3.4.31)式中使被积函数项为负的 $\boldsymbol{x}$ 值划归 R_0 域,判决 H_0 成立就可以了,否则划归 R_1 域,判决 H_1 成立,即

$$p(\boldsymbol{x}|H_1)\underset{H_0}{\overset{H_1}{\gtrless}}\mu p(\boldsymbol{x}|H_0) \tag{3.4.32}$$

写成似然比检验的形式为

$$\lambda(\boldsymbol{x})=\frac{p(\boldsymbol{x}|H_1)}{p(\boldsymbol{x}|H_0)}\underset{H_0}{\overset{H_1}{\gtrless}}\mu \tag{3.4.33}$$

为了满足 $P(H_1|H_0)=\alpha$ 的约束,选择 μ 使

$$\begin{aligned} P(H_1|H_0) &= \int_{R_1} p(\boldsymbol{x}|H_0)\mathrm{d}\boldsymbol{x} \\ &= \int_{\mu}^{\infty} p(\boldsymbol{\lambda}\mid H_0)\mathrm{d}\boldsymbol{\lambda}=\alpha \end{aligned} \tag{3.4.34}$$

于是对于给定的 α,μ 可以由(3.4.34)式解出。

因为 $0\leqslant\alpha\leqslant 1$,$\lambda(\boldsymbol{x})=p(\boldsymbol{x}|H_1)/p(\boldsymbol{x}|H_0)\geqslant 0$,$p[\lambda(\boldsymbol{x})]\geqslant 0$,所以由(3.4.34)式解出的 μ 必满足 $\mu\geqslant 0$。

现在说明似然比检测门限 μ 的作用。类似(3.4.34)式有

$$P(H_1|H_1)=\int_{\mu}^{\infty} p(\lambda|H_1)\mathrm{d}\lambda \tag{3.4.35}$$

$$P(H_0|H_1)=\int_{0}^{\mu} p(\lambda|H_1)\mathrm{d}\lambda \tag{3.4.36}$$

显然,μ 增大,$P(H_1|H_0)$ 减小,$P(H_0|H_1)$ 增大;相反,μ 减小,$P(H_1|H_0)$ 增大,$P(H_0|H_1)$ 减小。这就是说,改变 μ 就能调整判决域 R_0 和 R_1。

可见,奈曼-皮尔逊准则的判决式仍为似然比检验的形式。如果在贝叶斯准则中,令

$$P(H_1)(c_{01}-c_{11})=1$$
$$P(H_0)(c_{10}-c_{00})=\mu$$

就变成奈曼-皮尔逊准则，所以它也是贝叶斯准则的特例，μ 为似然比检测门限，为统一将 μ 仍用 η 表示。

4. 奈曼-皮尔逊准则的求解步骤

最后说明奈曼-皮尔逊准则的求解步骤。可以看出：奈曼-皮尔逊准则的似然比检验形式同贝叶斯准则、最小平均错误概率准则是完全一样的。只是后两种准则的似然比检测门限 η 由已知的先验概率 $P(H_j)$ 和给定的代价因子 c_{ij} 确定，待求的是各种判决概率 $P(H_i|H_j)$ 及性能；而奈曼-皮尔逊准则给定的是错误判决概率 $P(H_1|H_0)=\alpha$，待求的是似然比检测门限 η 及正确判决概率 $P(H_1|H_1)$。所以奈曼-皮尔逊准则的求解，即最佳检验步骤如下：

对观测信号 $\boldsymbol{x}$ 进行统计描述，得 $p(\boldsymbol{x}|H_0)$ 和 $p(\boldsymbol{x}|H_1)$，构成似然比检验，并进行化简，得检验统计量的判决表示式为

$$l(\boldsymbol{x})\underset{H_0}{\overset{H_1}{\gtrless}}\gamma(\eta) \tag{3.4.37a}$$

或

$$l(\boldsymbol{x})\underset{H_0}{\overset{H_1}{\lessgtr}}\gamma(\eta) \tag{3.4.37b}$$

式中，检测门限 $\gamma(\eta)$ 待求。

求出检验统计量 $l(\boldsymbol{x})$ 在两个假设下的概率密度函数 $p(l|H_0)$ 和 $p(l|H_1)$。根据(3.4.37)式和错误判决概率 $P(H_1|H_0)=\alpha$ 的约束条件，在(3.4.37a)式条件下，有

$$P(H_1|H_0)=\int_{\gamma(\eta)}^{\infty}p(l|H_0)\mathrm{d}l=\alpha \tag{3.4.38a}$$

而在(3.4.37b)式条件下，有

$$P(H_1|H_0)=\int_{-\infty}^{\gamma(\eta)}p(l|H_0)\mathrm{d}l=\alpha \tag{3.4.38b}$$

根据(3.4.38)式可以反求出检测门限 $\gamma(\eta)$，如果需要可进而求出似然比检测门限 η。

计算正确判决概率 $P(H_1|H_1)$。显然，在(3.4.37a)式条件下，有

$$P(H_1|H_1)=\int_{\gamma(\eta)}^{\infty}p(l|H_1)\mathrm{d}l \tag{3.4.39a}$$

而在(3.4.37b)式条件下，有

$$P(H_1|H_1)=\int_{-\infty}^{\gamma(\eta)}p(l|H_1)\mathrm{d}l \tag{3.4.39b}$$

例 3.4.3　在二元数字通信系统中，假设为 H_1 时信源输出为 1，假设为 H_0 时信源输出为 0；信号在通信信道上传输时叠加了均值为零、方差为 $\sigma_n^2=1$ 的高斯噪声。试构造一个 $P(H_1|H_0)=0.1$ 的奈曼-皮尔逊接收机。

解　在假设 H_0 和假设 H_1 下，若 x 表示接收信号，n 为高斯噪声，则接收信号为

$$H_0: x=n$$
$$H_1: x=1+n$$

其中，$n\sim\mathcal{N}(0,1)$。所以，两种假设下，x 的概率密度函数分别为

$$p(x|H_0)=\left(\frac{1}{2\pi}\right)^{1/2}\exp\left(-\frac{x^2}{2}\right)$$

$$p(x|H_1)=\left(\frac{1}{2\pi}\right)^{1/2}\exp\left[-\frac{(x-1)^2}{2}\right]$$

似然比检验为

$$\lambda(x)=\frac{p(\boldsymbol{x}|H_1)}{p(\boldsymbol{x}|H_0)}=\exp\left(x-\frac{1}{2}\right)\underset{H_0}{\overset{H_1}{\gtrless}}\eta$$

化简为

$$x\underset{H_0}{\overset{H_1}{\gtrless}}\ln\eta+\frac{1}{2}\stackrel{\text{def}}{=}\gamma(\eta)$$

根据该判决表示式，检验统计量 $l(x)=x$。当约束条件为 $P(H_1|H_0)=0.1$ 时，有

$$\begin{aligned}P(H_1|H_0)&=\int_{\gamma(\eta)}^{\infty}p(l|H_0)\mathrm{d}l\\&=\int_{\gamma(\eta)}^{\infty}\left(\frac{1}{2\pi}\right)^{1/2}\exp\left(-\frac{l^2}{2}\right)\mathrm{d}l=0.1\end{aligned}$$

解得 $\gamma(\eta)=1.29$，进而有 $\eta=2.2$。

检测概率为

$$\begin{aligned}P(H_1|H_1)&=\int_{\gamma(\eta)}^{\infty}p(l|H_1)\mathrm{d}l\\&=\int_{1.29}^{\infty}\left(\frac{1}{2\pi}\right)^{1/2}\exp\left[-\frac{(l-1)^2}{2}\right]\mathrm{d}l=0.386\end{aligned}$$

判决域及判决概率 $P(H_1|H_0)$ 和 $P(H_1|H_1)$ 如图 3.10 所示。

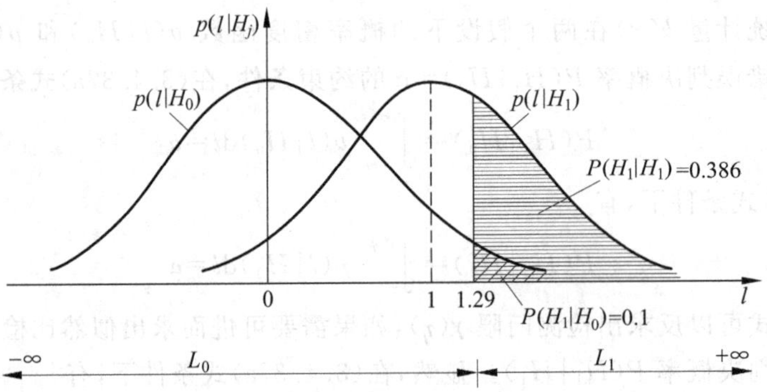

图 3.10　例 3.4.3 的判决域及判决概率

3.5　信号统计检测的性能

到目前为止，我们已经讨论了确知信号下二元信号统计检测的主要检测准则，并导出了相应的判决表示式。这些准则都要求计算似然比函数 $\lambda(\boldsymbol{x})$，但似然比检测门限 η 随采用的准则不同而有所不同。这些准则有各自的"最佳"性能指标。例如，贝叶斯准则要求平均代价最小；最小平均错误概率准则要求平均错误概率最小；而奈曼-皮尔逊准则则要求在错误判决概率 $P(H_1|H_0)=\alpha$ 约束下，使正确判决概率 $P(H_1|H_1)$ 最大等。我们已经

看出，不同准则的“最佳”性能指标，都与判决概率 $P(H_1|H_0)$ 和 $P(H_1|H_1)$ 有关。所以，下面我们来进一步讨论与这个判决概率有关的问题。

似然比检验的判决表示式为

$$\lambda(\boldsymbol{x})=\frac{p(\boldsymbol{x}|H_1)}{p(\boldsymbol{x}|H_0)}\underset{H_0}{\overset{H_1}{\gtrless}}\eta \tag{3.5.1}$$

所以，判决概率 $P(H_1|H_0)$ 和 $P(H_1|H_1)$ 可表示为

$$P(H_1|H_0)=\int_{\eta}^{\infty}p(\lambda|H_0)\mathrm{d}\lambda \tag{3.5.2}$$

$$P(H_1|H_1)=\int_{\eta}^{\infty}p(\lambda|H_1)\mathrm{d}\lambda \tag{3.5.3}$$

显然，通过检测门限 η 这个参变量，可将 $P(H_1|H_0)$ 与 $P(H_1|H_1)$ 联系起来。

通常，似然比检验是可以化简的，结果的一般形式为

$$l(\boldsymbol{x})\underset{H_0}{\overset{H_1}{\gtrless}}\gamma \tag{3.5.4a}$$

或

$$l(\boldsymbol{x})\underset{H_0}{\overset{H_1}{\lessgtr}}\gamma \tag{3.5.4b}$$

这样，判决概率 $P(H_1|H_0)$ 和 $P(H_1|H_1)$ 又可表示为

$$P(H_1|H_0)=\int_{\gamma}^{\infty}p(l|H_0)\mathrm{d}l \tag{3.5.5}$$

$$P(H_1|H_1)=\int_{\gamma}^{\infty}p(l|H_1)\mathrm{d}l \tag{3.5.6}$$

或

$$P(H_1|H_0)=\int_{-\infty}^{\gamma}p(l|H_0)\mathrm{d}l \tag{3.5.7}$$

$$P(H_1|H_1)=\int_{-\infty}^{\gamma}p(l|H_1)\mathrm{d}l \tag{3.5.8}$$

现举例说明如下。在例 3.3.1 中，检验统计量为

$$l(\boldsymbol{x})=\frac{1}{N}\sum_{k=1}^{N}x_k \tag{3.5.9}$$

在假设 H_0 下和假设 H_1 下，$l(\boldsymbol{x})$ 均服从高斯分布，即

$$l(\boldsymbol{x}|H_0)\sim\mathcal{N}\left(0,\ \frac{1}{N}\sigma_n^2\right)$$

$$l(\boldsymbol{x}|H_1)\sim\mathcal{N}\left(A,\ \frac{1}{N}\sigma_n^2\right)$$

检测门限为

$$\gamma=\frac{\sigma_n^2}{NA}\ln\eta+\frac{A}{2} \tag{3.5.10}$$

判决概率为

$$P(H_1|H_0)=Q[\ln\eta/d+d/2] \tag{3.5.11}$$

$$P(H_1|H_1)=Q[\ln\eta/d-d/2]=Q[Q^{-1}(P(H_1|H_0))-d] \tag{3.5.12}$$

式中，

$$d^2=\frac{NA^2}{\sigma_n^2} \tag{3.5.13}$$

是功率信噪比；$d=\sqrt{N}A/\sigma_n$，称为幅度信噪比。为图示和说明方便，将 $P(H_1|H_0)$ 记为 P_F，$P(H_1|H_1)$ 记为 P_D，判决概率如图 3.11 所示。

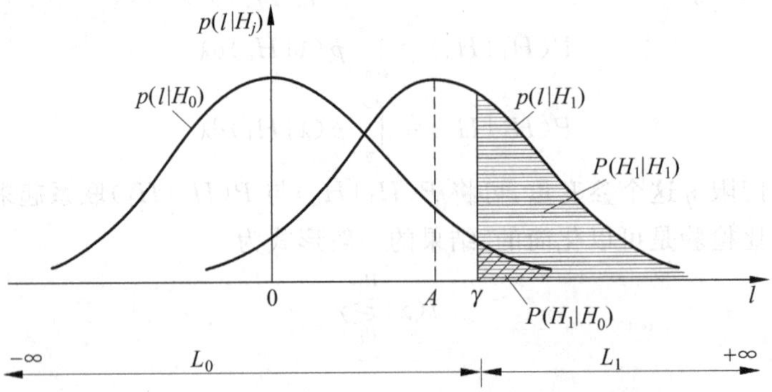

图 3.11 判决概率 $P(H_1|H_0)$ 和 $P(H_1|H_1)$ 示意图

利用参数 η 和 d 把 P_D 和 P_F 联系起来用图形表示，就得到如图 3.12 所示的 $P_D \sim P_F$ 曲线。

观察 $P_D \sim P_F$ 曲线可以发现，对于不同的信噪比 d，有不同的 $P_D \sim P_F$ 曲线，但它们都通过 $(P_D,P_F)=(0,0)$ 和 $(P_D,P_F)=(1,1)$ 两点，这两点分别对应着检测门限 $\eta=+\infty$ 和 $\eta=0$ 时的判决概率 P_D 和 P_F。这是因为似然比函数 $\lambda(\boldsymbol{x})$ 超过无穷大门限（$\eta=+\infty$）是不可能事件，所以判决概率 P_D 和 P_F 都等于零；而似然比函数 $\lambda(\boldsymbol{x})\geqslant 0$，因此，$\lambda(\boldsymbol{x})$ 超过检测门限 $\eta=0$ 是必然事件，且判决概率 P_D 和 P_F 都等于 1。

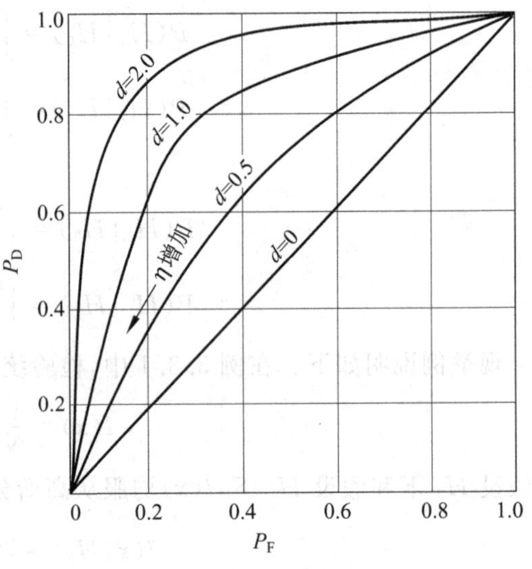

图 3.12 接收机工作特性(ROC)

如果似然比函数 $\lambda(\boldsymbol{x})$ 是连续随机变量，则当 η 变化时，P_D 和 P_F 均会随之而变，其规律为，随着 η 增大，这两种判决概率将会减小。

当信噪比 d 取不同值时，$P_D \sim P_F$ 曲线都是通过 (0,0)，(1,1) 两点且位于直线 $P_D=P_F(d=0)$ 左上方的上凸曲线，d 越大，曲线位置就越高。

这些曲线反映了 P_D 和 P_F 与检测门限 η 和信噪比 d 的关系，并描述了信号统计检测的性能，通常称为接收机的工作特征(receiver operating characteristic，ROC)。

信噪比 d 在信号检测中占有非常重要的地位，是接收机的主要技术指标之一，因此常把图 3.12 所示的接收机工作特性改画成 $P_D \sim d$ 曲线，而以 P_F 作参变量，结果见图 3.13中的检测特性曲线。

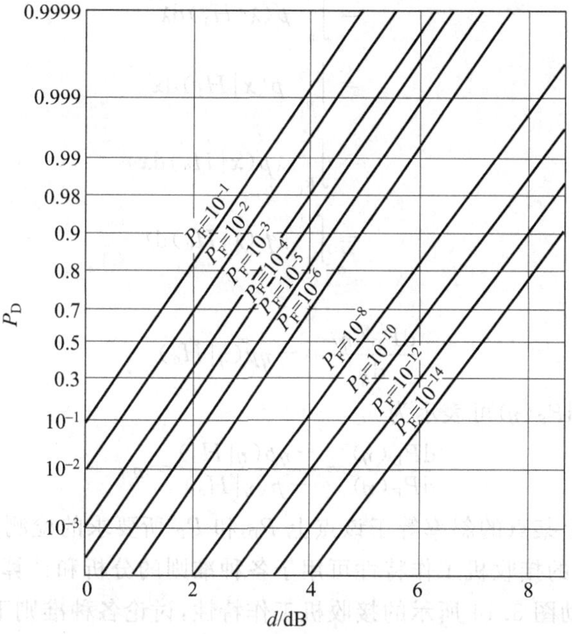

图 3.13　检测概率 P_D 与信噪比 d 的关系

虽然在不同的问题中，观测空间中的随机观测量 $\boldsymbol{x}$ 的统计特性 $p(\boldsymbol{x}|H_j)$ 会有所不同，但接收机的工作特性却总是有大致相同的形状。如果似然比函数 $\lambda(\boldsymbol{x})$ 是 $\boldsymbol{x}$ 的连续函数，则接收机工作特性有如下共同特点。

(1) 所有连续似然比检验的接收机工作特性都是上凸的。

(2) 所有连续似然比检验的接收机工作特性均位于对角线 $P_D = P_F$ 之上。

(3) 接收机工作特性在某点处的斜率等于该点上 P_D 和 P_F 所要求的检测门限值 η。证明如下。

因为

$$P_D = \int_{\eta}^{\infty} p(\lambda | H_1) \mathrm{d}\lambda \overset{\text{def}}{=} P_D(\eta) \tag{3.5.14}$$

$$P_F = \int_{\eta}^{\infty} p(\lambda | H_0) \mathrm{d}\lambda \overset{\text{def}}{=} P_F(\eta) \tag{3.5.15}$$

它们分别对 η 求导数，则得

$$\frac{\mathrm{d}P_D(\eta)}{\mathrm{d}\eta} = -p(\eta | H_1) \tag{3.5.16}$$

$$\frac{\mathrm{d}P_F(\eta)}{\mathrm{d}\eta} = -p(\eta | H_0) \tag{3.5.17}$$

所以

$$\frac{\mathrm{d}P_D(\eta)}{\mathrm{d}P_F(\eta)} = \frac{-p(\eta | H_1)}{-p(\eta | H_0)} = \frac{p(\eta | H_1)}{p(\eta | H_0)} \tag{3.5.18}$$

因为

$$\begin{aligned} P_D(\eta) &= P[(\lambda|H_1) \geqslant \eta] \\ &= \int_\eta^\infty p(\lambda|H_1)\mathrm{d}\lambda \\ &= \int_{R_1} p(\boldsymbol{x}|H_1)\mathrm{d}\boldsymbol{x} \\ &= \int_{R_1} \lambda p(\boldsymbol{x}|H_0)\mathrm{d}\boldsymbol{x} \\ &= \int_\eta^\infty \lambda p(\lambda|H_0)\mathrm{d}\lambda \end{aligned} \tag{3.5.19}$$

所以

$$\frac{\mathrm{d}P_D(\eta)}{\mathrm{d}\eta} = -\eta p(\eta|H_0) \tag{3.5.20}$$

这样，$\mathrm{d}P_D(\eta)/\mathrm{d}P_F(\eta)$可表示为

$$\frac{\mathrm{d}P_D(\eta)}{\mathrm{d}P_F(\eta)} = \frac{-\eta p(\eta|H_0)}{-p(\eta|H_0)} = \eta \tag{3.5.21}$$

即接收机工作特性上某点的斜率等于该点上 P_D 和 P_F 所要求的检测门限 η。

总之，检测系统的接收机工作特性可用于各种准则的分析和计算，它描述了似然比检验的性能。下面借助图 3.14 所示的接收机工作特性，讨论各种准则下的解。

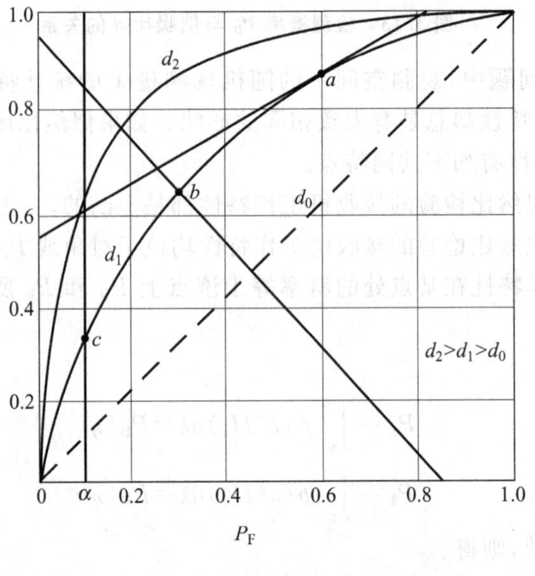

图 3.14 接收机工作特性在不同准则下的解

在贝叶斯准则、最小平均错误概率准则下，先根据先验知识求出似然比检测门限 η，以 η 为斜率的直线与信噪比为 d 的曲线相切，如 $d=d_1$ 时切点为 a，该切点所对应的 P_F 和 P_D 就是 $d=d_1$ 时的两种判决概率。在极小化极大准则下，求解的条件是满足极小化极大方程，即

$$(c_{11}-c_{00})+(c_{01}-c_{11})P_M(P_{1g}^*)-(c_{10}-c_{00})P_F(P_{1g}^*)=0 \tag{3.5.22}$$

将 $P_M(P_{1g}^*)=1-P_D(P_{1g}^*)$代入上式，得方程

$$(c_{01}-c_{11})P_D(P_{1g}^*)+(c_{10}-c_{00})P_F(P_{1g}^*)-c_{01}+c_{00}=0 \tag{3.5.23}$$

它是 $P_D\sim P_F$ 平面上的一条直线，当 $d=d_1$ 时，该直线与 $d=d_1$ 的工作特性曲线相交于点 b，则 b 点所对应的 P_F 和 P_D，就是 $d=d_1$ 时极小化极大准则的两种判决概率。对于奈曼-皮尔逊准则，给定了约束条件 $P_F=\alpha$，则其解为 $P_F=\alpha$ 的直线与 $d=d_1$ 工作特性曲线的交点 c，该点对应的 P_D 就是 $P_F=\alpha$ 约束下，信噪比 $d=d_1$ 时的判决概率。

所以，我们可以说，检测系统的接收机工作特性是似然比检验性能的完整描述。

3.6 *M* 元信号的统计检测

前面我们讨论的是二元信号的统计检测问题，它是在两个假设 H_0 和 H_1 之间进行选择。在实际应用中，我们还可能会遇到多元信号的检测问题，称为 M 元($M>2$)信号的统计检测。例如，通信系统中的多元通信问题就属于这种情况。在 M 元信号检测系统中，信源有 M 个可能的输出，每个可能的输出对应着一个假设，分别记为假设 H_0，假设 H_1，…，假设 H_{M-1}。这 M 个可能的输出信号经信道传输并混叠噪声后，进行接收并作出判决。对每一个可能的信号加噪声，判决的可能结果有 M 个。因而对 M 元信号检测，总共有 M^2 种可能的判决结果，其中 M 种判决是正确的，$M(M-1)$种判决是错误的。

M 元信号的检测与二元信号的检测在原理上并无差别，只是相对于原假设 H_0，备择的假设不再是一个假设 H_1，而是有 $M-1$ 个假设，即假设 H_1，假设 H_2，…，假设 H_{M-1}。因而可采用的最佳检测准则可以是在二元信号检测中讨论过的各种准则。不过，考虑到 M 元信号检测的实际应用，下面仅限于讨论贝叶斯准则和最小平均错误概率准则。

3.6.1 M 元信号检测的贝叶斯准则

对于 M 元信号的检测问题，信源输出 M 个可能信号之一，分别记为假设 H_0，假设 H_1，…，假设 H_{M-1}；每种可能的输出信号经概率转移机构映射到观测空间 $\boldsymbol{R}$ 中。观测空间 $\boldsymbol{R}$ 按选定的最佳信号检测准则划分为 M 个子空间，即 R_i，$i=0,1,\cdots,M-1$，并满足

$$\boldsymbol{R}=\bigcup_{i=0}^{M-1} R_i \tag{3.6.1a}$$

$$R_i\cap R_j=\varnothing,\quad i\neq j \tag{3.6.1b}$$

其中，R_i 是判决假设 H_i 成立的判决域。这样，根据观测矢量 $\boldsymbol{x}=(x_1,x_2,\cdots,x_N)^{\mathrm{T}}$ 所落在的判决域，就可以作出是哪个假设成立的判决。于是，M 元信号检测的模型如图 3.15 所示。

如果 M 个假设的先验概率 $P(H_j)(j=0,1,\cdots,M-1)$已知，各种判决的代价因子 $c_{ij}(i,j=0,1,\cdots,M-1)$给定，根据 M 元信号检测的模型，贝叶斯平均代价 C 可以表示为

$$\begin{aligned} C&=\sum_{j=0}^{M-1}\sum_{i=0}^{M-1} c_{ij}P(H_j)P(H_i|H_j)\\ &=\sum_{i=0}^{M-1}\sum_{j=0}^{M-1} c_{ij}P(H_j)P(H_i|H_j)\\ &=\sum_{i=0}^{M-1}\sum_{j=0}^{M-1} c_{ij}P(H_j)\int_{R_i} p(\boldsymbol{x}|H_j)\mathrm{d}\boldsymbol{x} \end{aligned} \tag{3.6.2}$$

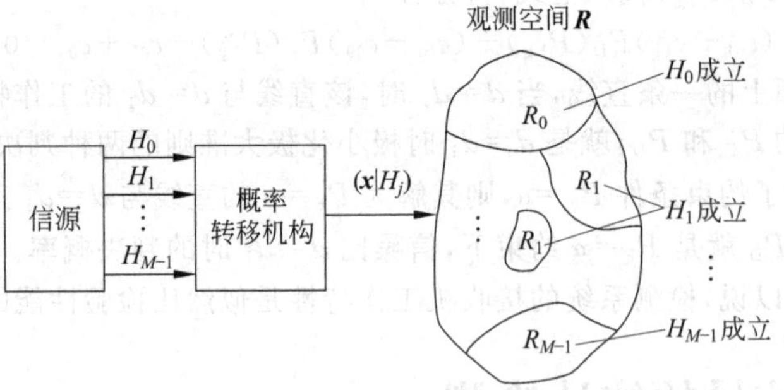

图 3.15 M 元信号检测模型

其中，$P(H_i|H_j)$表示假设 H_j 为真而判决假设 H_i 成立的概率。

根据(3.6.1)式判决域 $R_i(i=0,1,\cdots,M-1)$的划分要求，可将(3.6.2)式表示为

$$C=\sum_{i=0}^{M-1} c_{ii}P(H_i)\int_{R_i} p(\boldsymbol{x}|H_i)\mathrm{d}\boldsymbol{x}+ \sum_{i=0}^{M-1}\sum_{j=0}^{M-1} c_{ij}P(H_j)\int_{R_i} p(\boldsymbol{x}|H_j)\mathrm{d}\boldsymbol{x},j\neq i \tag{3.6.3}$$

因为判决域 R_i 可表示为

$$R_i=\boldsymbol{R}-\bigcup_{j=0}^{M-1} R_j,j\neq i$$

而

$$\int_{\boldsymbol{R}} p(\boldsymbol{x}|H_j)\mathrm{d}\boldsymbol{x}=1$$

所以，平均代价 C 可表示为

$$C=\sum_{i=0}^{M-1} c_{ii}P(H_i)+\sum_{i=0}^{M-1}\int_{R_i}\sum_{j=0}^{M-1} P(H_j)(c_{ij}-c_{jj})p(\boldsymbol{x}|H_j)\mathrm{d}\boldsymbol{x},j\neq i \tag{3.6.4}$$

现对(3.6.4)式所示的平均代价表示式进行分析，就可以确定使平均代价最小的判决域应如何划分，即怎样作出最佳判决。

(3.6.4)式中，第一项是固定代价，与判决域的划分无关。

(3.6.4)式中的第二项是 M 个积分项之和，它是贝叶斯平均代价的可变项，其值与判决域 $R_i(i=0,1,\cdots,M-1)$的划分有关，按贝叶斯准则要求其达到最小。为此，若令

$$I_i(\boldsymbol{x})=\sum_{j=0}^{M-1} P(H_j)(c_{ij}-c_{jj})p(\boldsymbol{x}|H_j)$$
$$i=0,1,\cdots,M-1,j\neq i \tag{3.6.5}$$

则判决规则应选择使 $I_i(\boldsymbol{x})(i=0,1,\cdots,M-1)$最小的假设为判决成立的假设。

因为对于所有的 i 和 j 有

$$P(H_j)\geqslant 0$$
$$(c_{ij}-c_{jj})\geqslant 0$$
$$p(\boldsymbol{x}|H_j)\geqslant 0$$

所以(3.6.5)式所示的 $I_i(\boldsymbol{x})$满足

$$I_i(\boldsymbol{x})\geqslant 0$$

于是应当使满足

$$I_i(\boldsymbol{x})=\mathrm{Min}\{I_0(\boldsymbol{x}),I_1(\boldsymbol{x}),\cdots,I_{M-1}(\boldsymbol{x})\} \tag{3.6.6}$$

的 $\boldsymbol{x}$ 划归 R_i 域，判决假设 H_i 成立，即当满足

$$I_i(\boldsymbol{x})<I_j(\boldsymbol{x}),\quad j=0,1,\cdots,M-1,j\neq i \tag{3.6.7}$$

时判决 H_i 成立。所以，判决 H_i 成立的判决域由解(3.6.7)式所示的由$(M-1)$个方程构成的联立方程获得。例如，H_0 成立的判决域 R_0 由解

$$\begin{cases} I_0(x)<I_1(x) \\ I_0(x)<I_2(x) \\ \quad\vdots \\ I_0(x)<I_{M-1}(x) \end{cases}$$

联立方程得到。类似地可得到其他判决域的解。

如果定义似然比函数为

$$\lambda_i(\boldsymbol{x})=\frac{p(\boldsymbol{x}|H_i)}{p(\boldsymbol{x}|H_0)},\quad i=0,1,\cdots,M-1 \tag{3.6.8}$$

和函数

$$J_i(\boldsymbol{x})=\frac{I_i(\boldsymbol{x})}{p(\boldsymbol{x}|H_0)}=\sum_{j=0}^{M-1}P(H_j)(c_{ij}-c_{jj})\lambda_i(\boldsymbol{x}),$$
$$i=0,1,\cdots,M-1,j\neq i \tag{3.6.9}$$

即利用似然比表示判决规则，那么判决规则就是选择使 $J_i(\boldsymbol{x})$为最小的对应假设成立。

3.6.2　M 元信号检测的最小平均错误概率准则

如果假设 H_j 的先验概率 $P(H_j)$已知，而判决的代价因子 $c_{ii}=0,c_{ij}=1(i\neq j)$，则贝叶斯准则就成为最小平均错误概率准则。此时，(3.6.5)式变为

$$I_i(\boldsymbol{x})=\sum_{j=0}^{M-1}P(H_j)p(\boldsymbol{x}|H_j),\quad i=0,1,\cdots,M-1,j\neq i \tag{3.6.10}$$

类似于贝叶斯准则，当满足

$$I_i(\boldsymbol{x})<I_j(\boldsymbol{x}),\quad j=0,1,\cdots,M-1,j\neq i \tag{3.6.11}$$

时，判决假设 H_i 成立。显然，求解每一个判决 H_i 成立的判决域 R_i，都需要解$(M-1)$个方程构成的联立方程。

在这种情况下，最小平均错误概率 P_e 为

$$P_e=\sum_{i=0}^{M-1}\sum_{j=0}^{M-1}P(H_j)P(H_i|H_j),\quad j\neq i \tag{3.6.12}$$

类似于二元信号检测的最小平均错误概率准则，如果进一步假定所有假设的先验概率 $P(H_j)$为等概率情况，即

$$P(H_j)=P=\frac{1}{M},\quad j=0,1,\cdots,M-1$$

则(3.6.10)式为

$$l_i(\boldsymbol{x})=\sum_{\substack{j=0\\j\neq i}}^{M-1}p(\boldsymbol{x}|H_j)P=\Big[\sum_{j=0}^{M-1}p(\boldsymbol{x}|H_j)-p(\boldsymbol{x}|H_i)\Big]P,$$

$$i=0,1,\cdots,M-1 \tag{3.6.13}$$

于是，判决规则就成为在 M 个 $p(\boldsymbol{x}|H_i)(i=0,1,\cdots,M-1)$ 中，选择最大的 $p(\boldsymbol{x}|H_i)$ 所对应的假设成立，称为最大似然准则。求解判决 H_i 成立的判决域 R_i 仍然需要解 $M-1$ 个方程构成的联立方程，只是每个方程的两边都是似然函数。此时的最小平均错误概率为

$$P_{\mathrm{e}}=\frac{1}{M}\sum_{i=0}^{M-1}\sum_{j=0}^{M-1}P(H_i|H_j),\quad j\neq i \tag{3.6.14}$$

例 3.6.1 设四元数字通信系统中，信源有四个可能的输出，即假设为 H_0 时输出 1，假设为 H_1 时输出 2，假设为 H_2 时输出 3，假设为 H_3 时输出 4。各个假设的先验概率 $P(H_j)$ 相等。信号在传输和接收过程中叠加有均值为零、方差为 σ_n^2 的加性高斯噪声 n_k。假定各种判决的代价因子为 $c_{ij}=1-\delta_{ij}(i,j=0,1,2,3)$，现进行了 N 次独立观测，请设计一个四元信号的最佳检测系统。

解 根据等先验概率 $P(H_j)$ 和代价因子 $c_{ij}=1-\delta_{ij}(i,j=0,1,2,3)$ 的先验知识，该四元信号最佳检测系统是按最大似然准则设计的。

观测信号模型

$$H_j:\ x_k=s_j+n_k,\quad k=1,2,\cdots,N,j=0,1,2,3$$

其中 $s_0=1,s_1=2,s_2=3,s_3=4$。

观测矢量 $\boldsymbol{x}$ 为

$$\boldsymbol{x}=(x_1,x_2,\cdots,x_N)^{\mathrm{T}}$$

其中，$x_k\sim\mathcal{N}(s_j,\sigma_n^2)$，且 $x_k(k=1,2,\cdots,N)$ 之间相互统计独立。

这样，N 维观测矢量 $\boldsymbol{x}$ 在各假设下的概率密度函数为

$$p(\boldsymbol{x}|H_j)=\prod_{k=1}^{N}p(x_k|H_j)$$

$$=\left(\frac{1}{2\pi\sigma_n^2}\right)^{N/2}\exp\left[-\sum_{k=1}^{N}\frac{(x_k-s_j)^2}{2\sigma_n^2}\right],\quad j=0,1,2,3$$

在采用最大似然准则时，我们知道判决域的划分是通过似然函数，即概率密度函数 $p(\boldsymbol{x}|H_j)$ 的比较获得的。在本例中，似然函数 $p(\boldsymbol{x}|H_j)$ 可表示为

$$p(\boldsymbol{x}|H_i)=\left(\frac{1}{2\pi\sigma_n^2}\right)^{N/2}\exp\left[-\frac{1}{2\sigma_n^2}\sum_{k=1}^{N}(x_k^2-2s_ix_k+s_i^2)\right],\quad i=0,1,2,3$$

所以，这种比较实际上是根据

$$\frac{2s_i}{N}\sum_{k=1}^{N}x_k-s_i^2,\quad i=0,1,2,3$$

来完成的。

令

$$\hat{x}=\frac{1}{N}\sum_{k=1}^{N}x_k$$

则假设 H_0、假设 H_1、假设 H_2 和假设 H_3 下的比较量分别为

$$H_0:\ 2\hat{x}-1$$

$$H_1:\ 4\hat{x}-4$$

$$H_2:\ 6\hat{x}-9$$

$$H_3:\ 8\hat{x}-16$$

这样，假设 H_0 成立的判决域由

$$\begin{cases} 2\hat{x}-1\geqslant 4\hat{x}-4 \\ 2\hat{x}-1>6\hat{x}-9 \\ 2\hat{x}-1>8\hat{x}-16 \end{cases}$$

解得，结果为，当

$$\hat{x}\leqslant 1.5$$

时，判决假设 H_0 成立。

类似地，可解得，当

$$1.5<\hat{x}\leqslant 2.5$$

时，判决假设 H_1 成立；当

$$2.5<\hat{x}\leqslant 3.5$$

时，判决假设 H_2 成立；当

$$\hat{x}>3.5$$

时，判决假设 H_3 成立。

因为检验统计量 $l(\boldsymbol{x})=\hat{x}=\frac{1}{N}\sum_{k=1}^{N}x_k$ 在任一假设 $H_j(j=0,1,2,3)$ 都是高斯分布的，容易求得

$$H_0:\ (l|H_0)\sim\mathcal{N}(1,\frac{1}{N}\sigma_n^2)$$

$$H_1:\ (l|H_1)\sim\mathcal{N}(2,\frac{1}{N}\sigma_n^2)$$

$$H_2:\ (l|H_2)\sim\mathcal{N}(3,\frac{1}{N}\sigma_n^2)$$

$$H_3:\ (l|H_3)\sim\mathcal{N}(4,\frac{1}{N}\sigma_n^2)$$

所以在各假设 H_j 下，检验统计量 $l(\boldsymbol{x})$ 的概率密度函数为

$$p(l|H_j)=\left(\frac{N}{2\pi\sigma_n^2}\right)^{1/2}\exp\left[-\frac{N(l-s_j)^2}{2\sigma_n^2}\right],\quad j=0,1,2,3$$

式中，$s_0=1,s_1=2,s_2=3,s_3=4$，如图 3.16 所示。图中 $L_i(i=0,1,2,3)$ 是利用检验统计量 $l(\boldsymbol{x})$ 判决假设 $H_i(i=0,1,2,3)$ 成立的判决域。利用

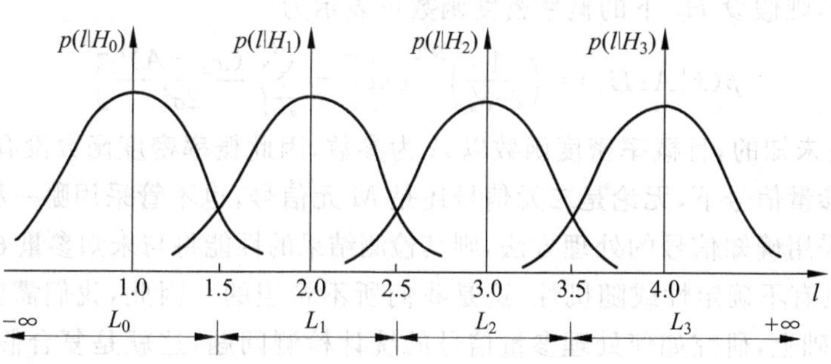

图 3.16　四元信号检测的判决域

$$P(H_i|H_j)=\int_{L_i}p(l|H_j)\mathrm{d}l,\quad i,j=0,1,2,3$$

可以求出各判决概率 $P(H_i|H_j)$。最小平均错误概率 P_e 为

$$P_e=\frac{1}{4}\sum_{i=0}^{3}\sum_{j=0}^{3}P(H_i|H_j),\quad j\neq i$$

3.7 参量信号的统计检测

前面所讨论的信号的统计检测，是把信号作为确知信号对待的。对于每一个假设 H_j 的第 k 次观测，观测信号 x_k 一般表示为

$$H_j:\ x_k=s_{jk}+n_k,\quad k=1,2,\cdots,N$$

其中信号 s_{jk} 是确知信号。针对确知信号的统计检测，各假设下的概率密度函数 $P(\boldsymbol{x}|H_j)$ 是完全已知的，统计学中称为简单假设检验，这时允许设计最佳接收机。现在，我们考虑概率密度函数不完全已知的情况，这是更接近实际的问题。例如，接收信号的相位是随机的，振幅是起伏的，频率也可能是变化的等，这样在每一种情况下，信号中将含有一个或一个以上的未知参量，这些未知参量可能是未知非随机的，也可能是随机参量。因此，当接收信号的概率密度函数含有未知参量时，最佳检测系统的设计在实际应用中是非常重要的。这就要求我们把简单假设检验的概念做进一步推广，使其适用于参量信号的情况，这就是统计学中的复合假设检验。本节将讨论参量信号统计检测的概念和方法。

3.7.1 参量信号统计检测的基本概念

在参量信号的检测中，信源在假设 H_j 下输出含有未知参量 $\boldsymbol{\theta}_j$ 的信号 $s_{jk|\boldsymbol{\theta}_j}$，于是在假设 H_j 下的观测信号一般表示为

$$H_j:x_k = s_{jk|\boldsymbol{\theta}_j} + n_k,\quad k = 1,2,\cdots,N \tag{3.7.1}$$

这样，N 维观测矢量 $\boldsymbol{x}=(x_1,x_2,\cdots,x_N)^{\mathrm{T}}$ 的统计特性不仅与观测噪声 $n_k(k=1,2,\cdots,N)$ 的统计特性有关，而且受信号的未知参量 $\boldsymbol{\theta}_j$ 控制。于是，假设 H_j 下观测矢量 $\boldsymbol{x}$ 的概率密度函数可以表示为 $p(\boldsymbol{x}|\boldsymbol{\theta}_j;H_j)$，它以未知参量 $\boldsymbol{\theta}_j$ 为参数，即如果我们有一族 $p(\boldsymbol{x}|\boldsymbol{\theta}_j;H_j)$，其中的每一个 $p(\boldsymbol{x}|\boldsymbol{\theta}_j;H_j)$ 由于 $\boldsymbol{\theta}_j$ 的不同而不同。我们使用分号来表示这种关系。例如，如果我们希望在均值为零、方差为 σ_n^2 的高斯白噪声中检测具有未知幅度 A 的信号，观测次数为 N，则假设 H_1 下的概率密度函数可表示为

$$p(\boldsymbol{x}|A;H_1)=\left(\frac{1}{2\pi\sigma_n^2}\right)^{N/2}\exp\left[-\sum_{k=1}^{N}\frac{(x_k-A)^2}{2\sigma_n^2}\right]$$

由于幅度 A 是未知的，且概率密度函数以 A 为参数，因此概率密度函数没有完全给定。

这样，在参量信号下，无论是二元信号还是 M 元信号，也不管采用哪一种信号统计检测准则，如果采用确知信号的处理方法，则其检测结果的性能将与未知参量 $\boldsymbol{\theta}_j(j=0,1,\cdots,M-1)$ 有关，具有不确定性或随机性，这是我们所不希望的。因此，我们需要在确知信号统计检测的基础上，研究如何处理参量信号的统计检测问题，这就是复合假设检验问题。与在各假设下的概率密度函数完全确定不同，复合假设检验必须与未知参量相适应。

下面将讨论常用的二元参量信号统计检测的主要方法。仿照 M 元确知信号的统计检测，也可将这些方法推广到 M 元参量信号的检测中。

3.7.2 参量信号统计检测的方法

参量信号的统计检测，即复合假设检验有两种主要的方法。第一种方法是用最大似

然估计未知参量以便用在似然比检验中，称为广义似然比检验；第二种方法是把未知参量看作是随机过程的一个实现，并给它指定一个先验的概率密度函数或其他先验知识，用贝叶斯准则实现信号的统计检测，称为贝叶斯方法。

在二元参量信号的情况下，一般的问题就是当概率密度函数依赖于未知参量时，在假设 H_0 和假设 H_1 之间做出哪个成立的判决。这些未知参量在每一种假设下可能是相同的，也可能是不同的。假定 $\boldsymbol{\theta}_0=(\theta_{10},\theta_{20},\cdots,\theta_{n0})^{\mathrm{T}}$ 是代表与复合假设 H_0 有关的一组未知参量，而 $\boldsymbol{\theta}_1=(\theta_{11},\theta_{21},\cdots,\theta_{m1})^{\mathrm{T}}$ 是代表与假设 H_1 有关的一组未知参量。下面分别讨论这两种方法。

3.7.3　广义似然比检验

在假设 H_0 下，以未知参量 $\boldsymbol{\theta}_0$ 为参数的观测矢量 $\boldsymbol{x}$ 的概率密度函数为 $p(\boldsymbol{x}|\boldsymbol{\theta}_0;H_0)$，类似地在假设 H_1 下的概率密度函数为 $p(\boldsymbol{x}|\boldsymbol{\theta}_1;H_1)$。首先由概率密度函数 $p(\boldsymbol{x}|\boldsymbol{\theta}_j;H_j)$，利用最大似然估计方法求信号参量 $\boldsymbol{\theta}_j$ 的最大似然估计。所谓参量的最大似然估计，就是使似然函数 $p(\boldsymbol{x}|\boldsymbol{\theta}_j;H_j)$ 达到最大的 $\boldsymbol{\theta}_j$ 作为该参量的估计量，记为 $\hat{\boldsymbol{\theta}}_{j\mathrm{ml}}$。然后用求得的估计量 $\hat{\boldsymbol{\theta}}_{j\mathrm{ml}}$ 代替似然函数中的未知参量 $\boldsymbol{\theta}_j(j=0,1)$ 使问题转变为确知信号的统计检测。这样，广义似然比检验为

$$\lambda(\boldsymbol{x})=\frac{p(\boldsymbol{x}|\hat{\boldsymbol{\theta}}_{1\mathrm{ml}};H_1)}{p(\boldsymbol{x}|\hat{\boldsymbol{\theta}}_{0\mathrm{ml}};H_0)}\underset{H_0}{\overset{H_1}{\gtrless}}\eta \tag{3.7.2}$$

如果假设 H_0 是简单的，而假设 H_1 是复合的，则广义似然比检验为

$$\lambda(\boldsymbol{x})=\frac{p(\boldsymbol{x}|\hat{\boldsymbol{\theta}}_{\mathrm{ml}};H_1)}{p(\boldsymbol{x}|H_0)}\underset{H_0}{\overset{H_1}{\gtrless}}\eta \tag{3.7.3}$$

关于参量的最大似然估计，将在第 5 章中详细讨论。

3.7.4　贝叶斯方法

所谓参量信号统计检测的贝叶斯方法，就是在以未知参量 $\boldsymbol{\theta}_j$ 为参数的观测量 $\boldsymbol{x}$ 的概率密度函数 $p(\boldsymbol{x}|\boldsymbol{\theta}_j;H_j)$ 的基础上，根据未知参量 $\boldsymbol{\theta}_j$ 的统计特性及其他先验知识，采用相应的处理方法，完成参量信号的统计检测。下面针对几种主要情况的统计检测方法进行讨论。

1. 随机参量的概率密度函数 $p(\boldsymbol{\theta}_j)$ 已知的情况

如果未知信号参量是随机参量，其先验概率密度函数 $p(\boldsymbol{\theta}_j)(j=0,1)$ 已知。因为对于信号检测问题来说，我们关心的是判决假设 H_0 成立，还是判决假设 H_1 成立，而对于信号参量 $\boldsymbol{\theta}_0$ 和 $\boldsymbol{\theta}_1$ 具体取什么值并不感兴趣。所以在已知随机信号参量 $\boldsymbol{\theta}_0$ 和 $\boldsymbol{\theta}_1$ 的先验概率密度函数 $p(\boldsymbol{\theta}_0)$ 和 $p(\boldsymbol{\theta}_1)$ 的情况下，我们可以采用统计平均的方法去掉随机信号参量的随机性。具体地说，就是把条件概率密度函数 $p(\boldsymbol{x}|\boldsymbol{\theta}_0;H_0)$ 和 $p(\boldsymbol{x}|\boldsymbol{\theta}_1;H_1)$ 分别看作随机信号参量 $\boldsymbol{\theta}_0$ 和 $\boldsymbol{\theta}_1$ 的函数，在已知 $p(\boldsymbol{\theta}_0)$ 和 $p(\boldsymbol{\theta}_1)$ 的条件下，用统计平均的方法得

$$p(\boldsymbol{x}|H_0)=\int_{\{\boldsymbol{\theta}_0\}}p(\boldsymbol{x}|\boldsymbol{\theta}_0;H_0)p(\boldsymbol{\theta}_0)\mathrm{d}\boldsymbol{\theta}_0 \tag{3.7.4a}$$

$$p(\boldsymbol{x}|H_1)=\int_{\{\boldsymbol{\theta}_1\}} p(\boldsymbol{x}|\boldsymbol{\theta}_1;H_1)p(\boldsymbol{\theta}_1)\mathrm{d}\boldsymbol{\theta}_1 \tag{3.7.4b}$$

这样，通过求 $p(\boldsymbol{x}|\boldsymbol{\theta}_j;H_j)$ 统计平均的方法去掉了 $\boldsymbol{\theta}_j$ 的随机性，使 $p(\boldsymbol{x}|H_j)$ 的统计特性相当于确知信号的情况。于是随机信号参量下的似然比检验为

$$\lambda(\boldsymbol{x})=\frac{p(\boldsymbol{x}|H_1)}{p(\boldsymbol{x}|H_0)}=\frac{\displaystyle\int_{\{\boldsymbol{\theta}_1\}} p(\boldsymbol{x}|\boldsymbol{\theta}_1;H_1)p(\boldsymbol{\theta}_1)\mathrm{d}\boldsymbol{\theta}_1}{\displaystyle\int_{\{\boldsymbol{\theta}_0\}} p(\boldsymbol{x}|\boldsymbol{\theta}_0;H_0)p(\boldsymbol{\theta}_0)\mathrm{d}\boldsymbol{\theta}_0}\underset{H_0}{\overset{H_1}{\gtrless}}\eta \tag{3.7.5}$$

这种情况也可以退化为假设 H_1 是复合的，而假设 H_0 是简单的，如雷达信号检测通常就是这样的。在这种情况下，似然比检验为

$$\lambda(\boldsymbol{x})=\frac{\displaystyle\int_{\{\boldsymbol{\theta}\}} p(\boldsymbol{x}|\boldsymbol{\theta};H_1)p(\boldsymbol{\theta})\mathrm{d}\boldsymbol{\theta}}{p(\boldsymbol{x}|H_0)}\underset{H_0}{\overset{H_1}{\gtrless}}\eta \tag{3.7.6}$$

请注意，统计平均要求的积分可能是多重积分，这取决于未知参量的维数。

2. 随机参量猜测先验概率密度函数的情况

若参量信号的未知参量 $\boldsymbol{\theta}_j(j=0,1)$ 是随机的，但未事先指定其概率密度函数。此时我们可以利用某些先验知识，猜测一个合理的概率密度函数 $p(\boldsymbol{\theta}_j)$。如果没有任何先验知识可供利用，就应当使用无信息的先验概率密度函数。无信息的先验概率密度函数是一种尽可能平的概率密度函数。例如，具有随机振幅与随机相位的正弦信号，一般猜测振幅服从瑞利分布，相位在 $(-\pi,\pi)$ 范围内服从均匀分布，且统计独立。

在猜测随机参量 $\boldsymbol{\theta}_j$ 的概率密度函数 $p(\boldsymbol{\theta}_j)$ 后，就可按照已知概率密度函数的统计平均方法进行处理了。

3. 未知参量的奈曼-皮尔逊准则信号检测

如果未知参量 $\boldsymbol{\theta}$ 是随机的，但未指定其概率密度函数，或者 $\boldsymbol{\theta}$ 是非随机的，我们也可以采用奈曼-皮尔逊准则实现信号检测。它是在给定 $\boldsymbol{\theta}$ 为某个值并限定错误判决概率 $P(H_1|H_0)=\alpha$ 的约束下，使正确判决概率 $P(H_1|H_1)$ 为最大的准则。但在参量 $\boldsymbol{\theta}$ 随机或未知的情况下，所求得的 $P(H_1|H_1)$ 往往是参量 $\boldsymbol{\theta}$ 的函数，记为 $P^{(\boldsymbol{\theta})}(H_1|H_1)$。因此需要对 $P^{(\boldsymbol{\theta})}(H_1|H_1)$ 进行检验。如果对任意的 $\boldsymbol{\theta}$，$P^{(\boldsymbol{\theta})}(H_1|H_1)$ 都是最大的，则表示这种处理方法是可以采用的。这种检验称为一致最大势(uniformly most force，UMF)检验，又称为一致最大功效(uniformly most powerful，UMP)检验。如果一致最大功效不存在，即在 $P(H_1|H_0)=\alpha$ 约束下，当 $\boldsymbol{\theta}$ 取某些值时，$P^{(\boldsymbol{\theta})}(H_1|H_1)$ 是最大的，但当 $\boldsymbol{\theta}$ 取其他值时，它不再是最大的。这种情况下不能采用这种奈曼-皮尔逊准则的检测方法。

4. M 元参量信号的统计检测

我们可以把二元参量信号统计检测的处理方法推广到 M 元参量信号的统计检测中，现作简要说明。

如果采用广义似然比检验，在假设 H_j 下，估计信号参量 $\boldsymbol{\theta}_j$ 的最大似然估计量 $\hat{\boldsymbol{\theta}}_{j\text{ml}}$，

用该估计量代替似然函数 $p(\boldsymbol{x}|\boldsymbol{\theta}_j;H_j)$中的随机或未知参量 $\boldsymbol{\theta}_j$，求得类似于确知信号的似然函数 $p(\boldsymbol{x}|\hat{\boldsymbol{\theta}}_{j\text{ml}};H_j)$，然后用 M 元确知信号的统计检测方法实现参量信号的统计检测。

如果采用贝叶斯方法，在假设 H_j 下，随机参量信号的参量 $\boldsymbol{\theta}_j$ 的概率密度函数 $p(\boldsymbol{\theta}_j)$ 已知，或者用合理猜测的方法得到 $p(\boldsymbol{\theta}_j)$，则对条件概率密度函数 $p(\boldsymbol{x}|\boldsymbol{\theta}_j;H_j)$进行统计平均，以去掉 $\boldsymbol{\theta}_j$ 的随机性，即

$$p(\boldsymbol{x}|H_j)=\int_{\{\boldsymbol{\theta}_j\}}p(\boldsymbol{x}|\boldsymbol{\theta}_j;H_j)p(\boldsymbol{\theta}_j)\mathrm{d}\boldsymbol{\theta}_j \tag{3.7.7}$$

这样，问题就回到 M 元确知信号的统计检测方法。

例 3.7.1 在二元参量信号的统计检测中，两个假设下的观测信号分别为

$$H_0:\ x\sim\mathcal{N}(0,\sigma_n^2)$$
$$H_1:\ x\sim\mathcal{N}(m,\sigma_n^2)$$

其中，均值 m 是信号的参量。这样，假设 H_0 是简单的，而假设 H_1 是复合的。试建立 m 具有不同特性参量情况下的最佳信号检测方法。

解 由观测信号知，假设 H_0 下 x 的概率密度函数和假设 H_1 下 x 的条件概率密度函数分别为

$$p(x|H_0)=\left(\frac{1}{2\pi\sigma_n^2}\right)^{1/2}\exp\left(-\frac{x^2}{2\sigma_n^2}\right)$$

$$p(x|m;H_1)=\left(\frac{1}{2\pi\sigma_n^2}\right)^{1/2}\exp\left[-\frac{(x-m)^2}{2\sigma_n^2}\right]$$

(1) 当 $m>0$，且为确知信号参量时，似然比检验为

$$\lambda(x)=\frac{p(x|m;H_1)}{p(x|H_0)}=\exp\left(\frac{2mx}{2\sigma_n^2}-\frac{m^2}{2\sigma_n^2}\right)\underset{H_0}{\overset{H_1}{\gtrless}}\eta$$

化简得判决表示式为

$$x\underset{H_0}{\overset{H_1}{\gtrless}}\frac{\sigma_n^2}{m}\ln\eta+\frac{m}{2}\overset{\text{def}}{=}\gamma^+$$

(2) 当 $m<0$，且为确知信号参量时，似然比检验为

$$\lambda(x)=\frac{p(x|m;H_1)}{p(x|H_0)}=\exp\left(\frac{2mx}{2\sigma_n^2}-\frac{m^2}{2\sigma_n^2}\right)\underset{H_0}{\overset{H_1}{\gtrless}}\eta$$

化简为

$$mx\underset{H_0}{\overset{H_1}{\gtrless}}\sigma_n^2\ln\eta+\frac{m^2}{2}$$

因为 $m<0$，所以上式可表示为

$$-|m|x\underset{H_0}{\overset{H_1}{\gtrless}}\sigma_n^2\ln\eta+\frac{m^2}{2}$$

整理得判决表示式为

$$x\underset{H_0}{\overset{H_1}{\lessgtr}}-\frac{\sigma_n^2}{|m|}\ln\eta-\frac{|m|}{2}=\gamma^-$$

(3) 假设 m 是随机参量，且已知其概率密度函数为

$$p(m)=\left(\frac{1}{2\pi\sigma_m^2}\right)^{1/2}\exp\left(-\frac{m^2}{2\sigma_m^2}\right)$$

则似然比函数为

$$\lambda(x)=\frac{\int_{-\infty}^{\infty}p(x|m;H_1)p(m)\mathrm{d}m}{p(x|H_0)}$$

$$=\frac{\int_{-\infty}^{\infty}\left(\frac{1}{2\pi\sigma_n^2}\right)^{1/2}\exp\left[-\frac{(x-m)^2}{2\sigma_n^2}\right]\left(\frac{1}{2\pi\sigma_m^2}\right)^{1/2}\exp\left(-\frac{m^2}{2\sigma_m^2}\right)\mathrm{d}m}{\left(\frac{1}{2\pi\sigma_n^2}\right)^{1/2}\exp\left(-\frac{x^2}{2\sigma_n^2}\right)}$$

$$=\frac{\left[\frac{1}{2\pi(\sigma_n^2+\sigma_m^2)}\right]^{1/2}\exp\left[-\frac{x^2}{2(\sigma_n^2+\sigma_m^2)}\right]}{\left(\frac{1}{2\pi\sigma_n^2}\right)^{1/2}\exp\left(-\frac{x^2}{2\sigma_n^2}\right)}$$

$$=\left(\frac{\sigma_n^2}{\sigma_n^2+\sigma_m^2}\right)^{1/2}\exp\left[\frac{x^2\sigma_m^2}{2\sigma_n^2(\sigma_n^2+\sigma_m^2)}\right]$$

若似然比检测门限为 η，取自然对数并化简得判决表示式为

$$x^2\underset{H_0}{\overset{H_1}{\gtrless}}\frac{2\sigma_n^2(\sigma_n^2+\sigma_m^2)}{\sigma_m^2}\left[\ln\eta+\frac{1}{2}\ln\left(1+\frac{\sigma_m^2}{\sigma_n^2}\right)\right]$$

这样，判决准则确定后，似然比检测门限 η 就确定了，于是上式可完成是假设 H_1 成立还是假设 H_0 成立的判决。

(4) 假定 $m_0\leqslant m\leqslant m_1$，但不知其概率密度函数 $p(m)$。这里我们把 m 看作是取值在 $m_0\leqslant m\leqslant m_1$ 范围的未知信号参量。于是，我们在取 m 为某个值的条件下，采用奈曼-皮尔逊准则来建立其判决表示式。

我们知道，似然比检验经化简后为

$$mx\underset{H_0}{\overset{H_1}{\gtrless}}\sigma_n\ln\eta+\frac{m^2}{2}$$

现分为几种情况来讨论。

若 $m_0>0$，即 m 仅取正值，则判决表示式为

$$l(x)=x\underset{H_0}{\overset{H_1}{\gtrless}}\frac{\sigma_n^2}{m}\ln\eta+\frac{m}{2}\overset{\text{def}}{=}\gamma^+$$

式中，γ^+ 表示信号参量 $m>0$ 时检验统计量的检测门限，其值本身可正可负。在这种情况下，检测门限 γ^+ 决定于

$$\int_{\gamma^+}^{\infty}\left(\frac{1}{2\pi\sigma_n^2}\right)^{1/2}\exp\left(-\frac{l^2}{2\sigma_n^2}\right)\mathrm{d}l=\alpha$$

的约束条件。判决域的划分参见图 3.17。

若 $m_1<0$，即 m 仅取负值，则判决表示式为

$$l(x)=x\underset{H_0}{\overset{H_1}{\lessgtr}}-\frac{\sigma_n^2}{|m|}\ln\eta-\frac{|m|}{2}\overset{\text{def}}{=}\gamma^-$$

式中，γ^- 表示信号参量 $m<0$ 时检验统计量的检测门限，其值本身可正可负。在这种情况下，检测门限 γ^- 决定于

$$\int_{-\infty}^{\gamma^-}\left(\frac{1}{2\pi\sigma_n^2}\right)^{1/2}\exp\left[-\frac{l^2}{2\sigma_n^2}\right]\mathrm{d}l=\alpha$$

的约束条件。判决域的划分参见图 3.18。

上述结果表明：若 $m_0>0$，m 仅取正值，则在 $P(H_1/H_0)=\alpha$ 约束下，$P^{(m)}(H_1|H_1)$是最大的，其一致最大功效检验成立；若 $m_1<0$，m 仅取负值，则在 $P(H_1|H_0)=\alpha$ 约束下，$P^{(m)}(H_1|H_1)$也是最大的。

但若 $m_0<0$，$m_1>0$，即 m 取值可能为负也可能为正的情况下，无论参量信号的统计检测按 m 仅取正值设计，还是按 m 仅取负值设计，都有可能在某些 m 值下，$P^{(m)}(H_1|H_1)$不满足最大的要求。例如，我们按 m 仅取正值来设计信号检测系统，当 m 取值为正时，$P^{(m)}(H_1|H_1)$最大，但当 m 取值为负时，则 $P^{(m)}(H_1|H_1)$可能很小。若按 m 仅取负值来设计信号检测系统，也有类似的问题存在。所以，如果信号

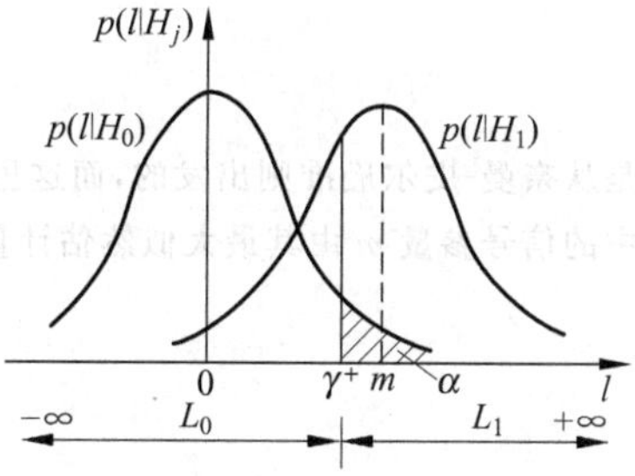

图 3.17　m 为正值时的判决域

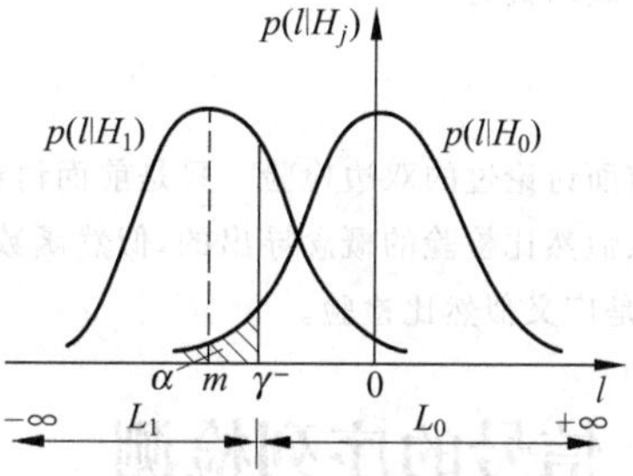

图 3.18　m 为负值时的判决域

参量 m 仅取正值，或 m 仅取负值，我们都可以设计满足一致最大功效检验的奈曼-皮尔逊准则检测系统；但如果信号参量 m 的取值可能为正，也可能为负时，则不能采用奈曼-皮尔逊准则来设计最佳检测系统。

(5) 双边检验

我们仍然针对 $m_0 \leqslant m \leqslant m_1$ 情况进行讨论，其中 $m_0 < 0$，$m_1 > 0$。我们知道在这种情况下，不能采用奈曼-皮尔逊准则。这是因为如果按 $m>0$ 来设计奈曼-皮尔逊检测系统，一旦出现 $m<0$ 的情况，将使 $P^{(m)}(H_1|H_1)$ 可能很小；反之类似。针对这种情况我们可以采用双边检验的方法，即把约束条件 $P(H_1|H_0)=\alpha$ 分成两个 $\alpha/2$，假设 H_1 成立的判决域由两部分组成，如图 3.19 所示，判决表示式为

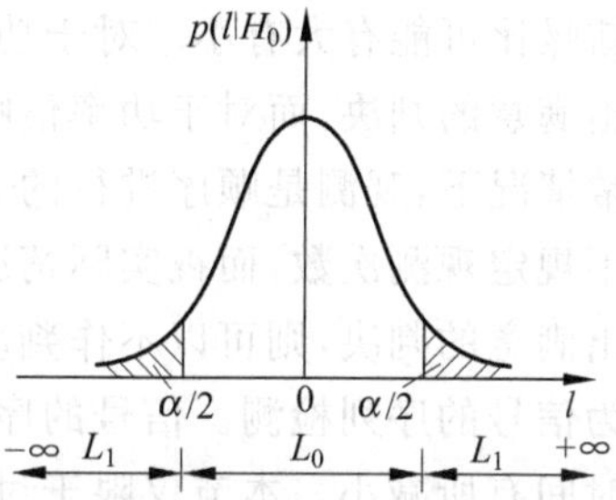

图 3.19　双边检验的判决域

$$|x| \underset{H_0}{\overset{H_1}{\gtrless}} \gamma$$

虽然双边检验比均值 m 假定为正确时的单边检验性能要差，但是比均值 m 假定为错误时的单边检验性能要好得多，因此也不失为一种好的折衷方法。

(6) 广义似然比检验

对于随机参量信号的统计检测，可以采用广义似然比检验的方法。将似然函数

$$p(x|m;H_1)=\left(\frac{1}{2\pi\sigma_n^2}\right)^{1/2}\exp\left[-\frac{(x-m)^2}{2\sigma_n^2}\right]$$

对 m 求偏导，令结果等于零，即

$$\frac{\partial \ln p(x|m;H_1)}{\partial m}\Big|_{m=\hat{m}_{\mathrm{ml}}}=0$$

解得单次观测时，m 的最大似然估计量为 $\hat{m}_{\mathrm{ml}}=x$，于是有

$$\begin{aligned}p(x|\hat{m}_{\mathrm{ml}};H_1)&=\left(\frac{1}{2\pi\sigma_n^2}\right)^{1/2}\exp\left[-\frac{(x-\hat{m}_{\mathrm{ml}})^2}{2\sigma_n^2}\right]\Big|\hat{m}_{\mathrm{ml}}=x\\&=\left(\frac{1}{2\pi\sigma_n^2}\right)^{1/2}\end{aligned}$$

代入广义似然比检验中，有

$$\lambda(x)=\frac{\left(\dfrac{1}{2\pi\sigma_n^2}\right)^{1/2}}{\left(\dfrac{1}{2\pi\sigma_n^2}\right)^{1/2}\exp\left(-\dfrac{x^2}{2\sigma_n^2}\right)}\underset{H_0}{\overset{H_1}{\gtrless}}\eta$$

化简得判决表示式

$$x^2 \underset{H_0}{\overset{H_1}{\gtrless}} 2\sigma_n^2\ln\eta \overset{\mathrm{def}}{=} \gamma^2$$

因此判决表示式为

$$|x|\underset{H_0}{\overset{H_1}{\gtrless}}\gamma$$

这正是前面讨论过的双边检验。只是前面讨论的双边检验是从奈曼-皮尔逊准则出发的，而这里的双边检验是从似然比检验的概念导出的，似然函数 $p(x|m;H_1)$ 中的信号参量 m 由其最大似然估计量 $\hat{m}_{\text{ml}}$ 代换，所以是广义似然比检验。

3.8 信号的序列检测

前面讨论的信号的统计检测问题，观测次数 N 是固定的。在达到规定的观测次数后，必须作出 M 个假设中其中一个假设 H_i 成立的判决。我们把这种判决称为硬判决。性能分析结果表明，功率信噪比与观测次数 N 成正比例关系。在实际问题中，信号的功率信噪比可能有大有小。对于功率信噪比较大的信号，我们只需要较少的观测次数就可作出满意的判决，而对于功率信噪比较小的信号，就需要较多的观测次数再作出判决。在通常情况下，观测是顺序进行的，即各次的观测信号 x_k 是顺序得到的。这样，如果我们事先不规定观测次数，而视实际情况，采用边观测边判决的方式，如果观测到第 k 次还不能作出满意的判决，则可以不作判决，而继续进行第 $k+1$ 观测。我们把这种信号检测方式称为信号的序列检测。信号的序列检测所需平均意义上的检测时间相对于固定观测次数的时间有所减小。本节仅限于讨论二元信号的序列检测问题。

3.8.1 信号序列检测的基本概念

在进行信号的序列检测时，若不预先规定对信号的观测次数 N，而是在获得第一个观测信号 x_1 时就开始研究判决所能达到的指标，如果在满足性能指标要求的前提下能作出判决，则信号检测过程便告结束；否则进行第二次观测，得观测信号 x_2，然后利用两次观测信号 x_1 和 x_2 进行处理和判决，以决定是否需要进行下一次观测。依次进行，逐步增加观测次数，提高功率信噪比，改善信号检测的性能，直到能作出满足性能指标要求的判决为止。信号的序列检测方式的最大优点是，在给定的检测性能指标要求下，它所用的平均观测次数最少，即平均检测时间最短。

如果问题仅限于最常用的二元信号的统计检测，那么按照上述信号序列检测的基本思想，它应是逐步进行的。当检测过程已经进行到第 k 步时，我们获得了 k 个观测信号 $(x_1,x_2,\cdots,x_k)^{\mathrm{T}}$，这 k 维随机矢量是映射到 k 维观测空间 $\boldsymbol{R}$ 中的一个点。根据信号检测所采用的准则，对观测空间 $\boldsymbol{R}$ 进行合理的划分。在二元信号序列检测的情况下，观测空间 $\boldsymbol{R}$ 被分成 R_0，R_1 和 R_2 三个子空间，满足 $\boldsymbol{R}=\bigcup\limits_{j=0}^{2}R_i$，$R_i\cap R_j=\varnothing\,(i,j=0,1,2)$，称为判决域，如图 3.20 所示。

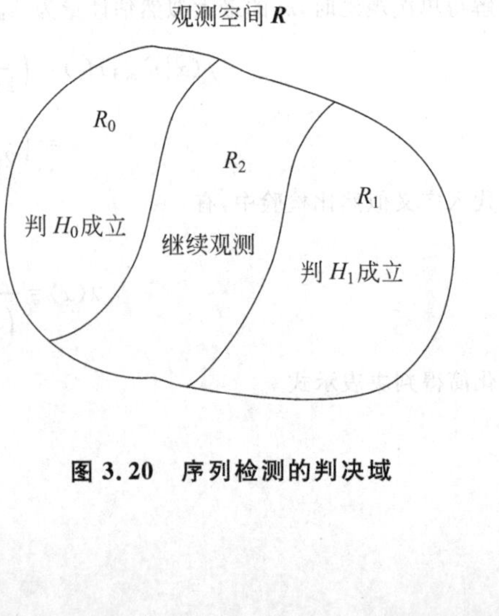

图 3.20 序列检测的判决域

根据信号统计检测的概念，如果信号观测矢量 $\boldsymbol{x}_k=(x_1,x_2,\cdots,x_k)^{\mathrm{T}}$ 落在 R_0 判决域，则判决假设 H_0 成立；如果 $\boldsymbol{x}_k$ 落在 R_1 判决域，则判决假设 H_1 成立；如果 $\boldsymbol{x}_k$ 落在 R_2 判决域，则不作出判决，继续进行第 $k+1$ 次观测。如果用似然比检验的概念来分析，则相当于似然比检测门限有两个，即 η_0 和 η_1，且 $\eta_1>\eta_0$。因此似然比检验为

$$\lambda(\boldsymbol{x}_k)=\frac{p(\boldsymbol{x}_k\mid H_1)}{p(\boldsymbol{x}_k\mid H_0)}\overset{H_1}{\geqslant}\eta_1 \tag{3.8.1a}$$

和

$$\lambda(\boldsymbol{x}_k)=\frac{p(\boldsymbol{x}_k\mid H_1)}{p(\boldsymbol{x}_k\mid H_0)}\underset{H_0}{\leqslant}\eta_0 \tag{3.8.1b}$$

如果似然比函数 $\lambda(\boldsymbol{x}_k)$ 处于 η_0 和 η_1 之间，则认为尚不足以作出满足指标要求的判决，需要再进行下一次观测，获得新的观测量 x_{k+1} 后，再进行能否作出判决的处理。此过程原则上要进行到能够作出判决为止。

为了实现信号的序列检测，可以采用修正的奈曼-皮尔逊准则。在修正的奈曼-皮尔逊准则下，信号的序列检测是在给定的性能指标 $P(H_1|H_0)$ 和 $P(H_0|H_1)$ 的条件下，从获得第一个观测量 x_1 开始进行似然比检验的，检验的两个检测门限 η_0 和 η_1 是由错误判决概率 $P(H_1|H_0)$ 和 $P(H_0|H_1)$ 的值计算出来的。下面研究检测门限 η_0 和 η_1 与判决概率 $P(H_1|H_0)$ 和 $P(H_0|H_1)$ 的关系。

设 N 次观测信号 $x_k(k=1,2,\cdots,N)$ 所构成的 N 维随机观测矢量为 $\boldsymbol{x}_N=(x_1,x_2,\cdots,x_N)^{\mathrm{T}}$，其似然比函数为

$$\lambda(\boldsymbol{x}_N)=\frac{p(\boldsymbol{x}_N|H_1)}{p(\boldsymbol{x}_N|H_0)} \tag{3.8.2}$$

为了计算似然比函数 $\lambda(\boldsymbol{x}_N)$，需要对随机观测矢量 $\boldsymbol{x}_N$ 进行统计描述，即求 N 维联合概率密度函数 $p(\boldsymbol{x}_N|H_0)$ 和 $p(\boldsymbol{x}_N|H_1)$。如果假定各次观测是相互统计独立的，则似然比函数可以表示为

$$\begin{aligned}\lambda(\boldsymbol{x}_N)&=\frac{p(\boldsymbol{x}_N|H_1)}{p(\boldsymbol{x}_N|H_0)}=\prod_{k=1}^{N}\frac{p(x_k|H_1)}{p(x_k|H_0)}\\&=\frac{p(x_N|H_1)}{p(x_N|H_0)}\prod_{k=1}^{N-1}\frac{p(x_k|H_1)}{p(x_k|H_0)}\end{aligned} \tag{3.8.3}$$

因而也可以写成

$$\lambda(\boldsymbol{x}_N)=\lambda(x_N)\lambda(\boldsymbol{x}_{N-1}) \tag{3.8.4}$$

现在研究如何根据错误判决概率 $P(H_1|H_0)$ 和 $P(H_0|H_1)$ 来确定似然比检测门限 η_0 和 η_1。

设 $P(H_1|H_0)$ 和 $P(H_0|H_1)$ 的约束值分别为

$$P(H_1|H_0)=\alpha \tag{3.8.5}$$

$$P(H_0|H_1)=\beta \tag{3.8.6}$$

信号的序列似然检验如下。

若满足

$$\lambda(\boldsymbol{x}_N)\geqslant\eta_1 \tag{3.8.7}$$

则判决假设 H_1 成立；若满足

$$\lambda(\boldsymbol{x}_N)\leqslant\eta_0 \tag{3.8.8}$$

则判决假设 H_0 成立；若满足

$$\eta_0<\lambda(\boldsymbol{x}_N)<\eta_1 \tag{3.8.9}$$

则需进行下一次观测后，根据 $\lambda(\boldsymbol{x}_{N+1})$ 再进行检验。

首先我们推导以 α 和 β 表示的两个门限 η_0 和 η_1 的不等式。

对于给定的约束值 α 和 β，有

$$\alpha=\int_{R_1} p(\boldsymbol{x}_N|H_0)\mathrm{d}\boldsymbol{x}_N \tag{3.8.10}$$

$$\begin{aligned}1-\beta&=\int_{R_1} p(\boldsymbol{x}_N|H_1)\mathrm{d}\boldsymbol{x}_N\\&=\int_{R_1} p(\boldsymbol{x}_N|H_0)\lambda(\boldsymbol{x}_N)\mathrm{d}\boldsymbol{x}_N\end{aligned} \tag{3.8.11}$$

因为 $1-\beta=P(H_1|H_1)$，代表假设 H_1 为真情况下判决假设 H_1 成立的正确判决概率，故此时必满足(3.8.7)式，即 $\lambda(\boldsymbol{x}_N)\geqslant\eta_1$，将其代入(3.8.11)式，得

$$1-\beta\geqslant\eta_1\int_{R_1} p(\boldsymbol{x}_N|H_0)\mathrm{d}\boldsymbol{x}_N=\eta_1\alpha \tag{3.8.12}$$

从而有不等式

$$\eta_1\leqslant\frac{1-\beta}{\alpha} \tag{3.8.13}$$

类似地可求得关于门限 η_0 的不等式为

$$\eta_0\geqslant\frac{\beta}{1-\alpha} \tag{3.8.14}$$

如果采用对数似然比检验，则(3.8.3)式变为

$$\ln\lambda(\boldsymbol{x}_N)=\sum_{k=1}^{N-1}\ln\lambda(x_k)+\ln\lambda(x_N) \tag{3.8.15}$$

对应的检测门限为 $\ln\eta_1$ 和 $\ln\eta_0$。

在导出检测门限 η_1 和 η_0 与 α 和 β 的不等式关系后，我们来分析关于检测门限 η_1 和 η_0 的近似设计公式。

因为信号的序列检测的条件是，当似然比函数 $\lambda(\boldsymbol{x}_N)\geqslant\eta_1$ 时，判决假设 H_1 成立，而似然比检测门限的理论值为 $\eta_1\leqslant\frac{1-\beta}{\alpha}$，只有取 η_1 理论值的上限时，似然比检验时才能有足够的观测次数，以满足性能指标要求。所以检测门限 η_1 的设计公式为

$$\eta_1=\frac{1-\beta}{\alpha} \tag{3.8.16}$$

采用类似的分析方法，可得检测门限 η_0 应取其理论值的下限，即 η_0 的设计公式为

$$\eta_0=\frac{\beta}{1-\alpha} \tag{3.8.17}$$

3.8.2 信号序列检测的平均观测次数

信号序列检测的平均观测次数是该检测方式的一个重要参数。现在我们来分析在假设 H_1 为真和假设 H_0 为真的条件下作出判决所需要的观测次数的平均值 $\mathrm{E}(N|H_1)$ 和

$E(N|H_0)$，其中 N 是终止观测的观测次数，它是个随机变量。

如果信号的序列检测到第 N 次观测时终止，即满足 $\ln\lambda(\boldsymbol{x}_N)\geqslant\ln\eta_1$ 或 $\ln\lambda(\boldsymbol{x}_N)\leqslant\ln\eta_0$，对于前者则判决假设 H_1 成立，对于后者则判决假设 H_0 成立，二者必有其一。由此可以求出，当假设 H_1 为真时，有

$$P[\ln\lambda(\boldsymbol{x}_N|H_1)\leqslant\ln\eta_0]=\beta \tag{3.8.18}$$

$$P[\ln\lambda(\boldsymbol{x}_N|H_1)\geqslant\ln\eta_1]=1-\beta \tag{3.8.19}$$

当假设 H_0 为真时，有

$$P[\ln\lambda(\boldsymbol{x}_N|H_0)\leqslant\ln\eta_0]=1-\alpha \tag{3.8.20}$$

$$P[\ln\lambda(\boldsymbol{x}_N|H_0)\geqslant\ln\eta_1]=\alpha \tag{3.8.21}$$

由于随着观测次数的增加，由 $\ln\lambda(\boldsymbol{x}_{N-1})$ 到 $\ln\lambda(\boldsymbol{x}_N)$ 的每一步增量

$$\Delta\ln\lambda(\boldsymbol{x}_{N-1})=\ln\lambda(\boldsymbol{x}_N)-\ln\lambda(\boldsymbol{x}_{N-1})$$

一般都很小，所以可以近似认为终止观测时的对数似然比函数 $\ln\lambda(\boldsymbol{x}_N)$ 只取两个值即 $\ln\eta_1$ 或 $\ln\eta_0$。因此，$\ln\lambda(\boldsymbol{x}_N)$ 的条件均值分别为

$$E[\ln\lambda(\boldsymbol{x}_N|H_1)]=(1-\boldsymbol{\beta})\ln\eta_1+\boldsymbol{\beta}\ln\eta_0 \tag{3.8.22}$$

$$E[\ln\lambda(\boldsymbol{x}_N|H_0)]=\boldsymbol{\alpha}\ln\eta_1+(1-\boldsymbol{\alpha})\ln\eta_0 \tag{3.8.23}$$

如果我们进一步假定，在每一个假设下，观测量 $x_k(k=1,2,\cdots,N)$ 都是独立同分布的，则

$$\ln\lambda(\boldsymbol{x}_N)=\ln\left[\prod_{k=1}^{N}\lambda(x_k)\right]=\sum_{k=1}^{N}\ln\lambda(x_k)=N\ln\lambda(x) \tag{3.8.24}$$

式中，$\lambda(x)$ 是任意一次观测的似然比函数。这样，在假设 H_1 为真的条件下，有

$$\begin{aligned}E[\ln\lambda(\boldsymbol{x}_N|H_1)]&=E[N\ln\lambda(x|H_1)]\\&=E[\ln\lambda(x|H_1)]E(N|H_1)\end{aligned} \tag{3.8.25}$$

于是

$$E(N|H_1)=\frac{E[\ln(\boldsymbol{x}_N|H_1)]}{E[\ln\lambda(x|H_1)]} \tag{3.8.26}$$

将(3.8.22)式代入(3.8.26)式，则在假设 H_1 下，所需的平均观测次数为

$$E(N|H_1)=\frac{(1-\boldsymbol{\beta})\ln\eta_1+\boldsymbol{\beta}\ln\eta_0}{E[\ln\lambda(x|H_1)]} \tag{3.8.27}$$

类似地，在假设 H_0 为真的条件下，所需的平均观测次数为

$$\begin{aligned}E(N|H_0)&=\frac{E[\ln\lambda(\boldsymbol{x}_N|H_0)]}{E[\ln\lambda(x|H_0)]}\\&=\frac{\alpha\ln\eta_1+(1-\alpha)\ln\eta_0}{E[\ln\lambda(x|H_0)]}\end{aligned} \tag{3.8.28}$$

对于信号的序列检测，若 $\ln\eta_0<\ln\lambda(\boldsymbol{x}_N)<\ln\eta_1$，则不能作出判决，需要进行下一次观测，再作处理。我们知道，$\ln\lambda(x_k)$ 落在 $\ln\eta_0$ 和 $\ln\eta_1$ 之间的概率一般情况下应小于 1，即

$$P[\ln\eta_0<\ln\lambda(x_k)<\ln\eta_1]=p<1 \tag{3.8.29}$$

所以，在 n 次观测中，对数似然比函数 $\ln\lambda(\boldsymbol{x}_n)$ 落在 $\ln\eta_0$ 和 $\ln\eta_1$ 之间的概率，即 $\ln(x_k)$ $(k=1,2,\cdots,n)$ 全部落在 $\ln\eta_0$ 和 $\ln\eta_1$ 之间的概率为

$$P[\ln\eta_0<\ln\lambda(\boldsymbol{x}_n)<\ln\eta_1]=p^n \tag{3.8.30}$$

因此,当 $N \geqslant n$ 时有

$$\lim_{n\to\infty} P[\ln\eta_0 < \ln\lambda(\boldsymbol{x}_n) < \ln\eta_1] = 0 \tag{3.8.31}$$

这说明,当 $n\to\infty$ 时,$\ln(\boldsymbol{x}_n)$落在 $\ln\eta_0$ 和 $\ln\eta_1$ 之间而不能作出判决的概率等于零,即信号的序列检测肯定是有终止的,或者说信号序列检测以概率 1 结束。

虽然信号的序列检测是会终止的,但可能有时会需要很多的观测次数才能作出判决,这在实际应用中是不希望的。因此,人们在使用信号的序列检测时,通常规定一个观测次数的上限 N^*。当观测次数 N 达到上限 N^* 而仍不能作出判决时,就转为固定观测次数的检测方式,强迫作出假设 H_0 或假设 H_1 成立的判决。进行这样处理的这类信号的序列检测称为可截断的序列检测。

瓦尔德(Wold)和沃尔福维茨(Wolfwitz)已经证明,对于给定的 $P(H_1|H_0)$和 $P(H_0|H_1)$,这种序列检测的方式所需的平均观测次数 $\mathrm{E}(N|H_1)$和 $\mathrm{E}(N|H_0)$是最少的。

例 3.8.1 在二元数字通信系统中,两个假设下的观测信号分别为

$$H_0:\ x_k = n_k,\quad k=1,2,\cdots$$
$$H_1:\ x_k = 1+n_k,\quad k=1,2,\cdots$$

其中,观测噪声 n_k 是均值为零、方差 $\sigma_n^2=1$ 的高斯噪声;各次观测统计独立,且观测是顺序进行的。试确定 $P(H_1|H_0)=\alpha=0.1$ 和 $P(H_0|H_1)=\beta=0.1$ 的序列检测判决表示式;并计算在各个假设下,观测次数 N 的平均值。

解 若进行到第 N 次观测,则似然比函数为

$$\lambda(\boldsymbol{x}_N) = \frac{p(\boldsymbol{x}_N|H_1)}{p(\boldsymbol{x}_N|H_0)} = \frac{\left(\frac{1}{2\pi}\right)^{N/2}\exp\left[-\sum_{k=1}^{N}\frac{(x_k-1)^2}{2}\right]}{\left(\frac{1}{2\pi}\right)^{N/2}\exp\left(-\sum_{k=1}^{N}\frac{x_k{}^2}{2}\right)}$$
$$= \exp\left(\sum_{k=1}^{N} x_k - \frac{N}{2}\right)$$

对数似然比函数为

$$\ln\lambda(\boldsymbol{x}_N) = \sum_{k=1}^{N} x_k - \frac{N}{2}$$

两个检测门限分别为

$$\ln\eta_1 = \ln\left(\frac{1-\beta}{\alpha}\right) = \ln 9 = 2.197$$
$$\ln\eta_0 = \ln\left(\frac{\beta}{1-\alpha}\right) = \ln\frac{1}{9} = -2.197$$

所以判决表示式为:若

$$\sum_{k=1}^{N} x_k - \frac{N}{2} \geqslant 2.197$$

判决 H_1 成立;若

$$\sum_{k=1}^{N} x_k - \frac{N}{2} \leqslant -2.197$$

判决 H_0 成立;若

$$-2.197 < \sum_{k=1}^{N} x_k - \frac{N}{2} < 2.197$$

需要再进行一次观测后,再进行检验。

在假设 H_1 下和假设 H_0 下，观测次数 N 的平均值为

$$\mathrm{E}(N|H_1)=\frac{(1-\beta)\ln\eta_1+\beta\ln\eta_0}{\mathrm{E}[\ln\lambda(x|H_1)]}$$

$$\mathrm{E}(N|H_0)=\frac{\alpha\ln\eta_1+(1-\alpha)\ln\eta_0}{\mathrm{E}[\ln\lambda(x|H_0)]}$$

式中

$$\mathrm{E}[\ln\lambda(x|H_1)]=\mathrm{E}\left[\left(x-\frac{1}{2}\right)\middle|H_1\right]$$

$$=\mathrm{E}\left[(1+n)-\frac{1}{2}\right]=\frac{1}{2}$$

$$\mathrm{E}[\ln\lambda(x|H_0)]=\mathrm{E}\left[\left(x-\frac{1}{2}\right)\middle|H_0\right]$$

$$=\mathrm{E}\left[n-\frac{1}{2}\right]=-\frac{1}{2}$$

式中 n 是任一次的观测噪声。这样，有

$$\mathrm{E}(N|H_1)=3.515$$

$$\mathrm{E}(N|H_0)=3.515$$

即要达到 $P(H_1|H_0)=\alpha=0.1$ 和 $P(H_0|H_1)=\beta=0.1$ 的性能指标，平均需要 4 次观测。

如果计算得到的 $\mathrm{E}(N|H_1)$ 与 $\mathrm{E}(N|H_0)$ 不相等，则平均需要的观测次数取二者中的大者。

3.9 一般高斯信号的统计检测

由前面我们所讨论的信号的统计检测理论可知，无论是二元信号，还是 M 元信号，无论是确知信号，还是参量信号，各假设 H_j 下观测信号的概率密度函数 $p(\boldsymbol{x}|H_j)(j=0,1,\cdots,M-1)$ 在信号的统计检测中起着十分重要的作用，但对其具体形式并没有限定，它可以是高斯分布的，也可以是瑞利分布、指数分布、三角分布、均匀分布的等，这对于建立信号统计检测理论是必要的。不过在许多实际问题中，特别是在电子信息系统中，遇到最多的，因此也是我们最感兴趣的信号的概率密度函数往往是高斯的或近似为高斯的。因此，我们有必要对一般高斯信号的统计检测做进一步的讨论。

3.9.1 一般高斯分布的联合概率密度函数

若有一组随机变量 $x_1,x_2,\cdots,x_N$，当它们的所有线性组合都是高斯随机变量时，则称这组随机变量是联合高斯的随机变量。

若有一个 N 维随机矢量 $\boldsymbol{x}$，其各分量 $x_1,x_2,\cdots,x_N$ 是联合高斯的随机变量，则称 $\boldsymbol{x}$ 是 N 维高斯随机矢量，记为

$$\boldsymbol{x}=(x_1,x_2,\cdots,x_N)^{\mathrm{T}} \tag{3.9.1}$$

对于高斯随机矢量 $\boldsymbol{x}$，其均值矢量为

$$\mathrm{E}(\boldsymbol{x})=(\mu_{x_1},\mu_{x_2},\cdots,\mu_{x_N})^{\mathrm{T}}\stackrel{\mathrm{def}}{=}\boldsymbol{\mu}_x \tag{3.9.2}$$

其协方差矩阵为

$$\mathrm{Cov}(\boldsymbol{x})=\mathrm{E}[(\boldsymbol{x}-\boldsymbol{\mu}_x)(\boldsymbol{x}-\boldsymbol{\mu}_x)^{\mathrm{T}}]\stackrel{\mathrm{def}}{=}\boldsymbol{C}_x \tag{3.9.3}$$

如果 $\boldsymbol{C}_x$ 是非奇异的，即 $|\boldsymbol{C}_x|\neq0$，则高斯随机矢量 $\boldsymbol{x}$ 的 N 维联合概率密度函数为

$$p(\boldsymbol{x})=\frac{1}{(2\pi)^{N/2}|\boldsymbol{C}_x|^{1/2}}\exp\left[-\frac{1}{2}(\boldsymbol{x}-\boldsymbol{\mu}_x)^{\mathrm{T}}\boldsymbol{C}_x^{-1}(\boldsymbol{x}-\boldsymbol{\mu}_x)\right] \tag{3.9.4}$$

式中，$|\boldsymbol{C}_x|$是协方差矩阵$\boldsymbol{C}_x$的行列式，$\boldsymbol{C}_x^{-1}$是协方差矩阵$\boldsymbol{C}_x$的逆矩阵。

如果对所有的假设$H_j(j=0,1,\cdots,M-1)$，信号的概率密度函数$p(\boldsymbol{x}|H_j)$都是高斯概率密度函数，则称此类信号的检测为一般高斯信号的统计检测。

3.9.2 一般高斯二元信号的统计检测

如果我们对信号进行了N次观测，则会得到N维信号观测矢量，记为

$$\boldsymbol{x}=(x_1,x_2,\cdots,x_N)^{\mathrm{T}}$$

假设N维观测矢量$\boldsymbol{x}$是高斯随机矢量，则$\boldsymbol{x}$的概率密度函数$p(\boldsymbol{x})$决定于$\boldsymbol{x}$的均值矢量$\boldsymbol{\mu}_x$和协方差矩阵$\boldsymbol{C}_x$。

在假设H_0下，观测信号$\boldsymbol{x}$的均值矢量为

$$\mathrm{E}(\boldsymbol{x}|H_0)=(\mu_{x_{10}},\mu_{x_{20}},\cdots,\mu_{x_{N0}})^{\mathrm{T}}\stackrel{\text{def}}{=}\boldsymbol{\mu}_{x_0} \tag{3.9.5}$$

式中，

$$\mu_{x_{k0}}=\mathrm{E}(x_k|H_0),\quad k=1,2,\cdots,N$$

而观测信号$\boldsymbol{x}$的协方差矩阵为

$$\mathrm{Cov}(\boldsymbol{x}|H_0)=\mathrm{E}[((\boldsymbol{x}|H_0)-\boldsymbol{\mu}_{x_0})((\boldsymbol{x}|H_0)-\boldsymbol{\mu}_{x_0})^{\mathrm{T}}]\stackrel{\text{def}}{=}\boldsymbol{C}_{x_0} \tag{3.9.6}$$

式中，第j行第k列的元素为

$$c_{x_jx_k}=\mathrm{E}[((x_j|H_0)-\mu_{x_{j0}})((x_k|H_0)-\mu_{x_{k0}})]=c_{x_kx_j},\quad j,k=1,2,\cdots,N$$

所以，在假设H_0下，观测信号矢量$\boldsymbol{x}$的概率密度函数为

$$p(\boldsymbol{x}|H_0)=\frac{1}{(2\pi)^{N/2}|\boldsymbol{C}_{x_0}|^{1/2}}\exp\left[-\frac{1}{2}(\boldsymbol{x}-\boldsymbol{\mu}_{x_0})^{\mathrm{T}}\boldsymbol{C}_{x_0}^{-1}(\boldsymbol{x}-\boldsymbol{\mu}_{x_0})\right] \tag{3.9.7}$$

类似地，在假设H_1下，观测信号矢量$\boldsymbol{x}$的概率密度函数为

$$p(\boldsymbol{x}|H_1)=\frac{1}{(2\pi)^{N/2}|\boldsymbol{C}_{x_1}|^{1/2}}\exp\left[-\frac{1}{2}(\boldsymbol{x}-\boldsymbol{\mu}_{x_1})^{\mathrm{T}}\boldsymbol{C}_{x_1}^{-1}(\boldsymbol{x}-\boldsymbol{\mu}_{x_1})\right] \tag{3.9.8}$$

式中，$\boldsymbol{\mu}_{x_1}$和$\boldsymbol{C}_{x_1}$分别是假设H_1下，观测信号矢量$\boldsymbol{x}$的均值矢量和协方差矩阵。

这样，在确定了采用的信号检测准则后，可以构成似然比检验

$$\lambda(\boldsymbol{x})=\frac{p(\boldsymbol{x}|H_1)}{p(\boldsymbol{x}|H_0)}\underset{H_0}{\overset{H_1}{\gtrless}}\eta \tag{3.9.9}$$

将(3.9.7)式和(3.9.8)式所示的$p(\boldsymbol{x}|H_0)$和$p(\boldsymbol{x}|H_1)$代入(3.9.9)式，两边取自然对数，化简整理得判决表示式

$$l(\boldsymbol{x})\stackrel{\text{def}}{=}\frac{1}{2}(\boldsymbol{x}-\boldsymbol{\mu}_{x_0})^{\mathrm{T}}\boldsymbol{C}_{x_0}^{-1}(\boldsymbol{x}-\boldsymbol{\mu}_{x_0})-\frac{1}{2}(\boldsymbol{x}-\boldsymbol{\mu}_{x_1})^{\mathrm{T}}\boldsymbol{C}_{x_1}^{-1}(\boldsymbol{x}-\boldsymbol{\mu}_{x_1})\underset{H_0}{\overset{H_1}{\gtrless}}$$

$$\ln\eta+\frac{1}{2}\ln|\boldsymbol{C}_{x_1}|-\frac{1}{2}\ln|\boldsymbol{C}_{x_0}|\stackrel{\text{def}}{=}\gamma \tag{3.9.10}$$

这说明检验统计量$l(\boldsymbol{x})$是由两个矢量的二次型之差构成的。(3.9.10)式就是一般高斯二元信号统计检测的通用判决表示式，其中似然比检测门限η由选定的检测准则的先验知识确定。

由(3.9.10)式我们可知，在一般高斯二元信号的统计检测中，如果

$$\boldsymbol{\mu}_{x_0} \neq \boldsymbol{\mu}_{x_1}, \quad \boldsymbol{C}_{x_0} = \boldsymbol{C}_{x_1}$$
$$\boldsymbol{\mu}_{x_0} = \boldsymbol{\mu}_{x_1}, \quad \boldsymbol{C}_{x_0} \neq \boldsymbol{C}_{x_1}$$
$$\boldsymbol{\mu}_{x_0} \neq \boldsymbol{\mu}_{x_1}, \quad \boldsymbol{C}_{x_0} \neq \boldsymbol{C}_{x_1}$$

即假设 H_0 下和假设 H_1 下，观测信号矢量 $\boldsymbol{x}$ 的均值矢量不等、协方差矩阵相等；均值矢量相等、协方差矩阵不等；或均值矢量和协方差矩阵均不相等三种情况的任意一种情况下，都能进行是假设 H_0 成立还是假设 H_1 成立的判决。

对于均值矢量不等、协方差矩阵也不相等的第三种情况，其假设 H_0 成立还是假设 H_1 成立的判决表示式就是(3.9.10)式。而对于前两种情况的判决表示式还可以做进一步的讨论。

1. 等协方差矩阵的情况

若假设 H_0 下和假设 H_1 下，观测信号的均值矢量 $\boldsymbol{\mu}_{x_0} \neq \boldsymbol{\mu}_{x_1}$，但协方差矩阵 $\boldsymbol{C}_{x_0} = \boldsymbol{C}_{x_1}$，记

$$\boldsymbol{C}_x \stackrel{\text{def}}{=} \boldsymbol{C}_{x_0} = \boldsymbol{C}_{x_1} \tag{3.9.11}$$

于是

$$\boldsymbol{C}_x^{-1} \stackrel{\text{def}}{=} \boldsymbol{C}_{x_0}^{-1} = \boldsymbol{C}_{x_1}^{-1} \tag{3.9.12}$$

将(3.9.11)式和(3.9.12)式代入(3.9.10)式，则其左边为

$$\begin{aligned}
&\frac{1}{2}(\boldsymbol{x}-\boldsymbol{\mu}_{x_0})^{\mathrm{T}}\boldsymbol{C}_x^{-1}(\boldsymbol{x}-\boldsymbol{\mu}_{x_0}) - \frac{1}{2}(\boldsymbol{x}-\boldsymbol{\mu}_{x_1})^{\mathrm{T}}\boldsymbol{C}_x^{-1}(\boldsymbol{x}-\boldsymbol{\mu}_{x_1}) \\
&= \frac{1}{2}(2\boldsymbol{\mu}_{x_1}^{\mathrm{T}}\boldsymbol{C}_x^{-1}\boldsymbol{x} - 2\boldsymbol{\mu}_{x_0}^{\mathrm{T}}\boldsymbol{C}_x^{-1}\boldsymbol{x}) + \frac{1}{2}(\boldsymbol{\mu}_{x_0}^{\mathrm{T}}\boldsymbol{C}_x^{-1}\boldsymbol{\mu}_{x_0} - \boldsymbol{\mu}_{x_1}^{\mathrm{T}}\boldsymbol{C}_x^{-1}\boldsymbol{\mu}_{x_1}) \\
&= (\boldsymbol{\mu}_{x_1}^{\mathrm{T}} - \boldsymbol{\mu}_{x_0}^{\mathrm{T}})\boldsymbol{C}_x^{-1}\boldsymbol{x} + \frac{1}{2}(\boldsymbol{\mu}_{x_0}^{\mathrm{T}}\boldsymbol{C}_x^{-1}\boldsymbol{\mu}_{x_0} - \boldsymbol{\mu}_{x_1}^{\mathrm{T}}\boldsymbol{C}_x^{-1}\boldsymbol{\mu}_{x_1})
\end{aligned} \tag{3.9.13}$$

令均值矢量之差的转置为

$$\Delta\boldsymbol{\mu}_x^{\mathrm{T}} = \boldsymbol{\mu}_{x_1}^{\mathrm{T}} - \boldsymbol{\mu}_{x_0}^{\mathrm{T}} \tag{3.9.14}$$

则(3.9.10)式的判决表示式变为

$$\Delta\boldsymbol{\mu}_x^{\mathrm{T}}\boldsymbol{C}_x^{-1}\boldsymbol{x} \underset{H_0}{\overset{H_1}{\gtrless}} \ln\eta + \frac{1}{2}(\boldsymbol{\mu}_{x_1}^{\mathrm{T}}\boldsymbol{C}_x^{-1}\boldsymbol{\mu}_{x_1} - \boldsymbol{\mu}_{x_0}^{\mathrm{T}}\boldsymbol{C}_x^{-1}\boldsymbol{\mu}_{x_0}) \tag{3.9.15}$$

记为

$$l(\boldsymbol{x}) \underset{H_0}{\overset{H_1}{\gtrless}} \gamma \tag{3.9.16}$$

显然，检验统计量 $l(\boldsymbol{x}) = \Delta\boldsymbol{\mu}_x^{\mathrm{T}}\boldsymbol{C}_x^{-1}\boldsymbol{x}$ 是一维随机变量，它是由高斯随机矢量 $\boldsymbol{x}$ 经两次线性变换得到的，所以 $l(\boldsymbol{x})$ 仍是高斯随机变量，并且是充分统计量。(3.9.15)式就是不等均值矢量、等协方差矩阵情况下，一般高斯二元信号的统计检测判决表示式。

现在我们分析其检测性能。因为检验统计量

$$l(\boldsymbol{x}) = \Delta\boldsymbol{\mu}_x^{\mathrm{T}}\boldsymbol{C}_x^{-1}\boldsymbol{x}$$

是高斯随机变量，为了分析其检测性能，我们先求假设 H_0 下和假设 H_1 下的检验统计量 $l(\boldsymbol{x})$ 的均值和方差。均值 $\mathrm{E}(l|H_0)$ 和 $\mathrm{E}(l|H_1)$ 分别为

$$\begin{aligned}
\mathrm{E}(l|H_0) &= \mathrm{E}[\Delta\boldsymbol{\mu}_x^{\mathrm{T}}\boldsymbol{C}_x^{-1}(\boldsymbol{x}|H_0)] = \Delta\boldsymbol{\mu}_x^{\mathrm{T}}\boldsymbol{C}_x^{-1}\mathrm{E}(\boldsymbol{x}|H_0) \\
&= \Delta\boldsymbol{\mu}_x^{\mathrm{T}}\boldsymbol{C}_x^{-1}\boldsymbol{\mu}_{x_0}
\end{aligned} \tag{3.9.17}$$

$$\mathrm{E}(l|H_1)=\mathrm{E}[\Delta\boldsymbol{\mu}_x^{\mathrm{T}}\boldsymbol{C}_x^{-1}(\boldsymbol{x}|H_1)]=\Delta\boldsymbol{\mu}_x^{\mathrm{T}}\boldsymbol{C}_x^{-1}\mathrm{E}(\boldsymbol{x}|H_1)$$
$$=\Delta\boldsymbol{\mu}_x^{\mathrm{T}}\boldsymbol{C}_x^{-1}\boldsymbol{\mu}_{x_1} \tag{3.9.18}$$

而方差 $\mathrm{Var}(l|H_0)$ 为

$$\begin{aligned}\mathrm{Var}(l|H_0)&=\mathrm{E}[((l|H_0)-\mathrm{E}(l|H_0))^2]\\&=\mathrm{E}[(\Delta\boldsymbol{\mu}_x^{\mathrm{T}}\boldsymbol{C}_x^{-1}(\boldsymbol{x}|H_0)-\Delta\boldsymbol{\mu}_x^{\mathrm{T}}\boldsymbol{C}_x^{-1}\boldsymbol{\mu}_{x_0})(\Delta\boldsymbol{\mu}_x^{\mathrm{T}}\boldsymbol{C}_x^{-1}(\boldsymbol{x}|H_0)-\Delta\boldsymbol{\mu}_x^{\mathrm{T}}\boldsymbol{C}_x^{-1}\boldsymbol{\mu}_{x_0})^{\mathrm{T}}]\\&=\Delta\boldsymbol{\mu}_x^{\mathrm{T}}\boldsymbol{C}_x^{-1}\mathrm{E}[((\boldsymbol{x}|H_0)-\boldsymbol{\mu}_{x_0})((\boldsymbol{x}|H_0)-\boldsymbol{\mu}_{x_0})^{\mathrm{T}}]\boldsymbol{C}_x^{-1}\Delta\boldsymbol{\mu}_x\\&=\Delta\boldsymbol{\mu}_x^{\mathrm{T}}\boldsymbol{C}_x^{-1}\boldsymbol{C}_x\boldsymbol{C}_x^{-1}\Delta\boldsymbol{\mu}_x\\&=\Delta\boldsymbol{\mu}_x^{\mathrm{T}}\boldsymbol{C}_x^{-1}\Delta\boldsymbol{\mu}_x\end{aligned} \tag{3.9.19}$$

类似地，方差 $\mathrm{Var}(l|H_1)$ 为

$$\begin{aligned}\mathrm{Var}(l|H_1)&=\mathrm{E}[((l|H_1)-\mathrm{E}(l|H_1))^2]\\&=\Delta\boldsymbol{\mu}_x^{\mathrm{T}}\boldsymbol{C}_x^{-1}\Delta\boldsymbol{\mu}_x\end{aligned} \tag{3.9.20}$$

检验统计量 $l(\boldsymbol{x})$ 是高斯分布的，这是一种特别有用的假设检验，称为均值偏移高斯-高斯(mean-shifted Gauss-Gauss)问题。在求出均值 $\mathrm{E}(l|H_0)$，$\mathrm{E}(l|H_1)$ 和方差 $\mathrm{Var}(l|H_0)=\mathrm{Var}(l|H_1)$ 后，可得判决概率 $P(H_1|H_0)$ 和 $P(H_1|H_0)$ 分别为

$$P(H_1|H_0)=Q[\ln\eta/d+d/2] \tag{3.9.21}$$

$$P(H_1|H_1)=Q[\ln\eta/d-d/2]=Q[Q^{-1}(P(H_1|H_0))-d] \tag{3.9.22}$$

式中，参数 d 的平方定义为

$$\begin{aligned}d^2&\overset{\mathrm{def}}{=}\frac{[\mathrm{E}(l|H_1)-\mathrm{E}(l|H_0)]^2}{\mathrm{Var}(l|H_0)}=\frac{(\Delta\boldsymbol{\mu}_x^{\mathrm{T}}\boldsymbol{C}_x^{-1}\Delta\boldsymbol{\mu}_x)^2}{\Delta\boldsymbol{\mu}_x^{\mathrm{T}}\boldsymbol{C}_x^{-1}\Delta\boldsymbol{\mu}_x}\\&=\Delta\boldsymbol{\mu}_x^{\mathrm{T}}\boldsymbol{C}_x^{-1}\Delta\boldsymbol{\mu}_x\end{aligned} \tag{3.9.23}$$

d^2 称为偏移系数(deflection coefficient)。对于此类信号检测问题，其检测性能完全由偏移系数 d^2 确定。

在不等均值矢量、等协方差矩阵情况下，根据协方差矩阵的结构，还可以讨论几种特殊的情况。

(1) 第一种特殊情况，设等协方差矩阵中的各元素满足

$$c_{x_jx_k}=\mathrm{Cov}(x_j,x_k)=\begin{cases}\sigma^2, & j=k\\0, & j\neq k\end{cases} \tag{3.9.24}$$

这种特殊情况意味着各次观测信号 $x_k(k=1,2,\cdots,N)$ 之间互不相关，因而也统计独立，且各分量 x_k 的方差都等于 σ^2，即

$$\mathrm{Var}(x_k|H_0)=\mathrm{Var}(x_k|H_1)=\sigma^2,\quad k=1,2,\cdots,N \tag{3.9.25}$$

于是，两个假设下的协方差矩阵为

$$\boldsymbol{C}_{x_0}=\boldsymbol{C}_{x_1}=\boldsymbol{C}_x=\begin{bmatrix}\sigma^2 & 0 & \cdots & 0\\0 & \sigma^2 & \cdots & 0\\\vdots & \vdots & & \vdots\\0 & 0 & \cdots & \sigma^2\end{bmatrix}=\sigma^2\boldsymbol{I} \tag{3.9.26}$$

其中，$\boldsymbol{I}$ 是 $N\times N$ 的单位矩阵。协方差矩阵的逆矩阵为

$$C_x^{-1}=\begin{bmatrix}\frac{1}{\sigma^2} & 0 & \cdots & 0\\ 0 & \frac{1}{\sigma^2} & \cdots & 0\\ \vdots & \vdots & & \vdots\\ 0 & 0 & \cdots & \frac{1}{\sigma^2}\end{bmatrix}=\frac{1}{\sigma^2}I \tag{3.9.27}$$

这样,检验统计量 $l(\boldsymbol{x})$ 为

$$l(\boldsymbol{x})=\Delta\boldsymbol{\mu}_x^{\mathrm{T}}\boldsymbol{C}_x^{-1}\boldsymbol{x}=\frac{1}{\sigma^2}\Delta\boldsymbol{\mu}_x^{\mathrm{T}}\boldsymbol{x}=\frac{1}{\sigma^2}\sum_{k=1}^{N}\Delta\mu_{x_k}x_k \tag{3.9.28}$$

检测门限 γ 为

$$\begin{aligned}\gamma&=\ln\eta+\frac{1}{2}(\boldsymbol{\mu}_{x_1}^{\mathrm{T}}\boldsymbol{C}_x^{-1}\boldsymbol{\mu}_{x_1}-\boldsymbol{\mu}_{x_0}^{\mathrm{T}}\boldsymbol{C}_x^{-1}\boldsymbol{\mu}_{x_0})\\&=\ln\eta+\frac{1}{2\sigma^2}(\boldsymbol{\mu}_{x_1}^{\mathrm{T}}\boldsymbol{\mu}_{x_1}-\boldsymbol{\mu}_{x_0}^{\mathrm{T}}\boldsymbol{\mu}_{x_0})\\&=\ln\eta+\frac{1}{2\sigma^2}\sum_{k=1}^{N}(\mu_{x_{k1}}^2-\mu_{x_{k0}}^2)\end{aligned} \tag{3.9.29}$$

偏移系数 d^2 为

$$d^2=\Delta\boldsymbol{\mu}_x^{\mathrm{T}}\boldsymbol{C}_x^{-1}\Delta\boldsymbol{\mu}_x=\frac{1}{\sigma^2}\Delta\boldsymbol{\mu}_x^{\mathrm{T}}\Delta\boldsymbol{\mu}_x=\frac{1}{\sigma^2}\sum_{k=1}^{N}\Delta\mu_{x_k}^2 \tag{3.9.30}$$

例 3.9.1　考虑高斯白噪声中简单二元信号的检测问题。两个假设分别为

$$H_0:\ x_k=n_k,\quad k=1,2,\cdots,N$$
$$H_1:\ x_k=s_k+n_k,\quad k=1,2,\cdots,N$$

其中,n_k 是均值为零、方差为 σ_n^2 的高斯白噪声；信号 $s_k(k=1,2,\cdots,N)$已知。求判决表示式和判决概率 $P(H_1|H_0)$和 $P(H_1|H_1)$。

解　这种信号的检测问题,恰好是我们讨论的第一种特殊情况。其中

$$\sigma^2=\sigma_n^2$$
$$\boldsymbol{\mu}_{x_0}=(0,0,\cdots,0)^{\mathrm{T}}$$
$$\boldsymbol{\mu}_{x_1}=(s_1,s_2,\cdots,s_N)^{\mathrm{T}}$$
$$\Delta\mu_{x_k}=\mu_{x_{k1}}-\mu_{x_{k0}}=s_k,\quad k=1,2,\cdots,N$$

这样,判决表示式为

$$l(\boldsymbol{x})=\sum_{k=1}^{N}x_ks_k\underset{H_0}{\overset{H_1}{\gtrless}}\sigma_n^2\ln\eta+\frac{1}{2}\sum_{k=1}^{N}s_k^2\overset{\text{def}}{=}\gamma$$

显然,检验统计量 $l(\boldsymbol{x})$在假设 H_0 和假设 H_1 下都是属于高斯分布的。在两个假设下的均值和方差分别为

$$\mathrm{E}(l|H_0)=\mathrm{E}\Big[\sum_{k=1}^{N}(x_k|H_0)s_k\Big]=\mathrm{E}\Big[\sum_{k=0}^{N}n_ks_k\Big]=0$$

$$\begin{aligned}\mathrm{E}(l|H_1)&=\mathrm{E}\Big[\sum_{k=1}^{N}(x_k|H_1)s_k\Big]=\mathrm{E}\Big[\sum_{k=1}^{N}(s_k+n_k)s_k\Big]\\&=\sum_{k=1}^{N}s_k^2\overset{\text{def}}{=}E_s\end{aligned}$$

$$\begin{aligned}\mathrm{Var}(l|H_0)&=\mathrm{E}\Big[\Big(\sum_{k=1}^{N}(x_k|H_0)s_k-\mathrm{E}(l|H_0)\Big)^2\Big]\\&=\mathrm{E}\Big[\Big(\sum_{k=1}^{N}n_ks_k\Big)^2\Big]\\&=\sigma_n^2\sum_{k=1}^{N}s_k^2=\sigma_n^2E_s\\\mathrm{Var}(l|H_1)&=\mathrm{E}\Big[\Big(\sum_{k=1}^{N}(x_k|H_1)s_k-\mathrm{E}(l|H_1)\Big)^2\Big]\\&=\mathrm{E}\Big[\Big(\sum_{k=1}^{N}(s_k+n_k)s_k-\sum_{k=1}^{N}s_k^2\Big)^2\Big]\\&=\mathrm{E}\Big[\Big(\sum_{k=1}^{N}n_ks_k\Big)^2\Big]\\&=\sigma_n^2E_s\end{aligned}$$

推导中利用了 $\mathrm{E}[(n_ks_k)^2]=\mathrm{E}(n_k^2)s_k^2$ 和 $n_k(k=1,2,\cdots,N)$之间相互统计独立的条件。

这样,偏移系数 d^2 为

$$\begin{aligned}d^2&=\frac{[\mathrm{E}(l|H_1)-\mathrm{E}(l|H_0)]^2}{\mathrm{Var}(l|H_0)}\\&=\frac{E_s^2}{\sigma_n^2E_s}=\frac{E_s}{\sigma_n^2}\end{aligned}$$

于是判决概率 $P(H_1|H_0)$和 $P(H_1|H_1)$分别为

$$\begin{aligned}P(H_1|H_0)&=Q[\ln\eta/d+d/2]\\P(H_1|H_1)&=Q[\ln\eta/d-d/2]\\&=Q[Q^{-1}(P(H_1|H_0))-d]\end{aligned}$$

如果再进一步假定,假设 H_0 下的均值矢量$\boldsymbol{\mu}_{x_0}$中的各分量都等于 μ_{x_0},假设 H_1 下的均值矢量$\boldsymbol{\mu}_{x_1}$中的各分量都等于 μ_{x_1},即

$$\boldsymbol{\mu}_{x_0}=(\mu_{x_0},\mu_{x_0},\cdots,\mu_{x_0})^{\mathrm{T}}$$
$$\boldsymbol{\mu}_{x_1}=(\mu_{x_1},\mu_{x_1},\cdots,\mu_{x_1})^{\mathrm{T}}$$

那么,每个假设下的观测信号$(x_k|H_0)$,$(x_k|H_1)$,$(k=1,2,\cdots,N)$是属于独立同分布的。此时,检验统计量 $l(\boldsymbol{x})$为

$$l(\boldsymbol{x})=\frac{\Delta\mu_x}{\sigma^2}\sum_{k=1}^{N}x_k \tag{3.9.31}$$

式中,$\Delta\mu_x=\mu_{x_1}-\mu_{x_0}$。检测门限 γ 为

$$\gamma=\ln\eta+\frac{N}{2\sigma^2}(\mu_{x_1}^2-\mu_{x_0}^2) \tag{3.9.32}$$

偏移系数 d^2为

$$d^2=\frac{N}{\sigma^2}\Delta\mu_x^2 \tag{3.9.33}$$

(2) 第二种特殊情况,设等协方差矩阵中的各元素满足

$$c_{x_jx_k}=\mathrm{Cov}(x_j,x_k)=\begin{cases}\sigma_k^2, & j=k\\0, & j\neq k\end{cases} \tag{3.9.34}$$

这种特殊情况意味着各次观测信号 $x_k(k=1,2,\cdots,N)$之间互不相关,因而也统计独立,

但各分量x_k的方差是不相同的，记为σ_k^2。这样，两个假设下的协方差矩阵为

$$\boldsymbol{C}_{x_0}=\boldsymbol{C}_{x_1}=\boldsymbol{C}_x=\begin{bmatrix}\sigma_1^2 & 0 & \cdots & 0\\ 0 & \sigma_2^2 & \cdots & 0\\ \vdots & \vdots & & \vdots\\ 0 & 0 & \cdots & \sigma_N^2\end{bmatrix} \tag{3.9.35}$$

协方差矩阵的逆矩阵为

$$\boldsymbol{C}_x^{-1}=\begin{bmatrix}\frac{1}{\sigma_1^2} & 0 & \cdots & 0\\ 0 & \frac{1}{\sigma_2^2} & \cdots & 0\\ \vdots & \vdots & & \vdots\\ 0 & 0 & \cdots & \frac{1}{\sigma_N^2}\end{bmatrix} \tag{3.9.36}$$

这样，检验统计量 $l(\boldsymbol{x})$为

$$l(\boldsymbol{x})=\Delta\boldsymbol{\mu}_x^{\mathrm{T}}\boldsymbol{C}_x^{-1}\boldsymbol{x} \tag{3.9.37}$$

式中，

$$\Delta\boldsymbol{\mu}_x^{\mathrm{T}}=(\Delta\mu_{x_1},\Delta\mu_{x_2},\cdots,\Delta\mu_{x_N})$$

于是，检验统计量 $l(\boldsymbol{x})$为

$$l(\boldsymbol{x})=(\Delta\mu_{x_1},\Delta\mu_{x_2},\cdots,\Delta\mu_{x_N})\begin{bmatrix}\frac{1}{\sigma_1^2} & 0 & \cdots & 0\\ 0 & \frac{1}{\sigma_2^2} & \cdots & 0\\ \vdots & \vdots & & \vdots\\ 0 & 0 & \cdots & \frac{1}{\sigma_N^2}\end{bmatrix}\begin{bmatrix}x_1\\ x_2\\ \vdots\\ x_N\end{bmatrix}=\sum_{k=1}^{N}\frac{\Delta\mu_{x_k}x_k}{\sigma_k{}^2} \tag{3.9.38}$$

显然，具有小方差的观测信号分量加权越重，使得对检验统计量 $l(\boldsymbol{x})$的贡献越大。检测门限 γ 为

$$\begin{aligned}\gamma&=\ln\eta+\frac{1}{2}(\boldsymbol{\mu}_{x_1}^{\mathrm{T}}\boldsymbol{C}_x^{-1}\boldsymbol{\mu}_{x_1}-\boldsymbol{\mu}_{x_0}^{\mathrm{T}}\boldsymbol{C}_x^{-1}\boldsymbol{\mu}_{x_0})\\ &=\ln\eta+\frac{1}{2}\sum_{k=1}^{N}\frac{\mu_{x_{k1}}^2-\mu_{x_{k0}}^2}{\sigma_k^2}\end{aligned} \tag{3.9.39}$$

偏移系数 d^2 为

$$d^2=\Delta\boldsymbol{\mu}_x^{\mathrm{T}}\boldsymbol{C}_x^{-1}\Delta\boldsymbol{\mu}_x=\sum_{k=1}^{N}\frac{\Delta\mu_{x_k}^2}{\sigma_k^2} \tag{3.9.40}$$

如果再进一步假定，假设 H_0 下的均值矢量$\boldsymbol{\mu}_{x_0}$中的各分量都等于 μ_{x_0}，假设 H_1 下的均值矢量$\boldsymbol{\mu}_{x_1}$中的各分量都等于 μ_{x_1}，则有

$$l(\boldsymbol{x})=\sum_{k=1}^{N}\frac{x_k}{\sigma_k^2}\Delta\mu_x \tag{3.9.41}$$

$$\gamma=\ln\eta+\frac{\mu_{x_1}^2-\mu_{x_0}^2}{2}\sum_{k=1}^{N}\frac{1}{\sigma_k^2} \tag{3.9.42}$$

$$d^2=\Delta\mu_x^2\sum_{k=1}^{N}\frac{1}{\sigma_k^2} \tag{3.9.43}$$

同样，具有小方差的信号分量对检验统计量 $l(\boldsymbol{x})$ 的贡献大。

在上面所讨论的两种特殊情况下，信号统计检测的判决表示式的检验统计量 $l(\boldsymbol{x})$ 和检测门限 γ 都是简明的表示式，决定检测性能的参数 d^2 也可以简单求得。这是因为在这两种特殊情况下，观测信号 $x_k(k=1,2,\cdots,N)$ 之间是互不相关的，其协方差矩阵 $\boldsymbol{C}_x$ 是对角矩阵的缘故。

(3) 第三种情况是观测信号 x_k 之间是相关的。如果我们能将不等均值矢量、等协方差矩阵时，观测信号 $x_k(k=1,2,\cdots,N)$ 之间相关情况下的协方差矩阵

$$\boldsymbol{C}_x=\begin{bmatrix} c_{x_1x_1} & c_{x_1x_2} & \cdots & c_{x_1x_N} \\ c_{x_2x_2} & c_{x_2x_2} & \cdots & c_{x_2x_N} \\ \vdots & \vdots & & \vdots \\ c_{x_Nx_1} & c_{x_Nx_2} & \cdots & c_{x_Nx_N} \end{bmatrix} \tag{3.9.44}$$

变换为对角矩阵，则这种相关情况下的结果也将是简明的。下面我们来研究这个问题。

因为协方差矩阵 $\boldsymbol{C}_x$ 是对称的正定阵，利用对称矩阵的正交变换定理(见附录3A)，我们可将协方差矩阵 $\boldsymbol{C}_x$ 化为对角矩阵 $\boldsymbol{\Lambda}$，即

$$\boldsymbol{\Lambda}=\boldsymbol{T}^{\mathrm{T}}\boldsymbol{C}_x\boldsymbol{T} \tag{3.9.45}$$

式中，$\boldsymbol{\Lambda}$ 为对角矩阵，$\boldsymbol{T}$ 为正交矩阵。

对角矩阵 $\boldsymbol{\Lambda}$ 表示为

$$\boldsymbol{\Lambda}=\begin{bmatrix} \lambda_1 & 0 & \cdots & 0 \\ 0 & \lambda_2 & \cdots & 0 \\ \vdots & \vdots & & \vdots \\ 0 & 0 & & \lambda_N \end{bmatrix} \tag{3.9.46}$$

它的逆矩阵为

$$\boldsymbol{\Lambda}^{-1}=\begin{bmatrix} \frac{1}{\lambda_1} & 0 & \cdots & 0 \\ 0 & \frac{1}{\lambda_2} & \cdots & 0 \\ \vdots & \vdots & & \vdots \\ 0 & 0 & \cdots & \frac{1}{\lambda_N} \end{bmatrix} \tag{3.9.47}$$

矩阵中的元素 $\lambda_i(i=1,2,\cdots,N)$ 是矩阵 $\boldsymbol{C}_x$ 的特征方程

$$|\boldsymbol{C}_x-\lambda\boldsymbol{I}|=0 \tag{3.9.48}$$

的 N 个特征根 $\lambda_1,\lambda_2,\cdots,\lambda_N$。

正交矩阵 $\boldsymbol{T}$ 表示为

$$\boldsymbol{T}=\begin{bmatrix} \eta_{11} & \eta_{21} & \cdots & \eta_{N1} \\ \eta_{12} & \eta_{22} & \cdots & \eta_{N2} \\ \vdots & \vdots & & \vdots \\ \eta_{1N} & \eta_{2N} & \cdots & \eta_{NN} \end{bmatrix} \tag{3.9.49}$$

式中第 i 列矢量

$$\boldsymbol{\eta}_i=\begin{bmatrix}\eta_{i1}\\ \eta_{i2}\\ \vdots\\ \eta_{iN}\end{bmatrix}$$

是由齐次线性方程组

$$(\boldsymbol{C}_x-\lambda_i\boldsymbol{I})\boldsymbol{u}=0,\quad i=1,2,\cdots,N \tag{3.9.50}$$

求出的 N 个线性无关特征矢量 $\alpha_1,\alpha_2,\cdots,\alpha_N$ 经正交化、单位化后而获得的 $\boldsymbol{C}_x$ 的 N 个线性无关两两正交的单位矢量。(3.9.50)式中的矢量 $\boldsymbol{u}=(u_1,u_2,\cdots,u_N)^{\mathrm{T}}$ 是线性方程组的变量。

在协方差矩阵 $\boldsymbol{C}_x$ 正交化为对角矩阵$\boldsymbol{\Lambda}$ 后，观测信号矢量 $\boldsymbol{x}$，均值矢量$\boldsymbol{\mu}_{x_1}$ 和$\boldsymbol{\mu}_{x_0}$，均值差矢量 $\Delta\boldsymbol{\mu}_x=\boldsymbol{\mu}_{x_1}-\boldsymbol{\mu}_{x_0}$ 也应相应地进行正交化处理，即

$$\boldsymbol{x}_{\mathrm{t}}=\boldsymbol{T}^{\mathrm{T}}\boldsymbol{x}=\begin{bmatrix}\eta_{11} & \eta_{12} & \cdots & \eta_{1N}\\ \eta_{21} & \eta_{22} & \cdots & \eta_{2N}\\ \vdots & \vdots & & \vdots\\ \eta_{N1} & \eta_{N2} & \cdots & \eta_{NN}\end{bmatrix}\begin{bmatrix}x_1\\ x_2\\ \vdots\\ x_N\end{bmatrix}\overset{\text{def}}{=}\begin{bmatrix}x_{1\mathrm{t}}\\ x_{2\mathrm{t}}\\ \vdots\\ x_{N\mathrm{t}}\end{bmatrix} \tag{3.9.51}$$

式中，

$$x_{k\mathrm{t}}=\sum_{i=1}^{N}\eta_{ki}x_i,\quad k=1,2,\cdots,N \tag{3.9.52}$$

这说明，正交化观测矢量 $\boldsymbol{x}_{\mathrm{t}}$ 的各个分量 $x_{k\mathrm{t}}(k=1,2,\cdots,N)$是互不相关的。由于原观测信号矢量 $\boldsymbol{x}$ 是高斯随机矢量，而正交化观测信号矢量 $\boldsymbol{x}_{\mathrm{t}}$ 是 $\boldsymbol{x}$ 经线性变换后得到的，所以 $\boldsymbol{x}_{\mathrm{t}}$ 仍为高斯随机矢量，其各分量之间互不相关，因而也是统计独立的。

正交化均值矢量为

$$\begin{aligned}\boldsymbol{\mu}_{x_{j\mathrm{t}}}=\boldsymbol{T}^{\mathrm{T}}\boldsymbol{\mu}_{x_j}&=\begin{bmatrix}\eta_{11} & \eta_{12} & \cdots & \eta_{1N}\\ \eta_{21} & \eta_{22} & \cdots & \eta_{2N}\\ \vdots & \vdots & & \vdots\\ \eta_{N1} & \eta_{N2} & \cdots & \eta_{NN}\end{bmatrix}\begin{bmatrix}\mu_{x_{1j}}\\ \mu_{x_{2j}}\\ \vdots\\ \mu_{x_{Nj}}\end{bmatrix}\\ &=\begin{bmatrix}\mu_{x_{1j\mathrm{t}}}\\ \mu_{x_{2j\mathrm{t}}}\\ \vdots\\ \mu_{x_{Nj\mathrm{t}}}\end{bmatrix},\quad j=0,1\end{aligned} \tag{3.9.53}$$

式中，

$$\mu_{x_{kj\mathrm{t}}}=\sum_{i=1}^{N}\eta_{ki}\mu_{x_{ij}},\quad k=1,2,\cdots,N \tag{3.9.54}$$

正交化均值差矢量为

$$\Delta \boldsymbol{\mu}_{x_t} = \boldsymbol{T}^{\mathrm{T}} \Delta \boldsymbol{\mu}_x = \begin{bmatrix} \eta_{11} & \eta_{12} & \cdots & \eta_{1N} \\ \eta_{21} & \eta_{22} & \cdots & \eta_{2N} \\ \vdots & \vdots & & \vdots \\ \eta_{N1} & \eta_{N2} & \cdots & \eta_{NN} \end{bmatrix} \begin{bmatrix} \Delta\mu_{x_1} \\ \Delta\mu_{x_2} \\ \vdots \\ \Delta\mu_{x_N} \end{bmatrix} = \begin{bmatrix} \Delta\mu_{x_{1t}} \\ \Delta\mu_{x_{2t}} \\ \vdots \\ \Delta\mu_{x_{Nt}} \end{bmatrix} \tag{3.9.55}$$

式中，

$$\Delta\mu_{x_{kt}} = \sum_{i=1}^{N} \eta_{ki} \Delta\mu_{x_i}, \quad k=1,2,\cdots,N \tag{3.9.56}$$

在进行了上述正交化变换后，问题就类似于各次观测信号 x_k 之间统计独立、但 x_k 的方差各不相同的情况了。因此，利用前面讨论的第二种特殊的结果，我们可得不等均值矢量、等协方差矩阵一般情况下的检验统计量 $l(\boldsymbol{x}_t)$ 为

$$l(\boldsymbol{x}_t) = \Delta \boldsymbol{\mu}_{x_t}^{\mathrm{T}} \boldsymbol{\Lambda}^{-1} \boldsymbol{x}_t = \sum_{k=1}^{N} \frac{\Delta\mu_{x_{kt}} x_{kt}}{\lambda_k} \tag{3.9.57}$$

检测门限 γ_t 为

$$\gamma_t = \ln\eta + \frac{1}{2}(\boldsymbol{\mu}_{x_{1t}}^{\mathrm{T}} \boldsymbol{\mu}_{x_{1t}} - \boldsymbol{\mu}_{x_{0t}}^{\mathrm{T}} \boldsymbol{\mu}_{x_{0t}}) = \ln\eta + \frac{1}{2} \sum_{k=1}^{N} (\mu_{x_{k1t}}^2 - \mu_{x_{k0t}}^2) \tag{3.9.58}$$

偏移系数 d_t^2 为

$$d_t^2 = \Delta \boldsymbol{\mu}_{x_t}^{\mathrm{T}} \boldsymbol{\Lambda}^{-1} \Delta \boldsymbol{\mu}_{x_t} = \sum_{k=1}^{N} \frac{\Delta\mu_{x_{kt}}^2}{\lambda_k} \tag{3.9.59}$$

例 3.9.2 已知一般高斯二元信号统计检测是属于不等均值矢量、等协方差矩阵的情况，且观测次数 $N=2$。若观测信号 x_1, x_2 的协方差矩阵为

$$\boldsymbol{C}_x = \boldsymbol{C}_{x_0} = \boldsymbol{C}_{x_1} = \begin{bmatrix} 1 & \rho \\ \rho & 1 \end{bmatrix}, \quad -1 \leqslant \rho \leqslant 1$$

假设 H_0 下和假设 H_1 下的均值矢量分别为

$$\boldsymbol{\mu}_{x_0} = (0,0)^{\mathrm{T}}$$

$$\boldsymbol{\mu}_{x_1} = (\mu_{x_{11}}, \mu_{x_{21}})^{\mathrm{T}}$$

试通过使 $\boldsymbol{C}_x$ 对角化的方法建立检验统计量和检测门限，并求偏移系数。

解 为使 $\boldsymbol{C}_x$ 对角化，我们需求出 $\boldsymbol{C}_x$ 的特征根。由特征方程

$$|\boldsymbol{C}_x - \lambda \boldsymbol{I}| = 0$$

得

$$\begin{vmatrix} 1-\lambda & \rho \\ \rho & 1-\lambda \end{vmatrix} = 0$$

于是有

$$(1-\lambda)^2 - \rho^2 = 0$$

从而解得特征根为

$$\lambda_1 = 1+\rho$$

$$\lambda_2 = 1-\rho$$

这样，对角矩阵 $\boldsymbol{\Lambda}$ 及其逆矩阵 $\boldsymbol{\Lambda}^{-1}$ 分别为

$$\boldsymbol{\Lambda} = \begin{bmatrix} 1+\rho & 0 \\ 0 & 1-\rho \end{bmatrix}$$

$$\boldsymbol{\Lambda}^{-1}=\begin{bmatrix}\frac{1}{1+\rho} & 0\\ 0 & \frac{1}{1-\rho}\end{bmatrix}$$

再求正交矩阵 $\boldsymbol{T}$。由齐次线性方程组

$$(\boldsymbol{C}_x-\lambda_1\boldsymbol{I})\boldsymbol{u}=0$$

得

$$\begin{bmatrix}1-1-\rho & \rho\\ \rho & 1-1-\rho\end{bmatrix}\begin{bmatrix}u_1\\ u_2\end{bmatrix}=0$$

即

$$\begin{cases}-\rho u_1+\rho u_2=0\\ \rho u_1-\rho u_2=0\end{cases}$$

可见，$u_1=u_2$。解得特征矢量 $\boldsymbol{\alpha}_1=(\alpha_{11},\alpha_{12})^{\mathrm{T}}=(1,1)^{\mathrm{T}}$，归一化得正交矩阵的第一列矢量为

$$\boldsymbol{\eta}_1=\begin{bmatrix}\eta_{11}\\ \eta_{12}\end{bmatrix}=\begin{bmatrix}\frac{1}{\sqrt{2}}\\ \frac{1}{\sqrt{2}}\end{bmatrix}$$

类似地，由齐次线性方程组

$$(\boldsymbol{C}_x-\lambda_2\boldsymbol{I})\boldsymbol{u}=0$$

得

$$\begin{bmatrix}1-1+\rho & \rho\\ \rho & 1-1+\rho\end{bmatrix}\begin{bmatrix}u_1\\ u_2\end{bmatrix}=0$$

即

$$\rho u_1+\rho u_2=0$$

可见，$u_1=-u_2$。解得特征矢量 $\boldsymbol{\alpha}_2=(\alpha_{21},\alpha_{22})^{\mathrm{T}}=(1,-1)^{\mathrm{T}}$，归一化得正交矩阵的第二列矢量为

$$\boldsymbol{\eta}_2=\begin{bmatrix}\eta_{21}\\ \eta_{22}\end{bmatrix}=\begin{bmatrix}\frac{1}{\sqrt{2}}\\ -\frac{1}{\sqrt{2}}\end{bmatrix}$$

这样，正交矩阵 $\boldsymbol{T}$ 为

$$\boldsymbol{T}=\begin{bmatrix}\eta_{11} & \eta_{21}\\ \eta_{12} & \eta_{22}\end{bmatrix}=\begin{bmatrix}\frac{1}{\sqrt{2}} & \frac{1}{\sqrt{2}}\\ \frac{1}{\sqrt{2}} & -\frac{1}{\sqrt{2}}\end{bmatrix}$$

求出正交矩阵 $\boldsymbol{T}$ 后，我们就可以对观测信号矢量 $\boldsymbol{x}$ 及均值矢量 $\boldsymbol{\mu}_{x_0}$ 和 $\boldsymbol{\mu}_{x_1}$ 进行正交化处理了。观测信号矢量 $\boldsymbol{x}$ 的正交化处理结果为

$$\boldsymbol{x}_t=\boldsymbol{T}^{\mathrm{T}}\boldsymbol{x}=\begin{bmatrix}\frac{1}{\sqrt{2}} & \frac{1}{\sqrt{2}}\\ \frac{1}{\sqrt{2}} & -\frac{1}{\sqrt{2}}\end{bmatrix}\begin{bmatrix}x_1\\ x_2\end{bmatrix}$$

$$=\begin{bmatrix}\frac{1}{\sqrt{2}}(x_1+x_2)\\ \frac{1}{\sqrt{2}}(x_1-x_2)\end{bmatrix}$$

均值矢量$\boldsymbol{\mu}_{x_0}=(0,0)^{\mathrm{T}}$，正交化结果$\boldsymbol{\mu}_{x_{0\mathrm{t}}}=\begin{bmatrix}0\\0\end{bmatrix}$；而均值矢量$\boldsymbol{\mu}_{x_1}$的正交化结果为

$$\boldsymbol{\mu}_{x_{1\mathrm{t}}}=\boldsymbol{T}^{\mathrm{T}}\boldsymbol{\mu}_{x_1}=\begin{bmatrix}\frac{1}{\sqrt{2}} & \frac{1}{\sqrt{2}}\\ \frac{1}{\sqrt{2}} & -\frac{1}{\sqrt{2}}\end{bmatrix}\begin{bmatrix}\mu_{x_{11}}\\ \mu_{x_{21}}\end{bmatrix}=\begin{bmatrix}\frac{1}{\sqrt{2}}(\mu_{x_{11}}+\mu_{x_{21}})\\ \frac{1}{\sqrt{2}}(\mu_{x_{11}}-\mu_{x_{21}})\end{bmatrix}$$

完成了观测信号矢量 $\boldsymbol{x}$、均值矢量$\boldsymbol{\mu}_{x_0}$和$\boldsymbol{\mu}_{x_1}$的正交化处理后，就可以求检验统计量$l(\boldsymbol{x}_{\mathrm{t}})$、检测门限 γ_{t} 和参数 d_{t}^2 的表示式了。检验统计量 $l(\boldsymbol{x}_{\mathrm{t}})$为

$$\begin{aligned}l(\boldsymbol{x}_{\mathrm{t}})&=\Delta\boldsymbol{\mu}_{x_{\mathrm{t}}}^{\mathrm{T}}\boldsymbol{\Lambda}^{-1}\boldsymbol{x}_{\mathrm{t}}=\sum_{k=1}^{N}\frac{\Delta\mu_{x_{k\mathrm{t}}}x_{k\mathrm{t}}}{\lambda_k}\\&=\frac{1}{1+\rho}\frac{(\mu_{x_{11}}+\mu_{x_{21}})(x_1+x_2)}{2}+\frac{1}{1-\rho}\frac{(\mu_{x_{11}}-\mu_{x_{21}})(x_1-x_2)}{2}\\&=\frac{1}{1-\rho^2}[(\mu_{x_{11}}-\rho\mu_{x_{21}})x_1+(-\rho\mu_{x_{11}}+\mu_{x_{21}})x_2]\end{aligned}$$

检测门限 γ_{t} 为

$$\begin{aligned}\gamma_{\mathrm{t}}&=\ln\eta+\frac{1}{2}(\boldsymbol{\mu}_{x_{1\mathrm{t}}}^{\mathrm{T}}\boldsymbol{\Lambda}^{-1}\boldsymbol{\mu}_{x_{1\mathrm{t}}}-\boldsymbol{\mu}_{x_{0\mathrm{t}}}^{\mathrm{T}}\boldsymbol{\Lambda}^{-1}\boldsymbol{\mu}_{x_{0\mathrm{t}}})\\&=\ln\eta+\frac{1}{2}\sum_{k=1}^{N}\frac{\mu_{x_{k1\mathrm{t}}}^2}{\lambda_k}\\&=\ln\eta+\frac{1}{2}\left[\frac{(\mu_{x_{11}}+\mu_{x_{21}})^2}{2(1+\rho)}+\frac{(\mu_{x_{11}}-\mu_{x_{21}})^2}{2(1-\rho)}\right]\\&=\ln\eta+\frac{1}{2(1-\rho^2)}(\mu_{x_{11}}^2-2\rho\mu_{x_{11}}\mu_{x_{21}}+\mu_{x_{21}}^2)\end{aligned}$$

偏移系数 d_{t}^2 为

$$\begin{aligned}d_{\mathrm{t}}^2&=\Delta\boldsymbol{\mu}_{x_{\mathrm{t}}}^{\mathrm{T}}\boldsymbol{\Lambda}^{-1}\Delta\boldsymbol{\mu}_{x_{\mathrm{t}}}=\sum_{k=1}^{N}\frac{\Delta\mu_{x_{k\mathrm{t}}}^2}{\lambda_k}\\&=\frac{(\mu_{x_{11}}+\mu_{x_{21}})^2}{2(1+\rho)}+\frac{(\mu_{x_{11}}-\mu_{x_{21}})^2}{2(1-\rho)}\\&=\frac{1}{1-\rho^2}(\mu_{x_{11}}^2-2\rho\mu_{x_{11}}\mu_{x_{21}}+\mu_{x_{21}}^2)\end{aligned}$$

最后，我们对不等均值矢量、等协方差矩阵情况进行一下总结。这种情况是一般高斯二元信号统计检测中最重要且实际中遇到最多的情况。通过以上分析我们知道，在这种情况下，检验统计量 $l(\boldsymbol{x})$是由高斯随机变量 $x_k(k=1,2,\cdots,N)$经线性变换得到的，因此，检验统计量 $l(\boldsymbol{x})$是高斯随机变量，其检测性能惟一地由参数 d^2 决定，随着 d^2 的增加，判决概率 $P(H_1|H_0)$和 $P(H_1|H_1)$逐步得到改善。在观测信号 $x_k(k=1,2,\cdots,N)$是互不相关的两种特殊情况下，判决表示式中的检验统计量 $l(\boldsymbol{x})$、检测门限 γ 和参数 d^2 的计算是简明的；在观测信号 $x_k(k=1,2,\cdots,N)$是相关的一般情况下，我们通过矩阵的正交变换，使协方差矩阵 $\boldsymbol{C}_x$ 变换为对角阵，并对观测信号 $x_k(k=1,2,\cdots,N)$，均值矢量$\boldsymbol{\mu}_{x_0}$和$\boldsymbol{\mu}_{x_1}$进行正交化处理，分别得 $x_{k\mathrm{t}}(k=1,2,\cdots,N)$，$\boldsymbol{\mu}_{x_{0\mathrm{t}}}$和$\boldsymbol{\mu}_{x_{1\mathrm{t}}}$，经过正交化处理后，观测信号相

关情况下的检验统计量 $l(\boldsymbol{x}_t)$、检测门限 γ_t 和参数 d_t^2 也能够简明地进行计算，这在观测次数 N 较大的情况下会带来方便。

2. 等均值矢量的情况

在一般高斯信号的统计检测中，如果两个假设下的均值矢量相等，而协方差矩阵不相等，即

$$\boldsymbol{\mu}_{x_0}=\boldsymbol{\mu}_{x_1}\overset{\text{def}}{=}\boldsymbol{\mu}_x$$
$$\boldsymbol{C}_{x_0}\neq\boldsymbol{C}_{x_1}$$

此时信号检测的(3.9.10)判决表示式可写成

$$\frac{1}{2}(\boldsymbol{x}-\boldsymbol{\mu}_x)^{\mathrm{T}}\boldsymbol{C}_{x_0}^{-1}(\boldsymbol{x}-\boldsymbol{\mu}_x)-\frac{1}{2}(\boldsymbol{x}-\boldsymbol{\mu}_x)^{\mathrm{T}}\boldsymbol{C}_{x_1}^{-1}(\boldsymbol{x}-\boldsymbol{\mu}_x)$$
$$=\frac{1}{2}(\boldsymbol{x}-\boldsymbol{\mu}_x)^{\mathrm{T}}(\boldsymbol{C}_{x_0}^{-1}-\boldsymbol{C}_{x_1}^{-1})(\boldsymbol{x}-\boldsymbol{\mu}_x)\underset{H_0}{\overset{H_1}{\gtrless}}$$
$$\ln\eta+\frac{1}{2}\ln|\boldsymbol{C}_{x_1}|-\frac{1}{2}\ln|\boldsymbol{C}_{x_0}| \tag{3.9.60}$$

因为在两个假设是等均值矢量的条件下，概率密度函数 $p(\boldsymbol{x}|H_0)$ 和 $p(\boldsymbol{x}|H_1)$ 在 N 维观测空间中的坐标中心是一样的，故均值矢量不能提供是判决假设 H_0 成立还是假设 H_1 成立的信息，作出判决要依赖于两个假设下的协方差矩阵 $\boldsymbol{C}_{x_0}$ 和 $\boldsymbol{C}_{x_1}$ 的差异。所以，如果我们令均值矢量等于零，即把 $p(\boldsymbol{x}|H_0)$ 和 $p(\boldsymbol{x}|H_1)$ 的坐标中心移到原点，同时对检测门限进行适当的调整，就可以得到同样性能的判决结果。这样，令

$$\boldsymbol{\mu}_{x_0}=\boldsymbol{\mu}_{x_1}=\boldsymbol{0}$$
$$\boldsymbol{C}_{x_0}^{-1}-\boldsymbol{C}_{x_1}^{-1}\overset{\text{def}}{=}\Delta\boldsymbol{C}_x^{-1} \tag{3.9.61}$$

则(3.9.60)式所示的判决表示式可表示为

$$l(\boldsymbol{x})\overset{\text{def}}{=}\boldsymbol{x}^{\mathrm{T}}\Delta\boldsymbol{C}_x^{-1}\boldsymbol{x}\underset{H_0}{\overset{H_1}{\gtrless}}\gamma \tag{3.9.62}$$

式中 γ 是在 $2\ln\eta+\ln|\boldsymbol{C}_{x_1}|-\ln|\boldsymbol{C}_{x_0}|$ 的基础上适当调整得到的检测门限。

由于 $\Delta\boldsymbol{C}_x^{-1}$ 是两个 N 阶方阵之差，所以仍然是 N 阶方阵。这样，(3.9.62)式所示的检验统计量 $l(\boldsymbol{x})$ 就是高斯随机矢量 $\boldsymbol{x}$ 的二次型函数，而不是它的线性组合，所以 $l(\boldsymbol{x})$ 不再服从高斯分布。这是等均值矢量、不等协方差矩阵与不等均值矢量、等协方差矩阵情况检验统计量统计特性的根本差别。

下面讨论等均值矢量、不等协方差矩阵的一种特殊情况。在假设 H_0 下，观测信号为

$$H_0: x_k=n_k,\quad k=1,2,\cdots,N$$

它是均值为零、方差为 σ_n^2 的高斯白信号，$\boldsymbol{x}_0=(x_1,x_2,\cdots,x_N|H_0)^{\mathrm{T}}$ 的协方差矩阵为对角矩阵，即

$$\boldsymbol{C}_{x_0}=\sigma_n^2\boldsymbol{I} \tag{3.9.63}$$

在假设 H_1 下，观测信号为

$$H_1: x_k=s_k+n_k,\quad k=1,2,\cdots,N$$

其中，$\boldsymbol{s}=(s_1,s_2,\cdots,s_N)^{\mathrm{T}}$ 是均值矢量为零、协方差矩阵为 $\boldsymbol{C}_s$ 的高斯信号；$\boldsymbol{n}=(n_1,n_2,\cdots,n_N)^{\mathrm{T}}$ 是均值矢量为零、协方差矩阵为 $\sigma_n^2\boldsymbol{I}$ 的高斯白噪声；s_k 与 n_k 相互统计独立。这样，

$\boldsymbol{x}_1=(x_1,x_2,\cdots,x_N|H_1)^{\mathrm{T}}$ 的协方差矩阵为

$$\boldsymbol{C}_{x_1}=\boldsymbol{C}_s+\boldsymbol{C}_n=\boldsymbol{C}_s+\sigma_n^2\boldsymbol{I} \tag{3.9.64}$$

协方差矩阵 $\boldsymbol{C}_{x_0}$ 和 $\boldsymbol{C}_{x_1}$ 的逆矩阵分别为

$$\boldsymbol{C}_{x_0}^{-1}=\frac{1}{\sigma_n^2}\boldsymbol{I} \tag{3.9.65}$$

$$\boldsymbol{C}_{x_1}^{-1}=(\boldsymbol{C}_s+\sigma_n^2\boldsymbol{I})^{-1} \tag{3.9.66}$$

如令

$$\boldsymbol{H}=(\boldsymbol{C}_s+\sigma_n^2\boldsymbol{I})^{-1}\boldsymbol{C}_s \tag{3.9.67}$$

则 $\boldsymbol{C}_{x_1}^{-1}$ 可表示为

$$\boldsymbol{C}_{x_1}^{-1}=\frac{1}{\sigma_n^2}(\boldsymbol{I}-\boldsymbol{H}) \tag{3.9.68}$$

这样，协方差矩阵之差可表示成如下简洁的形式：

$$\Delta\boldsymbol{C}_x^{-1}=\frac{1}{\sigma_n^2}\boldsymbol{H}$$

于是，(3.9.62)式判决表示式可写成

$$l(\boldsymbol{x})=\frac{1}{\sigma_n^2}\boldsymbol{x}^{\mathrm{T}}\boldsymbol{H}\boldsymbol{x}\underset{H_0}{\overset{H_1}{\gtrless}}\gamma \tag{3.9.69}$$

现在我们针对信号 $s_k(k=1,2,\cdots,N)$ 的协方差矩阵 $\boldsymbol{C}_s$ 的三种情况作进一步的讨论。

(1) 第一种情况是假定信号矢量各分量 $s_k(k=1,2,\cdots,N)$ 之间互不相关，且方差一样，即

$$\boldsymbol{C}_s=\sigma_s^2\boldsymbol{I} \tag{3.9.70}$$

在这种情况下，矩阵 $\boldsymbol{H}$ 为

$$\boldsymbol{H}=(\sigma_s^2\boldsymbol{I}+\sigma_n^2\boldsymbol{I})^{-1}\sigma_s^2\boldsymbol{I}=\frac{\sigma_s^2}{\sigma_s^2+\sigma_n^2}\boldsymbol{I} \tag{3.9.71}$$

因此，检验统计量 $l(\boldsymbol{x})$ 的判决表示式为

$$l(\boldsymbol{x})=\frac{1}{\sigma_n^2}\boldsymbol{x}^{\mathrm{T}}\boldsymbol{H}\boldsymbol{x}=\frac{\sigma_s^2}{\sigma_n^2(\sigma_s^2+\sigma_n^2)}\boldsymbol{x}^{\mathrm{T}}\boldsymbol{x}\underset{H_0}{\overset{H_1}{\gtrless}}\gamma \tag{3.9.72}$$

整理后的判决表示式(检验统计量仍用 $l(\boldsymbol{x})$ 表示)为

$$l(\boldsymbol{x})=\boldsymbol{x}^{\mathrm{T}}\boldsymbol{x}=\sum_{k=1}^{N}x_k^2\underset{H_0}{\overset{H_1}{\gtrless}}\frac{\sigma_n^2(\sigma_s^2+\sigma_n^2)}{\sigma_s^2}\gamma\overset{\text{def}}{=}\gamma_1 \tag{3.9.73}$$

从 $\boldsymbol{C}_{x_0}$ 和 $\boldsymbol{C}_{x_1}$ 是对角矩阵可知，在两个假设下的 $x_k(k=1,2,\cdots,N)$ 是统计独立的高斯随机变量，因此，检验统计量 $l(\boldsymbol{x})=\sum\limits_{k=1}^{N}x_k^2$ 是 N 个相互统计独立的、零均值高斯随机变量 x_k 的平方和，为 χ^2 统计量，服从 N 个自由度的伽马分布，即

$$p(l|H_0)=\begin{cases}\dfrac{l^{N/2-1}\exp\left(-\dfrac{l}{2\sigma_n^2}\right)}{(2\sigma_n^2)^{N/2}\Gamma(N/2)}, & l\geqslant 0\\ 0, & l<0\end{cases} \tag{3.9.74}$$

$$p(l|H_1)=\begin{cases}\dfrac{l^{N/2-1}\exp\left(-\dfrac{l}{2\sigma_1^2}\right)}{(2\sigma_1^2)^{N/2}\Gamma(N/2)}, & l\geqslant 0\\ 0, & l<0\end{cases} \tag{3.9.75}$$

式中，$\Gamma(N/2)$是Γ函数，$\sigma_1^2=\sigma_s^2+\sigma_n^2$。

这样，反映检测性能的两种判决概率可由下式计算：

$$P(H_1|H_0)=\int_{\gamma_1}^{\infty}p(l\mid H_0)dl=\int_{\gamma_1}^{\infty}\frac{l^{N/2-1}\exp\left(-\frac{l}{2\sigma_n^2}\right)}{(2\sigma_n^2)^{N/2}\Gamma(N/2)}\mathrm{d}l \tag{3.9.76}$$

$$P(H_1|H_1)=\int_{\gamma_1}^{\infty}p(l\mid H_1)dl=\int_{\gamma_1}^{\infty}\frac{l^{N/2-1}\exp\left(-\frac{l}{2\sigma_1^2}\right)}{(2\sigma_1^2)^{N/2}\Gamma(N/2)}\mathrm{d}l \tag{3.9.77}$$

它们是χ^2统计量$l(\boldsymbol{x})$在两个假设下相应概率密度函数$p(l|H_j)(j=0,1)$的积分。当$N=2$时，χ^2统计量在两个假设下的概率密度函数分别为

$$p(l|H_0)=\begin{cases}\frac{1}{2\sigma_n^2}\exp\left(-\frac{l}{2\sigma_n^2}\right), & l\geqslant 0\\ 0, & l<0\end{cases} \tag{3.9.78}$$

和

$$p(l|H_1)=\begin{cases}\frac{1}{2\sigma_1^2}\exp\left(-\frac{l}{2\sigma_1^2}\right), & l\geqslant 0\\ 0, & l<0\end{cases} \tag{3.9.79}$$

所以，两种判决概率分别为

$$P(H_1|H_0)=\exp\left(-\frac{\gamma_1}{2\sigma_n^2}\right) \tag{3.9.80}$$

$$P(H_1|H_1)=\exp\left(-\frac{\gamma_1}{2\sigma_1^2}\right) \tag{3.9.81}$$

通过检测门限γ_1将$P(H_1|H_0)$与$P(H_1|H_1)$联系起来表示为

$$P(H_1|H_1)=\left[P(H_1|H_0)\right]^{\frac{1}{1+\sigma_s^2/\sigma_n^2}} \tag{3.9.82}$$

当$N>2$时，可利用不完全的Γ函数表求判决概率$P(H_1|H_0)$和$P(H_1|H_1)$。

令$M=\frac{N}{2}-1$，$u=\frac{l}{2\sigma_n^2}$，记$\beta_{1\mathrm{F}}=\frac{\gamma_1}{2\sigma_n^2}$，则

$$\begin{aligned}P(H_1|H_0)&=\int_{\beta_{1\mathrm{F}}}^{\infty}\frac{u^M}{M!}\exp(-u)\mathrm{d}u\\&=1-\int_0^{\beta_{1\mathrm{F}}}\frac{u^M}{M!}\exp(-u)\mathrm{d}u\end{aligned} \tag{3.9.83}$$

积分

$$\int_0^{v\sqrt{M+1}}\frac{u^M}{M!}\exp(-u)\mathrm{d}u=I_\Gamma(v,M) \tag{3.9.84}$$

称为不完全的Γ函数。令

$$v\sqrt{M+1}=\beta_{1\mathrm{F}}$$

则有

$$v=\frac{\beta_{1\mathrm{F}}}{\sqrt{M+1}}$$

所以

$$\int_0^{\beta_{1\mathrm{F}}}\frac{u^M}{M!}\exp(-u)\mathrm{d}u=I_\Gamma\left(\frac{\beta_{1\mathrm{F}}}{\sqrt{M+1}},M\right) \tag{3.9.85}$$

于是有

$$P(H_1|H_0)=1-I_\Gamma\left(\frac{\beta_{1F}}{\sqrt{M+1}},M\right) \tag{3.9.86}$$

不完全的 Γ 函数 $I_\Gamma(v,M)$的值可通过查不完全的 Γ 函数表得到。

同样,判决概率 $P(H_1|H_1)$也可以用不完全的 Γ 函数表来求得,即

$$P(H_1|H_1)=1-I_\Gamma\left(\frac{\beta_{1D}}{\sqrt{M+1}},M\right) \tag{3.9.87}$$

式中,

$$\beta_{1D}=\frac{\gamma_1}{2\sigma_1^2}$$

当 $N>2$ 时,判决概率 $P(H_1|H_0)$和 $P(H_1|H_1)$也可以用分部积分法来近似计算,简要说明如下。

由前文可知,$P(H_1|H_0)$为

$$P(H_1|H_0)=1-\int_0^{\beta_{1F}}\frac{u^M}{M!}\exp(-u)\mathrm{d}u$$

对该式作 M 次分部积分,可得

$$P(H_1|H_0)=\exp(-\beta_{1F})\sum_{i=0}^{M}\frac{(\beta_{1F})^i}{i!} \tag{3.9.88}$$

当 $P(H_1|H_0)$较小,β_{1F}较大时,上式可用前几项来近似,即

$$P(H_1|H_0)=\frac{(\beta_{1F})^M}{M!}\left[1+\frac{M}{\beta_{1F}}+\frac{M(M-1)}{(\beta_{1F})^2}+\cdots\right] \tag{3.9.89}$$

如果进一步用公比为 M/β_{1F}的等比级数来表示上式中方括号中的级数,则得

$$P(H_1|H_0)=\frac{(\beta_{1F})^M\exp(-\beta_{1F})}{M!(1-M/\beta_{1F})} \tag{3.9.90}$$

同样可求得

$$P(H_1|H_1)=\frac{(\beta_{1D})^M\exp(-\beta_{1D})}{M!(1-M/\beta_{1D})} \tag{3.9.91}$$

在计算得到 $P(H_1|H_0)$和 $P(H_1|H_1)$后,便可画出接收机的工作特性(ROC)。图3.21给出了接收机在几种 N 值及 σ_s^2/σ_n^2 典型值下的工作特性。

从这些曲线可以看出,总的来说,N 越大,曲线位置越高;σ_s^2/σ_n^2 越大,曲线位置也越高;因此,$N\sigma_s^2/\sigma_n^2$ 越大,曲线位置越高,这显然是合理的,因为 N 是观测次数,σ_s^2/σ_n^2 是单次观测的功率信噪比。对于 $N=8$,$\sigma_s^2/\sigma_n^2=1$,以及 $N=2$,$\sigma_s^2/\sigma_n^2=4$ 这两条曲线,乘积 $N\sigma_s^2/\sigma_n^2$ 都等于 8,但性能上略有差别。当 $P(H_1|H_0)\approx0.3$ 时,这两条曲线出现一个交点,$P(H_1|H_0)>0.3$ 后,$N=8$ 的那条曲线位置略高于 $N=2$ 的那条曲线,即前者判决概率 $P(H_1|H_1)$略大。这说明对于每个 $P(H_1|H_0)$和乘积 $N\sigma_s^2/\sigma_n^2$,都有一个最佳 N 值,这种情况相当于通信分集接收中的最佳分集重数,或雷达系统中的最佳脉冲数目。为了使这种情况看起来更清楚,图 3.22(a)和(b)分别给出了 $P(H_1|H_0)=10^{-2}$和 $P(H_1|H_0)=10^{-4}$时,$P(H_0|H_1)=1-P(H_1|H_1)$与 N 的关系曲线。显然,N 有最佳值。

(2) 第二种情况是假定信号矢量各分量 $s_k(k=1,2,\cdots,N)$之间互不相关,但方差各不一样,即

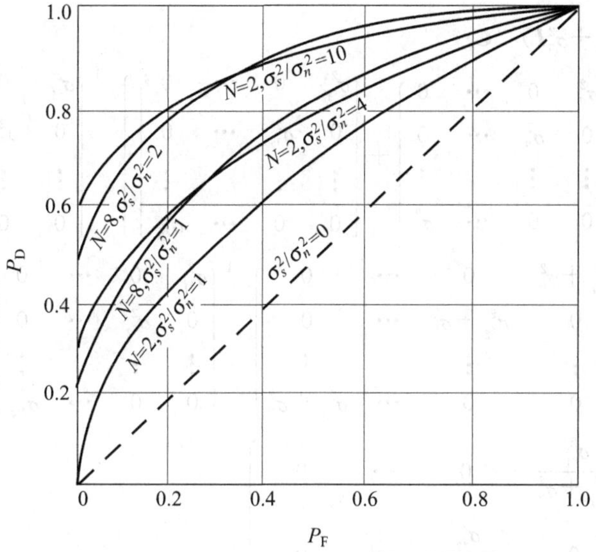

图 3.21　等均值矢量、不等协方差矩阵时接收机的工作特性

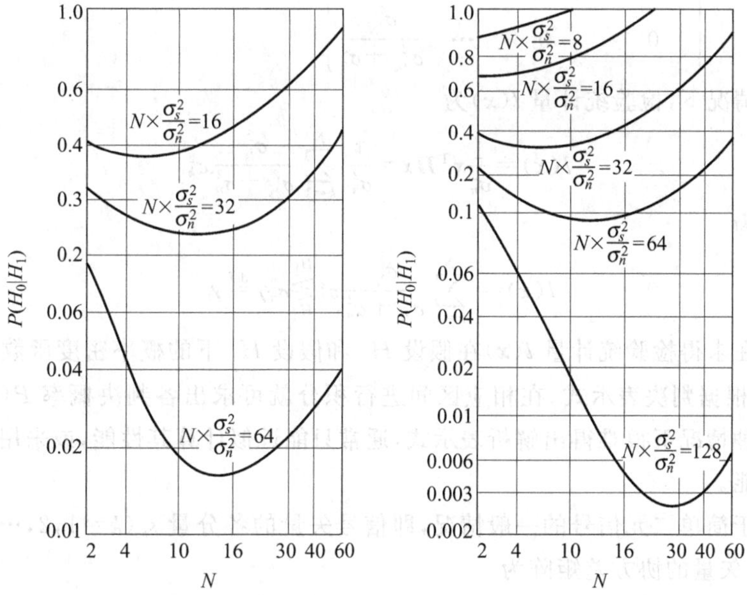

(a) $P_F=10^{-2}$　　(b) $P_F=10^{-4}$

图 3.22　$P(H_0|H_1)$与 N 的关系曲线

$$\boldsymbol{C}_s=\begin{pmatrix} \sigma_{s_1}^2 & 0 & \cdots & 0 \\ 0 & \sigma_{s_2}^2 & \cdots & 0 \\ \vdots & \vdots & & \vdots \\ 0 & 0 & \cdots & \sigma_{s_N}^2 \end{pmatrix} \tag{3.9.92}$$

此时，矩阵 $\boldsymbol{H}$ 为

$$\begin{aligned}\boldsymbol{H}&=(\boldsymbol{C}_s+\sigma_n^2\boldsymbol{I})^{-1}\boldsymbol{C}_s\\&=\left(\begin{pmatrix}\sigma_n^2&0&\cdots&0\\0&\sigma_n^2&\cdots&0\\\vdots&\vdots&&\vdots\\0&0&\cdots&\sigma_n^2\end{pmatrix}+\begin{pmatrix}\sigma_{s_1}^2&0&\cdots&0\\0&\sigma_{s_2}^2&\cdots&0\\\vdots&\vdots&&\vdots\\0&0&\cdots&\sigma_{s_N}^2\end{pmatrix}\right)^{-1}\begin{pmatrix}\sigma_{s_1}^2&0&\cdots&0\\0&\sigma_{s_2}^2&\cdots&0\\\vdots&\vdots&&\vdots\\0&0&\cdots&\sigma_{s_N}^2\end{pmatrix}\\&=\begin{pmatrix}\sigma_{s_1}^2+\sigma_n^2&0&\cdots&0\\0&\sigma_{s_2}^2+\sigma_n^2&\cdots&0\\\vdots&\vdots&&\vdots\\0&0&\cdots&\sigma_{s_N}^2+\sigma_n^2\end{pmatrix}^{-1}\begin{pmatrix}\sigma_{s_1}^2&0&\cdots&0\\0&\sigma_{s_2}^2&\cdots&0\\\vdots&\vdots&&\vdots\\0&0&\cdots&\sigma_{s_N}^2\end{pmatrix}\\&=\begin{pmatrix}\dfrac{\sigma_{s_1}^2}{\sigma_{s_1}^2+\sigma_n^2}&0&\cdots&0\\0&\dfrac{\sigma_{s_2}^2}{\sigma_{s_2}^2+\sigma_n^2}&\cdots&0\\\vdots&\vdots&&\vdots\\0&0&\cdots&\dfrac{\sigma_{s_N}^2}{\sigma_{s_N}^2+\sigma_n^2}\end{pmatrix}\end{aligned}\tag{3.9.93}$$

在这种情况下，检验统计量 $l(\boldsymbol{x})$ 为

$$l(\boldsymbol{x})=\frac{1}{\sigma_n^2}\boldsymbol{x}^{\mathrm{T}}\boldsymbol{H}\boldsymbol{x}=\frac{1}{\sigma_n^2}\sum_{k=1}^{N}\frac{\sigma_{s_k}^2}{\sigma_{s_k}^2+\sigma_n^2}x_k^2\tag{3.9.94}$$

判决表示式为

$$l(\boldsymbol{x})=\sum_{k=1}^{N}\frac{\sigma_{s_k}^2}{\sigma_{s_k}^2+\sigma_n^2}x_k^2\underset{H_0}{\overset{H_1}{\gtrless}}\sigma_n^2\gamma\overset{\text{def}}{=}\gamma_2\tag{3.9.95}$$

原则上在求得检验统计量 $l(\boldsymbol{x})$ 在假设 H_0 和假设 H_1 下的概率密度函数 $p(l/H_0)$ 和 $p(l/H_1)$ 后，根据判决表示式，在相应区间进行积分就可求出各判决概率 $P(H_i/H_j)$，但实际上在这种情况下很难得出解析表示式，通常只能近似计算其性能，或采用仿真的方法来评估其性能。

(3) 关于简单二元信号的一般情况，即信号矢量的各分量 $s_k(k=1,2,\cdots,N)$ 之间相关，此时信号矢量的协方差矩阵为

$$\boldsymbol{C}_s=\begin{pmatrix}c_{s_1s_1}&c_{s_1s_2}&\cdots&c_{s_1s_N}\\c_{s_2s_1}&c_{s_2s_2}&\cdots&c_{s_2s_N}\\\vdots&\vdots&&\vdots\\c_{s_Ns_1}&c_{s_Ns_2}&\cdots&c_{s_Ns_N}\end{pmatrix}\tag{3.9.96}$$

式中，

$$c_{s_js_k}=\mathrm{Cov}(s_j,s_k)=\mathrm{Cov}(s_k,s_j)=c_{s_ks_j}$$

由于 $\boldsymbol{C}_s$ 是对称的协方差矩阵，所以可以通过正交变换，将其化为对角矩阵，于是，问题就类似于信号矢量的各分量 $s_k(k=1,2,\cdots,N)$ 之间互不相关，但各分量方差都不同的

情况了。当然具体分析时，要对信号各分量 $s_k(k=1,2,\cdots,N)$进行归一化处理。

前面我们对等均值矢量、不等协方差矩阵情况下，简单二元信号的几种特殊情况的统计判决、判决概率等进行了讨论。最后简要说明一般二元信号的几种特殊情况的信号统计检测问题。

(1) 大家知道，一般高斯二元信号检测的两个假设分别为

$$H_0: x_k = s_{0k} + n_k, \quad k=1,2,\cdots,N$$
$$H_1: x_k = s_{1k} + n_k, \quad k=1,2,\cdots,N$$

在现在的条件下，$\mathrm{E}(\boldsymbol{x}|H_0)=\mathrm{E}(\boldsymbol{x}|H_1)$，$\boldsymbol{C}_{x_0} \neq \boldsymbol{C}_{x_1}$。经适当处理后的判决表示式为(3.9.62)式，重写如下：

$$l(\boldsymbol{x}) \overset{\text{def}}{=} \boldsymbol{x}^{\mathrm{T}} \Delta \boldsymbol{C}_x^{-1} \boldsymbol{x} \underset{H_0}{\overset{H_1}{\gtrless}} \gamma$$

式中，

$$\boldsymbol{x} = (x_1, x_2, \cdots, x_N)^{\mathrm{T}}$$
$$\Delta \boldsymbol{C}_x^{-1} = \boldsymbol{C}_{x_0}^{-1} - \boldsymbol{C}_{x_1}^{-1}$$

如果在假设 H_0 下，$x_k(k=1,2,\cdots,N)$之间互不相关，且每个分量的方差 $\mathrm{Var}(x_k|H_0)(k=1,2,\cdots,N)$相同，记为 $\sigma_{x_0}^2$；同样在假设 H_1 下，x_k 之间互不相关，每个分量的方差 $\mathrm{Var}(x_k|H_1)=\sigma_{x_1}^2$。则两个假设下的协方差矩阵的逆矩阵之差 $\Delta \boldsymbol{C}_x^{-1}$ 为

$$\Delta \boldsymbol{C}_x^{-1} = \begin{bmatrix} \frac{1}{\sigma_{x_0}^2} & 0 & \cdots & 0 \\ 0 & \frac{1}{\sigma_{x_0}^2} & \cdots & 0 \\ \vdots & \vdots & & \vdots \\ 0 & 0 & \cdots & \frac{1}{\sigma_{x_0}^2} \end{bmatrix} - \begin{bmatrix} \frac{1}{\sigma_{x_1}^2} & 0 & \cdots & 0 \\ 0 & \frac{1}{\sigma_{x_1}^2} & \cdots & 0 \\ \vdots & \vdots & & \vdots \\ 0 & 0 & \cdots & \frac{1}{\sigma_{x_1}^2} \end{bmatrix}$$

$$= \begin{bmatrix} \frac{\sigma_{x_1}^2 - \sigma_{x_0}^2}{\sigma_{x_0}^2 \sigma_{x_1}^2} & 0 & \cdots & 0 \\ 0 & \frac{\sigma_{x_1}^2 - \sigma_{x_0}^2}{\sigma_{x_0}^2 \sigma_{x_1}^2} & \cdots & 0 \\ \vdots & \vdots & & \vdots \\ 0 & 0 & \cdots & \frac{\sigma_{x_1}^2 - \sigma_{x_0}^2}{\sigma_{x_0}^2 \sigma_{x_1}^2} \end{bmatrix} \tag{3.9.97}$$

于是判决表示式可表示为

$$l(\boldsymbol{x}) = \frac{\sigma_{x_1}^2 - \sigma_{x_0}^2}{\sigma_{x_0}^2 \sigma_{x_1}^2} \sum_{k=1}^{N} x_k^2 \underset{H_0}{\overset{H_1}{\gtrless}} \gamma \tag{3.9.98}$$

其判决概率可仿照对应的简单二元信号情况进行分析，这里不再详细讨论了。

(2) 一般高斯二元信号在等均值矢量、不等协方差矩阵情况下信号统计检测的另一个特殊情况是：每个假设下的 $x_k(k=1,2,\cdots,N)$之间互不相关，但每个分量的方差不等，分别记为 $\mathrm{Var}(x_k|H_0) \overset{\text{def}}{=} \sigma_{x_{k0}}^2$，$\mathrm{Var}(x_k|H_1) \overset{\text{def}}{=} \sigma_{x_{k1}}^2$，$k=1,2,\cdots,N$。容易得到此时的判决表示式为

$$l(\boldsymbol{x})=\sum_{k=1}^{N}\frac{\sigma_{x_{k1}}^2-\sigma_{x_{k0}}^2}{\sigma_{x_{k0}}^2\sigma_{x_{k1}}^2}x_k^2\underset{H_0}{\overset{H_1}{\gtrless}}\gamma \tag{3.9.99}$$

如果每个假设下的 x_k 是相关的,那么在求得协方差矩阵的逆矩阵之差 $\Delta\boldsymbol{C}_x^{-1}$ 后,利用其对称矩阵的特性,可进行正交变换得对角矩阵,并对观测信号矢量 $\boldsymbol{x}$ 和检测门限 γ 进行正交化处理。这样,使问题又回到观测信号之间互不相关的情况了。

最后,我们对一般高斯二元信号统计检测中,等均值矢量、不等协方差矩阵情况作简要归纳。在这种情况下,(3.9.62)式所示的判决表示式是明确的,检验统计量 $l(\boldsymbol{x})$ 已不再是高斯随机变量 $x_k(k=1,2,\cdots,N)$ 的线性函数,而是它们的二次型加权和,所以 $l(\boldsymbol{x})$ 不再是高斯随机变量,此时性能分析一般比较复杂,要用到某些特殊函数,甚至需采用仿真的方法进行性能评价。

3.10 复信号的统计检测

前面讨论的信号统计检测问题,都是研究实信号的最佳检测理论,包括信号模型、最佳判决表示式、检测性能分析等。在很多令人感兴趣的实际问题中,接收信号可能是复信号,因此还需要讨论复信号的统计检测问题。原则上我们可以把关于实信号统计检测的一些结论推广到复信号的情况。下面分别讨论几种常见的复信号统计检测问题。

3.10.1 复确知二元信号的统计检测

1. 复高斯噪声独立同分布情况

下面首先考虑在复高斯噪声独立同分布条件下,简单二元复确知信号的统计检测问题。在这种情况下,两个假设分别为

$$H_0:\ \tilde{x}_k=\tilde{n}_k,\quad k=1,2,\cdots,N$$

$$H_1:\ \tilde{x}_k=\tilde{s}_k+\tilde{n}_k,\quad k=1,2,\cdots,N$$

其中,$\tilde{s}_k$ 是确知的复信号; $\tilde{n}_k$ 是均值为零、方差为 $\sigma_{\tilde{n}}^2$ 的复高斯噪声,即 $\tilde{n}_k\sim\mathcal{CN}(0,\sigma_{\tilde{n}}^2)$,$\tilde{n}_k(k=1,2,\cdots,\mathrm{N})$之间互不相关,因而也是统计独立的。令复观测信号矢量为

$$\tilde{\boldsymbol{x}}=(\tilde{x}_1,\tilde{x}_2,\cdots,\tilde{x}_N)^{\mathrm{T}} \tag{3.10.1}$$

它是 N 维复高斯随机矢量。两个假设下的 N 维联合概率密度函数分别为

$$p(\tilde{\boldsymbol{x}}|H_0)=\left(\frac{1}{\pi\sigma_{\tilde{n}}^2}\right)^N\exp\left(-\frac{1}{\sigma_{\tilde{n}}^2}\tilde{\boldsymbol{x}}^{\mathrm{H}}\tilde{\boldsymbol{x}}\right) \tag{3.10.2}$$

和

$$p(\tilde{\boldsymbol{x}}|H_1)=\left(\frac{1}{\pi\sigma_{\tilde{n}}^2}\right)^N\exp\left[-\frac{1}{\sigma_{\tilde{n}}^2}(\tilde{\boldsymbol{x}}-\tilde{\boldsymbol{s}})^{\mathrm{H}}(\tilde{\boldsymbol{x}}-\tilde{\boldsymbol{s}})\right] \tag{3.10.3}$$

式中,H 表示复共轭转置; 信号矢量 $\tilde{\boldsymbol{s}}$ 为

$$\tilde{\boldsymbol{s}}=(\tilde{s}_1,\tilde{s}_2,\cdots,\tilde{s}_N)^{\mathrm{T}} \tag{3.10.4}$$

这样,似然比检验为

$$\lambda(\tilde{\boldsymbol{x}})=\frac{p(\tilde{\boldsymbol{x}}|H_1)}{p(\tilde{\boldsymbol{x}}|H_0)}\underset{H_0}{\overset{H_1}{\gtrless}}\eta \tag{3.10.5}$$

将 $p(\tilde{\boldsymbol{x}}|H_j)(j=0,1)$ 表示式代入(3.10.5)式,两边取自然对数并化简,得

$$-\frac{1}{\sigma_{\tilde{n}}^2}[(\tilde{\boldsymbol{x}}-\tilde{\boldsymbol{s}})^{\mathrm{H}}(\tilde{\boldsymbol{x}}-\tilde{\boldsymbol{s}})-\tilde{\boldsymbol{x}}^{\mathrm{H}}\tilde{\boldsymbol{x}}]$$

$$=-\frac{1}{\sigma_{\tilde{n}}^2}(-\tilde{\boldsymbol{x}}^{\mathrm{H}}\tilde{\boldsymbol{s}}-\tilde{\boldsymbol{s}}^{\mathrm{H}}\tilde{\boldsymbol{x}}+\tilde{\boldsymbol{s}}^{\mathrm{H}}\tilde{\boldsymbol{s}})$$

$$=\frac{2}{\sigma_{\tilde{n}}^2}\mathrm{Re}(\tilde{\boldsymbol{s}}^{\mathrm{H}}\tilde{\boldsymbol{x}})-\frac{1}{\sigma_{\tilde{n}}^2}\tilde{\boldsymbol{s}}^{\mathrm{H}}\tilde{\boldsymbol{s}}\underset{H_0}{\overset{H_1}{\gtrless}}\ln\eta$$

稍加整理得判决表示式为

$$l(\tilde{\boldsymbol{x}})\overset{\mathrm{def}}{=}\mathrm{Re}(\tilde{\boldsymbol{s}}^{\mathrm{H}}\tilde{\boldsymbol{x}})\underset{H_0}{\overset{H_1}{\gtrless}}\frac{\sigma_{\tilde{n}}^2}{2}\ln\eta+\frac{1}{2}\tilde{\boldsymbol{s}}^{\mathrm{H}}\tilde{\boldsymbol{s}}\overset{\mathrm{def}}{=}\gamma \tag{3.10.6}$$

或等效地表示为

$$l(\tilde{\boldsymbol{x}})=\mathrm{Re}\Big(\sum_{k=1}^{N}\tilde{x}_k\tilde{s}_k^*\Big)\underset{H_0}{\overset{H_1}{\gtrless}}\gamma \tag{3.10.7}$$

其实现结构如图 3.23 所示。

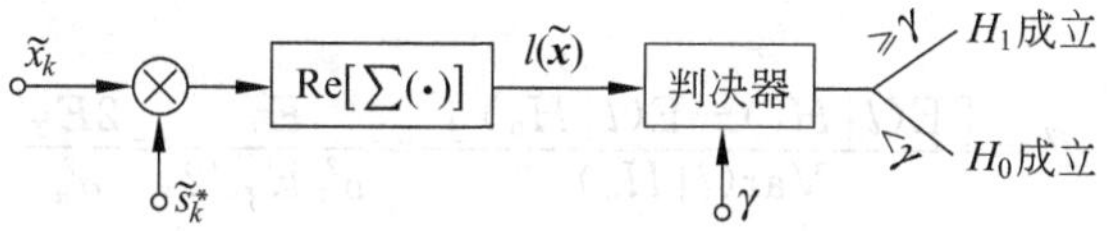

图 3.23 独立同分布 C_n 情况下简单二元复确知信号检测原理框图

现在研究它的检测性能。因为独立复高斯随机变量之和仍是复高斯随机变量,其实部为实高斯随机变量,我们可以求出它的均值 $\mathrm{E}(l|H_j)$ 和方差 $\mathrm{Var}(l|H_j)(j=0,1)$ 从而得到它的检测性能。令

$$\tilde{l}(\tilde{\boldsymbol{x}})=\sum_{k=1}^{N}\tilde{x}_k\tilde{s}_k^* \tag{3.10.8}$$

它是复高斯随机变量,其均值 $\mathrm{E}(\tilde{l}|H_j)$ 和方差 $\mathrm{Var}(\tilde{l}|H_j)(j=0,1)$ 分别为

$$\mathrm{E}(\tilde{l}|H_0)=\mathrm{E}\Big[\sum_{k=1}^{N}(\tilde{x}_k|H_0)\tilde{s}_k^*\Big]=\mathrm{E}\Big[\sum_{k=1}^{N}\tilde{n}_k\tilde{s}_k^*\Big]=0$$

$$\mathrm{E}(\tilde{l}|H_1)=\mathrm{E}\Big[\sum_{k=1}^{N}(\tilde{x}_k|H_1)\tilde{s}_k^*\Big]=\mathrm{E}\Big[\sum_{k=1}^{N}(\tilde{s}_k+\tilde{n}_k)\tilde{s}_k^*\Big]$$

$$=\sum_{k=1}^{N}|\tilde{s}_k|^2\overset{\mathrm{def}}{=}E_{\tilde{s}}$$

$$\mathrm{Var}(\tilde{l}|H_0)=\mathrm{E}\Big[\Big(\sum_{k=1}^{N}(\tilde{x}_k\mid H_0)\tilde{s}_k^*-\mathrm{E}(\tilde{l}|H_0)\Big)\Big(\sum_{k=1}^{N}(\tilde{x}_k\mid H_0)\tilde{s}_k^*-\mathrm{E}(\tilde{l}|H_0)\Big)^*\Big]$$

$$=\mathrm{E}\Big[\Big(\sum_{k=1}^{N}\tilde{n}_k\tilde{s}_k^*\Big)\Big(\sum_{k=1}^{N}\tilde{n}_k\tilde{s}_k^*\Big)^*\Big]$$

$$=\sum_{k=1}^{N}\mathrm{E}(\tilde{n}_k\tilde{n}_k^*)\tilde{s}_k^*\tilde{s}_k$$

$$=\sigma_{\tilde{n}}^2\sum_{k=1}^{N}|\tilde{s}_k|^2=\sigma_{\tilde{n}}^2E_{\tilde{s}}$$

推导中利用了 $\tilde{n}_k(k=1,2,\cdots,N)$ 是互不相关的和 $\mathrm{Var}(\tilde{n}_k\tilde{s}_k^*)=\mathrm{Var}(\tilde{n}_k)|\tilde{s}_k|^2$ 的关系。类似地在假设 H_1 下的方差 $\mathrm{Var}(\tilde{l}|H_1)$ 与 $\mathrm{Var}(\tilde{l}|H_0)$ 相同。因此有

$$(\tilde{l}|H_0)\sim\mathscr{CN}(0,\sigma_{\tilde{n}}^2E_{\tilde{s}}) \tag{3.10.9a}$$

$$(\tilde{l}|H_1)\sim\mathscr{CN}(E_{\tilde{s}},\sigma_{\tilde{n}}^2E_{\tilde{s}}) \tag{3.10.9b}$$

其中，$E_{\tilde{s}}=\sum_{k=1}^{N}|\tilde{s}_k|^2$ 是 N 次观测的信号能量。由于复高斯随机变量的实部和虚部均为实高斯随机变量，且相互统计独立，方差相同，以及均为复高斯随机变量方差的一半，所以，根据

$$l(\tilde{\boldsymbol{x}})=\mathrm{Re}[\tilde{l}(\tilde{\boldsymbol{x}})]=\mathrm{Re}\left(\sum_{k=1}^{N}\tilde{x}_k\tilde{s}_k^*\right)$$

有

$$(l|H_0)\sim\mathscr{N}(0,\sigma_{\tilde{n}}^2E_{\tilde{s}}/2) \tag{3.10.10a}$$

$$(l|H_1)\sim\mathscr{N}(E_{\tilde{s}},\sigma_{\tilde{n}}^2E_{\tilde{s}}/2) \tag{3.10.10b}$$

偏移系数 d^2 为

$$d^2=\frac{[\mathrm{E}(l|H_1)-\mathrm{E}(l|H_0)]^2}{\mathrm{Var}(l|H_0)}=\frac{E_{\tilde{s}}^2}{\sigma_{\tilde{n}}^2E_{\tilde{s}}/2}=\frac{2E_{\tilde{s}}}{\sigma_{\tilde{n}}^2} \tag{3.10.11}$$

于是判决概率 $P(H_1|H_0)$ 和 $P(H_1|H_1)$ 分别为

$$P(H_1|H_0)=Q[\ln\eta/d+d/2] \tag{3.10.12}$$

$$\begin{aligned}P(H_1|H_1)&=Q[\ln\eta/d-d/2]\\&=Q[Q^{-1}(P(H_1|H_0))-d]\end{aligned} \tag{3.10.13}$$

请注意，复信号时的偏移系数 d^2 为实信号时的两倍（参见例 3.9.1），这是由条件均值 $\mathrm{E}(\tilde{l}|H_j)$ 为实数，而检验统计量 $l(\tilde{\boldsymbol{x}})$ 仅保留 $\tilde{l}(\tilde{\boldsymbol{x}})$ 的实部，从而导致方差减半引起的。

我们再来研究在复高斯噪声独立同分布条件下，一般二元复确知信号的统计检测问题。在这种情况下，两个假设分别为

$$H_0:\ \tilde{x}_k=\tilde{s}_{0k}+\tilde{n}_k,\quad k=1,2,\cdots,N$$

$$H_1:\ \tilde{x}_k=\tilde{s}_{1k}+\tilde{n}_k,\quad k=1,2,\cdots,N$$

其中，$\tilde{s}_{0k}$ 和 $\tilde{s}_{1k}$ 都是确知的复信号；复噪声 $\tilde{n}_k\sim\mathscr{CN}(0,\sigma_{\tilde{n}}^2)(k=1,2,\cdots,N)$，且互不相关，因而也是统计独立的。令复观测信号矢量为

$$\tilde{\boldsymbol{x}}=(\tilde{x}_1,\tilde{x}_2,\cdots,\tilde{x}_N)^{\mathrm{T}} \tag{3.10.14}$$

两个假设下的复信号矢量分别为

$$\tilde{\boldsymbol{s}}_0=(\tilde{s}_{01},\tilde{s}_{02},\cdots,\tilde{s}_{0N})^{\mathrm{T}} \tag{3.10.15}$$

$$\tilde{\boldsymbol{s}}_1=(\tilde{s}_{11},\tilde{s}_{12},\cdots,\tilde{s}_{1N})^{\mathrm{T}} \tag{3.10.16}$$

它们都是 N 维矢量。因为 $\tilde{\boldsymbol{x}}$ 是 N 维复高斯随机矢量，所以两个假设下的 N 维联合概率密度函数分别为

$$p(\tilde{\boldsymbol{x}}|H_0)=\left(\frac{1}{\pi\sigma_{\tilde{n}}^2}\right)^N\exp\left[-\frac{1}{\sigma_{\tilde{n}}^2}(\tilde{\boldsymbol{x}}-\tilde{\boldsymbol{s}}_0)^{\mathrm{H}}(\tilde{\boldsymbol{x}}-\tilde{\boldsymbol{s}}_0)\right] \tag{3.10.17}$$

$$p(\tilde{\boldsymbol{x}}|H_1)=\left(\frac{1}{\pi\sigma_{\tilde{n}}^2}\right)^N\exp\left[-\frac{1}{\sigma_{\tilde{n}}^2}(\tilde{\boldsymbol{x}}-\tilde{\boldsymbol{s}}_1)^{\mathrm{H}}(\tilde{\boldsymbol{x}}-\tilde{\boldsymbol{s}}_1)\right] \tag{3.10.18}$$

根据似然比检验

$$\lambda(\tilde{\boldsymbol{x}})=\frac{p(\tilde{\boldsymbol{x}}|H_1)}{p(\tilde{\boldsymbol{x}}|H_0)}\underset{H_0}{\overset{H_1}{\gtrless}}\eta \tag{3.10.19}$$

将 $p(\tilde{\boldsymbol{x}}|H_j)(j=0,1)$的表示式代入上式，两边取自然对数，化简整理得判决表示式

$$l(\tilde{\boldsymbol{x}})=\mathrm{Re}(\tilde{\boldsymbol{s}}_1^{\mathrm{H}}\tilde{\boldsymbol{x}}-\tilde{\boldsymbol{s}}_0^{\mathrm{H}}\tilde{\boldsymbol{x}})\underset{H_0}{\overset{H_1}{\gtrless}}\frac{\sigma_{\tilde{n}}^2}{2}\ln\eta+\frac{1}{2}\tilde{\boldsymbol{s}}_1^{\mathrm{H}}\tilde{\boldsymbol{s}}_1-\frac{1}{2}\tilde{\boldsymbol{s}}_0^{\mathrm{H}}\tilde{\boldsymbol{s}}_0\overset{\mathrm{def}}{=}\gamma \tag{3.10.20}$$

或等价地表示为

$$l(\tilde{\boldsymbol{x}})=\mathrm{Re}\left[\sum_{k=1}^{N}(\tilde{x}_k\tilde{s}_{1k}^*-\tilde{x}_k\tilde{s}_{0k}^*)\right]\underset{H_0}{\overset{H_1}{\gtrless}}\gamma \tag{3.10.21}$$

检验统计量 $l(\tilde{\boldsymbol{x}})$由如图 3.24 所示的结构获得并完成信号判决。

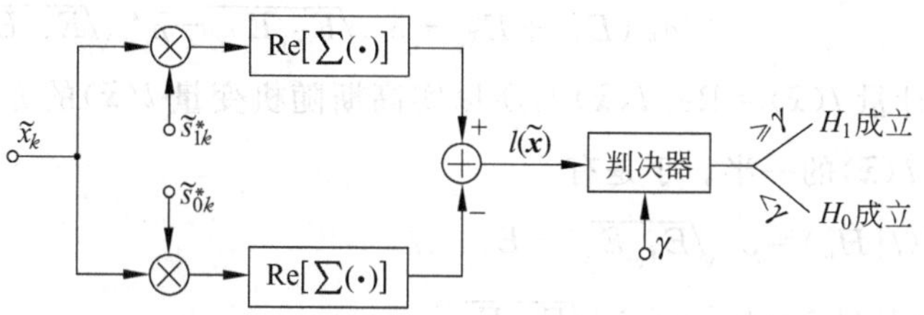

图 3.24 独立同分布 C_n 情况下一般二元复确知信号检测原理框图

下面对其检测性能进行分析。为此，我们首先定义：

(1) N 次观测复信号 $\tilde{s}_{0k}(k=1,2,\cdots,N)$的能量为 $E_{\tilde{s}_0}\overset{\mathrm{def}}{=}\sum_{k=1}^{N}|\tilde{s}_{0k}|^2$；

(2) N 次观测复信号 $\tilde{s}_{1k}(k=1,2,\cdots,N)$的能量为 $E_{\tilde{s}_1}\overset{\mathrm{def}}{=}\sum_{k=1}^{N}|\tilde{s}_{1k}|^2$；

(3) 复信号 $\tilde{s}_{0k}$与 $\tilde{s}_{1k}(k=1,2,\cdots,N)$的相关系数

$$\tilde{\rho}=\frac{1}{\sqrt{E_{\tilde{s}_0}E_{\tilde{s}_1}}}\sum_{k=1}^{N}\tilde{s}_{0k}\tilde{s}_{1k}^* \tag{3.10.22}$$

(4) 复信号 $\tilde{s}_{1k}$与 $\tilde{s}_{0k}(k=1,2,\cdots,N)$的相关系数

$$\tilde{\rho}^*=\frac{1}{\sqrt{E_{\tilde{s}_0}E_{\tilde{s}_1}}}\sum_{k=1}^{N}\tilde{s}_{1k}\tilde{s}_{0k}^* \tag{3.10.23}$$

令

$$\tilde{l}(\tilde{\boldsymbol{x}})=\sum_{k=1}^{N}(\tilde{x}_k\tilde{s}_{1k}^*-\tilde{x}_k\tilde{s}_{0k}^*) \tag{3.10.24}$$

它是复高斯随机变量，在两个假设下，它的均值 $\mathrm{E}(\tilde{l}|H_j)$和方差 $\mathrm{Var}(\tilde{l}|H_j)(j=0,1)$分别为

$$\begin{aligned}\mathrm{E}(\tilde{l}|H_0)&=\mathrm{E}\left[\sum_{k=1}^{N}((\tilde{s}_{0k}+\tilde{n}_k)\tilde{s}_{1k}^*-(\tilde{s}_{0k}+\tilde{n}_k)\tilde{s}_{0k}^*)\right]\\&=\tilde{\rho}\sqrt{E_{\tilde{s}_0}E_{\tilde{s}_1}}-E_{\tilde{s}_0}\\\mathrm{E}(\tilde{l}|H_1)&=\mathrm{E}\left[\sum_{k=1}^{N}((\tilde{s}_{1k}+\tilde{n}_k)\tilde{s}_{1k}^*-(\tilde{s}_{1k}+\tilde{n}_k)\tilde{s}_{0k}^*)\right]\end{aligned}$$

$$=E_{\tilde{s}_1}-\tilde{\rho}^*\sqrt{E_{\tilde{s}_0}E_{\tilde{s}_1}}$$

$$\begin{aligned}\mathrm{Var}(\tilde{l}\,|\,H_0)&=\mathrm{E}\Big[\Big(\sum_{k=1}^{N}((\tilde{s}_{0k}+\tilde{n}_k)\tilde{s}_{1k}^*-(\tilde{s}_{0k}+\tilde{n}_k)\tilde{s}_{0k}^*)-\mathrm{E}(\tilde{l}\,|\,H_0)\Big)\times\\&\quad\Big(\sum_{k=1}^{N}((\tilde{s}_{0k}+\tilde{n}_k)\tilde{s}_{1k}^*-(\tilde{s}_{0k}+\tilde{n}_k)\tilde{s}_{0k}-\mathrm{E}(\tilde{l}\,|\,H_0))\Big)^*\Big]\\&=\mathrm{E}\Big[\Big(\sum_{k=1}^{N}\tilde{n}_k\tilde{s}_{1k}^*-\sum_{k=1}^{N}\tilde{n}_k\tilde{s}_{0k}^*\Big)\Big(\sum_{k=1}^{N}\tilde{n}_k\tilde{s}_{1k}^*-\sum_{k=1}^{N}\tilde{n}_k\tilde{s}_{0k}^*\Big)^*\Big]\\&=\sigma_{\tilde{n}}^2\left(E_{\tilde{s}_1}+E_{\tilde{s}_0}-\tilde{\rho}\sqrt{E_{\tilde{s}_0}E_{\tilde{s}_1}}-\tilde{\rho}^*\sqrt{E_{\tilde{s}_0}E_{\tilde{s}_1}}\right)\end{aligned}$$

类似地有

$$\begin{aligned}\mathrm{Var}(\tilde{l}\,|\,H_1)&=\mathrm{Var}(\tilde{l}\,|\,H_0)\\&=\sigma_{\tilde{n}}^2\left(E_{\tilde{s}_1}+E_{\tilde{s}_0}-\tilde{\rho}\sqrt{E_{\tilde{s}_0}E_{\tilde{s}_1}}-\tilde{\rho}^*\sqrt{E_{\tilde{s}_0}E_{\tilde{s}_1}}\right)\end{aligned}$$

因为检验统计量 $l(\tilde{\boldsymbol{x}})=\mathrm{Re}[\tilde{l}(\tilde{\boldsymbol{x}})]$，所以实高斯随机变量 $l(\tilde{\boldsymbol{x}})$ 的方差 $\mathrm{Var}(l\,|\,H_j)$ 是复高斯随机变量 $\tilde{l}(\tilde{\boldsymbol{x}})$ 的一半。于是有

$$\mathrm{E}(l\,|\,H_0)=\tilde{\rho}\sqrt{E_{\tilde{s}_0}E_{\tilde{s}_1}}-E_{\tilde{s}_0}$$

$$\mathrm{E}(l\,|\,H_1)=E_{\tilde{s}_1}-\tilde{\rho}^*\sqrt{E_{\tilde{s}_0}E_{\tilde{s}_1}}$$

$$\begin{aligned}\mathrm{Var}(l\,|\,H_0)&=\mathrm{Var}(l\,|\,H_1)\\&=\frac{\sigma_{\tilde{n}}^2}{2}\left(E_{\tilde{s}_1}+E_{\tilde{s}_0}-\tilde{\rho}\sqrt{E_{\tilde{s}_0}E_{\tilde{s}_1}}-\tilde{\rho}^*\sqrt{E_{\tilde{s}_0}E_{\tilde{s}_1}}\right)\end{aligned}$$

这样，偏移系数 d^2 为

$$\begin{aligned}d^2&=\frac{[\mathrm{E}(l\,|\,H_1)-\mathrm{E}(l\,|\,H_0)]^2}{\mathrm{Var}(l\,|\,H_0)}\\&=\frac{\left(E_{\tilde{s}_1}-\tilde{\rho}^*\sqrt{E_{\tilde{s}_0}E_{\tilde{s}_1}}+E_{\tilde{s}_0}-\tilde{\rho}\sqrt{E_{\tilde{s}_0}E_{\tilde{s}_1}}\right)^2}{\sigma_{\tilde{n}}^2\left(E_{\tilde{s}_1}+E_{\tilde{s}_0}-\tilde{\rho}\sqrt{E_{\tilde{s}_0}E_{\tilde{s}_1}}-\tilde{\rho}^*\sqrt{E_{\tilde{s}_0}E_{\tilde{s}_1}}\right)/2}\\&=\frac{2\left(E_{\tilde{s}_1}+E_{\tilde{s}_0}-\tilde{\rho}\sqrt{E_{\tilde{s}_0}E_{\tilde{s}_1}}-\tilde{\rho}^*\sqrt{E_{\tilde{s}_0}E_{\tilde{s}_1}}\right)}{\sigma_{\tilde{n}}^2}\end{aligned}\tag{3.10.25}$$

判决概率 $P(H_1\,|\,H_0)$ 和 $P(H_1\,|\,H_1)$ 分别为

$$P(H_1\,|\,H_0)=Q[\ln\eta/d+d/2]\tag{3.10.26}$$

$$\begin{aligned}P(H_1\,|\,H_1)&=Q[\ln\eta/d-d/2]\\&=Q[Q^{-1}(P(H_1\,|\,H_0))-d]\end{aligned}\tag{3.10.27}$$

在复信号 $\tilde{s}_{0k},\tilde{s}_{1k}(k=1,2,\cdots,N)$ 的能量 $E_{\tilde{s}_0}+E_{\tilde{s}_1}=2E_{\tilde{s}}$ 为常数的约束下，若设计 $\tilde{s}_{0k}=-\tilde{s}_{1k}$，则 $\tilde{\rho}=\tilde{\rho}^*=-1$，偏移系数 d^2 最大，检测性能最好。

请读者将一般二元复确知信号的偏移系数 $d^2(\tilde{s}_{0k}=-\tilde{s}_{1k}$，即 $\tilde{\rho}=\tilde{\rho}^*=-1)$ 与习题 3.24 一般二元确知信号的偏移系数 $d^2(s_{0k}=-s_{1k}$，即 $\rho=-1)$ 作一比较，同样会发现，复确知信号时的偏移系数 d^2 是实确知信号时的两倍。

下面我们对一般二元复确知信号统计检测问题的分析作一说明。如果令

$$\Delta\tilde{s}_k^*=\tilde{s}_{1k}^*-\tilde{s}_{0k}^*\tag{3.10.28}$$

则(3.10.21)式所示的判决表示式可写为

$$l(\tilde{\boldsymbol{x}})=\mathrm{Re}\Big(\sum_{k=1}^{N}\tilde{x}_k\Delta\tilde{s}_k^*\Big)\underset{H_0}{\overset{H_1}{\gtrless}}\gamma \tag{3.10.29}$$

进一步令复高斯随机变量 $\tilde{l}(\tilde{\boldsymbol{x}})$ 为

$$\tilde{l}(\tilde{\boldsymbol{x}})=\sum_{k=1}^{N}\tilde{x}_k\Delta\tilde{s}_k^* \tag{3.10.30}$$

则有

$$\mathrm{E}(\tilde{l}\,|\,H_0)=\sum_{k=1}^{N}\tilde{s}_{0k}\Delta\tilde{s}_k^*$$

$$\mathrm{E}(\tilde{l}\,|\,H_1)=\sum_{k=1}^{N}\tilde{s}_{1k}\Delta\tilde{s}_k^*$$

$$\begin{aligned}\mathrm{Var}(\tilde{l}\,|\,H_0)&=\mathrm{E}\Big[\Big(\sum_{k=1}^{N}\tilde{n}_k\Delta\tilde{s}_k^*\Big)\Big(\sum_{k=1}^{N}\tilde{n}_k\Delta\tilde{s}_k^*\Big)^*\Big]\\&=\sigma_{\tilde{n}}^2\sum_{k=1}^{N}|\Delta\tilde{s}_k|^2\end{aligned}$$

$$\mathrm{Var}(\tilde{l}\,|\,H_1)=\mathrm{Var}(\tilde{l}\,|\,H_0)=\sigma_{\tilde{n}}^2\sum_{k=1}^{N}|\Delta\tilde{s}_k|^2$$

从而得实高斯随机变量 $l(\tilde{\boldsymbol{x}})=\mathrm{Re}[\tilde{l}(\tilde{\boldsymbol{x}})]$在两个假设下的均值和方差分别为

$$\mathrm{E}(l\,|\,H_0)=\sum_{k=1}^{N}\tilde{s}_{0k}\Delta\tilde{s}_k^*$$

$$\mathrm{E}(l\,|\,H_1)=\sum_{k=1}^{N}\tilde{s}_{1k}\Delta\tilde{s}_k^*$$

$$\mathrm{Var}(l\,|\,H_0)=\mathrm{Var}(l\,|\,H_1)=\frac{\sigma_{\tilde{n}}^2}{2}\sum_{k=1}^{N}|\Delta\tilde{s}_k|^2$$

这样,偏移系数 d^2 为

$$d^2=\frac{2\Big(\sum_{k=1}^{N}\tilde{s}_{1k}\Delta\tilde{s}_k^*-\sum_{k=1}^{N}\tilde{s}_{0k}\Delta\tilde{s}_k^*\Big)^2}{\sigma_{\tilde{n}}^2\sum_{k=1}^{N}|\Delta\tilde{s}_k|^2} \tag{3.10.31}$$

看来似乎这样的结果更具有一般性,但如果我们把 $\Delta\tilde{s}_k^*=\tilde{s}_{1k}^*-\tilde{s}_{0k}^*$代入这些关系式,会得到与(3.10.25)等式完全相同的结果。(3.10.25)等式给出的是更具体的结果,它们可以清楚地反映出复信号 $\tilde{s}_{0k}$和 $\tilde{s}_{1k}(k=1,2,\cdots,N)$及其之间的关系对检测性能的影响。

2. 复高斯噪声矢量协方差矩阵为 $C_{\tilde{n}}$ 情况

现在研究复高斯噪声矢量协方差矩阵为 $\boldsymbol{C}_{\tilde{n}}$ 的条件下,二元复确知信号的检测问题。下面直接讨论一般二元复确知信号情况。在这种情况下,两个假设分别为

$$H_0:\ \tilde{x}_k=\tilde{s}_{0k}+\tilde{n}_k,\quad k=1,2,\cdots,N$$

$$H_1:\ \tilde{x}_k=\tilde{s}_{1k}+\tilde{n}_k,\quad k=1,2,\cdots,N$$

其中,复高斯噪声矢量的均值矢量为零、协方差矩阵为$\boldsymbol{C}_{\tilde{n}}$;复信号$\tilde{s}_{0k}$和$\tilde{s}_{1k}(k=1,2,\cdots,N)$确知。记$N$维观测复信号矢量和$N$维复确知信号矢量分别为

$$\tilde{\boldsymbol{x}}=(\tilde{x}_1,\tilde{x}_2,\cdots,\tilde{x}_N)^{\mathrm{T}}$$

$$\tilde{\boldsymbol{s}}_0=(\tilde{s}_{01},\tilde{s}_{02},\cdots,\tilde{s}_{0N})^{\mathrm{T}}$$

$$\tilde{\boldsymbol{s}}_1=(\tilde{s}_{11},\tilde{s}_{12},\cdots,\tilde{s}_{1N})^{\mathrm{T}}$$

则两个假设下的观测复信号矢量的N维联合复高斯概率密度函数分别为

$$p(\tilde{\boldsymbol{x}}|H_0)=\frac{1}{\pi^N|\boldsymbol{C}_{\tilde{n}}|}\exp[-(\tilde{\boldsymbol{x}}-\tilde{\boldsymbol{s}}_0)^{\mathrm{H}}\boldsymbol{C}_{\tilde{n}}^{-1}(\tilde{\boldsymbol{x}}-\tilde{\boldsymbol{s}}_0)]$$

$$p(\tilde{\boldsymbol{x}}|H_1)=\frac{1}{\pi^N|\boldsymbol{C}_{\tilde{n}}|}\exp[-(\tilde{\boldsymbol{x}}-\tilde{\boldsymbol{s}}_1)^{\mathrm{H}}\boldsymbol{C}_{\tilde{n}}^{-1}(\tilde{\boldsymbol{x}}-\tilde{\boldsymbol{s}}_1)]$$

这样,利用似然比检验

$$\lambda(\tilde{\boldsymbol{x}})=\frac{p(\tilde{\boldsymbol{x}}|H_1)}{p(\tilde{\boldsymbol{x}}|H_0)}\underset{H_0}{\overset{H_1}{\gtrless}}\eta$$

化简整理得判决表示式

$$\begin{aligned}l(\tilde{\boldsymbol{x}})&=\mathrm{Re}(\tilde{\boldsymbol{s}}_1^{\mathrm{H}}\boldsymbol{C}_{\tilde{n}}^{-1}\tilde{\boldsymbol{x}}-\tilde{\boldsymbol{s}}_0^{\mathrm{H}}\boldsymbol{C}_{\tilde{n}}^{-1}\tilde{\boldsymbol{x}})\\&=\mathrm{Re}(\Delta\tilde{\boldsymbol{s}}^{\mathrm{H}}\boldsymbol{C}_{\tilde{n}}^{-1}\tilde{\boldsymbol{x}})\underset{H_0}{\overset{H_1}{\gtrless}}\frac{1}{2}\ln\eta+\frac{1}{2}\tilde{\boldsymbol{s}}_1^{\mathrm{H}}\boldsymbol{C}_{\tilde{n}}^{-1}\tilde{\boldsymbol{s}}_1-\frac{1}{2}\tilde{\boldsymbol{s}}_0^{\mathrm{H}}\boldsymbol{C}_{\tilde{n}}^{-1}\tilde{\boldsymbol{s}}_0\overset{\mathrm{def}}{=}\gamma\end{aligned}\tag{3.10.32}$$

式中,$\Delta\tilde{\boldsymbol{s}}^{\mathrm{H}}=\tilde{\boldsymbol{s}}_1^{\mathrm{H}}-\tilde{\boldsymbol{s}}_0^{\mathrm{H}}$。其实现结构如图 3.25 所示。

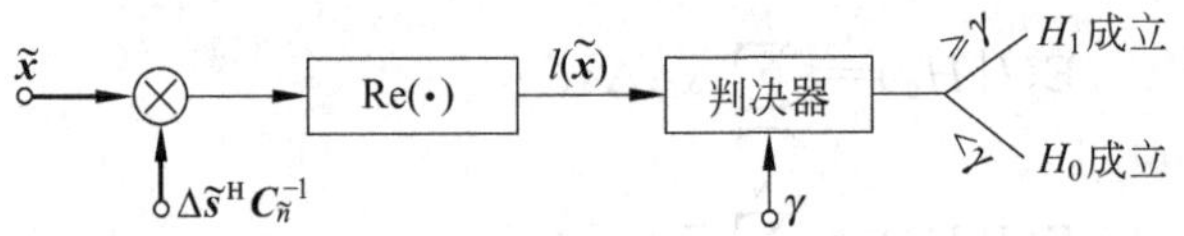

图 3.25 协方差矩阵为 $\boldsymbol{C}_{\tilde{n}}$ 情况下二元复确知信号检测原理框图

令复高斯随机矢量$\tilde{l}(\tilde{\boldsymbol{x}})$为

$$\tilde{l}(\tilde{\boldsymbol{x}})=\Delta\tilde{\boldsymbol{s}}^{\mathrm{H}}\boldsymbol{C}_{\tilde{n}}^{-1}\tilde{\boldsymbol{x}}\tag{3.10.33}$$

在假设H_0下和假设H_1下,$\tilde{l}(\tilde{\boldsymbol{x}})$的均值和方差分别为

$$\mathrm{E}(\tilde{l}|H_0)=\Delta\tilde{\boldsymbol{s}}^{\mathrm{H}}\boldsymbol{C}_{\tilde{n}}^{-1}\tilde{\boldsymbol{s}}_0$$

$$\mathrm{E}(\tilde{l}|H_1)=\Delta\tilde{\boldsymbol{s}}^{\mathrm{H}}\boldsymbol{C}_{\tilde{n}}^{-1}\tilde{\boldsymbol{s}}_1$$

$$\begin{aligned}\mathrm{Var}(\tilde{l}|H_0)&=\mathrm{E}[(\Delta\tilde{\boldsymbol{s}}^{\mathrm{H}}\boldsymbol{C}_{\tilde{n}}^{-1}\tilde{\boldsymbol{n}})(\Delta\tilde{\boldsymbol{s}}^{\mathrm{H}}\boldsymbol{C}_{\tilde{n}}^{-1}\tilde{\boldsymbol{n}})^{\mathrm{H}}]\\&=\Delta\tilde{\boldsymbol{s}}^{\mathrm{H}}\boldsymbol{C}_{\tilde{n}}^{-1}\mathrm{E}(\tilde{\boldsymbol{n}}\tilde{\boldsymbol{n}}^{\mathrm{H}})\boldsymbol{C}_{\tilde{n}}^{-1}\Delta\tilde{\boldsymbol{s}}\\&=\Delta\tilde{\boldsymbol{s}}^{\mathrm{H}}\boldsymbol{C}_{\tilde{n}}^{-1}\Delta\tilde{\boldsymbol{s}}\end{aligned}$$

$$\mathrm{Var}(\tilde{l}|H_1)=\mathrm{Var}(\tilde{l}|H_0)=\Delta\tilde{\boldsymbol{s}}^{\mathrm{H}}\boldsymbol{C}_{\tilde{n}}^{-1}\Delta\tilde{\boldsymbol{s}}$$

这样,实高斯随机变量$l(\tilde{\boldsymbol{x}})=\mathrm{Re}[\tilde{l}(\tilde{\boldsymbol{x}})]$在两个假设下的均值和方差分别为

$$\mathrm{E}(l|H_0)=\Delta\tilde{\boldsymbol{s}}^{\mathrm{H}}\boldsymbol{C}_{\tilde{n}}^{-1}\tilde{\boldsymbol{s}}_0$$

$$\mathrm{E}(l|H_1)=\Delta\tilde{\boldsymbol{s}}^{\mathrm{H}}\boldsymbol{C}_{\tilde{n}}^{-1}\tilde{\boldsymbol{s}}_1$$

$$\mathrm{Var}(l|H_0)=\mathrm{Var}(l|H_1)=\Delta\tilde{\boldsymbol{s}}^{\mathrm{H}}\boldsymbol{C}_{\tilde{n}}^{-1}\Delta\tilde{\boldsymbol{s}}/2$$

偏移系数 d^2 为

$$d^2=2\Delta\tilde{\boldsymbol{s}}^{\mathrm{H}}\boldsymbol{C}_{\tilde{n}}^{-1}\Delta\tilde{\boldsymbol{s}} \tag{3.10.34}$$

判决概率 $P(H_1|H_0)$ 和 $P(H_1|H_1)$ 分别为

$$P(H_1|H_0)=Q[\ln\eta/d+d/2] \tag{3.10.35}$$

$$\begin{aligned}P(H_1|H_1)&=Q[\ln\eta/d-d/2]\\&=Q[Q^{-1}(P(H_1|H_0))-d]\end{aligned} \tag{3.10.36}$$

如果我们把上述检测结果与 3.9.2 节中的不等均值矢量、等协方差矩阵的检测结果加以比较，则 $\boldsymbol{C}_{\tilde{n}}$ 对应 $\boldsymbol{C}_x$，$\Delta\tilde{\boldsymbol{s}}$ 对应 $\Delta\boldsymbol{\mu}_x$，(3.10.34)式所示的复信号情况下的偏移系数 d^2 也是(3.9.23)式所示实信号情况下偏移系数的两倍。

如果复高斯噪声矢量 $\tilde{\boldsymbol{n}}$ 的协方差矩阵 $\boldsymbol{C}_{\tilde{n}}=\sigma_{\tilde{n}}^2\boldsymbol{I}$，则判决表示式及检测性能化为复高斯噪声独立同分布条件下，一般二元复确知信号的检测结果，参见(3.10.20)式和(3.10.25)式，请读者自己验证。

如果复高斯噪声矢量 $\tilde{\boldsymbol{n}}$ 的协方差矩阵 $\boldsymbol{C}_{\tilde{n}}=\sigma_{\tilde{n}_k}^2\boldsymbol{I}(k=1,2,\cdots,N)$，则由(3.10.32)式等可导出相应的判决表示式和偏移系数等公式。这个问题留作习题，请读者自己完成。

3.10.2 复高斯二元随机信号的统计检测

现在考虑在复高斯白噪声中，复高斯二元随机信号统计检测的一种情况。若两个假设下的观测信号分别为

$$H_0:\ \tilde{x}_k=\tilde{n}_k,\quad k=1,2,\cdots,N$$

$$H_1:\ \tilde{x}_k=\tilde{s}_k+\tilde{n}_k,\quad k=1,2,\cdots,N$$

其中，复信号 $\tilde{s}_k(k=1,2,\cdots,N)$ 是均值为零、协方差矩阵为 $\boldsymbol{C}_{\tilde{s}}$ 的复高斯随机信号；$\tilde{n}_k(k=1,2,\cdots,N)$ 是均值为零、协方差矩阵为 $\sigma_{\tilde{n}}^2\boldsymbol{I}$ 的复高斯白噪声。

因为复高斯随机变量之和仍为复高斯随机变量，所以，在假设 H_0 下和假设 H_1 下，观测信号矢量 $\tilde{\boldsymbol{x}}=(\tilde{x}_1,\tilde{x}_2,\cdots,\tilde{x}_N)^{\mathrm{T}}$ 的概率密度函数分别为

$$p(\tilde{\boldsymbol{x}}|H_0)=\frac{1}{\pi^N\sigma_{\tilde{n}}^{2N}}\exp\left(-\frac{1}{\sigma_{\tilde{n}}^2}\tilde{\boldsymbol{x}}^{\mathrm{H}}\tilde{\boldsymbol{x}}\right) \tag{3.10.37}$$

$$p(\tilde{\boldsymbol{x}}|H_1)=\frac{1}{\pi^N|\boldsymbol{C}_{\tilde{s}}+\sigma_{\tilde{n}}^2\boldsymbol{I}|}\exp[-\tilde{\boldsymbol{x}}^{\mathrm{H}}(\boldsymbol{C}_{\tilde{s}}+\sigma_{\tilde{n}}^2\boldsymbol{I})^{-1}\tilde{\boldsymbol{x}}] \tag{3.10.38}$$

这样，将 $p(\tilde{\boldsymbol{x}}|H_j)(j=0,1)$ 的表示式代入似然比检验

$$\lambda(\tilde{\boldsymbol{x}})=\frac{p(\tilde{\boldsymbol{x}}|H_1)}{p(\tilde{\boldsymbol{x}}|H_0)}\underset{H_0}{\overset{H_1}{\gtrless}}\eta \tag{3.10.39}$$

两边取自然对数得

$$\begin{aligned}\ln\lambda(\tilde{\boldsymbol{x}})=-\tilde{\boldsymbol{x}}^{\mathrm{H}}&\left[(\boldsymbol{C}_{\tilde{s}}+\sigma_{\tilde{n}}^2\boldsymbol{I})^{-1}-\frac{1}{\sigma_{\tilde{n}}^2}\boldsymbol{I}\right]\tilde{\boldsymbol{x}}-\\&\ln|\boldsymbol{C}_{\tilde{s}}+\sigma_{\tilde{n}}^2\boldsymbol{I}|+\ln\sigma_{\tilde{n}}^{2N}\underset{H_0}{\overset{H_1}{\gtrless}}\ln\eta\end{aligned} \tag{3.10.40}$$

应用矩阵求逆引理

$$(\boldsymbol{A}+\boldsymbol{BCD})^{-1}=\boldsymbol{A}^{-1}-\boldsymbol{A}^{-1}\boldsymbol{B}(\boldsymbol{DA}^{-1}\boldsymbol{B}+\boldsymbol{C}^{-1})^{-1}\boldsymbol{DA}^{-1}$$

令 $\boldsymbol{A}=\sigma_{\tilde{n}}^2\boldsymbol{I},\boldsymbol{B}=\boldsymbol{D}=\boldsymbol{I},\boldsymbol{C}=\boldsymbol{C}_{\tilde{s}}$，则有

$$\begin{aligned}(\boldsymbol{C}_{\tilde{s}}+\sigma_{\tilde{n}}^2\boldsymbol{I})^{-1}&=\frac{1}{\sigma_{\tilde{n}}^2}\boldsymbol{I}-\frac{1}{\sigma_{\tilde{n}}^2}\left(\frac{1}{\sigma_{\tilde{n}}^2}\boldsymbol{I}+\boldsymbol{C}_{\tilde{s}}^{-1}\right)^{-1}\frac{1}{\sigma_{\tilde{n}}^2}\\&=\frac{1}{\sigma_{\tilde{n}}^2}\boldsymbol{I}-\frac{1}{\sigma_{\tilde{n}}^4}\left(\frac{1}{\sigma_{\tilde{n}}^2}\boldsymbol{I}+\boldsymbol{C}_{\tilde{s}}^{-1}\right)^{-1}\end{aligned}\tag{3.10.41}$$

这样，(3.10.40)式可写为

$$\ln\lambda(\tilde{\boldsymbol{x}})=\tilde{\boldsymbol{x}}^{\mathrm{H}}\frac{1}{\sigma_{\tilde{n}}^4}\left(\frac{1}{\sigma_{\tilde{n}}^2}\boldsymbol{I}+\boldsymbol{C}_{\tilde{s}}^{-1}\right)^{-1}\boldsymbol{x}-\ln|\boldsymbol{C}_{\tilde{s}}+\sigma_{\tilde{n}}^2\boldsymbol{I}|+\ln\sigma_{\tilde{n}}^{2N}\underset{H_0}{\overset{H_1}{\gtrless}}\ln\eta\tag{3.10.42}$$

对(3.10.42)式两边同乘 $\sigma_{\tilde{n}}^2$，整理得判决表示式为

$$\begin{aligned}l(\tilde{\boldsymbol{x}})&\overset{\text{def}}{=}\tilde{\boldsymbol{x}}^{\mathrm{H}}\frac{1}{\sigma_{\tilde{n}}^2}\left(\frac{1}{\sigma_{\tilde{n}}^2}\boldsymbol{I}+\boldsymbol{C}_{\tilde{s}}^{-1}\right)^{-1}\tilde{\boldsymbol{x}}\underset{H_0}{\overset{H_1}{\gtrless}}\sigma_{\tilde{n}}^2\ln\eta+\\&\quad\sigma_{\tilde{n}}^2\ln|\boldsymbol{C}_{\tilde{s}}+\sigma_{\tilde{n}}^2\boldsymbol{I}|+\sigma_{\tilde{n}}^2\ln\sigma_{\tilde{n}}^{2N}\overset{\text{def}}{=}\gamma\end{aligned}\tag{3.10.43}$$

为了得到更简明的结果，我们对检验统计量 $l(\tilde{\boldsymbol{x}})$ 的表示式进行化简。

因为

$$\begin{aligned}&\frac{1}{\sigma_{\tilde{n}}^2}\left(\frac{1}{\sigma_{\tilde{n}}^2}\boldsymbol{I}+\boldsymbol{C}_{\tilde{s}}^{-1}\right)^{-1}\\&=\frac{1}{\sigma_{\tilde{n}}^2}\left[\frac{1}{\sigma_{\tilde{n}}^2}(\boldsymbol{C}_{\tilde{s}}+\sigma_{\tilde{n}}^2\boldsymbol{I})\boldsymbol{C}_{\tilde{s}}^{-1}\right]^{-1}\\&=\frac{1}{\sigma_{\tilde{n}}^2}\left[\sigma_{\tilde{n}}^2\boldsymbol{C}_{\tilde{s}}(\boldsymbol{C}_{\tilde{s}}+\sigma_{\tilde{n}}^2\boldsymbol{I})^{-1}\right]\\&=\boldsymbol{C}_{\tilde{s}}(\boldsymbol{C}_{\tilde{s}}+\sigma_{\tilde{n}}^2\boldsymbol{I})^{-1}\end{aligned}\tag{3.10.44}$$

所以，(3.10.43)式最终可以写成

$$l(\tilde{\boldsymbol{x}})=\tilde{\boldsymbol{x}}^{\mathrm{H}}\boldsymbol{C}_{\tilde{s}}(\boldsymbol{C}_{\tilde{s}}+\sigma_{\tilde{n}}^2\boldsymbol{I})^{-1}\tilde{\boldsymbol{x}}\underset{H_0}{\overset{H_1}{\gtrless}}\gamma\tag{3.10.45}$$

其实现结构如图 3.26 所示。

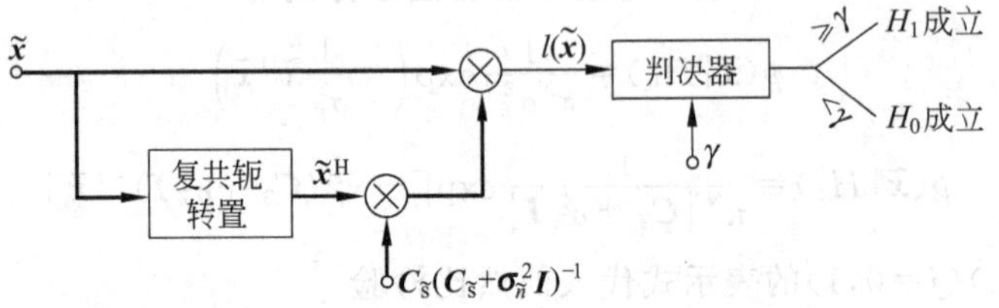

图 3.26 复高斯二元随机信号检测原理框图

显然，在复数情况下，检验统计量 $l(\tilde{\boldsymbol{x}})$ 是高斯随机变量平方的加权和。特殊地，如果复高斯随机信号的各次观测信号 $\tilde{s}_k(k=1,2,\cdots,N)$ 互不相关，方差均为 $\sigma_{\tilde{s}}^2$，则判决表示式变为

$$l(\tilde{\boldsymbol{x}})=\frac{\sigma_{\tilde{s}}^2}{\sigma_{\tilde{s}}^2+\sigma_{\tilde{n}}^2}\tilde{\boldsymbol{x}}^{\mathrm{H}}\tilde{\boldsymbol{x}}=\frac{\sigma_{\tilde{s}}^2}{\sigma_{\tilde{s}}^2+\sigma_{\tilde{n}}^2}\sum_{k=1}^{N}\tilde{x}_k\tilde{x}_k^*\tag{3.10.46}$$

下面通过一个例子来说明这类信号的检测问题。

例 3.10.1 考虑雷达信号检测的问题。若雷达系统的发射复信号为 $\tilde{g}_k,k=1,2,\cdots,N$，来自目标反射回波的复信号为 $\tilde{s}_k=\tilde{a}\tilde{g}_k,k=1,2,\cdots,N$，其中 $\tilde{g}_k$ 为已知的发射复确知

信号,$\tilde{a}$ 是目标回波幅度起伏的复随机变量。假定 $\tilde{a}\sim\mathscr{CN}(0,\sigma_{\tilde{a}}^2)$,且与观测噪声 $\tilde{n}_k$ 统计独立。这样,两个假设下的观测信号模型分别为

$$H_0:\ \tilde{x}_k=\tilde{n}_k,\quad k=1,2,\cdots,N$$

$$H_1:\ \tilde{x}_k=\tilde{s}_k+\tilde{n}_k=\tilde{a}\tilde{g}_k+\tilde{n}_k,\quad k=1,2,\cdots,N$$

其中,观测噪声 $\tilde{n}_k$ 是均值为零、方差为 $\sigma_{\tilde{n}}^2$ 的复高斯白噪声;信号 $\tilde{s}_k=\tilde{a}\tilde{g}_k$ 是复高斯信号。研究雷达信号检测的判决表示式,并对检测性能进行分析。

解 根据观测噪声 $\tilde{n}_k$ 的统计特性,$\tilde{\boldsymbol{n}}=(\tilde{n}_1,\tilde{n}_2,\cdots,\tilde{n}_N)^{\mathrm{H}}$ 是均值矢量为零、协方差矩阵为 $\sigma_{\tilde{n}}^2\boldsymbol{I}$ 的复高斯白噪声矢量;复信号矢量 $\tilde{\boldsymbol{s}}=(\tilde{s}_1,\tilde{s}_2,\cdots,\tilde{s}_N)^{\mathrm{H}}$ 的均值矢量为零、协方差矩阵为 $\boldsymbol{C}_{\tilde{s}}=\sigma_{\tilde{a}}^2\tilde{\boldsymbol{g}}\tilde{\boldsymbol{g}}^{\mathrm{H}}$,这里复矢量 $\tilde{\boldsymbol{g}}=(\tilde{g}_1,\tilde{g}_2,\cdots,\tilde{g}_N)^{\mathrm{H}}$。利用(3.10.45)式的判决表示式,我们有判决式

$$l_1(\tilde{\boldsymbol{x}})\overset{\text{def}}{=}\tilde{\boldsymbol{x}}^{\mathrm{H}}\boldsymbol{C}_{\tilde{s}}(\boldsymbol{C}_{\tilde{s}}+\sigma_{\tilde{n}}^2\boldsymbol{I})^{-1}\tilde{\boldsymbol{x}}\underset{H_0}{\overset{H_1}{\gtrless}}\gamma_1$$

现在需要确定 $\boldsymbol{C}_{\tilde{s}}(\boldsymbol{C}_{\tilde{s}}+\sigma_{\tilde{n}}^2\boldsymbol{I})^{-1}\tilde{\boldsymbol{x}}$。应用矩阵求逆引理,若 $\boldsymbol{A}$ 是 $N\times N$ 阶方阵,且逆矩阵存在,$\boldsymbol{B}$ 是 $N\times 1$ 的列矢量 $\boldsymbol{u}$,$\boldsymbol{C}$ 是单位标量,$\boldsymbol{D}$ 是 $1\times N$ 的行矢量 $\boldsymbol{u}^{\mathrm{T}}$,则有恒等式

$$(\boldsymbol{A}+\boldsymbol{u}\boldsymbol{u}^{\mathrm{T}})^{-1}=\boldsymbol{A}^{-1}-\frac{\boldsymbol{A}^{-1}\boldsymbol{u}\boldsymbol{u}^{\mathrm{T}}\boldsymbol{A}^{-1}}{1+\boldsymbol{u}^{\mathrm{T}}\boldsymbol{A}^{-1}\boldsymbol{u}}$$

对于复矩阵情况,令 $\boldsymbol{A}=\sigma_{\tilde{n}}^2\boldsymbol{I}$,$\boldsymbol{u}=\sigma_{\tilde{a}}\tilde{\boldsymbol{g}}$,则有

$$\begin{aligned}\boldsymbol{C}_{\tilde{s}}(\boldsymbol{C}_{\tilde{s}}+\sigma_{\tilde{n}}^2\boldsymbol{I})^{-1}\tilde{\boldsymbol{x}}&=\sigma_{\tilde{a}}^2\tilde{\boldsymbol{g}}\tilde{\boldsymbol{g}}^{\mathrm{H}}(\sigma_{\tilde{n}}^2\boldsymbol{I}+\sigma_{\tilde{a}}\tilde{\boldsymbol{g}}\tilde{\boldsymbol{g}}^{\mathrm{H}})^{-1}\tilde{\boldsymbol{x}}\\&=\sigma_{\tilde{a}}^2\tilde{\boldsymbol{g}}\tilde{\boldsymbol{g}}^{\mathrm{H}}\left[\frac{1}{\sigma_{\tilde{n}}^2}\boldsymbol{I}-\frac{\sigma_{\tilde{a}}^2\tilde{\boldsymbol{g}}\tilde{\boldsymbol{g}}^{\mathrm{H}}}{\sigma_{\tilde{n}}^4\left(1+\dfrac{\sigma_{\tilde{a}}^2}{\sigma_{\tilde{n}}^2}\tilde{\boldsymbol{g}}^{\mathrm{H}}\tilde{\boldsymbol{g}}\right)}\right]\tilde{\boldsymbol{x}}\\&=\left[\frac{\sigma_{\tilde{a}}^2}{\sigma_{\tilde{n}}^2}-\frac{\sigma_{\tilde{a}}^4\tilde{\boldsymbol{g}}^{\mathrm{H}}\tilde{\boldsymbol{g}}}{\sigma_{\tilde{n}}^4\left(1+\dfrac{\sigma_{\tilde{a}}^2}{\sigma_{\tilde{n}}^2}\tilde{\boldsymbol{g}}^{\mathrm{H}}\tilde{\boldsymbol{g}}\right)}\right]\tilde{\boldsymbol{g}}\tilde{\boldsymbol{g}}^{\mathrm{H}}\tilde{\boldsymbol{x}}\end{aligned}$$

令 $E_{\tilde{s}}=\mathrm{E}\left[\sum\limits_{k=1}^{N}|\tilde{s}_k|^2\right]=\sigma_{\tilde{a}}^2\tilde{\boldsymbol{g}}^{\mathrm{H}}\tilde{\boldsymbol{g}}$ 为雷达接收信号 $\tilde{s}_k=\tilde{a}\tilde{g}_k(k=1,2,\cdots,N)$ 的能量的平均值,这样可将上式简化为

$$\begin{aligned}\boldsymbol{C}_{\tilde{s}}(\boldsymbol{C}_{\tilde{s}}+\sigma_{\tilde{n}}^2\boldsymbol{I})^{-1}\tilde{\boldsymbol{x}}&=\left[\frac{\sigma_{\tilde{a}}^2}{\sigma_{\tilde{n}}^2}-\frac{\sigma_{\tilde{a}}^2E_{\tilde{s}}}{\sigma_{\tilde{n}}^2(\sigma_{\tilde{n}}^2+E_{\tilde{s}})}\right]\tilde{\boldsymbol{g}}\tilde{\boldsymbol{g}}^{\mathrm{H}}\tilde{\boldsymbol{x}}\\&=\frac{\sigma_{\tilde{a}}^2}{\sigma_{\tilde{n}}^2+E_{\tilde{s}}}\tilde{\boldsymbol{g}}\tilde{\boldsymbol{g}}^{\mathrm{H}}\tilde{\boldsymbol{x}}\end{aligned}$$

这样,判决表示式变为

$$\begin{aligned}l_1(\tilde{\boldsymbol{x}})&=\tilde{\boldsymbol{x}}^{\mathrm{H}}\frac{\sigma_{\tilde{a}}^2}{\sigma_{\tilde{n}}^2+E_{\tilde{s}}}\tilde{\boldsymbol{g}}\tilde{\boldsymbol{g}}^{\mathrm{H}}\tilde{\boldsymbol{x}}\\&=\frac{\sigma_{\tilde{a}}^2}{\sigma_{\tilde{n}}^2+E_{\tilde{s}}}\tilde{\boldsymbol{x}}^{\mathrm{H}}\tilde{\boldsymbol{g}}\tilde{\boldsymbol{g}}^{\mathrm{H}}\tilde{\boldsymbol{x}}\\&=\frac{\sigma_{\tilde{a}}^2}{\sigma_{\tilde{n}}^2+E_{\tilde{s}}}\left|\sum_{k=1}^{N}\tilde{x}_k\tilde{g}_k^*\right|^2\underset{H_0}{\overset{H_1}{\gtrless}}\gamma_1\end{aligned}$$

于是,等价的信号检测判决表示式最终为

$$l(\tilde{\boldsymbol{x}})\overset{\text{def}}{=}\left|\sum_{k=1}^{N}\tilde{x}_k\tilde{g}_k^*\right|^2\underset{H_0}{\overset{H_1}{\gtrless}}\frac{\sigma_{\tilde{n}}^2+E_{\tilde{s}}}{\sigma_{\tilde{a}}^2}\gamma_1\overset{\text{def}}{=}\gamma$$

现在我们研究其检测性能。因为 $\tilde{y}=\sum\limits_{k=1}^{N}\tilde{x}_k\tilde{g}_k^*$ 在任一假设下都是独立复高斯随机变量之和,所以

$\tilde{y}$ 仍是复高斯随机变量。这样我们可以求出 $\tilde{y}$ 在两个假设下的均值和方差分别为

$$\mathrm{E}(\tilde{y}|H_0)=\mathrm{E}\Big[\sum_{k=1}^{N}\tilde{n}_k\tilde{g}_k^*\Big]=0$$

$$\mathrm{E}(\tilde{y}|H_1)=\mathrm{E}\Big[\sum_{k=1}^{N}(\tilde{a}\tilde{g}_k+\tilde{n}_k)\tilde{g}_k^*\Big]=0$$

$$\begin{aligned}\mathrm{Var}(\hat{y}|H_0)&=E\Big[\Big(\sum_{k=1}^{N}\tilde{n}_k\tilde{g}_k^*\Big)\Big(\sum_{k=1}^{N}\tilde{n}_k\tilde{g}_k^*\Big)^*\Big]\\&=\sigma_{\tilde{n}}^2\sum_{k=1}^{N}|\tilde{g}_k|^2=\frac{\sigma_{\tilde{n}}^2}{\sigma_{\tilde{a}}^2}E_{\tilde{s}}\overset{\text{def}}{=}\sigma_0^2\end{aligned}$$

$$\begin{aligned}\mathrm{Var}(\tilde{y}|H_1)&=\mathrm{E}\Big[\Big(\sum_{k=1}^{N}(\tilde{a}\tilde{g}_k+\tilde{n}_k)\tilde{g}_k^*\Big)\Big(\sum_{k=1}^{N}(\tilde{a}\tilde{g}_k+\tilde{n}_k)\tilde{g}_k^*\Big)^*\Big]\\&=\mathrm{E}\Big[\Big(\sum_{k=1}^{N}(\tilde{a}\tilde{g}_k\tilde{g}_k^*+\tilde{n}_k\tilde{g}_k^*)\Big)\Big(\sum_{k=1}^{N}(\tilde{a}\tilde{g}_k^*\tilde{g}_k+\tilde{n}_k^*\tilde{g}_k)\Big)\Big]\\&=\sigma_{\tilde{a}}^2\Big(\sum_{k=1}^{N}|\tilde{g}_k|^2\Big)^2+\sigma_{\tilde{n}}^2\sum_{k=1}^{N}|\tilde{g}_k|^2\\&=\frac{\sigma_{\tilde{a}}^2}{\sigma_{\tilde{a}}^4}E_{\tilde{s}}^2+\frac{\sigma_{\tilde{n}}^2}{\sigma_{\tilde{a}}^2}E_{\tilde{s}}\\&=\frac{1}{\sigma_{\tilde{a}}^2}E_{\tilde{s}}^2+\frac{\sigma_{\tilde{n}}^2}{\sigma_{\tilde{a}}^2}E_{\tilde{s}}\overset{\text{def}}{=}\sigma_1^2\end{aligned}$$

我们知道,复高斯随机变量 $\tilde{y}$ 的实部 y_{R} 和虚部 y_{I} 都是实高斯随机变量,且相互统计独立。在两个假设下它们的均值和方差分别为

$$\mathrm{E}(y_{\mathrm{R}}|H_0)=\mathrm{E}(y_{\mathrm{I}}|H_0)=\mathrm{E}(\tilde{y}|H_0)=0$$

$$\begin{aligned}\mathrm{Var}(y_{\mathrm{R}}|H_0)=\mathrm{Var}(y_{\mathrm{I}}|H_0)&=\mathrm{Var}(\tilde{y}|H_0)/2\\&=\frac{\sigma_{\tilde{n}}^2}{2\sigma_{\tilde{a}}^2}E_{\tilde{s}}=\sigma_0^2/2\end{aligned}$$

$$\mathrm{E}(y_{\mathrm{R}}|H_1)=\mathrm{E}(y_{\mathrm{I}}|H_1)=\mathrm{E}(\tilde{y}|H_1)=0$$

$$\begin{aligned}\mathrm{Var}(y_{\mathrm{R}}|H_1)=\mathrm{Var}(y_{\mathrm{I}}|H_1)&=\mathrm{Var}(\tilde{y}|H_1)/2\\&=\frac{1}{2\sigma_{\tilde{a}}^2}E_{\tilde{s}}^2+\frac{\sigma_{\tilde{n}}^2}{2\sigma_{\tilde{a}}^2}E_{\tilde{s}}=\sigma_1^2/2\end{aligned}$$

我们注意到,检验统计量 $l(\tilde{\boldsymbol{x}})$ 为

$$l(\tilde{\boldsymbol{x}})=\Big|\sum_{k=1}^{N}\tilde{x}_k\tilde{g}_k^*\Big|^2=|\tilde{y}|^2=y_{\mathrm{R}}^2+y_{\mathrm{I}}^2$$

恰为均值为零的两个独立高斯随机变量平方之和,所以,检验统计量 $l(\tilde{\boldsymbol{x}})$ 是具有两个自由度的 χ^2 统计量。由两个假设下 y_{R} 和 y_{I} 的均值和方差,我们可得两个假设下检验统计量 $l(\tilde{\boldsymbol{x}})$ 的概率密度函数分别为

$$\begin{aligned}p(l|H_0)&=\frac{l^{n/2-1}}{2^{n/2}(\sigma_0^2/2)^{n/2}}\exp\Big(-\frac{l}{2\sigma_0^2/2}\Big)\Big|_{n=2}\\&=\frac{1}{\sigma_0^2}\exp\Big(-\frac{l}{\sigma_0^2}\Big),\quad l\geqslant 0\end{aligned}$$

$$\begin{aligned}p(l|H_1)&=\frac{l^{n/2-1}}{2^{n/2}(\sigma_1^2/2)^{n/2}}\exp\Big(-\frac{l}{2\sigma_1^2/2}\Big)\Big|_{n=2}\\&=\frac{1}{\sigma_1^2}\exp\Big(-\frac{l}{\sigma_1^2}\Big),\quad l\geqslant 0\end{aligned}$$

式中，$n=2$ 表示 χ^2 统计量分布的自由度的个数。

这样，判决概率 $P(H_1|H_0)$ 和 $P(H_1|H_1)$ 分别为

$$P(H_1|H_0)=\int_{\gamma}^{\infty}p(l\mid H_0)\mathrm{d}l=\exp\left(-\frac{\gamma}{\sigma_0^2}\right)$$

$$P(H_1|H_1)=\int_{\gamma}^{\infty}p(l\mid H_1)\mathrm{d}l=\exp\left(-\frac{\gamma}{\sigma_1^2}\right)$$

$$=[P(H_1|H_0)]^{\frac{1}{1+E_{\tilde{s}}/\sigma_{\tilde{n}}^2}}$$

式中，$\sigma_0^2=\sigma_{\tilde{n}}^2E_{\tilde{s}}/\sigma_{\tilde{a}}^2$，$\sigma_1^2=\sigma_{\tilde{n}}^2E_{\tilde{s}}/\sigma_{\tilde{a}}^2+E_{\tilde{s}}^2/\sigma_{\tilde{a}}^2$；$E_{\tilde{s}}/\sigma_{\tilde{n}}^2$ 是平均功率信噪比。判决概率 $P(H_1|H_1)$ 的公式说明，在 $P(H_1|H_0)$ 保持一定的条件下，平均功率信噪比 $E_{\tilde{s}}/\sigma_{\tilde{a}}^2$ 越大，$P(H_1|H_1)$ 越大，检测性能越好。

习　题

3.1　证明二元信号统计检测的贝叶斯平均代价 C 可以表示为

$$C=c_{00}+(c_{10}-c_{00})P(H_1|H_0)+$$
$$P(H_1)[(c_{11}-c_{00})+(c_{01}-c_{11})P(H_0|H_1)-(c_{10}-c_{00})P(H_1|H_0)]$$

3.2　请结合例 3.3.1 考虑如下几个问题。

(1) 如果例 3.3.1 的信号检测判决表示式化简为

$$l(\boldsymbol{x})\overset{\text{def}}{=}\sum_{k=1}^{N}x_k\underset{H_0}{\overset{H_1}{\gtrless}}\frac{\sigma_n^2}{A}\ln\eta+\frac{NA}{2}\overset{\text{def}}{=}\gamma$$

请问在两个假设下检验统计量 $l(\boldsymbol{x})$ 的概率密度函数 $p(l|H_0)$ 和 $p(l|H_1)$ 如何表示？各种判决概率 $P(H_i|H_j)(i,j=0,1)$ 是否改变？

(2) 如果两个假设分别为

$$H_0:\ x_k=B+n_k,\quad k=1,2,\cdots,N$$
$$H_1:\ x_k=A+B+n_k,\quad k=1,2,\cdots,N$$

其中，B 为任意常数，其他条件同例 3.3.1。请问此时信号检测的判决表示式和各种判决概率 $P(H_i|H_j)(i,j=0,1)$ 是否改变？

(3) 如果两个假设分别为

$$H_0:\ x_k=n_k,\quad k=1,2,\cdots,N$$
$$H_1:\ x_k=-A+n_k,\quad k=1,2,\cdots,N$$

其他条件同例 3.3.1。请求此时的信号检测判决表示式；请问各种判决概率 $P(H_i|H_j)$，$(i,j=0,1)$ 是否改变？

(4) 如果两个假设分别为

$$H_0:\ x_k=-\frac{A}{2}+n_k,\quad k=1,2,\cdots,N$$
$$H_1:\ x_k=\frac{A}{2}+n_k,\quad k=1,2,\cdots,N$$

其他条件同例 3.3.1。请求此时的信号检测判决表示式和各种判决概率 $P(H_i|H_j)$ $(i,j=0,1)$。

(5) 将例 3.3.1 的判决概率与上面四种情况下的各种判决概率 $P(H_i|H_j)(i,j=0,$

1)的结果进行比较,说明检测性能有或无差别的原因。

3.3 在例 3.3.2 中,判决表示式为

$$x \underset{H_0}{\overset{H_1}{\gtrless}} -0.1733$$

计算出的平均代价为 $C=1.8269$。试将检测门限 $\gamma=-0.1733$ 稍作调整,如 $\gamma_1=-0.17,\gamma_2=-0.18$,然后分别计算相应的平均代价 C_1 和 C_2,并与原检测门限 $\gamma=-0.1733$ 所对应的平均代价 $C=1.8269$ 进行比较。请对比较结果作出解释。

3.4 考虑二元确知信号的检测问题。若两个假设下的观测信号分别为

$$H_0: x_k=n_k, \quad k=1,2$$
$$H_1: x_1=s_1+n_1$$
$$x_2=s_2+n_2$$

其中,s_1 和 s_2 为确知信号,且满足 $s_1>0,s_2>0$;已知 $n_k\sim\mathcal{N}(0,\sigma_n^2)$,且两次观测相互统计独立。设似然比检测门限为 η。

(1) 求采用贝叶斯准则时的最佳判决表示式。

(2) 求判决概率 $P(H_1|H_0)$和 $P(H_1|H_1)$的计算式。

现在我们把这类二元确知信号的检测问题推广为一般情况。设两个假设下的观测信号分别为

$$H_0: x_k=n_k, \quad k=1,2,\cdots,N$$
$$H_1: x_k=s_k+n_k, \quad k=1,2,\cdots,N$$

其中,$s_k(k=1,2,\cdots,N)$是确知信号,但各 s_k 的值可以是不同的;各次观测噪声 n_k 是均值为零、方差为 σ_n^2 的独立同分布高斯噪声。设似然比检测门限 η 已知。

(1) 求采用贝叶斯准则时的最佳判决表示式,并化简为最简形式,检验统计量记为$l(\boldsymbol{x})$。

(2) 画出检测器的结构;根据检验统计量 $l(\boldsymbol{x})$,说明该检测器是一种相关检测器。

(3) 研究检测器的性能,求判决概率 $P(H_1|H_0)$和 $P(H_1|H_1)$的计算式。

(4) 若 $s_k=s(k=1,2,\cdots,N)$,求判决表示式,画出检测器的结构,并研究检测器的性能。

3.5 在一般二元信号检测中,两个假设下的观测信号分别为

$$H_0: x_k=s_0+n_k, \quad k=1,2,\cdots,N$$
$$H_1: x_k=s_1+n_k, \quad k=1,2,\cdots,N$$

其中,s_0 和 s_1 为确知信号,且满足 $s_1\geqslant s_0$;观测噪声 $n_k\sim\mathcal{N}(0,\sigma_n^2)$,且 N 次观测相互统计独立。似然比检测门限为 η。

(1) 求贝叶斯判决表示式。

(2) 研究其检测性能。

(3) 如果约定 $s_1>0$,且满足 $s_1\geqslant|s_0|$,如何设计信号 s_0 才能获得最好的检测性能?

3.6 设观测信号在两个假设下的概率密度函数 $p(x|H_0)$和 $p(x|H_1)$分别如图 3.27(a)和(b)所示。

似然比检测门限为 η。求贝叶斯判决表示式。如果 $\eta=1$,计算判决概率 $P(H_1|H_0)$

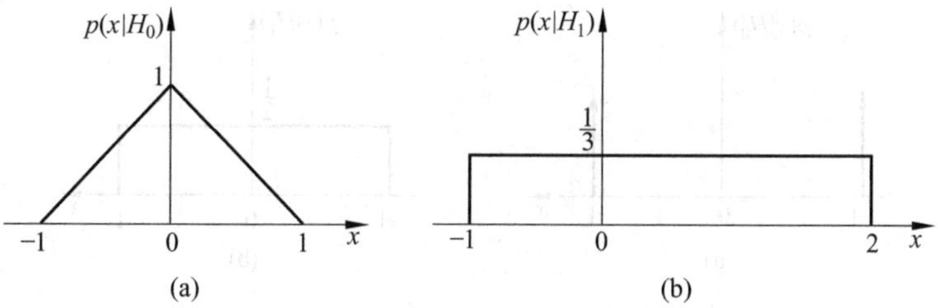

图 3.27 两个假设下信号的概率密度函数

和 $P(H_1|H_1)$。

3.7 在二元信号的检测中,若两个假设下的观测信号分别为

$$H_0: x=r_1$$
$$H_1: x=r_1^2+r_2^2$$

其中,r_1 和 r_2 是独立同分布的高斯随机变量,均值为零,方差为 1。若似然比检测门限为 η,求贝叶斯判决表示式。

3.8 在数字通信系统中,两个假设下的接收信号分别为

$$H_0: x_k=n_k, \quad k=1,2,\cdots,N$$
$$H_1: x_k=A+n_k, \quad k=1,2,\cdots,N$$

其中,$A>0$(常数);噪声 $n_k \sim \mathcal{N}(0,\sigma_n^2)$,且 N 次接收信号之间相互统计独立。其先验概率 $P(H_0)=P(H_1)=1/2$,代价因子 $c_{00}=c_{11}=0, c_{10}=c_{01}=1$。

(1) 求最小平均错误概率准则的判决表示式。

(2) 求最小平均错误概率 P_e。

(3) 研究观测次数 N 对检测性能的影响。

(4) 如果信号 $A<0$,但绝对值不变,这对检测性能是否有影响,说明原因。

3.9 设二元信号检测中,两个假设下观测信号 x 的概率密度函数分别为

$$p(x|H_0)=\begin{cases}\frac{1}{2}-\frac{1}{4}|x|, & |x|\leqslant 2\\ 0, & \text{其他}\end{cases}$$

$$p(x|H_1)=\begin{cases}1-|x|, & |x|\leqslant 1\\ 0, & \text{其他}\end{cases}$$

已知先验概率 $P(H_1)=0.6$,代价因子 $c_{ij}=1-\delta_{ij}(i,j=0,1)$。

(1) 求最小平均错误概率准则的判决式。

(2) 求最小平均错误概率 P_e。

3.10 在假设 H_0 下和假设 H_1 下,若观测信号 x 的概率密度函数分别如图 3.28(a)和(b)所示。已知先验概率 $P(H_0)=0.3, P(H_1)=0.7$。试设计采用最小平均错误概率准则的检测器,并且分析它是如何实现判决的。

3.11 在雷达信号检测中,通常采用奈曼-皮尔逊准则。若两个假设下的接收信号分别为

$$H_0: x_k=n_k, \quad k=1,2,\cdots,N$$
$$H_1: x_k=A+n_k, \quad k=1,2,\cdots,N$$

其中,A>0(常数);噪声 $n_k \sim \mathcal{N}(0,\sigma_n^2)$,且 $n_k(k=1,2,\cdots,N)$ 之间相互统计独立。试

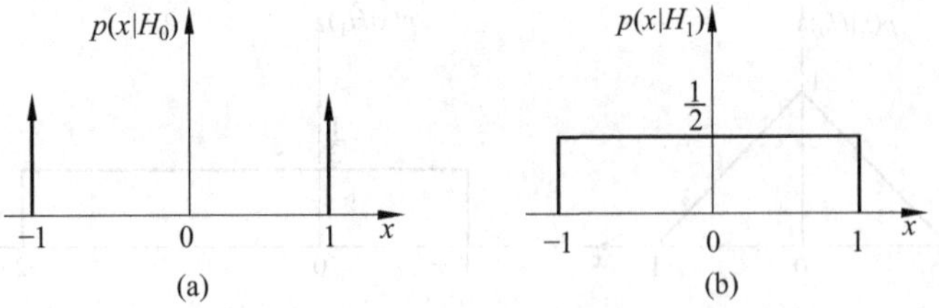

图 3.28 两个假设下信号的概率密度函数

设计一个$P(H_1|H_0)=0.1$的奈曼-皮尔逊接收机，并研究其检测性能。

3.12 与习题3.11相同，但假设H_1的接收信号为

$$H_1:\ x_k=-A+n_k,\quad k=1,2,\cdots,N$$

其他条件不变。重做习题3.11。

3.13 考虑如图3.29所示的窄带线性系统检测设备，两个假设下的接收信号分别为

$$H_0:\ x(t)=n(t)$$
$$H_1:\ x(t)=s(t;\ \theta)+n(t)$$
$$=a\cos(\omega_0 t+\theta)+n(t)$$

其中，信号$s(t;\ \theta)$的振幅a和频率ω。已知，相位θ在$(-\pi,\pi)$范围内均匀分布；噪声$n(t)$是均值为零、样本方差为σ_n^2的窄带高斯噪声。

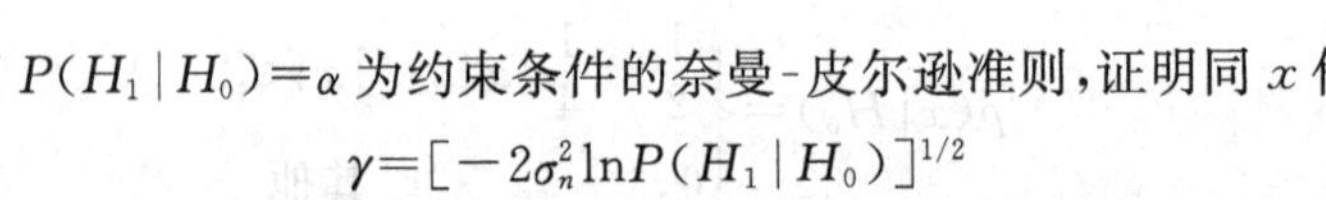

图 3.29 窄带线性系统检测设备

(1) 设似然比检测门限为η，对于取包络的一个样本x的情况，以x同门限比较能够作出判决吗？

(2) 若采用$P(H_1|H_0)=\alpha$为约束条件的奈曼-皮尔逊准则，证明同x作比较的门限为

$$\gamma=[-2\sigma_n^2\ln P(H_1|H_0)]^{1/2}$$

3.14 考虑二元信号的检测问题。若两个假设下观测信号的概率密度函数分别为

$$p(x|H_0)=\frac{1}{2}\exp(-|x|)$$

$$p(x|H_1)=\left(\frac{1}{2\pi}\right)^{1/2}\exp\left(-\frac{x^2}{2}\right)$$

(1) 若似然比检测门限为η，试建立信号检测的判决表示式。

(2) 设代价因子$c_{00}=c_{11}=0$，$c_{01}=c_{10}=1$，若先验概率$P(H_1)=3/4$，试求采用贝叶斯准则时的判决概率$P(H_1|H_0)$和$P(H_1|H_1)$。

(3) 设代价因子同(2)，试求采用极小化极大准则的检测性能。

(4) 若约束条件为判决概率$P(H_1|H_0)=0.2$，试求采用奈曼-皮尔逊准则的检测性能。

3.15 考虑M元信号的检测问题。试证明贝叶斯准则的一种等价判决形式是：

检验统计量　$\beta_i = \sum_{j=0}^{M-1} c_{ij} P(H_j \mid \boldsymbol{x}), \quad i=0,1,\cdots,M-1$

并选择与 $\beta_{\min}=\mathrm{Min}\{\beta_i\}$ 相应的假设成立。

3.16　求例 3.6.1 所给出的四元信号检测的判决概率 $P(H_2|H_2)$ 和假设 H_3 为真时的错误判决概率 $P(H_i|H_3)(i=0,1,2)$ 的计算公式。

3.17　考虑三元信号的检测问题。若三个假设下的观测信号分别为

$$H_0:\ x=n$$
$$H_1:\ x=1+n$$
$$H_2:\ x=2+n$$

其中，噪声 n 服从

$$p(n)=1-|n|, \quad -1\leqslant n\leqslant 1$$

的三角分布。在等先验概率 $P(H_j)=1/3$ 条件下，求最小平均错误概率 P_e。

3.18　研究三元信号的检测问题。若三个假设下的观测信号分别为

$$H_0:\ x_k=n_k, \quad k=1,2,\cdots,N$$
$$H_1:\ x_k=1+n_k, \quad k=1,2,\cdots,N$$
$$H_2:\ x_k=-1+n_k, \quad k=1,2,\cdots,N$$

其中，噪声 $n_k\sim\mathcal{N}(0,\sigma_n^2)$，且 $n_k(k=1,2,\cdots,N)$ 之间相互统计独立。已知各假设的先验概率 $P(H_j)(j=0,1,2)$ 相等。

(1) 求采用最小平均错误概率准则的判决表示式及判决域。

(2) 求最小平均错误概率 P_e。

3.19　考试三元信号的检测问题。若三个假设下的观测信号分别为

$$H_0:\ x_k=-A+n_k, \quad k=1,2,\cdots,N$$
$$H_1:\ x_k=n_k, \quad k=1,2,\cdots,N$$
$$H_2:\ x_k=A+n_k, \quad k=1,2,\cdots,N$$

其中，$A>0$(常数)；噪声 $n_k\sim\mathcal{N}(0,\sigma_n^2)$，且 $n_k(k=1,2,\cdots,N)$ 之间相互统计独立。进一步假定各假设的先验概率 $P(H_j)(j=0,1,2)$ 相等。求采用最小平均错误概率准则时的平均正确判决概率 P_c 和平均错误概率 P_e。

3.20　在三元信号检测中，考虑不等均值和不等方差的情况。设三个假设下观测信号 x 的概率密度函数为

$$p(x|H_j)=\left(\frac{1}{2\pi\sigma_j^2}\right)^{1/2}\exp\left[-\frac{(x-\mu_{x_j})^2}{2\sigma_j^2}\right], \quad j=0,1,2$$

其中，$\mu_{x_0}=\mu_{x_2}=0, \mu_{x_1}=1$；$\sigma_0^2=\sigma_1^2=1, \sigma_2^2>1$。

(1) 若各假设的先验概率 $P(H_j)(j=0,1,2)$ 相等，求采用最小平均错误概率准则的判决表示式。

(2) 在 $P(H_j)(j=0,1,2)$ 相等的条件下，若 $\sigma_2^2=4$，问平均错误概率 P_e 是多少？

3.21　考虑二元随机参量信号的检测问题。若两个假设下的观测信号分别为

$$H_0:\ x=n$$
$$H_1:\ x=s+n$$

其中，信号 s 和噪声 n 是相互统计独立的随机变量，其概率密度函数分别为

$$p(s)=\begin{cases}a\exp(-as), & s\geqslant 0,a>0\\ 0, & s<0\end{cases}$$

$$p(n)=\begin{cases}b\exp(-bn), & n\geqslant 0,b>0,\text{且 } b>a\\ 0, & n<0\end{cases}$$

(1) 证明信号检测的似然比检验(似然比检测门限为 η)可化简为

$$x \underset{H_0}{\overset{H_1}{\gtrless}} \gamma$$

(2) 求贝叶斯准则下检测门限 γ 与先验概率 $P(H_j)$ 和代价因子 c_{ij} 的函数关系。

(3) 如果采用奈曼-皮尔逊准则，求检测门限 γ 与错误判决概率 $P(H_1|H_0)$ 的函数关系。

3.22 考虑二元参量信号的广义似然比检验问题。若两个假设下的观测信号分别为

$$H_0:\ x_k=n_k,\quad k=1,2,\cdots,N$$
$$H_1:\ x_k=m+n_k,\quad k=1,2,\cdots,N$$

其中，参数 m 是未知参量；噪声 $n_k\sim\mathcal{N}(0,\sigma_n^2)$，且 $n_k(k=1,2,\cdots,N)$ 之间相互统计独立。若似然比检测门限 η 已知，求采用广义似然比检验的判决表示式(提示：未知参量 m 的最大似然估计量 $\hat{m}_{\text{ml}}=\dfrac{1}{N}\sum\limits_{k=1}^{N}x_k$，参见 5.3 节)。

3.23 在信号的序列检测中，若两个假设下的观测信号分别为

$$H_0:\ x_k=s_{0k},\quad k=1,2,\cdots$$
$$H_1:\ x_k=s_{1k},\quad k=1,2,\cdots$$

其中，s_{0k} 和 s_{1k} 是均值为零、方差分别为 σ_0^2 和 σ_1^2 的独立同分布高斯随机信号，且 $\sigma_1^2>\sigma_0^2$。设 $P_{\text{F}}=P(H_1|H_0)=0.2$，$P_{\text{M}}=P(H_0|H_1)=0.1$。若已知 $\sigma_0^2=1$，$\sigma_1^2=4$，$P(H_0)=1/2$。试求结束检验所需的平均观测次数。

3.24 作为不等均值矢量、等协方差矩阵一般高斯二元信号检测的特例，我们考虑在高斯白噪声中，一般二元确知信号的检测问题。在两个假设下的观测信号分别为

$$H_0:\ x_k=s_{0k}+n_k,\quad k=1,2,\cdots,N$$
$$H_1:\ x_k=s_{1k}+n_k,\quad k=1,2,\cdots,N$$

其中，确知信号 s_{0k} 和 $s_{1k}(k=1,2,\cdots,N)$ 已知，信号能量分别记为 $E_{s_0}=\sum\limits_{k=1}^{N}s_{0k}^2$ 和 $E_{s_1}=\sum\limits_{k=1}^{N}s_{1k}^2$，信号 s_{0k} 与 s_{1k} 的相关系数定义为

$\rho=\dfrac{1}{\sqrt{E_{s_0}E_{s_1}}}\sum\limits_{k=1}^{N}s_{0k}s_{1k}$；观测噪声 $n_k\sim\mathcal{N}(0,\sigma_n^2)$，$n_k(k=1,2,\cdots,N)$ 之间相互统计独立。若似然比检测门限为 η，求信号检测的判决表示式和判决概率 $P(H_1|H_0)$ 及 $P(H_1|H_1)$。

3.25 在例 3.9.2 中，当观测次数 $N=2$ 时，通过使协方差矩阵 $\boldsymbol{C}_x$ 对角化的方法，研究了高斯二元信号，在不等均值矢量、等协方差矩阵，但观测信号之间相关情况下的信号检测问题。因为观测次数 $N=2$，协方差矩阵 $\boldsymbol{C}_x$ 是 2×2 的低阶矩阵，所以我们也可以直

接求解。为了方便，现将问题重写如下：在假设 H_0 下和假设 H_1 下，两次观测信号 x_1 和 x_2 都是属于高斯分布的，二维观测信号矢量 $\boldsymbol{x}=(x_1,x_2)^{\mathrm{T}}$。已知假设 H_0 下的均值矢量

$$\boldsymbol{\mu}_{x_0}=\mathrm{E}(\boldsymbol{x}|H_0)=(0,0)^{\mathrm{T}}$$

假设 H_1 下的均值矢量

$$\boldsymbol{\mu}_{x_1}=\mathrm{E}(\boldsymbol{x}|H_1)=(\mu_{x_{11}},\mu_{x_{21}})^{\mathrm{T}}$$

协方差矩阵

$$\boldsymbol{C}_x=\boldsymbol{C}_{x_0}=\boldsymbol{C}_{x_1}=\begin{bmatrix}1&\rho\\ \rho&1\end{bmatrix},-1\leqslant\rho\leqslant 1$$

若已知似然比检测门限 η，请用直接求解的方法求检验统计量 $l(\boldsymbol{x})$、检测门限 γ 和偏移系数 d^2，并将结果与例 3.9.2 的结果比较，看是否一样。

3.26 在等均值矢量、不等协方差矩阵的情况下，若假设 H_1 下观测信号矢量 $\boldsymbol{x}$ 的协方差矩阵为

$$\boldsymbol{C}_{x_1}=\boldsymbol{C}_s+\sigma_n^2\boldsymbol{I}$$

其中，$\boldsymbol{C}_s$ 是信号 $s_k(k=1,2,\cdots,N)$ 的协方差矩阵，$\sigma_n^2\boldsymbol{I}$ 是观测噪声 $n_k(k=1,2,\cdots,N)$ 的协方差矩阵。若令矩阵

$$\boldsymbol{H}=(\boldsymbol{C}_s+\sigma_n^2\boldsymbol{I})^{-1}\boldsymbol{C}_s$$

证明

$$\boldsymbol{C}_{x_1}^{-1}=\frac{1}{\sigma_n^2}(\boldsymbol{I}-\boldsymbol{H})$$

3.27 在一般高斯二元信号的统计检测中，等均值、不等方差也可以实现信号的检测，现考虑这种情况。若假设 H_0 下和假设 H_1 下观测信号 x 都是均值为零、但方差分别是 $\sigma_{x_0}^2$ 和 $\sigma_{x_1}^2$ 的高斯随机变量；设似然比检测门限为 η。

(1) 当 $\sigma_{x_0}^2\neq\sigma_{x_1}^2$ 时，对两个假设作出选择的判决形式如何？

(2) 图示判决域的划分。

(3) 求两类错误判决概率 $P(H_1|H_0)$ 和 $P(H_0|H_1)$ 的表示式。

3.28 类似于习题 3.27 的情况，但进行了 N 次观测。在假设 H_0 下和假设 H_1 下，观测信号 $x_k(k=1,2,\cdots,N)$ 是均值为零，方差分别为 $\sigma_{x_0}^2$ 和 $\sigma_{x_1}^2$ 的独立高斯随机变量；设似然比检测门限为 η。

(1) 当 $\sigma_{x_0}^2\neq\sigma_{x_1}^2$ 时，求判决表示式。

(2) 分别求两个假设下检验统计量 $l(\boldsymbol{x})$ 的概率密度函数 $p(l|H_0)$ 和 $p(l|H_1)$。

3.29 现在考虑一般高斯信号检测中不等均值、不等方差的情况。在假设 H_0 下和假设 H_1 下，观测信号 x 分别是均值为 μ_{x_0}、方差为 $\sigma_{x_0}^2$ 和均值为 μ_{x_1}、方差为 $\sigma_{x_1}^2$ 的高斯随机变量。设似然比检测门限为 η，求信号检测的判决表示式，说明求判决概率 $P(H_1|H_0)$ 和 $P(H_1|H_1)$ 的方法。

3.30 我们知道，观测信号的概率密度函数可以是非高斯的，现在考虑双边指数分布的形式。设二元确知信号检测时，两个假设下观测信号的概率密度函数分别为

$$p(x|H_0)=\frac{b}{2}\exp(-b|x|)$$

$$p(x|H_1)=\frac{a}{2}\exp(-a|x|)$$

其中，$a>b$，且均为常数。若似然比门限 $\eta=1$，求信号检测的判决表示式及判决概率 $P(H_1|H_0)$和 $P(H_1|H_1)$。

3.31 在信号的检测问题中，各假设下观测信号的概率密度函数可以是离散的。现假定在两个假设下的观测量都服从泊松分布，即

$$p(x=n|H_0)=\frac{m_0^n}{n!}\exp(-m_0),\quad n=0,1,2,\cdots$$

$$p(x=n|H_1)=\frac{m_1^n}{n!}\exp(-m_1),\quad n=0,1,2,\cdots$$

（1）若 $m_1>m_0$，似然比检测门限为 η，证明信号检测的判决表示式最终可化简成

$$x \underset{H}{\overset{H_1}{\gtrless}} \gamma$$

的形式，并求 γ。

（2）证明两判决概率分别为

$$P(H_1\mid H_0)=1-\exp(-m_0)\sum_{n=0}^{\gamma-1}\frac{m_0^n}{n!}$$

$$P(H_0\mid H_1)=\exp(-m_1)\sum_{n=0}^{\gamma-1}\frac{m_1^n}{n!}$$

（3）假定 $m_0=1$，$m_1=2$，画出接收机的工作特性 ROC。

3.32 对于在复高斯噪声 $\tilde{n}_k(k=1,2,\cdots,N)$是均值为零、相互统计独立、但具有不同方差 $\sigma_{\tilde{n}_k}^2$ 的环境中，一般二元复确知信号的统计检测问题，我们在文中未讨论，现作为习题给出。两个假设下的观测信号分别为

$$H_0:\ \tilde{x}_k=\tilde{s}_{0k}+\tilde{n}_k,\quad k=1,2,\cdots,N$$
$$H_1:\ \tilde{x}_k=\tilde{s}_{1k}+\tilde{n}_k,\quad k=1,2,\cdots,N$$

其中，信号 $\tilde{s}_{0k}$ 和 $\tilde{s}_{1k}(k=1,2,\cdots,N)$是复确知信号；噪声 $\tilde{n}_k(k=1,2,\cdots,N)$是均值为零、方差为 $\sigma_{\tilde{n}_k}^2$、相互统计独立的复高斯噪声。设似然比检测门限为 η，求信号统计检测的判决表示式及判决概率 $P(H_1|H_0)$和 $P(H_1|H_1)$。

附录 3A 对称矩阵的正交化定理

定理 对任意对称矩阵 $\boldsymbol{A}$，恒有正交矩阵 $\boldsymbol{T}$，使 $\boldsymbol{T}^{\mathrm{T}}\boldsymbol{A}\boldsymbol{T}$ 为对角矩阵$\boldsymbol{\Lambda}$，且对角矩阵$\boldsymbol{\Lambda}$ 的主对角线上的元素恰为矩阵 $\boldsymbol{A}$ 的特征值（根）。

该定理说明，任意对称矩阵可通过正交变换化为对角矩阵。

正交矩阵 $\boldsymbol{T}$ 的求解方法如下。

（1）求出 $N\times N$ 阶对称矩阵 $\boldsymbol{A}$ 的特征方程

$$|\boldsymbol{A}-\lambda\boldsymbol{I}|=0$$

的全部特征值 λ_i，$i=1,2,\cdots,N$。由 $\lambda_1,\lambda_2,\cdots,\lambda_N$ 为主对角线的对角矩阵即为$\boldsymbol{\Lambda}$ 。

（2）对每一个 λ_i，$i=1,2,\cdots,N$，解齐次线性方程组

$$(\boldsymbol{A}-\lambda_i\boldsymbol{I})\boldsymbol{u}=0,\quad i=1,2,\cdots,N$$

求出 $\boldsymbol{A}$ 的 N 个线性无关的特征矢量$\boldsymbol{\alpha}_1,\boldsymbol{\alpha}_2,\cdots,\boldsymbol{\alpha}_N$。

(3) 如果特征值 $\lambda_i(i=1,2,\cdots,N)$ 是两两互异的，则特征矢量 $\boldsymbol{\alpha}_1,\boldsymbol{\alpha}_2,\cdots,\boldsymbol{\alpha}_N$ 是两两互异特征值的特征矢量，它们必相互正交；但若特征根有重根，则由重根所求得的特征矢量首先要进行正交化处理。

(4) 在对特征矢量 $\alpha_1,\alpha_2,\cdots,\alpha_N$ 正交化处理的基础上，对每个特征矢量 $\alpha_i(i=1,2,\cdots,N)$ 进行归一化处理，就得到矩阵 $\boldsymbol{A}$ 的 N 个线性无关两两正交的单位矢量 $\boldsymbol{\eta}_1,\boldsymbol{\eta}_2,\cdots,\boldsymbol{\eta}_N$。

(5) 以这 N 个单位矢量 $\boldsymbol{\eta}_i(i=1,2,\cdots,N)$ 分别作为矩阵 $\boldsymbol{T}$ 的第 i 列矢量，则 $\boldsymbol{T}$ 就是所求的正交矩阵。

例 3A.1 试用正交矩阵 $\boldsymbol{T}$ 把对称矩阵

$$\boldsymbol{A}=\begin{bmatrix}0 & 1 & 1 & -1\\ 1 & 0 & -1 & 1\\ 1 & -1 & 0 & 1\\ -1 & 1 & 1 & 0\end{bmatrix}$$

化为对角矩阵 $\boldsymbol{\Lambda}$。

解 由于特征方程

$$|\boldsymbol{A}-\lambda\boldsymbol{I}|=\begin{vmatrix}-\lambda & 1 & 1 & -1\\ 1 & -\lambda & -1 & 1\\ 1 & -1 & -\lambda & 1\\ -1 & 1 & 1 & -\lambda\end{vmatrix}$$

$$=\lambda^4-6\lambda^2+8\lambda-3$$

$$=(\lambda+3)(\lambda-1)^3=0$$

所以，对称矩阵 $\boldsymbol{A}$ 的特征根为

$$\lambda_1=-3,\lambda_2=\lambda_3=\lambda_4=1$$

对于特征根 $\lambda_1=-3$，解齐次方程组

$$(\boldsymbol{A}-\lambda_1\boldsymbol{I})\boldsymbol{u}=0$$

即

$$\begin{cases}3u_1+u_2+u_3-u_4=0\\ u_1+3u_2-u_3+u_4=0\\ u_1-u_2+3u_3+u_4=0\\ -u_1+u_2+u_3+3u_4=0\end{cases}$$

其基础解系只包含一个解矢量，求得对应 $\lambda_1=-3$ 的特征矢量

$$\boldsymbol{\alpha}_1=(\alpha_{11},\alpha_{12},\alpha_{13},\alpha_{14})^{\mathrm{T}}=(1,-1,-1,1)^{\mathrm{T}}$$

因为 $\lambda_1=-3$ 是单根，所以特征矢量中的各分量是相互正交的。

对特征矢量 $\boldsymbol{\alpha}_1$ 进行归一化处理，得正交矩阵 $\boldsymbol{T}$ 的第一列元素

$$\boldsymbol{\eta}_1=(\eta_{11},\eta_{12},\eta_{13},\eta_{14})^{\mathrm{T}}=\left(\frac{1}{2},-\frac{1}{2},-\frac{1}{2},\frac{1}{2}\right)^{\mathrm{T}}$$

对于特征根 $\lambda_2=\lambda_3=\lambda_4=1$，解齐次方程组

$$(\boldsymbol{A}-\boldsymbol{I})\boldsymbol{u}=0$$

即

$$\begin{cases}-u_1+u_2+u_3-u_4=0\\u_1-u_2-u_3+u_4=0\\u_1-u_2-u_3+u_4=0\\-u_1+u_2+u_3-u_4=0\end{cases}$$

其基础解系包含三个解矢量,求得对应 $\lambda_2=\lambda_3=\lambda_4=1$ 的三个特征矢量,即为

$$\boldsymbol{\alpha}_2=(\alpha_{21},\alpha_{22},\alpha_{23},\alpha_{24})^{\mathrm{T}}=(1,1,0,0)^{\mathrm{T}}$$

$$\boldsymbol{\alpha}_3=(\alpha_{31},\alpha_{32},\alpha_{33},\alpha_{34})^{\mathrm{T}}=(1,0,1,0)^{\mathrm{T}}$$

$$\boldsymbol{\alpha}_4=(\alpha_{41},\alpha_{42},\alpha_{43},\alpha_{44})^{\mathrm{T}}=(-1,0,0,1)^{\mathrm{T}}$$

因为$\boldsymbol{\alpha}_2$,$\boldsymbol{\alpha}_3$ 和$\boldsymbol{\alpha}_4$ 是三重根 $\lambda_2=\lambda_3=\lambda_4=1$ 时的特征矢量,所以要进行正交化处理。利用施密特(Schmidt)正交化方法,有

$$\boldsymbol{\beta}_2=\boldsymbol{\alpha}_2=(1,1,0,0)^{\mathrm{T}}$$

$$\boldsymbol{\beta}_3=\left(\boldsymbol{\alpha}_3-\frac{\boldsymbol{\beta}_2^{\mathrm{T}}\boldsymbol{\alpha}_3}{\boldsymbol{\beta}_2^{\mathrm{T}}\boldsymbol{\beta}_2}\boldsymbol{\beta}_2\right)^{\mathrm{T}}=\left(\frac{1}{2},-\frac{1}{2},1,0\right)^{\mathrm{T}}$$

$$\boldsymbol{\beta}_4=\left(\boldsymbol{\alpha}_4-\frac{\boldsymbol{\beta}_2^{\mathrm{T}}\boldsymbol{\alpha}_4}{\boldsymbol{\beta}_2^{\mathrm{T}}\boldsymbol{\beta}_2}\boldsymbol{\beta}_2-\frac{\boldsymbol{\beta}_3^{\mathrm{T}}\boldsymbol{\alpha}_4}{\boldsymbol{\beta}_3^{\mathrm{T}}\boldsymbol{\beta}_3}\boldsymbol{\beta}_3\right)^{\mathrm{T}}=\left(-\frac{1}{3},\frac{1}{3},\frac{1}{3},1\right)^{\mathrm{T}}$$

再进行归一化处理,得正交矩阵 $\boldsymbol{T}$ 的第二列元素、第三列元素和第四列元素分别为

$$\boldsymbol{\eta}_2=(\eta_{21},\eta_{22},\eta_{23},\eta_{24})^{\mathrm{T}}=\left(\frac{1}{\sqrt{2}},\frac{1}{\sqrt{2}},0,0\right)^{\mathrm{T}}$$

$$\boldsymbol{\eta}_3=(\eta_{31},\eta_{32},\eta_{33},\eta_{34})^{\mathrm{T}}=\left(\frac{1}{\sqrt{6}},-\frac{1}{\sqrt{6}},\frac{2}{\sqrt{6}},0\right)^{\mathrm{T}}$$

$$\boldsymbol{\eta}_4=(\eta_{41},\eta_{42},\eta_{43},\eta_{44})^{\mathrm{T}}=\left(\frac{-1}{2\sqrt{3}},\frac{1}{2\sqrt{3}},\frac{1}{2\sqrt{3}},\frac{3}{2\sqrt{3}}\right)^{\mathrm{T}}$$

这样,正交化矩阵 $\boldsymbol{T}$ 为

$$\boldsymbol{T}=\begin{bmatrix}\frac{1}{2} & \frac{1}{\sqrt{2}} & \frac{1}{\sqrt{6}} & -\frac{1}{2\sqrt{3}}\\ -\frac{1}{2} & \frac{1}{\sqrt{2}} & -\frac{1}{\sqrt{6}} & \frac{1}{2\sqrt{3}}\\ -\frac{1}{2} & 0 & \frac{2}{\sqrt{6}} & \frac{1}{2\sqrt{3}}\\ \frac{1}{2} & 0 & 0 & \frac{3}{2\sqrt{3}}\end{bmatrix}$$

从而有

$$\boldsymbol{T}^{\mathrm{T}}\boldsymbol{A}\boldsymbol{T}=\boldsymbol{\Lambda}=\begin{bmatrix}-3 & 0 & 0 & 0\\0 & 1 & 0 & 0\\0 & 0 & 1 & 0\\0 & 0 & 0 & 1\end{bmatrix}$$

第 4 章　信号波形的检测

4.1 引言

在第 3 章中，已对信号最佳检测的概念、准则、方法和性能分析等统计检测理论进行了研究，本章将把这些理论推广到噪声中信号波形的最佳检测问题中。噪声中信号波形检测的基本任务就是根据性能指标要求，设计与环境相匹配的接收机（检测系统），以便从噪声污染的接收信号中提取有用的信号，或者在噪声干扰背景中区别不同特性、不同参量的信号。所设计的检测系统要求是在给定的假设条件下，满足某种“最佳”准则的“最佳”检测系统。在通信领域内，最佳准则通常是最小平均错误概率准则，而在雷达和声纳系统中，一般采用奈曼-皮尔逊准则作为最佳准则。因为它们都是贝叶斯准则的特例，所以主要问题仍然是假设检验和似然比检验的概念、最佳检测的判决方式（判决表示式）、检测系统的结构、检测性能分析及最佳波形设计等。

噪声中信号波形检测的理论和方法，广泛应用于电子信息系统中。例如，一个二元数字通信系统，简化的信号流程模型如图 4.1 所示。

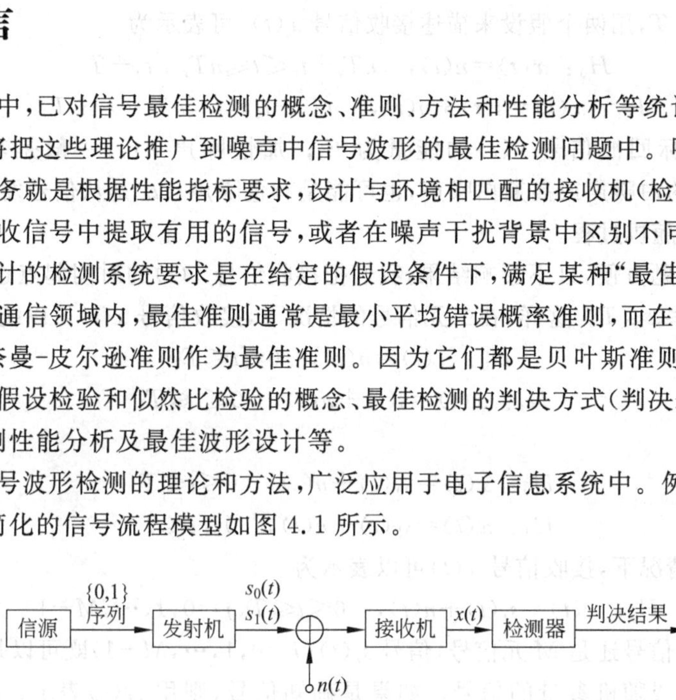

图 4.1　二元数字通信系统波形检测模型

信源每隔时间 T(s) 输出一个二进制数码 0 或 1，经发射系统变换、调制、功放等处理后，发射到信道中的信号可以表示为

信源输出	发射信号
0	$s_0(t),\quad nT\leqslant t\leqslant (n+1)T$
1	$s_1(t),\quad nT\leqslant t\leqslant (n+1)T$

其中，信号 $s_0(t)$ 和 $s_1(t)$ 的能量分别为 E_{s_0} 和 E_{s_1}。

信号在信道传输过程中，受到加性噪声 $n(t)$ 的污染（不考虑乘性噪声干扰）。在许多电子信息系统中，这种加性噪声多是功率谱密度为 $P_n(\omega)=N_0/2$ 的白噪声或高斯白噪声，也有的是功率谱非均匀的有色噪声。因此，用两个假设来描述这一问题可以表示为

$$H_0:\ x(t)=s_0(t)+n(t),\quad nT+t_0\leqslant t\leqslant (n+1)T+t_0$$

$$H_1:\ x(t)=s_1(t)+n(t),\quad nT+t_0\leqslant t\leqslant (n+1)T+t_0$$

其中，$x(t)$ 是接收信号，它是随机过程；t_0 是从信号发射到接收的时间延迟；假设 H_0 表

示发送信号为 $s_0(t)$，假设 H_1 表示发送信号为 $s_1(t)$。

在信号的统计检测理论中，所处理的观测信号一般是 N 维的随机矢量 $\boldsymbol{x}=(x_1,x_2,\cdots,x_N)^{\mathrm{T}}$。现在处理的接收信号是一个随机过程 $x(t)$。如果把随机过程 $x(t)$ 用正交级数表示，并予以统计描述，就可以应用信号的统计检测理论来处理信号波形的检测问题了。

在雷达系统中，常规脉冲雷达以重复周期 T_r 发射等幅高频脉冲信号。如果在天线波束照射的区域内有目标存在，则脉冲信号就被反射回来，由接收机接收，同时叠加噪声 $n(t)$；如果没有目标存在，则接收机只收到噪声 $n(t)$。所以，在雷达系统中，如果发射脉冲信号的宽度为 T，用两个假设来描述接收信号 $x(t)$，可表示为

$$H_0: x(t)=n(t), \quad nT_r+t_0 \leqslant t \leqslant nT_r+t_0+T$$

$$H_1: x(t)=s(t)+n(t), \quad nT_r+t_0 \leqslant t \leqslant nT_r+t_0+T$$

其中，接收的目标回波信号 $s(t)$ 的能量为 E_s；加性噪声 $n(t)$ 一般是功率谱密度为 $P_n(\omega)=N_0/2$ 的白噪声或高斯白噪声，也可能是有色噪声；t_0 是从信号发射到接收的时间延迟；$x(t)$ 是随机过程。

为了分析问题方便，且不影响结果，我们把接收信号 $x(t)$ 的时间起点选为 $t=0$，信号的时间间隔为 $0 \leqslant t \leqslant T$。这样，在二元信号的情况下，接收信号 $x(t)$ 可以统一表示为

$$H_0: x(t)=n(t), \quad 0 \leqslant t \leqslant T$$

$$H_1: x(t)=s(t)+n(t), \quad 0 \leqslant t \leqslant T$$

或者表示为

$$H_0: x(t)=s_0(t)+n(t), \quad 0 \leqslant t \leqslant T$$

$$H_1: x(t)=s_1(t)+n(t), \quad 0 \leqslant t \leqslant T$$

在 M 元信号的情况下，接收信号 $x(t)$ 可以表示为

$$H_j: x(t)=s_j(t)+n(t), \quad 0 \leqslant t \leqslant T, j=0,1,\cdots,M-1$$

无论是二元信号还是 M 元信号，信号 $s_j(t)(j=0,1,\cdots,M-1)$ 既可以是确知信号，也可以是未知参量或随机参量的信号。如果是确知信号，则用 $s_j(t)$ 表示；如果是参量信号，则用 $s_j(t;\boldsymbol{\theta}_j)$ 表示。

本章将首先讨论信号波形检测的两个预备知识，即匹配滤波器理论和随机过程的正交级数表示；然后依次研究高斯白噪声中确知信号波形的检测、高斯有色噪声中确知信号波形的检测、高斯白噪声中随机参量信号波形的检测及复信号波形的检测等问题。

4.2 匹配滤波器理论

在电子信息系统中，信号接收机通常要求按匹配滤波器来设计，以改善信噪比。

在信号的波形检测中，经常用匹配滤波器来构造信号的最佳检测器。因此，匹配滤波器理论在信号检测理论中占有十分重要的地位。

4.2.1 匹配滤波器的概念

在通信、雷达等电子信息系统中，许多常用的接收机，其模型均可由一个线性滤波器和一个判决电路两部分组成，如图 4.2 所示。

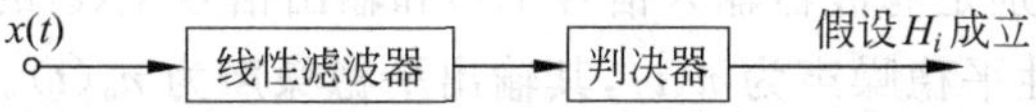

图 4.2　接收机模型

在接收机模型中，线性滤波器的作用是对接收信号进行某种方式的加工处理，以利于正确判决。判决电路一般是一个非线性装置，最简单的判决电路就是一个输入信号与门限进行比较的比较器。在信号的统计检测理论中，我们已经知道，信噪比越大，检测性能越好。为了增大信号相对于噪声的强度，以获得最好的检测性能，因此要求线性滤波器是最佳的。

若线性时不变滤波器输入的信号是确知信号，噪声是加性平稳噪声，则在输入功率信噪比一定的条件下，使输出功率信噪比为最大的滤波器，就是一个与输入信号相匹配的最佳滤波器，称为匹配滤波器(match filter，MF)。

4.2.2　匹配滤波器的设计

设线性时不变滤波器的系统函数为 $H(\omega)$，脉冲响应为 $h(t)$。若滤波器的输入信号 $x(t)$为

$$x(t)=s(t)+n(t) \tag{4.2.1}$$

其中，$s(t)$是能量为 E_s 的确知信号；$n(t)$是零均值平稳加性噪声。利用线性系统的叠加定理，滤波器的输出信号 $y(t)$为

$$y(t)=s_o(t)+n_o(t) \tag{4.2.2}$$

其中，输出 $s_o(t)$和 $n_o(t)$分别是滤波器对输入 $s(t)$和 $n(t)$的响应，如图 4.3 所示。

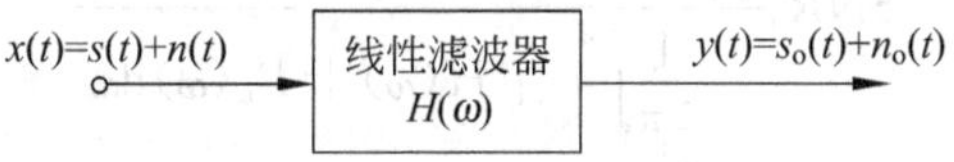

图 4.3　线性滤波器

由于滤波器是线性的，并且信号 $s(t)$和噪声 $n(t)$在输入端是相加的，所以首先分别考虑它们在滤波器输出的响应 $s_o(t)$和 $n_o(t)$，然后讨论获得最大输出功率信噪比的滤波器设计问题。

若输入信号 $s(t)$的能量

$$E_s=\int_{-\infty}^{\infty} s^2(t)\,\mathrm{d}t<\infty$$

信号 $s(t)$的傅里叶变换存在，且为

$$S(\omega)=\mathrm{FT}[s(t)]=\int_{-\infty}^{\infty} s(t)\mathrm{e}^{-\mathrm{j}\omega t}\,\mathrm{d}t \tag{4.2.3}$$

则输出信号 $s_o(t)$的傅里叶变换为

$$S_o(\omega)=H(\omega)S(\omega) \tag{4.2.4}$$

于是，输出信号 $s_o(t)$为

$$\begin{aligned} s_o(t)&=\mathrm{IFT}[S_o(\omega)] \\ &=\frac{1}{2\pi}\int_{-\infty}^{\infty} H(\omega)S(\omega)\mathrm{e}^{\mathrm{j}\omega t}\,\mathrm{d}\omega \end{aligned} \tag{4.2.5}$$

式中，$S(\omega)$和$S_o(\omega)$分别是滤波器输入信号$s(t)$和输出信号$s_o(t)$的频谱函数。

滤波器的输入加性平稳噪声为$n(t)$，其输出平稳噪声为$n_o(t)$。若$P_n(\omega)$为输入噪声$n(t)$的功率谱密度，根据线性系统对随机过程的响应，输出噪声$n_o(t)$的功率谱密度$P_{n_o}(\omega)$为

$$P_{n_o}(\omega)=|H(\omega)|^2P_n(\omega) \tag{4.2.6}$$

这样，滤波器输出噪声$n_o(t)$的平均功率为

$$\begin{aligned}\mathrm{E}[n_o^2(t)]&=\frac{1}{2\pi}\int_{-\infty}^{\infty}P_{n_o}(\omega)\mathrm{d}\omega\\&=\frac{1}{2\pi}\int_{-\infty}^{\infty}|H(\omega)|^2P_n(\omega)\mathrm{d}\omega\end{aligned} \tag{4.2.7}$$

设滤波器输出信号$s_o(t)$在$t=t_0$时刻出现峰值，则有

$$s_o(t_0)=\frac{1}{2\pi}\int_{-\infty}^{\infty}H(\omega)S(\omega)\mathrm{e}^{\mathrm{j}\omega t_0}\mathrm{d}\omega \tag{4.2.8}$$

定义 滤波器的输出功率信噪比定义为输出信号$s_o(t)$的峰值功率与输出噪声$n_o(t)$的平均功率之比，记为SNR_o，即

$$\begin{aligned}\mathrm{SNR}_o&=\frac{\text{输出信号 }s_o(t)\text{ 的峰值功率}}{\text{输出噪声 }n_o(t)\text{ 的平均功率}}\\&=\frac{|s_o(t_0)|^2}{\mathrm{E}[n_o^2(t)]}\end{aligned} \tag{4.2.9}$$

将(4.2.7)式和(4.2.8)式代入(4.2.9)式，得

$$\mathrm{SNR}_o=\frac{\left|\frac{1}{2\pi}\int_{-\infty}^{\infty}H(\omega)S(\omega)\mathrm{e}^{\mathrm{j}\omega t_0}\mathrm{d}\omega\right|^2}{\frac{1}{2\pi}\int_{-\infty}^{\infty}|H(\omega)|^2P_n(\omega)\mathrm{d}\omega} \tag{4.2.10}$$

要得到使输出功率信噪比SNR_o达到最大的条件，可利用施瓦兹(Schwarz)不等式。这里应用的施瓦兹不等式为

$$\left|\frac{1}{2\pi}\int_{-\infty}^{\infty}F^*(t)Q(t)\mathrm{d}t\right|^2\leqslant\frac{1}{2\pi}\int_{-\infty}^{\infty}F^*(t)F(t)\mathrm{d}t\,\frac{1}{2\pi}\int_{-\infty}^{\infty}Q^*(t)Q(t)\mathrm{d}t \tag{4.2.11}$$

其中，$F(t)$和$Q(t)$为两个复数函数；“$*$”表示复共轭。当且仅当满足

$$Q(t)=\alpha F(t) \tag{4.2.12}$$

时，(4.2.11)不等式的等号成立。其中，α为任意非零常数。

为了将施瓦兹不等式用于(4.2.10)式，令

$$F^*(\omega)=\frac{S(\omega)\mathrm{e}^{\mathrm{j}\omega t_0}}{\sqrt{P_n(\omega)}} \tag{4.2.13}$$

和

$$Q(\omega)=\sqrt{P_n(\omega)}H(\omega) \tag{4.2.14}$$

根据帕斯瓦尔(Parseval)定理，输入信号$s(t)$的能量E_s为

$$E_s=\int_{-\infty}^{\infty}|s(t)|^2\mathrm{d}t=\frac{1}{2\pi}\int_{-\infty}^{\infty}|S(\omega)|^2\mathrm{d}\omega \tag{4.2.15}$$

这样，(4.2.10)式变为

$$\mathrm{SNR_o}=\frac{\left|\dfrac{1}{2\pi}\displaystyle\int_{-\infty}^{\infty}\left[H(\omega)\sqrt{P_n(\omega)}\right]\left[\dfrac{S(\omega)}{\sqrt{P_n(\omega)}}e^{j\omega t_0}\right]d\omega\right|^2}{\dfrac{1}{2\pi}\displaystyle\int_{-\infty}^{\infty}|H(\omega)|^2P_n(\omega)d\omega}\leqslant$$

$$\frac{\dfrac{1}{2\pi}\displaystyle\int_{-\infty}^{\infty}|H(\omega)|^2P_n(\omega)d\omega\ \dfrac{1}{2\pi}\displaystyle\int_{-\infty}^{\infty}\dfrac{|S(\omega)|^2}{P_n(\omega)}d\omega}{\dfrac{1}{2\pi}\displaystyle\int_{-\infty}^{\infty}|H(\omega)|^2P_n(\omega)d\omega}$$

即

$$\mathrm{SNR_o}\leqslant\frac{1}{2\pi}\int_{-\infty}^{\infty}\frac{|S(\omega)|^2}{P_n(\omega)}d\omega \tag{4.2.16}$$

(4.2.16)式表明，该式取等号时，滤波器输出功率信噪比 $\mathrm{SNR_o}$ 最大。根据施瓦兹不等式取等号的条件，当且仅当

$$H(\omega)=\frac{\alpha S^*(\omega)}{P_n(\omega)}e^{-j\omega t_0} \tag{4.2.17}$$

时，(4.2.16)式中的等号成立。

在一般情况下，噪声是非白的，即为有色噪声，其功率谱密度为 $P_n(\omega)$。这时，(4.2.17)式表示的滤波器即为有色平稳噪声时的匹配滤波器，通常称为广义匹配滤波器，它能使输出信噪比最大，即为

$$\mathrm{SNR_o}=\frac{1}{2\pi}\int_{-\infty}^{\infty}\frac{|S(\omega)|^2}{P_n(\omega)}d\omega \tag{4.2.18}$$

当滤波器输入为功率谱密度 $P_n(\omega)=N_0/2$ 的白噪声时，匹配滤波器的系统函数为

$$H(\omega)=kS^*(\omega)e^{-j\omega t_0} \tag{4.2.19}$$

其中，$k=\dfrac{2\alpha}{N_0}$。最大输出功率信噪比为

$$\mathrm{SNR_o}=\frac{1}{2\pi}\int_{-\infty}^{\infty}\frac{|S(\omega)|^2}{N_0/2}d\omega=\frac{2E_s}{N_0} \tag{4.2.20}$$

上面我们虽然把对匹配滤波器设计的讨论扩展到有色噪声的情况，但通常重点研究的还是白噪声的情况。

对于白噪声的情况，匹配滤波器的系统函数 $H(\omega)$ 是输入信号 $s(t)$ 的频谱函数 $S(\omega)$ 的复共轭乘以因子 $ke^{-j\omega t_0}$。因此，知道了输入信号 $s(t)$ 的频谱函数 $S(\omega)$，就可以设计出与 $s(t)$ 相匹配的匹配滤波器的系统函数 $H(\omega)$。

我们知道，滤波器的脉冲响应 $h(t)$ 和系统函数 $H(\omega)$ 构成一对傅里叶变换对。所以，在白噪声条件下，匹配滤波器的脉冲响应 $h(t)$ 为

$$\begin{aligned}h(t)&=\mathrm{IFT}[H(\omega)]\\&=\frac{1}{2\pi}\int_{-\infty}^{\infty}H(\omega)e^{j\omega t}d\omega\\&=\frac{1}{2\pi}\int_{-\infty}^{\infty}kS^*(\omega)e^{-j\omega t_0}e^{j\omega t}dt\end{aligned}$$

$$=\left[\frac{k}{2\pi}\int_{-\infty}^{\infty}S(\omega)e^{j\omega(t_0-t)}d\omega\right]^* \tag{4.2.21}$$
$$=ks^*(t_0-t)$$

如果滤波器输入信号 $s(t)$是实函数，则与 $s(t)$匹配的匹配滤波器的脉冲响应 $h(t)$为

$$h(t)=ks(t_0-t) \tag{4.2.22}$$

由此可见，$s(t)$为实信号时，匹配滤波器的脉冲响应 $h(t)$等于输入信号 $s(t)$的镜像，但在时间上右移了 t_0，幅度上乘以非零常数 k。

白噪声情况下，匹配滤波器的系统函数 $H(\omega)$和脉冲响应 $h(t)$的表达式中，非零常数 k 表示滤波器的相对放大量。因为我们关心的是滤波器的频率特性形状，而不是它的相对大小，所以在讨论中通常取 $k=1$。这样就有

$$H(\omega)=S^*(\omega)e^{-j\omega t_0}$$
$$h(t)=s^*(t_0-t)$$

或实信号 $s(t)$时，脉冲响应为

$$h(t)=s(t_0-t)$$

4.2.3 匹配滤波器的主要特性

匹配滤波器有许多重要特性，研究这些特性对深入理解和具体应用匹配滤波器是至关重要的。研究的前提条件是在白噪声加性干扰环境中。

1. 匹配滤波器脉冲响应 h(t)的特点和 t_0 时刻的选择

对实信号 $s(t)$的匹配滤波器，其脉冲响应为

$$h(t)=s(t_0-t)$$

显然，滤波器的脉冲响应 $h(t)$与实信号 $s(t)$对于 $t_0/2$ 呈偶对称关系，如图 4.4 所示。

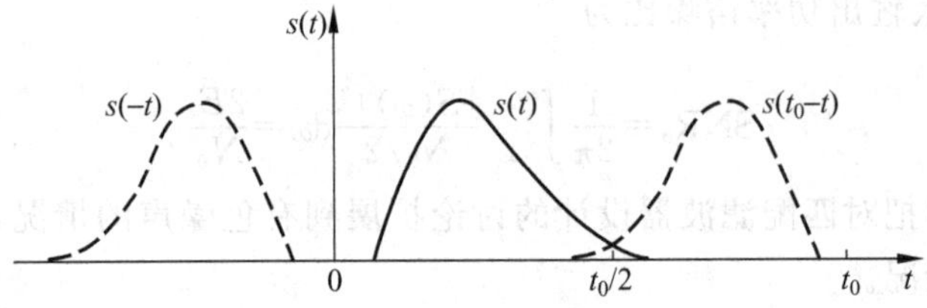

图 4.4 匹配滤波器的脉冲响应特性

为了使匹配滤波器为物理可实现的，它必须满足以下因果关系，即其脉冲响应满足

$$h(t)=\begin{cases}s(t_0-t), & t\geqslant 0\\ 0, & t<0\end{cases} \tag{4.2.23}$$

同时，为了使输入信号 $s(t)$的全部都能对输出信号 $s_o(t)$有所贡献，输出信号 $s_o(t)$达到最大值的时刻 t_0 应满足

$$s(t)=0,\quad t>t_0$$

这就是说，在 $t=t_0$ 时刻，输入信号 $s(t)$ 已全部送入匹配滤波器，使输出功率信噪比在该时刻达到最大值。因此，t_0 至少要选择在输入信号 $s(t)$ 的末尾。

2. 匹配滤波器的输出功率信噪比

如果输入信号 $s(t)$ 的能量为 E_s，白噪声 $n(t)$ 的功率谱密度为 $P_n(\omega)=N_0/2$，则匹配滤波器的输出功率信噪比为

$$SNR_o=\frac{2E_s}{N_0}$$

它与输入信号 $s(t)$ 的能量 E_s 有关，而与 $s(t)$ 的波形无关。

3. 匹配滤波器的适应性

匹配滤波器对振幅和时延参量不同的信号具有适应性，而对频移信号不具有适应性。

若输入信号 $s(t)$ 的匹配滤波器的系统函数为

$$H(\omega)=kS^*(\omega)\mathrm{e}^{-\mathrm{j}\omega t_0}$$

那么，它对所有与 $s(t)$ 波形相同，仅振幅 A 和时延 τ 不同的信号

$$s_1(t)=As(t-\tau)$$

而言，也是匹配的。设信号 $s(t)$ 的频谱函数为 $S(\omega)$，则信号 $s_1(t)=As(t-\tau)$ 的频谱函数为 $S_1(\omega)=AS(\omega)\mathrm{e}^{-\mathrm{j}\omega\tau}$，因而与信号 $s_1(t)$ 相匹配的滤波器的系统函数为

$$\begin{aligned}H_1(\omega)&=kS_1^*(\omega)\mathrm{e}^{-\mathrm{j}\omega t_1}\\&=kAS^*(\omega)\mathrm{e}^{-\mathrm{j}\omega(t_1-\tau)}\\&=AH(\omega)\mathrm{e}^{-\mathrm{j}\omega[t_1-(t_0+\tau)]}\end{aligned}\tag{4.2.24}$$

式中，t_0 是匹配滤波器 $H(\omega)$ 输出功率信噪比达到最大的时刻；t_1 是匹配滤波器 $H_1(\omega)$ 输出功率信噪比达到最大的时刻。

如果输出信号达到最大的时刻都选在信号的末尾，由于信号 $s_1(t)$ 相对信号 $s(t)$ 在时间上延迟了 τ，所以 t_1 相应地比 t_0 在时间上延迟了 τ，即 $t_1=t_0+\tau$。这样，(4.2.24)式变为

$$H_1(\omega)=AH(\omega)\tag{4.2.25}$$

这一结果说明，两个匹配滤波器的系统函数之间，除了一个表示相对放大量的系数 A 之外，它们的频率特性是完全一样的。所以，与信号 $s(t)$ 相匹配的滤波器的系统函数 $H(\omega)$ 对于信号 $s_1(t)=As(t-\tau)$ 来说，也是匹配的，只不过最大输出功率信噪比出现的时刻延迟了 τ。

匹配滤波器对频移信号不具有适应性。设输入信号为 $s(t)$ 的匹配滤波器的系统函数为

$$H(\omega)=kS^*(\omega)\mathrm{e}^{-\mathrm{j}\omega t_0}$$

若滤波器的移频输入信号 $s_2(t)=s(t)\mathrm{e}^{\mathrm{j}\nu t}$，其频谱函数为 $S_2(\omega)=S(\omega+\nu)$，其中，$\nu$ 为信号的频移。信号 $s_2(t)$ 的匹配滤波器的系统函数为

$$H_2(\omega)=kS_2^*(\omega)\mathrm{e}^{-\mathrm{j}\omega t_0}=kS^*(\omega+\nu)\mathrm{e}^{-\mathrm{j}\omega t_0}\tag{4.2.26}$$

显然，当 $\nu\neq0$ 时，$H_2(\omega)$ 的频率特性和 $H(\omega)$ 的频率特性是不一样的。所以匹配滤波器对频移信号不具有适应性。

4. 匹配滤波器与相关器的关系

相关器可分为自相关器和互相关器。自相关器对输入信号作自相关函数运算，如图

4.5 所示。

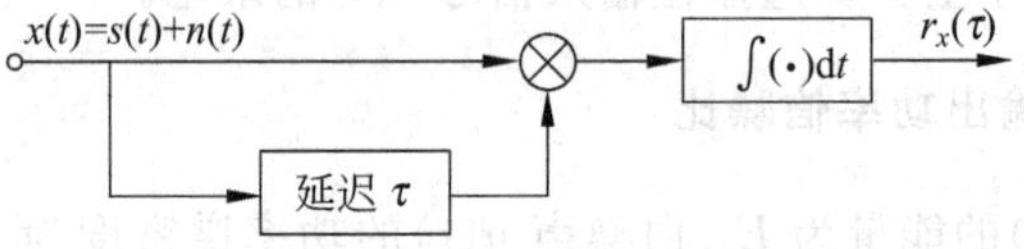

图 4.5　自相关器

对于平稳输入信号 $x(t)=s(t)+n(t)$，自相关器的输出是输入信号的自相关函数，即

$$\begin{aligned} r_x(\tau) &= \int_{-\infty}^{\infty} x(t)x(t+\tau)\mathrm{d}t \\ &= \int_{-\infty}^{\infty} [s(t)+n(t)][s(t+\tau)+n(t+\tau)]\mathrm{d}t \\ &= r_s(\tau)+r_n(\tau)+r_{sn}(\tau)+r_{ns}(\tau) \end{aligned} \tag{4.2.27}$$

通常，信号 $s(t)$ 与噪声 $n(t)$ 是不相关的，噪声的均值为零。因此 $r_{sn}(\tau)=r_{ns}(\tau)=0$。

互相关器是对两个输入信号 $x_1(t)$ 和 $x_2(t)$ 作互相关函数运算，如图 4.6 所示。

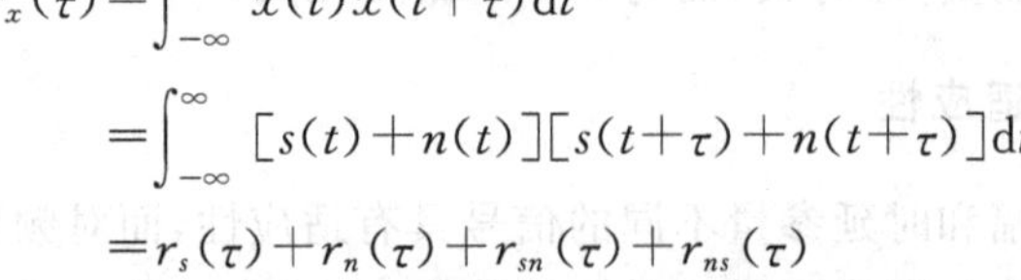

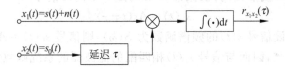

图 4.6　互相关器

对于平稳输入信号 $x_1(t)=s(t)+n(t)$，如果信号 $x_2(t)=s_0(t)$，其中，信号 $s(t)$ 通常是确知的，信号 $s_0(t)$ 是本地信号，则互相关器的输出为

$$\begin{aligned} r_{x_1x_2}(\tau) &= \int_{-\infty}^{\infty} x_1(t)x_2(t+\tau)\mathrm{d}t \\ &= \int_{-\infty}^{\infty} [s(t)+n(t)]s_0(t+\tau)\mathrm{d}t \\ &= r_{ss_0}(\tau)+r_{ns_0}(\tau) \end{aligned} \tag{4.2.28}$$

如果噪声 $n(t)$ 与信号 $s_0(t)$ 不相关，噪声的均值为零，取本地信号 $s_0(t)=s(t)$，则有

$$r_{x_1x_2}(\tau)=r_s(\tau)$$

现在我们讨论匹配滤波器与相关器的关系。设信号为 $s(t)(0\leqslant t\leqslant T)$，相关器的输入信号 $x(t)$ 为

$$x(t)=s(t)+n(t),\quad 0\leqslant t\leqslant T$$

若噪声 $n(t)$ 为零均值白噪声，本地信号为 $s(t)(0\leqslant t\leqslant T)$。相关器将 $x(t)$ 与 $s(t)$ 相乘后进行积分运算，则相关器的输出信号为

$$y_c(t)=\int_0^t x(u)s(u)\mathrm{d}u \tag{4.2.29}$$

当 $t\geqslant T$ 时，

$$y_c(t\geqslant T)=\int_0^T x(u)s(u)\mathrm{d}u \tag{4.2.30}$$

在零均值白噪声情况下，与信号 $s(t)(0\leqslant t\leqslant T)$ 相匹配的滤波器的脉冲响应

$h(t)=s(T-t)$，这里取 $k=1$，并认为信号 $s(t)$ 是实信号。于是，匹配滤波器的输出信号为

$$\begin{aligned}y_{\mathrm{f}}(t)&=\int_0^t x(t-\tau)h(\tau)\mathrm{d}\tau\\&=\int_0^t x(t-\tau)s(T-\tau)\mathrm{d}\tau\end{aligned}\tag{4.2.31}$$

当 $t=T$ 时，

$$\begin{aligned}y_{\mathrm{f}}(t=T)&=\int_0^T x(T-\tau)s(T-\tau)\mathrm{d}\tau\\&=\int_0^T x(u)s(u)\mathrm{d}u\end{aligned}\tag{4.2.32}$$

显然，在 $t=T$ 时刻，在零均值白噪声条件下，匹配滤波器的输出与相关器的输出是相等的。例如，对于已知的正弦信号 $s(t)$，为了使互相关最强，本地信号 $s_0(t-\tau)$ 将选择为 $s(t)$，在不考虑噪声 $n(t)$ 的情况下，相关器随时间的输出信号为

$$y_{\mathrm{c}}(t)=\int_0^t s(u)s(u)\mathrm{d}u$$

在 $0\leqslant t\leqslant t_0$ 范围内 $y_{\mathrm{c}}(t)$ 是一条线性增长的直线；而相应的匹配滤波器的输出信号为

$$y_{\mathrm{f}}(t)=\int_0^t s(t_0-\tau)s(t-\tau)\mathrm{d}\tau$$

在 $0\leqslant t\leqslant t_0$ 范围内它是线性增长的调幅正弦波。如果 $\omega_0 t_0=2m\pi$，其中，ω_0 是正弦信号的角频率，m 是正整数，则在 $t=t_0$ 时刻，匹配滤波器的输出信号与相关器的输出信号相等。参看图 4.7。

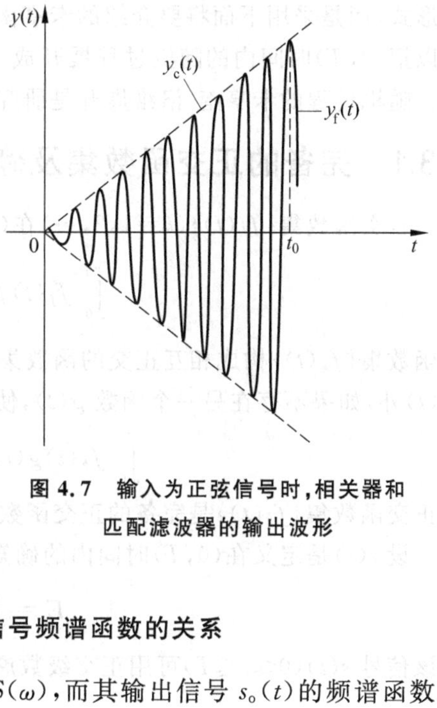

图 4.7 输入为正弦信号时，相关器和匹配滤波器的输出波形

5. 匹配滤波器输出信号的频谱函数与输入信号频谱函数的关系

匹配滤波器的输入信号 $s(t)$ 的频谱函数为 $S(\omega)$，而其输出信号 $s_{\mathrm{o}}(t)$ 的频谱函数为 $S_{\mathrm{o}}(\omega)$，则有

$$\begin{aligned}S_{\mathrm{o}}(\omega)&=H(\omega)S(\omega)=kS^*(\omega)\mathrm{e}^{-\mathrm{j}\omega t_0}S(\omega)\\&=k|S(\omega)|^2\mathrm{e}^{-\mathrm{j}\omega t_0}\end{aligned}\tag{4.2.33}$$

式中，$|S(\omega)|^2$ 是输入信号 $s(t)$ 的频谱函数 $S(\omega)$ 模的平方，称为 $s(t)$ 的能量频谱。因此，匹配滤波器输出信号 $s_{\mathrm{o}}(t)$ 的频谱函数 $S_{\mathrm{o}}(\omega)$ 与输入信号 $s(t)$ 的能量频谱 $|S(\omega)|^2$ 成正比，同时乘以与频率成比例的时延因子 $\mathrm{e}^{-\mathrm{j}\omega t_0}$。

4.3 随机过程的正交级数展开

对于信号加白噪声的接收信号，即 $(0,T)$ 时间内这种信号观测波形的一个实现，如前文记为 $x(t)=s(t)+n(t)(0\leqslant t\leqslant T)$，其中信号 $s(t)$ 是确知信号，假定 $n(t)$ 是零均值的白

噪声。我们可以根据采样定理，对 $x(t)$ 进行幅度采样，样本记为 $x_k(k=1,2,\cdots,N)$。因为 $n(t)$ 是白噪声，所以在任意不同时刻采样所得的样本都是不相关的，即各样本 $x_k(k=1,2,\cdots,N)$ 是不相关的。如果白噪声是属于高斯分布的，那么各样本 x_k 之间是相互统计独立的，从而能够比较容易地得出观测波形的 N 维似然函数，进而建立似然比检验。但是，对于在滤波器通带附近范围内，功率谱密度非均匀的有色噪声，由于各样本 x_k 之间是相关的，因而问题可能变得很复杂。

为了分析和解决各样本 x_k 之间相关这个问题，对于非白噪声过程 $x(t)(0\leqslant t\leqslant T)$，人们寻求一种正交级数展开的方式，以便使展开式的各项展开系数之间是互不相关的。我们知道，随机过程可以用傅里叶级数表示，但是只有当观测时间 T 趋于无穷大时，各项系数才是不相关的，而实际观测时间 T 往往很有限，所以不宜采用傅里叶级数展开的表示形式，而是采用下面将要介绍的卡亨南-洛维(Karhunen - Loeve)展开式。这种展开式可以把 $(0,T)$ 时间内的随机过程展开成一个特殊的级数，该级数的各项系数是互不相关的。随机过程的卡亨南-洛维展开是研究信号波形检测的一种有力的数学工具。

4.3.1 完备的正交函数集及确知信号 $s(t)$ 的正交级数展开

若实函数集 $\{f_k(t)\}(k=1,2,\cdots)$ 在 $(0,T)$ 时间内满足

$$\int_0^T f_j(t)f_k(t)=\begin{cases}1, & j=k\\0, & j\neq k\end{cases} \tag{4.3.1}$$

则函数集 $\{f_k(t)\}$ 构成相互正交的函数集，其中 $f_k(t)$ 称为第 k 个坐标函数。在坐标函数 $f_k(t)$ 外，如果不存在另一个函数 $g(t)$，使

$$\int_0^T f_k(t)g(t)\mathrm{d}t=0, \quad k=1,2,\cdots$$

则正交函数集 $\{f_k(t)\}$ 是完备的正交函数集。

设 $s(t)$ 是定义在 $(0,T)$ 时间内的确知信号，信号能量

$$E_s=\int_0^T s^2(t)\mathrm{d}t<\infty$$

则该信号 $s(t)(0\leqslant t\leqslant T)$ 可用正交级数展开表示为

$$s(t)=\lim_{N\to\infty}\sum_{k=1}^{N}s_kf_k(t) \tag{4.3.2}$$

式中，$f_k(t)$ 是正交函数集 $\{f_k(t)\}$ 的第 k 个坐标函数；s_k 是信号 $s(t)$ 在第 k 个坐标函数 $f_k(t)$ 上的正交投影，称为信号 $s(t)$ 的第 k 个展开系数。展开系数 s_k 可由下式求得

$$s_k=\int_0^T s(t)f_k(t)\mathrm{d}t, \quad k=1,2,\cdots \tag{4.3.3}$$

对于确知信号 $s(t)(0\leqslant t\leqslant T)$，各展开系数 $s_k(k=1,2,\cdots)$ 是确定的量。

4.3.2 随机过程的正交级数展开

接收信号 $x(t)$ 为

$$x(t)=s(t)+n(t), \quad 0\leqslant t\leqslant T$$

其中，信号 $s(t)$ 是确知信号；噪声 $n(t)$ 是零均值的平稳随机过程，所以 $x(t)$ 也是一平稳

随机过程。因为随机过程的样本函数(实现)是时间的函数，所以对给定的样本函数$x(t)$，也可用正交级数展开式表示为

$$x(t)=\lim_{N\to\infty}\sum_{k=1}^{N}x_k f_k(t) \tag{4.3.4}$$

而展开系数 x_k 为

$$x_k=\int_0^T x(t)f_k(t)\mathrm{d}t,\quad k=1,2,\cdots \tag{4.3.5}$$

对于随机过程而言，由于每个样本函数是不同的时间函数，因此展开系数 $x_k(k=1,2,\cdots)$ 是随机变量，而且这种展开应在平均意义上满足

$$\lim_{N\to\infty}\mathrm{E}\left[\left(x(t)-\sum_{k=1}^{N}x_k f_k(t)\right)^2\right]=0 \tag{4.3.6}$$

即展开的均方误差等于零，或者说 $\lim\limits_{N\to\infty}\sum\limits_{k=1}^{N}x_k f_k(t)$ 均方收敛于 $x(t)$。

(4.3.4)式说明，随机过程 $x(t)$可以由(4.3.5)式求得的展开系数 $x_k(k=1,2,\cdots)$来恢复，这就是说，随机过程 $x(t)$完全由其展开系数 x_k 确定。请注意，在这里对随机过程 $x(t)$进行正交级数展开所用的正交函数集$\{f_k(t)\}$，并没有提出特殊的要求，所以展开系数 $x_k(k=1,2,\cdots)$之间可能是相关的。

4.3.3　随机过程的卡亨南-洛维展开

现在来研究随机过程的卡亨南-洛维展开问题。随机过程的卡亨南-洛维展开的基本出发点是，如何根据噪声干扰的特性，正确选择随机过程展开用的正交函数集$\{f_k(t)\}$，以使展开系数 $x_k(k=1,2,\cdots)$之间是互不相关的随机变量。在第 3 章一般高斯信号的统计检测的讨论中，我们已经看到，当随机观测矢量 $\boldsymbol{x}=(x_1,x_2,\cdots,x_N)^{\mathrm{T}}$，其协方差矩阵 $\boldsymbol{C}_x$ 为一般性矩阵(非对角线元素不为零，即 $x_k(k=1,2,\cdots,N)$之间相关)时，假设下的似然函数较复杂，以致引起似然比计算的困难。如果应用对称矩阵的正交变换，使协方差矩阵变成对角矩阵，问题就较容易解决了。在这里我们有类似的问题，即当随机过程 $x(t)$用(4.3.4)式展开表示后，虽然用展开系数 $x_k(k=1,2,\cdots)$来表示 $x(t)$的问题解决了，但如何选择正交函数集$\{f_k(t)\}$，以使展开系数 x_k 互不相关的问题还没解决。现在就来研究使 x_k 互不相关的正交函数集$\{f_k(t)\}$的选择问题。

由(4.3.5)式知，$x(t)$的各展开系数 x_k 是随机变量。当随机过程 $x(t)$满足

$$\int_0^T x^2(t)\mathrm{d}t<\infty$$

时，其展开系数 x_k 的均值为

$$\begin{aligned}\mathrm{E}(x_k)&=\mathrm{E}\left[\int_0^T x(t)f_k(t)\mathrm{d}t\right]\\&=\mathrm{E}\left[\int_0^T (s(t)+n(t))f_k(t)\mathrm{d}t\right]\\&=\int_0^T s(t)f_k(t)\mathrm{d}t\\&=s_k,\quad k=1,2,\cdots\end{aligned} \tag{4.3.7}$$

我们希望各展开系数 x_j 与 $x_k(j,k=1,2,\cdots)$ 的协方差满足

$$\mathrm{E}[(x_j-s_j)(x_k-s_k)]=\lambda_k\delta_{jk} \tag{4.3.8}$$

这样，当 $j\neq k$ 时，$\mathrm{E}[(x_j-s_j)(x_k-s_k)]=0$，即展开式的各系数之间互不相关；当 $j=k$ 时，$\mathrm{E}[(x_j-s_j)(x_k-s_k)]=\mathrm{E}[(x_k-s_k)^2]=\lambda_k$，是展开系数 x_k 的方差。下面我们来寻求满足(4.3.8)式的正交函数集 $\{f_k(t)\}$。

因为

$$x_k=\int_0^T x(t)f_k(t)\mathrm{d}t,\quad k=1,2,\cdots$$

$$s_k=\int_0^T s(t)f_k(t)\mathrm{d}t,\quad k=1,2,\cdots$$

所以

$$\begin{aligned}
&\mathrm{E}[(x_j-s_j)(x_k-s_k)]\\
&=\mathrm{E}\left[\left(\int_0^T x(t)f_j(t)\mathrm{d}t-\int_0^T s(t)f_j(t)\mathrm{d}t\right)\left(\int_0^T x(u)f_k(u)\mathrm{d}u-\int_0^T s(u)f_k(u)\mathrm{d}u\right)\right]\\
&=\int_0^T f_j(t)\left[\int_0^T \mathrm{E}[n(t)n(u)]f_k(u)\mathrm{d}u\right]\mathrm{d}t\\
&=\int_0^T f_j(t)\left[\int_0^T r_n(t-u)f_k(u)\mathrm{d}u\right]\mathrm{d}t
\end{aligned} \tag{4.3.9}$$

其中，$x(t)=s(t)+n(t)(0\leqslant t\leqslant T)$；$r_n(t-u)=\mathrm{E}[n(t)n(u)]$ 是零均值平稳噪声过程 $n(t)$ 的自相关函数。为了使(4.3.9)式的结果等于 $\lambda_k\delta_{jk}$，则每个函数 $f_k(t)$ 必须满足

$$\int_0^T r_n(t-u)f_k(u)\mathrm{d}u=\lambda_k f_k(t),\quad 0\leqslant t\leqslant T \tag{4.3.10}$$

该式是齐次积分方程。其中，已知的噪声 $n(t)$ 的自相关函数 $r_n(t-u)$ 是积分方程的核函数；λ_k 是积分方程的特征值；函数 $f_k(t)$ 是积分方程的特征函数。由(4.3.10)式解得的特征函数 $f_k(t)$ 就是我们所求的正交函数集 $\{f_k(t)\}$ 的第 k 个坐标函数。用这样的坐标函数构成的正交函数集 $\{f_k(t)\}$ 对接收信号 $x(t)(0\leqslant t\leqslant T)$ 进行正交级数展开，展开式的各项系数 $x_k(k=1,2,\cdots)$ 是不相关的。这就是随机过程的卡亨南-洛维展开。

上述分析结果说明，根据平稳噪声 $n(t)$ 的自相关函数 $r_n(t-u)$，通过求解(4.3.10)式所示的积分方程所得到的特征函数 $f_k(t)(k=1,2,\cdots)$ 作为正交函数集 $\{f_k(t)\}$ 的坐标函数，对平稳随机过程 $x(t)(0\leqslant t\leqslant T)$ 进行展开，展开系数 $x_k(k=1,2,\cdots)$ 之间是互不相关的。

4.3.4 白噪声情况下正交函数集的任意性

现在研究平稳噪声 $n(t)$ 是白噪声的情况。设 $x(t)=s(t)+n(t)(0\leqslant t\leqslant T)$ 中，噪声 $n(t)$ 是零均值、功率谱密度为 $P_n(\omega)=N_0/2$ 的白噪声，其自相关函数 $r_n(t-u)=\dfrac{N_0}{2}\delta(t-u)$。于是，任取正交函数集 $\{f_k(t)\}$，$x(t)$ 的展开系数 x_j 与 $x_k(j,k=1,2,\cdots)$ 的协方差为

$$\begin{aligned}
&\mathrm{E}[(x_j-s_j)(x_k-s_k)]\\
&=\mathrm{E}\left[\int_0^T n(t)f_j(t)\mathrm{d}t\int_0^T n(u)f_k(u)\mathrm{d}u\right]\\
&=\int_0^T f_j(t)\left[\int_0^T \mathrm{E}[n(t)n(u)]f_k(u)\mathrm{d}u\right]\mathrm{d}t
\end{aligned}$$

$$
\begin{aligned}
&=\frac{N_0}{2}\int_0^T f_j(t)\left[\int_0^T \delta(t-u)f_k(u)\mathrm{d}u\right]\mathrm{d}t\\
&=\frac{N_0}{2}\int_0^T f_j(t)f_k(t)\mathrm{d}t \qquad (4.3.11)\\
&=\frac{N_0}{2}\delta_{jk}
\end{aligned}
$$

当 $j\neq k$ 时，协方差 $\mathrm{E}[(x_j-s_j)(x_k-s_k)]=0$。这说明，在 $n(t)$ 是白噪声的条件下，取任意正交函数集 $\{f_k(t)\}$ 对平稳随机过程 $x(t)$ 进行展开，其展开系数 $x_k(k=1,2,\cdots)$ 之间都是互不相关的。这就是白噪声情况下正交函数集的任意性。

4.3.5 参量信号时随机过程的正交级数展开

前面讨论了平稳随机过程 $x(t)=s(t)+n(t)(0\leqslant t\leqslant T)$ 的正交级数展开问题，其中 $s(t)(0\leqslant t\leqslant T)$ 是确知信号，$n(t)$ 是零均值平稳随机噪声过程。如果平稳随机过程为

$$x(t)=s(t;\ \boldsymbol{\theta})+n(t),0\leqslant t\leqslant T$$

其中信号 $s(t;\ \boldsymbol{\theta})$ 是含有未知或随机参量 $\boldsymbol{\theta}$ 的参量信号，噪声 $n(t)$ 的统计特性不变。如何进行正交级数展开，才能保证各展开系数之间互不相关呢？

如果把参量信号 $s(t;\ \boldsymbol{\theta})$ 看作以 $\boldsymbol{\theta}$ 为条件的信号，正交函数集为 $\{f_k(t)\}$，则有

$$x(t)=\lim_{N\to\infty}\sum_{k=1}^{N}x_kf_k(t) \qquad (4.3.12)$$

式中，展开系数 x_k 为

$$
\begin{aligned}
x_k&=\int_0^T x(t)f_k(t)\mathrm{d}t\\
&=\int_0^T[s(t;\ \boldsymbol{\theta})+n(t)]f_k(t)\mathrm{d}t\\
&=s_{k|\boldsymbol{\theta}}+n_k,\quad k=1,2,\cdots \qquad (4.3.13)
\end{aligned}
$$

这里，$s_{k|\boldsymbol{\theta}}$ 是信号 $s(t;\ \boldsymbol{\theta})$ 以 $\boldsymbol{\theta}$ 为条件的展开系数，即

$$s_{k|\boldsymbol{\theta}}=\int_0^T s(t;\ \boldsymbol{\theta})f_k(t)\mathrm{d}t,\quad k=1,2,\cdots \qquad (4.3.14)$$

这样，$x(t)$ 的展开系数 x_k 的条件均值为

$$\mathrm{E}(x_k)=\mathrm{E}(s_{k|\boldsymbol{\theta}}+n_k)=s_{k|\boldsymbol{\theta}} \qquad (4.3.15)$$

于是，为使展开系数之间互不相关，应满足

$$\mathrm{E}[(x_j-s_{j|\boldsymbol{\theta}})(x_k-s_{k|\boldsymbol{\theta}})]=\lambda_k\delta_{jk} \qquad (4.3.16)$$

的要求。当平稳噪声 $n(t)$ 的自相关函数为 $r_n(t-u)$ 时，$x(t)$ 的展开系数 $x_k(k=1,2,\cdots)$ 之间互不相关的正交函数集 $\{f_k(t)\}$ 的坐标函数 $f_k(t)(k=1,2,\cdots)$ 同样应满足(4.3.10)式的齐次积分方程，即仍应采用卡亨南-洛维展开；而在 $n(t)$ 为白噪声条件下，使展开系数 x_k 互不相关的正交函数集 $\{f_k(t)\}$ 还是具有任意性。至于以参量 $\boldsymbol{\theta}$ 为条件展开时，展开系数 $x_k(k=1,2,\cdots)$ 的处理问题，将结合具体问题再讨论。

4.4 高斯白噪声中确知信号波形的检测

高斯白噪声中确知信号波形的检测主要包括简单二元信号波形的检测、一般二元信号波形的检测和 M 元信号波形的检测等，这是信号波形检测的基本内容。我们将在信号模型的基础上，推导信号状态的判决表示式，设计检测系统，分析检测性能，研究最佳波形设计等问题。

4.4.1 简单二元信号波形的检测

1. 信号模型

在简单二元信号波形的检测中，假设 H_0 下和假设 H_1 下的接收信号分别为

$$H_0: x(t)=n(t), \quad 0\leqslant t\leqslant T$$
$$H_1: x(t)=s(t)+n(t), \quad 0\leqslant t\leqslant T$$

其中，接收信号 $x(t)$ 中的信号分量 $s(t)(0\leqslant t\leqslant T)$ 是能量为

$$E_s=\int_0^T s^2(t)\mathrm{d}t$$

的确知信号；$n(t)$ 是均值为零、功率谱密度 $P_n(\omega)=N_0/2$ 的高斯白噪声。

2. 判决表示式

信号的波形检测首先要解决的问题是，根据在 $(0,T)$ 时间内的观测信号波形 $x(t)$ 的统计特性，作出是假设 H_0 还是假设 H_1 成立的统计判决。为此，可按如下方法和步骤进行。

第一步，$x(t)$ 用正交级数展开系数 $x_k(k=1,2,\cdots)$ 表示。因为信号 $s(t)(0\leqslant t\leqslant T)$ 是确知信号，$n(t)$ 是零均值高斯白噪声，所以任选正交函数集 $\{f_k(t)\}$，可将 $x(t)$ 用正交级数展开式表示为

$$x(t)=\lim_{N\to\infty}\sum_{k=1}^{N} x_k f_k(t)$$

其中，展开系数为

$$x_k=\int_0^T x(t)f_k(t)\mathrm{d}t, \quad k=1,2,\cdots$$

它是随机变量。于是，用展开系数 x_k 表示的假设 H_0 下和假设 H_1 下的接收信号分别为

$$H_0: x_k=n_k, \quad k=1,2,\cdots$$
$$H_1: x_k=s_k+n_k, \quad k=1,2,\cdots$$

式中，

$$n_k=\int_0^T n(t)f_k(t)\mathrm{d}t$$
$$s_k=\int_0^T s(t)f_k(t)\mathrm{d}t$$

由于信号 $s(t)(0\leqslant t\leqslant T)$ 是确知信号，$n(t)$ 是均值为零、功率谱密度为 $P_n(\omega)=N_0/2$

的高斯白噪声，所以无论在假设 H_0 下还是在假设 H_1 下，接收信号 $x(t)$ 都是高斯随机过程；$x(t)$ 的展开系数 $x_k(k=1,2,\cdots)$ 是高斯随机过程的积分结果，因而 x_k 是高斯随机变量；展开系数 x_k 之间是互不相关的，也是相互统计独立的。因此，只要分别求出展开系数 x_k 在两个假设的均值和方差，就可得到它的概率密度函数 $p(x_k|H_j), k=1,2,\cdots, j=0,1$。

在假设 H_0 下，$x_k(k=1,2,\cdots)$ 的均值 $\mathrm{E}(x_k|H_0)$ 和方差 $\mathrm{Var}(x_k|H_0)$ 分别为

$$\mathrm{E}(x_k|H_0)=\mathrm{E}(n_k)=\mathrm{E}\left[\int_0^T n(t)f_k(t)\mathrm{d}t\right]=0 \tag{4.4.1}$$

$$\begin{aligned}\mathrm{Var}(x_k|H_0)&=\mathrm{E}(n_k^2)=\mathrm{E}\left[\int_0^T n(t)f_k(t)\mathrm{d}t\int_0^T n(u)f_k(u)\mathrm{d}u\right]\\&=\int_0^T f_k(t)\left\{\int_0^T \mathrm{E}[n(t)n(u)]f_k(u)\mathrm{d}u\right\}\mathrm{d}t\\&=\frac{N_0}{2}\int_0^T f_k(t)\left[\int_0^T \delta(t-u)f_k(u)\mathrm{d}u\right]\mathrm{d}t\\&=\frac{N_0}{2}\end{aligned} \tag{4.4.2}$$

在假设 H_1 下，类似地有

$$\mathrm{E}(x_k|H_1)=\mathrm{E}(s_k+n_k)=s_k \tag{4.4.3}$$

$$\mathrm{Var}(x_k|H_1)=\mathrm{E}(n_k^2)=\frac{N_0}{2} \tag{4.4.4}$$

这样，假设 H_0 下和假设 H_1 下，展开系数 x_k 的概率密度函数分别为

$$p(x_k|H_0)=\left(\frac{1}{\pi N_0}\right)^{1/2}\exp\left(-\frac{x_k^2}{N_0}\right),\quad k=1,2,\cdots \tag{4.4.5a}$$

$$p(x_k|H_1)=\left(\frac{1}{\pi N_0}\right)^{1/2}\exp\left[-\frac{(x_k-s_k)^2}{N_0}\right],\quad k=1,2,\cdots \tag{4.4.5b}$$

第二步，取前 N 项，构成似然比检验。因为展开系数 $x_k(k=1,2,\cdots)$ 是相互统计独立的，于是当 N 有限时，由前 N 个系数 $x_k(k=1,2,\cdots,N)$ 构成的 N 维矢量 $\boldsymbol{x}_N=(x_1,x_2,\cdots,x_N)^{\mathrm{T}}$，在两个假设下的概率密度函数（又称似然函数）分别为

$$\begin{aligned}p(\boldsymbol{x}_N|H_0)&=\prod_{k=1}^{N}p(x_k|H_0)\\&=\left(\frac{1}{\pi N_0}\right)^{N/2}\exp\left(-\sum_{k=1}^{N}\frac{x_k^2}{N_0}\right)\end{aligned} \tag{4.4.6a}$$

$$\begin{aligned}p(\boldsymbol{x}_N|H_1)&=\prod_{k=1}^{N}p(x_k|H_1)\\&=\left(\frac{1}{\pi N_0}\right)^{N/2}\exp\left[-\sum_{k=1}^{N}\frac{(x_k-s_k)^2}{N_0}\right]\end{aligned} \tag{4.4.6b}$$

利用第 3 章中似然比检验的概念，有

$$\lambda(\boldsymbol{x}_N)=\frac{p(\boldsymbol{x}_N|H_1)}{p(\boldsymbol{x}_N|H_0)}=\exp\left(\frac{2}{N_0}\sum_{k=1}^{N}x_ks_k-\frac{1}{N_0}\sum_{k=1}^{N}s_k^2\right)\underset{H_0}{\overset{H_1}{\gtrless}}\eta \tag{4.4.7}$$

两边取自然对数，则得判决表示式

$$\ln\lambda(\boldsymbol{x}_N)=\frac{2}{N_0}\sum_{k=1}^{N}x_ks_k-\frac{1}{N_0}\sum_{k=1}^{N}s_k^2\underset{H_0}{\overset{H_1}{\gtrless}}\ln\eta \tag{4.4.8}$$

在这里，为了强调只取展开系数 $x_k(k=1,2,\cdots)$ 的前有限 N 项，将 N 维矢量 $(x_1,x_2,\cdots,x_N)^{\mathrm{T}}$ 记为 $\boldsymbol{x}_N$。

第三步，取 $N\to\infty$ 的极限，将离散判决表示式变成连续形式的判决表示式。因为在两个假设下接收信号 $x(t)(0\leqslant t\leqslant T)$ 的展开系数 $x_k(k=1,2,\cdots)$ 是无穷多个，而离散形式判决表示式，即(4.4.8)式是只取前有限 N 项的结果，所以应对(4.4.8)式取 $N\to\infty$ 的极限。

因为

$$x_k=\int_0^T x(t)f_k(t)\mathrm{d}t$$

$$s_k=\int_0^T s(t)f_k(t)\mathrm{d}t$$

所以，对离散形式的(4.4.8)判决表示式取 $N\to\infty$ 的极限，得

$$\begin{aligned}\ln\lambda[x(t)]&\overset{\text{def}}{=}\lim_{N\to\infty}[\ln\lambda(\boldsymbol{x}_N)]\\&=\lim_{N\to\infty}\left[\frac{2}{N_0}\sum_{k=1}^{N}x_ks_k-\frac{1}{N_0}\sum_{k=1}^{N}s_k^2\right]\\&=\lim_{N\to\infty}\left[\frac{2}{N_0}\sum_{k=1}^{N}\int_0^T x(t)f_k(t)\mathrm{d}ts_k-\frac{1}{N_0}\sum_{k=1}^{N}\int_0^T s(t)f_k(t)\mathrm{d}ts_k\right]\\&=\frac{2}{N_0}\int_0^T x(t)\lim_{N\to\infty}\sum_{k=1}^{N}s_kf_k(t)\mathrm{d}t-\frac{1}{N_0}\int_0^T s(t)\lim_{N\to\infty}\sum_{k=1}^{N}s_kf_k(t)\mathrm{d}t\\&=\frac{2}{N_0}\int_0^T x(t)s(t)\mathrm{d}t-\frac{1}{N_0}\int_0^T s^2(t)\mathrm{d}t\\&=\frac{2}{N_0}\int_0^T x(t)s(t)\mathrm{d}t-\frac{E_s}{N_0}\underset{H_0}{\overset{H_1}{\gtrless}}\ln\eta\end{aligned} \tag{4.4.9}$$

整理得最终信号波形检测的判决表示式为

$$l[x(t)]\overset{\text{def}}{=}\int_0^T x(t)s(t)\mathrm{d}t\underset{H_0}{\overset{H_1}{\gtrless}}\frac{N_0}{2}\ln\eta+\frac{E_s}{2}\overset{\text{def}}{=}\gamma \tag{4.4.10}$$

式中，$l[x(t)]$ 是检验统计量，γ 是检测门限。

3. 检测系统的结构

最佳检测系统(又称最佳接收机)的结构，根据信号最佳检测的判决表示式来设计。现在，判决表示式为(4.4.10)式，所以检测系统的结构如图 4.8 所示。因为检验统计量

$$l[x(t)]=\int_0^T x(t)s(t)\mathrm{d}t \tag{4.4.11}$$

是由接收信号 $x(t)$ 与确知信号 $s(t)$ 经相关运算得到的，所以这种结构称为相关检测系统，是由互相关器和判决器实现的。

我们在 4.2 节中，曾经讨论过白噪声情况下，匹配滤波器与相关器的关系，指出在 $t=T$ 时刻匹配滤波器输出信号与相关器输出信号是相等的。因此，(4.4.10)式所给出的判

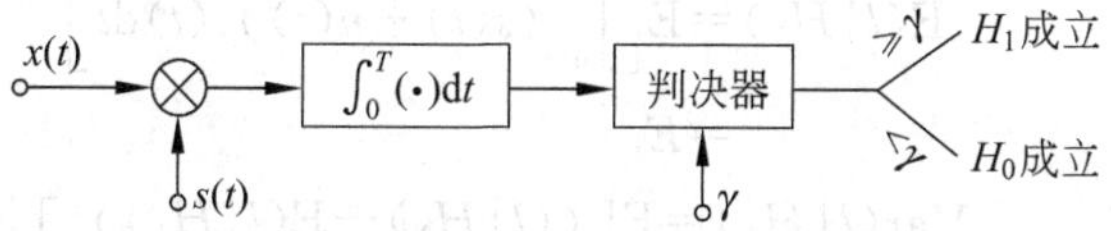

图 4.8　相关检测系统结构(相关接收机)

决表示式也可以用匹配滤波器和判决器来实现,如图 4.9 所示。匹配滤波器的输出信号在 $t=T$ 时刻采样,使匹配滤波检测系统与相关检测系统等效。

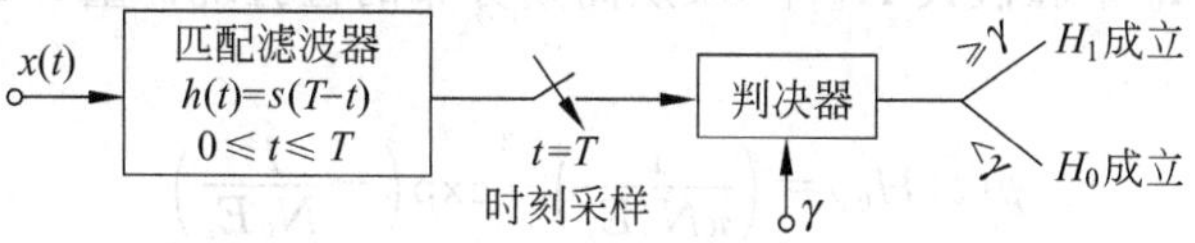

图 4.9　匹配滤波器检测系统结构

4. 检测性能分析

现在来分析检测系统的性能。

由判决表示式,即(4.4.10)式我们看到,检验统计量 $l[x(t)]$ 无论在假设 H_0 下,还是在假设 H_1 下,都是由高斯随机过程 $x(t)s(t)(0\leqslant t\leqslant T)$ 经积分得到的,所以 $l[x(t)]$ 是高斯随机变量。这样,为了分析检测系统的性能,首先需要求出检验统计量 $l[x(t)]$ 在两个假设下的均值 $\mathrm{E}(l|H_j)$ 和方差 $\mathrm{Var}(l|H_j)$,$j=0,1$;然后求各种判决概率 $P(H_i|H_j)$,$i,j=0,1$,并计算检测性能。

在假设 H_0 下,检验统计量 $l[x(t)]$ 的均值 $\mathrm{E}(l|H_0)$ 和方差 $\mathrm{Var}(l|H_0)$ 分别为

$$\begin{aligned}\mathrm{E}(l|H_0)&=\mathrm{E}\left[\int_0^T n(t)s(t)\mathrm{d}t\right]\\&=0\end{aligned}$$

$$\begin{aligned}\mathrm{Var}(l|H_0)&=\mathrm{E}[((l|H_0)-\mathrm{E}(l|H_0))^2]\\&=\mathrm{E}\left[\left(\int_0^T n(t)s(t)\mathrm{d}t\right)^2\right]\\&=\mathrm{E}\left[\int_0^T n(t)s(t)\mathrm{d}t\int_0^T n(u)s(u)\mathrm{d}u\right]\\&=\int_0^T s(t)\left\{\int_0^T \mathrm{E}[n(t)n(u)]s(u)\mathrm{d}u\right\}\mathrm{d}t\\&=\int_0^T s(t)\left[\int_0^T \frac{N_0}{2}\delta(t-u)s(u)\mathrm{d}u\right]\mathrm{d}t\\&=\frac{N_0}{2}\int_0^T s^2(t)\mathrm{d}t\\&=\frac{N_0}{2}E_s\end{aligned}$$

类似地,在假设 H_1 下,检验统计量 $l[x(t)]$ 的均值 $\mathrm{E}(l|H_1)$ 和方差 $\mathrm{Var}(l|H_1)$ 分别为

$$\begin{aligned}\mathrm{E}(l|H_1)&=\mathrm{E}\left[\int_0^T(s(t)+n(t))s(t)\mathrm{d}t\right]\\&=E_s\\\mathrm{Var}(l|H_1)&=\mathrm{E}[((l|H_1)-\mathrm{E}(l|H_1))^2]\\&=\mathrm{E}\left[\left(\int_0^T n(t)s(t)\mathrm{d}t\right)^2\right]\\&=\frac{N_0}{2}E_s\end{aligned}$$

这样，在假设 H_0 下和假设 H_1 下，服从高斯分布的检验统计量 $l[x(t)]$ 的概率密度函数分别为

$$p(l|H_0)=\left(\frac{1}{\pi N_0E_s}\right)^{1/2}\exp\left(-\frac{l^2}{N_0E_s}\right)\tag{4.4.12}$$

$$p(l|H_1)=\left(\frac{1}{\pi N_0E_s}\right)^{1/2}\exp\left[-\frac{(l-E_s)^2}{N_0E_s}\right]\tag{4.4.13}$$

现在计算各判决概率 $P(H_i|H_j)$。由于在简单二元信号的情况下，直观上与雷达信号检测相对应，所以一般计算 $P(H_1|H_0)\overset{\mathrm{def}}{=}P_{\mathrm{F}}$（称为虚警概率）和 $P(H_1|H_1)\overset{\mathrm{def}}{=}P_{\mathrm{D}}$（称为检测概率）。从判决概率 $P(H_i|H_j)$ 的概念出发，根据判决表示式得

$$\begin{aligned}P(H_1|H_0)\overset{\mathrm{def}}{=}P_{\mathrm{F}}&=\int_\gamma^\infty p(l|H_0)\mathrm{d}l\\&=\int_{\frac{N_0}{2}\ln\eta+\frac{E_s}{2}}^\infty\left(\frac{1}{\pi N_0E_s}\right)^{1/2}\exp\left(-\frac{l^2}{N_0E_s}\right)\mathrm{d}l\\&=\int_{\left(\frac{N_0}{2}\ln\eta+\frac{E_s}{2}\right)/\sqrt{\frac{N_0E_s}{2}}}^\infty\left(\frac{1}{2\pi}\right)^{1/2}\exp\left(-\frac{u^2}{2}\right)\mathrm{d}u\\&=\int_{\sqrt{\frac{N_0}{2E_s}}\ln\eta+\frac{1}{2}\sqrt{\frac{2E_s}{N_0}}}^\infty\left(\frac{1}{2\pi}\right)^{1/2}\exp\left(-\frac{u^2}{2}\right)\mathrm{d}u\\&=Q[\ln\eta/d+d/2]\end{aligned}\tag{4.4.14}$$

$$\begin{aligned}P(H_1|H_1)\overset{\mathrm{def}}{=}P_{\mathrm{D}}&=\int_\gamma^\infty p(l|H_1)\mathrm{d}l\\&=\int_{\frac{N_0}{2}\ln\eta+\frac{E_s}{2}}^\infty\left(\frac{1}{\pi N_0E_s}\right)^{1/2}\exp\left[-\frac{(l-E_s)^2}{N_0E_s}\right]\mathrm{d}l\\&=\int_{\sqrt{\frac{N_0}{2E_s}}\ln\eta-\frac{1}{2}\sqrt{\frac{2E_s}{N_0}}}^\infty\left(\frac{1}{2\pi}\right)^{1/2}\exp\left(-\frac{u^2}{2}\right)\mathrm{d}u\\&=Q[\ln\eta/d-d/2]\\&=Q[Q^{-1}(P(H_1|H_0))-d]\end{aligned}\tag{4.4.15}$$

式中，d^2 为偏移系数，且

$$\begin{aligned}d^2&=\frac{[\mathrm{E}(l|H_1)-\mathrm{E}(l|H_0)]^2}{\mathrm{Var}(l|H_0)}\\&=\frac{E_s^2}{N_0E_s/2}=\frac{2E_s}{N_0}\end{aligned}\tag{4.4.16}$$

显然，偏移系数 d^2 表示功率信噪比。

因为检验统计量 $l[x(t)]$ 是高斯随机变量，所以在求出偏移系数 d^2 后，我们也可以直接写出判决概率 $P(H_1|H_0)$ 的(4.4.14)式和 $P(H_1|H_1)$ 的(4.4.15)式。

5. 最佳信号波形设计

上述检测性能的分析结果表明，在噪声 $n(t)$ 是均值为零、功率谱密度为 $P_n(\omega)=N_0/2$ 的高斯白噪声的条件下，简单二元确知信号波形的检测性能决定于偏移系数 d^2，而 d^2 取决于信号 $s(t)$ 的能量 E_s，与信号 $s(t)$ 的波形无关。所以，在高斯白噪声中，对于简单二元确知信号的检测，只要保持信号 $s(t)$ 的能量 E_s 不变，原理上信号波形可以任意设计，检测性能是一样的。

根据 P_D，P_F 与参数 d 的关系，以 d 为参量，η 作参变量，分别求出 P_F 和 P_D，可以画出检测系统的检测特性曲线，即接收机的工作特性曲线，如图 4.10 所示。图 4.11 示出了检测概率 P_D 与参数 d 的关系曲线。

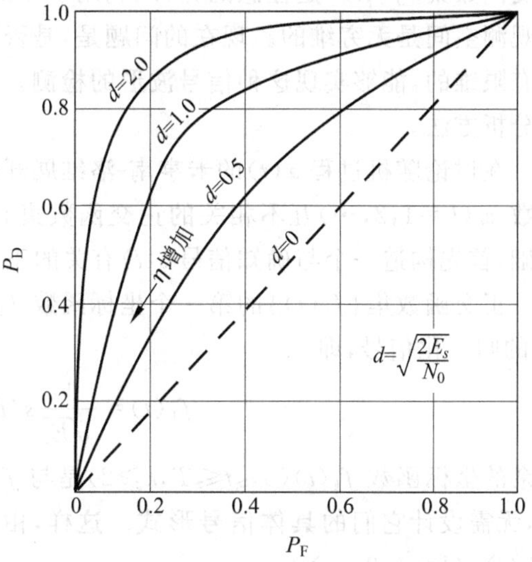

图 4.10 接收机工作特性

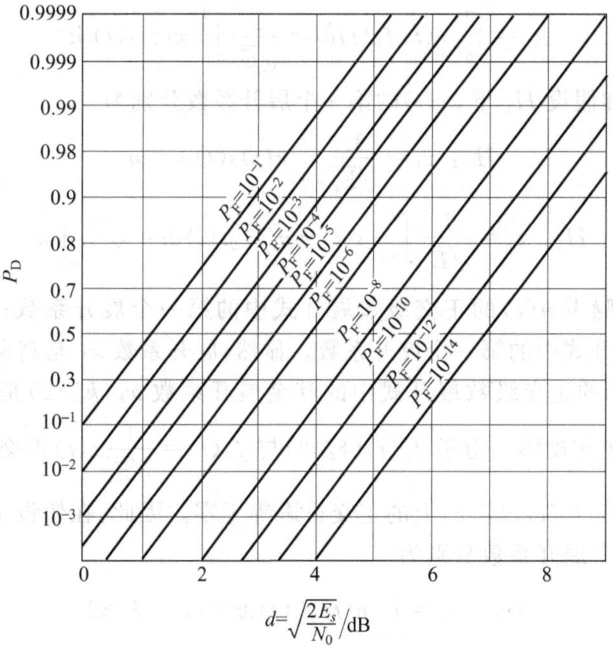

图 4.11 检测概率 P_D 与参数 d 的关系

6. 充分统计量的分析方法

在功率谱密度为 $P_n(\omega)=N_0/2$ 的高斯白噪声背景中简单二元信号波形检测的另一种分析方法是充分统计量的方法。

在前面的讨论中，对接收信号 $x(t)$ 采用的是随机过程正交级数展开表示的方法，而正交函数集 $\{f_k(t)\}$ 是任意的，所以利用了 $x(t)$ 的全部展开系数 $x_k(k=1,2,\cdots)$，这相当于观测空间是无穷维的。现在的问题是，是否存在一个充分统计量 $l(\boldsymbol{x})$，其中随机矢量 $\boldsymbol{x}$ 是有限维的，能够实现这种信号波形的检测。回答是肯定的。下面就来研究充分统计量的分析方法。

在讨论随机过程 $x(t)$ 的卡亨南-洛维展开时，如果噪声 $n(t)$ 是白噪声过程，则使展开系数 $x_k(k=1,2,\cdots)$ 互不相关的正交函数集 $\{f_k(t)\}$ 是可以任意选择的。根据这一数学基础，首先构造一个与确知信号 $s(t)$ 有关的正交函数集 $\{f_k(t)\}$，构造方法如下。

正交函数集 $\{f_k(t)\}$ 的第一个坐标函数 $f_1(t)(0\leqslant t\leqslant T)$ 选择为确知信号 $s(t)(0\leqslant t\leqslant T)$ 的归一化信号，即

$$f_1(t)=\frac{1}{\sqrt{E_s}}s(t),\quad 0\leqslant t\leqslant T \tag{4.4.17}$$

其余的坐标函数 $f_k(t)(0\leqslant t\leqslant T,k\geqslant 2)$ 是与 $f_1(t)$ 正交、且两两相互正交的任意归一化函数，无需设计它们的具体信号形式。这样，由 $f_1(t)$ 和 $f_k(t)(k\geqslant 2)$ 可构成正交函数集 $\{f_k(t)\}(k=1,2,\cdots)$。

利用构造的正交函数集 $\{f_k(t)\}$，对接收信号 $x(t)(0\leqslant t\leqslant T)$ 进行正交级数展开表示，其第一个展开系数 x_1 为

$$x_1=\int_0^T x(t)f_1(t)\mathrm{d}t=\frac{1}{\sqrt{E_s}}\int_0^T x(t)s(t)\mathrm{d}t \tag{4.4.18}$$

这样，在假设 H_0 和假设 H_1 下，$x(t)$ 的第一个展开系数分别为

$$H_0:\ x_1=\frac{1}{\sqrt{E_s}}\int_0^T n(t)s(t)\mathrm{d}t=n_1 \tag{4.4.19}$$

$$H_1:\ x_1=\frac{1}{\sqrt{E_s}}\int_0^T [s(t)+n(t)]s(t)\mathrm{d}t=\sqrt{E_s}+n_1 \tag{4.4.20}$$

其中，n_1 是高斯白噪声 $n(t)$ 的正交级数展开式中的第一个展开系数；$\sqrt{E_s}$ 是确知信号 $s(t)$ 的正交级数展开式中的第一个展开系数。显然，展开系数 x_1 是高斯随机变量。

接收信号 $x(t)$ 的正交级数展开式中的其余展开系数 $x_k(k\geqslant 2)$ 是 $x(t)$ 在坐标函数 $f_k(t)(k\geqslant 2)$ 上的正交投影。由于 $f_k(t)(k\geqslant 2)$ 与 $f_1(t)=\frac{1}{\sqrt{E_s}}s(t)$ 正交，即与信号 $s(t)$ 正交，所以信号 $s(t)$ 在 $f_k(t)(k\geqslant 2)$ 上的正交投影等于零。因此，在假设 H_0 和假设 H_1 下，$x(t)$ 的第 $k(k\geqslant 2)$ 个展开系数分别为

$$H_0:\ x_k=\int_0^T n(t)f_k(t)\mathrm{d}t=n_k,\quad k\geqslant 2 \tag{4.4.21}$$

$$H_1:\ x_k=\int_0^T [s(t)+n(t)]f_k(t)\mathrm{d}t=n_k,\quad k\geqslant 2 \tag{4.4.22}$$

即无论是假设 H_0 下还是假设 H_1 下，$x(t)$ 的展开系数 $x_k(k\geqslant 2)$ 仅是噪声 $n(t)$ 在 $f_k(t)$ $(k\geqslant 2)$ 上的正交投影 $n_k(k\geqslant 2)$。因为 $n(t)$ 是高斯白噪声过程，所以，展开系数 $n_k(k\geqslant 2)$ 是高斯随机变量，且相互统计独立。

从(4.4.21)式和(4.4.22)式可以看到，当 $k\geqslant 2$ 时，$x(t)$ 的展开系数 x_k 在两个假设下都是噪声 $n(t)$ 的展开系数 n_k；只有(4.4.19)式和(4.4.20)式所示的 $x(t)$ 的展开系数 x_1 的结果取决于假设 H_0 或假设 H_1 哪一个为真。上述结果说明，只有 $x(t)$ 的第一个展开系数 x_1 含有关于是假设 H_0 还是假设 H_1 的信息，而其余的展开系数 $x_k(k\geqslant 2)$ 是与假设无关的，对判决没有影响，且与系数 x_1 是相互统计独立的。因此，展开系数 x_1 是一个充分统计量。

这样，我们可以利用充分统计量 x_1 构成似然比检验，表示为

$$\lambda(x_1)=\frac{p(x_1|H_1)}{p(x_1|H_0)}\underset{H_0}{\overset{H_1}{\gtrless}}\eta \tag{4.4.23}$$

因为充分统计量

$$x_1=\frac{1}{\sqrt{E_s}}\int_0^T x(t)s(t)\mathrm{d}t$$

所以，x_1 是高斯随机变量，在假设 H_0 下和假设 H_1 下的均值和方差分别为

$$\mathrm{E}(x_1|H_0)=\mathrm{E}(n_1)=0$$

$$\begin{aligned}\mathrm{Var}(x_1|H_0)&=\mathrm{E}(n_1^2)=\mathrm{E}\left[\left(\frac{1}{\sqrt{E_s}}\int_0^T n(t)s(t)\mathrm{d}t\right)^2\right]\\&=\mathrm{E}\left[\frac{1}{\sqrt{E_s}}\int_0^T n(t)s(t)\mathrm{d}t\,\frac{1}{\sqrt{E_s}}\int_0^T n(u)s(u)\mathrm{d}u\right]\\&=\frac{1}{E_s}\int_0^T s(t)\left[\int_0^T \mathrm{E}[n(t)n(u)]s(u)\mathrm{d}u\right]\mathrm{d}t\\&=\frac{N_0}{2E_s}\int_0^T s(t)\left[\int_0^T \delta(t-u)s(u)\mathrm{d}u\right]\mathrm{d}t\\&=\frac{N_0}{2E_s}\int_0^T s^2(t)\mathrm{d}t=\frac{N_0}{2}\end{aligned}$$

和

$$\mathrm{E}(x_1|H_1)=\mathrm{E}(\sqrt{E_s}+n_1)=\sqrt{E_s}$$

$$\mathrm{Var}(x_1|H_1)=\mathrm{E}(n_1^2)=\frac{N_0}{2}$$

于是，在两个假设下，系数 x_1 的概率密度函数分别为

$$p(x_1|H_0)=\left(\frac{1}{\pi N_0}\right)^{1/2}\exp\left(-\frac{x_1^2}{N_0}\right)$$

$$p(x_1|H_1)=\left(\frac{1}{\pi N_0}\right)^{1/2}\exp\left[-\frac{(x_1-\sqrt{E_s})^2}{N_0}\right]$$

因此，系数 x_1 的似然比检验为

$$\lambda(x_1)=\frac{\left(\frac{1}{\pi N_0}\right)^{1/2}\exp\left[-\frac{(x_1-\sqrt{E_s})^2}{N_0}\right]}{\left(\frac{1}{\pi N_0}\right)^{1/2}\exp\left(-\frac{x_1^2}{N_0}\right)} \tag{4.4.24}$$

$$=\exp\left(\frac{2\sqrt{E_s}}{N_0}x_1-\frac{E_s}{N_0}\right)\underset{H_0}{\overset{H_1}{\gtrless}}\eta$$

两边取自然对数,化简得判决表示式

$$x_1\underset{H_0}{\overset{H_1}{\gtrless}}\frac{N_0}{2\sqrt{E_s}}\ln\eta+\frac{\sqrt{E_s}}{2} \tag{4.4.25}$$

将展开系数

$$x_1=\frac{1}{\sqrt{E_s}}\int_0^T x(t)s(t)\mathrm{d}t$$

代入(4.4.25)式,整理得最终判决表示式

$$l[x(t)]\overset{\text{def}}{=}\int_0^T x(t)s(t)\mathrm{d}t\underset{H_0}{\overset{H_1}{\gtrless}}\frac{N_0}{2}\ln\eta+\frac{E_s}{2}\overset{\text{def}}{=}\gamma \tag{4.4.26}$$

将(4.4.26)式与(4.4.10)式比较发现,由任意正交函数集对 $x(t)$ 进行正交级数展开法与由充分统计量法导出的判决表示式是完全一样的,因而也具有相同的检测系统结构和相同的检测性能。

4.4.2 一般二元信号波形的检测

1. 信号模型

在一般二元信号波形检测中,假设 H_0 下和假设 H_1 下的接收信号分别为

$$H_0:\ x(t)=s_0(t)+n(t),\quad 0\leqslant t\leqslant T$$
$$H_1:\ x(t)=s_1(t)+n(t),\quad 0\leqslant t\leqslant T$$

其中,信号 $s_0(t)$ 和 $s_1(t)$ 是能量分别为

$$E_{s_0}=\int_0^T s_0^2(t)\mathrm{d}t$$

和

$$E_{s_1}=\int_0^T s_1^2(t)\mathrm{d}t$$

的确知信号;噪声 $n(t)$ 是均值为零、功率谱密度为 $P_n(\omega)=N_0/2$ 的高斯白噪声。

2. 判决表示式

采用与简单二元信号波形检测相似的方法和步骤,可导出一般二元信号波形检测的判决表示式。

由于噪声 $n(t)$ 是高斯白噪声,所以任选正交函数集 $\{f_k(t)\}$,对接收信号 $x(t)$ 进行正交级数展开表示,则在假设 H_0 下,有

$$x(t)=\lim_{N\to\infty}\sum_{k=1}^N x_k f_k(t)=\lim_{N\to\infty}\sum_{k=1}^N (s_{0k}+n_k)f_k(t)$$

其中，展开系数

$$s_{0k}=\int_0^T s_0(t)f_k(t)\mathrm{d}t$$

$$n_k=\int_0^T n(t)f_k(t)\mathrm{d}t$$

而在假设 H_1 下，有

$$x(t)=\lim_{N\to\infty}\sum_{k=1}^{N}x_kf_k(t)=\lim_{N\to\infty}\sum_{k=1}^{N}(s_{1k}+n_k)f_k(t)$$

其中，展开系数

$$s_{1k}=\int_0^T s_1(t)f_k(t)\mathrm{d}t$$

这样，在两个假设下，用正交级数的展开系数 $x_k(k=1,2,\cdots)$ 来表示接收信号 $x(t)(0\leqslant t\leqslant T)$，则有

$$H_0: x_k=s_{0k}+n_k,\quad k=1,2,\cdots$$
$$H_1: x_k=s_{1k}+n_k,\quad k=1,2,\cdots$$

展开系数 x_k 是高斯随机变量，且相互统计独立。在两个假设下，它们的均值和方差分别为

$$\mathrm{E}(x_k|H_0)=\mathrm{E}(s_{0k}+n_k)=s_{0k} \tag{4.4.27}$$

$$\mathrm{Var}(x_k|H_0)=\mathrm{E}(n_k^2)=\frac{N_0}{2} \tag{4.4.28}$$

$$\mathrm{E}(x_k|H_1)=\mathrm{E}(s_{1k}+n_k)=s_{1k} \tag{4.4.29}$$

$$\mathrm{Var}(x_k|H_1)=\mathrm{E}(n_k^2)=\frac{N_0}{2} \tag{4.4.30}$$

这样，在假设 H_0 下和假设 H_1 下，展开系数 x_k 的概率密度函数分别为

$$p(x_k|H_0)=\left(\frac{1}{\pi N_0}\right)^{1/2}\exp\left[-\frac{(x_k-s_{0k})^2}{N_0}\right] \tag{4.4.31a}$$

$$p(x_k|H_1)=\left(\frac{1}{\pi N_0}\right)^{1/2}\exp\left[-\frac{(x_k-s_{1k})^2}{N_0}\right] \tag{4.4.31b}$$

接着取展开系数 x_k 的前 N 项，构成如下似然比检验：

$$\begin{aligned}\lambda(\boldsymbol{x}_N)&=\frac{p(\boldsymbol{x}_N|H_1)}{p(\boldsymbol{x}_N|H_0)}=\frac{\left(\frac{1}{\pi N_0}\right)^{N/2}\exp\left[-\sum\limits_{k=1}^{N}\frac{(x_k-s_{1k})^2}{N_0}\right]}{\left(\frac{1}{\pi N_0}\right)^{N/2}\exp\left[-\sum\limits_{k=1}^{N}\frac{(x_k-s_{0k})^2}{N_0}\right]}\\&=\exp\left[\frac{1}{N_0}\sum_{k=1}^{N}(2x_ks_{1k}-2x_ks_{0k}-s_{1k}^2+s_{0k}^2)\right]\\&=\exp\left[\frac{2}{N_0}\sum_{k=1}^{N}x_k(s_{1k}-s_{0k})-\frac{1}{N_0}\sum_{k=1}^{N}(s_{1k}^2-s_{0k}^2)\right]\underset{H_0}{\overset{H_1}{\gtrless}}\eta\end{aligned} \tag{4.4.32}$$

两边取自然对数得

$$\begin{aligned}\ln\lambda(\boldsymbol{x}_N)=&\frac{2}{N_0}\sum_{k=1}^{N}x_ks_{1k}-\frac{2}{N_0}\sum_{k=1}^{N}x_ks_{0k}-\\&\frac{1}{N_0}\sum_{k=1}^{N}s_{1k}^2+\frac{1}{N_0}\sum_{k=1}^{N}s_{0k}^2\underset{H_0}{\overset{H_1}{\gtrless}}\ln\eta\end{aligned} \tag{4.4.33}$$

最后，取 $N\to\infty$ 的极限，并利用 $x(t)$，$s_1(t)$ 和 $s_0(t)$ 的正交级数展开表示式及展开系数 x_k，s_{1k} 和 s_{0k} 的求解式，(4.4.33) 式可表示为

$$\frac{2}{N_0}\lim_{N\to\infty}\sum_{k=1}^{N}x_k s_{1k}-\frac{2}{N_0}\lim_{N\to\infty}\sum_{k=1}^{N}x_k s_{0k}-\frac{1}{N_0}\lim_{N\to\infty}\sum_{k=1}^{N}s_{1k}^2+\frac{1}{N_0}\lim_{N\to\infty}\sum_{k=1}^{N}s_{0k}^2$$

$$=\frac{2}{N_0}\int_0^T x(t)s_1(t)\mathrm{d}t-\frac{2}{N_0}\int_0^T x(t)s_0(t)\mathrm{d}t-\frac{1}{N_0}\int_0^T s_1^2(t)\mathrm{d}t+ \qquad (4.4.34)$$

$$\frac{1}{N_0}\int_0^T s_0^2(t)\mathrm{d}t \underset{H_0}{\overset{H_1}{\gtrless}} \ln\eta$$

因为 $\int_0^T s_1^2(t)\mathrm{d}t=E_{s_1}$，$\int_0^T s_0^2(t)\mathrm{d}t=E_{s_0}$，所以对(4.4.34) 式稍作整理，得最终判决表示式为

$$l[x(t)]\overset{\text{def}}{=}\int_0^T x(t)s_1(t)\mathrm{d}t-\int_0^T x(t)s_0(t)\mathrm{d}t$$

$$\underset{H_0}{\overset{H_1}{\gtrless}}\frac{N_0}{2}\ln\eta+\frac{1}{2}(E_{s_1}-E_{s_0})\overset{\text{def}}{=}\gamma \qquad (4.4.35)$$

3. 检测系统的结构

根据一般二元信号波形检测的判决表示式，我们能够设计相关检测系统或匹配滤波检测系统，分别如图 4.12 和图 4.13 所示，它们都需要并行的双路完成检验统计量 $l[x(t)]$ 的计算。

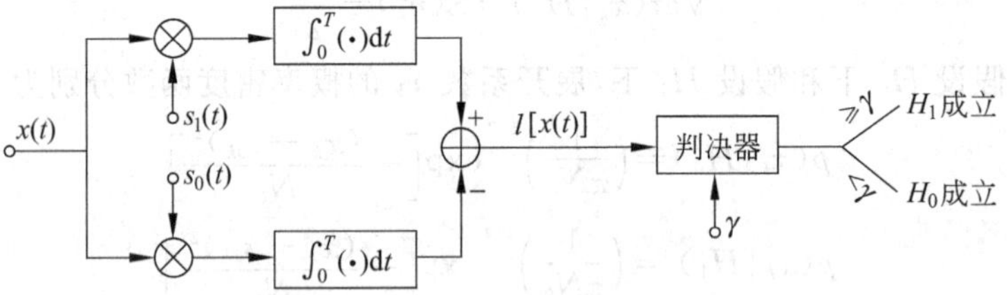

图 4.12　双路相关检测系统结构

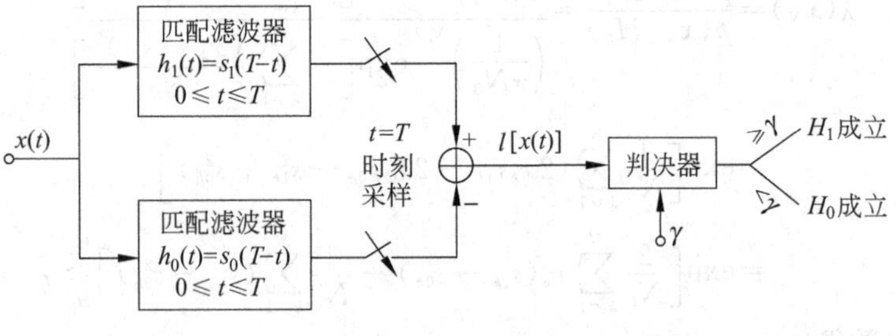

图 4.13　双路匹配滤波器检测系统结构

4. 检测性能分析

现在研究一般二元信号波形检测的性能。为了分析方便起见，我们定义信号 $s_1(t)$ 与 $s_0(t)$

之间的波形相关系数 ρ 为

$$\rho=\frac{1}{\sqrt{E_{s_0}E_{s_1}}}\int_0^T s_1(t)s_0(t)\mathrm{d}t \tag{4.4.36}$$

可以证明，$|\rho|\leqslant 1$。

由(4.4.35)所示的判决表示式，检验统计量

$$l[x(t)]=\int_0^T x(t)s_1(t)\mathrm{d}t-\int_0^T x(t)s_0(t)\mathrm{d}t \tag{4.4.37}$$

在假设 H_0 下和假设 H_1 下，都是两个高斯随机变量之差，所以它是高斯随机变量，因而其检测性能由偏移系数

$$d^2=\frac{[\mathrm{E}(l|H_1)-\mathrm{E}(l|H_0)]^2}{\mathrm{Var}(l|H_0)}$$

决定。为此，需要求出检验统计量 $l[x(t)]$ 在两个假设下各自的均值和方差即 $\mathrm{E}(l|H_0)$ 和 $\mathrm{Var}(l|H_0)$，$\mathrm{E}(l|H_1)$ 和 $\mathrm{Var}(l|H_1)$。

$$\begin{aligned}\mathrm{E}(l|H_0)&=\mathrm{E}\left\{\int_0^T[s_0(t)+n(t)]s_1(t)\mathrm{d}t-\right.\\&\qquad\left.\int_0^T[s_0(t)+n(t)]s_0(t)\mathrm{d}t\right\}\\&=\rho\sqrt{E_{s_0}E_{s_1}}-E_{s_0}\end{aligned} \tag{4.4.38}$$

$$\begin{aligned}\mathrm{Var}(l|H_0)&=\mathrm{E}\{[(l\mid H_0)-\mathrm{E}(l\mid H_0)]^2\}\\&=\mathrm{E}\left\{\left[\int_0^T n(t)s_1(t)\mathrm{d}t-\int_0^T n(t)s_0(t)\mathrm{d}t\right]^2\right\}\\&=\mathrm{E}\left[\left(\int_0^T n(t)s_1(t)\mathrm{d}t\right)^2\right]+\mathrm{E}\left[\left(\int_0^T n(t)s_0(t)\mathrm{d}t\right)^2\right]-\\&\quad 2\mathrm{E}\left[\int_0^T n(t)s_1(t)\mathrm{d}t\int_0^T n(t)s_0(t)\mathrm{d}t\right]\\&=\mathrm{E}\left[\int_0^T n(t)s_1(t)\mathrm{d}t\int_0^T n(u)s_1(u)\mathrm{d}u\right]+\mathrm{E}\left[\int_0^T n(t)s_0(t)\mathrm{d}t\int_0^T n(u)s_0(u)\mathrm{d}u\right]-\\&\quad 2\mathrm{E}\left[\int_0^T n(t)s_1(t)\mathrm{d}t\int_0^T n(u)s_0(u)\mathrm{d}u\right]\\&=\int_0^T s_1(t)\left\{\int_0^T \mathrm{E}[n(t)n(u)]s_1(u)\mathrm{d}u\right\}\mathrm{d}t+\\&\quad\int_0^T s_0(t)\left\{\int_0^T \mathrm{E}[n(t)n(u)]s_0(u)\mathrm{d}u\right\}\mathrm{d}t-\\&\quad 2\int_0^T s_1(t)\left\{\int_0^T \mathrm{E}[n(t)n(u)]s_0(u)\mathrm{d}u\right\}\mathrm{d}t\end{aligned}$$

因为

$$\mathrm{E}[n(t)n(u)]=\frac{N_0}{2}\delta(t-u)$$

所以

$$\mathrm{Var}(l|H_0)=\frac{N_0}{2}E_{s_1}+\frac{N_0}{2}E_{s_0}-N_0\rho\sqrt{E_{s_0}E_{s_1}}$$

$$= \frac{N_0}{2}(E_{s_1} + E_{s_0} - 2\rho\sqrt{E_{s_0}E_{s_1}}) \tag{4.4.39}$$

类似地有

$$\begin{aligned} \mathrm{E}(l|H_1) &= \mathrm{E}\left\{\int_0^T [s_1(t)+n(t)]s_1(t)\mathrm{d}t - \int_0^T [s_1(t)+n(t)]s_0(t)\mathrm{d}t\right\} \\ &= E_{s_1} - \rho\sqrt{E_{s_0}E_{s_1}} \end{aligned} \tag{4.4.40}$$

$$\begin{aligned} \mathrm{Var}(l \mid H_1) &= \mathrm{E}\{[(l|H_1) - \mathrm{E}(l|H_1)]^2\} \\ &= \mathrm{E}\left\{\left[\int_0^T n(t)s_1(t)\mathrm{d}t - \int_0^T n(t)s_0(t)\mathrm{d}t\right]^2\right\} \\ &= \frac{N_0}{2}(E_{s_1} + E_{s_0} - 2\rho\sqrt{E_{s_0}E_{s_1}}) \end{aligned} \tag{4.4.41}$$

这样，偏移系数 d^2 为

$$\begin{aligned} d^2 &= \frac{2\left(E_{s_1} + E_{s_0} - 2\rho\sqrt{E_{s_0}E_{s_1}}\right)^2}{N_0(E_{s_1} + E_{s_0} - 2\rho\sqrt{E_{s_0}E_{s_1}})} \\ &= \frac{2}{N_0}(E_{s_1} + E_{s_0} - 2\rho\sqrt{E_{s_0}E_{s_1}}) \end{aligned} \tag{4.4.42}$$

于是，信号检测的判决概率 $P(H_1|H_0)$ 和 $P(H_1|H_1)$ 分别为

$$P(H_1|H_0) \overset{\text{def}}{=} P_{\mathrm{F}} = Q[\ln\eta/d + d/2] \tag{4.4.43}$$

$$\begin{aligned} P(H_1|H_1) &\overset{\text{def}}{=} P_{\mathrm{D}} = Q[\ln\eta/d - d/2] \\ &= Q[Q^{-1}(P(H_1|H_0)) - d] \end{aligned} \tag{4.4.44}$$

5. 最佳信号波形设计

由信号判决概率 $P(H_1|H_1)$ 的(4.4.44)式可以清楚地看出，信号的检测性能随偏移系数 d^2 的增大而提高。而由(4.4.42)式知，偏移系数 d^2 与信号能量 E_{s_0} 和 E_{s_1} 及信号 $s_0(t)$ 和信号 $s_1(t)$ 的波形相关系数 ρ 有关。为了设计信号 $s_0(t)$ 和 $s_1(t)$ 的最佳波形，约束信号能量之和 $E_{s_0} + E_{s_1} = 2E_s$(常数)。首先取波形相关系数 $\rho=-1$，再注意若两个正数之和为 α(常数)，则当这两个正数各为 $\alpha/2$ 时其乘积最大，因此，若设计信号 $s_0(t)$ 和 $s_1(t)$ 满足

$$s_0(t) = -s_1(t), \quad 0 \leqslant t \leqslant T \tag{4.4.45}$$

即两个信号为反相(互补)信号，此时，$\rho=-1$，$E_{s_0} = E_{s_1} = E_s$，$\sqrt{E_{s_0}E_{s_1}} = E_s$，偏移系数

$$d^2 = \frac{8}{N_0}E_s \tag{4.4.46}$$

是在 $E_{s_0} + E_{s_1} = 2E_s$ 约束下的最大值。所以，在高斯白噪声情况下，对于确知二元信号的波形检测，当两个信号设计成互为反相的信号时，可以在信号能量 E_s(常数)约束下获得最好的检测性能，而与信号的波形无关，但要满足 $s_0(t) = -s_1(t)$ 的关系。

如果信号 $s_0(t)$ 与 $s_1(t)$ 正交，则波形相关系数 $\rho = 0$。若信号能量之和 $E_{s_0} + E_{s_1} = 2E_s$(常数)，则偏移系数 d^2 为

$$d^2 = \frac{4}{N_0}E_s \tag{4.4.47}$$

信号的检测性能显然比同信号能量的反相信号时差。

如果信号 $s_0(t)$ 和 $s_1(t)$ 设计成使波形相关系数 $0<\rho\leqslant 1$ 的信号波形，其信号能量之和 $E_{s_0}+E_{s_1}=2E_s$（常数）不变，则偏移系数 d^2 为

$$\frac{4}{N_0}E_s > d^2 \geqslant 0 \tag{4.4.48}$$

随着 $\rho\to 1, d^2\to 0$，检测性能逐步变差。显然，在通常情况下，信号波形相关系数 $0<\rho\leqslant 1$ 的信号波形设计是不合理的。

6. 充分统计量的分析方法

类似于简单二元信号波形检测的情况，对于一般二元信号波形的检测问题，也可以利用白噪声的自相关函数是 δ 函数，因而使 $x(t)$ 正交级数展开各展开系数 $x_k(k=1,2,\cdots)$ 互不相关的正交函数集 $\{f_k(t)\}$ 是任意的这一特点，构造与信号 $s_0(t)$ 和 $s_1(t)$ 有关的正交函数集 $\{f_k(t)\}$ 来展开 $x(t)$，从而获得有限维的充分统计量，实现一般二元信号波形的检测。下面来研究这种充分充计量的分析方法。

首先讨论正交函数集 $\{f_k(t)\}$ 的构造问题。在假设 H_0 和假设 H_1 下，接收信号 $x(t)$ 中的两个确知信号 $s_0(t)$ 和 $s_1(t)$ 的波形相关系数 ρ 为

$$\rho=\frac{1}{\sqrt{E_{s_0}E_{s_1}}}\int_0^T s_1(t)s_0(t)\mathrm{d}t$$

其中，$|\rho|\leqslant 1$，这表示信号 $s_0(t)$ 与信号 $s_1(t)$ 之间不一定是正交的两个信号。

如果我们选择正交函数集 $\{f_k(t)\}$ 中的第一个坐标函数 $f_1(t)$ 为信号 $s_1(t)$ 的归一化信号，即

$$f_1(t)=\frac{1}{\sqrt{E_{s_1}}}s_1(t),\quad 0\leqslant t\leqslant T \tag{4.4.49}$$

为了构造第二个坐标函数 $f_2(t)$，根据格拉姆-施密特(Gram-Schmidt) 正交化的方法，首先利用信号 $s_0(t)$ 和 $f_1(t)=\frac{1}{\sqrt{E_{s_1}}}s_1(t)$ 在 $0\leqslant t\leqslant T$ 内生成与 $f_1(t)$ 正交的信号 $g_2(t)$，即

$$\begin{aligned}g_2(t)&=s_0(t)-\int_0^T s_0(t)f_1(t)\mathrm{d}tf_1(t)\\&=s_0(t)-\int_0^T s_0(t)\frac{1}{\sqrt{E_{s_1}}}s_1(t)\mathrm{d}t\frac{1}{\sqrt{E_{s_1}}}s_1(t)\\&=s_0(t)-\rho\sqrt{\frac{E_{s_0}}{E_{s_1}}}s_1(t),\quad 0\leqslant t\leqslant T\end{aligned} \tag{4.4.50}$$

然后，对 $g_2(t)$ 进行归一化处理，得与 $f_1(t)$ 正交的归一化函数 $f_2(t)$，即

$$\begin{aligned}f_2(t)&=\frac{g_2(t)}{\sqrt{\int_0^T g_2^2(t)\mathrm{d}t}}\\&=\frac{s_0(t)-\rho\sqrt{\frac{E_{s_0}}{E_{s_1}}}s_1(t)}{\sqrt{\int_0^T\left[s_0^2(t)+\rho^2\frac{E_{s_0}}{E_{s_1}}s_1^2(t)-2\rho\sqrt{\frac{E_{s_0}}{E_{s_1}}}s_1(t)s_0(t)\right]\mathrm{d}t}}\end{aligned}$$

$$=\frac{1}{\sqrt{(1-\rho^2)E_{s_0}}}\left[s_0(t)-\rho\sqrt{\frac{E_{s_0}}{E_{s_1}}}s_1(t)\right],\quad 0\leqslant t\leqslant T \tag{4.4.51}$$

$f_2(t)$ 就是我们所构造的正交函数集$\{f_k(t)\}$的第二个坐标函数，证明留作习题。

正交函数集$\{f_k(t)\}$的其余坐标函数 $f_k(t)(k\geqslant 3)$ 分别与 $f_1(t)$ 和 $f_2(t)$ 正交，且是两两正交的任意归一化函数。

这样，我们根据信号 $s_0(t)$ 和 $s_1(t)$ 构造了使接收信号 $x(t)$ 展开表示式各展开系数 $x_k(k=1,2,\cdots)$ 之间互不相关的正交函数集$\{f_k(t)\}$。展开系数 x_k 为

$$x_k=\int_0^T x(t)f_k(t)\mathrm{d}t,\quad k=1,2,\cdots \tag{4.4.52}$$

因为在正交函数集$\{f_k(t)\}$中，只有 $f_1(t)$ 和 $f_2(t)$ 与信号 $s_0(t)$ 和 $s_1(t)$ 有关，其余的 $f_k(t)(k\geqslant 3)$ 是与 $f_1(t)$ 和 $f_2(t)$ 正交的坐标函数，从而也与信号 $s_0(t)$ 和 $s_1(t)$ 正交。这样，无论在假设 H_0 下还是在假设 H_1 下，在接收信号 $x(t)$ 的无穷多个展开系数 $x_k(k=1,2,\cdots)$ 中，只有展开系数 x_1,x_2 中含有关于假设 H_0 和假设 H_1 的信息，其余的展开系数 $x_k=n_k(k\geqslant 3)$ 是与假设 H_0 或假设 H_1 无关的噪声展开系数。因此，由 x_1 和 x_2 组成的二维矢量

$$\boldsymbol{x}=(x_1,x_2)^{\mathrm{T}}$$

是充分统计量。展开系数 x_1 和 x_2 都是高斯随机变量，且相互统计独立。

在假设 H_0 下，接收信号 $x(t)=s_0(t)+n(t)(0\leqslant t\leqslant T)$，所以展开系数 x_1 和 x_2 分别为

$$\begin{aligned}x_1&=\int_0^T[s_0(t)+n(t)]f_1(t)\mathrm{d}t\\&=\int_0^T[s_0(t)+n(t)]\frac{1}{\sqrt{E_{s_1}}}s_1(t)\mathrm{d}t\\&=\rho\sqrt{E_{s_0}}+n_1\end{aligned} \tag{4.4.53}$$

$$\begin{aligned}x_2&=\int_0^T[s_0(t)+n(t)]f_2(t)\mathrm{d}t\\&=\int_0^T[s_0(t)+n(t)]\frac{1}{\sqrt{(1-\rho^2)E_{s_0}}}\left[s_0(t)-\rho\sqrt{\frac{E_{s_0}}{E_{s_1}}}s_1(t)\right]\mathrm{d}t\\&=\frac{1}{\sqrt{(1-\rho^2)E_{s_0}}}(E_{s_0}-\rho^2E_{s_0})+n_2\\&=\sqrt{(1-\rho^2)E_{s_0}}+n_2\end{aligned} \tag{4.4.54}$$

在假设 H_1 下，接收信号 $x(t)=s_1(t)+n(t)(0\leqslant t\leqslant T)$，所以展开系数$x_1$ 和x_2 分别为

$$\begin{aligned}x_1&=\int_0^T[s_1(t)+n(t)]f_1(t)\mathrm{d}t\\&=\int_0^T[s_1(t)+n(t)]\frac{1}{\sqrt{E_{s_1}}}s_1(t)\mathrm{d}t\\&=\sqrt{E_{s_1}}+n_1\end{aligned} \tag{4.4.55}$$

$$\begin{aligned} x_2 &= \int_0^T [s_1(t)+n(t)] f_2(t)\,\mathrm{d}t \\ &= \int_0^T [s_1(t)+n(t)] \frac{1}{\sqrt{(1-\rho^2)E_{s_0}}}\left[s_0(t)-\rho\sqrt{\frac{E_{s_0}}{E_{s_1}}}s_1(t)\right]\mathrm{d}t \\ &= \frac{1}{\sqrt{(1-\rho^2)E_{s_0}}}(\rho\sqrt{E_{s_0}E_{s_1}}-\rho\sqrt{E_{s_0}E_{s_1}})+n_2 \\ &= n_2 \end{aligned} \tag{4.4.56}$$

在第 3 章 3.9 节的一般高斯信号的统计检测中，我们已经导出了(3.9.10)式的通用判决表示式，现重写如下：

$$l(\boldsymbol{x}) \overset{\text{def}}{=} \frac{1}{2}(\boldsymbol{x}-\boldsymbol{\mu}_{x_0})^{\mathrm{T}}\boldsymbol{C}_{x_0}^{-1}(\boldsymbol{x}-\boldsymbol{\mu}_{x_0}) - \frac{1}{2}(\boldsymbol{x}-\boldsymbol{\mu}_{x_1})^{\mathrm{T}}\boldsymbol{C}_{x_1}^{-1}(\boldsymbol{x}-\boldsymbol{\mu}_{x_1}) \underset{H_0}{\overset{H_1}{\gtrless}} \ln\eta + \frac{1}{2}\ln|\boldsymbol{C}_{x_1}| - \frac{1}{2}\ln|\boldsymbol{C}_{x_0}| \overset{\text{def}}{=} \gamma \tag{4.4.57}$$

现在，矢量 $\boldsymbol{x}=(x_1,x_2)^{\mathrm{T}}$，需要计算假设 H_0 下的均值矢量 $\boldsymbol{\mu}_{x_0}$ 和协方差矩阵 $\boldsymbol{C}_{x_0}$，以及假设 H_1 下的均值矢量 $\boldsymbol{\mu}_{x_1}$ 和协方差矩阵 $\boldsymbol{C}_{x_1}$。

在假设 H_0 下，均值矢量 $\boldsymbol{\mu}_{x_0}$ 的两个分量分别为

$$\mu_{x_{10}} = \mathrm{E}(x_1|H_0) = \mathrm{E}(\rho\sqrt{E_{s_0}}+n_1) = \rho\sqrt{E_{s_0}}$$

$$\mu_{x_{20}} = \mathrm{E}(x_2|H_0) = \mathrm{E}(\sqrt{(1-\rho^2)E_{s_0}}+n_2) = \sqrt{(1-\rho^2)E_{s_0}}$$

于是，假设 H_0 下的均值矢量为

$$\boldsymbol{\mu}_{x_0} \overset{\text{def}}{=} (\boldsymbol{\mu}_x|H_0) = \begin{bmatrix} \rho\sqrt{E_{s_0}} \\ \sqrt{(1-\rho^2)E_{s_0}} \end{bmatrix} \tag{4.4.58}$$

假设 H_0 下协方差矩阵 $\boldsymbol{C}_{x_0}$ 的各个元素分别为

$$\begin{aligned} \mathrm{Cov}(x_1,x_1|H_0) &= \mathrm{E}\{[(x_1|H_0)-\mu_{x_{10}}]^2\} = \mathrm{E}(n_1^2) \\ &= \mathrm{E}\left[\int_0^T n(t)f_1(t)\,\mathrm{d}t\int_0^T n(u)f_1(u)\,\mathrm{d}u\right] \\ &= \frac{N_0}{2}\int_0^T f_1^2(t)\,\mathrm{d}t = \frac{N_0}{2} \end{aligned}$$

$$\begin{aligned} \mathrm{Cov}(x_1,x_2|H_0) &= \mathrm{Cov}(x_2,x_1|H_0) = \mathrm{E}\{[(x_1|H_0)-\mu_{x_{10}}][(x_2|H_0)-\mu_{x_{20}}]\} \\ &= \mathrm{E}(n_1n_2) = \mathrm{E}\left[\int_0^T n(t)f_1(t)\,\mathrm{d}t\int_0^T n(u)f_2(u)\,\mathrm{d}u\right] \\ &= \frac{N_0}{2}\int_0^T f_1(t)f_2(t)\,\mathrm{d}t = 0 \end{aligned}$$

$$\begin{aligned} \mathrm{Cov}(x_2,x_2|H_0) &= \mathrm{E}\{[(x_2|H_0)-\mu_{x_{20}}]^2\} = \mathrm{E}(n_2^2) \\ &= \mathrm{E}\left[\int_0^T n(t)f_2(t)\,\mathrm{d}t\int_0^T n(u)f_2(u)\,\mathrm{d}u\right] \\ &= \frac{N_0}{2}\int_0^T f_2^2(t)\,\mathrm{d}t = \frac{N_0}{2} \end{aligned}$$

于是，假设 H_0 下的协方差矩阵为

$$\boldsymbol{C}_{x_0} \stackrel{\text{def}}{=} (\boldsymbol{C}_x \mid H_0) = \begin{bmatrix} \frac{N_0}{2} & 0 \\ 0 & \frac{N_0}{2} \end{bmatrix} \tag{4.4.59}$$

其逆矩阵为

$$\boldsymbol{C}_{x_0}^{-1} = \begin{bmatrix} \frac{2}{N_0} & 0 \\ 0 & \frac{2}{N_0} \end{bmatrix} \tag{4.4.60}$$

在假设 H_1 下，均值矢量$\boldsymbol{\mu}_{x_1}$ 的两个分量分别为

$$\mu_{x_{11}} = \mathrm{E}(x_1 \mid H_1) = \mathrm{E}(\sqrt{E_{s_1}} + n_1) = \sqrt{E_{s_1}}$$

$$\mu_{x_{21}} = \mathrm{E}(x_2 \mid H_1) = \mathrm{E}(n_2) = 0$$

于是，假设 H_1 下的均值矢量为

$$\boldsymbol{\mu}_{x_1} \stackrel{\text{def}}{=} (\boldsymbol{\mu}_x \mid H_1) = \begin{bmatrix} \sqrt{E_{s_1}} \\ 0 \end{bmatrix} \tag{4.4.61}$$

假设 H_1 下的协方差矩阵 $\boldsymbol{C}_{x_1} = \boldsymbol{C}_{x_0}$，其逆矩阵 $\boldsymbol{C}_{x_1}^{-1} = \boldsymbol{C}_{x_0}^{-1}$。

将上述结果代入(4.4.57) 式，得

$$\frac{1}{2}\left[x_1 - \rho\sqrt{E_{s_0}} \quad x_2 - \sqrt{(1-\rho^2)E_{s_0}}\right] \begin{bmatrix} \frac{2}{N_0} & 0 \\ 0 & \frac{2}{N_0} \end{bmatrix} \begin{bmatrix} x_1 - \rho\sqrt{E_{s_0}} \\ x_2 - \sqrt{(1-\rho^2)E_{s_0}} \end{bmatrix} -$$

$$\frac{1}{2}\left[x_1 - \sqrt{E_{s_1}} \quad x_2\right] \begin{bmatrix} \frac{2}{N_0} & 0 \\ 0 & \frac{2}{N_0} \end{bmatrix} \begin{bmatrix} x_1 - \sqrt{E_{s_1}} \\ x_2 \end{bmatrix} \underset{H_0}{\overset{H_1}{\gtrless}} \ln\eta \tag{4.4.62}$$

经整理可得

$$\frac{1}{N_0}\left[(x_1 - \rho\sqrt{E_{s_0}})^2 + (x_2 - \sqrt{(1-\rho^2)E_{s_0}})^2\right] - \frac{1}{N_0}\left[(x_1 - \sqrt{E_{s_1}})^2 + x_2^2\right]$$

$$= \frac{1}{N_0}\left[2\sqrt{E_{s_1}}x_1 - 2\rho\sqrt{E_{s_0}}x_1 - 2\sqrt{(1-\rho^2)E_{s_0}}x_2 - E_{s_1} + E_{s_0}\right] \underset{H_0}{\overset{H_1}{\gtrless}} \ln\eta \tag{4.4.63}$$

将(4.4.63) 式写成规范化的判决表示式形式为

$$l(\boldsymbol{x}) \stackrel{\text{def}}{=} (\sqrt{E_{s_1}} - \rho\sqrt{E_{s_0}})x_1 - \sqrt{(1-\rho^2)E_{s_0}}x_2$$

$$\underset{H_0}{\overset{H_1}{\gtrless}} \frac{N_0}{2}\ln\eta + \frac{1}{2}(E_{s_1} - E_{s_0}) \stackrel{\text{def}}{=} \gamma \tag{4.4.64}$$

显然，检验统计量 $l(\boldsymbol{x})$ 是充分统计量 $\boldsymbol{x} = (x_1, x_2)^{\mathrm{T}}$ 的线性加权和。

现在求检验统计量 $l(\boldsymbol{x})$ 的连续形式。因为

$$x_1 = \int_0^T x(t) f_1(t)\,\mathrm{d}t$$

$$x_2 = \int_0^T x(t) f_2(t)\,\mathrm{d}t$$

而

$$f_1(t)=\frac{1}{\sqrt{E_{s_1}}}s_1(t),\quad 0\leqslant t\leqslant T$$

$$f_2(t)=\frac{1}{\sqrt{(1-\rho^2)E_{s_0}}}\left[s_0(t)-\rho\sqrt{\frac{E_{s_0}}{E_{s_1}}}s_1(t)\right],\quad 0\leqslant t\leqslant T$$

所以，检验统计量 $l[x(t)]$ 为

$$\begin{aligned}l[x(t)]&=(\sqrt{E_{s_1}}-\rho\sqrt{E_{s_0}})\int_0^T x(t)f_1(t)\mathrm{d}t-\sqrt{(1-\rho^2)E_{s_0}}\int_0^T x(t)f_2(t)\mathrm{d}t\\&=(\sqrt{E_{s_1}}-\rho\sqrt{E_{s_0}})\int_0^T x(t)\frac{1}{\sqrt{E_{s_1}}}s_1(t)\mathrm{d}t-\\&\quad\sqrt{(1-\rho^2)E_{s_0}}\int_0^T x(t)\frac{1}{\sqrt{(1-\rho^2)E_{s_0}}}\left[s_0(t)-\rho\sqrt{\frac{E_{s_0}}{E_{s_1}}}s_1(t)\right]\mathrm{d}t\\&=\int_0^T x(t)s_1(t)\mathrm{d}t-\int_0^T x(t)s_0(t)\mathrm{d}t\end{aligned}$$

这样，采用充分统计量分析方法，最终的判决表示式为

$$\begin{aligned}l[x(t)]&\stackrel{\text{def}}{=}\int_0^T x(t)s_1(t)\mathrm{d}t-\int_0^T x(t)s_0(t)\mathrm{d}t\\&\underset{H_0}{\overset{H_1}{\gtrless}}\frac{N_0}{2}\ln\eta+\frac{1}{2}(E_{s_1}-E_{s_0})\stackrel{\text{def}}{=}\gamma\end{aligned}\tag{4.4.65}$$

它和采用任意正交函数集 $\{f_k(t)\}$ 对接收信号 $x(t)$ 进行展开法推导出的判决式，即 (4.4.35) 式是完全一样的。充分统计量的分析方法在 $M(M>2)$ 元信号波形检测中是一种很有用的方法。

例 4.4.1　考虑发送信号周期为 $T=2\pi/\omega_0$(s) 的二元移频键控(FSK)通信系统。在假设 H_0 和假设 H_1 下发送的信号分别为

$$s_0(t)=a\sin\omega_0 t,\quad 0\leqslant t\leqslant T$$
$$s_1(t)=a\sin 2\omega_0 t,\quad 0\leqslant t\leqslant T$$

其中，信号的振幅 a 和频率 ω_0 已知，并假定各假设是等先验概率的。信号在信道传输中叠加了均值为零、功率谱密度为 $P_n(\omega)=N_0/2$ 的高斯白噪声 $n(t)$。现采用最小平均错误概率准则，试设计信号检测系统，并计算平均错误概率 P_e。

解　根据二元通信系统的模型，在假设 H_0 下和假设 H_1 下的接收信号 $x(t)$ 分别为

$$H_0:x(t)=a\sin\omega_0 t+n(t),\quad 0\leqslant t\leqslant T$$
$$H_1:x(t)=a\sin 2\omega_0 t+n(t),\quad 0\leqslant t\leqslant T$$

信号 $s_0(t)$ 和 $s_1(t)$ 的能量分别为

$$E_{s_0}=\int_0^T s_0^2(t)\mathrm{d}t=\int_0^T a^2\sin^2\omega_0 t\mathrm{d}t=\frac{a^2T}{2}$$

$$E_{s_1}=\int_0^T s_1^2(t)\mathrm{d}t=\int_0^T a^2\sin^2 2\omega_0 t\mathrm{d}t=\frac{a^2T}{2}$$

二者相等，均记为 E_s。由于两个假设是等先验概率的，故在最小平均错误概率准则下，似然比检测门限 $\eta=P(H_0)/P(H_1)=1$。这样，利用高斯白噪声中一般二元信号波形检测的判决表示式，得该二元通信系统的判决表示式为

$$l[x(t)] = \int_0^T x(t) a\sin 2\omega_0 t\mathrm{d}t - \int_0^T x(t) a\sin\omega_0 t\mathrm{d}t \underset{H_0}{\overset{H_1}{\gtrless}} 0$$

现在求平均错误概率 P_e。在假设 H_0 下和假设 H_1 下，检验统计量 $l[x(t)]$ 都是高斯分布的。所以各判决概率 $P(H_i|H_j)$ 决定于偏移系数

$$d^2 = \frac{[\mathrm{E}(l \mid H_1) - \mathrm{E}(l \mid H_0)]^2}{\mathrm{Var}(l \mid H_0)}$$

式中，

$$\begin{aligned}\mathrm{E}(l|H_0) &= \mathrm{E}\Big[\int_0^T [a\sin\omega_0 t + n(t)] a\sin 2\omega_0 t\mathrm{d}t - \\ &\qquad \int_0^T [a\sin\omega_0 t + n(t)] a\sin\omega_0 t\mathrm{d}t\Big] \\ &= -\frac{a^2 T}{2} = -E_s\end{aligned}$$

$$\begin{aligned}\mathrm{Var}(l \mid H_0) &= \mathrm{E}\{[(l \mid H_1) - \mathrm{E}(l \mid H_0)]^2\} \\ &= \mathrm{E}\Big\{\Big[\int_0^T n(t) a\sin 2\omega_0 t\mathrm{d}t - \int_0^T n(t) a\sin\omega_0 t\mathrm{d}t\Big]^2\Big\} \\ &= \frac{N_0}{2}E_s + \frac{N_0}{2}E_s = N_0 E_s\end{aligned}$$

$$\begin{aligned}\mathrm{E}(l \mid H_1) &= \mathrm{E}\Big[\int_0^T [a\sin 2\omega_0 t + n(t)] a\sin 2\omega_0 t\mathrm{d}t - \\ &\qquad \int_0^T [a\sin 2\omega_0 t + n(t)] a\sin\omega_0 t\mathrm{d}t\Big] \\ &= \frac{a^2 T}{2} = E_s\end{aligned}$$

$$\mathrm{Var}(l \mid H_1) = \mathrm{Var}(l \mid H_0) = N_0 E_s$$

这样，偏移系数 d^2 为

$$d^2 = \frac{4E_s}{N_0}$$

于是，判决概率 $P(H_1 \mid H_0)$ 和 $P(H_0 \mid H_1)$ 分别为

$$P(H_1 \mid H_0) = Q[d/2] = Q\left[\sqrt{\frac{E_s}{N_0}}\right]$$

$$\begin{aligned}P(H_0 \mid H_1) &= 1 - P(H_1 \mid H_1) = 1 - Q[-d/2] \\ &= Q[d/2] = Q\left[\sqrt{\frac{E_s}{N_0}}\right]\end{aligned}$$

因而，平均错误概率 P_e 为

$$\begin{aligned}P_e &= P(H_0)P(H_1 \mid H_0) + P(H_1)P(H_0 \mid H_1) \\ &= Q\left[\sqrt{\frac{E_s}{N_0}}\right]\end{aligned}$$

如果采用充分统计量的分析方法，结果是相同的，见习题 4.11。

例 4.4.2 设连续相位移频键控(CPFSK)二元通信系统，在两个假设下的信号分别为

$$s_0(t) = a_0 \sin\omega_0 t, \quad 0 \leqslant t \leqslant T$$

$$s_1(t) = a_1 \sin\omega_1 t, \quad 0 \leqslant t \leqslant T$$

信号振幅 a_0 和 a_1 及频率 ω_0 和 ω_1 已知，并满足 $(\omega_0 + \omega_1)T = 2m\pi$，$m$ 为正整数；假定两个假设的先验概率相等；信号传输中叠加的噪声是均值为零、功率谱密度为 $P_n(\omega) = N_0/2$ 的高斯白噪声。问使平均错误概率 P_e 最小的两个信号的差频 $\omega_d = \omega_1 - \omega_0$ 是多少？

解　因为系统是相位移频键控系统，信号 $s_0(t)$ 和 $s_1(t)$ 通常是等能量的，即 $E_{s_0}=a_0^2T/2=E_s$，$E_{s_1}=a_1^2T/2=E_s$；又知两个假设的先验概率相等。所以在功率谱密度 $P_n(\omega)=N_0/2$ 的高斯白噪声背景中，根据前面的分析，当采用最小平均错误概率准则时，$\ln\eta=0$，平均错误概率为

$$\begin{aligned}P_e&=P(H_0)P(H_1\mid H_0)+P(H_1)P(H_0\mid H_1)\\&=Q[d/2]\end{aligned}$$

其中，

$$\begin{aligned}d^2&=\frac{2}{N_0}(E_{s_1}+E_{s_0}-2\rho\sqrt{E_{s_0}E_{s_1}})\\&=\frac{4E_s}{N_0}(1-\rho)\end{aligned}$$

所以

$$P_e=Q\left[\sqrt{\frac{E_s}{N_0}(1-\rho)}\right]$$

显然，使 P_e 最小，则要求 $\sqrt{\frac{E_s}{N_0}(1-\rho)}$ 最大。因为 $N_0>0$，$E_s>0$，所以使 P_e 最小等价于使信号 $s_0(t)$ 与信号 $s_1(t)$ 的波形相关系数 ρ 最小。我们知道，波形相关系数 ρ 定义为

$$\begin{aligned}\rho&=\frac{1}{\sqrt{E_{s_0}E_{s_1}}}\int_0^T s_1(t)s_0(t)\,\mathrm{d}t\\&=\frac{a^2}{E_s}\int_0^T \sin\omega_1 t\sin\omega_0 t\,\mathrm{d}t\\&=\frac{2}{T}\int_0^T \sin\omega_1 t\sin\omega_0 t\,\mathrm{d}t\\&=\frac{1}{T}\int_0^T\cos(\omega_1-\omega_0)t\,\mathrm{d}t-\frac{1}{T}\int_0^T\cos(\omega_1+\omega_0)t\,\mathrm{d}t\\&=\frac{1}{T}\,\frac{1}{\omega_1-\omega_0}\sin(\omega_1-\omega_0)t\,\Big|_0^T\\&=\frac{1}{\omega_d T}\sin\omega_d T\end{aligned}$$

可见，波形相关系数 ρ 与频差 ω_d 有关。为求得使 ρ 最小的 ω_d，将 ρ 对 ω_d 求偏导并令结果等于零，得

$$\frac{\partial\rho}{\partial\omega_d}=\frac{1}{T}\,\frac{(\cos\omega_d T)\omega_d T-\sin\omega_d T}{\omega_d{}^2}=0$$

即满足方程

$$\tan\omega_d T=\omega_d T$$

的频差 $\omega_d=\omega_1-\omega_0$ 就是使平均错误概率 P_e 最小的两个信号的频率差。

$\tan\omega_d T=\omega_d T$ 是一个超越方程，其解如图 4.14 所示，是直线 $\omega_d T$ 与 $\tan\omega_d T$ 的交点。因为 $\tan\omega_d T$ 是个多值函数，所以解有多个。显然，当 $\omega_d T=0$ 时，频差 $\omega_d=0$，其解不符合要求。而 $\omega_d T$ 在 $(\pi,3\pi/2)$ 范围内的解是符合要求的，用逐步搜索法可以求得，当 $\omega_d T=1.41\pi$ 时，$\tan\omega_d T\approx\omega_d T$，此时的波形相关系数 ρ 最小，为

$$\rho_{\min}=\frac{\sin\omega_d T}{\omega_d T}\bigg|_{\omega_d T=1.41\pi}\approx-0.21$$

为了实现简单，通常这种相位移频键控系统采用正交信号，即 $\rho=0$。为了得到与 $\rho_{\min}=-0.21$ 相同的检测性能，其信号能量 E'_s 应满足

$$\sqrt{\frac{E_s}{N_0}(1-\rho)}\bigg|_{\rho=-0.21}=\sqrt{\frac{E'_s}{N_0}}$$

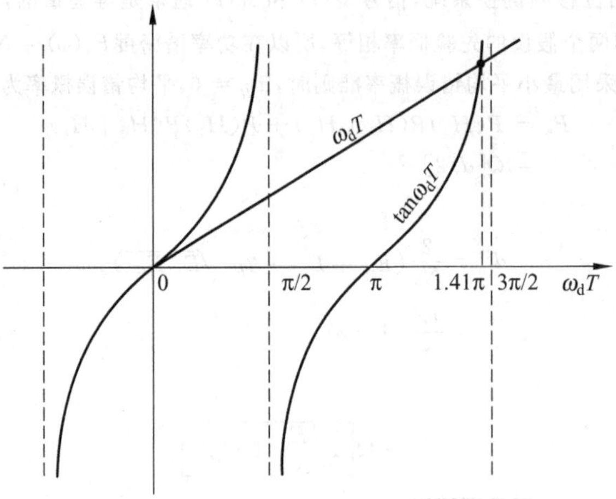

图 4.14　超越方程 $\tan\omega_d T=\omega_d T$ 的解

的关系，即 $E_s'=1.21E_s$。可见，在相同最小平均错误概率 P_e 下，采用信号 $s_0(t)$ 与 $s_1(t)$ 波形相关系数 $\rho_{min}=-0.21$ 的系统比采用 $\rho=0$ 的系统所需的信号能量约少 17.4%。

7. 二元信号波形检测归纳

在功率谱密度 $P_n(\omega)=N_0/2$ 的高斯白噪声背景中，对于简单二元信号波形的检测和一般二元确知信号波形的检测，前面已经做了讨论，现归纳如下。

利用白随机过程的正交级数的展开系数互不相关的正交函数集 $\{f_k(t)\}$ 可以任意选择这一特点，将高斯白噪声背景中的接收信号 $x(t)$ 按正交级数展开表示，展开系数 x_k $(k=1,2,\cdots)$ 就是 $x(t)$ 在坐标函数 $f_k(t)$ $(k=1,2,\cdots)$ 上的正交投影，它们是相互统计独立的高斯随机变量。这样，就将接收信号 $x(t)$ $(0\leqslant t\leqslant T)$ 与展开系数 x_k $(k=1,2,\cdots)$ 联系了起来，从而可以应用信号的统计检测理论来处理信号波形的检测问题。由似然比检验的方法获得的检验统计量，在信号波形检测的情况下，不论采用哪种检测准则，其判决表示式都具有相关运算的形式，因此可以用相关器结构来实现，也可以用匹配滤波器结构来实现。

在高斯白噪声中对二元确知信号进行波形检测时，采用任意正交函数集 $\{f_k(t)\}$ 对接收信号 $x(t)$ $(0\leqslant t\leqslant T)$ 进行正交级数展开的方法并不是惟一的。如果采用格拉姆-施密特正交化的方法生成与信号 $s_j(t)$ 相联系的正交函数集 $\{f_k(t)\}$，则可获得有限维的、与假设 H_j 有关的充分统计量。对于二元信号的检测，采用充分统计量的分析方法可使判决问题从原来的无穷维简化成一维（简单二元信号波形检测）或二维（一般二元信号波形检测），其结果是一样的。

由于检验统计量 $l[x(t)]$ 是属于高斯分布的，所以在高斯白噪声中，二元确知信号波形检测的判决概率 $P(H_i|H_j)$ 完全由偏移系数 d^2 决定，d^2 就是有效功率信噪比。如果高斯白噪声的功率谱密度为 $P_n(\omega)=N_0/2$，在简单二元信号波形检测时，信号 $s(t)$ 的能量为 E_s，则偏移系数 d^2 为

$$d^2=\frac{2}{N_0}E_s$$

它仅与信号 $s(t)$ 的能量 E_s 有关，而与信号的波形无关。在一般二元信号波形检测时，信号 $s_0(t)$ 和 $s_1(t)$ 的能量分别为 E_{s_0} 和 E_{s_1}，波形相关系数为 ρ，则偏移系数 d^2 为

$$d^2=\frac{2}{N_0}(E_{s_1}+E_{s_0}-2\rho\sqrt{E_{s_0}E_{s_1}})$$

它与信号的能量 E_{s_0} 和 E_{s_1} 有关，也与信号的波形相关系数 ρ 有关。在 $E_{s_0}+E_{s_1}=2E_s$ 约束下，若 $\rho=-1$，$E_{s_0}=E_{s_1}=E_s$，则 $d^2=8E_s/N_0$，此时 $s_0(t)=-s_1(t)\ (0\leqslant t\leqslant T)$，理论上 $s_0(t)$ 的波形对偏移系数 d^2 没有影响，这时的偏移系数 d^2 最大，所以 $s_0(t)=-s_1(t)$ 的信号互补关系是最佳的波形。

最后，归纳讨论一般二元信号波形检测的判决域划分问题。在一般二元信号波形的检测中，采用充分统计量分析方法的判决表示式如下：

$$\begin{aligned}l(\boldsymbol{x})&\stackrel{\text{def}}{=}(\sqrt{E_{s_1}}-\rho\sqrt{E_{s_0}})x_1-\sqrt{(1-\rho^2)E_{s_0}}\,x_2\\&\mathop{\gtrless}_{H_0}^{H_1}\frac{N_0}{2}\ln\eta+\frac{1}{2}(E_{s_1}-E_{s_0})\stackrel{\text{def}}{=}\gamma\end{aligned}\tag{4.4.66}$$

式中，x_1 和 x_2 是相互统计独立的高斯随机变量，分别为 $x(t)$ 在正交函数 $f_1(t)$ 和 $f_2(t)$ 为坐标函数上的正交投影。检验统计量 $l(\boldsymbol{x})$ 是 x_1 和 x_2 的线性组合。如果取 $f_1(t)=\frac{1}{\sqrt{E_{s_1}}}s_1(t)\ (0\leqslant t\leqslant T)$ 为正交函数集的第一个坐标函数，那么在假设 H_0 下和假设 H_1 下，信号 $s_0(t)$ 和信号 $s_1(t)$ 分别在 $f_1(t)$ 和 $f_2(t)$ 上的正交投影与以 x_1 为横坐标、x_2 为纵坐标的直角坐标平面关系如图 4.15 所示。

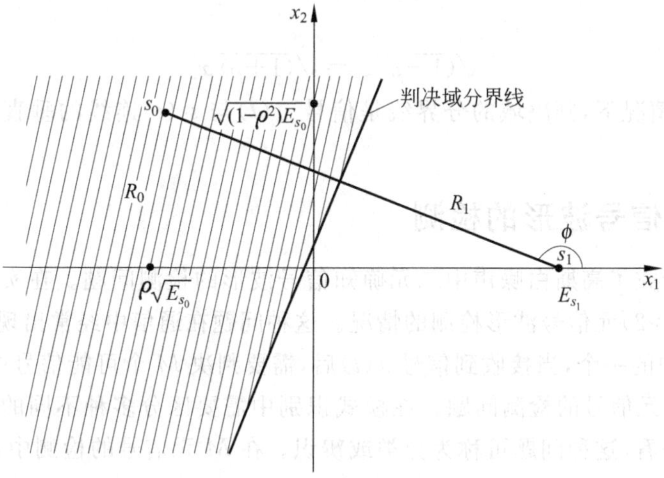

图 4.15　判决域划分示意图

由一般二元信号波形检测的(4.4.66)判决表示式，当判决式取等号，即

$$(\sqrt{E_{s_1}}-\rho\sqrt{E_{s_0}})x_1-\sqrt{(1-\rho^2)E_{s_0}}\,x_2=\gamma$$

时，该方程是一条直线方程。由该方程确定的直线，是判决假设 H_0 成立还是判决假设 H_1 成立的分界线，即

$$x_2=\frac{\sqrt{E_{s_1}}-\rho\sqrt{E_{s_0}}}{\sqrt{(1-\rho^2)E_{s_0}}}x_1-\frac{\gamma}{\sqrt{(1-\rho^2)E_{s_0}}} \tag{4.4.67}$$

截距为$-\gamma/\sqrt{(1-\rho^2)E_{s_0}}$，直线的斜率为

$$k_x=\frac{\sqrt{E_{s_1}}-\rho\sqrt{E_{s_0}}}{\sqrt{(1-\rho^2)E_{s_0}}} \tag{4.4.68}$$

信号 $s_0(t)$与 $s_1(t)$差矢量的斜率为

$$k_s=\tan\phi=\frac{\sqrt{(1-\rho^2)E_{s_0}}}{\rho\sqrt{E_{s_0}}-\sqrt{E_{s_1}}}=-\frac{\sqrt{(1-\rho^2)E_{s_0}}}{\sqrt{E_{s_1}}-\rho\sqrt{E_{s_0}}} \tag{4.4.69}$$

由于判决域分界线的斜率 k_x 与信号差矢量的斜率 k_s 之积为

$$k_xk_s=-1 \tag{4.4.70}$$

所以，判决域分界线是垂直于信号间连线的一条直线，参见图 4.15。

如果二元信号假设的先验概率相等，并采用最小平均错误概率准则，则似然比门限$\eta=1$。于是，由(4.4.63)判决表示式，判决域的分界线应满足如下方程：

$$(x_1-\rho\sqrt{E_{s_0}})^2+(x_2-\sqrt{(1-\rho^2)E_{s_0}})^2=(x_1-\sqrt{E_{s_1}})^2+x_2^2 \tag{4.4.71}$$

即判决域的分界线是信号 $s_0(t)$与 $s_1(t)$连线的垂直平分线。

如果再进一步约束，二元信号的假设不仅等先验概率，而且两个信号的能量 $E_{s_0}=E_{s_1}=E_s$，则采用最小平均错误概率准则时，判决域的分界线应满足方程

$$(1-\rho)x_1-\sqrt{(1-\rho^2)}\,x_2=0$$

也即

$$\sqrt{(1-\rho)}\,x_1=\sqrt{(1+\rho)}\,x_2 \tag{4.4.72}$$

这表明，在这种情况下，判决域的分界线是信号 $s_0(t)$与 $s_1(t)$连线的垂直平分线，并通过判决域的原点。

4.4.3 M元信号波形的检测

前面已经研究了高斯白噪声中二元确知信号波形的检测问题。在实际工程应用中，还会遇到$M(M>2)$元信号波形检测的情况。这种问题在通信中经常出现，系统每次发送M个可能信号中的一个，当接收到信号 $x(t)$后，需要判决 M 个可能信号中的哪一个信号出现，这就是M元信号的检测问题。在模式识别中需要区分多种不同的模式结果，从信号检测的角度来看，这种问题可称为分类或辨识。在M元信号的检测中，尽管奈曼-皮尔逊准则也是可以采用的，但实际上很少采用这种准则，更多的是采用最小平均错误概率准则或更具一般性的贝叶斯准则。现在讨论在功率谱密度为 $P_n(\omega)=N_0/2$ 的高斯白噪声中M元确知信号波形的检测问题。

假定信源有M个可能的输出信号，分别记为假设 H_0，假设 H_1，…，假设 H_{M-1}，在每个假设 H_j 下，相应的输出信号为 $s_j(t)(0\leqslant t\leqslant T)$；信号 $s_j(t)$在信道传输过程中，叠加了功率谱密度为 $P_n(\omega)=N_0/2$ 的高斯白噪声 $n(t)$。这样，在假设 H_j 下，接收信号为

$$H_j:\ x(t)=s_j(t)+n(t),\quad 0\leqslant t\leqslant T,j=0,1,\cdots,M-1 \tag{4.4.73}$$

设信号 $s_j(t)$ 的能量为 E_{s_j}，即

$$E_{s_j}=\int_0^T s_j^2(t)\mathrm{d}t \tag{4.4.74}$$

信号 $s_i(t)$ 与 $s_j(t)$ 的波形相关系数为 ρ_{ij}，定义为

$$\rho_{ij}=\frac{1}{\sqrt{E_{s_i}E_{s_j}}}\int_0^T s_i(t)s_j(t)\mathrm{d}t,\quad i,j=0,1,\cdots,M-1 \tag{4.4.75}$$

对于 M 元信号波形的检测，其主要任务仍然是根据采用的最佳检测准则，将判决空间 $\boldsymbol{R}$ 划分为 M 个不相覆盖的子空间 $R_i(i=0,1,\cdots,M-1)$，并根据判决表示式设计最佳检测系统(也称最佳接收机)，分析检测系统的性能等。

对于白噪声 $n(t)$，平稳随机过程 $x(t)=s(t)+n(t)(0\leqslant t\leqslant T)$，由于其正交级数展开表示的展开系数 $x_k(k=1,2,\cdots)$ 互不相关的正交函数集 $\{f_k(t)\}$ 具有任意性，所以能够利用格拉姆-施密特正交化的方法来构造一个与各假设中的信号 $s_j(t)(j=0,1,\cdots,M-1)$ 相联系的正交函数集 $\{f_k(t)\}$，使各假设 H_j 下，接收信号 $x(t)$ 的正交级数展开系数 x_{kj} 互不相关，从而采用充分统计量的方法，形成各假设下的似然函数，建立似然比检验。

根据格拉姆-施密特正交化的方法，令

$$f_1(t)=\frac{1}{\sqrt{E_{s_0}}}s_0(t),\quad 0\leqslant t\leqslant T \tag{4.4.76}$$

为正交函数集 $\{f_k(t)\}$ 的第 1 个坐标函数，它是对 $g_1(t)=s_0(t)(0\leqslant t\leqslant T)$ 归一化得到的；令

$$f_2(t)=\frac{1}{\sqrt{(1-\rho_{01}^2)E_{s_1}}}\left[s_1(t)-\rho_{01}\sqrt{\frac{E_{s_1}}{E_{s_0}}}s_0(t)\right],\quad 0\leqslant t\leqslant T \tag{4.4.77}$$

为正交函数集 $\{f_k(t)\}$ 的第 2 个坐标函数，它是对与 $f_1(t)$ 正交的函数

$$g_2(t)=s_1(t)-\int_0^T s_1(t)f_1(t)\mathrm{d}tf_1(t)$$

归一化得到的；令

$$f_3(t)=c_3[s_2(t)-c_1f_1(t)-c_2f_2(t)],\quad 0\leqslant t\leqslant T \tag{4.4.78}$$

它是对与 $f_1(t)$ 和 $f_2(t)$ 正交的函数 $g_3(t)$ 归一化得到的，其中，系数 c_1 和 c_2 是构造 $g_3(t)$ 时产生的，而系数 c_3 是对 $g_3(t)$ 归一化获得正交函数集 $\{f_k(t)\}$ 的第 3 个坐标函数 $f_3(t)$ 时形成的。这样进行下去，获得正交函数集 $\{f_k(t)\}$ 的第 4 个坐标函数 $f_4(t)$，第 5 个坐标函数 $f_5(t)$，…，直到第 M 个信号 $s_{M-1}(t)$ 被用来构造出第 M 个坐标函数 $f_M(t)$ 为止。对正交函数集 $\{f_k(t)\}$ 中，$k\geqslant M+1$ 的坐标函数 $f_k(t)$，具体函数形式不必设计。

在用信号 $s_0(t),s_1(t),\cdots,s_{M-1}(t)$ 构造正交函数 $\{f_k(t)\}$ 的坐标函数 $f_1(t),f_2(t),\cdots$ 的过程中，如果这 M 个信号 $s_j(t)(j=0,1,\cdots,M-1)$ 是线性不相关的，那么，我们能够构造出 M 个正交函数集 $\{f_k(t)\}$ 的坐标函数 $f_1(t),f_2(t),\cdots,f_M(t)$；如果这 M 个信号 $s_j(t)$ $(j=0,1,\cdots,M-1)$ 中，只有 N 个信号是线性不相关的，而其余的 $M-N$ 个信号的每一个可由其余信号的线性组合来表示，此时我们能够构造出 $N(N<M)$ 个正交函数集 $\{f_k(t)\}$ 的坐标函数 $f_1(t),f_2(t),\cdots,f_N(t)$。对于这两种情况，根据 M 元信号 $s_j(t)(j=0,1,\cdots,M-1)$ 构造的正交函数集 $\{f_k(t)\}$ 的坐标函数，统一地记为 $f_1(t),f_2(t),\cdots,f_N(t)$ $(N\leqslant M)$，$k\geqslant N+1$ 的坐标函数 $f_k(t)$ 不需要具体设计。

这样，利用构造的 N 个坐标函数 $f_k(t)(k=1,2,\cdots,N)$，对任意假设下的接收信号 $x(t)(0\leqslant t\leqslant T)$ 求前 N 个展开系数，即得

$$x_k=\int_0^T x(t)f_k(t)\mathrm{d}t,\quad k=1,2,\cdots,N \tag{4.4.79}$$

由这 N 个展开系数构成的 N 维随机矢量

$$\boldsymbol{x}=(x_1,x_2,\cdots,x_N)^{\mathrm{T}}$$

是充分统计量。

因为我们研究的是功率谱密度 $P_n(\omega)=N_0/2$ 的高斯白噪声背景中，M 元确知信号波形的检测问题，所以，展开系数 $x_k(k=1,2,\cdots,N)$是相互统计独立的高斯随机变量。x_k 的均值 $\mathrm{E}(x_k|H_j)$取决于假设 H_j，而方差 $\mathrm{Var}(x_k|H_j)$在各假设下是一样的，分别为

$$\begin{aligned}\mu_{x_{kj}}&\overset{\text{def}}{=}\mathrm{E}(x_k|H_j)=\mathrm{E}\left[\int_0^T [s_j(t)+n(t)]f_k(t)\mathrm{d}t\right]\\&=s_{jk},\quad j=0,1,\cdots,M-1,\\&\qquad k=1,2,\cdots,N\end{aligned} \tag{4.4.80}$$

$$\begin{aligned}\mathrm{Var}(x_k|H_j)&=\mathrm{E}\left\{\left[\int_0^T [s_j(t)+n(t)f_k(t)]\mathrm{d}t-s_{jk}\right]^2\right\}\\&=\mathrm{E}\left\{\left[\int_0^T n(t)f_k(t)\mathrm{d}t\right]^2\right\}\\&=\mathrm{E}\left[\int_0^T n(t)f_k(t)\mathrm{d}t\int_0^T n(u)f_k(u)\mathrm{d}u\right]\\&=\int_0^T f_k(t)\int_0^T \mathrm{E}[n(t)n(u)f_k(u)\mathrm{d}u]\mathrm{d}t\\&=\frac{N_0}{2}\int_0^T f_k(t)\left[\int_0^T \delta(t-u)f_k(u)\mathrm{d}u\right]\mathrm{d}t\\&=\frac{N_0}{2},\quad j=0,1,\cdots,M-1,\\&\qquad k=1,2,\cdots,N\end{aligned} \tag{4.4.81}$$

可见，展开系数的方差 $\mathrm{Var}(x_k|H_j)$与哪个假设 H_j 为真无关，都是 $N_0/2$。

由于 $x_k(k=1,2,\cdots,N)$之间是互不相关的，所以 x_j 与 x_k 之间的协方差 $c_{x_jx_k}=0$ $(j\neq k)$，$c_{x_kx_k}=\mathrm{Var}(x_k|H_j)$。

这样，充分统计量 $\boldsymbol{x}=(x_1,x_2,\cdots,x_N)^{\mathrm{T}}$ 是 N 维高斯随机矢量。在假设 H_j 下，$\boldsymbol{x}$ 的均值矢量为

$$\begin{aligned}\boldsymbol{\mu}_{x_j}&=(\mu_{x_{1j}},\mu_{x_{2j}},\cdots,\mu_{x_{Nj}})^{\mathrm{T}}\\&=(s_{j1},s_{j2},\cdots,s_{jN})^{\mathrm{T}}\end{aligned} \tag{4.4.82}$$

而在每个假设下，$\boldsymbol{x}$ 的协方差矩阵为

$$\boldsymbol{C}_{x_j}=\boldsymbol{C}_x=\begin{bmatrix}c_{x_1x_1} & c_{x_1x_2} & \cdots & c_{x_1x_N}\\ c_{x_2x_1} & c_{x_2x_2} & \cdots & c_{x_2x_N}\\ \vdots & \vdots & & \vdots\\ c_{x_Nx_1} & c_{x_Nx_2} & \cdots & c_{x_Nx_N}\end{bmatrix}$$

$$
=\begin{bmatrix} \frac{N_0}{2} & 0 & \cdots & 0 \\ 0 & \frac{N_0}{2} & \cdots & 0 \\ \vdots & \vdots & & \vdots \\ 0 & 0 & \cdots & \frac{N_0}{2} \end{bmatrix} \tag{4.4.83}
$$

于是，在假设 H_j 下，高斯随机矢量 $\boldsymbol{x}$ 的 N 维联合概率密度函数为

$$
p(\boldsymbol{x}|H_j)=\frac{1}{(2\pi)^{N/2}|\boldsymbol{C}_x|^{1/2}}\exp\left[-\frac{1}{2}(\boldsymbol{x}-\boldsymbol{\mu}_{x_j})^{\mathrm{T}}\boldsymbol{C}_x^{-1}(\boldsymbol{x}-\boldsymbol{\mu}_{x_j})\right] \tag{4.4.84}
$$

因此，现在的 M 元信号的波形检测问题，就类似于第 3 章已经讨论过的不等均值矢量 $\boldsymbol{\mu}_{x_j}$ 以及等协方差矩阵 $\boldsymbol{C}_x$ 为对角矩阵的一般高斯信号检测问题，但这里扩展为 M 元信号的情况。

在 M 元信号检测中已经证明，对于最小平均错误概率准则，代价因子 $c_{ij}=1-\delta_{ij}$ ($i,j=0,1,\cdots,M-1$)，此时，使平均错误概率最小的准则等价为最大后验概率准则。所以，采用最小平均错误概率准则的 M 元信号检测，需要计算各假设下的后验概率 $P(H_j|\boldsymbol{x})$ ($j=0,1,\cdots,M-1$)，选择 $P(H_j|\boldsymbol{x})$ 中最大的 $P(H_i|\boldsymbol{x})=\mathrm{Max}\{P(H_j|\boldsymbol{x}),j=0,1,\cdots,M-1\}$ 对应的假设 H_i 成立。表示为，若

$$
P(H_i|\boldsymbol{x})>P(H_j|\boldsymbol{x}),j=0,1,\cdots,M-1,j\neq i \tag{4.4.85}
$$

则判决假设 H_i 成立。这个问题也可以等价地表示为，若

$$
\frac{P(H_i)p(\boldsymbol{x}|H_i)}{p(\boldsymbol{x})}>\frac{P(H_j)p(\boldsymbol{x}|H_j)}{p(\boldsymbol{x})},\quad j=0,1,\cdots,M-1,j\neq i \tag{4.4.86}
$$

则判决假设 H_i 成立。

因为 $p(\boldsymbol{x}|H_j)$ 是 N 维联合高斯概率密度函数，如(4.4.84)式所示，所以可以对(4.4.86)式进行化简，结果为，若

$$
\begin{aligned}
&\ln P(H_i)-\frac{1}{N_0}\sum_{k=1}^{N}(x_k-\mu_{x_{ki}})^2> \\
&\qquad \ln P(H_j)-\frac{1}{N_0}\sum_{k=1}^{N}(x_k-\mu_{x_{kj}})^2,\quad j=0,1,\cdots,M-1,j\neq i
\end{aligned} \tag{4.4.87}
$$

则判决假设 H_i 成立。

如果我们进一步假定，各假设 H_j 为真的先验概率 $P(H_j)$ 相等，即 $P(H_j)=1/M$ ($j=0,1,\cdots,M-1$)，结果为，若

$$
\sum_{k=1}^{N}(x_k-\mu_{x_{ki}})^2<\sum_{k=1}^{N}(x_k-\mu_{x_{kj}})^2,\quad j=0,1,\cdots,M-1,j\neq i \tag{4.4.88}
$$

则判决假设 H_i 成立。经化简可表示为，若

$$
\begin{aligned}
&\sum_{k=1}^{N}(x_k\mu_{x_{ki}}-\mu_{x_{ki}}^2/2)> \\
&\qquad \sum_{k=1}^{N}(x_k\mu_{x_{kj}}-\mu_{x_{kj}}^2/2),\quad j=0,1,\cdots,M-1,j\neq i
\end{aligned} \tag{4.4.89}
$$

则判决假设 H_i 成立。(4.4.89)式意味着，如果我们令

$$I_i(\boldsymbol{x})=\sum_{k=1}^{N}(x_k\mu_{x_{ki}}-\mu_{x_{ki}}^2/2),\quad i=0,1,\cdots,M-1 \tag{4.4.90}$$

则判决

$$\text{Max}\{I_i(\boldsymbol{x}),\quad i=0,1,\cdots,M-1\} \tag{4.4.91}$$

对应的假设 H_i 成立。

例 4.4.3 考虑四元信号通信系统，其信号为

$$s_j(t)=a\sin\left(\omega_0+j\frac{\pi}{2}\right),\quad 0\leqslant t\leqslant T, j=0,1,2,3$$

信号振幅 a 和频率 ω_0 已知，并满足 $\omega_0 T=2m\pi$，m 为正整数。由于信号初相分别为 $0,\frac{\pi}{2}$，π 和 $\frac{3}{2}\pi$，所以为四相通信系统。假定各假设的先验概率相等，信号 $s_j(t)$ 在传输中叠加了均值为零、功率谱密度为 $P_n(\omega)=N_0/2$ 的高斯白噪声 $n(t)$。请设计采用最小平均错误概率准则的检测系统，并研究其信号检测性能。

解 信号检测系统在各假设 H_j 下的接收信号 $x(t)$ 为

$$H_0:\ x(t)=a\sin\omega_0 t+n(t),\quad 0\leqslant t\leqslant T$$

$$H_1:\ x(t)=a\sin\left(\omega_0 t+\frac{\pi}{2}\right)+n(t)$$
$$=a\cos\omega_0 t+n(t),\quad 0\leqslant t\leqslant T$$

$$H_2:\ x(t)=a\sin(\omega_0 t+\pi)+n(t)$$
$$=-a\sin\omega_0 t+n(t),\quad 0\leqslant t\leqslant T$$

$$H_3:\ x(t)=a\sin\left(\omega_0 t+\frac{3}{2}\pi\right)+n(t)$$
$$=-a\cos\omega_0 t+n(t),\quad 0\leqslant t\leqslant T$$

信号 $s_j(t)$ 的能量 E_{s_j} 为

$$E_{s_j}=\int_0^T s_j^2(t)\mathrm{d}t=\int_0^T\left[a\sin\left(\omega_0 t+j\frac{\pi}{2}\right)\right]^2\mathrm{d}t$$
$$=\frac{a^2T}{2}=E_s,\quad j=0,1,2,3$$

信号 $s_i(t)$ 与 $s_j(t)$ 的波形相关系数 ρ_{ij} 为

$$\rho_{ij}=\frac{1}{\sqrt{E_{s_i}E_{s_j}}}\int_0^T s_i(t)s_j(t)\mathrm{d}t$$
$$=\frac{a^2}{E_s}\int_0^T\sin\left(\omega_0 t+i\frac{\pi}{2}\right)\sin\left(\omega_0 t+j\frac{\pi}{2}\right)\mathrm{d}t$$
$$=\frac{-a^2T}{2E_sT}\int_0^T\left[\cos\left(2\omega_0 t+\frac{i+j}{2}\pi\right)-\cos\left(\frac{i-j}{2}\pi\right)\right]\mathrm{d}t$$
$$=\frac{1}{T}\int_0^T\cos\left(\frac{i-j}{2}\pi\right)\mathrm{d}t$$
$$=\cos\left(\frac{i-j}{2}\pi\right)$$

所以，波形相关系数的部分结果为

$$\rho_{00}=1,\rho_{01}=0,\rho_{02}=-1,\rho_{03}=0$$

下面采用充分统计量的分析方法，研究假设 $H_i(i=0,1,2,3)$ 成立的判决问题。根据格拉姆-施密特正交化的方法，针对信号 $s_j(t)(j=0,1,2,3)$ 之间的关系，即信号能量 $E_{s_j}=E_s$，以及信号 $s_0(t)$ 与信号 $s_1(t)$ 正

交，信号 $s_2(t)$ 是信号 $s_0(t)$ 的反相信号，信号 $s_3(t)$ 是信号 $s_1(t)$ 的反相信号，即 $s_2(t)$ 和 $s_3(t)$ 分别是信号 $s_0(t)$ 和 $s_1(t)$ 的线性函数。这样，我们只需构造正交函数集 $\{f_k(t)\}$ 的前两个坐标函数 $f_1(t)$ 和 $f_2(t)$。

因为 $s_0(t)$ 与 $s_1(t)$ 是相互正交的两个信号，所以容易构造出正交函数集的前两个坐标函数分别为

$$f_1(t)=\frac{1}{\sqrt{E_s}}s_0(t)=\sqrt{\frac{2}{T}}\sin\omega_0 t,\quad 0\leqslant t\leqslant T$$

$$f_2(t)=\frac{1}{\sqrt{E_s}}s_1(t)=\sqrt{\frac{2}{T}}\cos\omega_0 t,\quad 0\leqslant t\leqslant T$$

由于噪声 $n(t)$ 是功率谱密度 $P_n(\omega)=N_0/2$ 的零均值高斯白噪声，因此，以 $f_1(t)$ 和 $f_2(t)$ 为坐标函数，可得两个相互统计独立的、属于高斯随机变量的展开系数 x_1 和 x_2，它们构成二维充分统计量 $\boldsymbol{x}=(x_1,x_2)^{\mathrm{T}}$。

如果采用最小平均错误概率准则，并假定各假设 H_j 的先验概率 $P(H_j)$ 相等，该四元信号检测采用最大似然准则，则判决表示式如(4.4.51)式所示，可以表示为

$$\underset{0\leqslant i\leqslant 3}{\mathrm{Max}}\left\{\sum_{k=1}^{2}(x_k\mu_{x_{ki}}-\mu_{x_{ki}}^2/2)\right\}$$

从而判决相应的假设 H_i 成立。考虑到在各假设下信号 $s_i(t)$ 的特点和构造的正交函数集 $\{f_k(t)\}$，因此可得

$$\mu_{x_{ki}}=s_{ki},\quad k=1,2$$

和

$$\sum_{k=1}^{2}\mu_{x_{ki}}^2/2=\sum_{k=1}^{2}s_{ki}^2/2=E_s/2,\quad i=0,1,2,3$$

于是，若

$$\underset{0\leqslant i\leqslant 3}{\mathrm{Max}}\left\{\sum_{k=1}^{2}x_k s_{ki}\right\}$$

则判决相应的假设 H_i 成立。上式也可以表示为连续信号的形式，即

$$\underset{0\leqslant i\leqslant 3}{\mathrm{Max}}\left\{\int_0^T x(t)s_i(t)\mathrm{d}t\right\}$$

因而检验统计量为

$$l_i[\boldsymbol{x}(t)]\overset{\mathrm{def}}{=}\int_0^T x(t)s_i(t)\mathrm{d}t,\quad i=0,1,2,3$$

用连续信号形式的检验统计量 $l_i[x(t)]$，同样可作出假设 $H_i(i=0,1,2,3)$ 成立的判决。

由于四元信号 $s_j(t)$ 的能量 $E_{s_j}=E_s$，所以该四元信号的判决域可以这样来确定：我们知道，任意两个假设之间成立的判决域分界线，是连接这两个假设相应的两个信号连线的垂直平分线，且该垂直平分线通过信号平面的原点。这样，每一个假设(如假设 H_i)成立的判决域 R_i，需要通过该假设 H_i 所对应的信号 $s_i(t)$ 与其余三个假设 H_j 所对应的信号 $s_j(t)(j=0,1,2,3,j\neq i)$ 分别组成三个二元信号检测对来确定，即每个二元信号检测对可以确定在这对信号中假设 H_i 成立的判决域，于是，三个二元信号检测对中都满足假设 H_i 成立的公共判决域部分，就是该四元信号检测假设 H_i 成立的判决域，结果如图 4.16 所示。例如，假设 H_0 成立的判决域 R_0 在图 4.16 的右半平面，由倾斜角为 $+45°$ 的直线的下侧和倾斜角为

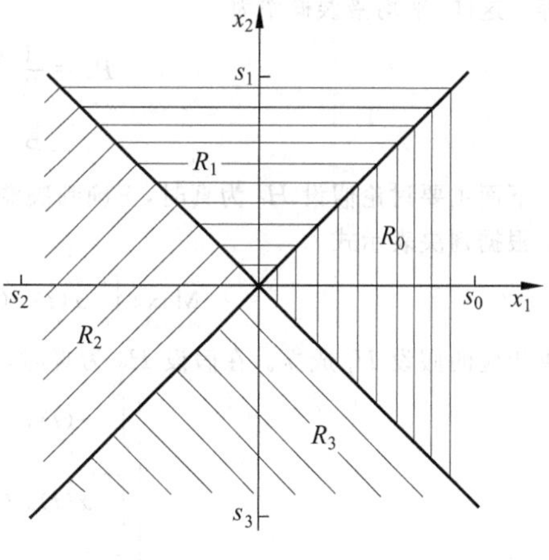

图 4.16　四元信号检测判决域划分

$-45°$的直线的上侧区域所组成。

检验统计量 $l_i[x(t)]=\int_0^T x(t)s_i(t)\mathrm{d}t$，注意到信号 $s_2(t)=-s_0(t)$，$s_3(t)=-s_1(t)$，所以四元相位信号的检测系统结构如图 4.17 所示。

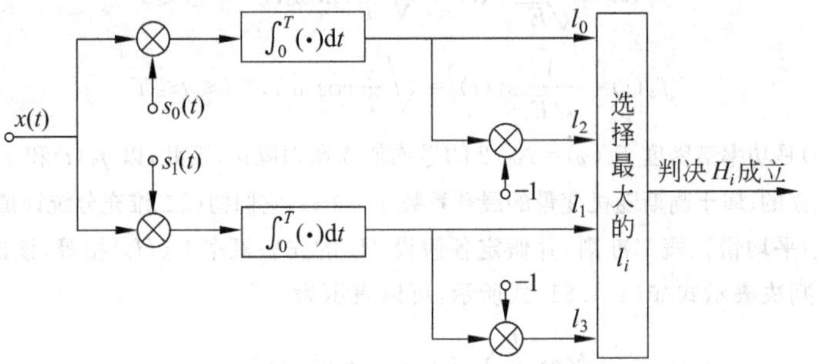

图 4.17 四元信号检测系统结构

现在来分析四元相位信号检测系统的性能。因为各假设出现的先验概率 $P(H_j)$相等，采用最小平均错误概率准则，所以，平均错误概率 P_e 为

$$P_e=\sum_{i=0}^{M-1}\sum_{\substack{j=0\\j\neq i}}^{M-1}P(H_j)P(H_i|H_j)$$
$$=\frac{1}{4}\sum_{i=0}^{3}\sum_{\substack{j=0\\j\neq i}}^{3}P(H_i|H_j)$$

检验统计量

$$l_i[x(t)]=\int_0^T x(t)s_i(t)\mathrm{d}t,\quad i=0,1,2,3$$

是高斯分布的，它是一种以均值为对称的分布；注意到图 4.16 所示的各假设 H_i 成立的判决域R_i 也是对称的，且各假设 H_j 为真的先验概率 $P(H_j)$相等，所以在各假设信号能量相等的情况下，各假设的错误判决概率

$$P_{e_j}=\sum_{\substack{i=0\\i\neq j}}^{3}P(H_i|H_j)$$
$$=1-P(H_j|H_j),\quad j=0,1,2,3$$

相等。这样，平均错误概率为

$$P_e=\frac{1}{4}\sum_{i=0}^{3}\sum_{\substack{j=0\\j\neq i}}^{3}P(H_i|H_j)$$
$$=P_{e_j}=1-P(H_j|H_j)$$

下面主要讨论假设 H_0 为真时，正确判决概率 $P(H_0|H_0)$的计算问题。

根据判决表示式

$$\underset{0\leqslant i\leqslant 3}{\mathrm{Max}}\left\{\int_0^T x(t)s_i(t)\mathrm{d}t\right\}=\underset{0\leqslant i\leqslant 3}{\mathrm{Max}}\{l_i[x(t)]\}$$

判决相应的假设 H_i 成立。在假设 H_0 为真时，要正确判决假设 H_0 成立，必须满足

$$\begin{cases}\int_0^T x(t)s_0(t)\mathrm{d}t>\int_0^T x(t)s_1(t)\mathrm{d}t\\ \int_0^T x(t)s_0(t)\mathrm{d}t>\int_0^T x(t)s_2(t)\mathrm{d}t\\ \int_0^T x(t)s_0(t)\mathrm{d}t>\int_0^T x(t)s_3(t)\mathrm{d}t\end{cases}$$

用检验统计量 $l_i[x(t)] \stackrel{\text{def}}{=} l_i$ 表示为，当

$$l_0>l_1,\quad l_0>l_2,\quad l_0>l_3$$

时，判决假设 H_0 成立。

因为信号 $s_i(t)$满足

$$s_2(t)=-s_0(t)$$
$$s_3(t)=-s_1(t)$$

所以，判决表示式简化为，当

$$l_0>0,\quad -l_0<l_1<l_0$$

时，判决假设 H_0 成立。

在获得简化的判决表示式后，为了计算判决概率，应求得检验统计量 l_0 与 l_1 的联合概率密度函数 $p(l_0,l_1|H_0)$。为此，需求出当假设 H_0 为真时，服从高斯分布的检验统计量 l_0 和 l_1 的均值、方差以及它们之间的协方差，结果为

$$\begin{aligned}
\mathrm{E}(l_0|H_0)&=\mathrm{E}\left\{\int_0^T[s_0(t)+n(t)]s_0(t)\mathrm{d}t\right\}\\
&=\mathrm{E}\left\{\int_0^T[a\sin\omega_0 t+n(t)]a\sin\omega_0 t\mathrm{d}t\right\}\\
&=\frac{a^2T}{2}=E_s
\end{aligned}$$

$$\begin{aligned}
\mathrm{Var}(l_0|H_0)&=\mathrm{E}\{[(l_0|H_0)-\mathrm{E}(l_0|H_0)]^2\}\\
&=\mathrm{E}\left\{\left[\int_0^T n(t)a\sin\omega_0 t\mathrm{d}t\right]^2\right\}\\
&=\frac{N_0a^2T}{4}=\frac{N_0}{2}E_s
\end{aligned}$$

$$\begin{aligned}
\mathrm{E}(l_1|H_0)&=\mathrm{E}\left\{\int_0^T[s_0(t)+n(t)]s_1(t)\mathrm{d}t\right\}\\
&=\mathrm{E}\left\{\int_0^T[a\sin\omega_0 t+n(t)]a\cos\omega_0 t\mathrm{d}t\right\}\\
&=0
\end{aligned}$$

$$\begin{aligned}
\mathrm{Var}(l_1|H_0)&=\mathrm{E}\{[(l_1|H_0)-\mathrm{E}(l_1|H_0)]^2\}\\
&=\mathrm{E}\{[n(t)a\cos\omega_0 t\mathrm{d}t]^2\}\\
&=\frac{N_0a^2T}{4}=\frac{N_0}{2}E_s
\end{aligned}$$

$$\begin{aligned}
\mathrm{Cov}(l_0,l_1|H_0)&=\mathrm{E}\{[(l_0|H_0)-\mathrm{E}(l_0|H_1)][(l_1|H_0)-\mathrm{E}(l_1|H_0)]\}\\
&=\mathrm{E}\left[\int_0^T n(t)a\sin\omega_0 t\mathrm{d}t\int_0^T n(u)a\cos\omega_0 u\mathrm{d}u\right]\\
&=\frac{N_0a^2}{2}\int_0^T\sin\omega_0 t\cos\omega_0 t\mathrm{d}t\\
&=0
\end{aligned}$$

所以，检验统计量 l_0 和 l_1 是互不相关的，因而也是统计独立的两个高斯随机变量。这样，它们的联合概率密度函数为

$$\begin{aligned}
p(l_0,l_1|H_0)&=p(l_0|H_0)p(l_1|H_0)\\
&=\frac{1}{\pi N_0E_s}\exp\left[-\frac{(l_0-E_s)^2+l_1^2}{N_0E_s}\right]
\end{aligned}$$

于是，判决概率 $P(H_0|H_0)$为

$$P(H_0|H_0)=\int_0^{\infty}\left[\int_{-l_0}^{l_0}p(l_0,l_1|H_0)\mathrm{d}l_1\right]\mathrm{d}l_0$$

$$=\int_0^{\infty}\int_{-l_0}^{l_0}\frac{1}{\pi N_0E_s}\exp\left[-\frac{(l_0-E_s)^2+l_1^2}{N_0E_s}\right]\mathrm{d}l_1\mathrm{d}l_0$$

为了计算上述积分 $P(H_0|H_0)$，进行坐标变换，令

$$u=l_0+l_1$$

$$v=l_0-l_1$$

则有

$$l_0=\frac{u+v}{2}$$

$$l_1=\frac{u-v}{2}$$

于是，$P(H_0|H_0)$的被积概率密度函数 $p(l_0,l_1|H_0)$经二维雅可比变换（雅可比行列式的绝对值$|J|=\frac{1}{2}$）后为

$$p(u,v|H_0)=\frac{1}{2\pi N_0E_s}\exp\left[-\frac{\left(\frac{u+v}{2}-E_s\right)^2+\left(\frac{u-v}{2}\right)^2}{N_0E_s}\right]$$

而它们的积分区域如图 4.18 所示，其中图(a)是坐标变换前的积分区域，图(b)是坐标变换后的积分区域。

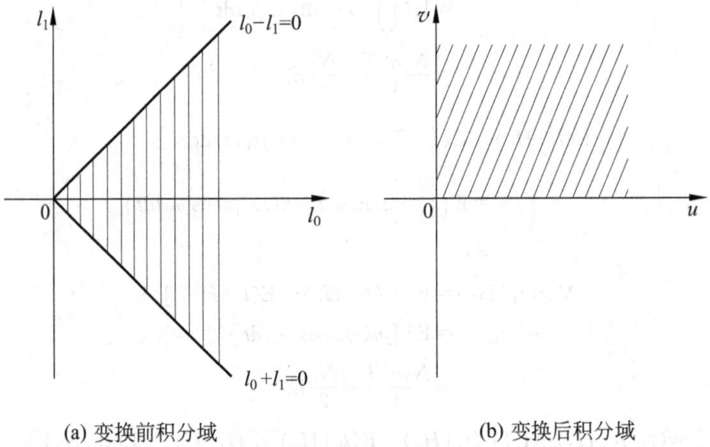

(a) 变换前积分域　　　　　　　　(b) 变换后积分域

图 4.18 坐标变换与积分区域

这样，假设 H_0 为真时的正确判决概率为

$$P(H_0|H_0)=\int_0^{\infty}\int_0^{\infty}\frac{1}{2\pi N_0E_s}\exp\left[-\frac{\left(\frac{u+v}{2}-E_s\right)^2+\left(\frac{u-v}{2}\right)^2}{N_0E_s}\right]\mathrm{d}u\mathrm{d}v$$

$$=\int_0^{\infty}\left(\frac{1}{2\pi N_0E_s}\right)^{1/2}\exp\left[-\frac{(u-E_s)^2}{2N_0E_s}\right]\mathrm{d}u\times$$

$$\int_0^{\infty}\left(\frac{1}{2\pi N_0E_s}\right)^{1/2}\exp\left[-\frac{(v-E_s)^2}{2N_0E_s}\right]\mathrm{d}v$$

$$=\left[\int_{-(E_s/N_0)^{1/2}}^{\infty}\left(\frac{1}{2\pi}\right)^{1/2}\exp\left(-\frac{t^2}{2}\right)\mathrm{d}t\right]^2$$

$$=\left(Q\left[-\sqrt{\frac{E_s}{N_0}}\right]\right)^2$$

用同样的方法可求得 $P(H_1|H_1)$，$P(H_2|H_2)$和 $P(H_3|H_3)$，它们都是相等的，即

$$P(H_j|H_j)=\left(Q\left[-\sqrt{\frac{E_s}{N_0}}\right]\right)^2,\quad j=0,1,2,3$$

这样，平均错误概率 P_e 为

$$P_e=1-P(H_j|H_j)=1-\left(Q\left[-\sqrt{\frac{E_s}{N_0}}\right]\right)^2$$

上述结果就是在功率谱密度为 $P_n(\omega)=N_0/2$ 的高斯白噪声背景中，等信号能量和等先验概率时，四元相位信号通信系统的性能。回想一下，对于一般二元信号的波形检测，在 $P_n(\omega)=N_0/2$ 的高斯白噪声中，当等信号能量和等先验概率时，如果二元信号是相干的互补信号($\rho=-1$)，其最小平均错误概率 P_e 为

$$P_e=Q[d/2]=Q\left[\sqrt{\frac{2E_s}{N_0}}\right]=1-Q\left[-\sqrt{\frac{2E_s}{N_0}}\right]$$

而各假设 H_j 下的正确判决概率为

$$P(H_j|H_j)=1-P_e=1-Q\left[\sqrt{\frac{2E_s}{N_0}}\right]$$

$$=Q\left[-\sqrt{\frac{2E_s}{N_0}}\right]$$

可见，四元相位信号通信系统的检测性能不如二元相干互补信号通信系统的检测性能好。

4.5 高斯有色噪声中确知信号波形的检测

前面讨论了加性高斯白噪声中确知信号波形的检测问题。高斯白噪声是一种理想的噪声模型，虽然在许多问题中这样的噪声模型是一种合理的假设，然而在有些问题中并不一定合适，实际的噪声可能是功率谱密度 $P_n(\omega)$不平坦的有色噪声。本节讨论加性高斯有色噪声背景中二元确知信号波形的检测问题。解决这个问题的其中一种方法是卡亨南-洛维展开法，即根据噪声的自相关函数 $r_n(t-u)$选择合适的正交函数集$\{f_k(t)\}$的坐标函数 $f_k(t)(k=1,2,\cdots)$，将接收信号 $x(t)$展开成正交级数，其展开系数 $x_k(k=1,2,\cdots)$是互不相关的高斯随机变量，也是统计独立的，因而利用这些展开系数 x_k 可以构成似然比检验，并最终实现信号波形的检测。另一种方法是将非白的接收信号 $x(t)$先通过一个白化滤波器，使滤波器输出端的噪声变成白噪声，然后再按白噪声的方法进行处理，称为白化处理法。这里采用前一种方法，白化处理法留待在信号的波形估计中再讨论。

4.5.1 信号模型及其统计特性

在二元信号波形检测的情况下，两个假设下的接收信号分别为

$$H_0:\ x(t)=s_0(t)+n(t),\quad 0\leqslant t\leqslant T$$

$$H_1:\ x(t)=s_1(t)+n(t),\quad 0\leqslant t\leqslant T$$

其中，$x(t)$是接收信号；$s_0(t)$和 $s_1(t)$是两个能量分别为 E_{s_0} 和 E_{s_1} 的确知信号；$n(t)$是均值为零、自相关函数为 $r_n(t-u)$的高斯有色噪声。

4.5.2 信号检测的判决表示式

采用卡亨南-洛维正交级数展开法,接收信号 $x(t)$ 可以表示为

$$x(t) = \lim_{N\to\infty}\sum_{k=1}^{N} x_k f_k(t) \tag{4.5.1}$$

展开系数 x_k 为

$$x_k = \int_0^T x(t) f_k(t)\mathrm{d}t,\quad k=1,2,\cdots \tag{4.5.2}$$

展开系数 x_k 与信号 $x(t)$ 成线性关系,它们由 $x(t)$ 通过与 $f_k(t)$ 相匹配的滤波器而获得。

显然,展开系数 $x_k(k=1,2,\cdots)$ 是随机变量,各展开系数之间的协方差函数等于

$$\begin{aligned}\mathrm{Cov}(x_j,x_k) &= \mathrm{E}[(x_j-\mathrm{E}(x_j))(x_k-\mathrm{E}(x_k))]\\ &= \mathrm{E}\left[\int_0^T n(t)f_j(t)\mathrm{d}t\int_0^T n(u)f_k(u)\mathrm{d}u\right]\\ &= \int_0^T f_j(t)\left[\int_0^T r_n(t-u)f_k(u)\mathrm{d}u\right]\mathrm{d}t\end{aligned} \tag{4.5.3}$$

我们的目的是要得到这样的正交函数集 $\{f_k(t)\}$ 的坐标函数 $f_k(t)(k=1,2,\cdots)$,使得当 $j\neq k$ 时,协方差函数 $\mathrm{Cov}(x_j,x_k)=0$,即展开式中各展开系数 x_k 之间互不相关。为此要求坐标函数 $f_k(t)(k=1,2,\cdots)$ 满足

$$\int_0^T r_n(t-u)f_k(u)\mathrm{d}u = \lambda_k f_k(t),\quad 0\leqslant t\leqslant T, k=1,2,\cdots \tag{4.5.4}$$

式中,λ_k 是待定的参数。把上式代入(4.5.3)式,则得

$$\mathrm{Cov}(x_j,x_k)=\lambda_k\delta_{jk} \tag{4.5.5}$$

即展开系数 x_j 与 x_k 是互不相关的$(j\neq k)$,λ_k 是 x_k 的方差。(4.5.4)式是以噪声 $n(t)$ 的自相关函数 $r_n(t-u)$ 为核函数的齐次积分方程;该方程只在参数 λ_k 为某些值时才有解,这些参数值 λ_k 称为特征值,相应的解 $f_k(t)$ 称为特征函数。

这样,我们取各假设下的前 N 个展开系数 $x_k(k=1,2,\cdots,N)$ 构成 N 维随机矢量 $\boldsymbol{x}_N=(x_1,x_2,\cdots,x_N)^{\mathrm{T}}$,建立 N 维矢量的似然比检验

$$\lambda(\boldsymbol{x}_N)=\frac{p(\boldsymbol{x}_N|H_1)}{p(\boldsymbol{x}_N|H_0)}\underset{H_0}{\overset{H_1}{\gtrless}}\eta$$

最后取 $N\to\infty$ 的极限,求得信号波形下的判决表示式。下面具体进行分析。

由于各展开系数 x_k 是高斯随机变量,所以互不相关等价为相互统计独立。因此,只要确定各假设下 x_k 的均值 $\mathrm{E}(x_k|H_j)$ 和方差 $\mathrm{Var}(x_k|H_j)$,就能够得到 $\boldsymbol{x}_N$ 的 N 维联合概率密度函数 $p(\boldsymbol{x}_N|H_j)$。

接收信号 $x(t)$ 为

$$x(t)=s_j(t)+n(t),\quad 0\leqslant t\leqslant T, j=0,1 \tag{4.5.6}$$

因而其展开系数 x_k 为

$$\begin{aligned}x_k &= \int_0^T x(t)f_k(t)\mathrm{d}t\\ &= \int_0^T [s_j(t)+n(t)]f_k(t)\mathrm{d}t\\ &= s_{jk}+n_k,\quad j=0,1,k=1,2,\cdots\end{aligned} \tag{4.5.7}$$

在假设 H_0 下和假设 H_1 下，展开系数 x_k 的均值和方差分别为

$$\mathrm{E}(x_k|H_0)=\mathrm{E}(s_{0k}+n_k)=s_{0k}$$

$$\begin{aligned}\mathrm{Var}(x_k|H_0)&=\mathrm{E}\{[(x_k|H_0)-\mathrm{E}(x_k|H_0)]^2\}\\&=\mathrm{E}[n_k^2]\\&=\mathrm{E}\left[\int_0^T n(t)f_k(t)\mathrm{d}t\int_0^T n(u)f_k(u)\mathrm{d}u\right]\\&=\lambda_k\end{aligned}$$

$$\mathrm{E}(x_k|H_1)=\mathrm{E}(s_{1k}+n_k)=s_{1k}$$

$$\mathrm{Var}(x_k|H_1)=\mathrm{Var}(x_k|H_0)=\lambda_k$$

于是，前 N 个系数构成的 N 维随机矢量 $\boldsymbol{x}_N$ 在两个假设下的概率密度函数分别为

$$\begin{aligned}p(\boldsymbol{x}_N|H_0)&=\prod_{k=1}^{N}p(x_k|H_0)\\&=\left(\frac{1}{2\pi\lambda_k}\right)^{N/2}\exp\left[-\sum_{k=1}^{N}\frac{(x_k-s_{0k})^2}{2\lambda_k}\right]\end{aligned}\tag{4.5.8}$$

$$\begin{aligned}p(\boldsymbol{x}_N|H_1)&=\prod_{k=1}^{N}p(x_k|H_1)\\&=\left(\frac{1}{2\pi\lambda_k}\right)^{N/2}\exp\left[-\sum_{k=1}^{N}\frac{(x_k-s_{1k})^2}{2\lambda_k}\right]\end{aligned}\tag{4.5.9}$$

这样，由前 N 项构成的似然比检验为

$$\begin{aligned}\lambda(\boldsymbol{x}_N)&=\frac{p(\boldsymbol{x}_N|H_1)}{p(\boldsymbol{x}_N|H_0)}\\&=\exp\left[\frac{1}{2}\sum_{k=1}^{N}\frac{s_{1k}}{\lambda_k}(2x_k-s_{1k})-\frac{1}{2}\sum_{k=1}^{N}\frac{s_{0k}}{\lambda_k}(2x_k-s_{0k})\right]\underset{H_0}{\overset{H_1}{\gtrless}}\eta\end{aligned}\tag{4.5.10}$$

两边取自然对数，则得

$$\frac{1}{2}\sum_{k=1}^{N}\frac{s_{1k}}{\lambda_k}(2x_k-s_{1k})-\frac{1}{2}\sum_{k=1}^{N}\frac{s_{0k}}{\lambda_k}(2x_k-s_{0k})\underset{H_0}{\overset{H_1}{\gtrless}}\ln\eta\tag{4.5.11}$$

设

$$l_1(\boldsymbol{x}_N)\overset{\text{def}}{=}\frac{1}{2}\sum_{k=1}^{N}\frac{s_{1k}}{\lambda_k}(2x_k-s_{1k})\tag{4.5.12a}$$

$$l_0(\boldsymbol{x}_N)\overset{\text{def}}{=}\frac{1}{2}\sum_{k=1}^{N}\frac{s_{0k}}{\lambda_k}(2x_k-s_{0k})\tag{4.5.12b}$$

利用

$$x_k=\int_0^T x(t)f_k(t)\mathrm{d}t$$

$$s_{jk}=\int_0^T s_j(t)f_k(t)\mathrm{d}t,\quad j=0,1$$

则得

$$l_1(\boldsymbol{x}_N)=\frac{1}{2}\sum_{k=1}^{N}\frac{s_{1k}}{\lambda_k}\left[2\int_0^T x(t)f_k(t)\mathrm{d}t-\int_0^T s_1(t)f_k(t)\mathrm{d}t\right]\tag{4.5.13a}$$

$$l_0(\boldsymbol{x}_N)=\frac{1}{2}\sum_{k=1}^{N}\frac{s_{0k}}{\lambda_k}\left[2\int_0^T x(t)f_k(t)\mathrm{d}t-\int_0^T s_0(t)f_k(t)\mathrm{d}t\right] \tag{4.5.13b}$$

当 $N\to\infty$ 时，记 $l_1[x(t)]\overset{\text{def}}{=}\lim\limits_{N\to\infty}l_1(\boldsymbol{x}_N)$，$l_0[x(t)]\overset{\text{def}}{=}\lim\limits_{N\to\infty}l_0(\boldsymbol{x}_N)$，则有

$$\begin{aligned}l_1[x(t)]&=\int_0^T\left[x(t)-\frac{1}{2}s_1(t)\right]\sum_{k=1}^{\infty}\frac{s_{1k}f_k(t)}{\lambda_k}\mathrm{d}t\\&=\int_0^T\left[x(t)-\frac{1}{2}s_1(t)\right]g_1(t)\mathrm{d}t\end{aligned} \tag{4.5.14a}$$

$$\begin{aligned}l_0[x(t)]&=\int_0^T\left[x(t)-\frac{1}{2}s_0(t)\right]\sum_{k=1}^{\infty}\frac{s_{0k}f_k(t)}{\lambda_k}\mathrm{d}t\\&=\int_0^T\left[x(t)-\frac{1}{2}s_0(t)\right]g_0(t)\mathrm{d}t\end{aligned} \tag{4.5.14b}$$

式中，

$$g_1(t)=\sum_{k=1}^{\infty}\frac{s_{1k}f_k(t)}{\lambda_k} \tag{4.5.15a}$$

$$g_0(t)=\sum_{k=1}^{\infty}\frac{s_{0k}f_k(t)}{\lambda_k} \tag{4.5.15b}$$

若级数

$$\sum_{k=1}^{\infty}\frac{|s_{jk}|^2}{\lambda_k}<\infty,\quad j=0,1$$

则级数

$$g_j(t)=\sum_{k=1}^{\infty}\frac{s_{jk}f_k(t)}{\lambda_k},\quad j=0,1$$

收敛。在 $g_j(t)$ 的表示式中，λ_k 和 $f_k(t)$ 分别是以噪声 $n(t)$ 的自相关函数 $r_n(t-u)$ 为核函数的齐次积分方程

$$\int_0^T r_n(t-u)f_k(u)\mathrm{d}u=\lambda_k f_k(t),\quad 0\leqslant t\leqslant T,k=1,2,\cdots$$

的特征值和特征函数，而 s_{jk} 是信号 $s_j(t)$ 的第 k 个展开系数。因此，我们可以期望直接用 $r_n(t-u)$ 和 $s_j(t)$ 来表示 $g_j(t)$。为此，用噪声的自相关函数 $r_n(t-u)$ 乘(4.5.15a)式的两端，并在区间 $0\leqslant u\leqslant T$ 内对 u 积分，得

$$\begin{aligned}\int_0^T r_n(t-u)g_1(u)\mathrm{d}u&=\sum_{k=1}^{\infty}\frac{s_{1k}}{\lambda_k}\int_0^T r_n(t-u)f_k(u)\mathrm{d}u\\&=\sum_{k=1}^{\infty}s_{1k}f_k(t)\\&=s_1(t)\end{aligned}$$

所以，$g_1(t)$ 是积分方程

$$\int_0^T r_n(t-u)g_1(u)\mathrm{d}u=s_1(t) \tag{4.5.16a}$$

的解，该积分方程是以噪声自相关函数 $r_n(t-u)$ 为核函数的，因而 $g_1(t)$ 是确定的函数。

同样地，$g_0(t)$ 是积分方程

$$\int_0^T r_n(t-u)g_0(u)\mathrm{d}u=s_0(t) \tag{4.5.16b}$$

的解。

这样，判决表示式为

$$
\begin{aligned}
l[x(t)] &= l_1[x(t)] - l_0[x(t)] \\
&= \int_0^T \left[x(t) - \frac{1}{2}s_1(t)\right] g_1(t)\,\mathrm{d}t - \\
&\quad \int_0^T \left[x(t) - \frac{1}{2}s_0(t)\right] g_0(t)\,\mathrm{d}t \mathop{\gtrless}_{H_0}^{H_1} \ln\eta
\end{aligned} \tag{4.5.17}
$$

其等效判决表示式为

$$
\begin{aligned}
&\int_0^T x(t)g_1(t)\,\mathrm{d}t - \int_0^T x(t)g_0(t)\,\mathrm{d}t \\
&\mathop{\gtrless}_{H_0}^{H_1} \ln\eta + \frac{1}{2}\int_0^T s_1(t)g_1(t)\,\mathrm{d}t - \frac{1}{2}\int_0^T s_0(t)g_0(t)\,\mathrm{d}t \overset{\text{def}}{=} \gamma
\end{aligned} \tag{4.5.18}
$$

如果 $r_n(t-u)=\frac{N_0}{2}\delta(t-u)$，即回到高斯白噪声环境中，则有

$$
\begin{aligned}
\int_0^T r_n(t-u)g_1(u)\,\mathrm{d}u &= \frac{N_0}{2}\int_0^T \delta(t-u)g_1(u)\,\mathrm{d}u \\
&= \frac{N_0}{2}g_1(t) = s_1(t)
\end{aligned}
$$

$$
\int_0^T r_n(t-u)g_0(u)\,\mathrm{d}u = \frac{N_0}{2}g_0(t) = s_0(t)
$$

这样，(4.5.18)式变为

$$
\begin{aligned}
&l[x(t)] \overset{\text{def}}{=} \int_0^T x(t)s_1(t)\,\mathrm{d}t - \int_0^T x(t)s_0(t)\,\mathrm{d}t \\
&\mathop{\gtrless}_{H_0}^{H_1} \frac{N_0}{2}\ln\eta + \frac{1}{2}(E_{s_1} - E_{s_0}) \overset{\text{def}}{=} \gamma
\end{aligned} \tag{4.5.19}
$$

这就是高斯白噪声中一般二元确知信号波形检测的判决表示式。所以，高斯白噪声下的结果仅是高斯有色噪声结果的特例。

4.5.3 检测系统的结构

根据(4.5.18)判决表示式，检测系统的实现结构如图 4.19 所示。

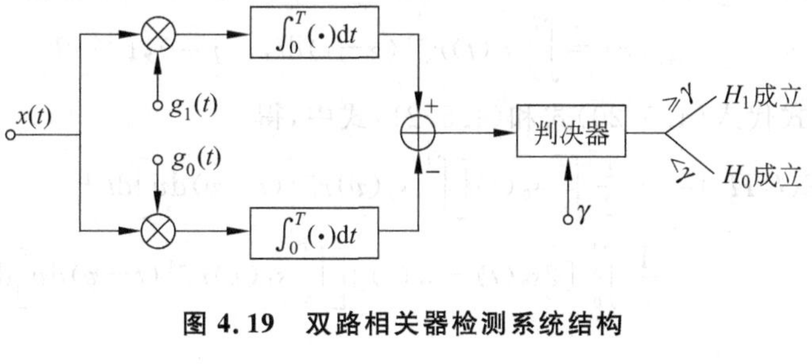

图 4.19　双路相关器检测系统结构

4.5.4 检测性能分析

现在研究检测系统的检测性能。为了分析方便，在讨论检测性能问题时采用(4.5.17)式所示的判决表示式。

如前，为了计算各种判决概率 $P(H_i|H_j)$，首先必须求出检验统计量 $l[x(t)]$ 在两个假设下的概率密度函数 $p(l|H_0)$ 和 $p(l|H_1)$。因为检验统计量

$$l[x(t)]=\int_0^T\left[x(t)-\frac{1}{2}s_1(t)\right]g_1(t)\mathrm{d}t-\int_0^T\left[x(t)-\frac{1}{2}s_0(t)\right]g_0(t)\mathrm{d}t$$

是高斯随机变量，所以只要求出在两个假设下 $l[x(t)]$ 的均值和方差，就可以计算各种判决概率。在两个假设下，$l[x(t)]$ 的均值 $\mathrm{E}(l|H_j)$ 和方差 $\mathrm{Var}(l|H_j)$ 分别为

$$\begin{aligned}\mathrm{E}(l|H_0)&=\mathrm{E}\left\{\int_0^T\left[s_0(t)+n(t)-\frac{1}{2}s_1(t)\right]g_1(t)\mathrm{d}t-\right.\\&\qquad\left.\int_0^T\left[s_0(t)+n(t)-\frac{1}{2}s_0(t)\right]g_0(t)\mathrm{d}t\right\}\\&=-\frac{1}{2}\int_0^T s_0(t)g_0(t)\mathrm{d}t+\frac{1}{2}\int_0^T[2s_0(t)-s_1(t)]g_1(t)\mathrm{d}t\end{aligned}\tag{4.5.20}$$

$$\begin{aligned}\mathrm{E}(l|H_1)&=\mathrm{E}\left\{\int_0^T\left[s_1(t)+n(t)-\frac{1}{2}s_1(t)\right]g_1(t)\mathrm{d}t-\right.\\&\qquad\left.\int_0^T\left[s_1(t)+n(t)-\frac{1}{2}s_0(t)\right]g_0(t)\mathrm{d}t\right\}\\&=\frac{1}{2}\int_0^T s_1(t)g_1(t)\mathrm{d}t-\frac{1}{2}\int_0^T[2s_1(t)-s_0(t)]g_0(t)\mathrm{d}t\end{aligned}\tag{4.5.21}$$

式中，$g_0(t)$ 和 $g_1(t)$ 是积分方程

$$\int_0^T r_n(t-u)g_j(u)\mathrm{d}u=s_j(t),\quad j=0,1\tag{4.5.22}$$

的解。利用逆核函数 $r_n^{-1}(z-t)$ 的定义①，可解得 $g_0(t)$ 和 $g_1(t)$ 的显式表示式。为此，用 $r_n^{-1}(z-t)$ 乘(4.5.22)式的两边，并在区间 $(0,T)$ 上对 t 积分，则得

$$\begin{aligned}&\int_0^T g_j(u)\left[\int_0^T r_n^{-1}(z-t)r_n(t-u)\mathrm{d}t\right]\mathrm{d}u\\&=\int_0^T s_j(t)r_n^{-1}(z-t)\mathrm{d}t,\quad j=0,1\end{aligned}\tag{4.5.23}$$

式中等号左边的内积分等于 $\delta(z-u)$，所以左边的二重积分结果等于 $g_j(z)$，这样就有

$$g_j(z)=\int_0^T s_j(t)r_n^{-1}(z-t)\mathrm{d}t,\quad j=0,1\tag{4.5.24}$$

将(4.5.24)式代入(4.5.20)式和(4.5.21)式中，得

$$\begin{aligned}\mathrm{E}(l|H_0)=&-\frac{1}{2}\int_0^T s_0(t)\left[\int_0^T s_0(v)r_n^{-1}(t-v)\mathrm{d}v\right]\mathrm{d}t+\\&\frac{1}{2}\int_0^T[2s_0(t)-s_1(t)]\left[\int_0^T s_1(v)r_n^{-1}(t-v)\mathrm{d}v\right]\mathrm{d}t\end{aligned}$$

① 逆核函数(有色噪声自相关函数的逆函数)$r_n^{-1}(z-t)$ 定义为

$$\int_0^T r_n^{-1}(z-t)r_n(t-u)\mathrm{d}t=\delta(z-u),\quad z\geqslant 0,0\leqslant u\leqslant T$$

$$=-\frac{1}{2}\int_0^T\int_0^T[s_1(t)-s_0(t)]r_n^{-1}(t-v)[s_1(v)-s_0(v)]\mathrm{d}v\mathrm{d}t \tag{4.5.25}$$

$$\begin{aligned}\mathrm{E}(l|H_1)&=\frac{1}{2}\int_0^T s_1(t)\left[\int_0^T s_1(v)r_n^{-1}(t-v)\mathrm{d}v\right]\mathrm{d}t-\\&\quad\frac{1}{2}\int_0^T[2s_1(t)-s_0(t)]\left[\int_0^T s_0(v)r_n^{-1}(t-v)\mathrm{d}v\right]\mathrm{d}t\\&=\frac{1}{2}\int_0^T\int_0^T[s_1(t)-s_0(t)]r_n^{-1}(t-v)[s_1(v)-s_0(v)]\mathrm{d}v\mathrm{d}t\end{aligned} \tag{4.5.26}$$

在假设 H_0 为真的情况下，检验统计量 $l[x(t)]$ 的方差为

$$\begin{aligned}\mathrm{Var}(l|H_0)&=\mathrm{E}\{[(l|H_0)-\mathrm{E}(l|H_0)]^2\}\\&=\mathrm{E}\left[\left(\int_0^T n(t)g_1(t)\mathrm{d}t-\int_0^T n(t)g_0(t)\mathrm{d}t\right)^2\right]\\&=\mathrm{E}\left\{\left[\int_0^T n(t)(g_1(t)-g_0(t))\mathrm{d}t\right]^2\right\}\\&=\int_0^T\int_0^T \mathrm{E}[n(t)n(u)][g_1(t)-g_0(t)][g_1(u)-g_0(u)]\mathrm{d}u\mathrm{d}t\\&=\int_0^T\int_0^T r_n(t-u)[g_1(t)-g_0(t)][g_1(u)-g_0(u)]\mathrm{d}u\mathrm{d}t\\&=\int_0^T[g_1(t)-g_0(t)]\left[\int_0^T r_n(t-u)[g_1(u)-g_0(u)]\mathrm{d}u\right]\mathrm{d}t\\&=\int_0^T[s_1(t)-s_0(t)][g_1(t)-g_0(t)]\mathrm{d}t\\&=\int_0^T\int_0^T[s_1(t)-s_0(t)]r_n^{-1}(t-v)[s_1(v)-s_0(v)]\mathrm{d}v\mathrm{d}t\stackrel{\mathrm{def}}{=}\sigma_l^2\end{aligned} \tag{4.5.27}$$

类似地，在假设 H_1 为真的情况下，检验统计量 $l[x(t)]$ 的方差为

$$\begin{aligned}\mathrm{Var}(l|H_1)&=\mathrm{E}\{[(l|H_1)-\mathrm{E}(l|H_1)]^2\}\\&=\mathrm{E}\left[\left(\int_0^T n(t)g_1(t)\mathrm{d}t-\int_0^T n(t)g_0(t)\mathrm{d}t\right)^2\right]\\&=\mathrm{Var}(l|H_0)=\sigma_l^2\end{aligned} \tag{4.5.28}$$

可见，由已知的确定信号 $s_0(t)$ 和 $s_1(t)$ 及高斯噪声的自相关函数 $r_n(t-u)$ 就能够确定检验统计量 $l[x(t)]$ 在两个假设下的均值 $\mathrm{E}(l|H_j)$ 和方差 $\mathrm{Var}(l|H_j)(j=0,1)$。观察 (4.5.25)式～(4.5.28)式，我们发现，除了方差满足 $\mathrm{Var}(l|H_0)=\mathrm{Var}(l|H_1)=\sigma_l^2$ 外，检验统计量的均值满足

$$\mathrm{E}(l|H_1)=-\mathrm{E}(l|H_0)=\frac{1}{2}\sigma_l^2 \tag{4.5.29}$$

的关系式。

因为检验统计量 $l[x(t)]$ 是属于高斯分布的，所以，各判决概率 $P(H_i|H_j)$ 由偏移系数 d^2 决定。偏移系数 d^2 为

$$d^2=\frac{[\mathrm{E}(l|H_1)-\mathrm{E}(l|H_0)]^2}{\mathrm{Var}(l|H_0)}=\frac{\left[\frac{1}{2}\sigma_l^2+\frac{1}{2}\sigma_l^2\right]^2}{\sigma_l^2}=\sigma_l^2 \tag{4.5.30}$$

这样,判决概率 $P(H_1|H_0)$ 和 $P(H_1|H_1)$ 分别为

$$P(H_1|H_0)=Q[\ln\eta/d+d/2]=Q[\ln\eta/\sigma_l+\sigma_l/2] \tag{4.5.31}$$

$$\begin{aligned}P(H_1|H_1)&=Q[\ln\eta/d-d/2]\\&=Q[Q^{-1}(P(H_1|H_0))-d]\\&=Q[Q^{-1}(P(H_1|H_0))-\sigma_l]\end{aligned} \tag{4.5.32}$$

如果采用最小平均错误概率准则,并假定两个假设的先验概率 $P(H_j)$ 相等,则 $\ln\eta=0$,最小平均错误概率 P_e 为

$$P_e=Q[d/2]=Q[\sigma_l/2] \tag{4.5.33}$$

由判决概率 $P(H_i|H_j)$ 的表示式或最小平均错误概率 P_e 的表达式,我们可以看出,信号的检测性能随检验统计量 $l[x(t)]$ 的方差 $\mathrm{Var}(l|H_j)\stackrel{\text{def}}{=}\sigma_l^2$ 的增大而提高,这是因为

$$\sigma_l^2=\mathrm{E}(l|H_1)-\mathrm{E}(l|H_0) \tag{4.5.34}$$

的缘故。

检验统计量 $l[x(t)]$ 的均值 $\mathrm{E}(l|H_j)$ 和方差 $\mathrm{Var}(l|H_j)\stackrel{\text{def}}{=}\sigma_l^2$ 的关系

$$\mathrm{E}(l|H_1)=-\mathrm{E}(l|H_0)=\frac{1}{2}\sigma_l^2$$

在高斯白噪声中一般二元确知信号波形检测时,肯定也是成立的,只要把判决式表示为

$$l[x(t)]\stackrel{\text{def}}{=}\frac{2}{N_0}\int_0^T x(t)s_1(t)\mathrm{d}t-\frac{2}{N_0}\int_0^T x(t)s_0(t)\mathrm{d}t-\frac{1}{N_0}E_{s_1}+\frac{1}{N_0}E_{s_0} \tag{4.5.35}$$

$$\underset{H_0}{\overset{H_1}{\gtrless}}\ln\eta\stackrel{\text{def}}{=}\gamma$$

就可以得出上述结果。该问题留作习题,请读者自己完成。

4.5.5 最佳信号波形设计

最后研究高斯有色噪声背景中,确知二元信号波形检测的最佳信号波形设计问题。我们已经指出,信号检测的性能随着 σ_l^2 的增大而提高,而由(4.5.27)式知,σ_l^2 与信号 $s_0(t)$ 和 $s_1(t)$ 的波形有关。因此,为了获得最好的信号检测性能,必须寻求一组信号 $s_0(t)$ 和 $s_1(t)$,在一定的约束条件下,该组信号能使 σ_l^2 达到最大。

信号的能量肯定会影响信号的检测性能,所以我们对信号 $s_0(t)$ 和 $s_1(t)$ 的能量之和进行约束,然后研究信号的最佳波形设计是合理的,也是有意义的。

设信号 $s_0(t)$ 和 $s_1(t)$ 的能量之和为

$$\int_0^T[s_0^2(t)+s_1^2(t)]\mathrm{d}t=E_{s_0}+E_{s_1}=2E_s=\text{常数} \tag{4.5.36}$$

现在的问题是求条件极值。为此,我们构造一个辅助函数

$$F=\sigma_l^2-2\mu E_s \tag{4.5.37}$$

式中,$\mu(\mu\geqslant0)$ 为拉格朗日乘子。通过乘子 μ 引入约束条件,要在 $2E_s=$ 常数的约束下,使 σ_l^2 极大化,也就是要极大化 F。将 σ_l^2 的(4.5.27)式代入上式,得

$$F=\int_0^T\int_0^T [s_1(t)-s_0(t)]r_n^{-1}(t-v)[s_1(v)-s_0(v)]\mathrm{d}v\mathrm{d}t-\mu\int_0^T [s_0^2(t)+s_1^2(t)]\mathrm{d}t \tag{4.5.38}$$

我们用变分法来求使 F 达到极大值的 $s_0(t)$ 和 $s_1(t)$。令 $y_0(t)$ 和 $y_1(t)$ 分别代表 $s_0(t)$ 和 $s_1(t)$ 的最佳波形，于是在区间 $0\leqslant t\leqslant T$ 内有

$$s_0(t)=y_0(t)+\alpha_0\beta_0(t) \tag{4.5.39a}$$

$$s_1(t)=y_1(t)+\alpha_1\beta_1(t) \tag{4.5.39b}$$

其中，α_0 和 α_1 是任意的乘因子，$\beta_0(t)$ 和 $\beta_1(t)$ 是在区间 $0\leqslant t\leqslant T$ 内定义的任意函数。这样，(4.5.38)式表示为

$$F=\int_0^T\int_0^T [y_1(t)+\alpha_1\beta_1(t)-y_0(t)-\alpha_0\beta_0(t)]r_n^{-1}(t-v)\times [y_1(v)+\alpha_1\beta_1(v)-y_0(v)-\alpha_0\beta_0(v)]\mathrm{d}v\mathrm{d}t-\mu\int_0^T [(y_1(t)+\alpha_1\beta_1(t))^2+(y_0(t)+\alpha_0\beta_0(t))^2]\mathrm{d}t \tag{4.5.40}$$

在(4.5.40)式中，F 表示为两个变量 $s_0(t)$ 和 $s_1(t)$ 的函数，为了求 F 的极大值，可先保持 $s_1(t)$ 固定，将 F 对 $s_0(t)$ 求极大值；然后再保持 $s_0(t)$ 固定，将 F 对 $s_1(t)$ 求极大值。这样可获得由两个方程组成的联立方程

$$\left.\frac{\partial F(\alpha_0,\alpha_1)}{\partial\alpha_0}\right|_{\substack{\alpha_0=0\\ \alpha_1=0}}=\int_0^T 2\beta_0(v)\left[\int_0^T [y_1(t)-y_0(t)]r_n^{-1}(t-v)\mathrm{d}t+\mu y_0(v)\right]\mathrm{d}v=0 \tag{4.5.41a}$$

$$\left.\frac{\partial F(\alpha_0,\alpha_1)}{\partial\alpha_1}\right|_{\substack{\alpha_0=0\\ \alpha_1=0}}=\int_0^T 2\beta_1(v)\left[\int_0^T [y_1(t)-y_0(t)]r_n^{-1}(t-v)\mathrm{d}t-\mu y_1(v)\right]\mathrm{d}v=0 \tag{4.5.41b}$$

由于 $\beta_j(t)$ 是在区间 $0\leqslant t\leqslant T$ 内定义的任意函数，所以，要满足(4.5.41a)式和(4.5.41b)式同时等于零，必有

$$\int_0^T [y_1(t)-y_0(t)]r_n^{-1}(t-v)\mathrm{d}t+\mu y_0(v)=0 \tag{4.5.42a}$$

$$\int_0^T [y_1(t)-y_0(t)]r_n^{-1}(t-v)\mathrm{d}t-\mu y_1(v)=0 \tag{4.5.42b}$$

因此，最佳信号波形之间的关系应满足

$$y_1(t)=-y_0(t) \tag{4.5.43}$$

即信号间的波形相关系数 $\rho=-1$，这与高斯白噪声下最佳二元信号的结果相同。

(4.5.43)式只给出了两个信号之间的关系，我们还需要进一步确定信号的函数形式。为此，将(4.5.43)式代入(4.5.42b)式，得

$$2\int_0^T y_1(t)r_n^{-1}(t-v)\mathrm{d}t=\mu y_1(v) \tag{4.5.44}$$

将上式两边同乘 $r_n(u-v)$，并在区间 $0\leqslant t\leqslant T$ 上对 v 积分，即

$$2\int_0^T\int_0^T y_1(t)r_n^{-1}(t-v)r_n(u-v)\mathrm{d}v\mathrm{d}t = \mu\int_0^T y_1(v)r_n(u-v)\mathrm{d}v \tag{4.5.45}$$

完成上式左边的积分，得

$$\begin{aligned}
&2\int_0^T\int_0^T y_1(t)r_n^{-1}(t-v)r_n(u-v)\mathrm{d}v\mathrm{d}t \\
&=2\int_0^T y_1(t)\left[\int_0^T r_n^{-1}(t-v)r_n(u-v)\mathrm{d}v\right]\mathrm{d}t \\
&=2\int_0^T y_1(t)\delta(u-t)\mathrm{d}t \\
&=2y_1(u)
\end{aligned} \tag{4.5.46}$$

这样，(4.5.45)式变为

$$\frac{2}{\mu}y_1(u)=\int_0^T y_1(v)r_n(u-v)\mathrm{d}v \tag{4.5.47}$$

令 $\lambda=2/\mu$，则(4.5.47)式可以改写成

$$\lambda y_1(t)=\int_0^T y_1(v)r_n(t-v)\mathrm{d}v \tag{4.5.48}$$

它是以噪声 $n(t)$ 的自相关函数 $r_n(t-v)$ 为核函数的齐次积分方程，其中信号 $y_1(t)$ 是相应于特征值 λ 的一个特征函数。根据要求，这个特征函数应选择使 σ_l^2 达到最大的那一个 $y_1(t)$。为此，将(4.5.43)式所示的 $y_1(t)=-y_0(t)$ 代入 σ_l^2 的(4.5.27)式，并利用(4.5.44)式的结果，得

$$\begin{aligned}
\sigma_l^2 &=4\int_0^T\int_0^T y_1(t)r_n^{-1}(t-v)y_1(v)\mathrm{d}v\mathrm{d}t \\
&=4\int_0^T y_1(v)\left[\int_0^T y_1(t)r_n^{-1}(t-v)\mathrm{d}t\right]\mathrm{d}v \\
&=2\mu\int_0^T y_1^2(v)\mathrm{d}v \\
&=\frac{4Es}{\lambda}
\end{aligned} \tag{4.5.49}$$

可见，当信号能量之和 $2E_s$ 约束为某个常数时，要使 σ_l^2 极大化，就应当把(4.5.48)式中最小特征值 $\lambda=\lambda_{\min}$ 所对应的那个特征函数选为最佳信号 $y_1(t)$，同时选择 $y_0(t)=-y_1(t)$。

如果噪声是高斯白噪声，其自相关函数为

$$r_n(t-v)=\frac{N_0}{2}\delta(t-v) \tag{4.5.50}$$

则(4.5.48)式变为

$$\begin{aligned}
\lambda y_1(t) &=\int_0^T y_1(v)r_n(t-v)\mathrm{d}v \\
&=\frac{N_0}{2}\int_0^T y_1(v)\delta(t-v)\mathrm{d}v \\
&=\frac{N_0}{2}y_1(t)
\end{aligned} \tag{4.5.51}$$

显然,在高斯白噪声情况下,特征值相等,即 $\lambda=N_0/2$。这说明,在高斯白噪声背景中,只要满足 $y_1(t)=-y_0(t)$的波形关系,在 $E_{s_0}+E_{s_1}=2E_s$ 为常数的约束下,就能获得最佳的信号检测效果,而与 $y_1(t)$的信号波形无关。这与在高斯白噪声中研究信号的最佳波形设计所得到的结论是一样的。

4.6 高斯白噪声中随机参量信号波形的检测

前面已经讨论了高斯噪声背景中,确知信号波形的检测问题。实际上,由于多种原因及随机因素的影响,接收信号 $x(t)$中的信号分量往往含有随机的、或者非随机但未知的一个甚至多个参量。这样,在信号检测中除了不可避免的噪声干扰会引起判决错误外,信号参量的随机性或未知性也会对信号的检测性能带来影响。例如,一个雷达回波信号,它的相位、幅度、多普勒频率和到达时间等都可能是随机参量,这些参量的随机性,不仅涉及到处理方式和处理器的结构,还会影响与检测性能有关的参数。所以,我们需要在确知信号波形检测的基础上,研究随机参量信号波形的检测问题。

考虑一般二元信号波形检测的问题,在假设 H_0 和假设 H_1 下,接收信号 $x(t)$可以表示为

$$H_0:\ x(t)=s_0(t;\ \boldsymbol{\theta}_0)+n(t),\quad 0\leqslant t\leqslant T$$
$$H_1:\ x(t)=s_1(t;\ \boldsymbol{\theta}_1)+n(t),\quad 0\leqslant t\leqslant T$$

其中,$\boldsymbol{\theta}_0$ 表示与假设 H_0 有关的信号的随机(未知)参量;$\boldsymbol{\theta}_1$ 表示与假设 H_1 有关的信号的随机(未知)参量。

参量 $\boldsymbol{\theta}_0$ 和 $\boldsymbol{\theta}_1$ 可能是先验概率密度函数 $p(\boldsymbol{\theta}_j)$已知的随机矢量,也可能是先验概率密度函数未知的随机矢量,或者是未知的非随机矢量。这样,随机参量信号波形的检测,就是一个复合假设检验的问题。

我们经常遇到的是参量 $\boldsymbol{\theta}_0$ 和 $\boldsymbol{\theta}_1$ 的先验概率密度函数 $p(\boldsymbol{\theta}_0)$和 $p(\boldsymbol{\theta}_1)$已知的情况(含允许合理假定的情况),所以一般采用贝叶斯方法。在这种情况下,接收信号$x(t)$用正交级数展开表示后,由于信号 $s_0(t;\ \boldsymbol{\theta}_0)$和 $s_1(t;\ \boldsymbol{\theta}_1)$中分别含有随机参量 $\boldsymbol{\theta}_0$ 和 $\boldsymbol{\theta}_1$,所以展开系数 x_k 的概率密度函数是以 $\boldsymbol{\theta}_0$ 或 $\boldsymbol{\theta}_1$ 为条件的,在假设 H_0 下和假设 H_1 下分别为 $p(x_k|\boldsymbol{\theta}_0;\ H_0)$和 $p(x_k|\boldsymbol{\theta}_1;\ H_1)$。为了得到信号波形时的判决表示式,取展开系数的前 N 项,相应的 N 维联合条件概率密度函数分别为 $p(\boldsymbol{x}_N|\boldsymbol{\theta}_0;\ H_0)$和$p(\boldsymbol{x}_N|\boldsymbol{\theta}_1;\ H_1)$;再取 $N\to\infty$ 的极限,以得到信号波形时的条件概率密度函数 $p[x(t)|\boldsymbol{\theta}_0;\ H_0]$ 和 $p[x(t)|\boldsymbol{\theta}_1;\ H_1]$。如果直接由 $p[x(t)|\boldsymbol{\theta}_0;\ H_0]$和$p[x(t)|\boldsymbol{\theta}_1;\ H_1]$构成似然比检验

$$\lambda[x(t)|\boldsymbol{\theta}_0,\boldsymbol{\theta}_1]=\frac{p[x(t)|\boldsymbol{\theta}_1;\ H_1]}{p[x(t)|\boldsymbol{\theta}_0;\ H_0]}\underset{H_0}{\overset{H_1}{\gtrless}}\eta \tag{4.6.1}$$

则似然比函数 $\lambda[x(t)|\boldsymbol{\theta}_0,\boldsymbol{\theta}_1]$是以随机参量 $\boldsymbol{\theta}_0$ 和 $\boldsymbol{\theta}_1$ 为条件的。我们知道,为了实现信号的最佳检测,作为检验统计量的似然比函数 $\lambda[x(t)|\boldsymbol{\theta}_0,\boldsymbol{\theta}_1]$中是不应含有随机参量的,否则其检测性能会随参量的随机性而随机的变化。为此,在已知参量的先验概率密度函数 $p(\boldsymbol{\theta}_0)$和 $p(\boldsymbol{\theta}_1)$时,可通过求统计平均的方法将以参量 $\boldsymbol{\theta}_j$ 为条件的 $x(t)$的概率密度函数 $p[x(t)|\boldsymbol{\theta}_j;\ H_j]$变成无条件概率密度函数 $p[x(t)|H_j]$,即

$$p[x(t)|H_0]=\int_{\{\boldsymbol{\theta}_0\}}p[x(t)|\boldsymbol{\theta}_0;\ H_0]p(\boldsymbol{\theta}_0)\mathrm{d}\boldsymbol{\theta}_0 \tag{4.6.2a}$$

$$p[x(t)|H_1]=\int_{\{\boldsymbol{\theta}_1\}}p[x(t)|\boldsymbol{\theta}_1;\ H_1]p(\boldsymbol{\theta}_1)\mathrm{d}\boldsymbol{\theta}_1 \tag{4.6.2b}$$

这样,似然比检验

$$\lambda[x(t)]\stackrel{\text{def}}{=}\frac{p[x(t)|H_1]}{p[x(t)|H_0]}$$

$$=\frac{\int_{\{\boldsymbol{\theta}_1\}}p[x(t)\ |\ \boldsymbol{\theta}_1;H_1]p(\boldsymbol{\theta}_1)\mathrm{d}\boldsymbol{\theta}_1}{\int_{\{\boldsymbol{\theta}_0\}}p[x(t)\ |\ \boldsymbol{\theta}_0;H_0]p(\boldsymbol{\theta}_0)\mathrm{d}\boldsymbol{\theta}_0}\underset{H_0}{\overset{H_1}{\gtrless}}\eta \tag{4.6.3}$$

中就不含随机参量了。

对于先验概率密度函数未知的随机参量,或者非随机的未知参量,通常利用参量的最大似然估计方法,求得参量的最大似然估计量$\hat{\boldsymbol{\theta}}_{j\text{ml}}$,然后用该估计量代替信号中的随机参量或未知参量,构成广义似然比检验,完成对信号的检测,这类似于确知信号波形的检测。

下面讨论高斯白噪声背景中,随机参量的先验概率密度函数已知的随机参量信号波形的检测问题。首先研究随机相位信号波形的检测,这不仅是因为随机相位信号是最常遇到的一种随机参量信号,而且在研究信号的其他参量的随机性问题时,都把相位作为随机参量来处理,这通常也是符合实际情况的。

4.6.1 随机相位信号波形的检测

在假定随机相位的先验概率函数已知的情况下,下面分简单二元随机相位信号波形的检测和一般二元随机相位信号波形的检测两种模型来讨论。

1. 简单二元随机相位信号波形的检测

在简单二元随机相位信号的模型下,两个假设下的接收信号$x(t)$分别为

$$H_0:\ x(t)=n(t),\quad 0\leqslant t\leqslant T$$

$$H_1:\ x(t)=a\cos(\omega_0 t+\theta)+n(t),\quad 0\leqslant t\leqslant T$$

信号$s(t;\ \theta)$的振幅a和频率ω_0已知,并满足$\omega_0=2m\pi$,m为正整数;θ是信号$s(t;\ \theta)$的随机相位,其先验概率密度函数为$p(\theta)$;$n(t)$是均值为零、功率谱密度为$P_n(\omega)=N_0/2$的高斯白噪声。这个模型适用于雷达和通断型(ON-OFF)二元通信系统。

由于噪声$n(t)$是高斯白噪声,所以可以任选正交函数集$\{f_k(t)\}$对接收信号$x(t)$进行正交级数展开表示,其展开的系数x_k为

$$x_k=\int_0^T x(t)f_k(t)\mathrm{d}t,\quad k=1,2,\cdots$$

且$x_k(k=1,2,\cdots)$之间是互不相关的。这样,以信号$s(t;\ \theta)$的相位θ为某个固定值为条件时,信号模型可表示为

$$H_0:\ x_k=\int_0^T n(t)f_k(t)\mathrm{d}t=n_k,\quad k=1,2,\cdots$$

$$H_1:\ x_k=\int_0^T[s(t;\ \theta)+n(t)]f_k(t)\mathrm{d}t$$

$$=s_{k|\theta}+n_k,\quad k=1,2,\cdots$$

式中，x_k 是统计独立的高斯随机变量；$s_{k|\theta}$是信号 $s(t;\ \theta)$以 θ 为条件的第 k 个展开系数。

仿照确知信号波形检测判决表示式的推导方法，由前 N 个展开系数 $\boldsymbol{x}_N=(x_1, x_2,\cdots,x_N)^{\mathrm{T}}$ 在两个假设下的概率密度函数 $p(\boldsymbol{x}_N|H_0)$和 $p(\boldsymbol{x}_N|\theta;\ H_1)$构成的似然比函数为

$$\begin{aligned}\lambda(\boldsymbol{x}_N|\theta)&=\frac{p(\boldsymbol{x}_N|\theta;\ H_1)}{p(\boldsymbol{x}_N|H_0)}\\&=\exp\left(\frac{2}{N_0}\sum_{k=1}^{N}x_k s_{k|\theta}-\frac{1}{N_0}\sum_{k=1}^{N}s_{k|\theta}^2\right)\end{aligned}\tag{4.6.4}$$

它是以随机相位 θ 为条件的，故表示为 $\lambda(\boldsymbol{x}_N|\theta)$。当 $N\rightarrow\infty$时，则条件似然比函数成为

$$\begin{aligned}\lambda[x(t)|\theta]&=\exp\left[\frac{2}{N_0}\int_0^T x(t)s(t;\ \theta)\mathrm{d}t-\frac{1}{N_0}\int_0^T s^2(t;\ \theta)\mathrm{d}t\right]\\&=\exp\left[\frac{2}{N_0}\int_0^T x(t)s(t;\ \theta)\mathrm{d}t-\frac{E_s}{N_0}\right]\end{aligned}\tag{4.6.5}$$

其中，

$$E_s=\int_0^T s^2\ (t;\ \theta)\mathrm{d}t=a^2\int_0^T\cos^2(\omega_0 t+\theta)\mathrm{d}t=\frac{a^2T}{2}$$

是信号 $s(t;\ \theta)=a\cos(\omega_0 t+\theta)(0\leqslant t\leqslant T)$的能量。由于假定 $\omega_0 T=2m\pi$，m 为正整数，所以 E_s 与 θ 无关。

为了在统计意义上去掉相位 θ 的随机性对信号检测的影响，我们需要对 θ 作统计平均处理，即似然比函数表示为

$$\begin{aligned}\lambda[x(t)]&=\int_{\{\theta\}}\lambda[x(t)|\theta]p(\theta)\mathrm{d}\theta\\&=\int_{\{\theta\}}\exp\left[\frac{2}{N_0}\int_0^T x(t)s(t;\ \theta)\mathrm{d}t-\frac{E_s}{N_0}\right]p(\theta)\mathrm{d}\theta\end{aligned}\tag{4.6.6}$$

这里需要说明一点，因为信号模型是简单二元随机相位信号，所以对随机相位 θ 的统计平均放在对$\lambda[x(t)|\theta]$的统计平均中来完成，这与先对 $p[x(t)|\theta;H_1]$作统计平均，然后构成似然比检验是等效的。

2. 随机相位均匀分布情况

均匀分布是一种提供信息量最少的分布。在许多情况下，信号的随机相位 θ 都认为是在$(-\pi,\pi)$范围内均匀分布的，即

$$p(\theta)=\begin{cases}\dfrac{1}{2\pi}, & -\pi\leqslant\theta\leqslant\pi\\ 0, & \text{其他}\end{cases}\tag{4.6.7}$$

(1) 判决表示式

在随机相位均匀分布情况下，(4.6.6)式变成为

$$\begin{aligned}\lambda[x(t)]&=\frac{1}{2\pi}\int_{-\pi}^{\pi}\exp\left[\frac{2}{N_0}\int_0^{\mathrm{T}}x(t)s(t;\ \theta)\mathrm{d}t-\frac{E_s}{N_0}\right]\mathrm{d}\theta\\&=\frac{1}{2\pi}\int_{-\pi}^{\pi}\exp\left[\frac{2}{N_0}\int_0^{\mathrm{T}}x(t)s(t;\ \theta)\mathrm{d}t\right]\mathrm{d}\theta\exp\left(-\frac{E_s}{N_0}\right)\end{aligned}\tag{4.6.8}$$

其似然比检验为

$$\lambda[x(t)]=\exp\left(-\frac{E_s}{N_0}\right)\frac{1}{2\pi}\int_{-\pi}^{\pi}\exp\left[\frac{2}{N_0}\int_0^T x(t)s(t;\ \theta)\mathrm{d}t\right]\mathrm{d}\theta \underset{H_2}{\overset{H_1}{\gtrless}}\eta \tag{4.6.9}$$

将信号 $s(t;\ \theta)=a\cos(\omega_0 t+\theta)$ 展开，得

$$a\cos(\omega_0 t+\theta)=a\cos\omega_0 t\cos\theta-a\sin\omega_0 t\sin\theta$$

若定义两个变量 x_{R} 和 x_{I} 分别为

$$x_{\mathrm{R}}=\int_0^T\sqrt{\frac{2}{T}}x(t)\cos\omega_0 t\mathrm{d}t \tag{4.6.10a}$$

$$x_{\mathrm{I}}=\int_0^T\sqrt{\frac{2}{T}}x(t)\sin\omega_0 t\mathrm{d}t \tag{4.6.10b}$$

则似然比检验判决式变为

$$\lambda[x(t)]=\exp\left(-\frac{E_s}{N_0}\right)\frac{1}{2\pi}\int_{-\pi}^{\pi}\exp\left[\frac{2\sqrt{E_s}}{N_0}(x_{\mathrm{R}}\cos\theta-x_{\mathrm{I}}\sin\theta)\right]\mathrm{d}\theta \underset{H_2}{\overset{H_1}{\gtrless}}\eta \tag{4.6.11}$$

在此基础上进行变量代换，令

$$l=(x_{\mathrm{R}}^2+x_{\mathrm{I}}^2)^{1/2},\quad l\geqslant 0 \tag{4.6.12a}$$

$$\varphi=\arctan\frac{x_{\mathrm{I}}}{x_{\mathrm{R}}}\qquad -\pi\leqslant\varphi\leqslant\pi \tag{4.6.12b}$$

则有关系式

$$x_{\mathrm{R}}=l\cos\varphi,\quad l\geqslant 0,-\pi\leqslant\varphi\leqslant\pi \tag{4.6.13a}$$

$$x_{\mathrm{I}}=l\sin\varphi,\quad l\geqslant 0,-\pi\leqslant\varphi\leqslant\pi \tag{4.6.13b}$$

成立。这样，(4.6.11)式可表示为

$$\begin{aligned}\lambda[x(t)]&=\exp\left(-\frac{E_s}{N_0}\right)\frac{1}{2\pi}\int_{-\pi}^{\pi}\exp\left[\frac{2\sqrt{E_s}}{N_0}l(\cos\theta\cos\varphi-\sin\theta\sin\varphi)\right]\mathrm{d}\theta\\&=\exp\left(-\frac{E_s}{N_0}\right)\frac{1}{2\pi}\int_{-\pi}^{\pi}\exp\left[\frac{2\sqrt{E_s}}{N_0}l\cos(\theta+\varphi)\right]\mathrm{d}\theta \underset{H_0}{\overset{H_1}{\gtrless}}\eta,\quad l\geqslant 0\end{aligned} \tag{4.6.14}$$

利用第一类零阶修正贝塞尔函数的定义式

$$I_0(u)=\frac{1}{2\pi}\int_{-\pi}^{\pi}\exp[u\cos(\theta+\varphi)]\mathrm{d}\theta,\quad u\geqslant 0$$

得似然比检验判决式为

$$\lambda[x(t)]=\exp\left(-\frac{E_s}{N_0}\right)I_0\left[\frac{2\sqrt{\mathrm{E}_s}}{N_0}l\right]\underset{H_0}{\overset{H_1}{\gtrless}}\eta,\quad l\geqslant 0 \tag{4.6.15}$$

因为 $I_0(u)\big|_{u=0}=1$，$I_0(u)\big|_{u\geqslant 0}$ 是变量 u 的单调增函数，如图 4.20 所示，所以似然比检验判决式，即(4.6.15)式可以化简成以 l 为检验统计量的判决表示式

$$l\underset{H_2}{\overset{H_1}{\gtrless}}\frac{N_0}{2\sqrt{E_s}}I_0^{-1}\left[\eta\exp\left(\frac{E_s}{N_0}\right)\right]\overset{\mathrm{def}}{=}\gamma,\quad l\geqslant 0 \tag{4.6.16}$$

式中，$I_0^{-1}[\cdot]$ 是 $I_0[\cdot]$ 的反函数。由前面的分析可以得到，检验统计量 l 的平方为

$$\begin{aligned}l^2&=(l\cos\varphi)^2+(l\sin\varphi)^2=x_{\mathrm{R}}^2+x_{\mathrm{I}}^2\\&=\left[\int_0^T\sqrt{\frac{2}{T}}x(t)\cos\omega_0 t\mathrm{d}t\right]^2+\left[\int_0^T\sqrt{\frac{2}{T}}x(t)\sin\omega_0 t\mathrm{d}t\right]^2,\quad l\geqslant 0\end{aligned} \tag{4.6.17}$$

因为 $l\geqslant 0$，所以与(4.6.16)式等价的判决表示式为

$$l^2 \underset{H_0}{\overset{H_1}{\gtrless}} \gamma^2,\quad l\geqslant 0 \tag{4.6.18}$$

(2) 检测系统的结构

现在根据判决表示式(4.6.18)就可以构成检测系统。检验统计量 l^2 如(4.6.17)式所示，所以其相应的检测系统如图 4.21 所示。它是由双路相互正交的相关器构成的，通常称为正交接收机。而由正交双路匹配滤波器构成的检测系统如图 4.22 所示。

无论从判决表示式来看，还是从检测系统的结构来看，由于信号相位的随机性，使得信号的最佳检测与确知信号的最佳检测有很大的差别。下面讨论用单路非相干匹配滤波器来近似实现该检测系统的问题。

设有这样一个线性滤波器，它除了相位 θ 之外与信号 $s(t;\ \theta)=a\cos(\omega_0 t+\theta)\ (0\leqslant t\leqslant T)$ 是匹配的。既然不考虑相位的匹配性，就可按 $\theta=0$ 来设计该滤波器。根据匹配滤波器理论，该滤波器的脉冲响应为

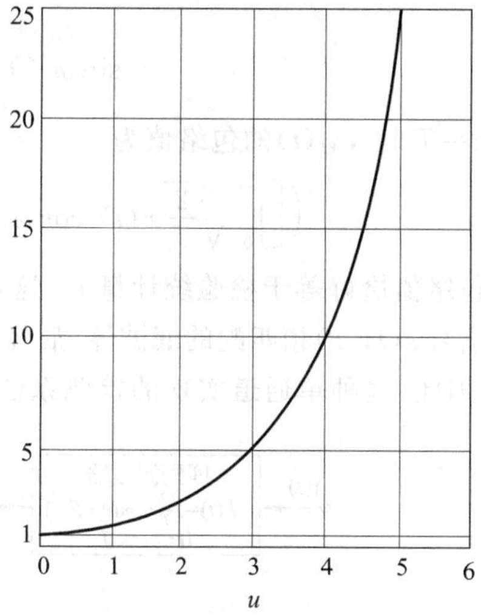

图 4.20　函数 $I_0(u)$ 曲线

$$h(t)=\sqrt{\frac{2}{T}}\cos\omega_0(T-t),\quad 0\leqslant t\leqslant T \tag{4.6.19}$$

当接收信号 $x(t)$ 输入到该滤波器时，其输出信号 $y_f(t)$ 为

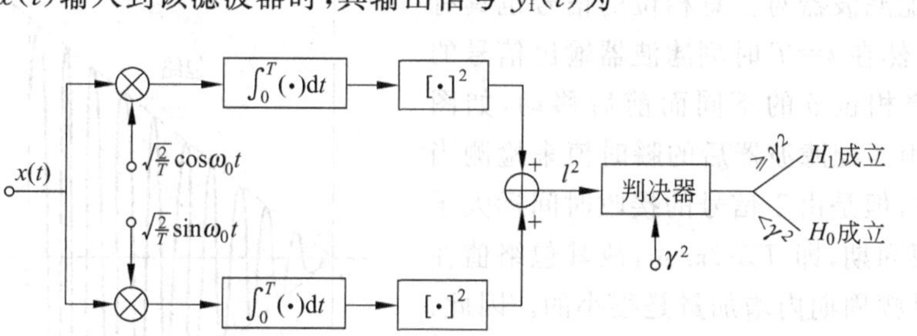

图 4.21　正交双路相关器检测系统结构

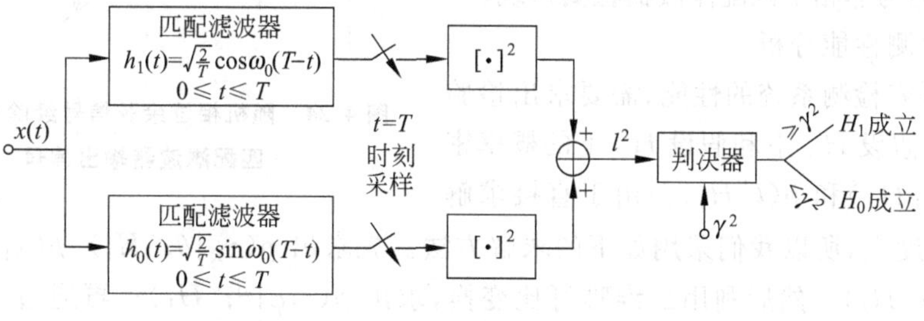

图 4.22　正交双路匹配滤波器检测系统结构

$$y_{\mathrm{f}}(t)=\int_0^t x(u)h(t-u)\mathrm{d}u$$
$$=\int_0^t \sqrt{\frac{2}{T}}x(u)\ \cos\omega_0(T-t+u)\mathrm{d}u \tag{4.6.20}$$
$$=\cos\omega_0(T-t)\int_0^t\sqrt{\frac{2}{T}}x(u)\ \cos\omega_0 u\mathrm{d}u-$$
$$\sin\omega_0(T-t)\int_0^t\sqrt{\frac{2}{T}}x(u)\ \sin\omega_0 u\mathrm{d}u$$

当 $t=T$ 时，$y_{\mathrm{f}}(t)$的包络值为

$$\left(\left[\int_0^T\sqrt{\frac{2}{T}}x(t)\ \cos\omega_0 t\mathrm{d}t\right]^2+\left[\int_0^T\sqrt{\frac{2}{T}}x(t)\ \sin\omega_0 t\mathrm{d}t\right]^2\right)^{1/2} \tag{4.6.21}$$

该包络值恰好等于检验统计量 l。这意味着，将接收信号 $x(t)$首先通过一个除相位 θ 外与信号 $s(t;\ \theta)$相匹配的滤波器，后经包络检波器，在 $t=T$ 时刻的包络值就是检验统计量 l。因此，这种单通道实现的检测系统如图 4.23 所示，称为非相干匹配滤波器检测系统。

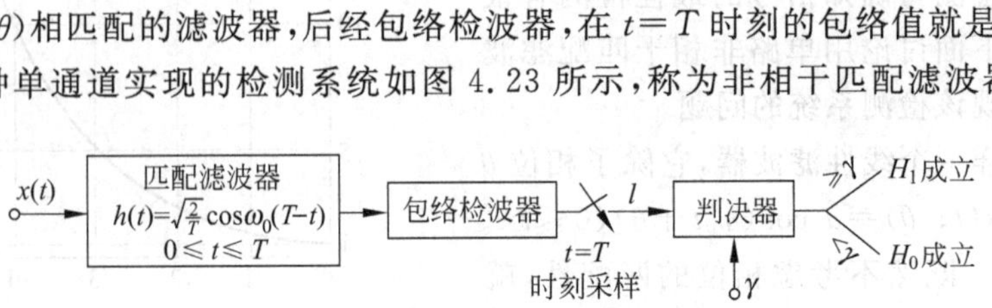

图 4.23 非相干匹配滤波器检测系统结构

在匹配滤波器理论中我们曾经指出，匹配滤波器对时间延迟信号具有适应性。对于频率为 ω_0 的正(余)弦信号，频率 ω_0 乘时延 τ 就是相位量，所以匹配滤波器对任意相位的信号也具有适应性。虽然在 $t=T$ 时刻滤波器输出信号的峰值会随着相位 θ 的不同而前后移动，如图 4.24所示，用匹配滤波器后的瞬时值来检测当然是不行的，但是由于信号的接收时间远大于信号的射频周期，即 $T\gg 2\pi/\omega_0$，故其包络值在一个信号射频周期内增加量是很小的。因此，用除相位外与信号相匹配的滤波器后接包络检波器，无论相位是多少，都可在 $t=T$ 输出 l，进行检测，故称为非相干匹配滤波器检测系统。

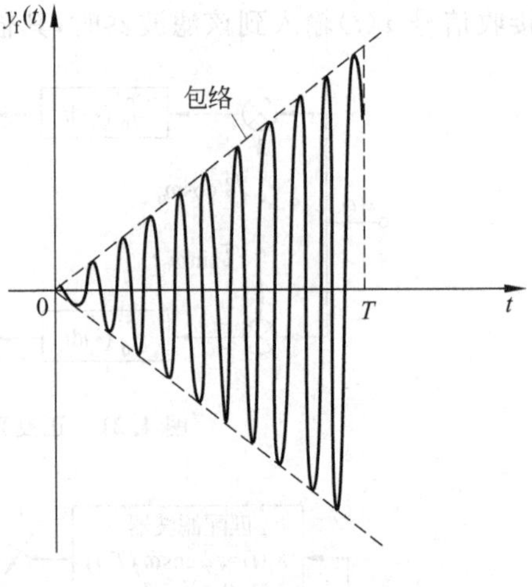

图 4.24 随机相位余弦信号经除相位外的匹配滤波器输出信号

(3) 检测性能分析

为了研究检测系统的性能，需要求出检验统计量 l 在假设 H_0 下和假设 H_1 下的概率密度函数 $p(l|H_0)$和 $p(l|H_1)$。由于直接求解 $p(l|H_j)$难度大，所以我们采用如下的求解方法。先求出 $p(x_{\mathrm{R}}|\theta;\ H_1)$、$p(x_{\mathrm{I}}|\theta;\ H_1)$和 $p(x_{\mathrm{R}},x_{\mathrm{I}}|\theta;\ H_1)$；然后利用二维雅可比变换，求出 $p(l,\varphi|\theta;\ H_1)$；再通过求边缘概率密度函数的方法得 $p(l|\theta;\ H_1)$；最后对 θ 进行统计平均，就得到假设 H_1 下检验统计量

l 的概率密度函数 $p(l|H_1)$。令 $p(l|H_1)$ 中的信号能量 E_s 等于零，就得到假设 H_0 下检验统计量 l 的概率密度函数 $p(l|H_0)$。

根据变量 x_R 和 x_I 的定义：

$$x_R=\int_0^T\sqrt{\frac{2}{T}}x(t)\cos\omega_0 t\mathrm{d}t \tag{4.6.22}$$

$$x_I=\int_0^T\sqrt{\frac{2}{T}}x(t)\sin\omega_0 t\mathrm{d}t$$

在假设 H_1 下，$x(t)=a\cos(\omega_0 t+\theta)+n(t)(0\leqslant t\leqslant T)$，是高斯随机过程，所以 x_R 和 x_I 都是高斯随机变量。

对于某一个给定的信号相位 θ，x_R 和 x_I 的均值和方差分别为

$$\begin{aligned}
\mathrm{E}(x_R|\theta;\ H_1)&=\mathrm{E}\left[\int_0^T\sqrt{\frac{2}{T}}[a\cos(\omega_0 t+\theta)+n(t)]\cos\omega_0 t\mathrm{d}t\right]\\
&=\sqrt{\frac{2}{T}}a\int_0^T\cos^2\omega_0 t\cos\theta\mathrm{d}t\\
&=\sqrt{\frac{a^2T}{2}}\cos\theta=\sqrt{E_s}\cos\theta
\end{aligned}$$

$$\begin{aligned}
\mathrm{Var}(x_R|\theta;\ H_1)&=\mathrm{E}\{[(x_R|\theta;\ H_1)-\mathrm{E}(x_R|\theta;\ H_1)]^2\}\\
&=\mathrm{E}\left[\left(\int_0^T\sqrt{\frac{2}{T}}n(t)\cos\omega_0 t\mathrm{d}t\right)^2\right]\\
&=\frac{N_0}{2}
\end{aligned}$$

$$\begin{aligned}
\mathrm{E}(x_I|\theta;\ H_1)&=\mathrm{E}\left[\int_0^T\sqrt{\frac{2}{T}}[a\cos(\omega_0 t+\theta)+n(t)]\sin\omega_0 t\mathrm{d}t\right]\\
&=\sqrt{\frac{2}{T}}a\int_0^T-\sin^2\omega_0 t\sin\theta\mathrm{d}t\\
&=-\sqrt{\frac{a^2T}{2}}\sin\theta=-\sqrt{E_s}\sin\theta
\end{aligned}$$

$$\begin{aligned}
\mathrm{Var}(x_I|\theta;\ H_1)&=\mathrm{Var}(x_R|\theta;\ H_1)\\
&=\frac{N_0}{2}
\end{aligned}$$

这样，则有

$$p(x_R|\theta;\ H_1)=\left(\frac{1}{\pi N_0}\right)^{1/2}\exp\left[-\frac{(x_R-\sqrt{E_s}\cos\theta)^2}{N_0}\right]$$

$$p(x_I|\theta;\ H_1)=\left(\frac{1}{\pi N_0}\right)^{1/2}\exp\left[-\frac{(x_I+\sqrt{E_s}\sin\theta)^2}{N_0}\right]$$

高斯随机变量 x_R 与 x_I 的协方差函数为

$$\begin{aligned}
&\mathrm{Cov}(x_R,x_I|\theta;\ H_1)\\
&=\mathrm{E}\{[(x_R|\theta;\ H_1)-\mathrm{E}(x_R|\theta;\ H_1)][(x_I|\theta;\ H_1)-\mathrm{E}(x_I|\theta;\ H_1)]\}\\
&=\mathrm{E}\left[\int_0^T\sqrt{\frac{2}{T}}n(t)\cos\omega_0 t\mathrm{d}t\int_0^T\sqrt{\frac{2}{T}}n(u)\sin\omega_0 u\mathrm{d}u\right]
\end{aligned}$$

$$=\frac{N_0}{T}\int_0^T\cos\omega_0 t\sin\omega_0 t\mathrm{d}t$$

$$=0$$

所以，x_R 与 x_I 是互不相关的高斯随机变量，因而也是统计独立的。这样，x_R 和 x_I 的二维联合条件概率密度函数为

$$p(x_R,x_I|\theta;\ H_1)=p(x_R|\theta;\ H_1)p(x_I|\theta;\ H_1)$$

$$=\frac{1}{\pi N_0}\exp\left[-\frac{(x_R-\sqrt{E_s}\cos\theta)^2+(x_I+\sqrt{E_s}\sin\theta)^2}{N_0}\right] \tag{4.6.23}$$

在判决表示式的推导过程中，由于存在如下关系式：

$$x_R=l\cos\varphi,\quad l\geqslant 0,-\pi\leqslant\varphi\leqslant\pi$$

$$x_I=l\sin\varphi,\quad l\geqslant 0,-\pi\leqslant\varphi\leqslant\pi$$

所以，由二维雅可比变换可得出 l 和 φ 的二维联合概率密度函数为

$$p(l,\varphi|\theta;\ H_1)$$

$$=\frac{l}{\pi N_0}\exp\left[-\frac{l^2+E_s-2\sqrt{E_s}l\cos(\theta+\varphi)}{N_0}\right],\quad l\geqslant 0,-\pi\leqslant\varphi\leqslant\pi \tag{4.6.24}$$

将上式对 φ 进行积分，得 l 的概率密度函数为

$$p(l|\theta;\ H_1)=\int_{-\pi}^{\pi}\frac{l}{\pi N_0}\exp\left(-\frac{l^2+E_s}{N_0}\right)\exp\left[\frac{2\sqrt{E_s}}{N_0}l\cos(\theta+\varphi)\right]\mathrm{d}\varphi$$

$$=\frac{2l}{N_0}\exp\left(-\frac{l^2+E_s}{N_0}\right)I_0\left(\frac{2\sqrt{E_s}}{N_0}l\right),\quad l\geqslant 0 \tag{4.6.25}$$

一般来说，还需要再对 θ 进行统计平均，以得到只以假设 H_1 为条件的 l 的概率密度函数，但由于 θ 是在 $(-\pi,\pi)$ 范围内均匀分布的缘故，上式已与 θ 无关了，故有

$$p(l|H_1)=\frac{2l}{N_0}\exp\left(-\frac{l^2+E_s}{N_0}\right)I_0\left(\frac{2\sqrt{E_s}}{N_0}l\right),\quad l\geqslant 0 \tag{4.6.26}$$

对于假设 H_0，由于 $E_s=0$，$I_0[u]\big|_{u=0}=1$，所以有

$$p(l|H_0)=\frac{2l}{N_0}\exp\left(-\frac{l^2}{N_0}\right),\quad l\geqslant 0 \tag{4.6.27}$$

(4.6.26)式和(4.6.27)式分别是广义瑞利分布(莱斯分布)和瑞利分布。

在获得检验计量 l 的概率密度函数 $p(l|H_0)$ 和 $p(l|H_1)$ 后，我们就可以根据判决表示式求各种判决概率的表示式，并能绘制检测系统的检测特性曲线。

在假设 H_0 为真时，判决假设 H_1 成立的概率为

$$P(H_1|H_0)=\int_\gamma^\infty\frac{2l}{N_0}\exp\left(-\frac{l^2}{N_0}\right)\mathrm{d}l$$

$$=\exp\left(-\frac{\gamma^2}{N_0}\right) \tag{4.6.28}$$

在假设 H_1 为真时，判决假设 H_1 成立的概率为

$$P(H_1|H_1)=\int_\gamma^\infty\frac{2l}{N_0}\exp\left(-\frac{l^2+E_s}{N_0}\right)I_0\left(\frac{2\sqrt{E_s}}{N_0}l\right)\mathrm{d}l$$

$$=\int_{\sqrt{\frac{2}{N_0}}\gamma}^\infty u\exp\left(-\frac{u^2+d^2}{2}\right)I_0(du)\mathrm{d}u \tag{4.6.29}$$

其中，参数 $d^2=2E_s/N_0$ 是功率信噪比。利用第一类零阶修正贝塞尔函数的展开式

$$I_0(du)=\sum_{i=0}^{\infty}\frac{1}{i!\,\Gamma(i+1)}\left(\frac{du}{2}\right)^{2i}$$

并完成积分，能够得到

$$P(H_1|H_1)=\exp\left[-\left(\frac{1}{N_0}\gamma^2+\frac{d^2}{2}\right)\right]\sum_{i=0}^{\infty}\frac{\left(\frac{d^2}{2}\right)^i}{\Gamma(i+1)}\sum_{j=0}^{i}\frac{\left(\frac{1}{N_0}\gamma^2\right)^j}{\Gamma(j+1)} \tag{4.6.30}$$

由(4.6.28)式得

$$\frac{1}{N_0}\gamma^2=-\ln P(H_1|H_0)$$

为了方便，记 $P_F\overset{\text{def}}{=}P(H_1|H_0)$，$P_D\overset{\text{def}}{=}P(H_1|H_1)$，则(4.6.30)式可表示为

$$P_D=P_F\exp\left(-\frac{d^2}{2}\right)\sum_{i=0}^{\infty}\frac{\left(\frac{d^2}{2}\right)^i}{\Gamma(i+1)}\sum_{j=0}^{i}\frac{(-\ln P_F)^j}{\Gamma(j+1)} \tag{4.6.31}$$

具体推导过程见附录 4A。以功率信噪比 d^2 为变量、以 P_F 为参变量，或者以 P_F 为变量、以 d^2 为参变量，采用递推算法可以获得任意精度的 P_D 结果，分别如图 4.25 和图 4.26 所示。P_D 的递推算法见附录 4A。图 4.27 给出了在$(-\pi,\pi)$范围内均匀分布的随机相位信号与确知信号检测性能的比较曲线，两者差别不大，在大部分区域内相差不到 1dB。这是因为随机相位信号由于其相位的随机性，所以它是在统计平均意义上的最佳处理，因而在某个固定的 P_F 下，与确知信号相比，为获得相同的 P_D，随机相位检测时，信噪比 d^2 需要增加，但增加的量不大。

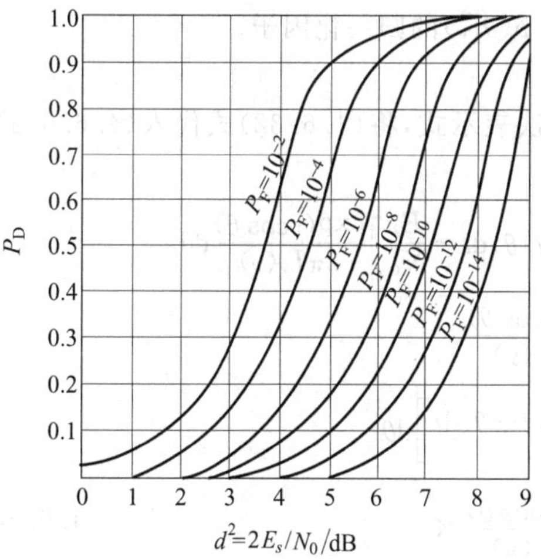

图 4.25　P_D 与参数 d^2 的关系曲线

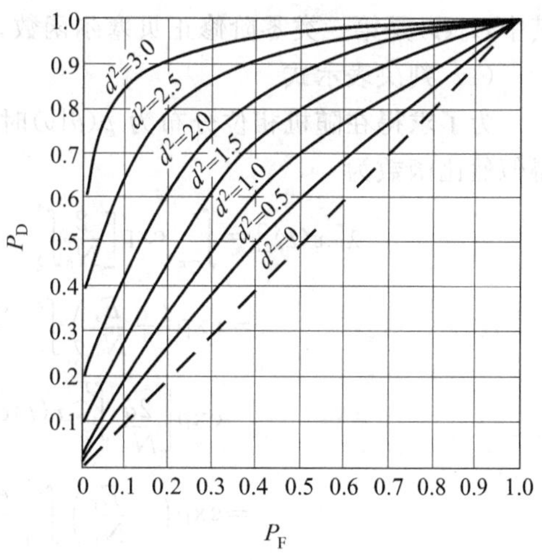

图 4.26　P_D 与参数 P_F 的关系曲线

3. 随机相位非均匀分布的情况

在第 2 章的随机参量信号的统计描述中曾经指出，随机相位分布的通用模型为

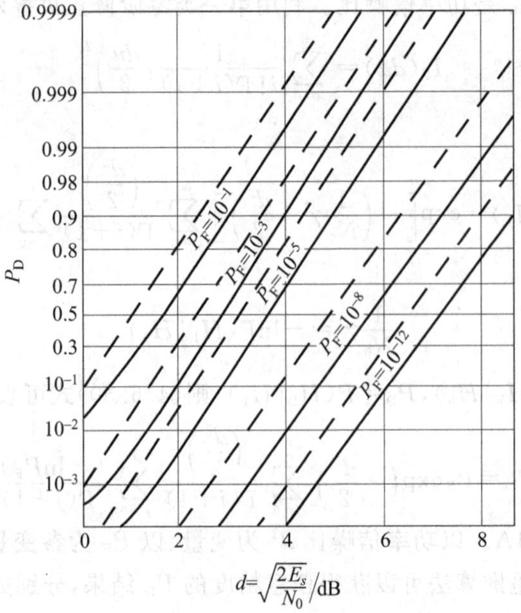

图 4.27 检测概率 P_D 与参数 d 的关系曲线

$$p(\theta|\nu)=\begin{cases}\dfrac{\exp(\nu\cos\theta)}{2\pi I_0(\nu)}, & -\pi\leqslant\theta\leqslant\pi \\ 0, & \text{其他}\end{cases} \tag{4.6.32}$$

其中，$I_0(\nu)$是第一类零阶修正贝塞尔函数，它是$p(\theta|\nu)$的归一化因子。

(1) 判决表示式

为了求得在随机相位分布为$p(\theta|\nu)$时的判决表示式，将(4.6.32)式代入(4.6.6)式，得似然比函数为

$$\begin{aligned}\lambda[x(t)]&=\int_{-\pi}^{\pi}\exp\left[\frac{2}{N_0}\int_0^T x(t)s(t|\theta)\mathrm{d}t-\frac{E_s}{N_0}\right]\frac{\exp(\nu\cos\theta)}{2\pi I_0(\nu)}\mathrm{d}\theta \\ &=\exp\left(-\frac{E_s}{N_0}\right)\int_{-\pi}^{\pi}\frac{\exp(\nu\cos\theta)}{2\pi I_0(\nu)}\times \\ &\quad\exp\left[\frac{2a}{N_0}\int_0^T x(t)\cos(\omega_0 t+\theta)\mathrm{d}t\right]\mathrm{d}\theta \\ &=\exp\left(-\frac{E_s}{N_0}\right)\int_{-\pi}^{\pi}\frac{\exp(\nu\cos\theta)}{2\pi I_0(\nu)}\times \\ &\quad\exp\left[\frac{2\sqrt{E_s}}{N_0}\int_0^T\sqrt{\frac{2}{T}}x(t)\cos(\omega_0 t+\theta)\mathrm{d}t\right]\mathrm{d}\theta \\ &=\exp\left(-\frac{E_s}{N_0}\right)\int_{-\pi}^{\pi}\frac{1}{2\pi I_0(\nu)}\times \\ &\quad\exp\left[\left(\nu+\frac{2\sqrt{E_s}}{N_0}x_{\mathrm{R}}\right)\cos\theta-\frac{2\sqrt{E_s}}{N_0}x_{\mathrm{I}}\sin\theta\right]\mathrm{d}\theta\end{aligned} \tag{4.6.33}$$

式中，

$$x_{\mathrm{R}}=\int_0^T\sqrt{\frac{2}{T}}x(t)\cos\omega_0 t\mathrm{d}t \tag{4.6.34a}$$

$$x_{\mathrm{I}}=\int_0^T\sqrt{\frac{2}{T}}x(t)\sin\omega_0 t\mathrm{d}t \tag{4.6.34b}$$

令

$$l_{\mathrm{R}}=\frac{N_0}{2\sqrt{E_s}}\nu+x_{\mathrm{R}}=l\cos\varphi,\quad l\geqslant 0,-\pi\leqslant\varphi\leqslant\pi \tag{4.6.35a}$$

$$l_{\mathrm{I}}=x_{\mathrm{I}}=l\sin\varphi,\quad l\geqslant 0,-\pi\leqslant\varphi\leqslant\pi \tag{4.6.35b}$$

其中，

$$l=(l_{\mathrm{R}}^2+l_{\mathrm{I}}^2)^{1/2}=\left[\left(\frac{N_0}{2\sqrt{E_s}}\nu+x_{\mathrm{R}}\right)^2+x_{\mathrm{I}}^2\right]^{1/2},\quad l\geqslant 0 \tag{4.6.36a}$$

$$\varphi=\arctan\left[x_{\mathrm{I}}\Big/\left(\frac{N_0}{2\sqrt{E_s}}\nu+x_{\mathrm{R}}\right)\right],\quad -\pi\leqslant\varphi\leqslant\pi \tag{4.6.36b}$$

将(4.6.35)式代入(4.6.33)式，得似然比函数为

$$\begin{aligned}\lambda[x(t)]&=\exp\left(-\frac{E_s}{N_0}\right)\frac{1}{I_0(\nu)}\frac{1}{2\pi}\int_{-\pi}^{\pi}\exp\left[\frac{2\sqrt{E_s}}{N_0}l\cos(\theta+\varphi)\right]\mathrm{d}\theta\\&=\exp\left(-\frac{E_s}{N_0}\right)\frac{1}{I_0(\nu)}I_0\left(\frac{2\sqrt{E_s}}{N_0}l\right),\quad l\geqslant 0\end{aligned} \tag{4.6.37}$$

这样，由似然比判决表示式

$$\lambda[x(t)]\underset{H_0}{\overset{H_1}{\gtrless}}\eta$$

得判决表示式为

$$I_0\left(\frac{2\sqrt{E_s}}{N_0}l\right)\underset{H_0}{\overset{H_1}{\gtrless}}\eta I_0(\nu)\exp\left(\frac{E_s}{N_0}\right),\quad l\geqslant 0 \tag{4.6.38}$$

其等效判决表示式为

$$l\underset{H_0}{\overset{H_1}{\gtrless}}\frac{N_0}{2\sqrt{E_s}}I_0^{-1}\left[\eta I_0(\nu)\exp\left(\frac{E_s}{N_0}\right)\right]\overset{\text{def}}{=}\gamma,\quad l\geqslant 0 \tag{4.6.39}$$

检验统计量 l 可根据(4.6.36a)式和(4.6.34)式求得。

(2) 检测系统的结构

根据(4.6.39)式所示的判决表示式，检测系统的结构如图 4.28 所示。

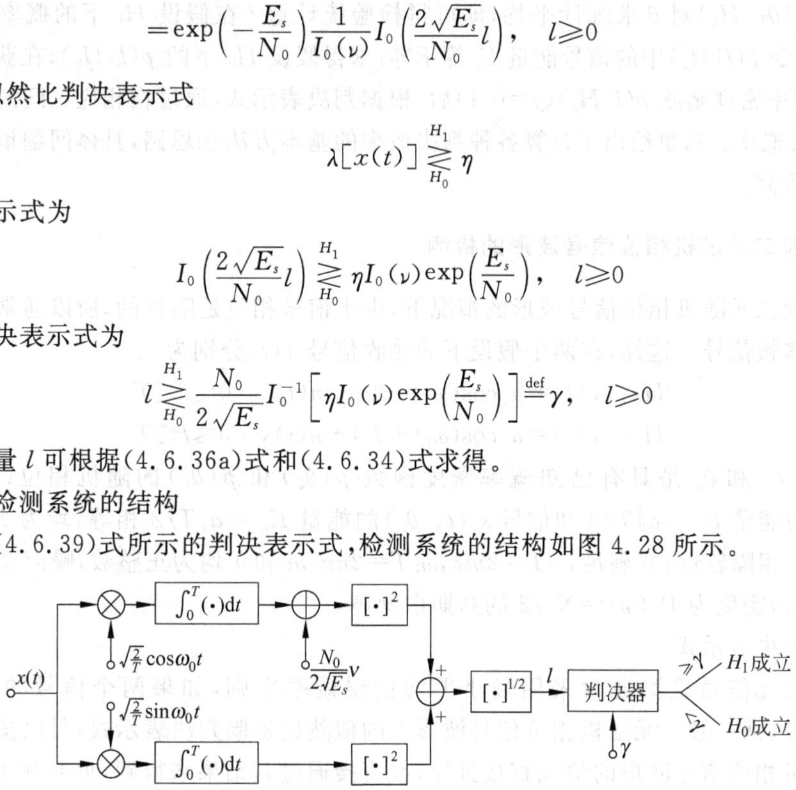

图 4.28 随机相位信号检测系统结构(非均匀分布)

(3) 检测性能分析

在随机相位非均匀分布的情况下，检测系统的性能分析方法类似于随机相位均匀分布的情况。如前文，令

$$l_{\mathrm{R}}=\frac{N_0}{2\sqrt{E_s}}\nu+x_{\mathrm{R}}=l\cos\varphi,\quad l\geqslant 0,-\pi\leqslant\varphi\leqslant\pi$$

$$l_{\mathrm{I}}=x_{\mathrm{I}}=l\sin\varphi,\quad l\geqslant 0,-\pi\leqslant\varphi\leqslant\pi$$

式中，

$$x_{\mathrm{R}}=\int_0^T\sqrt{\frac{2}{T}}x(t)\cos\omega_0 t\mathrm{d}t$$

$$x_{\mathrm{I}}=\int_0^T\sqrt{\frac{2}{T}}x(t)\sin\omega_0 t\mathrm{d}t$$

则在假设 H_1 下，对于某一给定的相位 θ，l_{R} 和 l_{I} 是互不相关的高斯随机度量，因而也是统计独立的。这样，在求出它们的均值 $\mathrm{E}(l_{\mathrm{R}}|\theta;\ H_1)$，$\mathrm{E}(l_{\mathrm{I}}|\theta;\ H_1)$和方差 $\mathrm{Var}(l_{\mathrm{R}}|\theta;\ H_1)$，$\mathrm{Var}(l_{\mathrm{I}}|\theta;\ H_1)$后，便可得它们的条件联合概率密度函数为

$$p(l_{\mathrm{R}},l_{\mathrm{I}}|\theta;\ H_1)=p(l_{\mathrm{R}}|\theta;\ H_1)p(l_{\mathrm{I}}|\theta;\ H_1)$$

利用(4.6.35)式和(4.6.36)式的函数关系，由二维雅可比变换，可得 l 和 φ 的条件联合概率密度函数 $p(l,\varphi|\theta;\ H_1)$；将 $p(l,\varphi|\theta;\ H_1)$对 φ 进行积分得边缘概率密度函数$p(l|\theta;\ H_1)$；然后将 $p(l|\theta;\ H_1)$对 θ 求统计平均，即可得检验统计量 l 在假设 H_1 下的概率密度函数 $p(l|H_1)$；令 $p(l|H_1)$中的信号能量 E_s 等于零，求得假设 H_0 下的 $p(l|H_0)$；在获得检验统计量 l 的概率密度函数 $p(l|H_j)(j=0,1)$后，根据判决表示式，通过在相应区间的积分可计算各种判决概率。这里给出了计算各种判决概率的基本方法和思路，具体问题请结合习题 4.24 进行研究。

4. 一般二元随机相位信号波形的检测

在一般二元随机相位信号波形的情况下，由于信号相位是随机的，所以通常采用两个非相干的移频信号。这样，在两个假设下的接收信号 $x(t)$分别为

$$H_0:\ x(t)=a_0\cos(\omega_0 t+\theta_0)+n(t),\quad 0\leqslant t\leqslant T$$

$$H_1:\ x(t)=a_1\cos(\omega_1 t+\theta_1)+n(t),\quad 0\leqslant t\leqslant T$$

其中，相位 θ_0 和 θ_1 是具有已知概率密度函数 $p(\theta_0)$和 $p(\theta_1)$的随机相位；通常信号 $s_0(t;\ \theta_0)$的能量 $E_{s_0}=a_0^2T/2$ 和信号 $s_1(t;\ \theta_1)$的能量 $E_{s_1}=a_1^2T/2$ 相等，均为 E_s；信号频率 ω_0 和 ω_1 相隔较远，并满足 $\omega_0T=2m\pi$，$\omega_1T=2n\pi$，m 和 n 均为正整数；噪声 $n(t)$是均值为零、功率谱密度为 $P_n(\omega)=N_0/2$ 的高斯白噪声。

(1) 判决表示式

一般二元信号检测通常采用最小平均错误概率准则，如果两个信号的先验概率 $P(H_j)$相等，则一般二元随机相位信号波形下的似然比检验判决表示式，可以按类似于简单二元随机相位信号波形的情况直接推导，或直接通过其结果来得到，见习题 4.27。

现在我们介绍另外一种有用的方法——虚拟假设检验的方法。如果在信号模型中，再加入一个虚拟假设 H_2，它表示

$$H_2:\ x(t)=n(t),\quad 0\leqslant t\leqslant T$$

但假设 H_2 出现的概率为零,即有

$$P(H_0)+P(H_1)=1$$
$$P(H_2)=0$$

我们知道,在 M 元信号的贝叶斯检测准则中,为了使平均代价最小,应等效地选择最小的

$$I_i(\boldsymbol{x})=\sum_{\substack{j=0\\j\neq i}}^{M-1}P(H_j)(c_{ij}-c_{jj})p(\boldsymbol{x}|H_j),\quad i=0,1,\cdots,M-1 \tag{4.6.40}$$

对应的假设 H_i 成立。现在在二元信号波形检测的基础上又加入一个虚拟假设 H_2 后,就成为 $M=3$ 元信号检测的问题,判决规则可表示为

$$I_0(\boldsymbol{x})\ \underset{H_0\text{或}H_2}{\overset{H_1\text{或}H_2}{\gtrless}}\ I_1(\boldsymbol{x}) \tag{4.6.41}$$

将上式中的 $I_0(\boldsymbol{x})$和 $I_1(\boldsymbol{x})$按(4.6.40)式展开,则判决规则改写为

$$P(H_1)(c_{01}-c_{11})p(\boldsymbol{x}|H_1)+P(H_2)(c_{02}-c_{22})p(\boldsymbol{x}|H_2)$$
$$\underset{H_0}{\overset{H_1}{\gtrless}} P(H_0)(c_{10}-c_{00})p(\boldsymbol{x}|H_0)+P(H_2)(c_{12}-c_{22})p(\boldsymbol{x}|H_2) \tag{4.6.42}$$

如果引用似然比检验的概念,则(4.6.42)式所表示的判决规则可以写成似然比函数之比的形式。为此,我们定义两个似然比函数如下:

$$\lambda_0(\boldsymbol{x})=\frac{p(\boldsymbol{x}|H_0)}{p(\boldsymbol{x}|H_2)} \tag{4.6.43a}$$

$$\lambda_1(\boldsymbol{x})=\frac{p(\boldsymbol{x}|H_1)}{p(\boldsymbol{x}|H_2)} \tag{4.6.43b}$$

这样,(4.6.42)式又可改写为

$$P(H_1)(c_{01}-c_{11})\lambda_1(\boldsymbol{x})+P(H_2)(c_{02}-c_{22})$$
$$\underset{H_0}{\overset{H_1}{\gtrless}} P(H_0)(c_{10}-c_{00})\lambda_0(\boldsymbol{x})+P(H_2)(c_{12}-c_{22}) \tag{4.6.44}$$

由于现在假设 H_2 是虚拟假设,$P(H_2)=0$,所以,似然比函数形式的判决规则为

$$P(H_1)(c_{01}-c_{11})\lambda_1(\boldsymbol{x})\ \underset{H_0}{\overset{H_1}{\gtrless}}\ P(H_0)(c_{10}-c_{00})\lambda_0(\boldsymbol{x}) \tag{4.6.45}$$

整理得

$$\frac{\lambda_1(\boldsymbol{x})}{\lambda_0(\boldsymbol{x})}\ \underset{H_0}{\overset{H_1}{\gtrless}}\ \frac{p(H_0)(c_{10}-c_{00})}{p(H_1)(c_{01}-c_{11})}\overset{\text{def}}{=}\eta \tag{4.6.46}$$

在二元通信系统中,通常采用最小平均错误概率准则,即 $c_{00}=c_{11}=0,c_{10}=c_{01}=1$。如果假设的先验概率 $P(H_0)=P(H_1)$,则(4.6.46)式的判决规则简化表示为

$$\lambda_1(\boldsymbol{x})\ \underset{H_0}{\overset{H_1}{\gtrless}}\ \lambda_0(\boldsymbol{x}) \tag{4.6.47}$$

这样,在一般二元随机相位信号波形检测中,当引入一个虚拟假设

$$H_2:\ x(t)=n(t),\quad 0\leqslant t\leqslant T$$

后,假设 H_1 和假设 H_2 以及假设 H_0 和假设 H_2 分别对应简单二元随机相位信号波形的

情况，它们的似然比函数分别为$\lambda_1[x(t)]$和$\lambda_0[x(t)]$。于是，(4.6.47)式所示的判决规则推广到二元信号波形检测中，可表示为

$$\lambda_1[x(t)] \underset{H_0}{\overset{H_1}{\gtrless}} \lambda_0[x(t)] \tag{4.6.48}$$

利用简单二元随机相位信号波形检测中，形成检验统计量l的结果，在随机相位分布服从

$$p(\theta_j|\nu)=\begin{cases}\dfrac{\exp(\nu\cos\theta_j)}{2\pi I_0(\nu)}, & -\pi\leqslant\theta_j\leqslant\pi, j=0,1\\ 0, & 其他\end{cases} \tag{4.6.49}$$

时，判决不等式(4.6.48)式中的$\lambda_1[x(t)]$对应的检验统计量记为l_1，且为

$$l_1=\left[\left(\frac{N_0}{2\sqrt{E_s}}\nu+x_{R_1}\right)^2+x_{I_1}^2\right]^{1/2}, \quad l_1\geqslant 0 \tag{4.6.50}$$

式中，

$$x_{R_1}=\int_0^T\sqrt{\frac{2}{T}}x(t)\cos\omega_1 t\mathrm{d}t \tag{4.6.51a}$$

$$x_{I_1}=\int_0^T\sqrt{\frac{2}{T}}x(t)\sin\omega_1 t\mathrm{d}t \tag{4.6.51b}$$

而判决不等式(4.6.48)式中的$\lambda_0[x(t)]$对应的检验统计量记为l_0，且为

$$l_0=\left[\left(\frac{N_0}{2\sqrt{E_s}}\nu+x_{R_0}\right)^2+x_{I_0}^2\right]^{1/2}, \quad l_0\geqslant 0 \tag{4.6.52}$$

式中，

$$x_{R_0}=\int_0^T\sqrt{\frac{2}{T}}x(t)\cos\omega_0 t\mathrm{d}t \tag{4.6.53a}$$

$$x_{I_0}=\int_0^T\sqrt{\frac{2}{T}}x(t)\sin\omega_0 t\mathrm{d}t \tag{4.6.53b}$$

这样，一般二元随机相位信号波形检测的判决表示式为

$$l_1 \underset{H_0}{\overset{H_1}{\gtrless}} l_0, \quad l_1\geqslant 0, l_0\geqslant 0 \tag{4.6.54}$$

(2) 检测系统的结构

根据判决表示式(4.6.54)式及检验统计量l_1和l_0的表达式(4.6.50)式和(4.6.52)式，设计的最佳检测系统如图4.29所示。如果随机相位的分布参数$\nu=0$，即相位的随机性属于均匀分布的情况，则检验统计量l_1和l_0分别也可由单路非相干匹配滤波器接包络检波器获得，检测系统如图4.30所示。

(3) 检测性能分析

现在研究一般二元随机相位信号波形检测系统的性能。为了能得到解析的结果，我们假定：两个信号的相位在$(-\pi,\pi)$上都是均匀分布的，即$p(\theta_j|\nu)$中的参数$\nu=0$；两个信号是等能量的，即$E_{s_0}=E_{s_1}=E_s$；两个信号的频率ω_0与ω_1满足$\omega_1=k\omega_0$，k为大于1的整数，这意味着信号$s_0(t;\theta_0)$与$s_1(t;\theta_1)$是两个正交信号。这样，在假设H_1为真时，检测系统的上半支路输出随机相位信号$s_1(t;\theta_1)$加高斯白噪声的包络l_1，而下半支路输出

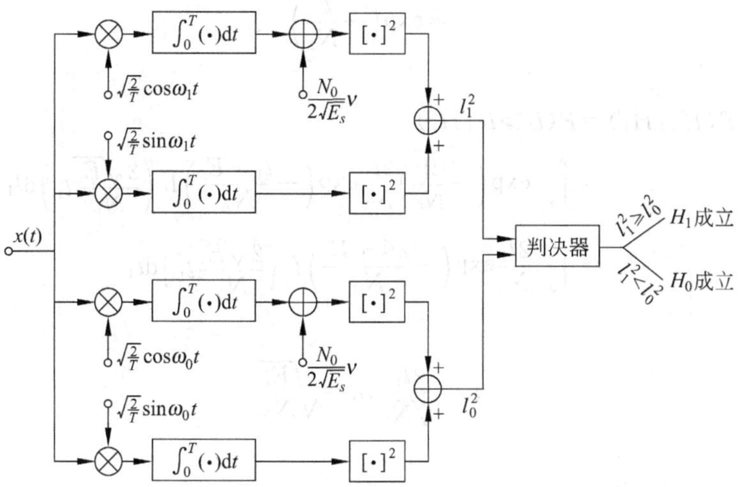

图 4.29　二元随机相位信号检测系统结构(非均匀分布)

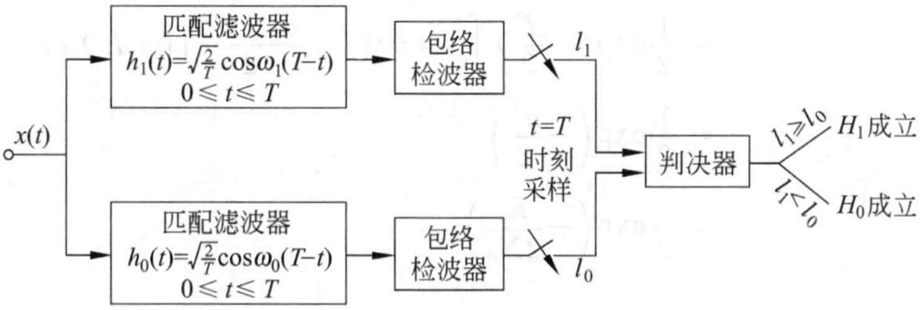

图 4.30　非相干匹配滤波器检测系统结构(均匀分布)

高斯白噪声的包络 l_0。因此，l_1 和 l_0 分别相当于简单二元随机相位波形检测时，在假设 H_1 和假设 H_0 为真时的检验统计量。于是，利用简单二元随机相位信号波形检测系统性能分析的结果，在假设 H_1 为真时，检验统计量 l_1 的概率密度函数为

$$p(l_1|H_1)=\frac{2l_1}{N_0}\exp\left(-\frac{l_1^2+E_s}{N_0}\right)I_0\left(\frac{2\sqrt{E_s}}{N_0}l_1\right),\quad l_1\geqslant 0 \tag{4.6.55}$$

而检验统计量 l_0 的概率密度函数为

$$p(l_0|H_1)=\frac{2l_0}{N_0}\exp\left(-\frac{l_0^2}{N_0}\right),\quad l_0\geqslant 0 \tag{4.6.56}$$

根据(4.6.54)式所示的判决表示式，在假设 H_1 为真时，如果检验统计量 $l_1\geqslant l_0$，则判决是正确的，否则将出现错误判决。所以，错误判决概率 $P(H_0|H_1)$ 为

$$\begin{aligned}P(H_0|H_1)&=P(l_0>l_1|H_1)\\&=\int_0^\infty\left[\int_{l_1}^\infty p(l_0|H_1)\mathrm{d}l_0\right]p(l_1|H_1)\mathrm{d}l_1\end{aligned} \tag{4.6.57}$$

因为

$$\int_{l_1}^\infty p(l_0|H_1)\mathrm{d}l_0=\int_{l_1}^\infty\frac{2l_0}{N_0}\exp\left(-\frac{l_0^2}{N_0}\right)\mathrm{d}l_0$$

$$=\exp\left(-\frac{l_1^2}{N_0}\right)$$

所以

$$\begin{aligned}P(H_0|H_1)&=P(l_0>l_1|H_1)\\&=\int_0^{\infty}\exp\left(-\frac{l_1^2}{N_0}\right)\frac{2l_1}{N_0}\exp\left(-\frac{l_1^2+E_s}{N_0}\right)I_0\left(\frac{2\sqrt{E_s}}{N_0}l_1\right)\mathrm{d}l_1\\&=\int_0^{\infty}\frac{2l_1}{N_0}\exp\left(-\frac{2l_1^2+E_s}{N_0}\right)I_0\left(\frac{2\sqrt{E_s}}{N_0}l_1\right)\mathrm{d}l_1\end{aligned}$$

令

$$u=\frac{2l_1}{\sqrt{N_0}},d=\sqrt{\frac{E_s}{N_0}}$$

则有

$$\begin{aligned}P(H_0|H_1)&=P(l_0>l_1|H_1)\\&=\int_0^{\infty}\frac{1}{2}u\exp\left(-\frac{u^2+2d^2}{2}\right)I_0(du)\mathrm{d}u\\&=\frac{1}{2}\exp(-\frac{d^2}{2})\int_0^{\infty}u\exp\left(-\frac{u^2+d^2}{2}\right)I_0(du)\mathrm{d}u\\&=\frac{1}{2}\exp\left(-\frac{d^2}{2}\right)\\&=\frac{1}{2}\exp\left(-\frac{E_s}{2N_0}\right)\end{aligned}\tag{4.6.58}$$

式中，

$$\int_0^{\infty}u\exp\left(-\frac{u^2+d^2}{2}\right)I_0(du)\mathrm{d}u=1$$

是广义瑞利分布的全域积分，结果等于1。

类似地，在假设H_0为真时，错误判决概率$P(H_1|H_0)$为

$$\begin{aligned}P(H_1|H_0)&=P(l_1>l_0|H_0)\\&=\frac{1}{2}\exp\left(-\frac{E_s}{2N_0}\right)\end{aligned}\tag{4.6.59}$$

因此，最小平均错误概率为

$$\begin{aligned}P_e&=P(H_0)P(H_1|H_0)+P(H_1)P(H_0|H_1)\\&=\frac{1}{2}\exp\left(-\frac{E_s}{2N_0}\right)\end{aligned}\tag{4.6.60}$$

最后，对相干移频键控系统和非相干移频键控系统的检测性能做一比较。在例4.4.1中，二元确知信号分别为

$$s_0(t)=a\sin\omega_0 t,\quad 0\leqslant t\leqslant T$$
$$s_1(t)=a\sin 2\omega_0 t,\quad 0\leqslant t\leqslant T$$

它们是等能量的正交相干信号。$P(H_0)=P(H_1)$下的最小平均错误概率为

$$P_e=Q\left[\sqrt{\frac{E_s}{N_0}}\right]$$

利用当 u 较大时 $Q[u]$ 的近似公式

$$Q[u]\approx\left(\frac{1}{2\pi u^2}\right)^{1/2}\exp\left(-\frac{u^2}{2}\right)$$

得信噪比较大时相干移频键控系统的最小平均错误概率为

$$P_e\approx\left(\frac{1}{2\pi E_s/N_0}\right)^{1/2}\exp\left(-\frac{E_s}{2N_0}\right) \tag{4.6.61}$$

与非相干移频键控系统的最小平均错误概率

$$P_e=\frac{1}{2}\exp\left(-\frac{E_s}{2N_0}\right)$$

比较，相干移频键控系统的检测性能比非相干移频键控系统的性能要好（$(E_s/N_0)>(2/\pi)$）。但随着信噪比的增加，由于 P_e 的变化主要受指数项支配，所以性能之间的差别逐渐减小。

实际上非相干移频键控系统使用的比较广泛，主要原因是，它的结构相对比较简单；判决门限与比值 E_s/N_0 无关；信噪比较大时，其检测性能与相干系统无多大差别。

4.6.2 随机振幅与随机相位信号波形的检测

前面已经讨论了随机相位信号波形的检测问题。在电子信息系统中，接收系统所接收到的信号，除相位通常是随机的以外，其他参量往往也具有随机性，信号的振幅和相位都是随机的就是经常会遇到的情况之一。例如，在无线电通信系统中，信号以电磁波的形式在对流层、电离层等信道媒体中传输时，由于信道衰落、信道媒质扰动、多路径效应等随机因素的影响，接收信号的振幅是随机起伏的；在雷达系统中，由于目标是由许多随机散射单元的集合所组成的，因此反射的回波振幅本身就是服从瑞利分布的随机变量。我们假定，尽管信号振幅和相位是随机参量，但是在一个观测时间 $(0,T)$ 内其取值是不变的。

在随机振幅与随机相位信号情况下，接收到的信号分量表示为

$$s(t;\ a,\theta)=a\cos(\omega_0 t+\theta),\quad 0\leqslant t\leqslant T \tag{4.6.62}$$

式中，a 是信号 $s(t;a,\theta)$ 的随机振幅，假定服从瑞利分布

$$p(a)=\begin{cases}\dfrac{a}{\sigma_a^2}\exp\left(-\dfrac{a^2}{2\sigma_a^2}\right), & a\geqslant 0\\ 0, & a<0\end{cases} \tag{4.6.63}$$

θ 是信号 $s(t;a,\theta)$ 的随机相位，假定在 $(-\pi,\pi)$ 范围内服从均匀分布

$$p(\theta)=\begin{cases}\dfrac{1}{2\pi}, & -\pi\leqslant\theta\leqslant\pi\\ 0, & \text{其他}\end{cases} \tag{4.6.64}$$

我们认为，信号振幅的随机性与信号相位的随机性是相互统计独立的，即 $p(a,\theta)=p(a)p(\theta)$，这是一种合理的假设。

下面我们也按简单二元信号和一般二元信号两种情况来讨论这种随机相位信号中，振幅是瑞利衰落的信号的波形检测问题。

1. 简单二元随机振幅与随机相位信号波形的检测

对于简单二元信号波形，两个假设下的接收信号 $x(t)$ 分别为

$$H_0: x(t)=n(t), \quad 0\leqslant t\leqslant T$$
$$H_1: x(t)=a\cos(\omega_0 t+\theta)+n(t), \quad 0\leqslant t\leqslant T$$

其中,振幅 a 和相位 θ 分别是服从瑞利分布和均匀分布的独立随机变量;$\omega_0 T=2m\pi$,m 为正整数;$n(t)$是均值为零、功率谱密度为 $P_n(\omega)=N_0/2$ 的高斯白噪声。

(1) 判决表示式

原则上,我们应先求出概率密度函数(似然函数)$p[x(t)|H_0]$和 $p[x(t)|H_1]$,然后构成似然比检验作出判决。这里 $p[x(t)|H_1]$为

$$\begin{aligned}p[x(t)|H_1]&=\int_0^{\infty}\int_{-\pi}^{\pi} p[x(t)|a,\theta;\ H_1]p(a,\theta)\mathrm{d}\theta\mathrm{d}a\\&=\int_0^{\infty}\left\{\int_{-\pi}^{\pi} p[x(t)|a,\theta;\ H_1]p(\theta)\mathrm{d}\theta\right\}p(a)\mathrm{d}a\end{aligned} \tag{4.6.65}$$

式中,$p(a,\theta)$是随机振幅 a 和随机相位 θ 的二维联合概率密度函数。根据二者相互统计独立的假设,有 $p(a,\theta)=p(a)p(\theta)$。但实际上可以利用随机相位信号波形检测的结果,以便使分析简化。

如果把振幅 a 看作是某个常量,则问题就是简单二元均匀分布随机相位信号波形的检测问题。因此,先求出以振幅 a 为条件的似然比函数 $\lambda[x(t)|a]$,然后再对 a 进行统计平均得到无条件的似然比函数 $\lambda[x(t)]$,将其与似然比检测门限 η 进行比较以作出判决。

我们把现在的问题与简单二元均匀分布随机相位信号波形的模型相比较,除了信号振幅 a 是服从瑞利分布的随机变量外,模型的其余假设是一样的。于是,以随机振幅 a 为条件的似然比函数可由(4.6.15)式得到

$$\begin{aligned}\lambda[x(t)|a]&=\exp\left(-\frac{E_s}{N_0}\right)I_0\left(\frac{2\sqrt{E_s}}{N_0}l\right)\Bigg|_{E_s=\frac{a^2T}{2}}\\&=\exp\left(-\frac{a^2T}{2N_0}\right)I_0\left(\frac{\sqrt{2T}l}{N_0}a\right), \quad l\geqslant 0\end{aligned} \tag{4.6.66}$$

将 $\lambda[x(t)|a]$对 a 求统计平均,得似然比函数为

$$\begin{aligned}\lambda[x(t)]&=\int_0^{\infty}\lambda[x(t)|a]p(a)\mathrm{d}a\\&=\int_0^{\infty}\exp\left(-\frac{a^2T}{2N_0}\right)I_0\left(\frac{\sqrt{2T}l}{N_0}a\right)\frac{a}{\sigma_a^2}\exp\left(-\frac{a^2}{2\sigma_a^2}\right)\mathrm{d}a\\&=\frac{1}{\sigma_a^2}\int_0^{\infty}a\exp\left(-\frac{N_0+\sigma_a^2T}{2N_0\sigma_a^2}a^2\right)I_0\left(\frac{\sqrt{2T}l}{N_0}a\right)\mathrm{d}a, \quad l\geqslant 0\end{aligned} \tag{4.6.67}$$

利用积分公式

$$\int_0^{\infty}u\exp(-bu^2)I_0(cu)\mathrm{d}u=\frac{1}{2b}\exp\left(\frac{c^2}{4b}\right)$$

得似然比函数 $\lambda[x(t)]$为

$$\lambda[x(t)]=\frac{N_0}{N_0+\sigma_a^2T}\exp\left[\frac{\sigma_a^2T}{N_0(N_0+\sigma_a^2T)}l^2\right], \quad l\geqslant 0 \tag{4.6.68}$$

于是,似然比检验的判决表示式为

$$l[x(t)]=\frac{N_0}{N_0+\sigma_a^2T}\exp\left[\frac{\sigma_a^2T}{N_0(N_0+\sigma_a^2T)}l^2\right]\underset{H_0}{\overset{H_1}{\gtrless}}\eta, \quad l\geqslant 0 \tag{4.6.69}$$

两边取自然对数，整理得判决表示式为

$$l^2 \underset{H_0}{\overset{H_1}{\gtrless}} \frac{N_0(N_0+\sigma_a^2 T)}{\sigma_a^2 T}\ln\left(\frac{N_0+\sigma_a^2 T}{N_0}\eta\right) \stackrel{\text{def}}{=} \gamma^2, \quad l \geqslant 0 \tag{4.6.70}$$

其等效判决表示式为

$$l \underset{H_0}{\overset{H_1}{\gtrless}} \gamma, \quad l \geqslant 0 \tag{4.6.71}$$

式中，检验统计量 l 就是简单二元均匀分布随机相位时的检验统计量，即

$$l = (x_{\mathrm{R}}^2 + x_{\mathrm{I}}^2)^{1/2}, \quad l \geqslant 0 \tag{4.6.72}$$

式中，

$$x_{\mathrm{R}} = \int_0^T \sqrt{\frac{2}{T}}\, x(t)\cos\omega_0 t\,\mathrm{d}t \tag{4.6.73a}$$

$$x_{\mathrm{I}} = \int_0^T \sqrt{\frac{2}{T}}\, x(t)\sin\omega_0 t\,\mathrm{d}t \tag{4.6.73b}$$

(2) 检测系统的结构

从判决表示式，即(4.6.70)式和(4.6.71)式，以及检验统计量 l 的形成式，即(4.6.72)式和(4.6.73)式我们可以看出，振幅和相位都是随机的信号(振幅服从瑞利分布，相位服从均匀分布)的最佳检测系统，其结构与均匀分布随机相位信号的最佳检测系统是一样的，可以是图 4.21、图 4.22 和图 4.23 三种结构中的任意一种。对于随机振幅和随机相位信号与仅相位是随机的信号，尽管它们的最佳检测系统的结构是相同的，但比较(4.6.16)式与(4.6.70)式可以发现，它们的检测门限是不一样的。这表示信号振幅的随机性不影响最佳检测系统的结构，从而不影响检验统计量 l 的获取，但影响其检测门限 γ，因而两种情况下的检测性能将是不一样的。

我们首先说明为什么信号振幅的随机性不影响最佳检测系统的结构。这是因为检验统计量 l 提供了关于信号振幅的一致最大势检验的缘故，即不论振幅 a 取何值，在给定的 $P_{\mathrm{F}}=P(H_1|H_0)=\alpha$ 约束下，检验统计量 l 都能使 $P_{\mathrm{D}}=P(H_1|H_1)$最大。证明如下。

由(4.6.66)式，在给定某振幅 a 的条件下，条件似然比函数为

$$\lambda[x(t)|a] = \exp\left(-\frac{a^2 T}{2N_0}\right) I_0\left(\frac{\sqrt{2T}a}{N_0}l\right), \quad l \geqslant 0 \tag{4.6.74}$$

即 $\lambda[x(t)|a]$正比于 $I_0\left(\frac{\sqrt{2T}a}{N_0}l\right)$，$l\geqslant 0$。因为第一类零阶修正贝塞尔函数 $I_0(u)$是 u 的单调增函数，$u\geqslant 0$，所以 $I_0\left(\frac{\sqrt{2T}a}{N_0}l\right)$正比于 l。这样，条件似然比函数 $\lambda[x(t)|a]$正比于检验统计量 l。这说明，不论信号 $s(t;\ a)$的随机振幅 a 取何值，条件似然比函数 $\lambda[x(t)|a]$都与检验统计量 l 同时达到最大。因此，(4.6.71)式的判决能保证在 P_{F} 给定的约束条件下，使 P_{D} 达到最大，而不管振幅 a 取什么值，所以该检验是最大一致势检验。这就是说，均匀分布随机相位信号的最佳检测系统，对瑞利分布的随机振幅和均匀分布的随机相位信号来说也是最佳的检测系统，即振幅的随机性不影响最佳检测系统的结构。

(3) 检测性能分析

现在来研究最佳检测系统的性能。我们将利用均匀分布随机相位信号波形最佳检测系统性能分析中的结果，来推导随机振幅与均匀分布随机相位信号波形的最佳检测系统的性能。

对于给定的某个信号振幅 a，由均匀分布随机相位信号波形检测时检验统计量 l 的概率密度函数表示式，即(4.6.26)式，能够直接得到随机振幅与均匀分布随机相位信号波形检测时，检验统计量 l 在假设 H_1 下的条件概率密度函数为

$$\begin{aligned}p(l|a;\ H_1)&=\frac{2l}{N_0}\exp\left(-\frac{l^2+E_s}{N_0}\right)I_0\left(\frac{2\sqrt{E_s}}{N_0}l\right)\bigg|_{E_s=\frac{a^2T}{2}}\\&=\frac{2l}{N_0}\exp\left(-\frac{l^2}{N_0}\right)\exp\left(-\frac{a^2T}{2N_0}\right)I_0\left(\frac{\sqrt{2T}a}{N_0}l\right),\quad l\geqslant 0\end{aligned}\tag{4.6.75}$$

因为信号的随机振幅 a 服从瑞利分布，所以，将(4.6.75)式对 a 取统计平均，得假设 H_1 下检验统计量 l 的概率密度函数为

$$\begin{aligned}p(l|H_1)&=\int_0^\infty p(l|a;\ H_1)p(a)\mathrm{d}a\\&=\frac{2l}{N_0}\exp\left(-\frac{l^2}{N_0}\right)\int_0^\infty\exp\left(-\frac{a^2T}{2N_0}\right)I_0\left(\frac{\sqrt{2T}a}{N_0}l\right)\frac{a}{\sigma_a^2}\exp\left(-\frac{a^2}{2\sigma_a^2}\right)\mathrm{d}a\\&=\frac{2l}{N_0\sigma_a^2}\exp\left(-\frac{l^2}{N_0}\right)\int_0^\infty a\exp\left(-\frac{N_0+\sigma_a^2T}{2N_0\sigma_a^2}a^2\right)I_0\left(\frac{\sqrt{2T}l}{N_0}a\right)\mathrm{d}a\\&=\frac{2l}{N_0\sigma_a^2}\exp\left(-\frac{l^2}{N_0}\right)\frac{N_0\sigma_a^2}{N_0+\sigma_a^2T}\exp\left[\frac{\sigma_a^2T}{N_0(N_0+\sigma_a^2T)}l^2\right]\\&=\frac{2l}{N_0+\sigma_a^2T}\exp\left(-\frac{1}{N_0+\sigma_a^2T}l^2\right),\quad l\geqslant 0\end{aligned}\tag{4.6.76}$$

在假设 H_0 下，检验统计量 l 的概率密度函数为

$$p(l|H_0)=\frac{2l}{N_0}\exp\left(-\frac{l^2}{N_0}\right),\quad l\geqslant 0\tag{4.6.77}$$

这样，错误判决概率为

$$\begin{aligned}P_{\mathrm{F}}&\stackrel{\mathrm{def}}{=}P(H_1|H_0)=\int_\gamma^\infty p(l|H_0)\mathrm{d}l\\&=\int_\gamma^\infty\frac{2l}{N_0}\exp\left(-\frac{l^2}{N_0}\right)\mathrm{d}l\\&=\exp\left(-\frac{\gamma^2}{N_0}\right)\end{aligned}\tag{4.6.78}$$

而假设 H_1 为真判决假设 H_1 成立的正确判决概率为

$$\begin{aligned}P_{\mathrm{D}}&\stackrel{\mathrm{def}}{=}P(H_1|H_1)=\int_\gamma^\infty p(l|H_1)\mathrm{d}l\\&=\frac{2}{N_0+\sigma_a^2T}\int_\gamma^\infty l\exp\left(-\frac{1}{N_0+\sigma_a^2T}l^2\right)\mathrm{d}l\\&=\exp\left(-\frac{\gamma^2}{N_0+\sigma_a^2T}\right)=\exp\left(-\frac{\gamma^2}{N_0}\frac{1}{1+\sigma_a^2T/N_0}\right)\\&=P_{\mathrm{F}}^{\frac{1}{1+\sigma_a^2T/N_0}}\end{aligned}\tag{4.6.79}$$

现在来研究参数 $\sigma_a^2 T/N_0$ 的物理意义。在信号模型中，信号 $s(t;\ a,\theta)$ 表示为

$$s(t;\ a,\theta)=a\cos(\omega_0 t+\theta),\quad 0\leqslant t\leqslant T$$

对于给定的信号振幅 a，该信号的能量为

$$E_{s|a}=\int_0^T s^2(t;\ a,\theta)\,\mathrm{d}t=\int_0^T a^2\cos^2(\omega_0 t+\theta)\,\mathrm{d}t=\frac{a^2 T}{2}$$

由于信号的随机振幅 a 服从瑞利分布，所以该信号的平均能量为

$$\begin{aligned}\overline{E}_s&=\int_0^\infty E_{s|a}p(a)\,\mathrm{d}a=\int_0^\infty \frac{a^2 T}{2}\frac{a}{\sigma_a^2}\exp\left(-\frac{a^2}{2\sigma_a^2}\right)\mathrm{d}a\\&=\sigma_a^2 T\end{aligned}$$

所以，参数 $\sigma_a^2 T/N_0=\overline{E}_s/N_0$ 是平均功率信噪比。于是，正确判决概率 P_{D} 为

$$P_{\mathrm{D}}=P_{\mathrm{F}}^{\frac{1}{1+\overline{E}_s/N_0}} \tag{4.6.80}$$

这样，我们就把正确判决概率 P_{D} 和错误判决概率 P_{F} 之间的关系用平均功率信噪比 $\overline{E}_s/N_0$ 联系起来，从而可以得到其检测特性曲线，如图 4.31 所示。从图中曲线可以看出，在 P_{D} 较大的区域，对于给定的功率信噪比，随机振幅与随机相位信号的检测概率 P_{D}，同仅是相位随机信号的检测概率相比要小得多；而对于小的 P_{D} 区域情况则相反，由于信号振幅衰落（随机）反而使检测概率 P_{D} 有所提高。

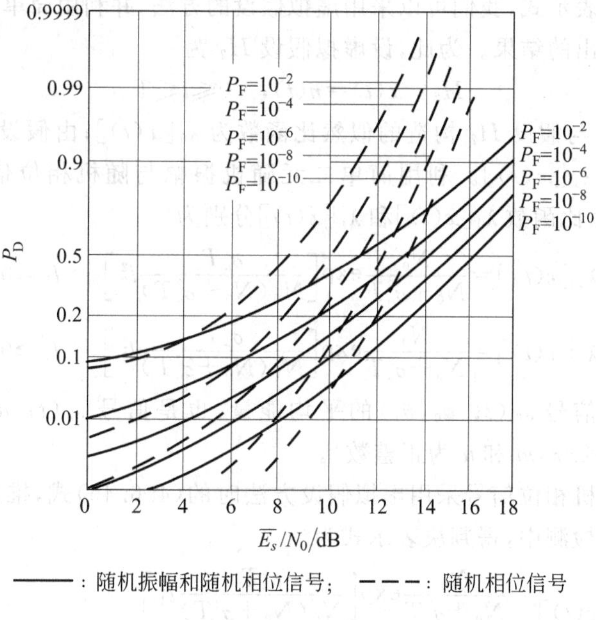

图 4.31 瑞利分布随机振幅与均匀分布随机相位信号的检测特性曲线

2. 一般二元随机振幅与随机相位信号波形的检测

对于一般二元信号波形的检测问题，在随机振幅与随机相位的情况下，通常采用两个非相干的移频信号。这样，在假设 H_0 下和假设 H_1 下的接收信号 $x(t)$ 分别为

$$H_0: x(t)=a_0\cos(\omega_0 t+\theta_0)+n(t), \quad 0\leqslant t\leqslant T$$
$$H_1: x(t)=a_1\cos(\omega_1 t+\theta_1)+n(t), \quad 0\leqslant t\leqslant T$$

其中,噪声 $n(t)$ 是均值为零、功率谱密度为 $P_n(\omega)=N_0/2$ 的高斯白噪声;信号的随机振幅 a_0 和 a_1 服从瑞利分布,即

$$p(a_0)=\begin{cases}\dfrac{a_0}{\sigma_a^2}\exp\left(-\dfrac{a_0^2}{2\sigma_a^2}\right), & a_0\geqslant 0\\ 0, & a_0<0\end{cases} \tag{4.6.81a}$$

$$p(a_1)=\begin{cases}\dfrac{a_1}{\sigma_a^2}\exp\left(-\dfrac{a_1^2}{2\sigma_a^2}\right), & a_1\geqslant 0\\ 0, & a_1<0\end{cases} \tag{4.6.81b}$$

信号的随机相位 θ_0 和 θ_1 服从均匀分布,即

$$p(\theta_0)=\begin{cases}\dfrac{1}{2\pi}, & -\pi\leqslant\theta\leqslant\pi\\ 0, & 其他\end{cases} \tag{4.6.82a}$$

$$p(\theta_1)=\begin{cases}\dfrac{1}{2\pi}, & -\pi\leqslant\theta\leqslant\pi\\ 0, & 其他\end{cases} \tag{4.6.82b}$$

为了获得判决表示式,我们可以采用虚拟假设的方法,并利用简单二元随机振幅与随机相位信号已经导出的结果。为此,设虚拟假设 H_2 为

$$H_2: x(t)=n(t), \quad 0\leqslant t\leqslant T$$

并定义,由假设 H_0 与假设 H_2 构造的似然比函数为 $\lambda_0[x(t)]$;由假设 H_1 与假设 H_2 构造的似然比函数为 $\lambda_1[x(t)]$。利用简单二元随机振幅与随机相位信号波形检测时的(4.6.68)式,得似然比函数 $\lambda_0[x(t)]$ 和 $\lambda_1[x(t)]$ 分别为

$$\lambda_0[x(t)]=\frac{N_0}{N_0+\sigma_a^2T}\exp\left[\frac{\sigma_a^2T}{N_0(N_0+\sigma_a^2T)}l_0^2\right], \quad l_0\geqslant 0 \tag{4.6.83}$$

$$\lambda_1[x(t)]=\frac{N_0}{N_0+\sigma_a^2T}\exp\left[\frac{\sigma_a^2T}{N_0(N_0+\sigma_a^2T)}l_1^2\right], \quad l_1\geqslant 0 \tag{4.6.84}$$

式中,参数 σ_a^2T 是信号 $s_0(t;a_0,\theta_0)$ 的平均能量,也是信号 $s_1(t;a_1,\theta_1)$ 的平均能量($\omega_0T=2m\pi,\omega_1T=2n\pi,m$ 和 n 为正整数)。

将一般二元随机相位信号采用虚拟假设方法时的(4.6.46)式,推广到随机振幅和随机相位信号波形的检测中,得判决表示式为

$$\begin{aligned}\frac{\lambda_1[x(t)]}{\lambda_0[x(t)]}&=\frac{\dfrac{N_0}{N_0+\sigma_a^2T}\exp\left[\dfrac{\sigma_a^2T}{N_0(N_0+\sigma_a^2T)}l_1^2\right]}{\dfrac{N_0}{N_0+\sigma_a^2T}\exp\left[\dfrac{\sigma_a^2T}{N_0(N_0+\sigma_a^2T)}l_0^2\right]}\\&=\exp\left[\frac{\sigma_a^2T}{N_0(N_0+\sigma_a^2T)}(l_1^2-l_0^2)\right]\underset{H_0}{\overset{H_1}{\gtrless}}\eta, \quad l_0\geqslant 0,l_1\geqslant 0\end{aligned} \tag{4.6.85}$$

或等效地表示为

$$l_1^2-l_0^2\underset{H_0}{\overset{H_1}{\gtrless}}\frac{N_0(N_0+\sigma_a^2T)}{\sigma_a^2T}\ln\eta, \quad l_0\geqslant 0,l_1\geqslant 0 \tag{4.6.86}$$

如果采用最小平均错误概率准则，并假定两个假设的先验概率 $P(H_j)(j=0,1)$ 相等，则 $\ln\eta=0$，信号检测的判决表示式变为

$$l_1^2 \underset{H_0}{\overset{H_1}{\gtrless}} l_0^2, \quad l_0\geqslant 0, l_1\geqslant 0 \tag{4.6.87}$$

或表示为

$$l_1 \underset{H_0}{\overset{H_1}{\gtrless}} l_0, \quad l_0\geqslant 0, l_1\geqslant 0 \tag{4.6.88}$$

式中，检验统计量 l_0 和 l_1 如同一般二元均匀分布随机相位信号波形时的 l_0 和 l_1。

根据一般二元随机振幅与随机相位信号波形检测的判决式，其检测系统的结构与一般二元随机相位信号波形的检测系统结构是一样的，与信号振幅的随机性无关。

最后，分析在这种信号下最佳检测系统的性能。前面已经求得一般二元均匀分布随机相位正交信号检测时的错误判决概率为

$$P(H_0|H_1)=P(l_0>l_1|H_1)=\frac{1}{2}\exp\left(-\frac{E_s}{2N_0}\right)$$

$$P(H_1|H_0)=P(l_1>l_0|H_0)=\frac{1}{2}\exp\left(-\frac{E_s}{2N_0}\right)$$

参见(4.6.58)式和(4.6.59)式。于是，在随机振幅与均匀分布随机相位进行正交信号检测时，对于某个给定的信号振幅 a_1，其信号能量为 $E_{s|a_1}=a_1^2T/2$，条件错误判决概率为

$$P(l_0>l_1|a_1;\ H_1)=\frac{1}{2}\exp\left(-\frac{a_1^2T}{4N_0}\right) \tag{4.6.89}$$

将上式对随机振幅 a_1 取统计平均，就得到随机振幅与随机相位信号波形检测时的错误判决概率为

$$\begin{aligned}P(H_0|H_1)=P(l_0>l_1|H_1)&=\int_0^\infty P(l_0>l_1|a_1;\ H_1)p(a_1)\mathrm{d}a_1\\&=\int_0^\infty \frac{1}{2}\exp\left(-\frac{a_1^2T}{4N_0}\right)\frac{a_1}{\sigma_a^2}\exp\left(-\frac{a_1^2}{2\sigma_a^2}\right)\mathrm{d}a_1\\&=\frac{1}{2\sigma_a^2}\int_0^\infty a_1\exp\left(-\frac{2N_0+\sigma_a^2T}{4N_0\sigma_a^2}a_1^2\right)\mathrm{d}a_1\\&=\frac{N_0}{2N_0+\sigma_a^2T}\\&=\frac{1}{2+\overline{E}_s/N_0}\end{aligned} \tag{4.6.90}$$

式中，$\overline{E}_s=\sigma_a^2T$ 是信号 $s_1(t;\ a_1,\theta_1)$ 的平均能量。

类似地有

$$P(H_1|H_0)=P(l_1>l_0|H_0)=\frac{1}{2+\overline{E}_s/N_0} \tag{4.6.91}$$

式中，$\overline{E}_s=\sigma_a^2T$ 是信号 $s_0(t;\ a_0,\theta_0)$ 的平均能量。

这样，最小平均错误概率为

$$P_e = P(H_0)P(H_1|H_0) + P(H_1)P(H_0|H_1) = \frac{1}{2+\overline{E}_s/N_0} \tag{4.6.92}$$

式中，$\overline{E}_s/N_0 = \sigma_a^2 T/N_0$ 是平均功率信噪比。

最小平均错误概率 P_e 与 $\overline{E}_s/N_0$ 的关系曲线如图 4.32 所示。为了与一般二元均匀分布随机相位信号和一般二元确知信号情况下的检测性能进行比较，图中也画出了这两种信号的检测性能曲线。最后，为了便于分析，将三种二元信号移频键控系统的最小平均错误概率公式归纳如下。

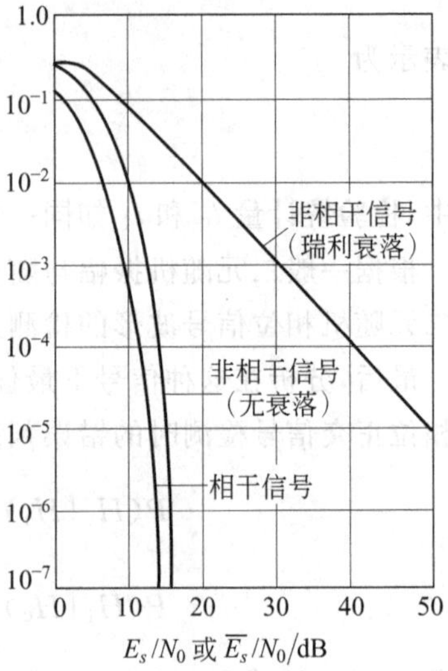

图 4.32 二元移频信号检测性能曲线

相干移频键控系统：

$$P_e = Q\left[\sqrt{\frac{E_s}{N_0}}\right]$$

非相干移频键控系统(无衰落)：

$$P_e = \frac{1}{2}\exp\left(-\frac{E_s}{2N_0}\right)$$

非相干移频键控系统(瑞利衰落)：

$$P_e = \frac{1}{2+\sigma_a^2 T/N_0} = \frac{1}{2+\overline{E}_s/N_0}$$

4.6.3 随机频率信号波形的检测

大家知道，从运动目标反射或者转发回来的信号，其频率与发射信号的频率相差一个多普勒频率 $f_d = \frac{2}{\lambda}v_r$，其中，$v_r$ 为目标运动的径向速度；λ 为系统的工作波长，即 $\lambda = c/f_0$，这里 f_0 为发射信号的频率，$c = 3\times 10^8$ m/s，是电磁波在自由空间中传播的速度。当目标向着发射站运动时，多普勒频率为正值，接收信号频率高于发射信号频率；而当目标背离发射站运动时，多普勒频率为负值，接收信号频率低于发射信号频率。由于运动目标的径向速度是未知的，且往往是时变的，所以多普勒频率不仅未知，而且往往是随机变化的，因此需要讨论随机频率信号波形的检测问题，同时，认为信号的相位也是随机的。

下面讨论简单二元信号波形的情况。其信号模型为

$$H_0:\ x(t) = n(t),\quad 0 \leqslant t \leqslant T$$

$$H_1:\ x(t) = a\cos(\omega_s t + \theta) + n(t),\quad 0 \leqslant t \leqslant T$$

其中，信号 $s(t;\ \omega_s, \theta)$ 的频率 ω_s 是随机的，假定分布在 (ω_1, ω_2) 之间，其概率密度函数为 $p(\omega_s)$，$\omega_1 \leqslant \omega_s \leqslant \omega_2$；信号的相位 θ 是在 $(-\pi, \pi)$ 上均匀分布的；加性噪声 $n(t)$ 是均值为零、功率谱密度为 $P_n(\omega) = N_0/2$ 的高斯白噪声。

首先研究信号检测的判决表示式。在给定的某个信号频率 ω_s 下，利用简单二元均匀分布随机相位信号时的似然比函数(4.6.15)式，可得出随机频率(相位也随机，且服从均匀分布，下同)信号时的条件似然比函数为

$$\lambda[x(t)\mid\omega_s]=\exp\left(-\frac{E_s}{N_0}\right)I_0\left(\frac{2\sqrt{E_s}}{N_0}l\right),\quad l\geqslant 0 \tag{4.6.93}$$

式中，$E_s=\dfrac{a^2T}{2}$，是信号能量；

$$l=\left\{\left[\int_0^T\sqrt{\frac{2}{T}}x(t)\cos\omega_st\,\mathrm{d}t\right]^2+\left[\int_0^T\sqrt{\frac{2}{T}}x(t)\sin\omega_st\,\mathrm{d}t\right]^2\right\}^{1/2},\quad l\geqslant 0 \tag{4.6.94}$$

将(4.6.93)式对 ω_s 求统计平均，得似然比函数为

$$\lambda[x(t)]=\int_{\omega_1}^{\omega_2}\lambda[x(t)\mid\omega_s]p(\omega_s)\mathrm{d}\omega_s \tag{4.6.95}$$

如果以 $\Delta\omega=(\omega_2-\omega_1)/M$ 为间隔，M 为某个正整数，将(4.6.95)式写成离散形式，积分号变为求和号，则有

$$\lambda[x(t)]=\sum_{i=1}^{M}\lambda[x(t)\mid\omega_i]P(\omega_i) \tag{4.6.96}$$

式中，$\omega_i=\omega_1+(i-1)\Delta\omega,i=1,2,\cdots,M$；$P(\omega_i)=p(\omega_i)\Delta\omega$。

为了设计信号检测系统，将似然比检验判决式具体表示为

$$\lambda[x(t)]=\sum_{i=1}^{M}\exp\left(-\frac{E_s}{N_0}\right)I_0\left(\frac{2\sqrt{E_s}}{N_0}l_i\right)P(\omega_i)\underset{H_0}{\overset{H_1}{\gtrless}}\eta,\quad l_i\geqslant 0 \tag{4.6.97}$$

式中，

$$l_i=\left\{\left[\int_0^T\sqrt{\frac{2}{T}}x(t)\cos\omega_it\,\mathrm{d}t\right]^2+\left[\sqrt{\frac{2}{T}}x(t)\sin\omega_it\,\mathrm{d}t\right]^2\right\}^{1/2}\geqslant 0 \tag{4.6.98}$$

如果直接按(4.6.97)式所示的判决表示式设计检测系统，则需要 M 条支路，其中第 i 条支路非相干匹配滤波器的中心频率为 ω_i，其包络检波器的输出为 l_i；获得 l_i 后完成对 $\exp\left(-\dfrac{E_s}{N_0}\right)I_0\left(\dfrac{2\sqrt{E_s}}{N_0}l_i\right)$ 的运算并乘以 $P(\omega_i)$；将各条支路的输出求和得检验统计量 $\lambda[x(t)]$；把 $\lambda[x(t)]$ 与门限 η 进行比较，从而完成信号状态的判决。显然，这样的检测系统结构是很复杂的。

为了使检测系统的结构比较简单，我们设计另一种方案。如果随机频率 ω_s 在 (ω_1,ω_2) 范围内具有 M 个离散的可能值之一，而 ω_s 是连续的随机变量，那么则将其等频率间隔的离散化为 M 个离散频率。这样，我们对每个离散频率 $\omega_i(i=1,2,\cdots,M)$ 对应地安排一个假设 H_i，没有信号时对应的假设为 H_0，于是，信号模型可以表示为

$$\begin{aligned}
H_0&:\ x(t)=n(t),\quad 0\leqslant t\leqslant T\\
H_1&:\ x(t)=a\cos(\omega_1t+\theta)+n(t),\quad 0\leqslant t\leqslant T\\
H_2&:\ x(t)=a\cos(\omega_2t+\theta)+n(t),\quad 0\leqslant t\leqslant T\\
&\ \vdots\\
H_M&:\ x(t)=a\cos(\omega_Mt+\theta)+n(t),\quad 0\leqslant t\leqslant T
\end{aligned}$$

当随机相位 θ 在 $(-\pi,\pi)$ 上均匀分布，且各离散频率 ω_i 等概率出现时，假设 H_i 对假设 H_0 的似然比函数为

$$\lambda_i[x(t)]=\exp\left(-\frac{E_s}{N_0}\right)I_0\left(\frac{2\sqrt{E_s}}{N_0}l_i\right),\quad l_i\geqslant 0, i=1,2,\cdots,M \tag{4.6.99}$$

设似然比检测门限为 η,如果没有一个 $\lambda_i[x(t)]$ 超过门限 η,则判决假设 H_0 成立；否则,判决对应最大 $\lambda_i[x(t)]$ 的假设 H_i 成立。由于 $I_0(u)$ 是 u 的单调函数,所以可等效地用检验统计量 $l_i(i=1,2,\cdots,M)$ 进行门限检测。检验统计量 $l_i(i=1,2,\cdots,M)$ 由匹配滤波器串接包络检波器,并在 $t=T$ 时刻采样获得。如果 M 条支路中最大的 l_i 超过门限

$$\gamma=\frac{N_0}{2\sqrt{E_s}}I_0^{-1}\left[\eta\exp\left(\frac{E_s}{N_0}\right)\right]$$

则判决对应的假设 H_i 成立；否则如果没有一个 l_i 超过门限 γ,则判决假设 H_0 成立。因此,这种检测系统的结构如图 4.33 所示。该检测系统不仅能完成随机频率信号波形的检测,而且可同时对信号的频率进行估计。

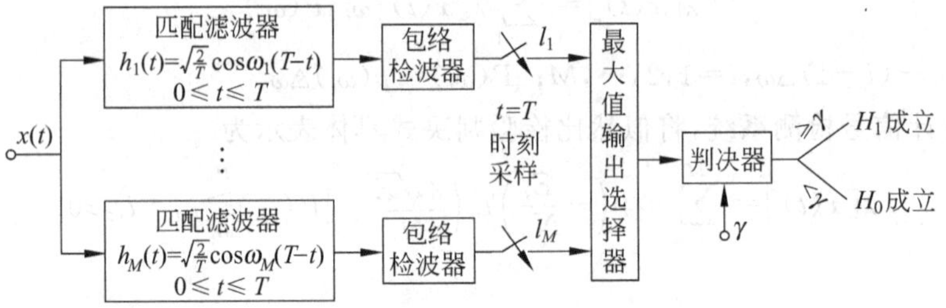

图 4.33 随机频率信号检测系统结构

如果信号参量除频率与相位随机外,其振幅还是瑞利衰落的,则最佳检测系统的结构是相同的,但由于要对随机振幅再进行统计平均,所以检测门限将发生变化,参见随机振幅与随机相位信号波形的检测问题。

最后简要说明简单二元随机频率信号的最佳检测系统的性能。如果信号的随机频率 ω_s 随机地取 M 个离散值之一,由于检测系统中的第 i 条支路是对信号频率为 ω_i 的均匀分布随机相位信号的最佳处理,所以,如果某次观测接收信号的频率为 $\omega_i(i=1,2,\cdots,M)$,则 l_i 是 M 条支路中的最佳处理结果,因而最终判决假设 H_i 成立。这样,随机频率信号波形(相位也随机)的检测就检测性能而言,相当于随机相位信号波形检测时的检测性能。如果信号的频率 ω_s 在(ω_1,ω_2)范围内是连续的随机变量,则其检测性能与频率离散化间隔 $\Delta\omega=(\omega_2-\omega_1)/M$ 等因素有关,当 $\Delta\omega$ 很小时,其检测性能将接近随机相位信号波形时的结果。

4.6.4 随机到达时间信号波形的检测

随机到达时间信号的情况与前面讨论的随机参量信号检测十分类似。信号模型的两个假设分别为

$$H_0: x(t)=n(t),\quad \tau\leqslant t\leqslant\tau+T$$
$$H_1: x(t)=s(t-\tau)+n(t),\quad \tau\leqslant t\leqslant\tau+T$$

其中,信号 $s(t)=a\cos(\omega_0 t+\theta)(0\leqslant t\leqslant T)$,相位 θ 是在$(-\pi,\pi)$上服从均匀分布的随机参

量；到达时间 τ 随机的分布在 $(0,\tau_M)$ 之间，设其分布的概率密度函数 $p(\tau)$ 已知；噪声 $n(t)$ 是均值为零、功率谱密度为 $P_n(\omega)=N_0/2$ 的加性高斯白噪声。

利用简单二元均匀分布随机相位信号时的结果，以随机到达时间 τ 为条件的似然比函数为

$$\lambda[x(t)|\tau]=\exp\left(-\frac{E_s}{N_0}\right)I_0\left[\frac{2\sqrt{E_s}}{N_0}l(\tau+T)\right],\quad l(\tau+T)\geqslant 0 \tag{4.6.100}$$

式中，$E_s=\dfrac{a^2T}{2}$，是信号能量；

$$l(\tau+T)=\left\{\left[\int_\tau^{\tau+T}\sqrt{\frac{2}{T}}x(t)\cos\omega_0(t-\tau)\mathrm{d}t\right]^2+\left[\int_\tau^{\tau+T}\sqrt{\frac{2}{T}}x(t)\sin\omega_0(t-\tau)\mathrm{d}t\right]^2\right\}^{1/2},\quad l(\tau+T)\geqslant 0 \tag{4.6.101}$$

将(4.6.100)式对 τ 求统计平均，得似然比函数为

$$\begin{aligned}\lambda[x(t)]&=\int_0^{\tau_M}\lambda[x(t)|\tau]p(\tau)\mathrm{d}\tau\\&=\int_T^{\tau_M+T}\exp\left(-\frac{E_s}{N_0}\right)I_0\left[\frac{2\sqrt{E_s}}{N_0}l(u)\right]p(u-T)\mathrm{d}u\end{aligned} \tag{4.6.102}$$

式中，$u=\tau+T$。于是，判决表示式为

$$\lambda[x(t)]=\int_T^{\tau_M+T}\exp\left(-\frac{E_s}{N_0}\right)I_0\left[\frac{2\sqrt{E_s}}{N_0}l(u)\right]p(u-T)\mathrm{d}u\ \underset{H_0}{\overset{H_1}{\gtrless}}\ \eta,\quad l(u)\geqslant 0 \tag{4.6.103}$$

式中，$l(u)$ 可由除相位外与信号 $s(t-\tau)$ 相匹配的滤波器加包络检波器来获得。因此，最佳检测系统的结构如图 4.34 所示。

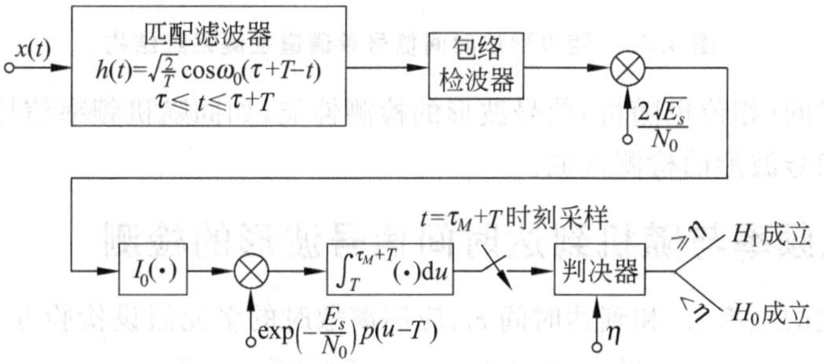

图 4.34 随机到达时间信号检测系统结构(Ⅰ)

如果采用类似于随机频率信号检测时的处理方法，把随机到达时间 τ 在 $(0,\tau_M)$ 范围内量化为离散的时延 $\tau_i(i=1,2,\cdots,M)$，等量化间隔为 $\Delta\tau=\dfrac{\tau_M}{M}$，并给每一个可能的时延 τ_i 安排相应的假设 H_i，没有信号时假设为 H_0，这样，信号模型为

$$H_0:\ x(t)=n(t),\quad 0\leqslant t\leqslant T$$

$$H_1: x(t)=s(t-\tau_1)+n(t), \quad \tau_1\leqslant t\leqslant \tau_1+T$$
$$H_2: x(t)=s(t-\tau_2)+n(t), \quad \tau_2\leqslant t\leqslant \tau_2+T$$
$$\vdots$$
$$H_M: x(t)=s(t-\tau_M)+n(t), \quad \tau_M\leqslant t\leqslant \tau_M+T$$

对于信号 $s(t)=a\cos(\omega_0 t+\theta)(0\leqslant t\leqslant T)$，随机相位 θ 在 $(-\pi,\pi)$ 上服从均匀分布，如果各离散到达时间是等概率出现的，则最佳检测系统如图 4.35 所示。该检测系统选择 M 条支路中最大的 $l(\tau_i+T)(i=1,2,\cdots,M)$ 与检测门限 γ 进行比较，如果它大于等于门限 γ 则判决相应的假设 H_i 成立；否则，若没有一个 $l(\tau_i+T)$ 大于等于门限 γ，则判决假设 H_0 成立。

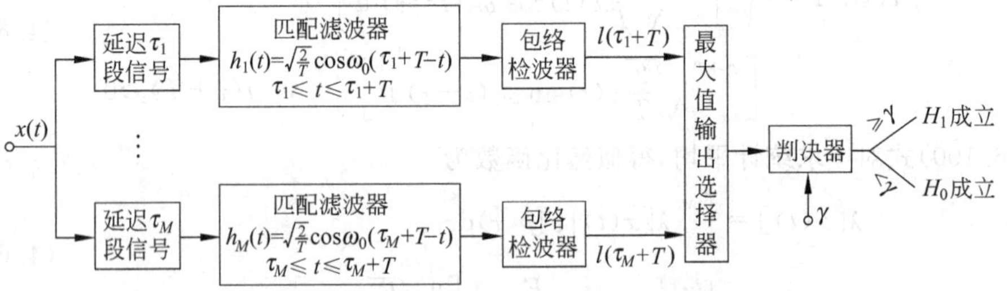

图 4.35 随机到达时间信号检测系统结构(Ⅱ)

如果信号到达时间划分的很精细，并且依然保持均匀分布，那么最佳检测系统也可以用如图 4.36 所示的结构来实现，并且也适用于信号振幅同时是瑞利衰落的情况。该检测系统既检测信号又估计信号的到达时间。

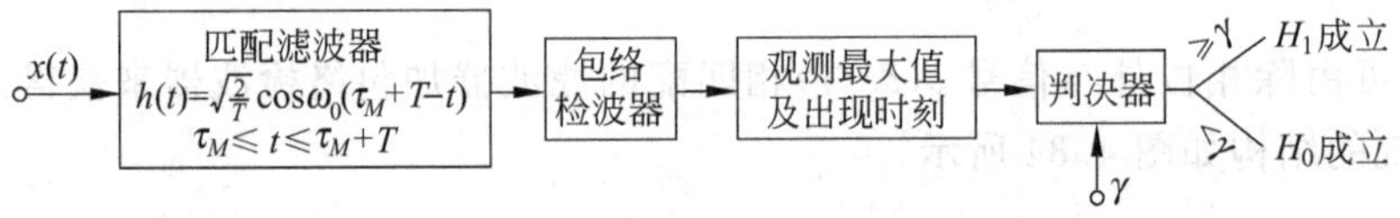

图 4.36 随机到达时间信号单通道检测系统结构

随机到达时间(相位也随机)信号波形的检测性能，如同随机频率信号一样，相当于或接近随机相位信号波形的检测性能。

4.6.5 随机频率与随机到达时间信号波形的检测

对于离散化的频率 ω_j 和到达时间 τ_i，应用离散时的多元假设检验方法，信号模型为

$$H_0: x(t)=n(t), \quad 0\leqslant t\leqslant \tau_M+T$$
$$H_{ij}: x(t)=s(t-\tau_i;\ \omega_j)+n(t), \quad 0\leqslant t\leqslant \tau_M+T$$

其中，信号 $s(t)=a\cos(\omega_0 t+\theta)(0\leqslant t\leqslant T)$；$0\leqslant\tau_i\leqslant\tau_M$，$\omega_1\leqslant\omega_j\leqslant\omega_2$；相位 θ 在 $(-\pi,\pi)$ 范围内均匀分布；加性噪声 $n(t)$ 是均值为零、功率谱密度为 $P_n(\omega)=N_0/2$ 的高斯白噪声。

若随机频率 ω_j 和随机到达时间 τ_i 都是均匀分布的，且相互统计独立，利用均匀分布随机相位信号的检测结果，条件似然比函数为

$$\lambda[x(t)\mid\tau_i,\omega_j]=\exp\left(-\frac{E_s}{N_0}\right)I_0\left[\frac{2\sqrt{E_s}}{N_0}l_j(\tau_i+T)\right], \quad l_j(\tau_i+T)\geqslant 0 \tag{4.6.104}$$

式中，$E_s=\frac{a^2T}{2}$，是信号的能量；

$$l_j(\tau_i+T)=\left\{\left[\int_{\tau_i}^{\tau_i+T}\sqrt{\frac{2}{T}}x(t)\cos\omega_j(t-\tau_i)\mathrm{d}t\right]^2+\left[\int_{\tau_i}^{\tau_i+T}\sqrt{\frac{2}{T}}x(t)\sin\omega_j(t-\tau_i)\mathrm{d}t\right]^2\right\}^{1/2},\quad l_j(\tau_i+T)\geqslant 0 \tag{4.6.105}$$

这样，如果随机到达时间量化是很精细的，则最佳检测系统可以用如图 4.37 所示的结构来实现。该检测系统既检测信号同时又估计信号的频率和到达时间，而且也适用于振幅是瑞利衰落信号波形的检测。

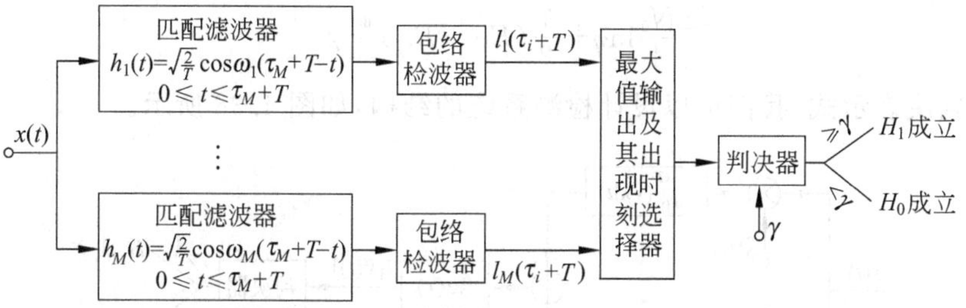

图 4.37　随机频率与随机到达时间信号检测系统结构

理论上，随机频率与随机到达时间（相位也随机）信号波形的检测性能能够达到或接近随机相位信号波形的检测性能，而实际上，如果频率和/或时间离散化间隔较大，检测性能将有所降低。

4.7　复信号波形的检测

我们可以把实信号波形检测的概念、理论和方法推广到复信号波形的检测中。由于复信号波形检测所研究的主要问题和基本方法类似于实信号波形的情况，所以这里只讨论几种典型复信号波形的检测问题。

4.7.1　复高斯白噪声中二元确知复信号波形的检测

这是复信号波形检测的基本情况。设一般二元确知复信号波形检测的信号模型为

$$H_0:\ \tilde{x}(t)=\tilde{s}_0(t)+\tilde{n}(t),\quad 0\leqslant t\leqslant T$$

$$H_1:\ \tilde{x}(t)=\tilde{s}_1(t)+\tilde{n}(t),\quad 0\leqslant t\leqslant T$$

其中，复信号$\tilde{s}_0(t)$和$\tilde{s}_1(t)$是确知信号，信号能量分别为

$$E_{\tilde{s}_0}=\int_0^T\tilde{s}_0(t)\tilde{s}_0^*(t)\mathrm{d}t$$

$$E_{\tilde{s}_1}=\int_0^T\tilde{s}_1(t)\tilde{s}_1^*(t)\mathrm{d}t$$

噪声 $\tilde{n}(t)$是零均值的加性复高斯白噪声，表示为

$$\tilde{n}(t)=n_R(t)+jn_I(t) \tag{4.7.1}$$

其实部 $n_R(t)$ 和虚部 $n_I(t)$ 分别是均值为零、功率谱密度为 $P_{n_R}(\omega)=P_{n_I}(\omega)=N_0/4$ 的实高斯白噪声，它们之间是互不相关的，因而也是相互统计独立的，参见附录 4B。

为了导出复信号波形检测的判决表示式，我们仿照实信号波形的情况，首先选择复正交函数集 $\{\tilde{f}_k(t)\}(k=1,2,\cdots)$ 对 $\tilde{x}(t)$ 进行正交级数展开表示；然后取两个假设下的前 N 个展开系数 $\tilde{\boldsymbol{x}}_N=(\tilde{x}_1,\tilde{x}_2,\cdots,\tilde{x}_N)$ 构成似然比检验；最后取 $N\to\infty$ 的极限，并经整理得到最终的信号检测判决表示式。推导过程参见附录 4C，结果为

$$l[\tilde{x}(t)]\stackrel{\text{def}}{=}\text{Re}\left[\int_0^T \tilde{x}(t)\tilde{s}_1^*(t)\text{d}t-\int_0^T \tilde{x}(t)\tilde{s}_0^*(t)\text{d}t\right] \tag{4.7.2}$$

$$\underset{H_0}{\overset{H_1}{\gtrless}}\frac{N_0}{4}\ln\eta+\frac{1}{2}(E_{\tilde{s}_1}-E_{\tilde{s}_0})\stackrel{\text{def}}{=}\gamma$$

根据判决表示式，我们可以设计检测系统的结构，如图 4.38 所示。

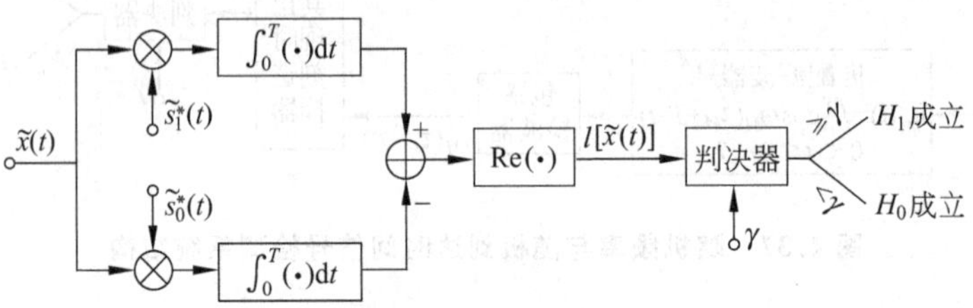

图 4.38 二元复确知信号检测系统结构

现在研究信号检测的性能。设

$$\tilde{l}[\tilde{x}(t)]=\int_0^T \tilde{x}(t)\tilde{s}_1^*(t)\text{d}t-\int_0^T \tilde{x}(t)\tilde{s}_0^*(t)\text{d}t \tag{4.7.3}$$

是复高斯随机变量，检验统计量 $l[\tilde{x}(t)]$ 是它的实部。

为了分析方便，我们定义复信号 $\tilde{s}_0(t)$ 与 $\tilde{s}_1(t)$ 的波形相关系数为

$$\tilde{\rho}=\frac{1}{\sqrt{E_{\tilde{s}_0}E_{\tilde{s}_1}}}\int_0^T \tilde{s}_0(t)\tilde{s}_1^*(t)\text{d}t \tag{4.7.4}$$

$$\tilde{\rho}^*=\frac{1}{\sqrt{E_{\tilde{s}_0}E_{\tilde{s}_1}}}\int_0^T \tilde{s}_0^*(t)\tilde{s}_1(t)\text{d}t \tag{4.7.5}$$

可以证明 $|\tilde{\rho}|=|\tilde{\rho}^*|\leqslant 1$。

复高斯随机变量 $\tilde{l}[\tilde{x}(t)]$ 在假设 H_0 下的均值和方差分别为

$$\begin{aligned}\text{E}(\tilde{l}|H_0)&=\text{E}\left[\int_0^T[\tilde{s}_0(t)+\tilde{n}(t)]\tilde{s}_1^*(t)\text{d}t-\int_0^T[\tilde{s}_0(t)+\tilde{n}(t)]\tilde{s}_0^*(t)\text{d}t\right]\\&=\tilde{\rho}\sqrt{E_{\tilde{s}_0}E_{\tilde{s}_1}}-E_{\tilde{s}_0}\end{aligned}$$

$$\begin{aligned}\text{Var}(\tilde{l}|H_0)&=\text{E}\{[(\tilde{l}|H_0)-\text{E}(\tilde{l}|H_0)][(\tilde{l}|H_0)-\text{E}(\tilde{l}|H_0)]^*\}\\&=\text{E}\left[\left(\int_0^T\tilde{n}(t)\,\tilde{s}_1^*(t)\text{d}t-\int_0^T\tilde{n}(t)\,\tilde{s}_0^*(t)\text{d}t\right)\times\right.\\&\qquad\left.\left(\int_0^T\tilde{n}(t)\tilde{s}_1^*(t)\text{d}t-\int_0^T\tilde{n}(t)\tilde{s}_0^*(t)\text{d}t\right)^*\right]\end{aligned}$$

$$=\frac{N_0}{2}\left(E_{\tilde{s}_1}+E_{\tilde{s}_0}-\tilde{\rho}\sqrt{E_{\tilde{s}_0}E_{\tilde{s}_1}}-\tilde{\rho}^*\sqrt{E_{\tilde{s}_0}E_{\tilde{s}_1}}\right)$$

类似地，在假设 H_1 下，$\tilde{l}[\tilde{x}(t)]$的均值和方差分别为

$$\begin{aligned}\mathrm{E}(\tilde{l}\,|\,H_1)&=\mathrm{E}\left[\int_0^T[\tilde{s}_1(t)+\tilde{n}(t)]\tilde{s}_1^*(t)\mathrm{d}t-[\tilde{s}_1(t)+\tilde{n}(t)]\tilde{s}_0^*(t)\mathrm{d}t\right]\\&=E_{\tilde{s}_1}-\tilde{\rho}^*\sqrt{E_{\tilde{s}_0}E_{\tilde{s}_1}}\\\mathrm{Var}(\tilde{l}\,|\,H_1)&=\mathrm{Var}(\tilde{l}\,|\,H_0)\\&=\frac{N_0}{2}\left(E_{\tilde{s}_1}+E_{\tilde{s}_0}-\tilde{\rho}\sqrt{E_{\tilde{s}_0}E_{\tilde{s}_1}}-\tilde{\rho}^*\sqrt{E_{\tilde{s}_0}E_{\tilde{s}_1}}\right)\end{aligned}$$

我们知道，复高斯随机变量 $\tilde{l}[\tilde{x}(t)]$ 的实部 $l[\tilde{x}(t)]=\mathrm{Re}[\tilde{l}[\tilde{x}(t)]]$ 和虚部 $\mathrm{Im}[\tilde{l}[\tilde{x}(t)]]$都是实高斯随机变量，它们的均值等于复高斯随机变量的均值，而它们的方差等于复高斯随机变量方差的一半。这样，检验统计量 $l[\tilde{x}(t)]$是实高斯随机变量，在假设 H_0 和假设 H_1 下，其均值和方差分别为

$$\begin{aligned}\mathrm{E}(l\,|\,H_0)&=\mathrm{E}(\tilde{l}\,|\,H_0)\\&=\tilde{\rho}\sqrt{E_{\tilde{s}_0}E_{\tilde{s}_1}}-E_{\tilde{s}_0}\end{aligned}\tag{4.7.6}$$

$$\begin{aligned}\mathrm{E}(l\,|\,H_1)&=\mathrm{E}(\tilde{l}\,|\,H_1)\\&=E_{\tilde{s}_1}-\tilde{\rho}^*\sqrt{E_{\tilde{s}_0}E_{\tilde{s}_1}}\end{aligned}\tag{4.7.7}$$

$$\begin{aligned}\mathrm{Var}(l\,|\,H_0)=\mathrm{Var}(l\,|\,H_1)&=\frac{\mathrm{Var}(\tilde{l}\,|\,H_0)}{2}\\&=\frac{N_0}{4}\left(E_{\tilde{s}_1}+E_{\tilde{s}_0}-\tilde{\rho}\sqrt{E_{\tilde{s}_0}E_{\tilde{s}_1}}-\tilde{\rho}^*\sqrt{E_{\tilde{s}_0}E_{\tilde{s}_1}}\right)\end{aligned}\tag{4.7.8}$$

由于检验统计量 $l[\tilde{x}(t)]$是高斯随机变量，所以其信号检测性能决定于偏移系数 d^2，而 d^2 为

$$\begin{aligned}d^2&=\frac{[\mathrm{E}(l\,|\,H_1)-\mathrm{E}(l\,|\,H_0)]^2}{\mathrm{Var}(l\,|\,H_0)}\\&=\frac{4}{N_0}\left(E_{\tilde{s}_1}+E_{\tilde{s}_0}-\tilde{\rho}\sqrt{E_{\tilde{s}_0}E_{\tilde{s}_1}}-\tilde{\rho}^*\sqrt{E_{\tilde{s}_0}E_{\tilde{s}_1}}\right)\end{aligned}\tag{4.7.9}$$

这样，信号检测的判决概率为

$$P(H_1\,|\,H_0)=Q[\ln\eta/d+d/2]\tag{4.7.10}$$

$$\begin{aligned}P(H_1\,|\,H_1)&=Q[\ln\eta/d-d/2]\\&=Q[Q^{-1}(P(H_1\,|\,H_0))-d]\end{aligned}\tag{4.7.11}$$

最后考虑最佳信号波形设计问题。由判决概率 $P(H_1\,|\,H_1)$的(4.7.11)式和偏移系数 d^2 的(4.7.9)式，在信号能量 $E_{\tilde{s}_0}+E_{\tilde{s}_1}=2E_{\tilde{s}}$ 为常数的约束条件下，若信号$\tilde{s}_0(t)$与$\tilde{s}_1(t)$的波形相关系数 $\tilde{\rho}=-1$，$\tilde{\rho}^*=-1$，且 $E_{\tilde{s}_0}=E_{\tilde{s}_1}$ 时，信号检测性能最好。因此，如果我们取复信号

$$\tilde{s}_0(t)=-\tilde{s}_1(t)\tag{4.7.12}$$

则有 $\tilde{\rho}=\tilde{\rho}^*=-1$，$E_{\tilde{s}_0}=E_{\tilde{s}_1}$，$d^2=16E_{\tilde{s}}/N_0$，检测系统能够达到最好的检测性能。而且，

偏移系数 d^2 是二元确知实信号时偏移系数的两倍，参见(4.4.46)式。

如果信号模型是复高斯白噪声中简单二元确知复信号 $\tilde{s}(t)$ 的检测问题，则由一般二元确知复信号情况的结论，容易得到如下主要结果。

信号检测的判决表示式为

$$l[\tilde{x}(t)]=\mathrm{Re}\left[\int_0^T \tilde{x}(t)\tilde{s}^*(t)\mathrm{d}t\right]\underset{H_0}{\overset{H_1}{\gtrless}}\frac{N_0}{4}\ln\eta+\frac{1}{2}E_{\tilde{s}} \tag{4.7.13}$$

式中，$E_{\tilde{s}}$ 是复信号 $\tilde{s}(t)$ 的能量，即

$$E_{\tilde{s}}=\int_0^T \tilde{s}(t)\tilde{s}^*(t)\mathrm{d}t=\int_0^T |\tilde{s}(t)|^2\mathrm{d}t$$

检验统计量 $l[\tilde{x}(t)]$ 是实高斯随机变量，在假设 H_0 下和假设 H_1 下的均值和方差分别为

$$\mathrm{E}(l|H_0)=0$$
$$\mathrm{E}(l|H_1)=E_{\tilde{s}}$$
$$\mathrm{Var}(l|H_0)=\mathrm{Var}(l|H_1)=\frac{N_0}{4}E_{\tilde{s}}$$

于是，偏移系数 d^2 为

$$d^2=\frac{4}{N_0}E_{\tilde{s}} \tag{4.7.14}$$

信号检测的判决概率为

$$\begin{aligned}P(H_1|H_0)&=Q[\ln\eta/d+d/2]\\P(H_1|H_1)&=Q[\ln\eta/d-d/2]\\&=Q[Q^{-1}(P(H_1|H_0))-d]\end{aligned} \tag{4.7.15}$$

而且，偏移系数 d^2 也是简单二元确知实信号的偏移系数的两倍，参见(4.4.16)式。

复信号情况下偏移系数 d^2 是实信号时的两倍，是由于检验统计量 $l[\tilde{x}(t)]$ 仅保留复高斯随机变量 $\tilde{l}[\tilde{x}(t)]$ 的实部，导致方差减半的缘故。

4.7.2 复高斯白噪声中二元随机相位复信号波形的检测

下面考虑复高斯白噪声背景中，简单二元随机相位复信号波形的检测问题。两个假设下的信号模型为

$$H_0:\ \tilde{x}(t)=\tilde{n}(t),\quad 0\leqslant t\leqslant T$$
$$H_1:\ \tilde{x}(t)=\tilde{s}(t;\ \theta)+\tilde{n}(t),\quad 0\leqslant t\leqslant T$$

其中，随机相位复信号 $\tilde{s}(t;\ \theta)=a\exp[\mathrm{j}(\omega_0 t+\theta)](0\leqslant t\leqslant T)$；复信号的振幅 a 和频率 ω_0 已知，并满足 $\omega_0 T=2m\pi$，m 为正整数；随机相位 θ 在 $(-\pi,\pi)$ 范围内服从均匀分布；加性噪声 $\tilde{n}(t)$ 是零均值的复高斯白噪声，其实部 $n_{\mathrm{R}}(t)$ 和虚部 $n_{\mathrm{I}}(t)$ 分别是均值为零、功率谱密度为 $P_{n_{\mathrm{R}}}(\omega)=P_{n_{\mathrm{I}}}(\omega)=N_0/4$ 的实高斯白噪声。

为了获得信号检测的判决表示式，在某个给定的相位 θ 下，$\tilde{x}(t)$ 可由展开系数 $\tilde{x}_k(k=1,2,\cdots)$ 表示。这样，信号模型为

$$H_0:\ \tilde{x}_k=\tilde{n}_k,\quad k=1,2,\cdots$$
$$H_1:\ \tilde{x}_k=\tilde{s}_{k|\theta}+\tilde{n}_k,\quad k=1,2,\cdots$$

其中，展开系数 $\tilde{x}_k$ 是相互统计独立的复高斯随机变量，假设 H_0 下和假设 H_1 下的均值和方差分别为

$$\mathrm{E}(\tilde{x}_k|H_0)=0,\quad \mathrm{E}(\tilde{x}_k|H_1)=\tilde{s}_{k|\theta}$$
$$\begin{aligned}\mathrm{Var}(\tilde{x}|H_0)=\mathrm{Var}(\tilde{x}_k|H_1)&=\mathrm{E}(\tilde{n}_k\tilde{n}_k^*)\\&=\mathrm{E}[(n_{\mathrm{R}_k}+\mathrm{j}n_{\mathrm{I}_k})(n_{\mathrm{R}_k}-\mathrm{j}n_{\mathrm{I}_k})]\\&=\frac{N_0}{4}+\frac{N_0}{4}=\frac{N_0}{2}\end{aligned}$$

这样，取展开系数 $\tilde{x}_k$ 的前 N 项构成的似然比检验为

$$\begin{aligned}\lambda[\tilde{\boldsymbol{x}}_N|\theta]&=\frac{p(\tilde{\boldsymbol{x}}_N|\theta;\ H_1)}{p(\tilde{\boldsymbol{x}}_N|H_0)}\\&=\frac{\left(\frac{2}{\pi N_0}\right)^N\exp\left[-\sum\limits_{k=1}^{N}\frac{(\tilde{x}_k-\tilde{s}_{k|\theta})(\tilde{x}_k-\tilde{s}_{k|\theta})^*}{N_0/2}\right]}{\left(\frac{2}{\pi N_0}\right)^N\exp\left(-\sum\limits_{k=1}^{N}\frac{\tilde{x}_k\tilde{x}_k^*}{N_0/2}\right)}\\&=\exp\left(\frac{2}{N_0}\sum_{k=1}^{N}\tilde{x}_k\tilde{s}_{k|\theta}^*+\frac{2}{N_0}\sum_{k=1}^{N}\tilde{x}_k^*\tilde{s}_{k|\theta}-\frac{2}{N_0}\sum_{k=1}^{N}\tilde{s}_{k|\theta}\tilde{s}_{k|\theta}^*\right)\\&=\exp\left(-\frac{2}{N_0}\sum_{k=1}^{N}\tilde{s}_{k|\theta}\tilde{s}_{k|\theta}^*\right)\exp\left[\frac{4}{N_0}\mathrm{Re}\left(\sum_{k=1}^{N}\tilde{x}_k\tilde{s}_{k|\theta}^*\right)\right]\end{aligned}\tag{4.7.16}$$

利用展开系数 $\tilde{x}_k$ 和 $\tilde{s}_{k|\theta}$ 的表示式及 $\tilde{x}(t)$ 和 $\tilde{s}(t;\ \theta)$ 的展开式，对(4.7.16)式取 $N\rightarrow\infty$ 的极限，将得到连续形式的条件似然比函数为

$$\lambda[\tilde{x}(t)|\theta]=\exp\left(-\frac{2E_{\tilde{s}}}{N_0}\right)\exp\left[\frac{4}{N_0}\mathrm{Re}\left(\int_0^T\tilde{x}(t)\tilde{s}^*(t;\ \theta)\mathrm{d}t\right)\right]\tag{4.7.17}$$

式中，

$$E_{\tilde{s}}=\int_0^T\tilde{s}(t;\ \theta)\tilde{s}^*(t;\ \theta)\mathrm{d}t=\int_0^T a\exp[\mathrm{j}(\omega_0t+\theta)]a\exp[-\mathrm{j}(\omega_0t+\theta)]\mathrm{d}t=a^2T$$

是复信号 $\tilde{s}(t;\ \theta)$ 的能量。

如果记

$$\tilde{s}^*(t;\ \theta)=\tilde{s}^*(t)\exp(-\mathrm{j}\theta)$$

式中，

$$\tilde{s}^*(t)=a\exp(-\mathrm{j}\omega_0t)$$

同时记

$$\int_0^T\tilde{x}(t)\tilde{s}^*(t)\mathrm{d}t=\left|\int_0^T\tilde{x}(t)\tilde{s}^*(t)\mathrm{d}t\right|\exp(\mathrm{j}\varphi)$$

则条件似然比函数为

$$\lambda[\tilde{x}(t)|\theta]=\exp\left(-\frac{2E_{\tilde{s}}}{N_0}\right)\exp\left[\frac{4}{N_0}\mathrm{Re}\left(\left|\int_0^T\tilde{x}(t)\tilde{s}^*(t)\mathrm{d}t\right|\exp[-\mathrm{j}(\theta-\varphi)]\right)\right]$$

$$=\exp\left(-\frac{2E_{\tilde{s}}}{N_0}\right)\exp\left[\frac{4}{N_0}\left|\int_0^T \tilde{x}(t)\tilde{s}^*(t)\mathrm{d}t\right|\cos(\theta-\varphi)\right] \tag{4.7.18}$$

将 $\lambda[\tilde{x}(t)|\theta]$ 对随机相位 θ 取统计平均，注意到 θ 在 $(-\pi,\pi)$ 范围内是均匀分布的，从而得似然比函数为

$$\begin{aligned}\lambda[\tilde{x}(t)]&=\exp\left(-\frac{2E_{\tilde{s}}}{N_0}\right)\frac{1}{2\pi}\int_{-\pi}^{\pi}\exp\left[\frac{4}{N_0}\left|\int_0^T \tilde{x}(t)\tilde{s}^*(t)\mathrm{d}t\right|\cos(\theta-\varphi)\right]\mathrm{d}\theta\\&=\exp\left(-\frac{2E_{\tilde{s}}}{N_0}\right)I_0\left[\frac{4}{N_0}\left|\int_0^T \tilde{x}(t)\tilde{s}^*(t)\mathrm{d}t\right|\right]\end{aligned} \tag{4.7.19}$$

这样，通过似然比检验并经化简整理得信号检测的判决表示式为

$$l[\tilde{x}(t)]\overset{\text{def}}{=}\left|\int_0^T \tilde{x}(t)\tilde{s}^*(t)\mathrm{d}t\right|\underset{H_0}{\overset{H_1}{\gtrless}}\frac{N_0}{4}I_0^{-1}\left[\eta\exp\left(\frac{2E_{\tilde{s}}}{N_0}\right)\right]\overset{\text{def}}{=}\gamma \tag{4.7.20}$$

根据信号检测的判决表示式，检测系统的结构如图 4.39 所示。

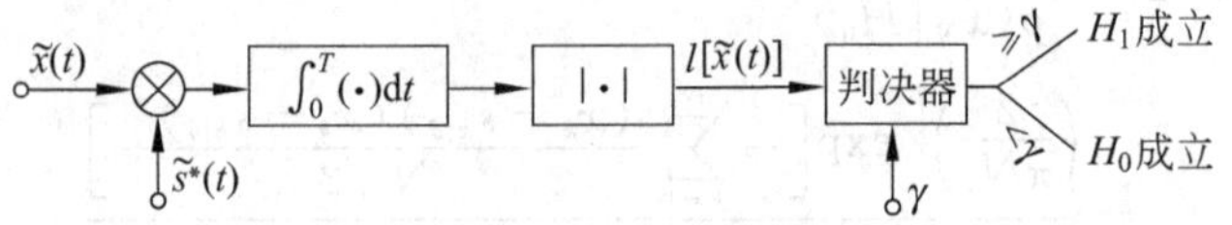

图 4.39 随机相位复信号检测系统结构

现在分析信号检测的性能。记

$$\begin{aligned}\tilde{l}[\tilde{x}(t)]&=\int_0^T \tilde{x}(t)\tilde{s}^*(t)\mathrm{d}t\\&=\int_0^T \tilde{x}(t)a\exp(-\mathrm{j}\omega_0 t)\mathrm{d}t\end{aligned} \tag{4.7.21}$$

令

$$\begin{aligned}l_R&=\mathrm{Re}(\tilde{l}[\tilde{x}(t)])\\&=\mathrm{Re}\left(\int_0^T \tilde{x}(t)a\exp(-\mathrm{j}\omega_0 t)\mathrm{d}t\right)\end{aligned} \tag{4.7.22a}$$

$$\begin{aligned}l_I&=\mathrm{Im}(\tilde{l}[\tilde{x}(t)])\\&=\mathrm{Im}\left(\int_0^T \tilde{x}(t)a\exp(-\mathrm{j}\omega_0 t)\mathrm{d}t\right)\end{aligned} \tag{4.7.22b}$$

它们都是实高斯随机变量。

在假设 H_1 下，$x(t)$ 表示为

$$\begin{aligned}\tilde{x}(t)&=s(t;\ \theta)+\tilde{n}(t)\\&=a\exp[\mathrm{j}(\omega_0 t+\theta)]+\tilde{n}(t),\quad 0\leqslant t\leqslant T\end{aligned}$$

式中，复高斯白噪声 $\tilde{n}(t)$ 为

$$\tilde{n}(t)=n_R(t)+\mathrm{j}n_I(t)$$

而 $n_R(t)$ 和 $n_I(t)$ 都是实高斯白噪声。所以，在假设 H_1 下，对于给定的某个相位 θ，有

$$\begin{aligned}l_R&=\mathrm{Re}(\tilde{l}|\theta;\ H_1)\\&=\mathrm{Re}\left(\int_0^T[a\exp[\mathrm{j}(\omega_0 t+\theta)]+\tilde{n}(t)]a\exp(-\mathrm{j}\omega_0 t)\mathrm{d}t\right)\end{aligned}$$

$$=a^2T\cos\theta+\mathrm{Re}\left(\int_0^T\tilde{n}(t)a\exp(-\mathrm{j}\omega_0 t)\mathrm{d}t\right)$$
$$=E_{\tilde{s}}\cos\theta+\mathrm{Re}\left(\int_0^T\tilde{n}(t)a\exp(-\mathrm{j}\omega_0 t)\mathrm{d}t\right) \tag{4.7.23a}$$

$$l_{\mathrm{I}}=\mathrm{Im}(\tilde{l}\,|\,\theta;\ H_1)$$
$$=\mathrm{Im}\left(\int_0^T[a\exp[\mathrm{j}(\omega_0 t+\theta)]+\tilde{n}(t)]a\exp(-\mathrm{j}\omega_0 t)\mathrm{d}t\right)$$
$$=a^2T\sin\theta+\mathrm{Im}\left(\int_0^T\tilde{n}(t)a\exp(-\mathrm{j}\omega_0 t)\mathrm{d}t\right) \tag{4.7.23b}$$
$$=E_{\tilde{s}}\sin\theta+\mathrm{Im}\left(\int_0^T\tilde{n}(t)a\exp(-\mathrm{j}\omega_0 t)\mathrm{d}t\right)$$

实高斯随机变量 l_{R} 和 l_{I} 的均值和方差分别为

$$\mathrm{E}(l_{\mathrm{R}}|\theta;\ H_1)=E_{\tilde{s}}\cos\theta$$

$$\mathrm{Var}(l_{\mathrm{R}}|\theta;\ H_1)=\mathrm{E}\left[\left(\int_0^T n_{\mathrm{R}}(t)a\cos\omega_0 t\,\mathrm{d}t+\int_0^T n_{\mathrm{I}}(t)a\sin\omega_0 t\,\mathrm{d}t\right)^2\right]$$
$$=\frac{N_0a^2T}{8}+\frac{N_0a^2T}{8}$$
$$=\frac{N_0a^2T}{4}$$
$$=\frac{N_0E_{\tilde{s}}}{4}$$

$$\mathrm{E}(l_{\mathrm{I}}|\theta;\ H_1)=E_{\tilde{s}}\sin\theta$$

$$\mathrm{Var}(l_{\mathrm{I}}|\theta;\ H_1)=\mathrm{Var}(l_{\mathrm{R}}|\theta;\ H_1)=\frac{N_0E_{\tilde{s}}}{4}$$

这样，在假设 H_1 下，l_{R} 和 l_{I} 的条件概率密度函数分别为

$$p(l_{\mathrm{R}}|\theta;\ H_1)=\left(\frac{2}{\pi N_0E_{\tilde{s}}}\right)^{1/2}\exp\left[-\frac{(l_{\mathrm{R}}-E_{\tilde{s}}\cos\theta)^2}{N_0E_{\tilde{s}}/2}\right] \tag{4.7.24a}$$

$$p(l_{\mathrm{I}}|\theta;\ H_1)=\left(\frac{2}{\pi N_0E_{\tilde{s}}}\right)^{1/2}\exp\left[-\frac{(l_{\mathrm{I}}-E_{\tilde{s}}\sin\theta)^2}{N_0E_{\tilde{s}}/2}\right] \tag{4.7.24b}$$

因为 l_{R} 和 l_{I} 是互不相关的实高斯随机变量，所以也是相互统计独立的。于是，在假设 H_1 下，l_{R} 和 l_{I} 的二维联合条件概率密度函数为

$$p(l_{\mathrm{R}},l_{\mathrm{I}}|\theta;\ H_1)=p(l_{\mathrm{R}}|\theta;\ H_1)p(l_{\mathrm{I}}|\theta;\ H_1)$$
$$=\frac{2}{\pi N_0E_{\tilde{s}}}\exp\left[-\frac{(l_{\mathrm{R}}-E_{\tilde{s}}\cos\theta)^2+(l_{\mathrm{I}}-E_{\tilde{s}}\sin\theta)^2}{N_0E_{\tilde{s}}/2}\right] \tag{4.7.25}$$
$$=\frac{2}{\pi N_0E_{\tilde{s}}}\exp\left[-\frac{l_{\mathrm{R}}^2+l_{\mathrm{I}}^2+E_{\tilde{s}}^2-2E_{\tilde{s}}(l_{\mathrm{R}}\cos\theta+l_{\mathrm{I}}\sin\theta)}{N_0E_{\tilde{s}}/2}\right]$$

现进行变量代换，令

$$l=(l_{\mathrm{R}}^2+l_{\mathrm{I}}^2)^{1/2},\quad l\geqslant 0 \tag{4.7.26a}$$

$$\varphi=\arctan\frac{l_{\mathrm{I}}}{l_{\mathrm{R}}},\quad -\pi\leqslant\varphi\leqslant\pi \tag{4.7.26b}$$

则有

$$l_R = l\cos\varphi,\quad l\geqslant 0,\quad -\pi\leqslant\varphi\leqslant\pi \tag{4.7.27a}$$

$$l_I = l\sin\varphi,\quad l\geqslant 0,\quad -\pi\leqslant\varphi\leqslant\pi \tag{4.7.27b}$$

显然，变量 l 恰为(4.7.20)式所示判决表示式的检验统计量 $l[\tilde{x}(t)]$。根据(4.7.27)式，对(4.7.25)式进行二维雅可比变换，得 l 和 φ 的二维联合条件概率密度函数为

$$\begin{aligned} p(l,\varphi|\theta;\ H_1) = & \frac{2l}{\pi N_0 E_{\tilde{s}}}\exp\left(-\frac{2l^2+2E_{\tilde{s}}^2}{N_0 E_{\tilde{s}}}\right)\times \\ & \exp\left[\frac{4}{N_0}l\cos(\theta-\varphi)\right],\quad l\geqslant 0,-\pi\leqslant\varphi\leqslant\pi \end{aligned} \tag{4.7.28}$$

通过求(4.7.28)式的边缘概率密度函数，得

$$p(l|\theta;\ H_1) = \frac{4l}{N_0 E_{\tilde{s}}}\exp\left(-\frac{2l^2+2E_{\tilde{s}}^2}{N_0 E_{\tilde{s}}}\right)I_0\left(\frac{4}{N_0}l\right),\quad l\geqslant 0 \tag{4.7.29}$$

再将(4.7.29)式对随机相位 θ 求统计平均，最终我们得到假设 H_1 下检验统计量 $l[\tilde{x}(t)]$ 的概率密度函数为

$$\begin{aligned} p(l|H_1) &= \frac{1}{2\pi}\int_{-\pi}^{\pi} p(l|\theta;\ H_1)\,\mathrm{d}\theta \\ &= \frac{4l}{N_0 E_{\tilde{s}}}\exp\left(-\frac{2l^2+2E_{\tilde{s}}^2}{N_0 E_{\tilde{s}}}\right)I_0\left(\frac{4}{N_0}l\right),\quad l\geqslant 0 \end{aligned} \tag{4.7.30}$$

为了计算方便，对(4.7.30)式进行归一化处理，令

$$u = \frac{2}{\sqrt{N_0 E_{\tilde{s}}}}l,\quad u\geqslant 0 \tag{4.7.31}$$

则检验统计量 $l[\tilde{x}(t)]$ 的归一化概率密度函数为

$$p(u|H_1) = u\exp\left[-\frac{u^2+d^2}{2}\right]I_0(du),\quad u\geqslant 0 \tag{4.7.32}$$

式中，功率信噪比 $d^2=4E_{\tilde{s}}/N_0$。

在假设 H_0 下，检验统计量 $l[\tilde{x}(t)]$ 的归一化概率密度函数为

$$p(u|H_0) = u\exp\left(-\frac{u^2}{2}\right),\quad u\geqslant 0 \tag{4.7.33}$$

(4.7.33)式和(4.7.32)式分别为瑞利分布和广义瑞利分布。

根据(4.7.20)式所示的判决表示式和(4.7.31)式的变换关系式，判决概率 $P(H_1|H_0)$ 为

$$\begin{aligned} P(H_1|H_0) &= \int_{\gamma}^{\infty} p(l|H_0)\,\mathrm{d}l = \int_{\frac{2}{\sqrt{N_0 E_{\tilde{s}}}}\gamma}^{\infty} p(u|H_0)\,\mathrm{d}u \\ &= \int_{\frac{2}{\sqrt{N_0 E_{\tilde{s}}}}\gamma}^{\infty} u\exp\left(-\frac{u^2}{2}\right)\mathrm{d}u \\ &= \exp\left(-\frac{2}{N_0 E_{\tilde{s}}}\gamma^2\right) \end{aligned} \tag{4.7.34}$$

而判决概率 $P(H_1|H_1)$ 为

$$\begin{aligned} P(H_1|H_1) &= \int_{\gamma}^{\infty} p(l|H_1)\,\mathrm{d}l \\ &= \int_{\frac{2}{\sqrt{N_0 E_{\tilde{s}}}}\gamma}^{\infty} u\exp\left(-\frac{u^2+d^2}{2}\right)I_0(du)\,\mathrm{d}u \end{aligned} \tag{4.7.35}$$

具体计算可采用(4.6.29)式的递推算法。

4.7.3　复高斯白噪声中二元随机振幅与随机相位复信号波形的检测

在复信号波形振幅与相位同时随机的情况下，简单二元信号模型表示为

$$H_0:\ \tilde{x}(t)=\tilde{n}(t),\quad 0\leqslant t\leqslant T$$

$$H_1:\ \tilde{x}(t)=\tilde{s}(t;\ a,\theta)+\tilde{n}(t),\quad 0\leqslant t\leqslant T$$

其中，复信号 $\tilde{s}(t;\ a,\theta)=a\exp[\mathrm{j}(\omega_0 t+\theta)](0\leqslant t\leqslant T)$，并假定，随机振幅 a 服从瑞利分布，即

$$p(a)=\begin{cases}\dfrac{a}{\sigma_a^2}\exp\left(-\dfrac{a^2}{2\sigma_a^2}\right), & a\geqslant 0\\ 0, & a<0\end{cases}$$

随机相位 θ 在$(-\pi,\pi)$范围内服从均匀分布，即

$$p(\theta)=\begin{cases}\dfrac{1}{2\pi}, & -\pi\leqslant\theta\leqslant\pi\\ 0, & 其他\end{cases}$$

随机振幅 a 与随机相位 θ 相互统计独立；信号频率 ω_0 已知，与观测时间 T 满足 $\omega_0 T=2m\pi$，m 为正整数；加性噪声 $\tilde{n}(t)$是均值为零的复高斯白噪声，其实部 $n_{\mathrm{R}}(t)$和虚部 $n_{\mathrm{I}}(t)$分别是均值为零、功率谱密度为 $P_{n_{\mathrm{R}}}(\omega)=P_{n_{\mathrm{I}}}(\omega)=N_0/4$ 的实高斯白噪声。

为了获得信号检测的判决表示式，我们可以直接利用随机相位复信号时的似然比函数 $\lambda[\tilde{x}(t)]$，得到以随机振幅 a 为条件的似然比函数 $\lambda[\tilde{x}(t)|a]$。由随机相位为 θ 时的(4.7.19)式，可以直接得到 $\lambda[\tilde{x}(t)|a]$为

$$\lambda[\tilde{x}(t)|a]=\exp\left(-\frac{2E_{\tilde{s}}}{N_0}\right)I_0\left[\frac{4}{N_0}\left|\int_0^T\tilde{x}(t)\,\tilde{s}^*(t)\mathrm{d}t\right|\right]\Bigg|_{\substack{E_{\tilde{s}}=a^2T\\ \tilde{s}^*(t)=a\exp(-\mathrm{j}\omega_0 t)}} \tag{4.7.36}$$

$$=\exp\left(-\frac{2a^2T}{N_0}\right)I_0\left[\frac{4a\sqrt{T}}{N_0}\left|\int_0^T\sqrt{\frac{1}{T}}\tilde{x}(t)\exp(-\mathrm{j}\omega_0 t)\mathrm{d}t\right|\right]$$

将以随机振幅 a 为条件的似然比函数$\lambda[\tilde{x}(t)|a]$对 a 取统计平均，得似然比函数为

$$\lambda[\tilde{x}(t)]=\int_0^\infty\exp\left(-\frac{2a^2T}{N_0}\right)I_0\left[\frac{4a\sqrt{T}}{N_0}\left|\int_0^T\sqrt{\frac{1}{T}}\tilde{x}(t)\exp(-\mathrm{j}\omega_0 t)\mathrm{d}t\right|\right]\times$$

$$\frac{a}{\sigma_a^2}\exp(-\frac{a^2}{2\sigma_a^2})\mathrm{d}a$$

$$=\frac{1}{\sigma_a^2}\int_0^\infty a\exp\left(-\frac{N_0+4\sigma_a^2T}{2N_0\sigma_a^2}a^2\right)I_0\left[\frac{4\sqrt{T}}{N_0}\left|\int_0^T\sqrt{\frac{1}{T}}\tilde{x}(t)\exp(-\mathrm{j}\omega_0 t)\mathrm{d}t\right|a\right]\mathrm{d}a$$

$$=\frac{N_0}{N_0+4\sigma_a^2T}\exp\left[\frac{8\sigma_a^2T}{N_0(N_0+4\sigma_a^2T)}\left|\int_0^T\sqrt{\frac{1}{T}}\tilde{x}(t)\exp(-\mathrm{j}\omega_0 t)\mathrm{d}t\right|^2\right] \tag{4.7.37}$$

根据似然比检验判决式

$$\lambda[\tilde{x}(t)] \underset{H_0}{\overset{H_1}{\gtrless}} \eta$$

可以得到信号检测的判决表示式为

$$l^2[\tilde{x}(t)] \overset{\text{def}}{=} \left|\int_0^T \sqrt{\frac{1}{T}}\tilde{x}(t)\exp(-\mathrm{j}\omega_0 t)\mathrm{d}t\right|^2 \underset{H_0}{\overset{H_1}{\gtrless}} \frac{N_0(N_0+4\sigma_a^2 T)}{8\sigma_a^2 T}\ln\left[\frac{N_0+4\sigma_a^2 T}{N_0}\eta\right] \overset{\text{def}}{=} \gamma^2 \tag{4.7.38}$$

其等效判决表示式为

$$l[\tilde{x}(t)] = \left|\int_0^T \sqrt{\frac{1}{T}}\tilde{x}(t)\exp(-\mathrm{j}\omega_0 t)\mathrm{d}t\right| \underset{H_0}{\overset{H_1}{\gtrless}} \gamma \tag{4.7.39}$$

随机振幅与随机相位复信号检测系统的结构同随机相位复信号时的结构图 4.39 一样，只是将相关运算的复信号 $a\exp(-\mathrm{j}\omega_0 t)$ 换成复信号 $\sqrt{\frac{1}{T}}\exp(-\mathrm{j}\omega_0 t)$。当然，检测门限 γ 的值是不一样的。

现在来研究信号检测的性能。首先求检验统计量 $l[\tilde{x}(t)]$ 在两个假设下的概率密度函数，然后根据判决表示式在相应区间积分，求得各种判决概率。为此，记

$$\tilde{l}[\tilde{x}(t)] = \int_0^T \sqrt{\frac{1}{T}}\tilde{x}(t)\exp(-\mathrm{j}\omega_0 t)\mathrm{d}t \tag{4.7.40}$$

$\tilde{l}[\tilde{x}(t)]$ 是复高斯随机变量。令

$$l_{\mathrm{R}} = \mathrm{Re}(\tilde{l}[\tilde{x}(t)]) = \mathrm{Re}\left(\int_0^T \sqrt{\frac{1}{T}}\tilde{x}(t)\exp(-\mathrm{j}\omega_0 t)\mathrm{d}t\right) \tag{4.7.41a}$$

$$l_{\mathrm{I}} = \mathrm{Im}(\tilde{l}[\tilde{x}(t)]) = \mathrm{Im}\left(\int_0^T \sqrt{\frac{1}{T}}\tilde{x}(t)\exp(-\mathrm{j}\omega_0 t)\mathrm{d}t\right) \tag{4.7.41b}$$

因为 l_{R} 和 l_{I} 分别是复高斯随机变量 $\tilde{l}[\tilde{x}(t)]$ 的实部和虚部，所以它们都是实高斯随机变量。

在假设 H_1 下，接收信号 $\tilde{x}(t)$ 表示为

$$\begin{aligned}\tilde{x}(t) &= \tilde{s}(t;\ a,\theta) + \tilde{n}(t)\\ &= a\exp[\mathrm{j}(\omega_0 t+\theta)] + \tilde{n}(t),\quad 0\leqslant t\leqslant T\end{aligned}$$

这样，我们可以导出在假设 H_1 下，以振幅 a 和相位 θ 为条件的实高斯随机变量 l_{R} 和 l_{I} 的条件概率密度函数分别为

$$p(l_{\mathrm{R}}|a,\theta;\ H_1) = \left(\frac{2}{\pi N_0}\right)^{1/2}\exp\left[-\frac{(l_{\mathrm{R}}-a\sqrt{T}\cos\theta)^2}{N_0/2}\right] \tag{4.7.42a}$$

$$p(l_{\mathrm{I}}|a,\theta;\ H_1) = \left(\frac{2}{\pi N_0}\right)^{1/2}\exp\left[-\frac{(l_{\mathrm{I}}-a\sqrt{T}\sin\theta)^2}{N_0/2}\right] \tag{4.7.42b}$$

可以证明，变量 l_{R} 与 l_{I} 是互不相关的实高斯随机变量，因而也是相互统计独立的。于是，可以得到变量 l_{R} 与 l_{I} 的二维联合条件概率密度函数为

$$p(l_{\mathrm{R}},l_{\mathrm{I}}|a,\theta;\ H_1) = \frac{2}{\pi N_0}\exp\left[-\frac{2l_{\mathrm{R}}^2+2l_{\mathrm{I}}^2+2a^2T-4a\sqrt{T}(l_{\mathrm{R}}\cos\theta+l_{\mathrm{I}}\sin\theta)}{N_0}\right] \tag{4.7.43}$$

为了得到检验统计量 $l[\tilde{x}(t)]$ 的条件概率密度函数，通过变量代换，令

$$l=(l_R^2+l_I^2)^{1/2},\quad l\geqslant 0$$

$$\varphi=\arctan\frac{l_I}{l_R},\quad -\pi\leqslant\varphi\leqslant\pi$$

则 l 恰为检验统计量 $l[\tilde{x}(t)]$，并存在如下关系：

$$l_R=l\cos\varphi,\quad l\geqslant 0,-\pi\leqslant\varphi\leqslant\pi$$

$$l_I=l\sin\varphi,\quad l\geqslant 0,-\pi\leqslant\varphi\leqslant\pi$$

从而可导出变量 l 和 φ 的二维联合条件概率密度函数为

$$\begin{aligned}p(l,\varphi|a,\theta;\ H_1)=&\frac{2l}{\pi N_0}\exp\left(-\frac{2l^2+2a^2T}{N_0}\right)\times\\&\exp\left[\frac{4a\sqrt{T}l}{N_0}\cos(\theta-\varphi)\right],\quad l\geqslant 0,-\pi\leqslant\varphi\leqslant\pi\end{aligned}\tag{4.7.44}$$

并通过求 l 的边缘概率密度函数的方法，得

$$p(l|a,\theta;\ H_1)=\frac{4l}{N_0}\exp\left(-\frac{2l^2+2a^2T}{N_0}\right)I_0\left(\frac{4a\sqrt{T}}{N_0}l\right),\quad l\geqslant 0\tag{4.7.45}$$

最后，通过对 $p(l|a,\theta;\ H_1)$ 求随机相位 θ 和随机振幅 a 的统计平均，导出假设 H_1 下检验统计量 $l[\tilde{x}(t)]$ 的概率密度函数为

$$p(l|H_1)=\frac{4l}{N_0+4\sigma_a^2T}\exp\left(-\frac{2}{N_0+4\sigma_a^2T}l^2\right),\quad l\geqslant 0\tag{4.7.46}$$

在假设 H_0 下，检验统计量 $l[\tilde{x}(t)]$ 的概率密度函数为

$$p(l|H_0)=\frac{4l}{N_0}\exp\left(-\frac{2}{N_0}l^2\right),\quad l\geqslant 0\tag{4.7.47}$$

根据判决表示式(4.7.39)式，错误判决概率 $P(H_1|H_0)\overset{\text{def}}{=}P_F$ 为

$$\begin{aligned}P_F&=P(H_1|H_0)=\int_\gamma^\infty p(l|H_0)\mathrm{d}l\\&=\int_\gamma^\infty\frac{4l}{N_0}\exp\left(-\frac{2}{N_0}l^2\right)\mathrm{d}l\\&=\exp\left(-\frac{2}{N_0}\gamma^2\right)\end{aligned}\tag{4.7.48}$$

而正确判决概率 $P(H_1|H_1)\overset{\text{def}}{=}P_D$ 为

$$\begin{aligned}P_D&=P(H_1|H_1)=\int_\gamma^\infty p(l\mid H_1)\mathrm{d}l\\&=\int_\gamma^\infty\frac{4l}{N_0+4\sigma_a^2T}\exp\left(-\frac{2}{N_0+4\sigma_a^2T}l^2\right)\mathrm{d}l\\&=\exp\left(-\frac{2}{N_0+4\sigma_a^2T}\gamma^2\right)\\&=\exp\left(-\frac{2\gamma^2}{N_0}\frac{1}{1+4\sigma_a^2T/N_0}\right)\\&=P_F^{\frac{1}{1+4\sigma_a^2T/N_0}}\end{aligned}\tag{4.7.49}$$

现在研究参数 $4\sigma_a^2 T/N_0$ 的物理意义。对于给定的信号振幅 a，信号的能量为

$$E_{\tilde{s}|a}=\int_0^T a\exp[\mathrm{j}(\omega_0 t+\theta)]a\exp[-\mathrm{j}(\omega_0 t+\theta)]\mathrm{d}t = a^2 T$$

因为信号的随机振幅 a 服从瑞利分布，所以将 $E_{\tilde{s}|a}$ 对 a 取统计平均，得信号的平均能量为

$$\begin{aligned}\overline{E}_{\tilde{s}}&=\int_0^\infty E_{\tilde{s}|a}p(a)\mathrm{d}a\\&=\int_0^\infty \frac{a^3 T}{\sigma_a^2}\exp\left(-\frac{a^2}{2\sigma_a^2}\right)\mathrm{d}a\\&=\frac{4\sigma_a^4 T}{2\sigma_a^2}=2\sigma_a^2 T\end{aligned}$$

因此，参数 $4\sigma_a^2 T/N_0=2\overline{E}_{\tilde{s}}/N_0$ 是平均信号噪声功率比 $\overline{E}_{\tilde{s}}/N_0$ 的两倍。这样，正确判决概率 P_D、错误判决概率 P_F 和平均功率信噪比 $\overline{E}_{\tilde{s}}/N_0$ 三者之间的关系可表示为

$$P_\mathrm{D}=P_\mathrm{F}^{\frac{1}{1+2\overline{E}_{\tilde{s}}/N_0}} \tag{4.7.50}$$

关于随机振幅与随机相位的简单二元复信号波形在复高斯白噪声背景中检测性能的详细分析和推导，请读者结合习题 4.33 自己完成。

前面已经研究了几种典型随机参量复信号波形的检测问题。对于其他信号模型，原理上可类似地进行分析，这里就不一一讨论了。

习 题

4.1 设信号 $s(t)$是一个宽度为 τ，幅度为 A 的矩形视频脉冲，其数学表示式为

$$s(t)=\begin{cases}A, & |t|\leqslant\dfrac{\tau}{2}\\[2ex] 0, & |t|>\dfrac{\tau}{2}\end{cases}$$

(1) 求信号 $s(t)$的匹配滤波器的系统函数 $H(\omega)$和脉冲响应 $h(t)$。

(2) 求匹配滤波器的输出信号 $s_0(t)$，并画出其波形。

4.2 设矩形包络的单个中频脉冲信号为

$$s(t)=A\mathrm{rect}\left(\frac{t}{\tau}\right)\cos\omega_0 t$$

其中，rect(•)为矩形函数，即

$$\mathrm{rect}(u)=\begin{cases}1, & |u|\leqslant\dfrac{\tau}{2}\\[2ex] 0, & |u|>\dfrac{\tau}{2}\end{cases}$$

信号 $s(t)$的波形如图 4.40 所示。

(1) 求信号 $s(t)$的匹配滤波器的系统函数 $H(\omega)$和脉冲响应 $h(t)$。

(2) 若匹配滤波器的输入噪声 $n(t)$ 是功率谱密度 $P_n(\omega)=N_0/2$ 的白噪声，求匹配滤波器的输出功率信噪比 SNR_o。

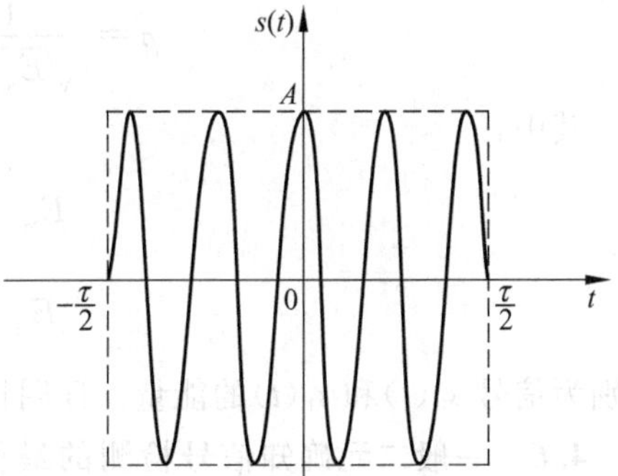

图 4.40　单个矩形中频脉冲信号

4.3　设线性调频矩形脉冲信号为

$$s(t)=A\mathrm{rect}\left(\frac{t}{\tau}\right)\cos\left(\omega_0 t+\frac{\mu t^2}{2}\right)$$

其中，rect(•)为矩形函数；μ 为调频系数。线性调频信号的包络是宽度为 τ 的矩形脉冲；信号的瞬时频率是随时间线性变化的。如果调频斜率为正，则线性调频信号如图 4.41 所示。线性调频信号的瞬时频率为

$$\omega=\frac{\mathrm{d}\varphi}{\mathrm{d}t}=\omega_0+\mu t$$

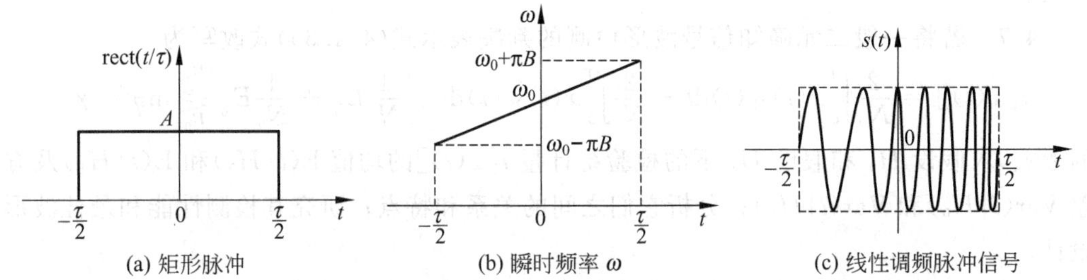

图 4.41　线性调频信号

在脉冲宽度 τ 内，信号的角频率由 $\omega_0-\frac{\mu\tau}{2}$ 变化到 $\omega_0+\frac{\mu\tau}{2}$；调频带宽 $B=\frac{\mu\tau}{2\pi}$；线性调频信号的重要参数是时宽带宽积 D，表示为

$$D=B\tau=\frac{\mu\tau^2}{2\pi}$$

(1) 求线性调频信号的频谱函数 $S(\omega)$。

(2) 求匹配滤波器的系统函数 $H(\omega)$。

(3) 求匹配滤波器的输出信号 $s_o(t)$ 和输出功率信噪比 SNR_o。

4.4　考虑启闭式二元数字通信系统，信源以等概率产生 0 和 1 码，通信系统采用调幅(ASK)方式。在假设 H_0 和假设 H_1 下的接收信号模型为

$$H_0: x(t)=n(t),\quad 0\leqslant t\leqslant T$$
$$H_1: x(t)=as(t)+n(t),\quad 0\leqslant t\leqslant T$$

其中，信号 $as(t)$ 的振幅为 a，$s(t)$ 是归一化的确知信号，即

$$\int_0^T s^2(t)\,\mathrm{d}t=1$$

$n(t)$ 是均值为零、功率谱密度为 $P_n(\omega)=N_0/2$ 的高斯白噪声。试分别用正交级数展开法和充分统计量方法确定最小平均错误概率准则的信号检测判决表示式和最佳检测系统，并研究其检测性能。

4.5 在一般二元确知信号波形的检测中，波形相关系数 ρ 定义为

$$\rho = \frac{1}{\sqrt{E_{s_0} E_{s_1}}} \int_0^T s_0(t) s_1(t) \mathrm{d}t$$

其中，

$$E_{s_0} = \int_0^T s_0^2(t) \mathrm{d}t$$

$$E_{s_1} = \int_0^T s_1^2(t) \mathrm{d}t$$

分别为信号 $s_0(t)$ 和 $s_1(t)$ 的能量。证明 $|\rho| \leqslant 1$。

4.6 一般二元确知信号检测的最佳波形设计中，在信号 $s_0(t)$ 和 $s_1(t)$ 的能量之和 $E_{s_0}+E_{s_1}=2E_s$ 的约束下，为使偏移系数 d^2 最大，应取 $\rho=-1$，且满足 $E_{s_0}=E_{s_1}=E_s$。为此需证明，若 a 和 b 为任意两正数，当 $a+b=2\alpha$ 时，使 ab 乘积最大的 a 和 b 应满足 $a=b=\alpha$。

4.7 若将一般二元确知信号波形检测的判决表示式(4.4.35)式改写为

$$l[x(t)] \stackrel{\text{def}}{=} \frac{2}{N_0} \int_0^T x(t) s_1(t) \mathrm{d}t - \frac{2}{N_0} \int_0^T x(t) s_0(t) \mathrm{d}t - \frac{1}{N_0} E_{s_1} + \frac{1}{N_0} E_{s_0} \underset{H_0}{\overset{H_1}{\gtrless}} \ln\eta \stackrel{\text{def}}{=} \gamma$$

的形式，求假设 H_0 和假设 H_1 下的检验统计量 $l[x(t)]$ 的均值 $\mathrm{E}(l|H_0)$ 和 $\mathrm{E}(l|H_1)$ 及方差 $\mathrm{Var}(l|H_0)$ 和 $\mathrm{Var}(l|H_1)$；分析它们之间的关系和特点；研究其检测性能和最佳波形设计。

4.8 在高斯白噪声中，一般二元确知信号波形检测的信号模型如 4.4.2 节所述。现采用充分统计量的分析方法，如果正交函数集 $\{f_k(t)\}$ 的前两个坐标函数构造为

$$f_1(t) = \frac{1}{\sqrt{E_{s_1}}} s_1(t), \quad 0 \leqslant t \leqslant T$$

$$f_2(t) = \frac{1}{\sqrt{(1-\rho^2) E_{s_0}}} \left[s_0(t) - \rho \sqrt{\frac{E_{s_0}}{E_{s_1}}} s_1(t) \right], \quad 0 \leqslant t \leqslant T$$

(参见(4.4.49)式和(4.4.51)式)。证明 $f_1(t)$ 和 $f_2(t)$ 满足正交函数集坐标函数的定义。

4.9 在高斯白噪声中，一般二元确知信号波形检测的信号模型如 4.4.2 节所述。现采用充分统计量的分析方法，如果正交函数集 $\{f_k(t)\}$ 的第一个坐标函数构造为

$$f_1(t) = \frac{1}{\sqrt{E_{s_0}}} s_0(t), \quad 0 \leqslant t \leqslant T$$

(1) 请问第二个坐标函数 $f_2(t)$ 应如何构造？

(2) 用所构造的 $f_1(t)$ 和 $f_2(t)$ 对 $x(t)$ 进行正交级数展开，导出信号检测的判决表示式；比较此结果与习题 4.8 构造的 $f_1(t)$ 和 $f_2(t)$ 导出的信号检测判决表示式是否一样(参见(4.4.65)式)。

4.10 在高斯白噪声中，一般二元确知信号波形检测的信号模型如 4.4.2 节所述。现采用充分统计量的分析方法，在假设 H_0 下，接收信号 $x(t)$ 的前两个展开系数为

$$x_1 = \rho \sqrt{E_{s_0}} + n_1$$

$$x_2=\sqrt{(1-\rho^2)E_{s_0}}+n_2$$

在假设 H_1 下,接收信号 $x(t)$ 的前两个展开系数为

$$x_1=\sqrt{E_{s_1}}+n_1$$

$$x_2=n_2$$

其中,ρ 是信号 $s_0(t)$ 与 $s_1(t)$ 的波形相关系数,定义为

$$\rho=\frac{1}{\sqrt{E_{s_0}E_{s_1}}}\int_0^T s_0(t)s_1(t)\mathrm{d}t$$

(参见(4.4.53)式～(4.4.56)式及(4.4.36)式)。请利用概率密度函数 $p(x_1,x_2|H_1)$ 和 $p(x_1,x_2|H_0)$ 构成似然比检验,导出信号检测的判决表示式。

4.11　请用充分统计量的方法研究例 4.4.1 的问题。

4.12　在例 4.4.3 中,若满足

$$\underset{0\leqslant i\leqslant 3}{\mathrm{Max}}\left\{\sum_{k=1}^{2}x_k s_{ki}\right\}$$

则判决相应的假设 H_i 成立。据此如何推得当信号波形满足

$$\mathrm{Max}\left\{\int_0^T x(t)s_i(t)\mathrm{d}t\right\}$$

时,判决假设 H_i 成立。

4.13　在二元数字通信系统中,两个假设下的接收信号分别为

$$H_0:\ x(t)=s_0(t)+n(t),\quad 0\leqslant t\leqslant 3T$$

$$H_1:\ x(t)=s_1(t)+n(t),\quad 0\leqslant t\leqslant 3T$$

其中,信号 $s_1(t)$ 和 $s_0(t)$ 的波形如图 4.42 所示;加性噪声是均值为零、功率谱密度为 $P_n(\omega)=N_0/2$ 的高斯白噪声;设信号的先验概率相等。采用最小平均错误概率准则,求 $E_s/N_0=2$ 时的平均错误概率 P_e,其中 E_s 是信号 $s_0(t)$ 和 $s_1(t)$ 的平均能量,即

$$E_s=\frac{1}{2}\left[\int_0^T s_0^2(t)\mathrm{d}t+\int_0^T s_1^2(t)\mathrm{d}t\right]$$

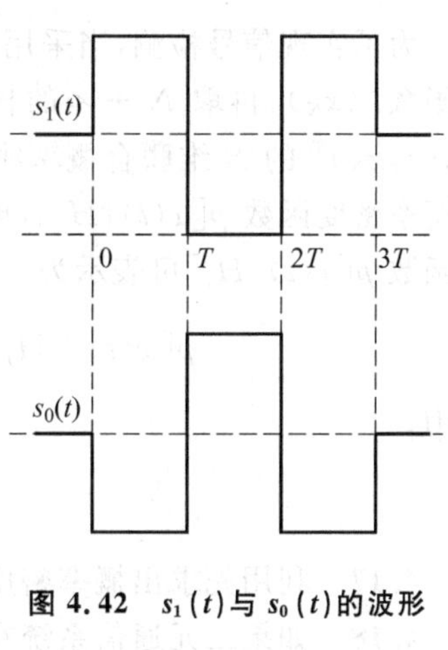

图 4.42　$s_1(t)$ 与 $s_0(t)$ 的波形

4.14　在 4.13 题中,每一个信号都是一个"字",而且每个字有 3"比特"(占 3T,T 是"字"的码元宽度)。假定我们一次一个地检测每一比特,同样能译出字来。

(1) 若先验知识同 4.13 题,问每个比特的错误概率是多少?

(2) 如果能够"校正"一个比特的错误,那么错译一个字的概率是多少?

(3) 将结果与 4.13 题的结果进行比较。

4.15　考虑采用等先验概率的三元信号通信系统。在各假设下的接收信号分别为

$$H_0:\ x(t)=n(t),\quad 0\leqslant t\leqslant T$$

$$H_1:\ x(t)=a\sin\omega_0 t+n(t),\quad 0\leqslant t\leqslant T$$

$$H_2:\ x(t)=-a\sin\omega_0 t+n(t),\quad 0\leqslant t\leqslant T$$

即信号 $s_0(t)=0, s_1(t)=a\sin\omega_0 t, s_2(t)=-s_1(t)=-a\sin\omega_0 t, \omega_0 T=2m\pi$，$m$ 为正整数；噪声 $n(t)$是均值为零、功率谱密度为 $P_n(\omega)=N_0/2$ 的高斯白噪声。

(1) 设计最小平均错误概率的最佳检测系统。

(2) 证明

$$P(H_0 \mid H_0) = 2\int_0^{\sqrt{\frac{E_s}{2N_0}}} \left(\frac{1}{2\pi}\right)^{1/2} \exp\left(-\frac{u^2}{2}\right)\mathrm{d}u$$

其中，$E_s=\int_0^T s_1^2(t)\mathrm{d}t=\frac{a^2 T}{2}$（下同）。

(3) 证明

$$P(H_1 | H_1)=P(H_2 \mid H_2) = \int_{-\sqrt{\frac{E_s}{2N_0}}}^{\infty} \left(\frac{1}{2\pi}\right)^{1/2} \exp\left(-\frac{u^2}{2}\right)\mathrm{d}u$$

进而证明平均正确判决概率为

$$P_c=\frac{4}{3}\int_0^{\sqrt{\frac{E_s}{2N_0}}} \left(\frac{1}{2\pi}\right)^{1/2} \exp\left(-\frac{u^2}{2}\right)\mathrm{d}u+\frac{1}{3}$$

(4) 请将这种三元系统与二元 FSK 情况和例 4.4.3 的四相通信系统的性能进行比较。

4.16 在均值为零、功率谱密度为 $P_n(\omega)=N_0/2$ 的加性白噪声 $n(t)$背景中，假设 H_j 下的接收信号为

$$H_j:\ x(t)=s_j(t)+n(t),\quad 0\leqslant t\leqslant T$$

其中，信号 $s_j(t)$的能量为

$$E_{s_j}=\int_0^T s_j^2(t)\mathrm{d}t$$

为了实现信号检测，当采用正交级数展开法时，首先是建立展开系数前 N 维的似然比函数 $\lambda(\boldsymbol{x}_N)$，再取 $N\to\infty$ 的极限获得 $\lambda[x(t)]$。如果在获得前 N 个系数 $\boldsymbol{x}_N=(x_1, x_2,\cdots,x_N)^{\mathrm{T}}$ 的 N 维联合概率密度函数（似然函数）$p(\boldsymbol{x}_N|H_j)$后，先取 $N\to\infty$ 的极限，求得概率密度函数 $p[x(t)|H_j]$，再建立似然比函数和检验，结果是一样的。请证明概率密度函数 $p[x(t)|H_j]$可表示为

$$p[x(t) \mid H_j] = F\exp\left[-\frac{1}{N_0}\int_0^T [x(t)-s_j(t)]^2\mathrm{d}t\right]$$

其中，

$$F=\lim_{N\to\infty}\left(\frac{1}{\pi N_0}\right)^{N/2}$$

4.17 利用先求出概率密度函数 $p[x(t)|H_j]$ $(j=0,1,2)$的方法重做习题 4.15。

4.18 如果二元通信系统在两个假设下的接收信号分别为

$$H_0:\ x(t)=b\cos(\omega_0 t+\theta)+n(t),\quad 0\leqslant t\leqslant T$$

$$H_1:\ x(t)=a\cos\omega_1 t+b\cos(\omega_0 t+\theta)+n(t),\quad 0\leqslant t\leqslant T$$

其中，信号的振幅 a 和 b、频率 ω_0 和 ω_1 及相位 θ 均为已知的确定量，$\omega_0 T=2m\pi, \omega_1 T=2n\pi$，$m$ 和 n 均为正整数；噪声 $n(t)$是均值为零、功率谱密度为 $P_n(\omega)=N_0/2$ 的高斯白噪声。

(1) 设计似然比门限为 η 的最佳检测系统。

(2) 研究其检测性能，说明信号 $b\cos(\omega_0 t+\theta)$ 对检测性能有无影响。

4.19 考虑在高斯噪声背景中检测高斯信号的问题。设信号模型为

$$H_0: x(t)=n(t), \quad 0\leqslant t\leqslant T$$
$$H_1: x(t)=s(t)+n(t), \quad 0\leqslant t\leqslant T$$

其中，$n(t)$ 和 $s(t)$ 分别是零均值的高斯噪声和高斯信号，其带宽限于 $|\omega|<\Omega=2\pi B$，功率谱密度分别为 $N_0/2$ 和 $S_0/2$。假如用以 π/Ω 为间隔取 $2BT$ 个样本的方式进行统计信号检测，试求似然比检测系统。

4.20 在高斯白噪声中检测像 $s(t;\theta)=a\sin(\omega_0 t+\theta)$ 这样一类随机相位信号是经常会遇到的。

例如，在雷达系统中，信号模型可以表示为

$$H_0: x(t)=n(t), \quad 0\leqslant t\leqslant T$$
$$H_1: x(t)=a\sin(\omega_0 t+\theta)+n(t), \quad 0\leqslant t\leqslant T$$

其中，a 为接收信号 $s(t;\theta)$ 的振幅；频率 ω_0 已知，且满足 $\omega_0 T=2m\pi$，m 为正整数；θ 是在 $(-\pi,\pi)$ 范围内的随机相位；噪声 $n(t)$ 是均值为零、功率谱密度为 $P_n(\omega)=N_0/2$ 的高斯白噪声。前面已经研究了这类信号的最佳检测问题。

(1) 如果我们在对接收信号 $x(t)$ 作相关运算时，把信号的相位 θ 作为零来处理，而实际接收信号中的信号相位并不等于零，求出作为相位 θ 函数的检测概率 $P_D=P(H_1|H_1)$，并把结果同相位 θ 确实为零的结果进行比较。

(2) 证明：无论信噪比多大，检测概率 P_D 都有可能小于虚警概率 $P_F=P(H_1|H_0)$，这取决于随机相位 θ 的实际取值。

(3) 如果信号 $s(t;\theta)$ 的相位 θ 不是随机的，而是非零未知的，甚至是非零已知的，把它作为零来处理，是否同样存在检测概率 P_D 可能小于虚警概率 P_F 的问题？

4.21 对非相干匹配滤波器(即除相位外，在与信号匹配的滤波器后接一个包络检波器所构成的滤波器)输入正弦信号 $s(t;\theta)=\cos(\omega_0 t+\theta)$ 加白噪声 $n(t)$，如图 4.43 所示。证明匹配滤波器的相位 φ 是可以任意选择的。

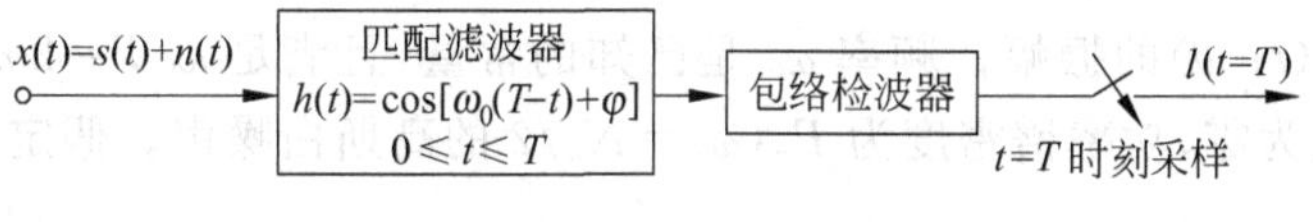

图 4.43 非相干匹配滤波器

4.22 考虑如下形式的窄带信号的检测问题。设信号

$$s(t;f,\theta)=Af(t)\cos(\omega_0 t+\theta), \quad 0\leqslant t\leqslant T$$

其中，A 和 ω_0 已知，$\omega_0 T=2m\pi$，m 为正整数；信号的包络 $f(t)$ 是慢变化的；随机相位 θ 在 $(-\pi,\pi)$ 范围内服从均匀分布；加性噪声 $n(t)$ 是均值为零、功率谱密度为 $P_n(\omega)=N_0/2$ 的高斯白噪声。当信号模型是简单二元随机相位信号时，证明最佳检测系统的非相干匹配滤波器由脉冲响应为

$$h(t)=f(T-t)\cos\omega_0(T-t)$$

的线性滤波器后接一个包络检波器组成。

4.23 在高斯白噪声背景中,简单二元均匀分布随机相位信号波形检测的正确判决概率 $P_D=P(H_1|H_1)$ 的展开表示式为

$$P_D=P_F\exp\left(-\frac{d^2}{2}\right)\left\{1+\frac{\left(\frac{d^2}{2}\right)}{1!}\left[1+\frac{-\ln P_F}{1!}\right]+\frac{\left(\frac{d^2}{2}\right)^2}{2!}\left[1+\frac{-\ln P_F}{1!}+\frac{(-\ln P_F)^2}{2!}\right]+\cdots+\frac{\left(\frac{d^2}{2}\right)^k}{k!}\left[1+\frac{-\ln P_F}{1!}+\frac{(-\ln P_F)^2}{2!}+\frac{(-\ln P_F)^3}{3!}+\cdots+\frac{(-\ln P_F)^k}{k!}\right]+\cdots\right\}$$

(参见附录 4A)。其中,参数 $d^2=2E_s/N_0$ 是功率信噪比; $P_F=P(H_1|H_0)$ 是错误判决概率。如果考虑 P_D 展开表示式中括号内的各项如何计算,则会得到另一种形式的递推算法,结果如下:

$$P_D(k)=P_F\exp\left(-\frac{d^2}{2}\right)A(k)$$
$$A(k)=A(k-1)+G(k)H(k)$$

其中,

$$G(k)=G(k-1)\frac{d^2}{2}/k$$
$$H(k)=H(k-1)+D(k)$$
$$D(k)=D(k-1)(-\ln P_F)/k$$

递推的初始值分别为

$$A(0)=G(0)H(0),\quad G(0)=1,\quad H(0)=1,\quad D(0)=1$$

(1) 请分析该递推算法是否正确可行,并与附录 4A 给出的递推算法进行比较。

(2) 以错误判决概率 P_F 为参变量,以信噪比 d^2 为变量,请计算出一组检测概率曲线。

4.24 考虑简单二元随机相位信号波形的检测问题,两个假设下的接收信号分别为

$$H_0:\ x(t)=n(t),\quad 0\leqslant t\leqslant T$$
$$H_1:\ x(t)=a\cos(\omega_0 t+\theta)+n(t),\quad 0\leqslant t\leqslant T$$

其中,a 是信号 $s(t;\theta)$ 的振幅; 频率 ω_0 是已知的常量,且满足 $\omega_0 T=2m\pi$,m 为正整数; 噪声 $n(t)$ 是均值为零、功率谱密度为 $P_n(\omega)=N_0/2$ 的高斯白噪声。假定相位 θ 是概率密度函数为

$$p(\theta|\nu)=\begin{cases}\dfrac{\exp(\nu\cos\theta)}{2\pi I_0(\nu)}, & -\pi\leqslant\theta\leqslant\pi\\ 0, & \text{其他}\end{cases}$$

的非均匀分布随机变量。现采用(4.6.39)式的判决表示式,即

$$l\underset{H_0}{\overset{H_1}{\gtrless}}\gamma$$

若令

$$l_R=\frac{N_0}{2\sqrt{E_s}}\nu+x_R=l\cos\varphi,\quad l\geqslant 0,-\pi\leqslant\varphi\leqslant\pi$$
$$l_I=x_I=l\sin\varphi,\quad l\geqslant 0,-\pi\leqslant\varphi\leqslant\pi$$

式中，

$$x_{\mathrm{R}}=\int_0^T\sqrt{\frac{2}{T}}x(t)\cos\omega_0 t\mathrm{d}t$$

$$x_{\mathrm{I}}=\int_0^T\sqrt{\frac{2}{T}}x(t)\sin\omega_0 t\mathrm{d}t$$

(1) 对于给定的某个 θ，求 l 和 φ 的条件概率密度函数 $p(l,\varphi|\theta;\ H_1)$。

(2) 能否求得 $p(l|\theta;\ H_1)$ 和 $p(l|H_1)$ 的解析式？

4.25 高斯白噪声中，简单二元随机相位信号波形检测的信号模型同习题 4.24。若检验统计量为 l，设

$$l_\nu=\left[\left(\nu+\frac{2\sqrt{E_s}}{N_0}x_{\mathrm{R}}\right)^2+\left(\frac{2\sqrt{E_s}}{N_0}x_{\mathrm{I}}\right)^2\right]^{1/2}$$

式中，

$$x_{\mathrm{R}}=\int_0^T\sqrt{\frac{2}{T}}x(t)\cos\omega_0 t\mathrm{d}t$$

$$x_{\mathrm{I}}=\int_0^T\sqrt{\frac{2}{T}}x(t)\sin\omega_0 t\mathrm{d}t$$

证明信号检测系统的结构如图 4.44 所示。

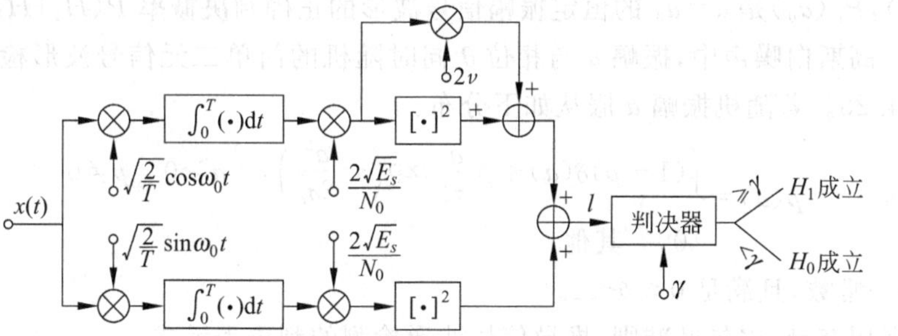

图 4.44 非均匀相位分布的信号检测系统结构

4.26 高斯白噪声中，简单二元随机相位信号波形检测的信号模型同习题 4.24。若采用奈曼-皮尔逊准则，证明最佳信号检测系统的结构如图 4.45 所示。

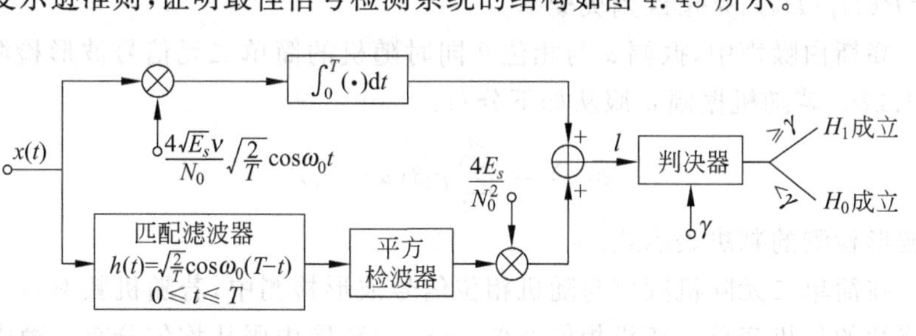

图 4.45 非均匀相位分布的奈曼-皮尔逊检测系统结构

4.27 在均值为零、功率谱密度为 $P_n(\omega)=N_0/2$ 的高斯白噪声背景中，考虑一般二元随机相位信号波形的检测问题。若两个假设下的接收信号分别为

$$H_0:\ x(t)=a\cos(\omega_0 t+\theta_0)+n(t),\quad 0\leqslant t\leqslant T$$
$$H_1:\ x(t)=a\cos(\omega_1 t+\theta_1)+n(t),\quad 0\leqslant t\leqslant T$$

其中，a 为信号的振幅；频率 ω_0 和 ω_1 为已知常量，且满足 $\omega_0 T=2m\pi$，$\omega_1 T=2n\pi$，m 和 n 为正整数。设随机相位服从

$$p(\theta_j|\nu)=\begin{cases}\dfrac{\exp(\nu\cos\theta_j)}{2\pi I_0(\nu)}, & -\pi\leqslant\theta_j\leqslant\pi,\quad j=0,1\\ 0, & \text{其他}\end{cases}$$

在先验概率 $P(H_0)=P(H_1)$ 下，采用最小平均错误概率准则，试用正交级数展开法求信号波形检测的判决表示式。

4.28 在简单二元随机振幅与随机相位信号波形的检测中，两个假设下的接收信号为

$$H_0:\ x(t)=n(t),\quad 0\leqslant t\leqslant T$$
$$H_1:\ x(t)=a\cos(\omega_0 t+\theta)+n(t),\quad 0\leqslant t\leqslant T$$

其中，频率 ω_0 为常量，且满足 $\omega_0 T=2m\pi$，m 为正整数；随机相位 θ 在 $(-\pi,\pi)$ 范围内均匀分布；噪声 $n(t)$ 是均值为零、功率谱密度为 $P_n(\omega)=N_0/2$ 的高斯白噪声。

(1) 若振幅 a 是离散随机变量，且与随机相位 θ 相互统计独立，概率分布为 $P(a=0)=1-p$，$P(a=a_0)=p(0\leqslant p\leqslant 1)$。请设计采用奈曼-皮尔逊准则的检测系统。

(2) 证明信号检测概率 $P_{\mathrm{D}}=(1-p)P_{\mathrm{F}}+pP_{\mathrm{D}}(a_0)$。其中，$P_{\mathrm{F}}$ 是错误判决概率 $P(H_1|H_0)$，$P_{\mathrm{D}}(a_0)$ 是 $a=a_0$ 的恒定振幅信号波形的正确判决概率 $P(H_1|H_1)$。

4.29 高斯白噪声中，振幅 a 与相位 θ 同时随机的简单二元信号波形检测的信号模型同习题 4.28。若随机振幅 a 服从如下分布：

$$p(a)=\begin{cases}(1-p)\delta(a)+p\dfrac{a}{\sigma_a^2}\exp\left(-\dfrac{a^2}{2\sigma_a^2}\right), & a\geqslant 0\quad p\neq 0\\ 0, & \text{其他}\end{cases}$$

式中，p 是一常数，且满足 $0<p<1$。

(1) 采用奈曼-皮尔逊准则，推导信号波形检测的判决表示式。

(2) 证明信号检测的正确判决概率 $P_{\mathrm{D}}\stackrel{\text{def}}{=}P(H_1|H_1)$ 为

$$P_{\mathrm{D}}=(1-p)P_{\mathrm{F}}+pP_{\mathrm{F}}^{\frac{1}{1+\sigma_a^2 T/N_0}}$$

其中，$P_{\mathrm{F}}\stackrel{\text{def}}{=}P(H_1|H_0)$，是错误判决概率。

4.30 高斯白噪声中，振幅 a 与相位 θ 同时随机的简单二元信号波形检测的信号模型同习题 4.28。若随机振幅 a 服从如下分布：

$$p(a)=\sum_{i=1}^{M}p_i\delta(a-a_i)$$

推导信号波形检测的判决表示式。

4.31 在简单二元随机频率与随机相位信号波形检测中，若随机频率 ω_s 在 (ω_1,ω_2) 范围内是连续的随机变量；随机相位 θ 在 $(-\pi,\pi)$ 范围内服从均匀分布；噪声 $n(t)$ 是均值为零、功率谱密度为 $P_n(\omega)=N_0/2$ 的高斯白噪声。现以 $\Delta\omega=(\omega_2-\omega_1)/M$ 为间隔将频率离散化为 $\omega_1,\omega_2,\cdots,\omega_M$。当 $p(\omega_i)$ 为均匀分布时，信号的最佳检测系统如图 4.33 所示。如果 M 条支路中匹配滤波器的频率响应特性 $|H(\omega_i)|=\cos\omega_i T$，相邻两个滤波器的幅频

特性在峰值的半功率点处相交。试估算为达到同均匀分布随机相位信号波形相同的检测性能，随机频率与随机相位信号所需的信噪比大约要提高多少分贝(dB)？

4.32　设 $\tilde{n}(t)=n_R(t)+jn_I(t)$ 是零均值的复高斯白噪声，其实部 $n_R(t)$ 和虚部 $n_I(t)$ 分别是均值为零、功率谱密度为 $P_{n_R}(\omega)=P_{n_I}(\omega)=N_0/4$ 的实高斯白噪声。若

$$\tilde{n}(t_k)=n_R(t_k)+jn_I(t_k)$$

是 $\tilde{n}(t)$ 在 t_k 时刻的复随机变量，分别求 $n_R(t_k)$，$n_I(t_k)$ 和 $\tilde{n}(t_k)$ 的均值和方差。

4.33　在复高斯白噪声背景中，振幅 a 和相位 θ 同时随机的简单二元复信号波形检测的信号模型如 4.7.3 节所述。前面已经导出了信号检测的判决表示式

$$l[\tilde{x}(t)]=\left|\int_0^T\sqrt{\frac{1}{T}}\tilde{x}(t)\exp(-j\omega_0 t)\,dt\right|\underset{H_0}{\overset{H_1}{\gtrless}}\gamma$$

(参见(4.7.39)式)，记

$$\tilde{l}[\tilde{x}(t)]=\int_0^T\sqrt{\frac{1}{T}}\tilde{x}(t)\exp(-j\omega_0 t)\,dt$$

它是复高斯随机变量。若令

$$l_R=\mathrm{Re}(\tilde{l}[\tilde{x}(t)])=\mathrm{Re}\left[\int_0^T\sqrt{\frac{1}{T}}\tilde{x}(t)\exp(-j\omega_0 t)\,dt\right]$$

$$l_I=\mathrm{Im}(\tilde{l}[\tilde{x}(t)])=\mathrm{Im}\left[\int_0^T\sqrt{\frac{1}{T}}\tilde{x}(t)\exp(-j\omega_0 t)\,dt\right]$$

因为 l_R 和 l_I 分别是复高斯随机变量的实部和虚部，所以它们都是实高斯随机变量。现在研究信号检测的性能，请分步导出相应的结果。

(1) 在假设 H_1 下，$\tilde{x}(t)$ 表示为

$$\tilde{x}(t)=\tilde{s}(t;\ a,\theta)+\tilde{n}(t)$$
$$=a\exp[j(\omega_0 t+\theta)]+\tilde{n}(t),\quad 0\leqslant t\leqslant T$$

请导出 l_R 和 l_I 的条件概率密度函数分别为

$$p(l_R|a,\theta;\ H_1)=\left(\frac{2}{\pi N_0}\right)^{1/2}\exp\left[-\frac{(l_R-a\sqrt{T}\cos\theta)^2}{N_0/2}\right]$$

$$p(l_I|a,\theta;\ H_1)=\left(\frac{2}{\pi N_0}\right)^{1/2}\exp\left[-\frac{(l_I-a\sqrt{T}\sin\theta)^2}{N_0/2}\right]$$

(2) 证明 $(l_R|a,\theta;\ H_1)$ 与 $(l_I|a,\theta;\ H_1)$ 是互不相关的实高斯随机变量，进而得 l_R 和 l_I 的二维联合条件概率密度函数为

$$p(l_R,l_I|a,\theta;\ H_1)=\frac{2}{\pi N_0}\exp\left[-\frac{2l_R^2+2l_I^2+2a^2T-4a\sqrt{T}(l_R\cos\theta+l_I\sin\theta)}{N_0}\right]$$

(3) 通过变量代换，令

$$l=(l_R^2+l_I^2)^{1/2},\quad l\geqslant 0$$

$$\varphi=\arctan\frac{l_I}{l_R},\quad -\pi\leqslant\varphi\leqslant\pi$$

导出 l 和 φ 的二维联合条件概率密度函数

$$p(l,\varphi|a,\theta;\ H_1)=\frac{2l}{\pi N_0}\exp\left(-\frac{2l^2+2a^2T}{N_0}\right)\times$$

$$\exp\left[\frac{4a\sqrt{T}l}{N_0}\cos(\theta-\varphi)\right],\quad l\geqslant 0,-\pi\leqslant\varphi\leqslant\pi$$

而 l 的条件概率密度函数为

$$p(l|a,\theta;\ H_1)=\frac{4l}{N_0}\exp\left(-\frac{2l^2+2a_T^2}{N_0}\right)I_0\left(\frac{4a\sqrt{T}}{N_0}l\right),\quad l\geqslant 0$$

(4) 通过对 $p(l|a,\theta;\ H_1)$ 求随机相位 θ 和随机振幅 a 的统计平均,导出检验统计量 $l[\tilde{x}(t)]$ 的概率密度函数

$$p(l|H_1)=\frac{4l}{N_0+4\sigma_a^2T}\exp\left(-\frac{2}{N_0+4\sigma_a^2T}l^2\right),\quad l\geqslant 0$$

和

$$p(l|H_0)=\frac{4l}{N_0}\exp\left(-\frac{2}{N_0}l\right),\quad l\geqslant 0$$

(5) 导出信号检测的判决概率表示式

$$P_F=P(H_1|H_0)=\exp\left(-\frac{2}{N_0}\gamma^2\right)$$

$$P_D=P(H_1|H_1)=P_F^{\frac{1}{1+4\sigma_a^2T/N_0}}$$

并将结果与实信号时的结果(参见(4.6.78)式和(4.6.79)式)进行比较。

附录4A 随机相位信号检测概率的递推算法

在高斯白噪声背景中,简单二元均匀分布随机相位信号波形检测的判决概率为

$$\begin{aligned}P_F=P(H_1|H_0)&=\int_\gamma^\infty\frac{2l}{N_0}\exp\left(-\frac{l^2}{N_0}\right)dl\\&=\exp\left(-\frac{\gamma^2}{N_0}\right)\end{aligned}\tag{4A.1}$$

$$\begin{aligned}P_D=P(H_1|H_1)&=\int_\gamma^\infty\frac{2l}{N_0}\exp\left(-\frac{l^2+E_s}{N_0}\right)I_0\left(\frac{2\sqrt{E_s}}{N_0}l\right)dl\\&=\int_{\sqrt{\frac{2}{N_0}}\gamma}^\infty u\exp\left(-\frac{u^2+d^2}{2}\right)I_0(du)du\end{aligned}\tag{4A.2}$$

式中,参数 $d^2=2E_s/N_0$ 是功率信噪比。现在我们研究判决概率 P_D 的解析表示式和递推计算。

因为第一类零阶修正贝塞尔函数 $I_0(du)$ 可以表示为

$$I_0(du)=\sum_{i=0}^\infty\frac{\left(\frac{d}{2}\right)^{2i}}{i!\Gamma(i+1)}u^{2i}\tag{4A.3}$$

所以判决概率 P_D 可表示为

$$P_D=\exp\left(-\frac{d^2}{2}\right)\sum_{i=0}^\infty\frac{\left(\frac{d}{2}\right)^{2i}}{i!\Gamma(i+1)}\int_{\sqrt{\frac{2}{N_0}}\gamma}^\infty u^{2i+1}\exp\left(-\frac{u^2}{2}\right)du\tag{4A.4}$$

令

$$v=\frac{u^2}{2},\quad v\geqslant 0$$

则

$$P_{\mathrm{D}}=\exp\left(-\frac{d^2}{2}\right)\sum_{i=0}^{\infty}\frac{\left(\frac{d^2}{2}\right)^i}{i!\Gamma(i+1)}\int_{\gamma^2/N_0}^{\infty}v^i\exp(-v)\mathrm{d}v \tag{4A.5}$$

利用积分公式

$$\int v^i\exp(-v)\mathrm{d}v=-v^i\exp(-v)+i\int v^{i-1}\exp(-v)\mathrm{d}v$$

则 P_{D} 式中的积分项为

$$\begin{aligned}&\int_{\gamma^2/N_0}^{\infty}v^i\exp(-v)\mathrm{d}v\\&=\left(\frac{\gamma^2}{N_0}\right)^i\exp\left(-\frac{\gamma^2}{N_0}\right)+i\left(\frac{\gamma^2}{N_0}\right)^{i-1}\exp\left(-\frac{\gamma^2}{N_0}\right)+\\&\quad i(i-1)\left(\frac{\gamma^2}{N_0}\right)^{i-2}\exp\left(-\frac{\gamma^2}{N_0}\right)+\cdots+\\&\quad i(i-1)(i-2)\times\cdots\times2\times1\left(\frac{\gamma^2}{N_0}\right)^0\exp\left(-\frac{\gamma^2}{N_0}\right)\end{aligned} \tag{4A.6}$$

因为 $\Gamma(i+1)=i!$，所以最终将得到判决概率 P_{D} 的解析表示式为

$$P_{\mathrm{D}}=\exp\left(-\frac{\gamma^2}{N_0}\right)\exp\left(-\frac{d^2}{2}\right)\sum_{i=0}^{\infty}\frac{\left(\frac{d^2}{2}\right)^i}{\Gamma(i+1)}\sum_{j=0}^{i}\frac{\left(\frac{\gamma^2}{N_0}\right)^j}{\Gamma(j+1)} \tag{4A.7}$$

利用判决概率

$$P_{\mathrm{F}}=\exp\left(-\frac{\gamma^2}{N_0}\right)$$

的关系式，判决概率 P_{D} 可表示为判决概率 P_{F} 和功率信噪比 d^2 的函数，即

$$P_{\mathrm{D}}=P_{\mathrm{F}}\exp\left(-\frac{d^2}{2}\right)\sum_{i=0}^{\infty}\frac{\left(\frac{d^2}{2}\right)^i}{\Gamma(i+1)}\sum_{j=0}^{i}\frac{(-\ln P_{\mathrm{F}})^j}{\Gamma(j+1)} \tag{4A.8}$$

这就是(4.6.31)式。

下面研究判决概率 P_{D} 的递推计算方法。将(4.6.31)式的求和形式展开表示，则有

$$\begin{aligned}P_{\mathrm{D}}=P_{\mathrm{F}}\exp\left(-\frac{d^2}{2}\right)\Bigg\{&1+\frac{\left(\frac{d^2}{2}\right)}{1!}\left[1+\frac{-\ln P_{\mathrm{F}}}{1!}\right]+\\&\frac{\left(\frac{d^2}{2}\right)^2}{2!}\left[1+\frac{-\ln P_{\mathrm{F}}}{1!}+\frac{(-\ln P_{\mathrm{F}})^2}{2!}\right]+\cdots+\\&\frac{\left(\frac{d^2}{2}\right)^k}{k!}\left[1+\frac{-\ln P_{\mathrm{F}}}{1!}+\frac{(-\ln P_{\mathrm{F}})^2}{2!}+\frac{(-\ln P_{\mathrm{F}})^3}{3!}+\cdots+\frac{(-\ln P_{\mathrm{F}})^k}{k!}\right]+\cdots\Bigg\}\end{aligned} \tag{4A.9}$$

研究 P_{D} 的展开计算式，它是一无穷级数的形式。如果把第 k 项括号内的值记为 $H(k)$，

它与第 $k-1$ 项的 $H(k-1)$ 相比较，增加了 $(-\ln P_F)^k/k!$ 这一项，记为 $D(k)$，它恰为 $D(k-1)$ 的 $(-\ln P_F)/k$ 倍。因此有

$$D(k)=D(k-1)(-\ln P_F)/k$$

而

$$H(k)=H(k-1)+D(k)$$

进而，如果把第 k 项括号前的系数记为 $G(k)$，它恰为 $G(k-1)$ 的 $(d^2/2)/k$ 倍，因此有

$$G(k)=G(k-1)\left(\frac{d^2}{2}\right)/k$$

这样，第 k 项的值 $G(k)H(k)$ 可由 $G(k-1)$，$H(k-1)$ 和 $D(k-1)$ 递推求得，而取 k 项的判决概率 $P_D(k)$ 是在 $P_D(k-1)$ 的基础上加 $G(k)H(k)$ 得到的。

根据上面的分析结果，我们能够采用递推算法计算判决概率 P_D。递推公式为

$$P_D(k)=P_D(k-1)+G(k)H(k),\quad k\geqslant 1 \tag{4A.10}$$

式中，

$$G(k)=G(k-1)\left(\frac{d^2}{2}\right)/k$$

$$H(k)=H(k-1)+D(k)$$

$$D(k)=D(k-1)(-\ln P_F)/k \tag{4A.11}$$

而初始值分别为

$$P_D(0)=G(0)H(0)$$

$$G(0)=\exp\left(-\frac{d^2}{2}\right)$$

$$H(0)=P_F$$

$$D(0)=P_F \tag{4A.12}$$

利用该递推公式，我们可以取任意有限多的前 $k+1$ 项计算判决概率 P_D，以满足计算精度的要求。具体递推计算时，可以预先根据精度要求选定定义为

$$\delta_k \stackrel{\text{def}}{=} G(k)H(k)/P_D(k) \tag{4A.13}$$

的相对误差值，然后逐步增加项数进行计算。当同时满足

$$G(k)H(k)<G(k-1)H(k-1) \tag{4A.14a}$$

和

$$G(k)H(k)/P_D(k)\leqslant\delta_k \tag{4A.14b}$$

时，终止计算。

从判决概率 P_D 的展开表示式可以看到，P_D 的计算关键是展开式的中括号内各项的计算，于是，我们可以得到另一种形式的 P_D 递推算法，详见习题 4.23。

附录 4B 复高斯白噪声的实部和虚部的功率谱密度

根据平稳随机过程的正交级数展开表示，均值为零、功率谱密度为 $P_n(\omega)=N_0/2$ 的实高斯白噪声 $n(t)$，在 $0\leqslant t\leqslant T$ 内其正交级数的展开系数 n_k 为

$$n_k=\int_0^T n(t)f_k(t)\,dt,\quad k=1,2,\cdots \tag{4B.1}$$

$n(t)$的展开系数 n_k 是实高斯随机变量,其均值 $\mathrm{E}(n_k)$和方差 $\mathrm{Var}(n_k)$分别为

$$\mathrm{E}(n_k)=\mathrm{E}\left[\int_0^T n(t)f_k(t)\mathrm{d}t\right]=0,\quad k=1,2,\cdots \tag{4B.2}$$

$$\begin{aligned}\mathrm{Var}(n_k)&=\mathrm{E}\left[\int_0^T n(t)f_k(t)\mathrm{d}t\int_0^T n(u)f_k(u)\mathrm{d}u\right]\\&=\frac{N_0}{2},\quad k=1,2,\cdots\end{aligned} \tag{4B.3}$$

对均值为零的复高斯白噪声 $\tilde{n}(t)$,在 $0\leqslant t\leqslant T$ 内其正交级数的展开系数 $\tilde{n}_k$ 为

$$\tilde{n}_k=\int_0^T\tilde{n}(t)\tilde{f}_k^*(t)\mathrm{d}t=n_{\mathrm{R}_k}+\mathrm{j}n_{\mathrm{I}_k},\quad k=1,2,\cdots \tag{4B.4}$$

其中,$\tilde{f}_k(t)$是复正交函数集$\{\tilde{f}_k(t)\}$的第 k 个复坐标函数。展开系数 $\tilde{n}_k$ 是零均值的复高斯随机变量,$\tilde{n}_k(k=1,2,\cdots)$之间是互不相关的,因而也是相互统计独立的。

设展开系数 $\tilde{n}_k$ 与 n_k 具有相同的方差 $N_0/2$,这样,复高斯随机变量 $\tilde{n}_k$ 的均值 $\mathrm{E}(\tilde{n}_k)$和方差 $\mathrm{Var}(\tilde{n}_k)$分别为

$$\mathrm{E}(\tilde{n}_k)=0,\quad k=1,2,\cdots \tag{4B.5}$$

$$\mathrm{Var}(\tilde{n}_k)=\frac{N_0}{2},\quad k=1,2,\cdots \tag{4B.6}$$

大家知道,复高斯随机变量 $\tilde{n}_k=n_{\mathrm{R}_k}+\mathrm{j}n_{\mathrm{I}_k}$ 的实部 n_{R_k} 和虚部 n_{I_k} 都是实高斯随机变量,它们之间是相互统计独立的;实部 n_{R_k} 和虚部 n_{I_k} 的均值等于复高斯随机变量 $\tilde{n}_k$ 的均值,而它们的方差等于 $\tilde{n}_k$ 方差的一半,即

$$\mathrm{E}(n_{\mathrm{R}_k})=\mathrm{E}(n_{\mathrm{I}_k})=\mathrm{E}(\tilde{n}_k)=0,\quad k=1,2,\cdots \tag{4B.7}$$

$$\mathrm{Var}(n_{\mathrm{R}_k})=\mathrm{Var}(n_{\mathrm{I}_k})=\frac{\mathrm{Var}(\tilde{n}_k)}{2}=\frac{N_0}{4},\quad k=1,2,\cdots \tag{4B.8}$$

因为零均值复高斯白噪声 $\tilde{n}(t)$为

$$\tilde{n}(t)=n_{\mathrm{R}}(t)+\mathrm{j}n_{\mathrm{I}}(t) \tag{4B.9}$$

所以其实部 $n_{\mathrm{R}}(t)$和虚部 $n_{\mathrm{I}}(t)$都是零均值实高斯白噪声,且互不相关。

现在我们证明,当 $n_{\mathrm{R}}(t)$和 $n_{\mathrm{I}}(t)$分别是均值为零、功率谱密度为 $P_{n_{\mathrm{R}}}(\omega)=P_{n_{\mathrm{I}}}(\omega)=N_0/4$ 的实高斯白噪声时,$\tilde{n}(t)$展开系数 $\tilde{n}_k$ 的实部 n_{R_k} 和虚部 n_{I_k} 的均值为零,方差为 $\mathrm{Var}(n_{\mathrm{R}_k})=\mathrm{Var}(n_{\mathrm{I}_k})=N_0/4$。

因为 $\tilde{n}(t)$是复高斯白噪声,所以,其实部 $n_{\mathrm{R}}(t)$和虚部 $n_{\mathrm{I}}(t)$是实高斯白噪声,且互不相关。

因为,$\tilde{n}(t)$的第 k 个展开系数为

$$\begin{aligned}\tilde{n}_k&=\int_0^T\tilde{n}(t)\tilde{f}_k^*(t)\mathrm{d}t\\&=\int_0^T[n_{\mathrm{R}}(t)+\mathrm{j}n_{\mathrm{I}}(t)][f_{\mathrm{R}_k}(t)-\mathrm{j}f_{\mathrm{I}_k}(t)]\mathrm{d}t\\&=\left[\int_0^T n_{\mathrm{R}}(t)f_{\mathrm{R}_k}(t)\mathrm{d}t+\int_0^T n_{\mathrm{I}}(t)f_{\mathrm{I}_k}(t)\mathrm{d}t\right]+\\&\quad\ \mathrm{j}\left[\int_0^T n_{\mathrm{I}}(t)f_{\mathrm{R}_k}(t)\mathrm{d}t-\int_0^T n_{\mathrm{R}}(t)f_{\mathrm{I}_k}(t)\mathrm{d}t\right]\\&=n_{\mathrm{R}_k}+\mathrm{j}n_{\mathrm{I}_k},\quad k=1,2,\cdots\end{aligned} \tag{4B.10}$$

其中，$\tilde{f}_k(t)$是复正交函数集$\{\tilde{f}_k(t)\}$的第k个坐标函数，表示为

$$\tilde{f}_k(t)=f_{R_k}(t)+\mathrm{j}f_{I_k}(t)$$

当$n_R(t)$和$n_I(t)$分别是均值为零、功率谱密度为$P_{n_R}(\omega)=P_{n_I}(\omega)=N_0/4$时，则有

$$\mathrm{E}(n_{R_k})=0,\quad k=1,2,\cdots \tag{4B.11}$$

$$\begin{aligned}\mathrm{Var}(n_{R_k})&=\mathrm{E}\left[\left(\int_0^T n_R(t)f_{R_k}(t)\mathrm{d}t+\int_0^T n_I(t)f_{I_k}(t)\mathrm{d}t\right)^2\right]\\&=\mathrm{E}\left[\left(\int_0^T n_R(t)f_{R_k}(t)\mathrm{d}t\right)^2\right]+\\&\quad\mathrm{E}\left[\left(\int_0^T n_I(t)f_{I_k}(t)\mathrm{d}t\right)^2\right]+\\&\quad\mathrm{E}\left[2\int_0^T n_R(t)f_{R_k}(t)\mathrm{d}t\int_0^T n_I(u)f_{I_k}(u)\mathrm{d}u\right]\\&=\frac{N_0}{4}\left[\int_0^T f_{R_k}^2(t)\mathrm{d}t+\int_0^T f_{I_k}^2(t)\mathrm{d}t\right]\end{aligned} \tag{4B.12}$$

因为复正交函数集$\{\tilde{f}_k(t)\}$的坐标函数应满足

$$\begin{aligned}\int_0^T \tilde{f}_k(t)\tilde{f}_k^*(t)\mathrm{d}t&=\int_0^T[f_{R_k}(t)+\mathrm{j}f_{I_k}(t)][f_{R_k}(t)-\mathrm{j}f_{I_k}(t)]\mathrm{d}t\\&=\int_0^T f_{R_k}^2(t)\mathrm{d}t+\int_0^T f_{I_k}^2(t)\mathrm{d}t=1\end{aligned}$$

所以

$$\mathrm{Var}(n_{R_k})=\frac{N_0}{4},\quad k=1,2,\cdots \tag{4B.13}$$

类似地可以证明

$$\mathrm{E}(n_{I_k})=0,\quad k=1,2,\cdots \tag{4B.14}$$

$$\mathrm{Var}(n_{I_k})=\frac{N_0}{4},\quad k=1,2,\cdots \tag{4B.15}$$

这样，对零均值的复高斯白噪声$\tilde{n}(t)=n_R(t)+\mathrm{j}n_I(t)$，其实部$n_R(t)$和虚部$n_I(t)$分别是均值为零、功率谱密度为$P_{n_R}(\omega)=P_{n_I}(\omega)=N_0/4$的实高斯白噪声，且互不相关；$\tilde{n}(t)$的展开系数$\tilde{n}_k=n_{R_k}+\mathrm{j}n_{I_k}(k=1,2,\cdots)$是均值为零、方差为$N_0/2$的复高斯随机变量，其实部$n_{R_k}$和虚部$n_{I_k}$分别是均值为零、方差为$N_0/4$的实高斯随机变量，且互不相关，从而也相互统计独立。

附录 4C 一般二元确知复信号波形检测判决式的推导

设一般二元确知复信号波形检测的信号模型为

$$H_0:\ \tilde{x}(t)=\tilde{s}_0(t)+\tilde{n}(t),\quad 0\leqslant t\leqslant T$$

$$H_0:\ \tilde{x}(t)=\tilde{s}_1(t)+\tilde{n}(t),\quad 0\leqslant t\leqslant T$$

其中，复信号$\tilde{s}_0(t)$和$\tilde{s}_1(t)$是确知信号，信号能量分别为

$$E_{\tilde{s}_0}=\int_0^T\tilde{s}_0(t)\tilde{s}_0^*(t)\mathrm{d}t,E_{\tilde{s}_1}=\int_0^T\tilde{s}_1(t)\tilde{s}_1^*(t)\mathrm{d}t$$

噪声$\tilde{n}(t)$是零均值复高斯白噪声，记为

$$\tilde{n}(t)=n_{\mathrm{R}}(t)+\mathrm{j}n_{\mathrm{I}}(t) \tag{4C.1}$$

其中，实部 $n_{\mathrm{R}}(t)$ 和虚部 $n_{\mathrm{I}}(t)$ 分别是均值为零、功率谱密度为 $P_{n_{\mathrm{R}}}(\omega)=P_{n_{\mathrm{I}}}(\omega)=N_0/4$ 的实高斯白噪声，它们之间是互不相关的，因而也是相互统计独立的。

为了导出复信号波形检测的判决表示式，我们仿照实信号波形的情况，选择复正交函数集 $\{\tilde{f}_k(t)\}(k=1,2,\cdots)$ 对 $\tilde{x}(t)$ 进行正交级数展开表示。复正交函数集 $\{\tilde{f}_k(t)\}$ 满足

$$\int_0^T \tilde{f}_j(t)\tilde{f}_k^*(t)\mathrm{d}t=\begin{cases}0, & j\neq k\\ 1, & j=k\end{cases}$$

利用选择的复正交函数集 $\{\tilde{f}_k(t)\}$，对复信号 $\tilde{x}(t)$ 进行正交级数展开表示，根据广义傅里叶级数，有

$$\left.\begin{aligned}\tilde{x}(t) &= \lim_{N\to\infty}\sum_{k=1}^{N}\tilde{x}_k\,\tilde{f}_k(t)\\ \tilde{s}_j(t) &= \lim_{N\to\infty}\sum_{k=1}^{N}\tilde{s}_{jk}\,\tilde{f}_k(t)\\ \tilde{n}(t) &= \lim_{N\to\infty}\sum_{k=1}^{N}\tilde{n}_k\,\tilde{f}_k(t)\end{aligned}\right\} \tag{4C.2}$$

其中，展开系数分别为

$$\left.\begin{aligned}\tilde{x}_k &= \int_0^T\tilde{x}(t)\,\tilde{f}_k^*(t)\mathrm{d}t\\ \tilde{s}_{jk} &= \int_0^T\tilde{s}_j(t)\,\tilde{f}_k^*(t)\mathrm{d}t\\ \tilde{n}_k &= \int_0^T\tilde{n}(t)\,\tilde{f}_k^*(t)\mathrm{d}t\end{aligned}\right\},\quad k=1,2,\cdots,\quad j=0,1 \tag{4C.3}$$

展开系数 $\tilde{x}_k(k=1,2,\cdots)$ 是互不相关的复高斯随机变量，因而也是相互统计独立的。

下面首先证明，$\tilde{x}(t)$ 的正交级数展开表示式中，展开系数 $\tilde{x}_k$ 按

$$\tilde{x}_k=\int_0^T\tilde{x}(t)\tilde{f}_k^*(t)\mathrm{d}t$$

求解的正确性。

将 $\tilde{x}(t)$ 的正交级数展开表示式写成以下等价的形式：

$$\begin{aligned}\tilde{x}(t) &= \lim_{N\to\infty}\sum_{k=1}^{N}\tilde{x}_k\,\tilde{f}_k(t)=\sum_{k=1}^{\infty}\tilde{x}_k\,\tilde{f}_k(t)\\ &= \tilde{x}_1\,\tilde{f}_1(t)+\tilde{x}_2\,\tilde{f}_2(t)+\cdots+\tilde{x}_k\,\tilde{f}_k(t)+\cdots\end{aligned} \tag{4C.4}$$

然后，将 $\tilde{x}(t)$ 的这个展开表示式代入 $\int_0^T\tilde{x}(t)\tilde{f}_k^*(t)\mathrm{d}t$ 中，看是否为展开系数 $\tilde{x}_k$，结果为

$$\begin{aligned}&\int_0^T\tilde{x}(t)\,\tilde{f}_k^*(t)\mathrm{d}t\\ &=\int_0^T[\tilde{x}_1\,\tilde{f}_1(t)+\tilde{x}_2\,\tilde{f}_2(t)+\cdots+\tilde{x}_k\,\tilde{f}_k(t)+\cdots]\,\tilde{f}_k^*(t)\mathrm{d}t\\ &=\int_0^T\tilde{x}_k\,\tilde{f}_k(t)\,\tilde{f}_k^*(t)\mathrm{d}t\\ &=\tilde{x}_k,\quad k=1,2,\cdots\end{aligned} \tag{4C.5}$$

这说明展开系数$\tilde{x}_k$的求解式是正确的。由此解得的$\tilde{x}_k$与$f_k(t)$的加权和$\sum_{k=1}^{\infty}\tilde{x}_k\tilde{f}_k(t)$就等于$\tilde{x}(t)$。

$\tilde{x}(t)$用正交级数展开后，信号模型可表示为

$$H_0:\ \tilde{x}_k=\tilde{s}_{0k}+\tilde{n}_k,\quad k=1,2,\cdots$$

$$H_1:\ \tilde{x}_k=\tilde{s}_{1k}+\tilde{n}_k,\quad k=1,2,\cdots$$

在假设H_0和假设H_1下，展开系数$\tilde{x}_k$的均值和方差分别为

$$\mathrm{E}(\tilde{x}_k|H_0)=\mathrm{E}(\tilde{s}_{0k}+\tilde{n}_k)=\tilde{s}_{0k} \tag{4C.6}$$

$$\begin{aligned}\mathrm{Var}(\tilde{x}_k|H_0)&=\mathrm{E}\{[(\tilde{x}_k|H_0)-\mathrm{E}(\tilde{x}_k|H_0)][(\tilde{x}_k|H_0)-\mathrm{E}(\tilde{x}_k|H_0)]^*\}\\&=\mathrm{E}(\tilde{n}_k\tilde{n}_k^*)=\frac{N_0}{2}\end{aligned} \tag{4C.7}$$

$$\mathrm{E}(\tilde{x}_k|H_1)=\mathrm{E}(\tilde{s}_{1k}+\tilde{n}_k)=\tilde{s}_{1k} \tag{4C.8}$$

$$\mathrm{Var}(\tilde{x}_k|H_1)=\mathrm{E}(\tilde{n}_k\tilde{n}_k^*)=\frac{N_0}{2} \tag{4C.9}$$

于是，假设H_0和假设H_1下，展开系数$\tilde{x}_k$的概率密度函数分别为

$$p(\tilde{x}_k|H_0)=\frac{2}{\pi N_0}\exp\left[-\frac{(\tilde{x}_k-\tilde{s}_{0k})(\tilde{x}_k-\tilde{s}_{0k})^*}{N_0/2}\right] \tag{4C.10}$$

$$p(\tilde{x}_k|H_1)=\frac{2}{\pi N_0}\exp\left[-\frac{(\tilde{x}_k-\tilde{s}_{1k})(\tilde{x}_k-\tilde{s}_{1k})^*}{N_0/2}\right] \tag{4C.11}$$

取展开系数$\tilde{x}_k(k=1,2,\cdots)$的前$N$项，构成前$N$维随机矢量$\tilde{\boldsymbol{x}}_N=(\tilde{x}_1,\tilde{x}_2,\cdots,\tilde{x}_N)^{\mathrm{T}}$的似然比函数$\lambda(\tilde{\boldsymbol{x}}_N)$，完成似然比检验，结果为

$$\begin{aligned}\lambda(\tilde{\boldsymbol{x}}_N)&=\frac{p(\tilde{\boldsymbol{x}}_N\mid H_1)}{p(\tilde{\boldsymbol{x}}_N\mid H_0)}\\&=\frac{\left(\dfrac{2}{\pi N_0}\right)^N\exp\left[-\sum\limits_{k=1}^{N}\dfrac{(\tilde{x}_k-\tilde{s}_{1k})(\tilde{x}_k-\tilde{s}_{1k})^*}{N_0/2}\right]}{\left(\dfrac{2}{\pi N_0}\right)^N\exp\left[-\sum\limits_{k=1}^{N}\dfrac{(\tilde{x}_k-\tilde{s}_{0k})(\tilde{x}_k-\tilde{s}_{0k})^*}{N_0/2}\right]}\\&=\exp\left(\sum_{k=1}^{N}\frac{\tilde{x}_k\tilde{s}_{1k}^*+\tilde{x}_k^*\tilde{s}_{1k}-\tilde{s}_{1k}\tilde{s}_{1k}^*}{N_0/2}-\sum_{k=1}^{N}\frac{\tilde{x}_k\tilde{s}_{0k}^*+\tilde{x}_k^*\tilde{s}_{0k}-\tilde{s}_{0k}\tilde{s}_{0k}^*}{N_0/2}\right)\\&=\exp\left[\frac{4}{N_0}\mathrm{Re}\left(\sum_{k=1}^{N}\tilde{x}_k\tilde{s}_{1k}^*\right)-\frac{4}{N_0}\mathrm{Re}\left(\sum_{k=1}^{N}\tilde{x}_k\tilde{s}_{0k}^*\right)-\frac{2}{N_0}\sum_{k=1}^{N}\tilde{s}_{1k}\tilde{s}_{1k}^*+\frac{2}{N_0}\sum_{k=1}^{N}\tilde{s}_{0k}\tilde{s}_{0k}^*\right]\underset{H_0}{\overset{H_1}{\gtrless}}\eta\end{aligned} \tag{4C.12}$$

(4C.12)式两边取自然对数，整理得

$$\begin{aligned}l(\tilde{\boldsymbol{x}}_N)&=\mathrm{Re}\left(\sum_{k=1}^{N}\tilde{x}_k\tilde{s}_{1k}^*\right)-\mathrm{Re}\left(\sum_{k=1}^{N}\tilde{x}_k\tilde{s}_{0k}^*\right)\\&\underset{H_0}{\overset{H_1}{\gtrless}}\frac{N_0}{4}\ln\eta+\frac{1}{2}\sum_{k=1}^{N}\tilde{s}_{1k}\tilde{s}_{1k}^*-\frac{1}{2}\sum_{k=1}^{N}\tilde{s}_{0k}\tilde{s}_{0k}^*\end{aligned} \tag{4C.13}$$

取(4C.13)式 $N\to\infty$ 的极限,利用展开系数 $\tilde{x}_k$ 和 $\tilde{s}_{jk}$ 的表示式,得

$$
\begin{aligned}
l[\tilde{x}(t)] &= \lim_{N\to\infty} l(\tilde{\boldsymbol{x}}_N) \\
&= \mathrm{Re}\left[\int_0^T \tilde{x}(t)\lim_{N\to\infty}\sum_{k=1}^{N}\tilde{s}_{1k}^{*}\tilde{f}_k^{*}(t)\mathrm{d}t-\int_0^T \tilde{x}(t)\lim_{N\to\infty}\sum_{k=1}^{N}\tilde{s}_{0k}^{*}\tilde{f}_k^{*}(t)\mathrm{d}t\right] \\
&\underset{H_0}{\overset{H_1}{\gtrless}} \frac{N_0}{4}\ln\eta+\frac{1}{2}\int_0^T \tilde{s}_1(t)\lim_{N\to\infty}\sum_{k=1}^{N}\tilde{s}_{1k}^{*}\tilde{f}_k^{*}(t)\mathrm{d}t- \\
&\quad \frac{1}{2}\int_0^T \tilde{s}_0(t)\lim_{N\to\infty}\sum_{k=1}^{N}\tilde{s}_{0k}^{*}\tilde{f}_k^{*}(t)\mathrm{d}t
\end{aligned}
\tag{4C.14}
$$

再利用 $\tilde{s}_j(t)$ 的展开表示式,得

$$
\begin{aligned}
l[\tilde{x}(t)] &= \mathrm{Re}\left[\int_0^T \tilde{x}(t)\tilde{s}_1^{*}(t)\mathrm{d}t-\int_0^T \tilde{x}(t)\tilde{s}_0^{*}(t)\mathrm{d}t\right] \\
&\underset{H_0}{\overset{H_1}{\gtrless}} \frac{N_0}{4}\ln\eta+\frac{1}{2}\int_0^T \tilde{s}_1(t)\tilde{s}_1^{*}(t)\mathrm{d}t-\frac{1}{2}\int_0^T \tilde{s}_0(t)\tilde{s}_0^{*}(t)\mathrm{d}t
\end{aligned}
$$

因为 $\int_0^T \tilde{s}_j(t)\tilde{s}_j^{*}(t)\mathrm{d}t=E_{\tilde{s}_j}$,所以最终信号检测的判决表示式为

$$
\begin{aligned}
l[\tilde{x}(t)] &\overset{\mathrm{def}}{=} \mathrm{Re}\left[\int_0^T \tilde{x}(t)\tilde{s}_1^{*}(t)\mathrm{d}t-\int_0^T \tilde{x}(t)\tilde{s}_0^{*}(t)\mathrm{d}t\right] \\
&\underset{H_0}{\overset{H_1}{\gtrless}} \frac{N_0}{4}\ln\eta+\frac{1}{2}(E_{\tilde{s}_1}-E_{\tilde{s}_0}) \overset{\mathrm{def}}{=} \gamma
\end{aligned}
\tag{4C.15}
$$

这就是(4.7.2)式。

第 5 章　信号的统计估计理论

5.1 引言

在第 3 章和第 4 章中讨论了信号的统计检测理论和技术，研究了在噪声干扰背景中接收到随机观测信号后，如何利用其先验知识和统计特性，根据指标要求选择最佳检测准则，判决 M 个($M \geqslant 2$)可能信号状态中的哪一个成立；给出了检测系统的结构；分析了检测性能；讨论了最佳信号波形设计等。但上述内容一般不涉及信号有关参量的估计和信号波形的复现等问题，而实际上，在信号处理中这是必须解决的问题之一。

如果信号中被估计的参量是随机的或非随机的未知量，则称这种估计为信号的参量估计；若被估计的是随机过程或非随机的未知过程，则称这种估计为信号的波形估计或状态估计。在信号的参量估计中，参量在观测时间内一般不随时间变化，故属于静态估计；信号的波形估计或状态估计属于动态估计，其中信号的波形、参量是随时间变化的。本章将讨论信号的参量估计，波形估计或状态估计在第 6 章讨论。

5.1.1 信号处理中的估计问题

信号的统计估计理论在许多用来提取信息的信号处理系统中都会用到。这些系统包括雷达系统、通信系统、语音信号处理、图像处理、生物医学、自动控制、地震学等。在所有这些信号处理领域中都有一个共同的问题，就是必须估计一组参数值。下面通过其中的几个例子来说明这一问题。

雷达系统中，对于判决存在的目标，如在空中飞行的飞机，我们可以通过测量飞机的回波信号的时间延迟 τ 及多普勒频率 f_d 等确定飞机的距离 R 和飞行速度 v_r 等参数。由于电波传播速度的可能起伏，以及系统存在的噪声干扰等因素的影响，飞机回波信号的时间延迟 τ、多普勒频率 f_d 等会产生扰动。这就需要通过参量估计的方法来获得在统计意义上尽可能精确的结果。

通信系统中，也有一组参量需要估计。例如，通过估计信号的载波频率，以便能从接收信号中解调出携带信息的基带信号。

自动控制中，例如一个生产过程自动化系统，通过数据观测，实时估计产品的参数，及时调整系统的工作状态和配料比例等，以保证产品的质量。

地震学中，基于来自不同油层和岩层的声音反射波的不同特性，可以估计地下油层的分布和位置等。

在所有这些系统中，为了实现信号处理中的估计问题，我们都需要含有被估计参量信息的一组观测数据或连续的时间信号。由于存在观测噪声，因此所有观测量都是随机的离散时间过程，简称随机变量或随机矢量，而观测波形是连续的随机过程。在这种情况下，我们通常不能精确地测定信号的参量，而只能对其作出尽可能精确地估计。显然，信号参量的估计涉及对随机数据或随机波形的处理问题，所以要用统计的方法，即统计估计理论。

为了方便和统一起见，把被估计量记为单参量 θ 和矢量 $\boldsymbol{\theta}=(\theta_1,\theta_2,\cdots,\theta_M)^{\mathrm{T}}$；观测量记为 $x_k(k=1,2,\cdots,N)$，或表示为观测矢量 $\boldsymbol{x}=(x_1,x_2,\cdots,x_N)^{\mathrm{T}}$，观测的连续时间信号记为 $x(t;\ \boldsymbol{\theta})(0\leqslant t\leqslant T)$。

5.1.2 参量估计的数学模型和估计量的构造

一般信号参量的统计估计模型由四部分组成，如图 5.1 所示。

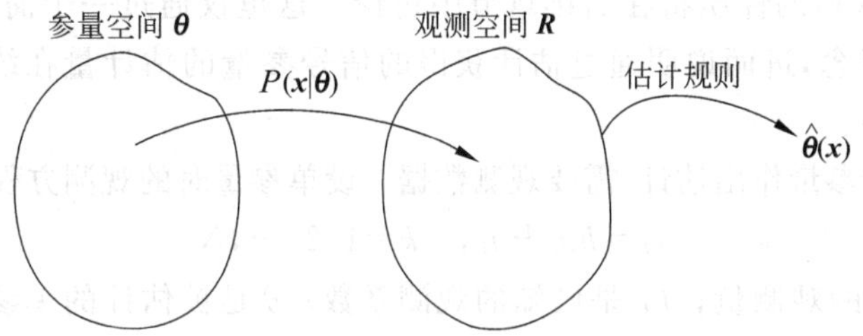

图 5.1 信号参量统计估计的数学模型

1. 参量空间

信源输出一组 M 个参量 $\theta_1,\theta_2,\cdots,\theta_M$，这 M 个参量构成的 M 维矢量 $\boldsymbol{\theta}=(\theta_1,\theta_2,\cdots,\theta_M)$可由 M 维参量空间的一个随机点或未知点来表示；如果信源输出的参量只有一个单参量 θ，那么参量空间就是一条一维的直线，θ 是该直线上的一个随机点或未知点。

2. 概率映射

为了得到最优的估计量，第一步就是要建立观测矢量 $\boldsymbol{x}$ 的数学模型。由于存在观测噪声，所以 $\boldsymbol{x}$ 具有随机性；同时，观测矢量 $\boldsymbol{x}$ 中含有被估计矢量 $\boldsymbol{\theta}$ 的信息，所以 $\boldsymbol{x}$ 是以 $\boldsymbol{\theta}$ 为参数的随机矢量。因此，其概率密度函数用 $p(\boldsymbol{x}|\boldsymbol{\theta})$来描述。如果被估计矢量 $\boldsymbol{\theta}$ 是随机矢量，则 $\boldsymbol{x}$ 与 $\boldsymbol{\theta}$ 的联合概率密度函数表示为 $p(\boldsymbol{x},\boldsymbol{\theta})$。由于 $\boldsymbol{\theta}$ 的值影响 $\boldsymbol{x}$ 的取值，因此我们可以从观测矢量 $\boldsymbol{x}$ 的值推测出 $\boldsymbol{\theta}$ 的值。概率密度函数 $p(\boldsymbol{x}|\boldsymbol{\theta})$很重要，它完整地描述了含有被估计矢量 $\boldsymbol{\theta}$ 的信息时观测矢量 $\boldsymbol{x}$ 的统计特性，所以用来表示从参量空间 $\boldsymbol{\theta}$ 到观测空间 $\boldsymbol{R}$ 的概率映射关系。如果我们不知道 $p(\boldsymbol{x}|\boldsymbol{\theta})$，可以用 $\boldsymbol{x}$ 和 $\boldsymbol{\theta}$ 的主要统计平均量来表示这种映射关系。

3. 观测空间

参量空间的矢量 $\boldsymbol{\theta}$ 经概率映射到观测空间 $\boldsymbol{R}$，得到观测矢量 $\boldsymbol{x}$。观测空间 $\boldsymbol{R}$ 一般是有限维的，通常表示为 N 维，它提供 N 维观测矢量 $\boldsymbol{x}$，用来实现参量 $\boldsymbol{\theta}$ 的统计估计。

4. 估计规则

在得到 N 维观测矢量 $\boldsymbol{x}$ 后，从数学概念上来讲，有 N 个数据，它含有被估计参量 $\boldsymbol{\theta}$ 的信息，我们希望利用其先验知识和统计特性，根据指标要求，构造 $\boldsymbol{x}$ 的函数来定义估计量

$$\hat{\boldsymbol{\theta}}(\boldsymbol{x})=g(\boldsymbol{x})=g(x_1,x_2,\cdots,x_N) \tag{5.1.1}$$

其中，$g(\cdot)$是某个函数；$\hat{\boldsymbol{\theta}}(\boldsymbol{x})$是估计量，它一定是观测矢量 $\boldsymbol{x}$ 的函数，如果估计量是单参量，则记为$\hat{\theta}(\boldsymbol{x})$。所以，估计规则规定了从观测空间中的观测矢量 $\boldsymbol{x}$ 到估计量$\hat{\boldsymbol{\theta}}(\boldsymbol{x})$的构造之间的关系。这种关系保证了所构造的估计量$\hat{\boldsymbol{\theta}}(\boldsymbol{x})$是最佳的。

5.1.3　估计量性能的评估

关于估计量$\hat{\boldsymbol{\theta}}(\boldsymbol{x})$的性质将在后续章节中讨论。这里仅通过一个简单的例子，说明估计量性能评估的概念，进而说明通过估计获得的信号参量的估计量在统计意义上具有更高的精度和稳健性。

为了对信号的参量作出估计，需要观测数据。设单参量时的观测方程为线性模型，即为

$$x_k=h_k\theta+n_k,\quad k=1,2,\cdots,N \tag{5.1.2}$$

其中，x_k 是第 k 次的观测量；h_k 是已知的观测系数；θ 是被估计的单参量；n_k 是第 k 次的观测噪声。现在的问题是根据 N 次观测量

$$\boldsymbol{x}=(x_1,x_2,\cdots,x_N)^{\mathrm{T}}$$

按照某种最佳准则，对参量 θ 作出估计，即构造一个观测量的函数 $\hat{\theta}(\boldsymbol{x})$，作为参量 θ 的估计量。

如果被估计量是 M 维矢量$\boldsymbol{\theta}=(\theta_1,\theta_2,\cdots,\theta_M)^{\mathrm{T}}$，那么线性模型观测方程可表示为

$$\boldsymbol{x}_k=\boldsymbol{H}_k\boldsymbol{\theta}+\boldsymbol{n}_k,\quad k=1,2,\cdots,N \tag{5.1.3}$$

其中，$\boldsymbol{x}_k$ 是第 k 次观测的 L_k 维观测矢量；$\boldsymbol{\theta}$ 是 M 维被估计矢量；$\boldsymbol{n}_k$ 是第 k 次观测的 L_k 维观测噪声矢量；$\boldsymbol{H}_k$ 是第 k 次观测的 $L_k\times M$ 阶观测矩阵。M 维矢量 $\boldsymbol{\theta}$ 的估计量是根据某种最佳准则构造的观测矢量

$$\boldsymbol{x}=(\boldsymbol{x}_1,\boldsymbol{x}_2,\cdots,\boldsymbol{x}_N)^{\mathrm{T}}$$

的函数$\hat{\boldsymbol{\theta}}(\boldsymbol{x})=g(\boldsymbol{x})$。

现在举一个简单的单参量 θ 估计的例子，来说明估计量的构造和估计量性能的评估。设观测方程为

$$x_k=\theta+n_k,\quad k=1,2,\cdots,N$$

其中，x_k 是第 k 次的观测量；θ 是被估计单参量，假定是非随机未知的；n_k 是第 k 次观测噪声，假定 $\mathrm{E}(n_k)=0$，$\mathrm{E}(n_jn_k)=\sigma_n^2\delta_{jk}$。图 5.2 是多次观测的一个样本函数的图形。

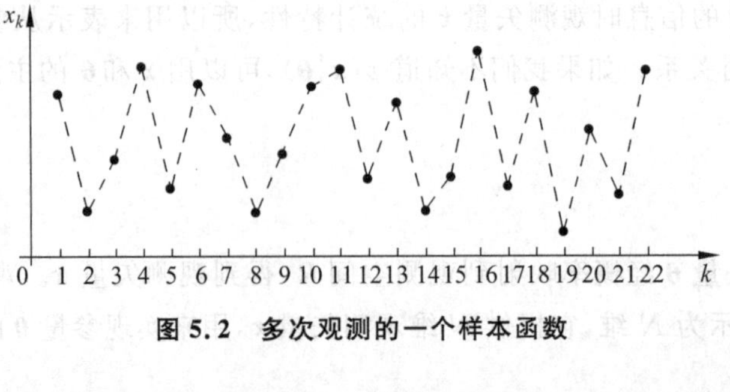

图 5.2　多次观测的一个样本函数

因为观测噪声 n_k 的均值为零，所以从统计意义上讲，θ 应在观测量的统计平均值附近。因此，用样本 x_k 的平均值来构造估计量是合理的。这样，估计量 $\hat{\theta}(\boldsymbol{x})$ 构造为 $N(N>1)$ 个样本的平均值，即

$$\hat{\theta}(\boldsymbol{x})=\frac{1}{N}\sum_{k=1}^{N}x_k \tag{5.1.4}$$

显然，估计量 $\hat{\theta}(\boldsymbol{x})$ 是观测量 $\boldsymbol{x}=(x_1,x_2,\cdots,x_N)^{\mathrm{T}}$ 的函数。现在来研究这种估计的性能。因为估计量 $\hat{\theta}(\boldsymbol{x})$ 是观测量 $\boldsymbol{x}$ 的函数，而观测量 x_k 是随机变量，所以观测矢量 $\boldsymbol{x}$ 是随机矢量，因而 $\hat{\theta}(\boldsymbol{x})$ 是随机变量的函数，也是随机变量。

估计量的均值为

$$\begin{aligned}\mathrm{E}[\hat{\theta}(\boldsymbol{x})]&=\mathrm{E}\left(\frac{1}{N}\sum_{k=1}^{N}x_k\right)\\&=\mathrm{E}\left[\frac{1}{N}\sum_{k=1}^{N}(\theta+n_k)\right]\\&=\theta\end{aligned}$$

即估计量 $\hat{\theta}(\boldsymbol{x})$ 的均值 $\mathrm{E}[\hat{\theta}(\boldsymbol{x})]$ 等于被估计量 θ 的真值。

估计量的误差为

$$\tilde{\theta}(\boldsymbol{x})=\theta-\hat{\theta}(\boldsymbol{x})$$

显然，估计量的误差也是随机变量。

估计量的均方误差为

$$\begin{aligned}\mathrm{E}[\tilde{\theta}^2(\boldsymbol{x})]&=\mathrm{E}[(\theta-\hat{\theta}(\boldsymbol{x}))^2]\\&=\mathrm{E}\left[\left(\theta-\frac{1}{N}\sum_{k=1}^{N}(\theta+n_k)\right)^2\right]\\&=\mathrm{E}\left[\left(-\frac{1}{N}\sum_{k=1}^{N}n_k\right)^2\right]\\&=\frac{1}{N^2}\sum_{k=1}^{N}\mathrm{E}(n_k^2)\\&=\frac{1}{N}\sigma_n^2\end{aligned}$$

我们说，在样本函数中，某个样本 x_k 的取值有可能比估计值更接近于真值 θ。但若用一个样本 x_k 作为 θ 的估计量，则记为 $\hat{\theta}_1(x_k)$，即

$$\hat{\theta}_1(x_k)=x_k$$

其均值为

$$\mathrm{E}[\hat{\theta}_1(x_k)]=\mathrm{E}(x_k)=\mathrm{E}(\theta+n_k)=\theta$$

它也等于被估计量 θ 的真值。但估计量的均方误差为

$$\begin{aligned}\mathrm{E}[(\theta-\hat{\theta}_1(x_k))^2]&=\mathrm{E}[(\theta-(\theta+n_k))^2]\\&=\mathrm{E}[(-n_k)^2]\\&=\sigma_n^2\end{aligned}$$

显然，$\mathrm{E}[(\theta-\hat{\theta}(\boldsymbol{x}))^2]<\mathrm{E}[(\theta-\hat{\theta}_1(x_k))^2]$，$N>1$。这就是说，从统计意义上讲，$\hat{\theta}(\boldsymbol{x})$ 比 $\hat{\theta}_1(x_k)$ 具有更高的精度和稳健性。这是因为 $\hat{\theta}(\boldsymbol{x})$ 对单个样本 $x_k(k=1,2,\cdots,N)$ 的随机

性进行了平均处理。很明显,样本函数中的样本个数N越大,估计量$\hat{\theta}(\boldsymbol{x})$的性能越好,但同时也需要更大的计算量。

在讨论信号参量的统计估计时,往往需要被估计参量的一些先验知识。对于信源的输出参量,一般分为两种情况:一是参量是$M(M\geqslant 1)$维随机矢量$\boldsymbol{\theta}=(\theta_1,\theta_2,\cdots,\theta_M)^{\mathrm{T}}$,它的统计特性用其$M$维联合概率密度函数或统计平均量来描述;二是参量是$M(M\geqslant 1)$维非随机的未知矢量。根据被估计参量的性质和已知的先验知识,我们将采用最佳的估计准则来构造估计量。所谓最佳估计准则,就是充分利用先验知识,使构造的估计量具有最优性质的估计准则。最佳估计准则在很大程度上将决定求解估计量所使用的方法,即估计量的构造方法和估计量的性质等。因此,为使估计问题得到最优的结果,选择合理的最佳估计准则是很重要的。

在本章中,将讨论各种最佳估计的准则,提出估计量的构造方法,导出构造公式,研究估计量的性质,等等。为了便于理解和应用,先讨论单参量的估计问题,然后再推广到多参量的矢量估计问题。

最后说明,有时为了表示方便,估计量$\hat{\theta}(\boldsymbol{x})$可简记为$\hat{\theta}$,它的均值$\mathrm{E}(\hat{\theta})$、方差$\mathrm{Var}(\hat{\theta})$和均方误差$\mathrm{E}[(\theta-\hat{\theta})^2]$可分别记为$\mu_{\hat{\theta}}$,$\sigma_{\hat{\theta}}^2$和$\varepsilon_{\hat{\theta}}^2$。在矢量估计中也可类似表示。

5.2 随机参量的贝叶斯估计

在研究信号检测的贝叶斯准则时,假定已知各种假设的先验概率$P(H_j)$,并指定一组代价因子c_{ij},由此制定出使平均代价C最小的检测准则,即贝叶斯准则。在信号参量的估计中,我们用类似的方法提出贝叶斯估计准则,使为了估计而付出的平均代价最小。贝叶斯估计适用于被估计参量是随机参量的情况,本节将讨论单随机参量的贝叶斯估计。

5.2.1 常用代价函数和贝叶斯估计的概念

在单随机信号参量估计问题中,因为被估计量θ和构造的估计量$\hat{\theta}$通常都是连续的随机变量,所以给每一对$(\theta,\hat{\theta})$分配一个代价函数$c(\theta,\hat{\theta})$。代价函数$c(\theta,\hat{\theta})$是θ和$\hat{\theta}$两个变量的函数。但是实际上,几乎对所有的重要问题都把它规定为估计误差$\tilde{\theta}(\boldsymbol{x})=\theta-\hat{\theta}(\boldsymbol{x})$的函数,估计误差也可简记为$\tilde{\theta}=\theta-\hat{\theta}$,这样,代价函数通常表示为

$$c(\tilde{\theta})=c(\theta-\hat{\theta}) \tag{5.2.1}$$

它是估计误差$\tilde{\theta}$的单变量任意函数,但是,在实际应用中,代价函数$c(\tilde{\theta})$要选择的比较合理。三种典型的常用代价函数如图5.3所示,其数学表示式分别如下。

误差平方代价函数:

$$c(\tilde{\theta})=c(\theta-\hat{\theta})=(\theta-\hat{\theta})^2 \tag{5.2.2a}$$

误差绝对值代价函数:

$$c(\tilde{\theta})=c(\theta-\hat{\theta})=|\theta-\hat{\theta}| \tag{5.2.2b}$$

均匀代价函数:

$$c(\tilde{\theta})=c(\theta-\hat{\theta})=\begin{cases}1, & |\tilde{\theta}|\geqslant\dfrac{\Delta}{2}\\ 0, & |\tilde{\theta}|<\dfrac{\Delta}{2}\end{cases} \tag{5.2.2c}$$

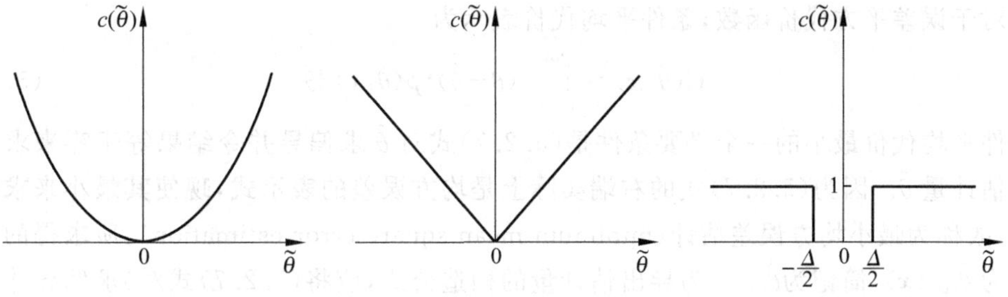

(a) 误差平方代价函数 (b) 误差绝对值代价函数 (c) 均匀代价函数

图 5.3 三种典型的常用代价函数

除了上述三种常用代价函数外，我们还可以根据需要选择其他形式的代价函数。但无论何种形式的代价函数都应满足两个基本的特性，即非负性和误差 $\tilde{\theta}=0$ 时的最小性。

设被估计的单随机变量 θ 的先验概率密度函数为 $p(\theta)$，那么，代价函数 $c(\tilde{\theta})$ 是随机参量 θ 和观测矢量 $\boldsymbol{x}$ 的函数，因此平均代价 C 为

$$\begin{aligned}C&=\int_{-\infty}^{\infty}\int_{-\infty}^{\infty}c(\theta,\tilde{\theta})p(\boldsymbol{x},\theta)\,\mathrm{d}\boldsymbol{x}\mathrm{d}\theta\\&=\int_{-\infty}^{\infty}\int_{-\infty}^{\infty}c(\theta-\hat{\theta})p(\boldsymbol{x},\theta)\,\mathrm{d}\boldsymbol{x}\mathrm{d}\theta\end{aligned} \tag{5.2.3}$$

式中，$p(\boldsymbol{x},\theta)$ 是随机观测矢量 $\boldsymbol{x}$ 和单随机被估计量 θ 的联合概率密度函数。

在 $p(\theta)$ 已知，选定代价函数 $c(\theta-\hat{\theta})$ 条件下，使平均代价 C 最小的估计就称为贝叶斯估计(Bayes Estimation)，估计量记为 $\hat{\theta}_{\mathrm{b}}(\boldsymbol{x})$，简记为 $\hat{\theta}_{\mathrm{b}}$。利用概率论中的贝叶斯公式，$\boldsymbol{x}$ 和 θ 的联合概率密度函数 $p(\boldsymbol{x},\theta)$ 可以表示为

$$p(\boldsymbol{x},\theta)=p(\theta|\boldsymbol{x})p(\boldsymbol{x}) \tag{5.2.4}$$

这样，平均代价 C 的公式可改写为

$$C=\int_{-\infty}^{\infty}p(\boldsymbol{x})\left[\int_{-\infty}^{\infty}c(\theta-\hat{\theta})p(\theta|\boldsymbol{x})\,\mathrm{d}\theta\right]\mathrm{d}\boldsymbol{x} \tag{5.2.5}$$

式中，$p(\theta|\boldsymbol{x})$ 是后验概率密度函数。由于上式中的 $p(\boldsymbol{x})$ 和内积分都是非负的，所以使上式所表示的 C 最小，等效为使内积分最小，即

$$C(\hat{\theta}|\boldsymbol{x})\overset{\mathrm{def}}{=}\int_{-\infty}^{\infty}c(\theta-\hat{\theta})p(\theta|\boldsymbol{x})\,\mathrm{d}\theta \tag{5.2.6}$$

最小。式中，$C(\hat{\theta}|\boldsymbol{x})$ 称为条件平均代价。它对 $\hat{\theta}$ 求最小，就能求得随机参量 θ 的贝叶斯估计量 $\hat{\theta}_{\mathrm{b}}$。因此对具有已知概率密度函数 $p(\theta)$ 的单随机参量 θ，结合三种典型代价函数，可以导出三种重要的贝叶斯估计。

5.2.2 贝叶斯估计量的构造

1. 最小均方误差估计

对于误差平方代价函数，条件平均代价表示为

$$C(\hat{\theta}|\boldsymbol{x})=\int_{-\infty}^{\infty}(\theta-\hat{\theta})^2 p(\theta|\boldsymbol{x})\mathrm{d}\theta \tag{5.2.7}$$

使条件平均代价最小的一个必要条件是(5.2.7)式对 $\hat{\theta}$ 求偏导并令结果等于零来求得最佳的估计量 $\hat{\theta}$。因为(5.2.7)式的右端实际上是均方误差的表示式，现使其最小来求解估计量，故称为最小均方误差估计(minimum mean square error estimation)，所求得的估计量记为 $\hat{\theta}_{\mathrm{mse}}(\boldsymbol{x})$，简记为$\hat{\theta}_{\mathrm{mse}}$。为导出估计量的构造公式，应将(5.2.7)式对$\hat{\theta}$求偏导并令结果等于零，得

$$\begin{aligned}&\frac{\partial}{\partial\hat{\theta}}\int_{-\infty}^{\infty}(\theta-\hat{\theta})^2 p(\theta|\boldsymbol{x})\mathrm{d}\theta\\&=-2\int_{-\infty}^{\infty}\theta p(\theta\mid\boldsymbol{x})\mathrm{d}\theta+2\hat{\theta}\int_{-\infty}^{\infty}p(\theta\mid\boldsymbol{x})\mathrm{d}\theta\Big|_{\hat{\theta}=\hat{\theta}_{\mathrm{mse}}}=0\end{aligned} \tag{5.2.8}$$

因为

$$\int_{-\infty}^{\infty}p(\theta|\boldsymbol{x})\mathrm{d}\theta=1$$

所以

$$\hat{\theta}_{\mathrm{mse}}=\int_{-\infty}^{\infty}\theta p(\theta|\boldsymbol{x})\mathrm{d}\theta \tag{5.2.9}$$

因为(5.2.7)式对$\hat{\theta}$的二阶偏导结果为正(等于2)，所以由(5.2.9)式求得的估计量 $\hat{\theta}_{\mathrm{mse}}$能使平均代价 C 达到极小值。从估计量的构造公式，即(5.2.9)式可以看出，$\hat{\theta}_{\mathrm{mse}}$是后验概率密度函数 $p(\theta|\boldsymbol{x})$的均值 $\mathrm{E}(\theta|\boldsymbol{x})$，因为 $p(\theta|\boldsymbol{x})$是指得到观测矢量 $\boldsymbol{x}$ 后 θ 的概率密度函数，所以最小均方误差估计又称为条件均值估计。

最小均方误差估计的条件平均代价为

$$\begin{aligned}C_{\mathrm{mse}}(\hat{\theta}\mid\boldsymbol{x})&=\int_{-\infty}^{\infty}(\theta-\hat{\theta}_{\mathrm{mse}})^2 p(\theta\mid\boldsymbol{x})\mathrm{d}\theta\\&=\int_{-\infty}^{\infty}[\theta-\mathrm{E}(\theta|\boldsymbol{x})]^2 p(\theta|\boldsymbol{x})\mathrm{d}\theta\end{aligned} \tag{5.2.10}$$

它恰好是以观测矢量 $\boldsymbol{x}$ 为条件的被估计量 θ 的条件方差。根据(5.2.5)式，最小均方误差估计的最小平均代价 C_{mse}是该条件方差对所有观测量的统计平均，即

$$C_{\mathrm{mse}}=\int_{-\infty}^{\infty}C_{\mathrm{mse}}(\hat{\theta}|\boldsymbol{x})p(\boldsymbol{x})\mathrm{d}\boldsymbol{x} \tag{5.2.11}$$

利用关系式

$$p(\theta|\boldsymbol{x})=p(\boldsymbol{x}|\theta)p(\theta)/p(\boldsymbol{x})$$

$$p(\boldsymbol{x})=\int_{-\infty}^{\infty}p(\boldsymbol{x},\theta)\mathrm{d}\theta=\int_{-\infty}^{\infty}p(\boldsymbol{x}|\theta)p(\theta)\mathrm{d}\theta$$

可将估计量$\hat{\theta}_{\mathrm{mse}}$构造的(5.2.9)式改写成另一种更便于实际求解的形式，即

$$\hat{\theta}_{\mathrm{mse}}=\frac{\int_{-\infty}^{\infty}\theta p(\boldsymbol{x}\mid\theta)p(\theta)\mathrm{d}\theta}{\int_{-\infty}^{\infty}p(\boldsymbol{x}\mid\theta)p(\theta)\mathrm{d}\theta}\tag{5.2.12}$$

因为被估计量 θ 的先验概率密度函数 $p(\theta)$是已知的，而观测矢量 $\boldsymbol{x}$ 的条件概率密度函数 $p(\boldsymbol{x}|\theta)$根据观测方程和观测噪声的统计特性一般是可以得到的，它避免了求后验概率密度函数 $p(\theta|\boldsymbol{x})$所带来的麻烦。

2. 条件中值估计

对于误差绝对值代价函数，条件平均代价表示为

$$\begin{aligned}C(\hat{\theta}|\boldsymbol{x})&=\int_{-\infty}^{\infty}|\theta-\hat{\theta}|p(\theta|\boldsymbol{x})\mathrm{d}\theta\\&=\int_{-\infty}^{\hat{\theta}}(\hat{\theta}-\theta)p(\theta|\boldsymbol{x})\mathrm{d}\theta+\int_{\hat{\theta}}^{\infty}(\theta-\hat{\theta})p(\theta|\boldsymbol{x})\mathrm{d}\theta\end{aligned}\tag{5.2.13}$$

将 $C(\hat{\theta}|\boldsymbol{x})$对 $\hat{\theta}$ 求偏导，并令结果等于零，得

$$\int_{-\infty}^{\hat{\theta}}p(\theta|\boldsymbol{x})\mathrm{d}\theta=\int_{\hat{\theta}}^{\infty}p(\theta|\boldsymbol{x})\mathrm{d}\theta\tag{5.2.14}$$

根据随机变量中值（中位数）的定义，估计量$\hat{\theta}$是被估计随机参量 θ 的条件中值，故称为条件中值估计，或称为条件中位数估计（conditional median estimation），估计量记为$\hat{\theta}_{\mathrm{med}}(\boldsymbol{x})$，简记为$\hat{\theta}_{\mathrm{med}}$。显然，估计量$\hat{\theta}_{\mathrm{med}}$是 $P\{\theta\leqslant\hat{\theta}\}=1/2$ 的点。

3. 最大后验估计

对于均匀代价函数，条件平均代价表示为

$$\begin{aligned}C(\hat{\theta}\mid\boldsymbol{x})&=\int_{-\infty}^{\hat{\theta}-\frac{\Delta}{2}}p(\theta|\boldsymbol{x})\mathrm{d}\theta+\int_{\hat{\theta}+\frac{\Delta}{2}}^{\infty}p(\theta|\boldsymbol{x})\mathrm{d}\theta\\&=1-\int_{\hat{\theta}-\frac{\Delta}{2}}^{\hat{\theta}+\frac{\Delta}{2}}p(\theta|\boldsymbol{x})\mathrm{d}\theta\end{aligned}\tag{5.2.15}$$

显然，欲使 $C(\hat{\theta}|\boldsymbol{x})$最小，需要此式右边的积分

$$\int_{\hat{\theta}-\frac{\Delta}{2}}^{\hat{\theta}+\frac{\Delta}{2}}p(\theta|\boldsymbol{x})\mathrm{d}\theta\tag{5.2.16}$$

最大。在均匀代价函数中，我们感兴趣的是 Δ 很小但不等于零的情况。对于足够小的 Δ，为使(5.2.16)式的积分最大，应当选择 $\hat{\theta}$ 使它处于后验概率密度函数 $p(\theta|\boldsymbol{x})$最大值的位置。所以，这样的估计称为最大后验估计（maximum a posteriori estimation），估计量记为$\hat{\theta}_{\mathrm{map}}(\boldsymbol{x})$，简记为$\hat{\theta}_{\mathrm{map}}$。

如果 $p(\theta|\boldsymbol{x})$的最大值处于 θ 的允许范围内，且 $p(\theta|\boldsymbol{x})$具有连续的一阶导数，则获得最大值的必要条件是

$$\left.\frac{\partial p(\theta|\boldsymbol{x})}{\partial\theta}\right|_{\theta=\hat{\theta}_{\mathrm{map}}}=0\tag{5.2.17}$$

因为自然对数是自变量的单调函数，所以有

$$\left.\frac{\partial \ln p(\theta|\boldsymbol{x})}{\partial \theta}\right|_{\theta=\hat{\theta}_{\text{map}}}=0 \tag{5.2.18}$$

该式称为最大后验方程。利用上述方程求解估计量$\hat{\theta}_{\text{map}}$时，在每一种情况下都必须检验所求得的解是否能使 $p(\theta|\boldsymbol{x})$绝对最大。

为了反映观测矢量 $\boldsymbol{x}$ 和先验概率密度函数 $p(\theta)$对估计量的影响，我们注意到

$$p(\theta|\boldsymbol{x})=\frac{p(\boldsymbol{x}|\theta)p(\theta)}{p(\boldsymbol{x})}$$

两边取自然对数，并对 θ 求偏导，令结果等于零，可得到另一种形式的最大后验估计方程，即为

$$\left.\left[\frac{\partial \ln p(\boldsymbol{x}|\theta)}{\partial \theta}+\frac{\partial \ln p(\theta)}{\partial \theta}\right]\right|_{\theta=\hat{\theta}_{\text{map}}}=0 \tag{5.2.19}$$

式中，$p(\boldsymbol{x}|\theta)$是观测矢量 $\boldsymbol{x}$ 以 θ 为条件的概率密度函数。

前面讨论了三种典型代价函数下的单随机参量 θ 的贝叶斯估计问题。下面将重点讨论贝叶斯估计中的最小均方误差估计和最大后验估计。

例 5.2.1 研究在加性噪声中单随机参量 θ 的估计问题。观测方程为

$$x_k=\theta+n_k,\quad k=1,2,\cdots,N$$

其中，n_k 是均值为零、方差为 σ_n^2 的独立同分布高斯随机噪声；假设被估计量 θ 也是均值为零、但方差为 σ_θ^2 的高斯随机参量。求 θ 的贝叶斯估计量 $\hat{\theta}_{\text{b}}$。

解 在前面讨论过的三种典型代价函数下，为了求得随机参量 θ 的贝叶斯估计量，原理上都需要首先求出后验概率密度函数 $p(\theta|\boldsymbol{x})$。根据题意和所给的先验知识，以 θ 为条件的观测矢量 $\boldsymbol{x}=(x_1,x_2,\cdots,x_N)^{\text{T}}$ 的条件概率密度函数为

$$p(\boldsymbol{x}|\theta)=\left(\frac{1}{2\pi\sigma_n^2}\right)^{N/2}\exp\left[-\sum_{k=1}^{N}\frac{(x_k-\theta)^2}{2\sigma_n^2}\right]$$

而随机参量 θ 的概率密度函数为

$$p(\theta)=\left(\frac{1}{2\pi\sigma_\theta^2}\right)^{1/2}\exp\left(-\frac{\theta^2}{2\sigma_\theta^2}\right)$$

为了求得后验概率密度函数 $p(\theta|\boldsymbol{x})$，利用

$$p(\theta|\boldsymbol{x})=\frac{p(\boldsymbol{x}|\theta)p(\theta)}{p(\boldsymbol{x})}$$

注意到 $p(\theta|\boldsymbol{x})$是给定 $\boldsymbol{x}$ 后，θ 的条件概率密度函数，所以对于 $p(\theta|\boldsymbol{x})$而言，$p(\boldsymbol{x})$相当于使

$$\int_{-\infty}^{\infty}p(\theta|\boldsymbol{x})\mathrm{d}\theta=1$$

的归一化因子，因此

$$\begin{aligned}
p(\theta|\boldsymbol{x})&=\frac{1}{p(\boldsymbol{x})}\left(\frac{1}{2\pi\sigma_n^2}\right)^{N/2}\left(\frac{1}{2\pi\sigma_\theta^2}\right)^{1/2}\exp\left[-\frac{(x_k-\theta)^2}{2\sigma_n^2}-\frac{\theta^2}{2\sigma_\theta^2}\right]\\
&=K_1(\boldsymbol{x})\exp\left[-\frac{1}{2}\left(\sum_{k=1}^{N}\frac{x_k^2-2x_k\theta+\theta^2}{\sigma_n^2}+\frac{\theta^2}{\sigma_\theta^2}\right)\right]\\
&=K_2(\boldsymbol{x})\exp\left[-\frac{1}{2}\left(\frac{N\sigma_\theta^2+\sigma_n^2}{\sigma_\theta^2\sigma_n^2}\theta^2-2\theta\sum_{k=1}^{N}\frac{x_k}{\sigma_n^2}\right)\right]\\
&=K_2(\boldsymbol{x})\exp\left[-\frac{1}{2}\frac{N\sigma_\theta^2+\sigma_n^2}{\sigma_\theta^2\sigma_n^2}\left(\theta^2-\frac{\sigma_\theta^2}{\sigma_\theta^2+\sigma_n^2/N}2\theta\left(\frac{1}{N}\sum_{k=1}^{N}x_k\right)\right)\right]\\
&=K_3(\boldsymbol{x})\exp\left[-\frac{1}{2\sigma_m^2}\left(\theta-\frac{\sigma_\theta^2}{\sigma_\theta^2+\sigma_n^2/N}\left(\frac{1}{N}\sum_{k=1}^{N}x_k\right)\right)^2\right]
\end{aligned}$$

式中，

$$K_1(\boldsymbol{x})=\frac{1}{p(\boldsymbol{x})}\left(\frac{1}{2\pi\sigma_n^2}\right)^{N/2}\left(\frac{1}{2\pi\sigma_\theta^2}\right)^{1/2}$$

$$K_2(\boldsymbol{x})=K_1(\boldsymbol{x})\exp\left[-\frac{1}{2\sigma_n^2}\sum_{k=1}^{N}x_k^2\right]$$

$$K_3(\boldsymbol{x})=K_2(\boldsymbol{x})\exp\left\{\frac{1}{2\sigma_m^2}\left[\frac{\sigma_\theta^2}{\sigma_\theta^2+\sigma_n^2/N}\left(\frac{1}{N}\sum_{k=1}^{N}x_k\right)\right]^2\right\}$$

它们都是与 θ 无关的项；而 σ_m^2 为

$$\sigma_m^2=\frac{\sigma_\theta^2\sigma_n^2}{N\sigma_\theta^2+\sigma_n^2}$$

分析后验概率密度函数 $p(\theta|\boldsymbol{x})$ 的表示式我们发现，它是高斯型的，可称之为广义高斯分布。我们知道，最小均方误差估计量就是后验概率密度函数 $p(\theta|\boldsymbol{x})$ 的条件均值 $\mathrm{E}(\theta|\boldsymbol{x})$。因此，对于高斯型的 $p(\theta|\boldsymbol{x})$，θ 的最小均方误差估计最 $\hat{\theta}_{\mathrm{mse}}$ 可直接由 $p(\theta|\boldsymbol{x})$ 的表示式得到，结果为

$$\hat{\theta}_{\mathrm{mse}}=\frac{\sigma_\theta^2}{\sigma_\theta^2+\sigma_n^2/N}\left(\frac{1}{N}\sum_{k=1}^{N}x_k\right)$$

而且，θ 的条件中值和条件众数与条件均值相同，因此，三种典型代价函数下的贝叶斯估计量是一样的，即

$$\hat{\theta}_{\mathrm{mse}}=\hat{\theta}_{\mathrm{med}}=\hat{\theta}_{\mathrm{map}}\stackrel{\mathrm{def}}{=}\hat{\theta}_{\mathrm{b}}=\frac{\sigma_\theta^2}{\sigma_\theta^2+\sigma_n^2/N}\left(\frac{1}{N}\sum_{k=1}^{N}x_k\right)$$

估计量的均方误差为

$$\mathrm{E}[(\theta-\hat{\theta}_{\mathrm{b}})^2]=\frac{\sigma_\theta^2\sigma_n^2}{N\sigma_\theta^2+\sigma_n^2}=\frac{\sigma_n^2}{N+\sigma_n^2/\sigma_\theta^2}$$

具体推导请读者自己完成。

现在来考察观测矢量 $\boldsymbol{x}$ 和被估计量 θ 的参数对估计量 $\hat{\theta}_{\mathrm{b}}$ 的影响。如果 $\sigma_\theta^2\ll\sigma_n^2/N$，则

$$\hat{\theta}_{\mathrm{b}}=\frac{\sigma_\theta^2}{\sigma_\theta^2+\sigma_n^2/N}\left(\frac{1}{N}\sum_{k=1}^{N}x_k\right)\xrightarrow{\sigma_\theta^2\ll\sigma_n^2/N}0$$

可见，此时估计值趋近参量 θ 的统计平均值（θ 的统计平均值为零），因此先验知识比观测数据更有用；如果 $\sigma_\theta^2\gg\sigma_n^2/N$，则

$$\hat{\theta}_{\mathrm{b}}=\frac{\sigma_\theta^2}{\sigma_\theta^2+\sigma_n^2/N}\left(\frac{1}{N}\sum_{k=1}^{N}x_k\right)\xrightarrow{\sigma_\theta^2\gg\sigma_n^2/N}\frac{1}{N}\sum_{k=1}^{N}x_k$$

此时先验知识几乎不影响估计量，估计量主要决定于观测数据。在极端情况下（$\sigma_n^2=0$），$\hat{\theta}_{\mathrm{b}}$ 恰好是 x_k 的算术平均值。请读者考虑，上述两种情况下，估计量 $\hat{\theta}_{\mathrm{b}}$ 的变化规律合理吗？

例 5.2.2　考虑在均值为零、方差为 σ_n^2 的加性高斯白噪声 n 中的接收信号 s，已知信号 s 在 $-s_{\mathrm{M}}$ 到 $+s_{\mathrm{M}}$ 之间均匀分布。单次观测方程为

$$x=s+n$$

求信号 s 的贝叶斯估计量 $\hat{s}_{\mathrm{map}}$ 和 $\hat{s}_{\mathrm{mse}}$。

解　首先求最大后验估计量 $\hat{s}_{\mathrm{map}}$。

按题意给定的条件，以信号 s 为条件的观测量 x 的条件概率密度函数为

$$p(x|s)=\left(\frac{1}{2\pi\sigma_n^2}\right)^{1/2}\exp\left[-\frac{(x-s)^2}{2\sigma_n^2}\right]$$

而已知信号 s 的先验概率密度函数为

$$p(s)=\begin{cases}\dfrac{1}{2s_{\mathrm{M}}}, & -s_{\mathrm{M}}\leqslant s\leqslant +s_{\mathrm{M}}\\ 0, & 其他\end{cases}$$

所以,在 $-s_{\mathrm{M}}\leqslant s\leqslant +s_{\mathrm{M}}$ 范围内,由最大后验估计方程

$$\left[\frac{\partial \ln p(x|s)}{\partial s}+\frac{\partial \ln p(s)}{\partial s}\right]\bigg|_{s=\hat{s}_{\mathrm{map}}}=0$$

解得最大后验估计量

$$\hat{s}_{\mathrm{map}}=x$$

由于信号 s 的最小值是 $-s_{\mathrm{M}}$,最大值为 $+s_{\mathrm{M}}$,且观测噪声是零均值的高斯噪声,所以,当观测值 $x<-s_{\mathrm{M}}$ 和 $x>+s_{\mathrm{M}}$ 时,信号分别取 $-s_{\mathrm{M}}$ 和 $+s_{\mathrm{M}}$ 的概率最大。这样则有

$$\hat{s}_{\mathrm{map}}=\begin{cases}-s_{\mathrm{M}}, & x<-s_{\mathrm{M}}\\ x, & -s_{\mathrm{M}}\leqslant x\leqslant +s_{\mathrm{M}}\\ +s_{\mathrm{M}}, & x>+s_{\mathrm{M}}\end{cases}$$

下面再求信号 s 的最小均方误差估计量 $\hat{s}_{\mathrm{mse}}$。

$\hat{s}_{\mathrm{mse}}$ 等于后验概率密度函数 $p(s|x)$ 的条件均值,所以

$$\begin{aligned}\hat{s}_{\mathrm{mse}}&=\int_{-\infty}^{\infty}sp(s|x)\mathrm{d}s\\&=\frac{\int_{-\infty}^{\infty}sp(x|s)p(s)\mathrm{d}s}{\int_{-\infty}^{\infty}p(x|s)p(s)\mathrm{d}s}\\&=\frac{\int_{-s_{\mathrm{M}}}^{+s_{\mathrm{M}}}s\left(\frac{1}{2\pi\sigma_n^2}\right)^{1/2}\exp\left[-\frac{(x-s)^2}{2\sigma_n^2}\right]\frac{1}{2s_{\mathrm{M}}}\mathrm{d}s}{\int_{-s_{\mathrm{M}}}^{+s_{\mathrm{M}}}\left(\frac{1}{2\pi\sigma_n^2}\right)^{1/2}\exp\left[-\frac{(x-s)^2}{2\sigma_n^2}\right]\frac{1}{2s_{\mathrm{M}}}\mathrm{d}s}\\&=\frac{\int_{s_{\mathrm{M}}+x}^{s_{\mathrm{M}}-x}(x-u)\exp\left(-\frac{u^2}{2\sigma_n^2}\right)\mathrm{d}u}{\int_{s_{\mathrm{M}}+x}^{s_{\mathrm{M}}-x}\exp\left(-\frac{u^2}{2\sigma_n^2}\right)\mathrm{d}u}\\&=x-\frac{\sigma_n\int_{(d+v)^2/2}^{(d-v)^2/2}\exp(-v)\mathrm{d}v}{\int_{d+v}^{d-v}\exp\left(-\frac{v^2}{2}\right)\mathrm{d}v}\end{aligned}$$

式中,$u=x-s$; $d=s_{\mathrm{M}}/\sigma_n$,代表信噪比; $v=x/\sigma_n$,是观测量 x 对噪声标准差的归一化值。继续对上式进行运算,得

$$\hat{s}_{\mathrm{mse}}=x-\frac{\sigma_n\left[\mathrm{e}^{-(d-v)^2/2}-\mathrm{e}^{-(d+v)^2/2}\right]}{\sqrt{2\pi}\left[\varphi(d-v)-\varphi(d+v)\right]}$$

式中,函数 $\varphi(\cdot)$ 代表

$$\varphi(z)=\frac{1}{2\pi}\int_0^z\exp\left(-\frac{v^2}{2}\right)\mathrm{d}v$$

将估计量 $\hat{s}_{\mathrm{map}}$ 和 $\hat{s}_{\mathrm{mse}}$ 对观测量 x 的关系绘成曲线,如图 5.4 所示。可见,$\hat{s}_{\mathrm{map}}$ 和 $\hat{s}_{\mathrm{mse}}$ 都是非线性估计,即估计量 $\hat{s}$ 是观测量 x 的非线性函数,但二者不相同。

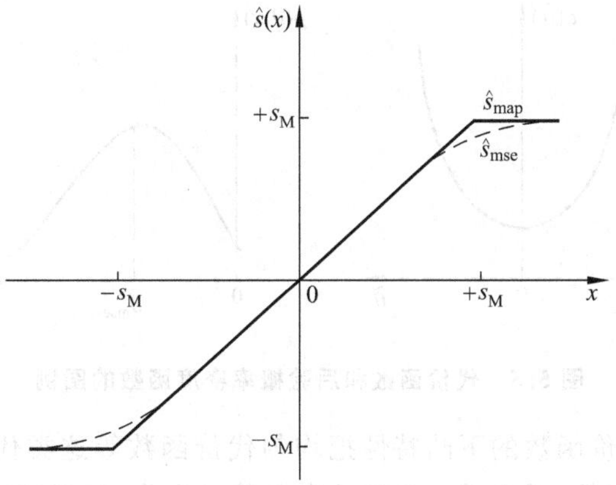

图 5.4 高斯噪声中均匀分布信号的估计

5.2.3 最佳估计的不变性

从前面的讨论中我们已经看出，如果被估计量 θ 的后验概率密度函数 $p(\theta|\boldsymbol{x})$ 是高斯型的，那么，在三种典型代价函数下，使平均代价最小的估计量是一样的，都等于最小均方误差估计量，即

$$\hat{\theta}_{\mathrm{mse}}=\hat{\theta}_{\mathrm{med}}=\hat{\theta}_{\mathrm{map}}$$

它们的均方误差都是最小的，这就是最佳估计的不变性。但是，代价函数的选择常常带有主观性，而后验概率密度函数 $p(\theta|\boldsymbol{x})$ 也不一定能满足高斯型的要求。因此，如果能找到一种估计，它对放宽约束条件的代价函数和后验概率密度函数都是最佳的，那将是比较理想的。也就是说，我们希望代价函数不仅仅限于前面的三种典型形式，后验概率密度函数也可以是非高斯型的，只要满足一定的约束条件，也能获得均方误差最小的估计。下面就来讨论什么类型的代价函数 $c(\tilde{\theta})$ 和后验概率密度函数 $p(\theta|\boldsymbol{x})$，能使估计量具有这种最小均方误差的不变性。

下面分两种约束情况来讨论最小均方误差估计所具有的最佳估计不变性问题。

1. 约束情况 Ⅰ

如果代价函数 $c(\tilde{\theta})$ 是 $\tilde{\theta}$ 的对称、下凸函数，即满足

$$c(\tilde{\theta})=c(-\tilde{\theta}),\quad \text{对称} \tag{5.2.20a}$$

$$c[b\tilde{\theta}_1+(1-b)\tilde{\theta}_2]\leqslant bc(\tilde{\theta}_1)+(1-b)c(\tilde{\theta}_2),\quad 0\leqslant b\leqslant 1,\text{下凸} \tag{5.2.20b}$$

而后验概率密度函数 $p(\theta|\boldsymbol{x})$ 对称于条件均值，即满足

$$p(\theta-\hat{\theta}_{\mathrm{mse}}|\boldsymbol{x})=p(\hat{\theta}_{\mathrm{mse}}-\theta|x) \tag{5.2.21}$$

则使平均代价最小的估计量 $\hat{\theta}$ 等于 $\hat{\theta}_{\mathrm{mse}}$。图 5.5 是满足上述约束条件的代价函数 $c(\tilde{\theta})$ 和后验概率密度函数的图例。

在这种约束情况下，最佳估计不变性的证明见附录 5A。

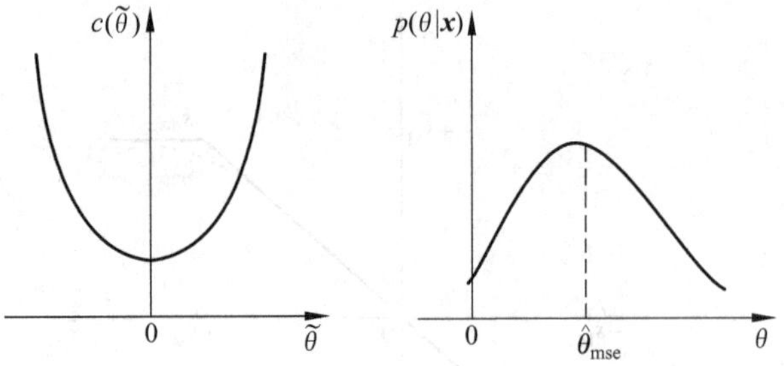

图 5.5 代价函数和后验概率密度函数的图例

约束情况Ⅰ下,代价函数的下凸特性把均匀代价函数等这类代价函数排除在外。为了包括非下凸的代价函数,需要进一步的约束条件。为此,下面讨论第二种约束情况。

2. 约束情况Ⅱ

如果代价函数 $c(\tilde{\theta})$ 是 $\tilde{\theta}$ 的对称非降函数,即满足

$$c(\tilde{\theta})=c(-\tilde{\theta}),\quad 对称 \tag{5.2.22a}$$

$$c(\tilde{\theta}_1)\geqslant c(\tilde{\theta}_2),\quad |\tilde{\theta}_1|\geqslant|\tilde{\theta}_2|,非降 \tag{5.2.22b}$$

而后验概率密度函数 $p(\theta|\boldsymbol{x})$ 是对称于条件均值的单峰函数,即满足

$$p(\theta-\hat{\theta}_{mse}|\boldsymbol{x})=p(\hat{\theta}_{mse}-\theta|x),\quad 对称 \tag{5.2.23a}$$

$$p(\theta-\delta|\boldsymbol{x})\geqslant p(\theta+\delta|\boldsymbol{x}),\quad \theta>\hat{\theta}_{mse},\delta>0,\quad 单峰 \tag{5.2.23b}$$

且当 $\theta\to\infty$ 时,后验概率密度函数很快衰减,即满足

$$\lim_{\theta\to\infty} c(\theta)p(\theta|\boldsymbol{x})=0 \tag{5.2.23c}$$

则对于这类代价函数和后验概率密度函数,使平均代价最小的估计量 $\hat{\theta}$ 等于最小均方误差估计量 $\hat{\theta}_{mse}$。

在约束情况Ⅱ下,最佳估计不变性的证明也见附录 5A。

对上述两种情况的讨论表明,在较宽的代价函数和后验概率密度函数的约束下,最小均方误差估计都是使平均代价最小的贝叶斯估计,这就是最佳估计的不变性。

5.3 最大似然估计

最大似然估计常用来估计未知的非随机参量,这种基于最大似然原理的估计,是人们获得实用估计的最通用的方法,它定义为使似然函数最大的 θ 值作为估计量,故称为最大似然估计(maximum likelihood estimation),估计量记为 $\hat{\theta}_{ml}(\boldsymbol{x})$,简记为 $\hat{\theta}_{ml}$。

本节讨论单参量 θ 的最大似然估计问题。

5.3.1 最大似然估计原理

对于未知非随机被估计量 θ,观测矢量 $\boldsymbol{x}$ 的概率密度函数 $p(\boldsymbol{x}|\theta)$,我们称之为似然函

数。最大似然估计的基本原理是对于某个选定的 θ，考虑 $\boldsymbol{x}$ 落在一个小区域内的概率 $p(\boldsymbol{x}|\theta)\mathrm{d}\boldsymbol{x}$，取 $p(\boldsymbol{x}|\theta)\mathrm{d}\boldsymbol{x}$ 最大的那个对应的 θ 作为估计量 $\hat{\theta}_{\mathrm{ml}}$。在图5.6中，似然函数是在给定 $\boldsymbol{x}=\boldsymbol{x}_0$ 后得到的，于是画出了它与被估计量 θ 的关系曲线。每一个 θ 的 $p(\boldsymbol{x}|\theta)\mathrm{d}\boldsymbol{x}$ 值，都表明了该 θ 值下，$\boldsymbol{x}$ 落在观测空间 $\boldsymbol{R}$ 中以 $\boldsymbol{x}_0$ 为中心的 $\mathrm{d}\boldsymbol{x}$ 范围内的概率。如果已观测到 $\boldsymbol{x}=\boldsymbol{x}_0$ 的数据，那么可以推断 $\theta=\theta_1$ 是不合理的，因为如果被估计量 $\theta=\theta_1$，那么实际上观测量 $\boldsymbol{x}=\boldsymbol{x}_0$ 的概率就非常小。看起来 $\theta=\theta_2$ 是真值的可能性最大，因为此时观测量 $\boldsymbol{x}=\boldsymbol{x}_0$ 有一个很高的概率。所以，可选择 $\hat{\theta}=\theta_2$ 作为估计量，即选择在被估计量 θ 允许的范围内，使 $p(\boldsymbol{x}=\boldsymbol{x}_0|\theta)$ 最大的 θ 值作为估计量 $\hat{\theta}_{\mathrm{ml}}$。这就是最大似然估计原理。

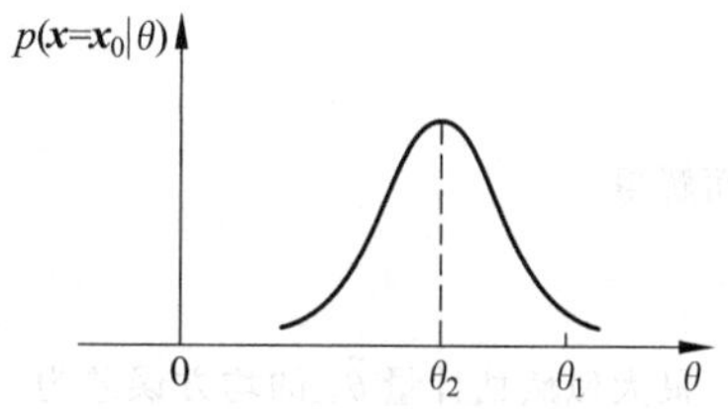

图 5.6　最大似然估计原理

5.3.2　最大似然估计量的构造

根据最大似然估计原理，如果已知似然函数 $p(\boldsymbol{x}|\theta)$，那么最大似然估计量 $\hat{\theta}_{\mathrm{ml}}$ 可由方程

$$\left.\frac{\partial p(\boldsymbol{x}|\theta)}{\partial\theta}\right|_{\theta=\hat{\theta}_{\mathrm{ml}}}=0 \tag{5.3.1}$$

或

$$\left.\frac{\partial \ln p(\boldsymbol{x}|\theta)}{\partial\theta}\right|_{\theta=\hat{\theta}_{\mathrm{ml}}}=0 \tag{5.3.2}$$

解得。方程(5.3.2)式称为最大似然方程。

最大似然估计也适用于随机参量 θ，但是对于不知道先验概率密度函数 $p(\theta)$ 情况的估计。这时可以设想 θ 是均匀分布的，这意味着对于 θ 几乎一无所知，认为它取各种值的可能性都差不多，这当然是一种最不利的分布。在这样的条件下，(5.2.19)式的第二项变为零，从而最大后验估计转化为最大似然估计。或者，在随机参量情况下，虽然知道被估计量 θ 的先验概率密度函数 $p(\theta)$ 但不用，而用最大似然估计构造估计量也是可以的。

由于最大似然估计没有(或不能)利用被估计参量的先验知识，所以其性能一般说要比贝叶斯估计差。然而，当 θ 是未知非随机参量时，或 θ 是随机参量但不知其先验分布时，或者计算(获得)后验概率密度函数 $p(\theta|\boldsymbol{x})$ 比计算(获得)似然函数 $p(\boldsymbol{x}|\theta)$ 要困难得多时，最大似然估计不失为一种性能优良的、实用的估计方法。对于绝大多数实用的最大似然估计，当观测数据足够多时，其性能是最优的。而且，最大似然估计具有不变性，这在实际估计中也是很有用的特性。

例 5.3.1　同例 5.2.1，但不利用被估计量 θ 的先验分布知识，而把 θ 看成是未知非随机参量，求 θ 的最大似然估计量 $\hat{\theta}_{\mathrm{ml}}$ 和均方误差 $\mathrm{E}[(\theta-\hat{\theta}_{\mathrm{ml}})^2]$，并与 θ 的贝叶斯估计量 $\hat{\theta}_{\mathrm{b}}$ 的均方误差 $\mathrm{E}[(\theta-\hat{\theta}_{\mathrm{b}})^2]$ 进行比较。

解　由例 5.2.1 知，观测矢量 $\boldsymbol{x}$ 的似然函数为

$$p(\boldsymbol{x}\mid\theta)=\left(\frac{1}{2\pi\sigma_n^2}\right)^{N/2}\exp\left[-\sum_{k=1}^{N}\frac{(x_k-\theta)^2}{2\sigma_n^2}\right]$$

利用最大似然方程(5.3.2)式，得

$$\frac{\partial \ln p(\boldsymbol{x}|\theta)}{\partial \theta}=\frac{1}{\sigma_n^2}\sum_{k=1}^{N}(x_k-\theta)$$
$$=\frac{N}{\sigma_n^2}\left(\frac{1}{N}\sum_{k=1}^{N}x_k-\theta\right)\bigg|_{\theta=\hat{\theta}_{\mathrm{ml}}}=0$$

从而解得

$$\hat{\theta}_{\mathrm{ml}}=\frac{1}{N}\sum_{k=1}^{N}x_k$$

最大似然估计量 $\hat{\theta}_{\mathrm{ml}}$ 的均方误差为

$$\mathrm{E}[(\theta-\hat{\theta}_{\mathrm{ml}})^2]=\mathrm{E}\left[\left(\theta-\frac{1}{N}\sum_{k=1}^{N}x_k\right)^2\right]=\frac{1}{N}\sigma_n^2$$

我们知道，利用 θ 是均值为零、方差为 σ_θ^2 的高斯随机参量先验分布知识的贝叶斯估计量 $\hat{\theta}_{\mathrm{b}}$ 的均方误差为

$$\mathrm{E}[(\theta-\hat{\theta}_{\mathrm{b}})^2]=\frac{\sigma_\theta^2\sigma_n^2}{N\sigma_\theta^2+\sigma_n^2}=\frac{1}{N+\sigma_n^2/\sigma_\theta^2}\sigma_n^2$$

由于 $\sigma_n^2/\sigma_\theta^2\geqslant 0$，所以

$$\mathrm{E}[(\theta-\hat{\theta}_{\mathrm{ml}})^2]\geqslant \mathrm{E}[(\theta-\hat{\theta}_{\mathrm{b}})^2]$$

从概念上讲，这样的结果是合理的，因为 θ 的贝叶斯估计利用了比 θ 的最大似然估计更多的关于 θ 的知识，理应得到性能更好的结果。同时我们注意到，如果观测次数 N 足够大，则可以利用更多的数据来构造估计量，当满足 $N\gg\sigma_n^2/\sigma_\theta^2$，使得 $N+\sigma_n^2/\sigma_\theta^2\approx N$ 时，二者的均方误差近似相等。

例 5.3.2 同例 5.2.2，但不限制信号 s 的取值范围，求 θ 的最大似然估计量 $\hat{s}_{\mathrm{ml}}$。

解 由例 5.2.2 知，观测量 x 的似然函数为

$$p(x|s)=\left(\frac{1}{2\pi\sigma_n^2}\right)^{1/2}\exp\left[-\frac{(x-s)^2}{2\sigma_n^2}\right]$$

利用最大似然估计方程，得

$$\frac{\partial \ln p(x|s)}{\partial s}=\frac{1}{\sigma_n^2}(x-s)\bigg|_{s=\hat{s}_{\mathrm{ml}}}=0$$

从而解得最大似然估计量

$$\hat{s}_{\mathrm{ml}}=x$$

它与限定信号 s 在 $-s_{\mathrm{M}}$ 到 $+s_{\mathrm{M}}$ 之间均匀分布的贝叶斯估计量比较，$\hat{s}_{\mathrm{map}}$ 和 $\hat{s}_{\mathrm{mse}}$ 是 x 的非线性函数，属于非线性估计；而最大似然估计量 $\hat{s}_{\mathrm{ml}}$ 是线性估计。

5.3.3 最大似然估计的不变性

在许多情况下，我们希望估计 θ 的一个函数 $\alpha=g(\theta)$，似然函数中含有参量 θ。例如，直流信号 A 的观测方程为

$$x_k=A+n_k,\quad k=1,2,\cdots,N$$

但我们并不关心信号的直流电平 A，而是关心信号的功率 A^2。在这种情况下，功率 A^2 的最大似然估计，利用最大似然估计的不变性，很容易从直流电平 A 的最大似然估计中求出。让我们先看一个例子。

例 5.3.3 如果参量 θ 的观测方程为

$$x_k=\theta+n_k,\quad k=1,2,\cdots,N$$

其中，θ 是未知非随机参量；观测噪声 n_k 是均值为零、方差为 σ_n^2 的独立同分布高斯噪声。求函数 $\alpha=\exp(\theta)$ 的最大似然估计量 $\hat{\alpha}_{\mathrm{ml}}$。

解 根据观测方程和假设条件,似然函数为

$$p(\boldsymbol{x}|\theta)=\left(\frac{1}{2\pi\sigma_n^2}\right)^{N/2}\exp\left[-\sum_{k=1}^{N}\frac{(x_k-\theta)^2}{2\sigma_n^2}\right]$$

该似然函数中含有参量 θ。因为在 $\alpha=\exp(\theta)$ 函数中,α 是 θ 的一对一的变换,我们能将似然函数 $p(\boldsymbol{x}|\theta)$ 等效的变换为

$$p(\boldsymbol{x}|\alpha)=\left(\frac{1}{2\pi\sigma_n^2}\right)^{N/2}\exp\left[-\sum_{k=1}^{N}\frac{(x_k-\ln\alpha)^2}{2\sigma_n^2}\right],\quad \alpha>0$$

显然,$p(\boldsymbol{x}|\alpha)$ 相当于是下列观测矢量 $\boldsymbol{x}$ 的似然函数:

$$x_k=\ln\alpha+n_k,\quad k=1,2,\cdots,N$$

利用最大似然方程,有

$$\frac{\partial\ln p(\boldsymbol{x}|\alpha)}{\partial\alpha}=\frac{1}{\sigma_n^2}\sum_{k=1}^{N}(x_k-\ln\alpha)\frac{1}{\alpha}\bigg|_{\alpha=\hat{\alpha}_{\mathrm{ml}}}=0$$

解得

$$\hat{\alpha}_{\mathrm{ml}}=\exp\left(\frac{1}{N}\sum_{k=1}^{N}x_k\right)$$

我们知道,本例的参量 θ 的最大似然估计量为

$$\hat{\theta}_{\mathrm{ml}}=\frac{1}{N}\sum_{k=1}^{N}x_k$$

于是有

$$\hat{\alpha}_{\mathrm{ml}}=\exp(\hat{\theta}_{\mathrm{ml}})$$

这说明,在 α 是 θ 的一对一变换的条件下,用原始参量的最大似然估计量 $\hat{\theta}_{\mathrm{ml}}$ 替换变换关系中的参量 θ,可以求出变换后的参量 α 的最大似然估计量 $\hat{\alpha}_{\mathrm{ml}}$。最大似然估计的这个性质称为不变性。

最大似然估计的不变性归纳如下。

如果参量 θ 的最大似然估计量为 $\hat{\theta}_{\mathrm{ml}}$,那么函数 $\alpha=g(\theta)$ 的最大似然估计量 $\hat{\alpha}_{\mathrm{ml}}$,在 α 是 θ 的一对一变换时有

$$\hat{\alpha}_{\mathrm{ml}}=g(\hat{\theta}_{\mathrm{ml}})$$

如果 α 不是 θ 的一对一变换,例如是1对 j 变换,则首先应找出在 α 取值范围内所有变换参量的似然函数 $p_i(\boldsymbol{x}|\alpha)(i=1,2,\cdots,j)$ 中具有最大值的一个,记为 $p(\boldsymbol{x}|\alpha)$,即

$$p(\boldsymbol{x}|\alpha)=\underset{\alpha}{\mathrm{Max}}\{p_i(\boldsymbol{x}|\alpha),i=1,2,\cdots,j\}$$

然后,通过 $p(\boldsymbol{x}|\alpha)$ 求出 α 的最大似然估计量 $\hat{\alpha}_{\mathrm{ml}}$,就是函数 $\alpha=g(\theta)$ 的最大似然估计量。

关于最大似然估计的不变性,请读者结合习题5.14和习题5.15进一步加以理解。

5.4 估计量的性质

前面已经讨论了单参量的贝叶斯估计和最大似然估计。在按照某种准则获得估计量 $\hat{\theta}$ 后,通常要对估计量的质量进行评价,这就需要研究估计量的主要性质,以便使问题的讨论更加深入。我们知道,估计量是观测量的函数,而观测量是随机变量,所以估计量也是随机变量。因此,应用统计的方法分析和评价各种估计量的质量。下面提出的估计量的主要性质就是评价估计量质量的指标。本节还将详细地讨论估计量的均方误差下界,即克拉美-罗界的问题。

5.4.1　估计量的主要性质

估计量的主要性质是：无偏性、有效性、一致性和充分性。

1. 估计量的无偏性

当对信号的参量进行多次观测后，我们可以构造出估计量 $\hat{\theta}$，它是一个随机变量。我们希望估计量 $\hat{\theta}$ 从平均的意义上等于被估计量 θ 的真值(对非随机参量)或者被估计量 θ 的均值(对随机参量)，这是一个合理的要求。由此引出关于估计量 $\hat{\theta}$ 的无偏性的性质。

对于非随机参量 θ 的估计量 $\hat{\theta}$，其均值可以表示为

$$\mathrm{E}(\hat{\theta})=\int_{-\infty}^{\infty}\hat{\theta}p\,(\boldsymbol{x}|\theta)\mathrm{d}\boldsymbol{x}=\theta+b(\theta) \tag{5.4.1}$$

其中，估计量的均值是以参量 θ 为条件的，而 $b(\theta)$ 称为估计量的偏。

当 $b(\theta)=0$ 时，$\mathrm{E}(\hat{\theta})=\theta$，即估计量的均值 $\mathrm{E}(\hat{\theta})$ 等于被估计量 θ 的真值时，称 $\hat{\theta}$ 为(条件)无偏估计量。

当 $b(\theta)\neq 0$ 时，称 $\hat{\theta}$ 为有偏估计量。如果偏 $b(\theta)$ 不是 θ 的函数而是常数 b，则估计量是已知偏差的有偏估计，我们可以从估计量 $\hat{\theta}$ 中减去 b 以获得无偏估计量；如果偏 $b(\theta)$ 是 θ 的函数，则估计量 $\hat{\theta}$ 是未知偏差的有偏估计量。

对于随机参量 θ，如果估计量 $\hat{\theta}$ 的均值等于被估计量 θ 的均值，即

$$\mathrm{E}(\hat{\theta})=\int_{-\infty}^{\infty}\int_{-\infty}^{\infty}\hat{\theta}p\,(\boldsymbol{x},\theta)\mathrm{d}\boldsymbol{x}\mathrm{d}\theta=\mathrm{E}(\theta) \tag{5.4.2}$$

则称 $\hat{\theta}$ 是无偏估计量；否则就是有偏的，其偏等于两均值之差。

如果将根据有限 N 次观测量 $x_k(k=1,2,\cdots,N)$ 构造的估计量记为 $\hat{\theta}(\boldsymbol{x}_N)$，且 $\hat{\theta}(\boldsymbol{x}_N)$ 是有偏的，但满足

$$\lim_{N\to\infty}\mathrm{E}[\hat{\theta}(\boldsymbol{x}_N)]=\theta,\quad \text{非随机参量} \tag{5.4.3}$$

或

$$\lim_{N\to\infty}\mathrm{E}[\hat{\theta}(\boldsymbol{x}_N)]=\mathrm{E}(\theta),\quad \text{随机参量} \tag{5.4.4}$$

则称 $\hat{\theta}(\boldsymbol{x}_N)$ 是渐近无偏估计量。这里 N 维矢量 $\boldsymbol{x}_N=(x_1,x_2,\cdots,x_N)^{\mathrm{T}}$ 的下标 N 是为了强调有限 N 次的记号。

2. 估计量的有效性

对于一个估计量 $\hat{\theta}$，若仅用是否具有无偏性来评价它显然是不够的，因为即使 $\hat{\theta}$ 是一个无偏估计量，如果它的方差很大，那么估计的误差可能很大，可见无偏估计量还不能保证实际构造的估计量具有良好的性能。所以估计量的第二个性质是关于估计量的方差或均方误差的问题。对于非随机参量 θ 的任意无偏估计量 $\hat{\theta}$，由于 $\mathrm{E}(\hat{\theta})=\theta$，所以估计量的方差、估计误差的方差和均方误差是一样的；但对于随机参量 θ 的任意无偏估计量 $\hat{\theta}$，我们用均方误差的概念。所以在叙述中，统一用均方误差来表述。

对于被估计量 θ 的任意无偏估计量 $\hat{\theta}_1$ 和 $\hat{\theta}_2$，若估计的均方误差

$$\mathrm{E}[(\theta-\hat{\theta}_1)^2]<\mathrm{E}[(\theta-\hat{\theta}_2)^2] \tag{5.4.5}$$

则称估计量$\hat{\theta}_1$比$\hat{\theta}_2$有效。如果θ的无偏估计量$\hat{\theta}$的均方误差小于其他任意无偏估计量的均方误差，则称该估计量为最小均方误差无偏估计量。但是，直接判断一个无偏估计量的均方误差是否达到最小通常是困难的。为此，需要研究任意无偏估计量均方误差的下界及取下界的条件。实际应用证明，确定这样一个下界是极为有用的。因为，如果被估计量θ的任意无偏估计量$\hat{\theta}$的均方误差达到该下界，那么它就是最小均方误差无偏估计量；如果无偏估计量的均方误差达不到该下界，则该下界为比较无偏估计量的性能提供了一个标准；同时也提醒我们，不可能求得均方误差小于下界的无偏估计量。尽管存在多种这样的界，但是，克拉美-罗(Cramer-Rao)界是容易确定的。所以下面将要讨论克拉美-罗不等式和克拉美-罗界，以便深入讨论估计量的有效性问题。这里先给出如下定义：对于θ的任意无偏估计量$\hat{\theta}$，如果其估计的均方误差达到克拉美-罗界，则称该无偏估计量为有效估计量。

3. 估计量的一致性

被估计量θ的估计量$\hat{\theta}$是根据有限N次观测量$x_k(k=1,2,\cdots,N)$构造的，为强调N次观测，记为$\hat{\theta}(\boldsymbol{x}_N)$。我们希望随着观测次数$N$的增加，估计量的质量有所提高，即估计值趋于被估计值的真值，或者估计的均方误差逐步减小。

对于任意小的正数ε，若

$$\lim_{N\to\infty} P[|\theta-\hat{\theta}(\boldsymbol{x}_N)|>\varepsilon]=0 \tag{5.4.6}$$

则称估计量$\hat{\theta}(\boldsymbol{x}_N)$是一致(收敛的)估计量。

若

$$\lim_{N\to\infty} \mathrm{E}[(\theta-\hat{\theta}(\boldsymbol{x}_N))^2]=0 \tag{5.4.7}$$

则称估计量$\hat{\theta}(\boldsymbol{x}_N)$是均方一致(均方收敛的)估计量。

4. 估计量的充分性

若被估计量θ的估计量为$\hat{\theta}(\boldsymbol{x})$，$\boldsymbol{x}$是观测量。如果以$\theta$为参量的似然函数$p(\boldsymbol{x}|\theta)$能够分解表示为

$$p(\boldsymbol{x}|\theta)=g(\hat{\theta}(\boldsymbol{x})|\theta)h(\boldsymbol{x}),\quad h(x)\geqslant 0 \tag{5.4.8}$$

则称$\hat{\theta}(\boldsymbol{x})$为充分估计量。其中，$g(\hat{\theta}(\boldsymbol{x})|\theta)$是通过$\hat{\theta}(\boldsymbol{x})$才与$\boldsymbol{x}$有关的函数，并且以$\theta$为参量；$h(\boldsymbol{x})$只是$\boldsymbol{x}$的函数。函数$g(\hat{\theta}(\boldsymbol{x})|\theta)$可以是估计量$\hat{\theta}(\boldsymbol{x})$的概率密度函数。

我们可以这样来理解θ的充分统计量$\hat{\theta}(\boldsymbol{x})$，即以$\theta$为条件的似然函数$p(\boldsymbol{x}|\theta)$体现了在观测量$\boldsymbol{x}$中含有被估计量$\theta$的信息；(5.4.8)式表明，所构造的估计量$\hat{\theta}(\boldsymbol{x})$运用了观测量$\boldsymbol{x}$中的全部关于$\theta$的信息，因为函数$h(\boldsymbol{x})$与$\theta$无关。也就是说，再也没有别的估计量能够提供比$\theta$的充分估计量$\hat{\theta}(\boldsymbol{x})$更多的关于$\theta$的信息了。

有效估计量必然是充分估计量。因此，为了找出具有最小均方误差的估计量，只需在充分估计量中寻找就足够了。

5.4.2 克拉美-罗不等式和克拉美-罗界

前面已经指出，被估计量θ的任意无偏估计量$\hat{\theta}$的均方误差不能低于克拉美-罗界。

为了研究克拉美-罗界，涉及到克拉美-罗不等式及其取等号的条件等问题。下面分非随机参量和随机参量两种情况来讨论。

1. 非随机参量情况

设$\hat{\theta}$是非随机参量θ的任意无偏估计量，则有

$$\mathrm{Var}(\hat{\theta})=\mathrm{E}[(\theta-\hat{\theta})^2]\geqslant\frac{1}{\mathrm{E}\left[\left(\frac{\partial\ln p(\boldsymbol{x}|\theta)}{\partial\theta}\right)^2\right]} \tag{5.4.9}$$

或

$$\mathrm{Var}(\hat{\theta})=\mathrm{E}[(\theta-\hat{\theta})^2]\geqslant\frac{1}{-\mathrm{E}\left[\frac{\partial^2\ln p(\boldsymbol{x}|\theta)}{\partial\theta^2}\right]} \tag{5.4.10}$$

当且仅当对所有的$\boldsymbol{x}$和θ都满足

$$\frac{\partial\ln p(\boldsymbol{x}|\theta)}{\partial\theta}=(\theta-\hat{\theta})k(\theta) \tag{5.4.11}$$

时，(5.4.9)和(5.4.10)两不等式取等号成立。其中，$k(\theta)$可以是θ的函数，但不能是$\boldsymbol{x}$的函数，也可以是任意非零常数k。

(5.4.9)式和(5.4.10)式就是非随机参量情况下的克拉美-罗不等式，两式等价；(5.4.11)式是克拉美-罗不等式取等号的条件。

因为$\hat{\theta}$是非随机参量θ的任意无偏估计量，所以有

$$\mathrm{E}(\hat{\theta})=\theta \tag{5.4.12}$$

$$\mathrm{E}(\theta-\hat{\theta})=\int_{-\infty}^{\infty}(\theta-\hat{\theta})p(\boldsymbol{x}|\theta)\mathrm{d}\boldsymbol{x}=0 \tag{5.4.13}$$

由此，可以推出克拉美-罗不等式和克拉美-罗不等式取等号的条件式是成立的。推导过程请参见附录5B。

现在说明在非随机参量θ的情况下，克拉美-罗不等式的含义和用途。从克拉美-罗不等式的讨论中我们看到，非随机参量θ的任意无偏估计量$\hat{\theta}$的方差$\mathrm{Var}(\hat{\theta})$，即均方误差$\mathrm{E}[(\theta-\hat{\theta})^2]$，恒不小于由似然函数$p(\boldsymbol{x}|\theta)$的统计特性所决定的数

$$1/\mathrm{E}\left[\left(\frac{\partial\ln p(\boldsymbol{x}|\theta)}{\partial\theta}\right)^2\right]=-1/\mathrm{E}\left[\frac{\partial^2\ln p(\boldsymbol{x}|\theta)}{\partial\theta^2}\right]$$

这个由似然函数的统计特性所决定的数，就是克拉美-罗界；如果克拉美-罗不等式取等号的条件成立，即满足(5.4.11)式，则估计量$\hat{\theta}$的方差$\mathrm{Var}(\hat{\theta})=\mathrm{E}[(\theta-\hat{\theta})^2]$取克拉美-罗界。因此，非随机参量$\theta$的任意无偏估计量$\hat{\theta}$的克拉美-罗不等式和不等式取等号成立的条件式的用途可归纳为：检验θ的任意无偏估计量$\hat{\theta}$是否是有效估计量，即是否满足(5.4.11)式所示的克拉美-罗不等式取等号的条件，若(5.4.11)式成立，则无偏估计量$\hat{\theta}$是有效估计量，否则是无效的；如果无偏估计量$\hat{\theta}$也是有效的，那么估计量的方差$\mathrm{Var}(\hat{\theta})$，即均方误差$\mathrm{E}[(\theta-\hat{\theta})^2]$可以由计算克拉美-罗界得到。对于无效的估计量，其方差$\mathrm{Var}(\hat{\theta})=\mathrm{E}[(\theta-\hat{\theta})^2]$大于克拉美-罗界。

下面研究非随机参量θ的无偏有效估计量$\hat{\theta}$的推论。对于非随机参量θ的任意无偏估计量$\hat{\theta}$，如果克拉美-罗不等式取等号的条件成立，即(5.4.11)式成立，则$\hat{\theta}$是有效估计量。现在令(5.4.11)式的两边的$\theta=\hat{\theta}_{\mathrm{ml}}$，则方程的左边恰为最大似然方程(5.3.2)式的左

边，应等于零，即

$$\left.\frac{\partial \ln p(\boldsymbol{x}|\theta)}{\partial \theta}\right|_{\theta=\hat{\theta}_{\mathrm{ml}}}=0 \tag{5.4.14}$$

因而(5.4.11)式的右边也应等于零，即

$$\left.(\theta-\hat{\theta})k(\theta)\right|_{\theta=\hat{\theta}_{\mathrm{ml}}}=0 \tag{5.4.15}$$

式中，$k(\theta)$是θ的非零函数或任意非零常数。所以有

$$\hat{\theta}=\hat{\theta}_{\mathrm{ml}} \tag{5.4.16}$$

这就是说，对于非随机参量θ，如果其无偏有效估计量$\hat{\theta}$存在，那么，它必定是θ的最大似然估计量$\hat{\theta}_{\mathrm{ml}}$，并且能够由最大似然方程解得。但请大家注意，非随机参量θ的最大似然估计量$\hat{\theta}_{\mathrm{ml}}$不一定是无偏的、有效的，这要通过无偏性和有效性检验才能确定。

2. 随机参量的情况

设$\hat{\theta}$是随机参量θ的任意无偏估计量，则有

$$\mathrm{E}[(\theta-\hat{\theta})^2]\geqslant\frac{1}{\mathrm{E}\left[\left(\frac{\partial \ln p(\boldsymbol{x},\theta)}{\partial \theta}\right)^2\right]} \tag{5.4.17}$$

或

$$\mathrm{E}[(\theta-\hat{\theta})^2]\geqslant\frac{1}{-\mathrm{E}\left[\frac{\partial^2 \ln p(\boldsymbol{x},\theta)}{\partial \theta^2}\right]} \tag{5.4.18}$$

当且仅当对所有的$\boldsymbol{x}$和θ都满足

$$\frac{\partial \ln p(\boldsymbol{x},\theta)}{\partial \theta}=(\theta-\hat{\theta})k \tag{5.4.19}$$

时，不等式取等号成立。其中k是任意非零常数。

(5.4.17)式和(5.4.18)式是随机参量情况下的克拉美-罗不等式，两式等价；(5.4.19)式是克拉美-罗不等式取等号的条件。

随机参量情况下克拉美-罗不等式的推导类似于非随机参量的情况，现做简要说明。

因为$\hat{\theta}$是随机参量θ的任意无偏估计量，所以有

$$\mathrm{E}(\hat{\theta})=\mathrm{E}(\theta) \tag{5.4.20}$$

又因为估计量$\hat{\theta}$是观测量$\boldsymbol{x}$的函数，而被估计量θ是随机参量，所以估计误差$\tilde{\theta}=\theta-\hat{\theta}$的均值为

$$\mathrm{E}(\theta-\hat{\theta})=\int_{-\infty}^{\infty}\int_{-\infty}^{\infty}(\theta-\hat{\theta})p(\boldsymbol{x},\theta)\,\mathrm{d}\boldsymbol{x}\,\mathrm{d}\theta=0 \tag{5.4.21}$$

式中，$p(\boldsymbol{x},\theta)$是$\boldsymbol{x}$和θ的联合概率密度函数。

将(5.4.21)式对θ求偏导，利用

$$\int_{-\infty}^{\infty}\int_{-\infty}^{\infty}p(\boldsymbol{x},\theta)\,\mathrm{d}\boldsymbol{x}\,\mathrm{d}\theta=1 \tag{5.4.22}$$

$$\frac{\partial p(\boldsymbol{x},\theta)}{\partial \theta}=\frac{\partial \ln p(\boldsymbol{x},\theta)}{\partial \theta}p(\boldsymbol{x},\theta) \tag{5.4.23}$$

和柯西-施瓦兹不等式(关于柯西-施瓦兹不等式,请参见附录5B的(5B.6)式和(5B.7)式),可以导出(5.4.17)式的克拉美-罗不等式。

利用(5.4.23)式的求导关系式,将(5.4.22)式两次对θ求偏导,可得

$$\int_{-\infty}^{\infty}\int_{-\infty}^{\infty}\frac{\partial^2 \ln p(\boldsymbol{x},\theta)}{\partial\theta^2}p(\boldsymbol{x},\theta)\mathrm{d}\boldsymbol{x}\mathrm{d}\theta+\int_{-\infty}^{\infty}\int_{-\infty}^{\infty}\left(\frac{\partial \ln p(\boldsymbol{x},\theta)}{\partial\theta}\right)^2 p(\boldsymbol{x},\theta)\mathrm{d}\boldsymbol{x}\mathrm{d}\theta=0 \tag{5.4.24}$$

所以有

$$\mathrm{E}\left[\frac{\partial^2 \ln p(\boldsymbol{x},\theta)}{\partial\theta^2}\right]=-\mathrm{E}\left[\left(\frac{\partial \ln p(\boldsymbol{x},\theta)}{\partial\theta}\right)^2\right] \tag{5.4.25}$$

从而(5.4.17)式所示的克拉美-罗不等式变为等价的(5.4.18)式。

根据柯西-施瓦兹不等式取等号的条件,得随机参量θ情况下克拉美-罗不等式取等号的条件,即(5.4.19)式。

在随机参量θ情况下,克拉美-罗不等式(5.4.17)式和(5.4.18)式及取等号的条件式(5.4.19)式中,由于联合概率密度函数$p(\boldsymbol{x},\theta)$可以表示为

$$p(\boldsymbol{x},\theta)=p(\boldsymbol{x}|\theta)p(\theta) \tag{5.4.26}$$

所以

$$\frac{\partial \ln p(\boldsymbol{x},\theta)}{\partial\theta}=\frac{\partial \ln p(\boldsymbol{x}|\theta)}{\partial\theta}+\frac{\partial \ln p(\theta)}{\partial\theta} \tag{5.4.27}$$

这样,随机参量θ情况下的克拉美-罗不等式和取等号的条件式可以表示为更方便应用的形式,分别为

$$\mathrm{E}[(\theta-\hat{\theta})^2]\geqslant\frac{1}{\mathrm{E}\left[\left(\frac{\partial \ln p(\boldsymbol{x}|\theta)}{\partial\theta}+\frac{\partial \ln p(\theta)}{\partial\theta}\right)^2\right]} \tag{5.4.28}$$

$$\mathrm{E}[(\theta-\hat{\theta})^2]\geqslant\frac{1}{-\mathrm{E}\left[\frac{\partial^2 \ln p(\boldsymbol{x}|\theta)}{\partial\theta^2}+\frac{\partial^2 \ln p(\theta)}{\partial\theta^2}\right]} \tag{5.4.29}$$

和

$$\frac{\partial \ln p(\boldsymbol{x}|\theta)}{\partial\theta}+\frac{\partial \ln p(\theta)}{\partial\theta}=(\theta-\hat{\theta})k \tag{5.4.30}$$

随机参量θ情况下的克拉美-罗不等式表明,随机参量θ的任意无偏估计量$\hat{\theta}$的均方误差$\mathrm{E}[(\theta-\hat{\theta})^2]$恒不小于由观测量$\boldsymbol{x}$和被估计量$\theta$的联合概率密度函数$p(\boldsymbol{x},\theta)$的统计特性所决定的数

$$1/\mathrm{E}\left[\left(\frac{\partial \ln p(\boldsymbol{x},\theta)}{\partial\theta}\right)^2\right]=-1/\mathrm{E}\left[\frac{\partial^2 \ln p(\boldsymbol{x},\theta)}{\partial\theta^2}\right]$$

即克拉美-罗界。当不等式取等号的条件成立时,均方误差取克拉美-罗界,估计量$\hat{\theta}$是无偏有效的。因此,随机参量下的克拉美-罗不等式和取等号的条件可用来检验随机参量θ的任意无偏估计量$\hat{\theta}$是否有效。若估计量无偏有效,则其均方误差可由计算克拉美-罗界求得。

对随机参量θ的任意无偏估计量$\hat{\theta}$,如果它还是有效的,则克拉美-罗不等式取等号的

条件一定成立，即方程

$$\frac{\partial \ln p(\boldsymbol{x}|\theta)}{\partial \theta}+\frac{\partial \ln p(\theta)}{\partial \theta}=(\theta-\hat{\theta})k \tag{5.4.31}$$

成立。令 $\theta=\hat{\theta}_{\mathrm{map}}$，则方程的左边恰为最大后验方程(5.2.19)式的左边，应等于零，即

$$\left[\frac{\partial \ln p(\boldsymbol{x}|\theta)}{\partial \theta}+\frac{\partial \ln p(\theta)}{\partial \theta}\right]\Bigg|_{\theta=\hat{\theta}_{\mathrm{map}}}=0 \tag{5.4.32}$$

因而(5.4.31)式的右边也应等于零，即

$$(\theta-\hat{\theta})k\Bigg|_{\theta=\hat{\theta}_{\mathrm{map}}}=0 \tag{5.4.33}$$

式中，k 是任意非零常数，所以有

$$\hat{\theta}=\hat{\theta}_{\mathrm{map}} \tag{5.4.34}$$

这说明，如果随机参量 θ 的任意无偏估计量 $\hat{\theta}$ 也是有效的，则该估计量一定是 θ 的最大后验估计量 $\hat{\theta}_{\mathrm{map}}$，并且能够由最大后验方程解得。这是随机参量情况无偏有效估计的推论。

例 5.4.1　研究例 5.3.1 的非随机参量 θ 的最大似然估计量 $\hat{\theta}_{\mathrm{ml}}$ 的性质。

解　由例 5.3.1 知，观测矢量 $\boldsymbol{x}$ 的似然函数为

$$p(\boldsymbol{x}\mid\theta)=\left(\frac{1}{2\pi\sigma_n^2}\right)^{N/2}\exp\left[-\sum_{k=1}^{N}\frac{(x_k-\theta)^2}{2\sigma_n^2}\right]$$

θ 的最大似然估计量为

$$\hat{\theta}_{\mathrm{ml}}=\frac{1}{N}\sum_{k=1}^{N}x_k$$

现在研究估计量 $\hat{\theta}_{\mathrm{ml}}$ 的主要性质。

因为估计量 $\hat{\theta}_{\mathrm{ml}}$ 的均值为

$$\mathrm{E}(\hat{\theta}_{\mathrm{ml}})=\mathrm{E}\left(\frac{1}{N}\sum_{k=1}^{N}x_k\right)=\frac{1}{N}\sum_{k=1}^{N}\mathrm{E}(\theta+n_k)=\theta$$

所以，$\hat{\theta}_{\mathrm{ml}}$ 是无偏估计量。

因为

$$\begin{aligned}\frac{\partial \ln p(\boldsymbol{x}|\theta)}{\partial \theta}&=\frac{1}{\sigma_n^2}\sum_{k=1}^{N}(x_k-\theta)\\&=\left(\theta-\frac{1}{N}\sum_{k=1}^{N}x_k\right)\left(-\frac{N}{\sigma_n^2}\right)\\&=(\theta-\hat{\theta}_{\mathrm{ml}})k(\theta)\end{aligned}$$

式中，$k(\theta)=-N/\sigma_n^2$。满足克拉美-罗不等式(5.4.10)式取等号的条件，所以 $\hat{\theta}_{\mathrm{ml}}$ 是有效估计量。

由于 $\hat{\theta}_{\mathrm{ml}}$ 是无偏有效估计量，所以估计的均方误差取克拉美-罗界，即

$$\begin{aligned}\mathrm{Var}(\hat{\theta}_{\mathrm{ml}})=\mathrm{E}[(\theta-\hat{\theta}_{\mathrm{ml}})^2]&=\frac{1}{-\mathrm{E}\left[\dfrac{\partial^2 \ln p(\boldsymbol{x}|\theta)}{\partial \theta^2}\right]}\\&=\frac{1}{-\mathrm{E}\left(-\dfrac{N}{\sigma_n^2}\right)}=\frac{\sigma_n^2}{N}\end{aligned}$$

这与由均方误差定义式求解的结果是一样的。

下面再来考查 $\hat{\theta}_{\mathrm{ml}}$ 的一致性。因为

$$\lim_{N\to\infty}P(|\theta-\hat{\theta}_{\mathrm{ml}}(\boldsymbol{x}_N)|>\varepsilon)$$
$$=\lim_{N\to\infty}P\left(\left|\theta-\frac{1}{N}\sum_{k=1}^{N}x_k\right|>\varepsilon\right)$$
$$=\lim_{N\to\infty}P\left[\left|\theta-\frac{1}{N}\sum_{k=1}^{N}(\theta+n_k)\right|>\varepsilon\right]$$
$$=\lim_{N\to\infty}P\left(\left|\frac{1}{N}\sum_{k=1}^{N}n_k\right|>\varepsilon\right)$$
$$=0$$

所以，$\hat{\theta}_{\mathrm{ml}}$是一致估计量。又因为

$$\lim_{N\to\infty}\mathrm{E}[(\theta-\hat{\theta}_{\mathrm{ml}}(\boldsymbol{x}_N))^2]=\lim_{N\to\infty}\frac{\sigma_n^2}{N}=0$$

所以，$\hat{\theta}_{\mathrm{ml}}$也是均方一致的估计量。

最后研究 $\hat{\theta}_{\mathrm{ml}}$的充分性。将似然函数 $p(\boldsymbol{x}|\theta)$进行指数展开、配方和分解，得

$$\begin{aligned}p(\boldsymbol{x}\mid\theta)&=\left(\frac{1}{2\pi\sigma_n^2}\right)^{N/2}\exp\left[-\frac{1}{2\sigma_n^2}\sum_{k=1}^{N}(x_k-\theta)^2\right]\\&=\left(\frac{1}{2\pi\sigma_n^2}\right)^{N/2}\exp\left[-\frac{N}{2\sigma_n^2}\left(\frac{1}{N}\sum_{k=1}^{N}x_k^2-\frac{2}{N}\sum_{k=1}^{N}x_k\theta+\theta^2\right)\right]\\&=\left(\frac{1}{2\pi\sigma_n^2}\right)^{N/2}\exp\left\{-\frac{N}{2\sigma_n^2}\left[\left(\frac{1}{N}\sum_{k=1}^{N}x_k\right)^2-\frac{2}{N}\sum_{k=1}^{N}x_k\theta+\theta^2-\right.\right.\\&\quad\left.\left.\left(\frac{1}{N}\sum_{k=1}^{N}x_k\right)^2+\frac{1}{N}\sum_{k=1}^{N}x_k^2\right]\right\}\\&=\left(\frac{N}{2\pi\sigma_n^2}\right)^{1/2}\exp\left[-\frac{N}{2\sigma_n^2}(\hat{\theta}_{\mathrm{ml}}-\theta)^2\right]\times\\&\quad\left(\frac{1}{2\pi\sigma_n^2}\right)^{(N-1)/2}\frac{1}{N^{1/2}}\exp\left\{-\frac{N}{2\sigma_n^2}\left[\frac{1}{N}\sum_{k=1}^{N}x_k^2-\left(\frac{1}{N}\sum_{k=1}^{N}x_k\right)^2\right]\right\}\\&=g(\hat{\theta}_{\mathrm{ml}}\mid\theta)h(\boldsymbol{x})\end{aligned}$$

式中，

$$g(\hat{\theta}_{\mathrm{ml}}|\theta)=\left(\frac{N}{2\pi\sigma_n^2}\right)^{1/2}\exp\left[-\frac{N}{2\sigma_n^2}(\hat{\theta}_{\mathrm{ml}}-\theta)^2\right]$$

恰为估计量 $\hat{\theta}_{\mathrm{ml}}$的概率密度函数。这样，由 $p(\boldsymbol{x}|\theta)=g(\hat{\theta}_{\mathrm{ml}}|\theta)h(\boldsymbol{x})$可知，$\hat{\theta}_{\mathrm{ml}}$是充分估计量。

例 5.4.2 研究例 5.2.1 中随机参量 θ 的贝叶斯估计量 $\hat{\theta}_{\mathrm{b}}$的主要性质及克拉美-罗界。

解 由例 5.2.1 可知，随机参量 θ 的贝叶斯估计量为

$$\hat{\theta}_{\mathrm{b}}=\frac{\sigma_\theta^2}{\sigma_\theta^2+\sigma_n^2/N}\left(\frac{1}{N}\sum_{k=1}^{N}x_k\right)$$

因为

$$\begin{aligned}\mathrm{E}(\hat{\theta}_{\mathrm{b}})&=\frac{\sigma_\theta^2}{\sigma_\theta^2+\sigma_n^2/N}\left[\frac{1}{N}\sum_{k=1}^{N}\mathrm{E}(x_k)\right]\\&=\frac{\sigma_\theta^2}{\sigma_\theta^2+\sigma_n^2/N}\left[\frac{1}{N}\sum_{k=1}^{N}\mathrm{E}(\theta+n_k)\right]\\&=0\end{aligned}$$

即

$$\mathrm{E}(\hat{\theta}_{\mathrm{b}})=\mathrm{E}(\theta)=0$$

所以，$\hat{\theta}_{\mathrm{b}}$是无偏估计量。

因为

$$p(\boldsymbol{x} \mid \theta) = \left(\frac{1}{2\pi\sigma_n^2}\right)^{N/2} \exp\left[-\sum_{k=1}^{N} \frac{(x_k-\theta)^2}{2\sigma_n^2}\right]$$

$$p(\theta)=\left(\frac{1}{2\pi\sigma_\theta^2}\right)^{1/2} \exp\left(-\frac{\theta^2}{2\sigma_\theta^2}\right)$$

所以

$$\begin{aligned}
&\frac{\partial \ln p(\boldsymbol{x}|\theta)}{\partial\theta}+\frac{\partial \ln p(\theta)}{\partial\theta}\\
&=\frac{1}{\sigma_n^2}\sum_{k=1}^{N} x_k-\frac{N}{\sigma_n^2}\theta-\frac{\theta}{\sigma_\theta^2}\\
&=\left[\theta-\frac{N\sigma_\theta^2}{N\sigma_\theta^2+\sigma_n^2}\left(\frac{1}{N}\sum_{k=1}^{N}x_k\right)\right]\left(-\frac{N\sigma_\theta^2+\sigma_n^2}{\sigma_\theta^2\sigma_n^2}\right)\\
&=(\theta-\hat{\theta}_{\mathrm{b}})k
\end{aligned}$$

式中，

$$k=-\frac{N\sigma_\theta^2+\sigma_n^2}{\sigma_\theta^2\sigma_n^2}$$

所以，$\hat{\theta}_{\mathrm{b}}$是有效估计量。

估计量 $\hat{\theta}_{\mathrm{b}}$ 的克拉美-罗界为

$$\begin{aligned}
&\frac{1}{-\mathrm{E}\left[\dfrac{\partial^2 \ln p(\boldsymbol{x}|\theta)}{\partial\theta^2}+\dfrac{\partial^2 \ln p(\theta)}{\partial\theta^2}\right]}\\
&=\frac{1}{-\mathrm{E}\left(-\dfrac{N}{\sigma_n^2}-\dfrac{1}{\sigma_\theta^2}\right)}\\
&=\frac{\sigma_\theta^2\sigma_n^2}{N\sigma_\theta^2+\sigma_n^2}
\end{aligned}$$

因为 $\hat{\theta}_{\mathrm{b}}$是无偏有效估计量，所以其均方误差取克拉美-罗界，即

$$\mathrm{E}[(\theta-\hat{\theta}_{\mathrm{b}})^2]=\frac{\sigma_\theta^2\sigma_n^2}{N\sigma_\theta^2+\sigma_n^2}$$

这与例 5.2.1 的结果是一样的。

下面再来考查估计量 $\hat{\theta}_{\mathrm{b}}$的一致性。噪声 n_k 的方差 σ_n^2 是有限的，因此

$$\begin{aligned}
&\lim_{N\to\infty} P(|\theta-\hat{\theta}_{\mathrm{b}}(\boldsymbol{x}_N)|>\varepsilon)\\
&=\lim_{N\to\infty}\left[\left|\theta-\frac{\sigma_\theta^2}{\sigma_\theta^2+\sigma_n^2/N}\left(\frac{1}{N}\sum_{k=1}^{N}x_k\right)\right|>\varepsilon\right]\\
&=\lim_{N\to\infty}\left\{\left|\theta-\frac{\sigma_\theta^2}{\sigma_\theta^2+\sigma_n^2/N}\left[\frac{1}{N}\sum_{k=1}^{N}(\theta+n_k)\right]\right|>\varepsilon\right\}\\
&=\lim_{N\to\infty}P\left(\left|-\frac{1}{N}\sum_{k=1}^{N}n_k\right|>\varepsilon\right)\\
&=0
\end{aligned}$$

所以，估计量 $\hat{\theta}_{\mathrm{b}}$是一致的（收敛的）估计量。

又因为

$$\begin{aligned}
&\lim_{N\to\infty}\mathrm{E}[(\theta-\hat{\theta}_{\mathrm{b}}(\boldsymbol{x}_N))^2]\\
&=\lim_{N\to\infty}\frac{\sigma_\theta^2\sigma_n^2}{N\sigma_\theta^2+\sigma_n^2}\\
&=0
\end{aligned}$$

所以，估计量 $\hat{\theta}_{\mathrm{b}}$也是均方一致的（均方收敛的）估计量。

从例 5.4.1 中我们发现，如果非随机参量 θ 的最大似然估计量 $\hat{\theta}_{\mathrm{ml}}$ 是无偏有效的，则估计的均方误差为

$$\mathrm{Var}(\hat{\theta}_{\mathrm{ml}})=\mathrm{E}[(\theta-\hat{\theta}_{\mathrm{ml}})^2]=\frac{1}{-k(\theta)}$$

而从例 5.4.2 中可以发现，如果随机参量 θ 的贝叶斯估计量 $\hat{\theta}_{\mathrm{b}}$ 是无偏有效的，则估计的均方误差为

$$\mathrm{E}[(\theta-\hat{\theta}_{\mathrm{b}})^2]=\frac{1}{-k}$$

现在的问题是这种关系是否具有普遍性。下面就研究这个问题。

5.4.3 无偏有效估计量的均方误差与克拉美-罗不等式取等号成立条件式中的 $k(\theta)$ 或 k 的关系

下面分非随机参量和随机参量两种情况来讨论。

1. 非随机参量的情况

如果非随机参量 θ 的任意无偏估计量 $\hat{\theta}$ 也是有效的，则其均方误差为

$$\mathrm{Var}(\hat{\theta})=\mathrm{E}[(\theta-\hat{\theta})^2]=\frac{1}{-k(\theta)} \tag{5.4.35}$$

其中，$k(\theta)$ 是非随机参量情况下克拉美-罗不等式取等号成立条件式，即(5.4.11)式中的 $k(\theta)$。

证明 因为 $\hat{\theta}$ 是非随机参量 θ 的任意无偏有效估计量，所以必满足(5.4.11)式，重写为

$$\frac{\partial \ln p(\boldsymbol{x}|\theta)}{\partial\theta}=(\theta-\hat{\theta})k(\theta) \tag{5.4.36}$$

等式两边对 θ 求偏导，得

$$\frac{\partial^2 \ln p(\boldsymbol{x}|\theta)}{\partial\theta^2}=k(\theta)+(\theta-\hat{\theta})\frac{\partial k(\theta)}{\partial\theta} \tag{5.4.37}$$

再对等式两边求均值，进而得

$$-\mathrm{E}\left[\frac{\partial^2 \ln p(\boldsymbol{x}|\theta)}{\partial\theta^2}\right]=-k(\theta) \tag{5.4.38}$$

这里利用了 θ 的非随机性和 $\hat{\theta}$ 的无偏性，即

$$\mathrm{E}\left[(\theta-\hat{\theta})\frac{\partial k(\theta)}{\partial\theta}\right]=\mathrm{E}(\theta-\hat{\theta})\frac{\partial k(\theta)}{\partial\theta}=0$$

因为 $\hat{\theta}$ 是非随机参量 θ 的任意无偏有效估计量，所以，其均方误差为

$$\mathrm{Var}(\hat{\theta})=\mathrm{E}[(\theta-\hat{\theta})^2]=\frac{1}{-\mathrm{E}\left[\dfrac{\partial^2 \ln p(\boldsymbol{x}|\theta)}{\partial\theta^2}\right]}$$

$$=\frac{1}{-k(\theta)}$$

这说明，(5.4.35)式是成立的。

2. 随机参量情况

如果随机参量 θ 的任意无偏估计量 $\hat{\theta}$ 也是有效的，则其均方误差为

$$E[(\theta-\hat{\theta})^2]=\frac{1}{-k} \tag{5.4.39}$$

其中，k 是随机参量情况下克拉美-罗不等式取等号成立条件式，即(5.4.19)式中的 k。

证明 因为 $\hat{\theta}$ 是随机参量 θ 的任意无偏有效估计量，所以必满足(5.4.19)式，重写为

$$\frac{\partial \ln p(\boldsymbol{x}|\theta)}{\partial \theta}=(\theta-\hat{\theta})k \tag{5.4.40}$$

等式两边对 θ 求偏导后，再求均值，即得

$$-E\left[\frac{\partial^2 \ln p(\boldsymbol{x}|\theta)}{\partial \theta^2}\right]=-k \tag{5.4.41}$$

因为 $\hat{\theta}$ 的均方误差为

$$E[(\theta-\hat{\theta})^2]=\frac{1}{-E\left[\dfrac{\partial^2 \ln p(\boldsymbol{x}|\theta)}{\partial \theta^2}\right]}$$

所以

$$E[(\theta-\hat{\theta})^2]=\frac{1}{-k}$$

这表明，(5.4.39)式是成立的。

5.4.4 非随机参量函数估计的克拉美-罗界

现在研究非随机参量 θ 的函数 $\alpha=g(\theta)$ 的估计量 $\hat{\alpha}$ 的克拉美-罗界。

设未知非随机参量 θ 的函数 $\alpha=g(\theta)$，其估计量 $\hat{\alpha}$ 是 α 的任意无偏估计量，即

$$E(\hat{\alpha})=\alpha=g(\theta) \tag{5.4.42}$$

则估计的均方误差为

$$\mathrm{Var}(\hat{\alpha})=E[(\alpha-\hat{\alpha})^2]\geqslant\frac{\left(\dfrac{\partial g(\theta)}{\partial \theta}\right)^2}{E\left[\left(\dfrac{\partial \ln p(\boldsymbol{x}|\theta)}{\partial \theta}\right)^2\right]} \tag{5.4.43}$$

或

$$\mathrm{Var}(\hat{\alpha})=E[(\alpha-\hat{\alpha})^2]\geqslant\frac{\left(\dfrac{\partial g(\theta)}{\partial \theta}\right)^2}{-E\left[\dfrac{\partial^2 \ln p(\boldsymbol{x}|\theta)}{\partial \theta^2}\right]} \tag{5.4.44}$$

当且仅当对所有的 $\boldsymbol{x}$ 和 θ 都满足

$$\frac{\partial \ln p(\boldsymbol{x}|\theta)}{\partial \theta}=(\alpha-\hat{\alpha})k(\theta) \tag{5.4.45}$$

时，(5.4.43)式或(5.4.44)式所示的克拉美-罗不等式取等号成立。其中，$k(\theta)$ 可以是 θ 的函数，但不能是 $\boldsymbol{x}$ 的函数，也可以是任意非零常数 k。

因为 $\hat{\alpha}$ 是 $\alpha=g(\theta)$ 的任意无偏估计量，所以有

$$E(\hat{\alpha})=\alpha=g(\theta) \tag{5.4.46}$$

和

$$E(\alpha-\hat{\alpha})=\int_{-\infty}^{\infty}(\alpha-\hat{\alpha})p(\boldsymbol{x}|\theta)\mathrm{d}\boldsymbol{x}=0 \tag{5.4.47}$$

(5.4.47)式两边对θ求偏导，并利用柯西-施瓦兹不等式(关于柯西-施瓦兹不等式，请参见附录5B的(5B.6)式和(5B.7)式)，可得(5.4.43)式的克拉美-罗不等式，进而得等价的(5.4.44)式；利用柯西-施瓦兹不等式取等号的条件，可得(5.4.45)式取等号成立的条件式。具体证明请读者结合习题5.16自己完成。

例5.4.3 设线性观测方程为

$$x_k=\theta+n_k,\quad k=1,2,\cdots,N$$

其中，θ是非随机参量；n_k是均值为零、方差为σ_n^2的独立高斯噪声。现在求θ的函数$\alpha=b\theta$的最大似然估计量$\hat{\alpha}_{\mathrm{ml}}$，其中$b\neq0$，且为常数；考查$\hat{\alpha}_{\mathrm{ml}}$的无偏性和有效性，并求估计的均方误差。

解 由题意可知，$\boldsymbol{x}=(x_1,x_2,\cdots,x_N)^{\mathrm{T}}$的似然函数为

$$p(\boldsymbol{x}|\theta)=\left(\frac{1}{2\pi\sigma_n^2}\right)^{N/2}\exp\left[-\sum_{k=1}^{N}\frac{(x_k-\theta)^2}{2\sigma_n^2}\right]$$

我们知道，非随机参数θ的最大似然估计量为

$$\hat{\theta}_{\mathrm{ml}}=\frac{1}{N}\sum_{k=1}^{N}x_k$$

且估计量$\hat{\theta}_{\mathrm{ml}}$是无偏的和有效的，估计的均方误差为

$$\mathrm{Var}(\hat{\theta}_{\mathrm{ml}})=E[(\theta-\hat{\theta}_{\mathrm{ml}})^2]=\frac{\sigma_n^2}{N}$$

根据最大似然估计的不变性，$\alpha=b\theta$的最大似然估计量为

$$\hat{\alpha}_{\mathrm{ml}}=b\hat{\theta}_{\mathrm{ml}}=\frac{b}{N}\sum_{k=1}^{N}x_k$$

现在考查$\hat{\alpha}_{\mathrm{ml}}$的无偏性和有效性。

因为

$$E(\hat{\alpha}_{\mathrm{ml}})=\frac{b}{N}\sum_{k=1}^{N}E(\theta+n_k)=b\theta=\alpha$$

所以，$\hat{\alpha}_{\mathrm{ml}}$是无偏估计量。

因为

$$\begin{aligned}\frac{\partial\ln p(\boldsymbol{x}|\theta)}{\partial\theta}&=\frac{1}{\sigma_n^2}\sum_{k=1}^{N}(x_k-\theta)\\&=\left(b\theta-\frac{b}{N}\sum_{k=1}^{N}x_k\right)\left(-\frac{N}{b\sigma_n^2}\right)\\&=(\alpha-\hat{\alpha}_{\mathrm{ml}})k\end{aligned}$$

式中，$k=-\dfrac{N}{b\sigma_n^2}$。所以，$\hat{\alpha}_{\mathrm{ml}}$是有效估计量。这样，我们可以通过求克拉美-罗界来求得估计的均方误差，结果为

$$\begin{aligned}\mathrm{Var}(\hat{\alpha}_{\mathrm{ml}})&=E[(\alpha-\hat{\alpha}_{\mathrm{ml}})^2]\\&=\frac{\left(\dfrac{\partial(b\theta)}{\partial\theta}\right)^2}{-E\left[\dfrac{\partial^2\ln p(\boldsymbol{x}|\theta)}{\partial\theta^2}\right]}=\frac{b^2}{\dfrac{N}{\sigma_n^2}}=\frac{b^2\sigma_n^2}{N}\end{aligned}$$

例 5.4.4 设线性观测方程为

$$x_k=\theta+n_k,\quad k=1,2,\cdots,N$$

其中，θ 是非随机参量；n_k 是均值为零、方差为 σ_n^2 的独立高斯噪声。现求 θ 的函数 $\alpha=\exp(\theta)$ 的最大似然估计量 $\hat{\alpha}_{\mathrm{ml}}$，并考查估计量 $\hat{\alpha}_{\mathrm{ml}}$ 的无偏性。

解 根据题意，$\boldsymbol{x}=(x_1,x_2,\cdots,x_N)^{\mathrm{T}}$ 的似然函数为

$$p(\boldsymbol{x}|\theta)=\left(\frac{1}{2\pi\sigma_n^2}\right)^{N/2}\exp\left[-\sum_{k=1}^{N}\frac{(x_k-\theta)^2}{2\sigma_n^2}\right]$$

我们已知道，非随机参量 θ 的最大似然估计量 $\hat{\theta}_{\mathrm{ml}}$ 为

$$\hat{\theta}_{\mathrm{ml}}=\frac{1}{N}\sum_{k=1}^{N}x_k$$

且估计量 $\hat{\theta}_{\mathrm{ml}}$ 是 θ 的无偏估计量，即

$$\mathrm{E}(\hat{\theta}_{\mathrm{ml}})=\theta$$

$\hat{\theta}_{\mathrm{ml}}$ 也是有效估计量，估计的均方误差为

$$\mathrm{Var}(\hat{\theta}_{\mathrm{ml}})=\mathrm{E}[(\theta-\hat{\theta}_{\mathrm{ml}})^2]=\frac{\sigma_n^2}{N}$$

而且，估计量 $\hat{\theta}_{\mathrm{ml}}$ 是属于高斯分布的，其概率密度函数为

$$p(\hat{\theta}_{\mathrm{ml}})=\left(\frac{N}{2\pi\sigma_n^2}\right)^{1/2}\exp\left[-\frac{N(\hat{\theta}_{\mathrm{ml}}-\theta)^2}{2\sigma_n^2}\right]$$

根据最大似然估计的不变性，$\alpha=\exp(\theta)$ 的最大似然估计量 $\hat{\alpha}_{\mathrm{ml}}$ 为

$$\hat{\alpha}_{\mathrm{ml}}=\exp(\hat{\theta}_{\mathrm{ml}})=\exp\left(\frac{1}{N}\sum_{k=1}^{N}x_k\right)$$

现在考查 $\hat{\alpha}_{\mathrm{ml}}$ 的无偏性。

因为

$$\begin{aligned}\mathrm{E}(\hat{\alpha}_{\mathrm{ml}})&=\mathrm{E}[\exp(\hat{\theta}_{\mathrm{ml}})]\\&=\int_{-\infty}^{\infty}\exp(\hat{\theta}_{\mathrm{ml}})p(\hat{\theta}_{\mathrm{ml}})\mathrm{d}\hat{\theta}_{\mathrm{ml}}\\&=\int_{-\infty}^{\infty}\exp(\hat{\theta}_{\mathrm{ml}})\left(\frac{N}{2\pi\sigma_n^2}\right)^{1/2}\exp\left[-\frac{N(\hat{\theta}_{\mathrm{ml}}-\theta)^2}{2\sigma_n^2}\right]\mathrm{d}\hat{\theta}_{\mathrm{ml}}\\&=\exp\left(\theta+\frac{\sigma_n^2}{2N}\right)\end{aligned}$$

具体推导过程参见附录 5C。所以很明显，$\hat{\alpha}_{\mathrm{ml}}$ 的均值

$$\mathrm{E}(\hat{\alpha}_{\mathrm{ml}})\neq\exp(\theta)$$

即

$$\mathrm{E}(\hat{\alpha}_{\mathrm{ml}})\neq\alpha$$

所以，$\alpha=\exp(\theta)$ 的最大似然估计量 $\hat{\alpha}_{\mathrm{ml}}$ 是有偏估计量，但是渐近无偏的。

在结束关于估计量的性质讨论之前，我们特别强调几个基本概念性的问题。

有效估计量一定是建立在无偏的基础上的。因为克拉美-罗不等式和克拉美-罗界以及不等式取等号的条件，都是在任意无偏估计量基础上导出的。所以检验一个估计量的性质，首先要检验它是否无偏，只有在无偏估计量的基础上，才能进一步检验它的有效性。如果估计量是有偏的，就谈不上它的有效性问题。

只有无偏的和有效的估计量，其估计的均方误差才能达到克拉美-罗界，并可通过计算克拉美-罗界求得该估计量的均方误差。

例 5.4.1 中非随机参量 θ 的最大似然估计量 $\hat{\theta}_{ml}$ 和例 5.4.2 中随机参量 θ 的贝叶斯估计量 $\hat{\theta}_b$，都是无偏有效的，但这并不意味着非随机参量 θ 的最大似然估计量 $\hat{\theta}_{ml}$ 或随机参量 θ 的贝叶斯估计量 $\hat{\theta}_b$ 一定是无偏的和有效的。它可能既是无偏的，也是有效的；也可能仅是无偏的，但不是有效的；也可能是有偏的。这要根据估计量无偏性的定义和在无偏估计量基础上是否满足有效性的条件进行检验才能确定。

5.5 矢量估计

前面所讨论的都是对单个参量 θ 的估计。但是在许多实际问题中，要求我们同时估计信号的多个参量，这就是矢量估计(vector estimation)。例如，在雷达探测目标时，通常要求同时估计出某一时刻目标的距离、方位、高度和速度等参数。本节将把单参量估计的概念、方法和性能评估等推广到信号参量的矢量估计中。

假定有 M 个参量 $\theta_1,\theta_2,\cdots,\theta_M$ 需要同时估计，用 M 维矢量 $\boldsymbol{\theta}$ 来表示这 M 个被估计的参量，即为

$$\boldsymbol{\theta}=(\theta_1,\theta_2,\cdots,\theta_M)^{\mathrm{T}} \tag{5.5.1}$$

该矢量称为被估计矢量。由于估计规则构造的估计矢量一定是观测矢量 $\boldsymbol{x}$ 的函数，所以估计矢量记为 $\hat{\boldsymbol{\theta}}(\boldsymbol{x})$，简记为 $\hat{\boldsymbol{\theta}}$。矢量估计的误差矢量定义为

$$\tilde{\boldsymbol{\theta}}=\boldsymbol{\theta}-\hat{\boldsymbol{\theta}}=\begin{bmatrix}\theta_1-\hat{\theta}_1\\ \theta_2-\hat{\theta}_2\\ \vdots\\ \theta_M-\hat{\theta}_M\end{bmatrix} \tag{5.5.2}$$

式中，误差矢量 $\tilde{\boldsymbol{\theta}}$ 是 $\tilde{\boldsymbol{\theta}}(\boldsymbol{x})$ 的简记。

类似于单参量估计的情况，我们把矢量 $\boldsymbol{\theta}$ 的估计也分为随机矢量和非随机矢量两种情况来讨论。

5.5.1 随机矢量的贝叶斯估计

下面讨论当被估计矢量 $\boldsymbol{\theta}$ 为随机矢量时，其最小均方误差估计和最大后验估计。

1. 最小均方误差估计

在矢量估计的情况下，对于最小均方误差估计，代价函数为

$$c(\tilde{\boldsymbol{\theta}})=\sum_{j=1}^{M}\tilde{\theta}_j^2=\tilde{\boldsymbol{\theta}}^{\mathrm{T}}\tilde{\boldsymbol{\theta}} \tag{5.5.3}$$

式中，

$$\tilde{\theta}_j=\theta_j-\hat{\theta}_j$$

即代价函数 $c(\tilde{\boldsymbol{\theta}})$ 是各分量估计误差的平方和。这样，平均代价为

$$C=\int_{-\infty}^{\infty}\int_{-\infty}^{\infty}c(\tilde{\boldsymbol{\theta}})p(\boldsymbol{x},\boldsymbol{\theta})\mathrm{d}\boldsymbol{x}\mathrm{d}\boldsymbol{\theta}$$

$$=\int_{-\infty}^{\infty}\int_{-\infty}^{\infty}\sum_{j=1}^{M}(\theta_j-\hat{\theta}_j)^2 p(\boldsymbol{x},\boldsymbol{\theta})\mathrm{d}\boldsymbol{x}\mathrm{d}\boldsymbol{\theta} \tag{5.5.4}$$

$$=\int_{-\infty}^{\infty}p(\boldsymbol{x})\left[\int_{-\infty}^{\infty}\sum_{j=1}^{M}(\theta_j-\hat{\theta}_j)^2 p(\boldsymbol{\theta}|\boldsymbol{x})\mathrm{d}\boldsymbol{\theta}\right]\mathrm{d}\boldsymbol{x}$$

由于概率密度函数是正的，所以内积分中的 M 项都是正的。因此，为使平均代价 C 最小，就要分别使每个参量 $\theta_j(j=1,2,\cdots,M)$ 估计的均方误差最小。这样，就得第 j 个参量的最小均方误差估计为

$$\hat{\theta}_{j\text{mse}}=\int_{-\infty}^{\infty}\theta_j p(\boldsymbol{\theta}|\boldsymbol{x})\mathrm{d}\boldsymbol{\theta},\quad j=1,2,\cdots,M \tag{5.5.5}$$

用矢量表示为

$$\hat{\boldsymbol{\theta}}_{\text{mse}}=\int_{-\infty}^{\infty}\boldsymbol{\theta}p(\boldsymbol{\theta}|\boldsymbol{x})\mathrm{d}\boldsymbol{\theta} \tag{5.5.6}$$

它是由 M 个(5.5.5)式所示的方程组成的联立方程。求解这样的联立方程，可同时获得 M 个参量的估计矢量 $\hat{\boldsymbol{\theta}}_{\text{mse}}$。

2. 最大后验估计

对于随机矢量 $\boldsymbol{\theta}$ 的最大后验估计，必须求出使后验概率密度函数 $p(\boldsymbol{\theta}|\boldsymbol{x})$ 或 $\ln p(\boldsymbol{\theta}|\boldsymbol{x})$ 为最大的 $\boldsymbol{\theta}$，将它作为最大后验估计量 $\hat{\boldsymbol{\theta}}_{\text{map}}$。如果 $p(\boldsymbol{\theta}|\boldsymbol{x})$ 最大值的解存在，则 $\hat{\boldsymbol{\theta}}_{\text{map}}$ 可以由最大后验方程组解得，该最大后验方程组为

$$\left.\frac{\partial\ln p(\boldsymbol{\theta}|\boldsymbol{x})}{\partial\theta_j}\right|_{\boldsymbol{\theta}=\hat{\boldsymbol{\theta}}_{\text{map}}}=0,\quad j=1,2,\cdots,M \tag{5.5.7}$$

这也是由 M 个方程组成的联立方程，将其简明地表示为

$$\left.\frac{\partial\ln p(\boldsymbol{\theta}|\boldsymbol{x})}{\partial\boldsymbol{\theta}}\right|_{\boldsymbol{\theta}=\hat{\boldsymbol{\theta}}_{\text{map}}}=\boldsymbol{0} \tag{5.5.8}$$

式中，

$$\frac{\partial\ln p(\boldsymbol{\theta}|\boldsymbol{x})}{\partial\boldsymbol{\theta}}\overset{\text{def}}{=}\begin{bmatrix}\dfrac{\partial\ln p(\boldsymbol{\theta}|\boldsymbol{x})}{\partial\theta_1}\\ \dfrac{\partial\ln p(\boldsymbol{\theta}|\boldsymbol{x})}{\partial\theta_2}\\ \vdots\\ \dfrac{\partial\ln p(\boldsymbol{\theta}|\boldsymbol{x})}{\partial\theta_M}\end{bmatrix} \tag{5.5.9}$$

5.5.2　非随机矢量的最大似然估计

如果被估计的矢量是非随机矢量 $\boldsymbol{\theta}$，则应采用最大似然估计，求出使似然函数 $p(\boldsymbol{x}|\boldsymbol{\theta})$ 或者使 $\ln p(\boldsymbol{x}|\boldsymbol{\theta})$ 为最大的 $\boldsymbol{\theta}$，将它作为最大似然估计量 $\hat{\boldsymbol{\theta}}_{\text{ml}}$。如果最大值的解存在，则 $\hat{\boldsymbol{\theta}}_{\text{ml}}$ 可以由最大似然方程组解得，该最大似然方程组为

$$\left.\frac{\partial\ln p(\boldsymbol{x}|\boldsymbol{\theta})}{\partial\theta_j}\right|_{\boldsymbol{\theta}=\hat{\boldsymbol{\theta}}_{\text{ml}}}=0,\quad j=1,2,\cdots,M \tag{5.5.10}$$

它是由 M 个方程组成的联立方程，将其简明地表示为

$$\left.\frac{\partial \ln p(\boldsymbol{x}|\boldsymbol{\theta})}{\partial \boldsymbol{\theta}}\right|_{\boldsymbol{\theta}=\hat{\boldsymbol{\theta}}_{\mathrm{ml}}}=\mathbf{0} \tag{5.5.11}$$

5.5.3　矢量估计量的性质

类似于单参量估计的情况，本节将研究矢量估计量的性质，主要讨论无偏估计量的均方误差的下界，即克拉美-罗界问题。

1. 非随机矢量情况

如果被估计矢量 $\boldsymbol{\theta}$ 是非随机矢量，估计矢量为 $\hat{\boldsymbol{\theta}}$，则其均值矢量可以表示为

$$\mathrm{E}(\hat{\boldsymbol{\theta}})=\boldsymbol{\theta}+b(\boldsymbol{\theta}) \tag{5.5.12}$$

若对所有的 $\boldsymbol{\theta}$，估计的偏矢量 $b(\boldsymbol{\theta})$ 的每一个分量都为零，则称 $\hat{\boldsymbol{\theta}}$ 为无偏估计矢量。

如果 $\hat{\theta}_i$ 是被估计的 M 维非随机矢量 $\boldsymbol{\theta}$ 的第 i 个参量 θ_i 的任意无偏估计量，则估计量的均方误差即为估计量的方差，记为

$$\mathrm{E}[(\theta-\hat{\theta}_i)^2]\overset{\mathrm{def}}{=}\varepsilon_{\hat{\theta}_i}^2=\mathrm{Var}(\hat{\theta}_i)\overset{\mathrm{def}}{=}\sigma_{\hat{\theta}_i}^2,\quad i=1,2,\cdots,M \tag{5.5.13}$$

该估计量的均方误差满足

$$\varepsilon_{\hat{\theta}_i}^2\geqslant\Psi_{ii},\quad i=1,2,\cdots,M \tag{5.5.14}$$

式中，Ψ_{ii} 是 $M\times M$ 阶矩阵 $\boldsymbol{\Psi}=\boldsymbol{J}^{-1}$ 的第 i 行第 i 列元素；而矩阵 $\boldsymbol{J}$ 的元素为

$$\begin{aligned}J_{ij}&=\mathrm{E}\left[\frac{\partial \ln p(\boldsymbol{x}|\boldsymbol{\theta})}{\partial \theta_i}\frac{\partial \ln p(\boldsymbol{x}|\boldsymbol{\theta})}{\partial \theta_j}\right]\\&=-\mathrm{E}\left[\frac{\partial^2 \ln p(\boldsymbol{x}|\boldsymbol{\theta})}{\partial \theta_i\partial \theta_j}\right],\quad i,j=1,2,\cdots,M\end{aligned} \tag{5.5.15}$$

矩阵 $\boldsymbol{J}$ 通常称为费希尔(Fisher)信息矩阵，它表示从观测数据中获得的信息。

对所有 $\boldsymbol{x}$ 和 $\boldsymbol{\theta}$，当且仅当

$$\frac{\partial \ln p(\boldsymbol{x}|\boldsymbol{\theta})}{\partial \boldsymbol{\theta}}=-\boldsymbol{J}(\boldsymbol{\theta}-\hat{\boldsymbol{\theta}}) \tag{5.5.16}$$

成立时，(5.5.14)式取等号成立。这里 $\boldsymbol{J}$ 是费希尔信息矩阵。

如果对于 M 维非随机矢量 $\boldsymbol{\theta}$ 的任意无偏估计矢量 $\hat{\boldsymbol{\theta}}$ 中的每一个参量 $\hat{\theta}_i(i=1,2,\cdots,M)$，(5.5.14)式的等号均成立，那么这种估计称为联合有效估计。所以，$\Psi_{ii}(i=1,2\cdots,M)$ 是 $\hat{\theta}_i$ 的均方误差的下界，即克拉美-罗界。

非随机矢量估计的克拉美-罗界的推导见附录 5D。

例 5.5.1　同时对两个参量 θ_1 和 θ_2 进行估计是二维矢量 $\boldsymbol{\theta}=(\theta_1,\theta_2)^{\mathrm{T}}$ 的估计问题。费希尔信息矩阵 $\boldsymbol{J}$ 的元素为

$$J_{11}=-\mathrm{E}\left[\frac{\partial^2 \ln p(\boldsymbol{x}|\boldsymbol{\theta})}{\partial \theta_1^2}\right]$$

$$J_{12}=J_{21}=-\mathrm{E}\left[\frac{\partial^2 \ln p(\boldsymbol{x}|\boldsymbol{\theta})}{\partial \theta_1\partial \theta_2}\right]$$

$$J_{22}=-\mathrm{E}\left[\frac{\partial^2 \ln p(\boldsymbol{x}|\boldsymbol{\theta})}{\partial \theta_2^2}\right]$$

费希尔信息矩阵 $\boldsymbol{J}$ 为

$$\boldsymbol{J}=\begin{bmatrix} J_{11} & J_{12} \\ J_{21} & J_{22} \end{bmatrix}$$

假定估计矢量$\hat{\boldsymbol{\theta}}$是联合有效的，求估计量$\hat{\theta}_1$和$\hat{\theta}_2$的均方误差表示式。

解 费希尔信息矩阵 $\boldsymbol{J}$ 的逆矩阵$\boldsymbol{\Psi}$ 为

$$\boldsymbol{\Psi}=\boldsymbol{J}^{-1}=\begin{bmatrix} J_{11} & J_{12} \\ J_{21} & J_{22} \end{bmatrix}^{-1}=\frac{1}{|\boldsymbol{J}|}\begin{bmatrix} J_{22} & -J_{12} \\ -J_{21} & J_{11} \end{bmatrix}$$

式中，$|\boldsymbol{J}|=J_{11}J_{22}-J_{12}J_{21}$，是矩阵 $\boldsymbol{J}$ 的行列式。

因为$\hat{\theta}_1$和$\hat{\theta}_2$是联合有效的估计量，所以，估计量$\hat{\theta}_1$的均方误差为

$$\begin{aligned}\varepsilon_{\hat{\theta}_1}^2&=\Psi_{11}=\frac{J_{22}}{|\boldsymbol{J}|}=\frac{J_{22}}{J_{11}J_{22}-J_{12}J_{21}}\\&=\frac{J_{22}}{J_{11}J_{22}-J_{12}^2}=\frac{1}{J_{11}[1-J_{12}^2/(J_{11}J_{22})]}\end{aligned}$$

令估计量$\hat{\theta}_1$与$\hat{\theta}_2$之间的相关系数为 $\rho(\hat{\theta}_1,\hat{\theta}_2)$，则

$$\rho(\hat{\theta}_1,\hat{\theta}_2)=\frac{J_{12}}{(J_{11}J_{22})^{1/2}}$$

从而得估计量$\hat{\theta}_1$的均方误差为

$$\varepsilon_{\hat{\theta}_1}^2=\frac{-1}{\mathrm{E}\left[\dfrac{\partial^2\ln p(\boldsymbol{x}|\boldsymbol{\theta})}{\partial\theta_1^2}\right]}\frac{1}{1-\rho^2(\hat{\theta}_1,\hat{\theta}_2)}$$

类似地可得估计量$\hat{\theta}_2$的均方误差为

$$\varepsilon_{\hat{\theta}_2}^2=\frac{-1}{\mathrm{E}\left[\dfrac{\partial^2\ln p(\boldsymbol{x}|\boldsymbol{\theta})}{\partial\theta_2^2}\right]}\frac{1}{1-\rho^2(\hat{\theta}_1,\hat{\theta}_2)}$$

从上面两个估计量的方差，即估计量的均方误差 $\varepsilon_{\hat{\theta}_1}^2$ 和 $\varepsilon_{\hat{\theta}_2}^2$ 的表示式中可看出，等式右边的第一个乘因子恰好是只有一个未知参量(估计 θ_1 时假定 θ_2 已知，或者估计 θ_2 时假定 θ_1 已知)时，无偏有效估计量的均方误差；第二个乘因子表示同时估计 θ_1 和 θ_2 对估计量的均方误差的影响。因为 $\rho^2(\hat{\theta}_1,\hat{\theta}_2)$一定满足 $0\leqslant\rho^2(\hat{\theta}_1,\hat{\theta}_2)\leqslant1$，所以第二个乘因子大于等于 1，因而对于非零相关系数，将使估计量的均方误差增加。

关于非随机矢量估计在信号处理中的应用实例，请读者结合习题 5.17 来研究。在该习题中，我们将发现，当高斯分布的均值 μ 和方差 σ^2 之一求最大似然估计时，其估计量是无偏的和有效的；但当同时用最大似然估计方法估计其均值和方差时，则方差 σ^2 的最大似然估计量是有偏的，且仅是渐近无偏的。这也说明，矢量估计的性能一般来说要低于单参量估计的性能；而且可以推论，矢量估计中被估计的参量 $\theta_j(j=0,1,\cdots,M)$越多，估计量的性能可能会越低，除非各估计量之间是互不相关的。

2. 随机矢量情况

如果被估计矢量 $\boldsymbol{\theta}$ 是 M 维随机矢量，则构造的估计矢量 $\hat{\boldsymbol{\theta}}$是观测矢量 $\boldsymbol{x}$ 的函数。为了研究估计矢量的性质，需要 $\boldsymbol{x}$ 和 $\boldsymbol{\theta}$ 的联合概率密度函数 $p(\boldsymbol{x},\boldsymbol{\theta})$。

根据随机矢量估计无偏性的定义，如果满足

$$\mathrm{E}(\hat{\boldsymbol{\theta}})=\mathrm{E}(\boldsymbol{\theta}) \tag{5.5.17}$$

就称 $\hat{\boldsymbol{\theta}}$ 是 $\boldsymbol{\theta}$ 的无偏估计矢量。

我们知道，在随机矢量的情况下，估计的误差矢量为

$$\tilde{\boldsymbol{\theta}}=\boldsymbol{\theta}-\hat{\boldsymbol{\theta}}=\begin{bmatrix}\theta_1-\hat{\theta}_1\\ \theta_2-\hat{\theta}_2\\ \vdots\\ \theta_M-\hat{\theta}_M\end{bmatrix}$$

这样，估计矢量的均方误差阵为

$$\boldsymbol{M}_{\hat{\theta}}=\mathrm{E}[(\boldsymbol{\theta}-\hat{\boldsymbol{\theta}})(\boldsymbol{\theta}-\hat{\boldsymbol{\theta}})^{\mathrm{T}}] \tag{5.5.18}$$

如果 $\hat{\boldsymbol{\theta}}$ 是 $\boldsymbol{\theta}$ 的任意无偏估计矢量，那么，利用柯西-施瓦兹不等式，估计矢量的均方误差阵满足

$$\boldsymbol{M}_{\hat{\theta}}\geqslant\boldsymbol{J}_{\mathrm{T}}^{-1} \tag{5.5.19}$$

式中，信息矩阵 $\boldsymbol{J}_{\mathrm{T}}=\boldsymbol{J}_{\mathrm{D}}+\boldsymbol{J}_{\mathrm{P}}$。矩阵 $\boldsymbol{J}_{\mathrm{D}}$ 的元素为

$$J_{\mathrm{D}_{ij}}=-\mathrm{E}\left[\frac{\partial^2\ln p(\boldsymbol{x}|\boldsymbol{\theta})}{\partial\theta_i\partial\theta_j}\right],\quad i,j=1,2,\cdots,M$$

而矩阵 $\boldsymbol{J}_{\mathrm{P}}$ 的元素为

$$J_{\mathrm{P}_{ij}}=-\mathrm{E}\left[\frac{\partial^2\ln p(\boldsymbol{\theta})}{\partial\theta_i\partial\theta_j}\right],\quad i,j=1,2,\cdots,M$$

矩阵 $\boldsymbol{J}_{\mathrm{D}}$ 是数据信息矩阵，它表示从观测数据中获得的信息；矩阵 $\boldsymbol{J}_{\mathrm{P}}$ 是先验信息矩阵，它表示从先验知识中获得的信息。

如果 $\boldsymbol{J}_{\mathrm{T}}$ 的逆矩阵为 $\boldsymbol{\Psi}_{\mathrm{T}}=\boldsymbol{J}_{\mathrm{T}}^{-1}$，则 $\boldsymbol{\theta}$ 的任意无偏估计矢量 $\hat{\boldsymbol{\theta}}$ 的第 i 个分量 θ_i 的估计量 $\hat{\theta}_i$ 的均方误差满足不等式

$$\varepsilon_{\hat{\theta}_i}^2=\mathrm{E}[(\theta_i-\hat{\theta}_i)^2]\geqslant\Psi_{\mathrm{T}_{ii}}=\frac{J_{\mathrm{T}_{ii}}\text{的代数余子式}}{|\boldsymbol{J}_{\mathrm{T}}|},\quad i=1,2,\cdots,M \tag{5.5.20}$$

(5.5.19)式或(5.5.20)式就是随机矢量情况下的克拉美-罗不等式，不等式的右边就是克拉美-罗界。

根据柯西-施瓦兹不等式取等号的条件，当且仅当对所有 $\boldsymbol{x}$ 和 $\boldsymbol{\theta}$ 满足

$$\frac{\partial\ln p(\boldsymbol{x},\boldsymbol{\theta})}{\partial\boldsymbol{\theta}}=-\boldsymbol{J}_{\mathrm{T}}(\boldsymbol{\theta}-\hat{\boldsymbol{\theta}}) \tag{5.5.21}$$

或

$$\frac{\partial\ln p(\boldsymbol{x},\boldsymbol{\theta})}{\partial\theta_i}=\sum_{l=1}^{M}-J_{\mathrm{T}_{il}}(\theta_l-\hat{\theta}_l),\quad i=1,2,\cdots,M \tag{5.5.22}$$

时，克拉美-罗不等式取等号成立。

在随机矢量情况下，$\boldsymbol{\theta}$ 的任意无偏估计矢量的克拉美-罗不等式和克拉美-罗界及其不等式取等号的条件的推导，请参见附录 5E。

例 5.5.2 假定信号 $s(t;\ \boldsymbol{\theta})$ 是由两个独立的高斯随机变量 a 和 b 同时对一个正弦波的频率和振幅进行调制而产生的，即

$$s(t;\ \boldsymbol{\theta})=\sqrt{\frac{2E_s}{T}}b\sin(\omega_0 t+\beta a t)$$

设 a 和 b 分别服从 $a\sim\mathcal{N}(0,\sigma_a^2)$，$b\sim\mathcal{N}(0,\sigma_b^2)$；观测是在功率谱密度为 $P_n(\omega)=N_0/2$ 的零均值加性高斯白噪声 $n(t)$ 中完成的，即

$$
\begin{aligned}
x(t)&=s(t;\ \boldsymbol{\theta})+n(t)\\
&=\sqrt{\frac{2E_s}{T}}b\sin(\omega_0 t+\beta a t)+n(t),\quad 0\leqslant t\leqslant T
\end{aligned}
$$

求同时估计 a 和 b 时的均方误差下界。

解　首先对观测信号 $x(t)$ 进行正交级数展开表示，其展开系数为 $x_k(k=1,2,\cdots)$。先取前 N 个展开系数，并表示成如下矢量形式：

$$\boldsymbol{x}_N=(x_1,x_2,\cdots,x_N)^{\mathrm{T}}$$

其中，

$$x_k=s_{k|\boldsymbol{\theta}}+n_k,\quad k=1,2,\cdots,N$$

而 $s_{k|\boldsymbol{\theta}}$ 是以某 $\boldsymbol{\theta}$ 为条件的信号 $s(t;\ \boldsymbol{\theta})$ 的第 k 个展开系数。

由于 $n(t)$ 是均值为零、功率谱密度为 $P_n(\omega)=N_0/2$ 的高斯白噪声，所以 x_k 服从高斯分布，其均值为 $s_{k|\boldsymbol{\theta}}$，方差为 $N_0/2$，且相互统计独立。于是有

$$
\begin{aligned}
p(\boldsymbol{x}_N|\boldsymbol{\theta})&=\prod_{k=1}^{N}p(x_k|\boldsymbol{\theta})\\
&=\left(\frac{1}{\pi N_0}\right)^{N/2}\exp\left[-\sum_{k=1}^{N}\frac{(x_k-s_{k|\boldsymbol{\theta}})^2}{N_0}\right]
\end{aligned}
$$

上式两边取自然对数，然后对 θ_i 求偏导，则得

$$\frac{\partial\ln p(\boldsymbol{x}_N|\boldsymbol{\theta})}{\partial\theta_i}=\frac{2}{N_0}\sum_{k=1}^{N}(x_k-s_{k|\boldsymbol{\theta}})\frac{\partial s_{k|\boldsymbol{\theta}}}{\partial\theta_i}$$

对上式取 $N\to\infty$ 的极限，得

$$\frac{\partial\ln p(\boldsymbol{x}|\boldsymbol{\theta})}{\partial\theta_i}=\frac{2}{N_0}\int_0^T[x(t)-s(t;\ \boldsymbol{\theta})]\frac{\partial s(t;\ \boldsymbol{\theta})}{\partial\theta_i}\mathrm{d}t$$

现在分别求数据信息矩阵 $\boldsymbol{J}_{\mathrm{D}}$ 和先验信息矩阵 $\boldsymbol{J}_{\mathrm{P}}$。因为数据信息矩阵 $\boldsymbol{J}_{\mathrm{D}}$ 的元素为

$$J_{\mathrm{D}_{ij}}=-\mathrm{E}\left[\frac{\partial^2\ln p(\boldsymbol{x}|\boldsymbol{\theta})}{\partial\theta_i\partial\theta_j}\right]=\mathrm{E}\left[\frac{\partial\ln p(\boldsymbol{x}|\boldsymbol{\theta})}{\partial\theta_i}\frac{\partial\ln p(\boldsymbol{x}|\boldsymbol{\theta})}{\partial\theta_j}\right]$$

又因为 $x(t)-s(t;\ \boldsymbol{\theta})=n(t)$，而 $n(t)$ 为高斯白噪声，与信号 $s(t;\ \boldsymbol{\theta})$ 不相关，所以

$$J_{\mathrm{D}_{ij}}=\frac{4}{{N_0}^2}\int_0^T\int_0^T\mathrm{E}[n(t)n(u)]\mathrm{E}\left[\frac{\partial s(t;\ \boldsymbol{\theta})}{\partial\theta_i}\frac{\partial s(u;\ \boldsymbol{\theta})}{\partial\theta_j}\right]\mathrm{d}t\mathrm{d}u$$

由于 $n(t)$ 是功率谱密度为 $P_n(\omega)=N_0/2$ 的高斯白噪声，所以

$$\mathrm{E}[n(t)n(u)]=\frac{N_0}{2}\delta(t-u)$$

这样，$J_{\mathrm{D}_{ij}}$ 为

$$J_{\mathrm{D}_{ij}}=\frac{2}{N_0}\mathrm{E}\left[\int_0^T\frac{\partial s(t;\ \boldsymbol{\theta})}{\partial\theta_i}\frac{\partial s(t;\ \boldsymbol{\theta})}{\partial\theta_j}\mathrm{d}t\right]$$

而 $J_{\mathrm{D}_{ii}}$ 为

$$J_{\mathrm{D}_{ii}}=\frac{2}{N_0}\mathrm{E}\left[\int_0^T\left(\frac{\partial s(t;\ \boldsymbol{\theta})}{\partial\theta_i}\right)^2\mathrm{d}t\right]$$

结合本题，令

$$\boldsymbol{\theta}=\begin{bmatrix}\theta_1\\\theta_2\end{bmatrix}=\begin{bmatrix}a\\b\end{bmatrix}$$

并将 $s(t;\ \boldsymbol{\theta})=\sqrt{\dfrac{2E_s}{T}}b\sin(\omega_0 t+\beta a t)$ 代入 $J_{\mathrm{D}_{ij}}$ 式，则得

$$J_{D_{11}}=\frac{2}{N_0}\mathrm{E}\left[\int_0^T\frac{2E_s}{T}b^2\beta^2t^2\cos^2(\omega_0t+\beta at)\mathrm{d}t\right]$$

$$=\frac{2}{N_0}\mathrm{E}\left\{\int_0^T\frac{2E_s}{T}b^2\beta^2t^2\ \frac{1}{2}[1+\cos2(\omega_0t+\beta at)]\mathrm{d}t\right\}$$

$$\approx\frac{2E_s}{N_0}\beta^2\frac{T^2}{3}\sigma_b^2=\frac{2T^2E_s}{3N_0}\beta^2\sigma_b^2$$

$$J_{D_{22}}=\frac{2}{N_0}\mathrm{E}\left[\int_0^T\frac{2E_s}{T}\sin^2(\omega_0t+\beta at)\mathrm{d}t\right]$$

$$=\frac{2}{N_0}\mathrm{E}\left\{\int_0^T\frac{2E_s}{T}\frac{1}{2}[1-\cos2(\omega_0t+\beta at)]\mathrm{d}t\right\}$$

$$\approx\frac{2E_s}{N_0}$$

$$J_{D_{12}}=J_{D_{21}}=\frac{2}{N_0}\mathrm{E}\left[\int_0^T\frac{2E_s}{T}b\beta t\cos(\omega_0t+\beta at)\sin(\omega_0t+\beta at)\mathrm{d}t\right]$$

$$\approx0$$

这样，数据信息矩阵 $\boldsymbol{J}_{\mathrm{D}}$ 为

$$\boldsymbol{J}_{\mathrm{D}}=\begin{bmatrix}\frac{2T^2E_s}{3N_0}\beta^2\sigma_b^2 & 0\\ 0 & \frac{2E_s}{N_0}\end{bmatrix}$$

我们再来求先验信息矩阵 $\boldsymbol{J}_{\mathrm{P}}$。因为 a 和 b 是相互统计独立的高斯随机变量，所以 a 和 b 的联合概率密度函数为

$$p(a,b)=\left(\frac{1}{4\pi^2\sigma_a^2\sigma_b^2}\right)^{1/2}\exp\left(-\frac{a^2}{2\sigma_a^2}-\frac{b^2}{2\sigma_b^2}\right)$$

这样，先验信息矩阵 $\boldsymbol{J}_{\mathrm{P}}$ 的元素为

$$J_{P_{11}}=-\mathrm{E}\left[\frac{\partial^2\ln p(a,b)}{\partial a^2}\right]=\frac{1}{\sigma_a^2}$$

$$J_{P_{22}}=-\mathrm{E}\left[\frac{\partial^2\ln p(a,b)}{\partial b^2}\right]=\frac{1}{\sigma_b^2}$$

$$J_{P_{12}}=J_{P_{21}}=-\mathrm{E}\left[\frac{\partial^2\ln p(a,b)}{\partial a\partial b}\right]=0$$

于是，先验信息矩阵 $\boldsymbol{J}_{\mathrm{P}}$ 为

$$\boldsymbol{J}_{\mathrm{P}}=\begin{bmatrix}\frac{1}{\sigma_a^2} & 0\\ 0 & \frac{1}{\sigma_b^2}\end{bmatrix}$$

这样，同时估计 a 和 b 的信息矩阵 $\boldsymbol{J}_{\mathrm{T}}$ 为

$$\boldsymbol{J}_{\mathrm{T}}=\boldsymbol{J}_{\mathrm{D}}+\boldsymbol{J}_{\mathrm{P}}=\begin{bmatrix}\frac{2T^2E_s}{3N_0}\beta^2\sigma_b^2+\frac{1}{\sigma_a^2} & 0\\ 0 & \frac{2E_s}{N_0}+\frac{1}{\sigma_b^2}\end{bmatrix}$$

其逆矩阵 $\boldsymbol{\Psi}_{\mathrm{T}}$ 为

$$\boldsymbol{\Psi}_{\mathrm{T}}=\boldsymbol{J}_{\mathrm{T}}^{-1}=\begin{bmatrix}\left(\frac{2T^2E_s}{3N_0}\beta^2\sigma_b^2+\frac{1}{\sigma_a^2}\right)^{-1} & 0\\ 0 & \left(\frac{2E_s}{N_0}+\frac{1}{\sigma_b^2}\right)^{-1}\end{bmatrix}$$

于是,同时估计 a 和 b,其估计量 $\hat{a}$ 和 $\hat{b}$ 若分别是 a 和 b 的任意无偏估计量,则估计量的均方误差分别满足

$$\mathrm{E}[(a-\hat{a})^2]\geqslant \Psi_{\mathrm{T}_{11}}=\left(\frac{2T^2E_s}{3N_0}\beta^2\sigma_b^2+\frac{1}{\sigma_a^2}\right)^{-1}$$

$$\mathrm{E}[(b-\hat{b})^2]\geqslant \Psi_{\mathrm{T}_{22}}=\left(\frac{2E_s}{N_0}+\frac{1}{\sigma_b^2}\right)^{-1}$$

其中,$\Psi_{\mathrm{T}_{11}}$ 和 $\Psi_{\mathrm{T}_{22}}$ 是同时估计 a 和 b 时的估计量的均方误差下界。

5.5.4　非随机矢量函数估计的克拉美-罗界

设有 M 维非随机矢量 $\boldsymbol{\theta}=(\theta_1,\theta_2,\cdots,\theta_M)^{\mathrm{T}}$,现在我们希望估计 M 维矢量 $\boldsymbol{\theta}$ 的 L 维函数 $\boldsymbol{\alpha}=\boldsymbol{g}(\boldsymbol{\theta})$,这就是非随机矢量函数的估计问题。

设 L 维估计矢量 $\hat{\boldsymbol{\alpha}}$是 L 维矢量函数 $\boldsymbol{\alpha}=\boldsymbol{g}(\boldsymbol{\theta})$的任意无偏估计矢量。那么,估计矢量的均方误差阵 $\boldsymbol{M}_{\hat{\alpha}}$满足不等式

$$\boldsymbol{M}_{\hat{\alpha}}\geqslant\frac{\partial\boldsymbol{g}(\boldsymbol{\theta})}{\partial\boldsymbol{\theta}^{\mathrm{T}}}\boldsymbol{J}^{-1}\frac{\partial\boldsymbol{g}^{\mathrm{T}}(\boldsymbol{\theta})}{\partial\boldsymbol{\theta}}\tag{5.5.23}$$

当且仅当对所有 $\boldsymbol{x}$ 和 $\boldsymbol{\theta}$ 都满足

$$\frac{\partial\boldsymbol{g}(\boldsymbol{\theta})}{\partial\boldsymbol{\theta}^{\mathrm{T}}}\boldsymbol{J}^{-1}\frac{\partial\ln p(\boldsymbol{x}|\boldsymbol{\theta})}{\partial\boldsymbol{\theta}}=\frac{1}{k(\boldsymbol{\theta})}(\boldsymbol{\alpha}-\hat{\boldsymbol{\alpha}})\tag{5.5.24}$$

时,(5.5.23)不等式取等号成立。

(5.5.23)式就是矢量函数估计的克拉美-罗不等式,不等式的右边就是克拉美-罗界;而(5.5.24)式是克拉美-罗不等式取等号的条件。若(5.5.24)式成立,则矢量函数 $\boldsymbol{\alpha}=\boldsymbol{g}(\boldsymbol{\theta})$的任意无偏估计矢量$\hat{\boldsymbol{\alpha}}$ 的均方误差阵 $\boldsymbol{M}_{\hat{\alpha}}$取克拉美-罗界。其中,矩阵 $\boldsymbol{J}$ 是费希尔信息矩阵,矩阵元素为

$$J_{ij}=-\mathrm{E}\left[\frac{\partial^2\ln p(\boldsymbol{x}|\boldsymbol{\theta})}{\partial\theta_i\partial\theta_j}\right],\quad i,j=1,2,\cdots,M\tag{5.5.25}$$

关于矢量函数估计的克拉美-罗界的推导,请参见附录 5D。

例 5.5.3　考虑高斯噪声背景中信号幅度为 a 时的信噪比估计问题。设观测方程为

$$x_k=a+n_k,\quad k=1,2,\cdots,N$$

其中,信号幅度 a 是未知非随机的参量;噪声 n_k 是均值为零、方差为 σ_n^2 的高斯随机变量,且相互统计独立,σ_n^2 也是未知参量。现在我们希望估计信噪比

$$\alpha=\frac{a^2}{\sigma_n^2}$$

并讨论 α 的估计量$\hat{\alpha}$的克拉美-罗界。

解　根据题意,信号幅度 a 和噪声方差 σ_n^2 均未知,所以

$$\boldsymbol{\theta}=(a,\sigma_n^2)^{\mathrm{T}}$$

函数

$$\alpha=g(\boldsymbol{\theta})=\frac{a^2}{\sigma_n^2}$$

是被估计函数。

观测矢量 $\boldsymbol{x}=(x_1,x_2,\cdots,x_N)^{\mathrm{T}}$ 的似然函数 $p(\boldsymbol{x}|\boldsymbol{\theta})$为

$$p(\boldsymbol{x}|\boldsymbol{\theta})=p(\boldsymbol{x}|a,\sigma_n^2)$$
$$=\left(\frac{1}{2\pi\sigma_n^2}\right)^{N/2}\exp\left[-\sum_{k=1}^{N}\frac{(x_k-a)^2}{2\sigma_n^2}\right]$$

所以，费希尔信息矩阵 $\boldsymbol{J}$ 的元素为

$$J_{11}=-\mathrm{E}\left[\frac{\partial^2\ln p(\boldsymbol{x}|a,\sigma_n^2)}{\partial a^2}\right]=\frac{N}{\sigma_n^2}$$
$$J_{22}=-\mathrm{E}\left[\frac{\partial^2\ln p(\boldsymbol{x}|a,\sigma_n^2)}{\partial\sigma_n^2\partial\sigma_n^2}\right]$$
$$=-\mathrm{E}\left[\frac{N}{2\sigma_n^4}-\frac{1}{\sigma_n^6}\sum_{k=1}^{N}(x_k-a)^2\right]=\frac{N}{2\sigma_n^4}$$
$$J_{12}=J_{21}=-\mathrm{E}\left[\frac{\partial^2\ln p(\boldsymbol{x}|a,\sigma_n^2)}{\partial a\partial\sigma_n^2}\right]$$
$$=-\mathrm{E}\left[-\frac{1}{\sigma_n^4}\sum_{k=1}^{N}(x_k-a)\right]=0$$

这样，费希尔信息矩阵 $\boldsymbol{J}$ 为

$$\boldsymbol{J}=\begin{bmatrix}J_{11} & J_{12}\\ J_{21} & J_{22}\end{bmatrix}=\begin{bmatrix}\frac{N}{\sigma_n^2} & 0\\ 0 & \frac{N}{2\sigma_n^4}\end{bmatrix}$$

变换矩阵 $\partial\boldsymbol{g}(\boldsymbol{\theta})/\partial\boldsymbol{\theta}^{\mathrm{T}}$ 为

$$\frac{\partial\boldsymbol{g}(\boldsymbol{\theta})}{\partial\boldsymbol{\theta}^{\mathrm{T}}}=\begin{bmatrix}\frac{\partial\left(\frac{a^2}{\sigma_n^2}\right)}{\partial a} & \frac{\partial\left(\frac{a^2}{\sigma_n^2}\right)}{\partial\sigma_n^2}\end{bmatrix}$$
$$=\begin{bmatrix}\frac{2a}{\sigma_n^2} & -\frac{a^2}{\sigma_n^4}\end{bmatrix}$$

而变换矩阵 $\partial\boldsymbol{g}^{\mathrm{T}}(\boldsymbol{\theta})/\partial\boldsymbol{\theta}$ 为

$$\frac{\partial\boldsymbol{g}^{\mathrm{T}}(\boldsymbol{\theta})}{\partial\boldsymbol{\theta}}=\left[\frac{\partial\boldsymbol{g}(\boldsymbol{\theta})}{\partial\boldsymbol{\theta}^{\mathrm{T}}}\right]^{\mathrm{T}}=\begin{bmatrix}\frac{2a}{\sigma_n^2}\\ -\frac{a^2}{\sigma_n^4}\end{bmatrix}$$

于是，克拉美-罗界为

$$\frac{\partial\boldsymbol{g}(\boldsymbol{\theta})}{\partial\boldsymbol{\theta}^{\mathrm{T}}}\boldsymbol{J}^{-1}\frac{\partial\boldsymbol{g}^{\mathrm{T}}(\boldsymbol{\theta})}{\partial\boldsymbol{\theta}}$$
$$=\begin{bmatrix}\frac{2a}{\sigma_n^2} & -\frac{a^2}{\sigma_n^4}\end{bmatrix}\begin{bmatrix}\frac{\sigma_n^2}{N} & 0\\ 0 & \frac{2\sigma_n^4}{N}\end{bmatrix}\begin{bmatrix}\frac{2a}{\sigma_n^2}\\ -\frac{a^2}{\sigma_n^4}\end{bmatrix}$$
$$=\frac{4a^2}{N\sigma_n^2}+\frac{2a^4}{N\sigma_n^4}$$
$$=\frac{4\alpha+2\alpha^2}{N}$$

最后，对线性变换估计性质的不变性进行简要讨论。如果 M 维非随机矢量 $\boldsymbol{\theta}$ 的任意无偏估计矢量 $\hat{\boldsymbol{\theta}}$ 是有效的，即满足

$$\mathrm{E}(\hat{\boldsymbol{\theta}})=\boldsymbol{\theta}\tag{5.5.26}$$
$$\boldsymbol{M}_{\hat{\boldsymbol{\theta}}}=\boldsymbol{J}^{-1}\tag{5.5.27}$$

那么，如果 L 维矢量 $\boldsymbol{\alpha}=\boldsymbol{g}(\boldsymbol{\theta})$ 是 $\boldsymbol{\theta}$ 的线性函数，即

$$\boldsymbol{\alpha}=\boldsymbol{A\theta}+\boldsymbol{b} \tag{5.5.28}$$

其中，$\boldsymbol{A}$ 是 $L\times M$ 常值矩阵；$\boldsymbol{b}$ 是 L 维常值矢量。在这种线性变换关系的情况下，若矢量 $\boldsymbol{\alpha}$ 的估计矢量 $\hat{\boldsymbol{\alpha}}$为

$$\hat{\boldsymbol{\alpha}}=\boldsymbol{A}\hat{\boldsymbol{\theta}}+\boldsymbol{b} \tag{5.5.29}$$

则估计矢量 $\hat{\boldsymbol{\alpha}}$ 是无偏的和有效的。证明如下。

因为 $\hat{\boldsymbol{\theta}}$是无偏有效估计矢量，所以

$$\mathrm{E}(\hat{\boldsymbol{\alpha}})=\mathrm{E}(\boldsymbol{A}\hat{\boldsymbol{\theta}}+\boldsymbol{b})=\boldsymbol{A\theta}+\boldsymbol{b}=\boldsymbol{\alpha} \tag{5.5.30}$$

说明 $\hat{\boldsymbol{\alpha}}$ 是无偏估计矢量。

估计矢量 $\hat{\boldsymbol{\alpha}}$ 的均方误差阵 $\boldsymbol{M}_{\hat{\alpha}}$ 为

$$\begin{aligned}\boldsymbol{M}_{\hat{\alpha}}&=\mathrm{E}[(\boldsymbol{\alpha}-\hat{\boldsymbol{\alpha}})(\boldsymbol{\alpha}-\hat{\boldsymbol{\alpha}})^{\mathrm{T}}]\\&=\mathrm{E}[(\boldsymbol{A\theta}+\boldsymbol{b}-\boldsymbol{A}\hat{\boldsymbol{\theta}}-\boldsymbol{b})(\boldsymbol{A\theta}+\boldsymbol{b}-\boldsymbol{A}\hat{\boldsymbol{\theta}}-\boldsymbol{b})^{\mathrm{T}}]\\&=\mathrm{E}[\boldsymbol{A}(\boldsymbol{\theta}-\hat{\boldsymbol{\theta}})(\boldsymbol{\theta}-\hat{\boldsymbol{\theta}})^{\mathrm{T}}\boldsymbol{A}^{\mathrm{T}}]\\&=\boldsymbol{AM}_{\hat{\theta}}\boldsymbol{A}^{\mathrm{T}}=\boldsymbol{AJ}^{-1}\boldsymbol{A}^{\mathrm{T}}\\&=\frac{\partial\boldsymbol{g}(\boldsymbol{\theta})}{\partial\boldsymbol{\theta}^{\mathrm{T}}}\boldsymbol{J}^{-1}\frac{\partial\boldsymbol{g}^{\mathrm{T}}(\boldsymbol{\theta})}{\partial\boldsymbol{\theta}}\end{aligned} \tag{5.5.31}$$

这说明 $\boldsymbol{M}_{\hat{\alpha}}$达到克拉美-罗界，$\hat{\boldsymbol{\alpha}}$ 是有效估计矢量。因此，$\hat{\boldsymbol{\alpha}}=\boldsymbol{A}\hat{\boldsymbol{\theta}}+\boldsymbol{b}$ 保持了 $\hat{\boldsymbol{\theta}}$的无偏性和有效性。

如果$\boldsymbol{\alpha}=\boldsymbol{g}(\boldsymbol{\theta})$是非线性变换关系，则对于有限的观测次数 N，不再保持这种不变性。

5.6 一般高斯信号参量的统计估计

在前面的讨论中，无论是未知非随机参量的估计，还是随机参量的估计，虽然没有对观测噪声矢量的统计特性进行约束，从而在一般地似然函数 $p(\boldsymbol{x}|\boldsymbol{\theta})$或联合概率密度函数 $p(\boldsymbol{x},\boldsymbol{\theta})$基础上讨论信号参量的统计估计问题，但在具体的例子中，都是以高斯白噪声作为背景噪声的。

我们知道，在电子信息系统中，高斯噪声是最重要的一类噪声。本节将在线性观测模型下和一般高斯噪声背景中，研究未知非随机矢量 $\boldsymbol{\theta}$ 的最大似然估计和一般高斯随机矢量 $\boldsymbol{\theta}$ 的贝叶斯估计，我们会得到具体的估计结果和估计量的性质；另外，对已知被估计随机矢量 $\boldsymbol{\theta}$ 的均值矢量 $\boldsymbol{\mu}_{\theta}$ 和协方差矩阵 $\boldsymbol{C}_{\theta}$的情况，通过指定 $\boldsymbol{\theta}$ 的先验概率密度函数 $p(\boldsymbol{\theta})$，讨论其伪贝叶斯估计问题。

5.6.1 线性观测模型

考虑 M 维矢量 $\boldsymbol{\theta}$ 的估计问题，设线性观测方程为

$$x_k=\sum_{i=1}^{M}h_{ki}\theta_i+n_k,\quad k=1,2,\cdots,N \tag{5.6.1}$$

其中，h_{ki}是对矢量 $\boldsymbol{\theta}$ 的第 i 个分量θ_i进行第 k 次观测的已知观测系数；n_k 是第 k 次观测的观测噪声。

令

$$\boldsymbol{\theta}=\begin{bmatrix}\theta_1\\\theta_2\\\vdots\\\theta_M\end{bmatrix},\quad \boldsymbol{x}=\begin{bmatrix}x_1\\x_2\\\vdots\\x_N\end{bmatrix},\quad \boldsymbol{n}=\begin{bmatrix}n_1\\n_2\\\vdots\\n_N\end{bmatrix}$$

$$\boldsymbol{H}=\begin{bmatrix}h_{11} & h_{12} & \cdots & h_{1M}\\h_{21} & h_{22} & \cdots & h_{2M}\\\vdots & \vdots & & \vdots\\h_{N1} & h_{N2} & \cdots & h_{NM}\end{bmatrix}$$

则(5.6.1)式所示的线性观测方程可以写成矩阵的形式，即

$$\boldsymbol{x}=\boldsymbol{H\theta}+\boldsymbol{n} \tag{5.6.2}$$

其中，$\boldsymbol{x}$ 是 N 维观测数据矢量；$\boldsymbol{H}$ 是已知的 $N\times M$ 观测矩阵；$\boldsymbol{\theta}$ 是 M 维被估计矢量；$\boldsymbol{n}$ 是 N 维观测噪声矢量。假定 $\boldsymbol{n}$ 是均值矢量为零、协方差矩阵为 $\boldsymbol{C}_n$ 的高斯随机噪声矢量，其概率密度函数为

$$p(\boldsymbol{n})=\frac{1}{(2\pi)^{N/2}\left|\boldsymbol{C}_n\right|^{1/2}}\exp\left[-\frac{1}{2}\boldsymbol{n}^{\mathrm{T}}\boldsymbol{C}_n^{-1}\boldsymbol{n}\right] \tag{5.6.3}$$

随机噪声矢量 $\boldsymbol{n}$ 的协方差矩阵 $\boldsymbol{C}_n=\mathrm{E}(\boldsymbol{n}\,\boldsymbol{n}^{\mathrm{T}})$，它是 $N\times N$ 的对称矩阵，其元素为

$$c_{n_jn_k}=c_{n_kn_j}=\mathrm{E}(n_jn_k),\quad j,k=1,2,\cdots,N$$

如果随机噪声矢量 $\boldsymbol{n}$ 的各分量 n_k 之间互不相关，且各分量的方差 $c_{n_kn_k}=\mathrm{E}(n_k^2)$ 记为 $\sigma_{n_k}^2$，则协方差矩阵 $\boldsymbol{C}_n$ 变为对角阵；特别地，如果 $\sigma_{n_k}^2=\sigma_n^2(k=1,2,\cdots,N)$，则 $\boldsymbol{C}_n=\sigma_n^2\boldsymbol{I}$，$\boldsymbol{n}$ 属于独立同分布随机噪声矢量。

这样，(5.6.2)式所示的线性观测方程称为线性观测模型。下面根据被估计矢量的先验知识，分别讨论线性观测模型下的矢量估计问题。

5.6.2 高斯噪声中非随机矢量的最大似然估计

设 M 维被估计矢量 $\boldsymbol{\theta}$ 是未知非随机矢量，这样，高斯噪声中以 $\boldsymbol{\theta}$ 为参量的随机矢量 $\boldsymbol{x}$ 的似然函数为

$$p(\boldsymbol{x}|\boldsymbol{\theta})=\frac{1}{(2\pi)^{N/2}\left|\boldsymbol{C}_n\right|^{1/2}}\exp\left[-\frac{1}{2}(\boldsymbol{x}-\boldsymbol{H\theta})^{\mathrm{T}}\boldsymbol{C}_n^{-1}(\boldsymbol{x}-\boldsymbol{H\theta})\right] \tag{5.6.4}$$

由最大似然方程

$$\left.\frac{\partial\ln p(\boldsymbol{x}|\boldsymbol{\theta})}{\partial\boldsymbol{\theta}}\right|_{\boldsymbol{\theta}=\hat{\boldsymbol{\theta}}_{\mathrm{ml}}}=\boldsymbol{0} \tag{5.6.5}$$

得

$$\left.-\frac{1}{2}\frac{\partial(\boldsymbol{x}-\boldsymbol{H\theta})^{\mathrm{T}}\boldsymbol{C}_n^{-1}(\boldsymbol{x}-\boldsymbol{H\theta})}{\partial\boldsymbol{\theta}}\right|_{\boldsymbol{\theta}=\hat{\boldsymbol{\theta}}_{\mathrm{ml}}}=\boldsymbol{0} \tag{5.6.6}$$

利用矢量函数对矢量变量求导的乘法法则，有

$$\begin{aligned}&-\frac{1}{2}\left[\frac{\partial(\boldsymbol{x}-\boldsymbol{H\theta})^{\mathrm{T}}}{\partial\boldsymbol{\theta}}\boldsymbol{C}_n^{-1}(\boldsymbol{x}-\boldsymbol{H\theta})+\frac{\partial(\boldsymbol{x}-\boldsymbol{H\theta})^{\mathrm{T}}}{\partial\boldsymbol{\theta}}\boldsymbol{C}_n^{-1}(\boldsymbol{x}-\boldsymbol{H\theta})\right]\\&=\left.\boldsymbol{H}^{\mathrm{T}}\boldsymbol{C}_n^{-1}(\boldsymbol{x}-\boldsymbol{H\theta})\right|_{\boldsymbol{\theta}=\hat{\boldsymbol{\theta}}_{\mathrm{ml}}}=\boldsymbol{0}\end{aligned} \tag{5.6.7}$$

从而解得高斯噪声中非随机矢量 $\boldsymbol{\theta}$ 的最大似然估计矢量为

$$\hat{\boldsymbol{\theta}}_{\mathrm{ml}}=(\boldsymbol{H}^{\mathrm{T}}\boldsymbol{C}_n^{-1}\boldsymbol{H})^{-1}\boldsymbol{H}^{\mathrm{T}}\boldsymbol{C}_n^{-1}\boldsymbol{x} \tag{5.6.8}$$

现在考查高斯噪声中非随机矢量 $\boldsymbol{\theta}$ 的最大似然估计矢量 $\hat{\boldsymbol{\theta}}_{\mathrm{ml}}$ 的主要性质。首先考查 $\hat{\boldsymbol{\theta}}_{\mathrm{ml}}$ 的无偏性。

因为

$$\begin{aligned}\mathrm{E}(\hat{\boldsymbol{\theta}}_{\mathrm{ml}})&=\mathrm{E}[(\boldsymbol{H}^{\mathrm{T}}\boldsymbol{C}_n^{-1}\boldsymbol{H})^{-1}\boldsymbol{H}^{\mathrm{T}}\boldsymbol{C}_n^{-1}(\boldsymbol{H\theta}+\boldsymbol{n})]\\&=\mathrm{E}[(\boldsymbol{H}^{\mathrm{T}}\boldsymbol{C}_n^{-1}\boldsymbol{H})^{-1}\boldsymbol{H}^{\mathrm{T}}\boldsymbol{C}_n^{-1}\boldsymbol{H\theta}+(\boldsymbol{H}^{\mathrm{T}}\boldsymbol{C}_n^{-1}\boldsymbol{H})^{-1}\boldsymbol{H}^{\mathrm{T}}\boldsymbol{C}_n^{-1}\boldsymbol{n}]\\&=\boldsymbol{\theta}\end{aligned} \tag{5.6.9}$$

所以,最大似然估计矢量 $\hat{\boldsymbol{\theta}}_{\mathrm{ml}}$ 是无偏估计量。

然后考查 $\hat{\boldsymbol{\theta}}_{\mathrm{ml}}$ 的有效性。

因为

$$\begin{aligned}\frac{\partial\ln p(\boldsymbol{x}|\boldsymbol{\theta})}{\partial\boldsymbol{\theta}}&=\boldsymbol{H}^{\mathrm{T}}\boldsymbol{C}_n^{-1}(\boldsymbol{x}-\boldsymbol{H\theta})\\&=-(\boldsymbol{H}^{\mathrm{T}}\boldsymbol{C}_n^{-1}\boldsymbol{H})[\boldsymbol{\theta}-(\boldsymbol{H}^{\mathrm{T}}\boldsymbol{C}_n^{-1}\boldsymbol{H})^{-1}\boldsymbol{H}^{\mathrm{T}}\boldsymbol{C}_n^{-1}\boldsymbol{x}]\\&=-(\boldsymbol{H}^{\mathrm{T}}\boldsymbol{C}_n^{-1}\boldsymbol{H})(\boldsymbol{\theta}-\hat{\boldsymbol{\theta}}_{\mathrm{ml}})\end{aligned} \tag{5.6.10}$$

又因为费希尔数据信息矩阵 $\boldsymbol{J}$ 为

$$\begin{aligned}\boldsymbol{J}&=\mathrm{E}\left[\frac{\partial\ln p(\boldsymbol{x}|\boldsymbol{\theta})}{\partial\boldsymbol{\theta}}\left(\frac{\partial\ln p(\boldsymbol{x}|\boldsymbol{\theta})}{\partial\boldsymbol{\theta}}\right)^{\mathrm{T}}\right]\\&=\mathrm{E}[\boldsymbol{H}^{\mathrm{T}}\boldsymbol{C}_n^{-1}(\boldsymbol{H\theta}+\boldsymbol{n}-\boldsymbol{H\theta})(\boldsymbol{H\theta}+\boldsymbol{n}-\boldsymbol{H\theta})^{\mathrm{T}}\boldsymbol{C}_n^{-1}\boldsymbol{H}]\\&=\mathrm{E}(\boldsymbol{H}^{\mathrm{T}}\boldsymbol{C}_n^{-1}\boldsymbol{n}\boldsymbol{n}^{\mathrm{T}}\boldsymbol{C}_n^{-1}\boldsymbol{H})\\&=\boldsymbol{H}^{\mathrm{T}}\boldsymbol{C}_n^{-1}\mathrm{E}(\boldsymbol{n}\boldsymbol{n}^{\mathrm{T}})\boldsymbol{C}_n^{-1}\boldsymbol{H}\\&=\boldsymbol{H}^{\mathrm{T}}\boldsymbol{C}_n^{-1}\boldsymbol{H}\end{aligned} \tag{5.6.11}$$

所以,(5.6.10)式可表示为

$$\frac{\partial\ln p(\boldsymbol{x}|\boldsymbol{\theta})}{\partial\boldsymbol{\theta}}=-\boldsymbol{J}(\boldsymbol{\theta}-\hat{\boldsymbol{\theta}}_{\mathrm{ml}}) \tag{5.6.12}$$

根据非随机矢量 $\boldsymbol{\theta}$ 的任意无偏估计矢量 $\hat{\boldsymbol{\theta}}$ 克拉美-罗不等式取等号的条件,即(5.5.16)式,可知(5.6.12)式满足克拉美-罗不等式取等号的条件,所以,高斯噪声中非随机矢量 $\boldsymbol{\theta}$ 的最大似然估计矢量 $\hat{\boldsymbol{\theta}}_{\mathrm{ml}}$ 不仅是无偏估计量,还是有效估计量。

由于 $\boldsymbol{\theta}$ 的最大似然估计矢量 $\hat{\boldsymbol{\theta}}_{\mathrm{ml}}$ 是无偏有效估计量,所以估计矢量的均方误差阵 $\boldsymbol{M}_{\hat{\boldsymbol{\theta}}_{\mathrm{ml}}}$ 就是估计矢量的协方差矩阵 $\boldsymbol{C}_{\hat{\boldsymbol{\theta}}_{\mathrm{ml}}}$,且取克拉美-罗界,即有

$$\boldsymbol{M}_{\hat{\boldsymbol{\theta}}_{\mathrm{ml}}}=\boldsymbol{\Psi}=\boldsymbol{J}^{-1}=(\boldsymbol{H}^{\mathrm{T}}\boldsymbol{C}_n^{-1}\boldsymbol{H})^{-1} \tag{5.6.13}$$

最后,由于高斯噪声中非随机矢量 $\boldsymbol{\theta}$ 的最大似然估计矢量 $\hat{\boldsymbol{\theta}}_{\mathrm{ml}}$ 是观测矢量 $\boldsymbol{x}$ 的线性函数,所以 $\hat{\boldsymbol{\theta}}_{\mathrm{ml}}$ 是属于高斯分布的,其均值矢量为矢量 $\boldsymbol{\theta}$,协方差矩阵为 $\boldsymbol{C}_{\hat{\boldsymbol{\theta}}_{\mathrm{ml}}}=\boldsymbol{M}_{\hat{\boldsymbol{\theta}}_{\mathrm{ml}}}$,所以可简记 $\hat{\boldsymbol{\theta}}_{\mathrm{ml}}$ 的概率密度函数 $p(\hat{\boldsymbol{\theta}}_{\mathrm{ml}})$ 为

$$\hat{\boldsymbol{\theta}}_{\mathrm{ml}}\sim\mathcal{N}(\boldsymbol{\theta},(\boldsymbol{H}^{\mathrm{T}}\boldsymbol{C}_n^{-1}\boldsymbol{H})^{-1}) \tag{5.6.14}$$

5.6.3 高斯随机矢量的贝叶斯估计

设 M 维被估计矢量 $\boldsymbol{\theta}$ 是随机矢量,其先验概率密度函数是均值矢量为 $\boldsymbol{\mu}_{\boldsymbol{\theta}}$、协方差矩

阵为$\boldsymbol{C}_\theta$的高斯分布，即

$$p(\boldsymbol{\theta})=\frac{1}{(2\pi)^{M/2}|\boldsymbol{C}_\theta|^{1/2}}\exp\left[-\frac{1}{2}(\boldsymbol{\theta}-\boldsymbol{\mu}_\theta)^{\mathrm{T}}\boldsymbol{C}_\theta^{-1}(\boldsymbol{\theta}-\boldsymbol{\mu}_\theta)\right] \tag{5.6.15}$$

高斯先验概率密度函数在很多实际问题中都会遇到，而且在数学上具有易处理的优点，所以受到广泛重视。

如前所考虑的线性观测模型

$$\boldsymbol{x}=\boldsymbol{H\theta}+\boldsymbol{n}$$

其中，N 维观测噪声矢量$\boldsymbol{n}$ 是均值矢量为零、协方差矩阵为$\boldsymbol{C}_n$ 的高斯噪声，它与$\boldsymbol{\theta}$ 是互不相关的。为了便于理解这种模型的含义，下面通过一个例子来说明。我们设想通过直流电压表来测量 5V 直流稳压电源的输出电压。直流电压 V 的先验知识可以认为是均值为 5、方差为 σ_V^2 的高斯分布，σ_V^2 的大小反映了直流稳压电源输出电压的稳定性。如果对该电源的输出电压 V 进行 N 次测量，即

$$x_k=V+n_k,\quad k=1,2,\cdots,N$$

其中，测量噪声 n_k 看作直流电压表的测量误差，它是均值为零、方差为 σ_n^2 的高斯白噪声，且与 V 无关。利用 N 次测量数据 x_k，可以用贝叶斯估计准则来估计直流稳压电源的输出电压。

1. 后验概率密度函数的统计特性

我们知道，在随机矢量(含单随机参量)的贝叶斯估计中，估计矢量 $\hat{\boldsymbol{\theta}}_b$是利用后验概率密度函数 $p(\boldsymbol{\theta}|\boldsymbol{x})$结合代价函数 $c(\boldsymbol{\theta},\hat{\boldsymbol{\theta}})$来构造的。在线性观测模型下，当被估计的随机矢量 $\boldsymbol{\theta}$ 是高斯分布时，为了推导贝叶斯估计矢量 $\hat{\boldsymbol{\theta}}_b$，需要后验概率密度函数 $p(\boldsymbol{\theta}|\boldsymbol{x})$的统计特性。前面已经指出，观测噪声矢量 $\boldsymbol{n}$ 是与被估计的随机矢量 $\boldsymbol{\theta}$ 相互统计独立的高斯噪声。令矢量 $\boldsymbol{y}$ 为

$$\boldsymbol{y}=\begin{bmatrix}\boldsymbol{x}\\ \boldsymbol{\theta}\end{bmatrix}=\begin{bmatrix}\boldsymbol{H\theta}+\boldsymbol{n}\\ \boldsymbol{\theta}\end{bmatrix}=\begin{bmatrix}\boldsymbol{H} & \boldsymbol{I}\\ \boldsymbol{I} & \boldsymbol{0}\end{bmatrix}\begin{bmatrix}\boldsymbol{\theta}\\ \boldsymbol{n}\end{bmatrix} \tag{5.6.16}$$

其中，右上角的单位矩阵 $\boldsymbol{I}$ 是 $N\times N$ 矩阵，左下角的单位矩阵 $\boldsymbol{I}$ 是 $M\times M$ 矩阵。由于观测噪声矢量 $\boldsymbol{n}$ 与被估计矢量 $\boldsymbol{\theta}$ 相互统计独立，且各自是高斯分布的，所以它们的联合分布是高斯的。另外，(5.6.16)式表明，矢量 $\boldsymbol{y}$ 是相互统计独立的高斯随机矢量 $\boldsymbol{\theta}$ 和 $\boldsymbol{n}$ 的线性变换，所以它也是高斯分布的。

这样，N 维观测矢量 $\boldsymbol{x}$ 和 M 维被估计矢量 $\boldsymbol{\theta}$ 是联合高斯分布的，其均值矢量为

$$\boldsymbol{\mu}=\begin{bmatrix}\mathrm{E}(\boldsymbol{x})\\ \mathrm{E}(\boldsymbol{\theta})\end{bmatrix} \tag{5.6.17}$$

式中，

$$\mathrm{E}(\boldsymbol{x})=\mathrm{E}(\boldsymbol{H\theta}+\boldsymbol{n})=\boldsymbol{H}\mathrm{E}(\boldsymbol{\theta})=\boldsymbol{H}\boldsymbol{\mu}_\theta$$

$$\mathrm{E}(\boldsymbol{\theta})=\boldsymbol{\mu}_\theta$$

分块协方差矩阵为

$$\boldsymbol{C}=\begin{bmatrix}\boldsymbol{C}_x & \boldsymbol{C}_{x\theta}\\ \boldsymbol{C}_{\theta x} & \boldsymbol{C}_\theta\end{bmatrix} \tag{5.6.18}$$

式中，

$$\begin{aligned}\boldsymbol{C}_x &= \mathrm{E}\{[\boldsymbol{x}-\mathrm{E}(\boldsymbol{x})][\boldsymbol{x}-\mathrm{E}(\boldsymbol{x})]^{\mathrm{T}}\}\\ &= \mathrm{E}[(\boldsymbol{H\theta}+\boldsymbol{n}-\boldsymbol{H\mu_\theta})(\boldsymbol{H\theta}+\boldsymbol{n}-\boldsymbol{H\mu_\theta})^{\mathrm{T}}]\\ &= \mathrm{E}\{[\boldsymbol{H}(\boldsymbol{\theta}-\boldsymbol{\mu_\theta})+\boldsymbol{n}][(\boldsymbol{\theta}-\boldsymbol{\mu_\theta})^{\mathrm{T}}\boldsymbol{H}^{\mathrm{T}}+\boldsymbol{n}^{\mathrm{T}}]\}\\ &= \boldsymbol{HC_\theta H}^{\mathrm{T}}+\boldsymbol{C}_n\end{aligned}$$

$$\begin{aligned}\boldsymbol{C}_{x\theta} &= \mathrm{E}\{[\boldsymbol{x}-\mathrm{E}(\boldsymbol{x})][\boldsymbol{\theta}-\mathrm{E}(\boldsymbol{\theta})]^{\mathrm{T}}\}\\ &= \mathrm{E}\{[\boldsymbol{H}(\boldsymbol{\theta}-\boldsymbol{\mu_\theta})+\boldsymbol{n}](\boldsymbol{\theta}-\boldsymbol{\mu_\theta})^{\mathrm{T}}\}\\ &= \boldsymbol{HC_\theta}\end{aligned}$$

$$\boldsymbol{C}_{\theta x} = \boldsymbol{C}_{x\theta}^{\mathrm{T}} = \boldsymbol{C_\theta H}^{\mathrm{T}}$$

$$\begin{aligned}\boldsymbol{C}_\theta &= \mathrm{E}\{[\boldsymbol{\theta}-\mathrm{E}(\boldsymbol{\theta})][\boldsymbol{\theta}-\mathrm{E}(\boldsymbol{\theta})]^{\mathrm{T}}\}\\ &= \mathrm{E}[(\boldsymbol{\theta}-\boldsymbol{\mu_\theta})(\boldsymbol{\theta}-\boldsymbol{\mu_\theta})^{\mathrm{T}}]\end{aligned}$$

所以，矢量 $\boldsymbol{x}$ 和矢量 $\boldsymbol{\theta}$ 的联合概率密度函数为

$$p(\boldsymbol{x},\boldsymbol{\theta}) = \frac{1}{(2\pi)^{\frac{N+M}{2}}|\boldsymbol{C}|^{1/2}}\exp\left[-\frac{1}{2}\left(\begin{bmatrix}\boldsymbol{x}-\boldsymbol{H\mu_\theta}\\ \boldsymbol{\theta}-\boldsymbol{\mu_\theta}\end{bmatrix}\right)^{\mathrm{T}}\boldsymbol{C}^{-1}\left(\begin{bmatrix}\boldsymbol{x}-\boldsymbol{H\mu_\theta}\\ \boldsymbol{\theta}-\boldsymbol{\mu_\theta}\end{bmatrix}\right)\right] \tag{5.6.19}$$

利用关系式

$$p(\boldsymbol{\theta}\mid\boldsymbol{x}) = \frac{p(\boldsymbol{x},\boldsymbol{\theta})}{p(\boldsymbol{x})}$$

和

$$p(\boldsymbol{x}) = \frac{1}{(2\pi)^{N/2}\mid\boldsymbol{C}_x\mid^{1/2}}\exp\left[-\frac{1}{2}(\boldsymbol{x}-\boldsymbol{H\mu_\theta})^{\mathrm{T}}\boldsymbol{C}_x^{-1}(\boldsymbol{x}-\boldsymbol{H\mu_\theta})\right]$$

我们可以导出后验概率密度函数 $p(\boldsymbol{\theta}|\boldsymbol{x})$ 是高斯型的，它的均值矢量为

$$\mathrm{E}(\boldsymbol{\theta}\mid\boldsymbol{x}) = \boldsymbol{\mu_\theta}+\boldsymbol{C_\theta}H^{\mathrm{T}}(\boldsymbol{HC_\theta H}^{\mathrm{T}}+\boldsymbol{C}_n)^{-1}(\boldsymbol{x}-\boldsymbol{H\mu_\theta}) \tag{5.6.20}$$

协方差矩阵为

$$\boldsymbol{C}_{\theta|x} = \boldsymbol{C_\theta}-\boldsymbol{C_\theta H}^{\mathrm{T}}(\boldsymbol{HC_\theta H}^{\mathrm{T}}+\boldsymbol{C}_n)^{-1}\boldsymbol{HC_\theta} \tag{5.6.21}$$

在获得后验概率密度函数 $p(\boldsymbol{\theta}|\boldsymbol{x})$ 的统计特性后，就可以讨论高斯噪声中，高斯被估计随机矢量 $\boldsymbol{\theta}$ 的贝叶斯估计了。

2. 最小均方误差估计

首先讨论高斯随机矢量 $\boldsymbol{\theta}$ 的最小均方误差估计。我们知道，当采用误差平方代价函数时，使平均代价最小的估计是 $\boldsymbol{\theta}$ 的最小均方误差估计，估误矢量记为 $\hat{\boldsymbol{\theta}}_{\mathrm{mse}}$，而且它就是后验概率密度函数 $p(\boldsymbol{\theta}\mid\boldsymbol{x})$ 的均值矢量 $\mathrm{E}(\boldsymbol{\theta}\mid\boldsymbol{x})$。于是有

$$\begin{aligned}\hat{\boldsymbol{\theta}}_{\mathrm{mse}} &= \mathrm{E}(\boldsymbol{\theta}\mid\boldsymbol{x})\\ &= \boldsymbol{\mu_\theta}+C_\theta H^{\mathrm{T}}(\boldsymbol{HC_\theta}\mathrm{H}^{\mathrm{T}}+\boldsymbol{C}_n)^{-1}(\boldsymbol{x}-\boldsymbol{H\mu_\theta}) \qquad (5.6.22)\\ &= \boldsymbol{\mu_\theta}+\boldsymbol{C}_{\theta x}\boldsymbol{C}_x^{-1}(\boldsymbol{x}-\boldsymbol{H\mu_\theta})\end{aligned}$$

因为

$$\begin{aligned}\mathrm{E}(\hat{\boldsymbol{\theta}}_{\mathrm{mse}}) &= \mathrm{E}[\boldsymbol{\mu_\theta}+\boldsymbol{C_\theta H}^{\mathrm{T}}(\boldsymbol{HC_\theta H}^{\mathrm{T}}+\boldsymbol{C}_n)^{-1}(\boldsymbol{x}-\boldsymbol{H\mu_\theta})]\\ &= \boldsymbol{\mu_\theta}+\boldsymbol{C_\theta H}^{\mathrm{T}}(\boldsymbol{HC_\theta H}^{\mathrm{T}}+\boldsymbol{C}_n)^{-1}\mathrm{E}(\boldsymbol{H\theta}+\boldsymbol{n}-\boldsymbol{H\mu_\theta})\\ &= \boldsymbol{\mu_\theta} = \mathrm{E}(\boldsymbol{\theta})\end{aligned} \tag{5.6.23}$$

所以，高斯随机矢量 $\boldsymbol{\theta}$ 的最小均方误差估计矢量 $\hat{\boldsymbol{\theta}}_{\text{mse}}$ 是无偏估计量。

估计的误差矢量 $\tilde{\boldsymbol{\theta}}$ 为

$$\tilde{\boldsymbol{\theta}} = \boldsymbol{\theta} - \hat{\boldsymbol{\theta}}_{\text{mse}} = \boldsymbol{\theta} - \boldsymbol{\mu}_{\theta} - \boldsymbol{C}_{\theta}\boldsymbol{H}^{\mathrm{T}}(\boldsymbol{H}\boldsymbol{C}_{\theta}\boldsymbol{H}^{\mathrm{T}} + \boldsymbol{C}_{n})^{-1}(\boldsymbol{x} - \boldsymbol{H}\boldsymbol{\mu}_{\theta}) \tag{5.6.24}$$

所以，估计矢量的均方误差阵为

$$\begin{aligned}\boldsymbol{M}_{\hat{\boldsymbol{\theta}}_{\text{mse}}} &= \mathrm{E}[(\boldsymbol{\theta} - \hat{\boldsymbol{\theta}}_{\text{mse}})(\boldsymbol{\theta} - \hat{\boldsymbol{\theta}}_{\text{mse}})^{\mathrm{T}}] \\ &= \mathrm{E}\{[(\boldsymbol{\theta} - \boldsymbol{\mu}_{\theta}) - \boldsymbol{C}_{\theta}\boldsymbol{H}^{\mathrm{T}}(\boldsymbol{H}\boldsymbol{C}_{\theta}\boldsymbol{H}^{\mathrm{T}} + \boldsymbol{C}_{n})^{-1}(\boldsymbol{H}(\boldsymbol{\theta} - \boldsymbol{\mu}_{\theta}) + \boldsymbol{n})] \times \\ &\quad [(\boldsymbol{\theta} - \boldsymbol{\mu}_{\theta}) - \boldsymbol{C}_{\theta}\boldsymbol{H}^{\mathrm{T}}(\boldsymbol{H}\boldsymbol{C}_{\theta}\boldsymbol{H}^{\mathrm{T}} + \boldsymbol{C}_{n})^{-1}(\boldsymbol{H}(\boldsymbol{\theta} - \boldsymbol{\mu}_{\theta}) + \boldsymbol{n})]^{\mathrm{T}}\} \\ &= \boldsymbol{C}_{\theta} - \boldsymbol{C}_{\theta}\boldsymbol{H}^{\mathrm{T}}(\boldsymbol{H}\boldsymbol{C}_{\theta}\boldsymbol{H}^{\mathrm{T}} + \boldsymbol{C}_{n})^{-1}\boldsymbol{H}\boldsymbol{C}_{\theta} - \\ &\quad \boldsymbol{C}_{\theta}\boldsymbol{H}^{\mathrm{T}}(\boldsymbol{H}\boldsymbol{C}_{\theta}\boldsymbol{H}^{\mathrm{T}} + \boldsymbol{C}_{n})^{-1}\boldsymbol{H}\boldsymbol{C}_{\theta} + \\ &\quad \boldsymbol{C}_{\theta}\boldsymbol{H}^{\mathrm{T}}(\boldsymbol{H}\boldsymbol{C}_{\theta}\boldsymbol{H}^{\mathrm{T}} + \boldsymbol{C}_{n})^{-1}\boldsymbol{H}\boldsymbol{C}_{\theta}\boldsymbol{H}^{\mathrm{T}}(\boldsymbol{H}\boldsymbol{C}_{\theta}\boldsymbol{H}^{\mathrm{T}} + \boldsymbol{C}_{n})^{-1}\boldsymbol{H}\boldsymbol{C}_{\theta} + \\ &\quad \boldsymbol{C}_{\theta}\boldsymbol{H}^{\mathrm{T}}(\boldsymbol{H}\boldsymbol{C}_{\theta}\boldsymbol{H}^{\mathrm{T}} + \boldsymbol{C}_{n})^{-1}\boldsymbol{C}_{n}(\boldsymbol{H}\boldsymbol{C}_{\theta}\boldsymbol{H}^{\mathrm{T}} + \boldsymbol{C}_{n})^{-1}\boldsymbol{H}\boldsymbol{C}_{\theta}\end{aligned}$$

该式的最后两项之和为

$$\begin{aligned}&\boldsymbol{C}_{\theta}\boldsymbol{H}^{\mathrm{T}}(\boldsymbol{H}\boldsymbol{C}_{\theta}\boldsymbol{H}^{\mathrm{T}} + \boldsymbol{C}_{n})^{-1}(\boldsymbol{H}\boldsymbol{C}_{\theta}\boldsymbol{H}^{\mathrm{T}} + \boldsymbol{C}_{n})(\boldsymbol{H}\boldsymbol{C}_{\theta}\boldsymbol{H}^{\mathrm{T}} + \boldsymbol{C}_{n})^{-1}\boldsymbol{H}\boldsymbol{C}_{\theta} \\ &= \boldsymbol{C}_{\theta}\boldsymbol{H}^{\mathrm{T}}(\boldsymbol{H}\boldsymbol{C}_{\theta}\boldsymbol{H}^{\mathrm{T}} + \boldsymbol{C}_{n})^{-1}\boldsymbol{H}\boldsymbol{C}_{\theta}\end{aligned}$$

这样，估计矢量的均方误差阵为

$$\boldsymbol{M}_{\hat{\boldsymbol{\theta}}_{\text{mse}}} = \boldsymbol{C}_{\theta} - \boldsymbol{C}_{\theta}\boldsymbol{H}^{\mathrm{T}}(\boldsymbol{H}\boldsymbol{C}_{\theta}\boldsymbol{H}^{\mathrm{T}} + \boldsymbol{C}_{n})^{-1}\boldsymbol{H}\boldsymbol{C}_{\theta} \tag{5.6.25}$$

3. 最大后验估计

下面再来讨论高斯随机矢量 $\boldsymbol{\theta}$ 的最大后验估计。如果采用均匀代价函数，使平均代价最小的估计是 $\boldsymbol{\theta}$ 的最大后验估计，则估计矢量记为 $\hat{\boldsymbol{\theta}}_{\text{map}}$。利用最大后验方程

$$\left.\frac{\partial \ln p(\boldsymbol{\theta} \mid \boldsymbol{x})}{\partial \boldsymbol{\theta}}\right|_{\boldsymbol{\theta} = \hat{\boldsymbol{\theta}}_{\text{map}}} = \boldsymbol{0} \tag{5.6.26}$$

可求得估计矢量 $\hat{\boldsymbol{\theta}}_{\text{map}}$。估计矢量 $\hat{\boldsymbol{\theta}}_{\text{map}}$ 也可以由方程

$$\left.\frac{\partial \ln p(\boldsymbol{x} \mid \boldsymbol{\theta})}{\partial \boldsymbol{\theta}} + \frac{\partial \ln p(\boldsymbol{\theta})}{\partial \boldsymbol{\theta}}\right|_{\boldsymbol{\theta} = \hat{\boldsymbol{\theta}}_{\text{map}}} = \boldsymbol{0} \tag{5.6.27}$$

解得。其中，条件概率密度函数 $p(\boldsymbol{x}|\boldsymbol{\theta})$ 为

$$p(\boldsymbol{x} \mid \boldsymbol{\theta}) = \frac{1}{(2\pi)^{N/2} \mid \boldsymbol{C}_{n} \mid^{1/2}} \exp\left[-\frac{1}{2}(\boldsymbol{x} - \boldsymbol{H}\boldsymbol{\theta})^{\mathrm{T}}\boldsymbol{C}_{n}^{-1}(\boldsymbol{x} - \boldsymbol{H}\boldsymbol{\theta})\right]$$

而 $p(\boldsymbol{\theta})$ 如(5.6.15)式所示。

这样，利用(5.6.27)式得

$$\left.\boldsymbol{H}^{\mathrm{T}}\boldsymbol{C}_{n}^{-1}\boldsymbol{x} - \boldsymbol{H}^{\mathrm{T}}\boldsymbol{C}_{n}^{-1}\boldsymbol{H}\boldsymbol{\theta} - \boldsymbol{C}_{\theta}^{-1}\boldsymbol{\theta} + \boldsymbol{C}_{\theta}^{-1}\boldsymbol{\mu}_{\theta}\right|_{\boldsymbol{\theta} = \hat{\boldsymbol{\theta}}_{\text{map}}} = \boldsymbol{0} \tag{5.6.28}$$

从而解得高斯随机矢量 $\boldsymbol{\theta}$ 的最大后验估计矢量 $\hat{\boldsymbol{\theta}}_{\text{map}}$ 为

$$\hat{\boldsymbol{\theta}}_{\text{map}} = (\boldsymbol{H}^{\mathrm{T}}\boldsymbol{C}_{n}^{-1}\boldsymbol{H} + \boldsymbol{C}_{\theta}^{-1})^{-1}(\boldsymbol{H}^{\mathrm{T}}\boldsymbol{C}_{n}^{-1}\boldsymbol{x} + \boldsymbol{C}_{\theta}^{-1}\boldsymbol{\mu}_{\theta}) \tag{5.6.29}$$

因为

$$\begin{aligned}\mathrm{E}(\hat{\boldsymbol{\theta}}_{\text{map}}) &= \mathrm{E}[(\boldsymbol{H}^{\mathrm{T}}\boldsymbol{C}_{n}^{-1}\boldsymbol{H} + \boldsymbol{C}_{\theta}^{-1})^{-1}(\boldsymbol{H}^{\mathrm{T}}\boldsymbol{C}_{n}^{-1}\boldsymbol{H}\boldsymbol{\theta} + \boldsymbol{H}^{\mathrm{T}}\boldsymbol{C}_{n}^{-1}\boldsymbol{n} + \boldsymbol{C}_{\theta}^{-1}\boldsymbol{\mu}_{\theta})] \\ &= (\boldsymbol{H}^{\mathrm{T}}\boldsymbol{C}_{n}^{-1}\boldsymbol{H} + \boldsymbol{C}_{\theta}^{-1})^{-1}(\boldsymbol{H}^{\mathrm{T}}\boldsymbol{C}_{n}^{-1}\boldsymbol{H} + \boldsymbol{C}_{\theta}^{-1})\boldsymbol{\mu}_{\theta} \\ &= \boldsymbol{\mu}_{\theta} = \mathrm{E}(\boldsymbol{\theta})\end{aligned}$$

所以，$\boldsymbol{\theta}$ 的最大后验估计矢量 $\hat{\boldsymbol{\theta}}_{\text{map}}$ 是无偏估计量。

因为

$$\begin{aligned}
&\frac{\partial \ln p(\boldsymbol{x}|\boldsymbol{\theta})}{\partial \boldsymbol{\theta}}+\frac{\partial \ln p(\boldsymbol{\theta})}{\partial \boldsymbol{\theta}} \\
&=\boldsymbol{H}^{\mathrm{T}}\boldsymbol{C}_n^{-1}\boldsymbol{x}-\boldsymbol{H}^{\mathrm{T}}\boldsymbol{C}_n^{-1}\boldsymbol{H}\boldsymbol{\theta}-\boldsymbol{C}_{\theta}^{-1}\boldsymbol{\theta}+\boldsymbol{C}_{\theta}^{-1}\boldsymbol{\mu}_{\theta} \\
&=-(\boldsymbol{H}^{\mathrm{T}}\boldsymbol{C}_n^{-1}\boldsymbol{H}+\boldsymbol{C}_{\theta}^{-1})[\boldsymbol{\theta}-(\boldsymbol{H}^{\mathrm{T}}\boldsymbol{C}_n^{-1}\boldsymbol{H}+\boldsymbol{C}_{\theta}^{-1})^{-1}(\boldsymbol{H}^{\mathrm{T}}\boldsymbol{C}_n^{-1}\boldsymbol{x}+\boldsymbol{C}_{\theta}^{-1}\boldsymbol{\mu}_{\theta})] \\
&=-\boldsymbol{J}_{\mathrm{T}}(\boldsymbol{\theta}-\hat{\boldsymbol{\theta}}_{\text{map}})
\end{aligned} \tag{5.6.30}$$

式中，矩阵 $\boldsymbol{J}_{\mathrm{T}}=\boldsymbol{J}_{\mathrm{D}}+\boldsymbol{J}_{\mathrm{P}}$，而 $\boldsymbol{J}_{\mathrm{D}}=\boldsymbol{H}^{\mathrm{T}}\boldsymbol{C}_n^{-1}\boldsymbol{H}$ 是数据信息矩阵，$\boldsymbol{J}_{\mathrm{P}}=\boldsymbol{C}_{\theta}^{-1}$ 是先验信息矩阵。(5.6.30)式表明，$\boldsymbol{\theta}$ 的最大后验估计矢量 $\hat{\boldsymbol{\theta}}_{\text{map}}$ 是有效估计量。

估计的误差矢量 $\tilde{\boldsymbol{\theta}}$ 为

$$\begin{aligned}
\tilde{\boldsymbol{\theta}}&=\boldsymbol{\theta}-\hat{\boldsymbol{\theta}}_{\text{map}} \\
&=\boldsymbol{\theta}-(\boldsymbol{H}^{\mathrm{T}}\boldsymbol{C}_n^{-1}\boldsymbol{H}+\boldsymbol{C}_{\theta}^{-1})^{-1}(\boldsymbol{H}^{\mathrm{T}}\boldsymbol{C}_n^{-1}\boldsymbol{H}\boldsymbol{\theta}+\boldsymbol{H}^{\mathrm{T}}\boldsymbol{C}_n^{-1}\boldsymbol{n}+\boldsymbol{C}_{\theta}^{-1}\boldsymbol{\theta}- \\
&\quad \boldsymbol{C}_{\theta}^{-1}\boldsymbol{\theta}+\boldsymbol{C}_{\theta}^{-1}\boldsymbol{\mu}_{\theta}) \\
&=-(\boldsymbol{H}^{\mathrm{T}}\boldsymbol{C}_n^{-1}\boldsymbol{H}+\boldsymbol{C}_{\theta}^{-1})^{-1}[\boldsymbol{H}^{\mathrm{T}}\boldsymbol{C}_n^{-1}\boldsymbol{n}-\boldsymbol{C}_{\theta}^{-1}(\boldsymbol{\theta}-\boldsymbol{\mu}_{\theta})]
\end{aligned} \tag{5.6.31}$$

注意到观测噪声矢量 $\boldsymbol{n}$ 与被估计矢量 $\boldsymbol{\theta}$ 是相互统计独立的，这样，估计的均方误差阵为

$$\begin{aligned}
\boldsymbol{M}_{\hat{\boldsymbol{\theta}}_{\text{map}}}&=\mathrm{E}[(\boldsymbol{\theta}-\hat{\boldsymbol{\theta}}_{\text{map}})(\boldsymbol{\theta}-\hat{\boldsymbol{\theta}}_{\text{map}})^{\mathrm{T}}] \\
&=\mathrm{E}\{[(\boldsymbol{H}^{\mathrm{T}}\boldsymbol{C}_n^{-1}\boldsymbol{H}+\boldsymbol{C}_{\theta}^{-1})^{-1}(\boldsymbol{H}^{\mathrm{T}}\boldsymbol{C}_n^{-1}\boldsymbol{n}-\boldsymbol{C}_{\theta}^{-1}(\boldsymbol{\theta}-\boldsymbol{\mu}_{\theta}))]\times \\
&\quad [(\boldsymbol{H}^{\mathrm{T}}\boldsymbol{C}_n^{-1}\boldsymbol{H}+\boldsymbol{C}_{\theta}^{-1})^{-1}(\boldsymbol{H}^{\mathrm{T}}\boldsymbol{C}_n^{-1}\boldsymbol{n}-\boldsymbol{C}_{\theta}^{-1}(\boldsymbol{\theta}-\boldsymbol{\mu}_{\theta}))]^{\mathrm{T}}\} \\
&=(\boldsymbol{H}^{\mathrm{T}}\boldsymbol{C}_n^{-1}\boldsymbol{H}+\boldsymbol{C}_{\theta}^{-1})^{-1}\boldsymbol{H}^{\mathrm{T}}\boldsymbol{C}_n^{-1}\mathrm{E}(\boldsymbol{n}\boldsymbol{n}^{\mathrm{T}})\boldsymbol{C}_n^{-1}\boldsymbol{H}(\boldsymbol{H}^{\mathrm{T}}\boldsymbol{C}_n^{-1}\boldsymbol{H}+\boldsymbol{C}_{\theta}^{-1})^{-1}+ \\
&\quad (\boldsymbol{H}^{\mathrm{T}}\boldsymbol{C}_n^{-1}\boldsymbol{H}+\boldsymbol{C}_{\theta}^{-1})^{-1}\boldsymbol{C}_{\theta}^{-1}\mathrm{E}[(\boldsymbol{\theta}-\boldsymbol{\mu}_{\theta})(\boldsymbol{\theta}-\boldsymbol{\mu}_{\theta})^{\mathrm{T}}\boldsymbol{C}_{\theta}^{-1}(\boldsymbol{H}^{\mathrm{T}}\boldsymbol{C}_n^{-1}\boldsymbol{H}+\boldsymbol{C}_{\theta}^{-1})^{-1}] \\
&=(\boldsymbol{H}^{\mathrm{T}}\boldsymbol{C}_n^{-1}\boldsymbol{H}+\boldsymbol{C}_{\theta}^{-1})^{-1}(\boldsymbol{H}^{\mathrm{T}}\boldsymbol{C}_n^{-1}\boldsymbol{H}+\boldsymbol{C}_{\theta}^{-1})(\boldsymbol{H}^{\mathrm{T}}\boldsymbol{C}_n^{-1}\boldsymbol{H}+\boldsymbol{C}_{\theta}^{-1})^{-1} \\
&=(\boldsymbol{H}^{\mathrm{T}}\boldsymbol{C}_n^{-1}\boldsymbol{H}+\boldsymbol{C}_{\theta}^{-1})^{-1}
\end{aligned} \tag{5.6.32}$$

4. 最小均方误差估计与最大后验估计的等同性

我们知道，在随机矢量的贝叶斯估计中，如果后验概率密度函数 $p(\boldsymbol{\theta}|\boldsymbol{x})$ 是高斯型的，则最小均方误差估计矢量 $\hat{\boldsymbol{\theta}}_{\text{mse}}$ 和最大后验估计矢量 $\hat{\boldsymbol{\theta}}_{\text{map}}$ 是一样的。这样，(5.6.22)式所示的 $\hat{\boldsymbol{\theta}}_{\text{mse}}$ 应与(5.6.29)式所示的 $\hat{\boldsymbol{\theta}}_{\text{map}}$ 相等。为了证实这一点，我们利用矩阵求逆引理，对最大后验估计矢量 $\hat{\boldsymbol{\theta}}_{\text{map}}$ 的(5.6.29)式进行矩阵反演运算，结果得

$$\hat{\boldsymbol{\theta}}_{\text{map}}=\boldsymbol{\mu}_{\theta}+\boldsymbol{C}_{\theta}\boldsymbol{H}^{\mathrm{T}}(\boldsymbol{H}\boldsymbol{C}_{\theta}\boldsymbol{H}^{\mathrm{T}}+\boldsymbol{C}_n)^{-1}(\boldsymbol{x}-\boldsymbol{H}\boldsymbol{\mu}_{\theta})=\hat{\boldsymbol{\theta}}_{\text{mse}} \tag{5.6.33}$$

具体推导过程请参见附录 5F。

这样，高斯随机矢量 $\boldsymbol{\theta}$ 的最小均方误差估计矢量 $\hat{\boldsymbol{\theta}}_{\text{mse}}$ 也是有效估计量。如果我们对 $\boldsymbol{\theta}$ 的最大后验估计矢量的均方误差阵(5.6.32)式进行矩阵反演运算，则有

$$\begin{aligned}
\boldsymbol{M}_{\hat{\boldsymbol{\theta}}_{\text{map}}}&=(\boldsymbol{H}^{\mathrm{T}}\boldsymbol{C}_n^{-1}\boldsymbol{H}+\boldsymbol{C}_{\theta}^{-1})^{-1} \\
&=\boldsymbol{C}_{\theta}-\boldsymbol{C}_{\theta}\boldsymbol{H}^{\mathrm{T}}(\boldsymbol{H}\boldsymbol{C}_{\theta}\boldsymbol{H}^{\mathrm{T}}+\boldsymbol{C}_n)^{-1}\boldsymbol{H}\boldsymbol{C}_{\theta} \\
&=\boldsymbol{M}_{\hat{\boldsymbol{\theta}}_{\text{mse}}}
\end{aligned} \tag{5.6.34}$$

即 $\hat{\boldsymbol{\theta}}_{\text{mse}}$ 与 $\hat{\boldsymbol{\theta}}_{\text{map}}$ 具有相同的性质，这显然是正确的。

例 5.6.1 研究在加性噪声中随机参量 θ 的估计问题。线性观测方程为

$$x = H\theta + n$$

其中,观测信号矢量 $\boldsymbol{x}=(x_1,x_2,\cdots,x_N)^{\mathrm{T}}$;观测矩阵 $\boldsymbol{H}=(1,1,\cdots,1)^{\mathrm{T}}$;观测噪声矢量 $\boldsymbol{n}=(n_1,n_2,\cdots,n_N)^{\mathrm{T}}$,其每个分量 n_k 是均值为零、方差为 σ_n^2 的高斯白噪声;θ 是被估计的单随机参量,其先验概率密度函数的均值为 μ_θ,方差为 σ_θ^2,且是高斯分布的。求 θ 的贝叶斯估计量 $\hat{\theta}_{\mathrm{b}}$,并考查其主要性质。

解 根据题意,后验概率密度函数 $p(\theta|\boldsymbol{x})$是高斯的,所以 θ 的贝叶斯估计量 $\hat{\theta}_{\mathrm{b}}$ 为

$$\begin{aligned}\hat{\theta}_{\mathrm{b}} &= \mu_\theta + \sigma_\theta^2\boldsymbol{H}^{\mathrm{T}}(\boldsymbol{H}\sigma_\theta^2\boldsymbol{H}^{\mathrm{T}}+\sigma_n^2\boldsymbol{I})^{-1}(\boldsymbol{x}-\boldsymbol{H}\mu_\theta)\\ &= \mu_\theta + \frac{\sigma_\theta^2}{\sigma_n^2}\boldsymbol{H}^{\mathrm{T}}\left(\boldsymbol{H}\frac{\sigma_\theta^2}{\sigma_n^2}\boldsymbol{H}^{\mathrm{T}}+\boldsymbol{I}\right)^{-1}(\boldsymbol{x}-\boldsymbol{H}\mu_\theta)\end{aligned}$$

利用矩阵求逆引理,$\hat{\theta}_{\mathrm{b}}$ 中的矩阵求逆项为

$$\begin{aligned}&\left(\boldsymbol{H}\frac{\sigma_\theta^2}{\sigma_n^2}\boldsymbol{H}^{\mathrm{T}}+\boldsymbol{I}\right)^{-1}\\ &= \boldsymbol{I}^{-1}-\boldsymbol{I}^{-1}\boldsymbol{H}\left(\boldsymbol{H}^{\mathrm{T}}\boldsymbol{I}^{-1}\boldsymbol{H}+\frac{\sigma_n^2}{\sigma_\theta^2}\right)^{-1}\boldsymbol{H}^{\mathrm{T}}\boldsymbol{I}^{-1}\end{aligned}$$

单位矩阵 $\boldsymbol{I}$ 的逆矩阵 $\boldsymbol{I}^{-1}=\boldsymbol{I}$,$\boldsymbol{H}=(1,1,\cdots,1)^{\mathrm{T}}$ 是 N 维单位矢量,所以

$$\begin{aligned}&\left(\boldsymbol{H}\frac{\sigma_\theta^2}{\sigma_n^2}\boldsymbol{H}^{\mathrm{T}}+\boldsymbol{I}\right)^{-1}\\ &= \boldsymbol{I}-\boldsymbol{H}\left(N+\frac{\sigma_n^2}{\sigma_\theta^2}\right)^{-1}\boldsymbol{H}^{\mathrm{T}}\\ &= \boldsymbol{I}-\frac{\boldsymbol{H}\boldsymbol{H}^{\mathrm{T}}}{N+\frac{\sigma_n^2}{\sigma_\theta^2}}\end{aligned}$$

这样,则有

$$\begin{aligned}\hat{\theta}_{\mathrm{b}} &= \mu_\theta + \frac{\sigma_\theta^2}{\sigma_n^2}\boldsymbol{H}^{\mathrm{T}}\left[\boldsymbol{I}-\frac{\boldsymbol{H}\boldsymbol{H}^{\mathrm{T}}}{N+\frac{\sigma_n^2}{\sigma_\theta^2}}\right](\boldsymbol{x}-\boldsymbol{H}\mu_\theta)\\ &= \mu_\theta + \frac{\sigma_\theta^2}{\sigma_n^2}\left[\boldsymbol{H}^{\mathrm{T}}-\frac{\boldsymbol{H}^{\mathrm{T}}\boldsymbol{H}}{N+\frac{\sigma_n^2}{\sigma_\theta^2}}\boldsymbol{H}^{\mathrm{T}}\right](\boldsymbol{x}-\boldsymbol{H}\mu_\theta)\\ &= \mu_\theta + \frac{\sigma_\theta^2}{\sigma_n^2}\left[1-\frac{N}{N+\frac{\sigma_n^2}{\sigma_\theta^2}}\right](\boldsymbol{H}^{\mathrm{T}}\boldsymbol{x}-\boldsymbol{H}^{\mathrm{T}}\boldsymbol{H}\mu_\theta)\\ &= \mu_\theta + \frac{1}{N+\frac{\sigma_n^2}{\sigma_\theta^2}}\left(\sum_{k=1}^{N}x_k-N\mu_\theta\right)\\ &= \mu_\theta + \frac{N}{N+\frac{\sigma_n^2}{\sigma_\theta^2}}\left(\frac{1}{N}\sum_{k=1}^{N}x_k-\mu_\theta\right)\\ &= \mu_\theta + \frac{\sigma_\theta^2}{\sigma_\theta^2+\frac{\sigma_n^2}{N}}\left(\frac{1}{N}\sum_{k=1}^{N}x_k-\mu_\theta\right)\end{aligned}$$

估计量 $\hat{\theta}_{\mathrm{b}}$的均值为

$$\mathrm{E}(\hat{\theta}_{\mathrm{b}}) = \mu_\theta = \mathrm{E}(\theta)$$

所以,$\hat{\theta}_{\mathrm{b}}$ 是无偏估计量。

因为概率密度函数 $p(\boldsymbol{x}|\theta)$ 和 $p(\theta)$ 分别为

$$p(\boldsymbol{x} \mid \theta) = \frac{1}{(2\pi)^{N/2} \mid \sigma_n^2 \boldsymbol{I} \mid^{1/2}} \exp\left[-\frac{1}{2}(\boldsymbol{x}-\boldsymbol{H}\theta)^{\mathrm{T}}(\sigma_n^2\boldsymbol{I})^{-1}(\boldsymbol{x}-\boldsymbol{H}\theta)\right]$$

$$p(\theta) = \left(\frac{1}{2\pi\sigma_\theta^2}\right)^{1/2} \exp\left[-\frac{(\theta-\mu_\theta)^2}{2\sigma_\theta^2}\right]$$

所以,它们分别取自然对数后对 θ 求偏导,它们的和为

$$\begin{aligned}
&\frac{\partial \ln p(\boldsymbol{x}\mid\theta)}{\partial\theta} + \frac{\partial \ln p(\theta)}{\partial\theta} \\
&= \boldsymbol{H}^{\mathrm{T}}(\sigma_n^2\boldsymbol{I})^{-1}(\boldsymbol{x}-\boldsymbol{H}\theta) - \frac{\theta-\mu_\theta}{\sigma_\theta^2} \\
&= \frac{\boldsymbol{H}^{\mathrm{T}}\boldsymbol{x} - \boldsymbol{H}^{\mathrm{T}}\boldsymbol{H}\theta}{\sigma_n^2} - \frac{\theta-\mu_\theta}{\sigma_\theta^2} \\
&= \frac{\sum_{k=1}^{N} x_k}{\sigma_n^2} - \frac{N\theta}{\sigma_n^2} - \frac{\theta}{\sigma_\theta^2} + \frac{\mu_\theta}{\sigma_\theta^2} \\
&= -\frac{N\sigma_\theta^2+\sigma_n^2}{\sigma_\theta^2\sigma_n^2}\theta + \frac{\sigma_\theta^2\sum_{k=1}^{N} x_k + \sigma_n^2\mu_\theta}{\sigma_\theta^2\sigma_n^2} \\
&= \left[\theta - \left(\frac{\sigma_\theta^2}{N\sigma_\theta^2+\sigma_n^2}\sum_{k=1}^{N} x_k + \frac{\sigma_n^2}{N\sigma_\theta^2+\sigma_n^2}\mu_\theta\right)\right]\left(-\frac{N\sigma_\theta^2+\sigma_n^2}{\sigma_\theta^2\sigma_n^2}\right)
\end{aligned}$$

因为贝叶斯估计量 $\hat{\theta}_{\mathrm{b}}$ 可以变形表示为

$$\begin{aligned}
\hat{\theta}_{\mathrm{b}} &= \mu_\theta + \frac{\sigma_\theta}{\sigma_\theta^2 + \dfrac{\sigma_n^2}{N}}\left(\frac{1}{N}\sum_{k=1}^{N} x_k - \mu_\theta\right) \\
&= \frac{\sigma_\theta^2}{N\sigma_\theta^2+\sigma_n^2}\sum_{k=1}^{N} x_k + \frac{N\sigma_\theta^2+\sigma_n^2}{N\sigma_\theta^2+\sigma_n^2}\mu_\theta - \frac{N\sigma_\theta^2}{N\sigma_\theta^2+\sigma_n^2}\mu_\theta \\
&= \frac{\sigma_\theta^2}{N\sigma_\theta^2+\sigma_n^2}\sum_{k=1}^{N} x_k + \frac{\sigma_n^2}{N\sigma_\theta^2+\sigma_n^2}\mu_\theta
\end{aligned}$$

所以

$$\begin{aligned}
&\frac{\partial \ln p(\boldsymbol{x}\mid\theta)}{\partial\theta} + \frac{\partial \ln p(\theta)}{\partial\theta} \\
&= (\theta - \hat{\theta}_{\mathrm{b}})k
\end{aligned}$$

式中,

$$k = -\frac{N\sigma_\theta^2+\sigma_n^2}{\sigma_\theta^2\sigma_n^2}$$

这表明,θ 的贝叶斯估计量 $\hat{\theta}_{\mathrm{b}}$ 是有效估计量。

由于 θ 的贝叶斯估计量 $\hat{\theta}_{\mathrm{b}}$ 是无偏的有效估计量,所以对估计量 $\hat{\theta}_{\mathrm{b}}$ 的均方误差取克拉美-罗界,即有

$$\begin{aligned}
\varepsilon_{\hat{\theta}_{\mathrm{b}}}^2 &= \mathrm{E}[(\theta-\hat{\theta}_{\mathrm{b}})^2] \\
&= \frac{1}{-\mathrm{E}\left[\dfrac{\partial^2 \ln p(\boldsymbol{x}|\theta)}{\partial\theta^2} + \dfrac{\partial^2 \ln p(\theta)}{\partial\theta^2}\right]} \\
&= \frac{1}{-\mathrm{E}\left[-\dfrac{N}{\sigma_n^2} - \dfrac{1}{\sigma_\theta^2}\right]} \\
&= \frac{\sigma_\theta^2\sigma_n^2}{N\sigma_\theta^2+\sigma_n^2}
\end{aligned}$$

5.6.4 随机矢量的伪贝叶斯估计

在 5.6.3 节中讨论了被估计的随机矢量 $\boldsymbol{\theta}$ 具有高斯分布先验概率密度函数 $p(\boldsymbol{\theta})$ 时的贝叶斯估计。现在假定被估计的随机矢量 $\boldsymbol{\theta}$ 的均值矢量 $\boldsymbol{\mu}_{\boldsymbol{\theta}}$、协方差矩阵 $\boldsymbol{C}_{\boldsymbol{\theta}}$ 已知，但其概率密度函数 $p(\boldsymbol{\theta})$ 未知，我们来讨论随机矢量 $\boldsymbol{\theta}$ 的估计问题。

如果不利用随机矢量 $\boldsymbol{\theta}$ 的均值矢量 $\boldsymbol{\mu}_{\boldsymbol{\theta}}$ 和协方差矩阵 $\boldsymbol{C}_{\boldsymbol{\theta}}$ 的先验知识，采用最大似然估计方法，将得到(5.6.8)式所示的最大似然估计矢量 $\hat{\boldsymbol{\theta}}_{\text{ml}}$ 和(5.6.13)式所示的估计矢量的均方误差阵 $\boldsymbol{M}_{\hat{\boldsymbol{\theta}}}$。

现在考虑另一种方法，即假定随机矢量 $\boldsymbol{\theta}$ 的先验概率密度函数 $p(\boldsymbol{\theta})$ 为某已知函数，然后实现 $\boldsymbol{\theta}$ 的贝叶斯估计。我们把这种估计称为伪贝叶斯估计(pseudo Bayes estimation)，估计矢量记为 $\hat{\boldsymbol{\theta}}_{\text{pb}}(x)$，简记为 $\hat{\boldsymbol{\theta}}_{\text{pb}}$。在假定随机矢量 $\boldsymbol{\theta}$ 的先验概率密度函数 $p(\boldsymbol{\theta})$ 的函数形式时，要尽可能利用关于 $\boldsymbol{\theta}$ 的已知先验知识。如果已知随机矢量 $\boldsymbol{\theta}$ 的均值矢量 $\boldsymbol{\mu}_{\boldsymbol{\theta}}$ 和协方差矩阵 $\boldsymbol{C}_{\boldsymbol{\theta}}$，则假定 $\boldsymbol{\theta}$ 具有高斯分布的概率密度函数是合理的。

假定随机矢量 $\boldsymbol{\theta}$ 是均值矢量为 $\boldsymbol{\mu}_{\boldsymbol{\theta}}$、协方差矩阵为 $\boldsymbol{C}_{\boldsymbol{\theta}}$ 的高斯分布，则 $\boldsymbol{\theta}$ 的伪贝叶斯估计矢量 $\hat{\boldsymbol{\theta}}_{\text{pb}}$ 为

$$\hat{\boldsymbol{\theta}}_{\text{pb}} = \boldsymbol{\mu}_{\boldsymbol{\theta}} + \boldsymbol{C}_{\boldsymbol{\theta}}\boldsymbol{H}^{\text{T}}(\boldsymbol{H}\boldsymbol{C}_{\boldsymbol{\theta}}\boldsymbol{H}^{\text{T}} + \boldsymbol{C}_{\boldsymbol{n}})^{-1}(\boldsymbol{x} - \boldsymbol{H}\boldsymbol{\mu}_{\boldsymbol{\theta}}) \tag{5.6.35}$$

估计矢量的均方误差阵为

$$\boldsymbol{M}_{\hat{\boldsymbol{\theta}}_{\text{pb}}} = (\boldsymbol{H}^{\text{T}}\boldsymbol{C}_{\boldsymbol{n}}^{-1}\boldsymbol{H} + \boldsymbol{C}_{\boldsymbol{\theta}}^{-1})^{-1} \tag{5.6.36}$$

这与已知 $\boldsymbol{\theta}$ 是高斯分布的结果是一样的。

为了将伪贝叶斯估计中，$\boldsymbol{\theta}$ 是高斯分布假设所得估计结果与不利用关于 $\boldsymbol{\theta}$ 的先验知识 $\boldsymbol{\mu}_{\boldsymbol{\theta}}$ 和 $\boldsymbol{C}_{\boldsymbol{\theta}}$ 的最大似然估计结果进行比较，应用矩阵求逆引理，对均方误差阵的(5.6.36)式进行矩阵反演运算，得

$$\begin{aligned}\boldsymbol{M}_{\hat{\boldsymbol{\theta}}_{\text{pb}}} &= \{[(\boldsymbol{H}^{\text{T}}\boldsymbol{C}_{\boldsymbol{n}}^{-1}\boldsymbol{H})^{-1}]^{-1} + \boldsymbol{C}_{\boldsymbol{\theta}}^{-1}\}^{-1} \\ &= (\boldsymbol{H}^{\text{T}}\boldsymbol{C}_{\boldsymbol{n}}^{-1}\boldsymbol{H})^{-1} - (\boldsymbol{H}^{\text{T}}\boldsymbol{C}_{\boldsymbol{n}}^{-1}\boldsymbol{H})^{-1}[(\boldsymbol{H}^{\text{T}}\boldsymbol{C}_{\boldsymbol{n}}^{-1}\boldsymbol{H})^{-1} + \boldsymbol{C}_{\boldsymbol{\theta}}]^{-1}(\boldsymbol{H}^{\text{T}}\boldsymbol{C}_{\boldsymbol{n}}^{-1}\boldsymbol{H})^{-1}\end{aligned} \tag{5.6.37}$$

在估计矢量的均方误差阵 $\boldsymbol{M}_{\hat{\boldsymbol{\theta}}_{\text{pb}}}$ 中，第一项 $(\boldsymbol{H}^{\text{T}}\boldsymbol{C}_{\boldsymbol{n}}^{-1}\boldsymbol{H})^{-1}$ 是 $\boldsymbol{\theta}$ 的最大似然估计矢量 $\hat{\boldsymbol{\theta}}_{\text{ml}}$ 的均方误差阵(参见(5.6.13)式)；而第二项是非负定的。所以，利用了关于 $\boldsymbol{\theta}$ 的先验知识 $\boldsymbol{\mu}_{\boldsymbol{\theta}}$ 和 $\boldsymbol{C}_{\boldsymbol{\theta}}$ 的伪贝叶斯估计，其估计矢量的均方误差阵总是小于等于不利用先验知识 $\boldsymbol{\mu}_{\boldsymbol{\theta}}$ 和 $\boldsymbol{C}_{\boldsymbol{\theta}}$ 的最大似然估计矢量的均方误差阵。

5.6.5 随机矢量的经验伪贝叶斯估计

如果没有给出被估计随机矢量 $\boldsymbol{\theta}$ 的先验知识，可以首先估计出 $\boldsymbol{\theta}$ 的均值矢量 $\hat{\boldsymbol{\mu}}_{\boldsymbol{\theta}}$ 和协方差矩阵 $\hat{\boldsymbol{C}}_{\boldsymbol{\theta}}$，这种估计通常采用简单的方法来实现，如平均值估计的方法；然后假定 $\boldsymbol{\theta}$ 的概率密度函数，实现随机矢量 $\boldsymbol{\theta}$ 的贝叶斯估计。我们把这种估计称为经验伪贝叶斯估计(empirical pseudo Bayes estimation)，估计矢量记为 $\hat{\boldsymbol{\theta}}_{\text{epb}}(\boldsymbol{x})$，简记为 $\hat{\boldsymbol{\theta}}_{\text{epb}}$。

如果我们已经估计出随机矢量 $\boldsymbol{\theta}$ 的均值矢量 $\hat{\boldsymbol{\mu}}_{\boldsymbol{\theta}}$ 和协方差矩阵 $\hat{\boldsymbol{C}}_{\boldsymbol{\theta}}$，则通常假定 $\boldsymbol{\theta}$ 具有高斯分布的概率密度函数。这样，我们可以求得随机矢量 $\boldsymbol{\theta}$ 的经验伪贝叶斯估计的估计矢量 $\hat{\boldsymbol{\theta}}_{\text{epb}}$ 和它的均方误差阵 $\boldsymbol{M}_{\hat{\boldsymbol{\theta}}_{\text{epb}}}$ 分别为

$$\hat{\boldsymbol{\theta}}_{\mathrm{epb}}=\hat{\boldsymbol{\mu}}_{\boldsymbol{\theta}}+\hat{\boldsymbol{C}}_{\theta}\boldsymbol{H}^{\mathrm{T}}(\boldsymbol{H}\hat{\boldsymbol{C}}_{\theta}\boldsymbol{H}^{\mathrm{T}}+\boldsymbol{C}_{n})^{-1}(\boldsymbol{x}-\boldsymbol{H}\hat{\boldsymbol{\mu}}_{\theta}) \tag{5.6.38}$$

和

$$\boldsymbol{M}_{\hat{\boldsymbol{\theta}}_{\mathrm{epb}}}=(\boldsymbol{H}^{\mathrm{T}}\boldsymbol{C}_{n}^{-1}\boldsymbol{H}+\hat{\boldsymbol{C}}_{\boldsymbol{\theta}}^{-1})^{-1} \tag{5.6.39}$$

由(5.6.39)式可以看出，由于 $\hat{\boldsymbol{C}}_{\boldsymbol{\theta}}$ 是非负定的，所以，经验伪贝叶斯估计矢量的均方误差小于等于最大似然估计矢量的均方误差。当用于估计$\hat{\boldsymbol{\mu}}_{\boldsymbol{\theta}}$和$\hat{\boldsymbol{C}}_{\boldsymbol{\theta}}$的样本足够多时，经验伪贝叶斯估计就接近伪贝叶斯估计了。

5.7 线性最小均方误差估计

前面讨论的贝叶斯估计，要求知道后验概率密度函数 $p(\boldsymbol{\theta}|\boldsymbol{x})$；最大似然估计要求知道似然函数 $p(\boldsymbol{x}|\boldsymbol{\theta})$。如果关于观测信号矢量 $\boldsymbol{x}$ 和被估计矢量 $\boldsymbol{\theta}$ 的概率密度函数先验知识未知，而仅知道观测信号矢量 $\boldsymbol{x}$ 和被估计随机矢量 $\boldsymbol{\theta}$ 的前二阶矩知识，即均值矢量、协方差矩阵和互协方差矩阵，在这种情况下，我们要求估计量的均方误差最小，但限定估计量是观测量的线性函数。所以我们把这种估计称为线性最小均方误差估计(linear minimum mean square error estimation)。

线性最小均方误差估计，由于仅要求 $\boldsymbol{x}$ 和 $\boldsymbol{\theta}$ 的前二阶矩先验知识，在实际中比较容易满足，所以应用非常广泛；另外，估计量所具有的重要的正交性质——估计的误差矢量与观测矢量正交，常称为正交性原理，是信号最佳线性滤波和估计算法的基础，在随机信号处理中占有十分重要的地位。

5.7.1 线性最小均方误差估计准则

首先说明，线性最小均方误差估计的估计量构造规则，即为估计准则。

若被估计量是单参量 θ，第 k 次观测的线性观测方程一般地可以表示为

$$x_k=h_k\theta+n_k,\quad k=1,2,\cdots,N \tag{5.7.1}$$

其中，h_k 是已知的观测系数；n_k 是观测噪声。线性最小均方误差估计要求，估计量 $\hat{\theta}$是观测量 $\boldsymbol{x}$ 的线性函数，即

$$\hat{\theta}=a+\boldsymbol{b}\boldsymbol{x} \tag{5.7.2}$$

其中，$\boldsymbol{x}=(x_1,x_2,\cdots,x_N)^{\mathrm{T}}$ 是 N 维观测矢量；a 是一标量，$\boldsymbol{b}$ 是 N 维行矢量，a 和 $\boldsymbol{b}$ 待求。同时要求估计量 $\hat{\theta}$的均方误差 $\mathrm{E}[(\theta-\hat{\theta})^2]$最小，即

$$\varepsilon_{\hat{\theta}}^2=\mathrm{E}[(\theta-\hat{\theta})^2] \tag{5.7.3}$$

最小。我们把满足上述两个要求的估计量 $\hat{\theta}$ 称为线性最小均方误差估计量，记为 $\hat{\theta}_{\mathrm{lmse}}(\boldsymbol{x})$，简记为 $\hat{\theta}_{\mathrm{lmse}}$。

若被估计量是 M 维矢量 $\boldsymbol{\theta}$，矢量形式的线性观测方程为

$$\boldsymbol{x}=\boldsymbol{H}\boldsymbol{\theta}+\boldsymbol{n} \tag{5.7.4}$$

其中，$\boldsymbol{x}$ 是 N 维观测矢量；$\boldsymbol{H}$ 是 $N\times M$ 观测矩阵；$\boldsymbol{n}$ 是 N 维观测噪声矢量。我们的目的是求 $\boldsymbol{\theta}$ 的线性最小均方误差估计矢量。类似于单参量的情况，首先，构造的估计矢量 $\hat{\boldsymbol{\theta}}$ 是观测矢量 $\boldsymbol{x}$ 的线性函数，即

$$\hat{\boldsymbol{\theta}}=\boldsymbol{a}+\boldsymbol{B}\boldsymbol{x} \tag{5.7.5}$$

其中，$\boldsymbol{a}$ 是待求的 M 维矢量；$\boldsymbol{B}$ 是待求的 $M\times N$ 矩阵。同时要求估计矢量 $\hat{\boldsymbol{\theta}}$ 的均方误差最小，即为

$$
\begin{aligned}
\varepsilon_{\hat{\theta}}^{2} &= \mathrm{E}[(\boldsymbol{\theta}-\hat{\boldsymbol{\theta}})^{\mathrm{T}}(\boldsymbol{\theta}-\hat{\boldsymbol{\theta}})] \\
&= \mathrm{Tr}\{\mathrm{E}[(\boldsymbol{\theta}-\hat{\boldsymbol{\theta}})(\boldsymbol{\theta}-\hat{\boldsymbol{\theta}})^{\mathrm{T}}]\}
\end{aligned} \tag{5.7.6}
$$

最小，式中 Tr(·)表示矩阵的迹。我们把同时满足上述两个要求的线性最小均方误差估计矢量记为 $\hat{\boldsymbol{\theta}}_{\mathrm{lmse}}(\boldsymbol{x})$，简记为 $\hat{\boldsymbol{\theta}}_{\mathrm{lmse}}$。

所以，线性最小均方误差估计的估计规则，就是把估计量构造成观测量的线性函数，同时要求估计量的均方误差最小。下面首先讨论随机矢量 $\boldsymbol{\theta}$ 情况下估计矢量 $\hat{\boldsymbol{\theta}}_{\mathrm{lmse}}$ 的构造和性质及递推估计方法；然后讨论单随机参量 θ 情况下的线性最小均方误差估计问题；最后讨论随机矢量函数的线性最小均方误差估计。

5.7.2 线性最小均方误差估计矢量的构造

若已知 N 维观测矢量 $\boldsymbol{x}$ 和 M 维被估计随机矢量 $\boldsymbol{\theta}$ 的前二阶矩知识，分别记为 $\mathrm{E}(\boldsymbol{x})=\boldsymbol{\mu}_x$，$\boldsymbol{C}_x$，$\mathrm{E}(\boldsymbol{\theta})=\boldsymbol{\mu}_\theta$，$\boldsymbol{C}_\theta$ 和 $\boldsymbol{C}_{\theta x}=\mathrm{Cov}(\boldsymbol{\theta},\boldsymbol{x})=\mathrm{Cov}^{\mathrm{T}}(\boldsymbol{x},\boldsymbol{\theta})=\boldsymbol{C}_{x\theta}^{\mathrm{T}}$，如果把使 $\mathrm{E}[(\boldsymbol{\theta}-\hat{\boldsymbol{\theta}})^{\mathrm{T}}(\boldsymbol{\theta}-\hat{\boldsymbol{\theta}})]$ 达到最小的 $\boldsymbol{a}$ 和 $\boldsymbol{B}$ 分别记为 $\boldsymbol{a}_1$ 和 $\boldsymbol{B}_1$，则线性最小均方误差估计矢量 $\hat{\boldsymbol{\theta}}_{\mathrm{lmse}}$ 为

$$
\hat{\boldsymbol{\theta}}_{\mathrm{lmse}} = \boldsymbol{a}_1 + \boldsymbol{B}_1\boldsymbol{x} \tag{5.7.7}
$$

因此，只要求得 $\boldsymbol{a}_1$ 和 $\boldsymbol{B}_1$，那么就可以由(5.7.7)式构造随机矢量 $\boldsymbol{\theta}$ 的线性最小均方误差估计矢量 $\hat{\boldsymbol{\theta}}_{\mathrm{lmse}}$。

将(5.7.6)式 $\mathrm{E}[(\boldsymbol{\theta}-\hat{\boldsymbol{\theta}})^{\mathrm{T}}(\boldsymbol{\theta}-\hat{\boldsymbol{\theta}})]$ 中的 $\hat{\boldsymbol{\theta}}$ 用 $\boldsymbol{a}+\boldsymbol{B}\boldsymbol{x}$ 代换，然后分别对矢量 $\boldsymbol{a}$ 和矩阵 $\boldsymbol{B}$ 求偏导，并令结果等于零，即可解得 $\boldsymbol{a}_1$ 和 $\boldsymbol{B}_1$。利用矢量函数对矢量变量求导的乘法法则和矩阵函数对矩阵变量求导的法则，并考虑到求导运算和求均值运算的次序是可以交换的，就可以得到

$$
\mathrm{E}[(\boldsymbol{\theta}-\hat{\boldsymbol{\theta}})^{\mathrm{T}}(\boldsymbol{\theta}-\hat{\boldsymbol{\theta}})] = \mathrm{E}[(\boldsymbol{\theta}-\boldsymbol{a}-\boldsymbol{B}\boldsymbol{x})^{\mathrm{T}}(\boldsymbol{\theta}-\boldsymbol{a}-\boldsymbol{B}\boldsymbol{x})]
$$

$$
\begin{aligned}
&\frac{\partial}{\partial \boldsymbol{a}}\{\mathrm{E}[(\boldsymbol{\theta}-\boldsymbol{a}-\boldsymbol{B}\boldsymbol{x})^{\mathrm{T}}(\boldsymbol{\theta}-\boldsymbol{a}-\boldsymbol{B}\boldsymbol{x})]\} \\
&= \mathrm{E}\left\{\frac{\partial}{\partial \boldsymbol{a}}[(\boldsymbol{\theta}-\boldsymbol{a}-\boldsymbol{B}\boldsymbol{x})^{\mathrm{T}}(\boldsymbol{\theta}-\boldsymbol{a}-\boldsymbol{B}\boldsymbol{x})]\right\} \\
&= -2\mathrm{E}[\boldsymbol{\theta}-\boldsymbol{a}-\boldsymbol{B}\boldsymbol{x}] \\
&= 2(\boldsymbol{a}+\boldsymbol{B}\boldsymbol{\mu}_x-\boldsymbol{\mu}_\theta)
\end{aligned} \tag{5.7.8}
$$

$$
\begin{aligned}
&\frac{\partial}{\partial \boldsymbol{B}}\{\mathrm{E}[(\boldsymbol{\theta}-\boldsymbol{a}-\boldsymbol{B}\boldsymbol{x})^{\mathrm{T}}(\boldsymbol{\theta}-\boldsymbol{a}-\boldsymbol{B}\boldsymbol{x})]\} \\
&= \mathrm{E}\left\{\frac{\partial}{\partial \boldsymbol{B}}[(\boldsymbol{\theta}-\boldsymbol{a}-\boldsymbol{B}\boldsymbol{x})^{\mathrm{T}}(\boldsymbol{\theta}-\boldsymbol{a}-\boldsymbol{B}\boldsymbol{x})]\right\} \\
&= \mathrm{E}\left[\frac{\partial}{\partial \boldsymbol{B}}\{\mathrm{Tr}[(\boldsymbol{\theta}-\boldsymbol{a}-\boldsymbol{B}\boldsymbol{x})(\boldsymbol{\theta}-\boldsymbol{a}-\boldsymbol{B}\boldsymbol{x})^{\mathrm{T}}]\}\right] \\
&= 2\mathrm{E}[\boldsymbol{a}\boldsymbol{x}^{\mathrm{T}}+\boldsymbol{B}\boldsymbol{x}\boldsymbol{x}^{\mathrm{T}}-\boldsymbol{\theta}\boldsymbol{x}^{\mathrm{T}}] = 2\boldsymbol{a}\mathrm{E}(\boldsymbol{x}^{\mathrm{T}})+2\boldsymbol{B}\mathrm{E}(\boldsymbol{x}\boldsymbol{x}^{\mathrm{T}})-2\mathrm{E}(\boldsymbol{\theta}\boldsymbol{x}^{\mathrm{T}})
\end{aligned} \tag{5.7.9}
$$

式中

$$
\mathrm{E}\left[\frac{\partial}{\partial \boldsymbol{B}}\{\mathrm{Tr}[(\boldsymbol{\theta}-\boldsymbol{a}-\boldsymbol{B}\boldsymbol{x})(\boldsymbol{\theta}-\boldsymbol{a}-\boldsymbol{B}\boldsymbol{x})^{\mathrm{T}}]\}\right]
$$

$$= 2\mathrm{E}(\boldsymbol{a}\boldsymbol{x}^{\mathrm{T}} + \boldsymbol{B}\boldsymbol{x}\boldsymbol{x}^{\mathrm{T}} - \boldsymbol{\theta}\boldsymbol{x}^{\mathrm{T}})$$

的证明见附录 5G。

令(5.7.8)式等于零，则可得

$$\boldsymbol{a}_1 = \boldsymbol{\mu}_{\theta} - B\boldsymbol{\mu}_x \tag{5.7.10}$$

将 $\boldsymbol{a}_1$ 的(5.7.10)式代入(5.7.9)式，并令结果等于零，又可得

$$\boldsymbol{B}_1[\mathrm{E}(\boldsymbol{x}\boldsymbol{x}^{\mathrm{T}}) - \mathrm{E}(\boldsymbol{x})\mathrm{E}(\boldsymbol{x}^{\mathrm{T}})] - [\mathrm{E}(\boldsymbol{\theta}\boldsymbol{x}^{\mathrm{T}}) - \mathrm{E}(\boldsymbol{\theta})\mathrm{E}(\boldsymbol{x}^{\mathrm{T}})] = \boldsymbol{0}$$

即

$$\boldsymbol{B}_1\boldsymbol{C}_x - \boldsymbol{C}_{\theta x} = \boldsymbol{0}$$

从而解得

$$\boldsymbol{B}_1 = \boldsymbol{C}_{\theta x}\boldsymbol{C}_x^{-1} \tag{5.7.11}$$

这样，$\boldsymbol{\theta}$ 的线性最小均方误差估计矢量为

$$\begin{aligned}\hat{\boldsymbol{\theta}}_{\mathrm{lmse}} &= \boldsymbol{a}_1 + \boldsymbol{B}_1\boldsymbol{x} \\ &= \boldsymbol{\mu}_{\theta} - \boldsymbol{C}_{\theta x}\boldsymbol{C}_x^{-1}\boldsymbol{\mu}_x + \boldsymbol{C}_{\theta x}\boldsymbol{C}_x^{-1}\boldsymbol{x} \\ &= \boldsymbol{\mu}_{\theta} + \boldsymbol{C}_{\theta x}\boldsymbol{C}_x^{-1}(\boldsymbol{x} - \boldsymbol{\mu}_x)\end{aligned} \tag{5.7.12}$$

显然，随机矢量 $\boldsymbol{\theta}$ 的线性最小均方误差估计矢量 $\hat{\boldsymbol{\theta}}_{\mathrm{lmse}}$ 由观测矢量 $\boldsymbol{x}$ 的前二阶矩知识，即均值矢量 $\boldsymbol{\mu}_x$ 和协方差矩阵 $\boldsymbol{C}_x$，以及被估计矢量 $\boldsymbol{\theta}$ 的前二阶矩知识，即均值矢量 $\boldsymbol{\mu}_{\theta}$ 和 $\boldsymbol{\theta}$ 与 $\boldsymbol{x}$ 的互协方差矩 $\boldsymbol{C}_{\theta x}$ 为先验知识来构造的。关于 $\boldsymbol{\theta}$ 的二阶矩知识，即协方差矩阵 $\boldsymbol{C}_{\theta}$ 将出现在估计的均方误差阵中。

5.7.3　线性最小均方误差估计矢量的性质

线性最小均方误差估计矢量具有许多重要性质，现分别进行讨论。

1. 估计矢量是观测矢量的线性函数

线性最小均方误差估计矢量 $\hat{\boldsymbol{\theta}}_{\mathrm{lmse}}$ 是通过把估计矢量构造成观测矢量的线性函数，并使均方误差最小求得的，所以它一定是观测矢量的线性函数。又因为估计矢量的均方误差最小，所以 $\hat{\boldsymbol{\theta}}_{\mathrm{lmse}}$ 是线性估计中的最佳估计。

2. 估计矢量的无偏性

因为估计矢量 $\hat{\boldsymbol{\theta}}_{\mathrm{lmse}}(\boldsymbol{x})$ 的均值为

$$\mathrm{E}(\hat{\boldsymbol{\theta}}_{\mathrm{lmse}}) = \boldsymbol{\mu}_{\theta} + C_{\theta x}C_x^{-1}[\mathrm{E}(\boldsymbol{x}) - \boldsymbol{\mu}_x] = \boldsymbol{\mu}_{\theta} \tag{5.7.13}$$

所以，估计矢量 $\hat{\boldsymbol{\theta}}_{\mathrm{lmse}}$ 是无偏估计量。

3. 估计矢量均方误差阵的最小性

线性最小均方误差估计矢量 $\hat{\boldsymbol{\theta}}_{\mathrm{lmse}}$ 在线性估计中具有最小的均方误差，而且均方误差阵 $\boldsymbol{M}_{\hat{\theta}_{\mathrm{lmse}}}$ 也具有最小性。估计矢量 $\hat{\boldsymbol{\theta}}_{\mathrm{lmse}}$ 的均方误差阵为

$$
\begin{aligned}
\boldsymbol{M}_{\hat{\boldsymbol{\theta}}_{\mathrm{lmse}}} &= \mathrm{E}[(\boldsymbol{\theta}-\hat{\boldsymbol{\theta}}_{\mathrm{lmse}})(\boldsymbol{\theta}-\hat{\boldsymbol{\theta}}_{\mathrm{lmse}})^{\mathrm{T}}] \\
&= \mathrm{E}\{[\boldsymbol{\theta}-\boldsymbol{\mu}_{\theta}-\boldsymbol{C}_{\theta x}\boldsymbol{C}_x^{-1}(\boldsymbol{x}-\boldsymbol{\mu}_x)]\times \\
&\quad [\boldsymbol{\theta}-\boldsymbol{\mu}_{\theta}-\boldsymbol{C}_{\theta x}\boldsymbol{C}_x^{-1}(\boldsymbol{x}-\boldsymbol{\mu}_x)]^{\mathrm{T}}\} \\
&= \boldsymbol{C}_{\theta}-\boldsymbol{C}_{\theta x}\boldsymbol{C}_x^{-1}\boldsymbol{C}_{\theta x}^{\mathrm{T}}
\end{aligned}
\tag{5.7.14}
$$

该均方误差阵在所有线性估计中是最小的。证明如下。

设随机矢量 $\boldsymbol{\theta}$ 的任意线性估计矢量 $\hat{\boldsymbol{\theta}}_{l}=\boldsymbol{a}+\boldsymbol{B}\boldsymbol{x}$，则其均方误差阵为

$$
\boldsymbol{M}_{\hat{\boldsymbol{\theta}}_{l}} = \mathrm{E}[(\boldsymbol{\theta}-\boldsymbol{a}-\boldsymbol{B}\boldsymbol{x})(\boldsymbol{\theta}-\boldsymbol{a}-\boldsymbol{B}\boldsymbol{x})^{\mathrm{T}}] \tag{5.7.15}
$$

令矢量 $\boldsymbol{C}$ 为

$$
\boldsymbol{C}=\boldsymbol{a}-\boldsymbol{\mu}_{\theta}+\boldsymbol{B}\boldsymbol{\mu}_x
$$

则(5.7.15)式变成为

$$
\begin{aligned}
\boldsymbol{M}_{\hat{\boldsymbol{\theta}}_{l}} &= \mathrm{E}\{[\boldsymbol{\theta}-\boldsymbol{\mu}_{\theta}-\boldsymbol{C}-\boldsymbol{B}(\boldsymbol{x}-\boldsymbol{\mu}_x)][(\boldsymbol{\theta}-\boldsymbol{\mu}_{\theta}-\boldsymbol{C}-\boldsymbol{B}(\boldsymbol{x}-\boldsymbol{\mu}_x)]^{\mathrm{T}}\} \\
&= \boldsymbol{C}_{\theta}+\boldsymbol{C}\boldsymbol{C}^{\mathrm{T}}+\boldsymbol{B}\boldsymbol{C}_x\boldsymbol{B}^{\mathrm{T}}-\boldsymbol{C}_{\theta x}\boldsymbol{B}^{\mathrm{T}}-\boldsymbol{B}\boldsymbol{C}_{\theta x}^{\mathrm{T}} \\
&= \boldsymbol{C}\boldsymbol{C}^{\mathrm{T}}+(\boldsymbol{B}-\boldsymbol{C}_{\theta x}\boldsymbol{C}_x^{-1})\boldsymbol{C}_x(\boldsymbol{B}-\boldsymbol{C}_{\theta x}\boldsymbol{C}_x^{-1})^{\mathrm{T}}+\boldsymbol{C}_{\theta}-\boldsymbol{C}_{\theta x}\boldsymbol{C}_x^{-1}\boldsymbol{C}_{\theta x}^{\mathrm{T}}
\end{aligned}
\tag{5.7.16}
$$

式中，$\boldsymbol{M}_{\hat{\boldsymbol{\theta}}_{l}}$ 的第一项 $\boldsymbol{C}\boldsymbol{C}^{\mathrm{T}}$ 和第二项 $(\boldsymbol{B}-\boldsymbol{C}_{\theta x}\boldsymbol{C}_x^{-1})\boldsymbol{C}_x(\boldsymbol{B}-\boldsymbol{C}_{\theta x}\boldsymbol{C}_x^{-1})^{\mathrm{T}}$ 是非负定的，第三项 $\boldsymbol{C}_{\theta}-\boldsymbol{C}_{\theta x}\boldsymbol{C}_x^{-1}\boldsymbol{C}_{\theta x}^{\mathrm{T}}$ 正是 $\boldsymbol{M}_{\hat{\boldsymbol{\theta}}_{\mathrm{lmse}}}$，所以有

$$
\boldsymbol{M}_{\hat{\boldsymbol{\theta}}_{\mathrm{lmse}}} \leqslant \boldsymbol{M}_{\hat{\boldsymbol{\theta}}_{l}} \tag{5.7.17}
$$

这就是说，任意其他线性估计矢量 $\hat{\boldsymbol{\theta}}_{l}(\boldsymbol{x})$ 的均方误差阵都不小于线性最小均方误差估计矢量 $\hat{\boldsymbol{\theta}}_{\mathrm{lmse}}$ 的均方误差阵，即线性最小均方误差估计矢量的均方误差阵在线性估计中具有最小性。

4. 估计的误差矢量与观测矢量的正交性

被估计矢量 $\boldsymbol{\theta}$ 与线性最小均方误差估计矢量 $\hat{\boldsymbol{\theta}}_{\mathrm{lmse}}$ 之误差矢量 $\tilde{\boldsymbol{\theta}}=\boldsymbol{\theta}-\hat{\boldsymbol{\theta}}_{\mathrm{lmse}}$ 与观测矢量 $\boldsymbol{x}$ 是正交的，即满足

$$
\mathrm{E}[(\boldsymbol{\theta}-\hat{\boldsymbol{\theta}}_{\mathrm{lmse}})\boldsymbol{x}^{\mathrm{T}}]=\boldsymbol{0} \tag{5.7.18}
$$

证明如下。

因为线性最小均方误差估计矢量 $\hat{\boldsymbol{\theta}}_{\mathrm{lmse}}$ 是无偏估计量，所以

$$
\begin{aligned}
&\mathrm{E}[(\boldsymbol{\theta}-\hat{\boldsymbol{\theta}}_{\mathrm{lmse}})\boldsymbol{x}^{\mathrm{T}}] \\
&=\mathrm{E}[(\boldsymbol{\theta}-\hat{\boldsymbol{\theta}}_{\mathrm{lmse}})(\boldsymbol{x}-\boldsymbol{\mu}_x)^{\mathrm{T}}] \\
&=\mathrm{E}\{[\boldsymbol{\theta}-\boldsymbol{\mu}_{\theta}-\boldsymbol{C}_{\theta x}\boldsymbol{C}_x^{-1}(\boldsymbol{x}-\boldsymbol{\mu}_x)](\boldsymbol{x}-\boldsymbol{\mu}_x)^{\mathrm{T}}\} \\
&=\boldsymbol{C}_{\theta x}-\boldsymbol{C}_{\theta x}\boldsymbol{C}_x^{-1}\boldsymbol{C}_x \\
&=\boldsymbol{0}
\end{aligned}
$$

估计的误差矢量与观测矢量的正交性通常称为正交性原理。现在对正交性原理作一些说明。被估计矢量 $\boldsymbol{\theta}$ 与观测矢量 $\boldsymbol{x}$ 一般是不正交的，但由于估计矢量 $\hat{\boldsymbol{\theta}}_{\mathrm{lmse}}$ 是观测矢量 $\boldsymbol{x}$ 的线性函数，所以 $\hat{\boldsymbol{\theta}}_{\mathrm{lmse}}$ 与 $\boldsymbol{x}$ 同向。这样，从被估计矢量 $\boldsymbol{\theta}$ 中减去 $\hat{\boldsymbol{\theta}}_{\mathrm{lmse}}$ 之后，得误差矢量 $\tilde{\boldsymbol{\theta}}$，正交性原理说明，该误差矢量与观测矢量是不相关的。借助几何的语言，不相关性就是正交性，于是把满足(5.7.18)式的估计量的性质称为估计的误差矢量与观测矢量的正交

性。正交性原理表明，线性最小均方误差估计矢量 $\hat{\boldsymbol{\theta}}_{\text{lmse}}$ 是被估计矢量 $\boldsymbol{\theta}$ 在观测矢量 $\boldsymbol{x}$ 上的正交投影，如图 5.7 所示。由于误差矢量 $\tilde{\boldsymbol{\theta}}$ 与观测矢量 $\boldsymbol{x}$ 垂直，所以误差矢量 $\tilde{\boldsymbol{\theta}}$ 是最短的，因而均方误差是最小的，这与我们对线性最小均方误差估计的要求是一致的。从几何的观点出发，把线性最小均方误差估计矢量 $\hat{\boldsymbol{\theta}}_{\text{lmse}}$ 看作是被估计矢量 $\boldsymbol{\theta}$ 在观测矢量 $\boldsymbol{x}$ 上的正交投影，这在信号的滤波理论中是很有用的。关于正交投影的定义、性质和引理将在第 6 章中讨论。

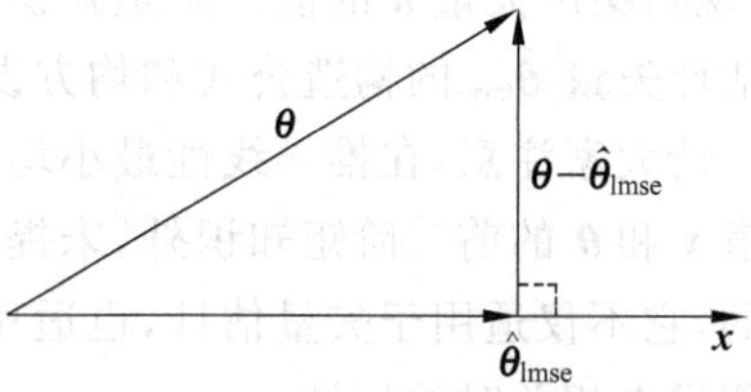

图 5.7　正交性原理示意图

5. 最小均方误差估计与线性最小均方误差估计的关系

在贝叶斯估计中讨论的随机矢量 $\boldsymbol{\theta}$ 的最小均方误差估计，估计矢量 $\hat{\boldsymbol{\theta}}_{\text{mse}}$ 可以是观测矢量 $\boldsymbol{x}$ 的非线性函数，而线性最小均方误差估计，估计矢量 $\hat{\boldsymbol{\theta}}_{\text{lmse}}$ 一定是观测矢量 $\boldsymbol{x}$ 的线性函数。所以，尽管二者都要求估计的均方误差最小，但前者可以是非线性估计，而后者仅限于线性估计，二者是不一样的。但是，如果被估计矢量 $\boldsymbol{\theta}$ 与线性观测模型下的观测噪声矢量 $\boldsymbol{n}$ 是互不相关的高斯随机矢量，那么观测矢量 $\boldsymbol{x}$ 与被估计矢量 $\boldsymbol{\theta}$ 是联合高斯分布的。在这种情况下，已知 $\boldsymbol{x}$ 和 $\boldsymbol{\theta}$ 的前二阶矩知识与已知它们的概率密度函数是一样的，因此，线性最小均方误差估计与最小均方误差估计是相同的，即线性最小均方误差估计也是所有估计中的最佳估计。请注意，这是在高斯分布条件下的结论，不能推广到一般情况。

例 5.7.1　设 M 维被估计随机矢量 $\boldsymbol{\theta}$ 的均值矢量和协方差矩阵分别为 $\boldsymbol{\mu}_{\theta}$ 和 $\boldsymbol{C}_{\theta}$。观测方程为

$$\boldsymbol{x}=\boldsymbol{H\theta}+\boldsymbol{n}$$

且已知

$$\mathrm{E}(\boldsymbol{n})=\boldsymbol{0},\quad \mathrm{E}(\boldsymbol{n}\boldsymbol{n}^{\mathrm{T}})=\boldsymbol{C}_n,\quad \mathrm{E}(\boldsymbol{\theta}\boldsymbol{n}^{\mathrm{T}})=\boldsymbol{0}$$

求 $\boldsymbol{\theta}$ 的线性最小均方误差估计矢量 $\hat{\boldsymbol{\theta}}_{\text{lmse}}$ 和估计矢量的均方误差阵 $\boldsymbol{M}_{\hat{\theta}_{\text{lmse}}}$。

解　由已知的观测方程可得，观测矢量 $\boldsymbol{x}$ 的均值矢量 $\boldsymbol{\mu}_x$ 和协方差矩阵 $\boldsymbol{C}_x$ 分别为

$$\begin{aligned}\boldsymbol{\mu}_x&=\mathrm{E}(\boldsymbol{x})=\mathrm{E}(\boldsymbol{H\theta}+\boldsymbol{n})=\boldsymbol{H\mu}_{\theta}\\ \boldsymbol{C}_x&=\mathrm{E}[(\boldsymbol{x}-\boldsymbol{\mu}_x)(\boldsymbol{x}-\boldsymbol{\mu}_x)^{\mathrm{T}}]\\ &=\mathrm{E}[(\boldsymbol{H\theta}+\boldsymbol{n}-\boldsymbol{H\mu}_{\theta})(\boldsymbol{H\theta}+\boldsymbol{n}-\boldsymbol{H\mu}_{\theta})^{\mathrm{T}}]\\ &=\boldsymbol{HC}_{\theta}\boldsymbol{H}^{\mathrm{T}}+\boldsymbol{C}_n\end{aligned}$$

而被估计随机矢量 $\boldsymbol{\theta}$ 与观测矢量 $\boldsymbol{x}$ 的互协方差矩阵 $\boldsymbol{C}_{\theta x}$ 为

$$\begin{aligned}\boldsymbol{C}_{\theta x}&=\mathrm{E}[(\boldsymbol{\theta}-\boldsymbol{\mu}_{\theta})(\boldsymbol{x}-\boldsymbol{\mu}_x)^{\mathrm{T}}]\\ &=\mathrm{E}[(\boldsymbol{\theta}-\boldsymbol{\mu}_{\theta})(\boldsymbol{H\theta}+\boldsymbol{n}-\boldsymbol{H\mu}_{\theta})^{\mathrm{T}}]\\ &=\boldsymbol{C}_{\theta}\boldsymbol{H}^{\mathrm{T}}\end{aligned}$$

于是，由(5.7.12)式和(5.7.14)式得

$$\begin{aligned}\hat{\boldsymbol{\theta}}_{\text{lmse}}&=\boldsymbol{\mu}_{\theta}+\boldsymbol{C}_{\theta}\boldsymbol{H}^{\mathrm{T}}(\boldsymbol{HC}_{\theta}\boldsymbol{H}^{\mathrm{T}}+\boldsymbol{C}_n)^{-1}(\boldsymbol{x}-\boldsymbol{H\mu}_{\theta})\\ \boldsymbol{M}_{\hat{\theta}_{\text{lmse}}}&=\mathrm{E}[(\boldsymbol{\theta}-\hat{\boldsymbol{\theta}}_{\text{lmse}})(\boldsymbol{\theta}-\hat{\boldsymbol{\theta}}_{\text{lmse}})^{\mathrm{T}}]\\ &=\boldsymbol{C}_{\theta}-\boldsymbol{C}_{\theta}\boldsymbol{H}^{\mathrm{T}}(\boldsymbol{HC}_{\theta}\boldsymbol{H}^{\mathrm{T}}+\boldsymbol{C}_n)^{-1}\boldsymbol{HC}_{\theta}\end{aligned}$$

本例的结果给出了进行线性观测时已知被估计随机矢量 $\boldsymbol{\theta}$ 的前二阶矩知识 $\boldsymbol{\mu}_{\theta}$ 和 $\boldsymbol{C}_{\theta}$，观测噪声矢量 $\boldsymbol{n}$ 的前二阶矩知识 $\mathrm{E}(\boldsymbol{n})=\boldsymbol{0}$，$\boldsymbol{C}_n$，以及 $\boldsymbol{\theta}$ 与 $\boldsymbol{n}$ 不相关时，线性最小均方误差估计矢量 $\hat{\boldsymbol{\theta}}_{\mathrm{lmse}}$ 的构造公式和均方误差阵 $\boldsymbol{M}_{\hat{\boldsymbol{\theta}}_{\mathrm{lmse}}}$ 公式。

请大家注意，在推导线性最小均方误差估计矢量的构造公式和研究其性质时，除要求知道 $\boldsymbol{x}$ 和 $\boldsymbol{\theta}$ 的前二阶矩知识外，未提出其他约束条件。这就是说，前面所得到的结果是通用的，它不仅适用于矢量估计，也适用于单参量估计，不仅适用于观测样本独立，也适用于观测样本相关时的估计。

5.7.4 线性最小均方误差递推估计

前面讨论了被估计随机矢量 $\boldsymbol{\theta}$ 的线性最小均方误差估计的理论问题，得出了(5.7.12)式所示的估计公式和(5.7.14)式所示的均方误差阵公式。我们发现，如果进行了 $k-1$ 次观测，为了强调观测次数，将观测矢量记为 $\boldsymbol{x}(k-1)=(\boldsymbol{x}_1,\boldsymbol{x}_2,\cdots,\boldsymbol{x}_{k-1})^{\mathrm{T}}$，那么在计算估计矢量 $\hat{\boldsymbol{\theta}}_{\mathrm{lmse}(k-1)}$ 时，要用到全部 $k-1$ 次的观测数据 $\boldsymbol{x}(k-1)$。这意味着，如果又进行了第 k 次观测，那么基于 k 次观测的 $\boldsymbol{\theta}$ 之线性最小均方误差估计矢量 $\hat{\boldsymbol{\theta}}_{\mathrm{lmse}(k)}$ 需要利用 k 次观测的全部数据 $\boldsymbol{x}(k)=(\boldsymbol{x}_1,\boldsymbol{x}_2,\cdots,\boldsymbol{x}_{k-1},\boldsymbol{x}_k)^{\mathrm{T}}$ 重新进行计算，这是麻烦低效的；另外一个问题是，观测矢量 $\boldsymbol{x}(k)$ 的协方差矩阵 $\boldsymbol{C}_{x(k)}$ 需要进行求逆运算，如果 $\boldsymbol{x}(k)$ 的维数较高，$\boldsymbol{C}_{x(k)}$ 的求逆运算可能会比较困难，甚至出现病态矩阵的情况而无法求逆。

1. 递推估计的基本思想

前面曾经指出，线性最小均方误差估计应用非常广泛，因此人们希望寻求它的一种高效实用的算法，这就是线性最小均方误差递推估计。递推估计的基本思想是：如果我们已经获得被估计随机矢量 $\boldsymbol{\theta}$ 基于 $k-1$ 次观测矢量 $\boldsymbol{x}(k-1)$ 的线性最小均方误差估计矢量 $\hat{\boldsymbol{\theta}}_{\mathrm{lmse}(k-1)}$，在此基础上进行了第 k 次观测，获得观测矢量 $\boldsymbol{x}_k$，那么，基于 k 次观测矢量 $\boldsymbol{x}(k)$ 的 $\boldsymbol{\theta}$ 之线性最小均方误差估计矢量 $\hat{\boldsymbol{\theta}}_{\mathrm{lmse}(k)}$ 等于 $\hat{\boldsymbol{\theta}}_{\mathrm{lmse}(k-1)}$ 加修正项 $\Delta\hat{\boldsymbol{\theta}}_k$，即

$$\hat{\boldsymbol{\theta}}_{\mathrm{lmse}(k)}=\hat{\boldsymbol{\theta}}_{\mathrm{lmse}(k-1)}+\Delta\hat{\boldsymbol{\theta}}_k \tag{5.7.19}$$

若 $\boldsymbol{x}_k$ 在 $\boldsymbol{x}(k-1)$ 上的正交投影记为 $\hat{\boldsymbol{x}}_{k|k-1}$，则误差矢量 $\tilde{\boldsymbol{x}}_k=\boldsymbol{x}_k-\hat{\boldsymbol{x}}_{k|k-1}$ 表示第 k 次观测矢量 $\boldsymbol{x}_k$ 为估计矢量 $\boldsymbol{\theta}$ 而贡献的新信息，通常称之为新息。由于误差矢量 $\tilde{\boldsymbol{x}}_k$ 与观测矢量 $\boldsymbol{x}(k-1)$ 正交，所以可利用正交性求出由新息引入的修正项 $\Delta\hat{\boldsymbol{\theta}}_k$。依次类推，每进行一次新的观测，由前一次的估计量加上修正项就得本次观测后的估计量。这就是一种递推估计。

2. 递推估计的公式

现在来推导线性最小均方误差递推估计的公式。设第 k 次观测的线性观测方程为

$$\boldsymbol{x}_k=\boldsymbol{H}_k\boldsymbol{\theta}+\boldsymbol{n}_k,\quad k=1,2,\cdots \tag{5.7.20}$$

其中，$\boldsymbol{x}_k$ 是第 k 次的观测矢量，前 k 次的观测矢量记为

$$\boldsymbol{x}(k)=(\boldsymbol{x}_1,\boldsymbol{x}_2,\cdots,\boldsymbol{x}_k)^{\mathrm{T}}=(\boldsymbol{x}(k-1),\boldsymbol{x}_k)^{\mathrm{T}}$$

$\boldsymbol{H}_k$ 是第 k 次的观测矩阵；$\boldsymbol{n}_k$ 是第 k 次的观测噪声矢量，假设它是白噪声序列，均值矢量 $\mathrm{E}(\boldsymbol{n}_k)=\boldsymbol{0}$，协方差矩阵 $\boldsymbol{C}_{n_k}=\mathrm{E}(\boldsymbol{n}_k\boldsymbol{n}_k^{\mathrm{T}})$ 是对角矩阵，即 $\boldsymbol{n}_k$ 中的各分量是互不相关的；$\boldsymbol{\theta}$ 是被估

计的随机矢量，其前二阶知识均值矢量 $\mathrm{E}(\boldsymbol{\theta})=\boldsymbol{\mu}_{\theta}$，协方差矩阵 $\boldsymbol{C}_{\theta}=\mathrm{E}[(\boldsymbol{\theta}-\boldsymbol{\mu}_{\theta})(\boldsymbol{\theta}-\boldsymbol{\mu}_{\theta})^{\mathrm{T}}]$ 已知，且满足 $\mathrm{E}(\boldsymbol{\theta}\,\boldsymbol{n}_k)=\mathbf{0}$，即 $\boldsymbol{\theta}$ 与 $\boldsymbol{n}_k$ 互不相关。

利用正交投影及其引理，我们能够导出 $\boldsymbol{\theta}$ 的线性最小均方误差递推估计的一组算法公式，推导过程参见附录 5H。为表示方便，将基于 k 次观测矢量 $\boldsymbol{x}(k)$ 的线性最小均方误差估计矢量 $\hat{\boldsymbol{\theta}}_{\mathrm{lmse}(k)}$ 简记为 $\hat{\boldsymbol{\theta}}_k$，相应的均方误差阵简记为 $\boldsymbol{M}_k$。递推估计的一组公式如下。

修正的增益矩阵：

$$\boldsymbol{K}_k=\boldsymbol{M}_{k-1}\boldsymbol{H}_k^{\mathrm{T}}(\boldsymbol{H}_k\boldsymbol{M}_{k-1}\boldsymbol{H}_k^{\mathrm{T}}+\boldsymbol{C}_{\boldsymbol{n}_k})^{-1} \tag{5.7.21}$$

估计量的均方误差阵：

$$\boldsymbol{M}_k=(\boldsymbol{I}-\boldsymbol{K}_k\boldsymbol{H}_k)\boldsymbol{M}_{k-1} \tag{5.7.22}$$

估计量的更新：

$$\hat{\boldsymbol{\theta}}_k=\hat{\boldsymbol{\theta}}_{k-1}+\boldsymbol{K}_k(\boldsymbol{x}_k-\boldsymbol{H}_k\hat{\boldsymbol{\theta}}_{k-1}) \tag{5.7.23}$$

为了能从第一次 ($k=1$) 观测后启动估计量的递推算法，需要选择递推估计的初始条件，即初始估计矢量 $\hat{\boldsymbol{\theta}}_0$ 和初始均方误差阵 $\boldsymbol{M}_0$。初始条件的选择要根据线性和均方误差最小的估计规则来确定。设初始估计矢量为 $\hat{\boldsymbol{\theta}}_0$，则初始估计的均方误差 ε_0^2 为

$$\varepsilon_0^2=\mathrm{E}[(\boldsymbol{\theta}-\hat{\boldsymbol{\theta}}_0)^{\mathrm{T}}(\boldsymbol{\theta}-\hat{\boldsymbol{\theta}}_0)] \tag{5.7.24}$$

需要选择 $\hat{\boldsymbol{\theta}}_0$ 使 ε_0^2 最小，为此，令

$$\begin{aligned}\frac{\partial}{\partial\hat{\boldsymbol{\theta}}_0}\varepsilon_0^2&=\frac{\partial}{\partial\hat{\boldsymbol{\theta}}_0}\mathrm{E}[(\boldsymbol{\theta}-\hat{\boldsymbol{\theta}}_0)^{\mathrm{T}}(\boldsymbol{\theta}-\hat{\boldsymbol{\theta}}_0)]\\&=-2\mathrm{E}(\boldsymbol{\theta}-\hat{\boldsymbol{\theta}}_0)\\&=\mathbf{0}\end{aligned} \tag{5.7.25}$$

初始估计矢量 $\hat{\boldsymbol{\theta}}_0$ 并不是根据观测矢量来构造的，所以 $\hat{\boldsymbol{\theta}}_0$ 选择为某个常值矢量，这样，由上式得

$$\hat{\boldsymbol{\theta}}_0=\mathrm{E}(\boldsymbol{\theta})=\boldsymbol{\mu}_{\theta} \tag{5.7.26}$$

即初始估计矢量 $\hat{\boldsymbol{\theta}}_0$ 选择为被估计矢量 $\boldsymbol{\theta}$ 的均值矢量 $\boldsymbol{\mu}_{\theta}$，这显然是合理的；而且，$\varepsilon_0^2$ 对 $\hat{\boldsymbol{\theta}}_0$ 的二阶偏导数等于 2，说明这样选择初始估计矢量，即 $\hat{\boldsymbol{\theta}}_0=\boldsymbol{\mu}_{\theta}$，满足初始估计均方误差 ε_0^2 最小的要求。

在选择初始条件 $\hat{\boldsymbol{\theta}}_0=\boldsymbol{\mu}_{\theta}$ 后，再来确定初始的均方误差阵 $\boldsymbol{M}_0$。根据定义，$\boldsymbol{M}_0$ 为

$$\boldsymbol{M}_0=\mathrm{E}[(\boldsymbol{\theta}-\hat{\boldsymbol{\theta}}_0)(\boldsymbol{\theta}-\hat{\boldsymbol{\theta}}_0)^{\mathrm{T}}] \tag{5.7.27}$$

式中，$\hat{\boldsymbol{\theta}}_0=\boldsymbol{\mu}_{\theta}$。所以

$$\boldsymbol{M}_0=\mathrm{E}[(\boldsymbol{\theta}-\boldsymbol{\mu}_{\theta})(\boldsymbol{\theta}-\boldsymbol{\mu}_{\theta})^{\mathrm{T}}]=\boldsymbol{C}_{\theta} \tag{5.7.28}$$

即初始估计矢量 $\hat{\boldsymbol{\theta}}_0$ 的均方误差阵 $\boldsymbol{M}_0$ 确定为被估计矢量 $\boldsymbol{\theta}$ 的协方差阵 $\boldsymbol{C}_{\theta}$。

3. 递推估计的过程

初始条件 $\hat{\boldsymbol{\theta}}_0$ 和 $\boldsymbol{M}_0$ 确定后，就可以从第一次观测 ($k=1$) 开始进行递推估计。

第 1 步，求出修正的增益矩阵 $\boldsymbol{K}_1$；

第 2 步，求出估计矢量的均方误差阵 $\boldsymbol{M}_1$；

第 3 步，确定新息 $\boldsymbol{x}_1-\boldsymbol{H}_1\hat{\boldsymbol{\theta}}_0$，前乘增益矩阵 $\boldsymbol{K}_1$，结果加到 $\hat{\boldsymbol{\theta}}_0$ 上，获得估计矢量 $\hat{\boldsymbol{\theta}}_1$。

然后进行第二次观测，继续这个运算过程，实现递推估计。

4. 递推估计的特点和性质

递推估计采用前一次估计矢量加修正项来获得本次观测后估计矢量的算法，效率高。在递推估计公式中，虽然求修正的增益矩阵 $\boldsymbol{K}_k$ 仍需矩阵求逆运算，但其阶数仅取决于第 k 次观测矢量 $\boldsymbol{x}_k$ 的维数，而不是 k 次观测矢量 $\boldsymbol{x}(k)$ 的维数，所以一般为低阶矩阵求逆运算。这样，递推估计基本上克服了直接用(5.7.12)式计算估计矢量的缺点和问题。

如果被估计随机矢量 $\boldsymbol{\theta}$ 的前二阶矩先验知识 $\boldsymbol{\mu_\theta}$ 和 $\boldsymbol{C_\theta}$ 未知，我们可以把初始条件选择为 $\hat{\boldsymbol{\theta}}_0=\boldsymbol{0}, \boldsymbol{M}_0=c\boldsymbol{I}, c\gg1$。这样确定初始条件，虽然在开始进行递推估计时会有较大的误差，但很快会接近正常情况。

递推估计在获得估计矢量 $\hat{\boldsymbol{\theta}}_k$ 的同时，也获得了反映估计精度的估计矢量的均方误差阵 $\boldsymbol{M}_k$。

修正的增益矩阵 $\boldsymbol{K}_k$ 对新息形成修正项 $\Delta\hat{\boldsymbol{\theta}}_k$ 起增益控制作用。利用矩阵求逆引理

$$\begin{aligned}&\boldsymbol{A}_{11}^{-1}\boldsymbol{A}_{12}(\boldsymbol{A}_{22}\mp\boldsymbol{A}_{21}\boldsymbol{A}_{11}^{-1}\boldsymbol{A}_{12})^{-1}\\&=(\boldsymbol{A}_{11}\mp\boldsymbol{A}_{12}\boldsymbol{A}_{22}^{-1}\boldsymbol{A}_{21})^{-1}\boldsymbol{A}_{12}\boldsymbol{A}_{22}^{-1}\end{aligned}$$

增益矩阵 $\boldsymbol{K}_k$ 可以表示为

$$\begin{aligned}\boldsymbol{K}_k&=\boldsymbol{M}_{k-1}\boldsymbol{H}_k^{\mathrm{T}}(\boldsymbol{H}_k\boldsymbol{M}_{k-1}\boldsymbol{H}_k^{\mathrm{T}}+\boldsymbol{C}_{\boldsymbol{n}_k})^{-1}\\&=(\boldsymbol{M}_{k-1}^{-1}+\boldsymbol{H}_k^{\mathrm{T}}\boldsymbol{C}_{\boldsymbol{n}_k}^{-1}\boldsymbol{H}_k)^{-1}\boldsymbol{H}_k^{\mathrm{T}}\boldsymbol{C}_{\boldsymbol{n}_k}^{-1}\end{aligned}\tag{5.7.29}$$

这样，$\boldsymbol{M}_k$ 中的 $\boldsymbol{I}-\boldsymbol{K}_k\boldsymbol{H}_k$ 可以表示为

$$\begin{aligned}\boldsymbol{I}-\boldsymbol{K}_k\boldsymbol{H}_k&=\boldsymbol{I}-(\boldsymbol{M}_{k-1}^{-1}+\boldsymbol{H}_k^{\mathrm{T}}\boldsymbol{C}_{\boldsymbol{n}_k}^{-1}\boldsymbol{H}_k)^{-1}\boldsymbol{H}_k^{\mathrm{T}}\boldsymbol{C}_{\boldsymbol{n}_k}^{-1}\boldsymbol{H}_k\\&=(\boldsymbol{M}_{k-1}^{-1}+\boldsymbol{H}_k^{\mathrm{T}}\boldsymbol{C}_{\boldsymbol{n}_k}^{-1}\boldsymbol{H}_k)^{-1}[(\boldsymbol{M}_{k-1}^{-1}+\boldsymbol{H}_k^{\mathrm{T}}\boldsymbol{C}_{\boldsymbol{n}_k}^{-1}\boldsymbol{H}_k)-\boldsymbol{H}_k^{\mathrm{T}}\boldsymbol{C}_{\boldsymbol{n}_k}^{-1}\boldsymbol{H}_k]\\&=(\boldsymbol{M}_{k-1}^{-1}+\boldsymbol{H}_k^{\mathrm{T}}\boldsymbol{C}_{\boldsymbol{n}_k}^{-1}\boldsymbol{H}_k)^{-1}\boldsymbol{M}_{k-1}^{-1}\end{aligned}\tag{5.7.30}$$

因此

$$\boldsymbol{M}_k=(\boldsymbol{M}_{k-1}^{-1}+\boldsymbol{H}_k^{\mathrm{T}}\boldsymbol{C}_{\boldsymbol{n}_k}^{-1}\boldsymbol{H}_k)^{-1}\tag{5.7.31}$$

将上式代入(5.7.29)式，得修正的增益矩阵 $\boldsymbol{K}_k$ 为

$$\boldsymbol{K}_k=\boldsymbol{M}_k\boldsymbol{H}_k^{\mathrm{T}}\boldsymbol{C}_{\boldsymbol{n}_k}^{-1}\tag{5.7.32}$$

由(5.7.32)式知，观测噪声矢量 $\boldsymbol{n}_k$ 的协方差阵 $\boldsymbol{C}_{\boldsymbol{n}_k}$ 增大时，修正的增益矩阵 $\boldsymbol{K}_k$ 减小，即 $\boldsymbol{K}_k$ 与 $\boldsymbol{C}_{\boldsymbol{n}_k}$ 成反比。这是因为，如果观测噪声矢量 $\boldsymbol{C}_{\boldsymbol{n}_k}$ 增大，表示观测矢量 $\boldsymbol{x}_k$ 的误差大，从而使新息的误差也大，于是修正的增益矩阵 $\boldsymbol{K}_k$ 应取小一些，以减小较大观测噪声对估计精度的影响。

例 5.7.2 采用边观测边估计的方法，通过等时间间隔的距离测量来估计从原点开始作径向匀速直线运动目标的速度 v。已知观测时间间隔

$$t_k-t_{k-1}=1\ \mathrm{min}$$

且

$$\mathrm{E}(v)=\mu_v=10\ \mathrm{km/min}$$
$$\mathrm{Var}(v)=\sigma_v^2=0.3(\mathrm{km/min})^2$$

观测噪声 n_k 的

$$\mathrm{E}(n_k)=0, \mathrm{E}(n_jn_k)=\sigma_n^2\delta_{jk}=0.6\delta_{jk}(\mathrm{km/min})^2$$

且满足 $\mathrm{E}(vn_k)=0$。在获得距离观测值 $x_1=9.8\ \mathrm{km}, x_2=20.4\ \mathrm{km}, x_3=30.6\ \mathrm{km}, x_4=40.2\ \mathrm{km}, x_5=49.7\ \mathrm{km}$ 的情况下，求速度 v 的线性最小均方误差估计量 $\hat{v}_k \stackrel{\mathrm{def}}{=} \hat{v}_{\mathrm{lmse}(k)}$ 和估计量的均方误差 $\varepsilon_k^2 \stackrel{\mathrm{def}}{=} \varepsilon^2_{\hat{v}\,\mathrm{lmse}(k)}$ $(k=1,2,\cdots,5)$。

解 根据题意，距离观测的线性观测方程为

$$x_k=kv+n_k,\quad k=1,2,\cdots,5$$

为了进行递推估计，首先确定初始条件。根据被估计速度 v 的先验知识，取递推估计的初始条件为

$$\hat{v}_0=\mathrm{E}(v)=10\ \mathrm{km/min}$$

$$\varepsilon_0^2=\mathrm{Var}(v)=0.3(\mathrm{km/min})^2$$

利用(5.7.21)式、(5.7.22)式和(5.7.23)式组成的一组递推公式，在第一次($k=1$)观测获得 $x_1=9.8\ \mathrm{km}$后，取 $H_1=1$，可以计算得到

$$K_1=\frac{1}{3}$$

$$\varepsilon_1^2=\frac{1}{5}(\mathrm{km/min})^2$$

$$\hat{v}_1=9\,\frac{14}{15}\ \mathrm{km/min}$$

第二次($k=2$)观测获得 $x_2=20.4\ \mathrm{km}$ 后，取 $H_2=2$，进行递推运算，可得

$$K_2=\frac{2}{7}$$

$$\varepsilon_2^2=\frac{3}{35}(\mathrm{km/min})^2$$

$$\hat{v}_2=10\,\frac{3}{35}\ \mathrm{km/min}$$

类似地可得 $K_3,\varepsilon_3^2,\hat{v}_3$ 和 $K_4,\varepsilon_4^2,\hat{v}_4$。第五次($k=5$)观测获得 $x_5=49.7\ \mathrm{km}$ 后，取$H_5=5$，进行递推运算，可得

$$K_5=\frac{5}{57}$$

$$\varepsilon_5^2=\frac{1}{95}(\mathrm{km/min})^2$$

$$\hat{v}_5=10\,\frac{17}{570}\mathrm{km/min}$$

5.7.5 单参量的线性最小均方误差估计

前面已经讨论了矢量情况下的线性最小均方误差估计。作为矢量估计的特例，下面讨论单参量的线性最小均方误差估计问题。

为了使问题具有一般性，设线性观测方程为

$$x_k=h_k\theta+n_k,\quad k=1,2,\cdots,N$$

其中，观测系数 h_k 是已知的，但是是可以时变的。例如，通过距离测量来估计径向匀速直线运动目标的速度，通过一个完整周期内的 N 次采样，来估计正弦信号的振幅等，都属于这种时变测量的情况。

如果已知被估计参量 θ 的均值和方差分别为

$$\mathrm{E}(\theta)=\mu_\theta,\quad \mathrm{Var}(\theta)=\sigma_\theta^2$$

观测矢量 $\boldsymbol{x}=(x_1,x_2,\cdots,x_N)^{\mathrm{T}}$ 的均值矢量和协方差矩阵分别为

$$\mathrm{E}(\boldsymbol{x})=(\mu_{x_1},\mu_{x_2},\cdots,\mu_{x_N})^{\mathrm{T}}=\boldsymbol{\mu_x}$$

$$\mathrm{E}[(\boldsymbol{x}-\boldsymbol{\mu_x})(\boldsymbol{x}-\boldsymbol{\mu_x})^{\mathrm{T}}]=\boldsymbol{C_x}$$

θ与 $\boldsymbol{x}$ 的互协方差矩阵为

$$\mathrm{E}[(\theta-\mu_\theta)(\boldsymbol{x}-\boldsymbol{\mu_x})^{\mathrm{T}}]=\boldsymbol{C}_{\theta\boldsymbol{x}}$$

观测噪声矢量 $\boldsymbol{n}=(n_1,n_2,\cdots,n_N)^{\mathrm{T}}$ 的前二阶矩知识已包含在观测矢量 $\boldsymbol{x}$ 的前二阶矩知识中。

利用矢量情况下线性最小均方误差估计的结果，有

$$\hat{\theta}_{\mathrm{lmse}}=\mu_\theta+\boldsymbol{C}_{\theta\boldsymbol{x}}\boldsymbol{C}_{\boldsymbol{x}}^{-1}(\boldsymbol{x}-\boldsymbol{\mu}_{\boldsymbol{x}}) \tag{5.7.33}$$

和

$$\varepsilon^2_{\hat{\theta}_{\mathrm{lmse}}}=\sigma_\theta^2-\boldsymbol{C}_{\theta\boldsymbol{x}}\boldsymbol{C}_{\boldsymbol{x}}^{-1}\boldsymbol{C}_{\theta\boldsymbol{x}}^{\mathrm{T}} \tag{5.7.34}$$

(5.7.33)式和(5.7.34)式分别是单随机参量 θ 的线性最小均方误差估计量$\hat{\theta}_{\mathrm{lmse}}$的构造公式和估计量的均方误差 $\varepsilon^2_{\hat{\theta}_{\mathrm{lmse}}}$ 公式。

5.7.6 观测噪声不相关时单参量的线性最小均方误差估计

作为单随机参数 θ 线性最小均方误差估计的一种特殊的、但也会经常出现的情况是，观测噪声 $n_k(k=1,2,\cdots,N)$之间互不相关。

设线性观测方程为

$$x_k=h_k\theta+n_k,\quad k=1,2,\cdots,N$$

其中，观测系数 h_k 已知。先验知识为

$$\mathrm{E}(\theta)=\mu_\theta,\quad \mathrm{Var}(\theta)=\sigma_\theta^2$$

$$\mathrm{E}(n_k)=0,\quad \mathrm{E}(n_jn_k)=\sigma_n^2\delta_{jk},\quad \mathrm{E}(\theta n_k)=0$$

这属于观测噪声 n_k 间不相关的情况。我们讨论的目的是为了得到这种情况下随机单参量 θ 的线性最小均方误差估计的简明公式。

由(5.7.33)式，有

$$\boldsymbol{x}-\boldsymbol{\mu}_{\boldsymbol{x}}=\begin{bmatrix}x_1-h_1\mu_\theta\\x_2-h_2\mu_\theta\\\vdots\\x_N-h_N\mu_\theta\end{bmatrix}=\begin{bmatrix}h_1(\theta-\mu_\theta)+n_1\\h_2(\theta-\mu_\theta)+n_2\\\vdots\\h_N(\theta-\mu_\theta)+n_N\end{bmatrix} \tag{5.7.35}$$

现令

$$\boldsymbol{g}=(g_1,g_2,\cdots,g_N)=\boldsymbol{C}_{\theta\boldsymbol{x}}\boldsymbol{C}_{\boldsymbol{x}}^{-1} \tag{5.7.36}$$

根据 θ 与 $\boldsymbol{x}$ 的互协方差矩阵$\boldsymbol{C}_{\theta\boldsymbol{x}}$的定义，有

$$\begin{aligned}\boldsymbol{C}_{\theta\boldsymbol{x}}&=\mathrm{E}[(\theta-\mu_\theta)(\boldsymbol{x}-\boldsymbol{\mu_x})^{\mathrm{T}}]\\&=\mathrm{E}[(\theta-\mu_\theta)(x_1-h_1\mu_\theta,x_2-h_2\mu_\theta,\cdots,x_N-h_N\mu_\theta)]\end{aligned}$$

$$=\mathrm{E}[(\theta-\mu_\theta)(h_1(\theta-\mu_\theta)+n_1,\quad h_2(\theta-\mu_\theta)+n_2,\cdots,h_N(\theta-\mu_\theta)+n_N)]$$
$$=(h_1\sigma_\theta^2,h_2\sigma_\theta^2,\cdots,h_N\sigma_\theta^2) \tag{5.7.37}$$

而 $\boldsymbol{x}$ 的协方差矩阵 $\boldsymbol{C}_x$ 为

$$\boldsymbol{C}_x=\mathrm{E}[(\boldsymbol{x}-\boldsymbol{\mu}_x)(\boldsymbol{x}-\boldsymbol{\mu}_x)^{\mathrm{T}}]$$
$$=\mathrm{E}\left(\begin{bmatrix}h_1(\theta-\mu_\theta)+n_1\\ h_2(\theta-\mu_\theta)+n_2\\ \vdots\\ h_N(\theta-\mu_\theta)+n_N\end{bmatrix}[h_1(\theta-\mu_\theta)+n_1,h_2(\theta-\mu_\theta)+n_2,\cdots,h_N(\theta-\mu_\theta)+n_N]\right)$$
$$=\begin{bmatrix}h_1^2\sigma_\theta^2+\sigma_n^2 & h_1h_2\sigma_\theta^2 & \cdots & h_1h_N\sigma_\theta^2\\ h_2h_1\sigma_\theta^2 & h_2^2\sigma_\theta^2+\sigma_n^2 & \cdots & h_2h_N\sigma_\theta^2\\ \vdots & \vdots & & \vdots\\ h_Nh_1\sigma_\theta^2 & h_Nh_2\sigma_\theta^2 & \cdots & h_N^2\sigma_\theta^2+\sigma_n^2\end{bmatrix} \tag{5.7.38}$$

它是 $N\times N$ 对称非负定矩阵。这样，则有

$$\boldsymbol{C}_x^{\mathrm{T}}\boldsymbol{g}^{\mathrm{T}}=\boldsymbol{C}_{\theta x}^{\mathrm{T}} \tag{5.7.39}$$

为了求出矢量 $\boldsymbol{g}$ 中的各个分量 g_k，将上式写成以下联立方程组的形式：

$$\begin{cases}(h_1^2\sigma_\theta^2+\sigma_n^2)g_1+h_1h_2\sigma_\theta^2g_2+\cdots+h_1h_N\sigma_\theta^2g_N=h_1\sigma_\theta^2\\ h_2h_1\sigma_\theta^2g_1+(h_2^2\sigma_\theta^2+\sigma_n^2)g_2+\cdots+h_2h_N\sigma_\theta^2g_N=h_2\sigma_\theta^2\\ \qquad\vdots\\ h_Nh_1\sigma_\theta^2g_1+h_Nh_2\sigma_\theta^2g_2+\cdots+(h_N^2\sigma_\theta^2+\sigma_n^2)g_N=h_N\sigma_\theta^2\end{cases} \tag{5.7.40}$$

将方程组中的第 $k(k=1,2,\cdots,N)$ 个方程的两边分别乘以 h_k/σ_θ^2，并令 $b=\sigma_n^2/\sigma_\theta^2$，然后将方程组的两边分别相加，得

$$\left(\sum_{k=1}^N h_k^2+b\right)h_1g_1+\left(\sum_{k=1}^N h_k^2+b\right)h_2g_2+\cdots+\left(\sum_{k=1}^N h_k^2+b\right)h_Ng_N=\sum_{k=1}^N h_k^2 \tag{5.7.41}$$

令

$$g=\frac{1}{\sum_{k=1}^N h_k^2+b} \tag{5.7.42}$$

则由(5.7.41)式得

$$\frac{1}{g}h_kg_k=h_k^2 \tag{5.7.43}$$

于是得到

$$g_k=gh_k=\frac{1}{\sum_{k=1}^N h_k^2+b}h_k \tag{5.7.44}$$

这样，θ 的线性最小均方误差估计量 $\hat{\theta}_{\mathrm{lmse}}$ 的构造公式为

$$\hat{\theta}_{\mathrm{lmse}}=\mu_\theta+(gh_1,gh_2,\cdots,gh_N)(\boldsymbol{x}-\boldsymbol{\mu}_x)$$

$$=\mu_\theta+g(h_1,h_2,\cdots,h_N)\begin{bmatrix}x_1-h_1\mu_\theta\\x_2-h_2\mu_\theta\\\vdots\\x_N-h_N\mu_\theta\end{bmatrix}$$

$$=\mu_\theta+g\sum_{k=1}^{N}h_k(x_k-h_k\mu_\theta)$$

$$=\mu_\theta+\frac{1}{\sum_{k=1}^{N}h_k^2+b}\sum_{k=1}^{N}h_k(x_k-h_k\mu_\theta) \tag{5.7.45}$$

式中，$b=\sigma_n^2/\sigma_\theta^2$。

在这种时变观测，且观测噪声 n_k 不相关的情况下，θ 的线性最小均方误差估计量的均方误差为

$$\varepsilon_{\hat{\theta}_{\text{lmse}}}^2=\mathrm{E}[(\theta-\hat{\theta}_{\text{lmse}})^2]$$

$$=\sigma_\theta^2-g(h_1,h_2,\cdots,h_N)\begin{bmatrix}h_1\sigma_\theta^2\\h_2\sigma_\theta^2\\\vdots\\h_N\sigma_\theta^2\end{bmatrix}$$

$$=\sigma_\theta^2-\frac{1}{\sum_{k=1}^{N}h_k^2+b}\sum_{k=1}^{N}h_k^2\sigma_\theta^2 \tag{5.7.46}$$

$$=\frac{b\sigma_\theta^2}{\sum_{k=1}^{N}h_k^2+b}=\frac{1}{\sum_{k=1}^{N}h_k^2+b}\sigma_n^2$$

当线性观测系数 $h_k=1$ 时，显然有

$$\hat{\theta}_{\text{lmse}}=\mu_\theta+\frac{1}{N+b}\sum_{k=1}^{N}(x_k-\mu_\theta) \tag{5.7.47}$$

和

$$\varepsilon_{\hat{\theta}_{\text{lmse}}}^2=\mathrm{E}[(\theta-\hat{\theta}_{\text{lmse}})^2]=\frac{1}{N+b}\sigma_n^2 \tag{5.7.48}$$

式中，$b=\sigma_n^2/\sigma_\theta^2$。

当线性观测方程为

$$x_k=x_0+h_k\theta+n_k,\quad k=1,2,\cdots,N$$

时，即观测中存在固定量 x_0 时，不难求出如前一样的 g，但观测矢量的均值矢量为

$$\boldsymbol{\mu}_x=\begin{bmatrix}x_0+h_1\mu_\theta\\x_0+h_2\mu_\theta\\\vdots\\x_0+h_N\mu_\theta\end{bmatrix}$$

所以，这种情况下的线性最小均方误差估计量为

$$\hat{\theta}_{\text{lmse}} = \mu_\theta + \frac{1}{\sum_{k=1}^{N} h_k^2 + b} \sum_{k=1}^{N} h_k(x_k - x_0 - h_k\mu_\theta) \tag{5.7.49}$$

而估计的均方误差仍如(5.7.46)式所示。

例 5.7.3 研究与例 5.7.2 相同的问题。现在通过五次观测获得观测量 $x_1, x_2, \cdots, x_5$ 后，采用单随机参量线性最小均方误差估计的方法，求速度 v 的线性最小均方误差估计量 $\hat{v}_{\text{lmse}}$ 和估计量的均方误差 $\varepsilon^2_{\hat{v}_{\text{lmse}}}$。

解 由题意知，这属于单参量时变观测，且观测噪声不相关情况。线性观测方程为

$$x_k = kv + n_k, \quad k = 1, 2, \cdots, 5$$

由(5.7.45)式可知，速度 v 的线性最小均方误差估计量 $\hat{v}_{\text{lmse}}(\boldsymbol{x})$ 为

$$\hat{v}_{\text{lmse}} = \mu_v + \frac{1}{\sum_{k=1}^{5} k^2 + \sigma_n^2/\sigma_v^2} \sum_{k=1}^{5} k(x_k - k\mu_v)$$

将已知先验知识和 5 次观测值代入，计算得

$$\hat{v}_{\text{lmse}} = 10 + \frac{1}{55+2} \sum_{k=1}^{5} k(x_k - 10k) = 10\frac{17}{570}\ \text{km/min}$$

而估计量的均方误差为

$$\varepsilon^2_{\hat{v}_{\text{lmse}}} = \mathrm{E}[(v - \hat{v}_{\text{lmse}})^2] = \frac{1}{\sum_{k=1}^{5} k^2 + \sigma_n^2/\sigma_v^2}\sigma_n^2 = \frac{1}{95}(\text{km/min})^2$$

结果同例 5.7.2 五次观测后的估计结果一样。

5.7.7 观测噪声相关时单参量的线性最小均方误差估计

观测噪声相关时单参量的线性最小均方误差估计量 $\hat{\theta}_{\text{lmse}}$ 和估计的均方误差 $\varepsilon^2_{\hat{\theta}_{\text{lmse}}}$ 分别如(5.7.33)式和(5.7.34)式所示。下面讨论一种常用的相关噪声模型时的单参量 θ 的线性最小均方误差估计问题。

设线性观测方程为

$$x_k = h_k\theta + n_k, \quad k = 1, 2, \cdots, N$$

若被估计参量 θ 的前二阶矩为 $\mathrm{E}(\theta) = \mu_\theta$，$\mathrm{Var}(\theta) = \sigma_\theta^2$；观测噪声 n_k 是相关噪声，且满足 $\mathrm{E}(\theta n_k) = 0$。

假定相关噪声 n_k 是由白噪声 w_k 激励一阶递归滤波器产生的，如图 5.8 所示，其中 ρ 是反映 n_k 间相关程度的相关系数，满足 $|\rho| \leqslant 1$。这种模型是产生相关噪声的常用模型。

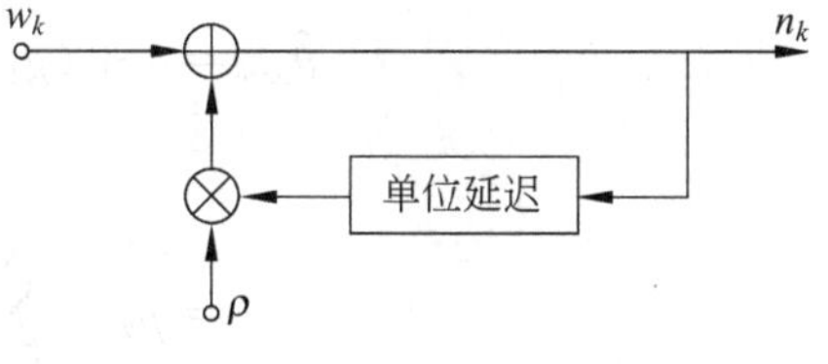

图 5.8 一阶递归滤波器

一阶递归滤波器的输入输出信号方程为

$$n_k = \rho n_{k-1} + w_k \tag{5.7.50}$$

式中，w_k 是白噪声序列，其前二阶矩为

$$\mathrm{E}(w_k) = 0 \tag{5.7.51}$$

和

$$\mathrm{E}(w_j w_k)=\sigma_w^2\delta_{jk} \tag{5.7.52}$$

这样，我们可以求得相关噪声 n_k 的前二阶矩为

$$\mathrm{E}(n_k)=0 \tag{5.7.53}$$

和

$$\mathrm{E}(n_j n_k)=\rho^{|k-j|}\sigma_n^2 \tag{5.7.54}$$

式中，

$$\sigma_n^2=\frac{\sigma_w^2}{1-\rho^2} \tag{5.7.55}$$

调整相关系数 ρ 的大小，就可以改变噪声 n_k 间的相关程度。

在相关噪声情况下，我们仍利用(5.7.33)式和(5.7.34)式来构造 θ 的线性最小均方误差估计量 $\hat{\theta}_{\text{lmse}}$，并计算其均方误差 $\varepsilon^2_{\hat{\theta}_{\text{lmse}}}$。其中，

$$\boldsymbol{x}-\boldsymbol{\mu}_x=\begin{bmatrix} x_1-h_1\mu_\theta \\ x_2-h_2\mu_\theta \\ \vdots \\ x_N-h_N\mu_\theta \end{bmatrix}=\begin{bmatrix} h_1(\theta-\mu_\theta)+n_1 \\ h_2(\theta-\mu_\theta)+n_2 \\ \vdots \\ h_N(\theta-\mu_\theta)+n_N \end{bmatrix} \tag{5.7.56}$$

仿照噪声 n_k 间互不相关的分析方法，可得

$$\boldsymbol{C}_x^{\mathrm{T}}\boldsymbol{g}^{\mathrm{T}}=\boldsymbol{C}_{\theta x}^{\mathrm{T}} \tag{5.7.57}$$

式中，

$$\begin{aligned}\boldsymbol{C}_{\theta x}&=\mathrm{E}[(\theta-\mu_\theta)(\boldsymbol{x}-\boldsymbol{\mu}_x)]^{\mathrm{T}}\\&=(h_1\sigma_\theta^2,h_2\sigma_\theta^2,\cdots,h_N\sigma_\theta^2)\end{aligned} \tag{5.7.58}$$

$$\begin{aligned}\boldsymbol{C}_x&=\mathrm{E}[(\boldsymbol{x}-\boldsymbol{\mu}_x)(\boldsymbol{x}-\boldsymbol{\mu}_x)^{\mathrm{T}}]\\&=\begin{bmatrix} h_1^2\sigma_\theta^2+\sigma_n^2 & h_1h_2\sigma_\theta^2+\rho\sigma_n^2 & \cdots & h_1h_N\sigma_\theta^2+\rho^{N-1}\sigma_n^2 \\ h_2h_1\sigma_\theta^2+\rho\sigma_n^2 & h_2^2\sigma_\theta^2+\sigma_n^2 & \cdots & h_2h_N\sigma_\theta^2+\rho^{N-2}\sigma_n^2 \\ \vdots & \vdots & & \vdots \\ h_Nh_1\sigma_\theta^2+\rho^{N-1}\sigma_n^2 & h_Nh_2\sigma_\theta^2+\rho^{N-2}\sigma_n^2 & \cdots & h_N^2\sigma_\theta^2+\sigma_n^2 \end{bmatrix}\end{aligned} \tag{5.7.59}$$

$$\boldsymbol{g}=\boldsymbol{C}_{\theta x}\boldsymbol{C}_x^{-1}=(g_1,g_2,\cdots,g_N) \tag{5.7.60}$$

于是，θ 的线性最小均方误差估计量 $\hat{\theta}_{\text{lmse}}$ 为

$$\begin{aligned}\hat{\theta}_{\text{lmse}}&=\mu_\theta+(g_1,g_2,\cdots,g_N)\begin{bmatrix} x_1-h_1\mu_\theta \\ x_2-h_2\mu_\theta \\ \vdots \\ x_N-h_N\mu_\theta \end{bmatrix}\\&=\mu_\theta+\sum_{k=1}^{N}g_k(x_k-h_k\mu_\theta)\end{aligned} \tag{5.7.61}$$

但其中的 g_k 没有解的通式。

作为例子，我们考虑 $h_k=1,N=2$ 的情况。这种情况下有

$$\begin{bmatrix} \sigma_\theta^2+\sigma_n^2 & \sigma_\theta^2+\rho\sigma_n^2 \\ \sigma_\theta^2+\rho\sigma_n^2 & \sigma_\theta^2+\sigma_n^2 \end{bmatrix}\begin{bmatrix} g_1 \\ g_2 \end{bmatrix}=\begin{bmatrix} \sigma_\theta^2 \\ \sigma_\theta^2 \end{bmatrix}$$

从而解得

$$g_1=g_2=\frac{\sigma_\theta^2}{2\sigma_\theta^2+(1+\rho)\sigma_n^2}=\frac{1}{2+(1+\rho)b}$$

式中，$b=\sigma_n^2/\sigma_\theta^2$。估计量$\hat{\theta}_{\text{lmse}}$为

$$\hat{\theta}_{\text{lmse}}=\mu_\theta+\frac{1}{2+(1+\rho)b}\sum_{k=1}^{2}(x_k-\mu_\theta)$$

而估计量的均方误差 $\varepsilon_{\hat{\theta}_{\text{lmse}}}^2$ 为

$$\begin{aligned}\varepsilon_{\hat{\theta}_{\text{lmse}}}^2&=\mathrm{E}[(\theta-\hat{\theta}_{\text{lmse}})^2]\\&=\sigma_\theta^2-\boldsymbol{C}_{\theta x}\boldsymbol{C}_x^{-1}\boldsymbol{C}_{\theta x}^{\mathrm{T}}\\&=\sigma_\theta^2-\left(\frac{1}{2+(1+\rho)b},\frac{1}{2+(1+\rho)b}\right)\begin{bmatrix}\sigma_\theta^2\\ \sigma_\theta^2\end{bmatrix}\\&=\frac{1+\rho}{2+(1+\rho)b}\sigma_n^2\end{aligned}$$

当 $h_k=1,N=2$，且噪声 n_k 间互不相关（$\rho=0$）时，有

$$\hat{\theta}_{\text{lmse}}=\mu_\theta+\frac{1}{2+b}\sum_{k=1}^{2}(x_k-\mu_\theta)$$

和

$$\varepsilon_{\hat{\theta}_{\text{lmse}}}^2=\frac{1}{2+b}\sigma_n^2$$

因为$|\rho|\leqslant1$，所以当噪声 n_k 间相关，且 $0<\rho\leqslant1$ 时，估计量的均方误差大于噪声 n_k 间不相关时的结果。但是，当噪声 n_k 间相关时，如果采用平均值估计方法，仍设 $h_k=1$，$N=2$，则有

$$\hat{\theta}_{\text{mv}}=\frac{1}{2}\sum_{k=1}^{2}x_k=\frac{1}{2}(x_1+x_2)$$

$\hat{\theta}_{\text{mv}}$表示平均值估计量。平均值估计量的均方误差为

$$\begin{aligned}\varepsilon_{\hat{\theta}_{\text{mv}}}^2&=\mathrm{E}[(\theta-\hat{\theta}_{\text{m}})^2]=\mathrm{E}\left\{\left[\theta-\frac{1}{2}(\theta+n_1+\theta+n_2)\right]^2\right\}\\&=\frac{1}{4}\mathrm{E}[(n_1+n_2)^2]\\&=\frac{1}{4}(\sigma_n^2+2\rho\sigma_n^2+\sigma_n^2)\\&=\frac{1}{2}(1+\rho)\sigma_n^2\end{aligned}$$

而此时线性最小均方误差估计量的均方误差为

$$\varepsilon_{\hat{\theta}_{\text{lmse}}}^2=\frac{1+\rho}{2+(1+\rho)b}\sigma_n^2$$

由于$|\rho|\leqslant1,b=\sigma_n^2/\sigma_\theta^2\geqslant0$，所以有

$$\varepsilon_{\hat{\theta}_{\text{lmse}}}^2\leqslant\varepsilon_{\hat{\theta}_{\text{mv}}}^2$$

5.7.8 随机矢量函数的线性最小均方误差估计

在 5.7.3 节中，从估计量一般性质的角度讨论了线性最小均方误差估计矢量的性质。实际上它还有关于随机矢量函数的线性最小均方误差估计方面的两个特别有用的性质，下面分别进行讨论。

第一个性质是线性最小均方误差估计矢量在线性变换上的可转换性。若 $\hat{\boldsymbol{\theta}}_{\text{lmse}}$ 是 M 维随机矢量 $\boldsymbol{\theta}$ 的线性最小均方误差估计矢量，$\boldsymbol{A}$ 是 $L\times M$ 常值矩阵，$\boldsymbol{b}$ 是 L 维常值矢量，那么，$\boldsymbol{\theta}$ 的线性函数

$$\boldsymbol{\alpha}=\boldsymbol{A\theta}+\boldsymbol{b} \tag{5.7.62}$$

的线性最小均方误差估计矢量 $\hat{\boldsymbol{\alpha}}_{\text{lmse}}$ 为

$$\hat{\boldsymbol{\alpha}}_{\text{lmse}}=\boldsymbol{A}\hat{\boldsymbol{\theta}}_{\text{lmse}}+\boldsymbol{b} \tag{5.7.63}$$

证明如下。

随机矢量 $\boldsymbol{\theta}$ 的线性函数 $\boldsymbol{\alpha}=\boldsymbol{A\theta}+\boldsymbol{b}$ 的线性最小均方误差估计矢量 $\hat{\boldsymbol{\alpha}}_{\text{lmse}}$ 为

$$\hat{\boldsymbol{\alpha}}_{\text{lmse}}=\boldsymbol{\mu}_{\alpha}+\boldsymbol{C}_{\alpha x}\boldsymbol{C}_{x}^{-1}(\boldsymbol{x}-\boldsymbol{\mu}_{x}) \tag{5.7.64}$$

式中

$$\begin{aligned}
\boldsymbol{\mu}_{\alpha}&=\mathrm{E}(\boldsymbol{\alpha})=\mathrm{E}(\boldsymbol{A\theta}+\boldsymbol{b})=\boldsymbol{A}\boldsymbol{\mu}_{\theta}+\boldsymbol{b}\\
\boldsymbol{C}_{\alpha x}&=\mathrm{E}[(\boldsymbol{\alpha}-\boldsymbol{\mu}_{\alpha})(\boldsymbol{x}-\boldsymbol{\mu}_{x})^{\mathrm{T}}]\\
&=\mathrm{E}[(\boldsymbol{A\theta}+\boldsymbol{b}-\boldsymbol{A}\boldsymbol{\mu}_{\theta}-\boldsymbol{b})(\boldsymbol{x}-\boldsymbol{\mu}_{x})^{\mathrm{T}}]\\
&=\boldsymbol{A}\mathrm{E}[(\boldsymbol{\theta}-\boldsymbol{\mu}_{\theta})(\boldsymbol{x}-\boldsymbol{\mu}_{x})^{\mathrm{T}}]\\
&=\boldsymbol{A}\boldsymbol{C}_{\theta x}
\end{aligned}$$

所以，有

$$\begin{aligned}
\hat{\boldsymbol{\alpha}}_{\text{lmse}}&=\boldsymbol{A}\boldsymbol{\mu}_{\theta}+\boldsymbol{b}+\boldsymbol{A}\boldsymbol{C}_{\theta x}\boldsymbol{C}_{x}^{-1}(\boldsymbol{x}-\boldsymbol{\mu}_{x})\\
&=\boldsymbol{A}\hat{\boldsymbol{\theta}}_{\text{lmse}}+\boldsymbol{b}
\end{aligned}$$

估计矢量 $\hat{\boldsymbol{\alpha}}_{\text{lmse}}$ 的均值矢量为

$$\begin{aligned}
\mathrm{E}(\hat{\boldsymbol{\alpha}}_{\text{lmse}})&=\mathrm{E}(\boldsymbol{A}\hat{\boldsymbol{\theta}}_{\text{lmse}}+\boldsymbol{b})\\
&=\boldsymbol{A}\boldsymbol{\mu}_{\theta}+\boldsymbol{b}\\
&=\mathrm{E}(\boldsymbol{\alpha})
\end{aligned} \tag{5.7.65}$$

所以，估计矢量 $\hat{\boldsymbol{\alpha}}_{\text{lmse}}$ 是无偏估计量。

估计矢量 $\hat{\boldsymbol{\alpha}}_{\text{lmse}}$ 的均方误差阵 $\boldsymbol{M}_{\hat{\alpha}_{\text{lmse}}}$ 为

$$\begin{aligned}
\boldsymbol{M}_{\hat{\alpha}_{\text{lmse}}}&=\mathrm{E}[(\boldsymbol{\alpha}-\hat{\boldsymbol{\alpha}}_{\text{lmse}})(\boldsymbol{\alpha}-\hat{\boldsymbol{\alpha}}_{\text{lmse}})^{\mathrm{T}}]\\
&=\mathrm{E}[(\boldsymbol{A\theta}+\boldsymbol{b}-\boldsymbol{A}\hat{\boldsymbol{\theta}}_{\text{lmse}}-\boldsymbol{b})(\boldsymbol{A\theta}+\boldsymbol{b}-\boldsymbol{A}\hat{\boldsymbol{\theta}}_{\text{lmse}}-\boldsymbol{b})^{\mathrm{T}}]\\
&=\mathrm{E}\{[\boldsymbol{A}(\boldsymbol{\theta}-\hat{\boldsymbol{\theta}}_{\text{lmse}})][\boldsymbol{A}(\boldsymbol{\theta}-\hat{\boldsymbol{\theta}}_{\text{lmse}})]^{\mathrm{T}}\}\\
&=\boldsymbol{A}\boldsymbol{M}_{\hat{\theta}_{\text{lmse}}}\boldsymbol{A}^{\mathrm{T}}
\end{aligned} \tag{5.7.66}$$

式中，$\boldsymbol{M}_{\hat{\theta}_{\text{lmse}}}$ 是估计矢量 $\hat{\boldsymbol{\theta}}_{\text{lmse}}$ 的均方误差阵。

第二个性质是线性最小均方误差估计矢量的可叠加性。若 $\boldsymbol{\theta}_{1\text{lmse}}$ 和 $\boldsymbol{\theta}_{2\text{lmse}}$ 分别是同维随机矢量 $\boldsymbol{\theta}_1$ 和 $\boldsymbol{\theta}_2$ 的线性最小均方误差估计矢量，那么，$\boldsymbol{\theta}_1$ 与 $\boldsymbol{\theta}_2$ 之和

$$\boldsymbol{\alpha}=\boldsymbol{\theta}_1+\boldsymbol{\theta}_2 \tag{5.7.67}$$

的线性最小均方误差估计矢量 $\hat{\boldsymbol{\alpha}}_{\text{lmse}}$ 为

$$\hat{\boldsymbol{\alpha}}_{\text{lmse}}=\hat{\boldsymbol{\theta}}_{1\text{lmse}}+\boldsymbol{\theta}_{2\text{lmse}} \tag{5.7.68}$$

证明如下。

随机矢量 $\boldsymbol{\theta}_1$ 与 $\boldsymbol{\theta}_2$ 之和 $\boldsymbol{\alpha}=\boldsymbol{\theta}_1+\boldsymbol{\theta}_2$ 的线性最小均方误差估计矢量 $\hat{\boldsymbol{\alpha}}_{\text{lmse}}$ 为

$$\hat{\boldsymbol{\alpha}}_{\text{lmse}}=\boldsymbol{\mu}_{\alpha}+\boldsymbol{C}_{\alpha x}\boldsymbol{C}_x^{-1}(\boldsymbol{x}-\boldsymbol{\mu}_x) \tag{5.7.69}$$

式中

$$\begin{aligned}\boldsymbol{\mu}_{\alpha}&=\mathrm{E}(\boldsymbol{\alpha})=\mathrm{E}(\boldsymbol{\theta}_1+\boldsymbol{\theta}_2)=\boldsymbol{\mu}_{\theta_1}+\boldsymbol{\mu}_{\theta_2}\\ \boldsymbol{C}_{\alpha x}&=\mathrm{E}[(\boldsymbol{\alpha}-\boldsymbol{\mu}_{\alpha})(\boldsymbol{x}-\boldsymbol{\mu}_x)^{\mathrm{T}}]\\ &=\mathrm{E}[(\boldsymbol{\theta}_1-\boldsymbol{\mu}_{\theta_1}+\boldsymbol{\theta}_2-\boldsymbol{\mu}_{\theta_2})(\boldsymbol{x}-\boldsymbol{\mu}_x)^{\mathrm{T}}]\\ &=\boldsymbol{C}_{\theta_1 x}+\boldsymbol{C}_{\theta_2 x}\end{aligned}$$

所以,有

$$\begin{aligned}\hat{\boldsymbol{\alpha}}_{\text{lmse}}&=\boldsymbol{\mu}_{\theta_1}+\boldsymbol{\mu}_{\theta_2}+(\boldsymbol{C}_{\theta_1 x}+\boldsymbol{C}_{\theta_2 x})\boldsymbol{C}_x^{-1}(\boldsymbol{x}-\boldsymbol{\mu}_x)\\ &=\boldsymbol{\mu}_{\theta_1}+\boldsymbol{C}_{\theta_1 x}\boldsymbol{C}_x^{-1}(\boldsymbol{x}-\boldsymbol{\mu}_x)+\boldsymbol{\mu}_{\theta_2}+\boldsymbol{C}_{\theta_2 x}\boldsymbol{C}_x^{-1}(\boldsymbol{x}-\boldsymbol{\mu}_x)\\ &=\hat{\boldsymbol{\theta}}_{1\text{lmse}}+\hat{\boldsymbol{\theta}}_{2\text{lmse}}\end{aligned}$$

估计矢量 $\hat{\boldsymbol{\alpha}}_{\text{lmse}}$ 的均值矢量为

$$\begin{aligned}\mathrm{E}(\hat{\boldsymbol{\alpha}}_{\text{lmse}})&=\mathrm{E}(\hat{\boldsymbol{\theta}}_{1\text{lmse}}+\hat{\boldsymbol{\theta}}_{2\text{lmse}})\\ &=\boldsymbol{\mu}_{\theta_1}+\boldsymbol{\mu}_{\theta_2}\\ &=\mathrm{E}(\boldsymbol{\alpha})\end{aligned} \tag{5.7.70}$$

所以,估计矢量 $\hat{\boldsymbol{\alpha}}_{\text{lmse}}$ 是无偏估计量。

估计矢量 $\hat{\boldsymbol{\alpha}}_{\text{lmse}}$ 的均方误差阵 $\boldsymbol{M}_{\hat{\alpha}_{\text{lmse}}}$ 为

$$\boldsymbol{M}_{\hat{\alpha}_{\text{lmse}}}=\boldsymbol{M}_{\hat{\theta}_{1\text{lmse}}}+\boldsymbol{M}_{\hat{\theta}_{2\text{lmse}}}+\boldsymbol{M}_{\hat{\theta}_1\hat{\theta}_{2\text{lmse}}}+\boldsymbol{M}_{\hat{\theta}_2\hat{\theta}_{1\text{lmse}}} \tag{5.7.71}$$

式中,

$$\begin{aligned}\boldsymbol{M}_{\hat{\theta}_{1\text{lmse}}}&=\boldsymbol{C}_{\theta_1}-\boldsymbol{C}_{\theta_1 x}\boldsymbol{C}_x^{-1}\boldsymbol{C}_{\theta_1 x}^{\mathrm{T}}\\ \boldsymbol{M}_{\hat{\theta}_{2\text{lmse}}}&=\boldsymbol{C}_{\theta_2}-\boldsymbol{C}_{\theta_2 x}\boldsymbol{C}_x^{-1}\boldsymbol{C}_{\theta_2 x}^{\mathrm{T}}\\ \boldsymbol{M}_{\hat{\theta}_1\hat{\theta}_{2\text{lmse}}}&=\boldsymbol{C}_{\theta_1\theta_2}-\boldsymbol{C}_{\theta_1 x}\boldsymbol{C}_x^{-1}\boldsymbol{C}_{\theta_2 x}^{\mathrm{T}}\\ \boldsymbol{M}_{\hat{\theta}_2\hat{\theta}_{1\text{lmse}}}&=\boldsymbol{C}_{\theta_2\theta_1}-\boldsymbol{C}_{\theta_2 x}\boldsymbol{C}_x^{-1}\boldsymbol{C}_{\theta_1 x}^{\mathrm{T}}\end{aligned}$$

该公式的具体推导,请参见习题 5.28,留给读者完成。

线性最小均方误差估计矢量的可叠加性,可推广到任意有限 L 个同维随机矢量的情况。若 $\hat{\boldsymbol{\theta}}_{j\text{lmse}}(j=1,2,\cdots,L)$ 是 M 维随机矢量 $\boldsymbol{\theta}_j$ 的线性最小均方误差估计矢量,则

$$\boldsymbol{\alpha}=\sum_{j=1}^{L}\boldsymbol{\theta}_j \tag{5.7.72}$$

的线性最小均方误差估计矢量 $\hat{\boldsymbol{\alpha}}_{\text{lmse}}$ 为

$$\hat{\boldsymbol{\alpha}}_{\text{lmse}}=\sum_{j=1}^{L}\hat{\boldsymbol{\theta}}_{j\text{lmse}} \tag{5.7.73}$$

5.8　最小二乘估计

最小二乘估计是一种古老的估计方法,这种方法可追溯到 1795 年,当年高斯使用这

种估计方法研究了行星运动。最小二乘估计由于它不需要任何先验知识,只需要关于被估计量的观测信号模型,就可实现信号参量的估计,且易于实现,并能使误差平方和达到最小,所以,虽然最小二乘估计量的性质不如前面讨论的方法,且如果没有关于观测量特性的某些统计假设,其性能也无法评价,但仍然是应用很广泛的一种估计方法。我们将会看到,通常我们所使用的平均值估计方法,仅是最小二乘估计的特例。

5.8.1 最小二乘估计方法

从前面关于估计方法的讨论中可以看到,为了获得一个好的估计量,我们的注意力集中放在求出一个无偏的且具有最小均方误差的估计量上。均方误差最小意味着被估计量与估计量之差在统计平均的意义上达到最小。在最小二乘估计方法中,如果关于被估计量 θ 的信号模型为 $s_k(\theta)(k=1,2,\cdots)$;由于存在观测噪声或信号模型不精确性的情况,因此将观测到的受到扰动的 $s_k(\theta)$ 记为 $x_k(k=1,2,\cdots)$。现在,如果进行了 N 次观测,θ 的估计量 $\hat{\theta}$ 选择为使

$$J(\hat{\theta})=\sum_{k=1}^{N}[x_k-s_k(\hat{\theta})]^2 \tag{5.8.1}$$

达到最小,即误差 $x_k-s_k(\hat{\theta})$ 的平方和达到最小。所以,我们把这种估计称为最小二乘估计(least square estimation),估计量记为 $\hat{\theta}_{\rm ls}(\boldsymbol{x})$,简记为 $\hat{\theta}_{\rm ls}$。估计量 $\hat{\theta}$ 按使(5.8.1)式达到最小的原则来构造是合理的,因为如果不存在观测噪声和模型误差,且 $x_k=s_k(\theta)$,此时 $\hat{\theta}=\theta$,估计误差为零;当然实际上,由于观测量受到扰动,估计误差不会为零,但按使(5.8.1)式达到最小的原则所构造的估计量 $\hat{\theta}$,从统计平均的意义上是最接近被估计量 θ 的估计量。

我们能够把关于 θ 的最小二乘估计方法的上述讨论结果推广到矢量 $\boldsymbol{\theta}$ 的估计中。设 M 维被估计矢量 $\boldsymbol{\theta}$ 的信号模型为 $\boldsymbol{s}(\boldsymbol{\theta})$,观测信号矢量为 $\boldsymbol{x}$,则 $\boldsymbol{\theta}$ 的估计矢量 $\hat{\boldsymbol{\theta}}$ 选择为使

$$\boldsymbol{J}(\hat{\boldsymbol{\theta}})=(\boldsymbol{x}-\boldsymbol{s}(\hat{\boldsymbol{\theta}}))^{\mathrm T}(\boldsymbol{x}-\boldsymbol{s}(\hat{\boldsymbol{\theta}})) \tag{5.8.2}$$

最小。估计矢量记为 $\hat{\boldsymbol{\theta}}_{\rm ls}(\boldsymbol{x})$,简记为 $\hat{\boldsymbol{\theta}}_{\rm ls}$。

最小二乘估计根据信号模型 $\boldsymbol{s}(\boldsymbol{\theta})$,可分为线性最小二乘估计和非线性最小二乘估计。本节将主要讨论线性最小二乘估计,包括估计量的构造规则,构造公式,性质,加权估计和递推估计等。最后简要讨论非线性最小二乘估计。

5.8.2 线性最小二乘估计

1. 估计量的构造规则

若被估计矢量 $\boldsymbol{\theta}$ 是 M 维的,线性观测方程为

$$\boldsymbol{x}_k=\boldsymbol{H}_k\boldsymbol{\theta}+\boldsymbol{n}_k,\quad k=1,2,\cdots,L \tag{5.8.3}$$

其中,第 k 次观测矢量 $\boldsymbol{x}_k$ 与同次的观测噪声矢量 $\boldsymbol{n}_k$ 同维,但每个 $\boldsymbol{x}_k$ 的维数不一定是相同的,其维数分别记为 N_k;第 k 次的观测矩阵 $\boldsymbol{H}_k$ 为 $N_k\times M$ 矩阵。$\boldsymbol{x}_k$ 的每个分量是 $\boldsymbol{\theta}$ 的各分量的线性组合加观测噪声。

如果把全部 L 次观测矢量 $\boldsymbol{x}_k(k=1,2,\cdots,L)$ 合成为如下一个维数为 $N=\sum_{k=1}^{L}N_k$ 的

矢量

$$\boldsymbol{x}=\begin{bmatrix}\boldsymbol{x}_1\\ \boldsymbol{x}_2\\ \vdots\\ \boldsymbol{x}_L\end{bmatrix}$$

并相应的定义 $N\times M$ 观测矩阵 $\boldsymbol{H}$ 和 N 维观测噪声矢量 $\boldsymbol{n}$ 如下：

$$\boldsymbol{H}=\begin{bmatrix}\boldsymbol{H}_1\\ \boldsymbol{H}_2\\ \vdots\\ \boldsymbol{H}_L\end{bmatrix},\quad \boldsymbol{n}=\begin{bmatrix}\boldsymbol{n}_1\\ \boldsymbol{n}_2\\ \vdots\\ \boldsymbol{n}_L\end{bmatrix}$$

这样，线性观测方程(5.8.3)式可以写成

$$\boldsymbol{x}=\boldsymbol{H\theta}+\boldsymbol{n} \tag{5.8.4}$$

于是，线性最小二乘估计的信号模型为 $\boldsymbol{s}(\boldsymbol{\theta})=\boldsymbol{H\theta}$。根据(5.8.2)式，构造的估计量 $\hat{\boldsymbol{\theta}}$使性能指标

$$J(\hat{\boldsymbol{\theta}})=(\boldsymbol{x}-\boldsymbol{H}\hat{\boldsymbol{\theta}})^{\mathrm{T}}(\boldsymbol{x}-\boldsymbol{H}\hat{\boldsymbol{\theta}}) \tag{5.8.5}$$

达到最小，这就是线性最小二乘估计估计量的构造规则。$J(\hat{\boldsymbol{\theta}})$通常称为最小二乘估计误差。

2. 估计量的构造公式

在矢量估计的情况下，根据估计量的构造规则，要求 $J(\hat{\boldsymbol{\theta}})$达到最小。为此，令

$$\left.\frac{\partial J(\hat{\boldsymbol{\theta}})}{\partial \hat{\boldsymbol{\theta}}}\right|_{\hat{\boldsymbol{\theta}}=\hat{\boldsymbol{\theta}}_{\mathrm{ls}}}=\boldsymbol{0} \tag{5.8.6}$$

其解 $\hat{\boldsymbol{\theta}}_{\mathrm{ls}}$就是所要求的估计量。

利用矢量函数对矢量变量求导的乘法法则，得

$$\begin{aligned}\frac{\partial J(\hat{\boldsymbol{\theta}})}{\partial \hat{\boldsymbol{\theta}}}&=\frac{\partial}{\partial \hat{\boldsymbol{\theta}}}[(\boldsymbol{x}-\boldsymbol{H}\hat{\boldsymbol{\theta}})^{\mathrm{T}}(\boldsymbol{x}-\boldsymbol{H}\hat{\boldsymbol{\theta}})]\\&=-2\boldsymbol{H}^{\mathrm{T}}(\boldsymbol{x}-\boldsymbol{H}\hat{\boldsymbol{\theta}})\end{aligned}$$

令其等于零，解得 $\hat{\boldsymbol{\theta}}_{\mathrm{ls}}$为

$$\hat{\boldsymbol{\theta}}_{\mathrm{ls}}=(\boldsymbol{H}^{\mathrm{T}}\boldsymbol{H})^{-1}\boldsymbol{H}^{\mathrm{T}}\boldsymbol{x} \tag{5.8.7}$$

因为

$$\frac{\partial^2 J(\hat{\boldsymbol{\theta}})}{\partial \hat{\boldsymbol{\theta}}^2}=2\boldsymbol{H}^{\mathrm{T}}\boldsymbol{H}$$

是非负定的矩阵，所以，$\hat{\boldsymbol{\theta}}_{\mathrm{ls}}$是使 $J(\hat{\boldsymbol{\theta}})$为最小的估计量。将(5.8.7)式所示的 $\hat{\boldsymbol{\theta}}_{\mathrm{ls}}$代入最小二乘估计误差 $J(\hat{\boldsymbol{\theta}})$的表示式，得

$$J_{\min}(\hat{\boldsymbol{\theta}}_{\mathrm{ls}})=\boldsymbol{x}^{\mathrm{T}}[\boldsymbol{I}-\boldsymbol{H}(\boldsymbol{H}^{\mathrm{T}}\boldsymbol{H})^{-1}\boldsymbol{H}^{\mathrm{T}}]\boldsymbol{x} \tag{5.8.8}$$

其具体推导请参见习题 5.30，由读者自己来完成。

3. 估计量的性质

现在讨论线性最小二乘估计量的性质。

(1) 估计矢量是观测矢量的线性函数

由(5.8.7)式所示的估计矢量构造的公式可以看出，估计矢量 $\hat{\boldsymbol{\theta}}_{\text{ls}}$ 是观测矢量 $\boldsymbol{x}$ 的线性组合，所以它是 $\boldsymbol{x}$ 的线性函数。

(2) 如果观测噪声矢量 $\boldsymbol{n}$ 的均值矢量为零，则线性最小二乘估计矢量是无偏的。

因为，若

$$\mathrm{E}(\boldsymbol{n})=0$$

则

$$\begin{aligned}\mathrm{E}(\hat{\boldsymbol{\theta}}_{\text{ls}})&=\mathrm{E}[(\boldsymbol{H}^{\mathrm{T}}\boldsymbol{H})^{-1}\boldsymbol{H}^{\mathrm{T}}\boldsymbol{x}]\\&=\mathrm{E}[(\boldsymbol{H}^{\mathrm{T}}\boldsymbol{H})^{-1}\boldsymbol{H}^{\mathrm{T}}(\boldsymbol{H}\boldsymbol{\theta}+\boldsymbol{n})]\\&=\mathrm{E}(\boldsymbol{\theta})\end{aligned}\tag{5.8.9}$$

所以，$\hat{\boldsymbol{\theta}}_{\text{ls}}$ 是无偏估计量。

(3) 如果观测噪声矢量 $\boldsymbol{n}$ 的均值矢量为零，协方差矩阵为 $\boldsymbol{C}_n$，则线性最小二乘估计矢量的均方误差阵为

$$\boldsymbol{M}_{\hat{\boldsymbol{\theta}}_{\text{ls}}}=\mathrm{E}[(\boldsymbol{\theta}-\hat{\boldsymbol{\theta}}_{\text{ls}})(\boldsymbol{\theta}-\hat{\boldsymbol{\theta}}_{\text{ls}})^{\mathrm{T}}]=(\boldsymbol{H}^{\mathrm{T}}\boldsymbol{H})^{-1}\boldsymbol{H}^{\mathrm{T}}\boldsymbol{C}_n\boldsymbol{H}(\boldsymbol{H}^{\mathrm{T}}\boldsymbol{H})^{-1}\tag{5.8.10}$$

因为

$$\begin{aligned}&\mathrm{E}[(\boldsymbol{\theta}-\hat{\boldsymbol{\theta}}_{\text{ls}})(\boldsymbol{\theta}-\hat{\boldsymbol{\theta}}_{\text{ls}})^{\mathrm{T}}]\\&=\mathrm{E}\{[\boldsymbol{\theta}-(\boldsymbol{H}^{\mathrm{T}}\boldsymbol{H})^{-1}\boldsymbol{H}^{\mathrm{T}}\boldsymbol{x}][\boldsymbol{\theta}-(\boldsymbol{H}^{\mathrm{T}}\boldsymbol{H})^{-1}\boldsymbol{H}^{\mathrm{T}}\boldsymbol{x}]^{\mathrm{T}}\}\end{aligned}$$

将线性观测方程

$$\boldsymbol{x}=\boldsymbol{H}\boldsymbol{\theta}+\boldsymbol{n}$$

代入上式，得

$$\boldsymbol{M}_{\hat{\boldsymbol{\theta}}_{\text{ls}}}=(\boldsymbol{H}^{\mathrm{T}}\boldsymbol{H})^{-1}\boldsymbol{H}^{\mathrm{T}}\mathrm{E}(\boldsymbol{n}\boldsymbol{n}^{\mathrm{T}})\boldsymbol{H}(\boldsymbol{H}^{\mathrm{T}}\boldsymbol{H})^{-1}$$

又因为假设观测噪声矢量 $\boldsymbol{n}$ 的统计特性为

$$\mathrm{E}(\boldsymbol{n})=\boldsymbol{0}$$
$$\mathrm{E}(\boldsymbol{n}\boldsymbol{n}^{\mathrm{T}})=\boldsymbol{C}_n$$

所以，线性最小二乘估计矢量 $\hat{\boldsymbol{\theta}}_{\text{ls}}$ 的均方误差阵为

$$\boldsymbol{M}_{\hat{\boldsymbol{\theta}}_{\text{ls}}}=(\boldsymbol{H}^{\mathrm{T}}\boldsymbol{H})^{-1}\boldsymbol{H}^{\mathrm{T}}\boldsymbol{C}_n\boldsymbol{H}(\boldsymbol{H}^{\mathrm{T}}\boldsymbol{H})^{-1}$$

因为在这种情况下，估计矢量是无偏的，所以估计矢量的均方误差阵就是估计误差矢量的协方差阵。

显然，线性最小二乘估计矢量 $\hat{\boldsymbol{\theta}}_{\text{ls}}$ 的第二个性质(无偏性)和第三个性质(均方误差阵)，需要将观测噪声矢量 $\boldsymbol{n}$ 的上述统计特性假设作为先验知识。

例 5.8.1　根据以下对二维矢量 $\boldsymbol{\theta}$ 的两次观测：

$$\boldsymbol{x}_1=\begin{bmatrix}2\\1\end{bmatrix}=\begin{bmatrix}1&1\\0&1\end{bmatrix}\boldsymbol{\theta}+\boldsymbol{n}_1$$

$$\boldsymbol{x}_2=4=[1\quad 2]\boldsymbol{\theta}+n_2$$

求 $\boldsymbol{\theta}$ 的线性最小二乘估计矢量 $\hat{\boldsymbol{\theta}}_{\text{ls}}$。

解　由两次观测方程，得矩阵形式的观测方程为

$$\boldsymbol{x}=\boldsymbol{H}\boldsymbol{\theta}+\boldsymbol{n}$$

其中，

$$\boldsymbol{x}=\begin{bmatrix}\boldsymbol{x}_1\\ \boldsymbol{x}_2\end{bmatrix}=\begin{bmatrix}2\\1\\4\end{bmatrix},\quad \boldsymbol{H}=\begin{bmatrix}\boldsymbol{H}_1\\ \boldsymbol{H}_2\end{bmatrix}=\begin{bmatrix}1&1\\0&1\\1&2\end{bmatrix},\quad \boldsymbol{n}=\begin{bmatrix}n_1\\ n_2\end{bmatrix}$$

它是线性观测方程，所以利用线性最小二乘估计矢量 $\hat{\boldsymbol{\theta}}_{\text{ls}}$ 的构造公式，得

$$\begin{aligned}\hat{\boldsymbol{\theta}}_{\text{ls}}&=(\boldsymbol{H}^{\text{T}}\boldsymbol{H})^{-1}\boldsymbol{H}^{\text{T}}\boldsymbol{x}\\&=\left(\begin{bmatrix}1&1\\0&1\\1&2\end{bmatrix}^{\text{T}}\begin{bmatrix}1&1\\0&1\\1&2\end{bmatrix}\right)^{-1}\begin{bmatrix}1&1\\0&1\\1&2\end{bmatrix}^{\text{T}}\begin{bmatrix}2\\1\\4\end{bmatrix}\\&=\begin{bmatrix}2&3\\3&6\end{bmatrix}^{-1}\begin{bmatrix}6\\11\end{bmatrix}=\begin{bmatrix}1\\ \frac{4}{3}\end{bmatrix}\end{aligned}$$

5.8.3　线性最小二乘加权估计

在前面的讨论中，所采用的性能指标对每次观测量是同等对待的。这自然产生这样的问题，即如果各次观测噪声的强度是不一样的，则所得的各次观测量的精度也是不同的，因此同等对待各次观测量是不合理的。在这种情况下，理应给观测噪声较小的那个观测量(精度较高)较大的权值，才能获得更精确地估计结果。极端地说，如果某次观测的噪声为零，那么利用该次观测量就可获得精确的估计量，相当于该次观测量的权值为 1，其他各次观测量的权值为零。因此，我们可以这样来构造估计量，即将观测量乘以与本次观测噪声强度成反比的权值后再构造估计量，这就是线性最小二乘加权估计。线性最小二乘加权估计需要关于线性观测噪声统计特性的前二阶矩先验知识。假定观测噪声矢量 $\boldsymbol{n}$ 的均值矢量和协方差矩阵分别

$$\text{E}(\boldsymbol{n})=\boldsymbol{0},\quad \text{E}(\boldsymbol{n}\boldsymbol{n}^{\text{T}})=\boldsymbol{C}_n$$

线性最小二乘加权估计的性能指标是使

$$J_W(\hat{\boldsymbol{\theta}})=(\boldsymbol{x}-\boldsymbol{H}\hat{\boldsymbol{\theta}})^{\text{T}}\boldsymbol{W}(\boldsymbol{x}-\boldsymbol{H}\hat{\boldsymbol{\theta}})\tag{5.8.11}$$

达到最小。此时的 $\hat{\boldsymbol{\theta}}$ 称为线性最小二乘加权估计矢量，记为 $\hat{\boldsymbol{\theta}}_{\text{lsw}}(\boldsymbol{x})$，简记为 $\hat{\boldsymbol{\theta}}_{\text{lsw}}$。其中 $\boldsymbol{W}$ 称为加权矩阵，它是 $N\times N$ 的对称正定阵。当 $\boldsymbol{W}=\boldsymbol{I}$ 时，就退化为非加权的线性最小二乘估计。

将(5.8.11)式的 $J_W(\hat{\boldsymbol{\theta}})$ 对 $\hat{\boldsymbol{\theta}}$ 求偏导，并令结果等于零，得

$$\frac{\partial J_W(\hat{\boldsymbol{\theta}})}{\partial\hat{\boldsymbol{\theta}}}=-2\boldsymbol{H}^{\text{T}}\boldsymbol{W}(\boldsymbol{x}-\boldsymbol{H}\hat{\boldsymbol{\theta}})\Big|_{\hat{\boldsymbol{\theta}}=\hat{\boldsymbol{\theta}}_{\text{lsw}}}=\boldsymbol{0}$$

解得线性最小二乘加权估计矢量 $\hat{\boldsymbol{\theta}}_{\text{lsw}}$ 为

$$\hat{\boldsymbol{\theta}}_{\text{lsw}}=(\boldsymbol{H}^{\text{T}}\boldsymbol{W}\boldsymbol{H})^{-1}\boldsymbol{H}^{\text{T}}\boldsymbol{W}\boldsymbol{x}\tag{5.8.12}$$

将(5.8.12)式代入(5.8.11)式，得最小二乘加权估计误差为

$$J_{W\min}(\hat{\boldsymbol{\theta}}_{\text{lsw}})=\boldsymbol{x}^{\text{T}}[\boldsymbol{W}-\boldsymbol{W}\boldsymbol{H}(\boldsymbol{H}^{\text{T}}\boldsymbol{W}\boldsymbol{H})^{-1}\boldsymbol{H}^{\text{T}}\boldsymbol{W}]\boldsymbol{x}\tag{5.8.13}$$

其具体推导请结合习题 5.30，由读者完成。

线性最小二乘加权估计矢量的主要性质如下。

1. 估计矢量是观测矢量的线性函数。
2. 如果观测噪声矢量 $\boldsymbol{n}$ 的均值矢量 $\text{E}(\boldsymbol{n})=\boldsymbol{0}$，则估计矢量 $\hat{\boldsymbol{\theta}}_{\text{lsw}}$ 是无偏估计量。

3. 如果观测噪声矢量 $\boldsymbol{n}$ 的均值矢量 $\mathrm{E}(\boldsymbol{n})=\boldsymbol{0}$，协方差矩阵为 $\mathrm{E}(\boldsymbol{n}\boldsymbol{n}^{\mathrm{T}})=\boldsymbol{C}_n$，则估计误差矢量的均方误差阵(误差矢量的协方差矩阵)为

$$\begin{aligned}\boldsymbol{M}_{\hat{\boldsymbol{\theta}}_{\mathrm{lsw}}}&=\mathrm{E}[(\boldsymbol{\theta}-\hat{\boldsymbol{\theta}}_{\mathrm{lsw}})(\boldsymbol{\theta}-\hat{\boldsymbol{\theta}}_{\mathrm{lsw}})^{\mathrm{T}}]\\&=(\boldsymbol{H}^{\mathrm{T}}\boldsymbol{W}\boldsymbol{H})^{-1}\boldsymbol{H}^{\mathrm{T}}\boldsymbol{W}\mathrm{E}(\boldsymbol{n}\boldsymbol{n}^{\mathrm{T}})\boldsymbol{W}\boldsymbol{H}(\boldsymbol{H}^{\mathrm{T}}\boldsymbol{W}\boldsymbol{H})^{-1}\\&=(\boldsymbol{H}^{\mathrm{T}}\boldsymbol{W}\boldsymbol{H})^{-1}\boldsymbol{H}^{\mathrm{T}}\boldsymbol{W}\boldsymbol{C}_n\boldsymbol{W}\boldsymbol{H}(\boldsymbol{H}^{\mathrm{T}}\boldsymbol{W}\boldsymbol{H})^{-1}\end{aligned}\tag{5.8.14}$$

在估计误差矢量的均方误差阵中，观测矩阵 $\boldsymbol{H}$ 和观测噪声矢量的协方差矩阵 $\boldsymbol{C}_n$ 是已知的，现在的问题是，如何选择加权矩阵 $\boldsymbol{W}$ 才能使均方误差阵取最小值。下面证明，当 $\boldsymbol{W}=\boldsymbol{C}_n^{-1}$ 时，估计误差矢量的均方误差阵是最小的。此时的加权矩阵称为最佳加权矩阵，记为 $\boldsymbol{W}_{\mathrm{opt}}$。

设 $\boldsymbol{A}$ 和 $\boldsymbol{B}$ 分别是 $M\times N$ 和 $N\times K$ 的任意两个矩阵，且 $\boldsymbol{A}\boldsymbol{A}^{\mathrm{T}}$ 的逆矩阵存在，则有矩阵不等式

$$\boldsymbol{B}^{\mathrm{T}}\boldsymbol{B}\geqslant(\boldsymbol{A}\boldsymbol{B})^{\mathrm{T}}(\boldsymbol{A}\boldsymbol{A}^{\mathrm{T}})^{-1}\boldsymbol{A}\boldsymbol{B}\tag{5.8.15}$$

成立。令

$$\boldsymbol{A}=\boldsymbol{H}^{\mathrm{T}}\boldsymbol{C}_n^{-1/2},\quad \boldsymbol{B}=\boldsymbol{C}_n^{1/2}\boldsymbol{C}^{\mathrm{T}},\boldsymbol{C}=(\boldsymbol{H}^{\mathrm{T}}\boldsymbol{W}\boldsymbol{H})^{-1}\boldsymbol{H}^{\mathrm{T}}\boldsymbol{W}$$

则由(5.8.15)不等式得

$$\begin{aligned}\boldsymbol{C}\boldsymbol{C}_n\boldsymbol{C}^{\mathrm{T}}&\geqslant(\boldsymbol{H}^{\mathrm{T}}\boldsymbol{C}^{\mathrm{T}})^{\mathrm{T}}(\boldsymbol{H}^{\mathrm{T}}\boldsymbol{C}_n^{-1}\boldsymbol{H})^{-1}(\boldsymbol{H}^{\mathrm{T}}\boldsymbol{C}^{\mathrm{T}})\\&=\boldsymbol{C}\boldsymbol{H}(\boldsymbol{H}^{\mathrm{T}}\boldsymbol{C}_n^{-1}\boldsymbol{H})^{-1}(\boldsymbol{C}\boldsymbol{H})^{\mathrm{T}}\\&=(\boldsymbol{H}^{\mathrm{T}}\boldsymbol{C}_n^{-1}\boldsymbol{H})^{-1}\end{aligned}\tag{5.8.16}$$

我们发现，(5.8.16)式的左端恰为(5.8.14)式的均方误差阵 $\boldsymbol{M}_{\hat{\boldsymbol{\theta}}_{\mathrm{lsw}}}$；而其右端恰为 $\boldsymbol{W}=\boldsymbol{W}_{\mathrm{opt}}=\boldsymbol{C}_n^{-1}$ 时的均方误差阵，即为

$$\boldsymbol{M}_{\hat{\boldsymbol{\theta}}_{\mathrm{lsw}}}=(\boldsymbol{H}^{\mathrm{T}}\boldsymbol{W}\boldsymbol{H})^{-1}\boldsymbol{H}^{\mathrm{T}}\boldsymbol{W}\boldsymbol{C}_n\boldsymbol{W}\boldsymbol{H}(\boldsymbol{H}^{\mathrm{T}}\boldsymbol{W}\boldsymbol{H})^{-1}\geqslant(\boldsymbol{H}^{\mathrm{T}}\boldsymbol{C}_n^{-1}\boldsymbol{H})^{-1}\tag{5.8.17}$$

所以，当 $\boldsymbol{W}=\boldsymbol{W}_{\mathrm{opt}}=\boldsymbol{C}_n^{-1}$ 时，估计矢量的均方误差阵最小，这时可获得线性最小二乘最佳加权估计矢量为

$$\hat{\boldsymbol{\theta}}_{\mathrm{lsw}}=(\boldsymbol{H}^{\mathrm{T}}\boldsymbol{C}_n^{-1}\boldsymbol{H})^{-1}\boldsymbol{H}^{\mathrm{T}}\boldsymbol{C}_n^{-1}\boldsymbol{x}\tag{5.8.18}$$

而估计矢量的均方误差阵为

$$\boldsymbol{M}_{\hat{\boldsymbol{\theta}}_{\mathrm{lsw}}}=(\boldsymbol{H}^{\mathrm{T}}\boldsymbol{C}_n^{-1}\boldsymbol{H})^{-1}\tag{5.8.19}$$

例 5.8.2 用电表对电压进行两次测量，测量结果分别为 216 V 和 220 V。观测方程为

$$216=\theta+n_1$$

$$220=\theta+n_2$$

其中，观测噪声矢量的均值矢量和协方差矩阵分别为

$$\mathrm{E}(\boldsymbol{n})=\mathrm{E}\left(\begin{bmatrix}n_1\\n_2\end{bmatrix}\right)=\begin{bmatrix}0\\0\end{bmatrix}$$

$$\mathrm{E}(\boldsymbol{n}\boldsymbol{n}^{\mathrm{T}})=\mathrm{E}\left(\begin{bmatrix}n_1\\n_2\end{bmatrix}\begin{bmatrix}n_1\\n_2\end{bmatrix}^{\mathrm{T}}\right)=\begin{bmatrix}4^2&0\\0&2^2\end{bmatrix}=\boldsymbol{C}_n$$

求电压 θ 的最小二乘估计量 $\hat{\boldsymbol{\theta}}_{\mathrm{ls}}$ 和最小二乘加权估计量 $\hat{\boldsymbol{\theta}}_{\mathrm{lsw}}$，并对结果进行比较和讨论。

解 由题意知，这是线性观测模型，且

$$x=\begin{bmatrix}216\\220\end{bmatrix},\quad H=\begin{bmatrix}1\\1\end{bmatrix},\quad n=\begin{bmatrix}n_1\\n_2\end{bmatrix}$$

所以，非加权估计时，电压 θ 的线性最小二乘估计量 $\hat{\theta}_{ls}(x)$ 和估计量的均方误差 $\varepsilon^2_{\hat{\theta}_{ls}}$ 分别为

$$\begin{aligned}\hat{\theta}_{ls}&=(H^T H)^{-1}H^T x\\&=\left(\begin{bmatrix}1&1\end{bmatrix}\begin{bmatrix}1\\1\end{bmatrix}\right)^{-1}\begin{bmatrix}1&1\end{bmatrix}\begin{bmatrix}216\\220\end{bmatrix}=218\text{V}\end{aligned}$$

和

$$\begin{aligned}\varepsilon^2_{\hat{\theta}_{ls}}&=(H^T H)^{-1}H^T C_n H(H^T H)^{-1}\\&=\left(\begin{bmatrix}1&1\end{bmatrix}\begin{bmatrix}1\\1\end{bmatrix}\right)^{-1}\begin{bmatrix}1&1\end{bmatrix}\begin{bmatrix}4^2&0\\0&2\end{bmatrix}\begin{bmatrix}1\\1\end{bmatrix}\left(\begin{bmatrix}1&1\end{bmatrix}\begin{bmatrix}1\\1\end{bmatrix}\right)^{-1}\\&=5\text{V}^2\end{aligned}$$

如果采用加权估计，加权矩阵 W 取最佳加权矩阵 W_{opt}，即

$$W_{opt}=C_n^{-1}=\begin{bmatrix}4^{-2}&0\\0&2^{-2}\end{bmatrix}$$

则有

$$\begin{aligned}\hat{\theta}_{lsw}&=(H^T C_n^{-1}H)^{-1}H^T C_n^{-1}x\\&=\left(\begin{bmatrix}1&1\end{bmatrix}\begin{bmatrix}4^{-2}&0\\0&2^{-2}\end{bmatrix}\begin{bmatrix}1\\1\end{bmatrix}\right)^{-1}\begin{bmatrix}1&1\end{bmatrix}\begin{bmatrix}4^{-2}&0\\0&2^{-2}\end{bmatrix}\begin{bmatrix}216\\220\end{bmatrix}\\&=219.2\ \text{V}\end{aligned}$$

和

$$\begin{aligned}\varepsilon^2_{\hat{\theta}_{lsw}}&=(H^T C_n^{-1}H)^{-1}\\&=\left(\begin{bmatrix}1&1\end{bmatrix}\begin{bmatrix}4^{-2}&0\\0&2^{-2}\end{bmatrix}\begin{bmatrix}1\\1\end{bmatrix}\right)^{-1}\\&=3.2\text{V}^2\end{aligned}$$

显然，线性最小二乘最佳加权估计量的均方误差小于非加权估计量的均方误差。

最后，对线性最小二乘加权估计做一些说明。如果已知观测噪声矢量 n 的均值矢量 $E(n)=\mathbf{0}$，协方差矩阵 $C_n=E(nn^T)$，必要时可采用线性最小二乘加权估计的方法来构造估计量。最佳加权矩阵 $W=W_{opt}=C_n^{-1}$。如果采用的加权矩阵 $W\neq W_{opt}$，则分两种情况。一种情况是，加权矩阵虽非最佳，但仍部分与测量精度（即观测噪声方差）相适应，则估计量的精度介于最佳加权与非加权估计量的精度之间；另一种情况是，如果加权矩阵 W 与测量精度不相适应，即如果测量精度高的观测量反而权值小，则加权估计的结果将比非加权估计的结果还差。请读者结合习题 5.35 进行验证。

5.8.4 线性最小二乘递推估计

如同线性最小均方误差估计，如果直接按(5.8.7)式或(5.8.12)式来获得线性最小二乘估计量，主要存在两个问题。一是每进行一次观测，需要利用过去的全部观测数据重新进行计算，比较麻烦；二是估计量的计算中需要完成矩阵求逆，且矩阵的阶数随观测次数的增加而提高，这样，会遇到高阶矩阵求逆的困难。所以，我们希望寻求一种递推算法，即利用前一次的估计结果和本次的观测量，通过适当运算，获得当前的估计量。

设第 $k-1$ 次的线性观测方程为

$$\boldsymbol{x}_{k-1}=\boldsymbol{H}_{k-1}\boldsymbol{\theta}+\boldsymbol{n}_{k-1} \tag{5.8.20}$$

如果已经进行了 $k-1$ 次观测，为了强调观测次数 $k-1$，采用如下的记号：

$$\boldsymbol{x}(k-1)=\begin{bmatrix}\boldsymbol{x}_1\\ \boldsymbol{x}_2\\ \vdots\\ \boldsymbol{x}_{k-1}\end{bmatrix},\quad \boldsymbol{H}(k-1)=\begin{bmatrix}\boldsymbol{H}_1\\ \boldsymbol{H}_2\\ \vdots\\ \boldsymbol{H}_{k-1}\end{bmatrix},\quad \boldsymbol{n}(k-1)=\begin{bmatrix}\boldsymbol{n}_1\\ \boldsymbol{n}_2\\ \vdots\\ \boldsymbol{n}_{k-1}\end{bmatrix}$$

这样，线性观测方程为

$$\boldsymbol{x}(k-1)=\boldsymbol{H}(k-1)\boldsymbol{\theta}+\boldsymbol{n}(k-1) \tag{5.8.21}$$

设加权矩阵为

$$\boldsymbol{W}(k-1)=\begin{bmatrix}\boldsymbol{W}_1\\ \boldsymbol{W}_2\\ \vdots\\ \boldsymbol{W}_{k-1}\end{bmatrix}$$

则由(5.8.12)式得线性最小二乘加权估计矢量 $\hat{\boldsymbol{\theta}}_{\mathrm{lsw}(k-1)}$ 为

$$\hat{\boldsymbol{\theta}}_{\mathrm{lsw}(k-1)}=[\boldsymbol{H}^{\mathrm{T}}(k-1)\boldsymbol{W}(k-1)\boldsymbol{H}(k-1)]^{-1}\boldsymbol{H}^{\mathrm{T}}(k-1)\boldsymbol{W}(k-1)\boldsymbol{x}(k-1) \tag{5.8.22}$$

现在假设又进行了第 k 次观测，即

$$\boldsymbol{x}_k=\boldsymbol{H}_k\boldsymbol{\theta}+\boldsymbol{n}_k \tag{5.8.23}$$

则进行了 k 次观测的线性观测方程为

$$\boldsymbol{x}(k)=\boldsymbol{H}(k)\boldsymbol{\theta}+\boldsymbol{n}(k) \tag{5.8.24}$$

式中，

$$\boldsymbol{x}(k)=\begin{bmatrix}\boldsymbol{x}(k-1)\\ \boldsymbol{x}_k\end{bmatrix},\quad \boldsymbol{H}(k)=\begin{bmatrix}\boldsymbol{H}(k-1)\\ \boldsymbol{H}_k\end{bmatrix},\quad \boldsymbol{n}(k)=\begin{bmatrix}\boldsymbol{n}(k-1)\\ \boldsymbol{n}_k\end{bmatrix}$$

设加权矩阵 $\boldsymbol{W}(k)$ 为

$$\boldsymbol{W}(k)=\begin{bmatrix}\boldsymbol{W}(k-1) & \boldsymbol{0}\\ \boldsymbol{0} & \boldsymbol{W}_k\end{bmatrix}$$

则 k 次观测的线性最小二乘加权估计矢量 $\hat{\boldsymbol{\theta}}_{\mathrm{lsw}(k)}$ 为

$$\hat{\boldsymbol{\theta}}_{\mathrm{lsw}(k)}=[\boldsymbol{H}^{\mathrm{T}}(k)\boldsymbol{W}(k)\boldsymbol{H}(k)]^{-1}\boldsymbol{H}^{\mathrm{T}}(k)\boldsymbol{W}(k)\boldsymbol{x}(k) \tag{5.8.25}$$

为了导出递推估计的公式，定义

$$\boldsymbol{M}_{\hat{\boldsymbol{\theta}}_{\mathrm{lsw}(k-1)}}=[\boldsymbol{H}^{\mathrm{T}}(k-1)\boldsymbol{W}(k-1)\boldsymbol{H}(k-1)]^{-1} \tag{5.8.26}$$

并记

$$\hat{\boldsymbol{\theta}}_{k-1}=\hat{\boldsymbol{\theta}}_{\mathrm{lsw}(k-1)} \tag{5.8.27}$$

$$\boldsymbol{M}_{k-1}=\boldsymbol{M}_{\hat{\boldsymbol{\theta}}_{\mathrm{lsw}(k-1)}} \tag{5.8.28}$$

这样，则有

$$\hat{\boldsymbol{\theta}}_{k-1}=\boldsymbol{M}_{k-1}\boldsymbol{H}^{\mathrm{T}}(k-1)\boldsymbol{W}(k-1)\boldsymbol{x}(k-1) \tag{5.8.29}$$

而

$$\hat{\boldsymbol{\theta}}_k=\boldsymbol{M}_k\boldsymbol{H}^{\mathrm{T}}(k)\boldsymbol{W}(k)\boldsymbol{x}(k) \tag{5.8.30}$$

式中，

$$\begin{aligned}\boldsymbol{M}_k &= [\boldsymbol{H}^{\mathrm{T}}(k)\boldsymbol{W}(k)\boldsymbol{H}(k)]^{-1}\\ &= \left([\boldsymbol{H}^{\mathrm{T}}(k-1)\quad \boldsymbol{H}_k^{\mathrm{T}}]\begin{bmatrix}\boldsymbol{W}(k-1) & \boldsymbol{0}\\ \boldsymbol{0} & \boldsymbol{W}_k\end{bmatrix}\begin{bmatrix}\boldsymbol{H}(k-1)\\ \boldsymbol{H}_k\end{bmatrix}\right)^{-1}\\ &= [\boldsymbol{H}^{\mathrm{T}}(k-1)\boldsymbol{W}(k-1)\boldsymbol{H}(k-1)+\boldsymbol{H}_k^{\mathrm{T}}\boldsymbol{W}_k\boldsymbol{H}_k]^{-1}\\ &= [\boldsymbol{M}_{k-1}^{-1}+\boldsymbol{H}_k^{\mathrm{T}}\boldsymbol{W}_k\boldsymbol{H}_k]^{-1}\end{aligned} \tag{5.8.31}$$

利用矩阵求逆引理，$\boldsymbol{M}_k$ 可表示为

$$\boldsymbol{M}_k=\boldsymbol{M}_{k-1}-\boldsymbol{M}_{k-1}\boldsymbol{H}_k^{\mathrm{T}}(\boldsymbol{H}_k\boldsymbol{M}_{k-1}\boldsymbol{H}_k^{\mathrm{T}}+\boldsymbol{W}_k^{-1})^{-1}\boldsymbol{H}_k\boldsymbol{M}_{k-1} \tag{5.8.32}$$

我们能够利用第 $k-1$ 次的估计矢量 $\hat{\boldsymbol{\theta}}_{k-1}$ 和第 k 次的观测矢量 $\boldsymbol{x}_k$，来获得第 k 次的估计矢量 $\hat{\boldsymbol{\theta}}_k$。为此，将(5.8.30)式写成

$$\begin{aligned}\hat{\boldsymbol{\theta}}_k &= \boldsymbol{M}_k\boldsymbol{H}^{\mathrm{T}}(k)\boldsymbol{W}(k)\boldsymbol{x}(k)\\ &= \boldsymbol{M}_k[\boldsymbol{H}^{\mathrm{T}}(k-1)\quad \boldsymbol{H}_k^{\mathrm{T}}]\begin{bmatrix}\boldsymbol{W}(k-1) & \boldsymbol{0}\\ \boldsymbol{0} & \boldsymbol{W}_k\end{bmatrix}\begin{bmatrix}\boldsymbol{x}(k-1)\\ \boldsymbol{x}_k\end{bmatrix}\\ &= \boldsymbol{M}_k[\boldsymbol{H}^{\mathrm{T}}(k-1)\boldsymbol{W}(k-1)\boldsymbol{x}(k-1)+\boldsymbol{H}_k^{\mathrm{T}}\boldsymbol{W}_k\boldsymbol{x}_k]\end{aligned} \tag{5.8.33}$$

现在来研究(5.8.33)式右端的第一项。将(5.8.29)式两端同乘 $\boldsymbol{M}_k\boldsymbol{M}_{k-1}^{-1}$，得

$$\boldsymbol{M}_k\boldsymbol{H}^{\mathrm{T}}(k-1)\boldsymbol{W}(k-1)\boldsymbol{x}(k-1)=\boldsymbol{M}_k\boldsymbol{M}_{k-1}^{-1}\hat{\boldsymbol{\theta}}_{k-1} \tag{5.8.34}$$

而由(5.8.31)式可得

$$\boldsymbol{M}_{k-1}^{-1}=\boldsymbol{M}_k^{-1}-\boldsymbol{H}_k^{\mathrm{T}}\boldsymbol{W}_k\boldsymbol{H}_k \tag{5.8.35}$$

将其代入(5.8.34)式，得

$$\begin{aligned}\boldsymbol{M}_k\boldsymbol{H}^{\mathrm{T}}(k-1)\boldsymbol{W}(k-1)\boldsymbol{x}(k-1) &= \boldsymbol{M}_k(\boldsymbol{M}_k^{-1}-\boldsymbol{H}_k^{\mathrm{T}}\boldsymbol{W}_k\boldsymbol{H}_k)\hat{\boldsymbol{\theta}}_{k-1}\\ &= \hat{\boldsymbol{\theta}}_{k-1}-\boldsymbol{M}_k\boldsymbol{H}_k^{\mathrm{T}}\boldsymbol{W}_k\boldsymbol{H}_k\hat{\boldsymbol{\theta}}_{k-1}\end{aligned} \tag{5.8.36}$$

将上式代入(5.8.33)式，并稍加整理，则得

$$\begin{aligned}\hat{\boldsymbol{\theta}}_k &= \hat{\boldsymbol{\theta}}_{k-1}+\boldsymbol{M}_k\boldsymbol{H}_k^{\mathrm{T}}\boldsymbol{W}_k(\boldsymbol{x}_k-\boldsymbol{H}_k\hat{\boldsymbol{\theta}}_{k-1})\\ &= \hat{\boldsymbol{\theta}}_{k-1}+\boldsymbol{K}_k(\boldsymbol{x}_k-\boldsymbol{H}_k\hat{\boldsymbol{\theta}}_{k-1})\end{aligned} \tag{5.8.37}$$

其中，增益矩阵 $\boldsymbol{K}_k$ 为

$$\boldsymbol{K}_k=\boldsymbol{M}_k\boldsymbol{H}_k^{\mathrm{T}}\boldsymbol{W}_k \tag{5.8.38}$$

这样，(5.8.31)式或(5.8.32)式的 $\boldsymbol{M}_k$，以及(5.8.38)式的 $\boldsymbol{K}_k$ 和(5.8.37)式的 $\hat{\boldsymbol{\theta}}_k$ 就是所要求的一组递推公式。由(5.8.37)式知，第 k 次的估计矢量 $\hat{\boldsymbol{\theta}}_k$ 是由两项之和组成的。第一项是第 $k-1$ 次的估计矢量 $\hat{\boldsymbol{\theta}}_{k-1}$；第二项是第 k 次观测矢量 $\boldsymbol{x}_k$ 与 $\boldsymbol{H}_k\hat{\boldsymbol{\theta}}_{k-1}$ 之差所形成的"新息"前乘增益矩阵 $\boldsymbol{K}_k$ 的修正项，从而构成递推关系式。

在利用递推公式进行线性最小二乘加权(若取 $\boldsymbol{W}=\boldsymbol{I}$，则退化为非加权)估计矢量计算时，需要一组初始值 $\hat{\boldsymbol{\theta}}_0$ 和 $\boldsymbol{M}_0$。可以利用第一次的观测矢量 $\boldsymbol{x}_1$，由

$$\boldsymbol{M}_1=(\boldsymbol{H}_1^{\mathrm{T}}\boldsymbol{W}_1\boldsymbol{H}_1)^{-1} \tag{5.8.39}$$

和

$$\hat{\boldsymbol{\theta}}_1=\boldsymbol{M}_1\boldsymbol{H}_1^{\mathrm{T}}\boldsymbol{W}_1\boldsymbol{x}_1 \tag{5.8.40}$$

确定 $\boldsymbol{M}_1$ 和 $\hat{\boldsymbol{\theta}}_1$，然后，从第二次观测开始进行递推估计。也可以令

$$\hat{\boldsymbol{\theta}}_0=\boldsymbol{0},\quad \boldsymbol{M}_0=c\boldsymbol{I}$$

其中，$c\gg1$。这样，从第一次观测就开始进行递推估计。这样选择的初始状态，虽然开始

递推估计时,误差可能较大,但由(5.8.37)式可见,如果 $\boldsymbol{M}_k$ 较大,则增益矩阵 $\boldsymbol{K}_k$ 较大,于是,"新息"起的作用就较大。所以,经过若干次递推估计后,初始值不准确的影响会逐渐消失,从而获得满意的递推估计结果。

5.8.5 单参量的线性最小二乘估计

如果被估计量是单参量 θ,线性观测方程为

$$x_k = h_k\theta + n_k, \quad k=1,2,\cdots,N$$

其中,观测系数 h_k 已知。于是,N 次观测的观测矩阵 $\boldsymbol{H}$ 为

$$\boldsymbol{H} = (h_1, h_2, \cdots, h_N)^{\mathrm{T}}$$

这样,利用(5.8.7)式和(5.8.10)式可求得 θ 的最小二乘估计量 θ_{ls} 和估计量的均方误差 $\varepsilon^2_{\hat{\theta}_{\mathrm{lsw}}}$;而利用(5.8.12)式和(5.8.14)式可求得 θ 的线性最小二乘加权估计量$\hat{\theta}_{\mathrm{lsw}}$和估计量的均方误差 $\varepsilon^2_{\hat{\theta}_{\mathrm{lsw}}}$;如果加权矩阵 $\boldsymbol{W}=\boldsymbol{W}_{\mathrm{opt}}=\boldsymbol{C}_n^{-1}$,则由(5.8.18)式和(5.8.19)式可得最佳加权的结果。

如果观测噪声 $n_k(k=1,2,\cdots,N)$满足条件

$$\mathrm{E}(n_k)=0, \quad \mathrm{E}(n_j n_k)=\sigma_n^2\delta_{jk}, \quad \mathrm{E}(\theta n_k)=0$$

则有以下简明的最小二乘估计量构造公式:

$$\hat{\theta}_{\mathrm{ls}} = \frac{1}{\sum\limits_{k=1}^{N} h_k^2}\sum_{k=1}^{N} h_k x_k$$

而估计量的均方误差为

$$\varepsilon^2_{\hat{\theta}_{\mathrm{ls}}} = \frac{1}{\sum\limits_{k=1}^{N} h_k^2}\sigma_n^2 \tag{5.8.41}$$

特别地,当观测系数 $h_k=1$ 时,θ 的最小二乘估计退化为平均值估计(mean value estimation),估计量记为 $\hat{\theta}_{\mathrm{mv}}(\boldsymbol{x})$,简记为 $\hat{\theta}_{\mathrm{mv}}$。估计量的构造公式为

$$\hat{\theta}_{\mathrm{mv}} = \frac{1}{N}\sum_{k=1}^{N} x_k \tag{5.8.42}$$

估计量的均方误差为

$$\varepsilon^2_{\hat{\theta}_{\mathrm{mv}}} = \frac{1}{N}\sigma_n^2 \tag{5.8.43}$$

可见,平均值估计仅是最小二乘估计的特例。

5.8.6 非线性最小二乘估计

在最小二乘估计的方法中,已经指出,$\boldsymbol{\theta}$ 的最小二乘估计矢量 $\hat{\boldsymbol{\theta}}$构造为使

$$J(\hat{\boldsymbol{\theta}}) = (\boldsymbol{x}-\boldsymbol{s}(\hat{\boldsymbol{\theta}}))^{\mathrm{T}}(\boldsymbol{x}-\boldsymbol{s}(\hat{\boldsymbol{\theta}}))$$

达到最小,其中 $\boldsymbol{s}(\boldsymbol{\theta})$是信号模型。在线性最小二乘估计中,对信号表示为 $\boldsymbol{s}(\boldsymbol{\theta})=\boldsymbol{H}\boldsymbol{\theta}$ 的这种线性形式,已经进行了讨论。如果信号 $\boldsymbol{s}(\boldsymbol{\theta})$是 $\boldsymbol{\theta}$ 的一个 N 维非线性函数,在这种情况下,求使 $J(\hat{\boldsymbol{\theta}})$达到最小的估计矢量 $\hat{\boldsymbol{\theta}}$ 可能会变得十分困难。这里讨论两种能降低这

种问题复杂程度的方法。

1. 参量变换方法

在这种方法中，首先寻求被估计参量 $\boldsymbol{\theta}$ 的一对一变换，从而使变换后的参量 $\boldsymbol{\alpha}$ 可以表示为线性信号模型；然后求 $\boldsymbol{\alpha}$ 的线性最小二乘估计矢量 $\hat{\boldsymbol{\alpha}}_{\text{ls}}$，再通过反变换求得 $\boldsymbol{\theta}$ 的最小二乘估计矢量 $\hat{\boldsymbol{\theta}}_{\text{ls}}$。设被估计矢量 $\boldsymbol{\theta}$ 的函数为

$$\boldsymbol{\alpha}=\boldsymbol{g}(\boldsymbol{\theta}) \tag{5.8.44}$$

其反函数存在。如果找到这样一个函数关系，它满足

$$\boldsymbol{s}(\boldsymbol{\theta}(\boldsymbol{\alpha}))=\boldsymbol{s}(\boldsymbol{g}^{-1}(\boldsymbol{\alpha}))=\boldsymbol{H}\boldsymbol{\alpha} \tag{5.8.45}$$

那么，信号模型与参量 $\boldsymbol{\alpha}$ 呈线性关系。于是，求得矢量 $\boldsymbol{\alpha}$ 的线性最小二乘估计矢量 $\hat{\boldsymbol{\alpha}}_{\text{ls}}$ 为

$$\hat{\boldsymbol{\alpha}}_{\text{ls}}=(\boldsymbol{H}^{\text{T}}\boldsymbol{H})^{-1}\boldsymbol{H}^{\text{T}}\boldsymbol{x} \tag{5.8.46}$$

进而得被估计矢量 $\boldsymbol{\theta}$ 的非线性最小二乘估计矢量 $\hat{\boldsymbol{\theta}}_{\text{ls}}$ 为

$$\hat{\boldsymbol{\theta}}_{\text{ls}}=\boldsymbol{g}^{-1}(\hat{\boldsymbol{\alpha}}_{\text{ls}}) \tag{5.8.47}$$

参量变换方法的关键是能否找到一个满足(5.8.45)式的函数 $\boldsymbol{\alpha}=\boldsymbol{g}(\boldsymbol{\theta})$。我们说，在一部分非线性最小二乘估计中，这种方法是可行的。

例 5.8.3　设正弦信号为

$$s(t;\ a,\varphi)=a\sin(\omega_0 t+\varphi)$$

其中，频率 ω_0 已知；我们希望通过 N 次观测的数据 $x_k(k=1,2,\cdots,N)$ 来估计信号的振幅 a 和相位 φ，其中 $a>0$，$-\pi\leqslant\varphi\leqslant\pi$。

解　假定第一次观测在 $t=0$ 时刻进行，后续的 $k-1$ 次观测等时间间隔进行。由于没有任何先验知识可供利用，所以我们采用最小二乘估计的方法来求得振幅 a 和相位 φ 的估计量，即通过使

$$J(\hat{a},\hat{\varphi})=\sum_{k=1}^{N}\{x_k-\hat{a}\sin[\omega_0(k-1)+\hat{\varphi}]\}^2$$

最小来获得 $\hat{a}_{\text{ls}}$ 和 $\hat{\varphi}_{\text{ls}}$。这是一个非线性最小二乘估计问题。因为正弦信号 $s(t;\ a,\varphi)$ 可以展开表示为

$$s(t;\ a,\varphi)=a\cos\varphi\cos\omega_0 t-a\sin\varphi\sin\omega_0 t$$

所以如果令 $\boldsymbol{\alpha}=\boldsymbol{g}(\boldsymbol{\theta})$ 为

$$\alpha_1=a\cos\varphi,\quad a>0\quad -\pi\leqslant\varphi\leqslant\pi$$

$$\alpha_2=-a\sin\varphi,\quad a>0\quad -\pi\leqslant\varphi\leqslant\pi$$

这里

$$\boldsymbol{\alpha}=\begin{bmatrix}\alpha_1\\ \alpha_2\end{bmatrix},\quad \boldsymbol{\theta}=\begin{bmatrix}a\\ \varphi\end{bmatrix}$$

则离散观测后的信号模型为

$$s(\alpha_1,\alpha_2)=\alpha_1\cos\omega_0(k-1)+\alpha_2\sin\omega_0(k-1),\quad k=1,2,\cdots,N$$

写成矩阵形式，表示为

$$\boldsymbol{s}(\boldsymbol{\alpha})=\boldsymbol{H}\boldsymbol{\alpha}$$

式中，

$$\boldsymbol{H}=\begin{bmatrix}1 & 0\\ \cos\omega_0 & \sin\omega_0\\ \vdots & \vdots\\ \cos\omega_0(N-1) & \sin\omega_0(N-1)\end{bmatrix}$$

现在,信号模型 $s(\boldsymbol{\alpha})=\boldsymbol{H\alpha}$ 呈线性关系。所以,$\boldsymbol{\alpha}$ 的线性最小二乘估计矢量 $\hat{\boldsymbol{\alpha}}_{ls}$ 为

$$\hat{\boldsymbol{\alpha}}_{ls}=(\boldsymbol{H}^{T}\boldsymbol{H})^{-1}\boldsymbol{H}^{T}\boldsymbol{x}$$

由参量变换关系 $\boldsymbol{\alpha}=\boldsymbol{g}(\boldsymbol{\theta})$,可以求出其反变换 $\boldsymbol{\theta}=\boldsymbol{g}^{-1}(\boldsymbol{\alpha})$ 为

$$a=(\alpha_1^2+\alpha_2^2)^{1/2},\quad a>0$$

$$\varphi=\arctan\frac{-\alpha_2}{\alpha_1},\quad -\pi\leqslant\varphi\leqslant\pi$$

于是,振幅 a 和相位 φ 的最小二乘估计量为

$$\hat{\boldsymbol{\theta}}_{ls}=\begin{bmatrix}\hat{a}_{ls}\\ \hat{\varphi}_{ls}\end{bmatrix}=\begin{bmatrix}(\hat{\alpha}_{1_{ls}}^2+\hat{\alpha}_{2_{ls}}^2)^{1/2}\\ \arctan\dfrac{-\hat{\alpha}_{2_{ls}}}{\hat{\alpha}_{1_{ls}}}\end{bmatrix}$$

2. 参量分离方法

在非线性最小二乘估计中,有些问题可以采用参量分离方法来构造估计量。这类问题可以描述为,虽然信号模型是非线性的,但是其中部分参量可能是线性的。所以,信号参量可分离的模型一般可以表示为

$$s(\boldsymbol{\theta})=\boldsymbol{H}(\boldsymbol{\alpha})\boldsymbol{\beta} \tag{5.8.48}$$

其中,如果 $\boldsymbol{\theta}$ 是 M 维被估计矢量,则

$$\boldsymbol{\theta}=\begin{bmatrix}\boldsymbol{\alpha}\\ \boldsymbol{\beta}\end{bmatrix}$$

中的 $\boldsymbol{\alpha}$ 是 P 维矢量,$\boldsymbol{\beta}$ 是 $M-P$ 维矢量; $\boldsymbol{H}(\boldsymbol{\alpha})$ 是一个与 $\boldsymbol{\alpha}$ 有关的 $N\times(M-P)$ 矩阵。在这个信号模型中,模型与参量 $\boldsymbol{\beta}$ 呈线性关系,而与参量 $\boldsymbol{\alpha}$ 呈非线性关系。例如,振幅 a 和频率 ω_0 是如下正弦信号中的待估计参量:

$$s(t;\ a,\omega_0)=a\sin\omega_0 t$$

其信号模型与频率 ω_0 呈线性关系,而与振幅 a 呈非线性关系。

对于信号参量可分离的模型,选择估计量 $\hat{\boldsymbol{\alpha}}$ 和 $\hat{\boldsymbol{\beta}}$ 使

$$J(\hat{\boldsymbol{\alpha}},\hat{\boldsymbol{\beta}})=(\boldsymbol{x}-\boldsymbol{H}(\hat{\boldsymbol{\alpha}})\hat{\boldsymbol{\beta}})^{T}(\boldsymbol{x}-\boldsymbol{H}(\hat{\boldsymbol{\alpha}})\hat{\boldsymbol{\beta}}) \tag{5.8.49}$$

达到最小。对于给定的 $\hat{\boldsymbol{\alpha}}$,使 $J(\hat{\boldsymbol{\alpha}},\hat{\boldsymbol{\beta}})$ 达到最小的 $\hat{\boldsymbol{\beta}}$ 为

$$\hat{\boldsymbol{\beta}}_{ls}=(\boldsymbol{H}^{T}(\hat{\boldsymbol{\alpha}})\boldsymbol{H}(\hat{\boldsymbol{\alpha}}))^{-1}\boldsymbol{H}^{T}(\hat{\boldsymbol{\alpha}})\boldsymbol{x} \tag{5.8.50}$$

根据(5.8.8)式,此时的最小二乘估计误差为

$$J(\hat{\boldsymbol{\alpha}},\hat{\boldsymbol{\beta}}_{ls})=\boldsymbol{x}^{T}[\boldsymbol{I}-\boldsymbol{H}(\hat{\boldsymbol{\alpha}})(\boldsymbol{H}^{T}(\hat{\boldsymbol{\alpha}})\boldsymbol{H}(\hat{\boldsymbol{\alpha}}))^{-1}\boldsymbol{H}^{T}(\hat{\boldsymbol{\alpha}})]\boldsymbol{x} \tag{5.8.51}$$

为了使其达到最小,估计量 $\hat{\boldsymbol{\alpha}}$ 应选择使

$$\boldsymbol{x}^{T}\boldsymbol{H}(\hat{\boldsymbol{\alpha}})(\boldsymbol{H}^{T}(\hat{\boldsymbol{\alpha}})\boldsymbol{H}(\hat{\boldsymbol{\alpha}}))^{-1}\boldsymbol{H}^{T}(\boldsymbol{\alpha})\boldsymbol{x} \tag{5.8.52}$$

取最大值,从而解得 $\hat{\boldsymbol{\alpha}}_{ls}$。

例 5.8.4 设相关噪声 n_k 是由白噪声 w_k 激励的一阶递归滤波器产生的,其自相关函数 $r_{n_jn_k}$ 表示为

$$r_{n_jn_k}=\rho^{|k-j|}\sigma_n^2$$

其中,ρ 是自相关系数,且满足 $|\rho|\leqslant1$; σ_n^2 是相关噪声 $n_k(k=1,2,\cdots,N)$ 的方差。如果对 $r_{n_jn_k}$ $(|k-j|=0,1,\cdots,N-1)$ 进行了 N 次观测,观测矢量记为 $\boldsymbol{x}$。求 ρ 和 σ_n^2 的最小二乘估计。

解 自相关函数中待估计的参量是 $\boldsymbol{\theta}=(\rho,\sigma_n^2)^{T}$。在该信号模型中,参量 σ_n^2 呈线性关系,而参量

$\rho^{|k-j|}$呈非线性关系。根据(5.8.52)式，通过在$-1\leqslant\rho\leqslant 1$上使

$$\boldsymbol{x}^{\mathrm{T}}\boldsymbol{H}(\hat{\rho})(\boldsymbol{H}^{\mathrm{T}}(\hat{\rho})\boldsymbol{H}(\hat{\rho}))^{-1}\boldsymbol{H}^{\mathrm{T}}(\hat{\rho})\boldsymbol{x}$$

达到最大，可求得参量ρ的非线性最小二乘估计量$\hat{\rho}_{\mathrm{ls}}$。其中

$$\boldsymbol{H}(\hat{\rho})=\begin{bmatrix}1\\ \hat{\rho}\\ \vdots\\ \hat{\rho}^{N-1}\end{bmatrix}$$

在求得了$\hat{\rho}_{\mathrm{ls}}$后，利用(5.8.50)式，可求得参量σ_n^2的线性最小二乘估计量$\hat{\sigma}_{n_{\mathrm{ls}}}^2$，即为

$$\hat{\sigma}_{n_{\mathrm{ls}}}^2=(\boldsymbol{H}^{\mathrm{T}}(\hat{\rho}_{\mathrm{ls}})\boldsymbol{H}(\hat{\rho}_{\mathrm{ls}}))^{-1}\boldsymbol{H}^{\mathrm{T}}(\hat{\rho}_{\mathrm{ls}})\boldsymbol{x}$$

在非线性最小二乘估计中，简要讨论了两种信号模型下可采用的估计方法。如果这些方法都行不通，则只好求使最小二乘误差

$$J(\hat{\boldsymbol{\theta}})=(\boldsymbol{x}-\boldsymbol{s}(\hat{\boldsymbol{\theta}}))^{\mathrm{T}}(\boldsymbol{x}-\boldsymbol{s}(\hat{\boldsymbol{\theta}}))$$

达到最小的$\hat{\boldsymbol{\theta}}$，即为$\hat{\boldsymbol{\theta}}_{\mathrm{ls}}$。在这种情况下，通常需要采用迭代的方法，而且会涉及到收敛性的问题。

5.9 信号波形中参量的估计

前面已经讨论了信号参量的统计估计理论，它以称之为观测矢量的离散观测数据为基础，根据已知先验知识所提出的估计指标，采用相应的最佳估计规则和方法，来构造估计量，研究估计量的性质。现在的问题是，如果在$(0,T)$时间内观测到的信号波形为

$$x(t)=s(t;\ \boldsymbol{\theta})+n(t),\quad 0\leqslant t\leqslant T \tag{5.9.1}$$

其中，M维矢量$\boldsymbol{\theta}$是待估计的信号参量，如振幅、相位、频率、到达时间等；$n(t)$是均值为零、功率谱密度为$P_n(\omega)=N_0/2$的高斯白噪声。下面将集中讨论信号波形中未知参量的最大似然估计。

利用第 4 章中关于随机过程的正交级数展开等知识，观测信号$x(t)$的似然函数(参考习题 4.16)表示为

$$p[x(t)\,|\,\boldsymbol{\theta}\,]=F\exp\left\{-\frac{1}{N_0}\int_0^T[x(t)-s(t;\ \boldsymbol{\theta})]^2\mathrm{d}t\right\} \tag{5.9.2}$$

式中，

$$F=\lim_{N\to\infty}\left(\frac{1}{\pi N_0}\right)^{N/2}$$

容易得到

$$\frac{\partial\ln p[x(t)\,|\,\boldsymbol{\theta}\,]}{\partial\theta_j}=\frac{2}{N_0}\int_0^T[x(t)-s(t;\ \boldsymbol{\theta})]\frac{\partial s(t;\ \boldsymbol{\theta})}{\partial\theta_j}\mathrm{d}t \tag{5.9.3}$$

因此，参量$\boldsymbol{\theta}$的最大似然估计量是下列方程组的解：

$$\int_0^T[x(t)-s(t;\ \boldsymbol{\theta})]\frac{\partial s(t;\ \boldsymbol{\theta})}{\partial\theta_j}\mathrm{d}t\bigg|_{\boldsymbol{\theta}=\hat{\boldsymbol{\theta}}_{\mathrm{ml}}}=0,\quad j=1,2,\cdots,M \tag{5.9.4}$$

如果利用$n(t)=x(t)-s(t;\ \boldsymbol{\theta})$，则(5.5.15)式所示的费希尔信息矩阵元素为

$$J_{ij}=\mathrm{E}\left[\frac{\partial\ln p[x(t)\,|\,\boldsymbol{\theta}\,]}{\partial\theta_i}\,\frac{\partial\ln p[x(t)\,|\,\boldsymbol{\theta}\,]}{\partial\theta_j}\right]$$

$$=\frac{4}{N_0^2}\int_0^T\int_0^T \mathrm{E}[n(t)n(u)]\frac{\partial s(t;\boldsymbol{\theta})}{\partial\theta_i}\frac{\partial s(u;\boldsymbol{\theta})}{\partial\theta_j}\mathrm{d}t\mathrm{d}u \tag{5.9.5}$$

$$=\frac{2}{N_0}\int_0^T \frac{\partial s(t;\boldsymbol{\theta})}{\partial\theta_i}\frac{\partial s(t;\boldsymbol{\theta})}{\partial\theta_j}\mathrm{d}t$$

当 $i=j$ 时，有

$$J_{jj}=\frac{2}{N_0}\int_0^T\left[\frac{\partial s(t;\boldsymbol{\theta})}{\partial\theta_j}\right]^2\mathrm{d}t \tag{5.9.6}$$

对于信号中单个参量的最大似然估计，得最大似然方程和无偏估计量的均方误差分别为

$$\int_0^T[x(t)-s(t;\theta)]\frac{\partial s(t;\theta)}{\partial\theta}\mathrm{d}t\bigg|_{\theta=\hat{\theta}_{\mathrm{ml}}}=0 \tag{5.9.7}$$

和

$$\varepsilon^2_{\hat{\theta}_{\mathrm{ml}}}=\mathrm{E}[(\theta-\hat{\theta}_{\mathrm{ml}})^2]\geqslant\frac{1}{-\mathrm{E}\left[\dfrac{\partial^2\ln p[x(t)|\theta]}{\partial\theta^2}\right]}$$

$$=\frac{1}{\dfrac{2}{N_0}\displaystyle\int_0^T\left[\frac{\partial s(t;\theta)}{\partial\theta}\right]^2\mathrm{d}t} \tag{5.9.8}$$

下面我们来讨论信号中主要参量的最大似然估计问题。

5.9.1 信号振幅的估计

对于信号的振幅估计，信号可以表示为

$$s(t;\theta)=as(t),\quad 0\leqslant t\leqslant T \tag{5.9.9}$$

其中，$s(t)$是已知的信号，其振幅 a 是待估计量。由(5.9.7)式，得

$$\int_0^T[x(t)-as(t)]\frac{\partial as(t)}{\partial a}\mathrm{d}t\bigg|_{a=\hat{a}_{\mathrm{ml}}}=0$$

进而得

$$\int_0^T[x(t)-\hat{a}_{\mathrm{ml}}s(t)]s(t)\mathrm{d}t=0$$

所以

$$\hat{a}_{\mathrm{ml}}=\frac{\displaystyle\int_0^T x(t)s(t)\mathrm{d}t}{\displaystyle\int_0^T s^2(t)\mathrm{d}t} \tag{5.9.10}$$

如果 $s(t)$是归一化信号，即 $\int_0^T s^2(t)\,\mathrm{d}t=1$，则

$$\hat{a}_{\mathrm{ml}}=\int_0^T x(t)s(t)\,\mathrm{d}t \tag{5.9.11}$$

信号振幅 a 的最大似然估计量 $\hat{a}_{\mathrm{ml}}$ 由接收(观测)信号 $x(t)$与已知信号 $s(t)$的相关运算获得，也可以由匹配滤波器输出在 $t=T$ 时刻采样得到，其实现结构如图 5.9 所示。

现在来研究信号振幅 a 的最大似然估计量 $\hat{a}_{\mathrm{ml}}$的主要性质。

估计量 $\hat{a}_{\mathrm{ml}}$的均值为

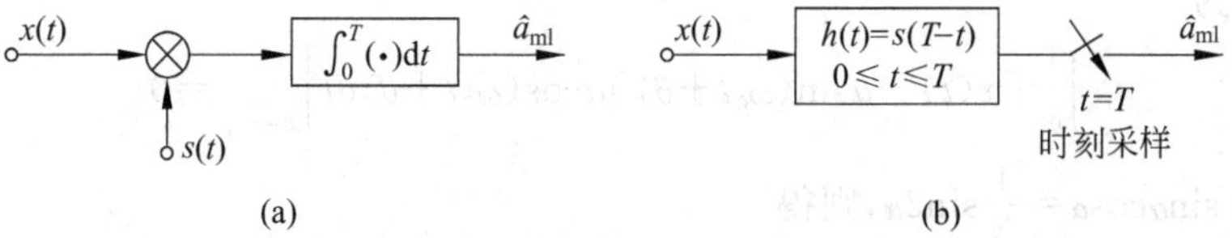

图 5.9 信号振幅的最大似然估计器

$$
\begin{aligned}
\mathrm{E}(\hat{a}_{\mathrm{ml}}) &= \mathrm{E}\left[\int_0^T x(t)s(t)\,\mathrm{d}t\right] \\
&= \mathrm{E}\left[\int_0^T [as(t)+n(t)]s(t)\mathrm{d}t\right] \\
&= a
\end{aligned}
\tag{5.9.12}
$$

所以，$\hat{a}_{\mathrm{ml}}$是无偏估计量。

因为

$$
\begin{aligned}
\frac{\partial \ln p(x(t)\,|\,a)}{\partial a} &= \frac{2}{N_0}\int_0^T [x(t)-as(t)]s(t)\mathrm{d}t \\
&= \frac{2}{N_0}\left[\int_0^T x(t)s(t)\,\mathrm{d}t - a\right] \\
&= (a-\hat{a}_{\mathrm{ml}})\left(-\frac{2}{N_0}\right)
\end{aligned}
\tag{5.9.13}
$$

所以，$\hat{a}_{\mathrm{ml}}$是有效估计量。

这样，信号振幅 a 的最大似然估计量 $\hat{a}_{\mathrm{ml}}$是无偏有效估计量。因而，估计量的均方误差就是估计误差的方差，也可以称为估计量的方差，记为 $\sigma^2_{\hat{a}_{\mathrm{ml}}}$，则有

$$
\varepsilon^2_{\hat{a}_{\mathrm{ml}}} = \sigma^2_{\hat{a}_{\mathrm{ml}}} = \frac{1}{-\mathrm{E}\left[\dfrac{\partial^2 \ln p[x(t)\,|\,a]}{\partial a^2}\right]} = \frac{N_0}{2}
\tag{5.9.14}
$$

或者由方差的定义，有

$$
\begin{aligned}
\sigma^2_{\hat{a}_{\mathrm{ml}}} &= \mathrm{Var}(\hat{a}_{\mathrm{ml}}-a) = \mathrm{E}[(a-\hat{a}_{\mathrm{ml}})^2] \\
&= \mathrm{E}\left[\int_0^T n(t)s(t)\mathrm{d}t\int_0^T n(u)s(u)\mathrm{d}u\right] \\
&= \int_0^T s(t)\left[\int_0^T \mathrm{E}[n(t)n(u)]s(u)\mathrm{d}u\right]\mathrm{d}t \\
&= \frac{N_0}{2}
\end{aligned}
\tag{5.9.15}
$$

如果我们还知道振幅 a 是先验概率密度函数为 $p(a)$的随机参量，则可对 a 进行最大后验估计，见习题 5.38。

5.9.2 信号相位的估计

设信号的形式为

$$
s(t;\ \theta) = a\sin(\omega_0 t+\theta),\quad 0\leqslant t\leqslant T
\tag{5.9.16}
$$

其中，信号振幅 a 和频率 ω_0 已知，相位 θ 是待估计量。接收信号为 $x(t)$，则相位 θ 的最大

似然估计量为

$$\int_0^T [x(t)-a\sin(\omega_0 t+\theta)]a\cos(\omega_0 t+\theta)\mathrm{d}t\bigg|_{\theta=\hat{\theta}_{\mathrm{ml}}}=0$$

的解。利用 $\sin\alpha\cos\alpha=\frac{1}{2}\sin 2\alpha$，则得

$$\int_0^T x(t)\cos(\omega_0 t+\theta)\mathrm{d}t-\frac{a}{2}\int_0^T \sin[2(\omega_0 t+\theta)]\mathrm{d}t\bigg|_{\theta=\hat{\theta}_{\mathrm{ml}}}=0$$

当 $\omega_0 T=m\pi(m=1,2,\cdots)$，或者 $\omega_0 T\gg 1$ 时，上式中第二项的积分等于零或近似等于零。因此，相位估计的方程为

$$\int_0^T x(t)\cos(\omega_0 t+\hat{\theta}_{\mathrm{ml}})\mathrm{d}t=0 \tag{5.9.17}$$

展开余弦项，得

$$\cos\hat{\theta}_{\mathrm{ml}}\int_0^T x(t)\cos\omega_0 t\mathrm{d}t=\sin\hat{\theta}_{\mathrm{ml}}\int_0^T x(t)\sin\omega_0 t\mathrm{d}t$$

从而得 θ 的最大似然估计量为

$$\hat{\theta}_{\mathrm{ml}}=\arctan\left[\frac{\int_0^T x(t)\cos\omega_0 t\mathrm{d}t}{\int_0^T x(t)\sin\omega_0 t\mathrm{d}t}\right] \tag{5.9.18}$$

这样，信号相位 θ 的最大似然估计量 $\hat{\theta}_{\mathrm{ml}}$ 可用正交双路相关器或正交双路匹配滤波器后接 arctan(・)来实现，如图 5.10 所示。

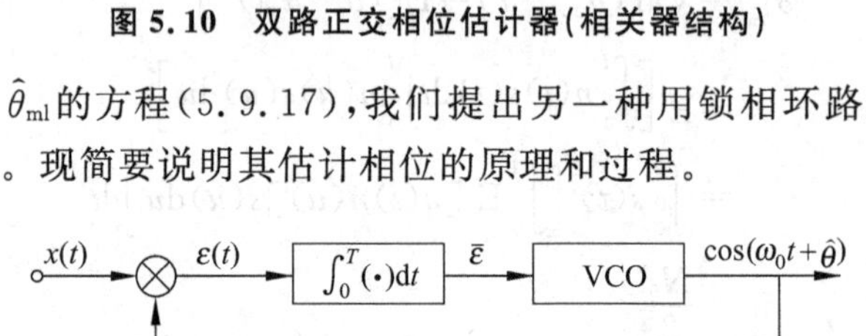

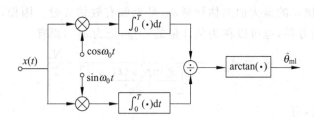

图 5.10 双路正交相位估计器(相关器结构)

根据相位估计 $\hat{\theta}_{\mathrm{ml}}$ 的方程(5.9.17)，我们提出另一种用锁相环路实现相位估计的方案，如图 5.11 所示。现简要说明其估计相位的原理和过程。

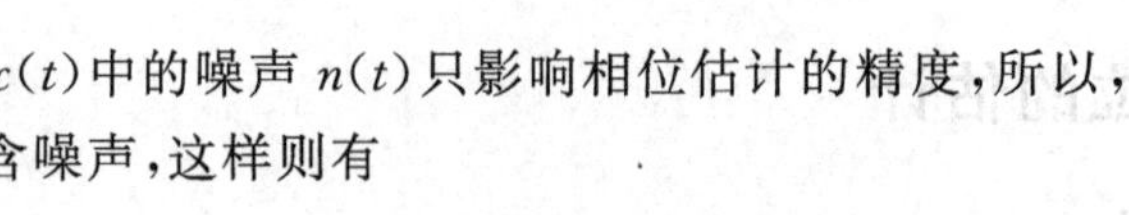

图 5.11 相位的锁相环路估计器

因为接收信号 $x(t)$ 中的噪声 $n(t)$ 只影响相位估计的精度，所以，为了分析简单，假设接收信号 $x(t)$ 中不含噪声，这样则有

$$x(t)=a\sin(\omega_0 t+\theta) \tag{5.9.19}$$

乘法器的输出为

$$\begin{aligned}\varepsilon(t) &= a\sin(\omega_0 t+\theta)\cos(\omega_0 t+\hat{\theta}) \\ &= \frac{a}{2}\sin(2\omega_0 t+\theta+\hat{\theta})+\frac{a}{2}\sin(\theta-\hat{\theta})\end{aligned} \tag{5.9.20}$$

积分器对 $\varepsilon(t)$ 求平均，其输出 $\bar{\varepsilon}$ 与 $\sin(\theta-\hat{\theta})$ 成正比，记为

$$\bar{\varepsilon}\sim\sin(\theta-\hat{\theta}) \tag{5.9.21}$$

对于小的相位差，则有 $\bar{\varepsilon}\sim(\theta-\hat{\theta})$。该误差电压加到压控振荡器 VCO 上，使其输出相位向减小平均误差的方向变化，当 $\bar{\varepsilon}\to 0$ 时，$\hat{\theta}\to\theta$。这样，锁相环的相位就作为信号相位的最大似然估计了。

5.9.3 信号频率的估计

考虑信号频率的估计时，设信号的时延 $\tau=0$ 并不失一般性，这样信号的形式可以表示为

$$s(t;\ \omega)=a(t)\cos(\omega t+\theta),\quad 0\leqslant t\leqslant T \tag{5.9.22}$$

其中，$a(t)$ 已知；相位 θ 是在 $(-\pi,\pi)$ 上均匀分布的随机变量；频率 ω 是待估计的信号参量。

接收信号表示为

$$x(t)=a(t)\cos(\omega t+\theta)+n(t) \tag{5.9.23}$$

其中，$n(t)$ 是均值为零、功率谱密度为 $P_n(\omega)=N_0/2$ 的高斯白噪声。

为了求得信号频率的最大似然估计量 $\hat{\omega}_{\mathrm{ml}}$，首先需要获得以 ω 为参量的接收信号 $x(t)$ 的似然函数 $p[x(t)|\omega]$，然后由最大似然方程求解得 $\hat{\omega}_{\mathrm{ml}}$。

由于信号 $s(t;\ \omega)$ 中，除频率 ω 是待估计量外，还假定相位 θ 是随机的，且在 $(-\pi,\pi)$ 上均匀分布。所以，首先求出以 ω 为参量、以 θ 为条件的似然函数 $p[x(t)|\omega,\theta]$，然后对 θ 求统计平均得 $p[x(t)|\omega]$。最后由最大似然方程求得频率 ω 的最大似然估计量 $\hat{\omega}_{\mathrm{ml}}$。

根据(5.9.2)式，当频率 ω 是待估计量，且相位 θ 在 $(-\pi,\pi)$ 上均匀分布时，有

$$\begin{aligned}p[x(t)\mid\omega,\theta] &= F\exp\left\{-\frac{1}{N_0}\int_0^T[x(t)-s(t;\omega)]^2\mathrm{d}t\right\} \\ &= K\exp\left(-\frac{E_s}{N_0}\right)\exp\left[\frac{2}{N_0}\int_0^T x(t)s(t;\omega)\mathrm{d}t\right]\end{aligned} \tag{5.9.24}$$

式中，

$$K=F\exp\left[-\frac{1}{N_0}\int_0^T x^2(t)\mathrm{d}t\right]$$

$$E_s=\int_0^T s^2(t;\ \omega)\mathrm{d}t$$

这里，E_s 是信号 $s(t;\ \omega)$ 的能量。因为

$$\begin{aligned}s(t;\ \omega) &= a(t)\cos(\omega t+\theta) \\ &= a(t)\cos\theta\ \cos\omega t-a(t)\sin\theta\ \sin\omega t\end{aligned}$$

所以，(5.9.24)式中，相位 θ 的随机性隐含在信号 $s(t;\ \omega)$ 中；式中的积分项为

$$
\begin{aligned}
&\int_0^T x(t)s(t;\ \omega)\mathrm{d}t \\
&=\int_0^T x(t)a(t)\cos(\omega t+\theta)\mathrm{d}t \\
&=\cos\theta\int_0^T x(t)a(t)\cos\omega t\,\mathrm{d}t-\sin\theta\int_0^T x(t)a(t)\sin\omega t\,\mathrm{d}t \\
&=l_{\mathrm{R}}\cos\theta-l_{\mathrm{I}}\sin\theta
\end{aligned}
\tag{5.9.25}
$$

式中，

$$l_{\mathrm{R}}=\int_0^T x(t)a(t)\cos\omega t\,\mathrm{d}t$$

$$l_{\mathrm{I}}=\int_0^T x(t)a(t)\sin\omega t\,\mathrm{d}t$$

若令

$$l=(l_{\mathrm{R}}^2+l_{\mathrm{I}}^2)^{1/2},\quad l\geqslant 0$$

$$\varphi=\arctan\frac{l_{\mathrm{I}}}{l_{\mathrm{R}}},\quad -\pi\leqslant\varphi\leqslant\pi$$

则有

$$
\begin{aligned}
&\int_0^T x(t)s(t;\omega)\mathrm{d}t \\
&=l\cos\theta\cos\varphi-l\sin\theta\sin\varphi \\
&=l\cos(\theta+\varphi)
\end{aligned}
\tag{5.9.26}
$$

这样，似然函数 $p[x(t)|\omega,\theta]$ 为

$$p[x(t)|\omega,\theta]=K\exp\left(-\frac{E_s}{N_0}\right)\exp\left[\frac{2l}{N_0}\cos(\theta+\varphi)\right],l\geqslant 0,-\pi\leqslant\varphi\leqslant\pi \tag{5.9.27}$$

将 $p[x(t)|\omega,\theta]$ 对 θ 在 $(-\pi,\pi)$ 上求统计平均，得

$$
\begin{aligned}
p[x(t)\mid\omega]&=\frac{1}{2\pi}\int_{-\pi}^{\pi}K\exp\left(-\frac{E_s}{N_0}\right)\exp\left[\frac{2l}{N_0}\cos(\theta+\varphi)\right]\mathrm{d}\theta \\
&=K\exp\left(-\frac{E_s}{N_0}\right)I_0\left(\frac{2l}{N_0}\right),\quad l\geqslant 0
\end{aligned}
\tag{5.9.28}
$$

式中，

$$l=\left\{\left[\int_0^T x(t)a(t)\cos\omega t\mathrm{d}t\right]^2+\left[\int_0^T x(t)a(t)\sin\omega t\mathrm{d}t\right]^2\right\}^{1/2} \tag{5.9.29}$$

回想一下第 4 章中关于均匀分布随机相位信号波形的检测问题，检验统计量 l 可由将接收信号 $x(t)$ 通过除相位外与信号 $s(t;\ \omega)$ 相匹配的滤波器后，经包络检波器获得。由 $p[x(t)|\omega]$ 对 ω 求极大值就能得到频率 ω 的最大似然估计量。因为 $p[x(t)|\omega]$ 的极大化与统计量 l 的极大化是一致的，参见(5.9.28)式，所以为确定使 l 最大的 ω，可以利用一组并联滤波器，并且每个滤波器与不同的频率信号相匹配。并联滤波器组的频率范围覆盖了接收信号频率的整个预期范围。如果各相邻滤波器的中心频率之差不大，则具有最大输出的滤波器中心频率就是或接近信号频率的最大似然估计值，如图 5.12 所示。实际上没有必要把滤波器的频率间隔划分得比将要算出的频率估计量的标准差还要小，通常选择相邻滤波器中心频率间隔为 $1/T$ 或 $1/2T$，T 是信号的持续时间。必要时还可采用

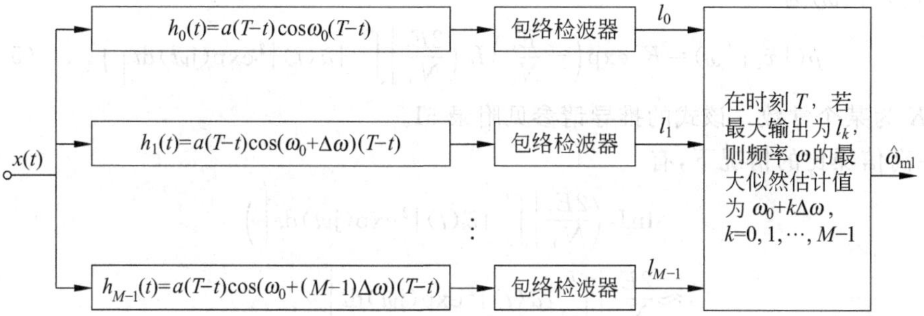

图 5.12　频率的最大似然估计器

插值方法提高频率估计的精度。

现在讨论信号频率最大似然估计量的克拉美-罗界。

我们知道，信号频率 ω 的最大似然估计量 $\hat{\omega}_{\rm ml}$ 的克拉美-罗界，与似然函数 $p[x(t)|\omega]$ 的统计特性有关。为了确定似然函数，我们采用复信号的形式来描述信号，并采用充分统计量的方法进行分析。

这样，我们可以把接收信号表示为

$$\tilde{x}(t)=\tilde{a}_s(t)\exp(\mathrm{j}\theta)+\tilde{n}(t),\quad 0\leqslant t\leqslant T \tag{5.9.30}$$

其中，$\tilde{a}_s(t)$是信号 $s(t;\ \omega)$的复包络；$\tilde{n}(t)$是零均值复高斯白噪声，其实部 $n_{\rm R}(t)$和虚部 $n_{\rm I}(t)$分别都是均值为零、功率谱密度为 $N_0/2$ 的实高斯白噪声；随机相位 θ 在$(-\pi,\pi)$上均匀分布。为了分析问题方便，把信号的复包络 $\tilde{a}_s(t)$表示为

$$\tilde{a}_s(t)=\sqrt{E_s}\tilde{a}(t)\exp(\mathrm{j}\nu t) \tag{5.9.31}$$

其中，E_s 是信号 $s(t;\ \omega)$的能量；ν 表示接收信号与发射信号的频率差，如运动目标的多普勒频率等；而 $\tilde{a}(t)$满足

$$\int_0^T|\tilde{a}(t)|^2\mathrm{d}t=1 \tag{5.9.32}$$

设复正交函数集为$\{\tilde{f}_k(t)\}(k=1,2,\cdots)$，复信号 $\tilde{x}(t)$正交级数展开的第一个坐标函数 $\tilde{f}_1(t)$构造为

$$\tilde{f}_1(t)=\tilde{a}^*(t),\quad 0\leqslant t\leqslant T \tag{5.9.33}$$

$k\geqslant 2$ 的坐标函数 $\tilde{f}_k(t)$除了要求与 $\tilde{f}_1(t)$正交外，函数形式任意。这样，$\tilde{x}(t)$的第一个展开系数为

$$\tilde{x}_1=\int_0^T\tilde{x}(t)\tilde{f}_1(t)\mathrm{d}t=\int_0^T\tilde{x}(t)\tilde{a}^*(t)\mathrm{d}t \tag{5.9.34}$$

它是复高斯随机过程 $\tilde{x}(t)$的线性泛函，因而是复高斯随机变量。因为 $\tilde{x}(t)$的其余展开系数 $\tilde{x}_k(k=2,3,\cdots)$均为 $\tilde{n}_k$，所以，$\tilde{x}_1$ 是一个充分统计量，它可以由 $\tilde{x}(t)$通过复脉冲响应为

$$\tilde{h}(t)=\tilde{a}^*(T-t) \tag{5.9.35}$$

的滤波器输出获得。

利用 $\tilde{x}_1$ 是复高斯随机变量的统计特性和关于复高斯白噪声 $\tilde{n}(t)$的假设，求得似然

函数$p(|\tilde{x}_1||\omega)$为

$$p(|\tilde{x}_1||\omega)=K\exp\left(-\frac{E_s}{N_0}\right)I_0\left(\frac{2E_s}{N_0}\left|\int_0^T|\tilde{a}(t)|^2\exp(\mathrm{j}\nu t)\mathrm{d}t\right|\right) \tag{5.9.36}$$

式中,K为某个常数。该式的推导请参见附录5I。

在高信噪比的情况下,有

$$\begin{aligned}&\ln I_0\left(\frac{2E_s}{N_0}\left|\int_0^T|\tilde{a}(t)|^2\exp(\mathrm{j}\nu t)\mathrm{d}t\right|\right)\\&\approx\frac{2E_s}{N_0}\left|\int_0^T|\tilde{a}(t)|^2\exp(\mathrm{j}\nu t)\mathrm{d}t\right|\end{aligned}$$

这样,则有

$$\ln p(|\tilde{x}_1||\omega)=\ln K-\frac{E_s}{N_0}+\frac{2E_s}{N_0}\left|\int_0^T|\tilde{a}(t)|^2\exp(\mathrm{j}\nu t)\mathrm{d}t\right| \tag{5.9.37}$$

用$\chi(\nu)$表示绝对值内的积分,即

$$\chi(\nu)=\int_0^T|\tilde{a}(t)|^2\exp(\mathrm{j}\nu t)\mathrm{d}t \tag{5.9.38}$$

称为模糊函数。于是,频率ω的无偏估计量$\hat{\omega}_{\mathrm{ml}}$的均方误差为

$$\begin{aligned}\varepsilon^2_{\hat{\omega}_{\mathrm{ml}}}&\geqslant\frac{1}{-\mathrm{E}\left[\dfrac{\partial^2\ln p(|\tilde{x}_1||\omega)}{\partial\omega^2}\right]}\\&=\frac{1}{-\dfrac{2E_s}{N_0}\dfrac{\partial^2|\chi(\nu)|}{\partial\omega^2}}\end{aligned} \tag{5.9.39}$$

利用

$$|\chi(\nu)|=[\chi(\nu)\chi^*(\nu)]^{1/2}$$

得其一阶导数和二阶导数分别为

$$\frac{\partial|\chi(\nu)|}{\partial\nu}=\frac{1}{2|\chi(\nu)|}[\chi(\nu)\chi^{*\prime}(\nu)+\chi^*(\nu)\chi'(\nu)] \tag{5.9.40}$$

和

$$\frac{\partial^2|\chi(\nu)|}{\partial\nu^2}=\frac{1}{|\chi(\nu)|}\mathrm{Re}[\chi(\nu)\chi^{*\prime\prime}(\nu)+\chi'(\nu)\chi^{*\prime}(\nu)]-\frac{1}{|\chi(\nu)|^3}[\mathrm{Re}(\chi^*(\nu)\chi'(\nu))]^2 \tag{5.9.41}$$

克拉美-罗界要在$\nu=0$处求二阶导数,注意到$\chi(0)=1$,因此得

$$\left.\frac{\partial^2|\chi(\nu)|}{\partial\nu^2}\right|_{\nu=0}=\mathrm{Re}[\chi''(0)]+|\chi'(0)|^2-[\mathrm{Re}(\chi'(0))]^2 \tag{5.9.42}$$

式中

$$\chi'(0)=\mathrm{j}\int_0^T t|\tilde{a}(t)|^2\mathrm{d}t \tag{5.9.43}$$

$$\chi''(0)=-\int_0^T t^2|\tilde{a}(t)|^2\mathrm{d}t \tag{5.9.44}$$

由于$\chi'(0)$是纯虚数,所以,(5.9.42)式中的各项分别为

$$\mathrm{Re}[\chi''(0)]=-\int_0^T t^2|\tilde{a}(t)|^2\mathrm{d}t$$

$$|\chi'(0)|^2=\left[\int_0^T t|\tilde{a}(t)|^2\mathrm{d}t\right]^2$$

$$\mathrm{Re}(\chi'(0))=0$$

这样,最终得

$$\varepsilon^2_{\hat{\omega}_{\mathrm{ml}}}=\frac{1}{\dfrac{2E_s}{N_0}t_{\mathrm{d}}^2} \tag{5.9.45}$$

式中,

$$t_{\mathrm{d}}^2=\int_0^T t^2|\tilde{a}(t)|^2\mathrm{d}t-\left[\int_0^T t|\tilde{a}(t)|^2\mathrm{d}t\right]^2 \tag{5.9.46}$$

是信号持续时间的一种度量。可见,提高信噪比 E_s/N_0,增加信号的持续时间,都能够提高频率的估计精度。

5.9.4　信号到达时间的估计

信号到达时间的估计主要用来测量距离。例如,在雷达系统中,通过测量目标回波的到达时间,以便确定目标的径向斜距。回波到达时间的测量一般都是在检波后的视频信号上进行,因此,这样的信号可表示为 $s(t;\ \tau)=s(t-\tau)$,这里 τ 是待估计的信号时延。下面仍然用最大似然估计的方法来估计 τ。

由(5.9.4)式,τ 的最大似然估计方程为

$$\begin{aligned}\frac{\partial\ln p[x(t)\mid\tau]}{\partial\tau}&=\frac{2}{N_0}\int_0^T[x(t)-s(t-\tau)]\frac{\partial}{\partial\tau}s(t-\tau)\mathrm{d}t\bigg|_{\tau=\hat{\tau}_{\mathrm{ml}}}\\&=\frac{2}{N_0}\int_0^T x(t)\frac{\partial}{\partial\tau}s(t-\tau)\mathrm{d}t-\frac{1}{N_0}\frac{\partial}{\partial\tau}\int_0^T s^2(t-\tau)\mathrm{d}t\bigg|_{\tau=\hat{\tau}_{\mathrm{ml}}}\\&=0\end{aligned} \tag{5.9.47}$$

式中,$\int_0^T s^2(t-\tau)\mathrm{d}t=E_s$,它是确定的信号能量,对 τ 求偏导等于零。所以,关于 τ 的最大似然估计方程为

$$\int_0^T x(t)\frac{\partial}{\partial\tau}s(t-\tau)\mathrm{d}t\bigg|_{\tau=\hat{\tau}_{\mathrm{ml}}}=0 \tag{5.9.48}$$

由此式可以看到,对 τ 进行最大似然估计的估计器,就是使接收信号 $x(t)$与已知信号波形的导数之相关运算等于零的时迟 τ,作为 $\hat{\tau}_{\mathrm{ml}}$。

下面结合图 5.13 来说明 $\hat{\tau}_{\mathrm{ml}}$ 估计的原理。图(a)中的 $s(t)$代表回波的视频信号;图(b)是 $s(t)$的导数,它是双极性的,可用图(c)的矩形双极性脉冲来理想化近似;图(d)是接收信号 $x(t)$。估计器的作用就是使矩形双极性脉冲与 $x(t)$乘积的积分等于零,这就要求矩形脉冲的中心分界线能够精确地对准包含在 $x(t)$中的信号峰值,从而达到精确测定 τ 的目的。

现在求到达时间估计量的克拉美-罗界。根据(5.9.8)式,对于 τ 的无偏估计量 $\hat{\tau}_{\mathrm{ml}}$,有

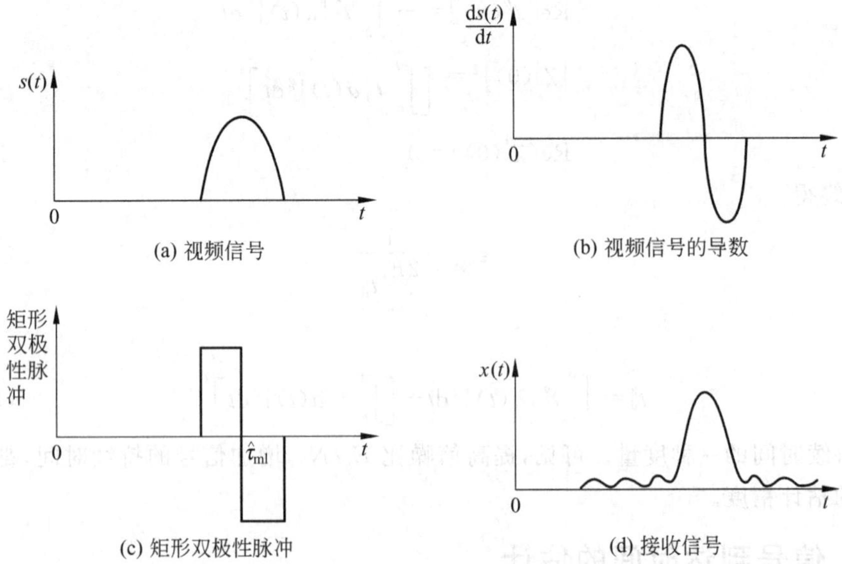

图 5.13　$\hat{\tau}_{ml}$ 的图示说明

$$\varepsilon^2_{\hat{\tau}_{ml}} \geqslant \frac{1}{\dfrac{2}{N_0}\displaystyle\int_0^T \left[\frac{\partial s(t-\tau)}{\partial \tau}\right]^2 \mathrm{d}t} \tag{5.9.49}$$

为了使到达时间 τ 的估计量的克拉美-罗界与信号的能量、噪声的强度和信号的带宽等参数相联系，在考虑 τ 的估计精度时，不妨设 $\tau=0$，并不失一般性。这样，则有

$$\varepsilon^2_{\hat{\tau}_{ml}} \geqslant \frac{1}{\dfrac{2}{N_0}\displaystyle\int_0^T \left(\frac{\partial s(t)}{\partial t}\right)^2 \mathrm{d}t} \tag{5.9.50}$$

设信号 $s(t)$ 的傅里叶变换为 $S(\mathrm{j}\omega)$，则

$$s(t) = \frac{1}{2\pi}\int_{-\infty}^{\infty} S(\mathrm{j}\omega)\exp(\mathrm{j}\omega t)\,\mathrm{d}\omega$$

因为 $\mathrm{d}s(t)/\mathrm{d}t$ 的傅里叶变换为 $\mathrm{j}\omega\, S(\mathrm{j}\omega)$，所以根据帕斯瓦尔(Parseval) 定理，得

$$\int_0^T \left(\frac{\partial s(t)}{\partial t}\right)^2 \mathrm{d}t = \frac{1}{2\pi}\int_{-\infty}^{\infty} \omega^2 \mid S(\mathrm{j}\omega) \mid^2 \mathrm{d}\omega \tag{5.9.51}$$

因此

$$\varepsilon^2_{\hat{\tau}_{ml}} \geqslant \frac{1}{\dfrac{1}{\pi N_0}\displaystyle\int_{-\infty}^{\infty} \omega^2 \mid S(\mathrm{j}\omega) \mid^2 \mathrm{d}\omega} \tag{5.9.52}$$

因为信号的能量为

$$E_s = \int_0^T s^2(t)\,\mathrm{d}t = \frac{1}{2\pi}\int_{-\infty}^{\infty} \mid S(\mathrm{j}\omega) \mid^2 \mathrm{d}\omega$$

所以，信号到达时间 τ 的最大似然估计量 $\hat{\tau}_{ml}$ 的均方误差 $\varepsilon^2_{\hat{\tau}_{ml}}$ 满足

$$\varepsilon^2_{\hat{\tau}_{ml}} \geqslant \frac{1}{\dfrac{2E_s}{N_0}\beta_1^2} \tag{5.9.53}$$

式中，

$$\beta_1^2=\frac{\int_{-\infty}^{\infty}\omega^2\mid S(\mathrm{j}\omega)\mid^2\mathrm{d}\omega}{\int_{-\infty}^{\infty}\mid S(\mathrm{j}\omega)\mid^2\mathrm{d}\omega} \tag{5.9.54}$$

这里，β_1 是信号带宽的一种度量，可称为均方根带宽。(5.9.54) 式表明，增加信号的能量 E_s，降低噪声强度 N_0，提高信号的等效带宽（信号时域宽度变窄）等，可以提高 τ 的估计精度，这显然是合理的。

信号到达时间的估计，除了用于视频信号外，还常用于另一类带通信号，即随机相位在 $(-\pi,\pi)$ 上均匀分布的窄带信号。下面讨论这类信号在功率谱密度为 $P_n(\omega)=N_0/2$ 的高斯白噪声中到达时间 τ 的最大似然估计及其估计量的克拉美-罗界。

对于窄带信号，我们采用复信号来描述，求出以 τ 为参量的似然函数 $p(|\tilde{x}_1|;\tau)$，这里 $\tilde{x}_1$ 是 $\tilde{x}(t)$ 的第一个正交级数展开系数，并且是一个充分统计量；然后讨论 τ 的最大似然估计和估计量的克拉美-罗界。

如同研究信号频率 ω 的最大似然估计量的克拉美-罗界一样，并参照附录 5I，在不考虑时延 τ 的情况下，接收信号表示为

$$\begin{aligned}\tilde{x}(t)&=\tilde{a}_s(t)\exp(\mathrm{j}\theta)+\tilde{n}(t)\\&=\sqrt{E_s}\tilde{a}(t)\exp(\mathrm{j}\theta)+\tilde{n}(t),\quad 0\leqslant t\leqslant T\end{aligned}$$

因此有

$$p(\mid\tilde{x}_1\mid)=K\exp\left(-\frac{E_s}{N_0}\right)I_0\left(\frac{2\sqrt{E_s}}{N_0}\mid\tilde{x}_1\mid\right),\quad \mid\tilde{x}_1\mid\geqslant 0 \tag{5.9.55}$$

式中，

$$\mid\tilde{x}_1\mid=\left|\int_0^T\tilde{x}(t)\tilde{a}^*(t)\mathrm{d}t\right| \tag{5.9.56}$$

现在，接收信号相对于发射信号有一个未知的时延 τ，所以接收信号可以表示为

$$\begin{aligned}\tilde{x}(t)&=\tilde{a}_s(t-\tau)\exp(\mathrm{j}\theta)+\tilde{n}(t)\\&=\sqrt{E_s}\tilde{a}(t-\tau)\exp(\mathrm{j}\theta)+\tilde{n}(t),\quad 0\leqslant t\leqslant T\end{aligned}$$

这样，$|\tilde{x}_1|$ 就是未知时延 τ 的函数，因而以 τ 为参量的似然函数为

$$p(\mid\tilde{x}_1\mid\,|\,\tau)=K\exp\left(-\frac{E_s}{N_0}\right)I_0\left(\frac{2\sqrt{E_s}}{N_0}\mid\tilde{x}_1\mid\right),\quad \mid\tilde{x}_1\mid\geqslant 0 \tag{5.9.57}$$

考虑到 $I_0(u)$ 是 u 的单调增函数，在高信噪比时有

$$\ln I_0\left(\frac{2\sqrt{E_s}}{N_0}\mid\tilde{x}_1\mid\right)\approx\frac{2\sqrt{E_s}}{N_0}\mid\tilde{x}_1\mid$$

所以

$$\ln p(\mid\tilde{x}_1\mid\,|\,\tau)\approx\ln K-\frac{E_s}{N_0}+\frac{2\sqrt{E_s}}{N_0}\mid\tilde{x}_1\mid,\quad \mid\tilde{x}_1\mid\geqslant 0 \tag{5.9.58}$$

根据最大似然估计原理，τ 的最大似然估计量就是使

$$\mid\tilde{x}_1\mid=\left|\int_0^T\tilde{x}(t)\tilde{a}^*(t)\mathrm{d}t\right|$$

达到最大的τ值。因此，估计量$\hat{\tau}_{ml}$可以这样求得，即把接收信号$\tilde{x}(t)$输入到复脉冲响应为$\tilde{h}(t)=\tilde{a}^*(T-t)$的滤波器，其输出经包络检波器，观测包络检波器的输出信号达到峰值的时刻，就是待估计的τ的估计值。

下面研究估计量$\hat{\tau}_{ml}$的克拉美-罗界。

因为在接收信号$\tilde{x}(t)$存在时延τ的情况下，$|\tilde{x}_1|$可表示为

$$\begin{aligned}|\tilde{x}_1| &= \left|\int_0^T \tilde{x}(t)\tilde{a}^*(t)\mathrm{d}t\right| \\ &= \left|\int_0^T \sqrt{E_s}\tilde{a}(t-\tau)\exp(\mathrm{j}\theta)\tilde{a}^*(t)\mathrm{d}t + \int_0^T \tilde{n}(t)\tilde{a}^*(t)\mathrm{d}t\right|\end{aligned}$$

式中，第二项表示信号与噪声的互相关程度。一般认为二者是不相关的，即该项近似等于零。这样，(5.9.58)式可表示为

$$\ln p(|\tilde{x}_1|\,|\tau) \approx \ln K - \frac{E_s}{N_0} + \frac{2E_s}{N_0}\left|\int_0^T \tilde{a}(t-\tau)\tilde{a}^*(t)\mathrm{d}t\right| \tag{5.9.59}$$

用$\chi(\tau)$表示上式绝对值中的积分，即为

$$\chi(\tau) = \int_0^T \tilde{a}(t-\tau)\tilde{a}^*(t)\mathrm{d}t \tag{5.9.60}$$

$\chi(\tau)$称为模糊函数。若到达时间τ的最大似然估计量$\hat{\tau}_{ml}$是无偏的，则估计量的均方误差为

$$\begin{aligned}\varepsilon_{\hat{\tau}_{ml}}^2 &\geqslant \frac{1}{-\mathrm{E}\left[\dfrac{\partial^2 \ln p(|\tilde{x}_1|\,|\tau)}{\partial\tau^2}\right]} \\ &= \frac{1}{-\dfrac{2E_s}{N_0}\dfrac{\partial^2|\chi(\tau)|}{\partial\tau^2}}\end{aligned} \tag{5.9.61}$$

应当注意，导数是在参量的真值处求出的。对于研究估计量的均方误差，假设真值$\tau=0$并不失一般性。

因为

$$|\chi(\tau)| = [\chi(\tau)\chi^*(\tau)]^{1/2}$$

故其一阶导数为

$$\frac{\partial|\chi(\tau)|}{\partial\tau} = \frac{1}{2|\chi(\tau)|}[\chi(\tau)\chi^{*\prime}(\tau) + \chi^*(\tau)\chi'(\tau)] \tag{5.9.62}$$

二阶导数为

$$\begin{aligned}\frac{\partial^2|\chi(\tau)|}{\partial\tau^2} = &\frac{1}{|\chi(\tau)|}\mathrm{Re}[\chi(\tau)\chi^{*\prime\prime}(\tau) + \chi'(\tau)\chi^{*\prime}(\tau)] - \\ &\frac{1}{|\chi(\tau)|^3}[\mathrm{Re}(\chi^*(\tau)\chi'(\tau))]^2\end{aligned} \tag{5.9.63}$$

克拉美-罗界要在$\tau=0$处求二阶导数，注意到$\chi(0)=1$，因此得到

$$\left.\frac{\partial^2|\chi(\tau)|}{\partial\tau^2}\right|_{\tau=0} = \mathrm{Re}(\chi''(0)) + |\chi'(0)|^2 - [\mathrm{Re}(\chi'(0))]^2 \tag{5.9.64}$$

式中，

$$\chi'(0)=\chi'(\tau)\Big|_{\tau=0}=-\int_0^T\tilde{a}'(t)\tilde{a}^*(t)\mathrm{d}t \tag{5.9.65}$$

$$\chi''(0)=\chi''(\tau)\Big|_{\tau=0}=\int_0^T\tilde{a}''(t)\tilde{a}^*(t)\mathrm{d}t \tag{5.9.66}$$

利用分部积分，则有

$$\chi''(\tau)\Big|_{\tau=0}=\tilde{a}'(t)\tilde{a}^*(t)\Big|_0^T-\int_0^T\tilde{a}'(t)\tilde{a}^{*\prime}(t)\mathrm{d}t$$

假定函数 $\tilde{a}(t)$ 或它的导数在端点处等于零，于是有

$$\chi''(\tau)\Big|_{\tau=0}=-\int_0^T|\tilde{a}'(t)|^2\mathrm{d}t \tag{5.9.67}$$

设 $\tilde{a}(t)$ 的傅里叶变换为 $\widetilde{A}(\mathrm{j}\omega)$，则 $\tilde{a}'(t)$ 的傅里叶变换为 $\mathrm{j}\omega\widetilde{A}(\mathrm{j}\omega)$。利用帕斯瓦尔定理，得

$$\chi'(0)=-\mathrm{j}\frac{1}{2\pi}\int_{-\infty}^{\infty}\omega|\widetilde{A}(\mathrm{j}\omega)|^2\mathrm{d}\omega \tag{5.9.68}$$

$$\chi''(0)=-\frac{1}{2\pi}\int_{-\infty}^{\infty}\omega^2|\widetilde{A}(\mathrm{j}\omega)|^2\mathrm{d}\omega \tag{5.9.69}$$

注意到 $\chi'(0)$ 是纯虚数，所以 $\mathrm{Re}(\chi'(0))=0$。将(5.9.68)式和(5.9.69)式代入(5.9.64)式，得

$$\frac{\partial^2|\chi(\tau)|}{\partial\tau^2}\Big|_{\tau=0}=-\frac{1}{2\pi}\int_{-\infty}^{\infty}\omega^2|\widetilde{A}(\mathrm{j}\omega)|^2\mathrm{d}\omega+\left(\frac{1}{2\pi}\int_{-\infty}^{\infty}\omega|\widetilde{A}(\mathrm{j}\omega)|^2\mathrm{d}\omega\right)^2 \tag{5.9.70}$$

将其代入(5.9.61)式，得到达时间 τ 的最大似然估计量 $\hat{\tau}_{\mathrm{ml}}$ 的均方误差为

$$\begin{aligned}\varepsilon^2_{\hat{\tau}_{\mathrm{ml}}}&\geqslant\frac{1}{\frac{2E_s}{N_0}\left[\frac{1}{2\pi}\int_{-\infty}^{\infty}\omega^2|\widetilde{A}(\mathrm{j}\omega)|^2\mathrm{d}\omega-\left(\frac{1}{2\pi}\int_{-\infty}^{\infty}\omega|\widetilde{A}(\mathrm{j}\omega)|^2\mathrm{d}\omega\right)^2\right]}\\&=\frac{1}{\frac{2E_s}{N_0}\beta^2}\end{aligned} \tag{5.9.71}$$

式中，

$$\beta^2=\frac{1}{2\pi}\int_{-\infty}^{\infty}\omega^2|\widetilde{A}(\mathrm{j}\omega)|^2\mathrm{d}\omega-\left(\frac{1}{2\pi}\int_{-\infty}^{\infty}\omega|\widetilde{A}(\mathrm{j}\omega)|^2\mathrm{d}\omega\right)^2 \tag{5.9.72}$$

β^2 是信号带宽的一种度量。因为

$$\int_0^T\tilde{a}(t)\,\tilde{a}^*(t)\mathrm{d}t=\frac{1}{2\pi}\int_{-\infty}^{\infty}|\widetilde{A}(\mathrm{j}\omega)|^2\mathrm{d}\omega=1$$

所以，β^2 可表示为

$$\beta^2=\frac{\frac{1}{2\pi}\int_{-\infty}^{\infty}\omega^2|\widetilde{A}(\mathrm{j}\omega)|^2\mathrm{d}\omega-\left(\frac{1}{2\pi}\int_{-\infty}^{\infty}\omega|\widetilde{A}(\mathrm{j}\omega)|^2\mathrm{d}\omega\right)^2}{\frac{1}{2\pi}\int_{-\infty}^{\infty}|\widetilde{A}(\mathrm{j}\omega)|^2\mathrm{d}\omega} \tag{5.9.73}$$

将窄带信号的 β^2 与视频信号的 β_1^2 相比较，即(5.9.73)式与(5.9.54)式相比较，前者

多出了分子中的第二项，从而使 $\beta^2<\beta_1^2$，它是由信号的随机相位引起的。可见，提高信噪比 E_s/N_0，或增加信号带宽，都能够提高到达时间 τ 的估计精度。

5.9.5 信号频率和到达时间的同时估计

在单信号参量估计的基础上，我们可以对多参量进行同时估计。特别是对频率和到达时间的同时估计，可用来同时估计目标的速度和距离，因而受到人们的重视。

对信号频率 ω 和到达时间 τ 同时进行估计，可采用下面的估计方法。将接收信号 $x(t)$ 输入到如图 5.12 所示的一组并联滤波器中，在信号可能出现的时间内，观测各滤波器的输出信号，在信噪比较高时，输出信号会出现峰值。产生最大峰值滤波器的中心频率和出现最大峰值的时刻，分别对应所要求的信号频率估计和信号到达时间估计的估计值。

现在讨论对信号频率 ω 和到达时间 τ 同时进行估计时的克拉美-罗界。

如果发射信号为

$$s(t)=a(t)\cos(\omega_0 t+\varphi(t)+\theta),\quad 0\leqslant t\leqslant T \tag{5.9.74}$$

其中，$\varphi(t)$ 是信号的相位调制项；θ 是信号的初相位。

用复信号形式表示的接收信号为

$$\tilde{x}(t)=\tilde{a}_s(t)\exp(\mathrm{j}\theta)+\tilde{n}(t),\quad 0\leqslant t\leqslant T \tag{5.9.75}$$

其中，相位调制项包含在复包络中；随机相位 θ 是在 $(-\pi,\pi)$ 上均匀分布的；$\tilde{n}(t)$ 是零均值的复高斯白噪声，其实部 $n_{\mathrm{R}}(t)$ 和虚部 $n_{\mathrm{I}}(t)$ 分别都是均值为零、功率谱密度为 $N_0/2$ 的实高斯白噪声。

在信号频率 ω 和到达时间 τ 需要同时进行估计时，复包络 $\tilde{a}_s(t)$ 可以表示为

$$\tilde{a}_s(t)=\sqrt{E_s}\,\tilde{a}(t-\tau)\exp(\mathrm{j}\nu t) \tag{5.9.76}$$

其中，τ 是信号的时延；ν 是接收信号与发射信号的频率差；$\tilde{a}(t)$ 满足

$$\int_0^T|\tilde{a}(t)|^2\mathrm{d}t=1 \tag{5.9.77}$$

类似于单个参量估计的分析方法，或借助于(5.9.37)式和(5.9.59)式，在高信噪比时，有

$$\ln p(|\tilde{x}_1|\,|\tau,\nu)\approx\ln K-\frac{E_s}{N_0}+\frac{2E_s}{N_0}\left|\int_0^T\tilde{a}(t-\tau)\tilde{a}^*(t)\exp(\mathrm{j}\nu t)\mathrm{d}t\right| \tag{5.9.78}$$

定义模糊函数 $\chi(\tau,\nu)$ 为

$$\chi(\tau,\nu)=\int_0^T\tilde{a}(t-\tau)\tilde{a}^*(t)\exp(\mathrm{j}\nu t)\mathrm{d}t \tag{5.9.79}$$

利用信号频率 ω 和到达时间 τ 单个参量估计时的克拉美-罗界和矢量估计时的费希尔信息矩阵 $\boldsymbol{J}$ 的各元素的表示式，我们能够求得费希尔信息矩阵。结合信号频率 ω 和到达时间 τ 的同时估计，费希尔信息矩阵 $\boldsymbol{J}$ 的各元素为

$$\begin{aligned}J_{ij}&=-\mathrm{E}\left[\frac{\partial^2\ln p(|\tilde{x}_1|\,|\tau,\nu)}{\partial\tau\partial\nu}\right]\\&=-\frac{2E_s}{N_0}\frac{\partial^2|\chi(\tau,\nu)|}{\partial\tau\partial\nu},\quad i,j=1,2\end{aligned} \tag{5.9.80}$$

这样，可求得各元素的具体结果如下：

$$J_{11} = -\frac{2E_s}{N_0}\frac{\partial^2 \mid \chi(\tau,\nu) \mid}{\partial \nu^2} = \frac{2E_s}{N_0}t_{\mathrm{d}}^2 \tag{5.9.81}$$

$$J_{22} = -\frac{2E_s}{N_0}\frac{\partial^2 \mid \chi(\tau,\nu) \mid}{\partial \tau^2} = \frac{2E_s}{N_0}\beta^2 \tag{5.9.82}$$

式中，t_{d}^2 和 β^2 分别由式(5.9.46)式和(5.9.72)式给出。而元素 J_{12} 和 J_{21} 为

$$J_{12} = J_{21} = \frac{2E_s}{N_0}\frac{\partial^2 \mid \chi(\tau,\nu) \mid}{\partial \tau \partial \nu}$$

利用与前面类似的推导，并经一些代数运算，可得

$$J_{12} = J_{21} = \frac{2E_s}{N_0}(\overline{\omega t} - \overline{\omega}\,\overline{t}) \tag{5.9.83}$$

式中，$\overline{\omega t}$，$\overline{\omega}$ 和 $\overline{t}$ 分别为

$$\overline{\omega t} = \mathrm{Re}\left(\frac{\partial^2 \mid \chi(\tau,\nu) \mid}{\partial \tau \partial \nu}\Bigg|_{\substack{\tau=0\\ \nu=0}}\right) = \int_0^T t\,\frac{\mathrm{d}\varphi(t)}{\mathrm{d}t} \mid \tilde{a}(t) \mid^2 \mathrm{d}t \tag{5.9.84}$$

$$\overline{\omega} = -\mathrm{j}\,\frac{\partial \mid \chi(\tau,\nu) \mid}{\partial \tau}\Bigg|_{\substack{\tau=0\\ \nu=0}} = \frac{1}{2\pi}\int_{-\infty}^{\infty} \omega \mid \tilde{A}(\mathrm{j}\omega) \mid^2 \mathrm{d}\omega \tag{5.9.85}$$

$$\overline{t} = -\mathrm{j}\,\frac{\partial \mid \chi(\tau,\nu) \mid}{\partial \nu}\Bigg|_{\substack{\tau=0\\ \nu=0}} = \int_0^T t \mid \tilde{a}(t) \mid^2 \mathrm{d}t \tag{5.9.86}$$

这里，$\tilde{A}(\mathrm{j}\omega)$ 是 $\tilde{a}(t)$ 的傅里叶变换。因为 $\varphi(t)$ 是信号的相位调制项，所以 $\mathrm{d}\varphi(t)/\mathrm{d}t$ 等于瞬时频率对载波频率的偏移。$\overline{\omega t}$ 的积分形式是信号的频率与时间乘积的平均值的度量；而 $\overline{\omega}$ 和 $\overline{t}$ 则分别是信号的平均频率和平均时间。

根据上述结果，费希尔信息矩阵 $\boldsymbol{J}$ 为

$$\boldsymbol{J} = \frac{2E_s}{N_0}\begin{bmatrix} t_{\mathrm{d}}^2 & \overline{\omega t} - \overline{\omega}\,\overline{t} \\ \overline{\omega t} - \overline{\omega}\,\overline{t} & \beta^2 \end{bmatrix} \tag{5.9.87}$$

其逆矩阵为

$$\boldsymbol{\Psi} = \boldsymbol{J}^{-1} = \frac{\begin{bmatrix} \beta^2 & \overline{\omega}\,\overline{t} - \overline{\omega t} \\ \overline{\omega}\,\overline{t} - \overline{\omega t} & t_{\mathrm{d}}^2 \end{bmatrix}}{\frac{2E_s}{N_0}[\beta^2 t_{\mathrm{d}}^2 - (\overline{\omega t} - \overline{\omega}\,\overline{t})^2]} \tag{5.9.88}$$

如果信号频率 ω 和到达时间 τ 的估计是联合有效估计，则有

$$\varepsilon_{\hat{\omega}_{\mathrm{ml}}}^2 = \frac{t_{\mathrm{d}}^2}{\frac{2E_s}{N_0}[\beta^2 t_{\mathrm{d}}^2 - (\overline{\omega t} - \overline{\omega}\,\overline{t})^2]} \tag{5.9.89}$$

$$\varepsilon_{\hat{\tau}_{\mathrm{ml}}}^2 = \frac{\beta^2}{\frac{2E_s}{N_0}[\beta^2 t_{\mathrm{d}}^2 - (\overline{\omega t} - \overline{\omega}\,\overline{t})^2]} \tag{5.9.90}$$

由(5.9.89)式和(5.9.90)式可见，对于一定的信号能量 E_s，这两种估计的精度可以分别依靠增加信号的有效持续时间和有效带宽得到改善，且差值$\overline{\omega t} - \bar{\omega}\bar{t}$ 越小，估计的精度越高。但是信号的有效带宽和有效持续时间并非相互独立的。例如，随着信号有效持续时间的增加，信号的有效带宽变窄，结果，频率的估计精度的提高是靠降低到达时间估计精度获得的。反之，到达时间的估计精度是靠降低频率的估计精度来改善的。所以，采用时宽为 T，带宽为 B 的大时宽带宽积 $D = BT$ 信号，如线性调频信号，可以提高频率和到达时间的联合估计的精度。

习　题

5.1　已知被估计参量 θ 的后验概率密度函数为

$$p(\theta \mid x) = (x+\lambda)^2\theta\exp[-(x+\lambda)\theta], \quad \theta \geqslant 0$$

(1) 求 θ 的最小均方误差估计量 $\hat{\theta}_{\text{mse}}$。

(2) 求 θ 的最大后验估计量 $\hat{\theta}_{\text{map}}$。

5.2　如果通过一次观测量 x 来估计信号的随机参量 θ，已知 $p(x,\theta) = p(x \mid \theta)p(\theta)$ 中的 $p(x \mid \theta)$ 和 $p(\theta)$ 分别为

$$p(x \mid \theta) = \theta\exp(-\theta x), \quad \theta \geqslant 0, x \geqslant 0$$

$$p(\theta) = 2\exp(-2\theta), \quad \theta \geqslant 0$$

求 θ 的最小均方误差估计量 $\hat{\theta}_{\text{mse}}$ 和最大后验估计量 $\hat{\theta}_{\text{map}}$。

如果进行了 N 次独立观测，观测量为 $x_k(k = 1,2,\cdots,N)$，求 θ 的最大后验估计量 $\hat{\theta}_{\text{map}}$。研究当 N 足够大，且 $\sum_{k=1}^{N} x_k \gg 2$ 时，$\hat{\theta}_{\text{map}}$ 的近似估计公式。

5.3　若观测方程为

$$x_k = \theta^3 + n_k, \quad k = 1,2,\cdots,N$$

其中，θ 是方差为 σ_θ^2 的零均值待估计的高斯随机变量；n_k 是方差为 σ_n^2 的零均值高斯白噪声，且 $\mathrm{E}(\theta n_k) = 0$。试导出这种非线性观测时，求 θ 的最大后验估计量 $\hat{\theta}_{\text{map}}$ 需要求解的方程。

5.4　若时变线性观测方程为

$$x_k = h_k\theta + n_k, \quad k = 1,2,\cdots,N$$

其中，θ 是方差为 σ_θ^2 的零均值待估计的高斯随机变量；n_k 是方差为 σ_n^2 的零均值高斯白噪声，且 $\mathrm{E}(\theta n_k) = 0$。

(1) 求 θ 的最小均方误差估计量 $\hat{\theta}_{\text{mse}}$ 和最大后验估计量 $\hat{\theta}_{\text{map}}$，并考查其主要性质。

(2) 如果 θ 服从瑞利分布，即

$$p(\theta) = \begin{cases} \dfrac{\theta}{\sigma_\theta^2}\exp\left(-\dfrac{\theta^2}{2\sigma_\theta^2}\right), & \theta \geqslant 0 \\ 0, & \theta < 0 \end{cases}$$

求 θ 的最大后验估计量 $\hat{\theta}_{\text{map}}$。

5.5　根据已知方差为 σ^2，未知均值 μ 的高斯随机过程的 N 个统计独立样本 $x_k(k =$

$1,2,\cdots,N$)，研究求均值 μ 的最大后验估计量 $\hat{\mu}_{\text{map}}$ 的问题。设关于均值的惟一先验知识是它大于等于零。

(1) 求估计量 $\hat{\mu}_{\text{map}}$ 的估计表示式。

(2) 求估计量 $\hat{\mu}_{\text{map}}$ 的概率密度函数 $p(\hat{\mu}_{\text{map}})$ 的表示式。

5.6　若通过两个独立观测信道观测方差为 σ_θ^2 的零均值高斯随机参量 θ，即有

$$x_1 = \theta + n_1$$
$$x_2 = \theta + n_2$$

其中，$n_k(k=1,2)$ 是方差为 $\sigma_{n_k}^2$ 的零均值高斯噪声。

(1) 求估计量 $\hat{\theta}_{\text{mse}}$ 和 $\hat{\theta}_{\text{map}}$。

(2) 分别求估计量 $\hat{\theta}_{\text{mse}}$ 和 $\hat{\theta}_{\text{map}}$ 的均方误差。

5.7　若随机参量 λ 是通过另一个随机变量 x 来观测的。现已知

$$p(x \mid \lambda) = \begin{cases} \lambda\exp(-\lambda x), & x \geqslant 0, \quad \lambda \geqslant 0 \\ 0, & x < 0 \end{cases}$$

假定 λ 的先验概率密度函数为

$$p(\lambda) = \begin{cases} \dfrac{l^n}{\Gamma(n)}\lambda^{n-1}\exp(-l\lambda), & \lambda \geqslant 0 \\ 0, & \lambda < 0 \end{cases}$$

其中，l 为非零常数。

(1) 分别求 λ 的估计量 $\hat{\lambda}_{\text{mse}}$ 和 $\hat{\lambda}_{\text{map}}$。

(2) 分别求估计量 $\hat{\lambda}_{\text{mse}}(x)$ 和 $\hat{\lambda}_{\text{map}}$ 的均方误差。

5.8　从具有 n 个自由度的 Γ 分布中我们得到，当采用 N 个统计独立的样本 $x_k(k=1,2,\cdots,N)$ 时，有

$$p(x_k \mid \alpha) = \begin{cases} \dfrac{x_k^{\frac{n}{2}-1}\exp\left(-\dfrac{x_k}{2\alpha}\right)}{(2\alpha)^{\frac{n}{2}}\Gamma\left(\dfrac{n}{2}\right)}, & x_k > 0, \quad \alpha > 0 \\ 0, & x_k < 0 \end{cases}$$

(1) 证明参量 α 的最大似然估计量 $\hat{\alpha}_{\text{ml}}$ 为

$$\hat{\alpha}_{\text{ml}} = \frac{\overline{x}}{n}$$

其中，

$$\overline{x} = \frac{1}{N}\sum_{k=1}^{N} x_k$$

(2) 证明 $\hat{\alpha}_{\text{ml}}$ 是 α 的无偏有效估计量。

(3) 证明 $\hat{\alpha}_{\text{ml}}$ 是一个充分估计量。

5.9　若线性观测方程为

$$x_k = \frac{\theta}{2} + n_k, \quad k = 1,2,\cdots,N$$

其中，n_k 是方差为 σ_n^2 的零均值高斯白噪声，且 $\mathrm{E}(\theta n_k) = 0$。

(1) 求 θ 的最大似然估计量 $\hat{\theta}_{\text{ml}}$，并考查其主要性质。

(2) 若已知 θ 的先验概率密度函数为

$$p(\theta)=\begin{cases}\dfrac{1}{4}\exp\left(-\dfrac{\theta}{4}\right), & \theta\geqslant 0\\ 0, & \theta<0\end{cases}$$

求 θ 的最大后验估计量 $\hat{\theta}_{\mathrm{map}}$，考查其无偏性，并求其均方误差。

(3) 画出 $\hat{\theta}_{\mathrm{ml}}$ 和 $\hat{\theta}_{\mathrm{map}}$ 与观测量的关系曲线，并加以比较。

5.10 设目标的加速度 a 是通过测量位移来估计的。若时变观测方程为

$$x_k=k^2a+n_k,\quad k=1,2,\cdots$$

我们已经知道，n_k 是方差为 σ_n^2 的零均值高斯白噪声，且 $\mathrm{E}(an_k)=0$。

(1) 根据下面的前两个观测样本：

$$x_1=a+n_1$$
$$x_2=4a+n_2$$

证明加速度 a 的最大似然估计量 $\hat{a}_{\mathrm{ml}}$ 为

$$\hat{a}_{\mathrm{ml}}=\frac{1}{17}x_1+\frac{4}{17}x_2$$

并求估计量的均方误差。

(2) 如果假定加速度 a 是方差为 σ_a^2 的零均值高斯随机变量，且 $\sigma_a^2=\sigma_n^2$。利用同样的前两个观测样本 x_1 和 x_2，证明加速度 a 的最大后验估计量 $\hat{a}_{\mathrm{map}}$ 为

$$\hat{a}_{\mathrm{map}}=\frac{1}{18}x_1+\frac{4}{18}x_2$$

并求估计量的均方误差。

(3) 比较估计量 $\hat{a}_{\mathrm{ml}}$ 和 $\hat{a}_{\mathrm{map}}$ 的估计精度。

(4) 导出任取两个连续样本 x_k 和 x_{k+1} 时，加速度 a 的最大似然估计量 $\hat{a}_{\mathrm{ml}}$ 的构造公式；同时导出估计量 $\hat{a}_{\mathrm{ml}}$ 的均方误差 $\mathrm{E}[(a-\hat{a}_{\mathrm{ml}})^2]$ 公式。你会发现，随着所选取的两个连续样本 x_k 和 x_{k+1} 的位置 k 的增加，估计量的均方误差逐渐减小。请考虑这种变化规律是否合理，并解释其原因。

(5) 如果连续取如下前三个样本：

$$x_1=a+n_1$$
$$x_2=4a+n_2$$
$$x_3=9a+n_3$$

求基于这三个样本的加速度 a 的最大似然估计量 $\hat{a}_{\mathrm{ml}}$ 及其均方误差。

5.11 若观测方程为

$$x=\theta_1+\theta_2$$

其中，θ_1 和 θ_2 是独立的，且分别具有参量 σ_1^2 和 σ_2^2 的瑞利分布。求 θ_1 的最大似然估计量 $\hat{\theta}_{1_{\mathrm{ml}}}$ 和最大后验估计量 $\hat{\theta}_{1_{\mathrm{map}}}$。

5.12 对数-正态分布常用来描述无规则形状的大金属目标雷达截面积的概率密度函数和海杂波的概率密度函数，其表示式为

$$p(x\mid\upsilon_x,\sigma)=\begin{cases}\left(\dfrac{1}{2\pi\sigma^2x^2}\right)^{1/2}\exp\left[-\dfrac{\ln^2(x/\upsilon_x)}{2\sigma^2}\right], & x\geqslant 0,\quad \upsilon_x>0\\ 0, \quad x<0\end{cases}$$

其中，υ_x 是 x 的中值(中位数)；σ 是 $\ln x$ 的标准差。一个重要的参量是 x 的均值与中值之比，记为

$$\rho=\frac{E(x)}{\upsilon_x}=\exp\left(\frac{\sigma^2}{2}\right)$$

假定有变量 x 的 N 个独立样本 x_k。证明参量 υ_x 和 ρ 的最大似然估计量分别为

$$\hat{\upsilon}_{x_{\rm ml}}=\left(\prod_{k=1}^{N}x_k\right)^{1/N}$$

$$\hat{\rho}_{\rm ml}=\left[\prod_{k=1}^{N}\left(\frac{x_k}{\hat{\upsilon}_{x_{\rm ml}}}\right)^{\ln\left(\frac{x_k}{\hat{\upsilon}_{x_{\rm ml}}}\right)}\right]^{1/(2N)}$$

5.13 设 $n(t)$ 是零均值的平稳高斯白噪声随机过程。现取其 N 个独立样本 $n_k(k=1,2,\cdots,N)$，方差为 σ_n^2，通过方差 σ_n^2 的最大似然估计量$\hat{\sigma}_{n_{\rm ml}}^2$，求以分贝表示的噪声功率估计量$\hat{P}_{n_{\rm ml}}$。已知噪声功率 P_n 定义为

$$P_n=10\lg\sigma_n^2(\text{dB})$$

5.14 若线性观测方程为

$$x_k=\theta+n_k,\quad k=1,2,\cdots,N$$

其中，θ 是非随机参量；n_k 是均值为零、方差为 σ_n^2 的独立高斯噪声，且 $\mathrm{E}(\theta n_k)=0$。设有函数 $\alpha=b\theta+c$，其中 b 是任意非零常数，c 是任意常数。求 α 的最大似然估计量$\hat{\alpha}_{\rm ml}$，考查其无偏性和有效性，并求估计量的均方误差。

5.15 通过对噪声背景中信号电平 A 的测量，来估计信号的功率。设观测方程为

$$x_k=A+n_k,\quad k=1,2,\cdots,N$$

其中，A 是信号的电平；n_k 是均值为零、方差为 σ_n^2 的独立高斯噪声，且 $\mathrm{E}(An_k)=0$。求 $P=A^2$ 的最大似然估计量$\hat{P}_{\rm ml}$。

5.16 设 θ 是未知非随机参量，现已知它的函数 $\alpha=g(\theta)$ 的估计量为$\hat{\alpha}$。如果$\hat{\alpha}$是 α 的任意无偏估计量，则估计量的均方误差满足

$$\mathrm{Var}(\hat{\alpha})=\mathrm{E}[(\alpha-\hat{\alpha})^2]\geqslant\frac{\left(\dfrac{\partial g(\theta)}{\partial\theta}\right)^2}{\mathrm{E}\left[\left(\dfrac{\partial\ln p(\boldsymbol{x}\mid\theta)}{\partial\theta}\right)^2\right]}$$

或者满足

$$\mathrm{Var}(\hat{\alpha})=\mathrm{E}[(\alpha-\hat{\alpha})^2]\geqslant\frac{\left(\dfrac{\partial g(\theta)}{\partial\theta}\right)^2}{-\mathrm{E}\left[\dfrac{\partial^2\ln p(\boldsymbol{x}\mid\theta)}{\partial\theta^2}\right]}$$

当且仅当对所有的 $\boldsymbol{x}$ 和 θ 都满足

$$\frac{\partial\ln p(\boldsymbol{x}|\theta)}{\partial\theta}=(\alpha-\hat{\alpha})k(\theta)$$

时，不等式取等号成立。式中，$k(\theta)$可以是 θ 的任意非零函数，但不能是 $\boldsymbol{x}$ 的函数，也可以是任意非零常数。这就是参量 θ 的函数 $\alpha=g(\theta)$估计的克拉美-不等式和克拉美-罗界及其不等式取等号成立的条件。请推导这些结论。

5.17 我们知道，高斯(正态)分布是一种重要的分布，广泛应用在信号处理系统中。

现根据平稳高斯分布的N个统计独立的样本x_k,估计其均值μ和方差σ^2。

(1) 如果方差σ^2已知,求均值μ的最大似然估计量$\hat{\mu}_{\mathrm{ml}}$,并考查其主要性质;如果均值μ已知,求方差σ^2的最大似然估计量$\hat{\sigma}^2_{\mathrm{ml}}$,并考查其主要性质;均值$\mu$和方差$\sigma^2$均未知,同时求均值$\mu$和方差$\sigma^2$的最大似然估计量$\hat{\mu}_{\mathrm{ml}}$和$\hat{\sigma}^2_{\mathrm{ml}}$,并分别考查它们的主要性质。

(2) 如果样本数N足够大,使$(N-1)/N\approx 1$,从而允许我们认为$(N-1)/N$就等于1。在这种条件下,研究同时获得的估计量$\hat{\mu}_{\mathrm{ml}}$和$\hat{\sigma}^2_{\mathrm{ml}}$的无偏性、克拉美-罗界和有效性。

5.18 考虑直线方程的截距A和斜率B的同时估计问题。设观测方程为

$$x_k=A+B(k-1)+n_k,\quad k=1,2,\cdots,N$$

其中,n_k是均值为零、方差为σ_n^2的高斯白噪声,且满足$\mathrm{E}(An_k)=0,\mathrm{E}(Bn_k)=0$。

(1) 求同时对A和B进行最大似然估计的估计量$\hat{A}_{\mathrm{ml}}$和$\hat{B}_{\mathrm{ml}}$。

(2) 求费希尔数据信息矩阵$\boldsymbol{J}$和它的逆矩阵$\boldsymbol{\psi}=\boldsymbol{J}^{-1}$。

5.19 在非随机矢量$\boldsymbol{\theta}=(\theta_1,\theta_2,\cdots,\theta_M)^{\mathrm{T}}$的估计中,如果$\hat{\theta}_i$是$\theta_i$的任意无偏估计量,我们已经导出了该估计量的均方误差满足(5.5.14)式,现在想用下面的方法导出这个结果。大家知道,数据信息矩阵$\boldsymbol{J}$的元素为

$$\begin{aligned}J_{ij}&=\mathrm{E}\left[\frac{\partial\ln p(\boldsymbol{x}|\boldsymbol{\theta})}{\partial\theta_i}\frac{\partial\ln p(\boldsymbol{x}|\boldsymbol{\theta})}{\partial\theta_j}\right]\\&=-\mathrm{E}\left[\frac{\partial^2\ln p(\boldsymbol{x}|\boldsymbol{\theta})}{\partial\theta_i\partial\theta_j}\right]\end{aligned}$$

利用关系式

$$\int_{-\infty}^{\infty}\hat{\theta}_i p(\boldsymbol{x}|\boldsymbol{\theta})\mathrm{d}\boldsymbol{x}=\theta_i$$

$$\int_{-\infty}^{\infty}\hat{\theta}_i\frac{\partial p(\boldsymbol{x}|\boldsymbol{\theta})}{\partial\theta_j}\mathrm{d}\boldsymbol{x}=\int_{-\infty}^{\infty}\hat{\theta}_i\frac{\partial\ln p(\boldsymbol{x}|\boldsymbol{\theta})}{\partial\theta_j}p(\boldsymbol{x}|\boldsymbol{\theta})\mathrm{d}\boldsymbol{x}=\delta_{ij}$$

并定义$M+1$维矢量$\boldsymbol{u}_i$为

$$\boldsymbol{u}_i=\begin{bmatrix}\dfrac{\partial\ln p(\boldsymbol{x}|\boldsymbol{\theta})}{\partial\theta_1}\\\dfrac{\partial\ln p(\boldsymbol{x}|\boldsymbol{\theta})}{\partial\theta_2}\\\vdots\\\dfrac{\partial\ln p(\boldsymbol{x}|\boldsymbol{\theta})}{\partial\theta_{i-1}}\\\theta_i-\hat{\theta}_i\\\dfrac{\partial\ln p(\boldsymbol{x}|\boldsymbol{\theta})}{\partial\theta_i}\\\vdots\\\dfrac{\partial\ln p(\boldsymbol{x}|\boldsymbol{\theta})}{\partial\theta_M}\end{bmatrix}$$

则其协方差矩阵$\boldsymbol{U}_i=\mathrm{E}(\boldsymbol{u}_i\boldsymbol{u}_i^{\mathrm{T}})$是非负定阵,这要求该矩阵的行列式大于等于零,否则矩阵$\boldsymbol{U}_i$主对角线上的元素(方差)将出现负值。这样,利用拉普拉斯展开定理,求矩阵$\boldsymbol{U}_i$的行列式,并令其大于等于零,将导出估计量的均方误差

$$\varepsilon^2_{\hat{\theta}_i} \geqslant \Psi_{ii}, \quad i=1,2,\cdots,M$$

的关系式。请你完成这一推导。

5.20　在一般高斯信号参量的统计估计中，如果被估计量 θ 是未知非随机单参量，线性观测方程为

$$x_k = h_k\theta + n_k, \quad k=1,2,\cdots,N$$

其中，x_k 是第 k 次的观测量；h_k 是已知的第 k 次观测系数；n_k 是第 k 次的观测噪声。N 次观测的噪声矢量 $\boldsymbol{n}=(n_1,n_2,\cdots,n_N)^{\mathrm{T}}$ 是均值矢量为零、协方差矩阵为 $\boldsymbol{C_n}=\mathrm{E}(\boldsymbol{nn}^{\mathrm{T}})$ 的随机高斯噪声矢量。

(1) 求非随机参量 θ 的最大似然估计量 $\hat{\theta}_{\mathrm{ml}}$ 和估计量的均方误差 $\varepsilon^2_{\hat{\theta}_i}$。

(2) 若记随机噪声矢量 $\boldsymbol{n}$ 的协方差矩阵 $\boldsymbol{C_n}$ 中的元素 $c_{n_k n_k}=E(n_k^2)\overset{\mathrm{def}}{=}\sigma^2_{n_k}$，如果 $\boldsymbol{C_n}=\sigma^2_{n_k}\boldsymbol{I}$ $(k=1,2,\cdots,N)$，求 θ 的最大似然估计量 $\hat{\theta}_{\mathrm{ml}}$ 和均方误差 $\varepsilon^2_{\hat{\theta}_{\mathrm{ml}}}$。

(3) 如果 $\boldsymbol{C_n}=\sigma^2_n\boldsymbol{I}$，求 θ 的最大似然估计量 $\hat{\theta}_{\mathrm{ml}}$ 和均方误差 $\varepsilon^2_{\hat{\theta}_{\mathrm{ml}}}$。

(4) 如果 $h_k=1, \boldsymbol{C_n}=\sigma^2_n\boldsymbol{I}$，求 θ 的最大似然估计量 $\hat{\theta}_{\mathrm{ml}}$ 和均方误差 $\varepsilon^2_{\hat{\theta}_{\mathrm{ml}}}$。

5.21　在一般高斯信号随机参量的贝叶斯估计中，若线性观测方程为

$$\boldsymbol{x}=\boldsymbol{H}\theta+\boldsymbol{n}$$

其中，$\boldsymbol{x}=(x_1,x_2,\cdots,x_N)^{\mathrm{T}}$ 是 N 维观测信号矢量；$\boldsymbol{H}=(1,1,\cdots,1)^{\mathrm{T}}$ 是 N 维观测矩阵；$\boldsymbol{n}=(n_1,n_2,\cdots,n_N)^{\mathrm{T}}$ 是 N 维观测噪声矢量，其 n_k 是均值为零、方差为 σ^2_n 的高斯白噪声；θ 是被估计的随机单参量，具有均值为 μ_θ、方差为 σ^2_θ 的高斯分布先验概率密度函数。现已求得 θ 的贝叶斯估计量 $\hat{\theta}_{\mathrm{b}}$ 为

$$\hat{\theta}_{\mathrm{b}} = \mu_\theta + \frac{\sigma^2_\theta}{\sigma^2_\theta+\dfrac{\sigma^2_n}{N}}\left(\frac{1}{N}\sum_{k=1}^{N}x_k-\mu_\theta\right)$$

利用估计误差 $\tilde{\theta}_{\mathrm{b}}=\theta-\hat{\theta}_{\mathrm{b}}$，求估计量 $\hat{\theta}_{\mathrm{b}}$ 的均方误差 $\varepsilon^2_{\hat{\theta}_{\mathrm{b}}}=\mathrm{E}[(\theta-\hat{\theta}_{\mathrm{b}})^2]$。

5.22　同习题 5.21，但观测矩阵 $\boldsymbol{H}$ 变为

$$\boldsymbol{H}=(h_1,h_2,\cdots,h_N)^{\mathrm{T}}$$

求随机参量 θ 的贝叶斯估计量 $\hat{\theta}_{\mathrm{b}}$，并考查其主要性质。

5.23　高斯噪声中，研究高斯随机矢量 $\boldsymbol{\theta}$ 的贝叶斯估计，已知它的后验概率密度函数 $p(\boldsymbol{\theta}\,|\,\boldsymbol{x})$ 是高斯型的，其均值矢量为

$$\mathrm{E}(\boldsymbol{\theta}\,|\,\boldsymbol{x})=\boldsymbol{\mu_\theta}+\boldsymbol{C_\theta H}^{\mathrm{T}}(\boldsymbol{HC_\theta H}^{\mathrm{T}}+\boldsymbol{C_n})^{-1}(\boldsymbol{x}-\boldsymbol{H\mu_\theta})$$

协方差矩阵为

$$\boldsymbol{C_{\theta|x}}=\boldsymbol{C_\theta}-\boldsymbol{C_\theta H}^{\mathrm{T}}(\boldsymbol{HC_\theta H}^{\mathrm{T}}+\boldsymbol{C_n})^{-1}\boldsymbol{HC_\theta}$$

请利用矩阵求逆引理，证明它们的另一种表示式分别为

$$\mathrm{E}(\boldsymbol{\theta}\,|\,\boldsymbol{x})=\boldsymbol{\mu_\theta}+(\boldsymbol{C_\theta}^{-1}+\boldsymbol{H}^{\mathrm{T}}\boldsymbol{C_n}^{-1}\boldsymbol{H})^{-1}\boldsymbol{H}^{\mathrm{T}}\boldsymbol{C_n}^{-1}(\boldsymbol{x}-\boldsymbol{H\mu_\theta})$$

和

$$\boldsymbol{C_{\theta|x}}=(\boldsymbol{C_\theta}^{-1}+\boldsymbol{H}^{\mathrm{T}}\boldsymbol{C_n}^{-1}\boldsymbol{H})^{-1}$$

5.24　设叠加在信号固定振幅 A 上的随机振幅分量 a 的先验概率密度为

$$p(a)=\left(\frac{1}{8\pi}\right)^{1/2}\exp\left(-\frac{a^2}{8}\right)$$

(1) 用精密仪表测得 a 的两次观测值为 x_1 和 x_2(测量方式为 1∶1 直接测量),它们分别是由随机振幅 a 与方差为 $\sigma_n^2=2$ 的零均值观测噪声 n_k 之和组成,噪声采样是互不相关的,且满足 $\mathrm{E}(an_k)=0$。求随机振幅 a 的线性最小均方误差估计量 $\hat{a}_{\mathrm{lmse}}$。

(2) 若用普通仪表测得 a 的四次观测值为 x_1,x_2,x_3 和 x_4(测量方式也是 1∶1 直接测量),但观测噪声 n_k 具有较大的方差 $\sigma_n^2=4$,其他相同。求随机振幅 a 的线性最小均方误差估计量 $\hat{a}_{\mathrm{lmse}}$。

(3) 将两种估计结果进行比较,比较结果说明什么问题?

5.25　设随机参量 θ 以等概率取$(-2,-1,0,1,2)$诸值;噪声 n 以等概率取$(-1,0,1)$诸值,且互不相关,同时满足 $\mathrm{E}(\theta n)=0$。若观测方程为

$$x_k=\theta+n_k,\quad k=1,2$$

试依据两次观测数据 x_1 和 x_2,求参量 θ 的线性最小均方误差估计量 $\hat{\theta}_{\mathrm{lmse}}$ 和估计量的均方误差 $\varepsilon^2_{\hat{\theta}_{\mathrm{lmse}}}$。

5.26　设相关噪声 n_k 是由白噪声 w_k 激励一阶递归滤波器产生的,表示为

$$n_k=\rho n_{k-1}+w_k,\quad |\rho|\leqslant 1$$

其中,白噪声序列 w_k 的前二阶矩为

$$\mathrm{E}(w_k)=0,\quad \mathrm{E}(w_jw_k)=\sigma_w^2\delta_{jk}$$

(1) 证明相关噪声 n_k 的前二阶矩为

$$\mathrm{E}(n_k)=0,\quad \mathrm{E}(n_jn_k)=\rho^{|k-j|}\sigma_n^2$$

(2) 证明

$$\sigma_n^2=\frac{\sigma_w^2}{1-\rho^2}$$

5.27　作为时变测量和噪声采样相关情况线性最小均方误差估计的一个例子,我们考虑自由落体问题。若从某一行星上自由降落一物体,在 t(s)内下降的距离 $R(t)=gt^2/2$(m),其中 g 为引力加速度$(\mathrm{m/s^2})$。现根据有噪声的观测

$$x_k=\frac{k^2}{2}g+n_k,\quad k=1,2,\cdots$$

及下列已知条件:

$\mathrm{E}(g)=g_0(\mathrm{m/s^2})$　　　$\mathrm{Var}(g)=1(\mathrm{m/s^2})^2$

$\mathrm{E}(n_k)=0$　　　$\mathrm{E}(n_kn_{k+j})=\left(\frac{1}{2}\right)^j(\mathrm{m/s^2})^2$

$\mathrm{E}(gn_k)=0$

求引力加速度 g 的线性最小均方误差估计量 $\hat{g}_{\mathrm{lmse}}$。

(1) 取一次观测样本

$$x_1=\frac{1}{2}g+n_1$$

证明

$$\hat{g}_{\mathrm{lmse}}=g_0+\frac{2}{5}\left(x_1-\frac{1}{2}g_0\right)$$

(2) 取两次观测样本

$$x_1=\frac{1}{2}g+n_1$$
$$x_2=2g+n_2$$

证明

$$\hat{g}_{\text{lmse}}=g_0-\frac{1}{8}\left(x_1-\frac{1}{2}g_0\right)+\frac{7}{16}(x_2-2g_0)$$

5.28　已知同维随机矢量 $\boldsymbol{\theta}_1$ 与 $\boldsymbol{\theta}_2$ 之和 $\boldsymbol{\alpha}=\boldsymbol{\theta}_1+\boldsymbol{\theta}_2$ 的线性最小均方误差估计矢量 $\hat{\boldsymbol{\alpha}}_{\text{lmse}}$ 为

$$\hat{\boldsymbol{\alpha}}_{\text{lmse}}=\hat{\boldsymbol{\theta}}_{1_{\text{lmse}}}+\hat{\boldsymbol{\theta}}_{2_{\text{lmse}}}$$

其中，

$$\hat{\boldsymbol{\theta}}_{1_{\text{lmse}}}=\boldsymbol{\mu}_{\boldsymbol{\theta}_1}+\boldsymbol{C}_{\boldsymbol{\theta}_1\boldsymbol{x}}\boldsymbol{C}_{\boldsymbol{x}}^{-1}(\boldsymbol{x}-\boldsymbol{\mu}_{\boldsymbol{x}})$$
$$\hat{\boldsymbol{\theta}}_{2_{\text{lmse}}}=\boldsymbol{\mu}_{\boldsymbol{\theta}_2}+\boldsymbol{C}_{\boldsymbol{\theta}_2\boldsymbol{x}}\boldsymbol{C}_{\boldsymbol{x}}^{-1}(\boldsymbol{x}-\boldsymbol{\mu}_{\boldsymbol{x}})$$

求估计矢量 $\hat{\boldsymbol{\alpha}}_{\text{lmse}}$ 的均方误差阵 $\boldsymbol{M}_{\hat{\boldsymbol{\alpha}}_{\text{lmse}}}$。

5.29　对于例 5.7.2 的匀速直线运动目标的速度 v，请采用递推估计的方法进行估计。

(1) 如果观测量 x_1,x_2,x_3 和 x_5 同例 5.7.2，但 $x_4=25$ km，请完成速度的递推估计。

(2) 若第四次观测量 $x_4=25$km，它明显属于异常值(又称野值)，你应如何处理后再进行递推估计才合适。请你寻求几种可行的处理方法，并完成速度的递推估计。

5.30　在线性最小二乘加权估计中，若线性观测方程为

$$\boldsymbol{x}=\boldsymbol{H}\boldsymbol{\theta}+\boldsymbol{n}$$

选择使

$$J_W(\hat{\boldsymbol{\theta}})=(\boldsymbol{x}-\boldsymbol{H}\hat{\boldsymbol{\theta}})^{\mathrm{T}}\boldsymbol{W}(\boldsymbol{x}-\boldsymbol{H}\hat{\boldsymbol{\theta}})$$

达到最小的 $\hat{\boldsymbol{\theta}}$ 为线性最小二乘加权估计矢量 $\hat{\boldsymbol{\theta}}_{\text{lsw}}$，式中加权矩阵 $\boldsymbol{W}$ 是对称正定矩阵。证明

$$\hat{\boldsymbol{\theta}}_{\text{lsw}}=(\boldsymbol{H}^{\mathrm{T}}\boldsymbol{W}\boldsymbol{H})^{-1}\boldsymbol{H}^{\mathrm{T}}\boldsymbol{W}\boldsymbol{x}$$
$$J_{W\min}(\hat{\boldsymbol{\theta}}_{\text{lsw}})=\boldsymbol{x}^{\mathrm{T}}[\boldsymbol{W}-\boldsymbol{W}\boldsymbol{H}(\boldsymbol{H}^{\mathrm{T}}\boldsymbol{W}\boldsymbol{H})^{-1}\boldsymbol{H}^{\mathrm{T}}\boldsymbol{W}]\boldsymbol{x}$$

5.31　考虑单参量 θ 的估计问题。若线性观测方程为

$$x_k=h_k\theta+n_k,\quad k=1,2,\cdots,N$$

(1) 证明 θ 的线性最小二乘估计量 $\hat{\theta}_{\text{ls}}$ 为

$$\hat{\theta}_{\text{ls}}=\frac{1}{\sum\limits_{k=1}^{N}h_k^2}\sum_{k=1}^{N}h_kx_k$$

(2) 若各次观测噪声 n_k 的统计特性为

$$\mathrm{E}(n_k)=0,\quad \mathrm{E}(n_jn_k)=\sigma_n^2\delta_{jk},\quad \mathrm{E}(\theta n_k)=0$$

证明估计量 $\hat{\theta}_{\text{ls}}$ 的均方误差为

$$\varepsilon_{\hat{\theta}_{\text{ls}}}^2=\mathrm{E}[(\theta-\theta_{\text{ls}})^2]=\frac{1}{\sum\limits_{k=1}^{N}h_k^2}\sigma_n^2$$

(3) 如果观测噪声 n_k 的统计特性为

$$\mathrm{E}(n_k)=0, \quad \mathrm{E}(n_j n_k)=\sigma_{n_k}^2\delta_{jk}, \quad \mathrm{E}(\theta n_k)=0$$

应如何计算估计量 $\hat{\theta}_{\mathrm{ls}}$ 的均方误差 $\varepsilon_{\hat{\theta}_{\mathrm{ls}}}^2$。

5.32 设单参量 θ 的线性观测方程为

$$x_k=h_k\theta+n_k, \quad k=1,2,\cdots,N$$

其中,观测系数 h_k 已知。θ 的线性最小二乘估计量 $\hat{\theta}$ 的构造规则为使

$$J(\hat{\theta})=\sum_{k=1}^{N}(x_k-h_k\hat{\theta})^2$$

达到最小。现已求得 θ 的线性最小二乘估计量 $\hat{\theta}_{\mathrm{ls}}$ 为

$$\hat{\theta}_{\mathrm{ls}}=\frac{1}{\sum\limits_{k=1}^{N}h_k^2}\sum_{k=1}^{N}h_k x_k$$

请证明

$$J_{\min}(\hat{\theta}_{\mathrm{ls}})=\sum_{k=1}^{N}x_k^2-\frac{1}{\sum\limits_{k=1}^{N}h_k^2}\left(\sum_{k=1}^{N}h_k x_k\right)^2$$

5.33 同例 5.7.2 一样的问题,但不利用速度 v 和噪声 n_k 的前二阶矩知识。求速度 v 的线性最小二乘估计量 $\hat{v}_{\mathrm{ls}}$ 和估计量的均方误差 $\varepsilon_{\hat{v}_{\mathrm{ls}}}^2$,并将结果与例 5.7.2 进行比较。

5.34 设信号振幅 a 的线性观测方程为

$$x_k=a+n_k, \quad k=1,2,\cdots,N$$

现已知观测噪声 n_k 的统计特性为

$$\mathrm{E}(n_k)=0, \quad \mathrm{E}(n_j n_k)=\sigma_{n_k}^2\delta_{jk}, \quad \mathrm{E}(a n_k)=0$$

求信号振幅 a 的线性最小二乘最佳加权估计量 $\hat{a}_{\mathrm{lsw}}$ 和估计量的均方误差 $\varepsilon_{\hat{a}_{\mathrm{lsw}}}^2$。

5.35 同例 5.8.2 一样的问题,采用线性最小二乘加权估计。若噪声的均值矢量和协方差矩阵仍为

$$\mathrm{E}(\boldsymbol{n})=\mathrm{E}\left(\begin{bmatrix}n_1\\ n_2\end{bmatrix}\right)=\begin{bmatrix}0\\ 0\end{bmatrix}$$

$$\mathrm{E}\left(\begin{bmatrix}n_1\\ n_2\end{bmatrix}\begin{bmatrix}n_1\\ n_2\end{bmatrix}^{\mathrm{T}}\right)=\boldsymbol{C}_n=\begin{bmatrix}4^2 & 0\\ 0 & 2^2\end{bmatrix}$$

(1) 若取加权矩阵

$$\boldsymbol{W}_1=\begin{bmatrix}3^{-2} & 0\\ 0 & 2^{-2}\end{bmatrix}$$

求线性最小二乘加权估计量 $\hat{\theta}_{\mathrm{lsw}_1}$ 及其均方误差 $\varepsilon_{\hat{\theta}_{\mathrm{lsw}_1}}^2$。

(2) 若取加权矩阵

$$\boldsymbol{W}_2=\begin{bmatrix}2^{-2} & 0\\ 0 & 4^{-2}\end{bmatrix}$$

求 $\hat{\theta}_{\mathrm{lsw}_2}$ 和 $\varepsilon_{\hat{\theta}_{\mathrm{lsw}_2}}^2$。

(3) 与例 5.8.2 的结果一起考虑,说明了什么问题?

5.36　若对未知参量 θ 进行了六次测量，测量方程和结果如下：

$$\begin{bmatrix}18\\22\\20\\38\\40\\38\end{bmatrix}=\begin{bmatrix}2\\2\\2\\4\\4\\4\end{bmatrix}\theta+\boldsymbol{n}$$

设初始值分别为

$$\hat{\theta}_0=0,\quad \varepsilon_0^2=\infty$$

试用递推估计求 θ 的线性最小二乘估计量 $\hat{\theta}_k$ 和均方误差 $\varepsilon_k^2(k=1,2,\cdots,6)$；并将最终结果与非递推算法求得的结果进行比较。

5.37　假设用如下的信号模型：

$$s_k=a_1q^{k-1}+a_2q^{2(k-1)}+a_3q^{3(k-1)},\quad k=1,2,\cdots,N$$

来描述一个随时间衰减的信号，其中，q 是衰减因子，且满足 $0<q<1$。现通过 N 次直接观测，获得观测矢量 $\boldsymbol{x}=(x_1,x_2,\cdots,x_N)^{\mathrm{T}}$。请用最小二乘估计方法求未知参量 $\{a_1,a_2,a_3,q\}$ 的估计量。

提示：这是一个非线性最小二乘估计的问题。该信号模型与幅度 $\boldsymbol{\beta}=(a_1,a_2,a_3)^{\mathrm{T}}$ 呈线性关系，而与衰减因子 $\boldsymbol{\alpha}=q$ 呈非线性关系。

5.38　若信号为

$$s(t;a)=as(t),\quad 0\leqslant t\leqslant T$$

其中，$s(t)$ 是完全已知的，且满足 $\int_0^T s^2(t)\mathrm{d}t=1$；振幅 a 是待估计的信号参量。设观测方程为

$$x(t)=s(t;a)+n(t),\quad 0\leqslant t\leqslant T$$

其中，$n(t)$ 是均值为零、功率谱密度为 $P_n(\omega)=N_0/2$ 的高斯白噪声。关于信号振幅 a 的最大似然估计问题已在 5.9 节中讨论过了。现在假定知道振幅 a 的先验概率密度函数服从均值为零、方差为 σ_a^2 的高斯分布，即

$$p(a)=\left(\frac{1}{2\pi\sigma_a^2}\right)^{1/2}\exp\left(-\frac{a^2}{2\sigma_a^2}\right)$$

(1) 求振幅 a 的最大后验估计量 $\hat{a}_{\mathrm{map}}$ 及估计器的结构。

(2) 求振幅 a 的最大后验估计量的均方误差 $\varepsilon^2_{\hat{a}_{\mathrm{map}}}$。

(3) 如果信号振幅 a 的先验概率密度函数服从瑞利分布，即

$$p(a)=\begin{cases}\dfrac{a}{\sigma_a^2}\exp\left(-\dfrac{a^2}{2\sigma_a^2}\right), & a\geqslant 0\\ 0, & a<0\end{cases}$$

求振幅 a 的最大后验估计量 $\hat{a}_{\mathrm{map}}$，并考查其无偏性。

5.39　设观测信号为

$$x(t)=s(t;a,\theta)+n(t)$$

$$=a\ \sin(\omega_0 t+\theta)+n(t),\quad 0\leqslant t\leqslant T$$

其中，随机相位θ在$(-\pi,\pi)$上均匀分布；$n(t)$是均值为零、功率谱密度$P_n(\omega)=N_0/2$的高斯白噪声

(1) 求信噪比足够大时信号振幅a的最大似然估计量$\hat{a}_{\mathrm{ml}}$。

(2) 画出估计器的结构。

5.40 设观测信号为

$$x(t)=b\cos(\omega_2 t+\theta),\quad 0\leqslant t\leqslant T$$

其中，$n(t)$是均值为零、功率谱密度$P_n(\omega)=N_0/2$的高斯白噪声；b为已知信号振幅；随机相位θ在$(-\pi,\pi)$上均匀分布；频率ω_2是待估计量。如果对随机相位θ平均之后利用最大似然估计来估计频率ω_2，请问估计频率ω_2的接收机的结构形式是怎样的？

5.41 考虑以下观测信号：

$$x(t)=a\cos\omega_1 t+b\cos(\omega_2 t+\theta)+n(t),\quad 0\leqslant t\leqslant T$$

其中，$n(t)$是均值为零、功率谱密度$P_n(\omega)=N_0/2$的高斯白噪声；信号参量a,b和ω_1已知，随机相位θ在$(-\pi,\pi)$上均匀分布；频率ω_2是待估计量。为了获得频率ω_2的最大似然估计量，请问估计频率ω_2的接收机的结构形式是怎样的？

5.42 考虑下列观测信号：

$$x(t)=a\cos(\omega_1 t+\theta_1)+b\cos(\omega_2 t+\theta_2)+n(t),\quad 0\leqslant t\leqslant T$$

其中，$n(t)$是均值为零、功率谱密度$P_n(\omega)=N_0/2$的高斯白噪声；信号参量a和b已知；随机相位θ_1与θ_2相互统计独立，并在$(-\pi,\pi)$上均匀分布。设

$$\int_0^T \cos(\omega_1 t+\theta_1)\cos(\omega_2 t+\theta_2)\,\mathrm{d}t=0$$

为了同时获得频率ω_1和ω_2的最大似然估计量，请问估计频率的接收机的结构形式是怎样的？

5.43 设观测信号为

$$x(t)=s(t-\tau)+n(t)$$

其中，$n(t)$是均值为零、功率谱密度为$P_n(\omega)=N_0/2$的高斯白噪声。若信号$s(t)$是如图5.14所示的梯形信号，Δ是信号的上升沿、下降沿宽度，L是信号的顶部宽度。在考虑τ的估计精度时，设$\tau=0$并不失一般性。求信号$s(t)$到达时间τ的最大似然无偏估计量$\hat{\tau}_{\mathrm{ml}}$的最小均方误差$\varepsilon^2_{\hat{\tau}_{\mathrm{ml}}}$。

5.44 设观测信号为

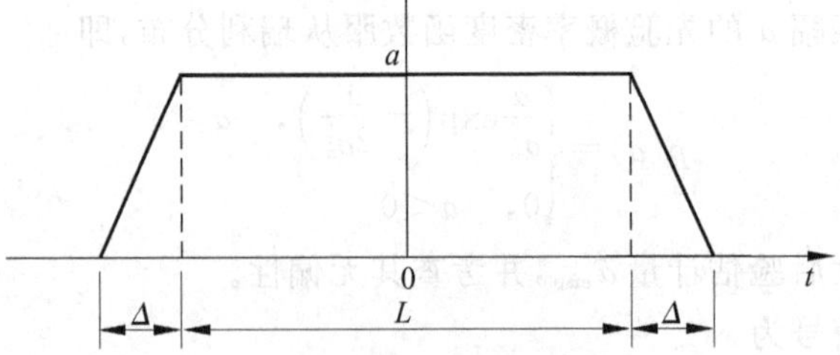

图5.14 梯形脉冲信号

$$x(t)=s(t-\tau)+n(t)$$

其中，$n(t)$是均值为零、功率谱密度为 $P_n(\omega)=N_0/2$ 的高斯白噪声。若信号 $s(t)$为

$$s(t)=\frac{a}{(2\pi)^{1/2}}\exp\left(-\frac{t^2}{2\alpha}\right),\quad -\infty<t<\infty$$

在考虑 τ 的估计精度时，设 $\tau=0$。证明

$$\varepsilon^2_{\hat{\tau}_{ml}}\geqslant\frac{\alpha}{E_s/N_0}$$

其中，E_s 是信号 $s(t)$的能量，即

$$E_s=\int_{-\infty}^{\infty}s^2(t)\,\mathrm{d}t$$

附录 5A 最佳估计不变性的证明

下面分两种约束情况讨论最小均方误差估计所具有的最佳估计不变性问题。

1. 约束情况 Ⅰ

如果代价函数 $c(\tilde{\theta})$是 $\tilde{\theta}$ 的对称、下凸函数，即满足

$$c(\tilde{\theta})=c(-\tilde{\theta}),\quad \text{对称} \tag{5A.1a}$$

$$c[b\tilde{\theta}_1+(1-b)\tilde{\theta}_2]\leqslant bc(\tilde{\theta}_1)+(1-b)c(\tilde{\theta}_2),\quad 0\leqslant b\leqslant 1,\quad \text{下凸} \tag{5A.1b}$$

而后验概率密度函数 $p(\theta|\boldsymbol{x})$对称于条件均值，即满足

$$p(\theta-\hat{\theta}_{\mathrm{mse}}|\boldsymbol{x})=p(\hat{\theta}_{\mathrm{mse}}-\theta|\boldsymbol{x}) \tag{5A.2}$$

则使平均代价最小的估计量 $\hat{\theta}$ 等于 $\hat{\theta}_{\mathrm{mse}}$。

证明 由代价函数 $c(\tilde{\theta})=c(\theta-\hat{\theta})$的对称性，得条件平均代价为

$$C(\hat{\theta}|\boldsymbol{x})=\mathrm{E}[c(\theta-\hat{\theta})]=\mathrm{E}[c(\hat{\theta}-\theta)] \tag{5A.3}$$

求该式对 $\hat{\theta}$ 的极小值，就能求出使平均代价最小的估计量。

令 $\delta=\theta-\hat{\theta}_{\mathrm{mse}}$，则由后验概率密度函数对条件均值的对称性，(5A.2)式可以写成

$$p(\delta|\boldsymbol{x})=p(-\delta|\boldsymbol{x}) \tag{5A.4}$$

而条件平均代价为

$$\begin{aligned}C(\hat{\theta}|\boldsymbol{x})&=\int_{-\infty}^{\infty}c(\delta+\hat{\theta}_{\mathrm{mse}}-\hat{\theta})p(\delta|\boldsymbol{x})\,\mathrm{d}\delta\\&=\int_{-\infty}^{\infty}c(-\delta-\hat{\theta}_{\mathrm{mse}}+\hat{\theta})p(\delta|\boldsymbol{x})\,\mathrm{d}\delta\\&=\int_{-\infty}^{\infty}c(\delta-\hat{\theta}_{\mathrm{mse}}+\hat{\theta})p(\delta|\boldsymbol{x})\,\mathrm{d}\delta\end{aligned} \tag{5A.5}$$

(5A.5)式的第二个等式是利用代价函数 $c(\tilde{\theta})$的对称性写出的，而第三个等式是利用后验概率密度函数 $p(\delta|\boldsymbol{x})$的对称性，并将$-\delta$ 换成δ 后写出的。为了利用代价函数 $c(\tilde{\theta})$的下凸函数特性，把条件平均代价的(5A.5)式写成其第一个积分式与第三个积分等式之和的一半的形式，则有

$$C(\hat{\theta}|\boldsymbol{x})=\frac{1}{2}\int_{-\infty}^{\infty}[c(\delta+\hat{\theta}_{\rm mse}-\hat{\theta})+c(\delta-\hat{\theta}_{\rm mse}+\hat{\theta})]p(\delta|\boldsymbol{x})\mathrm{d}\delta$$
$$\geqslant\int_{-\infty}^{\infty}c\left[\frac{1}{2}(\delta+\hat{\theta}_{\rm mse}-\hat{\theta})+\frac{1}{2}(\delta-\hat{\theta}_{\rm mse}+\hat{\theta})\right]p(\delta|\boldsymbol{x})\mathrm{d}\delta \tag{5A.6}$$

(5A.6)式的不等式形式利用了代价函数 $c(\tilde{\theta})$ 的下凸特性。由该式可见，只有当 $\hat{\theta}=\hat{\theta}_{\rm mse}$ 时，不等式取等号成立，这时条件平均代价最小，且为

$$C(\hat{\theta}|\boldsymbol{x})=\int_{-\infty}^{\infty}c(\delta)p(\delta|\boldsymbol{x})\mathrm{d}\delta \tag{5A.7}$$

这就证明了最小均方误差估计量 $\hat{\theta}_{\rm mse}$ 对于所有满足(5A.1)式的代价函数和(5A.2)式的后验概率密度函数都是最佳的估计。

在这种约束情况下，代价函数的下凸特性把均匀代价函数等一类代价函数排除在外。为了包括非下凸的代价函数，需要进一步的约束条件。为此，下面讨论第二种情况。

2. 约束情况Ⅱ

如果代价函数 $c(\tilde{\theta})$ 是 $\tilde{\theta}$ 的对称非降函数，即满足

$$c(\tilde{\theta})=c(-\tilde{\theta}),\quad 对称 \tag{5A.8a}$$

$$c(\tilde{\theta}_1)\geqslant c(\tilde{\theta}_2),\quad |\tilde{\theta}_1|\geqslant|\tilde{\theta}_2|,\quad 非降 \tag{5A.8b}$$

而后验概率密度函数 $p(\theta|\boldsymbol{x})$ 是对称于条件均值的单峰函数，即满足

$$p(\theta-\hat{\theta}_{\rm mse}|\boldsymbol{x})=p(\hat{\theta}_{\rm mse}-\theta|\boldsymbol{x}),\quad 对称 \tag{5A.9a}$$

$$p(\theta-\delta|\boldsymbol{x})\geqslant p(\theta+\delta|\boldsymbol{x}),\quad \theta>\hat{\theta}_{\rm mse},\delta>0,\quad 单峰 \tag{5A.9b}$$

且当 $\theta\to\infty$ 时，后验概率密度函数很快衰减，即满足

$$\lim_{\theta\to\infty}c(\theta)p(\theta|\boldsymbol{x})=0 \tag{5A.9c}$$

则这类代价函数和后验概率密度函数，使平均代价最小的估计量 $\hat{\theta}$ 等于最小均方误差估计量 $\hat{\theta}_{\rm mse}$。

证明 令 $\delta=\theta-\hat{\theta}_{\rm mse}$，则由后验概率密度函数 $p(\theta|\boldsymbol{x})$ 对称于条件均值的特性，得

$$p(\delta|\boldsymbol{x})=p(-\delta|\boldsymbol{x}) \tag{5A.10}$$

对称于坐标原点；令条件平均代价为

$$C(\hat{\theta}\mid\boldsymbol{x})=\int_{-\infty}^{\infty}c(\theta-\hat{\theta})p(\theta\mid\boldsymbol{x})\mathrm{d}\theta$$
$$=\int_{-\infty}^{\infty}c(\delta+\hat{\theta}_{\rm mse}-\hat{\theta})p(\delta|\boldsymbol{x})\mathrm{d}\delta \tag{5A.11}$$

再令 $u=\delta+\hat{\theta}_{\rm mse}-\hat{\theta}$，则条件平均代价为

$$C(\hat{\theta}|\boldsymbol{x})=\int_{-\infty}^{\infty}c(u)p(u+\hat{\theta}-\hat{\theta}_{\rm mse}|\boldsymbol{x})\mathrm{d}u \tag{5A.12}$$

而

$$C(\hat{\theta}|\boldsymbol{x})-C(\hat{\theta}_{\rm mse}|\boldsymbol{x})$$
$$=\int_{-\infty}^{\infty}c(u)p(u+\hat{\theta}-\hat{\theta}_{\rm mse}\mid\boldsymbol{x})\mathrm{d}u-\int_{-\infty}^{\infty}c(u)p(u\mid\boldsymbol{x})\mathrm{d}u \tag{5A.13}$$

利用代价函数和后验概率密度函数的对称性，有

$$\begin{aligned}&\int_{-\infty}^{\infty} c(u)p(u+\hat{\theta}-\hat{\theta}_{\mathrm{mse}}|\boldsymbol{x})\mathrm{d}u\\&=\int_{0}^{\infty} c(u)p(u+\hat{\theta}-\hat{\theta}_{\mathrm{mse}}|\boldsymbol{x})\mathrm{d}u+\\&\quad\int_{-\infty}^{0} c(u)p(u+\hat{\theta}-\hat{\theta}_{\mathrm{mse}}|\boldsymbol{x})\mathrm{d}u\\&=\int_{0}^{\infty} c(u)p(u+\hat{\theta}-\hat{\theta}_{\mathrm{mse}}|\boldsymbol{x})\mathrm{d}u+\\&\quad\int_{0}^{\infty} c(u)p(u-\hat{\theta}+\hat{\theta}_{\mathrm{mse}}|\boldsymbol{x})\mathrm{d}u\end{aligned} \tag{5A.14}$$

和

$$\int_{-\infty}^{\infty} c(u)p(u|\boldsymbol{x})\mathrm{d}u=2\int_{0}^{\infty} c(u)p(u|\boldsymbol{x})\mathrm{d}u \tag{5A.15}$$

这样则有

$$\begin{aligned}&C(\hat{\theta}|\boldsymbol{x})-C(\hat{\theta}_{\mathrm{mse}}|\boldsymbol{x})\\&=\int_{0}^{\infty} c(u)p(u+\hat{\theta}-\hat{\theta}_{\mathrm{mse}}\mid\boldsymbol{x})\mathrm{d}u+\\&\quad\int_{0}^{\infty} c(u)p(u-\hat{\theta}+\hat{\theta}_{\mathrm{mse}}|\boldsymbol{x})\mathrm{d}u-\\&\quad 2\int_{0}^{\infty} c(u)p(u|\boldsymbol{x})\mathrm{d}u\end{aligned} \tag{5A.16}$$

应用分部积分方法，上式可写成以下形式：

$$\begin{aligned}C(\hat{\theta}|\boldsymbol{x})-C(\hat{\theta}_{\mathrm{mse}}|\boldsymbol{x})=&\,c(u)\int_{0}^{u}[p(v+\hat{\theta}-\hat{\theta}_{\mathrm{mse}}|\boldsymbol{x})+\\&\left.p(v-\hat{\theta}+\hat{\theta}_{\mathrm{mse}}|\boldsymbol{x})-2p(v|\boldsymbol{x})]\mathrm{d}v\right|_{u=0}^{u=\infty}-\\&\int_{0}^{\infty}\frac{d}{du}c(u)\int_{0}^{u}[p(v+\hat{\theta}-\hat{\theta}_{\mathrm{mse}}|\boldsymbol{x})+\\&p(v-\hat{\theta}+\hat{\theta}_{\mathrm{mse}}|\boldsymbol{x})-2p(v|\boldsymbol{x})]\mathrm{d}v\mathrm{d}u\end{aligned} \tag{5A.17}$$

利用后验概率密度函数的对称性，并进行变量代换，上式中的概率积分可分别表示为

$$\int_{0}^{u} p(v+\hat{\theta}-\hat{\theta}_{\mathrm{mse}}|\boldsymbol{x})\mathrm{d}v=\int_{\tilde{\theta}}^{u+\tilde{\theta}} p(v|\boldsymbol{x})\mathrm{d}v \tag{5A.18}$$

$$\int_{0}^{u} p(v-\hat{\theta}+\hat{\theta}_{\mathrm{mse}}|\boldsymbol{x})\mathrm{d}v=\int_{-\tilde{\theta}}^{u-\tilde{\theta}} p(v|\boldsymbol{x})\mathrm{d}v \tag{5A.19}$$

$$2\int_{0}^{u} p(v|\boldsymbol{x})\mathrm{d}v=\int_{-u}^{u} p(v|\boldsymbol{x})\mathrm{d}v \tag{5A.20}$$

其中，$\tilde{\theta}=\hat{\theta}-\hat{\theta}_{\mathrm{mse}}$；$p(v|\boldsymbol{x})$是对称于坐标原点的单峰概率密度函数。

这样，就有

$$C(\hat{\theta}|\boldsymbol{x})-C(\hat{\theta}_{\mathrm{mse}}|\boldsymbol{x})$$

$$=c(u)\left[\int_{\tilde{\theta}}^{u+\tilde{\theta}} p(v|\boldsymbol{x})\mathrm{d}v+\int_{-\tilde{\theta}}^{u-\tilde{\theta}} p(v|\boldsymbol{x})\mathrm{d}v-\int_{-u}^{u} p(v|\boldsymbol{x})\mathrm{d}v\right]\Bigg|_{u=0}^{u=\infty}-\int_{0}^{\infty}\frac{\mathrm{d}}{\mathrm{d}u}c(u)\left[\int_{\tilde{\theta}}^{u+\tilde{\theta}} p(v|\boldsymbol{x})\mathrm{d}v+\int_{-\tilde{\theta}}^{u-\tilde{\theta}} p(v|\boldsymbol{x})\mathrm{d}v-\int_{-u}^{u} p(v|\boldsymbol{x})\mathrm{d}v\right]\mathrm{d}u \tag{5A.21}$$

式中的第一项，根据(5A.9c)式，或者根据 $p(v|\boldsymbol{x})$对称于坐标原点，及其单峰特性，用作图法可证明，该项等于零。现在分 $\tilde{\theta}=\hat{\theta}-\hat{\theta}_{\mathrm{mse}}$大于零和小于零两种情况考查式中的第二项。

当 $\tilde{\theta}=\hat{\theta}-\hat{\theta}_{\mathrm{mes}}>0$ 时，根据 $p(v|\boldsymbol{x})$对称于坐标原点的单峰函数特性，用作图法能够证明，其中的内积分项始终满足

$$\int_{\tilde{\theta}}^{u+\tilde{\theta}} p(v|\boldsymbol{x})\mathrm{d}v+\int_{-\tilde{\theta}}^{u-\tilde{\theta}} p(v|\boldsymbol{x})\mathrm{d}v-\int_{-u}^{u} p(v|\boldsymbol{x})\mathrm{d}v<0 \tag{5A.22}$$

而根据代价函数 $c(\tilde{\theta})$的对称非降函数特性，当 $\tilde{\theta}>0$ 时，有

$$\frac{\mathrm{d}}{\mathrm{d}\tilde{\theta}}c(\tilde{\theta})\geqslant 0,\quad \tilde{\theta}>0 \tag{5A.23}$$

这样，在 $\tilde{\theta}=\hat{\theta}-\hat{\theta}_{\mathrm{mse}}>0$ 时，始终有

$$C(\hat{\theta}|\boldsymbol{x})-C(\hat{\theta}_{\mathrm{mse}}|\boldsymbol{x})\geqslant 0 \tag{5A.24}$$

类似地，当 $\tilde{\theta}=\hat{\theta}-\hat{\theta}_{\mathrm{mse}}<0$ 时，可得

$$\int_{\tilde{\theta}}^{u+\tilde{\theta}} p(v|\boldsymbol{x})\mathrm{d}v+\int_{-\tilde{\theta}}^{u-\tilde{\theta}} p(v|\boldsymbol{x})\mathrm{d}v-\int_{-u}^{u} p(v|\boldsymbol{x})\mathrm{d}v>0 \tag{5A.25}$$

和

$$\frac{\mathrm{d}}{\mathrm{d}\tilde{\theta}}c(\tilde{\theta})\leqslant 0,\quad \tilde{\theta}<0 \tag{5A.26}$$

因而始终有

$$C(\hat{\theta}|\boldsymbol{x})-C(\hat{\theta}_{\mathrm{mse}}|\boldsymbol{x})\geqslant 0 \tag{5A.27}$$

可见，只有当 $\hat{\theta}=\hat{\theta}_{\mathrm{mse}}$时，才能使 $c(\tilde{\theta})$达到最小，从而完成了这种约束情况下最佳估计不变性的证明。

附录 5B　非随机参量估计的克拉美-罗界的推导

设 $\hat{\theta}$ 是非随机参量 θ 的任意无偏估计量，所以有

$$\mathrm{E}(\hat{\theta})=\theta \tag{5B.1}$$

$$\mathrm{E}(\theta-\hat{\theta})=\int_{-\infty}^{\infty}(\theta-\hat{\theta})p(\boldsymbol{x}|\theta)\mathrm{d}\boldsymbol{x}=0 \tag{5B.2}$$

将上式对 θ 求偏导，得

$$\frac{\partial}{\partial\theta}\int_{-\infty}^{\infty}(\theta-\hat{\theta})p(\boldsymbol{x}\mid\theta)\mathrm{d}\boldsymbol{x}$$
$$=\int_{-\infty}^{\infty}p(\boldsymbol{x}|\theta)\mathrm{d}\boldsymbol{x}+\int_{-\infty}^{\infty}\frac{\partial p(\boldsymbol{x}|\theta)}{\partial\theta}(\theta-\hat{\theta})\mathrm{d}\boldsymbol{x}=0 \tag{5B.3}$$

式中,第一项的积分结果等于 1; 第二项中对 θ 的偏导部分利用

$$\frac{\partial p(\boldsymbol{x}|\theta)}{\partial\theta}=\frac{\partial \ln p(\boldsymbol{x}|\theta)}{\partial\theta}p(\boldsymbol{x}|\theta) \tag{5B.4}$$

则(5B.3)式可改写为

$$\int_{-\infty}^{\infty}\frac{\partial \ln p(\boldsymbol{x}|\theta)}{\partial\theta}p(\boldsymbol{x}|\theta)(\theta-\hat{\theta})\mathrm{d}\boldsymbol{x}=-1 \tag{5B.5}$$

为了将(5B.5)式写成不等式的形式,要用到柯西-施瓦兹(Cauchy-Schwary)不等式,柯西-施瓦兹不等式为

$$\left[\int_{-\infty}^{\infty}w(\boldsymbol{x})g(\boldsymbol{x})h(\boldsymbol{x})\mathrm{d}\boldsymbol{x}\right]^2\leqslant\int_{-\infty}^{\infty}w(\boldsymbol{x})g^2(\boldsymbol{x})\mathrm{d}\boldsymbol{x}\int_{-\infty}^{\infty}w(\boldsymbol{x})h^2(\boldsymbol{x})\mathrm{d}\boldsymbol{x} \tag{5B.6}$$

其中,$g(\boldsymbol{x})$和 $h(\boldsymbol{x})$是满足积分存在的任意函数,而对所有的 $\boldsymbol{x}$,都有 $w(\boldsymbol{x})\geqslant 0$。当且仅当某个非零常数 k,对所有 $\boldsymbol{x}$ 都满足

$$g(\boldsymbol{x})=kh(\boldsymbol{x}) \tag{5B.7}$$

时,(5B.6)式取等号成立。

利用柯西-施瓦兹不等式,如果令

$$w(\boldsymbol{x})=p(\boldsymbol{x}|\theta)$$
$$g(\boldsymbol{x})=\frac{\partial \ln p(\boldsymbol{x}|\theta)}{\partial\theta}$$
$$h(\boldsymbol{x})=\theta-\hat{\theta}$$

则(5B.5)式可以写成以下形式:

$$\int_{-\infty}^{\infty}\left(\frac{\partial \ln p(\boldsymbol{x}\mid\theta)}{\partial\theta}\right)^2 p(\boldsymbol{x}\mid\theta)\mathrm{d}\boldsymbol{x}\int_{-\infty}^{\infty}(\theta-\hat{\theta})^2 p(\boldsymbol{x}\mid\theta)\mathrm{d}\boldsymbol{x}$$
$$\geqslant\left[\int_{-\infty}^{\infty}\frac{\partial \ln p(\boldsymbol{x}\mid\theta)}{\partial\theta}p(\boldsymbol{x}\mid\theta)(\theta-\hat{\theta})\mathrm{d}\boldsymbol{x}\right]^2=1 \tag{5B.8}$$

从而得到不等式

$$\mathrm{Var}(\hat{\theta})=\mathrm{E}[(\theta-\hat{\theta})^2]\geqslant\frac{1}{\mathrm{E}\left[\left(\frac{\partial \ln p(\boldsymbol{x}|\theta)}{\partial\theta}\right)^2\right]} \tag{5B.9}$$

该式就是(5.4.9)式的克拉美-罗不等式。

现在推导克拉美-罗不等式的另一种形式。由

$$\int_{-\infty}^{\infty}p(\boldsymbol{x}\mid\theta)\mathrm{d}\boldsymbol{x}=1$$

两边对 θ 求偏导,并利用(5B.4)式,可得

$$\int_{-\infty}^{\infty}\frac{\partial p(\boldsymbol{x}\mid\theta)}{\partial\theta}\mathrm{d}\boldsymbol{x}=\int_{-\infty}^{\infty}\frac{\partial \ln p(\boldsymbol{x}\mid\theta)}{\partial\theta}p(\boldsymbol{x}\mid\theta)\mathrm{d}\boldsymbol{x}=0 \tag{5B.10}$$

类似地,将上式再对 θ 求偏导,得

$$\int_{-\infty}^{\infty} \frac{\partial^2 \ln p(\boldsymbol{x} \mid \theta)}{\partial \theta^2} p(\boldsymbol{x} \mid \theta) \mathrm{d}\boldsymbol{x} + \int_{-\infty}^{\infty} \left(\frac{\partial \ln p(\boldsymbol{x} \mid \theta)}{\partial \theta} \right)^2 p(\boldsymbol{x} \mid \theta) \mathrm{d}\boldsymbol{x} = 0 \quad (5\text{B}.11)$$

于是有

$$\mathrm{E}\left[\frac{\partial^2 \ln p(\boldsymbol{x}|\theta)}{\partial \theta^2}\right] = -\mathrm{E}\left[\left(\frac{\partial \ln p(\boldsymbol{x}|\theta)}{\partial \theta}\right)^2\right] \quad (5\text{B}.12)$$

从而得到克拉美-罗不等式的另一种形式为

$$\mathrm{Var}(\hat{\theta}) = \mathrm{E}[(\theta - \hat{\theta})^2] \geqslant \frac{1}{-\mathrm{E}\left[\dfrac{\partial^2 \ln p(\boldsymbol{x}|\theta)}{\partial \theta^2}\right]} \quad (5\text{B}.13)$$

该式就是(5.4.10)式的克拉美-罗不等式。

根据柯西-施瓦兹不等式取等号的条件，当且仅当对所有的 $\boldsymbol{x}$ 和 θ 都满足

$$\frac{\partial \ln p(\boldsymbol{x}|\theta)}{\partial \theta} = (\theta - \hat{\theta}) k(\theta) \quad (5\text{B}.14)$$

时，克拉美-罗不等式取等号。其中 $k(\theta)$ 可以是 θ 的函数，但不能是 $\boldsymbol{x}$ 的函数，也可以是任意非零常数。该式就是克拉美-罗不等式取等号应满足的条件，即为(5.4.11)式。

(5B.9)式中的 $1/\mathrm{E}\left[\left(\dfrac{\partial \ln p(\boldsymbol{x}|\theta)}{\partial \theta}\right)^2\right]$，等价地(5B.13)式中的 $1/-\mathrm{E}\left[\dfrac{\partial^2 \ln p(\boldsymbol{x}|\theta)}{\partial \theta^2}\right]$ 是非随机参量情况下，任意无偏估计量的均方误差的最小值，即克拉美-罗界。

附录 5C　例 5.4.4 中 $\hat{\alpha}_{\mathrm{ml}}$ 的均值式推导

例 5.4.4 中，$\alpha = \exp(\theta)$ 的最大似然估计量 $\hat{\alpha}_{\mathrm{ml}}$，根据最大似然估计的不变性为

$$\hat{\alpha}_{\mathrm{ml}} = \exp(\hat{\theta}_{\mathrm{ml}})$$

其均值为

$$\begin{aligned}
\mathrm{E}(\hat{\alpha}_{\mathrm{ml}}) &= \int_{-\infty}^{\infty} \exp(\hat{\theta}_{\mathrm{ml}}) \left(\frac{N}{2\pi\sigma_n^2}\right)^{1/2} \exp\left[-\frac{N(\hat{\theta}_{\mathrm{ml}} - \theta)^2}{2\sigma_n^2}\right] \mathrm{d}\hat{\theta}_{\mathrm{ml}} \\
&= \left(\frac{N}{2\pi\sigma_n^2}\right)^{1/2} \int_{-\infty}^{\infty} \exp(\hat{\theta}_{\mathrm{ml}}) \exp\left(-\frac{N\hat{\theta}_{\mathrm{ml}}^2}{2\sigma_n^2} + \frac{2N\theta\hat{\theta}_{\mathrm{ml}}}{2\sigma_n^2} - \frac{N\theta^2}{2\sigma_n^2}\right) \mathrm{d}\hat{\theta}_{\mathrm{ml}} \\
&= \left(\frac{N}{2\pi\sigma_n^2}\right)^{1/2} \int_{-\infty}^{\infty} \exp\left[-\frac{N}{2\sigma_n^2}\hat{\theta}_{\mathrm{ml}}^2 + \frac{2(N\theta + \sigma_n^2)}{2\sigma_n^2}\hat{\theta}_{\mathrm{ml}} - \frac{N\theta^2}{2\sigma_n^2}\right] \mathrm{d}\hat{\theta}_{\mathrm{ml}} \\
&= \left(\frac{N}{2\pi\sigma_n^2}\right)^{1/2} \sqrt{\frac{2\pi\sigma_n^2}{N}} \exp\left[-\frac{\dfrac{N}{2\sigma_n^2}\dfrac{N\theta^2}{2\sigma_n^2} - \left(\dfrac{N\theta + \sigma_n^2}{2\sigma_n^2}\right)^2}{\dfrac{N}{2\sigma_n^2}}\right] \\
&= \exp\left(-\frac{N\theta^2}{2\sigma_n^2} + \frac{N^2\theta^2 + 2N\sigma_n^2\theta + \sigma_n^4}{2N\sigma_n^2}\right) \\
&= \exp\left(\frac{2N\sigma_n^2\theta + \sigma_n^4}{2N\sigma_n^2}\right) \\
&= \exp\left(\theta + \frac{\sigma_n^2}{2N}\right)
\end{aligned}$$

推导中利用了以下积分公式：

$$\int_{-\infty}^{\infty}\exp(-Au^2\pm 2Bu-C)\mathrm{d}u$$
$$=\sqrt{\frac{\pi}{A}}\exp\left(-\frac{AC-B^2}{A}\right)$$

显然，$\hat{\alpha}_{\mathrm{ml}}$的均值为

$$\mathrm{E}(\hat{\alpha}_{\mathrm{ml}})=\exp\left(\theta+\frac{\sigma_n^2}{2N}\right)\neq\exp(\theta)$$

即

$$\mathrm{E}(\hat{\alpha}_{\mathrm{ml}})\neq\alpha$$

所以，$\hat{\alpha}_{\mathrm{ml}}$是有偏估计量，但是渐近无偏的。

附录 5D 非随机矢量估计的克拉美-罗界的推导

设 M 维非随机矢量 $\boldsymbol{\theta}=(\theta_1,\theta_2,\cdots,\theta_M)^{\mathrm{T}}$；又设 $\boldsymbol{\theta}$ 的函数 $\boldsymbol{\alpha}=\boldsymbol{g}(\boldsymbol{\theta})$是 L 维的。下面推导$\boldsymbol{\alpha}$ 的任意无偏估计量，即满足

$$\mathrm{E}(\alpha_i)=\alpha_i=g_i(\boldsymbol{\theta}),\quad i=1,2,\cdots,L$$

的 $\hat{\boldsymbol{\alpha}}$ 的克拉美-罗界。当$\boldsymbol{\alpha}=\boldsymbol{g}(\boldsymbol{\theta})=\boldsymbol{\theta}$ 时，得到的就是 $\boldsymbol{\theta}$ 的任意无偏估计量$\hat{\boldsymbol{\theta}}$ 的克拉美-罗界。

为了推导方便，首先定义关于矢量函数对矢量变量求导的有关公式。

若 M 维矢量 $\boldsymbol{\theta}=(\theta_1,\theta_2,\cdots,\theta_M)^{\mathrm{T}}$，则

$$\frac{\partial\boldsymbol{\theta}^{\mathrm{T}}}{\partial\boldsymbol{\theta}}=\boldsymbol{I}$$

其中，单位矩阵 $\boldsymbol{I}$ 是 M 阶的方阵。

若$\boldsymbol{\alpha}=\boldsymbol{g}(\boldsymbol{\theta})$是 M 维矢量 $\boldsymbol{\theta}$ 作变量的 L 维矢量函数，则矢量函数 $\boldsymbol{g}(\boldsymbol{\theta})$对矢量变量 $\boldsymbol{\theta}$ 求导有两种形式，分别为$\partial\boldsymbol{g}(\boldsymbol{\theta})/\partial\boldsymbol{\theta}^{\mathrm{T}}$和$\partial\boldsymbol{g}^{\mathrm{T}}(\boldsymbol{\theta})/\partial\boldsymbol{\theta}$，统称为变换矩阵。两种形式的变换矩阵具体分别表示为

$$\frac{\partial\boldsymbol{g}(\boldsymbol{\theta})}{\partial\boldsymbol{\theta}^{\mathrm{T}}}=\begin{bmatrix}\dfrac{\partial g_1(\boldsymbol{\theta})}{\partial\theta_1} & \dfrac{\partial g_1(\boldsymbol{\theta})}{\partial\theta_2} & \cdots & \dfrac{\partial g_1(\boldsymbol{\theta})}{\partial\theta_M}\\ \dfrac{\partial g_2(\boldsymbol{\theta})}{\partial\theta_1} & \dfrac{\partial g_2(\boldsymbol{\theta})}{\partial\theta_2} & \cdots & \dfrac{\partial g_2(\boldsymbol{\theta})}{\partial\theta_M}\\ \vdots & \vdots & & \vdots\\ \dfrac{\partial g_L(\boldsymbol{\theta})}{\partial\theta_1} & \dfrac{\partial g_L(\boldsymbol{\theta})}{\partial\theta_2} & \cdots & \dfrac{\partial g_L(\boldsymbol{\theta})}{\partial\theta_M}\end{bmatrix}$$

和

$$\frac{\partial\boldsymbol{g}^{\mathrm{T}}(\boldsymbol{\theta})}{\partial\boldsymbol{\theta}}=\begin{bmatrix}\dfrac{\partial g_1(\boldsymbol{\theta})}{\partial\theta_1} & \dfrac{\partial g_2(\boldsymbol{\theta})}{\partial\theta_1} & \cdots & \dfrac{\partial g_L(\boldsymbol{\theta})}{\partial\theta_1}\\ \dfrac{\partial g_1(\boldsymbol{\theta})}{\partial\theta_2} & \dfrac{\partial g_2(\boldsymbol{\theta})}{\partial\theta_2} & \cdots & \dfrac{\partial g_L(\boldsymbol{\theta})}{\partial\theta_2}\\ \vdots & \vdots & & \vdots\\ \dfrac{\partial g_1(\boldsymbol{\theta})}{\partial\theta_M} & \dfrac{\partial g_2(\boldsymbol{\theta})}{\partial\theta_M} & \cdots & \dfrac{\partial g_L(\boldsymbol{\theta})}{\partial\theta_M}\end{bmatrix}$$

显见两种形式的变换矩阵满足以下关系式：

$$\frac{\partial \boldsymbol{g}^{\mathrm{T}}(\boldsymbol{\theta})}{\partial \boldsymbol{\theta}}=\left[\frac{\partial \boldsymbol{g}(\boldsymbol{\theta})}{\partial \boldsymbol{\theta}^{\mathrm{T}}}\right]^{\mathrm{T}}$$

现在推导未知非随机 M 维矢量 $\boldsymbol{\theta}$ 的 L 维函数 $\boldsymbol{\alpha}=\boldsymbol{g}(\boldsymbol{\theta})$ 的任意无偏估计矢量 $\hat{\boldsymbol{\alpha}}$ 的克拉美-罗不等式、克拉美-罗界及不等式取等号的条件。

因为估计矢量 $\hat{\boldsymbol{\alpha}}$ 是被估计矢量 $\boldsymbol{\alpha}$ 的任意无偏估计量，所以

$$\mathrm{E}(\boldsymbol{\alpha}-\hat{\boldsymbol{\alpha}})=\int_{-\infty}^{\infty}(\boldsymbol{\alpha}-\hat{\boldsymbol{\alpha}})p(\boldsymbol{x}\mid\boldsymbol{\theta})\mathrm{d}\boldsymbol{x}=\boldsymbol{0} \tag{5D.1}$$

两边对 $\boldsymbol{\theta}^{\mathrm{T}}$ 求偏导，则有

$$\int_{-\infty}^{\infty}\frac{\partial \boldsymbol{\alpha}}{\partial \boldsymbol{\theta}^{\mathrm{T}}}p(\boldsymbol{x}\mid\boldsymbol{\theta})\mathrm{d}\boldsymbol{x}+\int_{-\infty}^{\infty}(\boldsymbol{\alpha}-\hat{\boldsymbol{\alpha}})\frac{\partial \ln p(\boldsymbol{x}\mid\boldsymbol{\theta})}{\partial \boldsymbol{\theta}^{\mathrm{T}}}p(\boldsymbol{x}\mid\boldsymbol{\theta})\mathrm{d}\boldsymbol{x}=\boldsymbol{0}$$

因为 $\boldsymbol{\alpha}=\boldsymbol{g}(\boldsymbol{\theta})$，所以

$$\int_{-\infty}^{\infty}(\boldsymbol{\alpha}-\hat{\boldsymbol{\alpha}})\frac{\partial \ln p(\boldsymbol{x}\mid\boldsymbol{\theta})}{\partial \boldsymbol{\theta}^{\mathrm{T}}}p(\boldsymbol{x}\mid\boldsymbol{\theta})\mathrm{d}\boldsymbol{x}=-\frac{\partial \boldsymbol{g}(\boldsymbol{\theta})}{\partial \boldsymbol{\theta}^{\mathrm{T}}} \tag{5D.2}$$

设有任意 L 维非零矢量 $\boldsymbol{a}$ 和任意 M 维非零矢量 $\boldsymbol{b}$，将上式两边分别前乘 $\boldsymbol{a}^{\mathrm{T}}$ 和后乘 $\boldsymbol{b}$，则得

$$\int_{-\infty}^{\infty}\boldsymbol{a}^{\mathrm{T}}(\boldsymbol{\alpha}-\hat{\boldsymbol{\alpha}})\frac{\partial \ln p(\boldsymbol{x}\mid\boldsymbol{\theta})}{\partial \boldsymbol{\theta}^{\mathrm{T}}}\boldsymbol{b}\,p(\boldsymbol{x}\mid\boldsymbol{\theta})\mathrm{d}\boldsymbol{x}=-\boldsymbol{a}^{\mathrm{T}}\frac{\partial \boldsymbol{g}(\boldsymbol{\theta})}{\partial \boldsymbol{\theta}^{\mathrm{T}}}\boldsymbol{b} \tag{5D.3}$$

应用柯西-施瓦兹不等式，令

$$w(\boldsymbol{x})=p(\boldsymbol{x}\mid\boldsymbol{\theta})$$

$$g(\boldsymbol{x})=\boldsymbol{a}^{\mathrm{T}}(\boldsymbol{\alpha}-\hat{\boldsymbol{\alpha}})$$

$$h(\boldsymbol{x})=\frac{\partial \ln p(x\mid\boldsymbol{\theta})}{\partial \boldsymbol{\theta}^{\mathrm{T}}}\mathrm{b}=\left(\frac{\partial \ln \mathrm{p}(\boldsymbol{x}\mid\boldsymbol{\theta})}{\partial \boldsymbol{\theta}}\right)^{\mathrm{T}}\boldsymbol{b}$$

则有

$$\int_{-\infty}^{\infty}\boldsymbol{a}^{\mathrm{T}}(\boldsymbol{\alpha}-\hat{\boldsymbol{\alpha}})(\boldsymbol{\alpha}-\hat{\boldsymbol{\alpha}})^{\mathrm{T}}\boldsymbol{a}\,p(\boldsymbol{x}\mid\boldsymbol{\theta})\mathrm{d}\boldsymbol{x}\int_{-\infty}^{\infty}\boldsymbol{b}^{\mathrm{T}}\frac{\partial \ln p(\boldsymbol{x}\mid\boldsymbol{\theta})}{\partial \boldsymbol{\theta}}\left(\frac{\partial \ln p(\boldsymbol{x}\mid\boldsymbol{\theta})}{\partial \boldsymbol{\theta}}\right)^{\mathrm{T}}\boldsymbol{b}\,p(\boldsymbol{x}\mid\boldsymbol{\theta})\mathrm{d}\boldsymbol{x}$$

$$\geqslant \boldsymbol{a}^{\mathrm{T}}\frac{\partial \boldsymbol{g}(\boldsymbol{\theta})}{\partial \boldsymbol{\theta}^{\mathrm{T}}}\boldsymbol{b}\,\boldsymbol{b}^{\mathrm{T}}\frac{\partial \boldsymbol{g}^{\mathrm{T}}(\boldsymbol{\theta})}{\partial \boldsymbol{\theta}}\boldsymbol{a} \tag{5D.4}$$

整理上式得

$$\boldsymbol{a}^{\mathrm{T}}\boldsymbol{M}_{\hat{\alpha}}\boldsymbol{a}\boldsymbol{b}^{\mathrm{T}}\boldsymbol{J}\boldsymbol{b}\geqslant \boldsymbol{a}^{\mathrm{T}}\frac{\partial \boldsymbol{g}(\boldsymbol{\theta})}{\partial \boldsymbol{\theta}^{\mathrm{T}}}\boldsymbol{b}\,\boldsymbol{b}^{\mathrm{T}}\frac{\partial \boldsymbol{g}^{\mathrm{T}}(\boldsymbol{\theta})}{\partial \boldsymbol{\theta}}\boldsymbol{a} \tag{5D.5}$$

式中，

$$\begin{aligned}\boldsymbol{M}_{\hat{\alpha}}&=\mathrm{E}[(\boldsymbol{\alpha}-\hat{\boldsymbol{\alpha}})(\boldsymbol{\alpha}-\hat{\boldsymbol{\alpha}})^{\mathrm{T}}]\\&=\int_{-\infty}^{\infty}(\boldsymbol{\alpha}-\hat{\boldsymbol{\alpha}})(\boldsymbol{\alpha}-\hat{\boldsymbol{\alpha}})^{\mathrm{T}}p(\boldsymbol{x}\mid\boldsymbol{\theta})\mathrm{d}\boldsymbol{x}\end{aligned} \tag{5D.6}$$

是估计矢量 $\hat{\boldsymbol{\alpha}}(\boldsymbol{x})$ 的均方误差阵；而

$$\begin{aligned}\boldsymbol{J}&=\mathrm{E}\left[\frac{\partial \ln p(\boldsymbol{x}\mid\boldsymbol{\theta})}{\partial \boldsymbol{\theta}}\left(\frac{\partial \ln p(\boldsymbol{x}\mid\boldsymbol{\theta})}{\partial \boldsymbol{\theta}}\right)^{\mathrm{T}}\right]\\&=\int_{-\infty}^{\infty}\frac{\partial \ln p(\boldsymbol{x}\mid\boldsymbol{\theta})}{\partial \boldsymbol{\theta}}\left(\frac{\partial \ln p(\boldsymbol{x}\mid\boldsymbol{\theta})}{\partial \boldsymbol{\theta}}\right)^{\mathrm{T}}p(\boldsymbol{x}\mid\boldsymbol{\theta})\mathrm{d}\boldsymbol{x}\end{aligned} \tag{5D.7}$$

是费希尔信息矩阵。

令任意 M 维非零矢量 $\boldsymbol{b}$ 为

$$\boldsymbol{b}=\boldsymbol{J}^{-1}\frac{\partial\, \boldsymbol{g}^{\mathrm{T}}(\boldsymbol{\theta})}{\partial \boldsymbol{\theta}}\boldsymbol{a} \tag{5D.8}$$

代入(5D.5)式，整理得

$$\boldsymbol{a}^{\mathrm{T}}\boldsymbol{M}_{\hat{\boldsymbol{\alpha}}}\boldsymbol{a}\,\boldsymbol{a}^{\mathrm{T}}\frac{\partial\, \boldsymbol{g}(\boldsymbol{\theta})}{\partial\, \boldsymbol{\theta}^{\mathrm{T}}}\boldsymbol{J}^{-1}\frac{\partial\, \boldsymbol{g}^{\mathrm{T}}(\boldsymbol{\theta})}{\partial \boldsymbol{\theta}}\boldsymbol{a}$$

$$\geqslant\boldsymbol{a}^{\mathrm{T}}\frac{\partial \boldsymbol{g}(\boldsymbol{\theta})}{\partial \boldsymbol{\theta}^{\mathrm{T}}}\boldsymbol{J}^{-1}\frac{\partial \boldsymbol{g}^{\mathrm{T}}(\boldsymbol{\theta})}{\partial \boldsymbol{\theta}}\boldsymbol{a}\boldsymbol{a}^{\mathrm{T}}\frac{\partial \boldsymbol{g}(\boldsymbol{\theta})}{\partial \boldsymbol{\theta}^{\mathrm{T}}}\boldsymbol{J}^{-1}\frac{\partial\, \boldsymbol{g}^{\mathrm{T}}(\boldsymbol{\theta})}{\partial \boldsymbol{\theta}}\boldsymbol{a}$$

进而得

$$\boldsymbol{a}^{\mathrm{T}}\left(\boldsymbol{M}_{\hat{\boldsymbol{\alpha}}}-\frac{\partial\, \boldsymbol{g}(\boldsymbol{\theta})}{\partial \boldsymbol{\theta}^{\mathrm{T}}}\boldsymbol{J}^{-1}\frac{\partial\, \boldsymbol{g}^{\mathrm{T}}(\boldsymbol{\theta})}{\partial\, \boldsymbol{\theta}}\right)\boldsymbol{a}\geqslant 0 \tag{5D.9}$$

因为 $\boldsymbol{a}$ 是任意的 L 维矢量，所以有

$$\boldsymbol{M}_{\hat{\boldsymbol{\alpha}}}\geqslant\frac{\partial\, \boldsymbol{g}(\boldsymbol{\theta})}{\partial \boldsymbol{\theta}^{\mathrm{T}}}\boldsymbol{J}^{-1}\frac{\partial\, \boldsymbol{g}^{\mathrm{T}}(\boldsymbol{\theta})}{\partial \boldsymbol{\theta}} \tag{5D.10}$$

该式给出了 M 维未知非随机矢量 $\boldsymbol{\theta}$ 的函数 $\boldsymbol{\alpha}=\boldsymbol{g}(\boldsymbol{\theta})$ 的 L 维任意无偏估计矢量 $\hat{\boldsymbol{\alpha}}$ 的克拉美-罗不等式，其右端就是克拉美-罗界。

现在来研究(5D.10)不等式取等号的条件。根据柯西-施瓦兹不等式取等号的条件：

$$g(\boldsymbol{x})=kh(\boldsymbol{x})$$

其中，k 是与 $\boldsymbol{x}$ 无关的常数，有(5D.10)不等式取等号的条件为

$$\begin{aligned}\boldsymbol{a}^{\mathrm{T}}(\boldsymbol{\alpha}-\hat{\boldsymbol{\alpha}})&=k\left(\frac{\partial \ln p(\boldsymbol{x}|\boldsymbol{\theta})}{\partial \boldsymbol{\theta}}\right)^{\mathrm{T}}\boldsymbol{b}\\&=k\left(\frac{\partial \ln p(\boldsymbol{x}|\boldsymbol{\theta})}{\partial \boldsymbol{\theta}}\right)^{\mathrm{T}}\boldsymbol{J}^{-1}\frac{\partial\, \boldsymbol{g}^{\mathrm{T}}(\boldsymbol{\theta})}{\partial \boldsymbol{\theta}}\boldsymbol{a}\end{aligned} \tag{5D.11}$$

因为 $\boldsymbol{a}$ 是任意 L 维矢量，所以，若令

$$\boldsymbol{a}^{\mathrm{T}}=\left(\frac{\partial \ln p(\boldsymbol{x}|\boldsymbol{\theta})}{\partial \boldsymbol{\theta}}\right)^{\mathrm{T}}\boldsymbol{J}^{-1}\frac{\partial\, \boldsymbol{g}^{\mathrm{T}}(\boldsymbol{\theta})}{\partial \boldsymbol{\theta}}$$

则(5D.10)不等式取等号的条件成为

$$\frac{\partial\, \boldsymbol{g}(\boldsymbol{\theta})}{\partial \boldsymbol{\theta}^{\mathrm{T}}}\boldsymbol{J}^{-1}\frac{\partial \ln p(\boldsymbol{x}|\boldsymbol{\theta})}{\partial \boldsymbol{\theta}}=\frac{1}{k}(\boldsymbol{\alpha}-\hat{\boldsymbol{\alpha}})$$

注意到 k 可能与 $\boldsymbol{\theta}$ 有关，所以，(5D.10)不等式取等号的条件一般表示为

$$\frac{\partial\, \boldsymbol{g}(\boldsymbol{\theta})}{\partial \boldsymbol{\theta}^{\mathrm{T}}}\boldsymbol{J}^{-1}\frac{\partial \ln p(\boldsymbol{x}|\boldsymbol{\theta})}{\partial \boldsymbol{\theta}}=\frac{1}{k(\boldsymbol{\theta})}(\boldsymbol{\alpha}-\hat{\boldsymbol{\alpha}}) \tag{5D.12}$$

如果被估计量是未知非随机矢量 $\boldsymbol{\theta}$，则 $\boldsymbol{\alpha}=\boldsymbol{g}(\boldsymbol{\theta})=\boldsymbol{\theta}$。若估计矢量 $\hat{\boldsymbol{\theta}}$ 是被估计矢量 $\boldsymbol{\theta}$ 的任意无偏估计量，考虑到此时 $\partial\boldsymbol{\theta}/\partial\boldsymbol{\theta}^{\mathrm{T}}=\partial\boldsymbol{\theta}^{\mathrm{T}}/\partial\boldsymbol{\theta}=\boldsymbol{I}$，所以，克拉美-罗不等式为

$$\boldsymbol{M}_{\hat{\boldsymbol{\theta}}}\geqslant\boldsymbol{J}^{-1} \tag{5D.13}$$

费希尔信息矩阵 $\boldsymbol{J}$ 的逆矩阵 $\boldsymbol{\Psi}=\boldsymbol{J}^{-1}$ 是克拉美-罗界。克拉美-罗不等式取等号的条件为

$$\frac{\partial \ln p(\boldsymbol{x}|\boldsymbol{\theta})}{\partial \boldsymbol{\theta}}=\frac{1}{k(\boldsymbol{\theta})}\boldsymbol{J}(\boldsymbol{\theta}-\hat{\boldsymbol{\theta}}) \tag{5D.14}$$

式中，

$$\frac{\partial \ln p(\boldsymbol{x}|\boldsymbol{\theta})}{\partial \boldsymbol{\theta}}=\begin{bmatrix}\dfrac{\partial \ln p(\boldsymbol{x}|\boldsymbol{\theta})}{\partial \theta_1}\\ \dfrac{\partial \ln p(\boldsymbol{x}|\boldsymbol{\theta})}{\partial \theta_2}\\ \vdots\\ \dfrac{\partial \ln p(\boldsymbol{x}|\boldsymbol{\theta})}{\partial \theta_i}\\ \vdots\\ \dfrac{\partial \ln p(\boldsymbol{x}|\boldsymbol{\theta})}{\partial \theta_M}\end{bmatrix}$$

$$\boldsymbol{J}=\begin{bmatrix}J_{11} & J_{12} & \cdots & J_{1M}\\ J_{21} & J_{22} & \cdots & J_{2M}\\ \vdots & \vdots & & \vdots\\ J_{i1} & J_{i2} & \cdots & J_{iM}\\ \vdots & \vdots & & \vdots\\ J_{M1} & J_{M2} & \cdots & J_{MM}\end{bmatrix}$$

$$\boldsymbol{\theta}-\hat{\boldsymbol{\theta}}=\begin{bmatrix}\theta_1-\hat{\theta}_1\\ \theta_2-\hat{\theta}_2\\ \vdots\\ \theta_i-\hat{\theta}_i\\ \vdots\\ \theta_M-\hat{\theta}_M\end{bmatrix}$$

所以，克拉美-罗不等式取等号的条件也可以表示为

$$\frac{\partial \ln p(\boldsymbol{x} \mid \boldsymbol{\theta})}{\partial \theta_i}=\sum_{l=1}^{M}\frac{J_{il}}{k(\boldsymbol{\theta})}(\theta_l-\hat{\theta}_l),\quad i=1,2,\cdots,M \tag{5D.15}$$

将此式对 θ_j 求偏导，得

$$\frac{\partial^2 \ln p(\boldsymbol{x} \mid \boldsymbol{\theta})}{\partial \theta_i \partial \theta_j}=\sum_{l=1}^{M}\left[\frac{J_{il}}{k(\boldsymbol{\theta})}\delta_{lj}+\frac{\partial\left(\dfrac{J_{il}}{k(\boldsymbol{\theta})}\right)}{\partial \theta_j}(\theta_l-\hat{\theta}_l)\right]$$

因为 $\hat{\boldsymbol{\theta}}$ 是 $\boldsymbol{\theta}$ 的无偏估计量，所以 $\mathrm{E}(\hat{\theta}_l)=\theta_l$。而费希尔信息矩阵中的元素 J_{ij} 为

$$\begin{aligned}J_{ij}&=-\mathrm{E}\left[\frac{\partial^2 \ln p(\boldsymbol{x}|\boldsymbol{\theta})}{\partial \theta_i \partial \theta_j}\right]\\ &=-\frac{J_{ij}}{k(\boldsymbol{\theta})}\end{aligned} \tag{5D.16}$$

显然，$k(\boldsymbol{\theta})=-1$。因此，非随机矢量 $\boldsymbol{\theta}$ 的任意无偏估计矢量 $\hat{\boldsymbol{\theta}}$ 的均方误差阵 $\boldsymbol{M}_{\hat{\theta}}$ 取克拉美-罗界 $\boldsymbol{J}_{\mathrm{D}}^{-1}$ 的条件为

$$\frac{\partial \ln p(\boldsymbol{x}|\boldsymbol{\theta})}{\partial \boldsymbol{\theta}}=-\boldsymbol{J}(\boldsymbol{\theta}-\hat{\boldsymbol{\theta}}) \tag{5D.17}$$

这就是(5.5.16)式。

非随机矢量 $\boldsymbol{\theta}$ 的任意无偏估计矢量 $\hat{\boldsymbol{\theta}}$ 的均方误差阵 $\boldsymbol{M}_{\hat{\theta}}$，即为估计矢量的方差阵 $\boldsymbol{C}_{\hat{\theta}}$，

其元素为 $M_{\hat{\theta}_i\hat{\theta}_j}$，记 $M_{\hat{\theta}_i\hat{\theta}_i}=\varepsilon_{\hat{\theta}_i}^2=\sigma_{\hat{\theta}_i}^2\ (i,j=1,2,\cdots,M)$，则由(5D.13)式得

$$\varepsilon_{\hat{\theta}_i}^2\geqslant\frac{J_{ii}\text{的代数余子式}}{|\boldsymbol{J}|}=\Psi_{ii},\quad i=1,2,\cdots,M \tag{5D.18}$$

这就是(5.5.14)式。当且仅当(5D.17)式成立时，(5D.18)不等式取等号成立。

(5D.18)不等式取等号的条件也可以表示为，当且仅当

$$\frac{\partial\ln p(\boldsymbol{x}\mid\boldsymbol{\theta})}{\partial\theta_i}=-\sum_{l=1}^{M}J_{il}(\theta_l-\hat{\theta}_l),\quad i=1,2,\cdots,M \tag{5D.19}$$

成立时，(5D.18)不等式取等号成立。

附录 5E 随机矢量估计的克拉美-罗界的推导

设 M 维随机矢量 $\boldsymbol{\theta}$ 的任意无偏估计矢量为 $\hat{\boldsymbol{\theta}}$，所以

$$\mathrm{E}(\boldsymbol{\theta}-\hat{\boldsymbol{\theta}})=\int_{-\infty}^{\infty}\int_{-\infty}^{\infty}(\boldsymbol{\theta}-\hat{\boldsymbol{\theta}})p(\boldsymbol{x},\boldsymbol{\theta})\mathrm{d}\boldsymbol{x}\mathrm{d}\boldsymbol{\theta}=\boldsymbol{0} \tag{5E.1}$$

两边对 $\boldsymbol{\theta}^{\mathrm{T}}$ 求偏导，则有

$$\begin{aligned}&\int_{-\infty}^{\infty}\int_{-\infty}^{\infty}\frac{\partial\boldsymbol{\theta}}{\partial\boldsymbol{\theta}^{\mathrm{T}}}p(\boldsymbol{x},\boldsymbol{\theta})\mathrm{d}\boldsymbol{x}\mathrm{d}\boldsymbol{\theta}+\\&\int_{-\infty}^{\infty}\int_{-\infty}^{\infty}(\boldsymbol{\theta}-\hat{\boldsymbol{\theta}})\frac{\partial\ln p(\boldsymbol{x},\boldsymbol{\theta})}{\partial\boldsymbol{\theta}^{\mathrm{T}}}p(\boldsymbol{x},\boldsymbol{\theta})\mathrm{d}\boldsymbol{x}\mathrm{d}\boldsymbol{\theta}=\boldsymbol{0}\end{aligned} \tag{5E.2}$$

因为

$$\frac{\partial\boldsymbol{\theta}}{\partial\boldsymbol{\theta}^{\mathrm{T}}}=\boldsymbol{I}$$

$$\int_{-\infty}^{\infty}\int_{-\infty}^{\infty}p(\boldsymbol{x},\boldsymbol{\theta})\mathrm{d}\boldsymbol{x}\mathrm{d}\boldsymbol{\theta}=1$$

所以

$$\int_{-\infty}^{\infty}\int_{-\infty}^{\infty}(\boldsymbol{\theta}-\hat{\boldsymbol{\theta}})\frac{\partial\ln p(\boldsymbol{x},\boldsymbol{\theta})}{\partial\boldsymbol{\theta}^{\mathrm{T}}}p(\boldsymbol{x},\boldsymbol{\theta})\mathrm{d}\boldsymbol{x}\mathrm{d}\boldsymbol{\theta}=-\boldsymbol{I} \tag{5E.3}$$

设 M 维任意非零矢量 $\boldsymbol{a}$ 和 $\boldsymbol{b}$，且 $\boldsymbol{a}\neq\boldsymbol{b}$，将(5E.3)式两边分别前乘 $\boldsymbol{a}^{\mathrm{T}}$ 和后乘 $\boldsymbol{b}$，则得

$$\int_{-\infty}^{\infty}\int_{-\infty}^{\infty}\boldsymbol{a}^{\mathrm{T}}(\boldsymbol{\theta}-\hat{\boldsymbol{\theta}})\frac{\partial\ln p(\boldsymbol{x},\boldsymbol{\theta})}{\partial\boldsymbol{\theta}^{\mathrm{T}}}\boldsymbol{b}p(\boldsymbol{x},\boldsymbol{\theta})\mathrm{d}\boldsymbol{x}\mathrm{d}\boldsymbol{\theta}=-\boldsymbol{a}^{\mathrm{T}}\boldsymbol{b} \tag{5E.4}$$

利用柯西-施瓦兹不等式，令

$$\begin{aligned}w(\boldsymbol{x},\boldsymbol{\theta})&=p(\boldsymbol{x},\boldsymbol{\theta})\\g(\boldsymbol{x},\boldsymbol{\theta})&=\boldsymbol{a}^{\mathrm{T}}(\boldsymbol{\theta}-\hat{\boldsymbol{\theta}})\\\boldsymbol{h}(\boldsymbol{x},\boldsymbol{\theta})&=\frac{\partial\ln p(\boldsymbol{x},\boldsymbol{\theta})}{\partial\boldsymbol{\theta}^{\mathrm{T}}}\boldsymbol{b}=\left(\frac{\partial\ln p(\boldsymbol{x},\boldsymbol{\theta})}{\partial\boldsymbol{\theta}}\right)^{\mathrm{T}}\boldsymbol{b}\end{aligned}$$

则(5E.4)式可以写成以下形式：

$$\begin{aligned}&\int_{-\infty}^{\infty}\int_{-\infty}^{\infty}\boldsymbol{a}^{\mathrm{T}}(\boldsymbol{\theta}-\hat{\boldsymbol{\theta}})(\boldsymbol{\theta}-\hat{\boldsymbol{\theta}})^{\mathrm{T}}\boldsymbol{a}p(\boldsymbol{x},\boldsymbol{\theta})\mathrm{d}\boldsymbol{x}\mathrm{d}\boldsymbol{\theta}\times\\&\int_{-\infty}^{\infty}\int_{-\infty}^{\infty}\boldsymbol{b}^{\mathrm{T}}\frac{\partial\ln p(\boldsymbol{x},\boldsymbol{\theta})}{\partial\boldsymbol{\theta}}\left(\frac{\partial\ln p(\boldsymbol{x},\boldsymbol{\theta})}{\partial\boldsymbol{\theta}}\right)^{\mathrm{T}}\boldsymbol{b}p(\boldsymbol{x},\boldsymbol{\theta})\mathrm{d}\boldsymbol{x}\mathrm{d}\boldsymbol{\theta}\\&\geqslant\boldsymbol{a}^{\mathrm{T}}\boldsymbol{b}\boldsymbol{b}^{\mathrm{T}}\boldsymbol{a}\end{aligned} \tag{5E.5}$$

式中，

$$\int_{-\infty}^{\infty}\int_{-\infty}^{\infty}(\boldsymbol{\theta}-\hat{\boldsymbol{\theta}})(\boldsymbol{\theta}-\hat{\boldsymbol{\theta}})^{\mathrm{T}}p(\boldsymbol{x},\boldsymbol{\theta})\mathrm{d}\boldsymbol{x}\mathrm{d}\boldsymbol{\theta}\stackrel{\mathrm{def}}{=}\boldsymbol{M}_{\hat{\boldsymbol{\theta}}} \tag{5E.6}$$

是估计矢量$\hat{\boldsymbol{\theta}}$的均方误差阵，所以记为$\boldsymbol{M}_{\hat{\boldsymbol{\theta}}}$；而

$$\begin{aligned}&\int_{-\infty}^{\infty}\int_{-\infty}^{\infty}\frac{\partial\ln p(\boldsymbol{x},\boldsymbol{\theta})}{\partial\boldsymbol{\theta}}\left(\frac{\partial\ln p(\boldsymbol{x},\boldsymbol{\theta})}{\partial\boldsymbol{\theta}}\right)^{\mathrm{T}}p(\boldsymbol{x},\boldsymbol{\theta})\mathrm{d}\boldsymbol{x}\mathrm{d}\boldsymbol{\theta}\\&=\mathrm{E}\left[\frac{\partial\ln p(\boldsymbol{x},\boldsymbol{\theta})}{\partial\boldsymbol{\theta}}\left(\frac{\partial\ln p(\boldsymbol{x},\boldsymbol{\theta})}{\partial\boldsymbol{\theta}}\right)^{\mathrm{T}}\right]\end{aligned} \tag{5E.7}$$

利用

$$\left(\frac{\partial\ln p(\boldsymbol{x},\boldsymbol{\theta})}{\partial\boldsymbol{\theta}}\right)^{\mathrm{T}}=\left(\frac{\partial\ln p(\boldsymbol{x},\boldsymbol{\theta})}{\partial\theta_1}\quad\frac{\partial\ln p(\boldsymbol{x},\boldsymbol{\theta})}{\partial\theta_2}\quad\cdots\quad\frac{\partial\ln p(\boldsymbol{x},\boldsymbol{\theta})}{\partial\theta_M}\right)$$

和

$$p(\boldsymbol{x},\boldsymbol{\theta})=p(\boldsymbol{x}|\boldsymbol{\theta})p(\boldsymbol{\theta})$$

可得

$$\begin{aligned}&\mathrm{E}\left[\frac{\partial\ln p(\boldsymbol{x},\boldsymbol{\theta})}{\partial\boldsymbol{\theta}}\left(\frac{\partial\ln p(\boldsymbol{x},\boldsymbol{\theta})}{\partial\boldsymbol{\theta}}\right)^{\mathrm{T}}\right]\\&=\boldsymbol{J}_{\mathrm{D}}+\boldsymbol{J}_{\mathrm{P}}\stackrel{\mathrm{def}}{=}\boldsymbol{J}_{\mathrm{T}}\end{aligned} \tag{5E.8}$$

其中，矩阵$\boldsymbol{J}_{\mathrm{D}}$的元素为

$$J_{\mathrm{D}_{ij}}=-\mathrm{E}\left[\frac{\partial^2\ln p(\boldsymbol{x}|\boldsymbol{\theta})}{\partial\theta_i\partial\theta_j}\right],\quad i,j=1,2,\cdots,M \tag{5E.9}$$

而矩阵$\boldsymbol{J}_{\mathrm{P}}$的元素为

$$J_{\mathrm{P}_{ij}}=-\mathrm{E}\left[\frac{\partial^2\ln p(\boldsymbol{\theta})}{\partial\theta_i\partial\theta_j}\right],\quad i,j=1,2,\cdots,M \tag{5E.10}$$

矩阵$\boldsymbol{J}_{\mathrm{D}}$是数据信息矩阵，它表示从观测数据中获得的信息；矩阵$\boldsymbol{J}_{\mathrm{P}}$是先验信息矩阵，它表示从先验知识中获得的信息。

这样，利用(5E.6)式和(5E.8)式，(5E.5)所示的不等式可以表示为

$$\boldsymbol{a}^{\mathrm{T}}\boldsymbol{M}_{\hat{\boldsymbol{\theta}}}\boldsymbol{a}\boldsymbol{b}^{\mathrm{T}}\boldsymbol{J}_{\mathrm{T}}\boldsymbol{b}\geqslant\boldsymbol{a}^{\mathrm{T}}\boldsymbol{b}\boldsymbol{b}^{\mathrm{T}}\boldsymbol{a} \tag{5E.11}$$

因为$\boldsymbol{b}$是M维任意非零矢量，所以若令

$$\boldsymbol{b}=\boldsymbol{J}_{\mathrm{T}}^{-1}\boldsymbol{a}$$

代入(5E.11)式，经化简后则得

$$\boldsymbol{a}^{\mathrm{T}}(\boldsymbol{M}_{\hat{\boldsymbol{\theta}}}-\boldsymbol{J}_{\mathrm{T}}^{-1})\boldsymbol{a}\geqslant 0 \tag{5E.12}$$

因为$\boldsymbol{a}$是M维任意非零矢量，所以估计矢量的均方误差阵满足

$$\boldsymbol{M}_{\hat{\boldsymbol{\theta}}}\geqslant\boldsymbol{J}_{\mathrm{T}}^{-1} \tag{5E.13}$$

式中，信息矩阵$\boldsymbol{J}_{\mathrm{T}}$的逆矩阵$\boldsymbol{\Psi}_{\mathrm{T}}=\boldsymbol{J}_{\mathrm{T}}^{-1}$是均方误差阵的下界。这样，被估计矢量$\boldsymbol{\theta}$的第$i$个分量$\theta_i$的任意无偏估计量$\hat{\theta}_i$的均方误差满足

$$\varepsilon_{\hat{\theta}_i}^2=\mathrm{E}[(\theta_i-\hat{\theta}_i)^2]\geqslant\Psi_{\mathrm{T}_{ii}}=\frac{J_{\mathrm{T}_{ii}}\text{的代数余子式}}{|\boldsymbol{J}|},\quad i=1,2,\cdots,M \tag{5E.14}$$

(5E.13)式或(5E.14)式就是随机矢量任意无偏估计矢量的克拉美-罗不等式，其右端就是克拉美-罗界。

根据柯西-施瓦兹不等式取等号的条件，当且仅当对所有$\boldsymbol{x}$和$\boldsymbol{\theta}$都满足

$$\boldsymbol{a}^{\mathrm{T}}(\boldsymbol{\theta}-\hat{\boldsymbol{\theta}})=k\left(\frac{\partial \ln p(\boldsymbol{x},\boldsymbol{\theta})}{\partial \boldsymbol{\theta}}\right)^{\mathrm{T}}\boldsymbol{b} \tag{5E.15}$$

时，(5E.13)不等式取等号成立。矢量 $\boldsymbol{b}=\boldsymbol{J}_{\mathrm{T}}^{-1}\boldsymbol{a}$ 代入(5E.15)式，并令

$$\boldsymbol{a}^{\mathrm{T}}=\left(\frac{\partial \ln p(\boldsymbol{x},\boldsymbol{\theta})}{\partial \boldsymbol{\theta}}\right)^{\mathrm{T}}\boldsymbol{J}_{\mathrm{T}}^{-1}$$

则有

$$\frac{\partial \ln p(\boldsymbol{x},\boldsymbol{\theta})}{\partial \boldsymbol{\theta}}=\frac{\boldsymbol{J}_{\mathrm{T}}}{k}(\boldsymbol{\theta}-\hat{\boldsymbol{\theta}}) \tag{5E.16}$$

是(5E.13)不等式取等号的条件。该条件也可以表示为

$$\frac{\partial \ln p(\boldsymbol{x},\boldsymbol{\theta})}{\partial \theta_i}=\sum_{l=1}^{M}\frac{J_{\mathrm{T}_{il}}}{k}(\theta_l-\hat{\theta}_l),\quad i=1,2,\cdots,M \tag{5E.17}$$

将(5E.17)式两边对 θ_j 求偏导后再求均值，则得

$$J_{\mathrm{T}_{ij}}=-\mathrm{E}\left[\frac{\partial^2 \ln p(\boldsymbol{x},\boldsymbol{\theta})}{\partial \theta_i \partial \theta_j}\right]=-\sum_{l=1}^{M}\frac{J_{\mathrm{T}_{il}}}{k}\delta_{ij}=-\frac{J_{\mathrm{T}_{ij}}}{k}$$

显然，$k=-1$。所以，(5E.13)不等式取等号的条件最终表示为

$$\frac{\partial \ln p(\boldsymbol{x},\boldsymbol{\theta})}{\partial \boldsymbol{\theta}}=-\boldsymbol{J}_{\mathrm{T}}(\boldsymbol{\theta}-\hat{\boldsymbol{\theta}}) \tag{5E.18}$$

或

$$\frac{\partial \ln p(\boldsymbol{x},\boldsymbol{\theta})}{\partial \theta_i}=\sum_{l=1}^{M}-J_{\mathrm{T}_{il}}(\theta_l-\hat{\theta}_l),\quad i=1,2,\cdots,M \tag{5E.19}$$

(5E.13)式、(5E.18)式和(5E.19)式分别是随机矢量情况下，与 $\boldsymbol{\theta}$ 的任意无偏估计矢量 $\hat{\boldsymbol{\theta}}$ 的克拉美-罗界有关的(5.5.19)式、(5.5.21)式和(5.5.22)式。

附录 5F　一般高斯信号参量的统计估计中 $\hat{\boldsymbol{\theta}}_{\mathrm{map}}=\hat{\boldsymbol{\theta}}_{\mathrm{mse}}$ 的推导

在一般高斯信号参量的统计估计中，线性观测模型下，均值矢量为 $\boldsymbol{\mu}_{\boldsymbol{\theta}}$、协方差矩阵为 $\boldsymbol{C}_{\boldsymbol{\theta}}$ 的高斯随机矢量 $\boldsymbol{\theta}$ 的最大后验估计矢量 $\hat{\boldsymbol{\theta}}_{\mathrm{map}}$ 为(5.6.29)式，即

$$\hat{\boldsymbol{\theta}}_{\mathrm{map}}=(\boldsymbol{H}^{\mathrm{T}}\boldsymbol{C}_n^{-1}\boldsymbol{H}+\boldsymbol{C}_{\boldsymbol{\theta}}^{-1})^{-1}(\boldsymbol{H}^{\mathrm{T}}\boldsymbol{C}_n^{-1}\boldsymbol{x}+\boldsymbol{C}_{\boldsymbol{\theta}}^{-1}\boldsymbol{\mu}_{\boldsymbol{\theta}}) \tag{5F.1}$$

现在推导 $\hat{\boldsymbol{\theta}}_{\mathrm{map}}$ 等于后验概率密度函数 $p(\boldsymbol{\theta}|\boldsymbol{x})$ 的均值矢量 $\mathrm{E}(\boldsymbol{\theta}|\boldsymbol{x})$。

利用以下矩阵求逆引理：

$$\begin{aligned}&(\boldsymbol{A}_{11}\mp\boldsymbol{A}_{12}\boldsymbol{A}_{22}^{-1}\boldsymbol{A}_{21})^{-1}\\&=\boldsymbol{A}_{11}^{-1}\pm\boldsymbol{A}_{11}^{-1}\boldsymbol{A}_{12}(\boldsymbol{A}_{22}\mp\boldsymbol{A}_{21}\boldsymbol{A}_{11}^{-1}\boldsymbol{A}_{12})^{-1}\boldsymbol{A}_{21}\boldsymbol{A}_{11}^{-1}\end{aligned} \tag{5F.2}$$

则 $\hat{\boldsymbol{\theta}}_{\mathrm{map}}$ 可表示为

$$\begin{aligned}\hat{\boldsymbol{\theta}}_{\mathrm{map}}&=[\boldsymbol{C}_{\boldsymbol{\theta}}-\boldsymbol{C}_{\boldsymbol{\theta}}\boldsymbol{H}^{\mathrm{T}}(\boldsymbol{C}_n+\boldsymbol{H}\boldsymbol{C}_{\boldsymbol{\theta}}\boldsymbol{H}^{\mathrm{T}})^{-1}\boldsymbol{H}\boldsymbol{C}_{\boldsymbol{\theta}}](\boldsymbol{H}^{\mathrm{T}}\boldsymbol{C}_n^{-1}\boldsymbol{x}+\boldsymbol{C}_{\boldsymbol{\theta}}^{-1}\boldsymbol{\mu}_{\boldsymbol{\theta}})\\&=\boldsymbol{C}_{\boldsymbol{\theta}}\boldsymbol{H}^{\mathrm{T}}\boldsymbol{C}_n^{-1}\boldsymbol{x}+\boldsymbol{\mu}_{\boldsymbol{\theta}}-\boldsymbol{C}_{\boldsymbol{\theta}}\boldsymbol{H}^{\mathrm{T}}(\boldsymbol{C}_n+\boldsymbol{H}\boldsymbol{C}_{\boldsymbol{\theta}}\boldsymbol{H}^{\mathrm{T}})^{-1}\boldsymbol{H}\boldsymbol{C}_{\boldsymbol{\theta}}\boldsymbol{H}^{\mathrm{T}}\boldsymbol{C}_n^{-1}\boldsymbol{x}-\\&\quad\ \boldsymbol{C}_{\boldsymbol{\theta}}\boldsymbol{H}^{\mathrm{T}}(\boldsymbol{C}_n+\boldsymbol{H}\boldsymbol{C}_{\boldsymbol{\theta}}\boldsymbol{H}^{\mathrm{T}})^{-1}\boldsymbol{H}\boldsymbol{\mu}_{\boldsymbol{\theta}}\end{aligned} \tag{5F.3}$$

将式中第一项 $\boldsymbol{C}_{\boldsymbol{\theta}}\boldsymbol{H}^{\mathrm{T}}\boldsymbol{C}_n^{-1}\boldsymbol{x}$ 的前面乘 $\boldsymbol{C}_{\boldsymbol{\theta}}\boldsymbol{H}^{\mathrm{T}}(\boldsymbol{C}_n+\boldsymbol{H}\boldsymbol{C}_{\boldsymbol{\theta}}\boldsymbol{H}^{\mathrm{T}})^{-1}$ 和它的逆，不影响原式，然后加以整理，得

$$\begin{aligned}\hat{\boldsymbol{\theta}}_{\text{map}} &= \boldsymbol{\mu}_\theta - \boldsymbol{C}_\theta\boldsymbol{H}^{\mathrm{T}}(\boldsymbol{C}_n+\boldsymbol{H}\boldsymbol{C}_\theta\boldsymbol{H}^{\mathrm{T}})^{-1}\boldsymbol{H}\boldsymbol{\mu}_\theta + \boldsymbol{C}_\theta\boldsymbol{H}^{\mathrm{T}}(\boldsymbol{C}_n+\boldsymbol{H}\boldsymbol{C}_\theta\boldsymbol{H}^{\mathrm{T}})^{-1}\times \\ &\quad \{[\boldsymbol{C}_\theta\boldsymbol{H}^{\mathrm{T}}(\boldsymbol{C}_n+\boldsymbol{H}\boldsymbol{C}_\theta\boldsymbol{H}^{\mathrm{T}})^{-1}]^{-1}\boldsymbol{C}_\theta\boldsymbol{H}^{\mathrm{T}}\boldsymbol{C}_n^{-1}-\boldsymbol{H}\boldsymbol{C}_\theta\boldsymbol{H}^{\mathrm{T}}\boldsymbol{C}_n^{-1}\}\boldsymbol{x} \\ &= \boldsymbol{\mu}_\theta - \boldsymbol{C}_\theta\boldsymbol{H}^{\mathrm{T}}(\boldsymbol{C}_n+\boldsymbol{H}\boldsymbol{C}_\theta\boldsymbol{H}^{\mathrm{T}})^{-1}\boldsymbol{H}\boldsymbol{\mu}_\theta + \boldsymbol{C}_\theta\boldsymbol{H}^{\mathrm{T}}(\boldsymbol{C}_n+\boldsymbol{H}\boldsymbol{C}_\theta\boldsymbol{H}^{\mathrm{T}})^{-1}\times \\ &\quad [(\boldsymbol{C}_n+\boldsymbol{H}\boldsymbol{C}_\theta\boldsymbol{H}^{\mathrm{T}})\boldsymbol{C}_n^{-1}-\boldsymbol{H}\boldsymbol{C}_\theta\boldsymbol{H}^{\mathrm{T}}\boldsymbol{C}_n^{-1}]\boldsymbol{x} \qquad (5\text{F}.4) \\ &= \boldsymbol{\mu}_\theta - \boldsymbol{C}_\theta\boldsymbol{H}^{\mathrm{T}}(\boldsymbol{C}_n+\boldsymbol{H}\boldsymbol{C}_\theta\boldsymbol{H}^{\mathrm{T}})^{-1}\boldsymbol{H}\boldsymbol{\mu}_\theta + \boldsymbol{C}_\theta\boldsymbol{H}^{\mathrm{T}}(\boldsymbol{C}_n+\boldsymbol{H}\boldsymbol{C}_\theta\boldsymbol{H}^{\mathrm{T}})^{-1}\boldsymbol{x} \\ &= \boldsymbol{\mu}_\theta + \boldsymbol{C}_\theta\boldsymbol{H}^{\mathrm{T}}(\boldsymbol{C}_n+\boldsymbol{H}\boldsymbol{C}_\theta\boldsymbol{H}^{\mathrm{T}})^{-1}(\boldsymbol{x}-\boldsymbol{H}\boldsymbol{\mu}_\theta) \\ &= \mathrm{E}(\boldsymbol{\theta}\mid\boldsymbol{x})\end{aligned}$$

因为在这种一般高斯信号参量的估计中，由(5.6.22)式知

$$\begin{aligned}\hat{\boldsymbol{\theta}}_{\text{mse}} &= \mathrm{E}(\boldsymbol{\theta}\mid\boldsymbol{x}) \\ &= \boldsymbol{\mu}_\theta + \boldsymbol{C}_\theta\boldsymbol{H}^{\mathrm{T}}(\boldsymbol{H}\boldsymbol{C}_\theta\boldsymbol{H}^{\mathrm{T}}+\boldsymbol{C}_n)^{-1}(\boldsymbol{x}-\boldsymbol{H}\boldsymbol{\mu}_\theta)\end{aligned} \qquad (5\boldsymbol{F}.5)$$

所以，$\hat{\boldsymbol{\theta}}_{\text{map}}=\hat{\boldsymbol{\theta}}_{\text{mse}}$，(5.6.33)式成立。

附录 5G　线性最小均方误差估计中(5.7.9)式的推导

下面利用矩阵函数对矩阵变量求导的法则，并考虑到求导运算和求均值运算是可以交换的，首先证明(5.7.9)式中右端的第二个等式到第三个等式成立，即

$$\begin{aligned}&\frac{\partial}{\partial\boldsymbol{B}}\{\mathrm{E}[(\boldsymbol{\theta}-\boldsymbol{a}-\boldsymbol{B}\boldsymbol{x})^{\mathrm{T}}(\boldsymbol{\theta}-\boldsymbol{a}-\boldsymbol{B}\boldsymbol{x})]\} \\ &= \mathrm{E}\left\{\frac{\partial}{\partial\boldsymbol{B}}[(\boldsymbol{\theta}-\boldsymbol{a}-\boldsymbol{B}\boldsymbol{x})^{\mathrm{T}}(\boldsymbol{\theta}-\boldsymbol{a}-\boldsymbol{B}\boldsymbol{x})]\right\} \\ &= \mathrm{E}\left[\frac{\partial}{\partial\boldsymbol{B}}\{\mathrm{Tr}[(\boldsymbol{\theta}-\boldsymbol{a}-\boldsymbol{B}\boldsymbol{x})(\boldsymbol{\theta}-\boldsymbol{a}-\boldsymbol{B}\boldsymbol{x})^{\mathrm{T}}]\}\right] \qquad (5\text{G}.1) \\ &= 2\mathrm{E}(\boldsymbol{a}\boldsymbol{x}^{\mathrm{T}}+\boldsymbol{B}\boldsymbol{x}\boldsymbol{x}^{\mathrm{T}}-\boldsymbol{\theta}\boldsymbol{x}^{\mathrm{T}}) \\ &= 2\boldsymbol{a}\mathrm{E}(\boldsymbol{x}^{\mathrm{T}})+2\boldsymbol{B}\mathrm{E}(\boldsymbol{x}\boldsymbol{x}^{\mathrm{T}})+2\mathrm{E}(\boldsymbol{\theta}\boldsymbol{x}^{\mathrm{T}})\end{aligned}$$

中的

$$\begin{aligned}&\mathrm{E}\left[\frac{\partial}{\partial\boldsymbol{B}}\{\mathrm{Tr}[(\boldsymbol{\theta}-\boldsymbol{a}-\boldsymbol{B}\boldsymbol{x})(\boldsymbol{\theta}-\boldsymbol{a}-\boldsymbol{B}\boldsymbol{x})^{\mathrm{T}}]\}\right] \\ &\quad = 2\mathrm{E}(\boldsymbol{a}\boldsymbol{x}^{\mathrm{T}}+\boldsymbol{B}\boldsymbol{x}\boldsymbol{x}^{\mathrm{T}}-\boldsymbol{\theta}\boldsymbol{x}^{\mathrm{T}})\end{aligned} \qquad (5\text{G}.2)$$

成立。

为了证明上式成立，首先不加证明地列出矩阵运算中的几个有关公式。

(1) 若 $\boldsymbol{A}$ 是 N 阶方阵，则有

$$\mathrm{Tr}(\boldsymbol{A})=\mathrm{Tr}(\boldsymbol{A}^{\mathrm{T}})$$

(2) 若 $\boldsymbol{A}$ 和 $\boldsymbol{B}$ 分别是 $M\times N$ 和 $N\times M$ 矩阵，则有

$$\mathrm{Tr}(\boldsymbol{A}\boldsymbol{B})=\mathrm{Tr}(\boldsymbol{B}\boldsymbol{A})$$

$$\mathrm{Tr}(\boldsymbol{A}\boldsymbol{B})=\mathrm{Tr}(\boldsymbol{B}^{\mathrm{T}}\boldsymbol{A}^{\mathrm{T}})$$

(3) 若 $\boldsymbol{X}$ 是 $M\times N$ 矩阵，且 $M\times M$ 矩阵 $\boldsymbol{A}$ 和 $N\times M$ 矩阵 $\boldsymbol{B}$ 是与 $\boldsymbol{X}$ 无关的常值矩阵，则有

$$\frac{\mathrm{dTr}(\boldsymbol{B}\boldsymbol{X})}{\mathrm{d}\boldsymbol{X}}=\frac{\mathrm{dTr}(\boldsymbol{X}^{\mathrm{T}}\boldsymbol{B}^{\mathrm{T}})}{\mathrm{d}\boldsymbol{X}}=\boldsymbol{B}^{\mathrm{T}}$$

$$\frac{\mathrm{dTr}(\boldsymbol{X}^{\mathrm{T}}\boldsymbol{A}\boldsymbol{X})}{\mathrm{d}\boldsymbol{X}}=(\boldsymbol{A}+\boldsymbol{A}^{\mathrm{T}})\boldsymbol{X}$$

(4) 若 $\boldsymbol{X}$ 是 $N\times M$ 矩阵，且 $M\times M$ 矩阵 $\boldsymbol{A}$ 是与 $\boldsymbol{X}$ 无关的常值矩阵，则有

$$\frac{\mathrm{dTr}(\boldsymbol{X}\boldsymbol{A}\boldsymbol{X}^{\mathrm{T}})}{\mathrm{d}\boldsymbol{X}}=\boldsymbol{X}(\boldsymbol{A}+\boldsymbol{A}^{\mathrm{T}})$$

下面利用上面列出的矩阵运算的有关公式，证明(5G.2)式成立。

$$\begin{aligned}
&\mathrm{E}\left[\frac{\partial}{\partial \boldsymbol{B}}\{\mathrm{Tr}[(\boldsymbol{\theta}-\boldsymbol{a}-\boldsymbol{B}\boldsymbol{x})(\boldsymbol{\theta}-\boldsymbol{a}-\boldsymbol{B}\boldsymbol{x})^{\mathrm{T}}]\}\right]\\
&=\mathrm{E}\left\{\frac{\partial}{\partial \boldsymbol{B}}[\mathrm{Tr}(\boldsymbol{\theta}\boldsymbol{\theta}^{\mathrm{T}}-\boldsymbol{\theta}\boldsymbol{a}^{\mathrm{T}}-\boldsymbol{\theta}\boldsymbol{x}^{\mathrm{T}}\boldsymbol{B}^{\mathrm{T}}-\boldsymbol{a}\boldsymbol{\theta}^{\mathrm{T}}+\boldsymbol{a}\boldsymbol{a}^{\mathrm{T}}+\boldsymbol{a}\boldsymbol{x}^{\mathrm{T}}\boldsymbol{B}^{\mathrm{T}}-\boldsymbol{B}\boldsymbol{x}\boldsymbol{\theta}^{\mathrm{T}}+\boldsymbol{B}\boldsymbol{x}\boldsymbol{a}^{\mathrm{T}}+\boldsymbol{B}\boldsymbol{x}\boldsymbol{x}^{\mathrm{T}}\boldsymbol{B}^{\mathrm{T}})]\right\}\\
&=\mathrm{E}\left\{\boldsymbol{0}-\boldsymbol{0}-\frac{\partial}{\partial \boldsymbol{B}}[\mathrm{Tr}(\boldsymbol{B}\boldsymbol{x}\boldsymbol{\theta}^{\mathrm{T}})]-\boldsymbol{0}+\boldsymbol{0}+\frac{\partial}{\partial \boldsymbol{B}}[\mathrm{Tr}(\boldsymbol{B}\boldsymbol{x}\boldsymbol{a}^{\mathrm{T}})]-\right.\\
&\left.\quad\frac{\partial}{\partial \boldsymbol{B}}[\mathrm{Tr}(\boldsymbol{B}\boldsymbol{x}\boldsymbol{\theta}^{\mathrm{T}})]+\frac{\partial}{\partial \boldsymbol{B}}[\mathrm{Tr}(\boldsymbol{B}\boldsymbol{x}\boldsymbol{a}^{\mathrm{T}})]+\frac{\partial}{\partial \boldsymbol{B}}[\mathrm{Tr}(\boldsymbol{B}\boldsymbol{x}\boldsymbol{x}^{\mathrm{T}}\boldsymbol{B}^{\mathrm{T}})]\right\}\\
&=\mathrm{E}\left\{-2\frac{\partial}{\partial \boldsymbol{B}}[\mathrm{Tr}(\boldsymbol{x}\boldsymbol{\theta}^{\mathrm{T}}\boldsymbol{B})]+2\frac{\partial}{\partial \boldsymbol{B}}[\mathrm{Tr}(\boldsymbol{x}\boldsymbol{a}^{\mathrm{T}}\boldsymbol{B})]+\frac{\partial}{\partial \boldsymbol{B}}[\mathrm{Tr}(\boldsymbol{B}\boldsymbol{x}\boldsymbol{x}^{\mathrm{T}}\boldsymbol{B}^{\mathrm{T}})]\right\} \qquad (5G.3)\\
&=\mathrm{E}\{-2(\boldsymbol{x}\boldsymbol{\theta}^{\mathrm{T}})^{\mathrm{T}}+2(\boldsymbol{x}\boldsymbol{a}^{\mathrm{T}})^{\mathrm{T}}+\boldsymbol{B}[\boldsymbol{x}\boldsymbol{x}^{\mathrm{T}}+(\boldsymbol{x}\boldsymbol{x}^{\mathrm{T}})^{\mathrm{T}}]\}\\
&=2\mathrm{E}(\boldsymbol{a}\boldsymbol{x}^{\mathrm{T}}+\boldsymbol{B}\boldsymbol{x}\boldsymbol{x}^{\mathrm{T}}-\boldsymbol{\theta}\boldsymbol{x}^{\mathrm{T}})
\end{aligned}$$

所以，给出的(5G.2)式成立。证明(5G.2)式成立后，就能容易地推导出(5.7.9)式来。

附录 5H 线性最小均方误差递推估计公式的推导

5.7 节中已经证明，被估计随机矢量 $\boldsymbol{\theta}$ 的线性最小均方误差估计矢量 $\hat{\boldsymbol{\theta}}_{\mathrm{lmse}}$ 具有正交性质，这说明 $\hat{\boldsymbol{\theta}}_{\mathrm{lmse}}$ 是 $\boldsymbol{\theta}$ 在观测矢量 $\boldsymbol{x}$ 上的正交投影。正交投影的原理和引理有非常广泛的应用。在本附录中，利用它来研究线性最小均方误差估计的递推算法，通常称为递推估计。下面将导出线性最小均方误差递推估计的一组公式。

在线性最小均方误差估计中，线性观测方程为

$$\boldsymbol{x}=\boldsymbol{H}\boldsymbol{\theta}+\boldsymbol{n} \qquad (5H.1)$$

式中，第 k 次观测的观测方程为

$$\boldsymbol{x}_k=\boldsymbol{H}_k\boldsymbol{\theta}+\boldsymbol{n}_k,\quad k=1,2,\cdots \qquad (5H.2)$$

假设观测噪声矢量 $\boldsymbol{n}_k$ 是白噪声序列，即

$$\mathrm{E}(\boldsymbol{n}_k)=\boldsymbol{0} \qquad (5H.3a)$$

$$\mathrm{E}(\boldsymbol{n}_k\boldsymbol{n}_k^{\mathrm{T}})=\boldsymbol{C}_{\boldsymbol{n}_k}=\sigma_{n_{kl}}^2 I \qquad (5H.3b)$$

式中，l 表示第 k 次观测的第 l 个观测分量。被估计随机矢量 $\boldsymbol{\theta}$ 的均值矢量为 $\boldsymbol{\mu}_{\boldsymbol{\theta}}$，协方差矩阵 $\boldsymbol{C}_{\boldsymbol{\theta}}$ 是已知的先验知识，并设 $\boldsymbol{\theta}$ 与 $\boldsymbol{n}_k$ 互不相关，即 $\mathrm{E}(\boldsymbol{\theta}\boldsymbol{n}_k)=\boldsymbol{0}$。

记 k 次观测矢量 $\boldsymbol{x}(k)$ 为

$$\boldsymbol{x}(k)=\begin{bmatrix}\boldsymbol{x}_1\\ \boldsymbol{x}_2\\ \vdots\\ \boldsymbol{x}_{k-1}\\ \boldsymbol{x}_k\end{bmatrix}=\begin{bmatrix}\boldsymbol{x}(k-1)\\ \boldsymbol{x}_k\end{bmatrix} \qquad (5H.4)$$

根据正交投影引理Ⅲ(关于正交投影的原理请参见 6.4 节)，基于 k 次观测矢量 $\boldsymbol{x}(k)$

的线性最小均方误差估计矢量$\hat{\boldsymbol{\theta}}_{\mathrm{lmse}(k)}$，为方便简记为$\hat{\boldsymbol{\theta}}_k$，是$\boldsymbol{\theta}$在$\boldsymbol{x}(k)$上的正交投影，用符号记为$\widehat{\mathrm{OP}}[\boldsymbol{\theta}\mid\boldsymbol{x}(k)]$，并且能够表示为

$$\begin{aligned}\hat{\boldsymbol{\theta}}_k &= \widehat{\mathrm{OP}}[\boldsymbol{\theta}\mid\boldsymbol{x}(k)] \\ &= \widehat{\mathrm{OP}}[\boldsymbol{\theta}\mid\boldsymbol{x}(k-1)]+\mathrm{E}(\tilde{\boldsymbol{\theta}}\,\tilde{\boldsymbol{x}}_k^{\mathrm{T}})[\mathrm{E}(\tilde{\boldsymbol{x}}_k\tilde{\boldsymbol{x}}_k^{\mathrm{T}})]^{-1}\tilde{\boldsymbol{x}}_k\end{aligned} \tag{5H.5}$$

式中，

$\widehat{\mathrm{OP}}[\boldsymbol{\theta}\mid\boldsymbol{x}(k-1)]$是被估计矢量$\boldsymbol{\theta}$基于$k-1$次观测矢量$\boldsymbol{x}(k-1)$的线性最小均方误差估计矢量$\hat{\boldsymbol{\theta}}_{\mathrm{lmse}(k-1)}$，简记为$\hat{\boldsymbol{\theta}}_{k-1}$；误差矢量$\tilde{\boldsymbol{\theta}}$和$\tilde{\boldsymbol{x}}_k$分别为

$$\tilde{\boldsymbol{\theta}}=\boldsymbol{\theta}-\widehat{\mathrm{OP}}[\boldsymbol{\theta}\mid\boldsymbol{x}(k-1)] \tag{5H.6}$$

$$\tilde{\boldsymbol{x}}_k=\boldsymbol{x}_k-\widehat{\mathrm{OP}}[\boldsymbol{x}_k\mid\boldsymbol{x}(k-1)] \tag{5H.7}$$

现在求(5H.6)式中的$\tilde{\boldsymbol{\theta}}$和(5H.7)式中的$\tilde{\boldsymbol{x}}_k$。因为

$$\widehat{\mathrm{OP}}[\boldsymbol{\theta}\mid\boldsymbol{x}(k-1)]=\hat{\boldsymbol{\theta}}_{k-1}$$

所以

$$\tilde{\boldsymbol{\theta}}=\boldsymbol{\theta}-\hat{\boldsymbol{\theta}}_{k-1} \tag{5H.8}$$

由线性观测方程

$$\boldsymbol{x}_k=\boldsymbol{H}_k\boldsymbol{\theta}+\boldsymbol{n}_k$$

得

$$\begin{aligned}\tilde{\boldsymbol{x}}_k &= \boldsymbol{x}_k-\widehat{\mathrm{OP}}[\boldsymbol{x}_k\mid\boldsymbol{x}(k-1)] \\ &= \boldsymbol{x}_k-\widehat{\mathrm{OP}}[(\boldsymbol{H}_k\boldsymbol{\theta}+\boldsymbol{n}_k)\mid\boldsymbol{x}(k-1)] \\ &= \boldsymbol{H}_k\boldsymbol{\theta}+\boldsymbol{n}_k-\boldsymbol{H}_k\hat{\boldsymbol{\theta}}_{k-1} \\ &= \boldsymbol{H}_k(\boldsymbol{\theta}-\hat{\boldsymbol{\theta}}_{k-1})+\boldsymbol{n}_k \\ &= \boldsymbol{H}_k\tilde{\boldsymbol{\theta}}+\boldsymbol{n}_k\end{aligned} \tag{5H.9}$$

在该式的推导中，首先利用了线性最小均方误差估计在线性变换上的可转换性和可加性，接着利用了$\boldsymbol{n}_k$是白噪声序列的假设和$\boldsymbol{\theta}$与$\boldsymbol{n}_k$互不相关的条件，所以$\boldsymbol{n}_k$在$\boldsymbol{x}(k-1)$上的正交投影等于零。

这样，我们就可以求(5H.5)式中的各项了。式中第一项为

$$\widehat{\mathrm{OP}}[\boldsymbol{\theta}\mid\boldsymbol{x}(k-1)]=\hat{\boldsymbol{\theta}}_{k-1} \tag{5H.10}$$

式中第二项中的$\mathrm{E}(\tilde{\boldsymbol{\theta}}\tilde{\boldsymbol{x}}_k^{\mathrm{T}})$为

$$\begin{aligned}\mathrm{E}(\tilde{\boldsymbol{\theta}}\tilde{\boldsymbol{x}}_k^{\mathrm{T}}) &= \mathrm{E}\{(\boldsymbol{\theta}-\hat{\boldsymbol{\theta}}_{k-1})[\boldsymbol{H}_k(\boldsymbol{\theta}-\hat{\boldsymbol{\theta}}_{k-1})+\boldsymbol{n}_k]^{\mathrm{T}}\} \\ &= \boldsymbol{M}_{k-1}\boldsymbol{H}_k^{\mathrm{T}}\end{aligned} \tag{5H.11}$$

式中，$\boldsymbol{M}_{k-1}$是基于$\boldsymbol{x}(k-1)$的$\boldsymbol{\theta}$的线性最小均方误差估计矢量$\hat{\boldsymbol{\theta}}_{k-1}$的均方误差阵$\boldsymbol{M}_{\hat{\boldsymbol{\theta}}_{\mathrm{lmse}(k-1)}}$的简记。在该式的推导中，再次利用了$\boldsymbol{\theta}$与$\boldsymbol{n}_k$互不相关的条件。(5H.5)式中第二项中的$\mathrm{E}(\tilde{\boldsymbol{x}}\tilde{\boldsymbol{x}}^{\mathrm{T}})$为

$$\begin{aligned}\mathrm{E}(\tilde{\boldsymbol{x}}\tilde{\boldsymbol{x}}^{\mathrm{T}}) &= \mathrm{E}\{[\boldsymbol{H}_k(\boldsymbol{\theta}-\hat{\boldsymbol{\theta}}_{k-1})+\boldsymbol{n}_k][\boldsymbol{H}_k(\boldsymbol{\theta}-\hat{\boldsymbol{\theta}}_{k-1})+\boldsymbol{n}_k]^{\mathrm{T}}\} \\ &= \boldsymbol{H}_k\boldsymbol{M}_{k-1}\boldsymbol{H}_k^{\mathrm{T}}+\boldsymbol{C}_{\boldsymbol{n}_k}\end{aligned} \tag{5H.12}$$

于是,第 k 次观测获得 $\boldsymbol{x}_k$ 后,估计矢量$\hat{\boldsymbol{\theta}}_k$为

$$\begin{aligned}\hat{\boldsymbol{\theta}}_k &= \hat{\boldsymbol{\theta}}_{k-1} + \boldsymbol{M}_{k-1}\boldsymbol{H}_k^{\mathrm{T}}(\boldsymbol{H}_k\boldsymbol{M}_{k-1}\boldsymbol{H}_k^{\mathrm{T}} + \boldsymbol{C}_{\boldsymbol{n}_k})^{-1}(\boldsymbol{x}_k - \boldsymbol{H}_k\hat{\boldsymbol{\theta}}_{k-1}) \\ &= \hat{\boldsymbol{\theta}}_{k-1} + \boldsymbol{K}_k(\boldsymbol{x}_k - \boldsymbol{H}_k\hat{\boldsymbol{\theta}}_{k-1})\end{aligned} \tag{5H.13}$$

其中,$\boldsymbol{K}_k$ 为修正的增益矩阵,表示为

$$\boldsymbol{K}_k = \boldsymbol{M}_{k-1}\boldsymbol{H}_k^{\mathrm{T}}(\boldsymbol{H}_k\boldsymbol{M}_{k-1}\boldsymbol{H}_k^{\mathrm{T}} + \boldsymbol{C}_{\boldsymbol{n}_k})^{-1} \tag{5H.14}$$

最后,求 k 次观测后估计矢量 $\hat{\boldsymbol{\theta}}_k$ 的均方误差阵 $\boldsymbol{M}_k$。根据定义,$\boldsymbol{M}_k$ 为

$$\begin{aligned}\boldsymbol{M}_k &= \mathrm{E}[(\boldsymbol{\theta} - \hat{\boldsymbol{\theta}}_k)(\boldsymbol{\theta} - \hat{\boldsymbol{\theta}}_k)^{\mathrm{T}}] \\ &= E\{[\boldsymbol{\theta} - \hat{\boldsymbol{\theta}}_{k-1} - \boldsymbol{K}_k(\boldsymbol{x}_k - \boldsymbol{H}_k\hat{\boldsymbol{\theta}}_{k-1})][\boldsymbol{\theta} - \hat{\boldsymbol{\theta}}_{k-1} - \boldsymbol{K}_k(\boldsymbol{x}_k - \boldsymbol{H}_k\hat{\boldsymbol{\theta}}_{k-1})]^{\mathrm{T}}\} \\ &= \boldsymbol{M}_{k-1} - \boldsymbol{K}_k\boldsymbol{H}_k\boldsymbol{M}_{k-1} - \boldsymbol{M}_{k-1}\boldsymbol{H}_k^{\mathrm{T}}\boldsymbol{K}_k^{\mathrm{T}} + \boldsymbol{K}_k(\boldsymbol{H}_k\boldsymbol{M}_{k-1}\boldsymbol{H}_k^{\mathrm{T}} + \boldsymbol{C}_{\boldsymbol{n}_k})\boldsymbol{K}_k^{\mathrm{T}}\end{aligned} \tag{5H.15}$$

将(5H.14)式的 $\boldsymbol{K}_k$ 表示式替代(5H.15)式中最后一项中前面所乘 $\boldsymbol{K}_k$,得

$$\begin{aligned}\boldsymbol{M}_k &= \boldsymbol{M}_{k-1} - \boldsymbol{K}_k\boldsymbol{H}_k\boldsymbol{M}_{k-1} - \boldsymbol{M}_{k-1}\boldsymbol{H}_k^{\mathrm{T}}\boldsymbol{K}_k^{\mathrm{T}} + \boldsymbol{M}_{k-1}\boldsymbol{H}_k^{\mathrm{T}}\boldsymbol{K}_k^{\mathrm{T}} \\ &= (\boldsymbol{I} - \boldsymbol{K}_k\boldsymbol{H}_k)\boldsymbol{M}_{k-1}\end{aligned} \tag{5H.16}$$

这样,在选择了初始条件,即初始估计矢量$\hat{\boldsymbol{\theta}}_0$ 和初始估计矢量的均方误差阵 $\boldsymbol{M}_0$ 后,由修正的增益矩阵

$$\boldsymbol{K}_k = \boldsymbol{M}_{k-1}\boldsymbol{H}_k^{\mathrm{T}}(\boldsymbol{H}_k\boldsymbol{M}_{k-1}\boldsymbol{H}_k^{\mathrm{T}} + \boldsymbol{C}_{\boldsymbol{n}_k})^{-1} \tag{Ⅰ}$$

估计矢量$\hat{\boldsymbol{\theta}}_k$的均方误差阵

$$\boldsymbol{M}_k = (\boldsymbol{I} - \boldsymbol{K}_k\boldsymbol{H}_k)\boldsymbol{M}_{k-1} \tag{Ⅱ}$$

和估计矢量的更新

$$\hat{\boldsymbol{\theta}}_k = \hat{\boldsymbol{\theta}}_{k-1} + \boldsymbol{K}_k(\boldsymbol{x}_k - \boldsymbol{H}_k\hat{\boldsymbol{\theta}}_{k-1}) \tag{Ⅲ}$$

三个公式就组成了一组线性最小均方误差递推估计的公式。

附录 5I　似然函数 $p(|\tilde{x}_1||\omega)$式的推导

复正交函数集$\{\tilde{f}_k(t)\}$的第一个坐标函数构造为

$$\tilde{f}_1(t) = \tilde{a}^*(t), \quad 0 \leqslant t \leqslant T \tag{5I.1}$$

时,以某个 θ 为条件的 $\tilde{x}(t)$的第一个展开系数为

$$\tilde{x}_1 = \int_0^T \tilde{x}(t)\tilde{f}_1(t)\mathrm{d}t = \int_0^T \tilde{x}(t)\tilde{a}^*(t)\mathrm{d}t \tag{5I.2}$$

它是复高斯随机变量。将 $\tilde{x}_1$ 表示为

$$\tilde{x}_1 = x_{1\mathrm{R}} + \mathrm{j}x_{1\mathrm{I}} \tag{5I.3}$$

则 $\tilde{x}_1$ 的实部 $x_{1\mathrm{R}}$和虚部 $x_{1\mathrm{I}}$是互不相关的实高斯随机变量,其均值分别为

$$\begin{aligned}\mathrm{E}(x_{1\mathrm{R}}) &= \mathrm{Re}[\mathrm{E}(\tilde{x}_1)] = \mathrm{Re}\left\{\mathrm{E}\left[\int_0^T (\sqrt{E_s}\tilde{a}(t)\exp(\mathrm{j}\theta) + \tilde{n}(t))\tilde{a}^*(t)\mathrm{d}t\right]\right\} \\ &= \sqrt{E_s}\cos\theta\end{aligned} \tag{5I.4}$$

和

$$\begin{aligned}\mathrm{E}(x_{1\mathrm{I}}) &= \mathrm{Im}[\mathrm{E}(\tilde{x}_1)] = \mathrm{Im}\left\{\mathrm{E}\left[\int_0^T (\sqrt{E_s}\tilde{a}(t)\exp(\mathrm{j}\theta) + \tilde{n}(t))\tilde{a}^*(t)\mathrm{d}t\right]\right\} \\ &= \sqrt{E_s}\sin\theta\end{aligned} \tag{5I.5}$$

而它们的方差分别为

$$\begin{aligned}\mathrm{Var}(x_{1\mathrm{R}}) &= \mathrm{E}\left\{\left[\mathrm{Re}\left(\int_0^T \tilde{n}(t)\tilde{a}^*(t)\mathrm{d}t\right)\right]^2\right\}\\ &= \mathrm{E}\left[\left(\int_0^T n_{\mathrm{R}}(t)a_{\mathrm{R}}(t)\mathrm{d}t + \int_0^T n_{\mathrm{I}}(t)a_{\mathrm{I}}(t)\mathrm{d}t\right)^2\right]\\ &= \frac{N_0}{2}\int_0^T (a_{\mathrm{R}}^2(t)+a_{\mathrm{I}}^2(t))\mathrm{d}t \\ &= \frac{N_0}{2}\int_0^T |\tilde{a}(t)|^2\mathrm{d}t\\ &= \frac{N_0}{2}\end{aligned} \tag{5I.6}$$

类似地，有

$$\begin{aligned}\mathrm{Var}(x_{1\mathrm{I}}) &= \mathrm{E}\left\{\left[\mathrm{Im}\left(\int_0^T \tilde{n}(t)\tilde{a}^*(t)\mathrm{d}t\right)\right]^2\right\}\\ &= \mathrm{E}\left[\left(\int_0^T n_{\mathrm{I}}(t)a_{\mathrm{R}}(t)\mathrm{d}t - \int_0^T n_{\mathrm{R}}(t)a_{\mathrm{I}}(t)\mathrm{d}t\right)^2\right]\\ &= \frac{N_0}{2}\end{aligned} \tag{5I.7}$$

这样，以 θ 为条件的 $x_{1\mathrm{R}}$ 和 $x_{1\mathrm{I}}$ 的二维联合概率密度函数为

$$\begin{aligned}p(x_{1\mathrm{R}},x_{1\mathrm{I}}|\theta) &= p(x_{1\mathrm{R}}|\theta)p(x_{1\mathrm{I}}|\theta)\\ &= \frac{1}{\pi N_0}\exp\left[-\frac{(x_{1\mathrm{R}}-\sqrt{E_s}\cos\theta)^2+(x_{1\mathrm{I}}-\sqrt{E_s}\sin\theta)^2}{N_0}\right]\\ &= K\exp\left(-\frac{E_s}{N_0}\right)\exp\left[\frac{2\sqrt{E_s}}{N_0}(x_{1\mathrm{R}}\cos\theta+x_{1\mathrm{I}}\sin\theta)\right]\end{aligned} \tag{5I.8}$$

其中，K 是某个常数。令

$$|\tilde{x}_1| = (x_{1\mathrm{R}}^2+x_{1\mathrm{I}}^2)^{1/2},\quad |\tilde{x}_1|\geqslant 0 \tag{5I.9a}$$

$$\varphi = \arctan\frac{x_{1\mathrm{I}}}{x_{1\mathrm{R}}},\quad -\pi\leqslant\varphi\leqslant\pi \tag{5I.9b}$$

则有

$$x_{1\mathrm{R}} = |\tilde{x}_1|\cos\varphi \tag{5I.10a}$$

$$x_{1\mathrm{I}} = |\tilde{x}_1|\sin\varphi \tag{5I.10b}$$

这样，由二维雅可比变换，得以 θ 为条件的 $|\tilde{x}_1|$ 和 φ 的二维联合概率密度函数为

$$p(|\tilde{x}_1|,\varphi|\theta) = K\exp\left(-\frac{E_s}{N_0}\right)\exp\left[\frac{2\sqrt{E_s}}{N_0}|\tilde{x}_1|\cos(\theta-\varphi)\right],\quad |\tilde{x}_1|\geqslant 0, -\pi\leqslant\varphi\leqslant\pi \tag{5I.11}$$

对随机相位 θ 求统计平均得

$$\begin{aligned}p(|\tilde{x}_1|,\varphi) &= K\exp\left(-\frac{E_s}{N_0}\right)\frac{1}{2\pi}\int_{-\pi}^{\pi}\exp\left[\frac{2\sqrt{E_s}}{N_0}|\tilde{x}_1|\cos(\theta-\varphi)\right]\mathrm{d}\theta\\ &= K\exp\left(-\frac{E_s}{N_0}\right)I_0\left(\frac{2\sqrt{E_s}}{N_0}|\tilde{x}_1|\right),\quad |\tilde{x}_1|\geqslant 0, -\pi\leqslant\varphi\leqslant\pi\end{aligned} \tag{5I.12}$$

再利用求边缘概率密度函数的方法，对 φ 进行积分得

$$p(|\tilde{x}_1|)=K\exp\left(-\frac{E_s}{N_0}\right)I_0\left(\frac{2\sqrt{E_s}}{N_0}|\tilde{x}_1|\right),\quad |\tilde{x}_1|\geqslant 0 \tag{5I.13}$$

式中，

$$|\tilde{x}_1|=\left|\int_0^T \tilde{x}(t)\tilde{a}^*(t)\mathrm{d}t\right| \tag{5I.14}$$

对于频率 ω 是待估计量的信号，$\tilde{x}(t)$ 为

$$\tilde{x}(t)=\sqrt{E_s}\tilde{a}(t)\exp(\mathrm{j}\nu t)\exp(\mathrm{j}\theta)+\tilde{n}(t)$$

而

$$\int_0^T \tilde{n}(t)\tilde{a}^*(t)\mathrm{d}t\approx 0$$

所以

$$\begin{aligned}|\tilde{x}_1| &= \left|\int_0^T \sqrt{E_s}\,|\tilde{a}(t)|^2\exp(\mathrm{j}\nu t)\mathrm{d}t\right| \\ &= \sqrt{E_s}\left|\int_0^T |\tilde{a}(t)|^2\exp(\mathrm{j}\nu t)\mathrm{d}t\right|\end{aligned} \tag{5I.15}$$

于是，最终得似然函数为

$$p(|\tilde{x}_1||\omega)=K\exp\left(-\frac{E_s}{N_0}\right)I_0\left(\frac{2E_s}{N_0}\left|\int_0^T |\tilde{a}(t)|^2\exp(\mathrm{j}\nu t)\mathrm{d}t\right|\right) \tag{5I.16}$$

这就是(5.9.36)式。

第 6 章　信号波形的估计

6.1 引言

第 5 章讨论了信号参量的统计估计问题。在该章中，对于随机参量和非随机未知参量，根据已知的先验知识，讨论了其相应的最佳估计准则，研究了估计量的构造、估计量的性质及均方误差的界。讨论中假定被估计的参量是不随时间变化的，因而属于静态估计；然而在实际问题中，如信号处理、图像处理、雷达目标跟踪、模式识别等，往往还需要对随时间变化的参量进行估计，这就是连续信号情况下信号波形的估计，或离散信号情况下信号状态的估计问题，统称为信号波形的估计。

6.1.1 信号波形估计的基本概念

在实际中，我们所观测到的信号都是受到噪声干扰的。如何尽可能地抑制噪声，而把有用的信号分离出来，是信号处理中经常遇到的问题。这里，只考虑加性噪声。这样，观测信号可以表示为

$$x(t)=s(t)+n(t) \tag{6.1.1}$$

其中，$s(t)$是信号；$n(t)$是噪声。信号波形的估计可以理解为，将观测信号 $x(t)$输入到系统函数为 $H(\omega)$的滤波器，滤波器的理想输出应是我们所希望的信号波形，如 $s(t)$；而实际上，由于受滤波器特性的限制和噪声干扰的影响，滤波器的输出是希望信号波形的估计，如 $s(t)$的估计，记为 $\hat{s}(t)$。但我们通过对滤波器的设计，可使估计的波形满足给定的指标要求。所以，信号波形(状态)估计理论又称为滤波理论。

按照对信号波形估计的不同要求，可以分为滤波、预测和平滑三种基本波形估计。如果由 $x(t)$得到 $s(t)$的估计$\hat{s}(t)$，则称这种估计为滤波；如果由 $x(t)$得到 $s(t+\alpha)(\alpha>0)$的估计 $\hat{s}(t+\alpha)$，则称这种估计为预测(外推)；如果由 $x(t)$得到 $s(t-\alpha)(\alpha>0)$的估计 $\hat{s}(t-\alpha)$，则称这种估计为平滑(内插)。实际上，除了上述三种基本波形估计外，还可以有其他的信号波形的估计，如待估计的波形是 $s(t)$的导数 $\dot{s}(t)$等，它反映了信号波形的变化率。

类似地，对于离散信号的情况，设信号在 t_k 时刻的状态是由 M 维状态矢量 $\boldsymbol{s}_k$ 来描述的，则观测方程一般为

$$\boldsymbol{x}_k=\boldsymbol{H}_k\boldsymbol{s}_k+\boldsymbol{n}_k,\quad k=1,2,\cdots \tag{6.1.2}$$

其中，$\boldsymbol{x}_k$ 是 t_k 时刻的 N 维观测信号矢量；$\boldsymbol{H}_k$ 是 t_k 时刻的 $N\times M$ 观测矩阵；$\boldsymbol{n}_k$ 是 t_k 时刻的 N 维观测噪声矢量。信号的离散状态估计就是利用 $\boldsymbol{x}_k,\boldsymbol{x}_{k-1},\cdots,\boldsymbol{x}_{k-m}$，若估计当前 t_k 时刻的信号状态，则记为 $\hat{\boldsymbol{s}}_k$，称为状态滤波；若估计未来 t_{k+l}时刻的信号状态，则记为 $\hat{\boldsymbol{s}}_{k+l|k}(l>0)$，称为状态预测(外推)；若估计过去 t_{k-l}时刻的信号状态，则记为 $\hat{\boldsymbol{s}}_{k-l|k}(l>0)$，

称为状态平滑(内插)。

在实际应用中,采用哪一种或哪几种信号波形的估计,根据需要而定。

6.1.2 信号波形估计的准则和方法

如同信号的参量估计需要根据选用的最佳准则构造估计量一样,信号波形的估计属于最佳线性滤波或线性最优估计,即以线性最小均方误差准则实现信号波形或离散状态的估计。

维纳滤波和卡尔曼滤波是实现从噪声中提取信号,完成信号波形估计的两种线性最佳估计方法。

维纳滤波是在第二次世界大战期间,由于军事的需要由维纳提出的。维纳滤波需要设计维纳滤波器,它的求解要求知道随机信号的统计特性,即相关函数或功率谱密度,得到的结果是封闭的解。当信号的功率谱为有理谱时,采用谱分解的方法求解滤波器的系统函数,简单易行,物理概念清楚,具有一定的工程实用价值,但当功率谱变化时,却不能进行实时处理。维纳滤波的限制是,它仅适用于一维平稳随机信号,这是由于采用频域设计方法造成的,因此人们寻求在时域内直接设计最佳滤波器的方法。

20 世纪 50 年代,随着空间技术的发展,为了解决多输入、多输出非平稳随机信号的估计问题,卡尔曼于 1960 年采用状态方程和观测方程描述系统的信号模型,提出了离散状态估计的一组递推公式,即卡尔曼滤波公式。由于卡尔曼滤波采用的递推算法非常适合计算机处理,所以现已广泛应用于许多领域,并取得了很好效果。

例 6.1.1 设 $s(t)$ 是均值为零的平稳随机信号,根据当前值 $s(t)$ 进行线性预测,求 $s(t+\alpha)(\alpha>0)$ 的估计 $\hat{s}(t+\alpha)$,要求均方误差最小。

解 按题意对 $s(t+\alpha)(\alpha>0)$ 作线性最小均方误差估计,故设 $\hat{s}(t+\alpha)$ 是 $s(t)$ 的线性函数,即

$$\hat{s}(t+\alpha)=as(t)$$

选择适当的系数 a,使估计波形的均方误差

$$\mathrm{E}[(s(t+\alpha)-\hat{s}(t+\alpha))^2]$$

最小。

根据线性最小均方误差估计的正交性原理,估计的误差与观测信号正交,即

$$\mathrm{E}[(s(t+\alpha)-as(t))s(t)]=0$$

于是得到

$$a=\frac{r_s(\alpha)}{r_s(0)}$$

式中,$r_s(\alpha)$ 是信号波形 $s(t)$ 的自相关函数。这样就有

$$\hat{s}(t+\alpha)=\frac{r_s(\alpha)}{r_s(0)}s(t)$$

估计波形的均方误差为

$$\begin{aligned}&\mathrm{E}[(s(t+\alpha)-\hat{s}(t+\alpha))^2]\\&=\mathrm{E}\left[\left(s(t+\alpha)-\frac{r_s(\alpha)}{r_s(0)}s(t)\right)^2\right]\\&=\mathrm{E}\left[\left(s(t+\alpha)-\frac{r_s(\alpha)}{r_s(0)}s(t)\right)s(t+\alpha)\right]+0\\&=r_s(0)-\frac{r_s^2(\alpha)}{r_s(0)}\end{aligned}$$

例 6.1.2 设 $s(t)$ 是零均值平稳随机信号，请用 $s(t)$ 及其导数 $\dot{s}(t)$ 对 $s(t+\alpha)(\alpha>0)$ 进行线性预测，要求预测的均方误差最小。

解 现在有两个观测信号 $s(t)$ 和 $\dot{s}(t)$，故线性预测的 $\hat{s}(t+\alpha)(\alpha>0)$ 可构造为

$$\hat{s}(t+\alpha)=as(t)+b\dot{s}(t)$$

利用线性最小均方误差估计的正交性原理，有

$$\begin{cases}\mathrm{E}[(s(t+\alpha)-as(t)-b\dot{s}(t))s(t)]=0\\ \mathrm{E}[(s(t+\alpha)-as(t)-b\dot{s}(t))\dot{s}(t)]=0\end{cases}$$

可求出系数 a 和 b。考虑到

$$r_{\dot{s}s}(\alpha)=-\dot{r}_{ss}(\alpha)=-\dot{r}_s(\alpha)$$

$$r_{\dot{s}\dot{s}}(\alpha)=-\ddot{r}_{ss}(\alpha)=-\ddot{r}_s(\alpha)$$

及

$$\dot{r}_s(\alpha)|_{\alpha=0}=0$$

可解得

$$a=\frac{r_s(\alpha)}{r_s(0)},\quad b=\frac{\dot{r}_s(\alpha)}{\ddot{r}_s(0)}$$

于是，$s(t+\alpha)$ 的线性最小均方误差预测为

$$\hat{s}(t+\alpha)=\frac{r_s(\alpha)}{r_s(0)}s(t)+\frac{\dot{r}_s(\alpha)}{\ddot{r}_s(0)}\dot{s}(t)$$

估计波形的均方误差为

$$\begin{aligned}&\mathrm{E}[(s(t+\alpha)-\hat{s}(t+\alpha))^2]\\ &=\mathrm{E}\left[\left(s(t+\alpha)-\frac{r_s(\alpha)}{r_s(0)}s(t)-\frac{\dot{r}_s(\alpha)}{\ddot{r}_s(0)}\dot{s}(t)\right)s(t+\alpha)\right]+0\\ &=r_s(0)-\frac{r_s^2(\alpha)}{r_s(0)}+\frac{\dot{r}_s^2(\alpha)}{\ddot{r}_s(0)}\end{aligned}$$

例 6.1.3 考虑信号平滑问题。若已知观测信号 $s(t)$ 在两个端点的值 $s(0)$ 和 $s(T)$，按线性最小均方误差准则估计 $(0,T)$ 区间内任意时刻 t 的信号 $\hat{s}(t)$。

解 现已知信号 $s(0)$ 和 $s(T)$，所以，$s(t)$ 的线性估计 $\hat{s}(t)$ 为

$$\hat{s}(t)=as(0)+bs(T)$$

利用线性最小均方误差估计的正交性原理，有

$$\begin{cases}\mathrm{E}[(s(t)-as(0)-bs(T))s(0)]=0\\ \mathrm{E}[(s(t)-as(0)-bs(T))s(T)]=0\end{cases}$$

即

$$\begin{cases}r_s(t)-ar_s(0)-br_s(T)=0\\ r_s(T-t)-ar_s(T)-br_s(0)=0\end{cases}$$

解联立方程，得

$$a=\frac{r_s(0)r_s(t)-r_s(T)r_s(T-t)}{r_s^2(0)-r_s^2(T)}$$

$$b=\frac{r_s(0)r_s(T-t)-r_s(t)r_s(T)}{r_s^2(0)-r_s^2(T)}$$

将解得的系数 a 和 b 代入 $\hat{s}(t)=as(0)+bs(T)$，就得到平滑估计 $\hat{s}(t)$ 的结果。

估计波形的均方误差为

$$\begin{aligned}&\mathrm{E}[(s(t)-\hat{s}(t))^2]\\&=\mathrm{E}[(s(t)-as(0)-bs(T))s(t)]+0\\&=r_s(0)-ar_s(t)-br_s(T-t)\end{aligned}$$

其中，系数 a 和 b 如前面求得的结果。

本章在线性最小均方误差准则下，首先将讨论信号波形的维纳滤波，包括连续过程的维纳滤波和离散过程的维纳滤波；然后在进一步阐述正交投影原理的基础上，讨论信号波形的离散卡尔曼滤波，包括信号模型、递推公式、递推算法、主要特点和性质、扩展的卡尔曼滤波及发散现象等问题。

6.2　连续过程的维纳滤波

信号检测与处理的一个十分重要的内容就是从噪声中提取信号。实现这种功能的有效方法之一是设计一种具有最佳过滤特性的滤波器，当叠加有噪声的信号通过这种滤波器时，它可以将信号尽可能完整地重现或对信号作出尽可能精确的估计，从而对所伴随的噪声进行最大限度地抑制。维纳滤波器就是具有这种特性的一种典型滤波器。所以，研究信号波形的维纳滤波问题，实质上是研究维纳滤波器的设计问题。

信号波形的维纳滤波分为连续过程的维纳滤波和离散过程的维纳滤波。本节将讨论连续过程的维纳滤波。

6.2.1　最佳线性滤波

设观测信号为

$$x(t)=s(t)+n(t),\quad 0\leqslant t\leqslant T \tag{6.2.1}$$

其中，$s(t)$是有用的信号；$n(t)$是观测噪声。如前所述，我们可以估计 $s(t)$，$s(t+\alpha)(\alpha>0)$，$s(t-\alpha)(\alpha>0)$及 $s(t)$的导数 $\dot{s}(t)$等信号波形。为了对它们进行统一分析，用 $g(t)$表示待估计的信号波形。这样，最佳线性滤波问题，就是根据观测信号 $x(t)$，按照线性最小均方误差准则，对 $g(t)$进行估计，以获得波形估计的结果 $\hat{g}(t)$。

设 $x(t)$和 $g(t)$都是零均值的随机过程，则 $g(t)$的最佳线性估计可以表示为

$$\hat{g}(t)=\lim_{\substack{\Delta u\to 0\\ N\Delta u=T}}\sum_{k=1}^{N}h(t,u_k)x(u_k)\Delta u \tag{6.2.2}$$

其中，$x(u_k)$是 $t=t_k$ 时刻 $x(t)$的采样；$h(t,u_k)\Delta u$ 是加权系数，它是 t 和 u_k 的待定函数。上式说明，某时刻 t 的波形估计 $\hat{g}(t)$是由取样随机变量 $x(u_k)$的线性加权组合所构成，加权系数就是 $h(t,u_k)\Delta u$。为了使估计的波形 $\hat{g}(t)$具有最小的均方误差，利用估计误差与观测信号的正交性原理，有

$$\mathrm{E}\left\{\left[g(t)-\lim_{\substack{\Delta u\to 0\\ N\Delta u=T}}\sum_{k=1}^{N}h(t,u_k)x(u_k)\Delta u\right]x(\tau)\right\}=0,\quad 0\leqslant\tau\leqslant T \tag{6.2.3}$$

由此可以求出最佳加权系数 $h(t,u_k)\Delta u$，从而实现 $g(t)$的线性最佳估计。

(6.2.2)式所示的 $\hat{g}(t)$的线性加权和表示式，可以用积分的形式表示为

$$\hat{g}(t) = \int_0^T h(t,u)x(u)\,\mathrm{d}u \tag{6.2.4}$$

这说明，如果把随机信号 $x(t)$输入到具有时变脉冲响应 $h(t,u)$的线性滤波器中，其输出为 $g(t)$的估计 $\hat{g}(t)$，如图 6.1 所示。为了使估计的均方误差最小，应利用线性最小均方误差估计的正交性原理，即

图 6.1　线性时变滤波器

$$\mathrm{E}\left[\left(g(t) - \int_0^T h(t,u)x(u)\,\mathrm{d}u\right)x(\tau)\right] = 0,\quad 0 \leqslant \tau \leqslant T \tag{6.2.5}$$

求解线性时变滤波器的脉冲响应 $h(t,u)$。利用相关函数表示上式，得

$$r_{xg}(t,\tau) = \int_0^T h(t,u)r_x(u,\tau)\mathrm{d}u,\quad 0 \leqslant \tau \leqslant T \tag{6.2.6}$$

此方程就是实现信号波形线性估计，并使估计的均方误差达到最小的线性时变滤波器的脉冲响应 $h(t,u)$应满足的积分方程。

估计的均方误差就是估计误差的方差，表示为

$$\begin{aligned}\mathrm{Var}[\tilde{g}(t)] &= \mathrm{E}\left[\left(g(t) - \int_0^T h(t,u)x(u)\,\mathrm{d}u\right)g(t)\right] \\ &= r_g(t,t) - \int_0^T h(t,u)r_{xg}(t,u)\,\mathrm{d}u\end{aligned} \tag{6.2.7}$$

从上面的分析中可以看到，满足(6.2.6)式积分方程的线性时变滤波器可以实现非平稳随机信号波形的线性最佳估计，但时变滤波器的脉冲响应 $h(t,u)$求解困难。

6.2.2 维纳-霍夫方程

线性时变滤波器虽然理论上适用于非平稳随机信号的线性最佳估计，但滤波器的设计较困难。为了得到实用的结果，需要对随机过程 $x(t)$和 $g(t)$的统计特性进行约束。假设 $x(t)$和 $g(t)$都是零均值的平稳随机过程，而且二者是联合平稳的。这就等于规定了观测时间从 $t=-\infty$就开始了，而系统(滤波器)是时不变的；如果再只考虑因果系统，即滤波器在构造估计信号波形的过程中只利用时间 t 及 t 以前的观测信号。这样，在上述条件下，线性时不变滤波器如图 6.2 所示，其估计 $\hat{g}(t)$为

$$\hat{g}(t) = \int_{-\infty}^t h(t-u)x(u)\,\mathrm{d}u \tag{6.2.8}$$

而(6.2.6)式变为

$$r_{xg}(t-\tau) = \int_{-\infty}^t h(t-u)r_x(u-\tau)\,\mathrm{d}u,\quad -\infty < \tau < t \tag{6.2.9}$$

令 $t-\tau=\eta, t-u=\lambda$，代入上式得

$$r_{xg}(\eta) = \int_0^\infty h(\lambda)r_x(\eta-\lambda)\,\mathrm{d}\lambda,\quad 0 < \eta < \infty \tag{6.2.10}$$

这就是人们所称的维纳-霍夫(Wiener-Hopf)方程，是信号波形线性最小均方误差估计的线性时不变滤波器的脉冲响应 $h(t)$ 所必须满足的积分方程，而这样的滤波器就称为维纳滤波器。

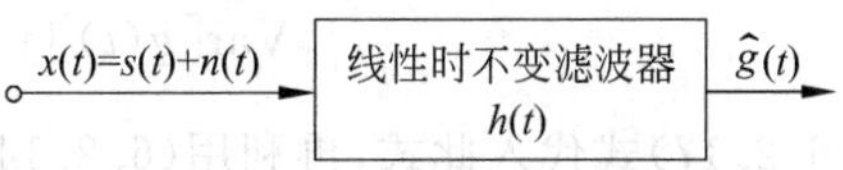

图 6.2　线性时不变滤波器

与此同时，在上述条件下，由(6.2.7)式得估计误差的方差为

$$\mathrm{Var}[\tilde{g}(t)]=r_g(0)-\int_0^{\infty}h(\lambda)r_{xg}(\lambda)\mathrm{d}\lambda \tag{6.2.11}$$

下面讨论维纳-霍夫方程的求解问题，这实际上就是维纳滤波器的设计问题，即通过求解维纳-霍夫方程，确定维纳滤波器的系统函数或脉冲响应，所以我们直观地称为维纳滤波器的解。

6.2.3　维纳滤波器的非因果解

为了求出维纳滤波器的脉冲响应 $h(t)$，必须解(6.2.10)式。求解该式的主要困难是参变量 η 被限制在正半轴上，即 $0<\eta<\infty$。如果取消对 η 的限制，即若 $-\infty<\eta<\infty$，则维纳-霍夫方程变为

$$r_{xg}(\eta)=\int_{-\infty}^{\infty}h(\lambda)r_x(\eta-\lambda)\mathrm{d}\lambda,\quad -\infty<\eta<\infty \tag{6.2.12}$$

这表明滤波器的脉冲响应时间包括整个时间轴，即 $-\infty<t<\infty$，解出来的是非因果滤波器的脉冲响应 $h(t)$，也就是说滤波器是物理不可实现的，但这时估计的均方误差达到最小，为性能比较提供了度量标准，因此其解还是有意义的。另外，如果用计算机处理，只要存储足够多的数据，给出非实时的估计，还是可以实现的。因为此时不一定要求 $h(t)$ 要有因果关系，在计算机处理中，t 是个普通参数，不一定总是按照一个增加的方向上去参加运算。

可以看出，(6.2.12)式是一个线性卷积式，因此很容易在频域求解。对(6.2.12)式两边进行傅里叶变换，得

$$P_{xg}(\omega)=H(\omega)P_x(\omega) \tag{6.2.13}$$

故最佳滤波器的系统函数 $H(\omega)$ 为

$$H(\omega)=\frac{P_{xg}(\omega)}{P_x(\omega)} \tag{6.2.14}$$

估计的均方误差为

$$\mathrm{Var}[\tilde{g}(t)]=r_g(0)-\int_{-\infty}^{\infty}h(\lambda)r_{xg}(\lambda)\,\mathrm{d}\lambda \tag{6.2.15}$$

为了获得用功率谱密度形式表示的均方误差，令

$$z(\tau)=r_g(\tau)-\int_{-\infty}^{\infty}h(\lambda)r_{gx}(\tau-\lambda)\mathrm{d}\lambda \tag{6.2.16}$$

对该式两边进行傅里叶变换，得

$$Z(\omega)=P_g(\omega)-H(\omega)P_{gx}(\omega) \tag{6.2.17}$$

式中，$Z(\omega)$ 是 $z(\tau)$ 的傅里叶变换，因而

$$z(\tau)=\frac{1}{2\pi}\int_{-\infty}^{\infty}Z(\omega)\mathrm{e}^{\mathrm{j}\omega\tau}\mathrm{d}\omega \tag{6.2.18}$$

将(6.2.16)式与(6.2.15)式相比较，可以看到

$$\mathrm{Var}[\tilde{g}(t)] = z(0) = \frac{1}{2\pi}\int_{-\infty}^{\infty} Z(\omega)\mathrm{d}\omega \tag{6.2.19}$$

将(6.2.17)式代入此式，再利用(6.2.14)式，得

$$\mathrm{Var}[\tilde{g}(t)] = \frac{1}{2\pi}\int_{-\infty}^{\infty} \frac{P_g(\omega)P_x(\omega) - P_{xg}(\omega)P_{gx}(\omega)}{P_x(\omega)}\mathrm{d}\omega \tag{6.2.20}$$

如果待估计的波形是信号本身，即 $g(t)=s(t)$，且 $s(t)$ 与加性噪声 $n(t)$ 是相互统计独立的，即 $P_{sn}(\omega)=0$，这时 $P_{xs}(\omega)=P_s(\omega)$，$P_x(\omega)=P_s(\omega)+P_n(\omega)$。将这些结果代入(6.2.14)式和(6.2.20)式，得

$$H(\omega) = \frac{P_s(\omega)}{P_s(\omega)+P_n(\omega)} \tag{6.2.21}$$

和

$$\mathrm{Var}[\tilde{g}(t)] = \frac{1}{2\pi}\int_{-\infty}^{\infty} \frac{P_s(\omega)P_n(\omega)}{P_s(\omega)+P_n(\omega)}\mathrm{d}\omega \tag{6.2.22}$$

由上述结果可以看出以下内容。

(1) 若信号 $s(t)$ 的功率谱密度 $P_s(\omega)$ 与噪声 $n(t)$ 的功率谱密度 $P_n(\omega)$ 互不重叠，如图 6.3(a)所示，则在 $P_s(\omega)$ 的非零区间，$H(\omega)=1$；在 ω 的其他区域，$H(\omega)=0$。以上情况下有 $\mathrm{Var}[\tilde{g}(t)]=0$。

(2) 若 $P_s(\omega)$ 与 $P_n(\omega)$ 有部分重叠，如图 6.3(b)所示，则当 $\omega_1<\omega<\omega_2$ 时，$H(\omega)=1$；当 $\omega_2<\omega<\omega_3$ 时，$H(\omega)$ 逐渐地变为零；在 ω 的其他区域，$H(\omega)=0$。

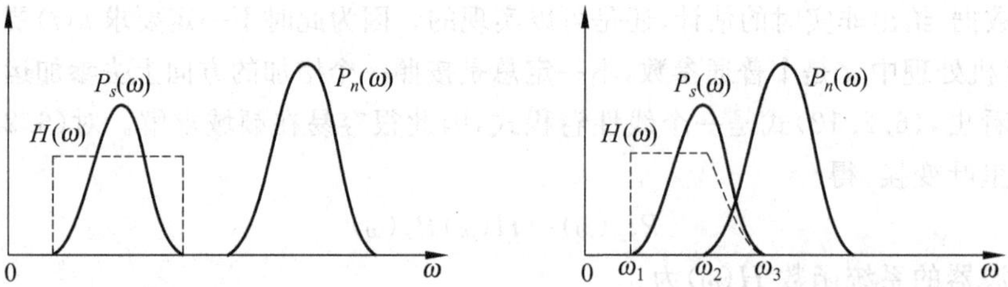

(a) $P_s(\omega)$ 与 $P_n(\omega)$ 互不重叠　　(b) $P_s(\omega)$ 与 $P_n(\omega)$ 部分重叠

图 6.3　$P_s(\omega)$，$P_n(\omega)$ 与 $H(\omega)$

(6.2.22)式是维纳滤波器均方误差的下界。

6.2.4　维纳滤波器的因果解

现在来讨论(6.2.10)式所示的维纳-霍夫方程的解，即维纳滤波器的因果解。如前所述，该方程求解困难的原因是参变量 η 被限制在 $0<\eta<\infty$ 范围内。然而我们发现，当积分方程(6.2.10)式中的 $r_x(\eta-\lambda)$ 是 δ 函数时，求解就变得非常容易。换句话说，如果滤波器的输入是一个白色过程，积分方程就可以直接求解。这就提醒我们，当观测信号 $x(t)$ 是非白平稳过程时，首先用白化滤波器 $H_w(s)$（为分析方便，下面采用复频域分析）对观测信号 $x(t)$ 进行白化处理，其输出是白化了的过程 $w(t)$；然后针对白过程 $w(t)$ 设计滤

波器的 $H_2(s)$，使它的输出是 $g(t)$ 的线性最小均方误差估计 $\hat{g}(t)$。这样，维纳滤波器的系统函数 $H(s)$ 为

$$H(s)=H_w(s)H_2(s) \tag{6.2.23}$$

式中，$H_w(s)$ 是白化滤波器的系统函数，它将有色过程进行白化处理。维纳滤波器的结构如图 6.4 所示。

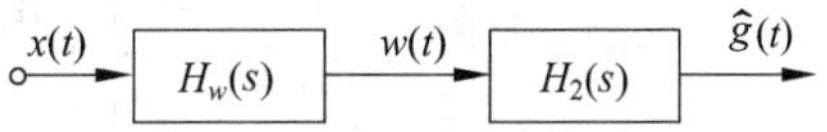

图 6.4 维纳滤波器

若观测信号 $x(t)$ 是具有有理功率谱密度 $P_x(\omega)$ 的平稳随机过程，则用复频域表示为

$$P_x(s)=P_x^+(s)P_x^-(s) \tag{6.2.24}$$

式中，

$$P_x^+(s)=A_1\frac{(s+\alpha_1)(s+\alpha_2)\cdots(s+\alpha_k)}{(s+\beta_1)(s+\beta_2)\cdots(s+\beta_l)} \tag{6.2.25a}$$

$$P_x^-(s)=A_2\frac{(-s+\alpha_1)(-s+\alpha_2)\cdots(-s+\alpha_k)}{(-s+\beta_1)(-s+\beta_2)\cdots(-s+\beta_l)} \tag{6.2.25b}$$

即 $P_x^+(s)$ 的所有零极点均在 s 平面的左半平面，而 $P_x^-(s)$ 的所有零极点均在 s 平面的右半平面。现要求白化滤波器能够将非白过程白化，则要求白化滤波器的系统函数 $H_w(s)$ 满足

$$|H_w(s)|^2P_x(s)=1 \tag{6.2.26}$$

因为

$$|H_w(s)|^2=H_w(s)H_w^*(s)$$

而

$$P_x(s)=P_x^+(s)P_x^-(s)=P_x^+(s)[P_x^+(s)]^*$$

所以

$$H_w(s)H_w^*(s)=\frac{1}{P_x^+(s)[P_x^+(s)]^*}$$

从而得白化滤波器的系统函数为

$$H_w(s)=\frac{1}{P_x^+(s)} \tag{6.2.27}$$

下面讨论滤波器 $H_2(s)$ 的设计。非白过程 $x(t)$ 经过白化滤波器 $H_w(s)$ 后，输出为白过程 $w(t)$。因而 $H_2(s)$ 由积分方程

$$r_{wg}(\eta)=\int_0^\infty h_2(\lambda)r_w(\eta-\lambda)\mathrm{d}\lambda,\quad 0<\eta<\infty \tag{6.2.28}$$

解得。其中，$r_w(\eta-\lambda)=\delta(\eta-\lambda)$，所以

$$h_2(\eta)=r_{wg}(\eta),\quad 0<\eta<\infty \tag{6.2.29}$$

用系统函数表示，则为

$$H_2(s)=[P_{wg}(s)]^+ \tag{6.2.30}$$

式中，$[\cdot]^+$ 表示取 $P_{wg}(s)$ 中零极点在 s 平面左边平面的部分。

由于 $P_{wg}(s)$ 是 $r_{wg}(\tau)$ 的拉普拉斯变换，所以先求 $r_{wg}(\tau)$，再取其拉普拉斯变换，求得 $P_{wg}(s)$。

因为

$$r_{wg}(\tau)=\mathrm{E}[w(t)g(t+\tau)]$$
$$=\mathrm{E}\left[\int_{-\infty}^{\infty}h_w(\lambda)x(t-\lambda)\mathrm{d}\lambda g(t+\tau)\right]$$
$$=\int_{-\infty}^{\infty}h_w(\lambda)r_{xg}(\tau+\lambda)\,\mathrm{d}\lambda \tag{6.2.31}$$
$$=\int_{-\infty}^{\infty}h_w(-\lambda)r_{xg}(\tau-\lambda)\,\mathrm{d}\lambda$$

所以,两边取拉普拉斯变换,得

$$P_{wg}(s)=H_w(-s)P_{xg}(s)$$
$$=\frac{1}{P_x^+(-s)}P_{xg}(s) \tag{6.2.32}$$
$$=\frac{P_{xg}(s)}{P_x^-(s)}$$

这样,维纳滤波器的系统函数 $H(s)$ 为

$$H(s)=H_w(s)H_2(s)$$
$$=\frac{1}{P_x^+(s)}\left[\frac{P_{xg}(s)}{P_x^-(s)}\right]^+ \tag{6.2.33}$$

维纳滤波器波形估计的均方误差由(6.2.11)式或(6.2.20)式给出。为了得到更一般形式的表示式,下面讨论估计 $s(t+\alpha)$时的均方误差。由(6.2.11)式得

$$\mathrm{Var}[\tilde{s}(t+\alpha)]=r_s(0)-\int_0^{\infty}h(\lambda)r_{xs}(\lambda+\alpha)\,\mathrm{d}\lambda \tag{6.2.34}$$

其中,$r_s(0)$由给定信号 $s(t)$的自相关函数确定;积分项是 α 的函数,为方便记为 $f(\alpha)$,即

$$f(\alpha)=\int_0^{\infty}h(\lambda)r_{xs}(\lambda+\alpha)\,\mathrm{d}\lambda$$

因为,对于因果滤波器,当 $\lambda<0$ 时,$h(\lambda)=0$,所以上式可写成

$$f(\alpha)=\int_{-\infty}^{\infty}h(\lambda)r_{xs}(\lambda+\alpha)\,\mathrm{d}\lambda \tag{6.2.35}$$

可见,只要求得维纳滤波器的脉冲响应 $h(t)$,$f(\alpha)$就确定了。

因为

$$r_{xg}(\tau)=\mathrm{E}[x(t)g(t+\tau)]$$
$$=\mathrm{E}[x(t)s(t+\tau+\alpha)]$$
$$=r_{xs}(\tau+\alpha)$$

所以

$$P_{xg}(s)=P_{xs}(s)\mathrm{e}^{\alpha s} \tag{6.2.36}$$

把该式代入(6.2.33)式,得维纳滤波器的系统函数 $H(s)$为

$$H(s)=\frac{1}{P_x^+(s)}\left[\frac{P_{xs}(s)\mathrm{e}^{\alpha s}}{P_x^-(s)}\right]^+ \tag{6.2.37}$$

令

$$\Phi(s)=\frac{P_{xs}(s)}{P_x^-(s)}$$

则其拉普拉斯逆变换为

$$\varphi(t)=\mathrm{L}^{-1}[\Phi(s)]=\mathrm{L}^{-1}\left[\frac{P_{xs}(s)}{P_x^-(s)}\right]$$

这样就有

$$\mathrm{L}^{-1}\left(\left[\frac{P_{xs}(s)\mathrm{e}^{\alpha s}}{P_x^-(s)}\right]^+\right)=\begin{cases}\varphi(t+\alpha), & t\geqslant 0\\ 0, & t<0\end{cases}$$

从而有

$$H(s)=\frac{1}{P_x^+(s)}\int_0^\infty \varphi(t+\alpha)\,\mathrm{e}^{-st}\,\mathrm{d}t \tag{6.2.38}$$

对此式取拉普拉斯逆变换，得

$$h(\lambda)=\frac{1}{2\pi\mathrm{j}}\int_{\sigma-\mathrm{j}\infty}^{\sigma+\mathrm{j}\infty}\left[\frac{1}{P_x^+(s)}\int_0^\infty \varphi(t+\alpha)\mathrm{e}^{-st}\,\mathrm{d}t\right]\mathrm{e}^{s\lambda}\,\mathrm{d}s \tag{6.2.39}$$

把此式代入(6.2.35)式，整理得

$$\begin{aligned}f(\alpha)&=\int_0^\infty \varphi(t+\alpha)\,\frac{1}{2\pi\mathrm{j}}\int_{\sigma-\mathrm{j}\infty}^{\sigma+\mathrm{j}\infty}\frac{\mathrm{e}^{-s(t+\alpha)}}{P_x^+(s)}\int_{-\infty}^{\infty} r_{xs}(\lambda+\alpha)\,\mathrm{e}^{s(\lambda+\alpha)}\,\mathrm{d}\lambda\mathrm{d}s\mathrm{d}t\\&=\int_0^\infty \varphi(t+\alpha)\,\frac{1}{2\pi\mathrm{j}}\int_{\sigma-\mathrm{j}\infty}^{\sigma+\mathrm{j}\infty}\frac{P_{xs}(-s)}{P_x^+(s)}\mathrm{e}^{-s(t+\alpha)}\,\mathrm{d}s\mathrm{d}t\\&=\int_0^\infty \varphi(t+\alpha)\,\frac{1}{2\pi\mathrm{j}}\int_{\sigma-\mathrm{j}\infty}^{\sigma+\mathrm{j}\infty}\Phi(-s)\mathrm{e}^{-s(t+\alpha)}\,\mathrm{d}s\mathrm{d}t\\&=\int_0^\infty \varphi^2(t+\alpha)\mathrm{d}t\\&=\int_\alpha^\infty \varphi^2(t)\,\mathrm{d}t\end{aligned} \tag{6.2.40}$$

这样，在进行 $g(t)=s(t+\alpha)$估计时，估计的均方误差为

$$\mathrm{Var}[\tilde{s}(t+\alpha)]=r_s(0)-\int_\alpha^\infty \varphi^2(t)\,\mathrm{d}t \tag{6.2.41}$$

式中，

$$\varphi(t)=\mathrm{L}^{-1}\left[\frac{P_{xs}(s)}{P_x^-(s)}\right]$$

如果取 $\alpha=0$，则(6.2.41)式可用来计算估计 $s(t)$时的均方误差。

例 6.2.1 设线性时不变滤波器输入的观测信号 $x(t)$是平稳随机过程，其功率谱密度为

$$P_x(s)=\frac{2k}{k^2-s^2}$$

请设计一个物理可实现的白化滤波器 $H_w(s)$，它的输出功率谱密度为 1。

解 根据题意要求有

$$|H_w(s)|^2P_x(s)=1$$

其中，

$$P_x(s)=\frac{2k}{k^2-s^2}=\frac{\sqrt{2k}}{s+k}\frac{\sqrt{2k}}{-s+k}=P_x^+(s)P_x^-(s)$$

所以

$$H_w(s)=\frac{1}{P_x^+(s)}=\frac{s+k}{\sqrt{2k}}$$

可见，白化滤波器是由微分器和常增益器并联构成的。

例 6.2.2 设随机信号 $s(t)$ 加白噪声 $n(t)$ 通过一线性滤波器。已知信号和噪声的自相关函数分别为

$$r_s(\tau)=\frac{1}{2}e^{-|\tau|},\quad r_n(\tau)=\delta(\tau)$$

现考虑信号 $s(t)$ 的波形估计问题，要求滤波器的输出信号波形具有最小均方误差，设计该滤波器，并计算波形估计的均方误差。

解 根据题意，待估计的波形 $g(t)=s(t)$，这是维纳滤波问题。首先对 $r_s(\tau)$ 和 $r_n(\tau)$ 进行双边拉普拉斯变换，得

$$\begin{aligned}P_s(s)&=\int_{-\infty}^{\infty}r_s(\tau)e^{-s\tau}d\tau\\&=\int_{-\infty}^{\infty}\frac{1}{2}e^{-|\tau|}e^{-s\tau}d\tau\\&=\int_{-\infty}^{0}\frac{1}{2}e^{\tau}e^{-s\tau}d\tau+\int_{0}^{\infty}\frac{1}{2}e^{-\tau}e^{-s\tau}d\tau\\&=\frac{1}{2}\left(\frac{1}{1-s}+\frac{1}{1+s}\right)=\frac{1}{1-s^2}\end{aligned}$$

$$P_n(s)=\int_{-\infty}^{\infty}\delta(\tau)e^{-s\tau}d\tau=1$$

因为 $n(t)$ 是白噪声，所以

$$\begin{aligned}P_x(s)&=P_s(s)+P_n(s)=\frac{1}{1-s^2}+1=\frac{s^2-2}{s^2-1}\\&=\frac{s+\sqrt{2}}{s+1}\,\frac{s-\sqrt{2}}{s-1}\end{aligned}$$

故有

$$P_x^+(s)=\frac{s+\sqrt{2}}{s+1}$$

$$P_x^-(s)=\frac{s-\sqrt{2}}{s-1}$$

从而又有

$$\begin{aligned}P_{xg}(s)&=P_{xs}(s)=P_s(s)+P_{ns}(s)=P_s(s)\\&=\frac{1}{1-s^2}=\frac{-1}{(s+1)(s-1)}\end{aligned}$$

然后求维纳滤波器的系统函数 $H(s)$ 和均方误差。

非因果关系的维纳滤波器的系统函数 $H(s)$ 为

$$\begin{aligned}H(s)&=\frac{P_{xg}(s)}{P_x(s)}=\frac{P_s(s)}{P_s(s)+P_n(s)}\\&=\frac{-1/[(s+1)(s-1)]}{(s+\sqrt{2})(s-\sqrt{2})/[(s+1)(s-1)]}\\&=\frac{1}{2-s^2}=\frac{1}{2\sqrt{2}(s+\sqrt{2})}-\frac{1}{2\sqrt{2}(s-\sqrt{2})}\end{aligned}$$

相应的维纳滤波器的脉冲响应为

$$h(t)=\mathrm{L}^{-1}[H(s)]=\begin{cases}\dfrac{1}{2\sqrt{2}}\mathrm{e}^{-\sqrt{2}t}, & t\geqslant 0\\ \dfrac{1}{2\sqrt{2}}\mathrm{e}^{\sqrt{2}t}, & t<0\end{cases}$$

因为 $r_{xg}(\lambda)=r_{xs}(\lambda)=r_s(\lambda)$，所以估计的均方误差为

$$\begin{aligned}\mathrm{Var}[\tilde{g}(t)]=\mathrm{Var}[\tilde{s}(t)]&=r_s(0)-\int_{-\infty}^{\infty}h(\lambda)r_s(\lambda)\mathrm{d}\lambda\\&=\frac{1}{2}-\int_{-\infty}^{0}\frac{1}{2\sqrt{2}}\mathrm{e}^{\sqrt{2}\lambda}\frac{1}{2}\mathrm{e}^{\lambda}\mathrm{d}\lambda-\int_{0}^{\infty}\frac{1}{2\sqrt{2}}\mathrm{e}^{-\sqrt{2}\lambda}\frac{1}{2}\mathrm{e}^{-\lambda}\mathrm{d}\lambda\\&=\frac{1}{2}-\frac{1}{4\sqrt{2}}\times\frac{1}{1+\sqrt{2}}-\frac{1}{4\sqrt{2}}\times\frac{1}{1+\sqrt{2}}\approx 0.354\end{aligned}$$

因果关系的维纳滤波器的系统函数 $H(s)$ 为

$$\begin{aligned}H(s)&=\frac{1}{P_x^{+}(s)}\left[\frac{P_{xg}(s)}{P_x^{-}(s)}\right]^{+}\\&=\frac{s+1}{s+\sqrt{2}}\left\{\frac{-1/[(s+1)(s-1)]}{(s-\sqrt{2})/(s-1)}\right\}^{+}\\&=\frac{s+1}{s+\sqrt{2}}\left[\frac{1/(1+\sqrt{2})}{s+1}+\frac{-1/(1+\sqrt{2})}{s-\sqrt{2}}\right]^{+}\\&=\frac{s+1}{s+\sqrt{2}}\frac{1/(1+\sqrt{2})}{s+1}\\&=\frac{1/(1+\sqrt{2})}{s+\sqrt{2}}\end{aligned}$$

相应的维纳滤波器的脉冲响应为

$$h(t)=\mathrm{L}^{-1}[H(s)]=\frac{1}{1+\sqrt{2}}\mathrm{e}^{-\sqrt{2}t},\quad t\geqslant 0$$

因果关系维纳滤波器波形估计的均方误差为

$$\begin{aligned}\mathrm{Var}[\tilde{g}(t)]=\mathrm{Var}[\tilde{s}(t)]&=r_s(0)-\int_{0}^{\infty}h(\lambda)r_s(\lambda)\mathrm{d}\lambda\\&=\frac{1}{2}-\int_{0}^{\infty}\frac{1}{1+\sqrt{2}}\mathrm{e}^{-\sqrt{2}\lambda}\frac{1}{2}\mathrm{e}^{-\lambda}\mathrm{d}\lambda\\&=\frac{1}{2}-\frac{1}{2(1+\sqrt{2})^2}\approx 0.414\end{aligned}$$

波形估计的均方误差也可由(6.2.41)式，取 $\alpha=0$ 来计算，参见习题 6.3。

例 6.2.3 考虑维纳预测与平滑问题。设输入信号 $s(t)$ 和噪声 $n(t)$ 都是均值为零的平稳随机过程，二者互不相关，自相关函数分别为

$$r_s(\tau)=\frac{7}{12}\mathrm{e}^{-|\tau|/2},\quad r_n(\tau)=\frac{5}{6}\mathrm{e}^{-|\tau|}$$

试求估计波形 $\hat{s}(t+\alpha)$ 及其均方误差。

解 对 $s(t)$ 和 $n(t)$ 的自相关函数 $r_s(\tau)$ 和 $r_n(\tau)$，取双边拉普拉斯变换，得 $s(t)$ 和 $n(t)$ 的功率谱密度分别为

$$\begin{aligned}P_s(s)&=\int_{-\infty}^{\infty}r_s(\tau)\mathrm{e}^{-s\tau}\mathrm{d}\tau\\&=\frac{7}{12}\left(\int_{-\infty}^{0}\mathrm{e}^{\tau/2}\mathrm{e}^{-s\tau}\mathrm{d}\tau+\int_{0}^{\infty}\mathrm{e}^{-\tau/2}\mathrm{e}^{-s\tau}\mathrm{d}\tau\right)\end{aligned}$$

$$=\frac{7}{12}\left(\frac{1}{\frac{1}{2}-s}+\frac{1}{\frac{1}{2}+s}\right)=\frac{7/3}{-4s^2+1}$$

$$P_n(s)=\int_{-\infty}^{\infty} r_n(\tau)e^{-s\tau}d\tau$$

$$=\frac{5}{6}\left(\int_{-\infty}^{0} e^{\tau}e^{-s\tau}d\tau+\int_{0}^{\infty} e^{-\tau}e^{-s\tau}d\tau\right)$$

$$=\frac{5}{6}\left(\frac{1}{1-s}+\frac{1}{1+s}\right)=\frac{5/3}{-s^2+1}$$

从而有

$$P_x(s)=P_s(s)+P_n(s)$$

$$=\frac{7/3}{-4s^2+1}+\frac{5/3}{-s^2+1}$$

$$=\frac{-9s^2+4}{(-4s^2+1)(-s^2+1)}$$

$$=\frac{3s+2}{(2s+1)(s+1)}\frac{-3s+2}{(-2s+1)(-s+1)}$$

因为

$$r_{xg}(\tau)=E[x(t)g(t+\tau)]$$

$$=E[x(t)s(t+\tau+\alpha)]$$

$$=r_s(\tau+\alpha)$$

所以，经拉普拉斯变换，得

$$P_{xg}(s)=P_{xs}(s)e^{\alpha s}=P_s(s)e^{\alpha s}$$

这样，维纳滤波器的系统函数 $H(s)$ 为

$$H(s)=\frac{1}{P_x^+(s)}\left[\frac{P_{xg}(s)}{P_x^-(s)}\right]^+$$

$$=\frac{(2s+1)(s+1)}{3s+2}\left[\frac{(-2s+1)(-s+1)}{(-3s+2)}\frac{7/3}{-4s^2+1}e^{\alpha s}\right]^+$$

$$=\frac{(2s+1)(s+1)}{3s+2}\left[\left(\frac{1}{2s+1}+\frac{1/3}{-3s+2}\right)e^{\alpha s}\right]^+$$

现在需要求出

$$\left[\left(\frac{1}{2s+1}+\frac{1/3}{-3s+2}\right)e^{\alpha s}\right]^+$$

的表示式。为此，令

$$\Phi(s)=\frac{1}{2s+1}+\frac{1/3}{-3s+2}$$

相应地有

$$\varphi(t)=\begin{cases}\frac{1}{2}e^{-t/2}, & t\geqslant 0\\ \frac{1}{9}e^{2t/3}, & t<0\end{cases}$$

则$[\Phi(s)e^{\alpha s}]^+$便是$\varphi(t+\alpha)$的因果可实现部分。参考图 6.5，这些因果部分等于

$$\varphi(t+\alpha)=\frac{1}{2}e^{-(t+\alpha)/2},\quad 当\ \alpha>0\ 时$$

$$\varphi(t+\alpha)=\begin{cases}\frac{1}{9}e^{2(t+\alpha)/3}, & 0\leqslant t<|\alpha|,\\ \frac{1}{2}e^{-(t+\alpha)/2}, & t\geqslant|\alpha|,\end{cases}\quad 当\ \alpha<0\ 时$$

对 $\varphi(t+\alpha)$ 取拉普拉斯变换，得

$$[\Phi(s)e^{\alpha s}]^{+}=\begin{cases}\dfrac{e^{-\alpha/2}}{2s+1}, & \alpha>0\\ \dfrac{1}{2s+1}, & \alpha=0\\ \dfrac{1}{3}\dfrac{e^{2\alpha/3}-e^{\alpha s}}{3s-2}+\dfrac{1}{2}\dfrac{e^{\alpha s}}{s+1/2}, & \alpha<0\end{cases}$$

和

$$H(s)=\frac{(2s+1)(s+1)}{3s+2}[\Phi(s)e^{\alpha s}]^{+}$$

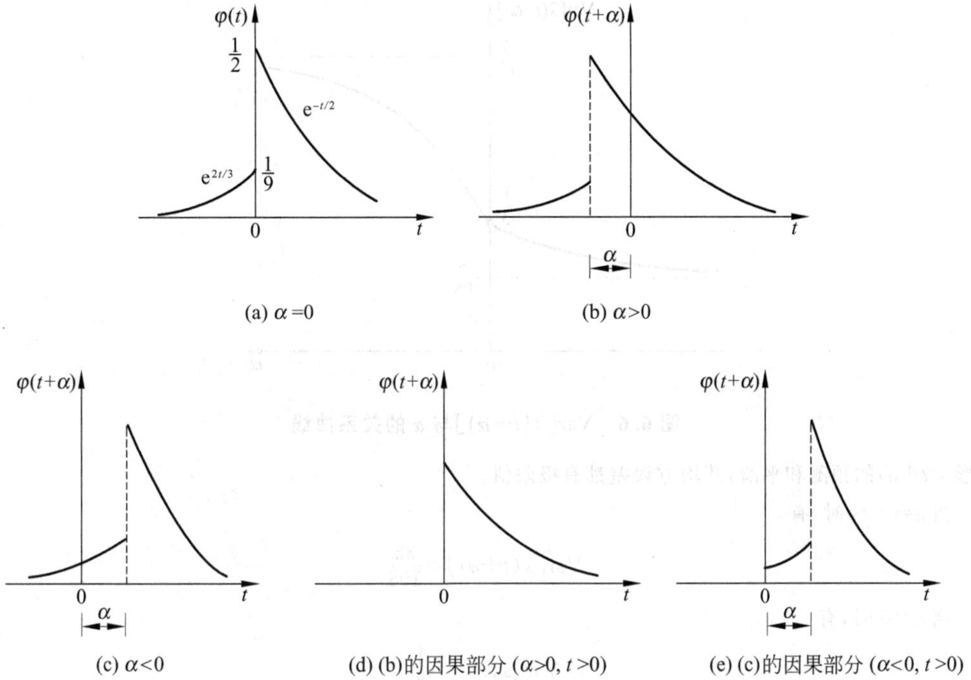

图 6.5　$\varphi(t+\alpha)$ 及其因果部分

对于 $s(t+\alpha)$ 波形估计的均方误差的计算可利用(6.2.41)式，即

$$\begin{aligned}\mathrm{Var}[\tilde{s}(t+\alpha)]&=r_s(0)-\int_{\alpha}^{\infty}\varphi^2(t)\,dt\\&=r_s(0)-f(\alpha)\end{aligned}$$

来完成，式中，

$$r_s(0)=\frac{7}{12}$$

$$f(\alpha)=\begin{cases}\dfrac{1}{4}e^{-\alpha}, & \alpha>0\\ \dfrac{1}{4}, & \alpha=0\\ \dfrac{1}{108}(1-e^{4\alpha/3})+\dfrac{1}{4}, & \alpha<0\end{cases}$$

具体计算见习题 6.4，请读者自己完成。这样则有

$$\mathrm{Var}[\tilde{s}(t+\alpha)]=\frac{7}{12}-f(\alpha)$$

$$=\begin{cases}\dfrac{7}{12}-\dfrac{1}{4}\mathrm{e}^{-\alpha}, & \alpha>0\\[2mm] \dfrac{7}{12}-\dfrac{1}{4}=\dfrac{1}{3}, & \alpha=0\\[2mm] \dfrac{1}{3}-\dfrac{1}{108}(1-\mathrm{e}^{4\alpha/3}), & \alpha<0\end{cases}$$

如图 6.6 所示。可见，当 $\alpha>0$ 时，α 越大，即预测未来时间越长，预测的误差也越大；当 $\alpha<0$ 时，$|\alpha|$ 越大，即用来平滑的时间越长，平滑的误差越小。

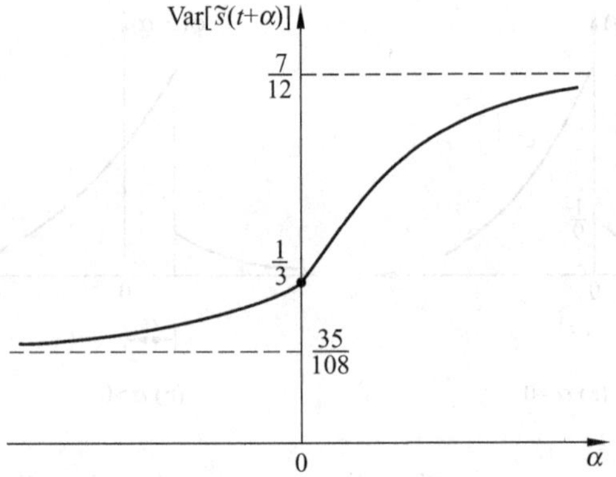

图 6.6 Var[$\tilde{s}(t+\alpha)$]与 α 的关系曲线

波形 $s(t+\alpha)$ 的预测和平滑，其均方误差都有极限值。

当 $\alpha=-\infty$ 时，有

$$\mathrm{Var}[\tilde{s}(t+\alpha)]=\frac{35}{108}$$

当 $\alpha=0$ 时，有

$$\mathrm{Var}[\tilde{s}(t)]=\frac{1}{3}$$

当 $\alpha=\infty$ 时，有

$$\mathrm{Var}[\tilde{s}(t+\alpha)]=\frac{7}{12}$$

6.3 离散过程的维纳滤波

类似于连续过程的维纳滤波，设计离散过程的维纳滤波器，就是寻求在线性最小均方误差准则下线性滤波器的系统函数 $H(z)$ 或单位脉冲响应 $h(k)$。

6.3.1 离散的维纳-霍夫方程

仿照连续过程的维纳滤波分析方法，在离散过程的情况下，观测区间由一组离散的时刻 t_k 组成，每个 t_k 时刻的观测信号为 $x(k)\overset{\mathrm{def}}{=}x_k$，$0\leqslant k\leqslant N$。下面根据这一组观测信号 x_k，对信号 g_k 作出线性最小均方误差估计，即求 $\hat{g}_k$。

对于线性估计，估计信号 $\hat{g}_k$ 表示为观测信号 x_k 的线性加权和，即

$$\hat{g}_k=\sum_{j=0}^{N}h(k,j)x_j \tag{6.3.1}$$

为了使估计的均方误差最小，根据线性最小均方误差估计的正交性原理，加权系数 $h(k,j)$ 应选择使估计误差与观测信号正交，即

$$\mathrm{E}\left[\left(g_k-\sum_{j=0}^{N}h(k,j)x_j\right)x_i\right]=0,\quad 0\leqslant i\leqslant N \tag{6.3.2}$$

如果用相关函数表示，则有

$$r_{xg}(k,i)=\sum_{j=0}^{N}h(k,j)r_x(j,i),\quad 0\leqslant i\leqslant N \tag{6.3.3}$$

我们看到，(6.3.3)式恰好是(6.2.6)式的离散表示。虽然从原理上它适用于离散非平稳随机信号的线性最佳估计，但加权系数 $h(k,j)$ 的求解是困难的。为了便于求解，假定离散过程是均值为零的平稳过程，观测区间也是半无限的，而所研究的系统是因果的线性时不变系统。这样，(6.3.3)式退化为

$$r_{xg}(k-i)=\sum_{j=-\infty}^{k}h(k-j)r_x(j-i),\quad -\infty<i\leqslant k \tag{6.3.4}$$

为了简明起见，对上式作变量代换，令 $k-i=m,k-j=l$，则得

$$r_{xg}(m)=\sum_{l=0}^{\infty}h(l)r_x(m-l),\quad 0\leqslant m<\infty \tag{6.3.5}$$

该式就是离散形式的维纳-霍夫方程。由该式解出的 $h(m)$，就是满足线性最小均方误差的离散维纳滤波器的单位脉冲响应。因为有 $m\geqslant 0$ 的限制，所以求解得到的是物理可实现的滤波器的单位脉冲响应。

6.3.2 离散维纳滤波器的 z 域解

首先讨论离散维纳滤波器的非因果解。如果不考虑 $0\leqslant m<\infty$ 的约束条件，即认为 m 满足 $-\infty<m<\infty$，则非因果关系的离散维纳-霍夫方程为

$$r_{xg}(m)=\sum_{l=-\infty}^{\infty}h(l)r_x(m-l),\quad -\infty<m<\infty \tag{6.3.6}$$

等式两边取 Z 变换，得

$$P_{xg}(z)=H(z)P_x(z) \tag{6.3.7}$$

于是，非因果离散维纳滤波器的系统函数 $H(z)$ 为

$$H(z)=\frac{P_{xg}(z)}{P_x(z)} \tag{6.3.8}$$

而滤波器的单位脉冲响应 $h(k)$ 为

$$h(k)=\mathrm{IZT}[H(z)]=\mathrm{IZT}\left[\frac{P_{xg}(z)}{P_x(z)}\right] \tag{6.3.9}$$

如果观测信号为

$$x_k=s_k+n_k$$

假设信号 s_k 与噪声 n_k 互不相关，则当 $g_k=s_k$ 时，离散维纳滤波器的系统函数 $H(z)$ 为

$$H(z)=\frac{P_s(z)}{P_s(z)+P_n(z)} \tag{6.3.10}$$

式中的 $P_x(z)$,$P_s(z)$,$P_n(z)$和 $P_{xg}(z)$分别是自相关函数 $r_x(m)$,$r_s(m)$,$r_n(m)$和互相关函数 $r_{xg}(m)$的 Z 变换,所以它们分别是 x_k,s_k,n_k 的功率谱密度和 x_k 与 g_k 的互功率谱密度。

现在研究离散维纳滤波器的因果解。如果观测信号 x_k 是白色序列,则有

$$r_x(m-l)=\delta_{ml} \tag{6.3.11}$$

从而容易求得(6.3.5)式的解为

$$h(m)=r_{xg}(m),\quad 0\leqslant m<\infty \tag{6.3.12}$$

相应地,滤波器的系统函数为

$$H(z)=[P_{xg}(z)]^{+} \tag{6.3.13}$$

其中,$[\cdot]^{+}$表示互相关函数 $r_{xg}(m)$的因果部分的 Z 变换。这样,$H(z)$是互功率谱密度 $P_{xg}(z)$中零极点在单位圆内的部分。

如果观测信号 x_k 是非白序列,则需先把 x_k 序列进行白化处理,使之变换成白色序列。若观测信号序列 x_k 的功率谱是有理函数,即

$$P_x(z)=P_x^{+}(z)P_x^{-}(z) \tag{6.3.14}$$

其中,$P_x^{+}(z)$和 $P_x^{-}(z)$分别是 $P_x(z)$的零极点在单位圆内的部分和单位圆外的部分,则白化滤波器的系统函数 $H_w(z)$为

$$H_w(z)=\frac{1}{P_x^{+}(z)} \tag{6.3.15}$$

设白化滤波器输出的白色序列为 w_k,其相应的维纳滤波器的系统函数为 $H_2(z)$,则

$$H_2(z)=[P_{wg}(z)]^{+} \tag{6.3.16}$$

利用连续过程维纳滤波的(6.2.32)式,有

$$P_{wg}(z)=H_w(z^{-1})P_{xg}(z)=\frac{P_{xg}(z)}{P_x^{-}(z)} \tag{6.3.17}$$

将白化滤波器 $H_w(z)$与滤波器 $H_2(z)$级联,便得到离散维纳滤波器的系统函数 $H(z)$为

$$H(z)=H_w(z)H_2(z)=\frac{1}{P_x^{+}(z)}\left[\frac{P_{xg}(z)}{P_x^{-}(z)}\right]^{+} \tag{6.3.18}$$

而滤波器的单位脉冲响应 $h(k)$为

$$h(k)=\mathrm{IZT}[H(z)]=\mathrm{IZT}\left[\frac{1}{P_x^{+}(z)}\left[\frac{P_{xg}(z)}{P_x^{-}(z)}\right]^{+}\right],\quad 0\leqslant k<\infty \tag{6.3.19}$$

它是一个无限长的因果序列。

6.3.3 离散维纳滤波器的时域解

前面已经研究了离散维纳滤波器的 z 域解(频域解),在已知观测信号序列 x_k 的自相关函数 $r_x(m)$和观测信号序列 x_k 与被估计信号 g_k 的互相关函数 $r_{xg}(m)$的情况下,我们就可以设计出离散的维纳滤波器。但在实际工程应用中,由于单位脉冲响应 $h(k)$为无限长因果序列的离散维纳滤波器不具有实时性而使其应用受到限制。在要求进行实时处理

的场合，并考虑因果性约束，通常在时域用逼近的方法来设计离散维纳滤波器，即用长度为 N 的有限长序列 $h(k)(0\leqslant k\leqslant N-1)$ 来逼近离散维纳滤波器的单位脉冲响应 $h(k)$ $(0\leqslant k<\infty)$，这就是离散维纳滤波器的时域解。

设离散维纳滤波器的单位脉冲响应 $h(k)$ 是长度为 N 的有限长序列，即

$$h(k)=\begin{cases}h(k), & 0\leqslant k\leqslant N-1\\ 0, & \text{其他}\end{cases} \tag{6.3.20}$$

则(6.3.5)式所示的离散维纳-霍夫方程变为

$$r_{xg}(m)=\sum_{l=0}^{N-1}h(l)r_x(m-l),\quad 0\leqslant m\leqslant N-1 \tag{6.3.21}$$

其中，相关函数分别为

$$\begin{aligned}r_{xg}(m)&=\mathrm{E}(x_k g_{k+m})\\&=\frac{1}{N}\sum_{k=0}^{N-1}x_k g_{k+m}\end{aligned} \tag{6.3.22}$$

和

$$\begin{aligned}r_x(m)&=\mathrm{E}(x_k x_{k+m})\\&=\frac{1}{N}\sum_{k=0}^{N-1}x_k x_{k+m}\end{aligned} \tag{6.3.23}$$

并有

$$r_x(m)=r_x(-m) \tag{6.3.24}$$

这样，我们可将(6.3.21)式所示的离散维纳-霍夫方程写成矩阵的形式。为此，先将 $m=0,m=1,\cdots,m=N-1$ 分别代入(6.3.21)式，并将其写成 N 个线性方程，结果为

$$\left.\begin{aligned}&h(0)r_x(0)+h(1)r_x(1)+\cdots+h(N-1)r_x(N-1)=r_{xg}(0)\\&h(0)r_x(1)+h(1)r_x(0)+\cdots+h(N-1)r_x(N-2)=r_{xg}(1)\\&\qquad\vdots\\&h(0)r_x(N-1)+h(1)r_x(N-2)+\cdots+h(N-1)r_x(0)=r_{xg}(N-1)\end{aligned}\right\} \tag{6.3.25}$$

于是，它的矩阵形式为

$$\boldsymbol{R}_x\boldsymbol{h}=\boldsymbol{r}_{xg} \tag{6.3.26}$$

式中，

$$\boldsymbol{h}=\begin{bmatrix}h(0)\\h(1)\\\vdots\\h(N-1)\end{bmatrix}$$

其中的各元素是滤波器单位脉冲响应 $h(k)$ 在 $k=0,1,\cdots,N-1$ 时的值；而

$$\boldsymbol{R}_x=\begin{bmatrix}r_x(0) & r_x(1) & \cdots & r_x(N-1)\\ r_x(1) & r_x(0) & \cdots & r_x(N-2)\\ \vdots & \vdots & & \vdots\\ r_x(N-1) & r_x(N-2) & \cdots & r_x(0)\end{bmatrix}$$

是观测信号序列 x_k 的自相关矩阵，它是 $N\times N$ 的对称阵；

$$\boldsymbol{r}_{xg}=\begin{bmatrix} r_{xg}(0) \\ r_{xg}(1) \\ \vdots \\ r_{xg}(N-1) \end{bmatrix}$$

是观测信号序列 x_k 与被估计序列 g_k 的互相关矢量。

由(6.3.26)式解得

$$\boldsymbol{h}=\boldsymbol{R}_x^{-1}\boldsymbol{r}_{xg} \tag{6.3.27}$$

在这里我们看到，利用长度为 N 的有限长单位脉冲响应 $\boldsymbol{h}$ 来设计维纳滤波器时，假如 $\boldsymbol{R}_x$ 和 $\boldsymbol{r}_{xg}$ 可知，则具有因果性的维纳滤波器的单位脉冲响应 $\boldsymbol{h}$ 可由(6.3.27)式解出，它实际上就是 N 阶 FIR 滤波器的加权矢量。$\boldsymbol{R}_x$ 和 $\boldsymbol{r}_{xg}$ 可以根据观测信号序列 x_k 和被估计信号序列 g_k 计算得到。所以在实际工程应用中常用这种具有有限长度单位脉冲响应的 FIR 滤波器来实现维纳滤波。

我们知道，理论上的维纳滤波器的单位脉冲响应 $h(k)(0\leqslant k<\infty)$ 是无限长序列，所以，用有限长的单位脉冲响应序列来逼近维纳滤波器时，为了提高逼近精度，需要增加 $h(k)$ 的长度 N，随之而来的是增加了运算量，并对运算速度提出了更高的要求。

例 6.3.1 设滤波器的输入信号为

$$x_k=s_k+n_k$$

其中，s_k 是希望得到的信号；n_k 是加性白噪声。现已知

$$P_s(z)=\frac{0.36}{(1-0.8z^{-1})(1-0.8z)}$$

$$P_n(z)=1 \quad (\text{白噪声})$$

$$P_{ns}(z)=0 \quad (s_k \text{ 与 } n_k \text{ 互不相关})$$

请设计输出为 $\hat{s}_k$ 的维纳滤波器。

解 根据题意，待估计的信号是 s_k。对于物理不可实现的非因果维纳滤波器，其系统函数为

$$H(z)=\frac{P_{xs}(z)}{P_x(z)}=\frac{P_s(z)}{P_s(z)+P_n(z)}$$

$$=\frac{\dfrac{0.36}{(1-0.8z^{-1})(1-0.8z)}}{\dfrac{0.36}{(1-0.8z^{-1})(1-0.8z)}+1}$$

$$=\frac{0.225}{(1-0.5z^{-1})(1-0.5z)}$$

对于物理可实现的因果维纳滤波器，其系统函数为

$$H(z)=\frac{1}{P_x^+(z)}\left[\frac{P_{xs}(z)}{P_x^-(z)}\right]^+$$

$$=\frac{1}{P_x^+(z)}\left[\frac{P_s(z)}{P_x^-(z)}\right]^+$$

式中，

$$P_x(z)=P_s(z)+P_n(z)=\frac{0.36}{(1-0.8z^{-1})(1-0.8z)}+1$$
$$=1.6\,\frac{(1-0.5z^{-1})(1-0.5z)}{(1-0.8z^{-1})(1-0.8z)}$$

所以

$$P_x^+(z)=1.6\,\frac{1-0.5z^{-1}}{1-0.8z^{-1}}$$

$$P_x^-(z)=\frac{1-0.5z}{1-0.8z}$$

而

$$\left[\frac{P_s(z)}{P_x^-(z)}\right]^+=\left[\frac{0.36}{(1-0.8z^{-1})(1-0.8z)}\frac{1-0.8z}{1-0.5z}\right]^+$$
$$=\left[\frac{3/5}{1-0.8z^{-1}}-\frac{3/5}{1-2z^{-1}}\right]^+$$
$$=\frac{3/5}{1-0.8z^{-1}}$$

例 6.3.2 设维纳滤波器的输入序列为

$$x_k=\begin{cases}\dfrac{1}{2}, & k=0\\ -\dfrac{1}{2}, & k=1\end{cases}$$

希望滤波器的输出序列为

$$s_k=\begin{cases}1, & k=0\\ 0, & k=1,2,\cdots\end{cases}$$

求维纳滤波器的单位脉冲响应

$$h(k)=\begin{cases}h(0), & k=0\\ h(1), & k=1\end{cases}$$

及相应的输出 $\hat{s}_k$ 和均方误差 $\mathrm{E}[(s_k-\hat{s}_k)^2]$。

解 这是用长度为 2 的单位脉冲响应滤波器，即二阶 FIR 滤波器来逼近维纳滤波器的问题。由所给条件可以算出 $x_k(k=0,1)$ 的自相关矩阵的元素为

$$r_x(0)=\frac{1}{2}\sum_{k=0}^{1}x_kx_k=\frac{1}{4}$$

$$r_x(1)=\frac{1}{2}\sum_{k=0}^{1}x_kx_{k+1}=-\frac{1}{8}$$

而 x_k 与 s_k 的互相关矢量的元素为

$$r_{xs}(0)=\frac{1}{2}\sum_{k=0}^{1}x_ks_k=\frac{1}{4}$$

$$r_{xs}(1)=\frac{1}{2}\sum_{k=0}^{1}x_ks_{k+1}=0$$

这样，求解以下 $h(k)$ 的联立方程：

$$\begin{cases}\dfrac{1}{4}h(0)-\dfrac{1}{8}h(1)=\dfrac{1}{4}\\ -\dfrac{1}{8}h(0)+\dfrac{1}{4}h(1)=0\end{cases}$$

从而解得

$$h(0)=\frac{4}{3}$$

$$h(1)=\frac{2}{3}$$

维纳滤波器的输出序列 $\hat{s}_k$ 是它的单位脉冲响应 $h(k)$ 与输入序列 $x_k \stackrel{\text{def}}{=} x(k)$ 的线性卷积，结果为

$$\hat{s}_k=h(k)*x(k)=\begin{cases}\frac{2}{3}, & k=0\\ -\frac{1}{3}, & k=1\\ -\frac{1}{3}, & k=2\end{cases}$$

这样，估计序列的均方误差为

$$\begin{aligned}\varepsilon_{\hat{s}_k}^2&=\mathrm{E}[(s_k-\hat{s}_k)^2]=\frac{1}{3}\sum_{k=0}^{2}(s_k-\hat{s}_k)^2\\&=\frac{1}{3}\left[\left(1-\frac{2}{3}\right)^2+\left(0+\frac{1}{3}\right)^2+\left(0+\frac{1}{3}\right)^2\right]\\&=\frac{1}{9}\end{aligned}$$

读者可以自己检验，如果取其他的 $h(0)$ 和 $h(1)$ 值，估计序列的均方误差将大于 1/9；如果增加单位脉冲响应的长度，如 $h(0)$，$h(1)$，$h(2)$，估计结果的均方误差将会减小。

维纳滤波在理论上解决了平稳过程的最佳线性滤波问题，在通信、雷达、自动控制、生物医学等技术领域中获得了广泛的应用。但是它在理论和应用上也受到了限制。虽然从原理上可以把维纳滤波推广到非平稳过程中，但很难得到有效可行的结果；对于矢量信号波形的滤波(即同时对多个信号波形进行估计)，由于谱因式分解将变得十分困难，因此也难以在实际中获得应用。

6.4 正交投影原理

在第 5 章的线性最小均方误差估计中，已经提到了正交投影的问题；在本章关于维纳滤波理论的讨论中，也多次用到正交性原理。因为后面将要研究的卡尔曼滤波问题，采用的也是线性最小均方误差准则，用正交投影的概念和引理来推导卡尔曼滤波的一组递推公式，概念清楚，是一种常用的较为方便的方法。所以有必要对正交投影的原理做进一步的讨论，主要内容是正交投影的概念和正交投影的三个引理。

6.4.1 正交投影的概念

设 $\boldsymbol{s}$ 和 $\boldsymbol{x}$ 分别是具有前二阶矩的 M 维和 N 维随机矢量。如果存在一个与 $\boldsymbol{s}$ 同维的随机矢量 $\boldsymbol{s}^*$，并且具有如下三个性质：

(1) $\boldsymbol{s}^*$ 可以用 $\boldsymbol{x}$ 线性表示，即存在非随机的 M 维矢量 $\boldsymbol{a}$ 和 $M\times N$ 矩阵 $\boldsymbol{B}$，满足

$$\boldsymbol{s}^*=\boldsymbol{a}+\boldsymbol{B}\boldsymbol{x} \tag{6.4.1}$$

(2) 满足无偏性要求，即

$$E(s^*)=E(s)=\mu_s \tag{6.4.2}$$

(3) 误差 $s-s^*$ 与 x 正交,即

$$E[(s-s^*)x^T]=0 \tag{6.4.3}$$

则称 s^* 是 s 在 x 上的正交投影,简称投影,并记为

$$s^*=\widehat{OP}[s|x] \tag{6.4.4}$$

显然,如果把 s 看作被估计矢量,而把 x 看作观测矢量,由于前面讨论过的线性最小均方误差估计矢量恰好具有正交投影的三个性质(线性、无偏性和正交性),因此正交投影肯定是存在的。

6.4.2 正交投影的引理

引理Ⅰ　正交投影的惟一性

若 s 和 x 分别是具有前二阶矩的 M 维和 N 维随机矢量,则 s 在 x 上的正交投影惟一地等于基于 x 的 s 之线性最小均方误差估计矢量,即

$$\begin{aligned}s^*&=\widehat{OP}[s|x]\\&=\mu_s+C_{sx}C_x^{-1}(x-\mu_x)\end{aligned} \tag{6.4.5}$$

其中,μ_s 是随机矢量 s 的均值矢量; C_{sx} 是随机矢量 s 与随机矢量 x 的互协方差矩阵; C_x 是随机矢量 x 的协方差矩阵; μ_x 是 x 的均值矢量。

证明　(6.4.5)式中第二个等号右边的表示式,即 $\mu_s+C_{sx}C_x^{-1}(x-\mu_x)$,恰好是随机矢量 s 基于随机矢量 x 的线性最小均方误差估计矢量,而左边的 $\widehat{OP}[s|x]$ 是 s 在 x 上的正交投影,所以,为了证明等式成立,只要证明具有正交投影三个性质的 s^* 有同样的表示式就行了。

由 s^* 的线性性质得

$$s^*=a+Bx \tag{6.4.6}$$

由 s^* 的无偏性得

$$E(s^*)=a+BE(x)=E(s)=\mu_s$$

于是有

$$a=E(s)-BE(x)=\mu_s-B\mu_x$$

这样,s^* 可以表示为

$$s^*=\mu_s+B(x-\mu_x) \tag{6.4.7}$$

由 s^* 的正交性得

$$\begin{aligned}E[(s-s^*)x^T]&=E\{[s-\mu_s-B(x-\mu_x)]x^T\}\\&=E\{[s-\mu_s-B(x-\mu_x)](x-\mu_x)^T\}\\&=C_{sx}-BC_x\\&=0\end{aligned}$$

推导中,第二个等号的成立利用了 s^* 的无偏性。于是有

$$B=C_{sx}C_x^{-1}$$

这样则有

$$s^*=\mu_s+C_{sx}C_x^{-1}(x-\mu_x) \tag{6.4.8}$$

所以

$$\boldsymbol{s}^{*}=\widehat{\mathrm{OP}}[\boldsymbol{s}|\boldsymbol{x}]=\hat{\boldsymbol{s}}_{\mathrm{lmse}}$$

这就证明了正交投影的惟一性。

引理Ⅱ　正交投影的线性可转换性和可叠加性

设 $\boldsymbol{s}_1$ 和 $\boldsymbol{s}_2$ 分别是两个具有前二阶矩的 M 维随机矢量，$\boldsymbol{x}$ 是具有前二阶矩的 N 维随机矢量，$\boldsymbol{A}_1$ 和 $\boldsymbol{A}_2$ 均为非随机矩阵，其列数等于 M，行数相同，则

$$\begin{aligned}&\widehat{\mathrm{OP}}[(\boldsymbol{A}_1\boldsymbol{s}_1+\boldsymbol{A}_2\boldsymbol{s}_2)|\boldsymbol{x}]\\&=\boldsymbol{A}_1\widehat{\mathrm{OP}}[\boldsymbol{s}_1|\boldsymbol{x}]+\boldsymbol{A}_2\widehat{\mathrm{OP}}[\boldsymbol{s}_2|\boldsymbol{x}]\end{aligned}\tag{6.4.9}$$

证明　令

$$\boldsymbol{\alpha}=\boldsymbol{A}_1\boldsymbol{s}_1+\boldsymbol{A}_2\boldsymbol{s}_2\tag{6.4.10}$$

则

$$\begin{aligned}&\widehat{\mathrm{OP}}[(\boldsymbol{A}_1\boldsymbol{s}_1+\boldsymbol{A}_2\boldsymbol{s}_2)|\boldsymbol{x}]\\&=\widehat{\mathrm{OP}}[\boldsymbol{\alpha}|\boldsymbol{x}]\\&=\boldsymbol{\mu}_{\alpha}+\boldsymbol{C}_{\alpha x}\boldsymbol{C}_x^{-1}(\boldsymbol{x}-\boldsymbol{\mu}_x)\end{aligned}\tag{6.4.11}$$

式中，

$$\begin{aligned}\boldsymbol{\mu}_{\alpha}&=\mathrm{E}(\boldsymbol{\alpha})=\mathrm{E}(\boldsymbol{A}_1\boldsymbol{s}_1+\boldsymbol{A}_2\boldsymbol{s}_2)=\boldsymbol{A}_1\boldsymbol{\mu}_{s_1}+\boldsymbol{A}_2\boldsymbol{\mu}_{s_2}\\\boldsymbol{C}_{\alpha x}&=\mathrm{E}[(\boldsymbol{\alpha}-\boldsymbol{\mu}_{\alpha})(\boldsymbol{x}-\boldsymbol{\mu}_x)^{\mathrm{T}}]\\&=\mathrm{E}\{[\boldsymbol{A}_1(\boldsymbol{s}_1-\boldsymbol{\mu}_{s_1})+\boldsymbol{A}_2(\boldsymbol{s}_2-\boldsymbol{\mu}_{s_2})](\boldsymbol{x}-\boldsymbol{\mu}_x)^{\mathrm{T}}\}\\&=\boldsymbol{A}_1\boldsymbol{C}_{s_1x}+\boldsymbol{A}_2\boldsymbol{C}_{s_2x}\end{aligned}$$

这样则有

$$\begin{aligned}&\widehat{\mathrm{OP}}[(\boldsymbol{A}_1\boldsymbol{s}_1+\boldsymbol{A}_2\boldsymbol{s}_2)|\boldsymbol{x}]\\&=\boldsymbol{A}_1\boldsymbol{s}_1+\boldsymbol{A}_2\boldsymbol{s}_2+(\boldsymbol{A}_1\boldsymbol{C}_{s_1x}+\boldsymbol{A}_2\boldsymbol{C}_{s_2x})\boldsymbol{C}_x^{-1}(\boldsymbol{x}-\boldsymbol{\mu}_x)\\&=\boldsymbol{A}_1\boldsymbol{s}_1+\boldsymbol{A}_1\boldsymbol{C}_{s_1x}\boldsymbol{C}_x^{-1}(\boldsymbol{x}-\boldsymbol{\mu}_x)+\boldsymbol{A}_2\boldsymbol{s}_2+\boldsymbol{A}_2\boldsymbol{C}_{s_2x}\boldsymbol{C}_x^{-1}(\boldsymbol{x}-\boldsymbol{\mu}_x)\\&=\boldsymbol{A}_1\widehat{\mathrm{OP}}[\boldsymbol{s}_1|\boldsymbol{x}]+\boldsymbol{A}_2\widehat{\mathrm{OP}}[\boldsymbol{s}_2|\boldsymbol{x}]\end{aligned}$$

正交投影引理Ⅱ得证。

显然，正交投影引理Ⅱ适用于任意有限 L 个矢量的情况，即

$$\widehat{\mathrm{OP}}\left[\sum_{j=1}^{L}(\boldsymbol{A}_j\boldsymbol{s}_j)|\boldsymbol{x}\right]=\sum_{j=1}^{L}\boldsymbol{A}_j\widehat{\mathrm{OP}}[\boldsymbol{s}_j|\boldsymbol{x}]$$

引理Ⅲ　正交投影的可递推性

设 $\boldsymbol{s},\boldsymbol{x}(k-1)$ 和 $\boldsymbol{x}_k$ 是三个分别具有前二阶矩的随机矢量，它们的维数不必相同，又令

$$\boldsymbol{x}(k)=\begin{bmatrix}\boldsymbol{x}(k-1)\\\boldsymbol{x}_k\end{bmatrix}\tag{6.4.12}$$

则

$$\begin{aligned}\widehat{\mathrm{OP}}[\boldsymbol{s}|\boldsymbol{x}(k)]&=\widehat{\mathrm{OP}}[\boldsymbol{s}|\boldsymbol{x}(k-1)]+\widehat{\mathrm{OP}}[\tilde{\boldsymbol{s}}|\tilde{\boldsymbol{x}}_k]\\&=\widehat{\mathrm{OP}}[\boldsymbol{s}|\boldsymbol{x}(k-1)]+\mathrm{E}(\tilde{\boldsymbol{s}}\tilde{\boldsymbol{x}}_k^{\mathrm{T}})[\mathrm{E}(\tilde{\boldsymbol{x}}_k\tilde{\boldsymbol{x}}_k^{\mathrm{T}})]^{-1}\tilde{\boldsymbol{x}}_k\end{aligned}\tag{6.4.13}$$

式中，

$$\tilde{\boldsymbol{s}}=\boldsymbol{s}-\widehat{\mathrm{OP}}[\boldsymbol{s}|\boldsymbol{x}(k-1)]\tag{6.4.14a}$$

$$\tilde{\boldsymbol{x}}_k=\boldsymbol{x}_k-\widehat{\mathrm{OP}}[\boldsymbol{x}_k\,|\,\boldsymbol{x}(k-1)] \tag{6.4.14b}$$

正交投影引理Ⅲ的证明见附录 6A。

正交投影引理Ⅲ的几何解释如图 6.7 所示。

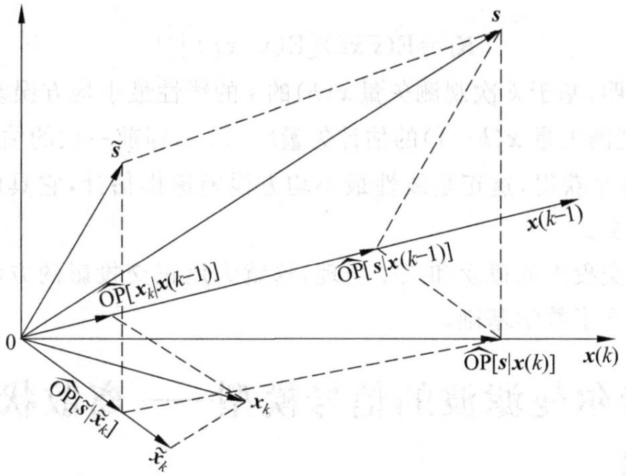

图 6.7 正交投影引理Ⅲ的几何解释

从正交投影引理Ⅲ的表示式中可以看出，正交投影是可以递推实现的。如果已经获得了基于 $\boldsymbol{x}(k-1)$ 的 $\boldsymbol{s}$ 的正交投影 $\widehat{\mathrm{OP}}[\boldsymbol{s}\,|\,\boldsymbol{x}(k-1)]$，由于 $\boldsymbol{x}(k)=[\boldsymbol{x}(k-1)\quad \boldsymbol{x}_k]^{\mathrm{T}}$，那么，基于 $\boldsymbol{x}(k)$ 的 $\boldsymbol{s}$ 的正交投影 $\widehat{\mathrm{OP}}[\boldsymbol{s}\,|\,\boldsymbol{x}(k)]$ 可以在 $\widehat{\mathrm{OP}}[\boldsymbol{s}\,|\,\boldsymbol{x}(k-1)]$ 的基础上，与 $\boldsymbol{x}_k$ 作适当运算来完成，这正是一种递推算法，所以说正交投影具有递推性。

如果把正交投影及其引理Ⅲ与线性最小均方误差估计联系起来，则其递推性就具有具体的含义。把 $\boldsymbol{s}$ 看作被估计的 M 维矢量，如果已经进行了 $k-1$ 次观测，得到观测矢量

$$\boldsymbol{x}(k-1)=(\boldsymbol{x}_1,\boldsymbol{x}_2,\cdots,\boldsymbol{x}_{k-1})^{\mathrm{T}} \tag{6.4.15}$$

则基于 $\boldsymbol{x}(k-1)$ 的 $\boldsymbol{s}$ 的线性最小均方误差估计矢量 $\hat{\boldsymbol{s}}_{\mathrm{lmse}(k-1)}$ 等于 $\boldsymbol{s}$ 在 $\boldsymbol{x}(k-1)$ 上的正交投影，即

$$\hat{\boldsymbol{s}}_{\mathrm{lmse}(k-1)}=\widehat{\mathrm{OP}}[\boldsymbol{s}\,|\,\boldsymbol{x}(k-1)] \tag{6.4.16}$$

在此基础上，又进行了第 k 次观测，得到观测矢量 $\boldsymbol{x}_k$，这样，共进行了 k 次观测的观测矢量

$$\boldsymbol{x}(k)=\begin{bmatrix}\boldsymbol{x}(k-1)\\ \boldsymbol{x}_k\end{bmatrix} \tag{6.4.17}$$

于是，基于 $\boldsymbol{x}(k)$ 的 $\boldsymbol{s}$ 的线性最小均方误差估计矢量为

$$\hat{\boldsymbol{s}}_{\mathrm{lmse}(k)}=\widehat{\mathrm{OP}}[\boldsymbol{s}\,|\,\boldsymbol{x}(k)] \tag{6.4.18}$$

根据正交投影引理Ⅲ，$\hat{\boldsymbol{s}}_{\mathrm{lmse}(k)}$ 可以表示为

$$\begin{aligned}\hat{\boldsymbol{s}}_{\mathrm{lmse}(k)}&=\widehat{\mathrm{OP}}[\boldsymbol{s}\,|\,\boldsymbol{x}(k)]\\&=\widehat{\mathrm{OP}}[\boldsymbol{s}\,|\,\boldsymbol{x}(k-1)]+\widehat{\mathrm{OP}}[\tilde{\boldsymbol{s}}\,|\,\tilde{\boldsymbol{x}}_k]\\&=\widehat{\mathrm{OP}}[\boldsymbol{s}\,|\,\boldsymbol{x}(k-1)]+\mathrm{E}(\tilde{\boldsymbol{s}}\,\tilde{\boldsymbol{x}}_k^{\mathrm{T}})[\mathrm{E}(\tilde{\boldsymbol{x}}_k\,\tilde{\boldsymbol{x}}_k^{\mathrm{T}})]^{-1}\tilde{\boldsymbol{x}}_k\end{aligned} \tag{6.4.19}$$

式中，

$$\tilde{\boldsymbol{s}}=\boldsymbol{s}-\widehat{\mathrm{OP}}[\boldsymbol{s}\,|\,\boldsymbol{x}(k-1)] \tag{6.4.20a}$$

$$\tilde{\boldsymbol{x}}_k=\boldsymbol{x}_k-\widehat{\mathrm{OP}}[\boldsymbol{x}_k|\boldsymbol{x}(k-1)] \tag{6.4.20b}$$

显然

$$\hat{\boldsymbol{s}}_{\mathrm{lmse}(k)}=\hat{\boldsymbol{s}}_{\mathrm{lmse}(k-1)}+\boldsymbol{K}_k\tilde{\boldsymbol{x}}_k \tag{6.4.21}$$

式中,

$$\boldsymbol{K}_k=\mathrm{E}(\tilde{\boldsymbol{s}}\tilde{\boldsymbol{x}}_k^{\mathrm{T}})[\mathrm{E}(\tilde{\boldsymbol{x}}_k\tilde{\boldsymbol{x}}_k^{\mathrm{T}})]^{-1} \tag{6.4.22}$$

(6.4.21)式说明,基于k次观测矢量$\boldsymbol{x}(k)$的$\boldsymbol{s}$的线性最小均方误差估计矢量$\hat{\boldsymbol{s}}_{\mathrm{lmse}(k)}$可以由基于$k-1$次观测矢量$\boldsymbol{x}(k-1)$的估计矢量$\hat{\boldsymbol{s}}_{\mathrm{lmse}(k-1)}$,即前一次的估计矢量与第$k$次的观测矢量$\boldsymbol{x}_k$的运算来获得,这正是线性最小均方误差递推估计,它具体说明了正交投影引理Ⅲ的递推性含义。

以上讨论了正交投影的概念和三个引理,这就为用正交投影的方法推导离散卡尔曼滤波的递推公式打下了数学基础。

6.5 离散卡尔曼滤波的信号模型——离散状态方程和观测方程

前面已经讨论了平稳随机过程的维纳滤波,本节将讨论卡尔曼滤波。虽然维纳滤波和卡尔曼滤波都是解决以最小均方误差为准则的最佳线性滤波问题,但是,维纳滤波只适用于平稳随机过程(信号),而卡尔曼滤波则可用于非平稳随机过程(信号),这是它们的最大差别。另外,在处理方法和实现方式上,它们之间也有很大不同。维纳滤波是根据全部过去的和当前的观测信号$x_k,x_{k-1},\cdots$来估计信号的波形,它的解是以均方误差最小条件下的线性滤波器的系统函数$H(s)$(或$H(z)$)或脉冲响应$h(t)$(或$h(k)$)的形式给出的;而卡尔曼滤波则不需要全部过去的观测信号,它只是根据前一次的估计值($\hat{\boldsymbol{s}}_{k-1}$)和当前的观测值$\boldsymbol{x}_k$来估计信号的波形,它是用状态方程和递推方法进行估计的,其解是以估计值的形式给出的。

研究维纳滤波时,信号模型是从信号和噪声的相关函数中得到的;而卡尔曼滤波的信号模型是信号的状态方程和观测方程。

卡尔曼滤波也分为连续形式和离散形式两种。由于目前几乎全部采用数字信号处理,所以,本节只讨论离散卡尔曼滤波。

6.5.1 离散状态方程和观测方程

离散卡尔曼滤波的信号模型是由离散的状态方程和观测方程组成的。设离散时间系统在t_k时刻(以下简称k时刻)的状态是由M个状态变量构成的M维状态矢量$\boldsymbol{s}_k$来描述的,则其状态方程表示为

$$\boldsymbol{s}_k=\boldsymbol{A}\boldsymbol{s}_{k-1}+\boldsymbol{B}\boldsymbol{e}_{k-1} \tag{6.5.1}$$

其中,$\boldsymbol{s}_k$是系统在k时刻的M维状态矢量;$\boldsymbol{e}_{k-1}$是系统在$k-1$时刻的L维激励信号;$\boldsymbol{A}$和$\boldsymbol{B}$是由系统结构和特性决定的系统矩阵。

当已知系统的初始状态$\boldsymbol{s}_0$后,可以用递推方法得到如下状态方程的解$\boldsymbol{s}_k$:

$$\begin{aligned} s_1 &= As_0 + Be_0 \\ s_2 &= As_1 + Be_1 = A^2 s_0 + ABe_0 + Be_1 \\ &\vdots \\ s_k &= As_{k-1} + Be_{k-1} = A^k s_0 + \sum_{j=0}^{k-1} A^{k-1-j} Be_j \end{aligned} \tag{6.5.2}$$

式中，等式右端的第一项只与初始状态和系统结构及特性有关，与激励信号无关，故称为零输入响应；第二项与初始状态无关，只与激励信号和系统结构及特性有关，故称为零状态响应。

令$\boldsymbol{\Phi}_k = A^k$，并代入(6.5.2)式，得

$$s_k = \boldsymbol{\Phi}_k s_0 + \sum_{j=0}^{k-1} \boldsymbol{\Phi}_{k-1-j} Be_j \tag{6.5.3}$$

当 $e_k = 0$ 时，$s_k = \boldsymbol{\Phi}_k s_0$。这时，通过$\boldsymbol{\Phi}_k = A^k$，可将 $k=0$ 时刻的状态转移到任何 $k>0$ 时刻的状态。当已知 s_0，e_j 以及 A 和 B 矩阵时，就可以根据(6.5.3)式求得 s_k 的解。若用 k_0 表示 k 的起始时刻，则(6.5.3)式从 s_{k_0} 开始递推，从而有

$$s_k = \boldsymbol{\Phi}_{k,k_0} s_{k_0} + \sum_{j=k_0}^{k-1} \boldsymbol{\Phi}_{k-1,j} Be_j \tag{6.5.4}$$

其中，$\boldsymbol{\Phi}_{k,k_0}$ 表示系统从 k_0 时刻的状态转移到 k 时刻的状态的规律，称为状态转移矩阵。状态转移矩阵$\boldsymbol{\Phi}_{k,k_0}$ 具有以下三个基本性质：

$$\begin{aligned} &\boldsymbol{\Phi}_{k,k_0} = \boldsymbol{\Phi}_{k,l} \boldsymbol{\Phi}_{l,k_0}, \quad k_0 \leqslant l \leqslant k \\ &\boldsymbol{\Phi}_{k,k_0} = \boldsymbol{\Phi}_{k_0,k}^{-1} \\ &\boldsymbol{\Phi}_{k,k} = \boldsymbol{I} \end{aligned} \tag{6.5.5}$$

分别表示系统状态的转移具有分步转移性、互逆性和同时刻状态的不变性。

如果 $k_0 = k-1$，则有

$$s_k = \boldsymbol{\Phi}_{k,k-1} s_{k-1} + \boldsymbol{\Phi}_{k-1,k-1} Be_{k-1} \tag{6.5.6}$$

因为$\boldsymbol{\Phi}_{k-1,k-1} = \boldsymbol{I}$，所以有

$$s_k = \boldsymbol{\Phi}_{k,k-1} s_{k-1} + Be_{k-1} \tag{6.5.7}$$

其中，系统的激励信号 e_{k-1} 在不同的系统中有不完全相同的含义，例如，在电子信息系统中通常认为是系统噪声矢量，在控制系统中称为控制噪声矢量，而对一个运动物体，则可看作是外界各种随机干扰，它会对运动物体的运动规律产生影响，等等，这些统一称为系统的扰动噪声矢量，而且它是时变的；系统本身在不同时刻对受到的扰动噪声矢量的影响也可能是不同的。所以，把 Be_{k-1} 记为$\boldsymbol{\Gamma}_{k-1} w_{k-1}$ 更具有一般性，并把$\boldsymbol{\Gamma}_{k-1}$ 称为 $k-1$ 时刻的系统控制矩阵，用来反映扰动噪声矢量 w_{k-1} 对系统状态矢量的影响程度。这样，(6.5.7)式变为

$$s_k = \boldsymbol{\Phi}_{k,k-1} s_{k-1} + \boldsymbol{\Gamma}_{k-1} w_{k-1} \tag{6.5.8}$$

该式表明，k 时刻的系统状态 s_k 可由它前一时刻的状态 s_{k-1}，并考虑扰动噪声矢量 w_{k-1} 的影响来求得，故该式称为一步递推状态方程。其中$\boldsymbol{\Phi}_{k,k-1}$ 称为一步状态转移矩阵。

在离散卡尔曼滤波的信号模型中，我们把(6.5.8)式称为离散状态方程。其中，s_k 是在 k 时刻系统的 M 维状态矢量；$\boldsymbol{\Phi}_{k,k-1}$ 是系统从 $k-1$ 时刻到 k 时刻的 $M \times M$ 一步状态

转移矩阵；$\boldsymbol{w}_{k-1}$是 $k-1$ 时刻系统受到的 L 维扰动噪声矢量；$\boldsymbol{\Gamma}_{k-1}$是 $k-1$ 时刻反映扰动噪声矢量对系统状态矢量影响程度的 $M\times L$ 控制矩阵。

离散卡尔曼滤波需要依据观测数据才能对系统的状态进行估计，因此，除了要建立离散的状态方程，还需要建立离散的观测方程。一般情况下，假设观测系统是线性的，这样，对于离散时间系统，其观测方程表示为

$$\boldsymbol{x}_k=\boldsymbol{H}_k\boldsymbol{s}_k+\boldsymbol{n}_k,\quad k=1,2,\cdots \tag{6.5.9}$$

式中，$\boldsymbol{x}_k$ 是 k 时刻的 N 维观测信号矢量；$\boldsymbol{H}_k$ 是 k 时刻的 $N\times M$ 观测矩阵；$\boldsymbol{n}_k$ 是 k 时刻的 N 维观测噪声矢量。

这样，离散卡尔曼滤波的信号模型如图 6.8 所示。

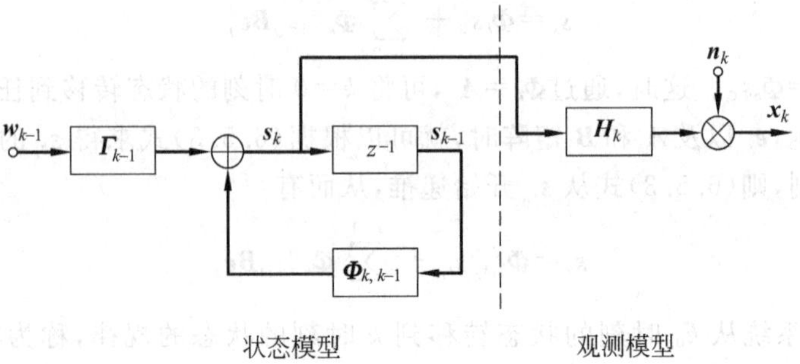

图 6.8 离散卡尔曼滤波的信号模型

对于离散的时间系统，可以通过下面的例子来说明它的离散状态方程和观测方程。

例 6.5.1 设目标以匀加速度 a 从原点开始作直线运动，加速度 a 受到时变扰动；现以等时间间隔 T 对目标的距离 r 进行直接测量。试建立该运动目标的离散状态方程和观测方程。

解 这是一个离散的信号模型。根据目标的运动规律，并考虑到加速度 a 受到时变扰动，可以写出关于目标距离 r、速度 v 和加速度 a 的方程分别如下：

$$r_k=r_{k-1}+Tv_{k-1}+\frac{T^2}{2}a_{k-1}$$

$$v_k=v_{k-1}+Ta_{k-1}$$

$$a_k=a_{k-1}+w_{k-1}$$

其中，w_{k-1}表示在 $k-1$ 时刻目标运动加速度受到的扰动噪声。将上述三个方程写成矩阵形式，则有

$$\begin{bmatrix}r_k\\v_k\\a_k\end{bmatrix}=\begin{bmatrix}1&T&\frac{T^2}{2}\\0&1&T\\0&0&1\end{bmatrix}\begin{bmatrix}r_{k-1}\\v_{k-1}\\a_{k-1}\end{bmatrix}+\begin{bmatrix}0\\0\\1\end{bmatrix}w_{k-1}$$

令 $\boldsymbol{s}_k$ 表示 k 时刻目标运动的三个状态变量 r_k，v_k 和 a_k 构成的三维状态矢量，$\boldsymbol{\Phi}_{k,k-1}$表示一步状态转移矩阵，$\boldsymbol{\Gamma}_{k-1}$表示控制矩阵，即

$$\boldsymbol{s}_k=\begin{bmatrix}r_k\\v_k\\a_k\end{bmatrix},\quad \boldsymbol{\Phi}_{k,k-1}=\begin{bmatrix}1&T&\frac{T^2}{2}\\0&1&T\\0&0&1\end{bmatrix},\quad \boldsymbol{\Gamma}_{k-1}=\begin{bmatrix}0\\0\\1\end{bmatrix}$$

则有目标运动的状态方程为

$$\boldsymbol{s}_k=\boldsymbol{\Phi}_{k,k-1}\boldsymbol{s}_{k-1}+\boldsymbol{\Gamma}_{k-1}w_{k-1}$$

下面再来建立目标运动的观测方程。虽然我们是直接测距，但因为已经用状态矢量 $\boldsymbol{s}_k$ 来表示各状态变量 r_k，v_k 和 a_k，所以在观测方程中只能用状态矢量 $\boldsymbol{s}_k$。这样，在直接测距情况下的目标运动观测方程为

$$x_k=\boldsymbol{H}_k\boldsymbol{s}_k+n_k$$

式中，

$$\boldsymbol{H}_k=[1\quad 0\quad 0]$$

这里，x_k 就是 k 时刻的运动目标距离测量数据；n_k 是测距的观测噪声。

6.5.2　离散信号模型的统计特性

前面已经建立了离散卡尔曼滤波的信号模型——离散状态方程和观测方程。为了能得到有用的结果，需要对信号模型作一些统计特性描述。

1. 扰动噪声矢量 w_k 是零均值的白噪声随机序列，即有

$$\mathrm{E}(\boldsymbol{w}_k)=\boldsymbol{\mu}_{w_k}=\boldsymbol{0}$$
$$\mathrm{E}(\boldsymbol{w}_j\boldsymbol{w}_k^{\mathrm{T}})=\boldsymbol{C}_{w_k}\boldsymbol{\delta}_{jk} \tag{6.5.10}$$

2. 观测噪声矢量 n_k 是零均值的白噪声随机序列，即有

$$\mathrm{E}(\boldsymbol{n}_k)=\boldsymbol{\mu}_{n_k}=\boldsymbol{0}$$
$$\mathrm{E}(\boldsymbol{n}_j\boldsymbol{n}_k^{\mathrm{T}})=\boldsymbol{C}_{n_k}\boldsymbol{\delta}_{jk} \tag{6.5.11}$$

3. 扰动噪声矢量 $\boldsymbol{w}_j$ 与观测噪声矢量 $\boldsymbol{n}_k$ 互不相关，即

$$\boldsymbol{C}_{w_jn_k}=\boldsymbol{0},\quad j,k=0,1,\cdots \tag{6.5.12}$$

4. 系统初始时刻($k=0$)的状态矢量 $\boldsymbol{s}_0$ 的均值矢量和协方差矩阵分别为

$$\mathrm{E}(\boldsymbol{s}_0)=\boldsymbol{\mu}_{s_0}$$
$$\boldsymbol{C}_{s_0}=\mathrm{E}[(\boldsymbol{s}_0-\boldsymbol{\mu}_{s_0})(\boldsymbol{s}_0-\boldsymbol{\mu}_{s_0})^{\mathrm{T}}] \tag{6.5.13}$$

它们是已知的，并认为 $\boldsymbol{s}_0$ 与 $\boldsymbol{w}_k$，$\boldsymbol{s}_0$ 与 $\boldsymbol{n}_k$ 互不相关，即

$$\boldsymbol{C}_{s_0w_k}=\boldsymbol{0}$$
$$\boldsymbol{C}_{s_0n_k}=\boldsymbol{0} \tag{6.5.14}$$

因为在系统的信号模型中，一步状态转移矩阵 $\boldsymbol{\Phi}_{k,k-1}$、控制矩阵 $\boldsymbol{\Gamma}_{k-1}$、观测矩阵 $\boldsymbol{H}_k$、扰动噪声矢量 $\boldsymbol{w}_k$ 和观测噪声矢量 $\boldsymbol{n}_k$ 的协方差矩阵 $\boldsymbol{C}_{w_k}$ 和 $\boldsymbol{C}_{n_k}$ 都是时变的，所以，我们所建立的系统的离散信号模型是适用于多维非平稳随机信号的。

在扰动噪声矢量 $\boldsymbol{w}_k$ 和观测噪声矢量 $\boldsymbol{n}_k$ 是白噪声随机序列的统计特性下，我们能导出离散卡尔曼滤波的一组递推公式，并研究它的具体算法、特点和性质等，这是基本的离散卡尔曼滤波问题。在此基础上，我们将对离散信号模型统计特性的约束条件放宽，研究扩展的离散卡尔曼滤波等问题。

6.6　离散卡尔曼滤波

离散卡尔曼滤波解决离散时间系统状态矢量的递推估计问题。我们已经知道，离散的状态方程和观测方程分别为

$$\boldsymbol{s}_k=\boldsymbol{\Phi}_{k,k-1}\boldsymbol{s}_{k-1}+\boldsymbol{\Gamma}_{k-1}\boldsymbol{w}_{k-1} \tag{6.6.1}$$

$$\boldsymbol{x}_k=\boldsymbol{H}_k\boldsymbol{s}_k+\boldsymbol{n}_k \tag{6.6.2}$$

如果进行了 k 次观测，令观测矢量为

$$\boldsymbol{x}(k)=\begin{bmatrix}\boldsymbol{x}_1\\ \boldsymbol{x}_2\\ \vdots\\ \boldsymbol{x}_k\end{bmatrix} \tag{6.6.3}$$

那么，所谓离散时间系统的状态估计，就是根据观测矢量 $\boldsymbol{x}(k)$，求得系统在第 j 时刻状态矢量 $\boldsymbol{s}_j$ 的一个估计的问题。所得状态估计矢量记为$\hat{\boldsymbol{s}}_{j|k}$；估计的误差矢量记为$\tilde{\boldsymbol{s}}_{j|k}=\boldsymbol{s}_j-\hat{\boldsymbol{s}}_{j|k}$；估计的均方误差阵记为 $\boldsymbol{M}_{j|k}$。按照 j 和 k 的关系，可以把状态估计分为以下三种情况。

（1） $j=k$，估计矢量为$\hat{\boldsymbol{s}}_{k|k}$，称为状态滤波。

（2） $j>k$，估计矢量为$\hat{\boldsymbol{s}}_{j|k}$，称为状态预测（外推）；特别地，如果 $j=k+1$，估计矢量为$\hat{\boldsymbol{s}}_{k+1|k}$，称为状态一步预测。

（3） $j<k$，估计矢量为$\hat{\boldsymbol{s}}_{j|k}$，称为状态平滑（内插）。

下面将结合信号模型，利用正交投影的概念和引理，讨论线性最小均方误差准则下的状态滤波和状态一步预测的问题，这就是离散卡尔曼滤波。

6.6.1 离散卡尔曼滤波的递推公式

因为离散卡尔曼滤波采用线性最小均方误差准则，所以下面利用正交投影的概念和引理来推导离散卡尔曼滤波的递推公式。

由正交投影引理Ⅰ知，系统的状态矢量 $\boldsymbol{s}_j$ 基于前 k 次观测矢量 $\boldsymbol{x}(k)$的线性最小均方误差估计矢量，是 $\boldsymbol{s}_j$ 在 $\boldsymbol{x}(k)$上的正交投影，即

$$\hat{\boldsymbol{s}}_{j|k}=\widehat{\mathrm{OP}}[\boldsymbol{s}_j\,|\,\boldsymbol{x}(k)] \tag{6.6.4}$$

其中，$\boldsymbol{x}(k)$如(6.6.3)式所示。当 $j=k$ 时，得系统的状态滤波值为

$$\hat{\boldsymbol{s}}_k\overset{\text{def}}{=}\hat{\boldsymbol{s}}_{k|k}=\widehat{\mathrm{OP}}[\boldsymbol{s}_k\,|\,\boldsymbol{x}(k)] \tag{6.6.5}$$

因为 $\boldsymbol{x}(k)$可以表示为

$$\boldsymbol{x}(k)=\begin{bmatrix}\boldsymbol{x}_1\\ \boldsymbol{x}_2\\ \vdots\\ \boldsymbol{x}_{k-1}\\ \boldsymbol{x}_k\end{bmatrix}=\begin{bmatrix}\boldsymbol{x}(k-1)\\ \boldsymbol{x}_k\end{bmatrix} \tag{6.6.6}$$

于是由正交投影引理Ⅲ得

$$\hat{\boldsymbol{s}}_k=\widehat{\mathrm{OP}}[\boldsymbol{s}_k\,|\,\boldsymbol{x}(k-1)]+\mathrm{E}(\tilde{\boldsymbol{s}}_{k|k-1}\tilde{\boldsymbol{x}}_{k|k-1}^{\mathrm{T}})[\mathrm{E}(\tilde{\boldsymbol{x}}_{k|k-1}\tilde{\boldsymbol{x}}_{k|k-1}^{\mathrm{T}})]^{-1}\tilde{\boldsymbol{x}}_{k|k-1} \tag{6.6.7}$$

式中，

$$\tilde{\boldsymbol{s}}_{k|k-1}=\boldsymbol{s}_k-\widehat{\mathrm{OP}}[\boldsymbol{s}_k\,|\,\boldsymbol{x}(k-1)] \tag{6.6.8a}$$

$$\tilde{\boldsymbol{x}}_{k|k-1}=\boldsymbol{x}_k-\widehat{\mathrm{OP}}[\boldsymbol{x}_k\,|\,\boldsymbol{x}(k-1)] \tag{6.6.8b}$$

因此只要求出(6.6.7)式中各项的计算公式，就可以得到状态滤波$\hat{s}_k$的计算公式。下面讨论(6.6.7)式中各项的计算。

1. $\widehat{\mathrm{OP}}[s_k|x(k-1)]$项的计算

由于$\widehat{\mathrm{OP}}[s_k|x(k-1)]$是$s_k$在$x(k-1)$上的正交投影，所以它等于$\hat{s}_{k|k-1}$，即状态一步预测值。由状态方程(6.6.1)式和正交投影引理Ⅱ，得

$$\begin{aligned}\hat{s}_{k|k-1} &= \widehat{\mathrm{OP}}[s_k|x(k-1)]\\ &= \widehat{\mathrm{OP}}[(\boldsymbol{\Phi}_{k,k-1}s_{k-1}+\boldsymbol{\Gamma}_{k-1}w_{k-1})|x(k-1)]\\ &= \boldsymbol{\Phi}_{k,k-1}\hat{s}_{k-1}+\boldsymbol{\Gamma}_{k-1}\widehat{\mathrm{OP}}[w_{k-1}|x(k-1)]\end{aligned} \tag{6.6.9}$$

由正交投影引理Ⅰ得，上式第二项中的正交投影为

$$\begin{aligned}&\widehat{\mathrm{OP}}[w_{k-1}|x(k-1)]\\ &= \boldsymbol{\mu}_{w_{k-1}}+C_{w_{k-1}x(k-1)}C_{x(k-1)}^{-1}[x(k-1)-\boldsymbol{\mu}_{x(k-1)}]\end{aligned} \tag{6.6.10}$$

根据状态方程和观测方程，有

$$\begin{aligned}x_{k-1} &= H_{k-1}s_{k-1}+n_{k-1}\\ s_{k-1} &= \boldsymbol{\Phi}_{k-1,k-2}s_{k-2}+\boldsymbol{\Gamma}_{k-2}w_{k-2}\\ x_{k-2} &= H_{k-2}s_{k-2}+n_{k-2}\\ s_{k-2} &= \boldsymbol{\Phi}_{k-2,k-3}s_{k-3}+\boldsymbol{\Gamma}_{k-3}w_{k-3}\\ &\cdots\\ x_1 &= H_1s_1+n_1\\ s_1 &= \boldsymbol{\Phi}_{1,0}s_0+\boldsymbol{\Gamma}_0w_0\end{aligned}$$

即x_{k-1}中含有$n_{k-1},w_{k-2},w_{k-3},\cdots,w_0$；类似地，在$x_{k-2}$中含有$n_{k-2},w_{k-3},w_{k-4},\cdots,w_0$；…；在$x_1$中含有$n_1,w_0$。这样，由$x_1,x_2,\cdots,x_{k-1}$构成的观测矢量$x(k-1)$中含有$n_1,n_2,\cdots,n_{k-1}$和$w_0,w_1,\cdots,w_{k-2}$。另外，$x(k-1)$中含有$s_0,s_1,\cdots,s_{k-1}$。根据对离散信号模型的统计假设：

$$\begin{aligned}\boldsymbol{\mu}_{w_{k-1}} &= \mathbf{0}\\ C_{w_jn_k} &= \mathbf{0}\\ C_{w_jw_k} &= C_{w_k}\delta_{jk}\end{aligned}$$

并由状态方程知，w_{k-1}只与$s_{k+j}(j\geqslant 0)$有关。这样，就有

$$C_{w_{k-1}x(k-1)}=\mathbf{0} \tag{6.6.11}$$

于是，(6.6.7)式中的第一项为

$$\widehat{\mathrm{OP}}[s_k|x(k-1)]=\hat{s}_{k|k-1}=\boldsymbol{\Phi}_{k,k-1}\hat{s}_{k-1} \tag{6.6.12}$$

它是状态矢量的一步预测值。

2. $\tilde{s}_{k|k-1}$和$\tilde{x}_{k|k-1}$的计算

为了计算(6.6.7)式的第二项，首先求出$\tilde{s}_{k|k-1}$和$\tilde{x}_{k|k-1}$。

由状态方程(6.6.1)式和正交投影引理Ⅱ得

$$\begin{aligned}\tilde{\boldsymbol{s}}_{k|k-1}&=\boldsymbol{s}_k-\widehat{\mathrm{OP}}[\boldsymbol{s}_k|\boldsymbol{x}(k-1)]\\&=\boldsymbol{s}_k-\widehat{\mathrm{OP}}[(\boldsymbol{\Phi}_{k,k-1}\boldsymbol{s}_{k-1}+\boldsymbol{\Gamma}_{k-1}\boldsymbol{w}_{k-1})|\boldsymbol{x}(k-1)]\\&=\boldsymbol{s}_k-\boldsymbol{\Phi}_{k,k-1}\hat{\boldsymbol{s}}_{k-1}\\&=\boldsymbol{s}_k-\hat{\boldsymbol{s}}_{k|k-1}\end{aligned}\tag{6.6.13}$$

推导中利用了$\widehat{\mathrm{OP}}[\boldsymbol{w}_{k-1}|\boldsymbol{x}(k-1)]=\boldsymbol{0}$。显然，$\tilde{\boldsymbol{s}}_{k|k-1}$是状态一步预测的误差矢量。

由观测方程(6.6.2)式和正交投影引理Ⅱ得

$$\begin{aligned}\tilde{\boldsymbol{x}}_{k|k-1}&=\boldsymbol{x}_k-\widehat{\mathrm{OP}}[\boldsymbol{x}_k|\boldsymbol{x}(k-1)]\\&=\boldsymbol{x}_k-\widehat{\mathrm{OP}}[(\boldsymbol{H}_k\boldsymbol{s}_k+\boldsymbol{n}_k)|\boldsymbol{x}(k-1)]\\&=\boldsymbol{x}_k-\boldsymbol{H}_k\,\hat{\boldsymbol{s}}_{k|k-1}+\widehat{\mathrm{OP}}[\boldsymbol{n}_k|\boldsymbol{x}(k-1)]\end{aligned}\tag{6.6.14}$$

由(6.6.7)式中第一项的计算我们已知，$\boldsymbol{x}(k-1)$中含有$\boldsymbol{n}_1,\boldsymbol{n}_2,\cdots,\boldsymbol{n}_{k-1}$，这样，根据对离散信号模型的统计假设：

$$\boldsymbol{\mu}_{\boldsymbol{n}_k}=\boldsymbol{0}$$

$$\boldsymbol{C}_{\boldsymbol{n}_j\boldsymbol{n}_k}=\boldsymbol{C}_{\boldsymbol{n}_k}\boldsymbol{\delta}_{jk}$$

又由于$\boldsymbol{n}_k$出现在$\boldsymbol{x}_k$的观测方程中，所以，(6.6.14)式的第三项为

$$\widehat{\mathrm{OP}}[\boldsymbol{n}_k|\boldsymbol{x}(k-1)]=\boldsymbol{0}\tag{6.6.15}$$

于是得

$$\begin{aligned}\tilde{\boldsymbol{x}}_{k|k-1}&=\boldsymbol{x}_k-\boldsymbol{H}_k\,\hat{\boldsymbol{s}}_{k|k-1}\\&=\boldsymbol{x}_k-\boldsymbol{H}_k\,\boldsymbol{\Phi}_{k,k-1}\hat{\boldsymbol{s}}_{k-1}\end{aligned}\tag{6.6.16}$$

3. E($\tilde{s}_{k|k-1}\tilde{x}_{k|k-1}^{\mathrm{T}}$)项的计算

在求得$\tilde{\boldsymbol{s}}_{k|k-1}$和$\tilde{\boldsymbol{x}}_{k|k-1}$的计算公式后，我们就可以进行(6.6.7)式中第二项的各分项的计算了。首先将观测方程(6.6.2)式代入(6.6.16)式，得

$$\begin{aligned}\tilde{\boldsymbol{x}}_{k|k-1}&=\boldsymbol{H}_k\boldsymbol{s}_k+\boldsymbol{n}_k-\boldsymbol{H}_k\,\hat{\boldsymbol{s}}_{k|k-1}\\&=\boldsymbol{H}_k\,\tilde{\boldsymbol{s}}_{k|k-1}+\boldsymbol{n}_k\end{aligned}\tag{6.6.17}$$

于是有

$$\begin{aligned}&\mathrm{E}(\tilde{\boldsymbol{s}}_{k|k-1}\tilde{\boldsymbol{x}}_{k|k-1}^{\mathrm{T}})\\&=\mathrm{E}[\tilde{\boldsymbol{s}}_{k|k-1}(\boldsymbol{H}_k\,\tilde{\boldsymbol{s}}_{k|k-1}+\boldsymbol{n}_k)^{\mathrm{T}}]\\&=\boldsymbol{M}_{k|k-1}\boldsymbol{H}_k^{\mathrm{T}}\end{aligned}\tag{6.6.18}$$

式中，

$$\boldsymbol{M}_{k|k-1}\overset{\mathrm{def}}{=}\mathrm{E}(\tilde{\boldsymbol{s}}_{k|k-1}\tilde{\boldsymbol{s}}_{k|k-1}^{\mathrm{T}})\tag{6.6.19}$$

称为状态一步预测的均方误差阵，它反映了状态一步预测的精度。

4. 状态一步预测均方误差阵 $M_{k|k-1}$ 的计算

状态一步预测均方误差阵$\boldsymbol{M}_{k|k-1}$如(6.6.19)式所定义，利用状态方程(6.6.1)式，得

$$\boldsymbol{M}_{k|k-1}=\mathrm{E}(\tilde{\boldsymbol{s}}_{k|k-1}\tilde{\boldsymbol{s}}_{k|k-1}^{\mathrm{T}})$$

$$
\begin{aligned}
&=\mathrm{E}[(\boldsymbol{s}_k-\hat{\boldsymbol{s}}_{k|k-1})(\boldsymbol{s}_k-\hat{\boldsymbol{s}}_{k|k-1})^{\mathrm{T}}]\\
&=\mathrm{E}[(\boldsymbol{\Phi}_{k,k-1}\boldsymbol{s}_{k-1}+\boldsymbol{\Gamma}_{k-1}\boldsymbol{w}_{k-1}-\boldsymbol{\Phi}_{k,k-1}\hat{\boldsymbol{s}}_{k-1})\times\\
&\quad(\boldsymbol{\Phi}_{k,k-1}\boldsymbol{s}_{k-1}+\boldsymbol{\Gamma}_{k-1}\boldsymbol{w}_{k-1}-\boldsymbol{\Phi}_{k,k-1}\hat{\boldsymbol{s}}_{k-1})^{\mathrm{T}}]\\
&=\boldsymbol{\Phi}_{k,k-1}\boldsymbol{M}_{k-1}\boldsymbol{\Phi}_{k,k-1}^{\mathrm{T}}+\boldsymbol{\Gamma}_{k-1}\boldsymbol{C}_{\boldsymbol{w}_{k-1}}\boldsymbol{\Gamma}_{k-1}^{\mathrm{T}}
\end{aligned}
\tag{6.6.20}
$$

式中，

$$
\begin{aligned}
\boldsymbol{M}_{k-1}&=\mathrm{E}[(\boldsymbol{s}_{k-1}-\hat{\boldsymbol{s}}_{k-1})(\boldsymbol{s}_{k-1}-\hat{\boldsymbol{s}}_{k-1})^{\mathrm{T}}]\\
&=\mathrm{E}(\tilde{\boldsymbol{s}}_{k-1}\tilde{\boldsymbol{s}}_{k-1}^{\mathrm{T}})
\end{aligned}
\tag{6.6.21}
$$

因为 $\tilde{\boldsymbol{s}}_{k-1}$ 是状态滤波的误差矢量，所以，$\boldsymbol{M}_{k-1}$ 称为状态滤波的均方误差阵，它反映了状态滤波的精度。

5. $\mathrm{E}(\tilde{x}_{k|k-1}\tilde{x}_{k|k-1}^{\mathrm{T}})$ 项的计算

利用(6.6.17)式，得

$$
\begin{aligned}
&\mathrm{E}(\tilde{\boldsymbol{x}}_{k|k-1}\tilde{\boldsymbol{x}}_{k|k-1}^{\mathrm{T}})\\
&=\mathrm{E}[(\boldsymbol{H}_k\tilde{\boldsymbol{s}}_{k|k-1}+\boldsymbol{n}_k)(\boldsymbol{H}_k\tilde{\boldsymbol{s}}_{k|k-1}+\boldsymbol{n}_k)^{\mathrm{T}}]\\
&=\boldsymbol{H}_k\boldsymbol{M}_{k|k-1}\boldsymbol{H}_k^{\mathrm{T}}+\boldsymbol{C}_{\boldsymbol{n}_k}
\end{aligned}
\tag{6.6.22}
$$

6. 状态滤波值 $\hat{s}_k$ 的计算

将(6.6.12)式、(6.6.16)式、(6.6.18)式和(6.6.22)式，代入状态滤波的(6.6.7)式，得状态滤波公式为

$$
\begin{aligned}
\hat{\boldsymbol{s}}_k&=\boldsymbol{\Phi}_{k,k-1}\hat{\boldsymbol{s}}_{k-1}+\boldsymbol{M}_{k|k-1}\boldsymbol{H}_k^{\mathrm{T}}(\boldsymbol{H}_k\boldsymbol{M}_{k|k-1}\boldsymbol{H}_k^{\mathrm{T}}+\boldsymbol{C}_{\boldsymbol{n}_k})^{-1}(\boldsymbol{x}_k-\boldsymbol{H}_k\boldsymbol{\Phi}_{k,k-1}\hat{\boldsymbol{s}}_{k-1})\\
&=\boldsymbol{\Phi}_{k,k-1}\hat{\boldsymbol{s}}_{k-1}+\boldsymbol{K}_k(\boldsymbol{x}_k-\boldsymbol{H}_k\boldsymbol{\Phi}_{k,k-1}\hat{\boldsymbol{s}}_{k-1})\\
&=\hat{\boldsymbol{s}}_{k|k-1}+\boldsymbol{K}_k(\boldsymbol{x}_k-\boldsymbol{H}_k\hat{\boldsymbol{s}}_{k|k-1})
\end{aligned}
\tag{6.6.23}
$$

式中，

$$
\boldsymbol{K}_k=\boldsymbol{M}_{k|k-1}\boldsymbol{H}_k^{\mathrm{T}}(\boldsymbol{H}_k\boldsymbol{M}_{k|k-1}\boldsymbol{H}_k^{\mathrm{T}}+\boldsymbol{C}_{\boldsymbol{n}_k})^{-1}
\tag{6.6.24}
$$

称为状态滤波的增益矩阵。

7. 状态滤波均方误差阵 M_k 的计算

由状态滤波的(6.6.23)式和观测方程(6.6.2)式，得

$$
\begin{aligned}
\tilde{\boldsymbol{s}}_k&=\boldsymbol{s}_k-\hat{\boldsymbol{s}}_k=\boldsymbol{s}_k-\hat{\boldsymbol{s}}_{k|k-1}-\boldsymbol{K}_k(\boldsymbol{x}_k-\boldsymbol{H}_k\hat{\boldsymbol{s}}_{k|k-1})\\
&=\tilde{\boldsymbol{s}}_{k|k-1}-\boldsymbol{K}_k(\boldsymbol{H}_k\boldsymbol{s}_k+\boldsymbol{n}_k-\boldsymbol{H}_k\hat{\boldsymbol{s}}_{k|k-1})\\
&=(\boldsymbol{I}-\boldsymbol{K}_k\boldsymbol{H}_k)\tilde{\boldsymbol{s}}_{k|k-1}-\boldsymbol{K}_k\boldsymbol{n}_k
\end{aligned}
\tag{6.6.25}
$$

于是可得

$$
\begin{aligned}
\boldsymbol{M}_k&=\mathrm{E}(\tilde{\boldsymbol{s}}_k\tilde{\boldsymbol{s}}_k^{\mathrm{T}})\\
&=\mathrm{E}\{[(\boldsymbol{I}-\boldsymbol{K}_k\boldsymbol{H}_k)\tilde{\boldsymbol{s}}_{k|k-1}-\boldsymbol{K}_k\boldsymbol{n}_k][(\boldsymbol{I}-\boldsymbol{K}_k\boldsymbol{H}_k)\tilde{\boldsymbol{s}}_{k|k-1}-\boldsymbol{K}_k\boldsymbol{n}_k]^{\mathrm{T}}\}\\
&=(\boldsymbol{I}-\boldsymbol{K}_k\boldsymbol{H}_k)\boldsymbol{M}_{k|k-1}(\boldsymbol{I}-\boldsymbol{K}_k\boldsymbol{H}_k)^{\mathrm{T}}+\boldsymbol{K}_k\boldsymbol{C}_{\boldsymbol{n}_k}\boldsymbol{K}_k^{\mathrm{T}}\\
&=\boldsymbol{M}_{k|k-1}-\boldsymbol{K}_k\boldsymbol{H}_k\boldsymbol{M}_{k|k-1}-\boldsymbol{M}_{k|k-1}\boldsymbol{H}_k^{\mathrm{T}}\boldsymbol{K}_k^{\mathrm{T}}+\boldsymbol{K}_k(\boldsymbol{H}_k\boldsymbol{M}_{k|k-1}\boldsymbol{H}_k^{\mathrm{T}}+\boldsymbol{C}_{\boldsymbol{n}_k})\boldsymbol{K}_k^{\mathrm{T}}
\end{aligned}
\tag{6.6.26}
$$

将 $\boldsymbol{K}_k$ 的(6.6.24)式代入(6.6.26)式的最后一项，得

$$\begin{aligned}\boldsymbol{M}_k &= \boldsymbol{M}_{k|k-1} - \boldsymbol{K}_k\boldsymbol{H}_k\boldsymbol{M}_{k|k-1} - \boldsymbol{M}_{k|k-1}\boldsymbol{H}_k^{\mathrm{T}}\boldsymbol{K}_k^{\mathrm{T}} + \\ &\quad \boldsymbol{M}_{k|k-1}\boldsymbol{H}_k^{\mathrm{T}}(\boldsymbol{H}_k\boldsymbol{M}_{k|k-1}\boldsymbol{H}_k^{\mathrm{T}} + \boldsymbol{C}_{n_k})^{-1}(\boldsymbol{H}_k\boldsymbol{M}_{k|k-1}\boldsymbol{H}_k^{\mathrm{T}} + \boldsymbol{C}_{n_k})\boldsymbol{K}_k^{\mathrm{T}} \\ &= (\boldsymbol{I} - \boldsymbol{K}_k\boldsymbol{H}_k)\boldsymbol{M}_{k|k-1}\end{aligned} \tag{6.6.27}$$

因为正交投影是无偏的，所以状态滤波的均方误差阵 $\boldsymbol{M}_k$ 和状态一步预测的均方误差阵 $\boldsymbol{M}_{k|k-1}$ 就是滤波的误差方差阵和一步预测的误差方差阵。

(6.6.20)式、(6.6.24)式、(6.6.27)式、(6.6.23)式和(6.6.12)式就构成了离散卡尔曼状态滤波和状态一步预测的一组递推公式。

6.6.2 离散卡尔曼滤波的递推算法

离散卡尔曼滤波是系统状态矢量的一种递推估计。为了能从 $k=1$ 时刻开始递推计算，需要确定初始状态滤波值 $\hat{\boldsymbol{s}}_0$ 和初始状态滤波的均方误差阵 $\boldsymbol{M}_0$。

初始状态滤波值 $\hat{\boldsymbol{s}}_0$ 的确定应使状态滤波的均方误差

$$\mathrm{E}[(\boldsymbol{s}_0 - \hat{\boldsymbol{s}}_0)^{\mathrm{T}}(\boldsymbol{s}_0 - \hat{\boldsymbol{s}}_0)] \tag{6.6.28}$$

最小。为此，令

$$\frac{\partial}{\partial \hat{\boldsymbol{s}}_0}\{\mathrm{E}[(\boldsymbol{s}_0 - \hat{\boldsymbol{s}}_0)^{\mathrm{T}}(\boldsymbol{s}_0 - \hat{\boldsymbol{s}}_0)]\} = \boldsymbol{0} \tag{6.6.29}$$

交换求导和求均值的次序，得

$$-2\mathrm{E}(\boldsymbol{s}_0 - \hat{\boldsymbol{s}}_0) = \boldsymbol{0}$$

即

$$\mathrm{E}(\boldsymbol{s}_0 - \hat{\boldsymbol{s}}_0) = \boldsymbol{0}$$

在进行观测前，选择的 $\hat{\boldsymbol{s}}_0$ 是某个常值矢量，于是有

$$\hat{\boldsymbol{s}}_0 = \mathrm{E}(\boldsymbol{s}_0) = \boldsymbol{\mu}_{s_0} \tag{6.6.30}$$

即选择初始时刻状态矢量的均值作为初始状态滤波值 $\hat{\boldsymbol{s}}_0$，这显然是合理的。

因为

$$\tilde{\boldsymbol{s}}_0 = \boldsymbol{s}_0 - \hat{\boldsymbol{s}}_0 = \boldsymbol{s}_0 - \boldsymbol{\mu}_{s_0} \tag{6.6.31}$$

所以，初始状态滤波的均方误差阵为

$$\begin{aligned}\boldsymbol{M}_0 &= \mathrm{E}(\tilde{\boldsymbol{s}}_0\tilde{\boldsymbol{s}}_0^{\mathrm{T}}) \\ &= \mathrm{E}[(\boldsymbol{s}_0 - \boldsymbol{\mu}_{s_0})(\boldsymbol{s}_0 - \boldsymbol{\mu}_{s_0})^{\mathrm{T}}] \\ &= \boldsymbol{C}_{s_0}\end{aligned} \tag{6.6.32}$$

现在把离散卡尔曼滤波的离散信号模型、状态滤波和状态一步预测的递推公式及滤波的初始状态归纳一下，列于表 6.6.1 中。

离散卡尔曼滤波递推公式可以分成两部分。第一部分公式是(Ⅰ)式、(Ⅱ)式和(Ⅲ)式，它们是状态滤波增益矩阵 $\boldsymbol{K}_k$ 的递推公式；第二部分公式是(Ⅳ)式和(Ⅴ)式，它们是离散状态滤波和状态一步预测的公式。状态滤波公式(Ⅳ)表示状态滤波值 $\hat{\boldsymbol{s}}_k$ 由两项之和组成：第一项是 k 时刻的状态一步预测值

$$\hat{\boldsymbol{s}}_{k|k-1} = \boldsymbol{\Phi}_{k,k-1}\hat{\boldsymbol{s}}_{k-1}$$

第二项是“新息”

$$\tilde{\boldsymbol{x}}_{k|k-1} = \boldsymbol{x}_k - \boldsymbol{H}_k\boldsymbol{\Phi}_{k,k-1}\hat{\boldsymbol{s}}_{k-1} = \boldsymbol{x}_k - \boldsymbol{x}_{k|k-1}$$

表 6.6.1　离散卡尔曼滤波递推公式表

状态方程	$\boldsymbol{s}_k=\boldsymbol{\Phi}_{k,k-1}\boldsymbol{s}_{k-1}+\boldsymbol{\Gamma}_{k-1}\boldsymbol{w}_{k-1}$
观测方程	$\boldsymbol{x}_k=\boldsymbol{H}_k\boldsymbol{s}_k+\boldsymbol{n}_k$
统计特性	$\mathrm{E}(\boldsymbol{w}_k)=\boldsymbol{\mu}_{w_k}=\boldsymbol{0}$，　$\mathrm{E}(\boldsymbol{w}_j\boldsymbol{w}_k^{\mathrm{T}})=\boldsymbol{C}_{w_k}\delta_{jk}$ $\mathrm{E}(\boldsymbol{n}_k)=\boldsymbol{\mu}_{n_k}=\boldsymbol{0}$，　$\mathrm{E}(\boldsymbol{n}_j\boldsymbol{n}_k^{\mathrm{T}})=\boldsymbol{C}_{n_k}\delta_{jk}$ $\boldsymbol{C}_{w_jn_k}=\boldsymbol{0}$，　$j,k=0,1,2,\cdots$ $\boldsymbol{C}_{s_0w_k}=\boldsymbol{0}$，　$\boldsymbol{C}_{s_0n_k}=\boldsymbol{0}$
一步预测均方误差阵	$\boldsymbol{M}_{k\|k-1}=\boldsymbol{\Phi}_{k,k-1}\boldsymbol{M}_{k-1}\boldsymbol{\Phi}_{k,k-1}^{\mathrm{T}}+\boldsymbol{\Gamma}_{k-1}\boldsymbol{C}_{w_{k-1}}\boldsymbol{\Gamma}_{k-1}^{\mathrm{T}}$　（Ⅰ）
滤波增益矩阵	$\boldsymbol{K}_k=\boldsymbol{M}_{k\|k-1}\boldsymbol{H}_k^{\mathrm{T}}(\boldsymbol{H}_k\boldsymbol{M}_{k\|k-1}\boldsymbol{H}_k^{\mathrm{T}}+\boldsymbol{C}_{n_k})^{-1}$　（Ⅱ）
滤波均方误差阵	$\boldsymbol{M}_k=(\boldsymbol{I}-\boldsymbol{K}_k\boldsymbol{H}_k)\boldsymbol{M}_{k\|k-1}$　（Ⅲ）
状态滤波	$\hat{\boldsymbol{s}}_k=\boldsymbol{\Phi}_{k,k-1}\hat{\boldsymbol{s}}_{k-1}+\boldsymbol{K}_k(\boldsymbol{x}_k-\boldsymbol{H}_k\boldsymbol{\Phi}_{k,k-1}\hat{\boldsymbol{s}}_{k-1})$　（Ⅳ）
状态一步预测	$\hat{\boldsymbol{s}}_{k+1\|k}=\boldsymbol{\Phi}_{k+1,k}\hat{\boldsymbol{s}}_k$　（Ⅴ）
滤波初始状态	$\hat{\boldsymbol{s}}_0=\boldsymbol{\mu}_{s_0}$ $\boldsymbol{M}_0=\boldsymbol{C}_{s_0}$

前乘状态滤波增益矩阵 $\boldsymbol{K}_k$ 后形成的修正项，它对状态一步预测值 $\hat{\boldsymbol{s}}_{k|k-1}$ 进行修正，结果获得 k 时刻的状态滤波值 $\hat{\boldsymbol{s}}_k$。到 $k+1$ 时刻，其状态滤波值 $\hat{\boldsymbol{s}}_{k+1}$ 等于状态一步预测值 $\hat{\boldsymbol{s}}_{k+1|k}=\boldsymbol{\Phi}_{k+1,k}\hat{\boldsymbol{s}}_k$ 加上修正值 $\boldsymbol{K}_{k+1}\tilde{\boldsymbol{x}}_{k+1|k}$。所以，离散卡尔曼滤波是以不断地预测-修正的递推方式进行的。

离散卡尔曼滤波的递推过程如图 6.9 所示，而离散卡尔曼状态滤波和状态一步预测的框图如图 6.10 所示。

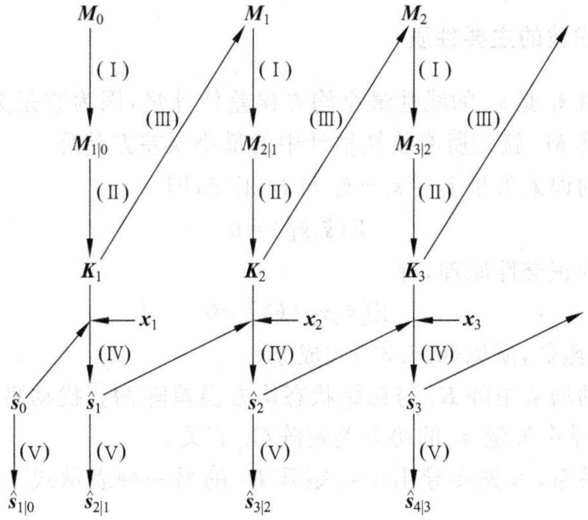

图 6.9　离散卡尔曼滤波的递推过程

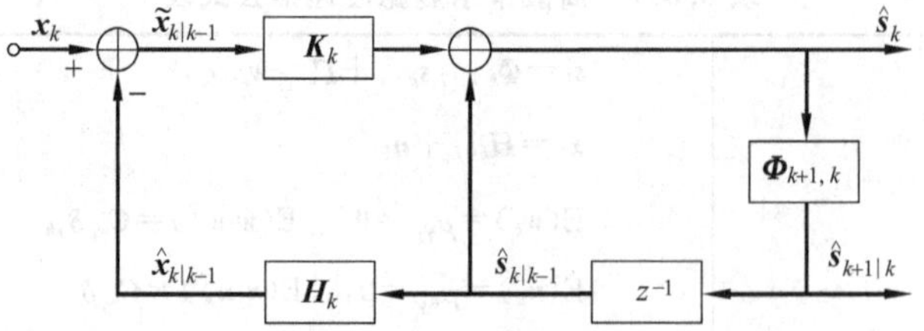

图 6.10 离散卡尔曼状态滤波和一步预测框图

6.6.3 离散卡尔曼滤波的特点和性质

1. 离散卡尔曼滤波的主要特点

通过前面的讨论我们可以看出,离散卡尔曼滤波具有如下主要特点。

(1) 离散卡尔曼滤波的信号模型是由状态方程和观测方程描述的;状态转移矩阵 $\boldsymbol{\Phi}_{k,k-1}$、观测矩阵 $\boldsymbol{H}_k$ 和控制矩阵$\boldsymbol{\Gamma}_{k-1}$可以是时变的;扰动噪声矢量 $\boldsymbol{w}_{k-1}$、观测噪声矢量 $\boldsymbol{n}_k$ 的协方差矩阵 $\boldsymbol{C}_{\boldsymbol{w}_{k-1}}$ 和 $\boldsymbol{C}_{\boldsymbol{n}_k}$ 也是时变的。因此,离散卡尔曼滤波适用于矢量的非平稳随机过程的状态估计。

(2) 离散卡尔曼滤波的状态估计采用递推估计算法,数据存储量少,运算量小,特别是避免了高阶矩阵求逆问题,提高了运算效率。

(3) 由于离散卡尔曼滤波的增益矩阵 $\boldsymbol{K}_k$ 与观测数据无关,所以有可能离线算出,从而减少实时在线计算量,提高了实时处理能力。

(4) 离散卡尔曼滤波不仅能够同时得到状态滤波值 $\hat{\boldsymbol{s}}_k$ 和状态一步预测值$\hat{\boldsymbol{s}}_{k+1|k}$,而且同时得到状态滤波的均方误差阵 $\boldsymbol{M}_k$ 和状态一步预测的均方误差阵 $\boldsymbol{M}_{k+1|k}$,它们是状态滤波和状态一步预测的精度指标。

2. 离散卡尔曼滤波的主要性质

(1) 状态滤波值 $\hat{\boldsymbol{s}}_k$ 是 $\boldsymbol{s}_k$ 的线性最小均方误差估计量,因为它是无偏估计量,所以状态滤波的均方误差阵 $\boldsymbol{M}_k$ 就是所有线性估计中的最小误差方差阵。

(2) 状态估计的误差矢量 $\tilde{\boldsymbol{s}}_k=\boldsymbol{s}_k-\hat{\boldsymbol{s}}_k$ 与 $\hat{\boldsymbol{s}}_k$ 正交,即

$$\mathrm{E}(\tilde{\boldsymbol{s}}_k\hat{\boldsymbol{s}}_k^{\mathrm{T}})=\boldsymbol{0} \tag{6.6.33}$$

因为根据正交投影的正交性原理,有

$$\mathrm{E}[\tilde{\boldsymbol{s}}_k\boldsymbol{x}^{\mathrm{T}}(k)]=\boldsymbol{0} \tag{6.6.34}$$

而 $\hat{\boldsymbol{s}}_k$ 是 $\boldsymbol{x}(k)$的线性函数,所以(6.6.33)式成立。

(3) 状态滤波的增益矩阵 $\boldsymbol{K}_k$ 与初始状态均方误差阵 $\boldsymbol{M}_0$、扰动噪声矢量 $\boldsymbol{w}_{k-1}$ 的协方差矩阵 $\boldsymbol{C}_{\boldsymbol{w}_{k-1}}$ 和观测噪声矢量 $\boldsymbol{n}_k$ 的协方差矩阵 $\boldsymbol{C}_{\boldsymbol{n}_k}$ 有关。

为了说明这些关系,首先要导出增益矩阵 $\boldsymbol{K}_k$ 的另一种表示式。由离散卡尔曼滤波公式知

$$\boldsymbol{M}_k=(\boldsymbol{I}-\boldsymbol{K}_k\boldsymbol{H}_k)\boldsymbol{M}_{k|k-1}$$

$$\boldsymbol{K}_k=\boldsymbol{M}_{k|k-1}\boldsymbol{H}_k^{\mathrm{T}}(\boldsymbol{H}_k\boldsymbol{M}_{k|k-1}\boldsymbol{H}_k^{\mathrm{T}}+\boldsymbol{C}_{\boldsymbol{n}_k})^{-1}$$

利用矩阵求逆引理进行矩阵反演运算，$\boldsymbol{K}_k$ 可以表示为

$$\boldsymbol{K}_k=(\boldsymbol{M}_{k|k-1}^{-1}+\boldsymbol{H}_k^{\mathrm{T}}\boldsymbol{C}_{\boldsymbol{n}_k}^{-1}\boldsymbol{H}_k)^{-1}\boldsymbol{H}_k^{\mathrm{T}}\boldsymbol{C}_{\boldsymbol{n}_k}^{-1} \tag{6.6.35}$$

这样，$\boldsymbol{M}_k$ 中的 $\boldsymbol{I}-\boldsymbol{K}_k\boldsymbol{H}_k$ 可以表示为

$$\begin{aligned}\boldsymbol{I}-\boldsymbol{K}_k\boldsymbol{H}_k&=\boldsymbol{I}-(\boldsymbol{M}_{k|k-1}^{-1}+\boldsymbol{H}_k^{\mathrm{T}}\boldsymbol{C}_{\boldsymbol{n}_k}^{-1}\boldsymbol{H}_k)^{-1}\boldsymbol{H}_k^{\mathrm{T}}\boldsymbol{C}_{\boldsymbol{n}_k}^{-1}\boldsymbol{H}_k\\&=(\boldsymbol{M}_{k|k-1}^{-1}+\boldsymbol{H}_k^{\mathrm{T}}\boldsymbol{C}_{\boldsymbol{n}_k}^{-1}\boldsymbol{H}_k)^{-1}[(\boldsymbol{M}_{k|k-1}^{-1}+\boldsymbol{H}_k\boldsymbol{C}_{\boldsymbol{n}_k}^{-1}\boldsymbol{H}_k)-\boldsymbol{H}_k^{\mathrm{T}}\boldsymbol{C}_{\boldsymbol{n}_k}^{-1}\boldsymbol{H}_k]\\&=(\boldsymbol{M}_{k|k-1}^{-1}+\boldsymbol{H}_k^{\mathrm{T}}\boldsymbol{C}_{\boldsymbol{n}_k}^{-1}\boldsymbol{H}_k)^{-1}\boldsymbol{M}_{k|k-1}^{-1}\end{aligned} \tag{6.6.36}$$

因此有

$$\boldsymbol{M}_k=(\boldsymbol{M}_{k|k-1}^{-1}+\boldsymbol{H}_k^{\mathrm{T}}\boldsymbol{C}_{\boldsymbol{n}_k}^{-1}\boldsymbol{H}_k)^{-1} \tag{6.6.37}$$

将该式代入(6.6.35)式，最终得

$$\boldsymbol{K}_k=\boldsymbol{M}_k\boldsymbol{H}_k^{\mathrm{T}}\boldsymbol{C}_{\boldsymbol{n}_k}^{-1} \tag{6.6.38}$$

现在讨论滤波增益矩阵 $\boldsymbol{K}_k$ 与有关参量的关系。

如果状态滤波的初始均方误差阵 $\boldsymbol{M}_0$ 较小，则 $\boldsymbol{M}_{k|k-1}$ 较小，进而 $\boldsymbol{M}_k$ 较小，这样 $\boldsymbol{K}_k$ 就较小。这表示初始状态估计的精度较高，滤波增益较小，以便给预测值较小的修正。

如果扰动噪声矢量 $\boldsymbol{w}_{k-1}$ 的协方差阵 $\boldsymbol{C}_{\boldsymbol{w}_{k-1}}$ 较小，表示系统状态受到的扰动较小，系统状态基本按自身的状态转移规律变化，这时 $\boldsymbol{K}_k$ 也应小些，因为此时预测值较准确。离散卡尔曼公式反映了这种变化规律。

如果观测噪声矢量 $\boldsymbol{n}_k$ 的协方差阵 $\boldsymbol{C}_{\boldsymbol{n}_k}$ 较大，由(6.6.38)式知，滤波的增益矩阵 $\boldsymbol{K}_k$ 较小。这是合理的，因为如果 $\boldsymbol{C}_{\boldsymbol{n}_k}$ 较大，表示观测的误差较大，那么“新息”的误差就较大，于是滤波的增益矩阵 $\boldsymbol{K}_k$ 应较小，以减小观测误差对估计结果的影响。

(4) 卡尔曼滤波的最后一个主要性质是，$\boldsymbol{M}_k$ 的上限值为 $\boldsymbol{M}_{k|k-1}$。(6.6.37)式表明，当观测噪声矢量 $\boldsymbol{n}_k$ 的协方差阵 $\boldsymbol{C}_{\boldsymbol{n}_k}$ 无限大时，$\boldsymbol{M}_k=\boldsymbol{M}_{k|k-1}$。这是因为当 $\boldsymbol{C}_{\boldsymbol{n}_k}$ 无限大时，由(6.6.38)式知，此时 $\boldsymbol{K}_k=\boldsymbol{0}$，所以 $\hat{\boldsymbol{s}}_k=\boldsymbol{\Phi}_{k,k-1}\hat{\boldsymbol{s}}_{k-1}$，因而 $\boldsymbol{M}_k=\boldsymbol{M}_{k|k-1}$。所以，在通常情况下，$\boldsymbol{C}_{\boldsymbol{n}_k}$ 是有限的，这样就有 $\boldsymbol{M}_k<\boldsymbol{M}_{k|k-1}$，即状态滤波的均方误差阵 $\boldsymbol{M}_k$ 通常应小于状态一步预测的均方误差阵 $\boldsymbol{M}_{k|k-1}$，这显然是合理的。

例 6.6.1 前面曾经指出，离散卡尔曼滤波的增益矩阵 $\boldsymbol{K}_k$ 有可能离线算出，并与观测噪声矢量的协方差阵 $\boldsymbol{C}_{\boldsymbol{n}_k}$ 有关系。下面通过本例来说明这些问题。设系统信号模型的状态方程和观测方程分别为

$$\boldsymbol{s}_k=\boldsymbol{\Phi}\boldsymbol{s}_{k-1}+\boldsymbol{w}_{k-1}$$
$$\boldsymbol{x}_k=\boldsymbol{H}\boldsymbol{s}_k+\boldsymbol{n}_k$$

式中，

$$\boldsymbol{\Phi}=\begin{bmatrix}1&1\\0&1\end{bmatrix},\quad \boldsymbol{H}=[1\quad 0]$$

$\boldsymbol{w}_{k-1}$ 和 $\boldsymbol{n}_k$ 都是均值为零的白噪声随机序列，与系统的初始状态 $\boldsymbol{s}_0$ 无关，且有

$$\boldsymbol{C}_{\boldsymbol{w}_{k-1}}=\begin{bmatrix}0&0\\0&1\end{bmatrix},\quad k=1,2,\cdots$$
$$\boldsymbol{C}_{\boldsymbol{n}_k}=2+(-1)^k,\quad k=1,2,\cdots$$

而系统初始时刻($k=0$)的状态矢量 $\boldsymbol{s}_0$ 的协方差矩阵为

$$\boldsymbol{C}_{s_0}=\begin{bmatrix}10 & 0\\ 0 & 10\end{bmatrix}$$

求状态滤波的增益矩阵 $\boldsymbol{K}_k$。

解 状态滤波的增益矩阵 $\boldsymbol{K}_k$,可由离散卡尔曼滤波递推公式(Ⅰ)式、(Ⅱ)式和(Ⅲ)式求得。下面给出部分计算结果。

取 $\boldsymbol{M}_0=\boldsymbol{C}_{s_0}$,则

$$\boldsymbol{M}_0=\begin{bmatrix}10 & 0\\ 0 & 10\end{bmatrix}$$

当 $k=1$ 时,

$$\begin{aligned}\boldsymbol{M}_{1|0}&=\boldsymbol{\Phi}\boldsymbol{M}_0\boldsymbol{\Phi}^{\mathrm{T}}+\boldsymbol{C}_{w_0}\\ &=\begin{bmatrix}1 & 1\\ 0 & 1\end{bmatrix}\begin{bmatrix}10 & 0\\ 0 & 10\end{bmatrix}\begin{bmatrix}1 & 0\\ 1 & 1\end{bmatrix}+\begin{bmatrix}0 & 0\\ 0 & 1\end{bmatrix}=\begin{bmatrix}20 & 10\\ 10 & 11\end{bmatrix}\\ \boldsymbol{K}_1&=\boldsymbol{M}_{1|0}\boldsymbol{H}_1^{\mathrm{T}}(\boldsymbol{H}_1\boldsymbol{M}_{1|0}\boldsymbol{H}_1^{\mathrm{T}}+\boldsymbol{C}_{n_1})^{-1}\\ &=\begin{bmatrix}20 & 10\\ 10 & 11\end{bmatrix}\begin{bmatrix}1\\ 0\end{bmatrix}\left(\begin{bmatrix}1 & 0\end{bmatrix}\begin{bmatrix}20 & 10\\ 10 & 11\end{bmatrix}\begin{bmatrix}1\\ 0\end{bmatrix}+1\right)^{-1}=\begin{bmatrix}0.9524\\ 0.4762\end{bmatrix}\\ \boldsymbol{M}_1&=(\boldsymbol{I}-\boldsymbol{K}_1\boldsymbol{H}_1)\boldsymbol{M}_{1|0}\\ &=\left(\begin{bmatrix}1 & 0\\ 0 & 1\end{bmatrix}-\begin{bmatrix}0.9524\\ 0.4762\end{bmatrix}\begin{bmatrix}1 & 0\end{bmatrix}\right)\begin{bmatrix}20 & 10\\ 10 & 11\end{bmatrix}=\begin{bmatrix}0.9524 & 0.4762\\ 0.4762 & 6.2381\end{bmatrix}\end{aligned}$$

当 $k=2$ 时,

$$\begin{aligned}\boldsymbol{M}_{2|1}&=\boldsymbol{\Phi}\boldsymbol{M}_1\boldsymbol{\Phi}^{\mathrm{T}}+\boldsymbol{C}_{w_1}\\ &=\begin{bmatrix}1 & 1\\ 0 & 1\end{bmatrix}\begin{bmatrix}0.9524 & 0.4762\\ 0.4762 & 6.2381\end{bmatrix}\begin{bmatrix}1 & 0\\ 1 & 1\end{bmatrix}+\begin{bmatrix}0 & 0\\ 0 & 1\end{bmatrix}=\begin{bmatrix}8.1429 & 6.7143\\ 6.7143 & 7.2381\end{bmatrix}\\ \boldsymbol{K}_2&=\boldsymbol{M}_{2|1}\boldsymbol{H}_2^{\mathrm{T}}(\boldsymbol{H}_2\boldsymbol{M}_{2|1}\boldsymbol{H}_2^{\mathrm{T}}+\boldsymbol{C}_{n_2})^{-1}\\ &=\begin{bmatrix}8.1429 & 6.7143\\ 6.7143 & 7.2381\end{bmatrix}\begin{bmatrix}1\\ 0\end{bmatrix}\left(\begin{bmatrix}1 & 0\end{bmatrix}\begin{bmatrix}8.1429 & 6.7143\\ 6.7143 & 7.2381\end{bmatrix}\begin{bmatrix}1\\ 0\end{bmatrix}+3\right)^{-1}=\begin{bmatrix}0.7308\\ 0.6026\end{bmatrix}\\ \boldsymbol{M}_2&=(\boldsymbol{I}-\boldsymbol{K}_2\boldsymbol{H}_2)\boldsymbol{M}_{2|1}\\ &=\left(\begin{bmatrix}1 & 0\\ 0 & 1\end{bmatrix}-\begin{bmatrix}0.7308\\ 0.6026\end{bmatrix}\begin{bmatrix}1 & 0\end{bmatrix}\right)\begin{bmatrix}8.1429 & 6.7143\\ 6.7143 & 7.2381\end{bmatrix}=\begin{bmatrix}2.1923 & 1.8077\\ 1.8077 & 3.1923\end{bmatrix}\end{aligned}$$

用同样的方法可以算出 $k=3,k=4,\cdots$ 时的结果。滤波增益矩阵 $\boldsymbol{K}_k$ 的两个分量 K_{k_1} 和 K_{k_2} 的计算结果如图 6.11 所示。

图 6.11 表明,当 k 为奇数时,滤波增益较大,这是因为奇次观测的 $\boldsymbol{C}_{n_k}$ 较小,观测量的精度较高,所以对状态一步预测的修正可采用较大的增益;当 k 为偶数时,$\boldsymbol{C}_{n_k}$ 较大,$\boldsymbol{K}_k$ 较小。由图我们还可以看出,只要经过几次递推运算,状态滤波的增益矩阵就逐步趋于以稳定的周期变化了。所以,如果滤波的初始状态 $\boldsymbol{\mu}_{s_0}$ 和 $\boldsymbol{C}_{s_0}$ 未知,可以把状态滤波的初始状态确定为

$$\hat{\boldsymbol{s}}_0=\boldsymbol{0}$$

$$\boldsymbol{M}_0=c\boldsymbol{I},\quad c\gg1$$

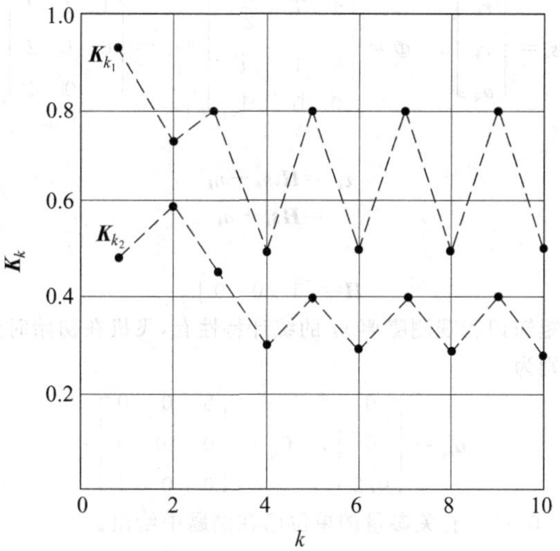

图 6.11 例 6.6.1 的状态滤波增益矩阵

这样选择滤波的初始状态，虽然初期的递推估计结果会存在较大的误差，但一般会很快趋于平稳。

例 6.6.2 若飞机相对于雷达作径向匀加速直线运动，现通过对飞机的距离的测量来估计飞机的距离、速度和加速度。如果

(1) 从 $t=2\text{s}$ 开始测量，测量时间间隔为 2s；

(2) 设飞机到雷达的距离为 $r(t)$，径向速度为 $v(t)$，径向加速度为 $a(t)$。现已知

$$\mathrm{E}(r_0)=0,\quad \sigma_{r_0}^2=8(\text{km}^2)$$

$$\mathrm{E}(v_0)=0,\quad \sigma_{v_0}^2=10(\text{km/s})^2$$

$$\mathrm{E}(a_0)=0.2(\text{km/s}^2),\quad \sigma_{a_0}^2=5(\text{km/s}^2)^2$$

(3) 忽略扰动噪声 w_{k-1} 对飞机的扰动；

(4) 观测噪声 n_k 是零均值的白噪声随机序列，已知

$$C_{n_j n_k}=\sigma_n^2\delta_{jk}=0.15(\text{km}^2),\quad j=k$$

(5) 观测噪声 n_k 与 r_0, v_0, a_0 均互不相关。

在获得距离观测值 $x_k(\text{km})(k=1,2,\cdots,10)$ 为 0.36，1.56，3.64，6.44，10.5，14.8，20.0，25.2，32.2，40.4 的情况下，求 r_k, v_k 和 a_k 的估计值及其均方误差，并求状态一步预测值。

解 本例用离散卡尔曼滤波来解决这一问题。

首先建立离散卡尔曼滤波的信号模型——离散状态方程和观测方程，以及信号模型的统计特性。

参照例 6.5.1，本例的离散状态方程为

$$\begin{aligned}\boldsymbol{s}_k&=\boldsymbol{\Phi}_{k,k-1}\boldsymbol{s}_{k-1}+\boldsymbol{\Gamma}_{k-1}\boldsymbol{w}_{k-1}\\&=\boldsymbol{\Phi}\boldsymbol{s}_{k-1}\end{aligned}$$

式中，

$$s_k=\begin{bmatrix}r_k\\v_k\\a_k\end{bmatrix},\quad \boldsymbol{\Phi}=\begin{bmatrix}1 & T & \frac{T^2}{2}\\0 & 1 & T\\0 & 0 & 1\end{bmatrix}_{|T=2}=\begin{bmatrix}1 & 2 & 2\\0 & 1 & 2\\0 & 0 & 1\end{bmatrix}$$

离散观测方程为

$$\begin{aligned}x_k&=\boldsymbol{H}_k\boldsymbol{s}_k+n_k\\&=\boldsymbol{H}\boldsymbol{s}_k+n_k\end{aligned}$$

式中，

$$\boldsymbol{H}=[1\quad 0\quad 0]$$

根据各状态变量的前二阶矩知识和观测噪声 n_k 的统计特性有，飞机在初始时刻($k=0$)的状态矢量 $\boldsymbol{s}_0$ 的均值矢量和协方差矩阵分别为

$$\boldsymbol{\mu}_{s_0}=\begin{bmatrix}0\\0\\0.2\end{bmatrix},\quad \boldsymbol{C}_{s_0}=\begin{bmatrix}8 & 0 & 0\\0 & 10 & 0\\0 & 0 & 5\end{bmatrix}$$

另外，$\boldsymbol{C}_{w_{k-1}}=0\quad \boldsymbol{C}_{n_k}=\sigma_{n_k}^2=0.15$。有关参量的单位已在例题中给出。

这样，利用如下一组离散卡尔曼滤波递推公式，可得状态滤波值 $\hat{\boldsymbol{s}}_k$、状态一步预测值 $\hat{\boldsymbol{s}}_{k+1|k}$ 和状态滤波的均方误差阵 $\boldsymbol{M}_k$。这组递推公式为

$$\boldsymbol{M}_{k|k-1}=\boldsymbol{\Phi}\boldsymbol{M}_{k-1}\boldsymbol{\Phi}^{\mathrm{T}} \tag{Ⅰ}$$

$$\boldsymbol{K}_k=\boldsymbol{M}_{k|k-1}\boldsymbol{H}^{\mathrm{T}}(\boldsymbol{H}\boldsymbol{M}_{k-1}\boldsymbol{H}^{\mathrm{T}}+\boldsymbol{C}_{n_k})^{-1} \tag{Ⅱ}$$

$$\boldsymbol{M}_k=(\boldsymbol{I}-\boldsymbol{K}_k\boldsymbol{H})\boldsymbol{M}_{k|k-1} \tag{Ⅲ}$$

$$\hat{\boldsymbol{s}}_k=\boldsymbol{\Phi}\hat{\boldsymbol{s}}_{k-1}+\boldsymbol{K}_k(x_k-\boldsymbol{H}\boldsymbol{\Phi}\hat{\boldsymbol{s}}_{k-1}) \tag{Ⅳ}$$

$$\hat{\boldsymbol{s}}_{k+1|k}=\boldsymbol{\Phi}\hat{\boldsymbol{s}}_k \tag{Ⅴ}$$

状态滤波的初始状态确定为

$$\hat{\boldsymbol{s}}_0=\boldsymbol{\mu}_{s_0}=\begin{bmatrix}0\\0\\0.2\end{bmatrix}$$

$$\boldsymbol{M}_0=\boldsymbol{C}_{s_0}=\begin{bmatrix}8 & 0 & 0\\0 & 10 & 0\\0 & 0 & 5\end{bmatrix}$$

根据滤波的初始状态 $\hat{\boldsymbol{s}}_0$ 和 $\boldsymbol{M}_0$，对于各次的距离观测值 x_k，由状态滤波递推公式进行递推计算，得到部分结果如下：

$$\hat{\boldsymbol{s}}_{1|0}=\begin{bmatrix}0.4\\0.4\\0.2\end{bmatrix},\quad \hat{\boldsymbol{s}}_1=\begin{bmatrix}0.3600\\0.3765\\0.1941\end{bmatrix},\quad \boldsymbol{M}_1=\begin{bmatrix}0.1497 & 0.0080 & 0.0221\\0.0880 & 6.5223 & 4.1306\\0.0220 & 4.1306 & 3.5370\end{bmatrix}$$

$$\hat{\boldsymbol{s}}_{2|1}=\begin{bmatrix}1.5014\\0.7147\\0.1941\end{bmatrix},\quad \hat{\boldsymbol{s}}_2=\begin{bmatrix}1.5590\\0.8086\\0.2063\end{bmatrix},\quad \boldsymbol{M}_2=\begin{bmatrix}0.1496 & 0.1056 & 0.0311\\0.1056 & 0.5092 & 0.3922\\0.0311 & 0.3922 & 0.3493\end{bmatrix}$$

…

$$\hat{\boldsymbol{s}}_{9|8}=\begin{bmatrix}31.9869\\3.4305\\0.1804\end{bmatrix},\quad \hat{\boldsymbol{s}}_9=\begin{bmatrix}32.1272\\3.4632\\0.1836\end{bmatrix},\quad \boldsymbol{M}_9=\begin{bmatrix}0.0986 & 0.0230 & 0.0022\\0.0230 & 0.0083 & 0.0010\\0.0020 & 0.0010 & 0.0001\end{bmatrix}$$

$$\hat{\boldsymbol{s}}_{10|9}=\begin{bmatrix}39.4200\\3.8304\\0.1836\end{bmatrix},\quad \hat{\boldsymbol{s}}_{10}=\begin{bmatrix}40.0244\\3.9536\\0.1946\end{bmatrix},\quad \boldsymbol{M}_{10}=\begin{bmatrix}0.0925 & 0.0193 & 0.0017\\0.0193 & 0.0061 & 0.0006\\0.0017 & 0.0006 & 0.00007\end{bmatrix}$$

例 6.6.3 现考虑边扫描边跟踪的雷达系统跟踪运动目标的问题。

大家知道，雷达系统通过接收到的目标回波信号相对于发射探测脉冲信号的时间延时值来确定目标的径向距离，并根据雷达天线波束指向中心来确定目标的方位，这是二维雷达的情况。在边扫描边跟踪一个运动目标的状态下，无论雷达系统的天线波束是机械扫描还是电扫描，我们都可以认为，在被跟踪目标的天线波束指向方向，雷达周期地发射一串 N 个探测脉冲信号，重复周期为 T_r（毫秒量级），系统处于跟踪状态，信号处理机输出运动目标的点迹，提供给跟踪计算机。这些点迹数据实际上就是进行离散状态滤波的观测数据。然后，天线波束转向其他方向，雷达系统处于搜索状态。设时间间隔 T 后，雷达系统又回到跟踪该运动目标的状态，以次循环工作。我们称时间间隔 T 为扫描周期，一般为秒量级。这样，每隔时间间隔 T，便获得一次被跟踪运动目标的观测数据。如果被跟踪运动目标的速度不是很高，扫描周期 T 也不是较长的条件下，取一阶近似，可以认为在一个扫描周期内，被跟踪的运动目标在径向上和方位上均作匀速直线运动，但要考虑径向上和方位上的随机加速度影响。请在建立被跟踪运动目标信号模型的基础上，研究其径向距离跟踪偏差、径向速度、方位跟踪偏差和方位速度的递推估计问题。

解 下面首先研究被跟踪运动目标信号模型的建立及其统计特性假设，然后研究被跟踪运动目标状态的递推估计问题。

(1) 信号模型的描述和建立

设在第 k 个扫描周期（以下简称 k 时刻）目标的径向距离为 $R+r_k$，在时刻 $k+1$，目标的径向距离为 $R+r_{k+1}$。其中，R 代表目标的平均距离；r_k 和 r_{k+1} 分别代表 k 时刻和 $k+1$ 时刻运动目标径向距离相对于平均距离 R 的偏差。我们关心的是这些具有随机特性的偏差，因为它代表了径向距离的跟踪精度。

设径向距离偏差是零均值的平稳随机序列，我们能够写出径向距离偏差方程为

$$r_{k+1}=r_k+T\dot{r}_k$$

其中，$\dot{r}_k$ 是运动目标的径向速度。

考虑到运动目标会受到随机加速度的影响，设 v_{r_k} 代表时刻 k 的随机径向加速度，则径向的速度方程为

$$\dot{r}_{k+1}=\dot{r}_k+Tv_{r_k}$$

这里假设 v_{r_k} 是零均值的平稳白噪声序列，即

$$\mathrm{E}(v_{r_k})=0$$

$$\mathrm{E}(v_{r_j}v_{r_k})=\sigma_{v_r}^2\delta_{jk}$$

这种随机加速度扰动噪声是由发动机功率短时间的随机起伏及阵风和气流等随机因素造成的。

令 $w_{r_k}=Tv_{r_k}$，则 w_{r_k} 也是白噪声序列，即

$$\mathrm{E}(w_{r_k})=0$$

$$\mathrm{E}(w_{r_j}w_{r_k})=\sigma_{w_r}^2\delta_{jk}$$

它代表在 T 时间内，径向速度的变化量。于是距离向的速度方程可写成

$$\dot{r}_{k+1}=\dot{r}_k+w_{r_k}$$

同样地，在方位上，令 θ_k 和 θ_{k+1} 分别代表 k 时刻和 $k+1$ 时刻运动目标的方位角相对于平均角度 θ 的具有随机特性的偏差。采用与径向距离偏差和径向速度类似的分析方法，则有方位偏差和方位角速度的方程分别为

$$\theta_{k+1}=\theta_k+T\dot{\theta}_k$$

和

$$\dot{\theta}_{k+1}=\dot{\theta}_k+w_{\theta_k}$$

其中，$\dot{\theta}_k$ 代表 k 时刻的运动目标的方位角变化速度；$w_{\theta_k}=Tv_{\theta_k}$ 代表在 T 时间内，方位角速度的变化量，也假设它是零均值的平稳白噪声序列，即

$$\mathrm{E}(w_{\theta_k})=0$$

$$\mathrm{E}(w_{\theta_j}w_{\theta_k})=\sigma_{w_\theta}^2\delta_{jk}$$

而 v_{θ_k} 代表 k 时刻的随机方位角加速度，仍假设它是零均值的平稳白噪声序列，即

$$\mathrm{E}(v_{\theta_k})=0$$

$$\mathrm{E}(v_{\theta_j}v_{\theta_k})=\sigma_{v_\theta}^2\delta_{jk}$$

另外还假设，距离向的径向速度随机变化量 w_{r_k} 和方位向的方位角速度随机变化量 w_{θ_k} 是互不相关的，即

$$\mathrm{E}(w_{r_j}w_{\theta_k})=0,\quad j,k=1,2,\cdots$$

这样，描述被跟踪运动目标的状态变量为 r_k，$\dot{r}_k$，θ_k 和 $\dot{\theta}_k$，令状态矢量 $\boldsymbol{s}_k$ 及扰动矢量 $\boldsymbol{w}_k$ 分别为

$$\boldsymbol{s}_k=\begin{bmatrix} r_k \\ \dot{r}_k \\ \theta_k \\ \dot{\theta}_k \end{bmatrix},\quad \boldsymbol{w}_k=\begin{bmatrix} 0 \\ w_{r_k} \\ 0 \\ w_{\theta_k} \end{bmatrix}$$

则径向距离偏差方程、径向速度方程，方位角偏差方程和方位角速度方程可以用矢量方程表示，得信号模型的离散状态方程为

$$\boldsymbol{s}_{k+1}=\boldsymbol{\Phi}\boldsymbol{s}_k+\boldsymbol{w}_k$$

其中，状态一步转移矩阵 $\boldsymbol{\Phi}$ 为

$$\boldsymbol{\Phi}=\begin{bmatrix} 1 & T & 0 & 0 \\ 0 & 1 & 0 & 0 \\ 0 & 0 & 1 & T \\ 0 & 0 & 0 & 1 \end{bmatrix}$$

下面再来讨论由雷达测量提供的观测方程。雷达系统每隔时间 T 提供关于径向距离偏差 r_k 和方位角偏差 θ_k 的有噪声的测量数据，这种测量噪声一般是加性的，于是径向距离偏差和方位角偏差的观测方程分别为

$$x_{r_k}=r_k+n_{r_k}$$

和

$$x_{\theta_k}=\theta_k+n_{\theta_k}$$

因为状态变量 r_k 和 θ_k 已包含在状态矢量 $\boldsymbol{s}_k$ 中，所以，用矢量及矩阵表示，得信号模型的离散观测方程为

$$\boldsymbol{x}_k=\boldsymbol{H}\boldsymbol{s}_k+\boldsymbol{n}_k$$

其中，观测数据矢量 $\boldsymbol{x}_k$ 及观测噪声矢量 $\boldsymbol{n}_k$ 分别为

$$\boldsymbol{x}_k=\begin{bmatrix} x_{r_k} \\ x_{\theta_k} \end{bmatrix},\quad \boldsymbol{n}_k=\begin{bmatrix} n_{r_k} \\ n_{\theta_k} \end{bmatrix}$$

观测矩阵 $\boldsymbol{H}$ 为

$$\boldsymbol{H}=\begin{bmatrix} 1 & 0 & 0 & 0 \\ 0 & 0 & 1 & 0 \end{bmatrix}$$

假设观测噪声 n_{r_k} 和 n_{θ_k} 分别都是零均值的平稳白噪声序列，即

$$\mathrm{E}(n_{r_k})=0$$

$$\mathrm{E}(n_{r_j}n_{r_k})=\sigma_{n_r}^2\delta_{jk}$$

$$\mathrm{E}(n_{\theta_k})=0$$

$$\mathrm{E}(n_{\theta_j}n_{\theta_k})=\sigma_{n_\theta}^2\delta_{jk}$$

且认为 n_{r_k} 与 n_{θ_k} 是互不相关的，即

$$\mathrm{E}(n_{r_j}n_{\theta_k})=0,\quad j,k=1,2,\cdots$$

这样，就建立了雷达运动目标跟踪信号模型的离散状态方程和观测方程，并对信号模型的统计特性假设进行了统计描述。

(2) 观测噪声矢量 $\boldsymbol{n}_k$ 和目标扰动矢量 $\boldsymbol{w}_k$ 的协方差矩阵 $\boldsymbol{C}_{\boldsymbol{n}_k}$ 和 $\boldsymbol{C}_{\boldsymbol{w}_k}$

为了进行卡尔曼滤波的递推计算，还需要确定观测噪声矢量 $\boldsymbol{n}_k$ 和目标扰动矢量 $\boldsymbol{w}_k$ 的协方差矩阵。因为观测噪声矢量 $\boldsymbol{n}_k$ 为

$$\boldsymbol{n}_k=\begin{bmatrix}n_{r_k}\\ n_{\theta_k}\end{bmatrix}$$

考虑到各分量的统计特性，则有协方差矩阵 $\boldsymbol{C}_{\boldsymbol{n}_k}$ 为

$$\boldsymbol{C}_{\boldsymbol{n}_k}=\mathrm{E}(\boldsymbol{n}_k\boldsymbol{n}_k^{\mathrm{T}})=\begin{bmatrix}\sigma_{n_r}^2 & 0\\ 0 & \sigma_{n_\theta}^2\end{bmatrix}$$

因为目标扰动矢量 $\boldsymbol{w}_k$ 为

$$\boldsymbol{w}_k=\begin{bmatrix}0\\ w_{r_k}\\ 0\\ w_{\theta_k}\end{bmatrix}$$

考虑到各分量的统计特性，我们有协方差矩阵 $\boldsymbol{C}_{\boldsymbol{w}_k}$ 为

$$\boldsymbol{C}_{\boldsymbol{w}_k}=\mathrm{E}(\boldsymbol{w}_k\boldsymbol{w}_k^{\mathrm{T}})=\begin{bmatrix}0&0&0&0\\ 0&\sigma_{w_r}^2&0&0\\ 0&0&0&0\\ 0&0&0&\sigma_{w_\theta}^2\end{bmatrix}$$

其中，$\sigma_{w_r}^2$ 和 $\sigma_{w_\theta}^2$ 分别是被跟踪雷达目标的 T 倍径向随机加速度的方差和 T 倍方位角随机加速度的方差。为了简化计算，假设在径向和方位上的径向随机加速度和方位角随机加速度都是均匀分布的，如图6.12所示，最大值在 $\pm A$ 处。这里 v 代表随机加速度，其概率密度函数为

$$p(v)=\begin{cases}\dfrac{1}{2A}, & -A\leqslant v\leqslant A\\ 0, & 其他\end{cases}$$

这样，随机加速度 v 的方差为

$$\sigma_v^2=\int_{-\infty}^{\infty}v^2p(v)\mathrm{d}v$$

$$=\frac{1}{2A}\int_{-A}^{A}v^2\mathrm{d}v=\frac{A^2}{3}$$

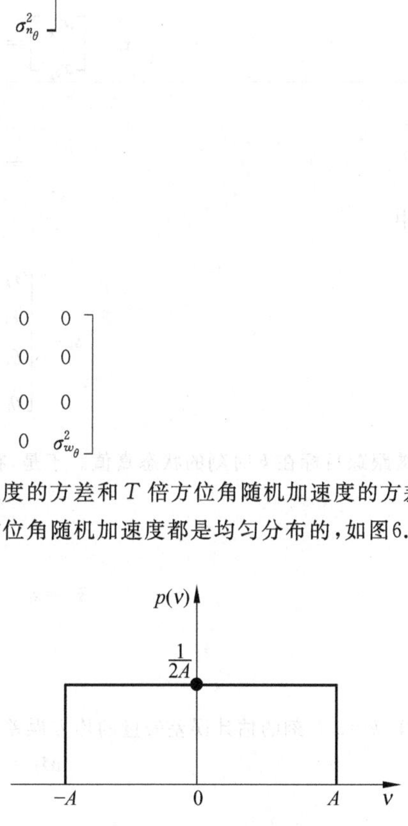

图 6.12　随机加速度 v 的概率密度函数

于是，$w_{r_k}=w_r=Tv$；由于 v 是线加速度，换成角加速度要除以 R，即 $w_{\theta_k}=w_\theta=Tv/R$，其中 R 是目标的

平均距离。这样就有

$$\sigma_{w_r}^2 = T^2\sigma_v^2 = \frac{A^2T^2}{3}$$

$$\sigma_{w_\theta}^2 = \frac{T^2\sigma_v^2}{R^2} = \frac{A^2T^2}{3R^2}$$

(3) 离散卡尔曼滤波初始状态的确定

因为雷达系统只观测被跟踪目标的径向距离和方位角，而不具有测速的能力，所以我们利用前两次的观测矢量 $\boldsymbol{x}_1$ 和 $\boldsymbol{x}_2$ 来确定滤波的初始状态 $\hat{\boldsymbol{s}}_2$ 和 $\boldsymbol{M}_2$，从时刻 $k=3$ 开始递推估计。这样，取时刻 $k=2$ 的状态滤波为

$$\hat{\boldsymbol{s}}_2 = \begin{bmatrix} \hat{r}_2 \\ \hat{\dot{r}}_2 \\ \hat{\theta}_2 \\ \hat{\dot{\theta}}_2 \end{bmatrix} = \begin{bmatrix} x_{r_2} \\ \dfrac{x_{r_2}-x_{r_1}}{T} \\ x_{\theta_2} \\ \dfrac{x_{\theta_2}-x_{\theta_1}}{T} \end{bmatrix}$$

其中，x_{r_1}，x_{r_2} 和 x_{θ_1}，x_{θ_2} 分别是 $k=1$ 和 $k=2$ 时刻的径向距离偏差和方位角偏差的观测数据。根据观测方程

$$\boldsymbol{x}_k = \begin{bmatrix} x_{r_k} \\ x_{\theta_k} \end{bmatrix} = \begin{bmatrix} 1 & 0 & 0 & 0 \\ 0 & 0 & 1 & 0 \end{bmatrix} \begin{bmatrix} r_k \\ \dot{r}_k \\ \theta_k \\ \dot{\theta}_k \end{bmatrix} + \begin{bmatrix} n_{r_k} \\ n_{\theta_k} \end{bmatrix}$$

$$= \begin{bmatrix} r_k + n_r \\ \theta_k + n_\theta \end{bmatrix}$$

式中，

$$\boldsymbol{s}_k = \begin{bmatrix} r_k \\ \dot{r}_k \\ \theta_k \\ \dot{\theta}_k \end{bmatrix} = \begin{bmatrix} r_k \\ \dfrac{r_k - r_{k-1}}{T} + w_{r_{k-1}} \\ \theta_k \\ \dfrac{\theta_k - \theta_{k-1}}{T} + w_{\theta_{k-1}} \end{bmatrix}$$

是被跟踪目标在 k 时刻的状态真值。于是，在 $k=2$ 时刻估计的误差矢量 $\tilde{\boldsymbol{s}}_2$ 为

$$\tilde{\boldsymbol{s}}_2 = \boldsymbol{s}_2 - \hat{\boldsymbol{s}}_2 = \begin{bmatrix} -n_{r_2} \\ -\dfrac{n_{r_2}-n_{r_1}}{T} + w_{r_1} \\ -n_{\theta_2} \\ -\dfrac{n_{\theta_2}-n_{\theta_1}}{T} + w_{\theta_1} \end{bmatrix}$$

这样，$k=2$ 时刻的估计误差矢量的均方误差阵 $\boldsymbol{M}_2$ 为

$$\boldsymbol{M}_2 = \mathrm{E}[(s_2 - \hat{s}_2)(s_2 - \hat{s}_2)^{\mathrm{T}}]$$

$$= \begin{bmatrix} \varepsilon_{11}^2 & \varepsilon_{12}^2 & \varepsilon_{13}^2 & \varepsilon_{14}^2 \\ \varepsilon_{21}^2 & \varepsilon_{22}^2 & \varepsilon_{23}^2 & \varepsilon_{24}^2 \\ \varepsilon_{31}^2 & \varepsilon_{32}^2 & \varepsilon_{33}^2 & \varepsilon_{34}^2 \\ \varepsilon_{41}^2 & \varepsilon_{42}^2 & \varepsilon_{43}^2 & \varepsilon_{44}^2 \end{bmatrix}$$

式中，$\varepsilon_{jk}^2 = \mathrm{E}(\tilde{s}_{2j}\tilde{s}_{2k}) = \mathrm{E}(\tilde{s}_{2k}\tilde{s}_{2j}) = \varepsilon_{kj}^2\ (j,k=1,2,3,4)$。

根据信号模型中关于 w_{r_k}，w_{θ_k}，n_{r_k} 和 n_{θ_k} 统计特性的假设，有

$$\boldsymbol{M}_2 = \begin{bmatrix} \varepsilon_{11}^2 & \varepsilon_{12}^2 & 0 & 0 \\ \varepsilon_{21}^2 & \varepsilon_{22}^2 & 0 & 0 \\ 0 & 0 & \varepsilon_{33}^2 & \varepsilon_{34}^2 \\ 0 & 0 & \varepsilon_{43}^2 & \varepsilon_{44}^2 \end{bmatrix}$$

式中，

$$\varepsilon_{11}^2 = \sigma_{n_r}^2$$

$$\varepsilon_{12}^2 = \varepsilon_{21}^2 = \frac{\sigma_{n_r}^2}{T}$$

$$\varepsilon_{22}^2 = \frac{2\sigma_{n_r}^2}{T^2} + \sigma_{w_r}^2$$

$$\varepsilon_{33}^2 = \sigma_{n_\theta}^2$$

$$\varepsilon_{34}^2 = \varepsilon_{43}^2 = \frac{\sigma_{n_\theta}^2}{T}$$

$$\varepsilon_{44}^2 = \frac{2\sigma_{n_\theta}^2}{T^2} + \sigma_{w_\theta}^2$$

例如，若有关参数为

$$R = 160\ \mathrm{km},\ T = 2.0\ \mathrm{s},\ A = 6.0\ \mathrm{m/s^2}$$

$$\sigma_{n_r} = 30\ \mathrm{m},\ \sigma_{n_\theta} = 3.5\times10^{-3}\ \mathrm{rad}$$

则有

$$\sigma_{w_r}^2 = \frac{T^2A^2}{3} = 48(\mathrm{m/s})^2$$

$$\sigma_{w_\theta}^2 = \frac{T^2A^2}{3R^2} = 1.875(\mathrm{rad/s})^2$$

此时，状态估计的均方误差阵 $\boldsymbol{M}_2$ 为

$$\boldsymbol{M}_2 = \begin{bmatrix} 9\times10^2 & 4.5\times10^2 & 0 & 0 \\ 4.5\times10^2 & 4.98\times10^2 & 0 & 0 \\ 0 & 0 & 1.225\times10^{-5} & 6.125\times10^{-6} \\ 0 & 0 & 6.125\times10^{-6} & 6.127\times10^{-6} \end{bmatrix}$$

这样，就确定了离散卡尔曼滤波的初始状态 $\hat{\boldsymbol{s}}_2$ 和 $\boldsymbol{M}_2$。

(4) 离散卡尔曼状态滤波和一步预测递推估计

对于上文所描述的边扫描边跟踪雷达系统跟踪运动目标的问题，已经建立了离散卡尔曼滤波的信号模型——离散状态方程和观测方程；给出了扰动噪声矢量 $\boldsymbol{w}_k$ 和观测噪声矢量 $\boldsymbol{n}_k$ 的统计特性假设，它们是均为零均值的白噪声随机序列，其协方差矩阵分别为 $\boldsymbol{C}_{w_k}$ 和 $\boldsymbol{C}_{n_k}$；确定了状态滤波的初始状态 $\hat{\boldsymbol{s}}_2$ 和 $\boldsymbol{M}_2$。这样，从 $k=3$ 时刻开始就可按卡尔曼状态滤波公式进行递推估计了，即有 $\hat{\boldsymbol{s}}_{3|2}$；$\boldsymbol{M}_{3|2}$，$\boldsymbol{K}_3$，$\hat{\boldsymbol{s}}_3$，$\hat{\boldsymbol{s}}_{4|3}$，$\boldsymbol{M}_3$；$\boldsymbol{M}_{4|3}$，$\boldsymbol{K}_4$，$\hat{\boldsymbol{s}}_4$，$\hat{\boldsymbol{s}}_{5|4}$，$\boldsymbol{M}_4$；…。

6.7 状态为标量时的离散卡尔曼滤波

前面已经讨论了状态矢量的离散卡尔曼滤波，如果状态是标量，问题就变得相对简单了，有关公式和结论可以直接由矢量情况简化得到。

6.7.1 状态为标量的离散状态方程和观测方程

当系统状态为标量时，离散状态方程为

$$s_k=\Phi_{k,k-1}s_{k-1}+w_{k-1} \tag{6.7.1}$$

其中，$\Phi_{k,k-1}$是状态转移系数；w_{k-1}是一维零均值白噪声扰动序列，即

$$\mathrm{E}(w_k)=0,\quad \mathrm{E}(w_jw_k)=\sigma_{w_k}^2\delta_{jk}$$

而离散观测方程为

$$x_k=s_k+n_k \tag{6.7.2}$$

其中，n_k 是一维零均值白噪声序列，即

$$\mathrm{E}(n_k)=0,\quad \mathrm{E}(n_jn_k)=\sigma_{n_k}^2\delta_{jk}$$

系统的初始状态

$$\mathrm{E}(s_0)=\mu_{s_0},\quad \mathrm{Var}(s_0)=\sigma_{s_0}^2$$

是已知的。另外假设 s_0 与 w_k、s_0 与 n_k 是互不相关的。

6.7.2 状态为标量的离散卡尔曼滤波

在系统状态为标量的情况下，考虑到有关参数与状态为矢量的如下对应关系：

$$\boldsymbol{\Phi}_{k,k-1}=\Phi_{k,k-1}\quad \boldsymbol{\Gamma}_{k-1}=1\quad H_k=1$$

$$\boldsymbol{C}_{w_k}=\sigma_{w_k}^2\quad \boldsymbol{C}_{n_k}=\sigma_{n_k}^2$$

利用状态矢量的离散卡尔曼滤波结果，可以得到状态为标量的离散卡尔曼滤波递推公式为

$$\begin{aligned}\varepsilon_{k|k-1}^2&=\Phi_{k,k-1}\varepsilon_{k-1}^2\Phi_{k,k-1}+\sigma_{w_{k-1}}^2\\&=\Phi_{k,k-1}^2\varepsilon_{k-1}^2+\sigma_{w_{k-1}}^2\end{aligned} \tag{6.7.3}$$

$$\begin{aligned}K_k&=\varepsilon_{k|k-1}^2(\varepsilon_{k|k-1}^2+\sigma_{n_k}^2)^{-1}\\&=\frac{\varepsilon_{k|k-1}^2}{\varepsilon_{k|k-1}^2+\sigma_{n_k}^2}\end{aligned} \tag{6.7.4}$$

$$\varepsilon_k^2=(1-K_k)\varepsilon_{k|k-1}^2=\frac{\varepsilon_{k|k-1}^2\sigma_{n_k}^2}{\varepsilon_{k|k-1}^2+\sigma_{n_k}^2}=K_k\sigma_{n_k}^2 \tag{6.7.5}$$

$$\hat{s}_k=\Phi_{k,k-1}\hat{s}_{k-1}+K_k(x_k-\Phi_{k,k-1}\hat{s}_{k-1}) \tag{6.7.6}$$

$$\hat{s}_{k+1|k}=\Phi_{k+1,k}\hat{s}_k \tag{6.7.7}$$

递推估计的初始状态选择为

$$\hat{s}_0=\mu_{s_0},\quad \varepsilon_0^2=\sigma_{s_0}^2 \tag{6.7.8}$$

系统状态为标量时的离散卡尔曼滤波递推过程与状态为矢量的情况是一样的。

6.7.3 有关参数的特点

因为状态滤波的均方误差

$$\varepsilon_k^2=\mathrm{E}[(s_k-\hat{s}_k)^2]\geqslant 0$$

所以，由(6.7.3)式知，$\varepsilon_{k+1|k}^2$一定满足

$$\varepsilon_{k+1|k}^2\geqslant\sigma_{w_k}^2 \tag{6.7.9}$$

这说明，扰动噪声的方差 $\sigma_{w_k}^2$ 决定了一步预测均方误差 $\varepsilon_{k+1|k}^2$ 的下界。

因为状态滤波的增益

$$K_k=\frac{\varepsilon_{k|k-1}^2}{\varepsilon_{k|k-1}^2+\sigma_{n_k}^2}=\frac{\Phi_{k,k-1}^2\varepsilon_{k-1}^2+\sigma_{w_{k-1}}^2}{\Phi_{k,k-1}^2\varepsilon_{k-1}^2+\sigma_{w_{k-1}}^2+\sigma_{n_k}^2} \tag{6.7.10}$$

所以，除了 ε_{k-1}^2，$\sigma_{w_{k-1}}^2$ 和 $\sigma_{n_k}^2$ 同时为零（实际不可能出现）外，K_k 满足

$$0\leqslant K_k\leqslant 1 \tag{6.7.11}$$

而且，当 $\sigma_{w_{k-1}}^2\gg\sigma_{n_k}^2$ 时，$K_k\approx 1$。

最后，因为状态滤波的均方误差为

$$\varepsilon_k^2=\frac{\varepsilon_{k|k-1}^2\sigma_{n_k}^2}{\varepsilon_{k|k-1}^2+\sigma_{n_k}^2}=\frac{(\Phi_{k,k-1}^2\varepsilon_{k-1}^2+\sigma_{w_{k-1}}^2)\sigma_{n_k}^2}{\Phi_{k,k-1}^2\varepsilon_{k-1}^2+\sigma_{w_{k-1}}^2+\sigma_{n_k}^2} \tag{6.7.12}$$

所以

$$0\leqslant\varepsilon_k^2\leqslant\sigma_{n_k}^2 \tag{6.7.13}$$

这个结果说明，观测噪声的方差 $\sigma_{n_k}^2$ 决定了状态滤波均方误差的上界。当 $\varepsilon_0^2=\sigma_{s_0}^2\gg\sigma_{n_k}^2$ 时，由于 $\sigma_{n_k}^2$ 是 ε_k^2 的上界，因此，一次估计就可以得到较高的估计精度。

6.8 离散卡尔曼滤波的扩展

前面针对基本的信号模型，即假定扰动噪声矢量 $\boldsymbol{w}_k$ 和观测噪声矢量 $\boldsymbol{n}_k$ 都是零均值的白噪声随机序列，讨论了离散卡尔曼滤波——状态滤波和状态一步预测的理论和递推算法。但在实际系统中，信号模型不一定这样理想，可能需要考虑其他因素。所以，本节将研究几种主要情况下离散卡尔曼滤波的扩展。

6.8.1 白噪声情况下一般信号模型的滤波

前面在考虑白噪声情况下的信号模型时，没有涉及到外加控制量和观测系统的系统误差。如果考虑到这些参量，则系统的离散状态方程和观测方程可以写成如下的一般形式：

$$\boldsymbol{s}_k=\boldsymbol{\Phi}_{k,k-1}\boldsymbol{s}_{k-1}+\boldsymbol{B}_{k-1}\boldsymbol{u}_{k-1}+\boldsymbol{\Gamma}_{k-1}\boldsymbol{w}_{k-1} \tag{6.8.1}$$

和

$$\boldsymbol{x}_k=\boldsymbol{H}_k\boldsymbol{s}_k+\boldsymbol{e}_k+\boldsymbol{n}_k \tag{6.8.2}$$

其中，$\boldsymbol{u}_{k-1}$ 和 $\boldsymbol{e}_k$ 都是已知的非随机序列；$\boldsymbol{B}_{k-1}$ 是系数矩阵；$\boldsymbol{u}_{k-1}$ 可看作是在 $k-1$ 时刻系统模型外加的控制量；$\boldsymbol{e}_k$ 可看作是在 k 时刻观测系统的误差矢量；扰动噪声矢量 $\boldsymbol{w}_{k-1}$ 和观测噪声矢量 $\boldsymbol{n}_k$ 是零均值的白噪声随机序列，且互不相关。

现在推导白噪声情况下一般信号模型的离散卡尔曼滤波递推公式。

根据正交投影引理Ⅲ，有

$$\begin{aligned}\hat{\boldsymbol{s}}_k&=\widehat{\mathrm{OP}}[\boldsymbol{s}_k\,|\,\boldsymbol{x}(k)]\\&=\widehat{\mathrm{OP}}[\boldsymbol{s}_k\,|\,\boldsymbol{x}(k-1)]+\mathrm{E}(\tilde{\boldsymbol{s}}_{k|k-1}\tilde{\boldsymbol{x}}_{k|k-1}^{\mathrm{T}})[\mathrm{E}(\tilde{\boldsymbol{x}}_{k|k-1}\tilde{\boldsymbol{x}}_{k|k-1}^{\mathrm{T}})]^{-1}\tilde{\boldsymbol{x}}_{k|k-1}\end{aligned} \tag{6.8.3}$$

式中，

$$\tilde{\boldsymbol{s}}_{k|k-1}=\boldsymbol{s}_k-\hat{\boldsymbol{s}}_{k|k-1}$$

$$\tilde{\boldsymbol{x}}_{k|k-1}=\boldsymbol{x}_k-\hat{\boldsymbol{x}}_{k|k-1}$$

现分别计算(6.8.3)式中的各项。

由离散状态方程(6.8.1)式和观测方程(6.8.2)式,得

$$\widehat{\mathrm{OP}}[\boldsymbol{s}_k\,|\,\boldsymbol{x}(k-1)]=\boldsymbol{\Phi}_{k,k-1}\hat{\boldsymbol{s}}_{k-1}+\boldsymbol{B}_{k-1}\boldsymbol{u}_{k-1}=\hat{\boldsymbol{s}}_{k|k-1} \tag{6.8.4}$$

为系统的状态一步预测值。而

$$\tilde{\boldsymbol{s}}_{k|k-1}=\boldsymbol{s}_k-\hat{\boldsymbol{s}}_{k|k-1}=\boldsymbol{\Phi}_{k,k-1}\tilde{\boldsymbol{s}}_{k-1}+\boldsymbol{\Gamma}_{k-1}\boldsymbol{w}_{k-1} \tag{6.8.5}$$

$$\begin{aligned}\tilde{\boldsymbol{x}}_{k|k-1}&=\boldsymbol{x}_k-\hat{\boldsymbol{x}}_{k|k-1}=\boldsymbol{x}_k-\widehat{\mathrm{OP}}[\boldsymbol{x}_k\,|\,\boldsymbol{x}(k-1)]\\&=\boldsymbol{x}_k-\boldsymbol{H}_k\hat{\boldsymbol{s}}_{k|k-1}-\boldsymbol{e}_k\\&=\boldsymbol{H}_k\tilde{\boldsymbol{s}}_{k|k-1}+\boldsymbol{n}_k\end{aligned} \tag{6.8.6}$$

所以

$$\mathrm{E}(\tilde{\boldsymbol{s}}_{k|k-1}\tilde{\boldsymbol{x}}_{k|k-1}^{\mathrm{T}})=\boldsymbol{M}_{k|k-1}\boldsymbol{H}_k^{\mathrm{T}} \tag{6.8.7}$$

$$\mathrm{E}(\tilde{\boldsymbol{x}}_{k|k-1}\tilde{\boldsymbol{x}}_{k|k-1}^{\mathrm{T}})=\boldsymbol{H}_k\boldsymbol{M}_{k|k-1}\boldsymbol{H}_k^{\mathrm{T}}+\boldsymbol{C}_{\boldsymbol{n}_k} \tag{6.8.8}$$

其中,状态一步预测均方误差阵 $\boldsymbol{M}_{k|k-1}$ 定义为

$$\boldsymbol{M}_{k|k-1}=\mathrm{E}(\tilde{\boldsymbol{s}}_{k|k-1}\tilde{\boldsymbol{s}}_{k|k-1}^{\mathrm{T}}) \tag{6.8.9}$$

这样,k 时刻的状态滤波值为

$$\hat{\boldsymbol{s}}_k=\hat{\boldsymbol{s}}_{k|k-1}+\boldsymbol{K}_k(\boldsymbol{x}_k-\boldsymbol{e}_k-\boldsymbol{H}_k\hat{\boldsymbol{s}}_{k|k-1}) \tag{6.8.10}$$

其中,状态滤波增益矩阵为

$$\boldsymbol{K}_k=\boldsymbol{M}_{k|k-1}\boldsymbol{H}_k^{\mathrm{T}}(\boldsymbol{H}_k\boldsymbol{M}_{k|k-1}\boldsymbol{H}_k^{\mathrm{T}}+\boldsymbol{C}_{\boldsymbol{n}_k})^{-1} \tag{6.8.11}$$

为了得到递推算法,下面求状态一步预测均方误差阵 $\boldsymbol{M}_{k|k-1}$ 和状态滤波均方误差阵 $\boldsymbol{M}_k$ 的计算公式。

根据 $\boldsymbol{M}_{k|k-1}$ 的(6.8.9)式和 $\tilde{\boldsymbol{s}}_{k|k-1}$ 的(6.8.5)式,得

$$\begin{aligned}\boldsymbol{M}_{k|k-1}&=\mathrm{E}(\tilde{\boldsymbol{s}}_{k|k-1}\tilde{\boldsymbol{s}}_{k|k-1}^{\mathrm{T}})\\&=\boldsymbol{\Phi}_{k,k-1}\boldsymbol{M}_{k-1}\boldsymbol{\Phi}_{k,k-1}^{\mathrm{T}}+\boldsymbol{\Gamma}_{k-1}\boldsymbol{C}_{\boldsymbol{w}_{k-1}}\boldsymbol{\Gamma}_{k-1}^{\mathrm{T}}\end{aligned} \tag{6.8.12}$$

其中,状态滤波均方误差阵 $\boldsymbol{M}_k$ 定义为

$$\boldsymbol{M}_k=\mathrm{E}(\tilde{\boldsymbol{s}}_k\tilde{\boldsymbol{s}}_k^{\mathrm{T}}) \tag{6.8.13}$$

因为

$$\tilde{\boldsymbol{s}}_k=\boldsymbol{s}_k-\hat{\boldsymbol{s}}_k=\tilde{\boldsymbol{s}}_{k|k-1}-\boldsymbol{K}_k\tilde{\boldsymbol{x}}_{k|k-1}$$

所以,$\boldsymbol{M}_k$ 为

$$\begin{aligned}\boldsymbol{M}_k&=\mathrm{E}[(\tilde{\boldsymbol{s}}_{k|k-1}-\boldsymbol{K}_k\tilde{\boldsymbol{x}}_{k|k-1})(\tilde{\boldsymbol{s}}_{k|k-1}-\boldsymbol{K}_k\tilde{\boldsymbol{x}}_{k|k-1})^{\mathrm{T}}]\\&=\boldsymbol{M}_{k|k-1}+\boldsymbol{K}_k(\boldsymbol{H}_k\boldsymbol{M}_{k|k-1}\boldsymbol{H}_k^{\mathrm{T}}+\boldsymbol{C}_{\boldsymbol{n}_k})\boldsymbol{K}_k^{\mathrm{T}}-\\&\quad\boldsymbol{M}_{k|k-1}\boldsymbol{H}_k^{\mathrm{T}}\boldsymbol{K}_k^{\mathrm{T}}-\boldsymbol{K}_k\boldsymbol{H}_k\boldsymbol{M}_{k|k-1}\end{aligned} \tag{6.8.14}$$

将(6.8.11)式的 $\boldsymbol{K}_k$ 表示式,代换(6.8.14)式中的第二项的前面一个 $\boldsymbol{K}_k$,则有

$$\begin{aligned}\boldsymbol{M}_k&=\boldsymbol{M}_{k|k-1}-\boldsymbol{K}_k\boldsymbol{H}_k\boldsymbol{M}_{k|k-1}\\&=(\boldsymbol{I}-\boldsymbol{K}_k\boldsymbol{H}_k)\boldsymbol{M}_{k|k-1}\end{aligned} \tag{6.8.15}$$

这样,由(6.8.12)式、(6.8.11)式、(6.8.15)式、(6.8.10)式和(6.8.4)式就构成了一

组白噪声情况下一般信号模型的离散卡尔曼状态滤波和状态一步预测的递推公式。

递推的初始状态选择为

$$\hat{\boldsymbol{s}}_0=\boldsymbol{\mu}_{s_0} \tag{6.8.16}$$

$$\boldsymbol{M}_0=\boldsymbol{C}_{s_0} \tag{6.8.17}$$

如果不知道$\boldsymbol{\mu}_{s_0}$和$\boldsymbol{C}_{s_0}$，可将初始状态选择为

$$\hat{\boldsymbol{s}}_0=\boldsymbol{0}$$

$$\boldsymbol{M}_0=c\boldsymbol{I},\quad c\gg 1$$

或者利用前几次的观测数据确定递推估计的起始状态。

6.8.2　扰动噪声与观测噪声相关情况下的滤波

下面考虑扰动噪声矢量 $\boldsymbol{w}_k$ 与观测噪声矢量 $\boldsymbol{n}_k$ 相关情况下一般信号模型的离散卡尔曼滤波问题。在这种情况下，$\boldsymbol{w}_j$ 与 $\boldsymbol{n}_k$ 的互协方差矩阵假设为

$$\mathrm{E}(\boldsymbol{w}_j\boldsymbol{n}_k^{\mathrm{T}})=\boldsymbol{C}_{w_jn_k}\delta_{jk} \tag{6.8.18}$$

其中，扰动噪声矢量 $\boldsymbol{w}_k$ 和观测噪声矢量 $\boldsymbol{n}_k$ 各自仍然是零均值的白噪声随机序列。

在 $\boldsymbol{w}_k$ 与 $\boldsymbol{n}_k$ 相关的情况下，为了能够引用前面所获得的结果，我们设法采用去相关的方法。为此，在离散状态方程(6.8.1)式的右端形式地加上等于零的项，得

$$\begin{aligned}\boldsymbol{s}_k=&\boldsymbol{\Phi}_{k,k-1}\boldsymbol{s}_{k-1}+\boldsymbol{B}_{k-1}\boldsymbol{u}_{k-1}+\boldsymbol{\Gamma}_{k-1}\boldsymbol{w}_{k-1}+\\&\boldsymbol{J}_{k-1}(\boldsymbol{x}_{k-1}-\boldsymbol{H}_{k-1}\boldsymbol{s}_{k-1}-\boldsymbol{e}_{k-1}-\boldsymbol{n}_{k-1})\end{aligned} \tag{6.8.19}$$

其中，$\boldsymbol{J}_{k-1}$是待定的系数矩阵。令

$$\boldsymbol{\Phi}_{k,k-1}^{*}=\boldsymbol{\Phi}_{k,k-1}-\boldsymbol{J}_{k-1}\boldsymbol{H}_{k-1} \tag{6.8.20}$$

$$\boldsymbol{w}_{k-1}^{*}=\boldsymbol{\Gamma}_{k-1}\boldsymbol{w}_{k-1}-\boldsymbol{J}_{k-1}\boldsymbol{n}_{k-1} \tag{6.8.21}$$

则得到变形的离散状态方程为

$$\boldsymbol{s}_k=\boldsymbol{\Phi}_{k,k-1}^{*}\boldsymbol{s}_{k-1}+\boldsymbol{B}_{k-1}\boldsymbol{u}_{k-1}+\boldsymbol{J}_{k-1}(\boldsymbol{x}_{k-1}-\boldsymbol{e}_{k-1})+\boldsymbol{w}_{k-1}^{*} \tag{6.8.22}$$

其中，$\boldsymbol{B}_{k-1}\boldsymbol{u}_{k-1}+\boldsymbol{J}_{k-1}(\boldsymbol{x}_{k-1}-\boldsymbol{e}_{k-1})$可以看作是新的控制项。

离散观测方程仍为

$$\boldsymbol{x}_k=\boldsymbol{H}_k\boldsymbol{s}_k+\boldsymbol{e}_k+\boldsymbol{n}_k \tag{6.8.23}$$

这样，就可以求出 $\boldsymbol{w}_j^{*}$ 与 $\boldsymbol{n}_k$ 之间的互协方差矩阵为

$$\begin{aligned}\boldsymbol{C}_{w_j^{*}n_k}&=\mathrm{E}(\boldsymbol{w}_j^{*}\boldsymbol{n}_k^{\mathrm{T}})\\&=(\boldsymbol{\Gamma}_k\boldsymbol{C}_{w_jn_k}-\boldsymbol{J}_k\boldsymbol{C}_{n_k})\delta_{jk}\end{aligned} \tag{6.8.24}$$

显然，如果取系数矩阵 $\boldsymbol{J}_k$ 满足

$$\boldsymbol{J}_k=\boldsymbol{\Gamma}_k\boldsymbol{C}_{w_kn_k}\boldsymbol{C}_{n_k}^{-1} \tag{6.8.25}$$

则有 $\boldsymbol{C}_{w_j^{*}n_k}=\boldsymbol{0}$。这时，由(6.8.22)式和(6.8.23)式所描述的信号模型中的扰动噪声矢量 $\boldsymbol{w}_j^{*}$ 与观测噪声矢量 $\boldsymbol{n}_k$ 就互不相关了。

基于(6.8.22)式和(6.8.23)式的离散状态方程和观测方程，可以利用白噪声情况下一般信号模型滤波的结果，得到离散卡尔曼滤波的递推公式，其中$\boldsymbol{\Phi}_{k,k-1}^{*}$和 $\boldsymbol{w}_{k-1}^{*}$ 利用(6.8.20)式和(6.8.21)式的关系进行转换，即可获得扰动噪声矢量 $\boldsymbol{w}_k$ 与观测噪声矢量 $\boldsymbol{n}_k$ 相关情况下一般信号模型的离散卡尔曼滤波递推公式。

参照(6.8.4)式，有

$$\begin{aligned}\hat{\boldsymbol{s}}_{k|k-1}&=\boldsymbol{\Phi}^{*}_{k,k-1}\hat{\boldsymbol{s}}_{k-1}+\boldsymbol{B}_{k-1}\boldsymbol{u}_{k-1}+\boldsymbol{J}_{k-1}(\boldsymbol{x}_{k-1}-\boldsymbol{e}_{k-1})\\&=\boldsymbol{\Phi}_{k,k-1}\hat{\boldsymbol{s}}_{k-1}+\boldsymbol{B}_{k-1}\boldsymbol{u}_{k-1}+\boldsymbol{J}_{k-1}(\boldsymbol{x}_{k-1}-\boldsymbol{e}_{k-1}-\boldsymbol{H}_{k-1}\hat{\boldsymbol{s}}_{k-1})\end{aligned}\tag{6.8.26}$$

参照(6.8.10)式，有

$$\hat{\boldsymbol{s}}_{k}=\hat{\boldsymbol{s}}_{k|k-1}+\boldsymbol{K}_{k}(\boldsymbol{x}_{k}-\boldsymbol{e}_{k}-\boldsymbol{H}_{k}\hat{\boldsymbol{s}}_{k|k-1})\tag{6.8.27}$$

其中，状态滤波增益矩阵 $\boldsymbol{K}_k$ 为

$$\boldsymbol{K}_{k}=\boldsymbol{M}_{k|k-1}\boldsymbol{H}_{k}^{\mathrm{T}}(\boldsymbol{H}_{k}\boldsymbol{M}_{k|k-1}\boldsymbol{H}_{k}^{\mathrm{T}}+\boldsymbol{C}_{n_{k}})^{-1}\tag{6.8.28}$$

由(6.8.19)式和(6.8.26)式得

$$\begin{aligned}\tilde{\boldsymbol{s}}_{k|k-1}&=\boldsymbol{s}_{k}-\hat{\boldsymbol{s}}_{k|k-1}\\&=(\boldsymbol{\Phi}_{k,k-1}-\boldsymbol{J}_{k-1}\boldsymbol{H}_{k-1})\tilde{\boldsymbol{s}}_{k-1}+\boldsymbol{\Gamma}_{k-1}\boldsymbol{w}_{k-1}-\boldsymbol{J}_{k-1}\boldsymbol{n}_{k-1}\end{aligned}\tag{6.8.29}$$

所以，状态一步预测的均方误差阵为

$$\begin{aligned}\boldsymbol{M}_{k|k-1}&=\mathrm{E}(\tilde{\boldsymbol{s}}_{k|k-1}\tilde{\boldsymbol{s}}_{k|k-1}^{\mathrm{T}})\\&=(\boldsymbol{\Phi}_{k,k-1}-\boldsymbol{J}_{k-1}\boldsymbol{H}_{k-1})\boldsymbol{M}_{k-1}(\boldsymbol{\Phi}_{k,k-1}-\boldsymbol{J}_{k-1}\boldsymbol{H}_{k-1})^{\mathrm{T}}+\\&\quad\boldsymbol{\Gamma}_{k-1}\boldsymbol{C}_{w_{k-1}}\boldsymbol{\Gamma}_{k-1}^{\mathrm{T}}+\boldsymbol{J}_{k-1}\boldsymbol{C}_{n_{k-1}}\boldsymbol{J}_{k-1}^{\mathrm{T}}-\\&\quad\boldsymbol{\Gamma}_{k-1}\boldsymbol{C}_{w_{k-1}n_{k-1}}\boldsymbol{J}_{k-1}^{\mathrm{T}}-\boldsymbol{J}_{k-1}\boldsymbol{C}_{w_{k-1}n_{k-1}}^{\mathrm{T}}\boldsymbol{\Gamma}_{k-1}^{\mathrm{T}}\end{aligned}\tag{6.8.30}$$

由(6.8.25)式知

$$\boldsymbol{\Gamma}_{k-1}\boldsymbol{C}_{w_{k-1}n_{k-1}}=\boldsymbol{J}_{k-1}\boldsymbol{C}_{n_{k-1}}\tag{6.8.31}$$

$$\boldsymbol{C}_{w_{k-1}n_{k-1}}^{\mathrm{T}}\boldsymbol{\Gamma}_{k-1}^{\mathrm{T}}=\boldsymbol{C}_{n_{k-1}}^{\mathrm{T}}\boldsymbol{J}_{k-1}^{\mathrm{T}}=\boldsymbol{C}_{n_{k-1}}\boldsymbol{J}_{k-1}^{\mathrm{T}}\tag{6.8.32}$$

于是，(6.8.30)式的 $\boldsymbol{M}_{k|k-1}$ 为

$$\begin{aligned}\boldsymbol{M}_{k|k-1}&=(\boldsymbol{\Phi}_{k,k-1}-\boldsymbol{J}_{k-1}\boldsymbol{H}_{k-1})\boldsymbol{M}_{k-1}(\boldsymbol{\Phi}_{k,k-1}-\boldsymbol{J}_{k-1}\boldsymbol{H}_{k-1})^{\mathrm{T}}+\\&\quad\boldsymbol{\Gamma}_{k-1}\boldsymbol{C}_{w_{k-1}}\boldsymbol{\Gamma}_{k-1}^{\mathrm{T}}-\boldsymbol{J}_{k-1}\boldsymbol{C}_{n_{k-1}}\boldsymbol{J}_{k-1}^{\mathrm{T}}\end{aligned}\tag{6.8.33}$$

因为

$$\tilde{\boldsymbol{s}}_{k}=\boldsymbol{s}_{k}-\hat{\boldsymbol{s}}_{k}=\tilde{\boldsymbol{s}}_{k|k-1}-\boldsymbol{K}_{k}\tilde{\boldsymbol{x}}_{k|k-1}\tag{6.8.34}$$

式中，

$$\begin{aligned}\tilde{\boldsymbol{x}}_{k|k-1}&=\boldsymbol{x}_{k}-\boldsymbol{e}_{k}-\boldsymbol{H}_{k}\hat{\boldsymbol{s}}_{k|k-1}\\&=\boldsymbol{H}_{k}\tilde{\boldsymbol{s}}_{k|k-1}+\boldsymbol{n}_{k}\end{aligned}\tag{6.8.35}$$

于是，状态滤波的均方误差阵 $\boldsymbol{M}_k$ 为

$$\begin{aligned}\boldsymbol{M}_{k}&=\mathrm{E}(\tilde{\boldsymbol{s}}_{k}\tilde{\boldsymbol{s}}_{k}^{\mathrm{T}})\\&=(\boldsymbol{I}-\boldsymbol{K}_{k}\boldsymbol{H}_{k})\boldsymbol{M}_{k|k-1}\end{aligned}\tag{6.8.36}$$

具体推导同(6.8.15)的推导。

归纳以上结果，由(6.8.33)式、(6.8.28)式、(6.8.36)式、(6.8.27)式和(6.8.26)式就构成了一组扰动噪声矢量 $\boldsymbol{w}_k$ 与观测噪声矢量 $\boldsymbol{n}_k$(同时刻)相关情况下一般信号模型的离散卡尔曼滤波递推公式。初始状态的确定及递推过程同前。

6.8.3 扰动噪声是有色噪声情况下的滤波

现在讨论有色噪声下的离散卡尔曼滤波问题。如果信号模型中的扰动噪声矢量 $\boldsymbol{w}_k$ 是有色噪声，而一般来说，这种相关性的有色噪声序列都可看作是由白噪声序列 $\boldsymbol{\eta}_{k-1}$ 激励

的一阶线性系统的输出。设 w_k 为有色噪声时的离散状态方程为

$$\boldsymbol{s}_k=\boldsymbol{\Phi}_{k,k-1}\boldsymbol{s}_{k-1}+\boldsymbol{\Gamma}_{k-1}\boldsymbol{w}_{k-1} \tag{6.8.37}$$

其中，$\boldsymbol{w}_k$ 是由零均值的白噪声随机序列激励的一阶线性系统的输出，即

$$\boldsymbol{w}_k=\boldsymbol{C}_{k,k-1}\boldsymbol{w}_{k-1}+\boldsymbol{\eta}_{k-1} \tag{6.8.38}$$

我们可以用扩大状态维数的方法来处理这个问题。扩大维数后的状态矢量 $\boldsymbol{s}_k^{(+)}$ 为

$$\boldsymbol{s}_k^{(+)}=\begin{bmatrix}\boldsymbol{s}_k\\ \boldsymbol{w}_k\end{bmatrix} \tag{6.8.39}$$

则离散状态方程为

$$\boldsymbol{s}_k^{(+)}=\boldsymbol{\Phi}_{k,k-1}^{(+)}\boldsymbol{s}_{k-1}^{(+)}+\boldsymbol{\Gamma}_{k-1}^{(+)}\boldsymbol{\eta}_{k-1} \tag{6.8.40}$$

式中，

$$\boldsymbol{\Phi}_{k,k-1}^{(+)}=\begin{bmatrix}\boldsymbol{\Phi}_{k,k-1} & \boldsymbol{\Gamma}_{k-1}\\ \boldsymbol{0} & \boldsymbol{C}_{k,k-1}\end{bmatrix}$$

$$\boldsymbol{\Gamma}_{k-1}^{(+)}=\begin{bmatrix}\boldsymbol{0}\\ \boldsymbol{I}\end{bmatrix}$$

令 $\boldsymbol{H}_k^{(+)}=[\boldsymbol{H}_k\quad \boldsymbol{0}]$，则离散观测方程为

$$\boldsymbol{x}_k=\boldsymbol{H}_k^{(+)}\boldsymbol{s}_k^{(+)}+\boldsymbol{n}_k \tag{6.8.41}$$

其中，观测噪声矢量 $\boldsymbol{n}_k$ 是零均值的白噪声随机序列。

可见，通过上述扩大状态矢量维数的方法，有色扰动噪声矢量的问题变换为白噪声情况下的最佳线性滤波问题，从而利用前面讨论的结论和整套递推滤波算法，使问题得到解决。

6.8.4 观测噪声是有色噪声情况下的滤波

如果观测噪声序列 $\boldsymbol{n}_k$ 是由零均值的白噪声随机序列 $\boldsymbol{\zeta}_{k-1}$ 激励的一阶线性系统输出的有色噪声，则信号模型中的离散状态方程为

$$\boldsymbol{s}_k=\boldsymbol{\Phi}_{k,k-1}\boldsymbol{s}_{k-1}+\boldsymbol{\Gamma}_{k-1}\boldsymbol{w}_{k-1} \tag{6.8.42}$$

其中，$\boldsymbol{w}_{k-1}$ 是零均值白噪声随机序列。离散观测方程为

$$\boldsymbol{x}_k=\boldsymbol{H}_k\boldsymbol{s}_k+\boldsymbol{n}_k \tag{6.8.43}$$

其中，$\boldsymbol{n}_k$ 是有色噪声随机序列，且假设为

$$\boldsymbol{n}_k=\boldsymbol{D}_{k,k-1}\boldsymbol{n}_{k-1}+\boldsymbol{\zeta}_{k-1} \tag{6.8.44}$$

对于这种情况，我们也可以用扩大状态矢量维数的方法，即把 $\boldsymbol{n}_k$ 作为被估计状态矢量的部分分量，这需要将原状态矢量 $\boldsymbol{s}_k$ 与 $\boldsymbol{n}_k$ 合成构成新的状态矢量 $\boldsymbol{s}_k^{(+)}$。这样，由(6.8.42)式和(6.8.44)式可构成如下新的离散状态方程：

$$\boldsymbol{s}_k^{(+)}=\boldsymbol{\Phi}_{k,k-1}^{(+)}\boldsymbol{s}_{k-1}^{(+)}+\boldsymbol{\Gamma}_{k-1}^{(+)}\boldsymbol{w}_{k-1}^{(+)} \tag{6.8.45}$$

式中，

$$\boldsymbol{s}_k^{(+)}=\begin{bmatrix}\boldsymbol{s}_k\\ \boldsymbol{n}_k\end{bmatrix}$$

$$\boldsymbol{\Phi}_{k,k-1}^{(+)}=\begin{bmatrix}\boldsymbol{\Phi}_{k,k-1} & \boldsymbol{0}\\ \boldsymbol{0} & \boldsymbol{D}_{k,k-1}\end{bmatrix}$$

$$\boldsymbol{\Gamma}_{k-1}^{(+)}=\begin{bmatrix}\boldsymbol{\Gamma}_{k-1} & \mathbf{0}\\ \mathbf{0} & \boldsymbol{I}\end{bmatrix}$$

$$\boldsymbol{w}_{k-1}^{(+)}=\begin{bmatrix}\boldsymbol{w}_{k-1}\\ \boldsymbol{\zeta}_{k-1}\end{bmatrix}$$

而(6.8.43)式成为无观测噪声矢量的观测方程。令 $\boldsymbol{H}_k^{(+)}=[\boldsymbol{H}_k\quad \mathbf{0}]$，则离散观测方程为

$$\boldsymbol{x}_k=\boldsymbol{H}_k^{(+)}\boldsymbol{s}_k^{(+)} \tag{6.8.46}$$

这样，(6.8.45)式中的 $\boldsymbol{w}_{k-1}^{(+)}$ 是零均值的白噪声随机序列。于是，问题也变为白噪声情况下的离散卡尔曼滤波。

用扩大状态矢量维数的方法是有缺点的。因为把 $\boldsymbol{n}_k$ 视为扩大维数后状态矢量的一部分，引入了多余的估计分量，增加了计算量，也提高了需求逆矩阵的阶数。所以下面介绍另一种处理方法，即设法把相邻两次观测噪声的相关部分减去的方法。具体的做法是，用当前的观测量减去用 $\boldsymbol{D}_{k,k-1}$ 加权的前一个观测量，并以差值作为观测量进行滤波处理。由(6.8.43)式和(6.8.44)式可得，观测方程为

$$\boldsymbol{x}_k=\boldsymbol{H}_k\boldsymbol{s}_k+\boldsymbol{D}_{k,k-1}\boldsymbol{n}_{k-1}+\boldsymbol{\zeta}_{k-1} \tag{6.8.47}$$

$\boldsymbol{x}_k$ 减去 $\boldsymbol{D}_{k,k-1}\boldsymbol{x}_{k-1}$ 为

$$\begin{aligned}\boldsymbol{x}_k-\boldsymbol{D}_{k,k-1}\boldsymbol{x}_{k-1}&=\boldsymbol{H}_k\boldsymbol{s}_k-\boldsymbol{D}_{k,k-1}\boldsymbol{H}_{k-1}\boldsymbol{s}_{k-1}+\boldsymbol{D}_{k,k-1}\boldsymbol{n}_{k-1}+\boldsymbol{\zeta}_{k-1}\\&\quad-\boldsymbol{D}_{k,k-1}(\boldsymbol{D}_{k-1,k-2}\boldsymbol{n}_{k-2}+\boldsymbol{\zeta}_{k-2})\\&=\boldsymbol{H}_k\boldsymbol{s}_k-\boldsymbol{D}_{k,k-1}\boldsymbol{H}_{k-1}\boldsymbol{s}_{k-1}+\boldsymbol{\zeta}_{k-1}\\&=(\boldsymbol{H}_k\boldsymbol{\Phi}_{k,k-1}-\boldsymbol{D}_{k,k-1}\boldsymbol{H}_{k-1})\boldsymbol{s}_{k-1}+\boldsymbol{H}_k\boldsymbol{\Gamma}_{k-1}\boldsymbol{w}_{k-1}+\boldsymbol{\zeta}_{k-1}\\&=\boldsymbol{G}_{k-1}\boldsymbol{s}_{k-1}+\boldsymbol{H}_k\boldsymbol{\Gamma}_{k-1}\boldsymbol{w}_{k-1}+\boldsymbol{\zeta}_{k-1}\end{aligned} \tag{6.8.48}$$

其中，$\boldsymbol{G}_{k-1}=\boldsymbol{H}_k\boldsymbol{\Phi}_{k,k-1}-\boldsymbol{D}_{k,k-1}\boldsymbol{H}_{k-1}$。由上式看出，若以差值方程(6.8.48)式作为观测方程，则观测噪声矢量 $\boldsymbol{H}_k\boldsymbol{\Gamma}_{k-1}\boldsymbol{w}_{k-1}+\boldsymbol{\zeta}_{k-1}$ 是零均值的白噪声随机序列，从而解决了观测噪声不是白噪声的问题。可以获得这种情况下离散卡尔曼状态滤波方程为

$$\hat{\boldsymbol{s}}_k=\boldsymbol{\Phi}_{k,k-1}\hat{\boldsymbol{s}}_{k-1}+\boldsymbol{K}_k(\boldsymbol{x}_k-\boldsymbol{D}_{k,k-1}\boldsymbol{x}_{k-1}-\boldsymbol{G}_{k-1}\hat{\boldsymbol{s}}_{k-1}) \tag{6.8.49}$$

此方程的特点是，每次进行递推计算时需要同时用两个相邻的观测矢量 $\boldsymbol{x}_k$ 和 $\boldsymbol{x}_{k-1}$。作为一个特殊情况，如果取 $\boldsymbol{D}_{k,k-1}=\mathbf{0}$，则(6.8.47)式和(6.8.49)式便退化为 $\boldsymbol{n}_k$ 为白噪声随机序列的基本型的方程。

这种用相差法所求得的相邻两次观测量的差值作为观测量的离散卡尔曼滤波递推公式的推导见附录6B。

6.8.5 扰动噪声和观测噪声都是有色噪声情况下的滤波

现在讨论扰动噪声随机序列和观测噪声随机序列分别是具有相关性的有色噪声随机序列情况下的离散卡尔曼滤波问题。

若系统信号模型中的离散状态方程为

$$\boldsymbol{s}_k=\boldsymbol{\Phi}_{k,k-1}\boldsymbol{s}_{k-1}+\boldsymbol{\Gamma}_{k-1}\boldsymbol{w}_{k-1} \tag{6.8.50}$$

式中，

$$\boldsymbol{w}_k=\boldsymbol{C}_{k,k-1}\boldsymbol{w}_{k-1}+\boldsymbol{\eta}_{k-1} \tag{6.8.51}$$

是有色噪声随机序列，它是由零均值的白噪声随机序列$\boldsymbol{\eta}_{k-1}$激励一阶线性系统产生的。而离散观测方程为

$$\boldsymbol{x}_k=\boldsymbol{H}_k\boldsymbol{s}_k+\boldsymbol{n}_k \tag{6.8.52}$$

式中，

$$\boldsymbol{n}_k=\boldsymbol{D}_{k,k-1}\boldsymbol{n}_{k-1}+\boldsymbol{\zeta}_{k-1} \tag{6.8.53}$$

是有色噪声随机序列，它是由零均值的白噪声随机序列$\boldsymbol{\zeta}_{k-1}$激励一阶线性系统产生的。记$\boldsymbol{\eta}_k$和$\boldsymbol{\zeta}_k$的协方差矩阵分别为

$$\mathrm{E}(\boldsymbol{\eta}_j\boldsymbol{\eta}_k^{\mathrm{T}})=\boldsymbol{C}_{\eta_k}\delta_{jk} \tag{6.8.54}$$

和

$$\mathrm{E}(\boldsymbol{\zeta}_j\boldsymbol{\zeta}_k^{\mathrm{T}})=\boldsymbol{C}_{\zeta_k}\delta_{jk} \tag{6.8.55}$$

这样产生的有色噪声序列是一阶马尔柯夫(Markov)随机序列，$\boldsymbol{w}_k$与$\boldsymbol{n}_k$是互不相关的。

解决这类有色噪声的离散卡尔曼滤波问题，方法之一是扩大系统状态矢量的维数，即把扰动噪声矢量$\boldsymbol{w}_k$和观测噪声矢量$\boldsymbol{n}_k$作为系统状态矢量中的部分分量来处理，对它们也进行状态估计。

若令扩维后的系统状态矢量为

$$\boldsymbol{s}_k^{(+)}=\begin{bmatrix}\boldsymbol{s}_k\\ \boldsymbol{w}_k\\ \boldsymbol{n}_k\end{bmatrix}$$

则有

$$\boldsymbol{\Phi}_{k,k-1}^{(+)}=\begin{bmatrix}\boldsymbol{\Phi}_{k,k-1} & \boldsymbol{\Gamma}_{k-1} & \boldsymbol{0}\\ \boldsymbol{0} & \boldsymbol{C}_{k,k-1} & \boldsymbol{0}\\ \boldsymbol{0} & \boldsymbol{0} & \boldsymbol{D}_{k,k-1}\end{bmatrix}$$

$$\boldsymbol{\Gamma}_k^{(+)}=\begin{bmatrix}\boldsymbol{0} & \boldsymbol{0}\\ \boldsymbol{I} & \boldsymbol{0}\\ \boldsymbol{0} & \boldsymbol{I}\end{bmatrix},\quad \boldsymbol{\eta}_k^{(+)}=\begin{bmatrix}\boldsymbol{\eta}_k\\ \boldsymbol{\zeta}_k\end{bmatrix}$$

$$\boldsymbol{H}_k^{(+)}=[\boldsymbol{H}_k\quad \boldsymbol{0}\quad \boldsymbol{I}]$$

这时，系统信号模型的离散状态方程和观测方程分别变成

$$\boldsymbol{s}_k^{(+)}=\boldsymbol{\Phi}_{k,k-1}^{(+)}\boldsymbol{s}_{k-1}^{(+)}+\boldsymbol{\Gamma}_{k-1}^{(+)}\boldsymbol{\eta}_{k-1}^{(+)} \tag{6.8.56}$$

和

$$\boldsymbol{x}_k=\boldsymbol{H}_k^{(+)}\boldsymbol{s}_k^{(+)} \tag{6.8.57}$$

其中，$\boldsymbol{\eta}_{k-1}^{(+)}$是零均值白噪声随机序列；$\boldsymbol{x}_k$是无观测噪声的观测矢量。

这样，扩大状态矢量维数后的离散卡尔曼滤波就是在(6.8.56)式所示的离散状态方程和(6.8.57)式所示的离散观测方程下的白噪声随机序列的基本离散卡尔曼滤波。因为扩维后，$\boldsymbol{x}_k$是没有观测噪声的观测矢量，所以，递推公式中观测噪声矢量的协方差矩阵$\boldsymbol{C}_{n_k}=\boldsymbol{0}$。

前面已经说明，用扩大状态矢量维数的方法来处理有色噪声，由于增加了估计矢量的维数，从而带来了运算量增加和矩阵求逆困难等缺点。为了尽可能地克服这些缺点，下面

介绍第二种处理方法，该方法把系统扰动噪声矢量 $\boldsymbol{w}_k$ 扩展到系统状态矢量 $\boldsymbol{s}_k$ 中，并用当前的观测矢量 $\boldsymbol{x}_k$ 减去前一时刻的观测矢量 $\boldsymbol{x}_{k-1}$ 前乘 $\boldsymbol{D}_{k,k-1}$ 的差值作为观测矢量，以去掉观测噪声矢量 $\boldsymbol{n}_k$ 的相关性。关于这种处理方法，这里只作简略地介绍，其详细地变换、推导和结果请参见附录 6C。

首先，利用 6.8.3 节中的状态矢量扩维方法，将系统扰动噪声矢量 $\boldsymbol{w}_k$ 扩展到系统状态矢量 $\boldsymbol{s}_k$ 中，得到待估计的状态矢量

$$\boldsymbol{s}_k^{(+)}=\begin{bmatrix}\boldsymbol{s}_k\\ \boldsymbol{w}_k\end{bmatrix}$$

及其相应的离散状态方程和观测方程。扩维后状态方程中的扰动噪声是零均值的白噪声随机序列 $\boldsymbol{\eta}_{k-1}$；观测方程中的观测噪声仍然是有色噪声 $\boldsymbol{n}_k$。

然后，利用 6.8.4 节中的相邻观测矢量相差法，将 $\boldsymbol{x}_k-\boldsymbol{D}_{k,k-1}\boldsymbol{x}_{k-1}$ 作为观测矢量，从而形成新的观测方程，该方程中的观测噪声是零均值的白噪声随机序列。

这样，将扩维法和相差法相结合所形成的新的离散状态方程和观测方程，其扰动噪声和观测噪声都是零均值的白噪声随机序列，因此可以用基于白噪声随机序列的基本离散卡尔曼滤波进行系统状态矢量的递推估计。

6.9　卡尔曼滤波的发散现象

6.9.1　发散现象及原因

一般地讲，按照卡尔曼滤波理论，随着观测次数的增加，卡尔曼滤波的均方误差应该逐渐减小而最终趋于一个稳态值。但在实际应用中，有时会发生这样的现象，即状态滤波的均方误差会随着观测次数的增加而增大，这种现象称为卡尔曼滤波的发散现象。

卡尔曼滤波产生发散的原因很多，其中信号模型不准确是重要原因之一。为了说明发散现象，让我们先看一个例子。

设飞行器以速度 v 垂直地从高度为 h_0 的地方升高，则其高度变化的状态方程为

$$h_k=h_{k-1}+Tv \tag{6.9.1}$$

其中，T 是从 $k-1$ 时刻到 k 时刻的时间间隔。观测方程为

$$x_k=h_k+n_k \tag{6.9.2}$$

其中，观测噪声 n_k 是零均值的白噪声随机序列，即

$$\mathrm{E}(n_k)=0,\quad \mathrm{E}(n_jn_k)=\sigma_n^2\delta_{jk}$$

设计离散卡尔曼滤波时，如果我们不了解飞行器在垂直升高，误认为其高度不变，且不考虑外界随机扰动噪声 w_{k-1} 对飞行器高度的影响，选择状态方程为

$$h_k=h_{k-1} \tag{6.9.3}$$

如果设 $\sigma_n^2=1$，滤波的初始状态取 $\hat{h}_0=0$，$\varepsilon_0^2=\infty$，应用离散卡尔曼滤波，根据

$$\Phi_{k,k-1}=1,\quad H_k=1$$

$$\sigma_n^2=1,\quad \sigma_{w_{k-1}}^2=0$$

可求得

$$\varepsilon_k^2=\frac{1}{k},\quad K_k=\frac{1}{k}$$

所以，状态滤波公式为

$$\begin{aligned}\hat{h}_k&=\Phi_{k,k-1}\hat{h}_{k-1}+K_k(x_k-H_k\Phi_{k,k-1}\hat{h}_{k-1})\\&=\frac{k-1}{k}\hat{h}_{k-1}+\frac{1}{k}x_k\\&=\frac{k-2}{k}\hat{h}_{k-2}+\frac{1}{k}x_{k-1}+\frac{1}{k}x_k\\&=\cdots=\frac{1}{k}\sum_{j=1}^{k}x_j\end{aligned}\tag{6.9.4}$$

由于观测方程为

$$x_k=h_k+n_k$$

它是对飞行器的实际高度的有误差(存在观测噪声)的观测，若取 $T=1$，则

$$x_k=h_0+kv+n_k$$

所以，飞行器高度的状态滤波值为

$$\hat{h}_k=h_0+\frac{k+1}{2}v+\frac{1}{k}\sum_{j=1}^{k}n_j\tag{6.9.5}$$

在 k 时刻，飞行器的实际高度为

$$h_k=h_0+kv\tag{6.9.6}$$

这样，在 k 时刻，飞行器的实际高度 h_k 与高度的状态滤波值 $\hat{h}_k$ 之差为

$$\tilde{h}_k=h_k-\hat{h}_k=\frac{k-1}{2}v-\frac{1}{k}\sum_{j=1}^{k}n_j\tag{6.9.7}$$

可见，随着观测次数 k 的增加，高度估计的误差 $\tilde{h}_k$ 增大。这时状态滤波的均方误差为

$$\varepsilon_k^2=\mathrm{E}(\tilde{h}_k^2)=\frac{(k-1)^2}{4}v^2+\frac{1}{k}\tag{6.9.8}$$

显然，状态滤波的均方误差 ε_k^2 随 k 的增加而增大，当 $k\to\infty$ 时，$\varepsilon_k^2\to\infty$。

而按所选的信号模型，即(6.9.3)式，认为 $v=0$ 时，算出的 $\varepsilon_k^2=\dfrac{1}{k}$，当 $k\to\infty$ 时，$\varepsilon_k^2\to0$。但实际的 ε_k^2 当 $k\to\infty$ 时却趋于无穷大。这就是卡尔曼滤波的发散现象。

实际上如果对信号模型描述得不精确，仍然有可能发生发散现象。对于前面讨论的例子，如果状态方程为

$$h_k=h_{k-1}+v^*\tag{6.9.9}$$

但是 $v^*\neq v$，即考虑了飞行器的高度以速度 v^* 升高，只是上升的速度不精确。这时，高度估计的误差为

$$\tilde{h}_k=h_k-\hat{h}_k=\frac{k-1}{2}(v-v^*)+\frac{1}{k}\sum_{j=1}^{k}n_j\tag{6.9.10}$$

而高度估计的均方误差为

$$\varepsilon_k^2=\frac{(k-1)^2}{4}(v-v^*)^2+\frac{1}{k}\tag{6.9.11}$$

显然，只要 $(v-v^*)^2$ 不满足无限小，当 $k\to\infty$ 时，ε_k^2 就仍然趋于无穷大，所以，仍然会发生

发散现象。

卡尔曼滤波发散现象产生的原因是多方面的，主要是系统的信号模型不精确，扰动噪声矢量和观测噪声矢量的统计特性描述不准确，计算中有限字长效应等。

6.9.2 克服发散现象的措施和方法

为了防止和克服卡尔曼滤波的发散现象，应当采取必要的措施和方法。

1. 选择合适的信号模型

信号模型的精确性是影响卡尔曼滤波精度、防止发散现象最主要的因素之一。其离散状态方程通常采用分段描述和建立的方法，以适应系统在不同时间段所具有的不同运动特性。就运动目标的模型而言，主要有匀速直线运动模型、匀加速直线运动模型、一阶时间相关模型和机动目标当前统计模型等。由于机动目标当前统计模型考虑了均值非零的随机加速度，而且其概率密度函数采用修正的瑞利分布而不是均匀分布，具有更广的适应性，所以在机动目标跟踪等卡尔曼滤波中常被采用。

2. 自适应滤波法

研究卡尔曼滤波是在系统信号模型建立的基础上，以及扰动噪声和观测噪声的统计特性已知的情况下进行的。但在实际应用中，系统的扰动噪声和观测噪声的统计特性不完全确知，各自的协方差矩阵 $\boldsymbol{C}_{w_{k-1}}$ 和 $\boldsymbol{C}_{n_k}$ 也不可能准确获得；同时，系统模型在运行过程中，系统参数也在不断变化。这样，我们就得不到最佳滤波的结果，甚至可能引起发散。因此，必须根据新息序列 $\tilde{\boldsymbol{x}}_k=\boldsymbol{x}_k-\boldsymbol{H}_k\hat{\boldsymbol{s}}_k$ 对系统的信号模型和噪声的统计特性进行不断的修正，从而在重新估计的基础上，保持良好的滤波性能。用这种方法抑制滤波发散，通常称为自适应滤波，其应用范围很广泛。

3. 渐消记忆滤波法和限定记忆滤波法

卡尔曼滤波是基于当前时刻及以前的所有观测数据 $\boldsymbol{x}(k)$ 和初始状态估计值而得到状态滤波结果的，只是由于它采用递推估计算法不需要保存所有过去的数据，所以卡尔曼滤波具有无限记忆的特性。

系统在运行过程中，其模型可能是在不断变化的。随着模型的变化，在滤波的进行过程中，过去的旧数据和当前的系统状态可能会很不一致，这就有可能发生滤波发散现象。

为了抑制由于上述原因可能发生的发散现象，一个直观的想法是，在滤波过程中，随着时间的推移，设法加大新观测数据的作用，而相对地减小旧数据对滤波的影响。这种方法可以用增加一步预测均方误差阵的方式来实现，常用指数加权法，加权系数取 $\mathrm{e}^d>1$，其中，d 是选择的某个正常数。现做如下分析。

若对卡尔曼滤波的一步预测均方误差阵进行指数加权，则(6.6.20)式所示的一步预测均方误差阵变为

$$\boldsymbol{M}_{k|k-1}=\boldsymbol{\Phi}_{k,k-1}\boldsymbol{M}_{k-1}\boldsymbol{\Phi}_{k,k-1}^{\mathrm{T}}\mathrm{e}^d+\boldsymbol{\Gamma}_{k-1}\boldsymbol{C}_{w_{k-1}}\boldsymbol{\Gamma}_{k-1}^{\mathrm{T}} \tag{6.9.12}$$

因为 $\mathrm{e}^d>1$，所以 $\boldsymbol{M}_{k,k-1}$ 增大。由(6.6.37)式和(6.6.38)式可以看出，随着 $\boldsymbol{M}_{k|k-1}$ 的增大，

滤波增益矩阵 $\boldsymbol{K}_k$ 增大。由(6.6.23)式可知，状态滤波为

$$\hat{\boldsymbol{s}}_k=\boldsymbol{\Phi}_{k,k-1}\hat{\boldsymbol{s}}_{k-1}+\boldsymbol{K}_k(\boldsymbol{x}_k-\boldsymbol{H}_k\boldsymbol{\Phi}_{k,k-1}\hat{\boldsymbol{s}}_{k-1})$$

显然，随着 $\boldsymbol{K}_k$ 的增大，新的观测数据 $\boldsymbol{x}_k$ 在状态滤波中的作用加大了，相对地旧数据的作用逐渐减小。我们把这种抑制滤波发散的方法称为渐消记忆滤波法。这里应当说明，上面的分析与说明，并不意味着加权系数 e^d 越大越好，因为如果 e^d 太大，尽管不会发生滤波发散现象，但会使滤波的均方误差阵 $\boldsymbol{M}_k$ 增大，从而降低了状态滤波的精度。所以，在采用渐消记忆法抑制滤波发散现象时，应合理地选择加权系数 e^d 的值，或者 e^d 的值可以随系统的运动特性、观测数据而变化。

渐消记忆法就是逐步减小旧数据在状态滤波中的作用。下面将要介绍的限定记忆滤波法，是消除旧数据对状态滤波的影响。若 k 为当前时刻，如果仅用 k 时刻及以前最近的共 N 个观测数据 $\boldsymbol{x}_{k-N+1},\boldsymbol{x}_{k-N+2},\cdots,\boldsymbol{x}_N$ 进行状态滤波，而把以前的其余数据全部丢掉（这里的 N 是根据具体系统而选定的记忆长度），则这种抑制发散的方法称为限定记忆滤波法。

4. 限定增益下限法

在本节前面所提到的飞行器高度的状态滤波中，引起最佳滤波发散的一个直接原因是，在状态滤波的递推计算中，估计的均方误差 ε_k^2 随着 k 的增加而很快地趋于零，导致滤波增益 K_k 也随着 k 的增加而迅速减小。这样，新息即新得到的观测数据对状态滤波的修正作用快速下降，以致最终新息不起作用。与此相对应的，随着观测次数的增加，信号模型误差所起的作用越来越大，结果形成了所谓的数据饱和和滤波发散。

根据这个原因，克服这类滤波发散的方法之一，就是给滤波增益矩阵 $\boldsymbol{K}_k$ 确定一个下界，限制 $\boldsymbol{K}_k$ 的最小值。例如，在前例中，选择某一个正整数 M，使系统滤波的增益为

$$K_k=\begin{cases}\dfrac{1}{k}, & k\leqslant M\\[2mm] \dfrac{1}{M}, & k>M\end{cases}\tag{6.9.13}$$

5. 限制误差协方差法

根据(6.6.38)式，限制估计误差的均方误差阵 $\boldsymbol{M}_k$，也就限制了状态滤波的增益矩阵 $\boldsymbol{K}_k$。根据状态估计精度的要求，可以给出 $\boldsymbol{M}_k$ 的下界元素的值，这样也能抑制滤波发散。由于估计矢量是无偏的，所以估计误差的均方误差阵就是估计误差的协方差矩阵。因此称这种抑制滤波发散的方法为限制误差协方差法。

最后说明，采用抑制滤波发散的措施后，通常状态滤波不再是最佳滤波了。因此，在实际应用时，选用合适的方法和合理的参数是十分重要的。

6.10 非线性离散状态估计

前面讨论的离散卡尔曼滤波，其动态系统和观测系统都是线性的。但在实际应用中，如导航系统或雷达跟踪空间飞行器等问题，如果采用球面坐标系，则其状态方程和观测方

程是非线性的方程。系统的状态方程和观测方程只要其中一个是非线性的，我们就称其是非线性离散状态估计。

6.10.1 随机非线性离散系统的数学描述

一般情况下，随机非线性离散系统可以用如下的差分方程来描述：

$$\boldsymbol{s}_k=\boldsymbol{f}(\boldsymbol{s}_{k-1},\boldsymbol{w}_{k-1},k-1) \tag{6.10.1}$$

和

$$\boldsymbol{x}_k=\boldsymbol{h}(\boldsymbol{s}_k,\boldsymbol{n}_k,k) \tag{6.10.2}$$

其中，$\boldsymbol{f}(\cdot)$是M维矢量函数，它对自变量而言是非线性的；$\boldsymbol{h}(\cdot)$是N维矢量函数，它对自变量而言也是非线性的；$\boldsymbol{w}_{k-1}$和$\boldsymbol{n}_k$分别是L维系统扰动噪声矢量和N维观测噪声矢量。

如果系统扰动噪声$\boldsymbol{w}_{k-1}$和观测噪声矢量$\boldsymbol{n}_k$的统计特性可以是任意的，则(6.10.1)式和(6.10.2)式描述了相当广泛的一类随机非线性离散系统，但是它的最佳估计，甚至次最佳估计的求解是困难的。因此，为了使离散估计问题得到可行的解决，需要对上述信号模型给于适当的约束，以及对噪声矢量的统计特性给于一些既比较符合实际又便于数学描述的统计假设。

我们把适当约束后的非线性离散系统的数学模型表示为

$$\boldsymbol{s}_k=\boldsymbol{f}(\boldsymbol{s}_{k-1},k-1)+\boldsymbol{g}(\boldsymbol{s}_{k-1},k-1)\boldsymbol{w}_{k-1} \tag{6.10.3}$$

和

$$\boldsymbol{x}_k=\boldsymbol{h}(\boldsymbol{s}_k,k)+\boldsymbol{n}_k \tag{6.10.4}$$

其中，$\boldsymbol{f}(\cdot)$和$\boldsymbol{g}(\cdot)$对$\boldsymbol{s}_k$是可微的；扰动噪声矢量$\boldsymbol{w}_{k-1}$和观测噪声矢量$\boldsymbol{n}_k$假设是零均值白噪声随机序列，且二者互不相关，即

$$\mathrm{E}(\boldsymbol{w}_{k-1})=\boldsymbol{0},\quad \mathrm{E}(\boldsymbol{w}_j\boldsymbol{w}_k^{\mathrm{T}})=\boldsymbol{C}_{\boldsymbol{w}_k}\delta_{jk}$$

$$\mathrm{E}(\boldsymbol{n}_k)=\boldsymbol{0},\quad \mathrm{E}(\boldsymbol{n}_j\boldsymbol{n}_k)=\boldsymbol{C}_{\boldsymbol{n}_k}\delta_{jk}$$

$$\mathrm{E}(\boldsymbol{w}_j\boldsymbol{n}_k^{\mathrm{T}})=\boldsymbol{0}$$

系统初始状态$\boldsymbol{s}_0$是随机矢量，其均值矢量和协方差矩阵分别为

$$\mathrm{E}(\boldsymbol{s}_0)=\boldsymbol{\mu}_{\boldsymbol{s}_0}$$

$$\mathrm{E}[(\boldsymbol{s}_0-\boldsymbol{\mu}_{\boldsymbol{s}_0})(\boldsymbol{s}_0-\boldsymbol{\mu}_{\boldsymbol{s}_0})^{\mathrm{T}}]=\boldsymbol{C}_{\boldsymbol{s}_0}$$

对于非线性离散系统，在理论上难以找到严格的递推滤波公式，因此目前大都采用近似方法来研究。而非线性滤波的线性化则是用近似方法来研究非线性滤波问题的重要途径之一。下面介绍非线性滤波线性化的两种主要形式：线性化离散卡尔曼滤波和推广的离散卡尔曼滤波。

6.10.2 线性化离散卡尔曼滤波

如果系统扰动噪声矢量$\boldsymbol{w}_{k-1}(k\geqslant1)$和观测噪声矢量$\boldsymbol{n}_k(k\geqslant1)$恒为零时，系统信号模型(6.10.3)式和(6.10.4)式的解，我们称它为理想轨迹。因此，若把理想轨迹上的$\boldsymbol{s}_k$和$\boldsymbol{x}_k$分别记为$\boldsymbol{s}_k^i$和$\boldsymbol{x}_k^i$，则可得

$$\boldsymbol{s}_k^i=\boldsymbol{f}(\boldsymbol{s}_{k-1}^i,k-1) \tag{6.10.5}$$

和

$$\boldsymbol{x}_k^i=\boldsymbol{h}(\boldsymbol{s}_k^i,k) \tag{6.10.6}$$

并且,初始状态 $\boldsymbol{s}_0^i=\boldsymbol{\mu}_{s_0}$。

如果(6.10.3)式和(6.10.4)式所示的系统信号模型与理想轨迹的偏差为

$$\delta\boldsymbol{s}_k=\boldsymbol{s}_k-\boldsymbol{s}_k^i \tag{6.10.7}$$

和

$$\delta\boldsymbol{x}_k=\boldsymbol{x}_k-\boldsymbol{x}_k^i \tag{6.10.8}$$

当这些偏差都很小时,可将 $\boldsymbol{s}_k$ 在 $\boldsymbol{s}_k^i$ 附近展开成泰勒(Taylor)级数,并且取其一次项,近似得

$$\begin{aligned}\boldsymbol{s}_k&=\boldsymbol{f}(\boldsymbol{s}_{k-1}^i,k-1)+\left.\frac{\partial\boldsymbol{f}(\boldsymbol{s}_{k-1},k-1)}{\partial\boldsymbol{s}_{k-1}^{\mathrm{T}}}\right|_{\boldsymbol{s}_{k-1}=\boldsymbol{s}_{k-1}^i}\times\\&\quad[\boldsymbol{f}(\boldsymbol{s}_{k-1},k-1)-\boldsymbol{f}(\boldsymbol{s}_{k-1}^i,k-1)]+\boldsymbol{g}(\boldsymbol{s}_{k-1},k-1)\boldsymbol{w}_{k-1}\\&=\boldsymbol{f}(\boldsymbol{s}_{k-1}^i,k-1)+\left.\frac{\partial\boldsymbol{f}(\boldsymbol{s}_{k-1},k-1)}{\partial\boldsymbol{s}_{k-1}^{\mathrm{T}}}\right|_{\boldsymbol{s}_{k-1}=\boldsymbol{s}_{k-1}^i}\times\\&\quad\delta\boldsymbol{s}_{k-1}+\boldsymbol{g}(\boldsymbol{s}_{k-1},k-1)\boldsymbol{w}_{k-1}\end{aligned} \tag{6.10.9}$$

和

$$\begin{aligned}\boldsymbol{x}_k&=\boldsymbol{h}(\boldsymbol{s}_k^i,k)+\left.\frac{\partial\boldsymbol{h}(\boldsymbol{s}_k,k)}{\partial\boldsymbol{s}_k^{\mathrm{T}}}\right|_{\boldsymbol{s}_k=\boldsymbol{s}_k^i}\times\\&\quad[\boldsymbol{f}(\boldsymbol{s}_k,k)-\boldsymbol{f}(\boldsymbol{s}_k^i,k)]+\boldsymbol{n}_k\\&=\boldsymbol{h}(\boldsymbol{s}_k^i,k)+\left.\frac{\partial\boldsymbol{h}(\boldsymbol{s}_k,k)}{\partial\boldsymbol{s}_k^{\mathrm{T}}}\right|_{\boldsymbol{s}_k=\boldsymbol{s}_k^i}\times\delta\boldsymbol{s}_k+\boldsymbol{n}_k\end{aligned} \tag{6.10.10}$$

进一步认为 $\boldsymbol{g}(\boldsymbol{s}_{k-1},k-1)=\boldsymbol{g}(\boldsymbol{s}_{k-1}^i,k-1)$,并由(6.10.7)式和(6.10.8)式及(6.10.9)式和(6.10.10)式,偏差方程可以写成

$$\delta\boldsymbol{s}_k=\boldsymbol{\Phi}_{k,k-1}\delta\boldsymbol{s}_{k-1}+\boldsymbol{\Gamma}_{k-1}\boldsymbol{w}_{k-1} \tag{6.10.11}$$

和

$$\delta\boldsymbol{x}_k=\boldsymbol{H}_k\delta\boldsymbol{s}_k+\boldsymbol{n}_k \tag{6.10.12}$$

式中,

$$\boldsymbol{\Phi}_{k,k-1}=\left.\frac{\partial\boldsymbol{f}(\boldsymbol{s}_{k-1},k-1)}{\partial\boldsymbol{s}_{k-1}^{\mathrm{T}}}\right|_{\boldsymbol{s}_{k-1}=\boldsymbol{s}_{k-1}^i}$$

$$\boldsymbol{\Gamma}_{k-1}=\boldsymbol{g}(\boldsymbol{s}_{k-1}^i,k-1)$$

$$\boldsymbol{H}_k=\left.\frac{\partial\boldsymbol{h}(\boldsymbol{s}_k,k)}{\partial\boldsymbol{s}_k^{\mathrm{T}}}\right|_{\boldsymbol{s}_k=\boldsymbol{s}_k^i}$$

(6.10.11)式和(6.10.12)式就是系统信号模型(6.10.3)式和(6.10.4)式围绕理想轨迹线性化后所得到的偏差的差分方程,将其与零均值白噪声随机序列下的线性离散系统的状态方程和观测方程(参见 6.6 节)比较,只是将 $\boldsymbol{s}_k$ 和 $\boldsymbol{x}_k$ 对应换成了偏差 $\delta\boldsymbol{s}_k$ 和 $\delta\boldsymbol{x}_k$。因此,利用 6.6 节基本的离散卡尔曼滤波递推公式,能够得到线性化离散卡尔曼滤波的递推公式,结果为

$$\boldsymbol{M}_{k|k-1}=\boldsymbol{\Phi}_{k,k-1}\boldsymbol{M}_{k-1}\boldsymbol{\Phi}_{k,k-1}^{\mathrm{T}}+\boldsymbol{\Gamma}_{k-1}\boldsymbol{C}_{\boldsymbol{w}_{k-1}}\boldsymbol{\Gamma}_{k-1}^{\mathrm{T}} \tag{6.10.13}$$

$$\boldsymbol{K}_k=\boldsymbol{M}_{k|k-1}\boldsymbol{H}_k^{\mathrm{T}}(\boldsymbol{H}_k\boldsymbol{M}_{k|k-1}\boldsymbol{H}_k^{\mathrm{T}}+\boldsymbol{C}_{\boldsymbol{n}_k})^{-1} \tag{6.10.14}$$

$$\boldsymbol{M}_k=(\boldsymbol{I}-\boldsymbol{K}_k\boldsymbol{H}_k)\boldsymbol{M}_{k|k-1} \tag{6.10.15}$$

$$\delta\hat{\boldsymbol{s}}_k=\boldsymbol{\Phi}_{k,k-1}\delta\hat{\boldsymbol{s}}_{k-1}+\boldsymbol{K}_k(\delta\boldsymbol{x}_k-\boldsymbol{H}_k\boldsymbol{\Phi}_{k,k-1}\delta\hat{\boldsymbol{s}}_{k-1}) \tag{6.10.16}$$

$$\hat{\boldsymbol{s}}_k=\boldsymbol{s}_k^i+\delta\hat{\boldsymbol{s}}_k \tag{6.10.17}$$

$$\hat{\boldsymbol{s}}_{k+1|k}=\boldsymbol{f}(\hat{\boldsymbol{s}}_k,k) \tag{6.10.18}$$

初始状态为

$$\delta\hat{\boldsymbol{s}}_0=\boldsymbol{0}$$

$$\boldsymbol{M}_0=\boldsymbol{C}_{\boldsymbol{s}_0}$$

并且

$$\hat{\boldsymbol{s}}_0=\boldsymbol{s}_0^i=\boldsymbol{\mu}_{\boldsymbol{s}_0}$$

以上讨论的就是线性化离散卡尔曼滤波递推算法。

6.10.3 推广的离散卡尔曼滤波

前面介绍的线性化离散卡尔曼滤波，需要预先算出状态矢量的理想轨迹，这在实际工程应用中可能会遇到困难。为此，本节介绍一种所谓的推广的离散卡尔曼滤波方法，这是非线性滤波问题线性化的另一种方法。

如果假定在 k 时刻，状态矢量 $\boldsymbol{s}_k$ 的线性最小均方误差估计 $\hat{\boldsymbol{s}}_k$ 已知，那么，就可以把系统信号模型的(6.10.3)式和(6.10.4)式在 $\boldsymbol{s}_k=\hat{\boldsymbol{s}}_k$ 附近展开成泰勒级数，取其一次项，近似得

$$\boldsymbol{s}_k=\boldsymbol{f}(\hat{\boldsymbol{s}}_{k-1},k-1)+\left.\frac{\partial\boldsymbol{f}(\boldsymbol{s}_{k-1},k-1)}{\partial\boldsymbol{s}_{k-1}^{\mathrm{T}}}\right|_{\boldsymbol{s}_{k-1}=\hat{\boldsymbol{s}}_{k-1}}\times (\boldsymbol{s}_{k-1}-\hat{\boldsymbol{s}}_{k-1})+\boldsymbol{g}(\boldsymbol{s}_{k-1},k-1)\boldsymbol{w}_{k-1} \tag{6.10.19}$$

和

$$\boldsymbol{x}_k=\boldsymbol{h}(\hat{\boldsymbol{s}}_{k|k-1},k)+\left.\frac{\partial\boldsymbol{h}(\boldsymbol{s}_{k|k-1},k)}{\partial\boldsymbol{s}_{k|k-1}^{\mathrm{T}}}\right|_{\boldsymbol{s}_{k|k-1}=\hat{\boldsymbol{s}}_{k|k-1}}\times (\boldsymbol{s}_k-\hat{\boldsymbol{s}}_{k|k-1})+\boldsymbol{n}_k \tag{6.10.20}$$

其中，离散状态一步预测为

$$\hat{\boldsymbol{s}}_{k|k-1}=\boldsymbol{f}(\hat{\boldsymbol{s}}_{k-1},k-1)$$

并认为 $\boldsymbol{g}(\boldsymbol{s}_{k-1},k-1)=\boldsymbol{g}(\hat{\boldsymbol{s}}_{k-1},k-1)$。这样，离散系统的信号模型可以写成

$$\boldsymbol{s}_k=\boldsymbol{\Phi}_{k,k-1}\boldsymbol{s}_{k-1}+[\boldsymbol{f}(\hat{\boldsymbol{s}}_{k-1},k-1)-\boldsymbol{\Phi}_{k,k-1}\hat{\boldsymbol{s}}_{k-1}]+\boldsymbol{\Gamma}_{k-1}\boldsymbol{w}_{k-1} \tag{6.10.21}$$

和

$$\boldsymbol{x}_k=\boldsymbol{H}_k\boldsymbol{s}_k+[\boldsymbol{h}(\hat{\boldsymbol{s}}_{k|k-1},k)-\boldsymbol{H}_k\hat{\boldsymbol{s}}_{k|k-1}]+\boldsymbol{n}_k \tag{6.10.22}$$

其中，

$$\boldsymbol{\Phi}_{k,k-1}=\left.\frac{\partial\boldsymbol{f}(\boldsymbol{s}_{k-1},k-1)}{\partial\boldsymbol{s}_{k-1}^{\mathrm{T}}}\right|_{\boldsymbol{s}_{k-1}=\hat{\boldsymbol{s}}_{k-1}}$$

$$\boldsymbol{H}_k=\left.\frac{\partial\boldsymbol{h}(\boldsymbol{s}_{k|k-1},k)}{\partial\boldsymbol{s}_{k|k-1}^{\mathrm{T}}}\right|_{\boldsymbol{s}_{k|k-1}=\hat{\boldsymbol{s}}_{k|k-1}}$$

$$\boldsymbol{\Gamma}_{k-1}=\boldsymbol{g}(\hat{\boldsymbol{s}}_{k-1},k-1)$$

这就是线性化的离散状态方程和观测方程。

将线性化后信号模型的(6.10.21)式和(6.10.22)式与6.8.1节的白噪声情况下一般信号模型的(6.8.1)式和(6.8.2)式比较，我们发现它们具有相同的形式。因此，利用6.8.1节导出的离散卡尔曼滤波递推公式，能够得到推广的离散卡尔曼滤波递推公式，结果为

$$\boldsymbol{M}_{k|k-1}=\boldsymbol{\Phi}_{k,k-1}\boldsymbol{M}_{k-1}\boldsymbol{\Phi}_{k,k-1}^{\mathrm{T}}+\boldsymbol{\Gamma}_{k-1}\boldsymbol{C}_{\boldsymbol{w}_{k-1}}\boldsymbol{\Gamma}_{k-1}^{\mathrm{T}} \tag{6.10.23}$$

$$\boldsymbol{K}_k=\boldsymbol{M}_{k|k-1}\boldsymbol{H}_k^{\mathrm{T}}(\boldsymbol{H}_k\boldsymbol{M}_{k|k-1}\boldsymbol{H}_k^{\mathrm{T}}+\boldsymbol{C}_{\boldsymbol{n}_k})^{-1} \tag{6.10.24}$$

$$\boldsymbol{M}_k=(\boldsymbol{I}-\boldsymbol{K}_k\boldsymbol{H}_k)\boldsymbol{M}_{k|k-1} \tag{6.10.25}$$

$$\hat{\boldsymbol{s}}_k=\boldsymbol{f}(\hat{\boldsymbol{s}}_{k-1},k-1)+\boldsymbol{K}_k[\boldsymbol{x}_k-\boldsymbol{h}(\hat{\boldsymbol{s}}_{k|k-1},k)] \tag{6.10.26}$$

$$\hat{\boldsymbol{s}}_{k+1|k}=\boldsymbol{f}(\hat{\boldsymbol{s}}_k,k) \tag{6.10.27}$$

初始状态为

$$\hat{\boldsymbol{s}}_0=\boldsymbol{\mu}_{\boldsymbol{s}_0}$$

$$\boldsymbol{M}_0=\boldsymbol{C}_{\boldsymbol{s}_0}$$

应该指出，离散非线性系统滤波的线性化处理方法，实际上都不是最佳的，因此通常称为次最佳滤波。

例 6.10.1　设有一维离散动态系统，其动态过程描述为

$$s_k=\alpha s_{k-1}+w_{k-1}$$

其中，α 是未知的非随机参量；w_{k-1}是扰动噪声。设观测方程为

$$x_k=s_k+n_k,\quad k=1,2,\cdots$$

其中，n_k 是观测噪声。假设 $w_{k-1}(k\geqslant1)$和 $n_k(k\geqslant1)$是互不相关的，且与系统初始状态 s_0 也不相关的零均值白噪声随机序列，其方差分别为 $\sigma_{w_{k-1}}^2$ 和 $\sigma_{n_k}^2$。试通过观测量 x_k，在进行 s_k 滤波的同时，估计参量 α。

解　下面用推广的离散卡尔曼滤波来研究这个问题。

为了估计参量 α，把它视为一个扩充的状态变量，它所满足的方程为

$$\alpha_k=\alpha_{k-1}$$

于是，扩维后的状态矢量为

$$\boldsymbol{s}_k=\begin{bmatrix}s_k\\ \alpha_k\end{bmatrix}$$

扩维后的离散状态方程为

$$\boldsymbol{s}_k=\boldsymbol{f}(\boldsymbol{s}_{k-1},k-1)+\boldsymbol{g}(\boldsymbol{s}_{k-1},k-1)\boldsymbol{w}_{k-1}$$

其中，

$$\boldsymbol{f}(\boldsymbol{s}_{k-1},k-1)=\begin{bmatrix}\alpha_{k-1}s_{k-1}\\ \alpha_{k-1}\end{bmatrix}$$

$$\boldsymbol{g}(\boldsymbol{s}_{k-1},k-1)=\begin{bmatrix}1\\ 0\end{bmatrix}$$

观测方程可写成以下形式：

$$x_k=\boldsymbol{h}(\boldsymbol{s}_k,k)+n_k$$

其中，

$$\boldsymbol{h}(\boldsymbol{s}_k,k)=s_k$$

可见，扩维后的离散状态方程是非线性的。下面用推广的离散卡尔曼滤波来求状态矢量 $\boldsymbol{s}_k$ 的估计。

根据推广的离散卡尔曼滤波，在线性化过程中，可以求出

$$\left.\frac{\partial \boldsymbol{f}(\boldsymbol{s}_{k-1},k-1)}{\partial \boldsymbol{s}_{k-1}^{\mathrm{T}}}\right|_{s_{k-1}=\hat{s}_{k-1}}=\begin{bmatrix}\hat{\alpha}_{k-1} & \hat{s}_{k-1}\\ 0 & 1\end{bmatrix}$$

和

$$\left.\frac{\partial \boldsymbol{h}(\boldsymbol{s}_{k-1},k-1)}{\partial \boldsymbol{s}_{k-1}^{\mathrm{T}}}\right|_{s_{k-1}=\hat{s}_{k-1}}=[1\quad 0]$$

这样，利用(6.8.23)式～(6.8.27)式，便可得出推广的离散卡尔曼滤波进行状态矢量 $\boldsymbol{s}_k$ 递推估计的算法公式。如果按各分量写出，结果如下。

一步预测均方误差阵为

$$\boldsymbol{M}_{k|k-1}=\begin{bmatrix}\varepsilon^2_{\tilde{s}_{k|k-1}} & \varepsilon^2_{\tilde{s}\tilde{\alpha}_{k|k-1}}\\ \varepsilon^2_{\tilde{\alpha}\tilde{s}_{k|k-1}} & \varepsilon^2_{\tilde{\alpha}_{k|k-1}}\end{bmatrix}$$

各分量分别为

$$\varepsilon^2_{\tilde{s}_{k|k-1}}=\hat{\alpha}^2_{k-1}\varepsilon^2_{\tilde{s}_{k-1}}+2\hat{\alpha}_{k-1}\hat{s}_{k-1}\varepsilon^2_{\tilde{\alpha}\tilde{s}_{k|k-1}}+\hat{s}^2_{k-1}\varepsilon^2_{\tilde{\alpha}_{k|k-1}}+\sigma^2_{w_{k-1}}$$

$$\varepsilon^2_{\tilde{s}\tilde{\alpha}_{k|k-1}}=\varepsilon^2_{\tilde{\alpha}\tilde{s}_{k|k-1}}=\hat{\alpha}_{k-1}\varepsilon^2_{\tilde{\alpha}\tilde{s}_{k-1}}+\hat{s}_{k-1}\varepsilon^2_{\tilde{\alpha}_{k-1}}$$

$$\varepsilon^2_{\tilde{\alpha}_{k|k-1}}=\varepsilon^2_{\tilde{\alpha}_{k-1}}$$

状态滤波增益矩阵为

$$\boldsymbol{K}_k=\begin{bmatrix}K_{s_k}\\ K_{\alpha_k}\end{bmatrix}$$

各分量分别为

$$K_{s_k}=\frac{\varepsilon^2_{\tilde{s}_{k|k-1}}}{\varepsilon^2_{\tilde{s}_{k|k-1}}+\sigma^2_{n_k}}$$

$$K_{\alpha_k}=\frac{\varepsilon^2_{\tilde{\alpha}\tilde{s}_{k|k-1}}}{\varepsilon^2_{\tilde{s}_{k|k-1}}+\sigma^2_{n_k}}$$

状态滤波均方误差阵为

$$\boldsymbol{M}_k=\begin{bmatrix}\varepsilon^2_{\tilde{s}_k} & \varepsilon^2_{\tilde{s}\tilde{\alpha}_k}\\ \varepsilon^2_{\tilde{\alpha}\tilde{s}_k} & \varepsilon^2_{\tilde{\alpha}_k}\end{bmatrix}$$

各分量分别为

$$\varepsilon^2_{\tilde{s}_k}=\frac{\varepsilon^2_{\tilde{s}_{k|k-1}}\sigma^2_{n_k}}{\varepsilon^2_{\tilde{s}_{k|k-1}}+\sigma^2_{n_k}}$$

$$\varepsilon^2_{\tilde{s}\tilde{\alpha}_k}=\varepsilon^2_{\tilde{\alpha}\tilde{s}_k}=\frac{\varepsilon^2_{\tilde{\alpha}\tilde{s}_{k|k-1}}\sigma^2_{n_k}}{\varepsilon^2_{\tilde{s}_{k|k-1}}+\sigma^2_{n_k}}$$

$$\varepsilon^2_{\tilde{\alpha}_k}=\varepsilon^2_{\tilde{\alpha}_{k|k-1}}-\frac{\varepsilon^2_{\tilde{\alpha}_{k|k-1}}\varepsilon^2_{\tilde{\alpha}\tilde{s}_{k|k-1}}}{\varepsilon^2_{\tilde{s}_{k|k-1}}+\sigma^2_{n_k}}$$

状态滤波值为

$$\hat{\boldsymbol{s}}_k=\begin{bmatrix}\hat{s}_k\\ \hat{\alpha}_k\end{bmatrix}$$

各分量分别为

$$\hat{s}_k=\hat{\alpha}_{k-1}\hat{s}_{k-1}+K_{s_k}(x_k-\hat{\alpha}_{k-1}\hat{s}_{k-1})$$

$$\hat{\alpha}_k=\hat{\alpha}_{k-1}+K_{\alpha_k}(x_k-\hat{\alpha}_{k-1}\hat{s}_{k-1})$$

状态滤波的初始状态由 s_0 的统计特性和 α 的初值决定。

习 题

6.1 设平稳随机信号为 $s(t)$，其导数为 $\dot{s}(t)$。请证明：

$$r_{\dot{s}s}(\alpha)=-\dot{r}_s(\alpha)$$

$$r_{\dot{s}\dot{s}}(\alpha)=-\ddot{r}_s(\alpha)$$

$$\dot{r}_s(\alpha)\big|_{\alpha=0}=0$$

式中，$r_s(\alpha)=\mathrm{E}[s(t)s(t+\alpha)]$，是信号 $s(t)$ 的自相关函数；$r_{\dot{s}s}(\alpha)=\mathrm{E}[\dot{s}(t)s(t+\alpha)]$，是信号 $s(t)$ 的导数 $\dot{s}(t)$ 与 $s(t)$ 的互相关函数；$\dot{r}_s(\alpha)$ 是 $r_s(\alpha)$ 的一阶导数。

其他符号有类似的意义。

6.2 请分别用(6.2.22)式和(6.2.41)式计算例 6.2.2 中的非因果关系维纳滤波器的均方误差。

注意：在用(6.2.41)式时，$\varphi^2(t)$ 的积分下限要扩展到 $-\infty$。为什么？

6.3 请用(6.2.41)式计算例 6.2.2 中的因果关系维纳滤波器的均方误差，并将结果与非因果关系的结果进行比较。

6.4 在例 6.2.3 中，对于因果关系滤波器有

$$\varphi(t+\alpha)=\frac{1}{2}\mathrm{e}^{-(t+\alpha)/2},\quad \alpha>0$$

$$\varphi(t+\alpha)=\begin{cases}\dfrac{1}{9}\mathrm{e}^{2(t+\alpha)/3}, & 0\leqslant t\leqslant|\alpha|\\[2ex] \dfrac{1}{2}\mathrm{e}^{-(t+\alpha)/2}, & t>|\alpha|\end{cases}\qquad \alpha<0$$

(1) 求其拉普拉斯变换 $[\Phi(s)\mathrm{e}^{\alpha s}]^+$。

(2) 估计的均方误差为

$$\mathrm{Var}[\tilde{s}(t+\alpha)]=r_s(0)-\int_{\alpha}^{\infty}\varphi^2(t)\mathrm{d}t$$

请计算 $F(\alpha)=\int_{\alpha}^{\infty}\varphi^2(t)\mathrm{d}t$。

6.5 设随机信号 $s(t)$ 加噪声 $n(t)$ 为

$$x(t)=s(t)+n(t)$$

其中，信号 $s(t)$ 和噪声 $n(t)$ 是统计独立的，它们的均值都为零，自相关函数分别为

$$r_s(\tau)=\frac{1}{2}\mathrm{e}^{-|\tau|}$$

$$r_n(\tau)=\delta(\tau)+\mathrm{e}^{-|\tau|}$$

(1) 设计估计 $s(t)$ 的最优物理不可实现滤波器，并求其均方误差。

(2) 设计估计 $s(t)$ 的最优物理可实现滤波器，并求其均方误差。

6.6 设随机信号加噪声为

$$x(t)=s(t)+n(t)$$

其中，信号 $s(t)$ 与噪声 $n(t)$ 互不相关，且它们的均值都为零，自相关函数分别为

$$r_s(\tau)=\mathrm{e}^{-\alpha|\tau|}$$

$$r_n(\tau)=\frac{N_0}{2}\delta(\tau)$$

(1) 求获得 $\hat{s}(t)$ 最佳估计结果的物理不可实现滤波器的脉冲响应 $h(t)$。

(2) 求估计的均方误差。

6.7 假设对所有时间 t，接收信号为

$$x(t)=s(t)+n(t)$$

(1) 求信号 $s(t)$ 的一阶导数 $\dot{s}(t)$ 的线性最小均方误差估计滤波器的结构。

(2) 若已知

$$r_s(\tau)=\mathrm{e}^{-\alpha\tau^2},\quad \alpha>0$$

$$r_n(\tau)=k\delta(\tau),\quad k>0$$

$$r_{sn}(\tau)=0$$

求 $k^2\alpha>\pi$ 时滤波器的脉冲响应 $h(t)$。

6.8 设离散线性滤波器的输入信号序列为

$$x_k=\begin{cases}1, & k=0\\ -1, & k=1\\ 0, & k\neq 0,且\ k\neq 1\end{cases}$$

希望该滤波器的输出信号序列为

$$s_k=\begin{cases}1, & k=0\\ 0, & k\neq 0\end{cases}$$

要求将该滤波器设计成维纳滤波器。

(1) 若取滤波器的单位脉冲响应

$$h(k)=\begin{cases}h(0)\\ h(1)\\ 0, & k\geqslant 2\end{cases}$$

试确定 $h(0)$ 和 $h(1)$ 之值，以及滤波器的输出信号序列 $\hat{s}_k$ 和估计的均方误差 $\mathrm{E}[(s_k-\hat{s}_k)^2]$。

(2) 若取滤波器的单位脉冲响应

$$h(k)=\begin{cases}h(0)\\ h(1)\\ h(2)\\ 0, & k\geqslant 3\end{cases}$$

试确定 $h(0)$，$h(1)$ 和 $h(2)$ 之值，以及滤波器的输出信号序列 $\hat{s}_k$ 和估计的均方误差 $\mathrm{E}[(s_k-\hat{s}_k)^2]$。

(3) 比较(1)和(2)的结果，能得出什么结论？

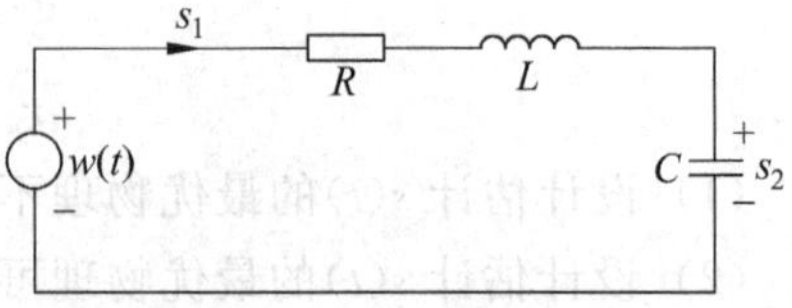

图 6.13 RLC 串联电路

6.9 RLC 串联电路如图 6.13 所示。若状

态变量 s_1 代表回路电流，状态变量 s_2 代表电容上的电压。求信号的状态方程和以 s_2 为输出的观测方程。

6.10　若系统的状态转移矩阵为

$$\boldsymbol{\Phi}(t,t_0)=\begin{bmatrix} e^{2t-2t_0}\cos(t-t_0) & -e^{2t-t_0}\sin(t-t_0) \\ e^{t-2t_0}\sin(t-t_0) & e^{t-t_0}\cos(t-t_0) \end{bmatrix}$$

请验证 $\boldsymbol{\Phi}(t,t_0)$ 的三个性质：

$$\boldsymbol{\Phi}(t,t_0)=\boldsymbol{\Phi}(t,t_1)\boldsymbol{\Phi}(t_1,t_0)$$
$$\boldsymbol{\Phi}(t,t_0)=\boldsymbol{\Phi}^{-1}(t_0,t)$$
$$\boldsymbol{\Phi}(t_0,t_0)=\boldsymbol{I}$$

6.11　对于例 6.5.1 中的问题，如果分别直接测量距离 r_k 和测量速度 v_k，请建立目标运动的观测方程。

6.12　考虑下面的二维系统的信号模型：

$$\boldsymbol{s}_k=\begin{bmatrix} 0.9 & 0.1 \\ -0.1 & 0.8 \end{bmatrix}\boldsymbol{s}_{k-1}+\begin{bmatrix} 1 \\ 0 \end{bmatrix}w_{k-1}$$
$$x_k=[0 \quad 1]\boldsymbol{s}_k+n_k$$

其中，扰动噪声序列 $w_{k-1}(k\geqslant 1)$ 和观测噪声序列 $n_k(k\geqslant 1)$ 的统计特性分别为

$$\mathrm{E}(w_{k-1})=0,\quad \mathrm{E}(w_jw_k)=\sigma_{w_k}^2\delta_{jk}$$
$$\mathrm{E}(n_k)=0,\quad \mathrm{E}(n_jn_k)=\sigma_{n_k}^2\delta_{jk}$$
$$\mathrm{E}(w_jn_k)=0,\quad j,k=1,2,\cdots$$

初始状态 $\boldsymbol{s}_0$ 的统计特性为

$$\mathrm{E}(\boldsymbol{s}_0)=\boldsymbol{\mu}_{s_0},\quad \mathrm{E}[(\boldsymbol{s}_0-\boldsymbol{\mu}_{s_0})(\boldsymbol{s}_0-\boldsymbol{\mu}_{s_0})^{\mathrm{T}}]=\boldsymbol{C}_{s_0}$$

且满足 $\boldsymbol{s}_0$ 与 w_k，$\boldsymbol{s}_0$ 与 n_k 互不相关，即

$$\boldsymbol{C}_{s_0w_k}=\boldsymbol{0},\quad \boldsymbol{C}_{s_0n_k}=\boldsymbol{0}$$

如果已知

$$\boldsymbol{\mu}_{s_0}=\begin{bmatrix} 3 \\ -3 \end{bmatrix},\quad \boldsymbol{C}_{s_0}=\begin{bmatrix} 4 & 0 \\ 0 & 1 \end{bmatrix}$$
$$\sigma_{w_{k-1}}^2=1,\quad \sigma_{n_k}^2=1$$

求状态滤波值 $\hat{\boldsymbol{s}}_1$ 和状态滤波的均方误差阵 $\boldsymbol{M}_1$。

6.13　求例 6.6.1 的近似稳态状态滤波值的公式。

6.14　设系统的信号模型为

$$\boldsymbol{s}_k=\boldsymbol{s}_{k-1}$$
$$\boldsymbol{x}_k=\boldsymbol{s}_k+\boldsymbol{n}_k$$

若初始状态 $\boldsymbol{s}_0$ 的统计特性为

$$\mathrm{E}(\boldsymbol{s}_0)=\boldsymbol{\mu}_{s_0},\quad \mathrm{E}[(\boldsymbol{s}_0-\boldsymbol{\mu}_{s_0})(\boldsymbol{s}_0-\boldsymbol{\mu}_{s_0})^{\mathrm{T}}]=\boldsymbol{C}_{s_0}$$

观测噪声序列 $\boldsymbol{n}_k(k\geqslant 1)$ 的统计特性为

$$\mathrm{E}(\boldsymbol{n}_k)=\boldsymbol{0},\quad \mathrm{E}(\boldsymbol{n}_j\boldsymbol{n}_k^{\mathrm{T}})=\boldsymbol{C}_{n_k}\delta_{jk}$$

且满足 $\boldsymbol{s}_0$ 与 $\boldsymbol{n}_k$ 互不相关，即

$$C_{s_0 n_k} = 0$$

若取状态滤波的初始状态为

$$\hat{s}_0 = \mu_{s_0}, \quad M_0 = cI, \quad c \to \infty$$

求状态滤波值 $\hat{s}_1$ 和状态滤波的均方误差阵 M_1。

6.15 考虑二维系统的状态滤波问题。系统的信号模型为

$$s_k = \Phi_{k,k-1} s_{k-1} + w_{k-1}$$

$$x_k = s_k + n_k$$

若已知

$$\hat{s}_{1|0} = \begin{bmatrix} \frac{8}{3} \\ -\frac{1}{2} \end{bmatrix}, \quad x_1 = \begin{bmatrix} \frac{9}{4} \\ -\frac{1}{3} \end{bmatrix}$$

现计算出状态滤波值为

$$\hat{s}_1 = \begin{bmatrix} \frac{11}{5} \\ -\frac{2}{5} \end{bmatrix}$$

问状态估计的结果是否合理，为什么？

6.16 考虑标量系统的信号模型

$$s_k = -s_{k-1}, \quad k = 1, 2, \cdots$$

其中，s_0 是均值为零、方差为 $\sigma_{s_0}^2$ 的随机变量。设观测方程为

$$x_k = s_k + n_k, \quad k = 1, 2, \cdots$$

其中，观测噪声 $n_k(k \geqslant 1)$ 是均值为零、方差为 $\sigma_{n_k}^2$ 的白噪声随机序列。若已知

$$\sigma_{s_0}^2 = 2, \quad \sigma_{n_1}^2 = 1, \quad x_1 = 3$$

$$\sigma_{n_2}^2 = 2, \quad x_2 = -4$$

$$\sigma_{n_3}^2 = 2.5, \quad x_3 = 2.5$$

(1) 求状态滤波值 $\hat{s}_1, \hat{s}_2$ 和 $\hat{s}_3$ 及状态滤波的均方误差 $\varepsilon_1^2, \varepsilon_2^2$ 和 ε_3^2。

(2) 求均方误差的稳态值 $\varepsilon_k^2, k \to \infty$。

6.17 若标量系统信号模型的状态方程和观测方程分别为

$$s_k = -2s_{k-1} + w_{k-1}$$

和

$$x_k = s_k + n_k$$

已知

$$\sigma_{s_0} = 10, \quad E(w_{k-1}) = 0, \quad E(w_j w_k) = \sigma_{w_k}^2 \delta_{jk} = 4\delta_{jk}$$

$$E(n_k) = 0, \quad E(n_j n_k) = \sigma_{n_k}^2 \delta_{jk} = 8\delta_{jk}$$

$$E(s_0 w_k) = 0, \quad E(s_0 n_k) = 0, \quad E(w_j n_k) = 0, \quad j, k = 1, 2 \cdots$$

(1) 求状态滤波均方误差的稳态值 $\varepsilon_k^2, k \to \infty$。

(2) 求近似的稳态滤波公式。

6.18 利用离散卡尔曼滤波方程对一个静止气球的高度进行估计。设气球的状态方程和观测方程分别为

$$s_k = s_{k-1}$$
$$x_k = s_k + n_k$$

其中，s_k 为气球的高度；x_k 为观测数据。观测噪声 n_k 的统计特性为

$$\mathrm{E}(n_k)=0, \quad \mathrm{E}(n_j n_k)=\sigma_n^2\delta_{jk}$$

设气球初始状态的统计特性为

$$\mathrm{E}(s_0)=\mu_{s_0}, \quad \mathrm{E}[(s_0-\mu_{s_0})^2]=\sigma_{s_0}^2$$

且满足 $\mathrm{E}(s_0 n_k)=0$。

(1) 证明：

$$\hat{s}_k=\frac{\sigma_n^2}{\sigma_n^2+k\sigma_{s_0}^2}\hat{s}_0+\frac{\sigma_{s_0}^2}{\sigma_n^2+k\sigma_{s_0}^2}\sum_{j=1}^{k}x_j$$

$$\varepsilon_k^2=\frac{\sigma_n^2\sigma_{s_0}^2}{\sigma_n^2+k\sigma_{s_0}^2}$$

(2) 如果对气球初始状态一点先验知识都没有，求状态滤波 $\hat{s}_k$。

6.19 考虑随机相位调制信号的估计问题。假设离散的状态方程和观测方程分别为

$$s_k=0.8\,s_{k-1}+w_{k-1}$$
$$x_k=A\cos(\omega_0 k+0.5\,s_k)+n_k$$

其中，余弦信号的振幅 A 和频率 ω_0 为已知常数；$w_{k-1}(k\geqslant 1)$ 和 $n_k(k\geqslant 1)$ 都是均值为零、方差为 1 的白噪声随机序列，且二者互不相关。求信号的状态估计 $\hat{s}_k$。可见这是一个对随机相位调制信号的估计问题，请用推广的离散卡尔曼滤波实现这种估计。

6.20 现继续研究例 6.10.1 的问题。

(1) 文中采用推广的离散卡尔曼滤波，并给出了状态滤波的递推估计算法公式，请具体推导这些公式。

(2) 如果已知状态矢量的理想轨迹 s_k^i 和 α_k^i，请用线性化离散卡尔曼滤波来求状态矢量 $\boldsymbol{s}_k=[s_k \quad \alpha_k]^{\mathrm{T}}$ 的递推估计。

附录 6A 正交投影引理Ⅲ的证明

正交投影引理Ⅲ表示为

$$\widehat{\mathrm{OP}}[\boldsymbol{s}|\boldsymbol{x}(k)]=\widehat{\mathrm{OP}}[\boldsymbol{s}|\boldsymbol{x}(k-1)]+\widehat{\mathrm{OP}}[\tilde{\boldsymbol{s}}|\tilde{\boldsymbol{x}}_k] \tag{6A.1}$$
$$=\widehat{\mathrm{OP}}[\boldsymbol{s}|\boldsymbol{x}(k-1)]+\mathrm{E}(\tilde{\boldsymbol{s}}\tilde{\boldsymbol{x}}_k^{\mathrm{T}})[\mathrm{E}(\tilde{\boldsymbol{x}}_k\tilde{\boldsymbol{x}}_k^{\mathrm{T}})]^{-1}\tilde{\boldsymbol{x}}_k$$

式中，

$$\boldsymbol{x}(k)=\begin{bmatrix}\boldsymbol{x}(k-1)\\ \boldsymbol{x}_k\end{bmatrix} \tag{6A.2a}$$

$$\tilde{\boldsymbol{s}}=\boldsymbol{s}-\widehat{\mathrm{OP}}[\boldsymbol{s}|\boldsymbol{x}(k-1)] \tag{6A.2b}$$

$$\tilde{\boldsymbol{x}}_k=\boldsymbol{x}_k-\widehat{\mathrm{OP}}[\boldsymbol{x}_k|\boldsymbol{x}(k-1)] \tag{6A.2c}$$

证明 先证明(6A.1)式中的

$$\begin{aligned}&\widehat{\mathrm{OP}}[\boldsymbol{s}|\boldsymbol{x}(k-1)]+\widehat{\mathrm{OP}}[\tilde{\boldsymbol{s}}|\tilde{\boldsymbol{x}}_k]\\&=\widehat{\mathrm{OP}}[\boldsymbol{s}|\boldsymbol{x}(k-1)]+\mathrm{E}(\tilde{\boldsymbol{s}}\tilde{\boldsymbol{x}}_k^{\mathrm{T}})[\mathrm{E}(\tilde{\boldsymbol{x}}_k\tilde{\boldsymbol{x}}_k^{\mathrm{T}})]^{-1}\tilde{\boldsymbol{x}}_k\end{aligned} \tag{6A.3}$$

再证明(6A.1)式中的

$$\widehat{\mathrm{OP}}[\boldsymbol{s}|\boldsymbol{x}(k)]=\widehat{\mathrm{OP}}[\boldsymbol{s}|\boldsymbol{x}(k-1)]+\mathrm{E}(\tilde{\boldsymbol{s}}\tilde{\boldsymbol{x}}_k^{\mathrm{T}})[\mathrm{E}(\tilde{\boldsymbol{x}}_k\tilde{\boldsymbol{x}}_k^{\mathrm{T}})]^{-1}\tilde{\boldsymbol{x}}_k \tag{6A.4}$$

要证明(6A.3)式成立，只需证明

$$\widehat{\mathrm{OP}}[\tilde{\boldsymbol{s}}|\tilde{\boldsymbol{x}}_k]=\mathrm{E}(\tilde{\boldsymbol{s}}\tilde{\boldsymbol{x}}_k^{T})[\mathrm{E}(\tilde{\boldsymbol{x}}_k\tilde{\boldsymbol{x}}_k^{T})]^{-1}\tilde{\boldsymbol{x}}_k \tag{6A.5}$$

成立。由正交投影引理Ⅰ，有

$$\widehat{\mathrm{OP}}[\tilde{\boldsymbol{s}}|\tilde{\boldsymbol{x}}_k]=\boldsymbol{\mu}_{\tilde{s}}+\boldsymbol{C}_{\tilde{s}\tilde{x}_k}\boldsymbol{C}_{\tilde{x}_k}^{-1}(\tilde{\boldsymbol{x}}_k-\boldsymbol{\mu}_{\tilde{x}_k}) \tag{6A.6}$$

根据正交投影的无偏性，有

$$\boldsymbol{\mu}_{\tilde{s}}=\mathrm{E}\{\boldsymbol{s}-\widehat{\mathrm{OP}}[\boldsymbol{s}|\boldsymbol{x}(k-1)]\}=\boldsymbol{0} \tag{6A.7a}$$

$$\boldsymbol{\mu}_{\tilde{x}_k}=\mathrm{E}\{\boldsymbol{x}_k-\widehat{\mathrm{OP}}[\boldsymbol{x}_k|\boldsymbol{x}(k-1)]\}=\boldsymbol{0} \tag{6A.7b}$$

这样则有

$$\boldsymbol{C}_{\tilde{s}\tilde{x}_k}=\mathrm{E}[(\tilde{\boldsymbol{s}}-\boldsymbol{\mu}_{\tilde{s}})(\tilde{\boldsymbol{x}}_k-\boldsymbol{\mu}_{\tilde{x}_k})^{\mathrm{T}}]=\mathrm{E}(\tilde{\boldsymbol{s}}\tilde{\boldsymbol{x}}_k^{\mathrm{T}}) \tag{6A.8a}$$

$$\boldsymbol{C}_{\tilde{x}_k}=\mathrm{E}[(\tilde{\boldsymbol{x}}_k-\boldsymbol{\mu}_{\tilde{x}_k})(\tilde{\boldsymbol{x}}_k-\boldsymbol{\mu}_{\tilde{x}_k})^{\mathrm{T}}]=\mathrm{E}(\tilde{\boldsymbol{x}}_k\tilde{\boldsymbol{x}}_k^{\mathrm{T}}) \tag{6A.8b}$$

于是有

$$\widehat{\mathrm{OP}}[\tilde{\boldsymbol{s}}|\tilde{\boldsymbol{x}}_k]=\mathrm{E}(\tilde{\boldsymbol{s}}\tilde{\boldsymbol{x}}_k^{\mathrm{T}})[\mathrm{E}(\tilde{\boldsymbol{x}}_k\tilde{\boldsymbol{x}}_k^{\mathrm{T}})]^{-1}\tilde{\boldsymbol{x}}_k$$

因而，(6A.3)式得证。

现在利用正交投影的惟一性，来证明(6A.4)式成立。为此，只要验证

$$\boldsymbol{s}^*\stackrel{\mathrm{def}}{=}\widehat{\mathrm{OP}}[\boldsymbol{s}|\boldsymbol{x}(k-1)]+\mathrm{E}(\tilde{\boldsymbol{s}}\tilde{\boldsymbol{x}}_k^{\mathrm{T}})[\mathrm{E}(\tilde{\boldsymbol{x}}_k\tilde{\boldsymbol{x}}_k^{\mathrm{T}})]^{-1}\tilde{\boldsymbol{x}}_k \tag{6A.9}$$

是 $\boldsymbol{s}$ 在 $\boldsymbol{x}(k)$ 上的正交投影即可，即验证 $\boldsymbol{s}^*$ 具有正交投影的三个性质。下面分三步来进行验证。

(1) 验证 $\boldsymbol{s}^*$ 可由 $\boldsymbol{x}(k)$ 线性表示

因为 $\widehat{\mathrm{OP}}[\boldsymbol{s}|\boldsymbol{x}(k-1)]$ 和 $\widehat{\mathrm{OP}}[\boldsymbol{x}_k|\boldsymbol{x}(k-1)]$ 都可由 $\boldsymbol{x}(k-1)$ 线性表示，所以

$$\tilde{\boldsymbol{x}}_k=\boldsymbol{x}_k-\widehat{\mathrm{OP}}[\boldsymbol{x}_k|\boldsymbol{x}(k-1)]$$

可由 $\boldsymbol{x}(k)$ 线性表示。这样，由(6A.2a)式和(6A.9)式知，$\boldsymbol{s}^*$ 可由 $\boldsymbol{x}(k)$ 线性表示。

(2) 验证 $\boldsymbol{s}^*$ 的无偏性

由(6A.9)式知，$\boldsymbol{s}^*$ 的均值 $\boldsymbol{\mu}_{s^*}$ 为

$$\boldsymbol{\mu}_{s^*}=\mathrm{E}\{\widehat{\mathrm{OP}}[\boldsymbol{s}|\boldsymbol{x}(k-1)]\}+\mathrm{E}(\tilde{\boldsymbol{s}}\tilde{\boldsymbol{x}}_k^{\mathrm{T}})[\mathrm{E}(\tilde{\boldsymbol{x}}_k\tilde{\boldsymbol{x}}_k^{\mathrm{T}})]^{-1}\mathrm{E}(\tilde{\boldsymbol{x}}_k)$$

由正交投影的无偏性知

$$\mathrm{E}\{\widehat{\mathrm{OP}}[\boldsymbol{s}|\boldsymbol{x}(k-1)]\}=\boldsymbol{\mu}_s$$

$$\mathrm{E}(\tilde{\boldsymbol{x}}_k)=\boldsymbol{0}$$

所以

$$\boldsymbol{\mu}_{s^*}=\boldsymbol{\mu}_s \tag{6A.10}$$

因而 s^* 是无偏的

(3) 验证误差矢量 $s-s^*$ 与 $x(k)$ 的正交性

由于 $\widehat{\mathrm{OP}}[x_k|x(k-1)]$ 可由 $x(k-1)$ 线性表示，而 $\tilde{s}=s-\widehat{\mathrm{OP}}[s|x(k-1)]$ 和 $\tilde{x}_k=x_k-\widehat{\mathrm{OP}}[x_k|x(k-1)]$ 均与 $x(k-1)$ 正交，所以 $\tilde{s}$ 和 $\tilde{x}_k$ 均与 $\widehat{\mathrm{OP}}[x_k|x(k-1)]$ 正交，即

$$\mathrm{E}[\tilde{s}(\widehat{\mathrm{OP}}[x_k|x(k-1)])^{\mathrm{T}}]=\mathbf{0} \tag{6A.11a}$$

$$\mathrm{E}[\tilde{x}_k(\widehat{\mathrm{OP}}[x_k|x(k-1)])^{\mathrm{T}}]=\mathbf{0} \tag{6A.11b}$$

因为

$$\tilde{x}_k=x_k-\widehat{\mathrm{OP}}[x_k|x(k-1)]$$

所以

$$x_k=\tilde{x}_k+\widehat{\mathrm{OP}}[x_k|x(k-1)]$$

这样就有

$$x_k^{\mathrm{T}}=\tilde{x}_k^{\mathrm{T}}+(\widehat{\mathrm{OP}}[x_k|x(k-1)])^{\mathrm{T}} \tag{6A.12}$$

于是，由(6A.11a)式、(6A.11b)式和(6A.12)式得

$$\mathrm{E}(\tilde{s}x_k^{\mathrm{T}})=\mathrm{E}(\tilde{s}\tilde{x}_k^{\mathrm{T}})+\mathrm{E}[\tilde{s}(\widehat{\mathrm{OP}}[x_k|x(k-1)])^{\mathrm{T}}]=\mathrm{E}(\tilde{s}\tilde{x}_k^{\mathrm{T}}) \tag{6A.13a}$$

$$\mathrm{E}(\tilde{x}_k x_k^{\mathrm{T}})=\mathrm{E}(\tilde{x}_k\tilde{x}_k^{\mathrm{T}})+\mathrm{E}[\tilde{x}_k(\widehat{\mathrm{OP}}[x_k|x(k-1)])^{\mathrm{T}}]=\mathrm{E}(\tilde{x}_k\tilde{x}_k^{\mathrm{T}}) \tag{6A.13b}$$

将 s^* 的(6A.9)式代入 $\mathrm{E}[(s-s^*)x^{\mathrm{T}}(k)]$ 式，得

$$\begin{aligned}&\mathrm{E}[(s-s^*)x^{\mathrm{T}}(k)]\\&=\mathrm{E}[(s-\widehat{\mathrm{OP}}[s|x(k-1)]-\mathrm{E}(\tilde{s}\tilde{x}_k^{\mathrm{T}})[\mathrm{E}(\tilde{x}_k\tilde{x}_k^{\mathrm{T}})]^{-1}\tilde{x}_k)x^{\mathrm{T}}(k)]\\&=\mathrm{E}[\tilde{s}x^{\mathrm{T}}(k)]-\mathrm{E}(\tilde{s}\tilde{x}_k^{\mathrm{T}})[\mathrm{E}(\tilde{x}_k\tilde{x}_k^{\mathrm{T}})]^{-1}\mathrm{E}[\tilde{x}_k x^{\mathrm{T}}(k)]\end{aligned} \tag{6A.14}$$

因为

$$x^{\mathrm{T}}(k)=[x^{\mathrm{T}}(k-1)\quad x_k^{\mathrm{T}}]$$

注意到(6A.13)式，则(6A.14)式变为

$$\begin{aligned}&\mathrm{E}[(s-s^*)x^{\mathrm{T}}(k)]\\&=\mathrm{E}[\tilde{s}x^{\mathrm{T}}(k-1)\quad \tilde{s}x_k^{\mathrm{T}}]-\mathrm{E}(\tilde{s}\tilde{x}_k^{\mathrm{T}})[\mathrm{E}(\tilde{x}_k\tilde{x}_k^{\mathrm{T}})]^{-1}\mathrm{E}[\tilde{x}_k x^{\mathrm{T}}(k-1)\quad \tilde{x}_k x_k^{\mathrm{T}}]\\&=[\mathbf{0}\quad \mathrm{E}(\tilde{s}x_k^{\mathrm{T}})]-[\mathbf{0}\quad \mathrm{E}(\tilde{s}\tilde{x}_k^{\mathrm{T}})[\mathrm{E}(\tilde{x}_k\tilde{x}_k^{\mathrm{T}})]^{-1}\mathrm{E}(\tilde{x}_k x_k^{\mathrm{T}})]\\&=[\mathbf{0}\quad \mathrm{E}(\tilde{s}\tilde{x}_k^{\mathrm{T}})]-[\mathbf{0}\quad \mathrm{E}(\tilde{s}\tilde{x}_k^{\mathrm{T}})[\mathrm{E}(\tilde{x}_k\tilde{x}_k^{\mathrm{T}})]^{-1}\mathrm{E}(\tilde{x}_k\tilde{x}_k^{\mathrm{T}})]\\&=[\mathbf{0}\quad \mathrm{E}(\tilde{s}\tilde{x}_k^{\mathrm{T}})]-[\mathbf{0}\quad \mathrm{E}(\tilde{s}\tilde{x}_k^{\mathrm{T}})]\\&=\mathbf{0}\end{aligned} \tag{6A.15}$$

从而证明了 $s-s^*$ 与 $x(k)$ 是正交的。

综合上述验证结果，s^* 满足正交投影的三个性质，根据正交投影的惟一性，所以它是 s 在 $x(k)$ 上的正交投影，即

$$\begin{aligned}s^*&=\widehat{\mathrm{OP}}[s|x(k)]\\&=\widehat{\mathrm{OP}}[s|x(k-1)]+\mathrm{E}(\tilde{s}\tilde{x}_k^{\mathrm{T}})[\mathrm{E}(\tilde{x}_k\tilde{x}_k^{\mathrm{T}})]^{-1}\tilde{x}_k\end{aligned}$$

这就证明了(6A.4)式成立。

将上述两部分证明合并，(6A.1)式得证，即正交投影引理Ⅲ得证。

附录 6B 观测量相差法离散卡尔曼滤波递推公式的推导

如果观测噪声矢量 $\boldsymbol{n}_k$ 是由零均值的白噪声随机序列 ζ_{k-1} 激励的一阶线性系统输出的有色噪声，则信号模型的离散状态方程为

$$\boldsymbol{s}_k=\boldsymbol{\Phi}_{k,k-1}\boldsymbol{s}_{k-1}+\boldsymbol{\Gamma}_{k-1}\boldsymbol{w}_{k-1} \tag{6B.1}$$

其中，$\boldsymbol{w}_{k-1}$是零均值白噪声随机序列。离散观测方程为

$$\boldsymbol{x}_k=\boldsymbol{H}_k\boldsymbol{s}_k+\boldsymbol{n}_k \tag{6B.2}$$

其中，$\boldsymbol{n}_k$ 是有色噪声随机序列，表示为

$$\boldsymbol{n}_k=\boldsymbol{D}_{k,k-1}\boldsymbol{n}_{k-1}+\boldsymbol{\zeta}_{k-1} \tag{6B.3}$$

这里，$\boldsymbol{\zeta}_{k-1}$是零均值白噪声序列。于是，离散观测方程可表示为

$$\boldsymbol{x}_k=\boldsymbol{H}_k\boldsymbol{s}_k+\boldsymbol{D}_{k,k-1}\boldsymbol{n}_{k-1}+\boldsymbol{\zeta}_{k-1} \tag{6B.4}$$

用相差法获得相邻两次观测量的差值作为观测量，则有(参见(6.8.48)式)

$$\boldsymbol{x}_k-\boldsymbol{D}_{k,k-1}\boldsymbol{x}_{k-1}=\boldsymbol{G}_{k-1}\boldsymbol{s}_{k-1}+\boldsymbol{H}_k\boldsymbol{\Gamma}_{k-1}\boldsymbol{w}_{k-1}+\boldsymbol{\zeta}_{k-1} \tag{6B.5}$$

其中，

$$\boldsymbol{G}_{k-1}=\boldsymbol{H}_k\boldsymbol{\Phi}_{k,k-1}-\boldsymbol{D}_{k,k-1}\boldsymbol{H}_{k-1} \tag{6B.6}$$

(6B.5)式就是相差法的观测方程。

令

$$\boldsymbol{x}_k^{(-)}=\boldsymbol{x}_k-\boldsymbol{D}_{k,k-1}\boldsymbol{x}_{k-1}$$
$$\boldsymbol{H}_k^{(-)}=\boldsymbol{G}_{k-1}\boldsymbol{\Phi}_{k,k-1}^{-1}$$
$$\boldsymbol{n}_k^{(-)}=\boldsymbol{H}_k\boldsymbol{\Gamma}_{k-1}\boldsymbol{w}_{k-1}+\boldsymbol{\zeta}_{k-1}$$

则信号模型的离散状态方程仍为(6B.1)式，重写如下：

$$\boldsymbol{s}_k=\boldsymbol{\Phi}_{k,k-1}\boldsymbol{s}_{k-1}+\boldsymbol{\Gamma}_{k-1}\boldsymbol{w}_{k-1} \tag{6B.7}$$

其中，$\boldsymbol{w}_{k-1}$是零均值白噪声随机序列。离散观测方程为

$$\begin{aligned}\boldsymbol{x}_k^{(-)}&=\boldsymbol{H}_k^{(-)}\boldsymbol{\Phi}_{k,k-1}\boldsymbol{s}_{k-1}+\boldsymbol{n}_k^{(-)}\\&=\boldsymbol{H}_k^{(-)}\boldsymbol{s}_k+\boldsymbol{n}_k^{(-)}\end{aligned} \tag{6B.8}$$

其中，$\boldsymbol{n}_k^{(-)}$是零均值白噪声随机序列。

观察(6B.7)式和(6B.8)式所示的离散卡尔曼滤波信号模型及其统计特性假设，我们发现，如果 $\boldsymbol{w}_j$ 与$\boldsymbol{\zeta}_k$ 是互不相关的，则它与 6.5 节所描述的基本离散卡尔曼滤波的信号模型及统计特性假设是类似的。这样，借助 6.6 节导出的离散卡尔曼滤波递推公式，可得观测噪声矢量 $\boldsymbol{n}_k$ 是有色噪声时的离散卡尔曼滤波递推公式，归纳整理如下。

状态一步预测均方误差阵 $\boldsymbol{M}_{k|k-1}$ 为

$$\boldsymbol{M}_{k|k-1}=\boldsymbol{\Phi}_{k,k-1}\boldsymbol{M}_{k-1}\boldsymbol{\Phi}_{k,k-1}^{\mathrm{T}}+\boldsymbol{\Gamma}_{k-1}\boldsymbol{C}_{\boldsymbol{w}_{k-1}}\boldsymbol{\Gamma}_{k-1}^{\mathrm{T}} \tag{6B.9}$$

其中，$\boldsymbol{C}_{\boldsymbol{w}_{k-1}}=\mathrm{E}(\boldsymbol{w}_{k-1}\boldsymbol{w}_{k-1}^{\mathrm{T}})$是 $k-1$ 时刻扰动噪声矢量 $\boldsymbol{w}_{k-1}$的协方差矩阵。

状态滤波增益矩阵 $\boldsymbol{K}_k$ 为

$$\boldsymbol{K}_k=\boldsymbol{M}_{k|k-1}(\boldsymbol{H}_k^{(-)})^{\mathrm{T}}[\boldsymbol{H}_k^{(-)}\boldsymbol{M}_{k|k-1}(\boldsymbol{H}_k^{(-)})^{\mathrm{T}}+\boldsymbol{C}_{\boldsymbol{n}_k^{(-)}}]^{-1} \tag{6B.10}$$

式中，

$$\boldsymbol{H}_k^{(-)}=\boldsymbol{G}_{k-1}\boldsymbol{\Phi}_{k,k-1}^{-1}$$
$$(\boldsymbol{H}_k^{(-)})^{\mathrm{T}}=(\boldsymbol{\Phi}_{k,k-1}^{-1})^{\mathrm{T}}\boldsymbol{G}_{k-1}^{\mathrm{T}}$$
$$\boldsymbol{G}_{k-1}^{\mathrm{T}}=\boldsymbol{\Phi}_{k,k-1}^{\mathrm{T}}\boldsymbol{H}_k^{\mathrm{T}}-\boldsymbol{H}_{k-1}^{\mathrm{T}}\boldsymbol{D}_{k,k-1}^{\mathrm{T}}$$
$$\begin{aligned}\boldsymbol{C}_{n_k^{(-)}}&=\mathrm{E}[\boldsymbol{n}_k^{(-)}(\boldsymbol{n}_k^{(-)})^{\mathrm{T}}]\\&=\mathrm{E}[(\boldsymbol{H}_k\boldsymbol{\Gamma}_{k-1}\boldsymbol{w}_{k-1}+\boldsymbol{\zeta}_{k-1})(\boldsymbol{H}_k\boldsymbol{\Gamma}_{k-1}\boldsymbol{w}_{k-1}+\boldsymbol{\zeta}_{k-1})^{\mathrm{T}}]\\&=\boldsymbol{H}_k\boldsymbol{\Gamma}_{k-1}\boldsymbol{C}_{w_{k-1}}\boldsymbol{\Gamma}_{k-1}^{\mathrm{T}}\boldsymbol{H}_k^{\mathrm{T}}+\boldsymbol{C}_{\zeta_{k-1}}\end{aligned}$$
$$\boldsymbol{C}_{\zeta_{k-1}}=\mathrm{E}(\boldsymbol{\zeta}_{k-1}\boldsymbol{\zeta}_{k-1}^{\mathrm{T}})$$

状态滤波均方误差阵 $\boldsymbol{M}_k$ 为

$$\boldsymbol{M}_k=[\boldsymbol{I}-\boldsymbol{K}_k\boldsymbol{H}_k^{(-)}]\boldsymbol{M}_{k|k-1} \tag{6B.11}$$

状态滤波 $\hat{\boldsymbol{s}}_k$ 为

$$\begin{aligned}\hat{\boldsymbol{s}}_k&=\boldsymbol{\Phi}_{k,k-1}\hat{\boldsymbol{s}}_{k-1}+\boldsymbol{K}_k(\boldsymbol{x}_k^{(-)}-\boldsymbol{H}_k^{(-)}\boldsymbol{\Phi}_{k,k-1}\hat{\boldsymbol{s}}_{k-1})\\&=\boldsymbol{\Phi}_{k,k-1}\hat{\boldsymbol{s}}_{k-1}+\boldsymbol{K}_k(\boldsymbol{x}_k-\boldsymbol{D}_{k,k-1}\boldsymbol{x}_{k-1}-\boldsymbol{G}_{k-1}\boldsymbol{\Phi}_{k,k-1}^{-1}\boldsymbol{\Phi}_{k,k-1}\hat{\boldsymbol{s}}_{k-1})\\&=\boldsymbol{\Phi}_{k,k-1}\hat{\boldsymbol{s}}_{k-1}+\boldsymbol{K}_k(\boldsymbol{x}_k-\boldsymbol{D}_{k,k-1}\boldsymbol{x}_{k-1}-\boldsymbol{G}_{k-1}\hat{\boldsymbol{s}}_{k-1})\end{aligned} \tag{6B.12}$$

状态一步预测 $\hat{\boldsymbol{s}}_{k+1|k}$ 为

$$\hat{\boldsymbol{s}}_{k+1|k}=\boldsymbol{\Phi}_{k+1,k}\hat{\boldsymbol{s}}_k \tag{6B.13}$$

离散卡尔曼滤波的初始状态为

$$\hat{\boldsymbol{s}}_0=\boldsymbol{\mu}_{s_0} \tag{6B.14}$$
$$\boldsymbol{M}_0=\boldsymbol{C}_{s_0} \tag{6B.15}$$

附录 6C　扩维法与相差法相结合的离散卡尔曼滤波递推公式的推导

6.8.5 节中已经介绍了将系统状态矢量扩维法与前后两次观测矢量相差法相结合来处理系统扰动噪声和观测噪声都是有色噪声情况下，离散卡尔曼滤波问题的基本方法。下面具体讨论这种处理方法：处理后的离散状态方程和观测方程及其主要统计特性；离散卡尔曼滤波递推公式的推导及其结果。

由 6.8.3 节可知，把扰动噪声矢量 $\boldsymbol{w}_k$ 扩展到系统状态矢量 $\boldsymbol{s}_k$ 中，则离散状态方程和观测方程分别为

$$\boldsymbol{s}_k^{(+)}=\boldsymbol{\Phi}_{k,k-1}^{(+)}\boldsymbol{s}_{k-1}^{(+)}+\boldsymbol{\Gamma}_{k-1}^{(+)}\boldsymbol{\eta}_{k-1} \tag{6C.1}$$

和

$$\boldsymbol{x}_k=\boldsymbol{H}_k^{(+)}\boldsymbol{s}_k^{(+)}+\boldsymbol{n}_k \tag{6C.2}$$

式中，

$$\boldsymbol{s}_k^{(+)}=\begin{bmatrix}\boldsymbol{s}_k\\\boldsymbol{w}_k\end{bmatrix}$$

$$\boldsymbol{\Phi}_{k,k-1}^{(+)}=\begin{bmatrix}\boldsymbol{\Phi}_{k,k-1}&\boldsymbol{\Gamma}_{k-1}\\\boldsymbol{0}&\boldsymbol{C}_{k,k-1}\end{bmatrix}$$

$$\boldsymbol{\Gamma}_{k-1}^{(+)}=\begin{bmatrix}\mathbf{0}\\ \boldsymbol{I}\end{bmatrix}$$

$$\boldsymbol{H}_k^{(+)}=[\boldsymbol{H}_k \quad \mathbf{0}]$$

$$\boldsymbol{n}_k=\boldsymbol{D}_{k,k-1}\boldsymbol{n}_{k-1}+\boldsymbol{\zeta}_{k-1}$$

在扩维的基础上，由 6.8.4 节知，若用 $\boldsymbol{x}_k-\boldsymbol{D}_{k,k-1}\boldsymbol{x}_{k-1}$ 作为观测矢量，则有如下离散观测方程：

$$\boldsymbol{x}_k^{(-)}=\boldsymbol{H}_k^{(\pm)}\boldsymbol{s}_k^{(+)}+\boldsymbol{n}_k^{(-)} \tag{6C.3}$$

式中，

$$\boldsymbol{x}_k^{(-)}=\boldsymbol{x}_k-\boldsymbol{D}_{k,k-1}\boldsymbol{x}_{k-1}$$
$$\boldsymbol{H}_k^{(\pm)}=\boldsymbol{G}_{k-1}^{(+)}(\boldsymbol{\Phi}_{k,k-1}^{(+)})^{-1}$$
$$\boldsymbol{G}_{k-1}^{(+)}=\boldsymbol{H}_k^{(+)}\boldsymbol{\Phi}_{k,k-1}^{(+)}-\boldsymbol{D}_{k,k-1}\boldsymbol{H}_{k-1}^{(+)}$$
$$\boldsymbol{n}_k^{(-)}=\boldsymbol{H}_k^{(+)}\boldsymbol{\Gamma}_{k-1}^{(+)}\boldsymbol{\eta}_{k-1}+\boldsymbol{\zeta}_{k-1}$$

这样，扩维处理后的离散状态方程(6C.1)和相差处理后的离散观测方程(6C.3)，其扰动噪声 $\boldsymbol{\eta}_{k-1}$ 和观测噪声 $\boldsymbol{n}_k^{(-)}$ 都是零均值的白噪声随机序列。所以，采用基于白噪声随机序列的基本离散卡尔曼滤波可导出有色噪声情况下的离散卡尔曼滤波递推公式。

状态一步预测均方误差阵 $\boldsymbol{M}_{k|k-1}^{(+)}$ 为

$$\boldsymbol{M}_{k|k-1}^{(+)}=\boldsymbol{\Phi}_{k,k-1}^{(+)}\boldsymbol{M}_{k-1}^{(+)}(\boldsymbol{\Phi}_{k,k-1}^{(+)})^{\mathrm{T}}+\boldsymbol{\Gamma}_{k-1}^{(+)}\boldsymbol{C}_{\eta_{k-1}}(\boldsymbol{\Gamma}_{k-1}^{(+)})^{\mathrm{T}} \tag{6C.4}$$

式中，

$$\boldsymbol{C}_{\eta_{k-1}}=\mathrm{E}(\boldsymbol{\eta}_{k-1}\boldsymbol{\eta}_{k-1}^{\mathrm{T}})$$

状态滤波增益矩阵 $\boldsymbol{K}_k^{(+)}$ 为

$$\boldsymbol{K}_k^{(+)}=\boldsymbol{M}_{k|k-1}^{(+)}(\boldsymbol{H}_k^{(\pm)})^{\mathrm{T}}[\boldsymbol{H}_k^{(\pm)}\boldsymbol{M}_{k|k-1}^{(+)}(\boldsymbol{H}_k^{(\pm)})^{\mathrm{T}}+\boldsymbol{C}_{n_k^{(-)}}]^{-1} \tag{6C.5}$$

式中，

$$\begin{aligned}\boldsymbol{C}_{n_k^{(-)}}&=\mathrm{E}[\boldsymbol{n}_k^{(-)}(\boldsymbol{n}_k^{(-)})^{\mathrm{T}}]\\&=\boldsymbol{H}_k^{(+)}\boldsymbol{\Gamma}_{k-1}^{(+)}\boldsymbol{C}_{\eta_{k-1}}(\boldsymbol{\Gamma}_{k-1}^{(+)})^{\mathrm{T}}(\boldsymbol{H}_k^{(+)})^{\mathrm{T}}+\boldsymbol{C}_{\zeta_{k-1}}\end{aligned}$$
$$\boldsymbol{C}_{\zeta_{k-1}}=\mathrm{E}(\boldsymbol{\zeta}_{k-1}\boldsymbol{\zeta}_{k-1}^{\mathrm{T}})$$

状态滤波的均方误差阵 $\boldsymbol{M}_k^{(+)}$ 为

$$\boldsymbol{M}_k^{(+)}=[\boldsymbol{I}-\boldsymbol{K}_k^{(+)}\boldsymbol{H}_k^{(\pm)}]\boldsymbol{M}_{k|k-1}^{(+)} \tag{6C.6}$$

状态滤波 $\hat{\boldsymbol{s}}_k^{(+)}$ 为

$$\begin{aligned}\hat{\boldsymbol{s}}_k^{(+)}&=\boldsymbol{\Phi}_{k,k-1}^{(+)}\hat{\boldsymbol{s}}_{k-1}^{(+)}+\boldsymbol{K}_k^{(+)}(\boldsymbol{x}_k^{(-)}-\boldsymbol{H}_k^{(\pm)}\boldsymbol{\Phi}_{k,k-1}^{(+)}\hat{\boldsymbol{s}}_{k-1}^{(+)})\\&=\boldsymbol{\Phi}_{k,k-1}^{(+)}\hat{\boldsymbol{s}}_{k-1}^{(+)}+\boldsymbol{K}_k^{(+)}[\boldsymbol{x}_k-\boldsymbol{D}_{k,k-1}\boldsymbol{x}_{k-1}-\\&\quad\boldsymbol{G}_{k-1}^{(+)}(\boldsymbol{\Phi}_{k,k-1}^{(+)})^{-1}\boldsymbol{\Phi}_{k,k-1}^{(+)}\hat{\boldsymbol{s}}_{k-1}^{(+)}]\\&=\boldsymbol{\Phi}_{k,k-1}^{(+)}\hat{\boldsymbol{s}}_{k-1}^{(+)}+\boldsymbol{K}_k^{(+)}(\boldsymbol{x}_k-\boldsymbol{D}_{k,k-1}\boldsymbol{x}_{k-1}-\boldsymbol{G}_{k-1}^{(+)}\hat{\boldsymbol{s}}_{k-1}^{(+)})\end{aligned} \tag{6C.7}$$

状态一步预测 $\hat{\boldsymbol{s}}_{k+1|k}^{(+)}$ 为

$$\hat{\boldsymbol{s}}_{k+1|k}^{(+)}=\boldsymbol{\Phi}_{k+1,k}^{(+)}\hat{\boldsymbol{s}}_k^{(+)} \tag{6C.8}$$

为了确定离散卡尔曼滤波的初始状态，假设系统状态矢量 $\boldsymbol{s}_k$ 在 $k=0$ 时刻的初始均值矢量 $\mathrm{E}(\boldsymbol{s}_0)=\boldsymbol{\mu}_{s_0}$，协方差矩阵 $\mathrm{E}[(\boldsymbol{s}_0-\boldsymbol{\mu}_{s_0})(\boldsymbol{s}_0-\boldsymbol{\mu}_{s_0})^{\mathrm{T}}]=\boldsymbol{C}_{s_0}$ 已知；有色扰动噪声矢量

$\boldsymbol{w}_k$ 在 $k=0$ 时刻的均值矢量 $\mathrm{E}(\boldsymbol{w}_0)=\boldsymbol{\mu}_{w_0}=\boldsymbol{0}$，并且 $\boldsymbol{w}_{-1}=\boldsymbol{0}$，零均值白噪声随机序列 $\boldsymbol{\eta}_{-1}$ 的协方差矩阵 $\mathrm{E}(\boldsymbol{\eta}_{-1}\boldsymbol{\eta}_{-1}^{\mathrm{T}})=\boldsymbol{C}_{\eta_{-1}}$ 已知，系统初始状态矢量 $\boldsymbol{s}_0$ 与 $\boldsymbol{\eta}_{-1}$ 互不相关。这样，离散卡尔曼滤波的初始状态为

$$\hat{\boldsymbol{s}}_0^{(+)}=\begin{bmatrix}\boldsymbol{\mu}_{s_0}\\ \boldsymbol{\mu}_{w_0}\end{bmatrix}=\begin{bmatrix}\boldsymbol{\mu}_{s_0}\\ \boldsymbol{0}\end{bmatrix}\stackrel{\text{def}}{=}\boldsymbol{\mu}_{s_0^{(+)}} \tag{6C.9}$$

和

$$\begin{aligned}\boldsymbol{M}_0^{(+)}&=\mathrm{E}[(\boldsymbol{s}_0^{(+)}-\boldsymbol{\mu}_{s_0^{(+)}})(\boldsymbol{s}_0^{(+)}-\boldsymbol{\mu}_{s_0^{(+)}})^{\mathrm{T}}]\\&=\mathrm{E}\left(\begin{bmatrix}\boldsymbol{s}_0-\boldsymbol{\mu}_{s_0}\\ \boldsymbol{w}_0-\boldsymbol{\mu}_{w_0}\end{bmatrix}\begin{bmatrix}\boldsymbol{s}_0-\boldsymbol{\mu}_{s_0}\\ \boldsymbol{w}_0-\boldsymbol{\mu}_{w_0}\end{bmatrix}^{\mathrm{T}}\right)\\&=\mathrm{E}\left(\begin{bmatrix}\boldsymbol{s}_0-\boldsymbol{\mu}_{s_0}\\ \boldsymbol{\eta}_{-1}\end{bmatrix}\begin{bmatrix}\boldsymbol{s}_0-\boldsymbol{\mu}_{s_0} & \boldsymbol{\eta}_{-1}\end{bmatrix}\right)\\&=\begin{bmatrix}\boldsymbol{C}_{s_0} & \boldsymbol{0}\\ \boldsymbol{0} & \boldsymbol{C}_{\eta_{-1}}\end{bmatrix}\end{aligned} \tag{6C.10}$$

第7章 信号的恒虚警率检测

7.1 引言

信号的恒虚警率检测技术已广泛应用于各种雷达系统的信号检测中，从信号处理的观点出发，我们称之为信号的恒虚警率(constant false alarm rate，CFAR)处理。目前这种处理技术已延伸应用于通信系统中。信号的恒虚警率检测可以看作是信号检测与估计相结合的一种实际应用。在本章中，将以雷达系统为背景，讨论针对不同干扰环境的恒虚警率检测的基本概念、基本理论和实现技术。

我们知道，信号检测是在干扰背景中进行的。在雷达系统中，这些干扰不仅有系统噪声，而且还有诸如云雨、海浪、大片的森林、起伏的山丘、高大的建筑物等反射的回波，以及敌方施放的无源和有源干扰等。这些回波进入接收系统都会对信号产生干扰，我们统称这些干扰为杂波干扰。

系统噪声和杂波干扰强度的变化会引起判决概率的变化。在雷达系统中，人们特别关心一类错误判决概率，即虚警概率的变化。所谓信号的恒虚警率检测，就是在干扰强度变化的情况下，信号经过恒虚警率处理，使虚警概率保持恒定。

根据人们对干扰数学模型的掌握程度，实现信号的恒虚警率检测大致可分为三种方法：如果已知干扰的数学模型，则可以采用参量检测；如果雷达工作环境恶劣，干扰复杂，其分布的数学模型未知或时变，则可以采用非参量检测；而如果对干扰的统计特性部分已知，则可以采用一种所谓稳健性检测。在本章中将分别讨论这些检测方法。

7.2 信号的恒虚警率检测概论

在具体讨论信号的恒虚警率检测问题之前，首先简要说明有关的几个问题。

7.2.1 信号恒虚警率检测的必要性

在雷达系统中，信号的检测准则是奈曼-皮尔逊准则。因此，虚警概率是信号处理过程中主要的技术指标之一。在自动信号检测雷达系统中，恒虚警率处理能保证计算机不致因干扰太强而过载，从而保证系统的正常运行；在人工目标检测情况下，恒虚警率处理能达到在强干扰下损失一点检测能力仍能工作的目的。

为了说明干扰强度变化对虚警概率的影响，下面做如下的分析。

大家知道，高斯噪声通过窄带线性系统后，其包络的概率密度函数服从瑞利分布；低分辨率雷达下的较平稳的地物杂波、低海情下的海浪杂波等，其包络的概率密度函数一般也可用瑞利分布来描述。所以，下面以瑞利分布的干扰为例，来说明信号检测中恒虚警率处理的必要性。沿用二元信号统计检测时的描述方法，包络服从瑞利分布的干扰信号，其统计特性表示为

$$p(x|H_0)=\begin{cases}\dfrac{x}{\sigma^2}\exp\left(-\dfrac{x^2}{2\sigma^2}\right), & x\geqslant 0\\ 0, & x<0\end{cases} \tag{7.2.1}$$

其中，x 为干扰的幅度；σ^2 是窄带高斯干扰的方差，它的大小代表干扰的强弱。

如果信号检测门限为 x_0，则干扰幅度超过门限的概率为

$$\begin{aligned}p_{\mathrm{f}} &= \int_{x_0}^{\infty}\frac{x}{\sigma^2}\exp\left(-\frac{x^2}{2\sigma^2}\right)\mathrm{d}x\\ &=\exp\left(-\frac{x_0^2}{2\sigma^2}\right)\end{aligned} \tag{7.2.2}$$

其中，p_{f} 是单次检测的虚警概率。

这样，当采用固定门限检测时（x_0 不变），由于干扰强度（σ^2）变化，会引起虚警概率的变化，结果如图 7.1 所示。

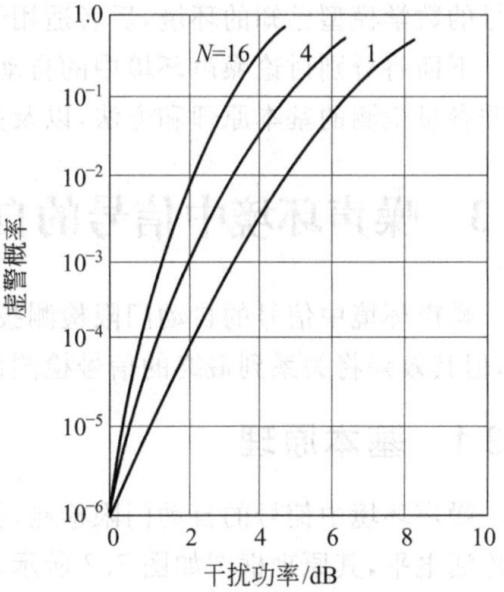

图 7.1　固定门限检测时的虚警概率

当 $N=1$ 时，由图 7.1 我们可以清楚地看出，若最初按 $p_{\mathrm{f}}=10^{-6}$ 调整门限 x_0，当干扰电平增加 2dB 时，便使虚警概率由 10^{-6} 增大到 10^{-4}，即增大 100 倍，这还是单次检测（$N=1$）的情况。如果是多次积累后检测（$N>1$），则虚警概率变化更大。图 7.1 示出了 $N=1,4$ 和 16 三种情况的虚警概率曲线。

雷达系统中，系统噪声会随系统特性、接收机增益大小等而变化，各种强度不同的杂波一般地也是不可避免的。因此，需要采用包括恒虚警率处理在内的信号处理技术，否则雷达系统的性能会受到很大影响，虚警概率将会在很大的范围内变化。这里仅从信号检测的角度考虑，必须采取使虚警概率保持恒定的措施——恒虚警率处理技术，以实现恒虚警率检测。

上面以服从瑞利分布的干扰为例，说明了恒虚警率检测的必要性。事实上，对其他类型的干扰信号，同样也存在干扰强度的变化，若用固定门限检测，虚警概率随之显著变化的问题。所以，在雷达信号检测中，必须采用恒虚警率检测技术。

7.2.2　信号恒虚警率检测的性能

衡量恒虚警率检测的性能，通常主要考虑两个质量指标——恒虚警率的性能和恒虚警率的损失。

1. 恒虚警率的性能

恒虚警率的性能表明了恒虚警率检测设备在相应的环境中实际所能达到的恒虚警率

水平。这是因为理想的恒虚警率检测通常是难以做到的，为此需要研究实际设备偏离理想情况的程度，这就是恒虚警率的性能。

2. 恒虚警率的损失

为了实现恒虚警率检测而采用的恒虚警率处理不能提高信噪比，相反地，在处理过程中，信噪比还会或多或少地有所损失，我们把这种损失称为恒虚警率损失，用 L_{CFAR} 表示。其定义为，雷达信号经过恒虚警率处理后，为了达到原信号(即处理前的信号)的检测能力所需的信噪比的增加量。信号的恒虚警率损失也可以用检测能力的降低来表示。显然，我们希望损失越小越好。

7.2.3 信号恒虚警率检测的分类

信号的恒虚警率处理和检测主要有两种分类方法：一种是按干扰环境特性分为噪声环境和杂波环境的处理和检测，前者适用于系统噪声环境，后者适用于存在杂波干扰的环境；另一种是按干扰信号的模型分为参量型和非参量型的处理和检测，前者适用于干扰信号的数学模型已知的环境，后者适用于干扰信号的数学模型未知或时变的环境。

下面将分别讨论噪声环境中的自动门限信号检测、杂波环境中的恒虚警率处理、信号的非参量检测的基本原理和方法，以及关于信号的稳健性检测问题。

7.3 噪声环境中信号的自动门限检测

噪声环境中信号的自动门限检测技术，在整个雷达信号处理技术中是相对比较简单的，但其效果将关系到最终的信号检测性能，所以仍然是一个十分重要的问题。

7.3.1 基本原理

噪声环境中信号的自动门限检测，关键是自动形成与噪声干扰环境相匹配的自动门限检测电平，其原理框图如图 7.2 所示。自动门限检测电平的形成由噪声电平估计和乘系数两部分组成。由于系统噪声平均电平的变化比较缓慢，同时为了消除目标信号，杂波干扰信号等对噪声平均电平估计的影响，用于噪声电平估计的样本数据应取自噪声区的采样，为此，原理框图中设计有噪声样本选通电路。

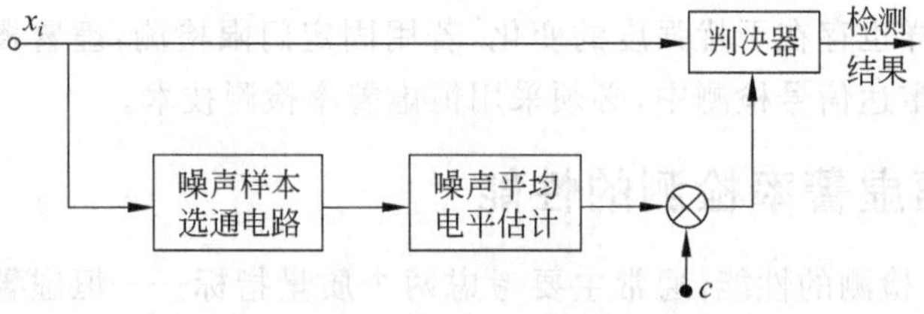

图 7.2 自动门限检测原理框图

现在研究图 7.2 的工作原理。大家知道，由于噪声干扰环境中，系统噪声通常认为是高斯噪声，所以经窄带线性系统，其输出噪声包络的概率密度函数服从瑞利分布，即

$$p(x|H_0)=\begin{cases}\frac{x}{\sigma^2}\exp\left(-\frac{x^2}{2\sigma^2}\right), & x\geqslant 0\\ 0, & x<0\end{cases} \tag{7.3.1}$$

如果进行归一化处理，令 $u=x/\sigma$，则

$$p(u|H_0)=\begin{cases}u\exp\left(-\frac{u^2}{2}\right), & u\geqslant 0\\ 0, & u<0\end{cases} \tag{7.3.2}$$

显然，变量 u 的分布与噪声强度 σ 无关。这样，对 u 用固定门限检测就不会因噪声强度改变而引起虚警概率变化了。设检测门限为 u_0，则单次检测的虚警概率 p_f 为

$$\begin{aligned}p_f &= \int_{u_0}^{\infty} p(u|H_0)\mathrm{d}u=\int_{u_0}^{\infty} u\exp\left(-\frac{u^2}{2}\right)\mathrm{d}u\\ &=\exp\left(-\frac{u_0^2}{2}\right)\end{aligned} \tag{7.3.3}$$

所以，关键是求出噪声干扰的标准差 σ，并进行归一化处理，然后就可进行门限检测了，虚警概率 p_f 决定于检测门限 u_0。

因为瑞利分布的平均值 $\mathrm{E}(x)=\sqrt{\pi/2}\sigma$，所以只要求出 x 的平均值 $\mathrm{E}(x)$，就能实现归一化处理。图 7.2 中的平均值估计器完成对 x 的求平均，得到平均值估计值 $\hat{x}$。因为 $\mathrm{E}(\hat{x})=\mathrm{E}(x)$，所以只要参与求噪声平均电平估计的样本数足够多，那么估计值的均方误差就足够小，$\hat{x}$ 将非常接近 $\mathrm{E}(x)$。至于 $\mathrm{E}(x)$ 与 σ 之间的常系数 $\sqrt{\pi/2}$ 并不影响图 7.2 的工作原理。噪声电平的平均值估计 $\hat{x}$ 乘以系数 c，所形成的门限检测电平将随噪声干扰强度的变化而变化，从而实现了信号的恒虚警率检测。

如果窄带线性系统输出噪声包络的概率密度函数不是服从瑞利分布的，或者窄带系统是非线性的，但输出噪声包络的平均值估计结果 $\hat{x}$ 仍然会随噪声干扰强度的变化而变化，那么它们之间的关系一般地也可以是非线性的。如果通过分析或实际测试而得到这种非线性关系，那么可以根据噪声平均电平估计 $\hat{x}$，利用这种非线性关系来调整乘系数 c，原理上仍然能够实现信号的恒虚警率检测。这在以数字信号处理器为核心器件的信号处理系统中实现并不困难。

7.3.2 实现技术

我们仍以雷达系统为背景研究噪声环境中信号自动门限检测的实现技术。现代雷达系统自动化程度高，信号形式复杂，工作模式多，所以即使在同一部雷达系统中，根据其不同的信号形式和工作模式有相应的不同处理方式。这样，用于信号检测的自动门限的形成也应采用不同的技术和方法来实现。如前所述，噪声背景中信号检测的自动门限形成的关键是噪声电平估计 $\hat{x}$ 和乘系数 c 的确定。这里介绍几种常用的实现技术，这些实现技术经雷达系统应用证明是行之有效的。

1. 噪声样本的选取

如前所述，为了尽可能避免目标回波信号、杂波干扰等对噪声平均电平估计的影响，

用于噪声电平估计的样本应合理选取，下面说明噪声样本选取的基本原则。

在一般情况下，最好在雷达发射重复周期的休止期内选取噪声样本，因为在休止期雷达接收系统输出的是系统噪声。对于没有休止期的雷达系统，或虽有休止期但休止期内对信号不进行处理的情况，则应尽可能在远的距离段上选取噪声样本，因为远距离段上即使存在目标信号，也相对较弱，对噪声电平估计结果的影响较小。

如果雷达系统处于目标跟踪状态，当采用线性(或非线性)调频信号、伪随机序列编码信号等信号形式时，信号的时宽较大，目标跟踪波门略宽于信号的时宽，一般为几十微秒量级。由于我们仅对跟踪门内的信号进行处理，而经匹配滤波后的目标信号处在接收的宽目标信号的末尾，所以此时用于噪声电平估计的样本可以取信号处理的前部部分单元。

图 7.2 中的噪声样本选通电路用来实现噪声样本的选取。在采用数字信号处理器的信号处理系统中，噪声样本取信号检测前信号处理结果的某段地址中的数据。

2. 噪声电平的样本平均递归估计

噪声样本平均递归估计是为了得到比较平稳的噪声电平估计而采用的一种方法。设用于噪声电平估计的样本总数为 N_t，它对应着 N_t 个距离单元，若其中出现虚警的单元数为 N_{fa}，则虚警频率为 N_{fa}/N_t。当 $N_t\to\infty$ 时，虚警频率等于虚警概率 p_f。根据概率论中贝努利(Bernoulli)大数定理，假如允许虚警频率与虚警概率之间的差别小于 εp_f(εp_f 为小于 1 的任意正数)，则满足这一要求的概率为

$$P\left[\left|\frac{N_{fa}}{N_t}-p_f\right|<\varepsilon p_f\right]\geqslant 1-\frac{p_f(1-p_f)}{\varepsilon^2 p_f^2 N_t}\tag{7.3.4}$$

如果要求这一概率必须大于某值 p，则有

$$1-\frac{1-p_f}{\varepsilon^2 p_f N_t}\geqslant p\tag{7.3.5}$$

解出 N_t，得

$$N_t\geqslant\frac{1-p_f}{\varepsilon^2 p_f(1-p)}\tag{7.3.6}$$

例如，若 $\varepsilon=0.5$，$p=0.9$，则当 $p_f=10^{-2}$ 时，$N_t\geqslant 4000$。

在一个雷达信号处理周期内，要获得如此大的噪声样本数有时是不现实的。这里所谓的一个雷达信号处理周期，可能是一个雷达发射重复周期，也可能是一个批处理时间，这决定于雷达系统的体制及信号处理的功能和方式。在这种情况下，一种简单而有效的方法是噪声平均电平递归估计法，其原理框图如图 7.3 所示。

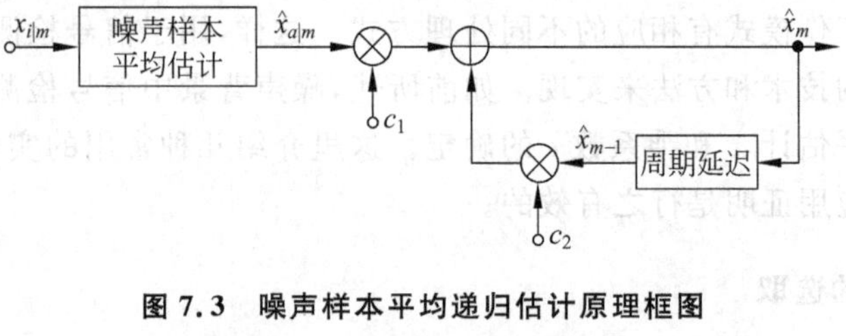

图 7.3　噪声样本平均递归估计原理框图

我们把雷达信号的当前处理周期记为第 m 个周期，取该处理周期 $i=l$ 到 $i=$

$l+N_m-1$共 N_m 个距离单元噪声样本数据 $x_{i|m}$。为了计算方便，N_m一般为 2^M，M通常取 7 左右的正整数。首先，对 N_m 个噪声样本数据 $x_{i|m}$求和取平均，即完成平均值估计，得

$$\hat{x}_{a|m}=\frac{1}{N_m}\sum_{i=l}^{l+N_m-1}x_{i|m} \tag{7.3.7}$$

然后，将 $\hat{x}_{a|m}$与上次递归运算得到的噪声平均电平估计值 $\hat{x}_{m-1}$进行加权运算，即有

$$\hat{x}_m=c_1\hat{x}_{a|m}+c_2\hat{x}_{m-1} \tag{7.3.8}$$

$\hat{x}_m$ 就是当前处理周期的噪声平均电平估计值。式中，加权系数 c_1 和 c_2 满足

$$c_1+c_2=1,\quad c_1\geqslant 0, c_2\geqslant 0$$

具体数值分配视情况而定。例如，如果参数 N_m 较小，则平均值估计的均方误差较大，于是 c_1 可取较小的值，如 1/8；如果参数 N_m 较大，则 c_1 可取较大的值，如 1/4。

获得噪声平均电平估计值 $\hat{x}_m$ 后，将它乘以系数 c，所得结果就是雷达信号检测的自动门限电平。

在雷达信号的下一个处理周期，即第 $m+1$ 个周期，有

$$\hat{x}_{m+1}=c_1\hat{x}_{a|m+1}+c_2\hat{x}_m \tag{7.3.9}$$

这样，$c\hat{x}_{m+1}$就形成该周期的雷达信号检测的自动门限电平。

依此类推，利用当前处理周期的噪声电平平均估计值和上个处理周期递归运算得到的噪声平均电平估计值进行加权运算，所得结果乘以系数 c，从而获得信号检测的自动门限电平，所以我们把这种方法称为噪声平均电平的递归估计法。这种方法不仅利用了当前处理周期噪声样本数据的平均估计值，而且也利用了过去的噪声平均电平估计结果，这相当于增大了用于噪声平均电平估计的噪声样本数，所以能够获得良好的估计效果。

在实际应用中，如果雷达信号相邻处理周期间，由于接收系统自动增益控制等原因使得噪声电平有较大的变化，在这种情况下，若采用噪声平均电平的递归估计方法，则应尽量增大每个处理周期的噪声样本数 N_m，同时调整加权系数 c_1 和 c_2 之值，即增大 c_1，减小 c_2。

3. 噪声电平的二维平均估计

在现代雷达信号处理中，动目标显示(moving target indication，MTI)和动目标检测(moving target detection，MTD)是从杂波干扰中提取目标信号的有效方法。由于动目标检测还具有相参积累的能力，所以为了提高雷达系统的性能，许多雷达信号处理都设计有动目标检测的功能。设对 $n=0$ 到 $n=N-1$ 的相邻 N 个探测周期的雷达接收信号进行动目标检测处理，首先完成离散傅里叶变换(假设为数字信号)，即完成

$$X_i(k)=\sum_{n=0}^{N-1}x_{i|n}\mathrm{e}^{-\mathrm{j}\frac{2\pi}{N}kn},\quad k=0,1,\cdots,N-1,\quad i=1,2,\cdots,L \tag{7.3.10}$$

运算，其中，$x_{i|n}$是第 n 个探测周期中第 i 个距离单元的样本数据。这样运算的结果就组成了一个宽度为 N、长度为 L 的二维数据矩阵。宽度 N 表示频率通道共 N 个，不同多普勒频率的雷达目标信号将出现在相应的频率通道中；长度 L 表示雷达作用距离范围内的距离单元共 L 个，不同距离的雷达目标信号将出现在相应的距离单元中。由于系统噪

声的频谱是比较均匀的，且出现在各距离单元中，所以在二维数据矩阵的各单元中都存在噪声干扰。

对雷达接收信号经动目标检测的离散傅里叶变换运算后获得的 N 个频率通道信号分别进行求模、恒虚警率处理和幅度最大值选择，最后完成信号的自动门限检测。

为了形成信号检测的自动门限电平，现在讨论噪声电平的二维平均估计方法。N 个频率通道恒虚警率处理的结果仍然是二维的数据矩阵，噪声存在于各矩阵单元中。在第 m 个雷达信号处理周期，取每个频率通道的 $i=l$ 到 $i=l+N_m-1$ 共 N_m 个距离单元噪声样本数据 $|X_i(k)|(k=0,1,\cdots,N-1)$，分别进行平均值估计，得

$$\hat{x}_{k|m}=\frac{1}{N_m}\sum_{i=l}^{l+N_m-1}|X_i(k)|,\quad k=0,1,\cdots,N-1 \tag{7.3.11}$$

然后，将各频率通道的噪声电平平均值估计结果 $\hat{x}_{k|m}(k=0,1,\cdots,N-1)$ 再进行频率通道间的平均，最终得噪声电平的估计值为

$$\begin{aligned}\hat{x}_m &=\frac{1}{N}\sum_{k=0}^{N-1}\hat{x}_{k|m}\\ &=\frac{1}{N}\sum_{k=0}^{N-1}\left[\frac{1}{N_m}\sum_{i=l}^{l+N_m-1}|X_i(k)|\right]\end{aligned} \tag{7.3.12}$$

这样，参与噪声电平平均值估计的噪声样本数为 $N_t=N\times N_m$。所获得的噪声平均电平估计 $\hat{x}_m$ 乘以系数 c，就得到信号检测的自动门限电平。

根据上述讨论，雷达目标信号的动目标检测及噪声电平的二维平均估计原理框图如图 7.4 所示。

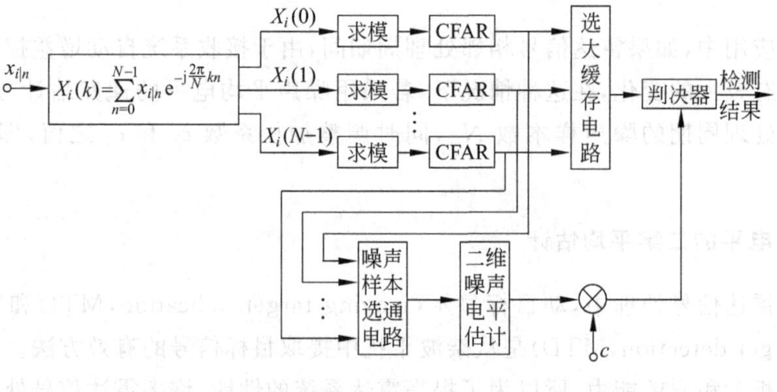

图 7.4 动目标检测及二维噪声电平估计原理框图

4. 乘系数 c 的估计

在多数情况下，噪声包络的概率密度函数服从瑞利分布，即

$$p(x|H_0)=\begin{cases}\dfrac{x}{\sigma^2}\exp\left(-\dfrac{x^2}{2\sigma^2}\right), & x\geqslant 0\\ 0, & x<0\end{cases} \tag{7.3.13}$$

所以，单次检测的虚警概率 p_f 为

$$p_{\mathrm{f}}=\int_{c\hat{x}_m}^{\infty}\frac{x}{\sigma^2}\exp\left(-\frac{x^2}{2\sigma^2}\right)\mathrm{d}x \tag{7.3.14}$$

因为瑞利分布的均值 $\mathrm{E}(x)=\sqrt{\pi/2}\sigma$，所以(7.3.14)式可以表示为

$$p_{\mathrm{f}}=\int_{\sqrt{\frac{\pi}{2}}c\hat{\sigma}}^{\infty}\frac{x}{\sigma^2}\exp\left(-\frac{x^2}{2\sigma^2}\right)\mathrm{d}x \tag{7.3.15}$$

如果用 σ 代替估计值 $\hat{\sigma}$，则有

$$\begin{aligned}p_{\mathrm{f}}&=\int_{\sqrt{\frac{\pi}{2}}\hat{c}\sigma}^{\infty}\frac{x}{\sigma^2}\exp\left(-\frac{x^2}{2\sigma^2}\right)\mathrm{d}x\\&=\exp\left(-\frac{\pi\hat{c}^2}{4}\right)\end{aligned} \tag{7.3.16}$$

这样，根据虚警概率 p_{f} 的要求，可以得到乘系数 c 的估计值 $\hat{c}$。例如，当要求 $p_{\mathrm{f}}=3.5\times10^{-6}$ 时，则乘系数 $\hat{c}\approx4$。

7.4　杂波环境中信号的恒虚警率检测

在 7.3 节中讨论了噪声环境中信号的自动门限检测，通过对噪声平均电平的实时估计，所得估计值乘以系数 c 形成自动门限电平，实现信号的恒虚警率检测。我们知道，系统噪声一般变化比较缓慢，且分布在雷达的整个作用范围内；而杂波干扰是一种变化较快的干扰信号，通常只出现在雷达作用范围的某些区域内，并且在各个方向上其杂波强度不同，有时甚至差别很大，在距离上，杂波强度也有明显的变化。例如，地物杂波、海浪杂波对搜索雷达一般只出现在近程一二十公里范围里，除非远区有高大的固定目标或巨大的海浪，而云雨等杂波只出现在云区或降雨区等。

对杂波干扰，主要是利用杂波的频谱特性与雷达目标信号频谱特性的差别来设计相应的滤波器对它进行抑制，这就是雷达信号处理中常用的动目标显示、自适应动目标显示或动目标检测等。

雷达工作时可能遇到的杂波，包括地物、海浪、云雨及敌方施放的金属箔等。除了孤立的建筑物等可认为是固定点目标外，大多数杂波均属于分布杂波且包含内部运动。

大多数分布杂波的回波特性比较复杂。在雷达的分辨单元内，雷达所收到的回波是大量独立单元反射信号的合成，它们之间具有相对的运动，其合成回波具有随机的性质。由于杂波内部的运动，各反射单元所反射信号的多普勒频率值是不同的，这就引起回波谱的展宽。对于设计杂波抑制滤波器来讲，我们感兴趣的是杂波的频谱特性。

由于天线波束双程方向图对回波信号的调制，杂波谱将展宽，展宽后的杂波功率谱可用高斯函数来近似表示。如果以杂波功率谱的标准偏差 σ_c(Hz)或杂波频谱的标准偏差 σ_v(m/s)为参数，则杂波的功率谱可以表示为

$$P_c(f)=P_0\exp\left[-\frac{(f-f_d)^2}{2\sigma_c^2}\right]=P_0\exp\left[-\frac{(f-f_d)^2\lambda^2}{8\sigma_v^2}\right] \tag{7.4.1}$$

其中，P_0 是杂波的总功率，f_d 是杂波的平均多普勒频率。σ_c 与 σ_v 之间存在如下关系：

$$\sigma_c=\frac{2\sigma_v}{\lambda} \tag{7.4.2}$$

σ_v 的量纲与速度相同。σ_v 的值只与杂波内部起伏运动的程度有关，而与雷达的工作波长 λ 无关，因而 σ_v 是描述杂波内部运动较好的参数。表 7.4.1 列出了杂波频谱的标准偏差 σ_v 的部分统计结果。根据这些数据和雷达的工作波长，可以算出 σ_c 的值，从而可以知道杂波的功率谱。

表 7.4.1 杂波频谱的标准偏差统计结果

杂 波 种 类	风速/km/h	σ_v/m/s
稀疏的树木	无风	0.017
有树林的山	18.5	0.04
有树林的山	37.0	0.22
有树林的山	46.0	0.12
有树林的山	74.0	0.32
海浪回波	—	0.75～1.0
海浪回波	15.0～37.0	0.46～1.1
海浪回波	大风	0.89
雷达箔条	—	0.37～0.91
雷达箔条	46.0	1.2
雷达箔条	—	1.1
有雨的云	—	1.8～4.0
有雨的云	—	2.0

由表可见，同样的杂波源(如有树林的山)，在不同的风速下，其杂波谱的宽度是不同的；运动杂波的谱(如有雨的云)一般比固定杂波的谱(如有树林的山)宽度要宽，有时还宽得多；相同的杂波 σ_v 值，由于雷达工作波长 λ 不同所产生的杂波谱的宽度是不一样的，工作波长越短，杂波谱的展宽越严重。

此外，雷达系统工作频率的不稳定性、发射信号的前后沿抖动、信号宽度的变化等均会引起杂波谱的展宽。影响杂波谱展宽的各种因素是互不相关的，因此，杂波功率谱总的展宽可以用杂波功率谱方差 σ_Σ^2 表示为

$$\sigma_\Sigma^2=\sigma_1^2+\sigma_2^2+\cdots+\sigma_M^2 \tag{7.4.3}$$

其中，$\sigma_i^2(i=1,2,\cdots,M)$是第 i 种因素引起的杂波功率谱方差。

如果杂波除了内部各反射单元的信号具有相对运动之外，杂波整体上还有一定的运动速度，则称这种杂波为运动杂波，其杂波功率谱的谱中心位置将产生相应的多普勒频移。

杂波功率谱的展宽，将明显地影响动目标显示的质量，因为杂波抑制滤波器不仅要滤去杂波干扰，还应保证运动目标在尽可能大的速度范围内以较小的损失输出，所以滤波器的凹口不能做得很宽。另外，滤波器的频率响应特性也不可能是理想的。这样，功率谱展宽的杂波干扰，通过动目标显示滤波器后，往往会有部分杂波剩余输出。所以在动目标显示后一般还要进行杂波环境中信号的恒虚警率检测。

如果采用动目标检测，因为它是由 N 个滤波器组成的并联滤波器组，所以功率谱展宽的杂波干扰按其在频域的分布，不同频率的分量将分散在 N 个滤波器中。这就是说，

动目标检测的 N 个滤波器的输出都有可能存在杂波干扰。所以，动目标检测后要进行杂波环境中信号的恒虚警率检测。

上述讨论说明，即使在雷达信号处理中采用了动目标显示或动目标检测处理，也仍然需要考虑杂波环境中信号的恒虚警率检测问题。

杂波环境中信号的恒虚警率检测包括杂波的恒虚警率处理及处理后信号的自动门限检测两部分。杂波经恒虚警率处理后理论上成为噪声干扰环境。关于噪声环境中信号的自动门限检测问题，已在 7.3 中作了讨论，所以下面只讨论杂波环境（包括瑞利杂波模型和非瑞利杂波模型）的恒虚警率处理问题。

7.5 瑞利杂波的恒虚警率处理

7.5.1 瑞利杂波模型

低分辨率雷达系统中，当照射角较高、环境比较平稳时，地物、海浪和云雨等分布杂波可以看作是很多独立照射单元反射回波的叠加，每个照射单元反射回波的振幅和相位都是随机的。我们知道，它们合成回波的振幅是服从瑞利分布的，即

$$p(x|H_0)=\begin{cases}\dfrac{x}{\sigma^2}\exp\left(-\dfrac{x^2}{2\sigma^2}\right), & x\geqslant 0\\ 0, & x<0\end{cases} \tag{7.5.1}$$

其中，σ^2 代表杂波的平均功率。瑞利杂波模型是工程应用中比较常用的一种模型。

7.5.2 瑞利杂波恒虚警率处理原理

关于瑞利杂波的恒虚警率处理，在 7.3 节中已经作了分析。如果将 x 用杂波强度 σ 进行归一化处理，结果 $u=x/\sigma$ 的概率密度函数

$$p(u|H_0)=\begin{cases}u\exp\left(-\dfrac{u^2}{2}\right), & u\geqslant 0\\ 0, & u<0\end{cases} \tag{7.5.2}$$

与杂波强度无关；同时，由第 2 章我们知道，瑞利分布的均值 $\mathrm{E}(x)=\mu_x=\sqrt{\pi/2}\sigma$。所以，我们只要获得瑞利分布的均值 $\mathrm{E}(x)$，就可以进行归一化处理，从而实现瑞利杂波的恒虚警率处理。$\mathrm{E}(x)$ 与 σ 之间的常系数可以归到检测门限中，不影响恒虚警率性能。

7.5.3 单元平均恒虚警率处理

根据瑞利杂波恒虚警率处理的原理，需要获得杂波的平均值估计 $\hat{x}$，以估计值 $\hat{x}$ 代替理论上的杂波均值 $\mathrm{E}(x)$，完成归一化处理。由于杂波通常是区域性的，只存在于某一方位、高度和距离范围内，所以杂波平均值的估计只能在被检测距离单元前后邻近的距离单元内进行，称为单元平均恒虚警率处理，如图 7.5 所示。图中，中间是被测单元，被测单元前后各有 $N/2$ 个参考单元，用于杂波平均值 $\hat{x}$ 的估计，除法器完成归一化处理。

现在讨论单元平均恒虚警率处理的恒虚警率性能和恒虚警率损失。在单元平均恒虚

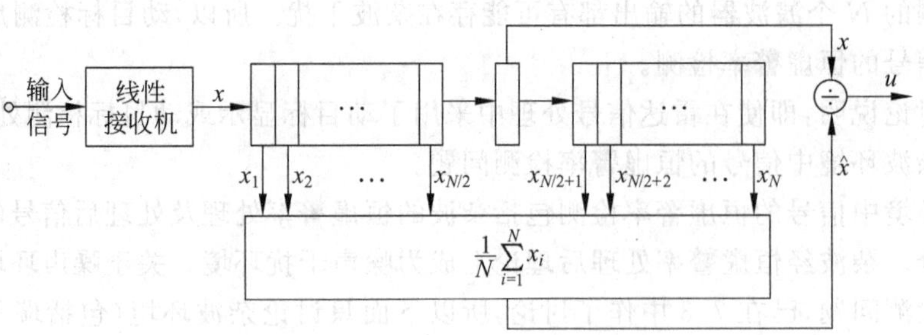

图 7.5 单元平均恒虚警率处理原理框图

警率处理中,用杂波的平均值估计

$$\hat{x}=\frac{1}{N}\sum_{i=1}^{N}x_i \tag{7.5.3}$$

代替杂波的统计平均值 $E(x)$ 实现归一化处理,因为估计量 $\hat{x}$ 是无偏的,即 $E(\hat{x})=E(x)$,所以从统计意义上讲,单元平均恒虚警率处理是具有恒虚警率性能的,特别是当参考单元 N 足够大且全部被杂波所覆盖时,估计值 $\hat{x}$ 和均值 $E(x)$ 是十分接近的。然而由于后面将要讨论的多种因素的限制,参考单元不可能取得很大,常用典型值为 $N=8,16$ 或 32。如果各距离单元的杂波是不相关的,则估计量的均方误差为 σ^2/N。这意味着要用少量的参考单元来得到杂波的平均值估计 $\hat{x}$,估计值本身的起伏是比较大的,参考单元数愈少,起伏愈大。经归一化处理后,平均值的起伏将引起输出噪声起伏增大。当检测门限一定时,噪声起伏的增大将引起虚警概率的增加。在这种情况下,如果要保持原虚警概率不变,则应根据参考单元数适当提高检测门限,这时要保持原来的检测概率,必需提高输入信号的信噪比。这个所需提高的信噪比,就是恒虚警率损失 L_{CFAR}。图 7.6 给出了当 $P_F=10^{-6}$,$P_D=0.5$ 时多种参数下的恒虚警率损失曲线。当积累次数 $n=1$(单次探测)时,参考单元数 N 越大,恒虚警率损失越小;当 N 趋于无穷大时,平均值估计结果趋于其统计平均值而没有起伏,这时当然就不会有恒虚警率损失了。例如,当 $N=5$ 时,$L_{\text{CFAR}}\approx7.0$ dB,而当 $N=20$ 时,$L_{\text{CFAR}}\approx2.0$ dB。

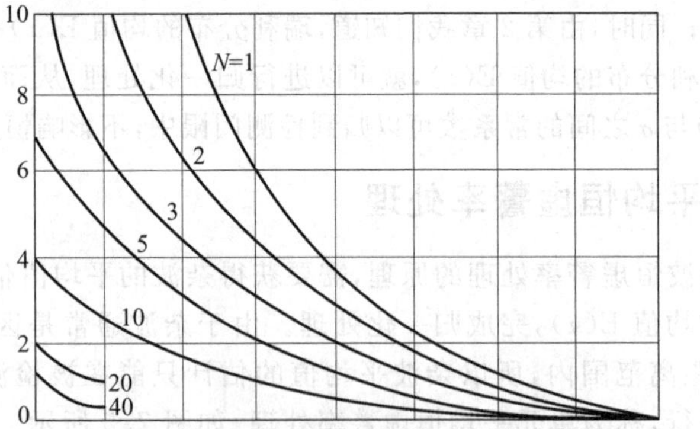

图 7.6 单元平均恒虚警率处理损失曲线($P_F=10^{-6}$,$P_D=0.5$)

以上讨论都是针对单次探测的情况，事实上雷达信号处理通常利用多次探测积累的结果。利用多次探测，经积累后会对起伏起到平滑的作用。所以，当参考单元 N 一定时，积累次数 m 越多，恒虚警率损失就越小。例如，在图 7.6 中，当 $N=10$ 时，只要积累次数 $m\geqslant 8$，则其损失就可小于 1 dB。不过，需要特别注意的是，积累能减小起伏，从而能减小恒虚警率损失，是指各次探测间干扰为相互统计独立的情况。系统噪声满足这个条件，但地物等杂波干扰在相继的探测间有很强的相关性。因此，等效统计独立的积累数通常比实际的探测次数 m 要小得多。所以，当有效的积累数不大时，参考单元数 N 不宜取得太小，否则会带来较大的恒虚警率损失。

关于单元平均恒虚警率处理的恒虚警率性能和目标信号的检测性能的数学分析请参见附录 7A。

7.5.4　对数单元平均恒虚警率处理

单元平均恒虚警率处理是针对瑞利杂波模型的，即雷达接收机是窄带线性系统，归一化处理用除法完成。如果窄带接收系统具有对数特性(如对数中频放大器)，则可采用对数单元平均恒虚警率处理，其归一化处理用减法完成。在具有对数特性的窄带接收系统的情况下，为了分析问题方便起见，我们把这样的系统称为对数接收机。下面首先讨论理想对数接收机情况下的恒虚警率处理问题，然后说明实际对数接收机的影响。

1. 理想对数接收机输出信号的统计特性

假定有一个理想的对数接收机，其输入输出信号的关系为

$$y=a\ln bx,\quad x\geqslant 0, a>0, b>0 \tag{7.5.4}$$

其中，a 和 b 是对数接收机的常参数；x 是其输入信号；y 是其输出信号。它的特性曲线如图 7.7 所示，图中同时绘出了实际对数接收机的特性曲线。

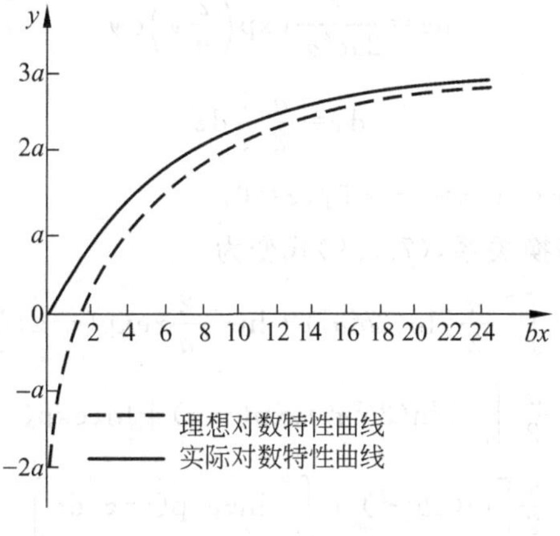

图 7.7　对数特性曲线

由(7.5.4)式可得

$$x=\frac{1}{b}\exp\left(\frac{y}{a}\right),\quad x\geqslant 0 \tag{7.5.5}$$

$$\mathrm{d}x=\frac{1}{ab}\exp\left(\frac{y}{a}\right)\mathrm{d}y \tag{7.5.6}$$

如果让振幅服从瑞利分布，即将

$$p(x|H_0)=\begin{cases}\dfrac{x}{\sigma^2}\exp\left(-\dfrac{x^2}{2\sigma^2}\right), & x\geqslant 0\\ 0, & x<0\end{cases} \tag{7.5.7}$$

的杂波信号 x 加到理想对数接收机的输入端，则接收机输出杂波信号 y 将服从如下分布：

$$p(y|H_0)=\frac{\exp\left(\dfrac{2}{a}y\right)}{ab^2\sigma^2}\exp\left[-\frac{\exp\left(\dfrac{2}{a}y\right)}{2b^2\sigma^2}\right] \tag{7.5.8}$$

现在进而求杂波信号 y 的部分统计平均量——均值 $\mathrm{E}(y)$ 和方差 $\mathrm{Var}(y)$。

杂波信号 y 的均值为

$$\begin{aligned}\mathrm{E}(y)=\mu_y&=\int_{-\infty}^{\infty}yp(y)\mathrm{d}y\\&=\int_{-\infty}^{\infty}y\frac{\exp\left(\dfrac{2}{a}y\right)}{ab^2\sigma^2}\exp\left[-\frac{\exp\left(\dfrac{2}{a}y\right)}{2b^2\sigma^2}\right]\mathrm{d}y\end{aligned} \tag{7.5.9}$$

令

$$z=\frac{\exp\left(\dfrac{2}{a}y\right)}{2b^2\sigma^2} \tag{7.5.10}$$

则

$$y=\frac{a}{2}[\ln(2b^2\sigma^2)+\ln z] \tag{7.5.11}$$

$$\mathrm{d}z=\frac{2}{2ab^2\sigma^2}\exp\left(\frac{2}{a}y\right)\mathrm{d}y \tag{7.5.12}$$

$$\mathrm{d}y=\frac{a}{2}\frac{1}{z}\mathrm{d}z \tag{7.5.13}$$

并且，当 $y=+\infty$ 时，$z=+\infty$；$y=-\infty$ 时，$z=0$。

利用上面这些变量替换关系，(7.5.9)式变为

$$\begin{aligned}\mathrm{E}(y)&=\int_0^{\infty}\frac{a}{2}[\ln(2b^2\sigma^2)+\ln z]\frac{2}{a}z\exp(-z)\frac{a}{2}\frac{1}{z}\mathrm{d}z\\&=\frac{a}{2}\int_0^{\infty}[\ln(2b^2\sigma^2)\exp(-z)+\ln z\exp(-z)]\mathrm{d}z\\&=\frac{a}{2}\left[\ln(2b^2\sigma^2)+\int_0^{\infty}\ln z\exp(-z)\mathrm{d}z\right]\end{aligned} \tag{7.5.14}$$

利用积分公式

$$\int_0^{\infty}\ln z\exp(-cz)\mathrm{d}z=-\frac{1}{c}(\gamma+\ln c)$$

当 $c=1$ 时，有

$$\int_0^\infty \ln z \exp(-z)\mathrm{d}z = -\gamma$$

其中，γ 为欧拉常数，近似值为 $\gamma \approx 0.577216$。这样，杂波信号 y 的均值为

$$\mathrm{E}(y) = \mu_y = \frac{a}{2}[\ln(2b^2\sigma^2) - \gamma] \tag{7.5.15}$$

为了求出杂波信号 y 的方差，首先求出它的均方值 $\mathrm{E}(y^2)$。y 的均方值为

$$\begin{aligned}
\mathrm{E}(y^2) &= \int_{-\infty}^{\infty} y^2 p(y)\mathrm{d}y \\
&= \int_0^\infty \frac{a^2}{4}[\ln(2b^2\sigma^2) + \ln z]^2 \exp(-z)\mathrm{d}z \\
&= \frac{a^2}{4}\int_0^\infty \ln^2(2b^2\sigma^2)\exp(-z)\mathrm{d}z + \\
&\quad \frac{a^2}{4}\int_0^2 2\ln(2b^2\sigma^2)\ln z\exp(-z)\mathrm{d}z + \\
&\quad \frac{a^2}{4}\int_0^\infty \ln^2 z\exp(-z)\mathrm{d}z \\
&= \frac{a^2}{4}\ln^2(2b^2\sigma^2) + \frac{a^2}{4}2\ln(2b^2\sigma^2)(-\gamma) + \\
&\quad \frac{a^2}{4}\int_0^\infty \ln^2 z\exp(-z)\mathrm{d}z
\end{aligned} \tag{7.5.16}$$

式中，变量 z 仍为

$$z = \frac{\exp\left(\dfrac{2}{a}y\right)}{2b^2\sigma^2}$$

利用积分公式

$$\int_0^\infty \ln^2 z\exp(-z)\mathrm{d}z = \Gamma''(1) = \gamma^2 + \frac{\pi^2}{6}$$

则得

$$\mathrm{E}(y^2) = \frac{a^2}{4}\ln^2(2b^2\sigma^2) + \frac{a^2}{4}2\ln(2b^2\sigma^2)(-\gamma) + \frac{a^2}{4}\left(\gamma^2 + \frac{\pi^2}{6}\right) \tag{7.5.17}$$

这样，杂波信号 y 的方差为

$$\mathrm{Var}(y) = \sigma_y^2 = \mathrm{E}(y^2) - [\mathrm{E}(y)]^2 \tag{7.5.18}$$

将(7.5.15)式和(7.5.17)式代入(7.5.18)式，得

$$\mathrm{Var}(y) = \sigma_y^2 = \frac{a^2}{4}\left(\gamma^2 + \frac{\pi^2}{6}\right) - \frac{a^2}{4}\gamma^2 = \frac{a^2\pi^2}{24} \tag{7.5.19}$$

2. 对数恒虚警率处理原理

(7.5.15)式和(7.5.19)式说明，如果将振幅服从瑞利分布的杂波信号加到具有理想对数特性接收机的输入端，则其输出信号的均值 $\mathrm{E}(y) = \mu_y$ 随输入信号的强度 σ^2 变化而变化，而输出信号的起伏方差 $\mathrm{Var}(y) = \sigma_y^2$ 与输入信号的强度 σ^2 无关，是个常量。这样，如果从输出信号中减去它的均值，即令

$$u=y-\mu_y \tag{7.5.20}$$

则变量 u 就与信号的强度 σ^2 无关了。从而将变量 u 与固定门限 u_0 进行信号检测，其虚警概率就是恒定的了。现证明如下。

因为

$$p(y|H_0)=\frac{\exp\left(\frac{2}{a}y\right)}{ab^2\sigma^2}\exp\left[-\frac{\exp\left(\frac{2}{a}y\right)}{2b^2\sigma^2}\right]$$

$$\mu_y=\frac{a}{2}[\ln(2b^2\sigma^2)-\gamma]$$

所以，若令

$$u=y-\mu_y$$

则由一维雅可比变换可得 u 的概率密度函数为

$$\begin{aligned}p(u|H_0)&=\frac{\exp\left[\frac{2}{a}u+\ln(2b^2\sigma^2)-\gamma\right]}{ab^2\sigma^2}\times\\&\quad\exp\left\{-\frac{\exp\left[\frac{2}{a}u+\ln(2b^2\sigma^2)-\gamma\right]}{2b^2\sigma^2}\right\}\\&=\frac{2}{a}\exp\left(\frac{2}{a}u-\gamma\right)\exp\left[-\exp\left(\frac{2}{a}u-\gamma\right)\right]\end{aligned} \tag{7.5.21}$$

可见，变量 $u=y-\mu_y$ 的分布是与输入杂波强度 σ^2 无关的，所以减法归一化的结果实现了恒虚警率处理。如果将归一化的结果加到门限为 u_0 的检测器上，则虚警概率为 $u\geqslant u_0$ 的概率，即

$$\begin{aligned}p_f&=\int_{u_0}^{\infty}\frac{2}{a}\exp\left(\frac{2}{a}u-\gamma\right)\exp\left[-\exp\left(\frac{2}{a}u-\gamma\right)\right]du\\&=\exp\left[-\exp\left(\frac{2}{a}u_0-\gamma\right)\right]\end{aligned} \tag{7.5.22}$$

显然，当检测门限 u_0 确定后，虚警概率是恒定的。

由上面的分析可以得出对数恒虚警率处理的方法是，将对数接收机的输出信号减去它的均值，这样归一化处理的结果就实现了瑞利杂波模型下的恒虚警率处理。

3. 对数单元平均恒虚警率处理

根据对数恒虚警率处理的原理，我们可以采用多种处理方法，其中，对数单元平均恒虚警率处理是常用的一种，如图 7.8 所示。杂波信号的平均值是由 N 个参考单元所获得的平均值估计来代替的，减法器实现归一化处理。

现在讨论对数单元平均恒虚警率处理设计和应用中的一些主要问题。

(1) 杂波的边缘效应

在平稳瑞利杂波下，对数单元平均恒虚警率处理，具有恒虚警率性能；但在杂波的边缘，即杂波强度剧烈变化的过渡过程期间，结果将有所不同。设在某一时刻输入由弱杂波跃变到强杂波，当强杂波的前沿已进入前 $N/2$ 个参考单元而未到达被测单元时，平均值

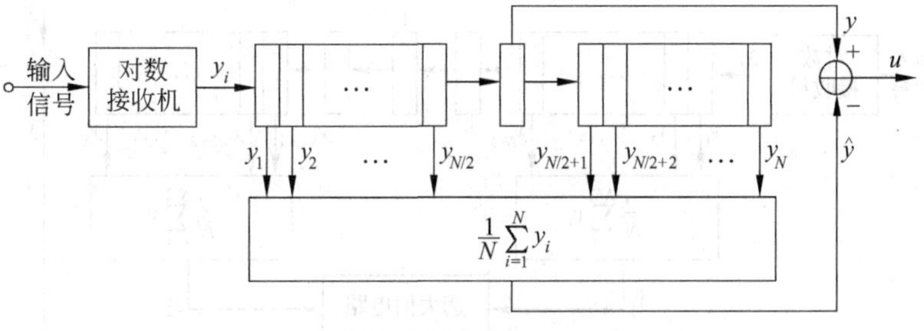

图 7.8 对数单元平均恒虚警率处理原理框图

估计器的输出逐步增大，且强杂波前沿越接近被测单元，平均值估计器的输出越大，而这时被测单元为弱杂波所占据，两者相减将使输出为负，结果虚警概率下降，信号的检测能力也有很大的损失。当强杂波的前沿恰好进入被测单元时，由于后 $N/2$ 参考单元为弱杂波，所以平均值估计器的输出相对被测单元来说是最低的，两者相减将使输出为正且最大。此后，随着杂波前沿逐渐进入后 $N/2$ 参考单元，两者之差逐渐减小。在这段时间内，由于两者相减会剩余正的杂波，所以会使虚警概率很大。当杂波前沿到达后 $N/2$ 参考单元的最右端时，过渡过程才告结束，恒虚警率处理达到平稳状态。当输入杂波强度由强跃变到弱时，也有类似的过渡过程。这就是杂波的边缘效应。

图 7.9 定性说明了杂波边缘效应的过渡过程，它是当参考单元 $N=8$，杂波跃变为 16dB 时，图 7.8的恒虚警率处理的各主要点的波形。图7.9表明，在杂波的边缘，减法器的输出变化最大，而检测门限 u_0 是不变的，故虚警概率变化很大；它还表明，参考单元 N 越大，恒虚警率处理的过渡过程越长。

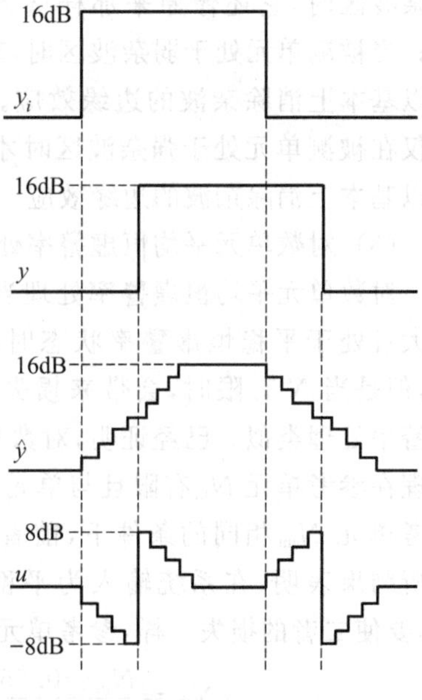

图 7.9 杂波的边缘效应

(2) 选大值对数单元平均恒虚警率处理

为了消除图 7.8 所示的恒虚警率处理在杂波边缘内侧虚警概率显著增大的问题，可采用图 7.10 所示的改进型——选大值对数单元平均恒虚警率处理。该处理方法将被测单元前后的参考单元分别求平均值估计，并且用二者中较大的估计值参加归一化处理，这样就不会出现杂波边缘虚警概率显著增大的现象了。另外，考虑到工程实际应用，被测单元前后通常还应有若干个保护单元，图 7.10 只画出了被测单元前后各一个保护单元的情况。

图 7.11 用跃变杂波输入说明了图 7.10 的恒虚警率处理的边缘效应。杂波跃变值为 16dB，参考单元 $N=8$，保护单元对杂波的延迟作用暂不考虑，因为它不影响杂波边缘效应的说明。归一化的减法器输出说明，杂波边缘内侧虚警概率显著增大的现象得到解决，但与图 7.9 相比较，杂波外测负的更大了。可见这种方法仅将杂波的边缘效应转移到一

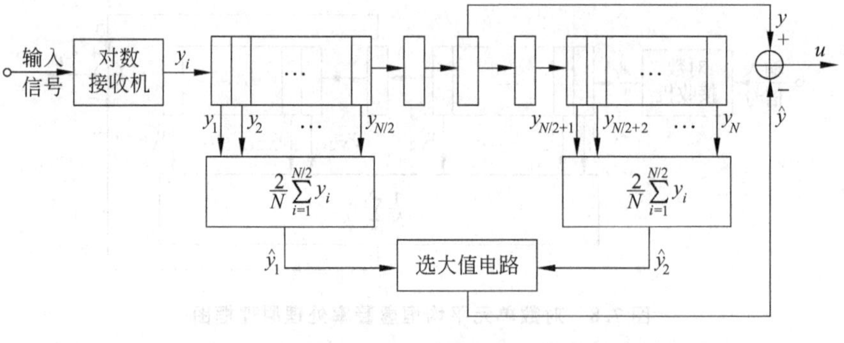

图 7.10 选大值对数单元平均恒虚警率处理原理框图

侧,并未彻底解决问题。实际上要完全消除杂波的边缘效应比较困难,但我们设想可以采用一些简单的办法加以部分改善。例如,在选大值方案里加一些辅助判断,用来确定被测单元是位于强杂波区还是弱杂波区,同时将选大值电路作一些改进。当被测单元处于强杂波区时,它还像原来那样选大值进行归一化处理;当被测单元处于弱杂波区时,转为选小值。这样可以基本上消除杂波的边缘效应。如果恒虚警率处理仅在被测单元处于强杂波区时才用,则选大值方案可以基本上消除杂波的边缘效应。

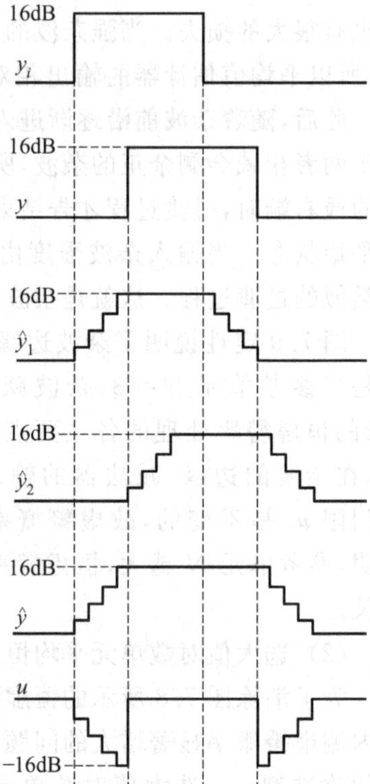

图 7.11 杂波的边缘效应

(3) 对数单元平均恒虚警率处理的损失

对数单元平均恒虚警率处理当参考单元 N 为无穷大且处于平稳恒虚警率状态时,没有恒虚警率损失,但是当 N 有限时,会带来损失,这与单元平均恒虚警率处理类似。已经证明,对数单元平均恒虚警率处理在参考单元 $N_{\ln}$ 有限且与单元平均恒虚警率处理参考单元 N_{lin} 相同的条件下,前者的损失大于后者。分析结果表明,在系统输入为平稳正态干扰的情况下,要使二者的损失一样,参考单元数应满足

$$N_{\text{lin}}=\frac{N_{\ln}-0.65}{1.65} \tag{7.5.23}$$

该式说明,在相同的信噪比条件下,$N_{\ln}$ 比 N_{lin} 大约大 65%时,二者可以得到相同的检测性能。

对数单元平均恒虚警率处理与单元平均恒虚警率处理相比较,前者在动态范方面具有明显的优点(当采用对数接收机时),而且实现容易,但当参考单元 N 相同时其检测性能稍差。

选大值对数单元平均恒虚警率处理的损失,在参考单元 N 相同的条件下,比对数单元平均恒虚警率处理的损失要大,因为前者实际上只用 $N/2$ 个参考单元的杂波样本进行

其平均值估计。所以，要使二者的损失一样，前者的参考单元数必须为后者的$\sqrt{2}$倍。

4. 参考单元数 N 的取值

通过前面的恒虚警率处理的讨论，我们可以对参考单元数 N 的取值问题作简要的归纳。参考单元数 N 取多大比较好，主要应考虑如下一些主要因素。

首先，为了使恒虚警率处理在平稳状态下的损失较小，希望参考单元数 N 取大些。

其次，为了使恒虚警率处理的非平稳过渡过程短，扰乱目标出现的概率小，则希望将参考单元数 N 取小些。可见，以上两方面的因素对 N 的取值要求是相互矛盾的。

最后，除考虑以上两方面的因素外，实际上还有一个十分重要的因素，即杂波在空间上的均匀性宽度，这是必须加以考虑的。因为如果杂波的均匀性宽度比较窄，间隔较远的参考单元中的样本将可能具有不同的统计平均量，此时若 N 较大，则恒虚警率处理相当于工作在杂波的边缘，不能保证处理的恒虚警率性能。通常，气象和海浪杂波的均匀性宽度比较宽，参考单元数 N 一般可以取得大些；而起伏的山丘等地物杂波沿距离和方位的变化比较剧烈，此时 N 不宜取得过大。如果杂波的均匀性宽度很窄，以致单元平均处理不能被应用，则当杂波属于固定杂波时，可考虑采用类似于慢速目标检测的杂波图存储等技术实现目标信号的恒虚警率检测。

总之，参考单元数 N 的选取既要考虑系统的有关指标要求，又要考虑杂波的不同特性，通常是多种因素的折衷结果。如前所指出的，实际应用中，一般地取 $N=8,16$ 或 32。

5. 保护单元数 M 的选取

随着雷达信号处理技术的发展，为了提高系统的性能，在采用数字信号处理时，设计的采样频率往往比奈奎斯特(Nyguist)采样定理规定的最低采样频率高，特别是在目标跟踪状态下，为了提高测距精度，保证和支路与差支路信号归一化的正确极性和高精度，采样频率可能取得很高。这样，雷达的目标信号将占据连续的几个到数十个距离单元。在理想的情况下，目标的中心处于所占据的距离单元的中间，信号幅度最大，两侧对称，幅度逐渐减小。在这种情况下，采用单元平均类型的恒虚警率处理，如果被测单元的两侧不加保护单元，则经恒虚警率处理后的输出信号可能只保留中间距离单元及附近的少量单元的目标信号，且信号幅度会减小许多，这对信号检测是非常不利的，也不利于目标的自动捕获与跟踪。保留目标的具体单元数决定于采用的单元平均恒虚警率处理的类型和参考单元数 N。例如，当采用选大值单元平均恒虚警率处理时，取 $N=8$，当不加保护单元时，处理后输出目标中间单元及两侧各一个单元共 3 个单元的信号。所以，通常在被测单元前后两侧各加 $M/2$ 个参考单元，M 一般为几到几十的量级。实际应用中，M 的取值根据系统的要求、目标所占据的距离单元数、恒虚警率处理的类型及参考单元 N 等而定。最后说明，保护单元数 M 一般也不宜取得过大，否则对窄的杂波干扰将起不到恒虚警率处理的作用。

6. 实际对数接收机的影响

前面以理想对数接收机为基础讨论了瑞利杂波的恒虚警率处理问题。但实际的对数

接收机特性与理想特性稍有差别，通常表示为

$$y = a\ln(1+bx) \tag{7.5.24}$$

特性曲线如图 7.7 所示。在这种情况下，实际对数接收机输出杂波的方差并不是常数，而与输入杂波的强度有关，因此恒虚警率处理的性能将受到影响。但是，一般地说，杂波的强度远大于目标的强度，即在杂波干扰背景中，通常满足 $bx \gg 1$。这样，实际对数接收机特性与理想特性差别很小。所以，如果正确设计对数接收机的工作特性，则它对恒虚警率性能的影响将是很小的。

7.6 非瑞利杂波的恒虚警率处理

前面已经指出，对低分辨率的雷达，当仰角较高和环境平稳时，瑞利分布的杂波模型可以较好地描述多种杂波的振幅统计特性；并且前文还讨论了瑞利杂波模型下的恒虚警率处理问题。但是，随着雷达技术的迅速发展，对海浪杂波和地物杂波，瑞利分布模型不能给出令人满意的结果。特别是随着雷达方位和距离分辨率的提高，杂波的分布出现了比瑞利分布更长的"尾巴"，即出现高振幅的概率增大了。因而，如果继续采用瑞利分布模型，将出现较高的虚警概率，而且是不稳定的。

海浪杂波的分布不仅是脉冲宽度的函数，而且也与雷达的极化方式、工作频率、天线波束视角及海情、风向和风速等多种因素有关；地物杂波的统计特性也受到类似因素的影响。近年来的研究表明，对高分辨率雷达，其典型参数是，波束宽度$\leqslant 1°$，脉冲宽度$\leqslant 0.1\mu s$，在低仰角和较恶劣的海情下，瑞利分布模型已不能与杂波环境较好匹配。类似地，高分辨率雷达时的地物杂波也是这样的。在这种情况下，杂波的振幅统计特性能用韦布尔(Weibull)分布或对数-正态(log-normal)分布来描述，它属于非瑞利杂波模型。

下面首先描述对数-正态分布和韦布尔分布杂波模型；然后研究这两种模型下的恒虚警率处理技术和性能。

7.6.1 对数-正态分布杂波模型

设 x 代表杂波回波的包络振幅，则 x 的对数-正态分布为

$$p(x|H_0) = \begin{cases} \left(\dfrac{1}{2\pi\sigma^2 x^2}\right)^{1/2} \exp\left[-\dfrac{\ln^2(x/\upsilon_x)}{2\sigma^2}\right], & x \geqslant 0 \\ 0, & x < 0 \end{cases} \tag{7.6.1}$$

其中，σ 是 $\ln x$ 的标准差；υ_x 是 x 的中值。

为了说明对数-正态分布是一种较好的杂波模型，让我们观察如下的海浪杂波雷达截面积实测数据与适当选择参数的对数-正态分布曲线的吻合情况，如图 7.12 所示。图中所示的测量数据，是由低入射角的高分辨率雷达对海情Ⅰ($D=2.25$)和海情Ⅱ、海情Ⅲ之间($D=3.0$)测得的。该雷达的主要参数是：x 波段，波束宽度 $0.5°$，脉冲宽度 $0.02\mu s$，入射角 $4.7°$，垂直极化。

从图 7.12 中可以看出，海浪杂波的分布与瑞利分布有明显的不同，而且海情越高，偏

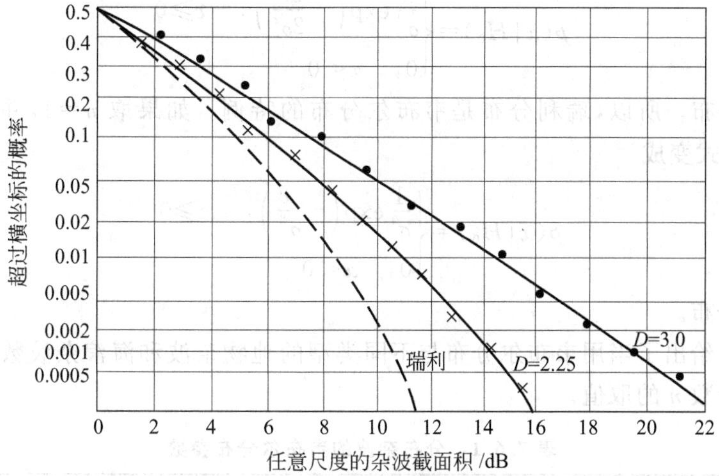

图 7.12 对数-正态分布曲线与实测数据吻合情况

离瑞利分布越远；合适参数的对数-正态分布曲线与实测数据吻合得较好，但吻合较差的部分出现在尾部，这就是说，在最影响虚警概率和灵敏度的区域内，吻合的程度反而较差，这是对数-正态分布的缺点。

7.6.2 韦布尔分布杂波模型

一般来说，对于大多数实验和理论所确定的杂波幅度分布，瑞利分布模型和对数-正态分布模型适用于它们中的部分分布。瑞利分布模型倾向于低估实际杂波分布的动态范围，而对数-正态分布模型则往往会高估实际杂波的动态范围。例如，由图 7.12 可以看出，它的分布曲线在杂波的尾部高于实测数据，由此带来的检测性能损失可达 4 dB。

韦布尔分布杂波模型比瑞利和对数-正态模型常常能在更宽广的杂波环境中精确地表示实际的杂波分布，并且，适当地调整韦布尔分布的参数，能够使它成为瑞利分布或接近于对数-正态分布。通常，使用高分辨率的雷达，在低入射角的情况下，海浪杂波能够用韦布尔分布精确地描述，地物杂波也能够用韦布尔分布来描述。

设 x 代表杂波回波的包络振幅，则 x 的韦布尔分布为

$$p(x|H_0)=\begin{cases}\dfrac{nx^{n-1}}{\upsilon_x^n}\exp\left[-\left(\dfrac{x}{\upsilon_x}\right)^n\right], & x\geqslant 0\\ 0, \quad x<0\end{cases} \tag{7.6.2}$$

其中，υ_x 是分布的中值，它是分布的尺度(比例)参数；n 是分布的形状(斜度)参数。n 的取值范围一般为 $0<n\leqslant 2$。

显然，韦布尔分布比瑞利分布复杂。瑞利分布只有一个表示杂波强度的尺度参数 σ，在尺度参数 σ 一定时，分布的函数也就确定了。韦布尔分布像对数-正态分布一样，也是一个双参数分布的函数，除尺度参数外，还有形状参数，它们共同决定分布的函数。

如果把韦布尔分布的形状参数 n 固定为 2，并把尺度参数 υ_x 的平方 υ_x^2 改写成 $2\sigma^2$，则(7.6.2)式变成

$$p(x|H_0)=\begin{cases}\dfrac{x}{\sigma^2}\exp\left(-\dfrac{x^2}{2\sigma^2}\right), & x\geqslant 0\\ 0, & x<0\end{cases} \tag{7.6.3}$$

这就是瑞利分布。所以，瑞利分布是韦布尔分布的特例。如果取 $n=1$，并把 υ_x 改写成 σ^2，则(7.6.2)式变成

$$p(x|H_0)=\begin{cases}\dfrac{1}{\sigma^2}\exp\left(-\dfrac{x}{\sigma^2}\right), & x\geqslant 0\\ 0, & x<0\end{cases} \tag{7.6.4}$$

这就是指数分布。

表 7.6.1 给出了当用韦布尔分布与不同类型的地物杂波和海浪杂波数据相吻合时，韦布尔分布参数 n 的取值。

表 7.6.1 分布杂波的韦布尔分布参数

地形海情	频段	波束宽度/(°)	入射角/(°)	脉冲宽度/μs	参数 n
有岩石的高山	S	1.5	—	2	0.512
有森林的山	L	1.7	0.5	3	0.626
森林	X	1.4	0.7	0.17	0.506～0.531
耕作地面	X	1.4	0.7～0.5	0.17	0.606～2.0
海情Ⅰ	X	0.5	4.7	0.02	1.452
海情Ⅱ	Ku	5	1.0～30	0.10	1.160～1.783

图 7.13 示出了适当选择参数的韦布尔分布曲线与海浪杂波实测数据吻合的情况，可见，二者重合的程度相当好。

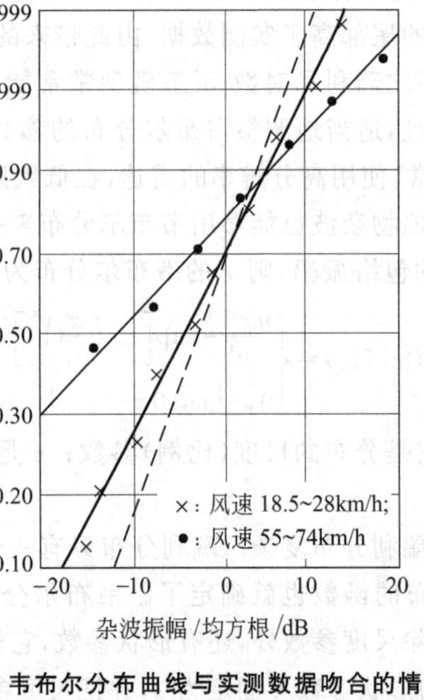

图 7.13 韦布尔分布曲线与实测数据吻合的情况

韦布尔分布有时也写成以下形式：

$$p(x|H_0)=\begin{cases}\dfrac{n(\ln 2)x^{n-1}}{\upsilon_x^n}\exp\left[-(\ln 2)\left(\dfrac{x}{\upsilon_x}\right)^n\right], & x\geqslant 0\\ 0, & x<0\end{cases} \tag{7.6.5}$$

其中，υ_x 是分布的中值；n 是形状参数。

从信号检测的观点说，对数-正态分布模型代表比较恶劣的杂波环境，瑞利分布模型代表比较平稳的杂波环境，而韦布尔分布模型适用于宽广的杂波环境，在许多情况下，它是一种比较合适的杂波分布模型。

7.6.3 对数-正态分布杂波的恒虚警率处理

我们已知，对数-正态分布杂波的幅度概率密度函数为

$$p(x|H_0)=\begin{cases}\left(\dfrac{1}{2\pi\sigma^2x^2}\right)^{1/2}\exp\left[-\dfrac{\ln^2(x/\upsilon_x)}{2\sigma^2}\right], & x\geqslant 0\\ 0, & x<0\end{cases} \tag{7.6.6}$$

其中，σ 是 $\ln x$ 的标准差；υ_x 是 x 的中值。它是 σ 和 υ_x 的双参数分布。

如果将 x 取对数，即令

$$y=\ln x$$

则 y 的概率密度函数为

$$p(y|H_0)=\left(\frac{1}{2\pi\sigma^2}\right)^{1/2}\exp\left[-\frac{1}{2\sigma^2}(y-\ln\upsilon_x)^2\right] \tag{7.6.7}$$

这就是正态分布。其中 $\ln\upsilon_x$ 是它的均值；σ^2 是它的方差。

进一步对变量 y 进行归一化处理，即令

$$u=\frac{y-\ln\upsilon_x}{\sigma}$$

则得

$$p(u|H_0)=\left(\frac{1}{2\pi}\right)^{1/2}\exp\left(-\frac{u^2}{2}\right) \tag{7.6.8}$$

它是与杂波参数 υ_x 和 σ^2 无关的标准化正态分布，因而能够实现恒虚警率检测。如果把归一化的输出加到门限为 u_0 的检测器上，则虚警概率为

$$\begin{aligned}p_{\mathrm{f}}&=\int_{u_0}^{\infty}\left(\frac{1}{2\pi}\right)^{1/2}\exp\left(-\frac{u^2}{2}\right)\mathrm{d}u\\&=1-\int_{-\infty}^{u_0}\left(\frac{1}{2\pi}\right)^{1/2}\exp\left(-\frac{u^2}{2}\right)\mathrm{d}u\end{aligned} \tag{7.6.9}$$

其中的积分为正态概率积分，可查表得结果。

这样，对数-正态分布杂波的恒虚警率处理，首先是对输入杂波幅度取对数，然后求其均值和方差，并进行 $u=(y-\ln\upsilon_x)/\sigma$ 的归一化处理，结果就具有恒虚警率性能。利用检测单元前后共 N 个参考单元的样本估计均值和方差时的处理原理框图如图 7.14 所示。

由于对数-正态分布杂波的恒虚警率处理首先对输入信号取对数，压缩了大信号，所以，为了恢复信号对杂波的对比度，通常对归一化处理后的信号取反对数，即令

$$v=\exp u$$

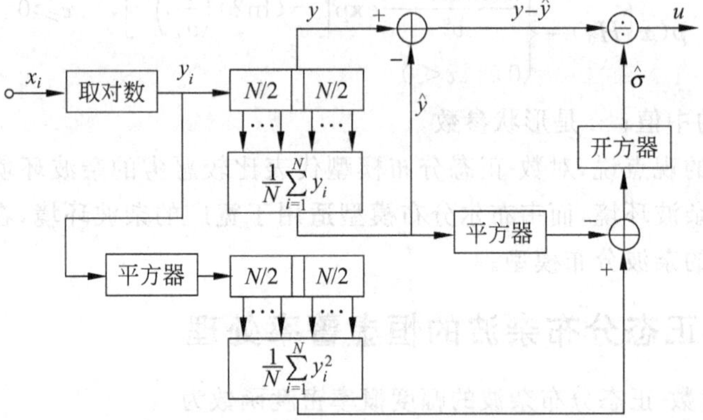

图 7.14 对数-正态分布杂波和韦布尔分布杂波恒虚警率处理原理框图

则有

$$p(v|H_0)=\begin{cases}\left(\dfrac{1}{2\pi v^2}\right)^{1/2}\exp\left[-\dfrac{(\ln v)^2}{2}\right], & v\geqslant 0\\ 0, & v<0\end{cases} \tag{7.6.10}$$

这时,如果检测门限为 v_0,则虚警概率为

$$\begin{aligned}p_{\mathrm{f}} &= \int_{v_0}^{\infty}\left(\frac{1}{2\pi v_0^2}\right)^{1/2}\exp\left[-\frac{(\ln v)^2}{2}\right]\mathrm{d}v\\ &= 1-\int_{-\infty}^{\ln v_0}\left(\frac{1}{2\pi}\right)^{1/2}\exp\left(-\frac{u^2}{2}\right)\mathrm{d}u\end{aligned} \tag{7.6.11}$$

显然,如果取 $u_0=\ln v_0$,则虚警概率取反对数前后是一样的。

7.6.4 韦布尔分布杂波的恒虚警率处理

我们知道,韦布尔分布杂波幅度的概率密度函数为

$$p(x|H_0)=\begin{cases}\dfrac{nx^{n-1}}{\upsilon_x^n}\exp\left[-\left(\dfrac{x}{\upsilon_x}\right)^n\right], & x\geqslant 0\\ 0, & x<0\end{cases} \tag{7.6.12}$$

其中,υ_x 是分布的中值,为分布的尺度参数;n 是分布的形状参数,通常取 $0<n\leqslant 2$。如前所述,当 $n=2$ 时,韦布尔分布成为瑞利分布;$n=1$ 时,成为指数分布。韦布尔分布也是 υ_x 和 n 的双参数分布。

韦布尔分布杂波的恒虚警率处理是以 υ_x 和 n 为参变量进行的,当然也适用于 $n=2$ 的瑞利分布。但是,如果把韦布尔分布杂波输入到对瑞利分布杂波具有恒虚警率性能的单元平均恒虚警率处理电路,结果如图 7.15 所示。当形状参数 n 为不同值时,虚警概率有很大的差别,其中虚线是瑞利分布杂波的理论结果。

对韦布尔分布杂波进行恒虚警率处理,也采用归一化的方法。首先令

$$y=\ln x$$

则得

$$p(y|H_0)=\frac{n}{\upsilon_x^n}\exp(ny)\exp\left[-\frac{\exp(ny)}{\upsilon_x^n}\right] \tag{7.6.13}$$

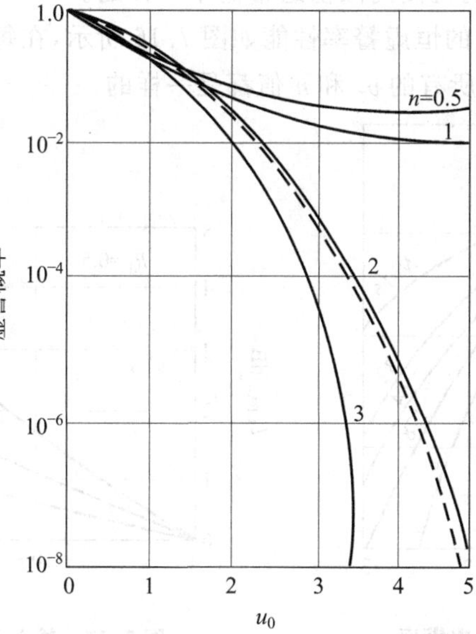

图 7.15　输入韦布尔杂波时，单元平均恒虚警率处理的虚警概率

其均值和方差分别为

$$\mathrm{E}(y)=\mu_y=-\frac{1}{n}(\gamma-\ln\upsilon_x^n) \tag{7.6.14}$$

和

$$\mathrm{Var}(y)=\sigma_y^2=\frac{\pi^2}{6n^2} \tag{7.6.15}$$

然后对变量 y 进行归一化处理，即令

$$u=\frac{y-\mu_y}{\sigma_y}=\frac{y+\frac{1}{n}(\gamma-\ln\upsilon_x^n)}{\frac{1}{n}\frac{\pi}{\sqrt{6}}} \tag{7.6.16}$$

则得

$$p(u|H_0)=\frac{\pi}{\sqrt{6}}\exp\left(\frac{\pi}{\sqrt{6}}u-\gamma\right)\exp\left[-\exp\left(\frac{\pi}{\sqrt{6}}u-\gamma\right)\right] \tag{7.6.17}$$

可见，韦布尔分布杂波经取对数和归一化处理后，所得变量 u 的概率密度函数与参数 υ_x 和 n 均无关，从而实现了杂波的恒虚警率处理。如果把归一化的输出加到门限为 u_0 的检测器上，其虚警概率为

$$\begin{aligned}p_{\mathrm{f}}&=\int_{u_0}^{\infty}\frac{\pi}{\sqrt{6}}\exp\left(\frac{\pi}{\sqrt{6}}u-\gamma\right)\exp\left[-\exp\left(\frac{\pi}{\sqrt{6}}u-\gamma\right)\right]\mathrm{d}u\\&=\exp\left[-\exp\left(\frac{\pi}{\sqrt{6}}u_0-\gamma\right)\right]\end{aligned} \tag{7.6.18}$$

从上面的分析可知，对韦布尔分布杂波的恒虚警率处理同对对数-正态分布杂波的恒虚警率处理是一样的，所以二者采用相同的处理电路。但应注意，为了满足设定的虚警概

率要求，两种分布杂波下的检测门限值通常是不一样的。

韦布尔分布杂波处理的恒虚警率性能如图 7.16 所示，在每一个参考单元数 N 下，所得 p_f 与 u_0 的关系曲线对所有的 v_x 和 n 值都是一样的。

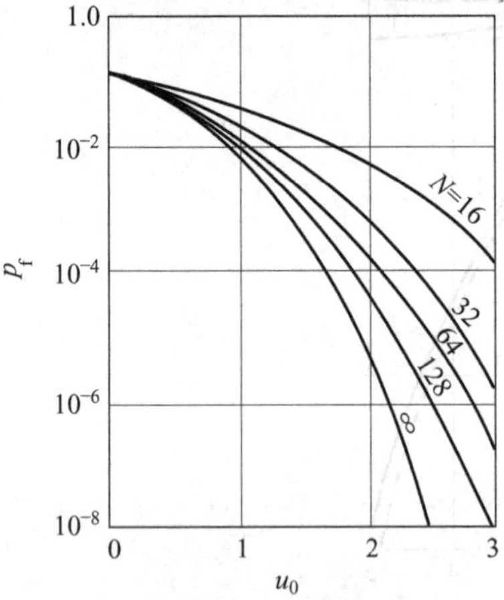

图 7.16 韦布尔分布恒虚警率处理的恒虚警率性能

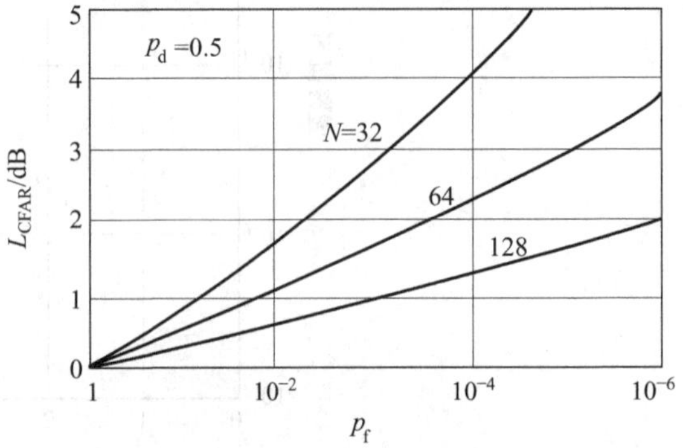

图 7.17 输入为平稳瑞利杂波时，韦布尔分布处理的损失曲线

图 7.17 的曲线表示在图 7.14 所示恒虚警率处理的输入端加平稳瑞利杂波时的损失曲线，同其他处理电路一样，恒虚警率损失是 N 和 p_f 的函数。与图 7.6 所示的单元平均恒虚警率处理损失曲线比较可以看出，图 7.14 的处理电路的恒虚警率损失要大得多，这是因为该处理电路要同时对杂波的两个参数进行估计的缘故。因此，在已知杂波是瑞利分布的情况下，还是应采用单元平均恒虚警率处理。

如果对归一化处理后的信号取反对数，即令

$$v=\exp u$$

则得

$$p(v|H_0)=\begin{cases}\dfrac{\pi}{\sqrt{6}v}\exp\left(\dfrac{\pi}{\sqrt{6}}\ln v-\gamma\right)\exp\left[-\exp\left(\dfrac{\pi}{\sqrt{6}}\ln v-\gamma\right)\right], & v\geqslant 0\\ 0, & v<0\end{cases}\tag{7.6.19}$$

在检测门限为 v_0 时，虚警概率为

$$p_f=\exp\left[-\exp\left(\frac{\pi}{\sqrt{6}}\ln v_0-\gamma\right)\right]\tag{7.6.20}$$

最后说明，在图 7.14 的恒虚警率处理原理框图中，为了保护目标信号，被测单元前后一般也应加若干个保护单元。

7.7 信号的非参量检测

前面讨论的各种恒虚警率处理都属于参量型的，即干扰的分布已知，只有未知参数需要估计，并根据估计的结果进行归一化处理，实现信号的恒虚警率检测。如果干扰的分布未知，则可以采用非参量检测（又称分布自由检测）。本节讨论雷达信号非参量检测的主

要问题。

7.7.1 研究信号非参量检测的必要性

从前面的讨论我们已经知道，在雷达干扰分布已知，只有未知参数需要估计的情况下，信号的参量检测利用了干扰的统计特性，能够达到恒虚警率处理的目的。然而，如果雷达的工作环境比较复杂，干扰的分布是未知的，甚至是时变的，没有合适的干扰分布模型与环境相匹配，那么就不能采用参量型检测，所以提出了信号的非参量检测方法。具体地讲，采用非参量检测的理由如下。

信号的参量检测是基于对雷达干扰信号统计特性的了解（通过实验手段或分析方法，或者二者结合），建立干扰分布的数学模型，然后根据干扰分布模型设计恒虚警率处理电路。如果所建立的干扰分布模型与实际干扰环境匹配，则处理电路具有恒虚警率性能；但如果二者失配，则不仅使恒虚警率损失增大，而且也达不到恒虚警率处理的目的。信号的非参量检测不存在这一问题，因为它不需要知道干扰环境属于何种分布。

雷达干扰的分布不仅与干扰本身的特性有关，而且与雷达参数（如波段、极化方式、脉宽、波束宽度等）有关，也随天线仰角的高低、气候、海情、风向、风速等多种因素的变化而不同，因而它有可能是时变的。在这种情况下，可采用能适应干扰环境宽广变化的非参量检测。

信号的参量检测中，即使所建立的干扰分布模型与干扰环境相匹配，由于要对其参数进行估计，而参与估计的参考单元是有限的，所以如果参考单元等参数选择的不尽合理，则估计误差的起伏特性可能会发生变化，从而影响参量型检测的恒虚警率处理性能。

由于上述原因，信号的非参量检测成为恒虚警率处理的一个重要分支而得到发展。应当说明，由于信号的非参量检测不知道或者没有利用干扰的有关信息，损失比较大，特别在目标的脉冲积累数目较小时尤为严重，所以，实际应用中还是应首先考虑采用参量法，在参量法不能应用的情况下，再考虑采用非参量法或稳健性检测方法。

7.7.2 信号非参量检测的基本原理

非参量检测是以数理统计为基础的一种统计检测方法，它可以分成以被检测信号的符号为检验统计量的符号检测和以广义符号为检验统计量的广义符号检测。

在干扰分布未知的情况下，将第 j 个探测周期被测单元信号的样本记为 x_j，根据 x_j 的正负将其量化为 1 和 0 两个符号，然后在 m 个相邻周期求和形成检验统计量 T_s，即

$$T_s = \sum_{j=0}^{m} u(x_j) \tag{7.7.1}$$

式中，

$$u(x_j)=\begin{cases}1, & x_j \geqslant 0 \\ 0, & x_j < 0\end{cases} \tag{7.7.2}$$

有时为了得到更合理的结果，将 $u(x_j)$ 表示为

$$u(x_j)=\begin{cases}1, & x_j>0 \text{ 或 } x_j=0(j \text{ 为奇数}) \\ 0, & x_j<0 \text{ 或 } x_j=0(j \text{ 为偶数})\end{cases} \tag{7.7.3}$$

将检验统计量 T_s 与检测门限 n 进行比较，以统计判决哪个假设成立。这就是非参量型符号检测的基本原理。

若将被测单元的样本与前后参考单元的样本进行比较，产生 0 和 1 符号，并在相邻 m 个探测周期形成检验统计量，然后与检测门限进行比较，以统计判决哪个假设成立，这就是非参量型广义符号检测。

现结合雷达信号的检测，具体说明广义符号检测的基本原理。图 7.18 是非参量型广义符号检测的一般原理框图，其输入是信号的包络。设在第 j 次探测中，被测单元的样本记为 x_j，其前后各 $N/2$ 个参考单元的样本记为 x_{ij}（$i=1,2,\cdots,N$）。将 x_j 与 x_{ij} 进行比较，若 $x_j \geqslant x_{ij}$，则比较器输出为 1，否则输出为 0。对 N 个比较器的输出求和，所得值正是把被测单元样本值 x_j 与各参考单元样本值 x_{ij} 一起按从小到大顺序排列时，x_j 所处位置的序号，称为被测单元的秩值，用 R_j 表示，即

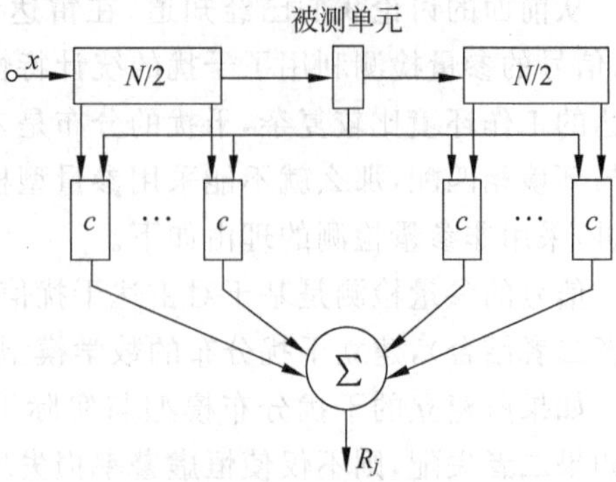

图 7.18 秩值检测原理框图

$$R_j = \sum_{i=1}^{N} u(x_j - x_{ij}) \tag{7.7.4}$$

式中，

$$u(x_j - x_{ij}) = \begin{cases} 1, & x_j \geqslant x_{ij} \\ 0, & x_j < x_{ij} \end{cases} \tag{7.7.5}$$

同前，为了得到更合理的秩值 R_j，取

$$u(x_j - x_{ij}) = \begin{cases} 1, & x_j > x_{ij} \text{ 或 } x_j = x_{ij}\ (i-j \text{ 为奇数}) \\ 0, & x_j < x_{ij} \text{ 或 } x_j = x_{ij}\ (i-j \text{ 为偶数}) \end{cases} \tag{7.7.6}$$

然后，对秩值 R_j 进行相邻 m 次探测间积累，所得结果与检测门限比较，以判决目标是否存在。这里把 x_j 量化成 1 或 0，量化的比较标准为 x_{ij}，而不是真正按 x_j 的正负号，故称之为广义符号检验统计。这就是非参量广义符号检测的基本原理。

考虑到高速信号采样时，目标信号可能占据相邻的若干个距离单元，如 M 个距离单元，因此为了保护目标信号，可在被测单元前后各加 M 个保护单元。

7.7.3 非参量符号检测的结构和性能

1. 符号检测器的结构

如前所述，非参量型符号检测仅仅利用被测信号 x_j 的符号信息来检测信号，其检验统计量 T_s 为

$$T_s = \sum_{j=1}^{m} u(x_j)$$

式中，

$$u(x_j)=\begin{cases}1, & x_j>0 \text{ 或 } x_j=0(j \text{ 为奇数})\\ 0, & x_j<0 \text{ 或 } x_j=0(j \text{ 为偶数})\end{cases}$$

设检测门限为 n,则符号检验的判决规则为

$$T_s \underset{H_0}{\overset{H_1}{\gtrless}} n \tag{7.7.7}$$

这样,非参量型符号检测器由量化器、求和器和判决器组成,如图 7.19 所示。其中,量化器也可看作一种限幅器。

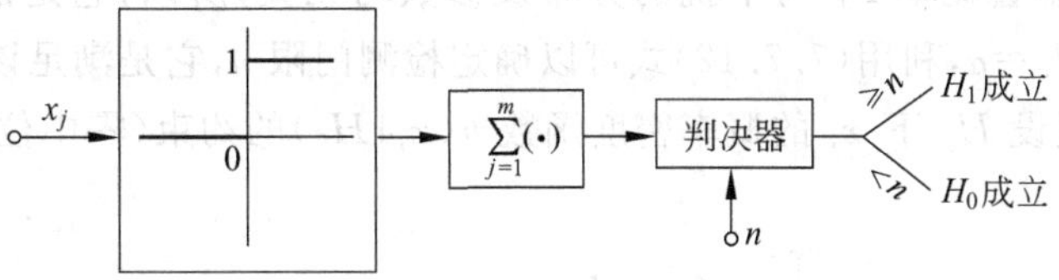

图 7.19　非参量型符号检测器

2. 符号检测的性能

这里所说的非参量型符号检测的性能,指的是它的虚警性能和检测性能。

根据非参量型符号检测的基本原理,可以把符号检测问题用如下信号模型来描述:

$$H_0:\ x_j=n_j,\quad j=1,2,\cdots,m$$
$$H_1:\ x_j=s_j+n_j,\quad j=1,2,\cdots,m$$

其中,x_j 是被测单元的样本信号; n_j 是加性观测噪声的样本,m 次观测样本间是相互统计独立的; s_j 是假设 H_1 下的有用信号观测样本,且为大于零的确知信号。

因为符号检测先将观测样本 x_j 按其符号量化为 1 或 0,这相当于以零电平为检测门限对 x_j 进行判决,$x_j>0$,输出 1; $x_j<0$,输出 0; $x_j=0$,以等概率输出 1 和 0。在假设 H_0 下,x_j 的概率密度函数 $p(x_j|H_0)$是未知的,但从统计意义上讲,一般地我们可以合理地假定 x_j 的分布函数 $F(x_j)$的中位数为 1/2,即在假设 H_0 下,$x_j<0$ 和 $x_j>0$ 的概率($x_j=0$ 的情况等概率地归于小于零和大于零的情况)各为 1/2,表示为

$$p_f=\int_0^{\infty} p(x_j|H_0)\mathrm{d}x_j=\frac{1}{2},\quad j=1,2,\cdots,m \tag{7.7.8}$$

在假设 H_1 下,因为 s_j 是大于零的确知信号,所以有

$$p_d=\int_0^{\infty} p(x_j|H_1)\mathrm{d}x_j>\frac{1}{2},\quad j=1,2,\cdots,m \tag{7.7.9}$$

然后,将 x_j 按其符号量化的结果 1 或 0,在相邻 m 个探测周期求和,得符号检测的检验统计量 T_s。T_s 恰好等于 $n(0\leqslant n\leqslant m)$的概率服从二项式分布。这样,在假设 H_0 下,有

$$\begin{aligned}P(T_s=n|H_0)&=c_m^n p_f^n(1-p_f)^{m-n}\\&=c_m^n\left(\frac{1}{2}\right)^m\end{aligned} \tag{7.7.10}$$

而在假设 H_1 下,有

$$P(T_s=n|H_1)=c_m^n p_d^n(1-p_d)^{m-n} \tag{7.7.11}$$

因为检验统计量 $T_s \geqslant n$ 均判决假设 H_1 成立，所以，非参量型符号检测的虚警概率为

$$P_F = P(T_s \geqslant n | H_0) = \sum_{h=n}^{m} c_m^h \left(\frac{1}{2}\right)^m \tag{7.7.12}$$

而检测概率为

$$P_D = P(T_s \geqslant n | H_1) = \sum_{h=n}^{m} c_m^h p_d^h (1-p_d)^{m-h} \tag{7.7.13}$$

由(7.7.12)式可见，在假设 H_0 下，对任何具有零中位数概率密度函数的干扰，非参量型符号检测的虚警概率 P_F 与干扰的分布及参数均无关，所以，它是恒虚警率检测器。同时，由要求的 $P_F=\alpha$，利用(7.7.12)式可以确定检测门限 n，它是满足该式的最小整数。

事实上，对假设 H_0 下 x_j 的概率密度函数 $p(x_j | H_0)$ 的约束(零中位数)可以放宽，只要满足

$$p_f = \int_0^\infty p(x_j | H_0) dx_j, \quad j=1,2,\cdots,m \tag{7.7.14}$$

保持不变，非参量型符号检测器就具有恒虚警率性能，即

$$P_F = P(T_s \geqslant n | H_0) = \sum_{h=n}^{m} c_m^h p_f^h (1-p_f)^{m-h} \tag{7.7.15}$$

只是由于 p_f 未知，不便于由 $P_F=\alpha$ 的约束来确定检测门限 n。

7.7.4 秩值检验统计量的性能

非参量型广义符号检测是以被测单元的秩值 R_j 为基础的。秩值 R_j 为

$$R_j = \sum_{i=1}^{N} u(x_j - x_{ij})$$

式中，

$$u(x_j - x_{ij}) = \begin{cases} 1, & x_j > x_{ij} \text{ 或 } x_j = x_{ij} (i-j \text{ 为奇数}) \\ 0, & x_j < x_{ij} \text{ 或 } x_j = x_{ij} (i-j \text{ 为偶数}) \end{cases}$$

它也是一个检验统计量。下面将讨论以 R_j 作检验统计量的恒虚警率性能和检测性能，结果是单次检测的性能。对于 m 次积累后的检测性能，将在单次检测性能的基础上，根据积累检测器的结构作进一步的分析。

1. 恒虚警率的性能

在被测单元和所有 N 个参考单元仅出现干扰信号，且所有采样单元样本具有独立和相同分布时，单次检测秩值 R_j 取值为 $l_j(l_j=0,1,\cdots,N)$ 的概率为

$$P(R_j = l_j | H_0) = c_N^{l_j} \int_0^\infty p(x_j | H_0) \left[1 - \int_{x_j}^\infty p(x_{ij} | H_0) dx_{ij}\right]^{l_j} \times \left[\int_{x_j}^\infty p(x_{ij} | H_0) dx_{ij}\right]^{N-l_j} dx_j \tag{7.7.16}$$

式中，$p(x_j | H_0)$ 是被测单元样本 x_j 的概率密度函数；$p(x_{ij} | H_0)$ 是参考单元样本 x_{ij} 的概率密度函数；$1-\int_{x_j}^\infty p(x_{ij} | H_0) dx_j$ 是被测单元样本 x_j 与参考单元样本 x_{ij} 相比较，当

$x_j \geqslant x_{ij}$ 时，使比较器输出为 1 的概率；$\int_{x_j}^{\infty} p(x_{ij} | H_0) \mathrm{d}x_j$ 是被测单元样本 x_j 与参考单元样本 x_{ij} 相比较，当 $x_j < x_{ij}$ 时，使比较器输出为 0 的概率。

这样，(7.7.16)式相当于在 N 次独立试验中，当每次试验事件发生的概率为 $1-\int_{x_j}^{\infty} p(x_{ij} | H_0) \mathrm{d}x_{ij}$，而不发生的概率为 $\int_{x_j}^{\infty} p(x_{ij} | H_0) \mathrm{d}x_{ij}$ 时，N 次独立试验中事件恰好发生 l_j 次的概率，它服从二项式分布。结合我们的问题，所谓事件发生，即比较器输出为 1，所谓事件不发生，即比较器输出为 0。由于积分表示式的积分下限 x_j 是被测单元的样本，它是一个随机变量，所以二项式分布的结果是 x_j 的函数，于是(7.7.16)式中还对 x_j 进行了统计平均。

因为假定各次探测所有参考单元的样本具有独立和相同的分布，所以 R_j 和 l_j 的下标可以去掉，这样则有

$$P(R=l | H_0) = c_N^l \int_0^{\infty} p(x_j | H_0) \left[1 - \int_{x_j}^{\infty} p(x_{ij} | H_0) \mathrm{d}x_{ij}\right]^l \times \left[\int_{x_j}^{\infty} p(x_{ij} | H_0) \mathrm{d}x_{ij}\right]^{N-l} \mathrm{d}x_j \tag{7.7.17}$$

若令

$$q = \int_{x_j}^{\infty} p(x_{ij} | H_0) \mathrm{d}x_{ij}$$

则得

$$\left[1 - \int_{x_j}^{\infty} p(x_{ij} | H_0) dx_{ij}\right]^l = (1-q)^l$$

于是有

$$\begin{aligned} P(R=l | H_0) &= c_N^l \int_0^{\infty} (1-q)^l q^{N-l} p(x_j | H_0) \mathrm{d}x_j \\ &= \frac{1}{N+1} \end{aligned} \tag{7.7.18}$$

具体推导过程请参见附录 7B。

这样，R 取值等于和大于 l 的概率为

$$p_{\mathrm{f}} = P(R \geqslant l | H_0) = 1 - \frac{l}{N+1} = \frac{N-l+1}{N+1} \tag{7.7.19}$$

该式说明，若单次检测按照秩值

$$R_j = \sum_{i=1}^{N} u(x_j - x_{ij})$$

的检验统计进行非参量检测，如果检测门限为 l（$l=0,1,\cdots,N$ 中的某一值），则单次检测的虚警概率 p_{f} 与干扰的分布和平均统计量均无关，只决定于参考单元数 N 和检测门限 l，所以单次检测具有恒虚警率性能。

2. 信号的检测性能

假定秩值检验统计量 R_j 是在稳态高斯干扰信号背景中，目标信号属于 χ^2 目标起伏

模型条件下形成的，下面来研究其检测性能。因为信号的包络 $x\geqslant 0$，所以以 $y=x^2$ 为信号秩值检测与以 x 为信号进行秩值检测是等同的。这样，参考单元干扰信号样本的概率密度函数服从单边指数分布，即

$$p(y|H_0)=\begin{cases}\dfrac{1}{2\sigma^2}\exp\left(-\dfrac{y}{2\sigma^2}\right), & y\geqslant 0\\ 0, & y<0\end{cases} \tag{7.7.20}$$

为方便，参考单元的样本用 y_n 表示；而被测单元是信号加干扰的样本，参见附录 7A，其概率密度函数为

$$p(y|H_1)=\begin{cases}\left(\dfrac{k}{k+d^2/2}\right)^k\dfrac{1}{2\sigma^2}\exp\left(-\dfrac{y}{2\sigma^2}\right){}_1F_1\left(k;\ 1;\ \dfrac{d^2/2}{k+d^2/2}\dfrac{y}{2\sigma^2}\right), & y\geqslant 0\\ 0, \quad y<0\end{cases} \tag{7.7.21}$$

为方便起见，被测单元的样本用 y_s 表示。

在所有 N 个参考单元的样本是独立同分布的条件下，单次检测秩值 R 取值为 l（$l=0,1,\cdots,N$ 中的任一值）的概率为

$$\begin{aligned}P(R=l|H_1)&=c_N^l\int_0^\infty p(y_s|H_1)\left[1-\int_{y_s}^\infty p(y_n|H_0)\mathrm{d}y_n\right]^l\left[\int_{y_s}^\infty p(y_n|H_0)\mathrm{d}y_n\right]^{N-l}\mathrm{d}y_s\\
&=c_N^l\int_0^\infty\left(\frac{k}{k+d^2/2}\right)^k\frac{1}{2\sigma^2}\exp\left(-\frac{y_s}{2\sigma^2}\right){}_1F_1\left(k;\ 1;\ \frac{d^2/2}{k+d^2/2}\ \frac{y_s}{2\sigma^2}\right)\times\\
&\quad\left[1-\int_{y_s}^\infty\frac{1}{2\sigma^2}\exp\left(-\frac{y_n}{2\sigma^2}\right)\mathrm{d}y_n\right]^l\left[\int_{y_s}^\infty\frac{1}{2\sigma^2}\exp\left(-\frac{y_n}{2\sigma^2}\right)\mathrm{d}y_n\right]^{N-l}\mathrm{d}y_s\\
&=c_N^l\left(\frac{k}{k+d^2/2}\right)^k\sum_{g=0}^{l}(-1)^g c_l^g\frac{1}{N-l+g+1}\times\\
&\quad\sum_{h=0}^{\infty}\frac{\Gamma(k+h)}{\Gamma(k)\Gamma(h+1)}\left(\frac{1}{N-l+g+1}\frac{d^2/2}{k+d^2/2}\right)^h\end{aligned} \tag{7.7.22}$$

具体推导过程请参见附录 7C。当被测单元也是噪声和（或）杂波样本时，$d^2=0$，这样

$$\begin{aligned}P(R=l|H_0)&=c_N^l\sum_{g=0}^{l}(-1)^g c_l^g\frac{1}{N-l+g+1}\\&=\frac{1}{N+1}\end{aligned} \tag{7.7.23}$$

这就是被测单元样本与参考单元样本同为单边指数分布时，$P(R=l|H_1)$ 的结果，它与 (7.7.6) 式所示的同为任意分布的结果是一样的。

秩值 $R\geqslant l$ 的概率是单次检测概率，表示为

$$p_d=P(R\geqslant l|H_1)=1-\sum_{h=0}^{l-1}P(R=h|H_1) \tag{7.7.24}$$

利用秩值检测概率公式(7.7.24)式及(7.7.22)式，选择典型参数进行计算，部分结果如图 7.20～图 7.23 所示。

图 7.20～图 7.22 表示 $N=8$，k 分别为 1，2 和无穷大时，p_d 以 d^2 为参变量随 l 的变

化曲线。显然，对于同样的 d^2，p_d 随 l 的增大而减小，但应注意，p_f 也随 l 的增大而减小。

图 7.23 表示在 N 和 d^2 一定的条件下，p_d 以 k 为参变量随 l 的变化曲线。由图可见，对于相同的 l，p_d 随 k 的增大（目标起伏程度降低）而增加。

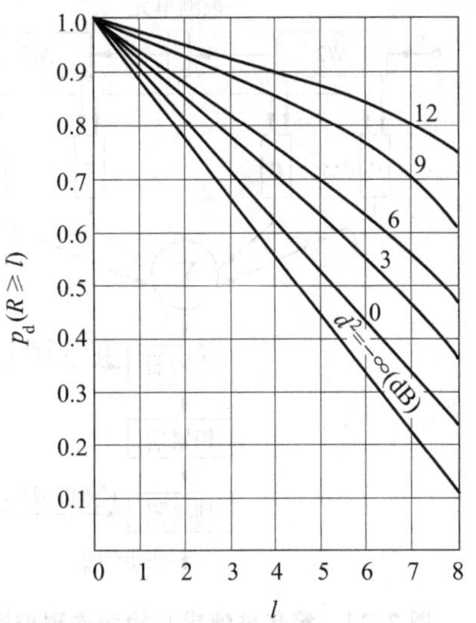

图 7.20　$k=1, N=8$ 时，$p_d(R\geqslant l)$ 随 l 的变化曲线

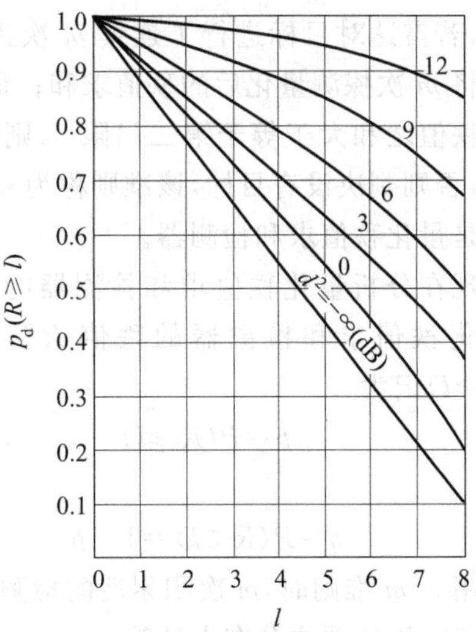

图 7.21　$k=2, N=8$ 时，$p_d(R\geqslant l)$ 随 l 的变化曲线

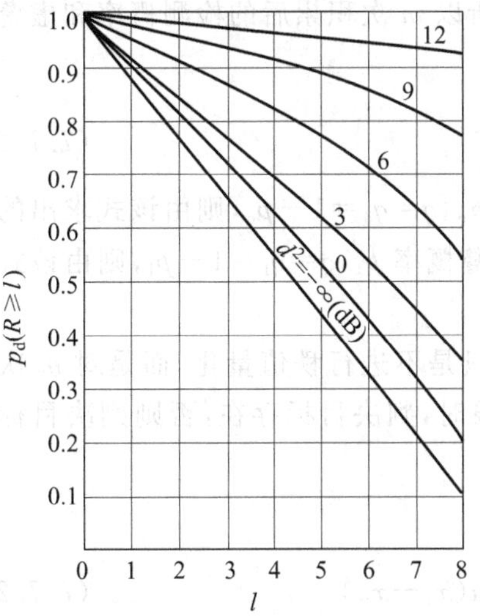

图 7.22　$k=\infty, N=8$ 时，$p_d(R\geqslant l)$ 随 l 的变化曲线

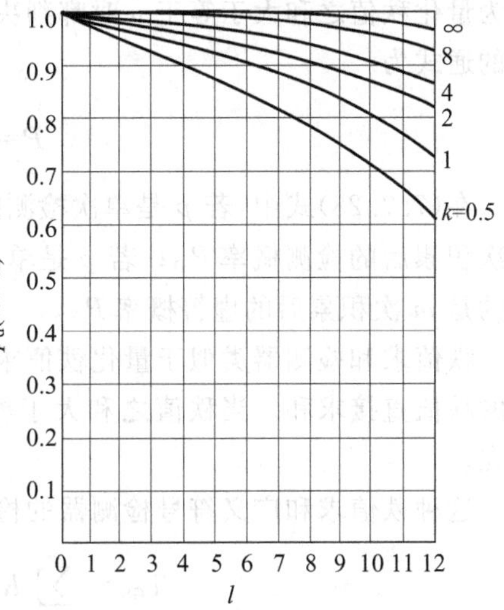

图 7.23　$N=12, d^2=12$dB 时，$p_d(R\geqslant l)$ 随 l 的变化曲线

7.7.5　非参量广义符号检测器的实现

前面讨论的是利用秩值为检验统计量进行单次检测的情况，其虚警概率比较高。实际应用中，为了改善其性能，应利用雷达对同一目标的连续若干次探测回波信号进行积累检测。根据秩值求和的不同方式，多次积累检测器主要分为量化秩值求和检测器、秩值求和检测器和加权秩值求和检测器三种结构。

量化秩值求和检测器如图 7.24 所示。它首先将秩值 R 与第一门限 l 进行比较，当 $R\geqslant l$时输出"1"，否则输出"0"，称为量化秩值；然后，若雷达对目标进行了连续 m 次探测，则积累器将 m 次探测量化后的秩值求和；最后，如果量化秩值之和大于等于第二门限 n，则判决目标存在，否则判决没有目标，该准则称为 n/m 准则。这就是量化秩值求和检测器。

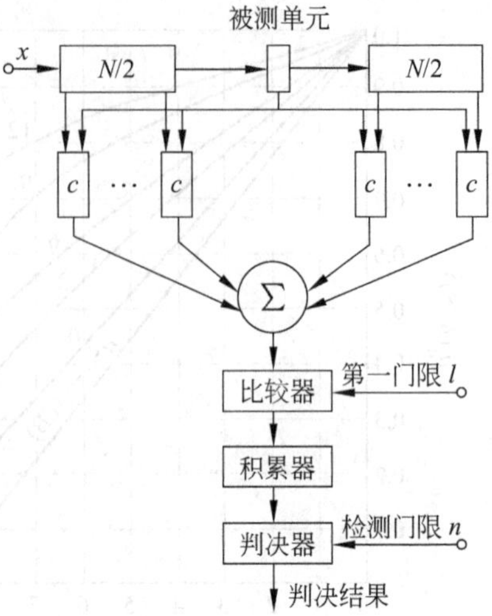

图 7.24 量化秩值求和检测原理框图

现在分析量化秩值求和检测器的性能。若将量化秩值求和检测器的秩值 $R\geqslant l$ 的概率 $P(R\geqslant l)$记为

$$p=P(R\geqslant l) \tag{7.7.25}$$

而

$$q=P(R<l)=1-p \tag{7.7.26}$$

则采用 n/m 准则时，m 次积累后的检测概率和虚警概率可用二项式分布来计算。

在 m 次探测中，量化秩值之和恰好为 n 的概率服从二项式分布，即

$$p_m(n)=c_m^n p^n q^{m-n} \tag{7.7.27}$$

因为量化秩值之和大于等于 n 时都判决目标存在，所以 m 次积累后的检测概率和虚警概率的通式为

$$P=\sum_{i=n}^{m} c_m^i p^i q^{m-i} \tag{7.7.28}$$

在(7.7.28)式中，若 p 是单次检测的检测概率 p_{d}，$q=q_{\mathrm{d}}=1-p_{\mathrm{d}}$，则由该式求出的是 m 次积累后的检测概率 P_{D}；若 p 是单次检测的虚警概率 p_{f}，$q=q_{\mathrm{f}}=1-p_{\mathrm{f}}$，则由该式求出的是 m 次积累后的虚警概率 P_{F}。

秩值求和检测器类似于量化秩值求和检测器，只是不进行秩值量化，而是对 m 次探测的秩值直接求和。当秩值之和大于等于检测门限时，判决目标存在，否则判决目标不存在。

这种秩值求和广义符号检测器的检验统计量为

$$T_{\mathrm{GS}}=\sum_{j=1}^{m} R_j=\sum_{j=1}^{m}\sum_{i=1}^{N} u(x_j-x_{ij}) \tag{7.7.29}$$

其中，R_j 如(7.7.4)式所示；$u(x_j-x_{ij})$如(7.7.6)式所示。因为秩值求和检测器不对秩值进行量化，且只有一个检测门限参数，易于优化，所以理论上其性能应略优于量化秩值求和检测器。

加权秩值求和检测器，可以采用性能良好而又比较简单的双极点滤波器来实现。经非参量检测后的秩值 R_j 送入双极点滤波器，实现加权积累，结果与检测门限比较，从而作出目标是否存在的判决。根据目标回波数目 m，正确设计滤波器的两个极点，以实现最佳

加权积累。

7.7.6　马恩-怀特奈检验统计

作为广义符号检验统计的推广，马恩-怀特奈(Man-Whitney)检验统计量为

$$T_{\mathrm{MW}}=\sum_{j=1}^{m}\sum_{k=1}^{m}\sum_{i=1}^{N}u(x_j-x_{ik}) \tag{7.7.30}$$

这种检验统计量与广义符号检验统计量的差别在于 T_{GS} 中，x_j 只与它所在的探测周期的参考单元的样本 $x_{ij}(i=1,2,\cdots,N)$ 进行比较，而 T_{MW} 则是 x_j 与 m 个相邻探测周期中的所有参考单元的样本 $x_{ik}(i=1,2,\cdots,N;\ k=1,2,\cdots,m)$ 进行比较，即

$$R_j=\sum_{k=1}^{m}\sum_{i=1}^{N}u(x_j-x_{ik}) \tag{7.7.31}$$

由于检验统计量 T_{MW} 用了 T_{GS} m 倍的样本来获得秩值 R_j，虽然略显复杂，但统计量的平稳性比 T_{GS} 的好，所以可以预期它的检测性能要优于广义符号检验统计的性能。

7.8　信号的稳健性检测

前面已经研究了两类信号统计检测的理论和方法。一类属于信号的参量检测。它要求准确掌握干扰的统计特性，从而获得各假设 H_j 下接收信号的统计描述，即概率密度函数 $p(\boldsymbol{x}|H_j)(j=0,1,\cdots,M-1)$，在二元信号检测的情况下，构成似然比检验，实现信号的最佳检测，也可以实现 M 元信号的最佳检测或随机参量信号的最佳检测。另一类属于信号的非参量检测。它可以在完全不知道(或不利用)干扰的统计特性情况下，根据检测单元样本数据与参考单元样本数据比较所得结果的统计量设计信号检测器，实现信号的检测，所以又称分布自由检测。实际上，我们还可能会遇到介于以上两类检测之间的情况，即部分掌握干扰的统计特性知识，但还不足以对其进行确切的统计描述。在这种情况下，如果采用参量检测，接收信号的统计特性知识不够；如果采用非参量检测，又没有利用已知的干扰统计特性知识。因此，我们需要研究针对这类问题的信号检测的理论和方法。

7.8.1　稳健性检测的概念

对于部分掌握干扰统计特性的这类问题，大致上可以分成两种主要类型：一种是干扰的分布形式确定，但其参数未知；另一种是干扰的统计特性比较复杂，它的概率密度函数可能是多个密度函数的某种组合，虽然一般地说，其中起主导作用的干扰的概率密度函数是已知的，但整体上不能确切地建立干扰的统计模型。

对于第一种干扰类型，我们可以采用自适应的检测方法，如雷达信号的自动门限检测、恒虚警率检测等；也可以首先采用参量估计的方法对未知参数进行估计，并用估计量替代未知的参数，然后建立各假设 H_j 下接收信号的概率密度函数 $p(\boldsymbol{x}|H_j)(j=0,1,\cdots,M-1)$，实现信号的检测。特别是对未知参数的高斯分布类干扰，我们只要估计其一、二阶矩，就可确定其概率密度函数。

对于第二种干扰类型，我们可以采用信号的非参量检测方法，但由于信号的非参量检

测没有利用已知的部分统计特性知识，其检测性能较差，于是人们提出了信号的稳健性(robust)检测方法。该方法的基本思想是针对最常用的二元信号检测，在这类干扰中寻找最小有利分布作为信号的统计模型，然后按似然比检验的方法进行处理，实现信号的检测。稳健性检测方法的特点是利用了干扰中已知的统计特性知识，这样，当实际的干扰不是最小有利分布，但只要它属于这种分布类时，所设计的检测器其性能总能满足某种最低的性能要求，不会因为干扰统计模型小的变化而使检测性能严重恶化，这就是稳健性检测的最基本含义。

如前所述，在干扰的统计特性部分已知，但不能确切统计描述的情况下，参量型的最佳检测器由于信号在各假设下统计模型的不准确性，使其检测性能从最佳状态相当大地变差了。因此，我们要求所设计的检测器具有如下性能：当信号的统计模型有小的变化时，检测性能只受到较小的影响，而不至于严重变差，即检测器对信号统计模型小的变化不敏感；当实际的统计模型与所假定的理论模型一致时，检测性能良好，但达不到某种准则下的最佳性能，这就是稳健性检测所付出的代价，所以它不是最佳检测；此外，当实际统计模型与假定的理论模型存在较严重偏离时，检测器仍具有一定的检测能力，而不至于完全失效。以上性能，一般就称为信号检测的稳健性。

信号的稳健性检测根据英文字 robust，也被直译为鲁棒检测。这里采用稳健性检测这一名称，使其含义更加直观。

7.8.2 混合模型的稳健性检测

下面讨论二元信号情况下的稳健性检测问题。

1. 混合模型的描述

前面已经指出，在干扰比较复杂的情况下，表征其统计特性的概率密度函数可能是多个密度函数的某种组合，其中起主导作用那部分的概率密度函数通常是已知的。最受人们重视并被广泛讨论的模型是胡倍尔(Huber)提出的 ε 混合模型。设 $\mathscr{F}$ 为一类概率密度函数的集合，则 ε 混合模型为

$$\mathscr{F}=\{q(x):q(x)=(1-\varepsilon)p(x)+\varepsilon h(x),h(x)\in\mathscr{K}\},\quad 0\leqslant\varepsilon<1 \tag{7.8.1}$$

其中，$p(x)$ 为已知的标称概率密度函数，或称主概率密度函数；$h(x)$ 称为污染密度函数，它属于任意的 $\mathscr{K}$ 类，对其约束很松；$\varepsilon\in[0,1)$ 称为污染度，通常 ε 很小。所以，一个标称的概率密度函数和一个污染密度函数的线性加权和，就构成了 ε 混合模型。在电子信息系统中，大气和人为噪声带有随机脉冲干扰的性质，它们进入接收系统后与系统噪声叠加，结果通常就具有 ε 混合模型的概率密度函数特性。

现在考虑二元信号检测的情况。二元信号的 ε 混合模型可以表示为

$$H_0:\mathscr{F}_0=\{q(x|H_0):q(x|H_0)=(1-\varepsilon_0)p(x|H_0)+\varepsilon_0h_0(x),h_0(x)\in\mathscr{K}\},\quad 0\leqslant\varepsilon_0<1 \tag{7.8.2a}$$

$$H_1:\mathscr{F}_1=\{q(x|H_1):q(x|H_1)=(1-\varepsilon_1)p(x|H_1)+\varepsilon_1h_1(x),h_1(x)\in\mathscr{K}\},\quad 0\leqslant\varepsilon_1<1 \tag{7.8.2b}$$

假定，在二元信号的 ε 混合模型中，标称概率密度函数 $p(x|H_j)(j=0,1)$ 是已知的；而对

于污染密度函数 $h_j(x)(j=0,1)$，只知它们属于某一分布类 $\mathscr{K}$。这就是说，我们并不确切知道各假设下信号的概率密度函数 $q(x|H_j)(j=0,1)$。我们的任务是寻求它们的一个最小有利分布对 q_j^*，其相应的概率密度函数为 $q^*(x|H_j)(j=0,1)$，以实现似然比检验。这样，如果最小有利分布对 $q_j^*(j=0,1)$ 存在，根据已知的先验知识，就可以利用信号统计检测的最佳准则设计信号的最佳或部分最佳检测器。求出的这样一对解(最小有利分布对和相应的检测器)称为极小极大解或鞍点解。当实际的干扰分布不是最小有利分布但属于 $\mathscr{F}$ 类时，检测器的性能要比最小有利分布下的性能好，至少也是一样的。这就是说，最小有利分布提供了检测性能的下界。

2. 判决规则

下面研究离散观测的情况。设观测次数为 N，N 维观测矢量 $\boldsymbol{x}=(x_1,x_2,\cdots,x_N)^{\mathrm{T}}$；$\mathscr{F}_0$ 和 $\mathscr{F}_1$ 是分别对应假设 H_0 和假设 H_1 的两个 N 维联合概率密度函数类。如果已知 N 维观测矢量 $\boldsymbol{x}$，由此判决假设 H_0 和假设 H_1 中有利的那一个假设成立。

在观测矢量为 $\boldsymbol{x}$ 的情况下，取最小有利分布对 q_j^* 的概率密度函数 $q^*(\boldsymbol{x}|H_j)(j=0,1)$ 构成似然比检验，其相应的检验函数为

$$\phi^*(\boldsymbol{x})=\begin{cases}1, & \lambda^*(\boldsymbol{x})>\eta^* \\ r^*, & \lambda^*(\boldsymbol{x})=\eta^* \\ 0, & \lambda^*(\boldsymbol{x})<\eta^*\end{cases} \tag{7.8.3}$$

其中，$\lambda^*(\boldsymbol{x})=q^*(\boldsymbol{x}|H_1)/q^*(\boldsymbol{x}|H_0)$，是似然比函数，为检验统计量；$\eta^*$ 为似然比检测门限。在数值上，$\phi^*(\boldsymbol{x})$ 为判决假设 H_1 成立的概率。

这样，假设 H_0 为真，而判决假设 H_1 成立的错误判决概率为

$$\begin{aligned}P^*(H_1|H_0)&=P[\lambda^*(\boldsymbol{x})\geqslant\eta^*|q_0^*] \\ &=P[\lambda^*(\boldsymbol{x})>\eta^*|q_0^*]+r^*P[\lambda^*(\boldsymbol{x})=\eta^*|q_0^*] \\ &=\int_{\lambda^*(\boldsymbol{x})>\eta^*}q^*(\boldsymbol{x}|H_0)\mathrm{d}\boldsymbol{x}+r^*\int_{\lambda^*(\boldsymbol{x})=\eta^*}q^*(\boldsymbol{x}|H_0)\mathrm{d}\boldsymbol{x}\end{aligned} \tag{7.8.4}$$

而假设 H_1 为真，判决假设 H_1 成立的正确判决概率为

$$\begin{aligned}P^*(H_1|H_1)&=P[\lambda^*(\boldsymbol{x})\geqslant\eta^*|q_1^*] \\ &=P[\lambda^*(\boldsymbol{x})>\eta^*|q_1^*]+r^*P[\lambda^*(\boldsymbol{x})=\eta^*|q_1^*] \\ &=\int_{\lambda^*(\boldsymbol{x})>\eta^*}q^*(\boldsymbol{x}|H_1)\mathrm{d}\boldsymbol{x}+r^*\int_{\lambda^*(\boldsymbol{x})=\eta^*}q^*(\boldsymbol{x}|H_1)\mathrm{d}\boldsymbol{x}\end{aligned} \tag{7.8.5}$$

根据极小极大原理，我们可以从概率密度函数为 $q(\boldsymbol{x}|H_j)$ 的实际观测数据分布对 $q_j(j=0,1)$ 中找出最小有利分布对 $q_j^*(j=0,1)$，然后针对这一最小有利分布对，设计最佳检验 ϕ^*，使错误判决所付出的代价满足

$$c(q_j,\phi^*)\leqslant c(q_j^*,\phi^*)\leqslant c(q_j^*,\phi),\quad j=0,1 \tag{7.8.6}$$

其中，函数 $c(q_j,\phi^*)$ 表示实际观测数据分布对 $q_j(j=0,1)$ 在最佳检验 ϕ^* 下错误判决所付出的代价；函数 $c(q_j^*,\phi^*)$ 表示最小有利分布对 $q_j^*(j=0,1)$ 在最佳检验 ϕ^* 下错误判决所付出的代价；而函数 $c(q_j^*,\phi)$ 中的 ϕ 为任一随机检验函数，所以，该项表示在最小有利分布对 $q_j^*(j=0,1)$ 和任一随机检验 ϕ 的情况下，错误判决所付出的代价。对于雷达、声

纳等信号检测问题，函数 $c(q_0^*,\phi^*)$ 又称虚警风险，函数 $c(q_1^*,\phi^*)$ 又称漏报风险。最通常的简单情况，函数 $c(q_j^*,\phi^*)(j=0,1)$ 是错误判决概率。

如果错误判决所付出的代价为错误判决概率，而我们采用虚警概率约束为 α^* 的奈曼-皮尔逊准则，若最小有利分布对 $q_j^*(j=0,1)$ 存在，则在最佳检验 ϕ^* 的条件下，虚警概率满足

$$\begin{aligned}\alpha^*=P_F^*=P^*(H_1|H_0)&=P[\lambda^*(\boldsymbol{x})\geqslant\eta^*|q_0^*]\\&\geqslant P[\lambda^*(\boldsymbol{x})\geqslant\eta^*|q_0]\end{aligned}\tag{7.8.7}$$

因为检测概率与漏报概率之和为 1，所以检测概率满足

$$\begin{aligned}P_D^*=P^*(H_1|H_1)&=P[\lambda^*(\boldsymbol{x})\geqslant\eta^*|q_1^*]\\&\leqslant P[\lambda^*(\boldsymbol{x})\geqslant\eta^*|q_1]\end{aligned}\tag{7.8.8}$$

在(7.8.7)式和(7.8.8)式中，概率 $P[\lambda^*(\boldsymbol{x})\geqslant\eta^*|q_j^*](j=0,1)$ 可以分别表示成(7.8.4)式和(7.8.5)式的积分形式；而概率 $P[\lambda^*(\boldsymbol{x})\geqslant\eta^*|q_j](j=0,1)$ 也可以有类似的表示，只是将其中的 $q^*(\boldsymbol{x}|H_j)$ 对应的换成 $q(\boldsymbol{x}|H_j)(j=0,1)$ 即可。

(7.8.7)式和(7.8.8)式说明，如果最小有利分布对 $q_j^*(j=0,1)$ 存在，则最佳检验判决规则就是最小有利分布对 $q_j^*(j=0,1)$ 和虚警概率 α^* 约束下的奈曼-皮尔逊准则，有时称为广义奈曼-皮尔逊准则。

3. 最小有利分布对

前面已经规定，属于 $\mathscr{F}_0$ 类和 $\mathscr{F}_1$ 类的实际观测数据分布对为 $q_j(j=0,1)$；如果有分布对 $q_j^*(j=0,1)$ 存在，且在最佳检验判决规则下，满足前面给出的(7.8.6)式，则 $q_j^*(j=0,1)$ 就是最小有利分布对，其对应的概率密度函数为 $q^*(\boldsymbol{x}|H_j)(j=0,1)$。

对于胡倍尔 ε 混合模型，我们从直观上可以看出，如果最小有利分布对 $q_j^*(j=0,1)$ 存在，那么，其对应的概率密度函数 $q^*(x|H_0)$ 应尽可能接近 $p(x|H_0)$，而 $q^*(x|H_1)$ 应尽可能接近 $p(x|H_1)$。这样，我们可以采用如下的最小有利分布对 $q_j^*(j=0,1)$，其概率密度函数为

$$q^*(x|H_0)=\begin{cases}(1-\varepsilon_0)p(x|H_0), & \dfrac{p(x|H_1)}{p(x|H_0)}<c_0\\[2ex] c_0^{-1}(1-\varepsilon_0)p(x|H_1), & \dfrac{p(x|H_1)}{p(x|H_0)}\geqslant c_0\end{cases}\tag{7.8.9a}$$

和

$$q^*(x|H_1)=\begin{cases}(1-\varepsilon_1)p(x|H_1), & \dfrac{p(x|H_1)}{p(x|H_0)}>c_1\\[2ex] c_1(1-\varepsilon_1)p(x|H_0), & \dfrac{p(x|H_1)}{p(x|H_0)}\leqslant c_1\end{cases}\tag{7.8.9b}$$

其中，$0\leqslant c_1<c_0\leqslant\infty$，且 c_0 和 c_1 是惟一的；$\varepsilon_j\in[0,1)(j=0,1)$。而且 $\varepsilon_0,\varepsilon_1$ 和 c_0,c_1 必须使 $q_j^*(x|H_j)(j=0,1)$ 具有概率密度函数的特性，即 $q^*(x|H_j)\geqslant0(j=0,1)$，这是满足的；$q^*(x|H_j)(j=0,1)$ 的全域积分等于 1。因而它们必须满足下列方程：

$$(1-\varepsilon_0)\left[\int_{p(x|H_1)/p(x|H_0)<c_0} p(x|H_0)\mathrm{d}x + c_0^{-1}\int_{p(x|H_1)/p(x|H_0)\geqslant c_0} p(x|H_1)\mathrm{d}x\right]=1 \tag{7.8.10a}$$

和

$$(1-\varepsilon_1)\left[\int_{p(x|H_1)/p(x|H_0)>c_1} p(x|H_1)\mathrm{d}x + c_1\int_{p(x|H_1)/p(x|H_0)\leqslant c_1} p(x|H_0)\mathrm{d}x\right]=1 \tag{7.8.10b}$$

可以证明[52]，对于(7.8.2)式所示的 ε 混合模型，当 $\mathscr{F}_0$ 与 $\mathscr{F}_1$ 不重叠时，(7.8.9)式是最小有利分布对 $q_j^*\ (j=0,1)$ 对应的概率密度函数，且最小有利分布对存在。

这样，对于最小有利分布对的单个样本 $x_k\ (k=1,2,\cdots,N)$，利用(7.8.9)式，其似然比函数可以表示为

$$\lambda^*(x_k)=\frac{q^*(x_k|H_1)}{q^*(x_k|H_0)}=\begin{cases} bc_1, & \dfrac{p(x_k|H_1)}{p(x_k|H_0)}\leqslant c_1 \\ b\dfrac{p(x_k|H_1)}{p(x_k|H_0)}, & c_1<\dfrac{p(x_k|H_1)}{p(x_k|H_0)}<c_0 \\ bc_0, & \dfrac{p(x_k|H_1)}{p(x_k|H_0)}\geqslant c_0 \end{cases} \tag{7.8.11}$$

式中，$b=(1-\varepsilon_1)/(1-\varepsilon_0)$。

4. 信号的稳健性检测

最小有利分布对 $q_j^*\ (j=0,1)$ 找到后，下面的问题就是根据最小有利分布对相应的概率密度函数 $q^*(\boldsymbol{x}|H_0)$ 和 $q^*(\boldsymbol{x}|H_1)$，按参量型最佳检测的理论和方法设计稳健性检测器了。

现设观测矢量 $\boldsymbol{x}=(x_1,x_2,\cdots,x_N)^{\mathrm{T}}$ 是 N 个相互统计独立的观测样本矢量；我们知道，参量型的最佳检测是似然比检验。若 $\phi^*(\boldsymbol{x})$ 是似然比检验函数，则有

$$\phi^*(\boldsymbol{x})=\begin{cases} 1, & \lambda^*(\boldsymbol{x})>\eta^* \\ r^*, & \lambda^*(\boldsymbol{x})=\eta^* \\ 0, & \lambda^*(\boldsymbol{x})<\eta^* \end{cases} \tag{7.8.12a}$$

其中，

$$\lambda^*(\boldsymbol{x})=\frac{q^*(\boldsymbol{x}|H_1)}{q^*(\boldsymbol{x}|H_0)}=\prod_{k=1}^{N}\frac{q^*(x_k|H_1)}{q^*(x_k|H_0)}=\prod_{k=1}^{N}\lambda^*(x_k) \tag{7.8.12b}$$

而 $\lambda^*(x_k)$ 为(7.8.11)式。

马尔特因(Martin)等人证明了下述定理[53]。

定理　在概率密度函数 $p(x_k|H_0)\neq p(x_k|H_1)\ (k=1,2,\cdots,N)$ 的条件下，如果 $\varepsilon_j\ (j=0,1)$ 足够小①，则(7.8.12)式给出的似然比检验是(7.8.2)式所示的 ε 混合模型的极小极

① 在无线电信道中，即使在严重的雷电干扰下，ε 也不超过 0.1[55]。

大解，即

$$\sup_{q_1} c(q_1,\phi^*)=c(q_1^*,\phi^*)=\inf_{\phi} c(q_1^*,\phi) \tag{7.8.13a}$$

$$\sup_{q_0} c(q_0,\phi^*)=c(q_0^*,\phi^*) \tag{7.8.13b}$$

其中，$c(q_1^*,\phi^*)$表示最小有利分布对下，稳健性检测的漏报风险，而$c(q_0^*,\phi^*)$表示最小有利分布对下，稳健性检测的虚警风险；$\sup\limits_{q_1} c(q_1,\phi^*)$表示实际观测数据分布下漏报风险的上界，它不会大于$c(q_1^*,\phi^*)$，$\inf\limits_{\phi} c(q_1^*,\phi)$表示非最佳检测时漏报风险的下界，它不会小于$c(q_1^*,\phi^*)$；类似地，$\sup\limits_{q_0} c(q_0,\phi^*)$表示实际观测数据分布下虚警风险的上界，它不会大于$c(q_0^*,\phi^*)$。

以上结果说明，我们从极小极大原理出发，解决了(7.8.2)式二元信号ε混合模型的稳健性检测问题，其最小有利分布对的概率密度函数由(7.8.9)式给出，而最佳检测由(7.8.12)式实现。

例 7.8.1 研究均值为零、方差为σ_n^2的加性高斯噪声背景中接收标量常值信号的二元信号检测问题，但要考虑污染密度函数$h_j(x)(j=0,1)$。于是设假设H_0和假设H_1下，信号的ε混合模型分别为(7.8.2a)式和(7.8.2b)式，其中，标称的概率密度函数是已知的，且为

$$p(x|H_0)=\left(\frac{1}{2\pi\sigma_n^2}\right)^{1/2}\exp\left(-\frac{x^2}{2\sigma_n^2}\right)$$

和

$$p(x|H_1)=\left(\frac{1}{2\pi\sigma_n^2}\right)^{1/2}\exp\left[-\frac{(x-A)^2}{2\sigma_n^2}\right]$$

这里约定$A>0$(常数)。试设计该二元信号的稳健性检测器。

解 据题意，最小有利分布对$q_j^*(j=0,1)$对应的概率密度函数为

$$q^*(x|H_0)=\begin{cases}(1-\varepsilon_0)p(x|H_0), & \dfrac{p(x|H_1)}{p(x|H_0)}<c_0\\ c_0^{-1}(1-\varepsilon_0)p(x|H_1), & \dfrac{p(x|H_1)}{p(x|H_0)}\geqslant c_0\end{cases}$$

和

$$q^*(x|H_1)=\begin{cases}(1-\varepsilon_1)p(x|H_1), & \dfrac{p(x|H_1)}{p(x|H_0)}>c_1\\ c_1(1-\varepsilon_1)p(x|H_0), & \dfrac{p(x|H_1)}{p(x|H_0)}\leqslant c_1\end{cases}$$

其中，$0\leqslant c_1<c_0<\infty$。$q^*(x|H_j)(j=0,1)$的大致形状如图 7.25 所示。

令$b=(1-\varepsilon_1)/(1-\varepsilon_0)$，则似然比函数为

$$\lambda^*(x)=\frac{q^*(x|H_1)}{q^*(x|H_0)}=\begin{cases}bc_1, & \dfrac{p(x|H_1)}{p(x|H_0)}\leqslant c_1\\ b\dfrac{p(x|H_1)}{p(x|H_0)}, & c_1<\dfrac{p(x|H_1)}{p(x|H_0)}<c_0\\ bc_0, & \dfrac{p(x|H_1)}{p(x|H_0)}\geqslant c_0\end{cases}$$

因为

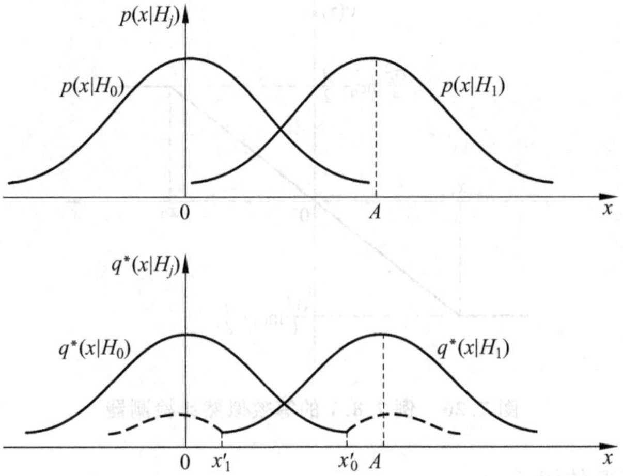

图 7.25 最小有利密度函数图形

$$\frac{p(x|H_1)}{p(x|H_0)}=\exp\left(\frac{A}{\sigma_n^2}x-\frac{A^2}{2\sigma_n^2}\right)$$

取自然对数，得

$$\ln\frac{p(x|H_1)}{p(x|H_0)}=\frac{A}{\sigma_n^2}x-\frac{A^2}{2\sigma_n^2}$$

于是，对数似然比函数为

$$\ln\lambda^*(x)=\ln\frac{q^*(x|H_1)}{q^*(x|H_0)}$$

$$=\begin{cases}\ln b+\ln c_1, & x\leqslant\frac{\sigma_n^2}{A}\ln c_1+\frac{A}{2}\\ \ln b+\frac{A}{\sigma_n^2}x-\frac{A^2}{2\sigma_n^2}, & \frac{\sigma_n^2}{A}\ln c_1+\frac{A}{2}<x<\frac{\sigma_n^2}{A}\ln c_0+\frac{A}{2}\\ \ln b+\ln c_0, & x\geqslant\frac{\sigma_n^2}{A}\ln c_0+\frac{A}{2}\end{cases}$$

这样，由对数似然比函数表示的检验统计量，可以化简为如下的等效检验统计量 $v(x)$：

$$v(x)=\begin{cases}\frac{\sigma_n^2}{A}\ln c_1+\frac{A}{2}, & x\leqslant x_1\\ x, & x_1<x<x_0\\ \frac{\sigma_n^2}{A}\ln c_0+\frac{A}{2}, & x\geqslant x_0\end{cases}$$

式中，

$$x_1=\frac{\sigma_n^4}{A^2}\ln c_1-\frac{\sigma_n^2}{A}\ln b+\frac{A+\sigma_n^2}{2}$$

$$x_0=\frac{\sigma_n^4}{A^2}\ln c_0-\frac{\sigma_n^2}{A}\ln b+\frac{A+\sigma_n^2}{2}$$

可以看出，等效似然比检测器在本例给定的条件下，是一个限幅器，如图 7.26 所示。

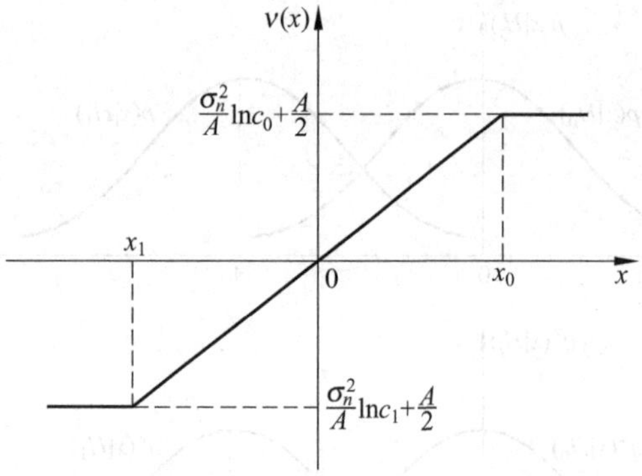

图 7.26 例 7.8.1 的等效似然比检测器

5. 一种极限情况的讨论

现在来讨论 c_1 由小趋近于 1，而 c_0 由大趋近于 1 这样一种极限的情况。设 ε 混合模型的污染度 $\varepsilon_0=\varepsilon_1$，那么根据(7.8.10)式可知，此时可有 $c_0=c_1=1$。在这种情况下，(7.8.9)式中的 $q^*(x|H_0)=q^*(x|H_1)$，于是似然比函数

$$\lambda^*(x)=q^*(x|H_1)/q^*(x|H_0)=1$$

这样，似然比检验将失败。

针对这种情况，在 N 维观测矢量 $\boldsymbol{x}=(x_1,x_2,\cdots,x_N)^{\mathrm{T}}$ 的样本 $x_k(k=1,2,\cdots,N)$ 是相互统计独立的条件下，如果采用对数似然比函数，则令

$$T^*(x_k)=\frac{\ln\dfrac{q^*(x_k|H_1)}{q^*(x_k|H_0)}-\ln c_1}{\ln c_0-\ln c_1} \tag{7.8.14}$$

作为一维的检验统计量将是方便的。

我们知道，在正常情况下应满足 $0\leqslant c_1<c_0<\infty$。这样，在 $p(x_k|H_1)/p(x_k|H_0)\leqslant c_1$ 时，根据(7.8.9)式有

$$T^*(x_k)=\left.\frac{\ln\dfrac{q^*(x_k|H_1)}{q^*(x_k|H_0)}-\ln c_1}{\ln c_0-\ln c_1}\right|_{\frac{p(x_k|H_1)}{p(x_k|H_0)}\leqslant c_1} \tag{7.8.15}$$

$$=\frac{\ln c_1-\ln c_1}{\ln c_0-\ln c_1}=0$$

而当 $p(x_k|H_1)/p(x_k|H_0)\geqslant c_0$ 时，有

$$T^*(x_k)=\left.\frac{\ln\dfrac{q^*(x_k|H_1)}{q^*(x_k|H_0)}-\ln c_1}{\ln c_0-\ln c_1}\right|_{\frac{p(x_k|H_1)}{p(x_k|H_0)}\geqslant c_0} \tag{7.8.16}$$

$$=\frac{\ln c_0-\ln c_1}{\ln c_0-\ln c_1}=1$$

由以上两式可以看出，当 c_1 由小增大趋于 1，而 c_0 由大减小趋于 1 时，得

$$T^*(\boldsymbol{x})=\sum_{k=1}^{N}T^*(x_k) \tag{7.8.17}$$

将趋于 $p(x_k|H_1)>p(x_k|H_0)(k=1,2,\cdots,N)$ 的次数，即这种极限情况下的检验是一种符号检验。

7.8.3　污染的高斯噪声中确知信号的稳健性检测

与我们在参量型信号检测中所研究的情况一样，标称分布为高斯噪声背景中的信号检测是我们最关心的问题。针对 ε 混合模型，考虑 N 个相互统计独立的观测样本 $x_k(k=1,2,\cdots,N)$，在前面关于稳健性检测研究的基础上，给出干扰的标称分布为高斯分布，我们将会得到信号稳健性检测的具体形式。

1. 信号的统计模型

若二元信号检测的假设 H_0 和假设 H_1 分别为

$$H_0: x_k=n_k,\quad k=1,2,\cdots,N$$
$$H_1: x_k=s_k+n_k,\quad k=1,2,\cdots,N$$

其中，s_k 是确知信号；N 次观测样本 $x_k(k=1,2,\cdots,N)$是相互统计独立的。

在 ε 混合模型下，有

$$\begin{aligned}H_0:\ \mathscr{F}_0=\{&q(x_k|H_0):\ q(x_k|H_0)=(1-\varepsilon)p(x_k|H_0)+\varepsilon h_0(x_k),\\&h_0(x_k)\in\mathscr{K},k=1,2,\cdots,N\},\\&0\leqslant\varepsilon<1\end{aligned} \tag{7.8.18a}$$

$$\begin{aligned}H_1:\ \mathscr{F}_1=\{&q(x_k|H_1):\ q(x_k|H_1)=(1-\varepsilon)p(x_k|H_1)+\varepsilon h_1(x_k),\\&h_1(x_k)\in\mathscr{K},k=1,2,\cdots,N\},\\&0\leqslant\varepsilon<1\end{aligned} \tag{7.8.18b}$$

其中，标称分布为高斯分布，所以有

$$p(x_k|H_0)=\left(\frac{1}{2\pi}\right)^{1/2}\exp\left(-\frac{x_k^2}{2}\right) \tag{7.8.19a}$$

$$p(x_k|H_1)=\left(\frac{1}{2\pi}\right)^{1/2}\exp\left(-\frac{(x_k-s_k)^2}{2}\right) \tag{7.8.19b}$$

这里为了方便起见，已经对标称高斯分布进行了归一化处理，即均值为零，方差为 1，实际上当然不一定这样做。

2. 最佳检验分析

由信号的统计特性描述，根据(7.8.9)式所示的最小有利分布对 $q_j^*(j=0,1)$对应的概率密度函数，有

$$q^*(x_k|H_0)=\begin{cases}(1-\varepsilon)p(x_k|H_0), & \dfrac{p(x_k|H_1)}{p(x_k|H_0)}<c_{0k}\\[2ex] c_{0k}^{-1}(1-\varepsilon)p(x_k|H_1), & \dfrac{p(x_k|H_1)}{p(x_k|H_0)}\geqslant c_{0k},\quad k=1,2,\cdots,N\end{cases} \tag{7.8.20a}$$

$$q^*(x_k|H_1)=\begin{cases}(1-\varepsilon)p(x_k|H_1), & \dfrac{p(x_k|H_1)}{p(x_k|H_0)}>c_{1k}\\ c_{1k}(1-\varepsilon)p(x_k|H_0), & \dfrac{p(x_k|H_1)}{p(x_k|H_0)}\leqslant c_{1k}, \quad k=1,2,\cdots,N\end{cases} \tag{7.8.20b}$$

这样,观测矢量 $\boldsymbol{x}=(x_1,x_2,\cdots,x_N)$ 的最佳检验,即似然比检验的函数 $\phi^*(\boldsymbol{x})$ 为

$$\phi^*(\boldsymbol{x})=\begin{cases}1, & \lambda^*(\boldsymbol{x})>\eta^*\\ r^*, & \lambda^*(\boldsymbol{x})=\eta^*\\ 0, & \lambda^*(\boldsymbol{x})<\eta^*\end{cases} \tag{7.8.21}$$

式中,似然比函数 $\lambda^*(\boldsymbol{x})$ 为

$$\lambda^*\boldsymbol{x}=\prod_{k=1}^{N}\lambda^*(x_k) \tag{7.8.22}$$

而

$$\lambda^*(x_k)=\frac{q^*(x_k|H_1)}{q^*(x_k|H_0)}=\begin{cases}c_{1k}, & \dfrac{p(x_k|H_1)}{p(x_k|H_0)}\leqslant c_{1k}\\ \dfrac{p(x_k|H_1)}{p(x_k|H_0)}, & c_{1k}<\dfrac{p(x_k|H_1)}{p(x_k|H_0)}<c_{0k}\\ c_{0k}, & \dfrac{p(x_k|H_1)}{p(x_k|H_0)}\geqslant c_{0k}, \quad k=1,2,\cdots,N\end{cases} \tag{7.8.23}$$

请注意,似然比函数 $\lambda^*(\boldsymbol{x})$ 中的每个子函数 $\lambda^*(x_k)$ 分别受 c_{0k} 和 c_{1k} 制约; η^* 是似然比检测门限。

为了求得相应的最佳检验,定义限幅器的限幅特性为

$$l(x;\ y_1,y_2)=\begin{cases}y_1, & x\leqslant y_1\\ x, & y_1<x<y_2\\ y_2, & x\geqslant y_2\end{cases} \tag{7.8.24}$$

这样,最佳检验的判决式可以表示为

$$T^*(\boldsymbol{x})+\sum_{k=1}^{N}\frac{1}{2}s_k^2=\sum_{k=1}^{N}l(x_ks_k;\ L_k,U_k)\underset{H_0}{\overset{H_1}{\gtrless}}\gamma^* \tag{7.8.25}$$

式中,

$$T^*(\boldsymbol{x})=\ln\lambda^*(\boldsymbol{x})=\sum_{k=1}^{N}\ln\lambda^*(x_k) \tag{7.8.26}$$

$$l(x_ks_k;\ L_k,U_k)=\begin{cases}L_k, & x_ks_k\leqslant L_k,\\ x_ks_k, & L_k<x_ks_k<U_k\\ U_k, & x_ks_k\geqslant U_k, \quad k=1,2,\cdots,N\end{cases} \tag{7.8.27}$$

$$L_k=a_{1k}+\frac{1}{2}s_k^2, \quad k=1,2,\cdots,N \tag{7.8.28}$$

$$U_k=a_{0k}+\frac{1}{2}s_k^2, \quad k=1,2,\cdots,N \tag{7.8.29}$$

$$a_{1k}=\ln c_{1k}, \quad k=1,2,\cdots,N \tag{7.8.30}$$

$$a_{0k}=\ln c_{0k}, \quad k=1,2,\cdots,N \tag{7.8.31}$$

$$\gamma^* = \ln\eta^* + \sum_{k=1}^{N} \frac{1}{2}s_k^2 \tag{7.8.32}$$

(7.8.25)关系式的证明见附录 7D。

3. 检测器的结构和特性

根据最佳检验判决表示式(7.8.25)式及其相关的(7.8.26)式～(7.8.32)式，可以得到检测器的结构和主要特性。

(1) 检测器的结构

因为判决式中的 $l(x_k s_k;\ L_k, U_k)$(见(7.8.27)式)是相关-限幅器，其输出之和与检测门限 γ^* 比较会作出哪个假设成立的判决，所以(7.8.25)式所示的稳健性检测器是一个相关-限幅检测器，如图 7.27 所示。但限幅器的限幅电平 L_k, U_k 与信号 s_k 的大小有关(见(7.8.28)式和(7.8.29)式)，是时变限幅电平的。

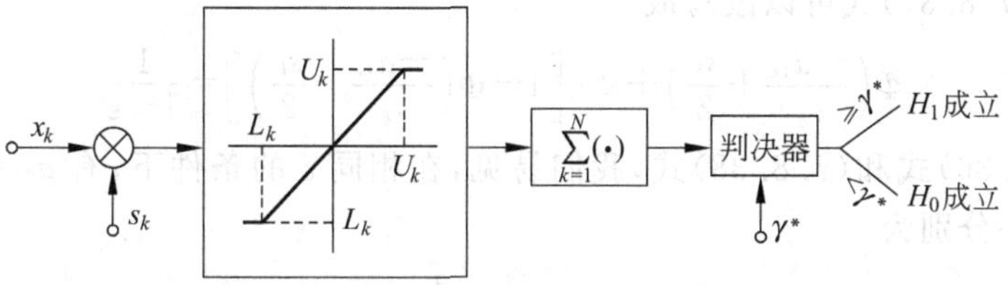

图 7.27 相关-限幅检测器(时变限幅电平)

(2) 限幅电平的特性

因为

$$\int_{-\infty}^{\infty} q^*(x_k|H_0)\mathrm{d}x_k = 1$$

所以，由(7.8.20a)式得

$$\int_{-\infty}^{x_{0k}} p(x_k|H_0)\mathrm{d}x_k + c_{0k}^{-1}\int_{x_{0k}}^{\infty} p(x_k|H_1)\mathrm{d}x_k = \frac{1}{1-\varepsilon} \tag{7.8.33}$$

式中，积分限 x_{0k} 由方程

$$\frac{p(x_{0k}|H_1)}{p(x_{0k}|H_0)} = c_{0k} \tag{7.8.34}$$

解得。因为

$$\frac{p(x_{0k}|H_1)}{p(x_{0k}|H_0)} = \exp(x_{0k}s_k - \frac{1}{2}s_k^2)$$

所以有

$$x_{0k}s_k - \frac{1}{2}s_k^2 = \ln c_{0k} = a_{0k}$$

从而解得

$$x_{0k} = \frac{a_{0k}}{s_k} + \frac{s_k}{2} \tag{7.8.35}$$

这样，将(7.8.19)式代入(7.8.33)式，得

$$\Phi\left(\frac{a_{0k}}{s_k}+\frac{s_k}{2}\right)+\mathrm{e}^{-a_{0k}}\left[1-\Phi\left(\frac{a_{0k}}{s_k}-\frac{s_k}{2}\right)\right]=\frac{1}{1-\varepsilon} \tag{7.8.36}$$

类似地，由

$$\int_{-\infty}^{\infty} q^*(x_k|H_1)\mathrm{d}x_k=1$$

可得

$$\left[1-\Phi\left(\frac{a_{1k}}{s_k}-\frac{s_k}{2}\right)\right]+\mathrm{e}^{a_{1k}}\Phi\left(\frac{a_{1k}}{s_k}+\frac{s_k}{2}\right)=\frac{1}{1-\varepsilon} \tag{7.8.37}$$

以上两式中的函数 $\Phi(\cdot)$表示对标准高斯分布的概率积分，即

$$\Phi(u_0)=\int_{-\infty}^{u_0}\left(\frac{1}{2\pi}\right)^{1/2}\exp\left(-\frac{u^2}{2}\right)\mathrm{d}u$$

我们知道，该函数具有

$$\Phi(u_0)=1-\Phi(-u_0)$$

的性质，于是(7.8.37)式可以改写成

$$\Phi\left(\frac{-a_{1k}}{s_k}+\frac{s_k}{2}\right)+\mathrm{e}^{a_{1k}}\left[1-\Phi\left(\frac{-a_{1k}}{s_k}-\frac{s_k}{2}\right)\right]=\frac{1}{1-\varepsilon} \tag{7.8.38}$$

比较(7.8.36)式和(7.8.38)式，我们易见，在相同 ε 的条件下，有 $a_{0k}=-a_{1k}$。因为下、上限幅电平分别为

$$L_k=a_{1k}+\frac{1}{2}s_k^2$$

$$U_k=a_{0k}+\frac{1}{2}s_k^2$$

所以，下、上限幅电平 L_k 和 U_k 是随信号 s_k 的大小时变的，但在相同 ε 下，是以 $s_k^2/2$ 为对称的。

4. ε 趋于零时的检测器

由(7.8.33)式，即

$$\int_{-\infty}^{x_{0k}} p(x_k|H_0)\mathrm{d}x_k+c_{0k}^{-1}\int_{x_{0k}}^{\infty} p(x_k|H_1)\mathrm{d}x_k=\frac{1}{1-\varepsilon}$$

可知，当 $\varepsilon=0$ 时，有

$$\begin{aligned} c_{0k}^{-1}\int_{x_{0k}}^{\infty} p(x_k|H_1)\mathrm{d}x_k &= 1-\int_{-\infty}^{x_{0k}} p(x_k|H_0)\mathrm{d}x_k \\ &= \int_{x_{0k}}^{\infty} p(x_k|H_0)\mathrm{d}x_k \end{aligned} \tag{7.8.39}$$

我们知道，当 $s_k\neq 0$ 时，有

$$\int_{x_{0k}}^{\infty} p(x_k|H_1)\mathrm{d}x_k\neq\int_{x_{0k}}^{\infty} p(x_k|H_0)\mathrm{d}x_k$$

故欲使(7.8.39)式成立，要求 c_{0k} 趋于正无穷大；类似的分析可得，当 $\varepsilon=0$ 时，要求 c_{1k} 趋于零。

关于这个问题，我们也可以从最小有利分布对 $q_j^*(j=0,1)$ 的概率密度函数 $q^*(x_k|H_j)(j=0,1)$ 来考虑。若 ε 趋于零，则 $q^*(x_k|H_0)$ 应趋于 $p(x_k|H_0)$，于是由(7.8.20a)式，要求 c_{0k} 趋于正无穷大；类似地，若 ε 趋于零，则 $q^*(x_k|H_1)$ 应趋于 $p(x_k|H_1)$，于是由(7.8.20b)式，要求 c_{1k} 趋于零。

这样，根据

$$a_{1k}=\ln c_{1k}$$

$$L_k=a_{1k}+\frac{1}{2}s_k^2$$

和

$$a_{0k}=\ln c_{0k}$$

$$U_k=a_{0k}+\frac{1}{2}s_k^2$$

得相关-限幅器的下限幅电平 L_k 趋于负无穷大，而上限幅电平 U_k 趋于正无穷大。于是，稳健性检测器变成了常规的参量相关检测器。

5. $c_{0k}=-c_{1k}$ 趋于零时的检测器

由附录 7D 的(7D.5)式和 $a_{0k}=-a_{1k}$，有

$$\frac{\ln\lambda^*(x_k)}{a_{0k}}=\begin{cases}-1, & x_ks_k-\frac{1}{2}s_k^2\leqslant -a_{0k},\\ \left(x_ks_k-\frac{1}{2}s_k^2\right)\Big/a_{0k}, & -a_{0k}<x_ks_k-\frac{1}{2}s_k^2<a_{0k},\\ +1, & x_ks_k-\frac{1}{2}s_k^2\geqslant a_{0k}, \quad k=1,2,\cdots,N\end{cases} \tag{7.8.40}$$

考虑到如下关系：

$$x_ks_k-\frac{1}{2}s_k^2=\ln\frac{p(x_k|H_1)}{p(x_k|H_0)}$$

$$a_{0k}=-a_{1k}$$

$$a_{0k}=\ln c_{0k}$$

$$a_{1k}=\ln c_{1k}$$

则当 $c_{0k}=-c_{1k}$ 趋于零时，(7.8.40)式变为

$$\frac{\ln\lambda^*(x_k)}{a_{0k}}=\begin{cases}-1, & \frac{p(x_k|H_1)}{p(x_k|H_0)}\leqslant c_{1k}\stackrel{\text{def}}{=}0_-,\\ +1, & \frac{p(x_k|H_1)}{p(x_k|H_0)}\geqslant c_{0k}\stackrel{\text{def}}{=}0_+,\end{cases}\quad k=1,2,\cdots,N \tag{7.8.41}$$

可见，在这种情况下，稳健性检测器变成了非参量检测中的符号检测器。

6. 固定限幅电平相关-限幅检测器

前面已经指出，图 7.27 所示的相关-限幅检测器的限幅电平 L_k 和 U_k 是信号 s_k 的函数，当信号 s_k 不同时，限幅电平将是随之变化的。为了避免使用这种限幅电平时变的限幅器，我们采用上、下限幅电平之差的一半，对附录 7D 的(7D.5)式进行归一化处理，其结果作为相关-限幅器，其限幅电平是固定的。分析如下。

因为 $a_{0k}=-a_{1k}$，所以上、下限幅电平之差的一半为

$$\frac{1}{2}(U_k-L_k)=\frac{1}{2}(a_{0k}-a_{1k})=a_{0k} \tag{7.8.42}$$

用 a_{0k} 对附录 7D 的(7D.5)式进行归一化处理，得

$$\frac{\ln\lambda^*(x_k)}{a_{0k}}=\begin{cases}-1, & \left(x_ks_k-\frac{1}{2}s_k^2\right)\Big/a_{0k}\leqslant -1,\\ \left(x_ks_k-\frac{1}{2}s_k^2\right)\Big/a_{0k}, & -1<\left(x_ks_k-\frac{1}{2}s_k^2\right)\Big/a_{0k}<1,\\ +1, & \left(x_ks_k-\frac{1}{2}s_k^2\right)\Big/a_{0k}\geqslant 1, \quad k=1,2,\cdots,N\end{cases} \tag{7.8.43}$$

可见，进行这样的归一化处理后，下限幅电平为 -1，上限幅电平为 $+1$，与信号 s_k 无关，故(7.8.43)式所示的相关-限幅器的限幅电平是固定的。相关-限幅器的输出再乘以 a_{0k}，便可恢复附录 7D 的(7D.5)式。于是由附录 7D 的(7D.2)式，即

$$T^*(\boldsymbol{x})=\sum_{k=1}^{N}\left[\frac{\ln\lambda^*(x_k)}{a_{0k}}\right]a_{0k}\underset{H_0}{\overset{H_1}{\gtrless}}\ln\eta^* \tag{7.8.44}$$

其中，$\ln\lambda^*(x_k)/a_{0k}$ 如(7.8.43)式所示，便可构成固定限幅电平的稳健性检测器，它还是相关-限幅检测器，如图 7.28 所示。

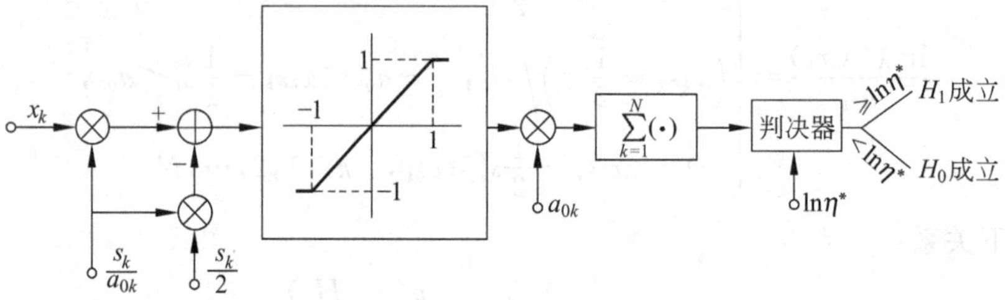

图 7.28 相关-限幅检测器(固定限幅电平)

7.8.4 稳健性信号检测的简要总结

本节主要针对 ε 混合模型讨论了二元确知信号的稳健性检测问题。污染密度函数在标称干扰分布，通常是高斯分布的基础上，叠加了一个“宽尾”干扰，而分布尾部的统计特性是不能确定的。针对这类干扰模型，在高斯标称分布干扰下，我们所设计的稳健性检测器，由相关-限幅器、求和器和判决器构成。限幅器的主要作用是对大幅度样本的影响进行限制。当干扰的密度函数发生变化时，变化最明显的部分是干扰的尾部，即大观测样本。而限幅器对这些大观测样本实施限幅作用，就降低了检测器对干扰统计特性变化的敏感程度，从而提高了检测器的稳健性能。这就是稳健性检测能够在不确切掌握干扰统计特性的环境中具有良好检测性能的原因。

7.9 三种类型信号统计检测的比较

前面研究了三种类型信号统计检测的基本概念、理论和方法，它们分别是：参量型信号检测、非参量型信号检测和稳健性信号检测。现对它们做一简要比较。

参量型信号检测，需要准确掌握干扰信号的统计特性，以便获得在各假设 H_j 下观测信号的概率密度函数 $p(\boldsymbol{x}|H_j)(j=0,1,\cdots,M-1)$，形成检验统计量，因而它能够实现针

对干扰模型的最佳检测。在噪声干扰环境中，通过自动检测门限形成，或在杂波干扰环境中，通过针对杂波模型的恒虚警率处理，可以实现信号的恒虚警率检测。

非参量型信号检测，不需要关于干扰信号的统计特性知识，因而也称为分布自由检测。它由被测单元样本 x_j 的正、负符号，或将被测单元样本 x_j 与参考单元样本 x_{ij} 大小比较所得的广义符号，在相邻 m 个周期内形成检验统计量，实现信号的非参量型检测。信号的非参量型检测由于不需要或没有利用干扰信号的先验统计特性知识，所以适应性强，但针对性差。因此，对某种已知统计特性的干扰来说，非参量型检测的性能一般说低于针对该统计特性干扰的参量型检测的性能。

信号的稳健性检测是在干扰信号的标称分布（或称主分布）已知，但叠加了统计特性不确定的污染干扰信号，因而我们不能确切掌握干扰的统计特性情况下的一种信号检测方法。为此，我们需要寻求最小有利分布对 q_j^* $(j=0,1)$，它既要尽可能充分利用已知标称分布干扰的统计特性，又要考虑到统计特性未知的污染干扰信号，然后利用参量型信号检测方法，设计信号检测器。该检测器具有对大样本信号的限幅特性，所以降低了大样本干扰信号对检测性能的影响，从而提高了检测性能的稳健性。由于稳健性检测利用了干扰信号中标称分布部分的统计特性，所以，当输入的干扰信号是标称分布时，稳健性检测的性能与参量型检测的最佳性能差不多一样好；当实际干扰不是标称分布，而是属于 $\mathscr{F}$ 类的很大一类干扰时，其检测性能良好。因此，稳健性检测的性能，虽然一般达不到参量型检测的最佳性能，但优于非参量型检测的性能，且对很大一类干扰统计特性的变化不敏感，具有稳健性。

最后说明，由于信号的非参量型检测具有恒虚警率性能，所以将该内容放在本章中做了讨论，而没有单列一章。关于信号的稳健性检测，原则上可以采用统计信号检测的任一最佳准则，如贝叶斯准则、最小平均错误概率准则、奈曼-皮尔逊准则等。对于它的检测性能我们主要是从虚警风险和漏报风险来讨论的，如果对虚警风险进行约束，相当于约束了虚警概率，所以我们也把这部分内容放在了本章中。如果要对信号的非参量检测和信号的稳健性检测做更广泛、全面、深入的研究，还是各自单列一章更合适。

习　题

7.1　在附录 7A 中已经导出了单元平均恒虚警率处理的检测概率 p_d 公式，即(7A.12)式。请导出其递推计算公式；编写以 p_f，N 和 k 为参变量，检测概率 p_d 随功率信噪比 d^2 变化的计算程序；用计算机算出几组结果，并绘成曲线。

7.2　单元平均恒虚警率处理的检测概率 p_d 为(7A.12)式。请导出 $k\to\infty$ 时的 p_d 公式；并导出其递推计算公式；编写以 p_f 和 N 为参变量、检测概率 p_d 随功率信噪比 d^2 变化的计算程序；取与 7.1 题相同的 p_f，N 和 d^2，用计算机算出几组结果，绘成曲线，并与 7.1 题的结果进行比较，说明了什么？

7.3　单元平均恒虚警率处理的检测概率 p_d 为(7A.12)式。请导出 $N\to\infty$ 时的 p_d 公式；并导出其递推计算公式；编写以 p_f 和 k 为参变量、检测概率 p_d 随功率信噪比 d^2 变化的计算程序；取与 7.1 题相同的 p_f，k 和 d^2，用计算机算出几组结果，绘成曲线，并与

7.1题的结果进行比较，说明了什么？

7.4 设雷达杂波干扰经数字信号处理后，所得复信号为 x_R+jx_I，其模为 $x=(x_R^2+x_I^2)^{1/2}$ 的概率密度函数服从瑞利分布，即

$$p(x)=\begin{cases}\dfrac{x}{\sigma^2}\exp\left(-\dfrac{x^2}{2\sigma^2}\right), & x\geqslant 0\\ 0, & x<0\end{cases}$$

现为避免开方运算，令 $y=x^2=x_R^2+x_I^2$，将其进行单元平均恒虚警率处理。

(1) 证明 y 的概率密度函数服从单边指数分布，即

$$p(y)=\begin{cases}\dfrac{1}{2\sigma^2}\exp\left(-\dfrac{y}{2\sigma^2}\right), & y\geqslant 0\\ 0, & y<0\end{cases}$$

(2) 设单元平均恒虚警率处理检测单元前后参考单元数各为 $N/2$，各单元的样本 $y_i(i=1,2,\cdots,N)$ 是独立同分布的，均服从(1)的单边指数分布，证明

$$\hat{y}=\frac{1}{N}\sum_{i=1}^{N}y_i$$

的概率密度函数为

$$p(\hat{y})=\begin{cases}\dfrac{1}{2^N\Gamma(N)}\left(\dfrac{N}{\sigma^2}\right)^N\hat{y}^{N-1}\exp\left(-\dfrac{N\hat{y}}{2\sigma^2}\right), & \hat{y}\geqslant 0\\ 0, & \hat{y}<0\end{cases}$$

(3) 设恒虚警率处理后的检测门限为 u_0，证明虚警概率为

$$p_f=\left(\frac{N}{N+u_0}\right)^N$$

提示：虚警概率 p_f 是下式积分的结果：

$$p_f=\int_0^\infty\left(\int_{u_0\hat{y}}^\infty p(y)\mathrm{d}y\right)p(\hat{y})\mathrm{d}\hat{y}$$

7.5 平稳瑞利杂波环境中，采用对数单元平均恒虚警率处理，归一化输出 u 的概率密度函数为

$$p(u|H_0)=\frac{2}{a}\exp\left(\frac{2}{a}u-\gamma\right)\exp\left[-\exp\left(\frac{2}{a}u-\gamma\right)\right]$$

其中，γ 为欧拉常数；a 是对数接收机的常参数。若检测门限为 u_0，求虚警概率 p_f 的表示式。

7.6 对瑞利杂波干扰，现采用选大值对数单元平均恒虚警率处理，设检测单元前后参考单元数各为 $N/2=4$。如果对数接收机输出的雷达目标信号是如图 7.29 所示的理想波形，目标信号宽度所占距离单元数为 13。请分别画出检测单元两侧不加保护单元，和各加 1 个、2 个或 4 个保护单元时，恒虚警率处理后的输出信号波形。

7.7 韦布尔分布杂波的概率密度函数为

$$p(x|H_0)=\begin{cases}\dfrac{nx^{n-1}}{\upsilon_x^n}\exp\left[-\left(\dfrac{x}{\upsilon_x}\right)^n\right], & x\geqslant 0\\ 0, & x<0\end{cases}$$

(1) 证明其恒虚警率处理原理框图如图 7.14 所示。

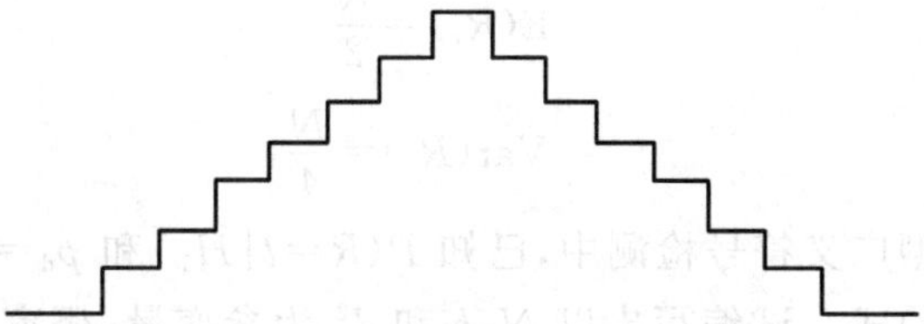

图 7.29　恒虚警率处理输入信号

(2) 若恒虚警率处理后的检测门限为 u_0，求虚警概率 p_f 的表示式。

7.8　韦布尔分布杂波的概率密度函数为

$$p(x|H_0)=\begin{cases}\dfrac{nx^{n-1}}{\upsilon_x^n}\exp\left[-\left(\dfrac{x}{\upsilon_x}\right)^n\right], & x\geqslant 0\\ 0, & x\leqslant 0\end{cases}$$

若将其输入到对平稳瑞利分布杂波具有恒虚警率性能的单元平均处理电路，证明其虚警概率 p_f 的理论值(参考单元 $N\to\infty$)为

$$p_f=\exp\left[-\left(u_0\Gamma\left(1+\frac{1}{n}\right)\right)^n\right]$$

其中，u_0 为检测门限。

提示：首先利用积分公式

$$\int_0^\infty x^p\exp(-x^q)\mathrm{d}x=\frac{1}{q}\Gamma\left(\frac{1+p}{q}\right)$$

求出韦布尔分布杂波的均值 $\mathrm{E}(x)$，然后进行归一化处理，即令 $u=x/\mathrm{E}(x)$，再与检测门限 u_0 比较。

7.9　若韦布尔分布的概率密度函数表示为

$$p(x|H_0)=\begin{cases}\dfrac{n(\ln 2)x^{n-1}}{\upsilon_x^n}\exp\left[-(\ln 2)\left(\dfrac{x}{\upsilon_x}\right)^n\right], & x\geqslant 0\\ 0, & x<0\end{cases}$$

其中，υ_x 是分布的中值，n 是形状参数。求 x 的均值 $\mathrm{E}(x)$、x 的均方值 $\mathrm{E}(x^2)$ 和 x 的方差 $\mathrm{Var}(x)$。

提示：在求解过程的公式推导中，用到如下积分公式：

$$\int_0^\infty x^p\exp(-x^q)\mathrm{d}x=\frac{1}{q}\Gamma\left(\frac{1+p}{q}\right)$$

7.10　非参量型广义符号检测中，秩值 R_j 为

$$R_j=\sum_{i=1}^{N}u(x_i-x_{ij})$$

式中，

$$u(x_i-x_{ij})=\begin{cases}1, & x_j>x_{ij}\text{ 或 }x_j=x_{ij}\ (i-j\text{ 为奇数})\\ 0, & x_j<x_{ij}\text{ 或 }x_j=x_{ij}\ (i-j\text{ 为偶数})\end{cases}$$

它是一个检验统计量。当参考单元样本数 N 很大时，根据中心极限定理，该检验统计量将趋于高斯分布。证明在假设 H_0 下，当 N 很大时，此检验统计量的均值和方差分别为

$$\mathrm{E}(R_j)=\frac{N}{2}$$

$$\mathrm{Var}(R_j)=\frac{N}{4}$$

7.11 在非参量型广义符号检测中，已知 $P(R=l|H_1)$ 和 $p_d=P(R\geqslant l|H_1)$ 分别为(7.7.22)式和(7.7.24)式。试编写出以 N,k 和 d^2 为参变量，概率 $P(R=l|H_1)$ 和概率 $p_d=P(R\geqslant l|H_1)$ 随 l 变化的计算程序，并计算出几组结果来。

7.12 在非参量型广义符号检测中，已知 $P(R=l|H_1)$ 为(7.7.22)式。证明当 $k\to\infty$ 时，该 $P(R=l|H_1)$ 为

$$P(R=l|H_1)=c_N^l\sum_{g=0}^{l}(-1)^g c_l^g\frac{1}{N-l+g+1}\exp\left[-\frac{d^2/2(N-l+g)}{N-l+g+1}\right]$$

7.13 在非参量型广义符号检测中，已知 $P(R=l|H_1)$ 为(7.7.22)式。证明：

(1) 当 $k=1$ 时，概率 $P(R=l|H_1)$ 为

$$P(R=l|H_1)|_{k=1}=c_N^l\sum_{g=0}^{l}(-1)^g c_l^g\frac{1}{(1+d^2/2)(N-l+g)+1}$$

(2) 当 $k=2$ 时，概率 $P(R=l|H_1)$ 为

$$P(R=l|H_1)|_{k=2}=c_N^l\sum_{g=0}^{l}(-1)^g c_l^g\frac{4(N-l+g+1)}{[(2+d^2/2)(N-l+g)+2]^2}$$

7.14 在非参量型马恩-怀特奈检测中，秩值 R_j 为

$$R_j=\sum_{k=1}^{m}\sum_{i=1}^{N}u(x_j-x_{ik})$$

式中，

$$u(x_j-x_{ik})=\begin{cases}1, & x_j>x_{ik}\text{ 或 }x_j=x_{ik}\ (i-j\text{ 为奇数})\\ 0, & x_j<x_{ik}\text{ 或 }x_j=x_{ik}\ (i-j\text{ 为偶数})\end{cases}$$

在检测单元和所有参考单元仅出现干扰信号(假设 H_0 的情况)，且所有采样单元具有独立和相同的分布，求 $P(R=l|H_0)$ 和 $P(R\geqslant l|H_0)$，其中，R 即 R_j。

7.15 在例 7.8.1 的 ε 混合模型二元信号检测中，对数似然比检验为

$$\ln\lambda^*(x)=\begin{cases}\ln b+\ln c_1, & x\leqslant\dfrac{\sigma_n^2}{A}\ln c_1+\dfrac{A}{2}\\ \ln b+\dfrac{A}{\sigma_n^2}x-\dfrac{A^2}{2\sigma_n^2}, & \dfrac{\sigma_n^2}{A}\ln c_1+\dfrac{A}{2}<x<\dfrac{\sigma_n^2}{A}\ln c_0+\dfrac{A}{2}\\ \ln b+\ln c_0, & x\geqslant\dfrac{\sigma_n^2}{A}\ln c_0+\dfrac{A}{2}\end{cases}$$

证明其等效检验统计量 $v(x)$ 为

$$v(x)=\begin{cases}\dfrac{\sigma_n^2}{A}\ln c_1+\dfrac{A}{2}, & x\leqslant x_1\\ x, & x_1<x<x_0\\ \dfrac{\sigma_n^2}{A}\ln c_0+\dfrac{A}{2}, & x\geqslant x_0\end{cases}$$

式中，

$$x_1=\frac{\sigma_n^4}{A^2}\ln c_1-\frac{\sigma_n^2}{A}\ln b+\frac{A+\sigma_n^2}{2}$$

$$x_0=\frac{\sigma_n^4}{A^2}\ln c_0-\frac{\sigma_n^2}{A}\ln b+\frac{A+\sigma_n^2}{2}$$

而

$$b=\frac{1-\varepsilon_1}{1-\varepsilon_0}$$

附录 7A 单元平均恒虚警率处理的性能分析

在平稳瑞利分布杂波的背景中，对于参考单元数 N 有限时单元平均恒虚警率处理的性能，在 7.5 节中已经从统计的观点做了说明，现在对其进行性能分析。

由于瑞利分布杂波的振幅 $x\geqslant 0$，所以按其平方 $y=x^2$ 进行分析同样能够说明单元平均恒虚警率处理的性能。

1. 恒虚警率性能

我们知道，瑞利分布杂波的概率密度函数为

$$p(x|H_0)=\begin{cases}\dfrac{x}{\sigma^2}\exp\left(-\dfrac{x^2}{2\sigma^2}\right), & x\geqslant 0\\ 0, & x<0\end{cases}\tag{7A.1}$$

令 $y=x^2$，则

$$p(y|H_0)=\begin{cases}\dfrac{1}{2\sigma^2}\exp\left(-\dfrac{y}{2\sigma^2}\right), & y\geqslant 0\\ 0, & y<0\end{cases}\tag{7A.2}$$

即 y 是服从单边指数分布的。

假定单元平均恒虚警率处理中所有参考单元 N 的样本具有独立的和相同的分布，则 N 个样本之和 $y_\Sigma=\sum\limits_{i=1}^{N}y_i$ 服从伽马分布，即

$$p(y_\Sigma|H_0)=\begin{cases}\dfrac{1}{2^N\Gamma(N)}\left(\dfrac{1}{\sigma^2}\right)^N y_\Sigma^{N-1}\exp\left(-\dfrac{y_\Sigma}{2\sigma^2}\right), & y_\Sigma\geqslant 0\\ 0, & y_\Sigma<0\end{cases}\tag{7A.3}$$

因为平均值估计 $\hat{y}=\dfrac{1}{N}\sum\limits_{i=1}^{N}y_i=\dfrac{1}{N}y_\Sigma$，所以，估计量 $\hat{y}$ 的概率密度函数为

$$p(\hat{y}|H_0)=\begin{cases}\dfrac{1}{2^N\Gamma(N)}\left(\dfrac{N}{\sigma^2}\right)^N \hat{y}^{N-1}\exp\left(-\dfrac{N\hat{y}}{2\sigma^2}\right), & \hat{y}\geqslant 0\\ 0, & \hat{y}<0\end{cases}\tag{7A.4}$$

在目标信号不存在时，被测单元的样本与参考单元的样本具有相同的概率密度函数，均服从单边指数分布。若单元平均恒虚警率处理后的检测门限为 u_0，则虚警概率为 $y\geqslant u_0\hat{y}$ 的概率，因为 $\hat{y}$ 是平均值估计，所以还应对其进行统计平均。这样，则有

$$\begin{aligned}p_{\mathrm{f}} &= \int_0^{\infty}\left[\int_{u_0\hat{y}}^{\infty}\frac{1}{2\sigma^2}\exp\left(-\frac{y}{2\sigma^2}\right)\mathrm{d}y\right]\times \\ &\quad \frac{1}{2^N\Gamma(N)}\left(\frac{N}{\sigma^2}\right)^N\hat{y}^{N-1}\exp\left(-\frac{N\hat{y}}{2\sigma^2}\right)\mathrm{d}\hat{y} \\ &= \frac{1}{2^N\Gamma(N)}\left(\frac{N}{\sigma^2}\right)^N\int_0^{\infty}\hat{y}^{N-1}\exp\left(-\frac{N+u_0}{2\sigma^2}\hat{y}\right)\mathrm{d}\hat{y} \\ &= \frac{1}{2^N\Gamma(N)}\left(\frac{N}{\sigma^2}\right)^N\frac{(N-1)!}{\left(\dfrac{N+u_0}{2\sigma^2}\right)^N} \\ &= \left(\frac{N}{N+u_0}\right)^N\end{aligned} \tag{7A.5}$$

(7A.5)式说明，当参考单元数 N 和检测门限 u_0 选定后，虚警概率 p_{f} 是恒定的，与杂波功率 σ^2 无关。这说明参考单元数 N 有限时的单元平均恒虚警率处理具有恒虚警率性能。

2. 目标信号检测性能

实际的目标回波信号都是起伏的。研究表明，起伏目标信号加高斯噪声，通过窄带线性系统后，输出信号包络的平方，可以用 χ^2 起伏目标模型来很好的描述，其概率密度函数为[20]

$$p(y|H_1)=\begin{cases}\left(\dfrac{k}{k+d^2/2}\right)^k\dfrac{1}{2\sigma^2}\exp\left(-\dfrac{y}{2\sigma^2}\right){}_1F_1\left(k;\ 1;\ \dfrac{d^2/2}{k+d^2/2}\dfrac{y}{2\sigma^2}\right), & y\geqslant 0\\ 0, \quad y<0\end{cases} \tag{7A.6}$$

其中，参数 k 是被测单元 χ^2 起伏目标信号的双自由度数，k 取不同的值可以代表几种典型的目标模型，例如，$k=\infty$，代表非起伏目标模型，$k=1$，代表斯威林-Ⅰ型或斯威林-Ⅱ型起伏目标模型，$k=2$，代表斯威林-Ⅲ型或斯威林-Ⅳ型起伏目标模型等；d^2 是被测单元 χ^2 起伏目标信号的平均功率信噪比；${}_1F_1\left(k;\ 1;\ \dfrac{d^2/2}{k+d^2/2}\dfrac{y}{2\sigma^2}\right)$是合流超几何函数，定义为

$$\begin{aligned}{}_1F_1(a;b;x) &= 1+\frac{a}{b}\frac{x}{1!}+\frac{a(a+1)}{b(b+1)}\frac{x^2}{2!}+\frac{a(a+1)(a+2)}{b(b+1)(b+2)}\frac{x^3}{3!}+\cdots \\ &= \frac{\Gamma(b)}{\Gamma(a)}\sum_{i=0}^{\infty}\frac{\Gamma(a+i)}{\Gamma(b+i)\Gamma(i+1)}x^i\end{aligned} \tag{7A.7}$$

合流超几何函数又称库默尔(Kummer)函数。

假定被测单元样本是(7A.6)式所示的 χ^2 起伏目标信号，所有 N 个参考单元样本是独立同分布的单边指数分布，如(7A.2)式所示，这样 $\hat{y}=\dfrac{1}{N}\sum\limits_{i=1}^{N}y_i$ 的平均值估计量的概率密度函数如(7A.4)式所示。于是，信号的检测概率为 $y\geqslant u_0\hat{y}$ 的概率，即

$$p_{\mathrm{d}}=\int_{0}^{\infty}\left[\int_{u_0\hat{y}}^{\infty}\left(\frac{k}{k+d^2/2}\right)^{k}\frac{1}{2\sigma^2}\exp\left(-\frac{y}{2\sigma^2}\right){}_1F_1\left(k;\ 1;\ \frac{d^2/2}{k+d^2/2}\frac{y}{2\sigma^2}\right)\mathrm{d}y\right]\times$$

$$\frac{1}{2^N\Gamma(N)}\left(\frac{N}{\sigma^2}\right)^{N}\hat{y}^{N-1}\exp\left(-\frac{N\hat{y}}{2\sigma^2}\right)\mathrm{d}\hat{y}$$

$$=\left(\frac{k}{k+d^2/2}\right)^{k}\int_{0}^{\infty}\left[\int_{u_0\hat{y}}^{\infty}\frac{1}{2\sigma^2}\exp\left(-\frac{y}{2\sigma^2}\right)\frac{\Gamma(1)}{\Gamma(k)}\times\right.\tag{7A.8}$$

$$\left.\sum_{i=0}^{\infty}\frac{\Gamma(k+i)}{\Gamma(1+i)\Gamma(i+1)}\left(\frac{d^2/2}{k+d^2/2}\frac{y}{2\sigma^2}\right)^{i}\mathrm{d}y\right]\times$$

$$\frac{1}{\Gamma(N)}\left(\frac{N}{2\sigma^2}\right)^{N}\hat{y}^{N-1}\exp\left(-\frac{N\hat{y}}{2\sigma^2}\right)\mathrm{d}\hat{y}$$

将(7A.8)式内积分中的求和式展开表示，然后完成逐项积分，再整理合并，得

$$\int_{u_0\hat{y}}^{\infty}\frac{1}{2\sigma^2}\exp\left(-\frac{y}{2\sigma^2}\right)\frac{\Gamma(1)}{\Gamma(k)}\sum_{i=0}^{\infty}\frac{\Gamma(k+i)}{\Gamma(1+i)\Gamma(i+1)}\left(\frac{d^2/2}{k+d^2/2}\frac{y}{2\sigma^2}\right)^{i}\mathrm{d}y$$

$$=\sum_{i=0}^{\infty}\frac{\Gamma(k+i)}{\Gamma(k)\Gamma(i+1)}\left(\frac{d^2/2}{k+d^2/2}\right)^{i}\sum_{j=0}^{i}\frac{1}{\Gamma(j+1)}\left(\frac{u_0\hat{y}}{2\sigma^2}\right)^{j}\exp\left(-\frac{u_0\hat{y}}{2\sigma^2}\right)\tag{7A.9}$$

这样，则有

$$p_{\mathrm{d}}=\left(\frac{k}{k+d^2/2}\right)^{k}\int_{0}^{\infty}\sum_{i=0}^{\infty}\frac{\Gamma(k+i)}{\Gamma(k)\Gamma(i+1)}\left(\frac{d^2/2}{k+d^2/2}\right)^{i}\sum_{j=0}^{i}\frac{1}{\Gamma(j+1)}\times\tag{7A.10}$$

$$\left(\frac{u_0\hat{y}}{2\sigma^2}\right)^{j}\exp\left(-\frac{u_0\hat{y}}{2\sigma^2}\right)\frac{1}{\Gamma(N)}\left(\frac{N}{2\sigma^2}\right)^{N}\hat{y}^{N-1}\exp\left(-\frac{N\hat{y}}{2\sigma^2}\right)\mathrm{d}\hat{y}$$

其中，积分变量部分的积分结果为

$$\int_{0}^{\infty}\hat{y}^{N+j-1}\exp\left(-\frac{N+u_0}{2\sigma^2}\hat{y}\right)\mathrm{d}\hat{y}$$

$$=\frac{(N+j-1)!}{\left(\dfrac{N+u_0}{2\sigma^2}\right)^{N+j}}=(2\sigma^2)^{N+j}\frac{\Gamma(N+j)}{(N+u_0)^{N+j}}\tag{7A.11}$$

于是，检测概率为

$$p_{\mathrm{d}}=\left(\frac{k}{k+d^2/2}\right)^{k}\sum_{i=0}^{\infty}\frac{\Gamma(k+i)}{\Gamma(k)\Gamma(i+1)}\left(\frac{d^2/2}{k+d^2/2}\right)^{i}\times$$

$$\sum_{j=0}^{i}\frac{\Gamma(N+j)}{\Gamma(N)\Gamma(j+1)}\frac{N^N u_0^j}{(N+u_0)^{N+j}}\tag{7A.12}$$

$$=p_{\mathrm{f}}\left(\frac{k}{k+d^2/2}\right)^{k}\sum_{i=0}^{\infty}\frac{\Gamma(k+i)}{\Gamma(k)\Gamma(i+1)}\left(\frac{d^2/2}{k+d^2/2}\right)^{i}\times$$

$$\sum_{j=0}^{i}\frac{\Gamma(N+j)}{\Gamma(N)\Gamma(j+1)}(1-p_{\mathrm{f}}^{1/N})^{j}$$

其中，

$$p_{\mathrm{f}}=\left(\frac{N}{N+u_0}\right)^{\mathrm{N}}$$

是虚警概率；而

$$1-p_{\mathrm{f}}^{1/N}=\frac{u_0}{N+u_0}=1-\frac{N}{N+u_0}$$

当被测单元样本是 χ^2 起伏目标信号，且所有 N 个参考单元是独立同分布的单边指数分布样本时，单元平均恒虚警率处理的检测概率曲线如图 7.30 和图 7.31 所示。图 7.30表示在参考单元数 N 一定，虚警概率 p_{f} 也不变的条件下，不同起伏程度（k 不同）的目标的检测概率 p_{d} 随平均功率信噪比的变化曲线。结果表明，在小信噪比的情况下，目标起伏程度高的目标检测概率略大一些，而在大信噪比的情况下，目标起伏使检测概率明显地降低。图 7.31 示出了参考单元 N 的数目对检测性能的影响。由图中曲线可见，参考单元 N 较大时带来的恒虚警率损失是较小的。

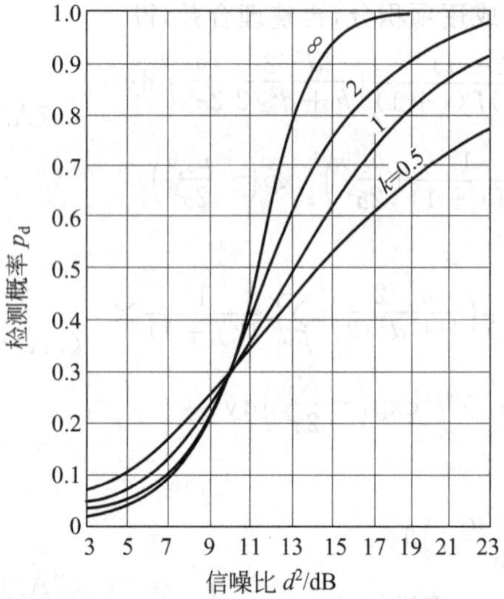

图 7.30 目标起伏对检测性能的影响（$p_{\mathrm{f}}=10^{-3}$，$N=16$）

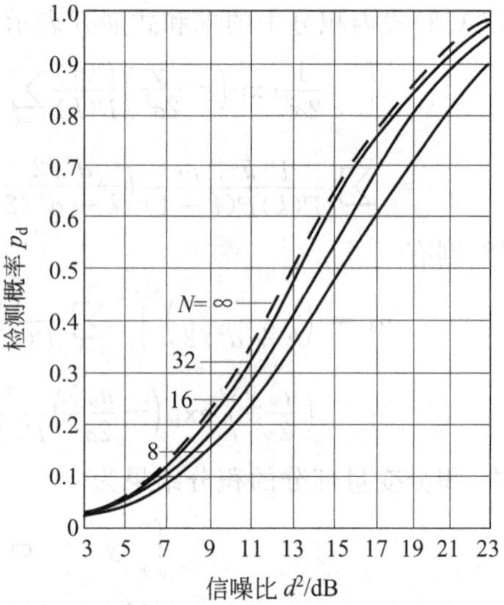

图 7.31 参考单元对检测性能的影响（$p_{\mathrm{f}}=10^{-3}$，$k=1$）

附录 7B 非参量秩值检测的恒虚警率性能

在(7.7.18)式中已经得到

$$P(R=l|H_0)=c_N^l\int_0^{\infty}(1-q)^l q^{N-l}p(x_j|H_0)\mathrm{d}x_j \tag{7B.1}$$

其中，

$$q=\int_{x_j}^{\infty}p(x_{ij}|H_0)\mathrm{d}x_{ij}$$

将 $(1-q)^l$ 按二项式公式展开，并写成和的形式，得

$$(1-q)^l=\sum_{g=0}^{l}(-1)^g c_l^g q^g$$

将其代入(7B.1)式，得

$$P(R=l|H_0)=c_N^l\sum_{g=0}^{l}(-1)^g c_l^g\int_0^{\infty}q^{N-l+g}p(x_j|H_0)\mathrm{d}x_j \tag{7B.2}$$

因为

$$q=\int_{x_j}^{\infty}p(x_{ij}|H_0)\mathrm{d}x_{ij} = 1-\int_0^{x_j}p(x_{ij}|H_0)\mathrm{d}x_{ij}=1-F(x_j|H_0) \tag{7B.3}$$

又因为

$$p(x_j|H_0)\mathrm{d}x_j=\mathrm{d}F(x_j|H_0) \tag{7B.4}$$

其中，$F(x_j|H_0)$是在干扰信号下样本 x_j 作为一个随机变量的分布函数，而且当 $x_j=0$ 时，$F(x_j|H_0)=0$，当 $x_j=+\infty$时，$F(x_j|H_0)=1$，所以(7B.2)式可以改写成

$$\begin{aligned}P(R=l|H_0)&=c_N^l\sum_{g=0}^{l}(-1)^g c_l^g\int_0^1[1-F(x_j|H_0)]^{N-l+g}\mathrm{d}F(x_j|H_0)\\&=c_N^l\sum_{g=0}^{l}(-1)^g c_l^g\frac{1}{N-l+g+1}[1-F(x_j|H_0)]^{N-l+g+1}\Big|_1^0\\&=c_N^l\sum_{g=0}^{l}(-1)^g c_l^g\frac{1}{N-l+g+1}\end{aligned} \tag{7B.5}$$

利用组合公式

$$\sum_{g=0}^{l}(-1)^g c_l^g\frac{1}{a+g}=\frac{l!}{a(a+1)\cdots(a+l)}\quad(a\neq 0,-1,-2,\cdots,-l)$$

结合(7B.5)式，其中

$$a=N-l+1$$

可得

$$\begin{aligned}P(R=l|H_0)&=\frac{N!}{l!(N-l)!}\frac{l!}{(N-l+1)(N-l+2)\cdots(N-2)(N-1)N(N+1)}\\&=\frac{1}{N+1}\end{aligned} \tag{7B.6}$$

这就是(7.7.18)式的结果。进而得

$$p_f=P(R\geqslant l|H_0)=1-\frac{l}{N+1}=\frac{N-l+1}{N+1} \tag{7B.7}$$

这就是(7.7.19)式。所以，利用秩值 R_j(即式中的 R)为检验统计量的信号非参量检测，具有恒虚警率性能。

附录 7C　非参量秩值检测的信号检测性能

秩值检测器中，被测单元样本的概率密度函数为(7.7.21)式，所有 N 个参考单元的样本是独立同分布的，概率密度函数为(7.7.20)式，则单次检测秩值 R 取值为 l($l=0,1,\cdots,N$ 中的任一值)的概率为

$$P(R=l|H_1)=c_N^l\int_0^{\infty}\left(\frac{k}{k+d^2/2}\right)^k\frac{1}{2\sigma^2}\exp\left(-\frac{y_s}{2\sigma^2}\right){}_1F_1\left(k;\ 1;\ \frac{d^2/2}{k+d^2/2}\frac{y_s}{2\sigma^2}\right)\times$$

$$\left[1-\int_{y_s}^{\infty}\frac{1}{2\sigma^2}\exp\left(-\frac{y_n}{2\sigma^2}\right)\mathrm{d}y_n\right]^l\left[\int_{y_s}^{\infty}\frac{1}{2\sigma^2}\exp\left(-\frac{y_n}{2\sigma^2}\right)\mathrm{d}y_n\right]^{N-l}\mathrm{d}y_s \tag{7C.1}$$

令

$$u_n=\frac{y_n}{\sigma^2},\quad u_s=\frac{y_s}{\sigma^2}$$

则

$$\begin{aligned}P(R=l|H_1)=&c_N^l\left(\frac{k}{k+d^2/2}\right)^k\int_0^{\infty}\frac{1}{2}\exp\left(-\frac{u_s}{2}\right){}_1F_1\left(k;\ 1;\ \frac{d^2/2}{k+d^2/2}\frac{u_s}{2}\right)\times\\&\left[1-\int_{u_s}^{\infty}\frac{1}{2}\exp\left(-\frac{u_n}{2}\right)\mathrm{d}u_n\right]^l\left[\int_{u_s}^{\infty}\frac{1}{2}\exp\left(-\frac{u_n}{2}\right)\mathrm{d}u_n\right]^{N-l}\mathrm{d}u_s\\=&c_N^l\left(\frac{k}{k+d^2/2}\right)^k\int_0^{\infty}\frac{1}{2}\exp\left(-\frac{u_s}{2}\right){}_1F_1\left(k;\ 1;\ \frac{d^2/2}{k+d^2/2}\frac{u_s}{2}\right)\times\\&\left[1-\exp\left(-\frac{u_s}{2}\right)\right]^l\left[\exp\left(-\frac{u_s}{2}\right)\right]^{N-l}\mathrm{d}u_s\end{aligned} \tag{7C.2}$$

将(7C.2)式中的$\left[1-\exp\left(-\frac{u_s}{2}\right)\right]^l$按二项式公式展开，并写成和的形式，得

$$\left[1-\exp\left(-\frac{u_s}{2}\right)\right]^l=\sum_{g=0}^{l}(-1)^g c_l^g\left[\exp\left(-\frac{u_s}{2}\right)\right]^g \tag{7C.3}$$

将其代入(7C.2)式，整理得

$$\begin{aligned}P(R=l|H_1)=&c_N^l\left(\frac{k}{k+d^2/2}\right)^k\sum_{g=0}^{l}(-1)^g c_l^g\times\\&\int_0^{\infty}\frac{1}{2}\exp\left[-(N-l+g+1)\frac{u_s}{2}\right]{}_1F_1\left(k;\ 1;\ \frac{d^2/2}{k+d^2/2}\frac{u_s}{2}\right)\mathrm{d}u_s\end{aligned} \tag{7C.4}$$

令

$$a=\frac{N-l+g+1}{2},\quad a>0$$

$$b=\frac{d^2/2}{2(k+d^2/2)}$$

则

$$\begin{aligned}P(R=l|H_1)=&c_N^l\left(\frac{k}{k+d^2/2}\right)^k\sum_{g=0}^{l}(-1)^g c_l^g\times\\&\int_0^{\infty}\frac{1}{2}\exp(-au_s){}_1F_1(k;\ 1;\ bu_s)\mathrm{d}u_s\\=&c_N^l\left(\frac{k}{k+d^2/2}\right)^k\sum_{g=0}^{l}(-1)^g c_l^g\int_0^{\infty}\frac{1}{2}\exp(-au_s)\times\\&\left[1+\frac{k}{1!}\frac{bu_s}{1!}+\frac{k(k+1)}{2!}\frac{(bu_s)^2}{2!}+\frac{k(k+1)(k+2)}{3!}\frac{(bu_s)^3}{3!}+\cdots\right]\mathrm{d}u_s\end{aligned} \tag{7C.5}$$

利用积分公式

$$\int_0^{\infty}u_s^n\exp(-au_s)\mathrm{d}u_s=\frac{n!}{a^{n+1}},\quad n>-1,\quad a>0$$

对(7C.5)式进行逐项积分，结果为

$$P(R=l|H_1)=c_N^l\left(\frac{k}{k+d^2/2}\right)^k\sum_{g=0}^{l}(-1)^g c_l^g\frac{1}{2}\left[\frac{1}{a}+b\frac{k}{1!}\frac{1}{1!}\frac{1!}{a^2}+\right.$$

$$\left.b^2\frac{k(k+1)}{2!}\frac{1}{2!}\frac{2!}{a^3}+b^3\frac{k(k+1)(k+2)}{3!}\frac{1}{3!}\frac{3!}{a^4}+\cdots\right]$$

$$=c_N^l\left(\frac{k}{k+d^2/2}\right)^k\sum_{g=0}^{l}(-1)^g c_l^g\frac{1}{2a}\left[1+\frac{k}{1!}\frac{b}{a}+\right. \tag{7.C.6}$$

$$\left.\frac{k(k+1)}{2!}\left(\frac{b}{a}\right)^2+\frac{k(k+1)(k+2)}{3!}\left(\frac{b}{a}\right)^3+\cdots\right]$$

$$=c_N^l\left(\frac{k}{k+d^2/2}\right)^k\sum_{g=0}^{l}(-1)^g c_l^g\frac{1}{2a}\sum_{h=0}^{\infty}\frac{\Gamma(k+h)}{\Gamma(k)\Gamma(h+1)}\left(\frac{b}{a}\right)^h$$

将

$$a=\frac{N-l+g+1}{2}$$

$$b=\frac{d^2/2}{2(k+d^2/2)}$$

代入(7C.6)式，最后得到

$$P(R=l|H_1)=c_N^l\left(\frac{k}{k+d^2/2}\right)^k\sum_{g=0}^{l}(-1)^g c_l^g\frac{1}{N-l+g+1}\times$$

$$\sum_{h=0}^{\infty}\frac{\Gamma(k+h)}{\Gamma(k)\Gamma(h+1)}\left(\frac{1}{N-l+g+1}\frac{d^2/2}{k+d^2/2}\right)^h \tag{7C.7}$$

这就是(7.7.22)式，它是将秩值 R_j(即式中的 R)作为检验统计量的信号非参量检测时，秩值 R_j 取值为 l($l=0,1,\cdots,N$ 中的任一值)的概率。

附录 7D　(7.8.25)关系式的证明

我们知道，最佳检验的似然比检验形式为

$$\lambda^*(\boldsymbol{x})=\prod_{k=1}^{N}\lambda^*(x_k)\underset{H_0}{\overset{H_1}{\gtrless}}\eta^* \tag{7D.1}$$

其等效的对数似然比检验为

$$T^*(\boldsymbol{x})=\ln\lambda^*(\boldsymbol{x})=\sum_{k=1}^{N}\ln\lambda^*(x_k)\underset{H_0}{\overset{H_1}{\gtrless}}\ln\eta^* \tag{7D.2}$$

根据(7.8.19)式，得

$$\frac{p(x_k|H_1)}{p(x_k|H_0)}=\exp\left(x_k s_k-\frac{1}{2}s_k^2\right) \tag{7D.3}$$

和

$$\ln\frac{p(x_k|H_1)}{p(x_k|H_0)}=x_k s_k-\frac{1}{2}s_k^2 \tag{7D.4}$$

这样，由(7.8.23)式得

$$\ln\lambda^*(x_k)=\begin{cases}\ln c_{1k}\overset{\text{def}}{=}a_{1k}, & x_ks_k-\dfrac{1}{2}s_k^2\leqslant a_{1k},\\ x_ks_k-\dfrac{1}{2}s_k^2, & a_{1k}<x_ks_k-\dfrac{1}{2}s_k^2<a_{0k},\\ \ln c_{0k}\overset{\text{def}}{=}a_{0k}, & x_ks_k-\dfrac{1}{2}s_k^2\geqslant a_{0k},\end{cases}\tag{7D.5}$$

$$k=1,2,\cdots,N$$

于是,对数似然比检验(7D.2)式中的 $\ln\lambda^*(x_k)$ 为(7D.5)式所示,它是一个相关-限幅器。

如果把(7D.5)式两边各加 $s_k^2/2$,则等价地有

$$\ln\lambda^*(x_k)+\frac{1}{2}s_k^2=\begin{cases}a_{1k}+\dfrac{1}{2}s_k^2\overset{\text{def}}{=}L_k, & x_ks_k\leqslant L_k,\\ x_ks_k, & L_k<x_ks_k<U_k,\\ a_{0k}+\dfrac{1}{2}s_k^2\overset{\text{def}}{=}U_k, & x_ks_k\geqslant U_k,\end{cases}\tag{7D.6}$$

$$k=1,2,\cdots,N$$

记

$$l(x_ks_k;\ L_k,U_k)=\ln\lambda^*(x_k)+\frac{1}{2}s_k^2,\quad k=1,2,\cdots,N\tag{7D.7}$$

则(7D.2)式所示的对数似然比检验等价地表示为

$$T^*(\boldsymbol{x})+\sum_{k=1}^{N}\frac{1}{2}s_k^2=\sum_{k=1}^{N}l(x_ks_k;\ L_k,U_k)\underset{H_0}{\overset{H_1}{\gtrless}}\gamma^*\tag{7D.8}$$

其中,

$$l(x_ks_k;\ L_k,U_k)=\begin{cases}L_k, & x_ks_k\leqslant L_k,\\ x_ks_k, & L_k<x_ks_k<U_k,\\ U_k, & x_ks_k\geqslant U_k\end{cases}\tag{7D.9}$$

$$k=1,2,\cdots,N$$

$$L_k=a_{1k}+\frac{1}{2}s_k^2,\quad k=1,2,\cdots,N\tag{7D.10}$$

$$U_k=a_{0k}+\frac{1}{2}s_k^2,\quad k=1,2,\cdots,N\tag{7D.11}$$

$$a_{1k}=\ln c_{1k},\quad k=1,2,\cdots,N\tag{7D.12}$$

$$a_{0k}=\ln c_{0k},\quad k=1,2,\cdots,N\tag{7D.13}$$

$$\gamma^*=\ln\eta^*+\sum_{k=1}^{N}\frac{1}{2}s_k^2\tag{7D.14}$$

这就是(7.8.25)式及其相关的关系式。

参考文献

1 Papoulis A. Probability, Random Variables and Stochastic Processes. 2nd ed. New York: McGraw-Hill, 1984

2 盛骤，谢式千，潘承毅. 概率论与数理统计. 第三版. 北京：高等教育出版社，2001

3 张卓奎，陈慧娟. 随机过程. 西安：西安电子科技大学出版社，2003

4 陆大　. 随机过程及其应用. 北京：清华大学出版社，1986

5 刘次华. 随机过程. 第二版. 武汉：华中科技大学出版社，2001

6 吴祈耀，朱华，黄辉宁. 统计无线电技术. 北京：国际工业出版社，1980

7 章潜五. 随机信号分析. 西安：西北电讯工程学院出版社，1986

8 《数学手册》编写组. 数学手册. 北京：人民教育出版社，1979

9 安德烈·安戈(Andre Angot)著. 谢祥麟，陆志刚等译校. 电工、电信工程师数学. 北京：人民邮电出版社，1979

10 McDonough R N and Whelen A D. Detection of Signals in Noise. 2nd ed. San Diego: Academic Press, 1995

11 Srinath M D and Rajasekaran P K. An Introduction to Statistical Signal Processing with Application. New York: John Wiley & Sons, 1979

12 Trees H L V. Detection, Estimation and Modulation Theory. Part Ⅲ. New York: John Wiley & Sons, 2001

13 Kay S M 著. 罗鹏飞，张文明等译校. 统计信号处理基础—估计与检测理论. 北京：电子工业出版社，2003

14 Manolakis D G 等著. 周正等译. 统计与自适应信号处理. 北京：电子工业出版社，2003

15 DiFranco J V and Rubin W L. Radar Detection. Englewood Cliffs, N. J: Prentice-Hall, 1968

16 许树声. 信号检测与估计. 北京：国防工业出版社，1985

17 赵树杰. 信号检测与估计理论. 西安：西安电子科技大学，1998

18 陈炳和. 随机信号处理. 北京：国防工业出版社，1996

19 向敬成，王意青，毛自灿等. 信号检测与估计. 北京：国防工业出版社，1990

20 赵树杰等. 统计信号处理. 西安：西北电讯工程学院出版社，1986

21 鞠德航，林可祥，陈捷. 信号检测理论导论. 北京：科学出版社，1977

22 赵树杰. 随机相位信号检测概率的递推算法. 西安电子科技大学学报，1999，Vol. 26，No. 5：600～603

23 Barhat M. Signal Detection and Estimation. Boston: Artech House, 1991

24 Kazakos D and Papantoni-Kazakos P. Detection and Estimation. New York: Computer Science Press, 1990

25 Stark H. and Woods J W. Probability, Random Processes, and Estimation Theory for Engineers. New Jersey: Prentice-Hall, 1986

26 袁天鑫. 最佳估计原理. 北京：国防工业出版社，1980

27 Wiener N. Extrapolation, Interpolation and Smoothing of Stationary Time Series with Engineering Application. New York: Tech. Press of MIT and John Wiley & Sons, 1949

28 Kalman R E. A new approach to linear filtering and prediction problems. Trans ASME, J. Basic Eng., Mar 1960, 82: 34～45

29 张有力.维纳与卡尔曼滤波理论导论.北京：人民教育出版社,1980
30 Jazwinski A H. Stochastic Process and Filtering Theory. New York：Academic Press,1970
31 谢绪恺.现代控制理论.沈阳：辽宁人民出版社,1980
32 中国科学院数学研究所概率组.离散时间系统滤波的数学方法.北京：国防工业出版社,1975
33 陆光华,彭学愚,张林让等.随机信号处理.西安：西安电子科技大学出版社,2002
34 Singer R A and Behnke K W. Real-time tracking filter evaluation and selection for tactical application. IEEE Trans,1971,AES-7(1)：100～110
35 Brown R G. Introduction to Random Signal Analysis and Kalman Filtering. New York：Wiley,1983
36 Bozic S M. Digital and Kalman Filtering. London：Edward Amold,1979
37 Bucy R S. Linear and honlinear filtering. Proc. IEEE Trans ,June 1970,58：854～864
38 Skolnik M I. Radar Handbook. 2nd ed. New York：McGraw Hill,1990
39 戴树荪等.数字技术在雷达中的应用.北京：国防工业出版社,1981
40 Haykin S S. Detection and Estimation Application to Radar. stroudsburg：Dowden, Hutchison and Ross,1976
41 Barton D K. Radas Volume 5,Radar clutter. Massachusetts：Artech House,1975
42 Hansen V G. Constant False-Alarm Rate Processing in Search Radars. IEE Radar-Present and Future,International Conference,October 1973,23～25
43 Rickard J T and Dillard G M. Adaptive detection algorithms for multiple-target situation. IEEE Trans,July 1977,AES-13(4)：338～343
44 Hansen V G and Ward H R. Detection performance of the cell averaging LoG/CFAR receiver. IEEE Trans,Sept 1972,ASE-8(5)：648～652
45 Goldstein G B. False-alarm regulation in log-normal and weibull clutter. IEEE Trans,Jan 1978,AES-9(1)：84～92
46 Al-Hussaini E K,Badran F M and Turner L F. Modified savage and modified rank sguared nonparametric detection. IEEE Trans,March 1978,AES-14(2)：242～250
47 Hansen V G and Olsen B A. Nonparametric radar extraction using a generalized sign test. IEEE Trans,Sept 1971,AES-7(5)：942～950
48 段风增.信号检测理论.第二版.哈尔滨：哈尔滨工业大学出版社,2002
49 Kassam S A and Thomas J B. Nonparametric Detection Theory and Applications. Stroudsburg：Dowden,Hutchinson and Ross,1980
50 Capon J A. nonparametric technigue for the detection of a constant signal in additive noise. IRE WESCON CQNV,1959,92～103
51 罗汞光,王海云.稳健信号处理概论.长沙：国防科技大学出版社,1987
52 Huber P J. Robust verson of the probability ratio test. Ann Math Statist,1965,36：1753～1758
53 Martin R D and Schwartz S C. Robust detection of a known signal in nearly Gaussian noise. IEEE Trans,Jan 1971,IT-17：50～56
54 El-Sawy A H and Vandelinde V D. Robust detection of known signals. IEEE Trans,Nov. 1977,IT-23：722～727
55 Miller J H and Thomas J B. The detection of signal in impulsive noise modeled as a mixture process. IEEE Trans,May 1976,Com-24：559～563

高等院校信息与通信工程系列教材

• 已出版书目

信息论与编码	曹雪虹　张宗橙
语音信号处理	韩纪庆　张　磊　郑铁然
光波导理论(第 2 版)	吴重庆
信号处理新方法导论	余英林　谢胜利　蔡汉添
电子设计自动化技术基础	马建国　孟宪元等
专用集成电路设计与电子设计自动化	路而红
通信系统概论	吴诗其　朱立东
移动通信原理、系统及技术	曹达仲　侯春萍
现代通信网技术	许　辉等
光纤通信与光纤信息网	董天临
通信电子电路	于洪珍
信号检测与估计理论	赵树杰　赵建勋

• 即将出版书目

计算电磁学的数值方法	吕英华
编码调制原理与技术	袁东风
通信网的安全理论与技术	戴逸民　王培康　陈　巍
交换技术	糜正琨

教师反馈表

感谢您购买本书！清华大学出版社计算机与信息分社专心致力于为广大院校电子信息类及相关专业师生提供优质的教学用书及辅助教学资源。

我们十分重视对广大教师的服务，开发了教师手册、习题解答、电子课件、电子课件素材等教学资源。如果您确认将本书作为指定教材，请您务必填好以下表格并经系主任签字盖章后寄回我们的联系地址，我们将免费向您提供有关本书的其他教学资源。

<table>
<tr><td>您需要教辅的教材：</td><td colspan="4"></td></tr>
<tr><td>姓名：</td><td colspan="4"></td></tr>
<tr><td>院系：</td><td colspan="4"></td></tr>
<tr><td>院/校：</td><td colspan="4"></td></tr>
<tr><td>您所教的课程名称：</td><td colspan="4"></td></tr>
<tr><td>学生人数/学期：</td><td colspan="2">______人/______年级</td><td>学时：</td><td></td></tr>
<tr><td>您目前采用的教材：</td><td colspan="4">作者：________________
书名：</td></tr>
<tr><td>您准备何时用此书授课：</td><td colspan="4"></td></tr>
<tr><td>联系地址：</td><td colspan="4"></td></tr>
<tr><td>邮政编码：</td><td></td><td>联系电话</td><td colspan="2"></td></tr>
<tr><td>E-mail：</td><td colspan="4"></td></tr>
<tr><td colspan="4">您对本书的建议：</td><td>系主任签字

盖章</td></tr>
</table>

我们的联系地址：

清华大学出版社　学研大厦 A602，A604 室

邮编：100084

Tel：010-62770175-4409，3208

Fax：010-62770278

E-mail：liuli@tup.tsinghua.edu.cn；hanbh@tup.tsinghua.edu.cn